机械设计与智造宝典丛书

CATIA V5R20 实例宝典（修订版）

北京兆迪科技有限公司　编著

机 械 工 业 出 版 社

本书是系统、全面学习 CATIA V5R20 软件的实例宝典类书籍。本书以 CATIA V5R20 中文版为蓝本进行编写，内容包括二维草图实例、零件设计实例、创成式外形设计实例、自由曲面设计实例、装配设计实例、TOP_DOWN 设计实例、钣金设计实例、模型的外观设置与渲染实例、IMA 造型设计实例、DMU 电子样机设计实例、模具设计实例、数控加工实例以及结构分析实例。

本书是根据北京兆迪科技有限公司给国内外几十家不同行业的著名公司（含国外独资和合资公司）编写的培训教案整理而成的，具有很强的实用性和广泛的适用性。本书附带多媒体 DVD 学习光盘，制作了教学视频并进行了详细的语音讲解；另外，光盘还包含本书所有的素材文件和已完成的范例文件。

本书实例的安排次序采用由浅入深、循序渐进的原则。在内容上，针对每一个实例先进行概述，说明该实例的特点、操作技巧需重点掌握的内容和要用到的操作命令，使读者对它有一个整体概念，学习也更有针对性，然后是实例的详细操作步骤。在写作方式上，本书紧贴 CATIA V5R20 的实际操作界面，采用软件中真实的对话框、操控板、按钮等进行讲解，使初学者能够直观、准确地操作软件进行学习，提高学习效率。本书可作为机械工程设计人员的 CATIA V5R20 自学教程和参考书籍，也可供大专院校机械专业师生教学参考。

图书在版编目（CIP）数据

CATIA V5R20 实例宝典/北京兆迪科技有限公司编著.
—3 版（修订本）. —北京：机械工业出版社，2017.2
(机械设计与智造宝典丛书)
ISBN 978-7-111-55514-8

Ⅰ.①C… Ⅱ.①北… Ⅲ.①机械设计—计算机辅助设计—应用软件 Ⅳ.①TH122

中国版本图书馆 CIP 数据核字（2016）第 287423 号

机械工业出版社（北京市百万庄大街 22 号 邮政编码：100037）
策划编辑：丁 锋 责任编辑：丁 锋
责任校对：刘志文 樊钟英
封面设计：张 静 责任印制：李 飞
北京铭成印刷有限公司印刷
2017 年 1 月第 3 版第 1 次印刷
184mm×260 mm · 36.5 印张 · 672 千字
0001—3000 册
标准书号：ISBN 978-7-111-55514-8
ISBN 978-7-89386-089-8（光盘）
定价：99.90 元（含多媒体 DVD 光盘 1 张）

凡购本书，如有缺页、倒页、脱页，由本社发行部调换

电话服务	网络服务
服务咨询热线：010-88361066	机工官网：www.cmpbook.com
读者购书热线：010-68326294	机工官博：weibo.com/cmp1952
010-88379203	金 书 网：www.golden-book.com
封面无防伪标均为盗版	教育服务网：www.cmpedu.com

前　言

CATIA 是法国达索（Dassault）系统公司的大型高端 CAD/CAE/CAM 一体化应用软件，在世界 CAD/CAE/CAM 领域中处于领导地位，其内容涵盖了产品从概念设计、工业造型设计、三维模型设计、分析计算、动态模拟与仿真、工程图输出，到生产加工成产品的全过程，应用范围涉及航空航天、汽车、机械、造船、通用机械、数控（NC）加工、医疗器械和电子等诸多领域。

本书是系统、全面学习 CATIA V5R20 软件的实例宝典类书籍，其特色如下。

- 内容丰富，本书的实例涵盖 CATIA V5R20 主要功能模块。
- 讲解详细，条理清晰，图文并茂，保证自学的读者能够独立学习书中的内容。
- 写法独特，采用 CATIA V5R20 软件中真实的对话框、按钮和图标等进行讲解，使初学者能够直观、准确地操作软件，从而大大提高学习效率。
- 附加值高，本书附带 1 张多媒体 DVD 学习光盘，制作了教学视频并进行了详细的语音讲解；另外，光盘还包含本书所有的素材文件和已完成的范例文件，可以帮助读者轻松、高效地学习。

本书由北京兆迪科技有限公司编著，参加编写的人员有王焕田、刘静、雷保珍、刘海起、魏俊岭、任慧华、詹路、冯元超、刘江波、周涛、段进敏、赵枫、邵为龙、侯俊飞、龙宇、施志杰、詹棋、高政、孙润、李倩倩、黄红霞、尹泉、李行、詹超、尹佩文、赵磊、王晓萍、陈淑童、周攀、吴伟、王海波、高策、冯华超、周思思、黄光辉、党辉、冯峰、詹聪、平迪、管璇、王平、李友荣。

本书已经多次校对，如有疏漏之处，恳请广大读者予以指正。

电子邮箱：zhanygjames@163.com

编　者

读者购书回馈活动：

活动一：本书“随书光盘”中含有该“读者意见反馈卡”的电子文档，请认真填写本反馈卡，并 E-mail 给我们。E-mail: 兆迪科技 zhanygjames@163.com，丁锋 fengfener@qq.com。

活动二：扫一扫右侧二维码，关注兆迪科技官方公众微信（或搜索公众号 zhaodikeji），参与互动，也可进行答疑。

凡参加以上活动，即可获得兆迪科技免费奉送的价值 48 元的在线课程一门，同时有机会获得价值 780 元的精品在线课程。在线课程网址见本书“随书光盘”中的“读者意见反馈卡”的电子文档。

本 书 导 读

为了能更好地学习本书的知识，请您仔细阅读下面的内容。

读者对象

本书是系统、全面学习 CATIA V5R20 软件的实例宝典类书籍，可作为工程技术人员 CATIA 学习教程和参考书，也可作为大中专院校的学生和各类培训学校学员的 CAD/CAM 课程上课或上机练习教材。

写作环境

本书使用的操作系统为 Windows XP，对于 Windows7、Windows8、Windows10 操作版本也同样适用。本书采用的写作蓝本是 CATIA V5R20 中文版，对 CATIA V5R20 英文版也适用。

光盘使用

为方便读者练习，特将本书所有已完成的实例、配置文件等放入随书附赠的光盘中，读者在学习过程中可以打开这些实例文件进行操作和练习。

本书附多媒体 DVD 光盘，建议读者在学习本书前，先将 DVD 光盘中的所有文件复制到计算机硬盘的 D 盘中，在 D 盘上 catins20 目录下共有 2 个子目录。

（1）work 子目录：包含本书的全部已完成的实例文件。

（2）video 子目录：包含本书讲解中的视频录像文件（含语音讲解）。读者学习时，可在该子目录中按顺序查找所需的视频文件。

光盘中带有“ok”扩展名的文件或文件夹表示已完成的范例。

本书约定

- 本书中有关鼠标操作的简略表述说明如下。
  - ☑ 单击：将鼠标指针移至某位置处，然后按一下鼠标的左键。
  - ☑ 双击：将鼠标指针移至某位置处，然后连续快速地按两次鼠标的左键。
  - ☑ 右击：将鼠标指针移至某位置处，然后按一下鼠标的右键。
  - ☑ 单击中键：将鼠标指针移至某位置处，然后按一下鼠标的中键。
  - ☑ 滚动中键：只是滚动鼠标的中键，而不能按中键。
  - ☑ 选择（选取）某对象：将鼠标指针移至某对象上，单击以选取该对象。
  - ☑ 拖移某对象：将鼠标指针移至某对象上，然后按下鼠标的左键不放，同时移动鼠标，将该对象移动到指定的位置后再松开鼠标的左键。
- 本书中的操作步骤分为 Task、Stage 和 Step 三个级别，说明如下。

☑ 对于一般的软件操作，每个操作步骤以 Step 字符开始。

☑ 每个 Step 操作视其复杂程度，其下面可含有多级子操作，例如 Step1 下可能包含（1）、（2）、（3）等子操作，（1）子操作下可能包含①、②、③等子操作，①子操作下可能包含 a）、b）、c）等子操作。

☑ 如果操作较复杂，需要几个大的操作步骤才能完成，则每个大的操作冠以 Stage1、Stage2、Stage3 等，Stage 级别的操作下再分 Step1、Step2、Step3 等操作。

☑ 对于多个任务的操作，则每个任务冠以 Task1、Task2、Task3 等，每个 Task 操作下则可包含 Stage 和 Step 级别的操作。

- 由于已建议读者将随书光盘中的所有文件复制到计算机硬盘的 D 盘中，所以书中在要求设置工作目录或打开光盘文件时，所述的路径均以“D：”开始。

技术支持

本书是根据北京兆迪科技有限公司给国内外一些著名公司（含国外独资和合资公司）编写的培训案例整理而成的，具有很强的实用性。该公司专门从事 CAD/CAM/CAE 技术的研究、开发、咨询及产品设计与制造服务，并提供 CATIA、Ansys、Adams 等软件的专业培训及技术咨询，读者在学习本书的过程中如果遇到问题，可通过访问该公司的网站 http://www.zalldy.com 来获得技术支持。咨询电话：010-82176248，010-82176249。

目　　录

第 1 章

二维草图设计实例

本章主要包含如下内容：

- 实例 1 二维草图设计 01
- 实例 2 二维草图设计 02
- 实例 3 二维草图设计 03
- 实例 4 二维草图设计 04
- 实例 5 二维草图设计 05
- 实例 6 二维草图设计 06
- 实例 7 二维草图设计 07
- 实例 8 二维草图设计 08
- 实例 9 二维草图设计 09
- 实例 10 二维草图设计 10

实例 1 二维草图设计 01

实例概述：

本实例从新建一个草图开始，详细介绍了草图的绘制、编辑和标注的过程，从这个简单的草绘实例中可以使读者掌握在 CATIA 中创建二维草绘的一般过程和技巧。本实例所绘制的草图如图 1.1 所示，其绘制过程如下。

Step1．新建一个零件文件，文件名为 SPSK1。

Step2．选取 xy 平面作为草绘平面，绘制图 1.2 所示的轮廓。

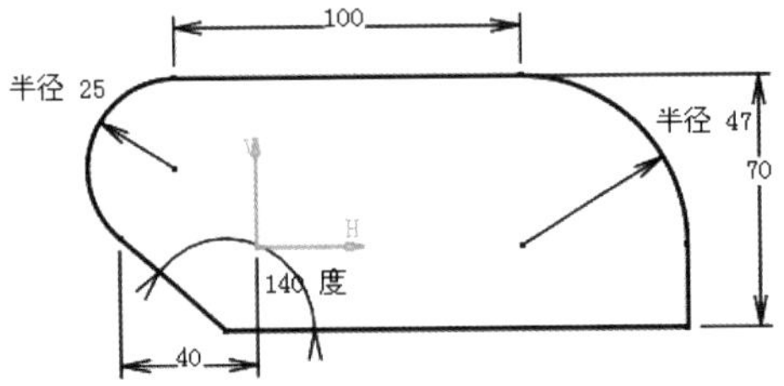

图 1.1　草图 1

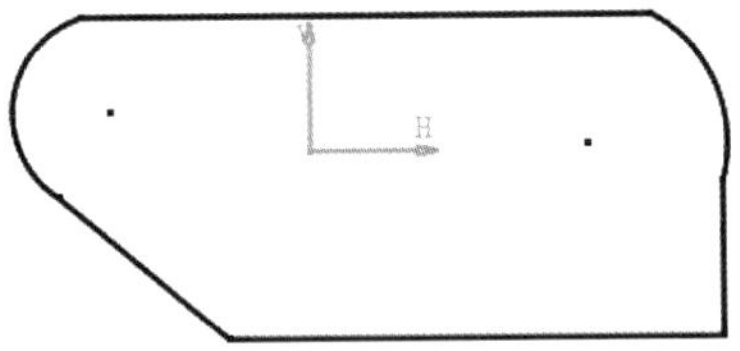

图 1.2　草图轮廓

Step3．添加图 1.3 所示的直线 1 和圆弧 1 的相切约束，直线 2 和圆弧 2 的相切约束。

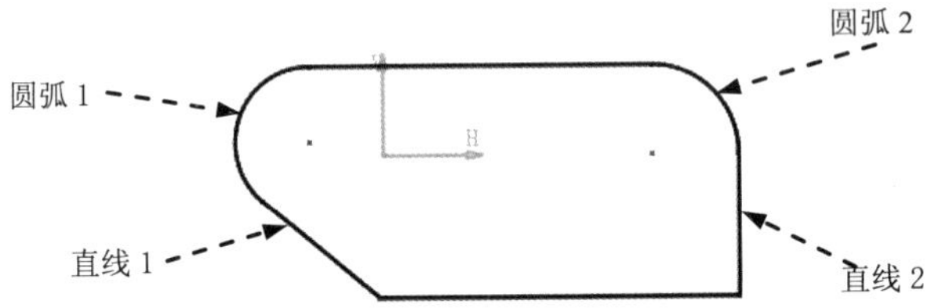

图 1.3　添加相切约束

Step4. 标注图 1.4 所示的两条圆弧的半径及直线 1 和直线 3 之间的角度值。

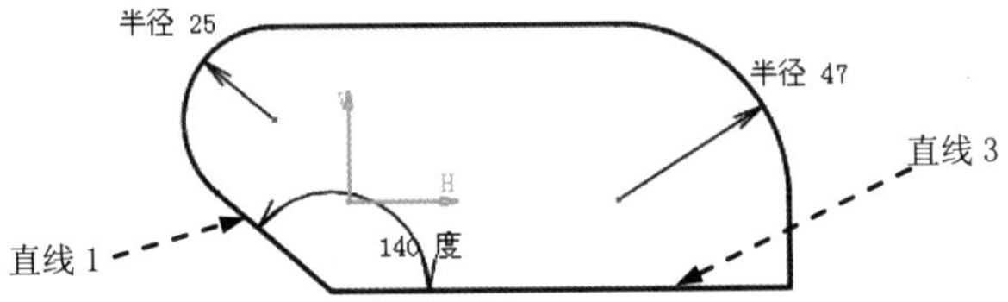

图 1.4　标注半径和角度值

Step5. 标注图 1.5 所示的水平尺寸。

Step6. 标注图 1.6 所示的竖直尺寸。

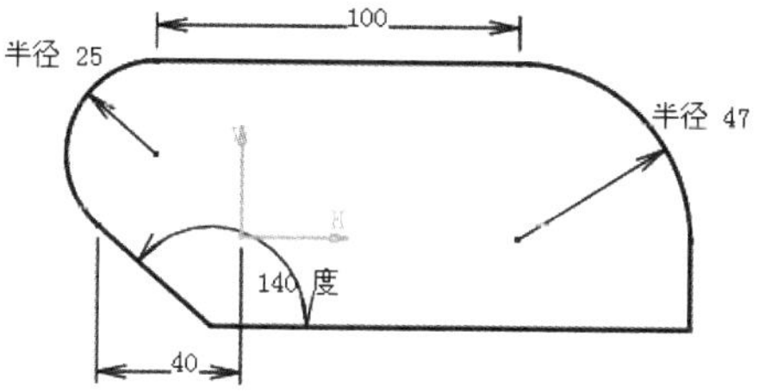

图 1.5　标注水平尺寸

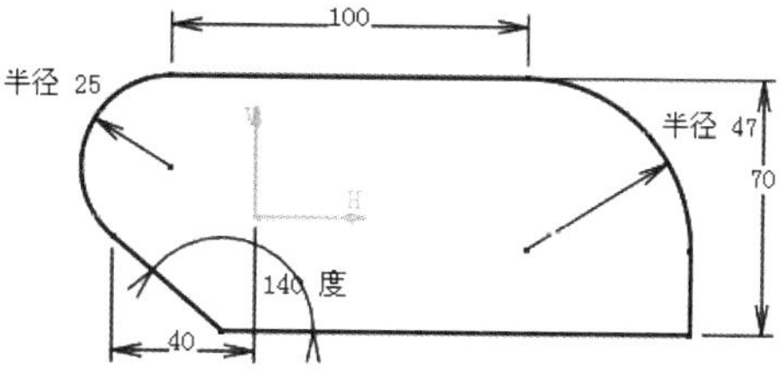

图 1.6　标注竖直尺寸

Step7. 约束草图上的点与水平 H 轴相合，如图 1.7 所示。

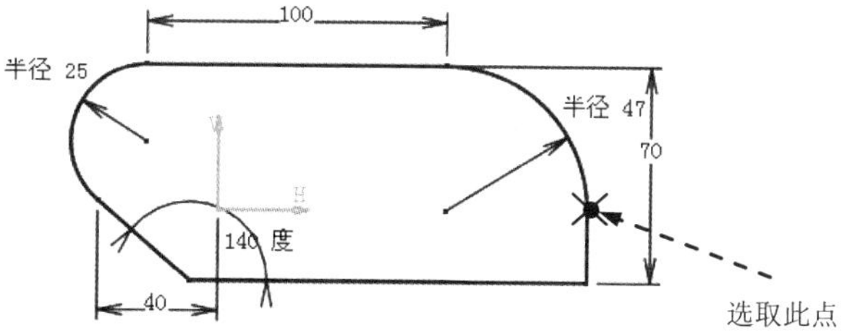

图 1.7　约束相合

Step8. 保存零件模型。选择下拉菜单 文件 → 保存 命令，即可保存零件模型。

实例 2　二维草图设计 02

实例概述：

本实例从新建一个草图开始，详细介绍了草图的绘制、编辑和标注的一般过程。通过本实例的学习，要重点掌握草图修剪、镜像命令的使用和技巧。本实例所绘制的草图如图 2.1 所示，其绘制过程如下。

Step1. 新建一个零件文件，文件名为 SPSK2。

Step2. 选取 xy 平面作为草绘平面，绘制图 2.2 所示的轮廓。

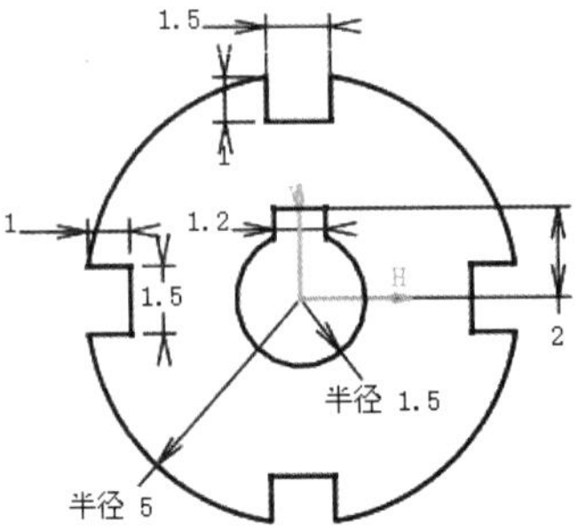

图 2.1　草绘设计 02

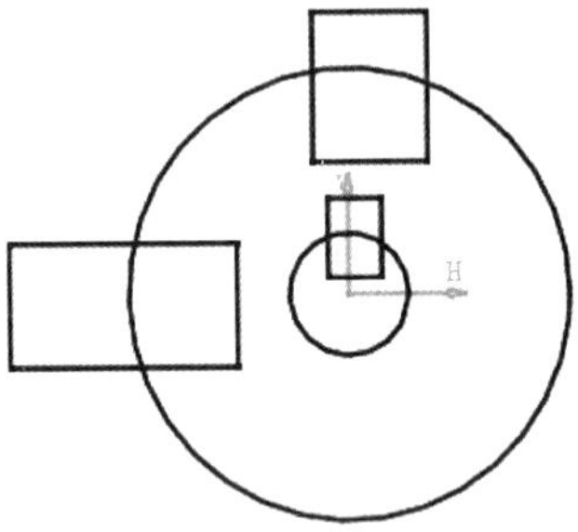

图 2.2　草图轮廓

Step3. 添加修剪操作。选择下拉菜单 插入 → 操作 → 重新限定 → 快速修剪 命令；选取图 2.2 所示的修剪的部分，修剪后的图形如图 2.3 所示。

Step4. 添加图 2.4 所示的对称约束。

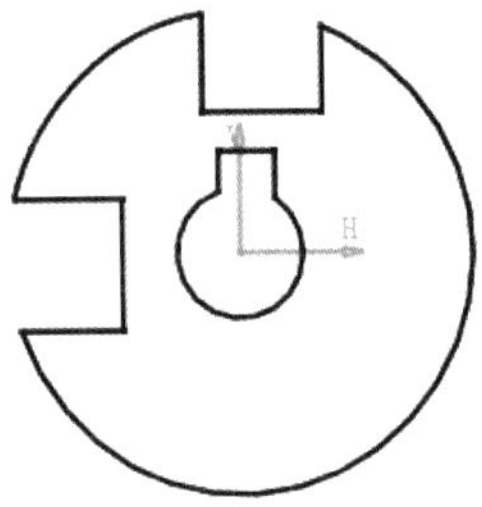

图 2.3　修剪草图

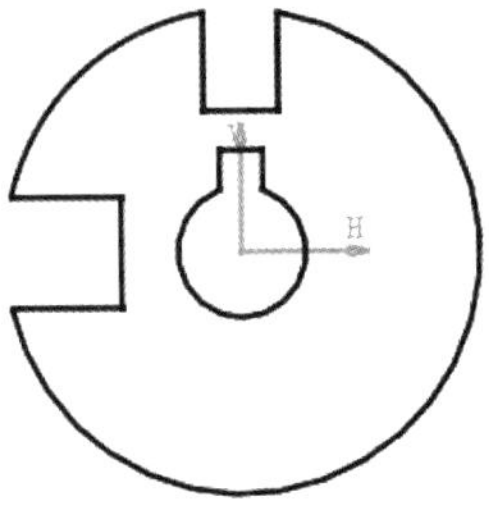

图 2.4　添加对称约束

Step5. 添加图 2.5 所示的水平约束。选择下拉菜单 插入 → 约束 ▸ → 约束创建 → 约束 命令；标注图中的各直线尺寸。

Step6. 添加图 2.6 所示的竖直约束。选择下拉菜单 插入 → 约束 ▸ → 约束创建 → 约束 命令；标注图中的各直线尺寸。

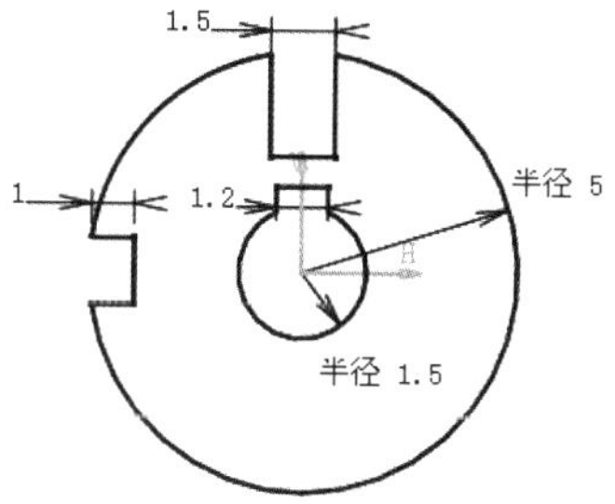

图 2.5　添加水平约束

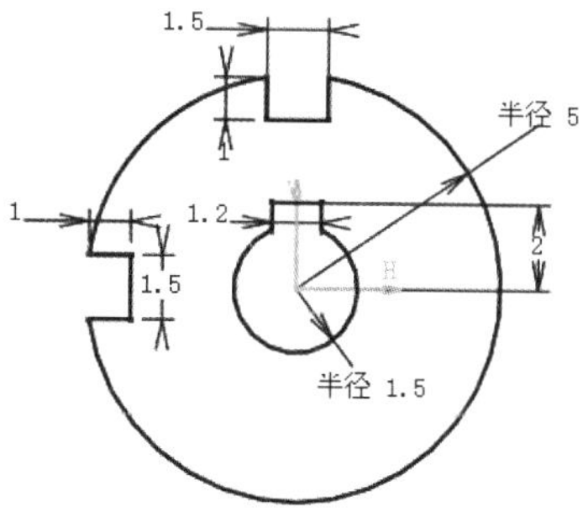

图 2.6　添加竖直约束和半径约束

Step7. 创建图 2.7 所示的镜像。选择下拉菜单 插入 → 操作 → 变换 → 镜像 命令；选择水平 H 轴作为镜像中心线。

Step8. 创建图 2.8 所示的镜像。选择下拉菜单 插入 → 操作 → 变换 → 镜像 命令；选择竖直 V 轴作为镜像中心线。

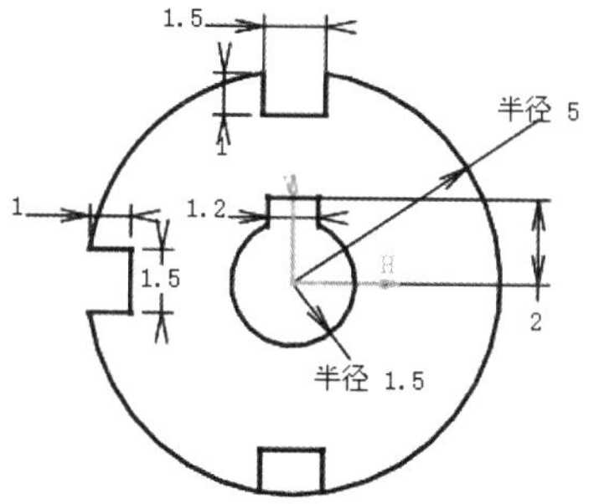

图 2.7　镜像

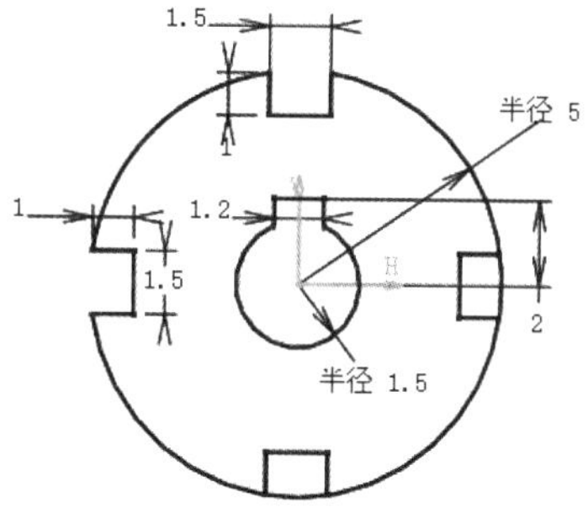

图 2.8　镜像

Step9. 添加修剪操作。选择下拉菜单 插入 → 操作 → 重新限定 → 快速修剪 命令；选取图 2.8 所示的修剪的部分，修剪后的图形如图 2.9 所示。

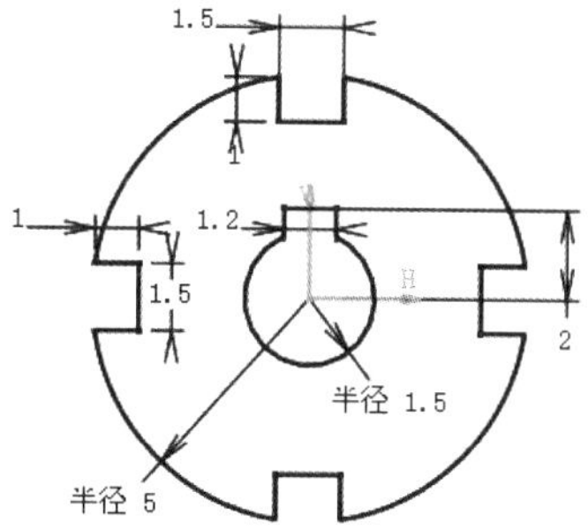

图 2.9　修剪草图

Step10. 保存零件模型。选择下拉菜单 文件 → 保存 命令，即可保存零件模型。

实例 3　二维草图设计 03

实例概述：

本实例详细介绍了草图的绘制、编辑和标注的一般过程，通过本实例的学习，要重点掌握相切约束、相等约束和对称约束的使用方法及技巧。本实例所绘制的草图如图 3.1 所示，其绘制过程如下。

Step1. 新建一个零件文件，文件名为 SPSK3。

Step2. 选取 xy 平面作为草绘平面，绘制图 3.2 所示的轮廓。

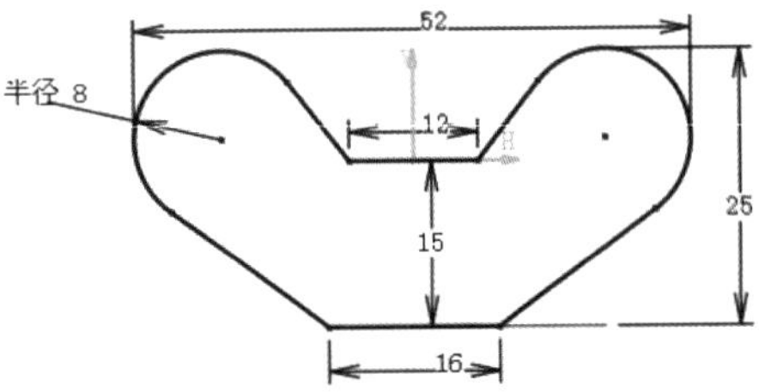

图 3.1　草绘设计 03

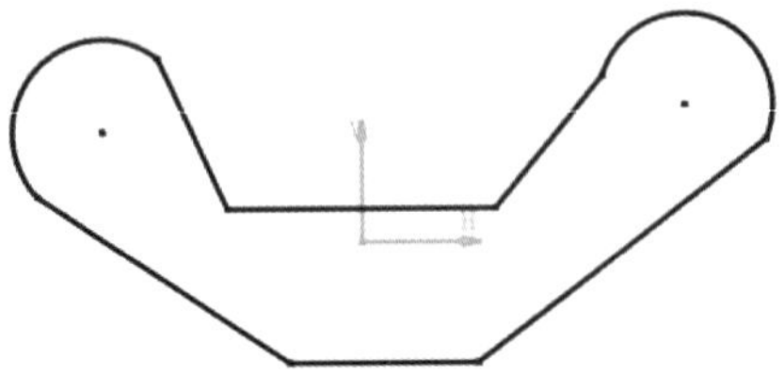

图 3.2　草图轮廓

Step3. 添加图 3.3 所示的相切约束。

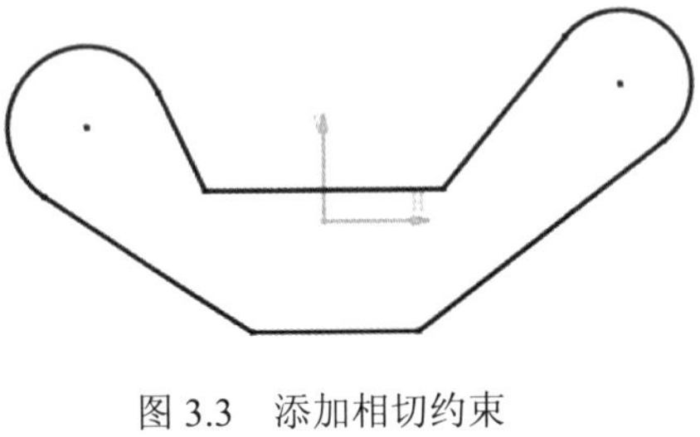

图 3.3　添加相切约束

Step4. 添加图 3.4b 所示两个点的对称约束。

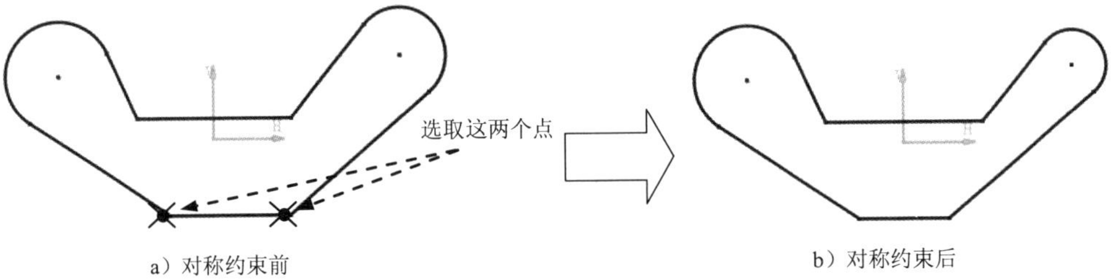

a）对称约束前　　b）对称约束后

图 3.4　添加对称约束

Step5. 参照步骤 Step4 可以创建图 3.5 所示的其他点的对称约束，同时约束图 3.5 中的直线 1 与水平 H 轴相合。

Step6. 添加图 3.6 所示的竖直约束。选择下拉菜单 插入 → 约束 ▸ → 约束创建 → 约束 命令；标注图中的各竖直尺寸。

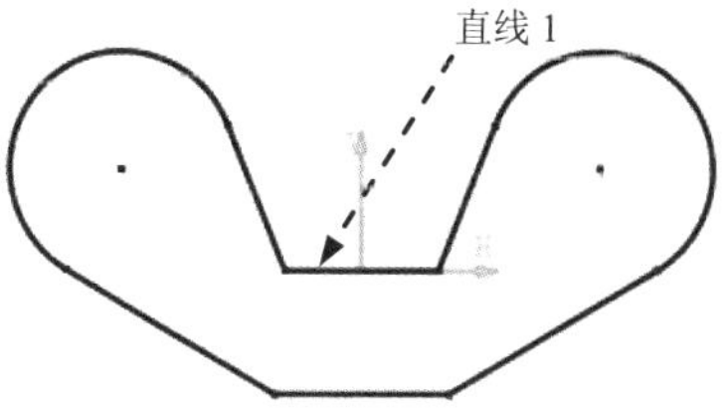

图 3.5　添加对称约束

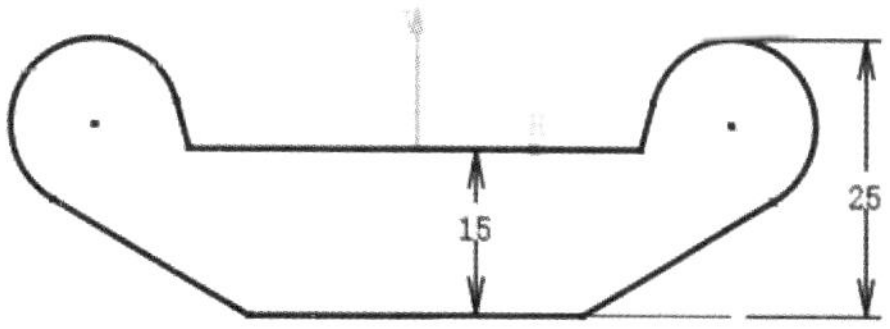

图 3.6　添加竖直约束

Step7. 添加图 3.7 所示的水平约束。选择下拉菜单 插入 → 约束 ▸ → 约束创建 → 约束 命令；标注图中的各水平尺寸。

Step8. 添加图 3.8 所示的半径约束。选择下拉菜单 插入 → 约束 ▸ → 约束创建 → 约束 命令；标注图中的半径尺寸。

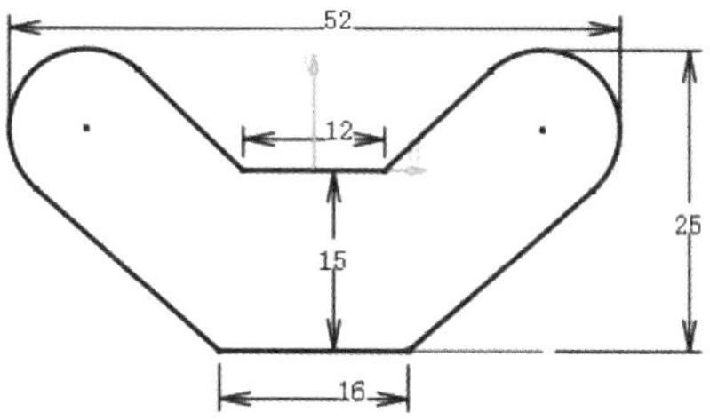

图 3.7　添加水平约束

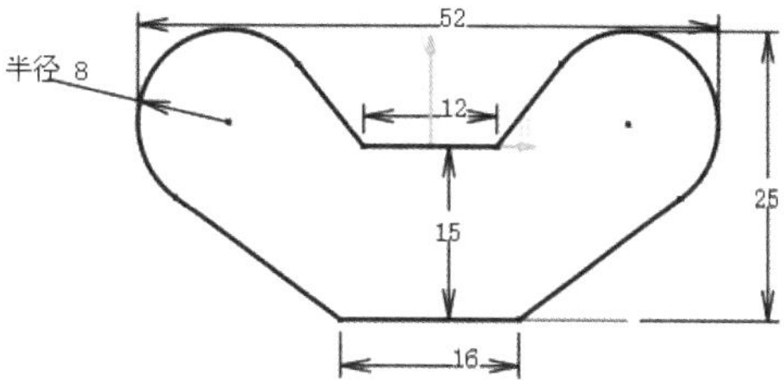

图 3.8　添加半径约束

Step9. 保存零件模型。选择下拉菜单 文件 → 保存 命令，即可保存零件模型。

实例4　二维草图设计04

实例概述：

通过本实例的学习，要重点掌握相等约束的使用方法和技巧，另外要注意对于对称图形，要尽量使用草图镜像功能进行绘制。本实例所绘制的草图如图4.1所示，其绘制过程如下。

Step1. 新建一个零件文件，文件名为SPSK4。

Step2. 选取xy平面作为草绘平面，绘制图4.2所示的轮廓。

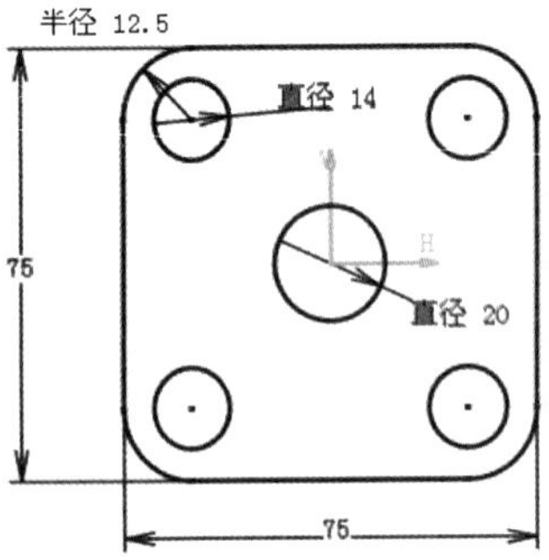

图4.1　草图设计04

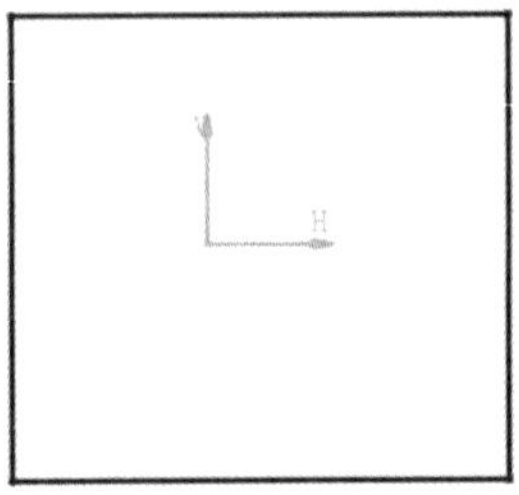

图4.2　草图轮廓

Step3. 添加图4.3所示的相切约束，使草图分别关于水平和竖直轴线对称。

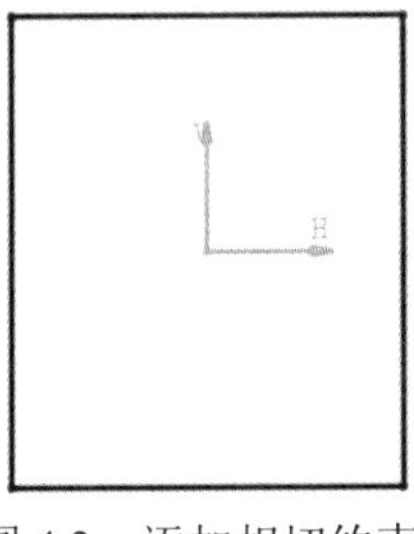

图4.3　添加相切约束

Step4. 添加图4.4b所示的圆角。选择下拉菜单 插入 → 操作 → 圆角 命令；标注图中的圆角。

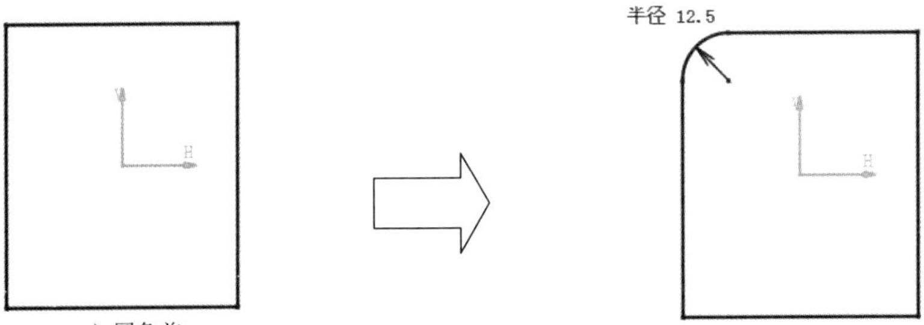

a）圆角前　　b）圆角后

图4.4　倒圆角

Step5. 绘制图 4.5 所示的圆。选择下拉菜单 插入 → 轮廓 → 圆 → 圆 命令；绘制图 4.5 所示的圆。

Step6. 添加图 4.6 所示的镜像操作。选择下拉菜单 插入 → 操作 → 变换 → 镜像 命令。

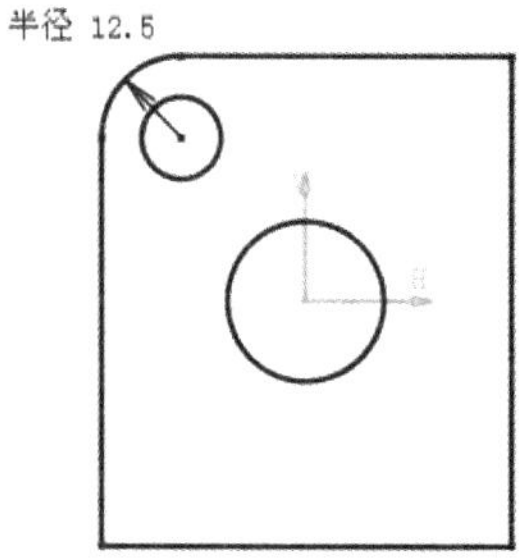

图 4.5　绘制草图

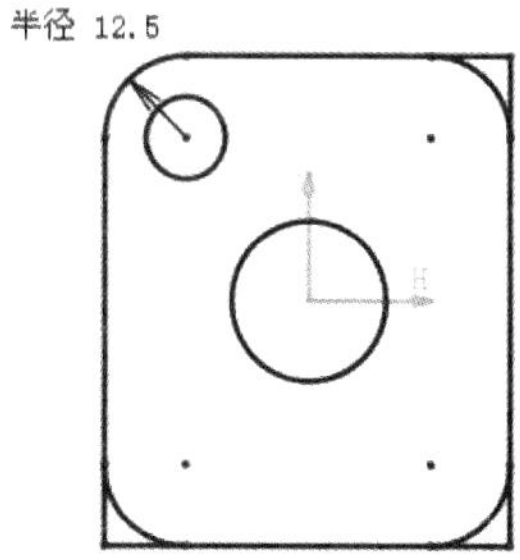

图 4.6　镜像

Step7. 添加修剪操作。选择下拉菜单 插入 → 操作 → 重新限定 → 快速修剪 命令；选取图 4.7a 所示的修剪的部分，修剪后的图形如图 4.7b 所示。

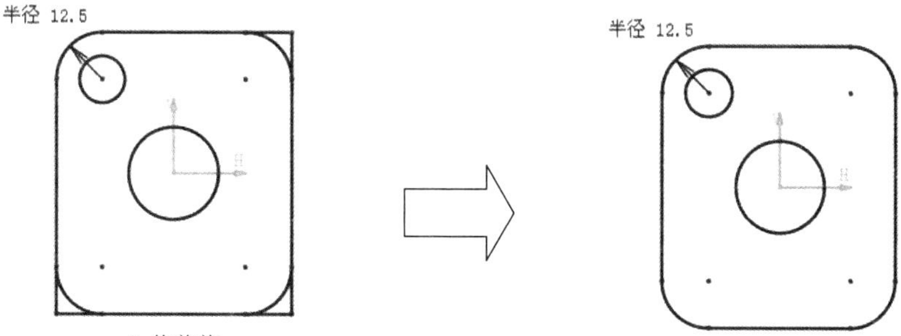

a）修剪前

b）修剪后

图 4.7　修剪

Step8. 添加图 4.8 所示的竖直约束。选择下拉菜单 插入 → 约束 ▸ → 约束创建 → 约束 命令；标注图中的竖直尺寸。

Step9. 添加图 4.9 所示的水平约束。选择下拉菜单 插入 → 约束 ▸ → 约束创建 → 约束 命令；标注图中的水平尺寸。

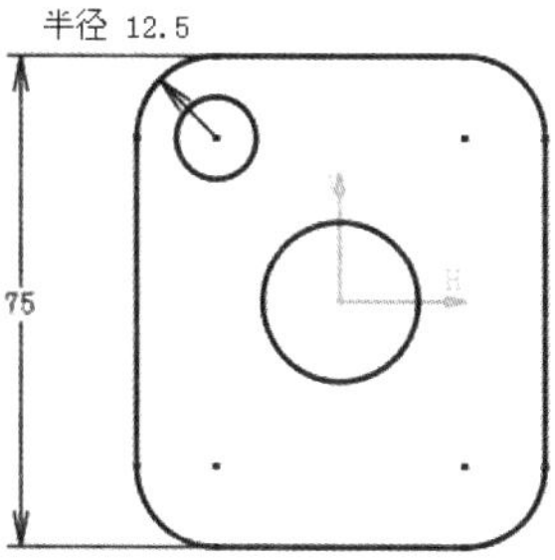

图 4.8　添加竖直约束

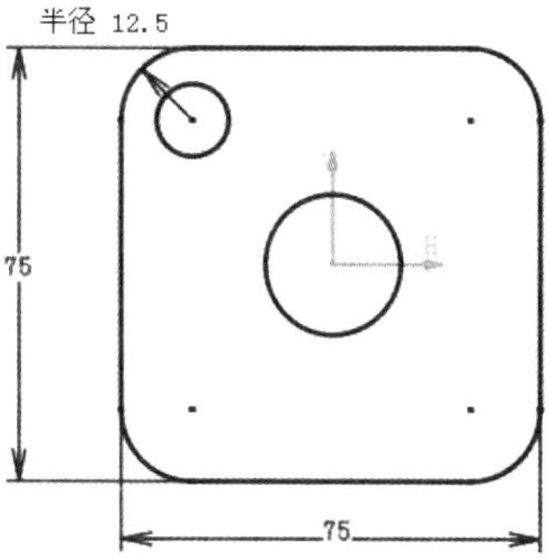

图 4.9　添加水平约束

Step10. 添加图 4.10 所示的直径约束。选择下拉菜单 插入 → 约束 ▸ → 约束创建 → 约束 命令；标注图中圆的直径尺寸。

Step11. 添加图 4.11 所示的镜像操作。选择下拉菜单 插入 → 操作 → 变换 → 镜像 命令。

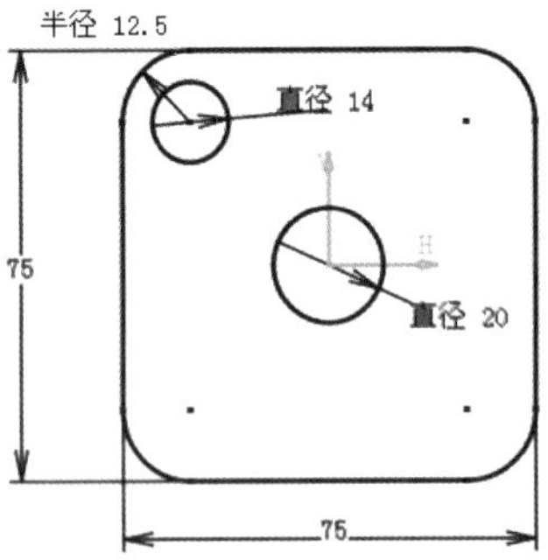

图 4.10 添加直径约束

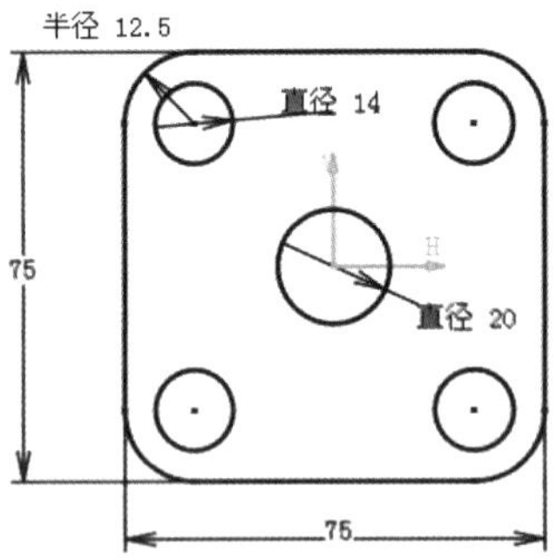

图 4.11 镜像

Step12. 保存零件模型。选择下拉菜单 文件 → 保存 命令，即可保存零件模型。

实例 5　二维草图设计 05

实例概述：

通过本实例的学习，要重点掌握圆弧与圆弧连接的技巧，另外要注意在勾勒图形的大概形状时，要避免系统创建无用的几何约束。本实例所绘制的草图如图 5.1 所示，其绘制过程如下。

Step1. 新建一个零件文件，文件名为 SPSK5。

Step2. 选取 xy 平面作为草绘平面，关闭几何约束显示。绘制图 5.2 所示的轮廓。

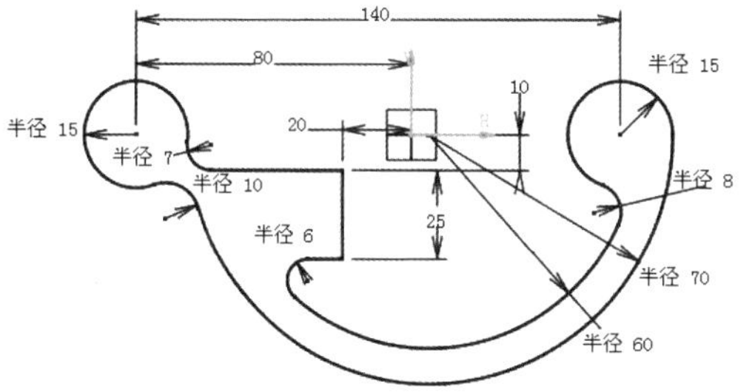

图 5.1　草图设计 05

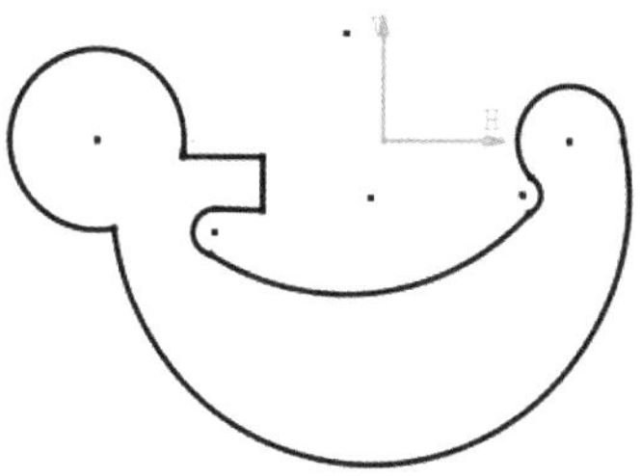

图 5.2　草图轮廓

Step3. 添加图 5.3 所示的相切约束。

Step4. 添加图 5.4 所示的相合约束。分别约束图 5.4 中的圆心 1 和圆心 2 与水平 H 轴相合。

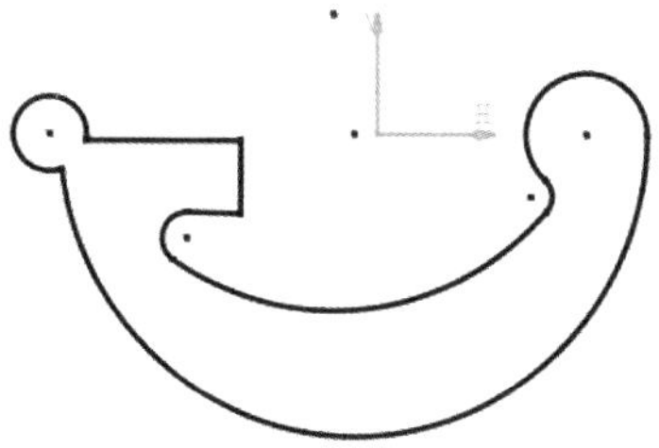

图 5.3　添加相切约束

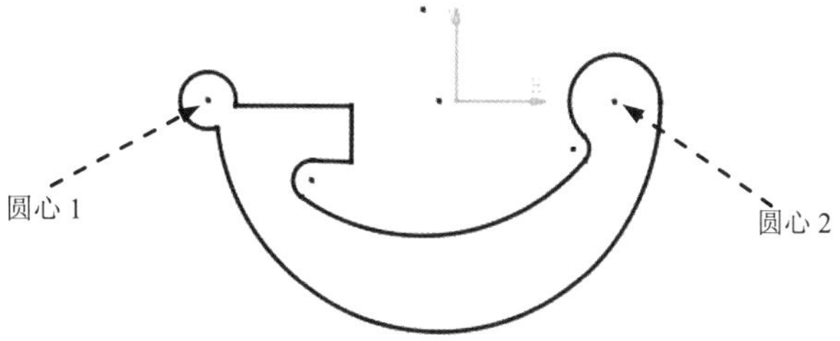

图 5.4　添加相合约束

Step5. 绘制图 5.5 所示的圆角。选择下拉菜单 插入 → 操作 → 圆角 命令；标注图中的圆角。

Step6. 添加图 5.6 所示的同心度。约束图 5.6 所示的圆 1 和圆 2 的圆心同心。

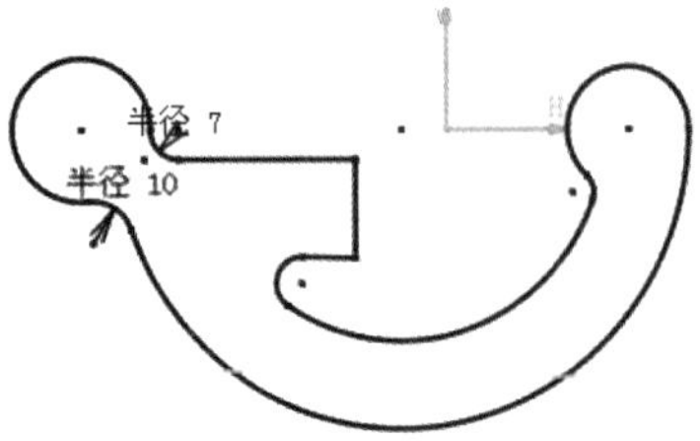

图 5.5　倒圆角

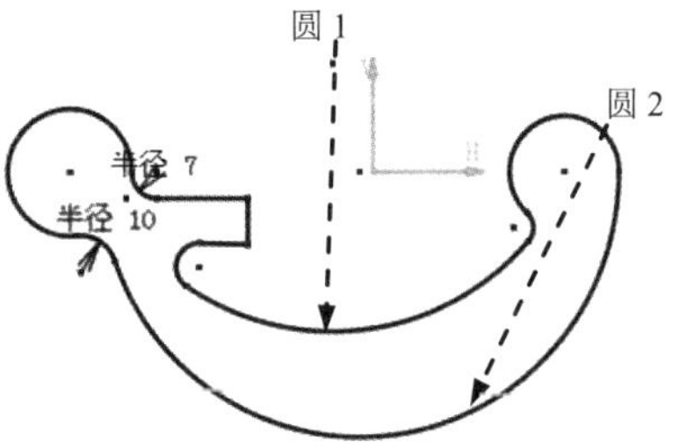

图 5.6　添加同心度

Step7. 添加图 5.7 所示的水平约束。选择下拉菜单 插入 → 约束 ▸ → 约束创建 → 约束 命令；标注图中的水平尺寸。

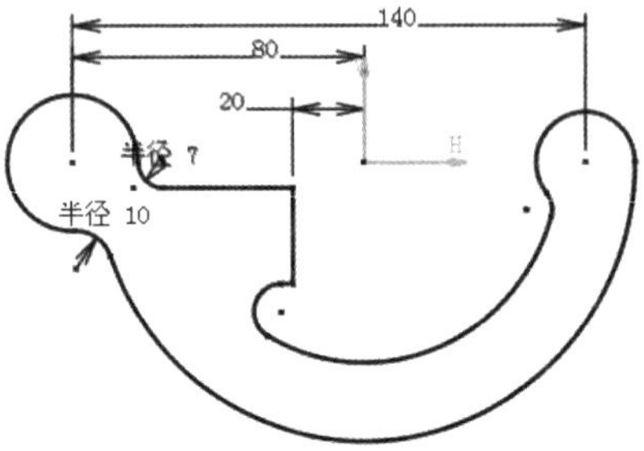

图 5.7　添加水平约束

Step8. 添加图 5.8 所示的竖直约束。选择下拉菜单 插入 → 约束 ▸ → 约束创建 → 约束 命令；标注图中的竖直尺寸。

Step9. 添加图 5.9 所示的半径约束。选择下拉菜单 插入 → 约束 ▸ → 约束创建 → 约束 命令；标注图中的半径尺寸。

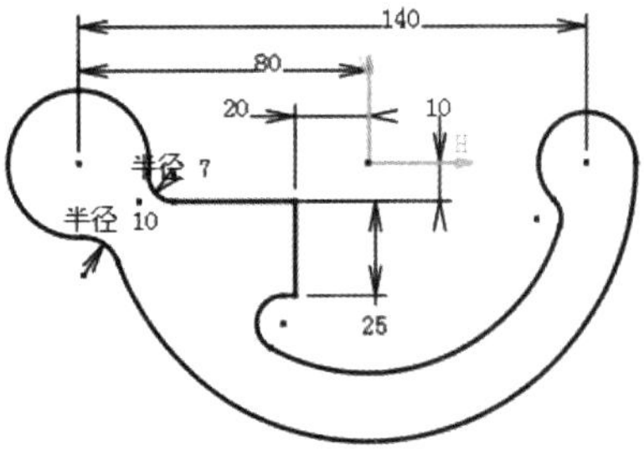

图 5.8　添加竖直约束

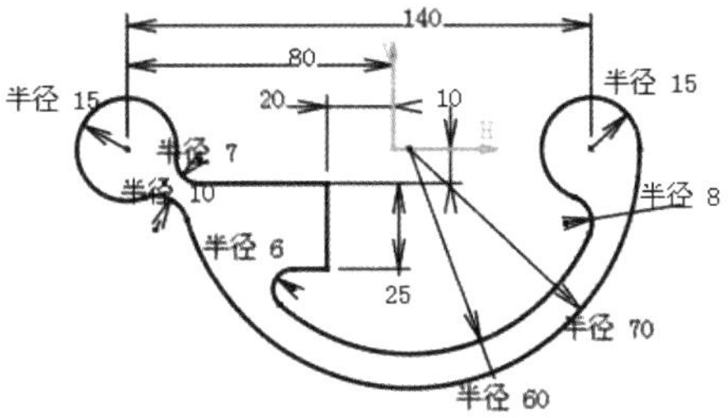

图 5.9　添加半径约束

Step10. 保存零件模型。选择下拉菜单 文件 → 保存 命令，即可保存零件模型。

实例 6　二维草图设计 06

实例概述：

本实例先绘制出图形的大概轮廓，然后对草图进行约束和标注。图形如图 6.1 所示，其绘制过程如下。

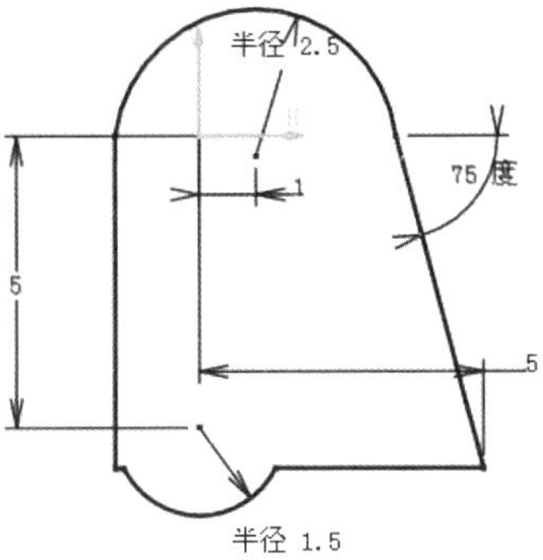

图 6.1　草图设计 06

Step1. 新建一个零件文件，文件名为 SPSK6。

Step2. 选取 xy 平面作为草绘平面，关闭几何约束显示。绘制图 6.2 所示的轮廓。

Step3. 添加图 6.3 所示的相切约束和竖直约束。

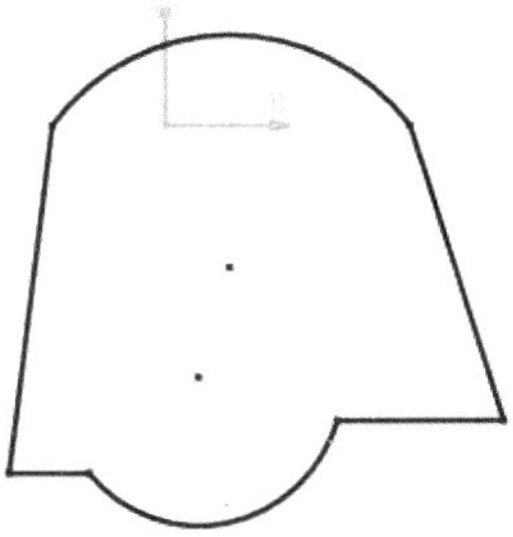

图 6.2　草图轮廓

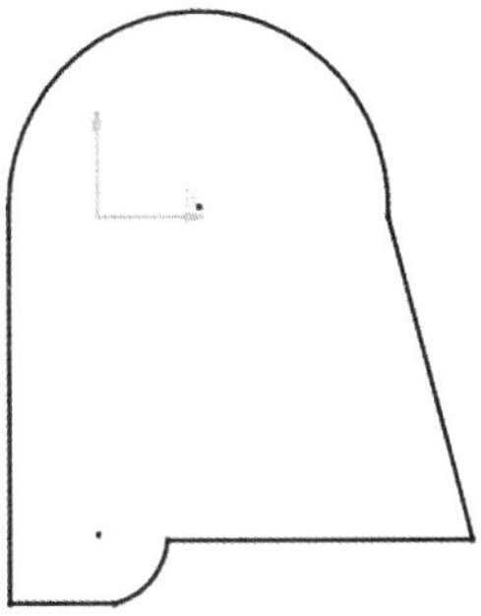

图 6.3　添加相切、竖直约束

Step4. 添加图 6.4 所示的角度约束。选择下拉菜单 插入 → 约束 ▸ → 约束创建 → 约束 命令；标注图中的角度尺寸。

Step5. 添加图 6.5 所示的半径约束。选择下拉菜单 插入 → 约束 ▸ → 约束创建 → 约束 命令；标注图中的半径尺寸。

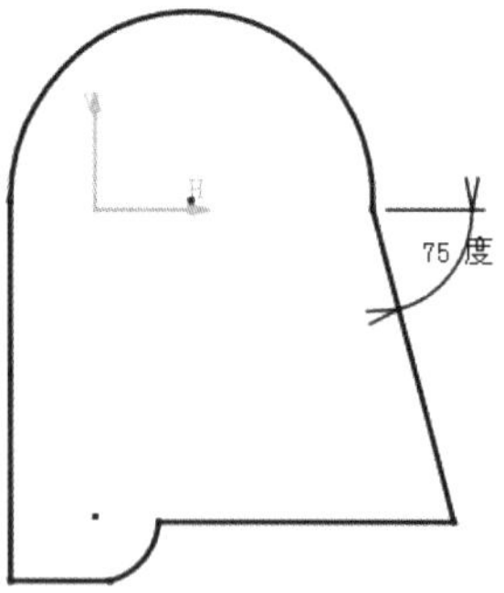

图 6.4　添加角度约束

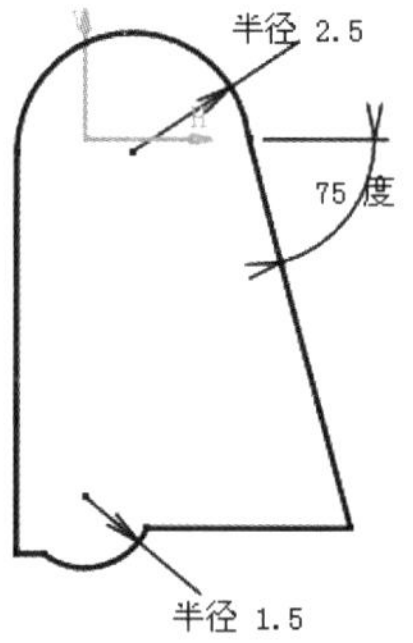

图 6.5　添加半径约束

Step6. 添加图 6.6 所示的水平约束。选择下拉列菜单 插入 → 约束 ▸ → 约束创建 → 约束 命令；标注图中的水平尺寸。

Step7. 添加图 6.7 所示的竖直约束。选择下拉菜单 插入 → 约束 ▸ → 约束创建 → 约束 命令；标注图中的竖直尺寸。

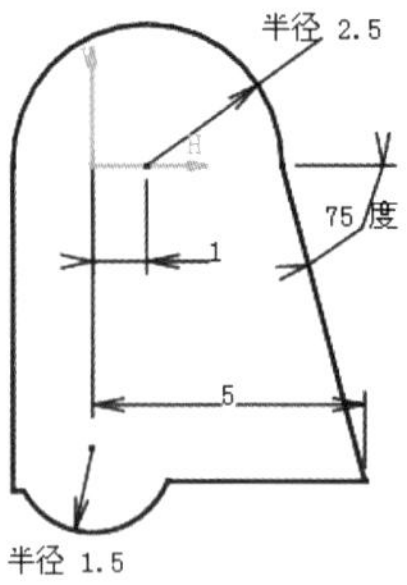

图 6.6　添加水平约束

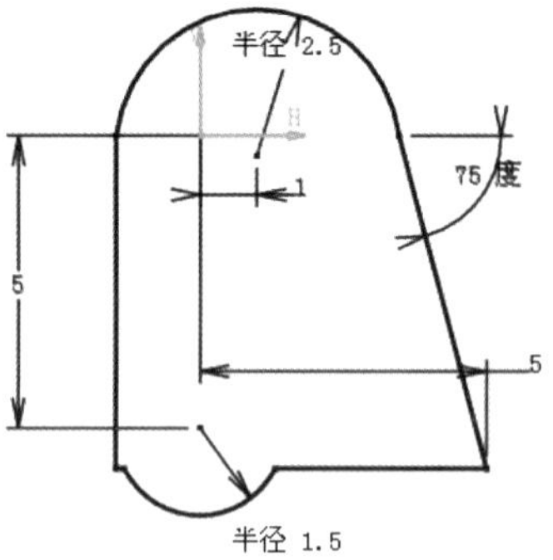

图 6.7　添加竖直约束

Step8. 保存零件模型。选择下拉菜单 文件 → 保存 命令，即可保存零件模型。

实例 7　二维草图设计 07

实例概述：

通过本实例的学习，要重点掌握绘制轮廓的顺序，另外本实例是一个较难的草图，配合使用了圆弧、相切圆弧、绘制圆角等命令。本实例所绘制的草图如图 7.1 所示，其绘制过程如下。

Step1．新建一个零件文件，文件名为 SPSK7。

Step2．选取 xy 平面作为草绘平面，并关闭尺寸约束显示和几何约束显示。

Step3．绘制草图。以原点为圆心绘制图 7.2 所示的圆，然后绘制图 7.3 所示的轮廓。

说明：注意图中圆弧的相切约束，熟练时可用相切弧来绘制。

Step4．添加约束。添加图 7.3 所示的圆弧 2 和直线 1 的相切约束，并约束圆弧 1 和圆弧 2 的切点与 V 轴相合。

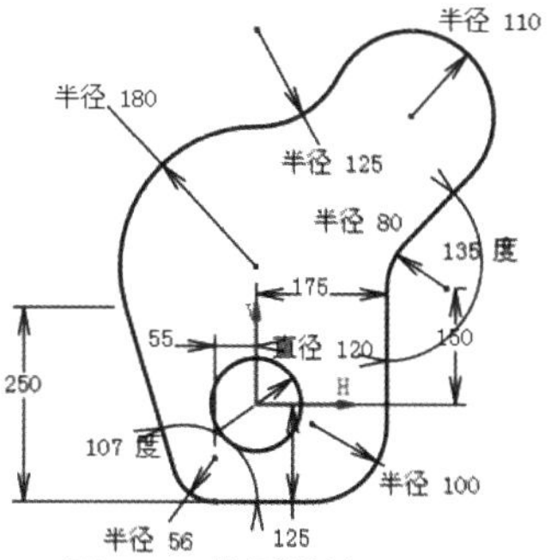

图 7.1　草图设计 07

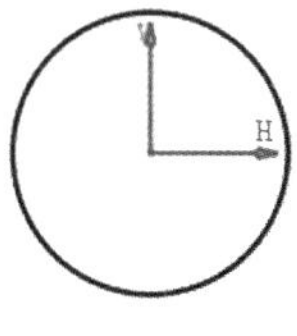
图 7.2　绘制圆

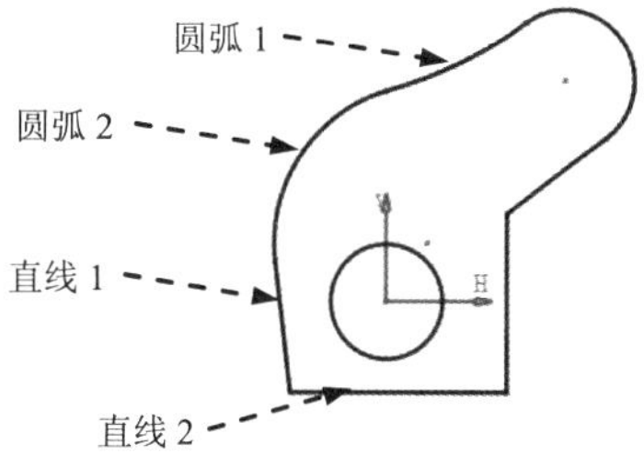

图 7.3　绘制轮廓

Step5．添加圆角操作。各圆角半径值如图 7.4 所示。

Step6．标注尺寸。

（1）标注图 7.5 所示的三条圆弧的半径及直线 1 和直线 2 之间的角度值。

（2）标注图 7.6 中圆心（半径为 56 的圆弧的圆心）到 V 轴的水平距离、图 7.5 中直线 2 到 V 轴的水平距离。

（3）标注图 7.3 中直线 1 和直线 2 之间的角度值，如图 7.6 所示。

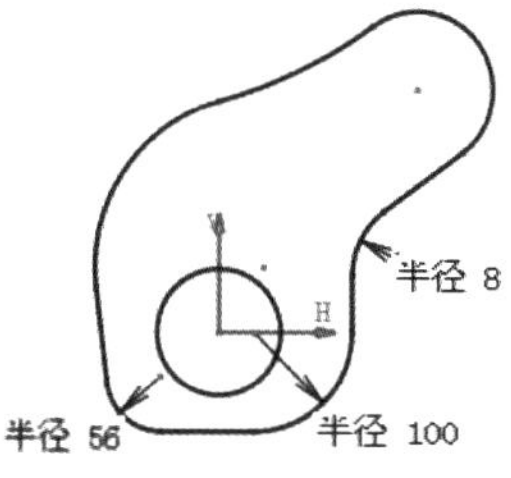

图 7.4　圆角操作

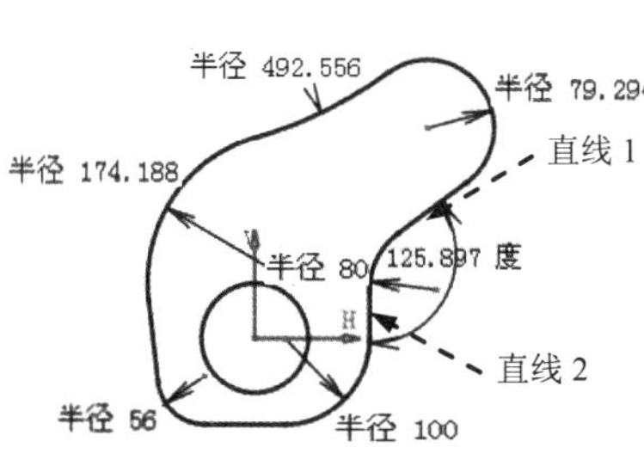

图 7.5　标注半径和角度值

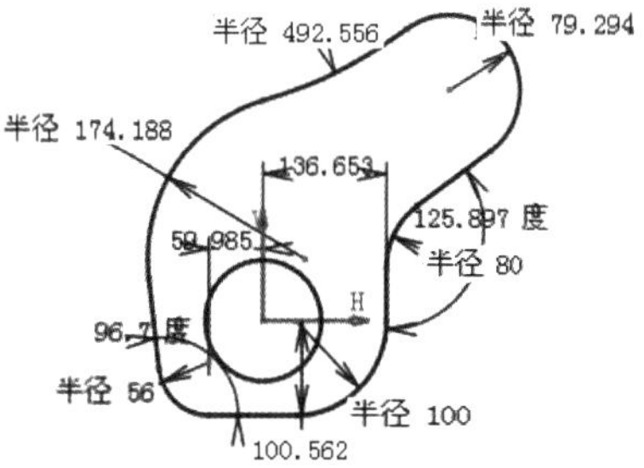

图 7.6　标注水平和垂直距离

（4）标注图 7.3 中直线 1 与圆弧 2 的切点到直线 2 的垂直距离，如图 7.7 所示。

（5）标注图 7.7 中圆心（半径为 80 的圆弧的圆心）到 H 轴的垂直距离。

（6）最后标注图 7.7 中圆心在原点上的圆的直径。

Step7．修改尺寸。修改后的最终图形如图 7.8 所示。

Step8．保存模型。

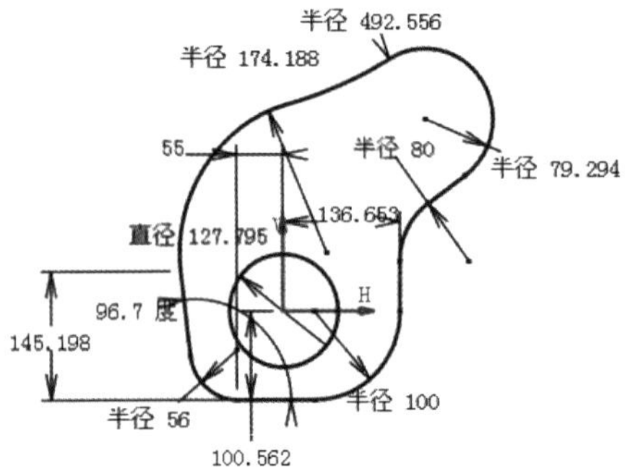

图 7.7　标注其余尺寸

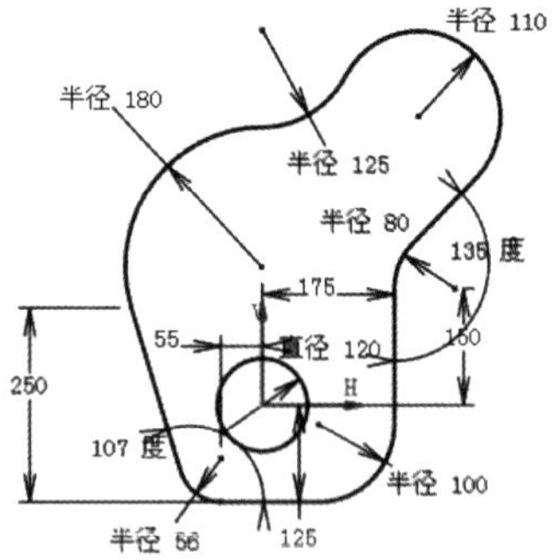

图 7.8　修改尺寸后的图形

实例 8　二维草图设计 08

实例概述：

本实例主要介绍图 8.1 所示的焊接板截面草图的绘制、编辑和标注。绘制草图的一般流程是先绘制截面轮廓，然后处理几何约束，再标注尺寸，尺寸标注完毕后，检查草图的约束状态，最后再修改尺寸到最终尺寸。下面详细介绍其创建过程。

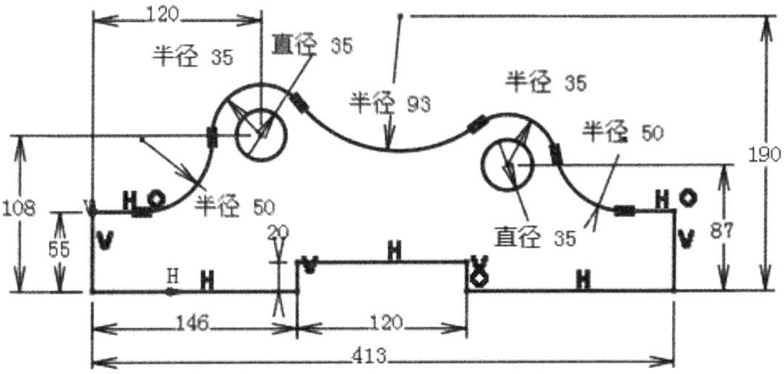

图 8.1　草图设计 08

Step1．新建一个草绘文件。

选择下拉菜单 文件 → 新建... 命令，弹出图.8.2 所示的“新建”对话框，在 类型列表： 中选择 Part 选项，单击 确定 按钮，系统弹出图 8.3 所示的“新建零件”对话框，在 输入零件名称 文本框中输入文件名 SPSK 8，单击 确定 按钮，进入零件设计工作台。

图 8.2　“新建”对话框

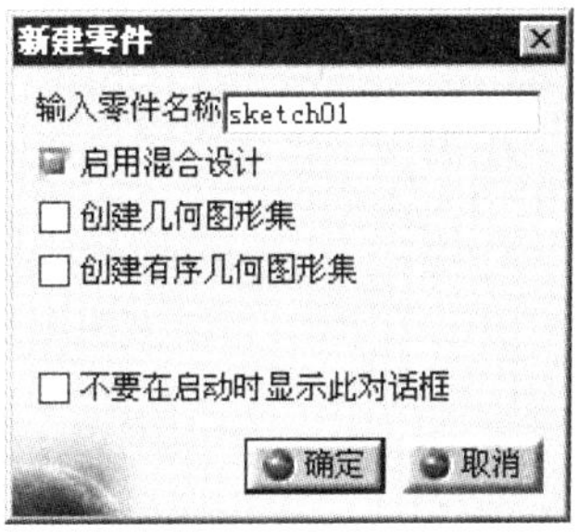

图 8.3　“新建零件”对话框

Step2．绘制草图前的准备工作。

（1）选择下拉菜单 插入 → 草图编辑器 ▸ → 草图 命令，在特征树中选择 xy 平面作为草图平面，系统进入草图设计工作台。

（2）确认“草图工具”工具条中的“几何约束”按钮和“尺寸约束”按钮显示橙色（即“几何约束”和“尺寸约束”处于开启状态）。

Step3．创建草图以勾勒出图形的大概轮廓。

选择下拉菜单 插入 → 轮廓 ▸ → 轮廓 命令，在图形区绘制图 8.4 所示的草图的大概轮廓。

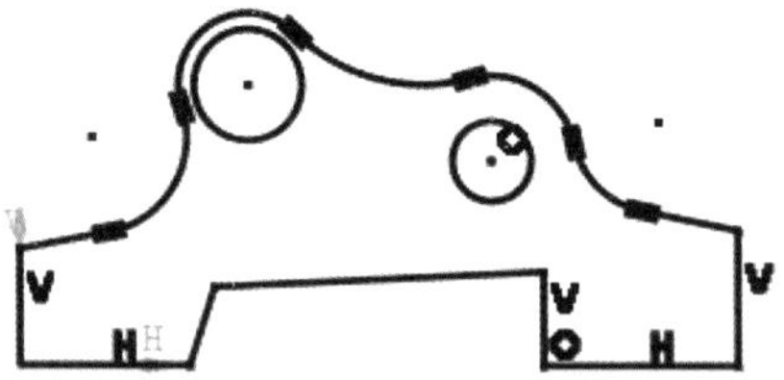

图 8.4　绘制草图的大概轮廓

Step4．添加几何约束。

选择下拉菜单 插入 → 约束 ▸ → 约束... 命令，在图形区添加图 8.5 所示的相合、水平、竖直等约束，删除无用约束。

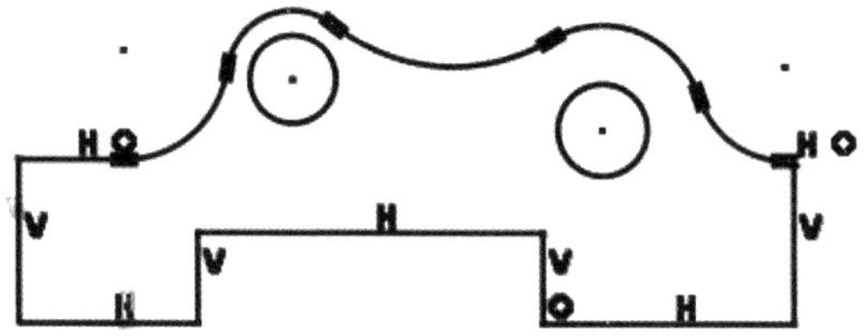

图 8.5　添加几何约束

Step5．添加尺寸约束。

在下拉菜单中选择 插入 → 约束 ▸ → 约束创建 ▸ → 约束 命令，在图形区添加图 8.6 所示的尺寸。

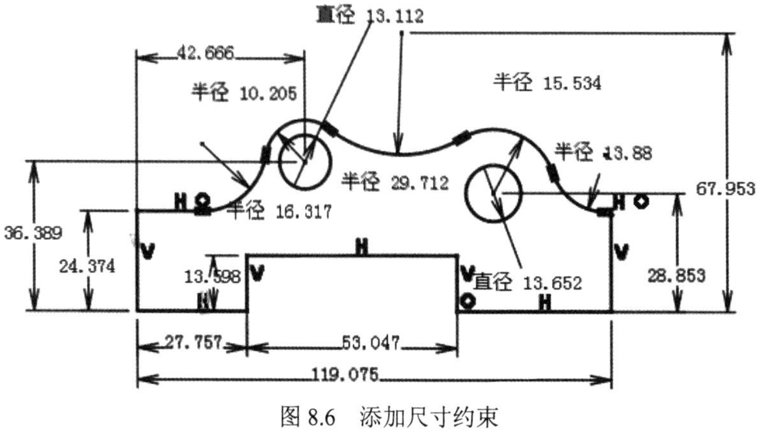

图 8.6　添加尺寸约束

Step6．修改尺寸至最终尺寸。

（1）选择下拉菜单 插入 → 约束 ▸ → 编辑多重约束 命令，系统弹出“编辑多重约束”对话框，图形区中的每一个尺寸约束和尺寸参数都出现在列表框中，对照图 8.1 所示的尺寸修改所有尺寸。

（2）草图绘制完毕，保存模型。

实例9　二维草图设计 09

实例概述：

通过本实例的学习，要重点掌握中心线的操作方法及技巧，在绘制一些较复杂的草图时，可绘制一条或多条中心线，以便更好、更快地调整草图。本实例的草图如图 9.1 所示，其绘制过程如下。

Step1. 新建一个零件文件，文件名为 SPSK9。

Step2. 选取 xy 平面作为草绘平面，关闭几何约束显示。绘制图 9.2 所示的轮廓。

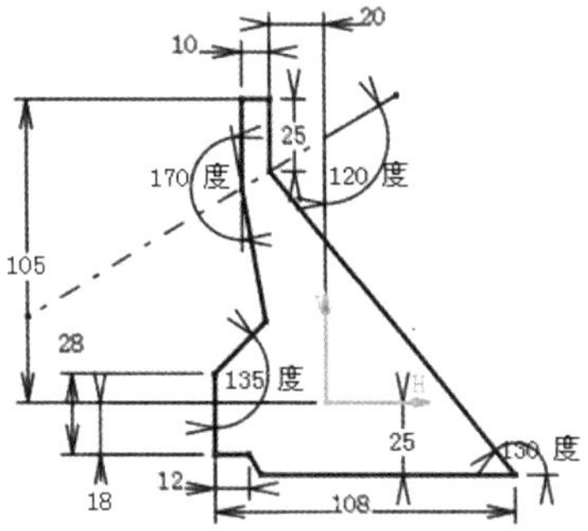

图 9.1　草图设计 09

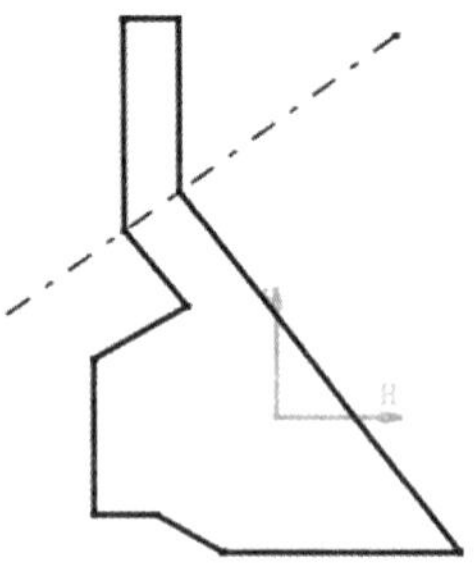

图 9.2　草图轮廓

Step3. 添加图 9.3 所示的角度约束。选择下拉菜单 插入 → 约束 ▸ → 约束创建 → 约束 命令；标注图中的角度。

Step4. 添加图 9.4 所示的水平约束。选择下拉菜单 插入 → 约束 ▸ → 约束创建 → 约束 命令；标注图中的水平尺寸。

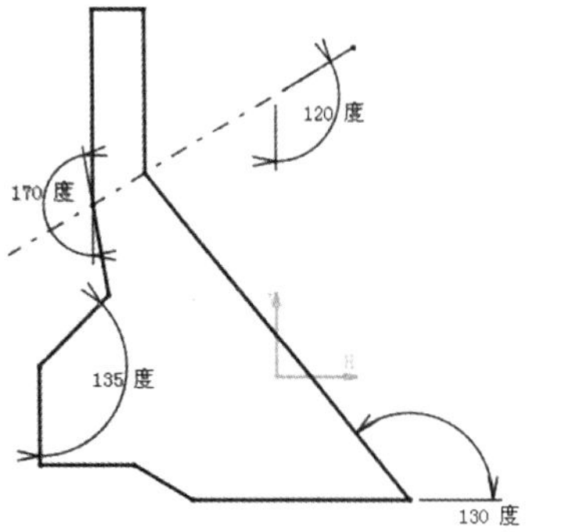

图 9.3　添加角度约束

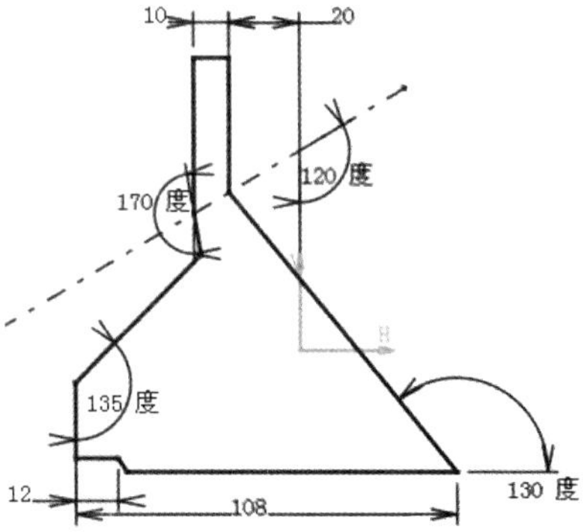

图 9.4　添加水平约束

Step5. 添加图 9.5 所示的竖直约束。选择下拉菜单 插入 → 约束 ▸ → 约束创建 → 约束 命令；标注图中的竖直尺寸。

Step6. 添加图 9.6 所示的垂直约束。选择图 9.6 中的直线 1 和直线 2，标注两条直线垂直。

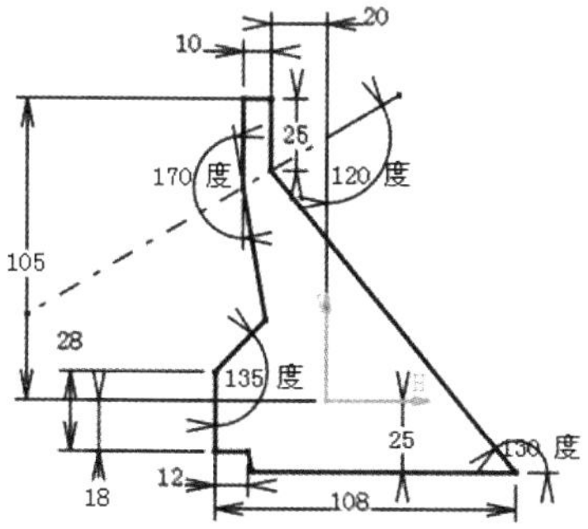

图 9.5　添加竖直约束

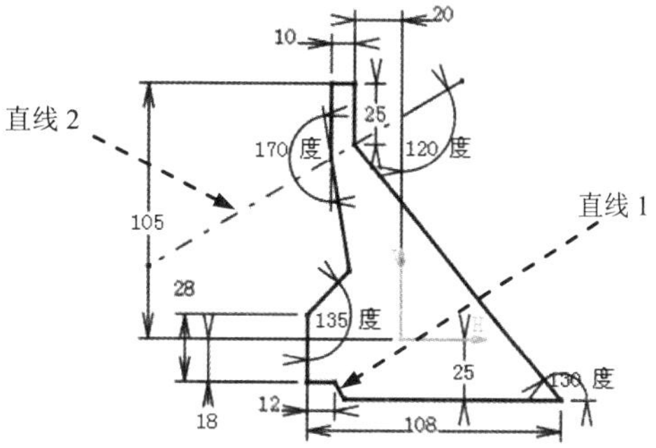

图 9.6　添加垂直约束

Step7. 保存零件模型。选择下拉菜单 文件 → 保存 命令，即可保存零件模型。

实例 10　二维草图设计 10

实例概述：

本实例主要讲解了一个比较复杂草图的创建过程。在创建草图时，首先需要注意绘制草图大概轮廓时的顺序，其次要尽量避免系统自动捕捉到不必要的约束。如果初次绘制的轮廓与目标草图轮廓相差很多，则要拖动最初轮廓到与目标轮廓较接近的形状。图形如图 10.1 所示，其绘制过程如下。

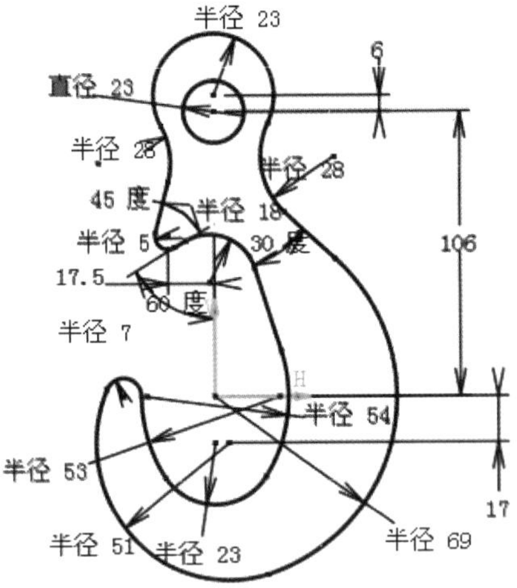

图 10.1　草图设计 10

Step1. 新建一个零件文件，文件名为 SPSK10。

Step2. 选取 xy 平面作为草绘平面，关闭几何约束显示。绘制图 10.2 所示的轮廓。

Step3. 绘制图 10.3 所示的圆弧。选择下拉菜单 插入 → 轮廓 → 圆 → 三点弧 命令；绘制图 10.3 所示的圆弧。

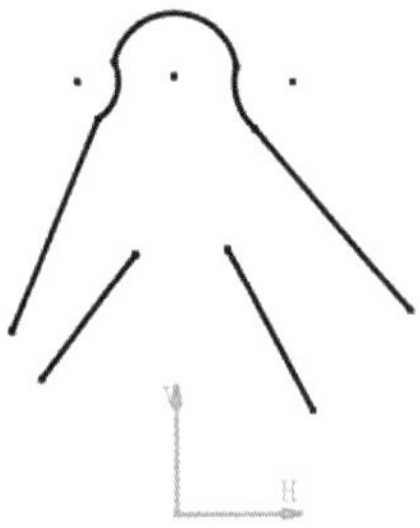

图 10.2　草图轮廓

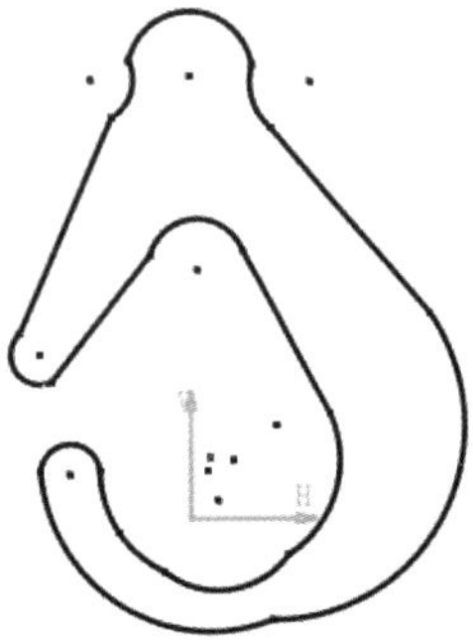

图 10.3　绘制草图

Step4. 添加图 10.4 所示的相切约束。

Step5. 添加图 10.5 所示的半径约束。选择下拉菜单 插入 → 约束 ▸ → 约束创建 → 约束 命令；标注图中的半径尺寸。

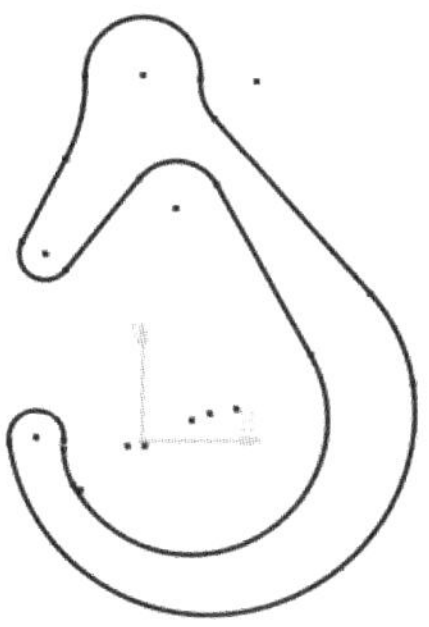

图 10.4　添加相切约束

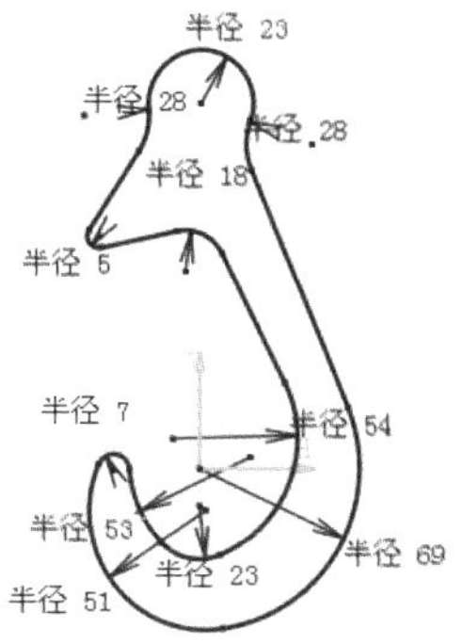

图 10.5　添加半径约束

Step6. 拖动草图至图 10.6 所示。

Step7. 选择下拉菜单 插入 → 轮廓 → 圆 → 圆 命令；绘制图 10.7 所示的圆弧；选择下拉菜单 插入 → 约束 ▸ → 约束创建 → 约束 命令；标注图中的半径尺寸和水平尺寸。

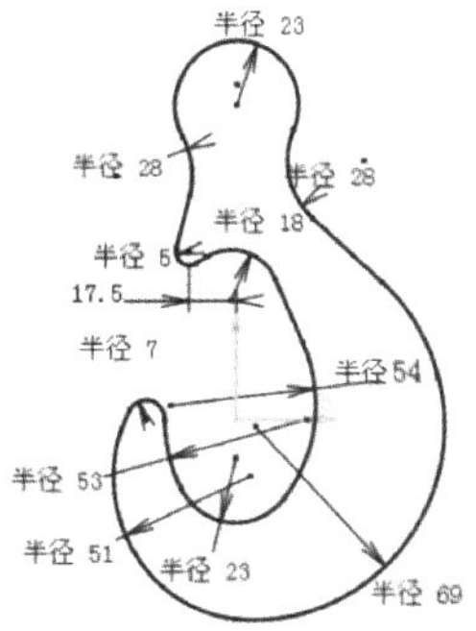

图 10.6　拖动草图

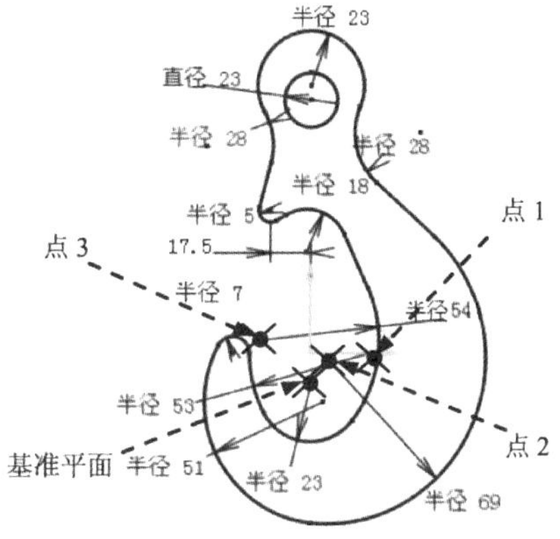

图 10.7　添加半径约束

Step8. 添加图 10.8 所示的相合约束。约束点 1、点 3 分别与水平 H 轴相合，点 2 与圆心相合，点 4 与竖直 V 轴相合。

Step9. 添加图 10.9 所示的角度约束。选择下拉菜单 插入 → 约束 ▸ → 约束创建 → 约束 命令；标注图中的各个角度。

Step10. 添加图 10.10 所示的竖直约束。选择下拉菜单 插入 → 约束 ▸ → 约束创建 → 约束 命令；标注图中的竖直尺寸。

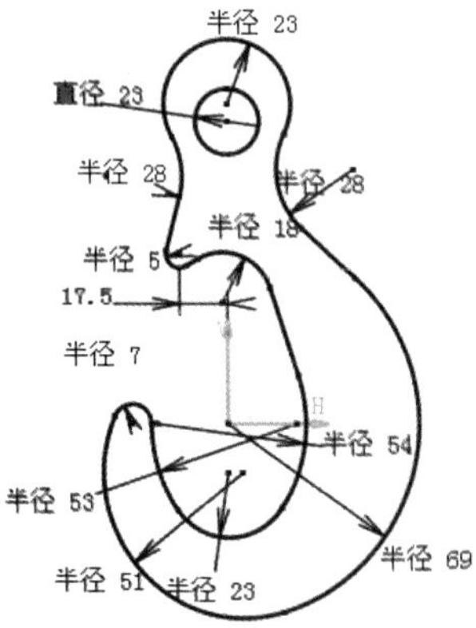

图 10.8　添加相合约束

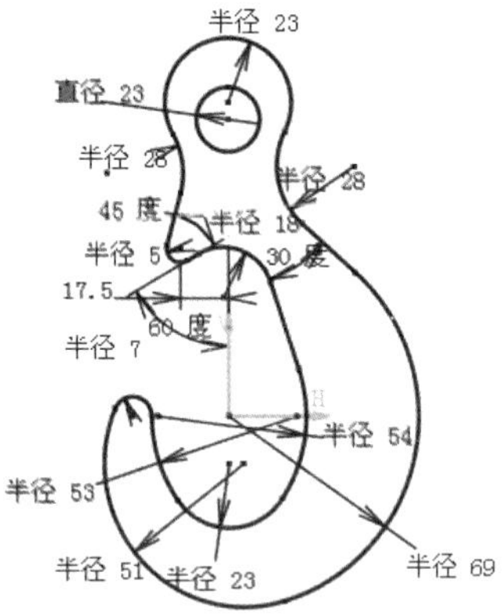

图 10.9　添加角度约束

Step11. 保存零件模型。选择下拉菜单 文件 → 保存 命令，即可保存零件模型。

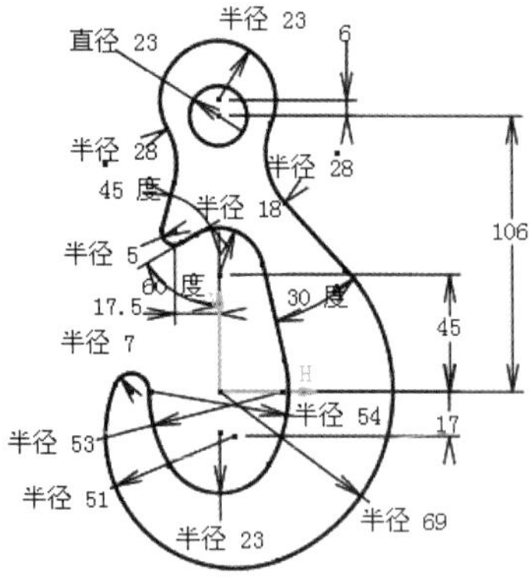

图 10.10　添加竖直约束

第 2 章

零件设计实例

本章主要包含如下内容：

- 实例 11　塑料旋钮
- 实例 12　烟灰缸
- 实例 13　托架
- 实例 14　削笔刀盒
- 实例 15　泵盖
- 实例 16　塑料垫片
- 实例 17　塑料挂钩
- 实例 18　传呼机套
- 实例 19　盒子
- 实例 20　塑料凳
- 实例 21　泵箱

实例 11 塑 料 旋 钮

实例概述：

本实例主要讲解了一款简单的塑料旋钮的设计过程，在该零件的设计过程中运用了凸台、旋转、阵列等命令，需要读者注意的是创建凸台特征草绘时的方法和技巧。零件模型和特征树如图 11.1 所示。

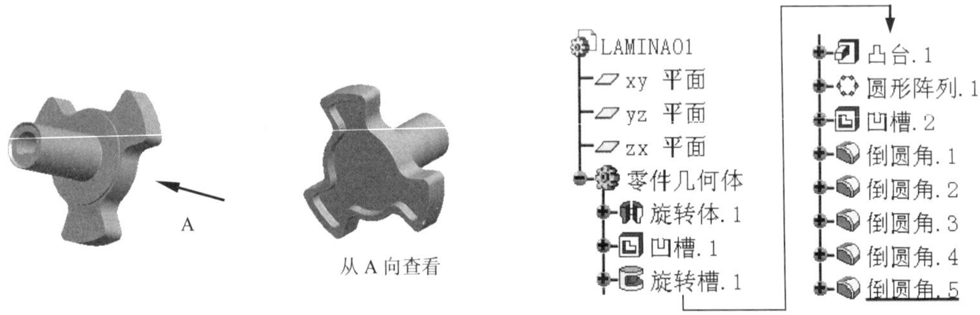

图 11.1 零件模型和特征树

Step1. 新建模型文件。选择下拉菜单 开始 → 机械设计 → 零件设计 命令，在系统弹出的“新建零件”对话框中输入名称 LAMINA01，选中 启用混合设计 复选框，单击 确定 按钮，进入零件设计工作台。

Step2. 创建图 11.2 所示的特征——旋转体 1。选择下拉菜单 插入 → 基于草图的特征 → 旋转体... 命令，选取 xy 平面为草绘平面，绘制图 11.3 所示的截面草图；在 限制 区域的 第一角度： 文本框中输入值 360；在 轴线 区域的 选择： 文本框中选取草图中长度为 250 的直线为旋转轴，单击 确定 按钮，完成旋转体 1 的创建。

图 11.2 旋转体 1

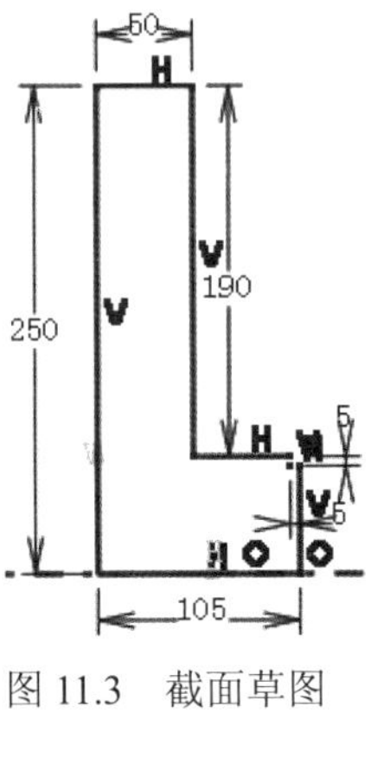

图 11.3 截面草图

Step3. 创建图 11.4 所示的零件特征——凹槽 1。选择下拉菜单 插入 → 基于草图的特征 → 凹槽... 命令；选取图 11.5 所示的平面为草绘平面；绘制图 11.6 所示的截面草图；在对话框 第一限制 区域的 类型： 下拉列表中选取 尺寸 选项，在其后的 深度： 文本框中输入值 190；单击 确定 按钮，完成凹槽 1 的创建。

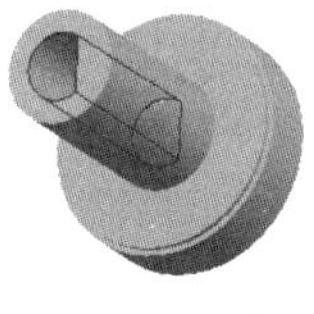
图 11.4　凹槽 1

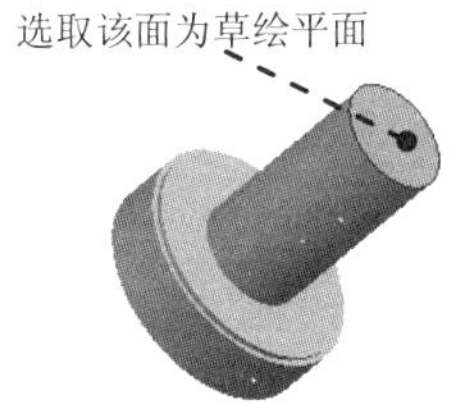

图 11.5　定义草绘平面

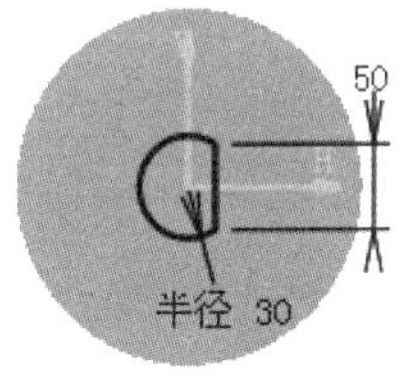

图 11.6　截面草图

Step4. 创建图 11.7 所示的特征——旋转槽 1。选择下拉菜单 插入 → 基于草图的特征 → 旋转槽... 命令；选取 xy 平面为草绘平面，绘制图 11.8 所示的截面草图；在 限制 区域的 第一角度： 文本框中输入值 360；在 第二角度： 文本框中输入值 0；在 轴线 区域的 选择： 文本框中右击，选取 Y 轴选项；单击 确定 按钮，完成旋转槽 1 的创建。

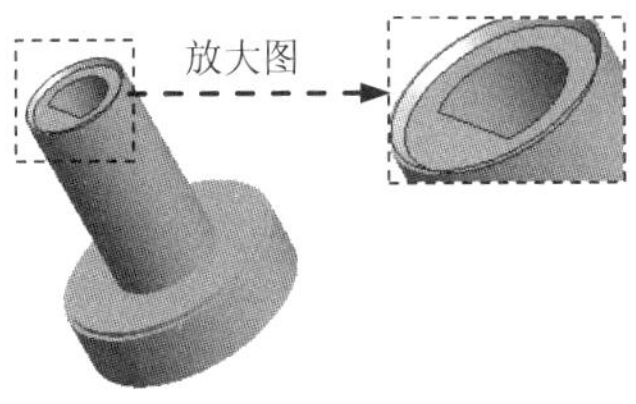

图 11.7　旋转槽 1

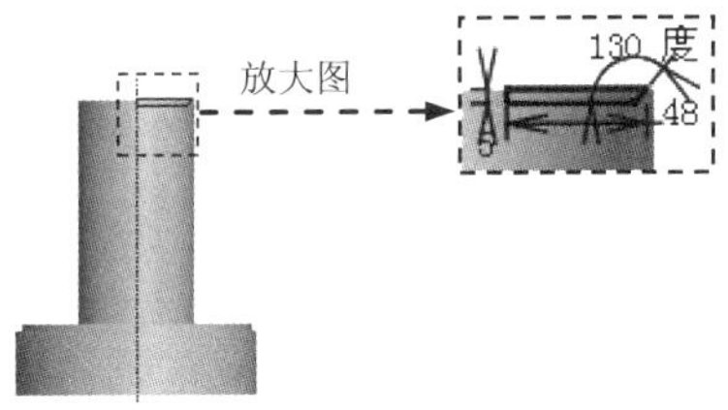

图 11.8　截面草图

Step5. 创建图 11.9 所示的零件特征——凸台 1。选择下拉菜单 插入 → 基于草图的特征 → 凸台... 命令；选取 zx 平面为草绘平面，绘制图 11.10 所示的截面草图；在 第一限制 区域的 类型： 下拉列表中选取 尺寸 选项，在其后的 长度： 文本框中输入值 55；单击 确定 按钮，完成凸台 1 的创建。

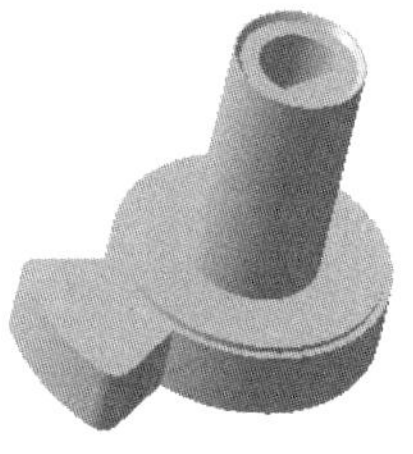
图 11.9　凸台 1

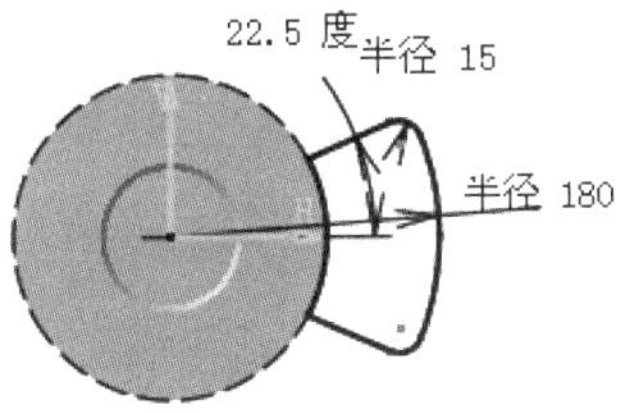

图 11.10　截面草图

Step6. 创建图 11.11b 所示的变换特征——圆形阵列 1。选择下拉菜单 插入 → 变换特征 → 圆形阵列... 命令；在 参数： 文本框的下拉列表中选取 实例和角度间距 选项，在 实例： 文本框中输入值 3；在 角度间距： 文本框中输入角度 120，在 参考方向 区域的 参考元素： 文本框中右击，选取 Y 轴选项，选择凸台 1 为要阵列的对象，单击 确定 按钮，完成圆形阵列 1 的创建。

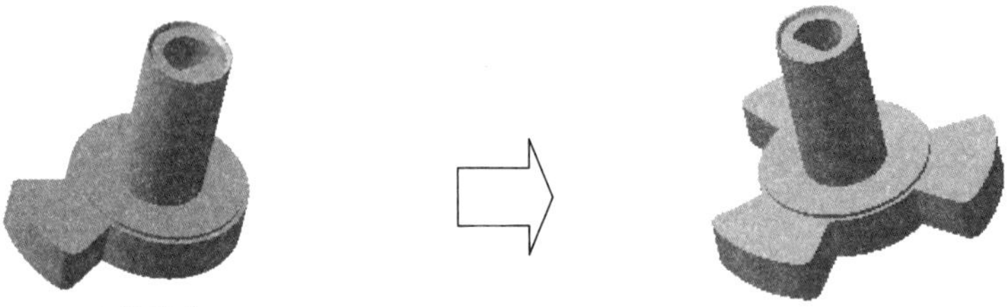

a）阵列前　　b）阵列后

图 11.11　圆形阵列 1

Step7. 创建图 11.12 所示的零件特征——凹槽 2。选择下拉菜单 插入 → 基于草图的特征 ▸ → 凹槽... 命令；选取 zx 平面为草绘平面；绘制图 11.13 所示的截面草图；在对话框 第一限制 区域的 类型： 下拉列表中选取 尺寸 选项，在 深度： 文本框中输入数值 20，单击 确定 按钮，完成凹槽 2 的创建。

图 11.12　凹槽 2

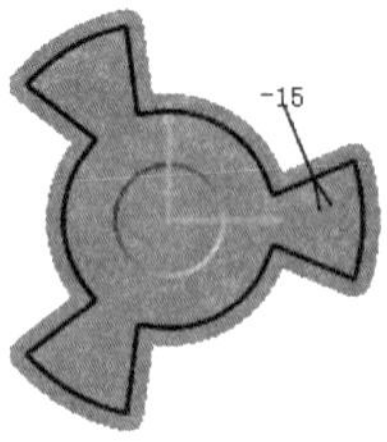

图 11.13　截面草图

Step8. 创建图 11.14b 所示的特征——倒圆角 1。选择下拉菜单 插入 → 修饰特征 ▸ → 倒圆角... 命令，选取图 11.14a 所示的边为倒圆角的对象，倒圆角半径为 15，单击 确定 按钮，完成倒圆角 1 的创建。

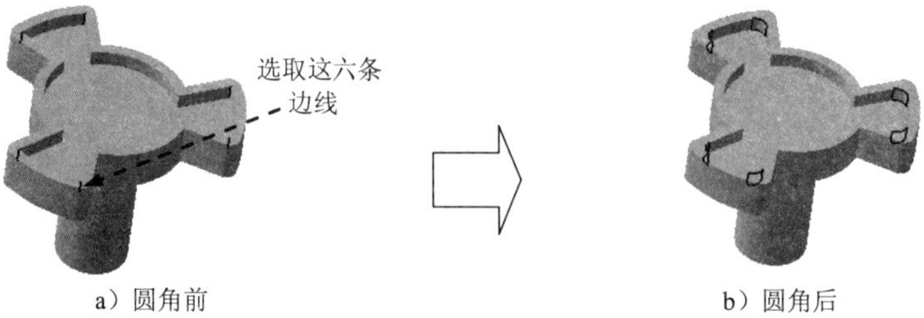

a）圆角前　　b）圆角后

图 11. 14　倒圆角 1

Step9. 创建图 11.15b 所示的特征——倒圆角 2。选择下拉菜单 插入 → 修饰特征 ▸ → 倒圆角... 命令，选取图 11.15a 所示的边为倒圆角的对象，倒圆角半径为 15，单击 确定 按钮，完成倒圆角 2 的创建。

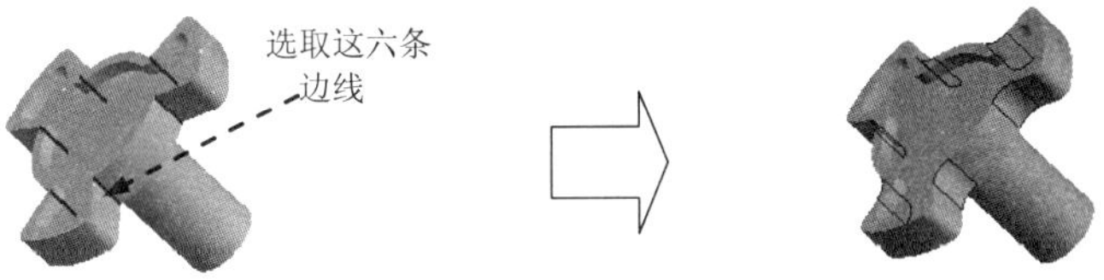

a）圆角前　　b）圆角后

图 11.15　倒圆角 2

Step10. 创建图 11.16b 所示的特征——倒圆角 3。选取图 11.16a 所示的边为倒圆角的对象，倒圆角半径为 2，单击确定按钮，完成倒圆角 3 的创建。

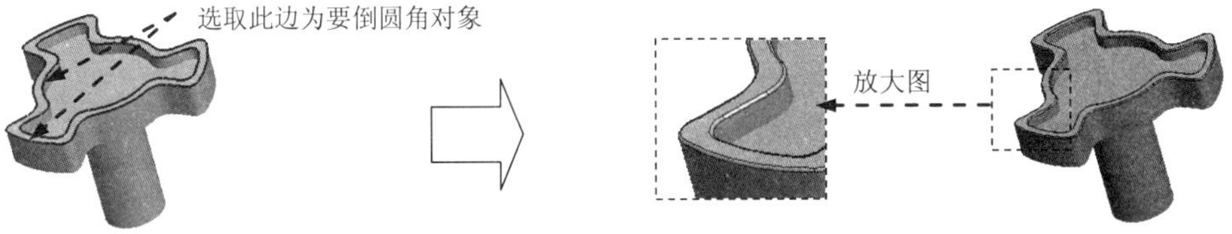

a）圆角前　　b）圆角后

图 11.16　倒圆角 3

Step11. 创建图 11.17b 所示的特征——倒圆角 4。选取图 11.17a 所示的边为倒圆角的对象，倒圆角半径为 2，单击确定按钮，完成倒圆角 4 的创建。

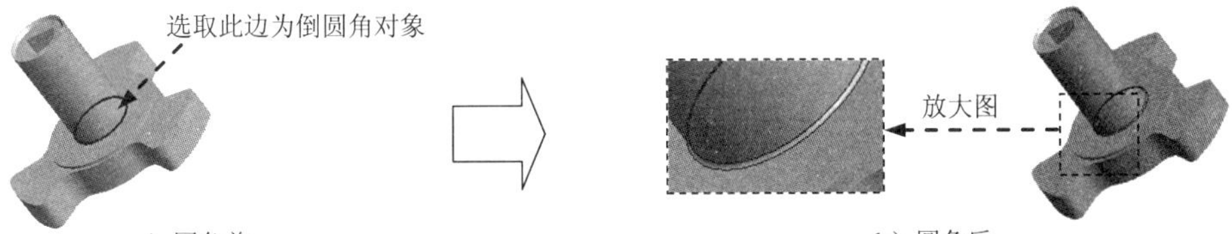

a）圆角前　　b）圆角后

图 11.17　倒圆角 4

Step12. 保存零件模型。选择下拉菜单文件 ➡ 保存命令，即可保存零件模型。

实例 12　烟　灰　缸

实例概述：

本实例介绍了一个烟灰缸的设计过程，该设计过程主要运用了实体建模的一些基础命令，包括实体凸台、拔模、倒圆角、阵列、盒体等，其中凸台 1 需要读者用心体会。模型及特征树如图 12.1 所示。

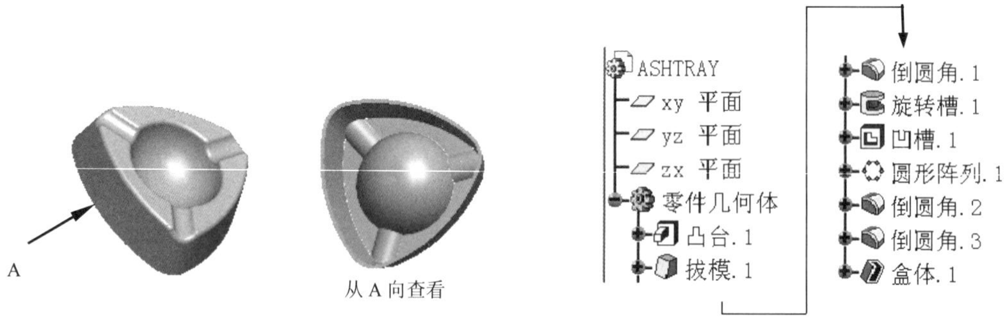

图 12.1　零件模型和特征树

Step1. 新建模型文件。选择下拉菜单 开始 → 机械设计 → 零件设计 命令，在系统弹出的“新建零件”对话框中输入名称 ASHTRAY，选中 启用混合设计 复选框，单击 确定 按钮，进入零件设计工作台。

Step2. 创建图 12.2 所示的零件特征——凸台 1。选择下拉菜单 插入 → 基于草图的特征 → 凸台... 命令；选取 xy 平面为草绘平面，绘制图 12.3 所示的截面草图；在 第一限制 区域的 类型： 下拉列表中选取 尺寸 选项，在其后的 长度： 文本框中输入值 30；单击 确定 按钮，完成凸台 1 的创建。

图 12.2　凸台 1

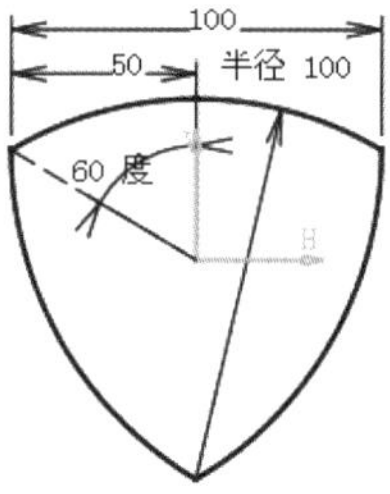

图 12.3　截面草图

Step3. 创建图 12.4b 所示的零件特征——拔模 1。选择下拉菜单 插入 → 修饰特征 → 拔模...；选取图 12.5 所示的三个面分别为要拔模的面和中性元素，并在 角度： 文本框中输入数值 10，单击 确定 按钮，完成拔模 1 的创建。

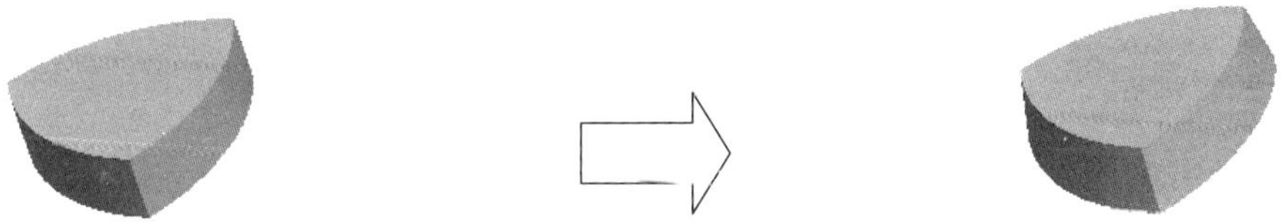

a）拔模前　　b）拔模后

图 12.4　拔模 1

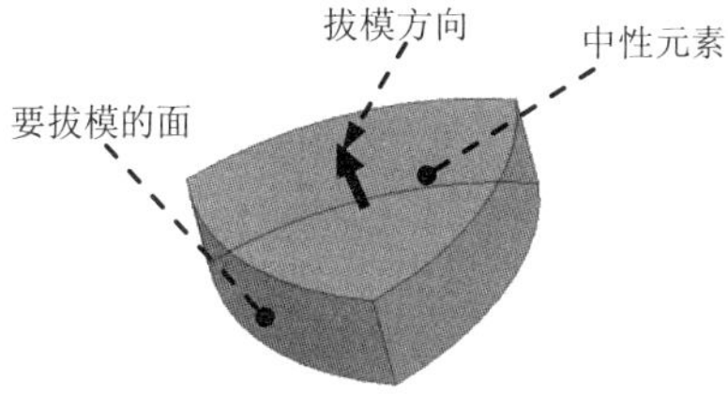

图 12.5　定义拔模参照

Step4. 创建图 12.6b 所示的特征——倒圆角 1。选择下拉菜单 插入 → 修饰特征 ▸ → 倒圆角... 命令，选取图 12.6a 所示的边为倒圆角对象，倒圆角半径为 20。

a）圆角前　　b）圆角后

图 12.6　倒圆角 1

Step5. 创建图 12.7a 所示的特征——旋转槽 1。选择下拉菜单 插入 → 基于草图的特征 ▸ → 旋转槽... 命令；选取 xy 平面为草绘平面，绘制图 12.7b 所示的截面草图；在 限制 区域的 第一角度： 文本框中输入值 360；在 第二角度： 文本框中输入值 0；在 轴线 区域的 选择： 文本框中右击，选取 Z 轴选项；单击 确定 按钮，完成旋转槽 1 的创建。

a）实体旋转槽特征 1　　b）截面草图

图 12.7　旋转槽 1

Step6. 创建图 12.8 所示的零件特征——凹槽 1。选择下拉菜单 插入 → 基于草图的特征 ▸ → 凹槽... 命令；选取 zx 平面为草绘平面；绘制图 12.9 所示的截面草图；在对话框 第一限制 区域的 类型： 下拉列表中选取 直到最后 选项，单击 确定 按钮，完成凹槽 1 的创建。

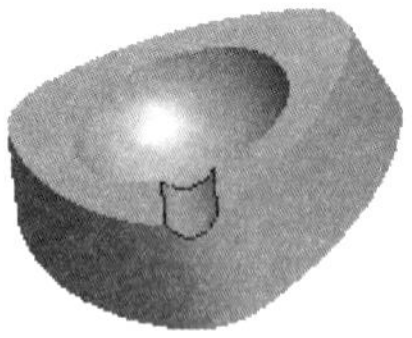

图 12.8 凹槽 1

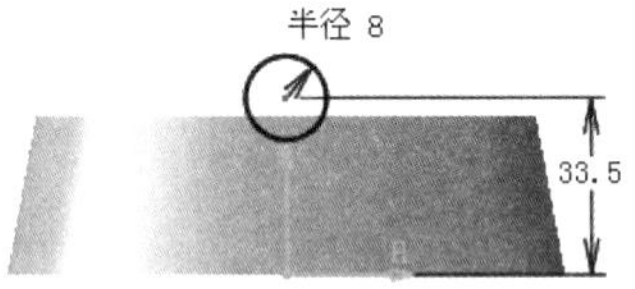

图 12.9 截面草图

Step7. 创建图 12.10b 所示的变换特征—— 圆形阵列 1。选择下拉菜单 插入 → 变换特征 ▸ → 圆形阵列... 命令；在 参数： 文本框的下拉列表中选取 实例和角度间距 选项，在 实例： 文本框中输入值 3；在 角度间距： 中输入角度 120，在 参考方向 区域的 参考元素： 文本框中右击，选取 Z 轴选项，选择凹槽 1 为要阵列的对象，单击 确定 按钮，完成圆形阵列 1 的创建。

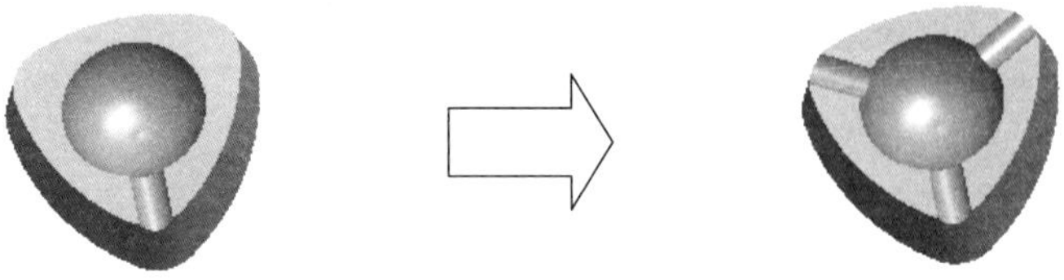

a）阵列前 b）阵列后

图 12.10 圆形阵列 1

Step8. 创建图 12.11 所示的特征—— 倒圆角 2。选取图 12.11 所示的边为倒圆角的对象，倒圆角半径为 3。

Step9. 创建图 12.12 所示的特征—— 倒圆角 3。选取图 12.12 所示的边为倒圆角的对象，倒圆角半径为 3。

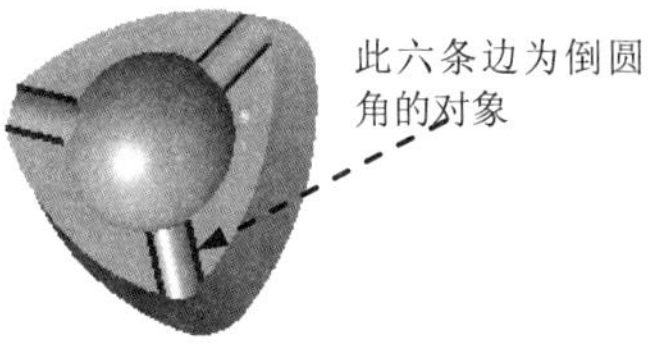

图 12.11 倒圆角 2

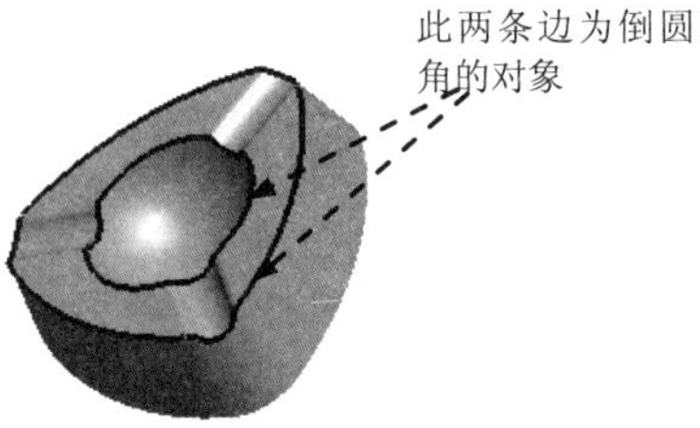

图 12.12 倒圆角 3

Step10. 创建图 12.13b 所示的零件特征——盒体 1。选择下拉菜单 插入 → 修饰特征 ▸

→ 抽壳...命令，在默认内侧厚度：文本框中输入值 2.5，选取图 12.13a 所示的面为要移除的平面，单击确定按钮，完成盒体 1 的创建。

a）抽壳前　　b）抽壳后

图 12.13　盒体 1

Step11. 保存文件。选择下拉菜单文件 → 保存命令，完成零件模型的保存。

实例 13　托　　架

实例概述：

本实例主要讲述托架的设计过程，运用了如下命令：凸台、加强肋、孔和镜像等。其中需要注意的是加强肋特征的创建过程及技巧。零件模型及特征树如图 13.1 所示。

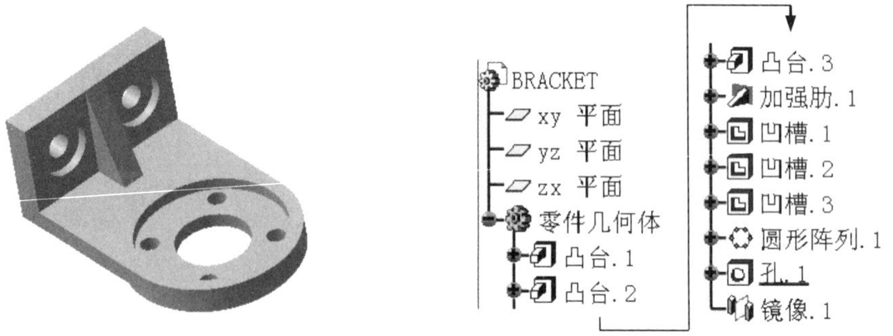

图 13.1　零件模型和特征树

Step1. 新建模型文件。选择下拉菜单 开始 → 机械设计 → 零件设计 命令，在系统弹出的“新建零件”对话框中输入名称 BRACKET，选中 启用混合设计 复选框，单击 确定 按钮，进入零件设计工作台。

Step2. 创建图 13.2 所示的零件特征——凸台 1。选择下拉菜单 插入 → 基于草图的特征 → 凸台... 命令；选取 xy 平面为草绘平面，绘制图 13.3 所示的截面草图；在 第一限制 区域的 类型： 下拉列表中选取 尺寸 选项，在其后的 长度： 文本框中输入值 5.5，单击 确定 按钮，完成凸台 1 的创建。

图 13.2　凸台 1

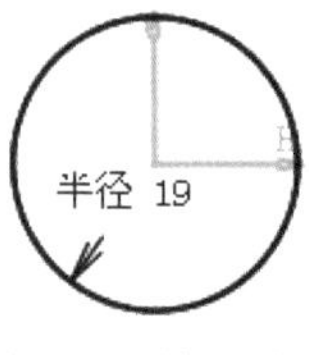

图 13.3　截面草图

Step3. 创建图 13.4 所示的零件特征——凸台 2。选择下拉菜单 插入 → 基于草图的特征 → 凸台... 命令；选取凸台 1 的表面为草绘平面，绘制图 13.5 所示的截面草图；在 第一限制 区域的 类型： 下拉列表中选取 尺寸 选项，在其后的 长度： 文本框中输入值 4，单击 确定 按钮，完成凸台 2 的创建。

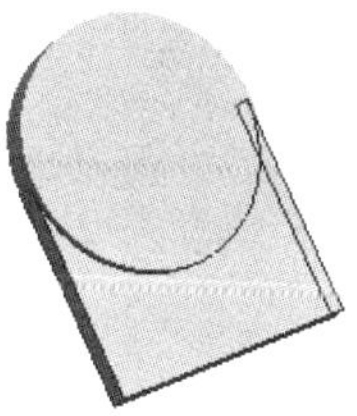

图 13.4　凸台 2

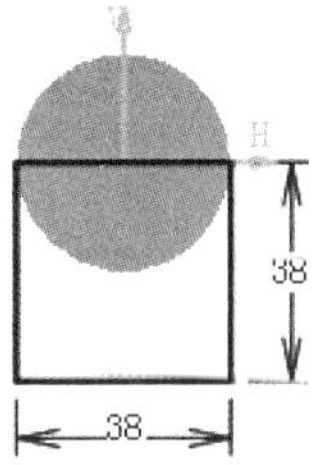

图 13.5　截面草图

Step4. 创建图 13.6 所示的零件特征——凸台 3。选择下拉菜单 插入 → 基于草图的特征 ▸ → 凸台... 命令；选取图 13.6 所示的平面 1 为草绘平面，绘制图 13.7 所示的截面草图；在 第一限制 区域的 类型：下拉列表中选取 尺寸 选项，在其后的 长度：文本框中输入值 20，单击 确定 按钮，完成凸台 3 的创建。

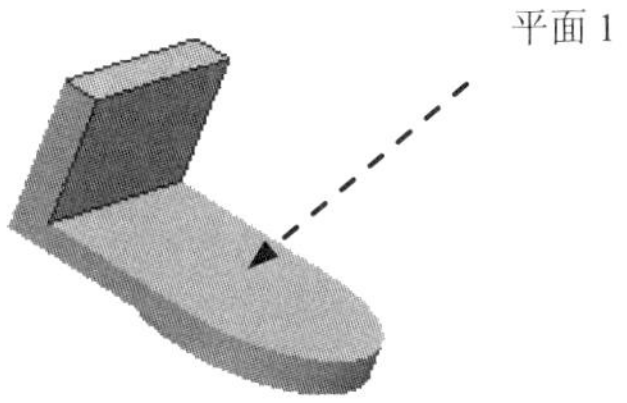

图 13.6　凸台 3

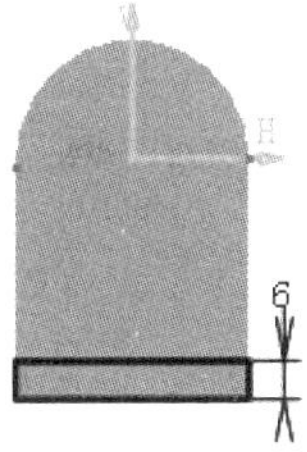

图 13.7　截面草图

Step5. 创建图 13.8 所示的肋特征——加强肋 1。选择下拉菜单 插入 → 基于草图的特征 ▸ → 加强肋... 命令；在 线宽 下的 厚度 1：文本框中输入数值 5，单击 轮廓 下的按钮，选择 yz 平面为基准平面，系统进入草绘状态，绘制图 13.9 所示的截面草图，单击退出草图环境，单击 确定 按钮，完成加强肋 1 的创建。

图 13.8　加强肋 1

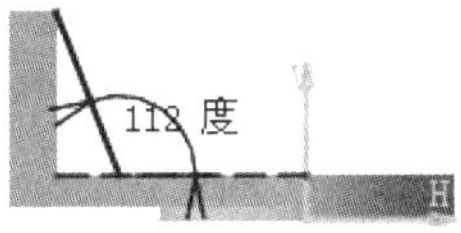

图 13.9　截面草图

Step6. 创建图 13.10 所示的零件特征——凹槽 1。选择下拉菜单 插入 → 基于草图的特征 ▸ → 凹槽... 命令；选取凸台 1 的表面为草绘平面；绘制图 13.11 所示的截面草图；在 第一限制 区域的 类型：下拉列表中选取 尺寸 选项，在其后的 深度：文本框中输入值 2.5，单击 确定 按钮，完成凹槽 1 的创建。

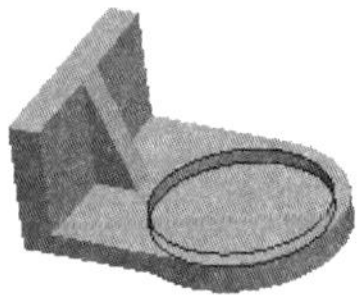

图 13.10　凹槽 1

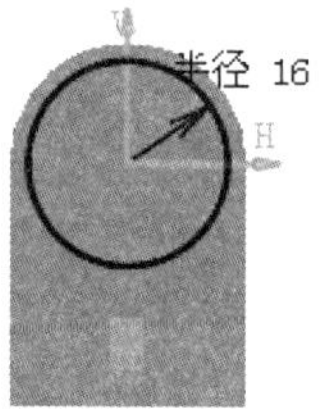

图 13.11　截面草图

Step7. 创建图 13.12 所示的零件特征——凹槽 2。选择下拉菜单 插入 → 基于草图的特征 ▸ → 凹槽... 命令；选取凹槽 1 的表面为草绘平面；绘制图 13.13 所示的截面草图；在对话框 第一限制 区域的 类型： 下拉列表中选取 直到最后 选项，并单击 反转方向 按钮，单击 确定 按钮，完成凹槽 2 的创建。

图 13.12　凹槽 2

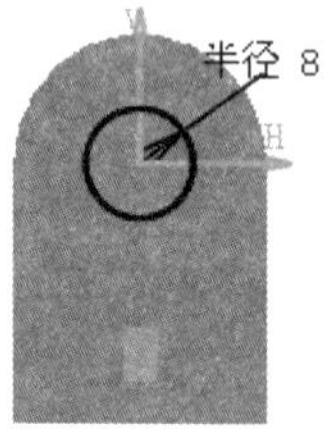

图 13.13　截面草图

Step8. 创建图 13.14 所示的零件特征——凹槽 3。选择下拉菜单 插入 → 基于草图的特征 ▸ → 凹槽... 命令；选取凹槽 1 的表面为草绘平面；绘制图 13.15 所示的截面草图；在对话框 第一限制 区域的 类型： 下拉列表中选取 直到最后 选项，并单击 反转方向 按钮，单击 确定 按钮，完成凹槽 3 的创建。

图 13.14　凹槽 3

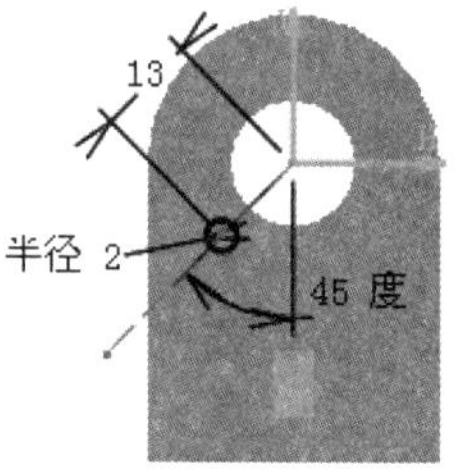

图 13.15　截面草图

Step9. 创建图 13.16b 所示的变换特征——圆形阵列 1。选择下拉菜单 插入 → 变换特征 ▸ → 圆形阵列... 命令；在 参数： 文本框的下拉列表中选取 实例和角度间距 选项，在 实例： 文本框中输入值 4；在 角度间距： 中输入角度 90，在 参考方向 区域的 参考元素： 文本框中右击，选取 Z 轴选项，选择凹槽 3 为要阵列的对象，单击 确定 按钮，完成圆形阵列 1 的创建。

a）阵列前　　　　b）阵列后

图 13.16 创建阵列特征

Step10. 创建图 13.17 所示的零件特征——孔 1。选择下拉菜单 插入 → 基于草图的特征 ▸ → 孔... 命令；选取图 13.17 所示的面为孔的放置面，约束孔的中心位置如图 13.18 所示；在 扩展 选项卡中选取 盲孔 选项，在 直径： 文本框中输入值 5；在 深度： 文本框中输入数值 10；单击 类型 选项卡，在下方的下拉列表中选取 沉头孔 选项，在 直径： 文本框中输入数值 11.2，在 深度： 文本框中输入数值 2，其他参数采用系统默认设置。单击 确定 按钮，完成孔 1 的创建。

Step11. 创建图 13.19 所示的特征——镜像 1。先在特征树上选取孔 1 为镜像对象，再选择下拉菜单 插入 → 变换特征 ▸ → 镜像... 命令，选取 yz 平面为镜像元素，单击 确定 按钮，完成镜像 1 的创建。

Step12. 保存文件。选择下拉菜单 文件 → 保存 命令，完成零件模型的保存。

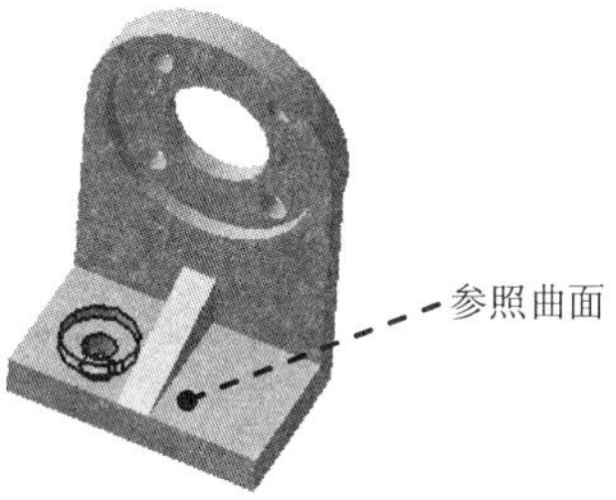

图 13.17 孔的放置

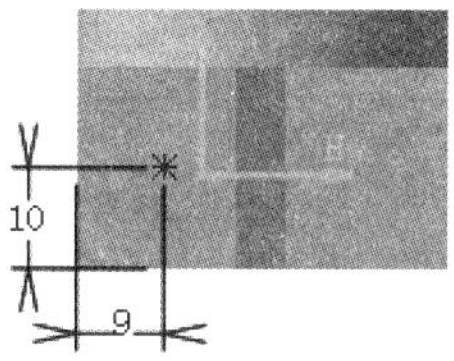

图 13.18 孔 1 中心位置

图 13.19 镜像 1

实例 14　削 笔 刀 盒

实例概述：

本实例是一个普通的削笔刀盒，主要运用了实体建模的一些常用命令，包括凸台、凹槽、倒圆角、盒体等，其中需要读者注意倒圆角的顺序及盒体命令的创建过程。零件模型及特征树如图 14.1 所示。

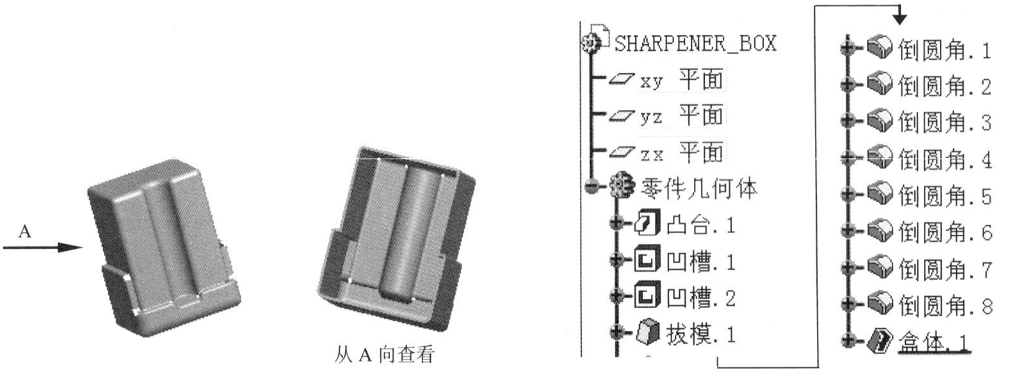

图 14.1　零件模型及特征树

Step1. 新建模型文件。选择下拉菜单 开始 → 机械设计 → 零件设计 命令，在系统弹出的“新建零件”对话框中输入名称 SHARPENER_BOX，选中 启用混合设计 复选框，单击 确定 按钮，进入零件设计工作台。

Step2. 创建图 14.2 所示的零件特征——凸台 1。选择下拉菜单 插入 → 基于草图的特征 → 凸台... 命令；选取 xy 平面为草绘平面，绘制图 14.3 所示的截面草图；在 第一限制 区域的 类型： 下拉列表中选取 尺寸 选项，在其后的 长度： 文本框中输入值 40；单击 确定 按钮，完成凸台 1 的创建。

图 14.2　凸台 1

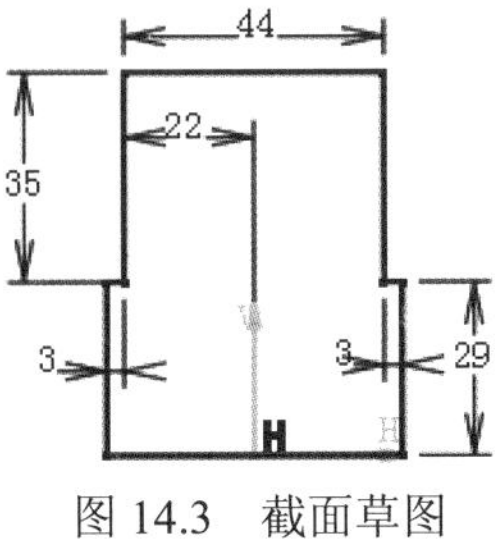

图 14.3　截面草图

Step3. 创建图 14.4 所示的零件特征——凹槽 1。选择下拉菜单 插入 →

基于草图的特征 ▸ → 凹槽...命令；选取图 14.5 所示的平面为草绘平面；绘制图 14.6 所示的截面草图；在第一限制区域的类型：下拉列表中选取尺寸选项，在其后的深度：文本框中输入值 52；单击确定按钮，完成凹槽 1 的创建。

图 14.4　凹槽 1

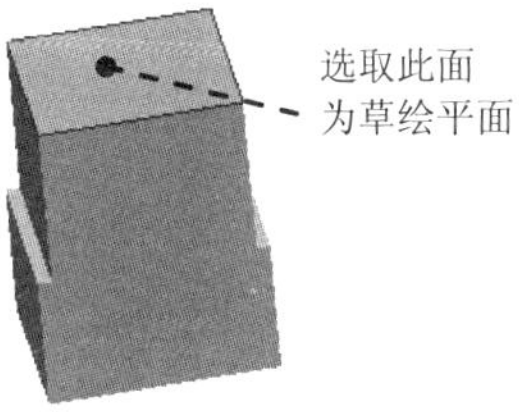

图 14.5　定义草绘平面

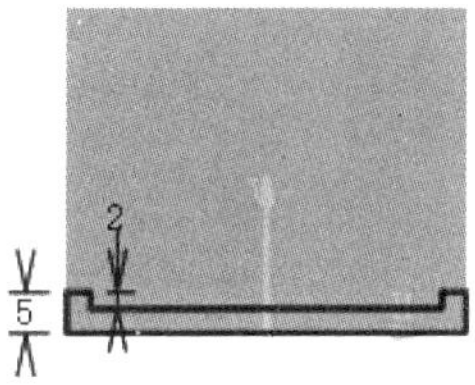

图 14.6　截面草图

Step4. 创建图 14.7 所示的零件特征——凹槽 2。选择下拉菜单插入 → 基于草图的特征 ▸ → 凹槽...命令；选取图 14.8 所示的平面为草绘平面；绘制图 14.9 所示的截面草图；在第一限制区域的类型：下拉列表中选取尺寸选项，在其后的深度：文本框中输入值 55；单击确定按钮，完成凹槽 2 的创建。

图 14.7　凹槽 2

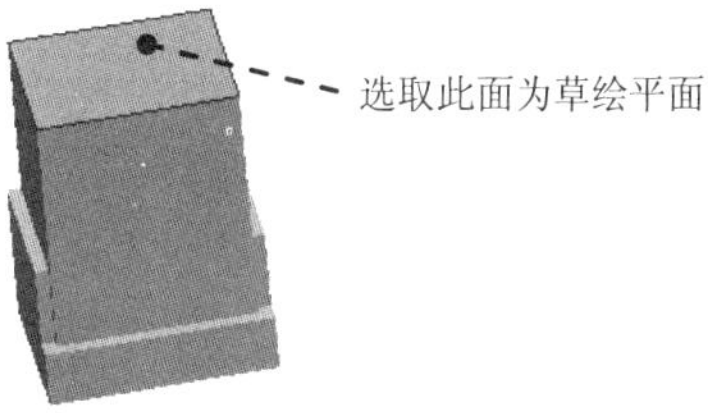

图 14.8　定义草绘平面

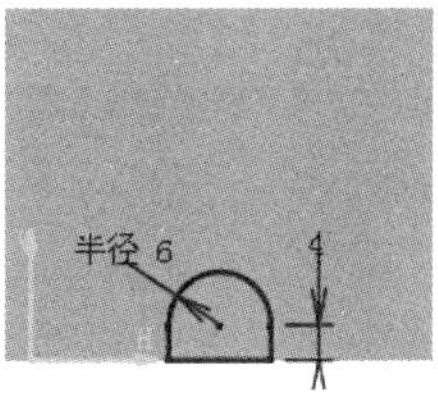

图 14.9　截面草图

Step5. 创建图 14.10b 所示的零件特征——拔模 1。选择下拉菜单插入 → 修饰特征 ▸ → 拔模...命令，在角度：中输入数值 10，选取图 14.11 所示的面为要拔模的面和中性元素，单击 确定 按钮，完成拔模 1 的创建。

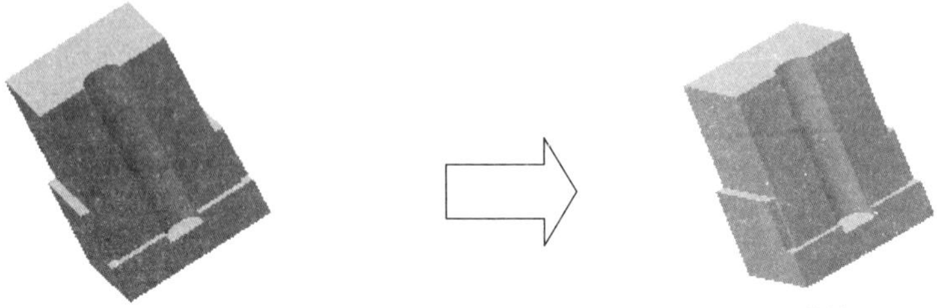

a）拔模前　　b）拔模后

图 14.10　拔模 1

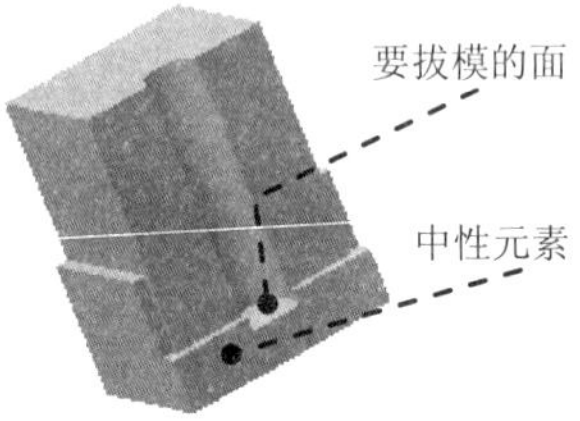

图 14.11　定义要拔模的面和中性元素

Step6. 创建图 14.12 所示的特征——倒圆角 1。选择下拉菜单 插入 → 修饰特征 ▸ → 倒圆角... 命令，选取图 14.12 所示的边为倒圆角的对象，倒圆角半径为 2。

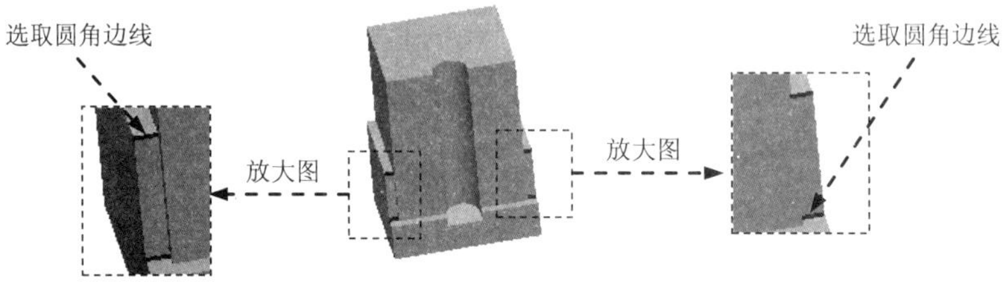

图 14.12　定义要圆角的对象

Step7. 创建图 14.13 所示的特征——倒圆角 2。选取图 14.13 所示的边为倒圆角的对象，倒圆角半径为 0.5。

Step8. 创建图 14.14 所示的特征——倒圆角 3。选取图 14.14 所示的边为倒圆角的对象，倒圆角半径为 3。

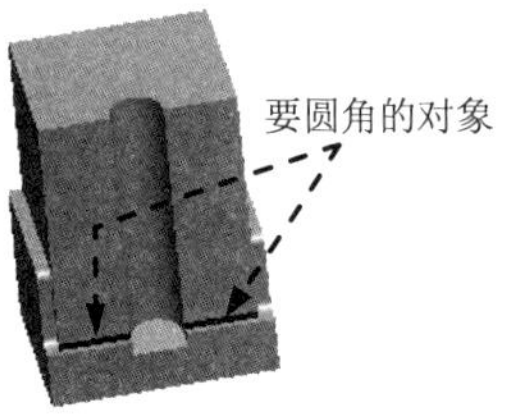

图 14.13　倒圆角 2

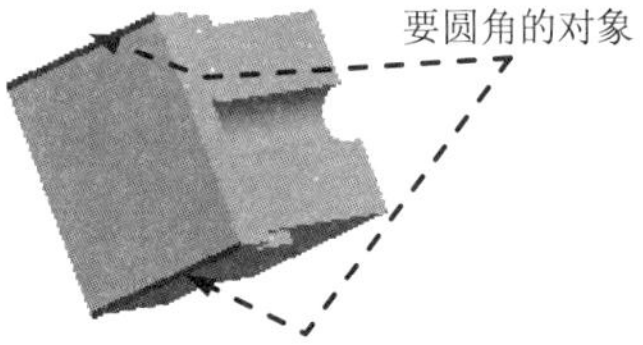

图 14.14　倒圆角 3

Step9. 创建图 14.15 所示的特征——倒圆角 4。选取图 14.15 所示的边为倒圆角的对象，倒圆角半径为 1。

Step10. 创建图 14.16 所示的特征——倒圆角 5。选取图 14.16 所示的边为倒圆角的对象，倒圆角半径为 2。

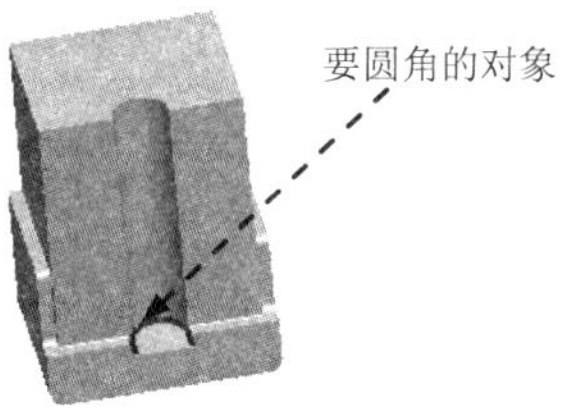

图 14.15 倒圆角 4

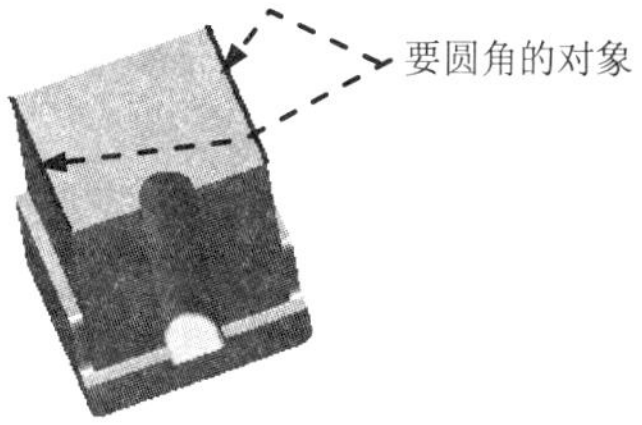

图 14.16 倒圆角 5

Step11. 创建图 14.17 所示的特征——倒圆角 6。选取图 14.17 所示的边为倒圆角的对象，倒圆角半径为 2.5。

Step12. 创建图 14.18 所示的特征——倒圆角 7。选取图 14.18 所示的边为倒圆角的对象，倒圆角半径为 5。

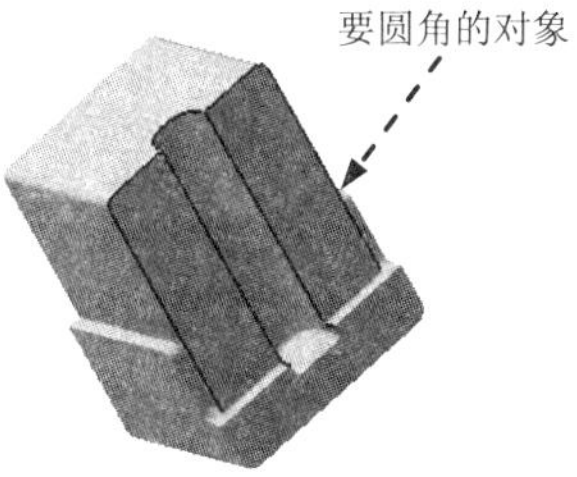

图 14.17 倒圆角 6

图 14.18 倒圆角 7

Step13. 创建图 14.19 所示的特征——倒圆角 8。选取图 14.19 所示的边为倒圆角的对象，倒圆角半径为 1。

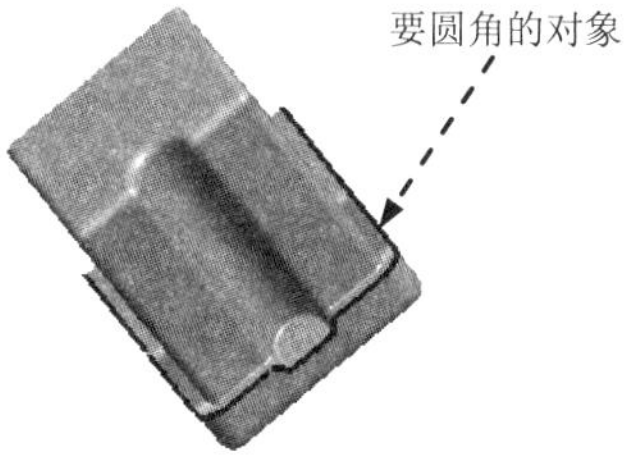

图 14.19 倒圆角 8

Step14. 创建图 14.20b 所示的零件特征——盒体 1。选择下拉菜单 插入 → 修饰特征 ▸ → 抽壳... 命令，在 默认内侧厚度： 文本框中输入值 1.2，选取图 14.20a 所示的面为要移除的面，单击 确定 按钮，完成盒体 1 的创建。

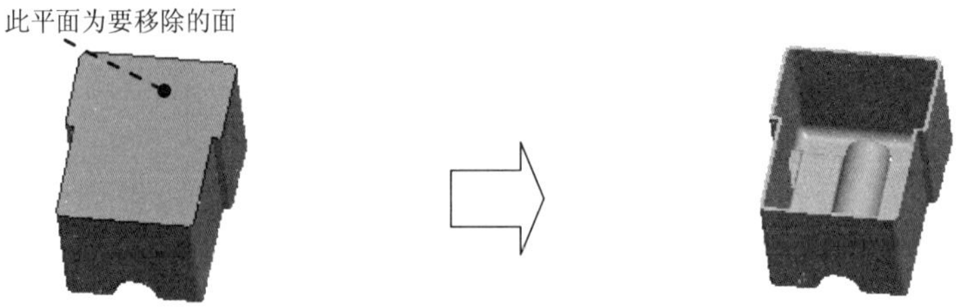

a）抽壳前　　　　b）抽壳后

图 14.20　盒体 1

Step15. 保存文件。选择下拉菜单 文件 → 保存 命令，完成零件模型的保存。

实例 15　泵　　盖

实例概述：

本实例介绍了一个普通泵盖的设计过程，主要运用了实体建模的一些常用命令，包括实体凸台、倒角、倒圆角、阵列、镜像等，其中本实例中的阵列特征所使用的“曲线”阵列方式运用得很巧妙，此处需要读者注意。零件模型及特征树如图 15.1 所示。

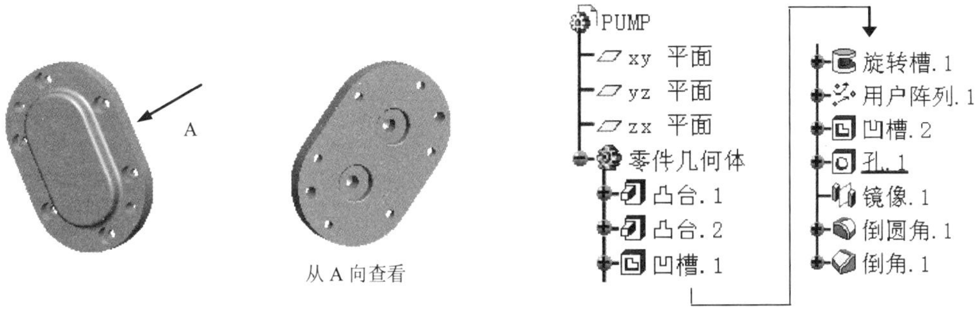

图 15.1　零件模型及特征树

Step1. 新建模型文件。选择下拉菜单 开始 → 机械设计 → 零件设计 命令，在系统弹出的“新建零件”对话框中输入名称 PUMP，选中 启用混合设计 复选框，单击 确定 按钮，进入零件设计工作台。

Step2. 创建图 15.2 所示的零件特征——凸台 1。选择下拉菜单 插入 → 基于草图的特征 → 凸台... 命令；选取 xy 平面为草绘平面，绘制图 15.3 所示的截面草图；在 第一限制 区域的 类型： 下拉列表中选取 尺寸 选项，在其后的 长度： 文本框中输入值 10，单击 确定 按钮，完成凸台 1 的创建。

图 15.2　凸台 1

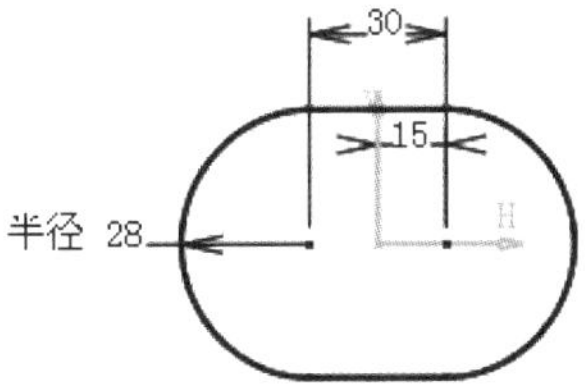

图 15.3　截面草图

Step3. 创建图 15.4 所示的零件特征——凸台 2。选择下拉菜单 插入 → 基于草图的特征 → 凸台... 命令；选取图 15.5 所示的平面为草绘平面，绘制图 15.6 所示的截面草图；在 第一限制 区域的 类型： 下拉列表中选取 尺寸 选项，在其后的 长度： 文本框中输入值 8，单击 确定 按钮，完成凸台 2 的创建。

图 15.4　凸台 2

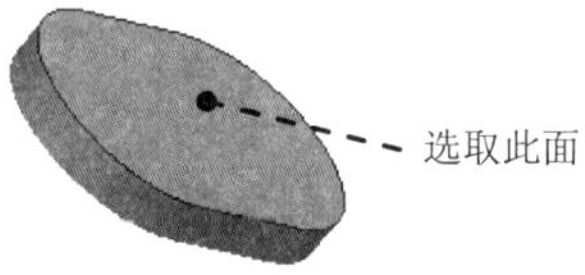

图 15.5　定义草绘平面

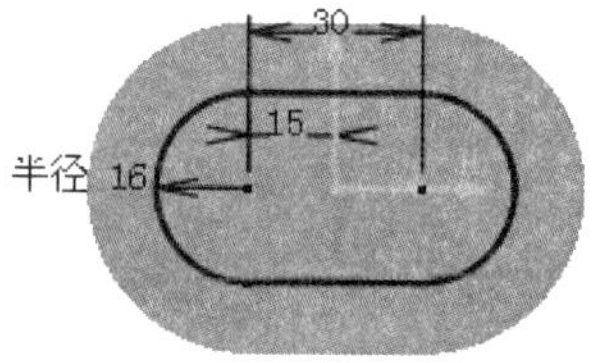

图 15.6　截面草图

Step4. 创建图 15.7 所示的零件特征——凹槽 1。选择下拉菜单 插入 → 基于草图的特征 → 凹槽... 命令；选取图 15.8 所示的平面为草绘平面；绘制图 15.9 所示的截面草图；在对话框 第一限制 区域的 类型： 下拉列表中选取 直到最后 选项，单击 确定 按钮，完成凹槽 1 的创建。

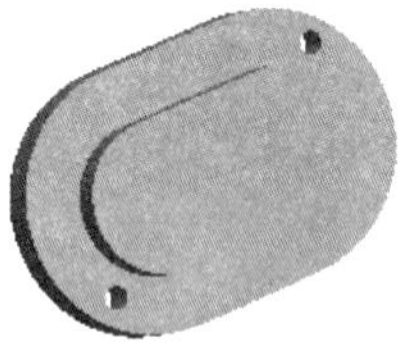

图 15.7　凹槽 1

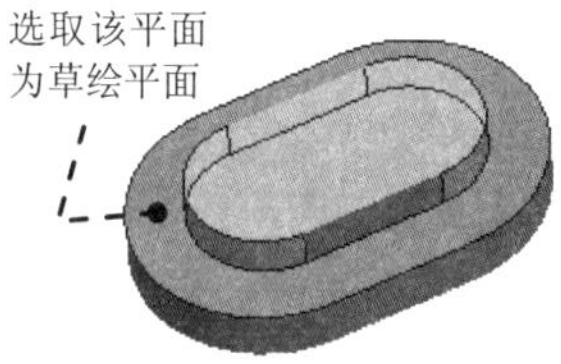

图 15.8　定义草绘平面

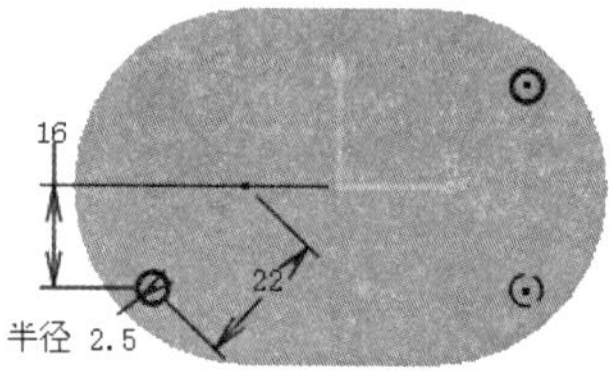

图 15.9　截面草图

Step5. 创建图 15.10 所示的特征——旋转槽 1。选择下拉菜单 插入 → 基于草图的特征 → 旋转槽... 命令；选取 zx 平面为草绘平面，绘制图 15.11 所示的截面草图；在 限制 区域的 第一角度： 文本框中输入值 360；在 第二角度： 文本框中输入值 0；选取草图的轴线为旋转轴线；单击 确定 按钮，完成旋转槽 1 的创建。

图 15.10　旋转槽 1

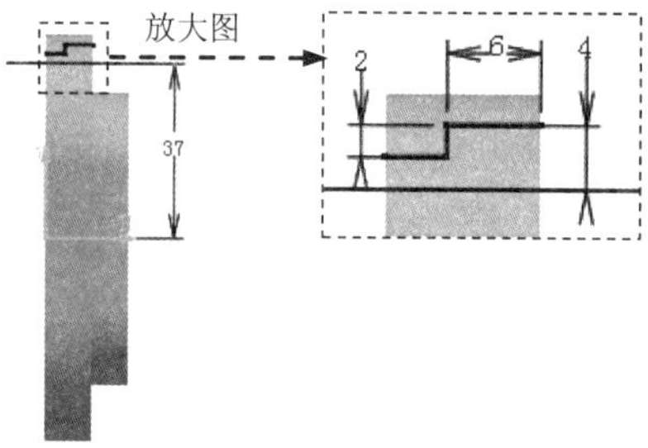

图 15.11　截面草图

Step6. 创建图 15.12b 所示的零件特征——用户阵列 1。选择凸台 1 的表面为草图平面，单击 进入草图环境，绘制图 15.13 所示的草图。退出草图环境后，选择下拉菜单 插入 → 变换特征 → 用户阵列... 命令，单击 实例： 下的 位置： 选项，在特征树中选取图 15.13 所示的截面草图；单击 要阵列的对象 下的 对象： 选项，在特征树中选取特征旋转槽 1，单击 确定 按钮，完成用户阵列 1 的创建。

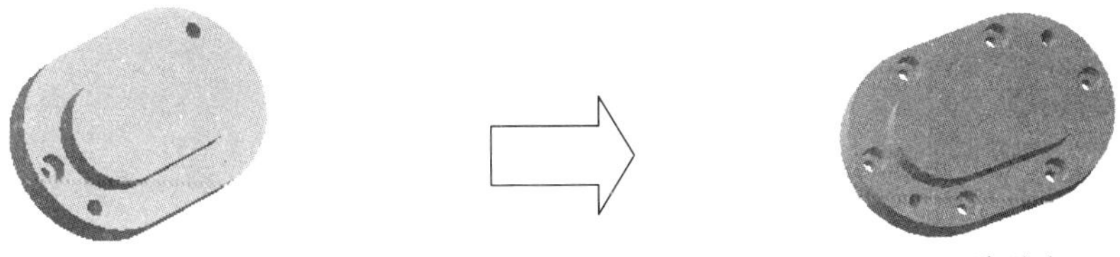

a）阵列前　　b）阵列后

图 15.12　用户阵列 1

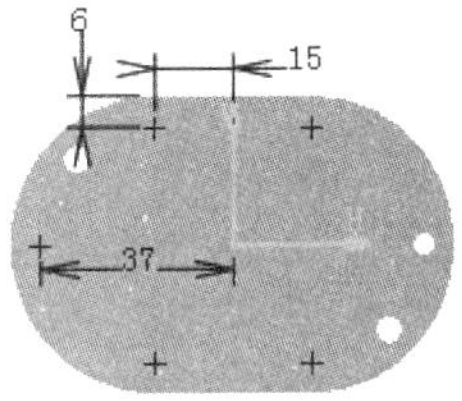

图 15.13　截面草图

Step7.创建图 15.14 所示的零件特征——凹槽 2。选择下拉菜单 插入 → 基于草图的特征 ▸ → 凹槽... 命令；选取图 15.14 所示的平面为草绘平面；绘制图 15.15 所示的截面草图；在 第一限制 区域的 类型： 下拉列表中选取 尺寸 选项，在其后的 深度： 文本框中输入值 5，单击 确定 按钮，完成凹槽 2 的创建。

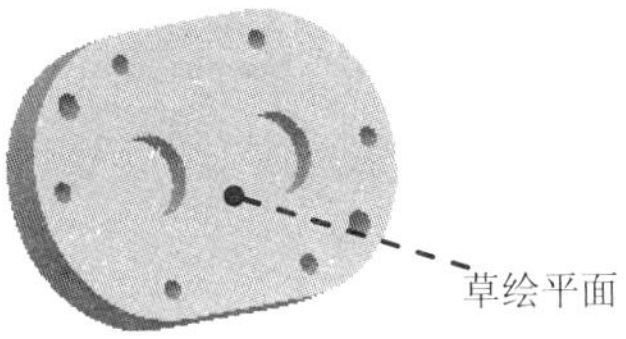

图 15.14　凹槽 2

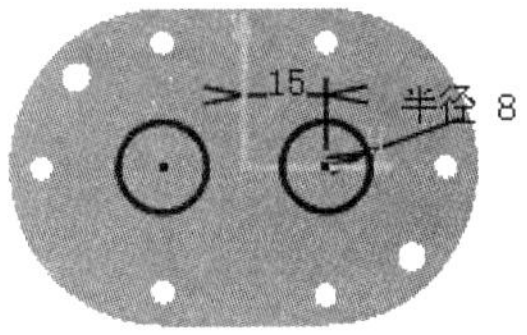

图 15.15　截面草图

Step8. 创建图 15.16 所示的零件特征——孔 1。选择下拉菜单 插入 → 基于草图的特征 ▸ → 孔... 命令；选取凹槽 2 所示的面为孔的放置面，约束孔的中心位置与凹槽 2 的草图同心，在 扩展 选项卡中选取 盲孔 选项，在 直径： 文本框中输入值 6，在 深度： 文本框中输入数值 9.7，在 底部 下拉列表中选择 V 形底，并在下方的 角度： 文本框中输入数值 120，单击 确定 按钮，完成孔 1 的创建。

Step9. 创建图 15.17 所示的特征—— 镜像 1。在特征树上选中孔 1 为要镜像的特征，选择下拉菜单 插入 → 变换特征 ▸ → 镜像... 命令，选取 yz 平面为镜像元素，单击 确定 按钮，完成镜像 1 的创建。

Step10. 创建零件特征——倒圆角 1。选择下拉菜单 插入 → 修饰特征 ▸ → 倒圆角... 命令，选取图 15.18 所示的边为倒圆角的对象，倒圆角半径为 2。

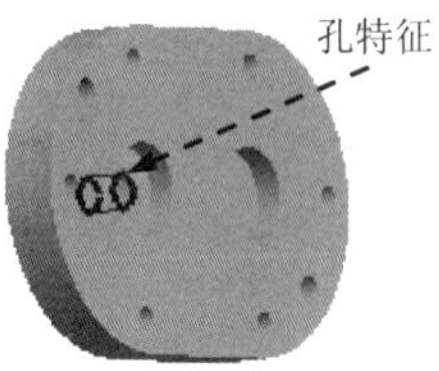

图 15.16　孔 1

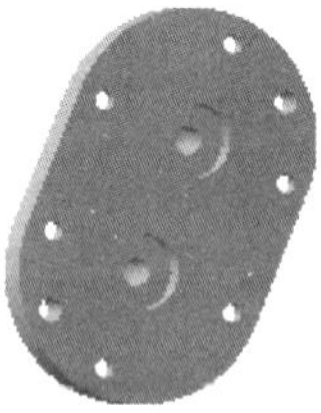

图 15.17　镜像 1

Step11. 创建零件特征——倒角 1。选择下拉菜单 插入 → 修饰特征 → 倒角... 命令，选取图 15.19 所示的边为要倒角的对象，倒角半径为 0.5。

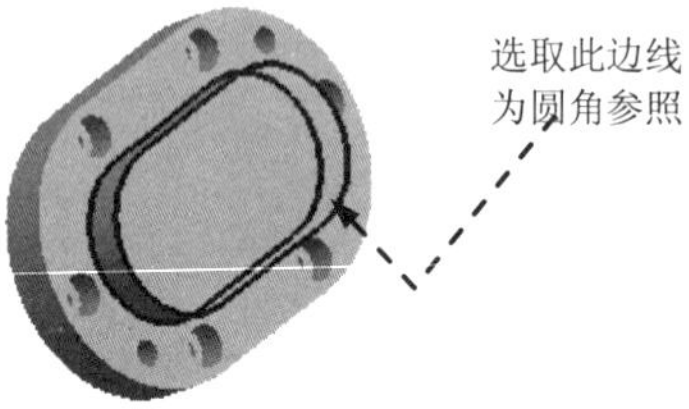

图 15.18　定义倒圆角 1 参照

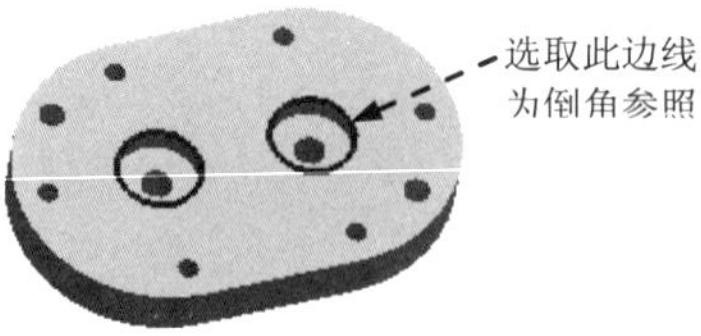

图 15.19　定义倒角 1 参照

Step12. 保存文件。选择下拉菜单 文件 → 保存 命令，完成零件模型的保存。

实例16 塑 料 垫 片

实例概述：

在本实例的设计过程中，镜像特征的运用较为巧妙。在镜像时应注意镜像基准面的选择。零件模型和特征树如图 16.1 所示。

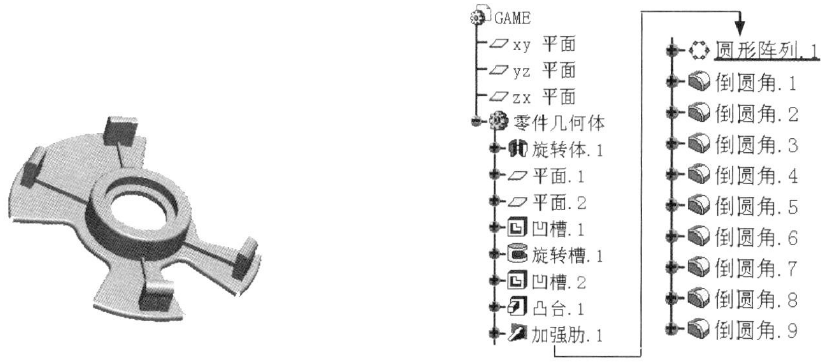

图 16.1 零件模型及特征树

Step1. 新建模型文件。选择下拉菜单 开始 → 机械设计 → 零件设计 命令，在系统弹出的“新建零件”对话框中输入名称 GAME，选中 启用混合设计 复选框，单击 确定 按钮，进入零件设计工作台。

Step2. 创建图 16.2 所示的特征——旋转体 1。选择下拉菜单 插入 → 基于草图的特征 → 旋转体... 命令，选取 xy 平面为草绘平面，绘制图 16.3 所示的截面草图；在 限制 区域的 第一角度： 文本框中输入值 360；在 轴线 区域的 选择： 文本框中右击，选取 V 轴作为旋转轴，单击 确定 按钮，完成旋转体 1 的创建。

图 16.2 旋转体 1

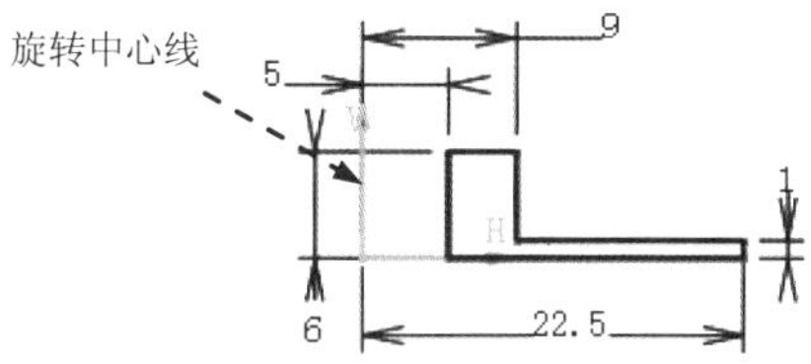

图 16.3 截面草图

Step3. 创建图 16.4 所示的特征—— 平面 1。单击“参考元素”工具栏中的 按钮；在 平面类型： 下拉列表中选取 偏移平面 选项；在 参考： 文本框中右击，选取 zx 平面为参考平面；在 偏移： 文本框中输入数值 6，单击 确定 按钮，完成平面 1 的创建。

Step4. 创建图 16.5 所示的特征——平面 2。单击“参考元素”工具栏中的 按钮；在平面类型：下拉列表中选取与平面成一定角度或垂直选项；在旋转轴：文本框中右击，选择 Y 轴为旋转轴，在参考：文本框中右击，选取 xy 平面为参考平面；在角度：文本框中输入数值 60，单击确定按钮，完成平面 2 的创建。

图 16.4　平面 1

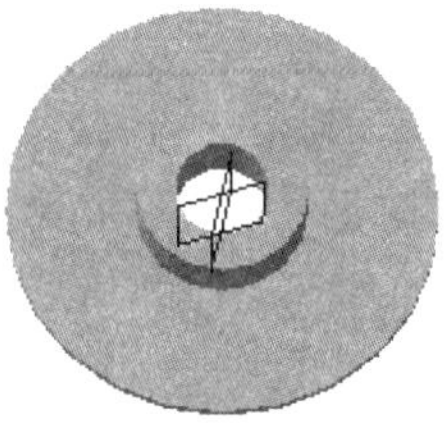

图 16.5　平面 2

Step5．创建图 16.6 所示的零件特征——凹槽 1。选择下拉菜单插入 → 基于草图的特征 → 凹槽...命令；选取平面 1 为草绘平面；绘制图 16.7 所示的截面草图；在对话框第一限制区域的类型：下拉列表中选取尺寸选项，在深度：文本框中输入数值 2，单击确定按钮，完成凹槽 1 的创建。

图 16.6　凹槽 1

图 16.7　截面草图

Step6．创建图 16.8 所示的特征——旋转槽 1。选择下拉菜单插入 → 基于草图的特征 → 旋转槽...命令；选取 yz 平面为草绘平面，绘制图 16.9 所示的截面草图；在限制区域的第一角度：文本框中输入值 360；在第二角度：文本框中输入值 0；选择图 16.9 所示的 H 轴作为旋转中心线，单击确定按钮，完成旋转槽 1 的创建。

图 16.8　旋转槽 1

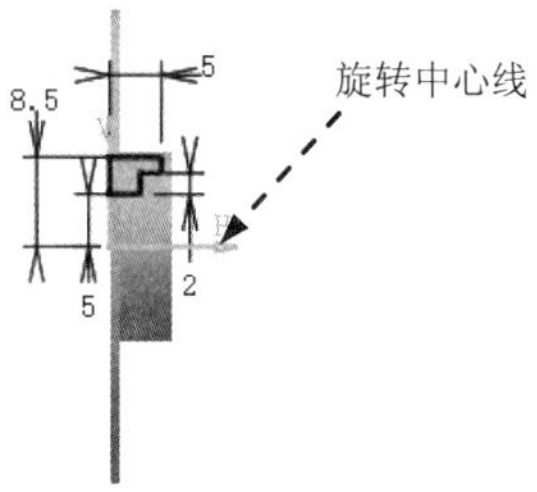

图 16.9　截面草图

Step7．创建图 16.10 所示的零件特征——凹槽 2。选择下拉菜单插入 → 基于草图的特征 → 凹槽...命令；选取图 16.10 所示的平面为草绘平面；绘制图 16.11

所示的截面草图；在对话框 第一限制 区域的 类型：下拉列表中选取直到最后选项，单击 确定 按钮，完成凹槽 2 的创建。

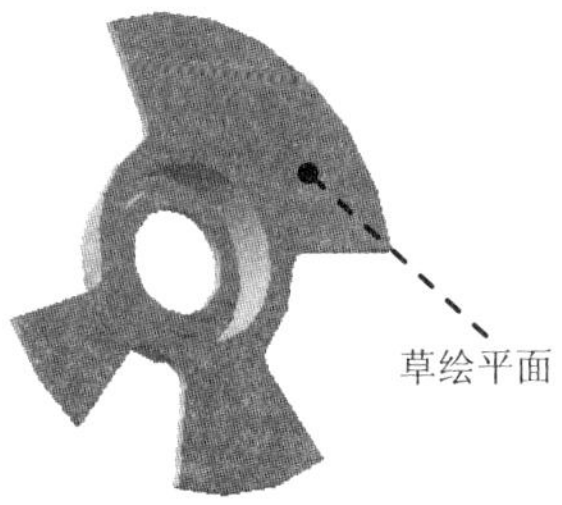

图 16.10　凹槽 2

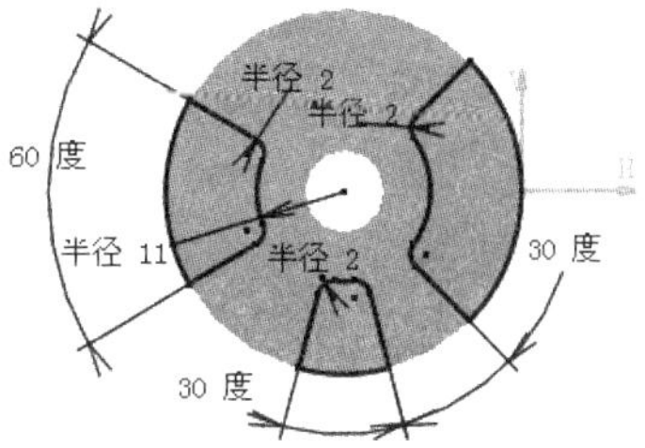

图 16.11　截面草图

Step8. 创建图 16.12 所示的零件特征——凸台 1。选择下拉菜单 插入 → 基于草图的特征 → 凸台... 命令；选取平面 2 为草绘平面，绘制图 16.13 所示的截面草图；在 第一限制 区域的 类型：下拉列表中选取 尺寸 选项，在其后的 长度：文本框中输入值 2.5，并选中 镜像范围 复选框，单击 确定 按钮，完成凸台 1 的创建。

图 16.12　凸台 1

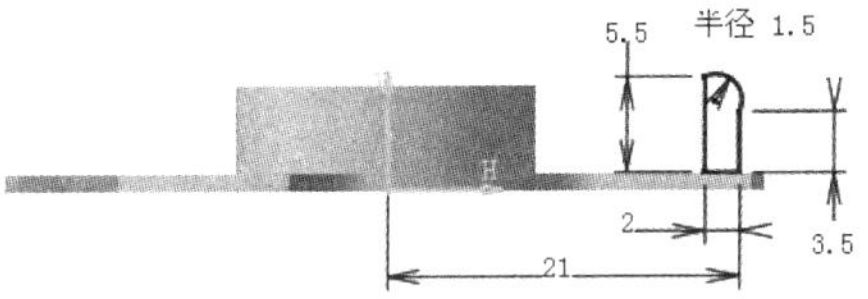

图 16.13　截面草图

Step9. 创建图 16.14 所示的零件特征——加强肋 1。选择下拉菜单 插入 → 基于草图的特征 → 加强肋... 命令；在 线宽 下的 厚度 1：文本框中输入数值 0.25，单击 轮廓 下的按钮，选择平面 2 为基准平面，系统进入草绘状态，绘制图 16.15 所示的截面草图，单击退出草图环境，单击 确定 按钮，完成加强肋 1 的创建。

图 16.14　加强肋 1

图 16.15　截面草图

Step10. 创建图 16.16b 所示的变换特征—— 圆形阵列 1。按住 Ctrl 键，在特征树中选中特征凸台 1 和加强肋 1 作为圆形阵列的源特征；选择下拉菜单 插入 → 变换特征 → 圆形阵列... 命令；在 参数：文本框的下拉列表中选取 实例和角度间距 选项，在 实例：文本框中输入值 5，在 角度间距：文本框中输入数值 60，在 参考方向 区域的 参考元素：文本框中右击，选取 Y 轴选项；单击 确定 按钮，完成圆形阵列 1 的创建（注：此阵列中会多产生一个阵列结果，单击此点，可取消生成）。

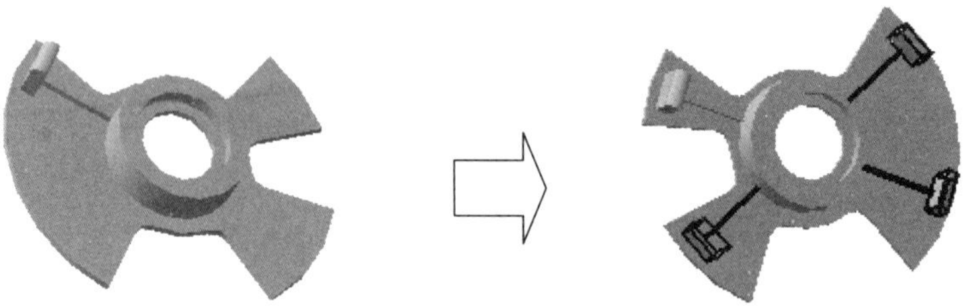

a）阵列前　　b）阵列后

图 16.16　圆形阵列 1

Step11. 创建图 16.17b 所示的特征——倒圆角 1。选择下拉菜单 插入 → 修饰特征 ▸ → 倒圆角... 命令，选取图 16.17a 所示的边为倒圆角的对象，倒圆角半径为 0.5。

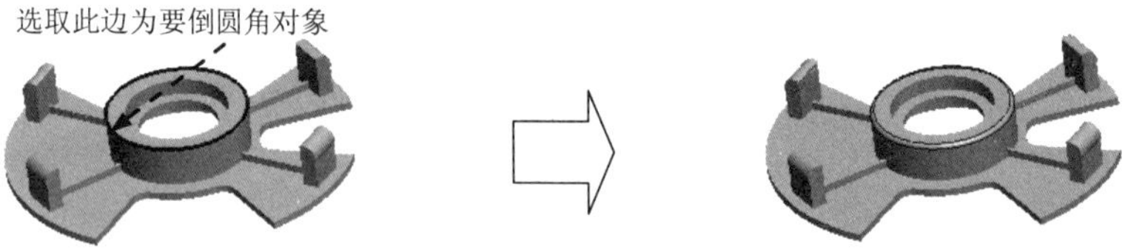

a）圆角前　　b）圆角后

图 16. 17　倒圆角 1

Step12. 创建图 16.18b 所示的特征——倒圆角 2。选取图 16.18a 所示的边为倒圆角的对象，倒圆角半径为 0.5。

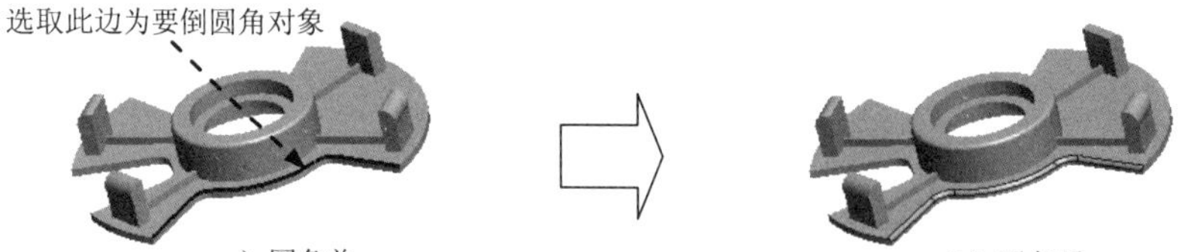

a）圆角前　　b）圆角后

图 16. 18　倒圆角 2

Step13. 创建图 16.19b 所示的特征——倒圆角 3。选取图 16.19a 所示的边为倒圆角的对象，倒圆角半径为 0.5。

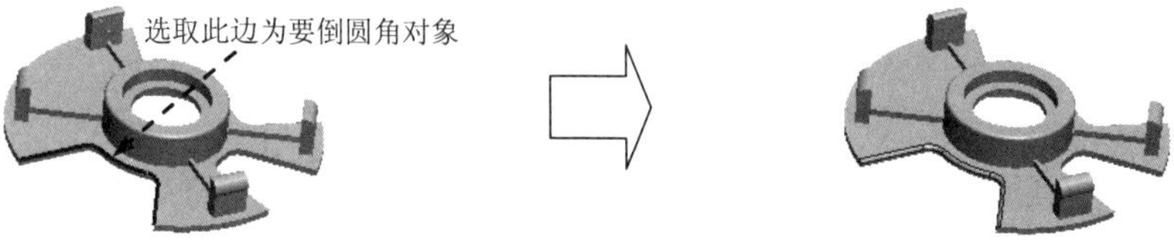

a）圆角前　　b）圆角后

图 16. 19　倒圆角 3

Step14. 创建图 16.20b 所示的特征——倒圆角 4。选取图 16.20a 所示的边为倒圆角的对象，倒圆角半径为 0.5。

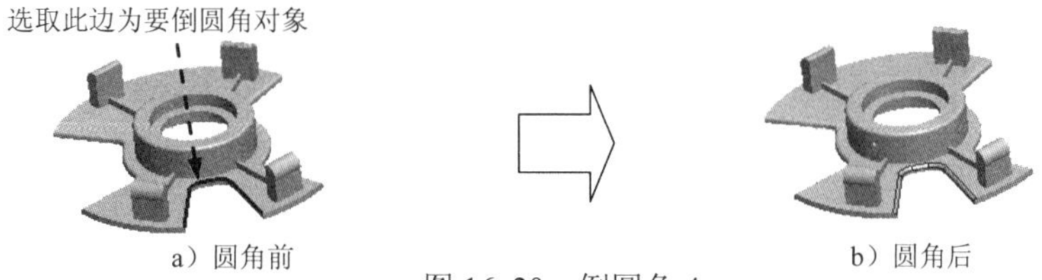

图 16. 20　倒圆角 4

Step15. 创建图 16.21b 所示的特征——倒圆角 5。选取图 16.21a 所示的边为倒圆角的对象，倒圆角半径为 0.5。

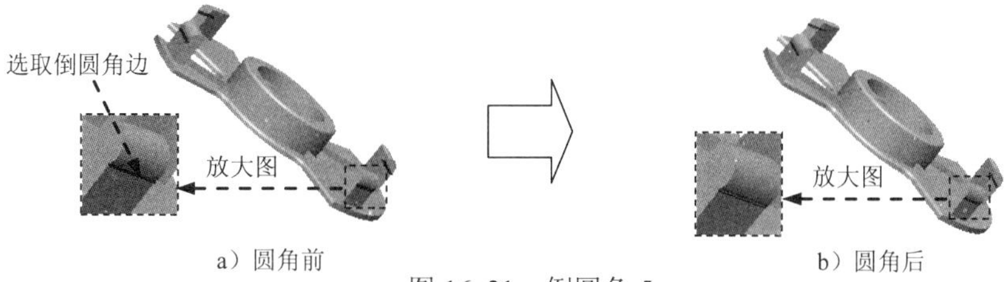

图 16. 21　倒圆角 5

Step16. 创建图 16.22b 所示的特征——倒圆角 6。选取图 16.22a 所示的边为倒圆角的对象，倒圆角半径为 0.5。

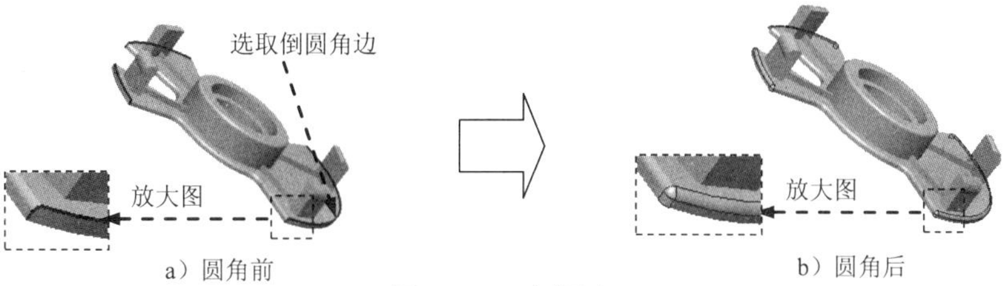

图 16. 22　倒圆角 6

Step17. 创建图 16.23b 所示的特征——倒圆角 7。选取图 16.23a 所示的边为倒圆角的对象，倒圆角半径为 0.1。

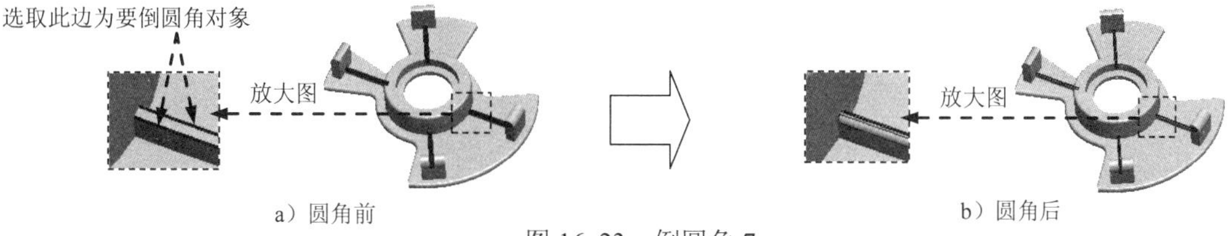

图 16. 23　倒圆角 7

Step18. 创建图 16.24 所示的特征——倒圆角 8。选取图 16.24 所示的边为倒圆角的对象，倒圆角半径为 0.1。

Step19. 创建图 16.25 所示的特征——倒圆角 9。选取图 16.25 所示的边为倒圆角的对象，倒圆角半径为 0.1。

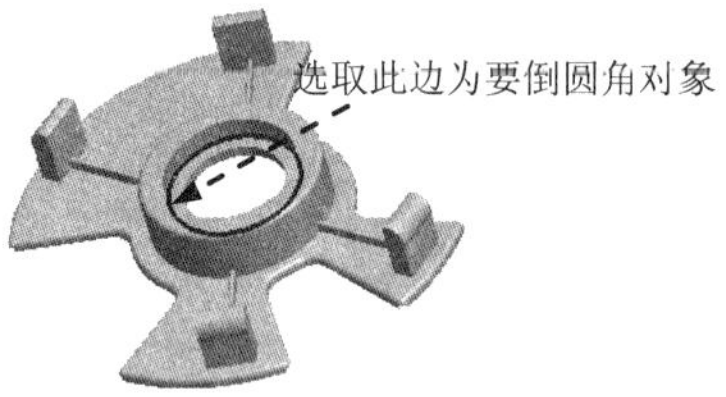

图 16.24 倒圆角 8

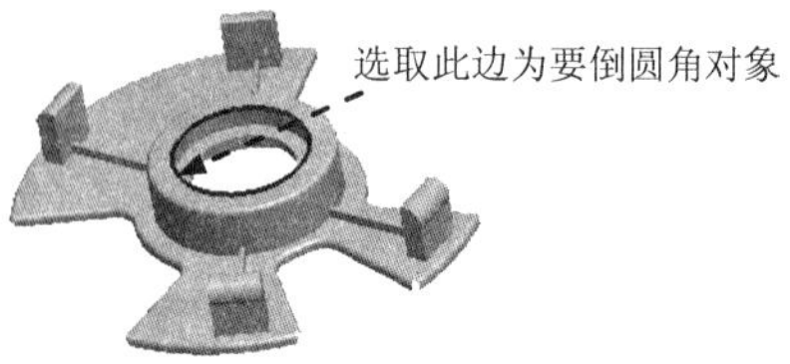

图 16.25 倒圆角 9

Step20. 保存文件。选择下拉菜单 文件 → 保存 命令，完成零件模型的保存。

实例 17　塑 料 挂 钩

实例概述：

本实例讲解了一个普通的塑料挂钩的设计过程，其中运用了简单建模的一些常用命令，如拉伸、镜像和加强肋，其中加强肋特征运用得很巧妙。零件模型及特征树如图 17.1 所示。

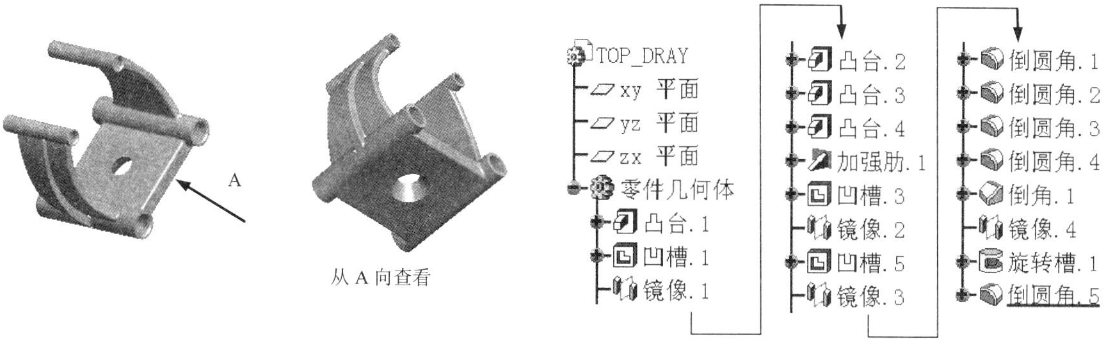

图 17.1　零件模型及特征树

Step1. 新建模型文件。选择下拉菜单 开始 → 机械设计 → 零件设计 命令，在系统弹出的“新建零件”对话框中输入名称 TOP_DRAY，选中 启用混合设计 复选框，单击 确定 按钮，进入零件设计工作台。

Step2. 创建图 17.2 所示的零件特征——凸台 1。选择下拉菜单 插入 → 基于草图的特征 → 凸台... 命令；选取 xy 平面为草绘平面，绘制图 17.3 所示的截面草图；在 第一限制 区域的 类型： 下拉列表中选取 尺寸 选项，在其后的 长度： 文本框中输入值 8，在文本框中选择 厚 复选框，并选中 镜像范围 复选框，单击 确定 按钮，完成凸台 1 的创建。

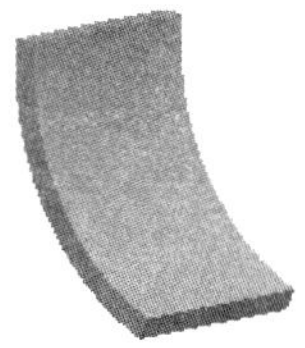

图 17.2　凸台 1

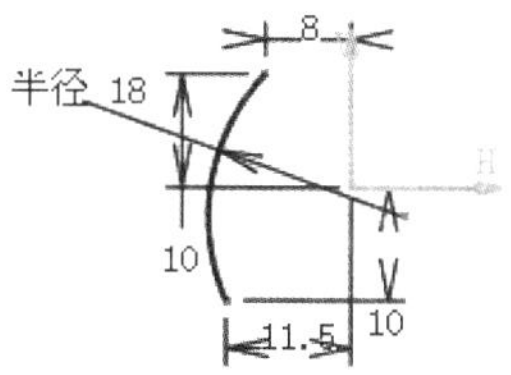

图 17.3　截面草图

Step3. 创建图 17.4 所示的零件特征——凹槽 1。选择下拉菜单 插入 → 基于草图的特征 → 凹槽... 命令；选取 yz 平面为草绘平面；绘制图 17.5 所示的截面草图；在对话框 第一限制 区域的 类型： 下拉列表中选取 直到最后 选项，单击 确定 按钮，完成凹槽 1 的创建。

图 17.4 凹槽 1

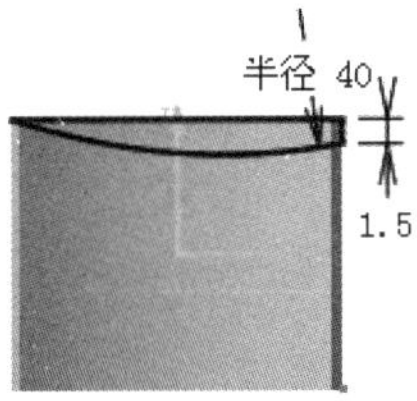

图 17.5 截面草图

Step4. 创建图 17.6b 所示的特征——镜像 1。选择下拉菜单 插入 → 变换特征 ▸ → 镜像... 命令，在特征树中选取凹槽 1 为镜像对象；选取 xy 平面为镜像元素，单击 确定 按钮，完成镜像 1 的创建。

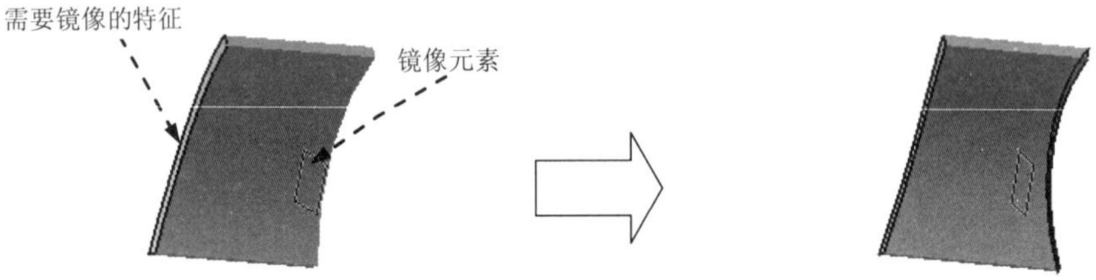

a）镜像前

b）镜像后

图 17.6 镜像 1

Step5. 创建图 17.7 所示的零件特征——凸台 2。选择下拉菜单 插入 → 基于草图的特征 ▸ → 凸台... 命令；选取 xy 平面为草绘平面，绘制图 17.8 所示的截面草图；在 第一限制 区域的 类型： 下拉列表中选取 尺寸 选项，在其后的 长度： 文本框中输入值 12，并选中 镜像范围 复选框，单击 确定 按钮，完成凸台 2 的创建。

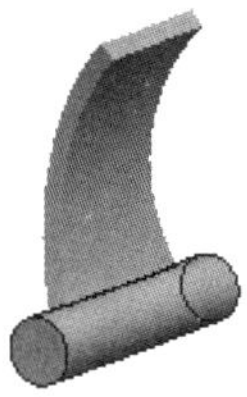

图 17.7 凸台 2

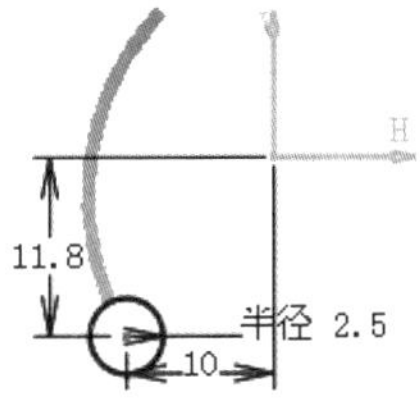

图 17.8 截面草图

Step6. 创建图 17.9 所示的零件特征——凸台 3。选择下拉菜单 插入 → 基于草图的特征 ▸ → 凸台... 命令；选取 xy 平面为草绘平面，绘制图 17.10 所示的截面草图；在 第一限制 区域的 类型： 下拉列表中选取 尺寸 选项，在其后的 长度： 文本框中输入值 8，并选中 镜像范围 复选框，单击 确定 按钮，完成凸台 3 的创建。

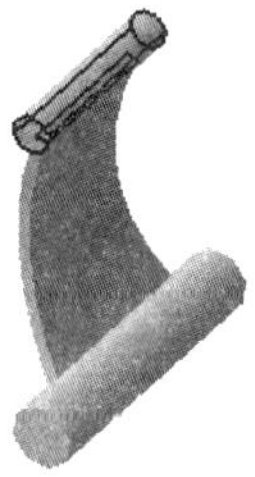

图 17.9 凸台 3

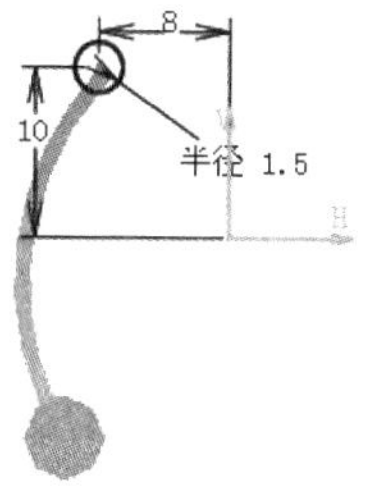

图 17.10 截面草图

Step7. 创建图 17.11 所示的零件特征——凸台 4。选择下拉菜单 插入 → 基于草图的特征 → 凸台... 命令；选取 xy 平面为草绘平面，绘制图 17.12 所示的截面草图；在 第一限制 区域的 类型： 下拉列表中选取 尺寸 选项，在其后的 长度： 文本框中输入值 10，并选中 镜像范围 复选框，单击 确定 按钮，完成凸台 4 的创建。

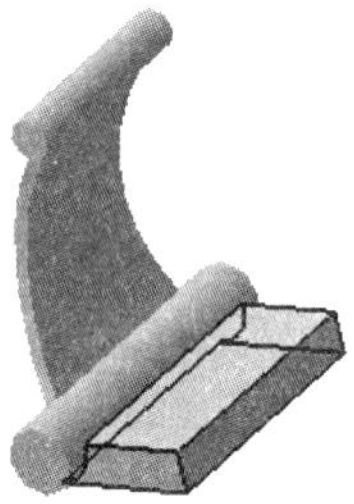

图 17.11 凸台 4

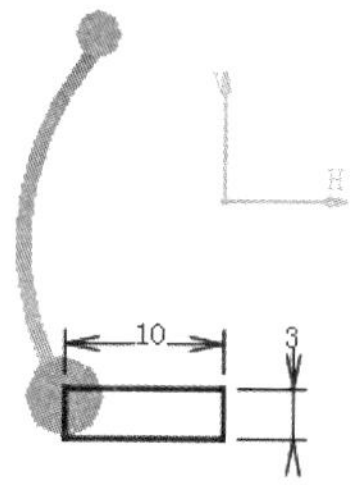

图 17.12 截面草图

Step8. 创建图 17.13 所示的肋特征——加强肋 1。选择下拉菜单 插入 → 基于草图的特征 → 加强肋... 命令；在 线宽 下的 厚度 1： 文本框中输入数值 2，单击 轮廓 下的按钮，选择 xy 平面为基准平面，系统进入草绘状态，绘制图 17.14 所示的截面草图，单击退出草图环境，单击 确定 按钮，完成加强肋 1 的创建。

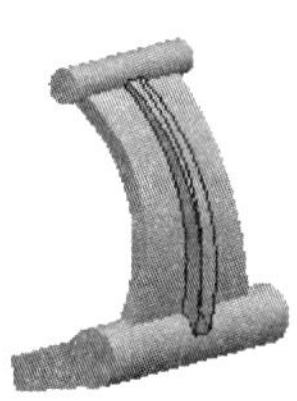

图 17.13 加强肋 1

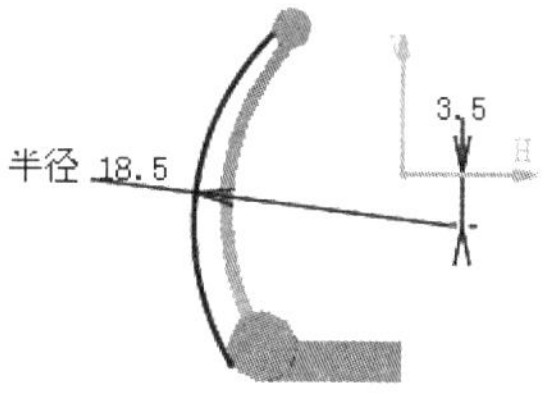

图 17.14 截面草图

Step9. 创建图 17.15 所示的零件特征——凹槽 2。选择下拉菜单 插入 → 基于草图的特征 → 凹槽... 命令；选取图 17.16 所示的平面为草绘平面；绘制图 17.17 所示的截面草图；在对话框 第一限制 区域的 类型： 下拉列表中选取 尺寸 选项，在 深度： 文本框中输入数值 1，单击 确定 按钮，完成凹槽 2 的创建。

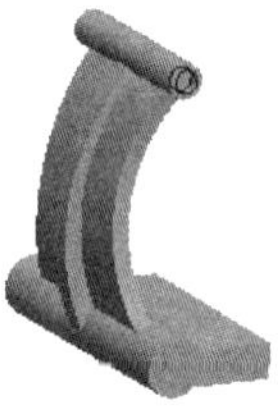

图 17.15 凹槽 2

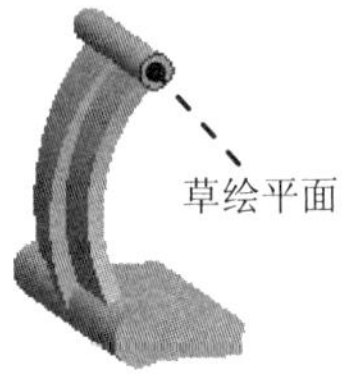

图 17.16 定义草绘平面

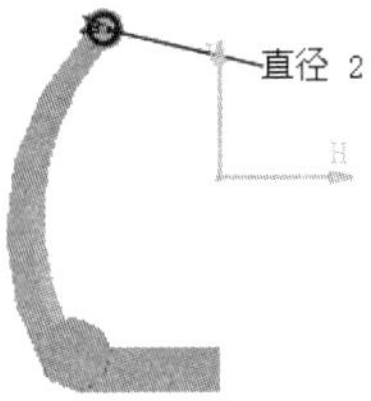

图 17.17 截面草图

Step10. 创建图 17.18b 所示的特征——镜像 2。选择下拉菜单 插入 → 变换特征 ▸ → 镜像... 命令，在特征树中选取凹槽 2 为镜像对象；选取 xy 平面为镜像元素，单击 确定 按钮，完成镜像 2 的创建。

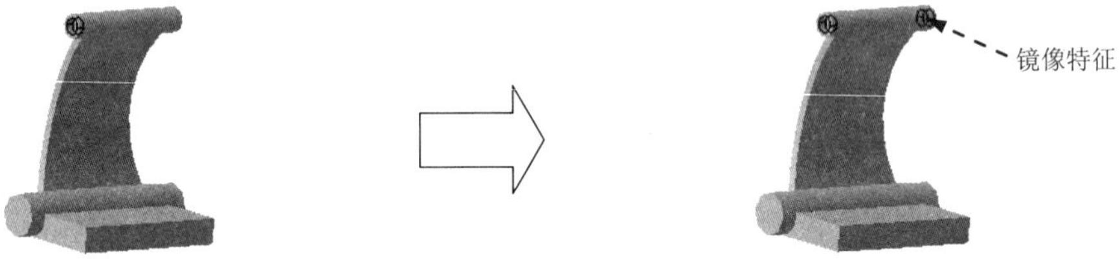

a）镜像前 b）镜像后

图 17.18 镜像 2

Step11. 创建图 17.19 所示的零件特征——凹槽 3。选择下拉菜单 插入 → 基于草图的特征 ▸ → 凹槽... 命令；选取图 17.20 所示的平面为草绘平面；绘制图 17.21 所示的截面草图；在对话框 第一限制 区域的 类型： 下拉列表中选取 尺寸 选项，在 深度： 文本框中输入数值 5，单击 确定 按钮，完成凹槽 3 的创建。

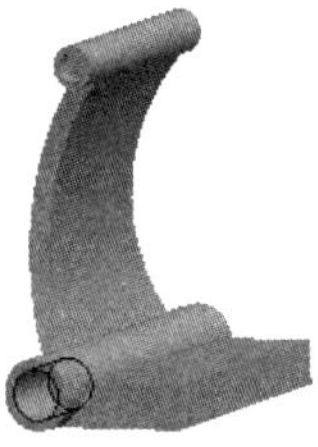

图 17.19 凹槽 3

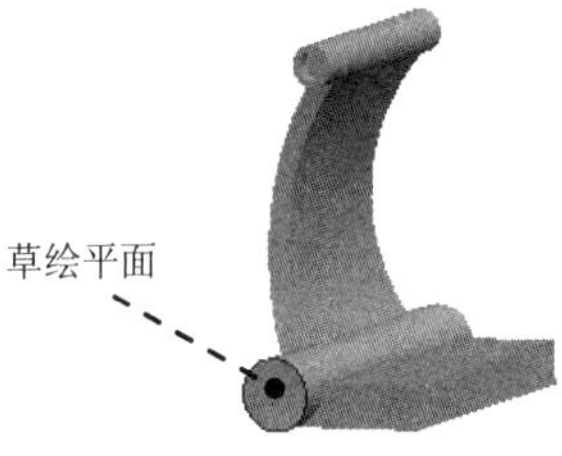

图 17.20 定义草绘平面

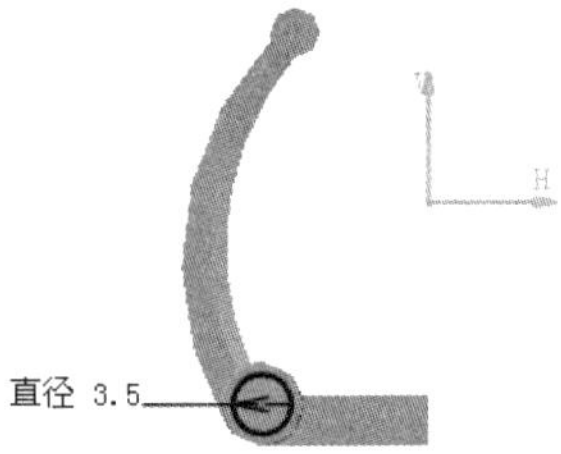

图 17.21 截面草图

Step12. 创建图 17.22b 所示的特征——镜像 3。选择下拉菜单 插入 → 变换特征 ▸ → 镜像... 命令，在特征树中选取凹槽 3 为镜像对象；选取 xy 平面为镜像元素，单击 确定 按钮，完成镜像 3 的创建。

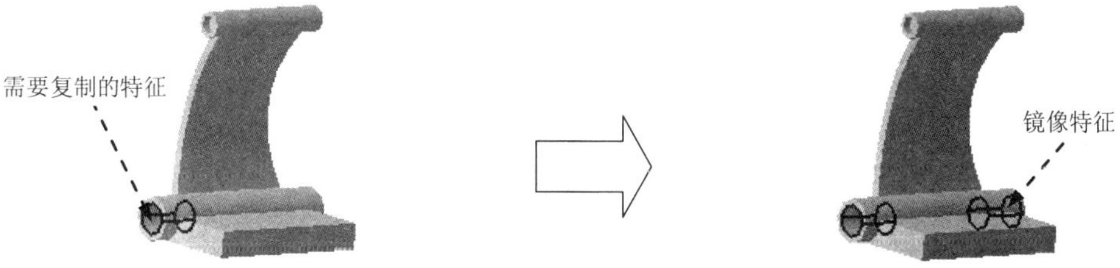

a）镜像复制前　　b）镜像复制后

图 17.22　镜像 3

Step13. 创建零件特征——倒圆角 1。选取图 17.23 所示的边为倒圆角的对象，倒圆角半径为 0.5。

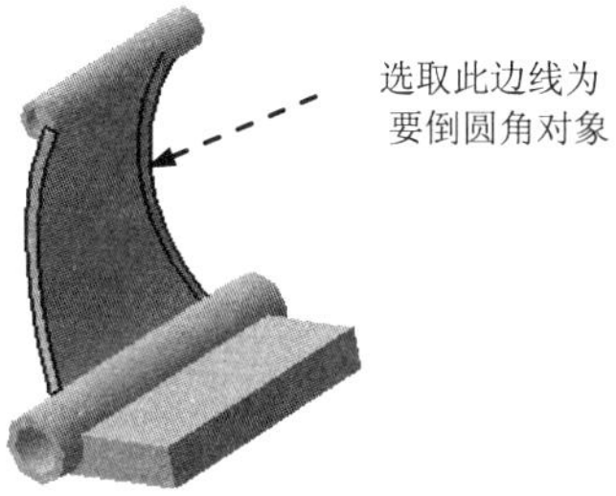

图 17.23　倒圆角 1

Step14. 创建零件特征——倒圆角 2。选取图 17.24 所示的边为倒圆角的对象，倒圆角半径为 0.2。

Step15. 创建零件特征——倒圆角 3。选取图 17.25 所示的边为倒圆角的对象，倒圆角半径为 0.5。

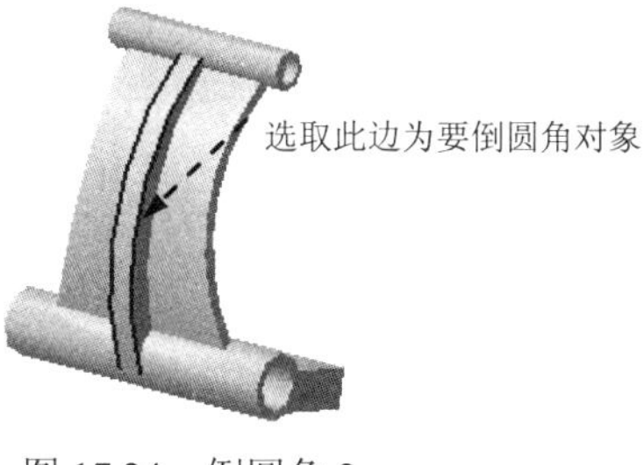

图 17.24　倒圆角 2

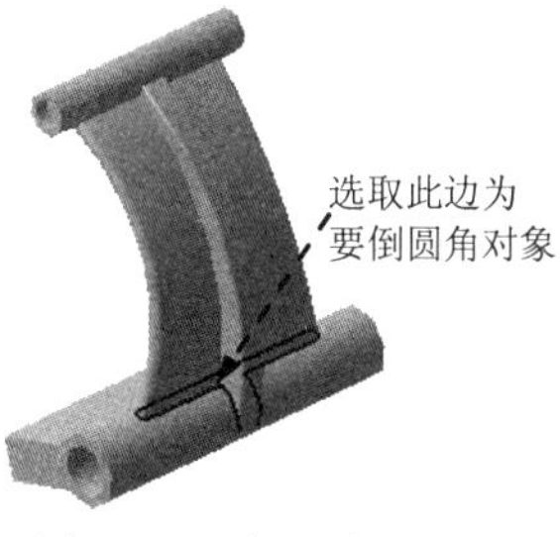

图 17.25　倒圆角 3

Step16. 创建零件特征——倒圆角 4。选取图 17.26 所示的边为倒圆角的对象，倒圆角半径为 0.2。

Step17. 创建倒角特征——倒角 1。选择下拉菜单 插入 → 修饰特征 → 倒角... 命令；选取图 17.27 所示的边为倒角的对象。在“定义倒角”对话框的 模式： 下拉列表中选取 长度 1/角度 选项。在对话框的 长度 1： 文本框中输入值 0.3，在 角度： 文本框中输入值 45。单击 确定 按钮，完成倒角 1 的创建。

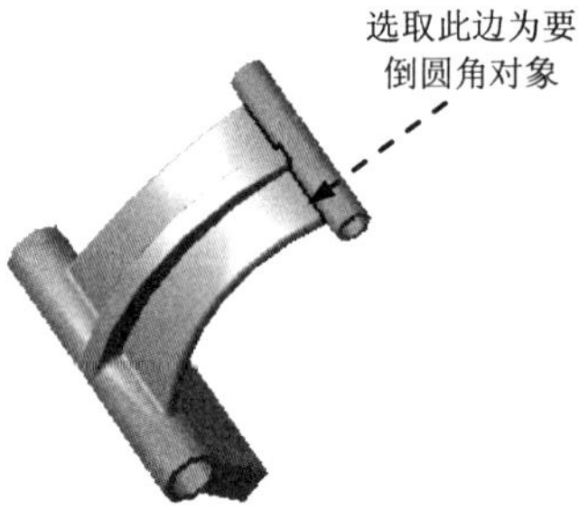

图 17.26　倒圆角 4

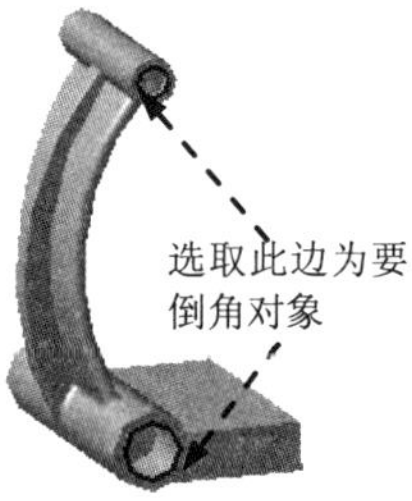

图 17.27　倒角 1

Step18. 创建图 17.28b 所示的特征——镜像 4。选择下拉菜单 插入 → 变换特征 ▸ → 镜像... 命令，在特征树中选取整个零件为镜像对象；选取 yz 平面为镜像元素，单击 确定 按钮，完成镜像 4 的创建。

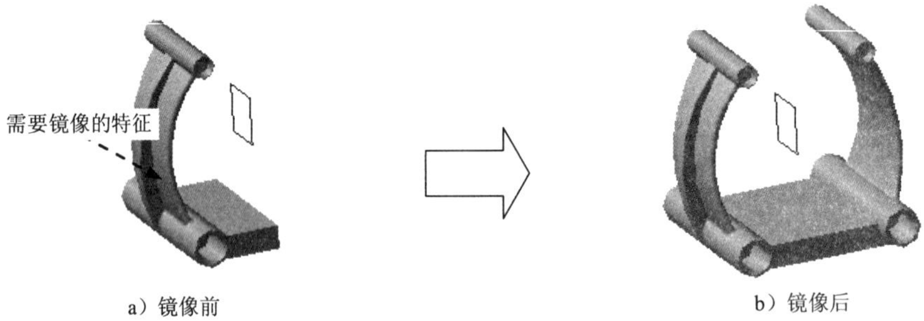

图 17.28　镜像 4

Step19. 创建图 17.29 所示的特征——旋转槽 1。选择下拉菜单 插入 → 基于草图的特征 ▸ → 旋转槽... 命令；选取 xy 平面为草绘平面，绘制图 17.30 所示的截面草图；在 限制 区域的 第一角度： 文本框中输入值 360；在 第二角度： 文本框中输入值 0；点击 轴线 区域的 选择： 文本框，选取图 17.30 所示的线为旋转中心线，单击 确定 按钮，完成旋转槽 1 的创建。

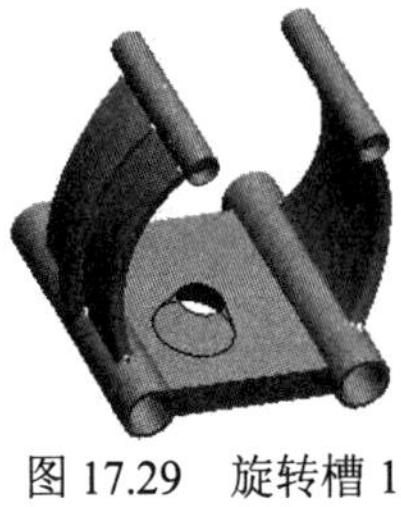

图 17.29　旋转槽 1

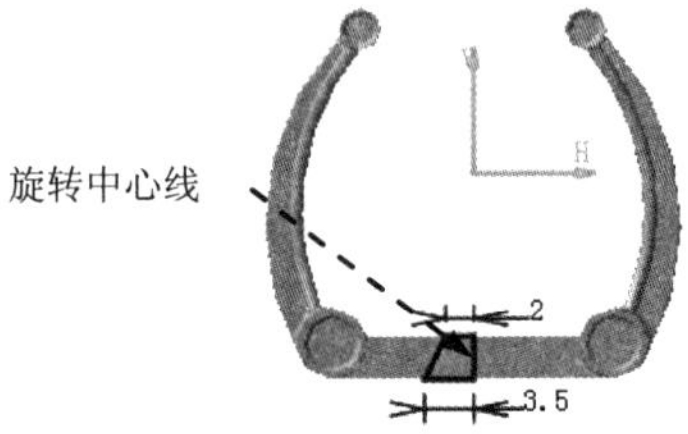

图 17.30　截面草图

Step20. 创建零件特征——倒圆角 5。选取图 17.31 所示的边为倒圆角的对象，倒圆角半径为 0.5。

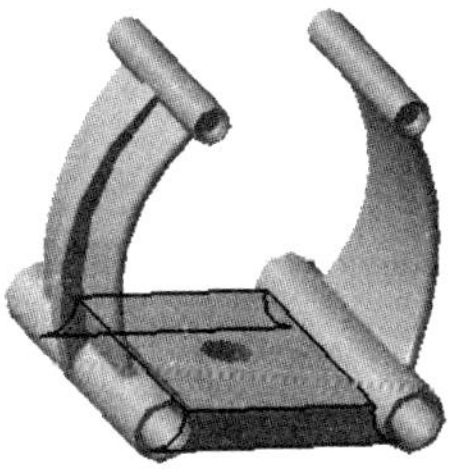

图 17.31 倒圆角 5

Step21. 保存文件。选择下拉菜单 文件 → 保存 命令，完成零件模型的保存。

实例18 传 呼 机 套

实例概述：

本实例运用了巧妙的构思，通过简单的几个特征就创建出图 18.1 所示的较为复杂的模型，通过对本实例的学习，可以使读者进一步掌握凸台、盒体和旋转体等命令。零件模型及特征树如图 18.1 所示。

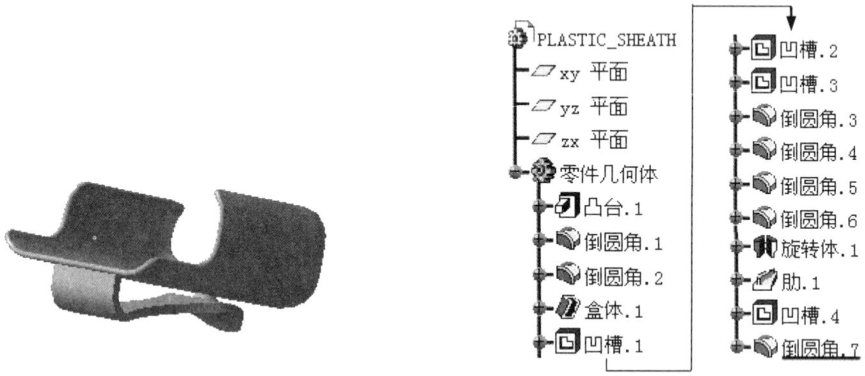

图 18.1 零件模型及特征树

Step1. 新建模型文件。选择下拉菜单 开始 → 机械设计 → 零件设计 命令，在系统弹出的“新建零件”对话框中输入名称 PLASTIC_SHEATH，选中 启用混合设计 复选框，单击 确定 按钮，进入零件设计工作台。

Step2. 创建图 18.2 所示的零件特征——凸台 1。选择下拉菜单 插入 → 基于草图的特征 → 凸台... 命令；选取 yz 平面为草绘平面，绘制图 18.3 所示的截面草图；在 第一限制 区域的 类型： 下拉列表中选取 尺寸 选项，在其后的 长度： 文本框中输入值 22.5，并选中 镜像范围 复选框，单击 确定 按钮，完成凸台 1 的创建。

图 18.2 凸台 1

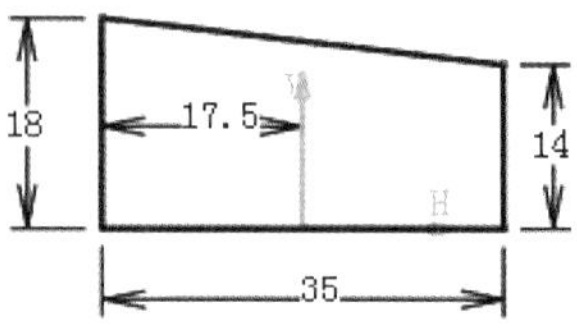

图 18.3 截面草图

Step3. 创建图 18.4b 所示的特征——倒圆角 1。选择下拉菜单 插入 → 修饰特征 → 倒圆角... 命令，选取图 18.4a 所示的边为倒圆角的对象，倒圆角半径为 8。

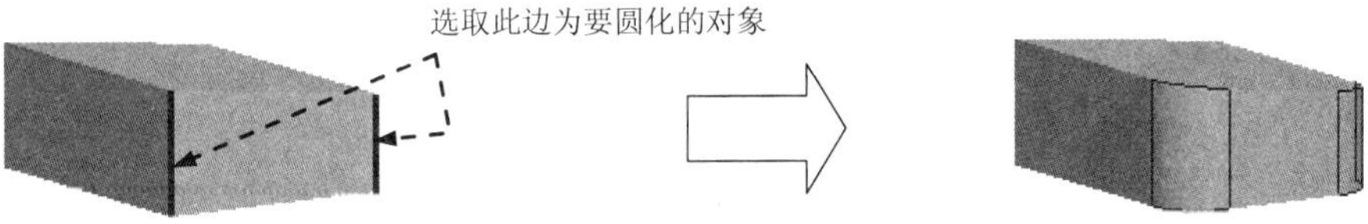

a）圆角前　　b）圆角后

图 18.4　倒圆角 1

Step4. 创建图 18.5b 所示的特征——倒圆角 2。选取图 18.5a 所示的边为倒圆角的对象，倒圆角半径为 6。

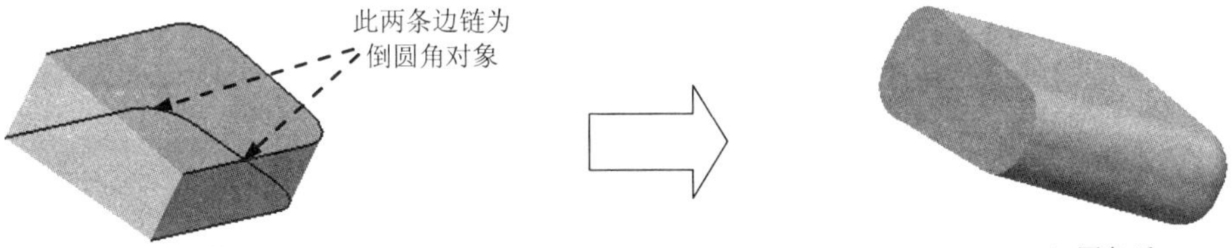

a）圆角前　　b）圆角后

图 18.5　倒圆角 2

Step5. 创建图 18.6b 所示的零件特征——盒体 1。选择下拉菜单 插入 → 修饰特征 ▸ → 抽壳... 命令，在 默认内侧厚度： 文本框中输入值 1，选取图 18.6a 所示的面为要移除的平面，单击 确定 按钮，完成盒体 1 的创建。

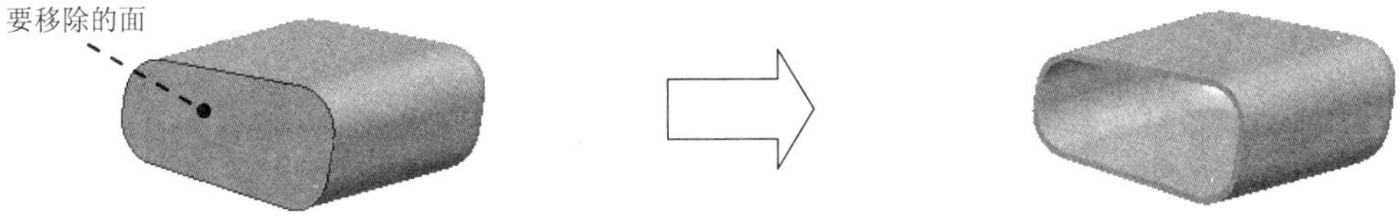

a）抽壳前　　b）抽壳后

图 18.6　盒体 1

Step6. 后面的详细操作过程请参见随书光盘中 video\ch02\reference\文件下的语音视频讲解文件 PLASTIC_SHEATH-r02.exe。

实例19　盒　子

实例概述：

本实例主要运用了凸台、盒体、阵列和孔等命令，在进行“阵列”特征时读者要注意选择恰当的阵列方式，此外在绘制凸台截面草图的过程中要选取合适的草绘参照，以便简化草图的绘制。零件模型和特征树如图 19.1 所示。

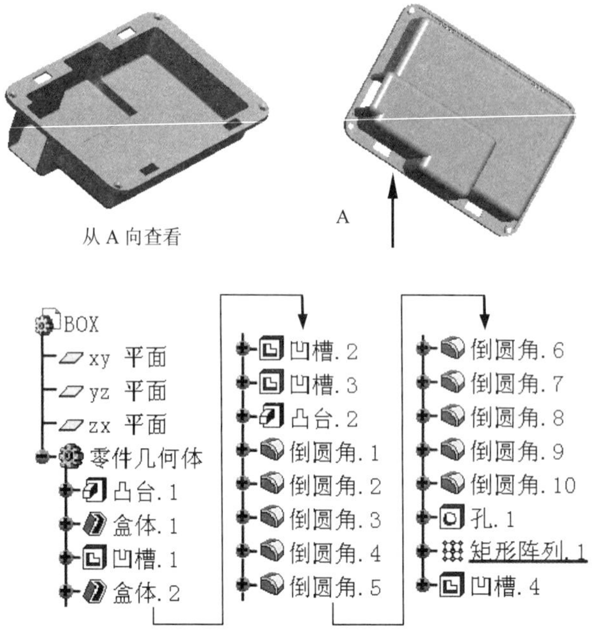

图 19.1　零件模型及特征树

Step1. 新建模型文件。选择下拉菜单 开始 → 机械设计 → 零件设计 命令，在系统弹出的“新建零件”对话框中输入名称 BOX，选中 启用混合设计 复选框，单击 确定 按钮，进入零件设计工作台。

Step2. 创建图 19.2 所示的零件特征——凸台 1。选择下拉菜单 插入 → 基于草图的特征 → 凸台... 命令；选取 xy 平面为草绘平面，绘制图 19.3 所示的截面草图；在 第一限制 区域的 类型： 下拉列表中选取 尺寸 选项，在其后的 长度： 文本框中输入值 30，单击 确定 按钮，完成凸台 1 的创建。

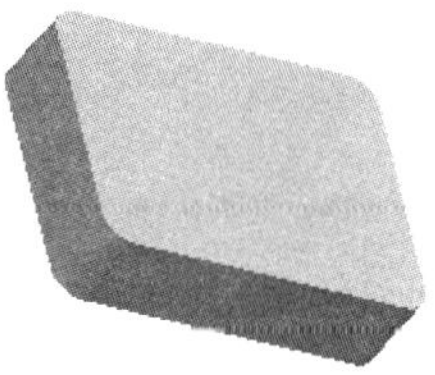

图 19.2　凸台 1

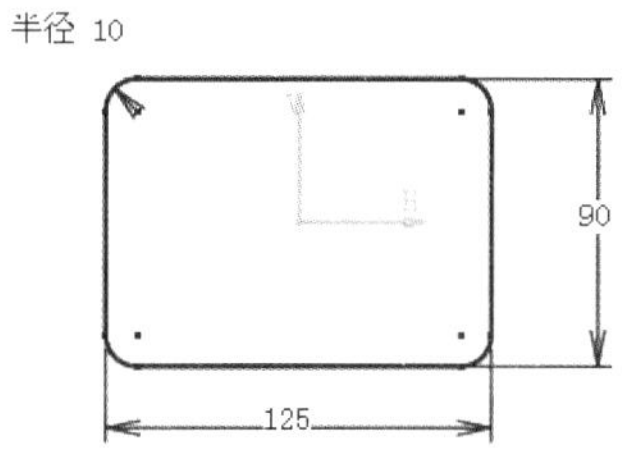

图 19.3　截面草图

Step3. 创建图 19.4b 所示的零件特征——盒体 1。选择下拉菜单 插入 → 修饰特征 ▸ → 抽壳... 命令，在 默认内侧厚度: 文本框中输入值 10，选取图 19.4a 所示的面为要移除的平面，单击 确定 按钮，完成盒体 1 的创建。

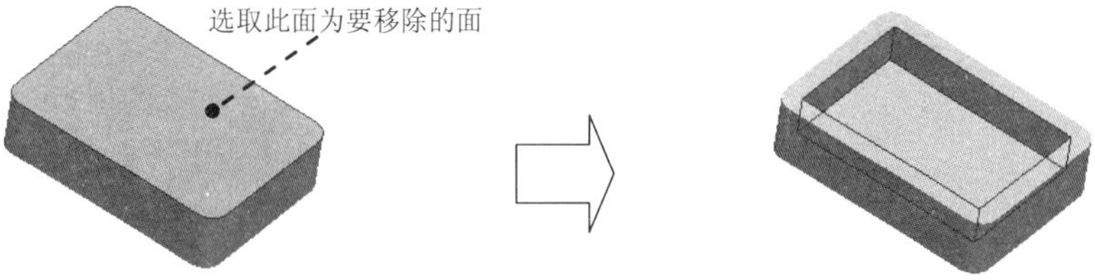

a）盒体前　　b）盒体后

图 19.4　盒体 1

Step4. 创建图 19.5b 所示的零件特征——凹槽 1。选择下拉菜单 插入 → 基于草图的特征 ▸ → 凹槽... 命令；选取图 19.5a 所示的平面为草绘平面；绘制图 19.6 所示的截面草图；在 第一限制 区域的 类型: 下拉列表中选取 尺寸 选项，在其后的 深度: 文本框中输入值 27，单击 确定 按钮，完成凹槽 1 的创建。

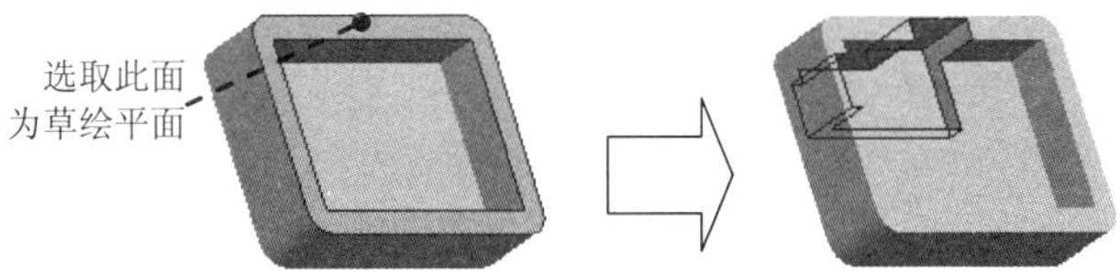

a）拉伸前　　b）拉伸后

图 19.5　凹槽 1

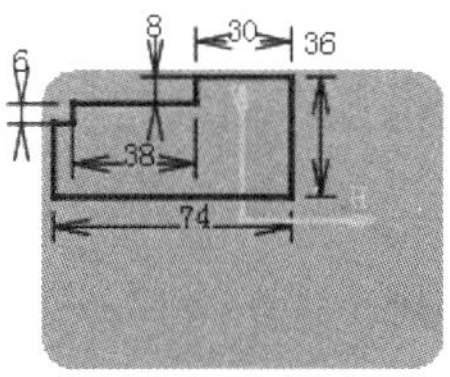

图 19.6　截面草图

Step5. 创建图 19.7b 所示的零件特征——盒体 2。选择下拉菜单 插入 → 修饰特征 ▸ → 抽壳... 命令，在 默认内侧厚度: 文本框中输入值 3，选取图 19.7a 所示的面为要移除的平面，单击 确定 按钮，完成盒体 2 的创建。

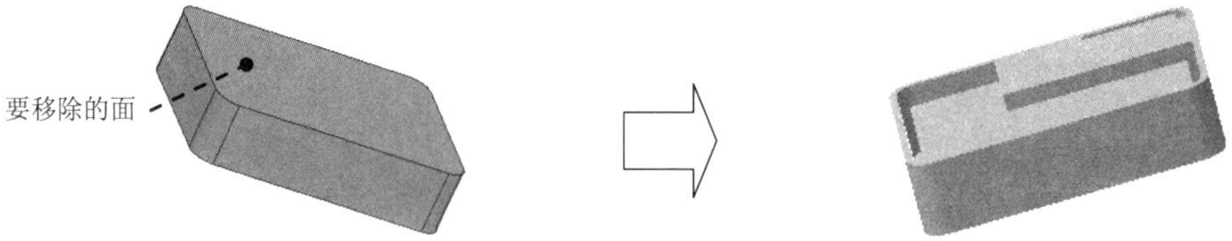

a）抽壳前　　　　b）抽壳后

图 19.7　盒体 2

Step6. 创建图 19.8 所示的零件特征——凹槽 2。选择下拉菜单 插入 → 基于草图的特征 → 凹槽... 命令；选取图 19.8 所示的凸台 1 的后表面为草绘平面；绘制图 19.9 所示的截面草图；在 第一限制 区域的 类型： 下拉列表中选取 尺寸 选项，在其后的 深度： 文本框中输入值 25，单击 确定 按钮，完成凹槽 2 的创建。

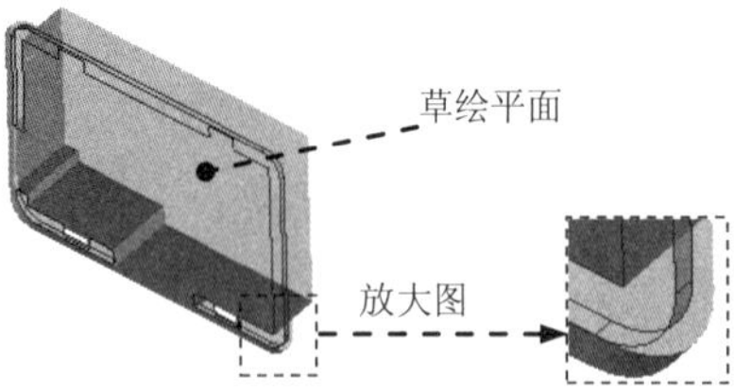

图 19.8　凹槽 2

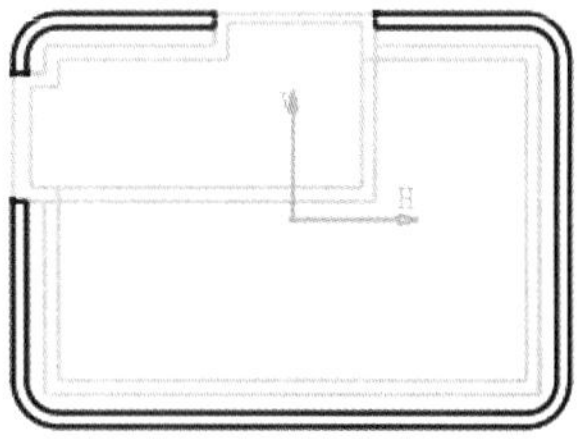

图 19.9　截面草图

Step7. 创建图 19.10 所示的零件特征——凹槽 3。选择下拉菜单 插入 → 基于草图的特征 → 凹槽... 命令；选取图 19.10 所示的面为草绘平面；绘制图 19.11 所示的截面草图；在对话框 第一限制 区域的 类型： 下拉列表中选取 直到最后 选项，单击 确定 按钮，完成凹槽 3 的创建。

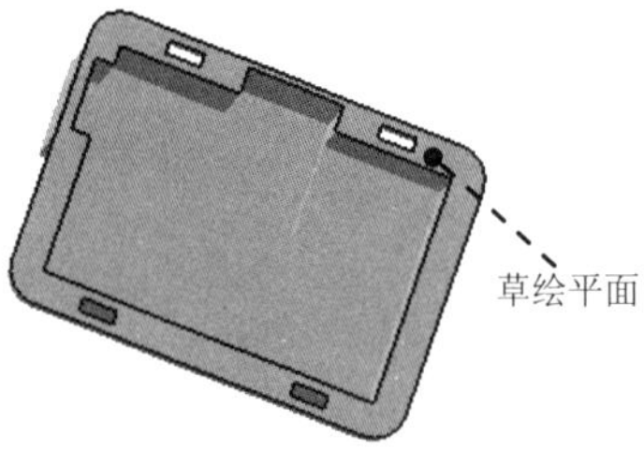

图 19.10　凹槽 3

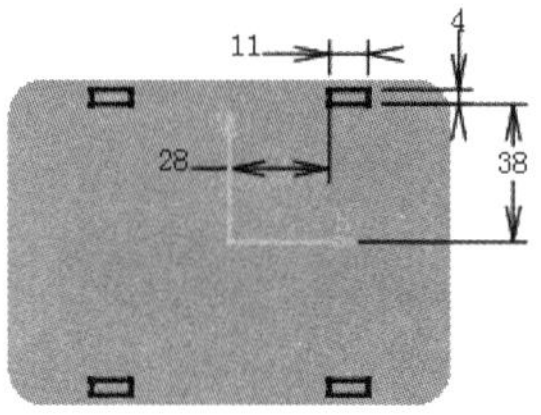

图 19.11　截面草图

Step8. 后面的详细操作过程请参见随书光盘中 video\ch02\reference\文件下的语音视频讲解文件 BOX-r02.exe。

实例20 塑 料 凳

实例概述：

本实例详细讲解了一款塑料凳的设计过程，该设计过程运用了如下命令：凸台、拔模、盒体、阵列和倒圆角等。其中拔模的操作技巧性较强，需要读者用心体会。零件模型及特征树如图 20.1 所示。

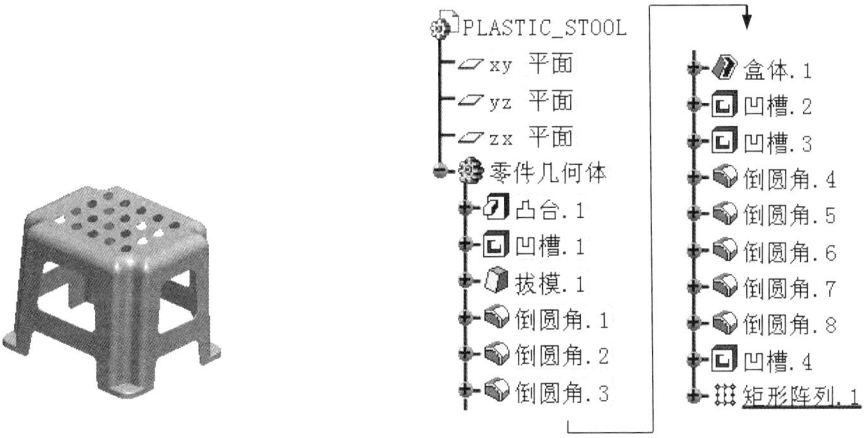

图 20.1 零件模型及特征树

Step1. 新建模型文件。选择下拉菜单 开始 → 机械设计 → 零件设计 命令，在系统弹出的“新建零件”对话框中输入名称 PLASTIC_STOOL，选中 启用混合设计 复选框，单击 确定 按钮，进入零件设计工作台。

Step2. 创建图 20.2 所示的零件特征——凸台 1。选择下拉菜单 插入 → 基于草图的特征 → 凸台... 命令；选取 xy 平面为草绘平面，绘制图 20.3 所示的截面草图；在 第一限制 区域的 类型： 下拉列表中选取 尺寸 选项，在其后的 长度： 文本框中输入值 200，单击 反转方向 按钮，单击 确定 按钮，完成凸台 1 的创建。

图 20.2 凸台 1

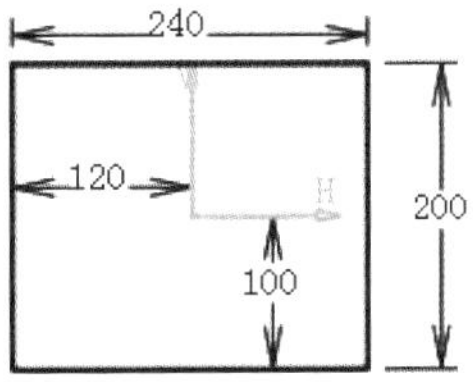

图 20.3 截面草图

Step3. 创建图 20.4 所示的零件特征——凹槽 1。选择下拉菜单 插入 → 基于草图的特征 → 凹槽... 命令；选取 xy 平面为草绘平面；绘制图 20.5 所示的截面草图；在对话框 第一限制 区域的 类型： 下拉列表中选取 尺寸 选项，在 深度： 文本框中输入数值 190，单击 确定 按钮，完成凹槽 1 的创建。

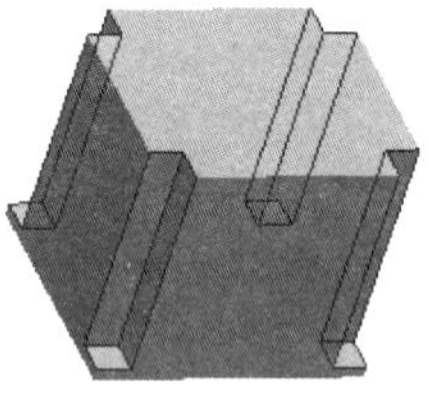

图 20.4 凹槽 1

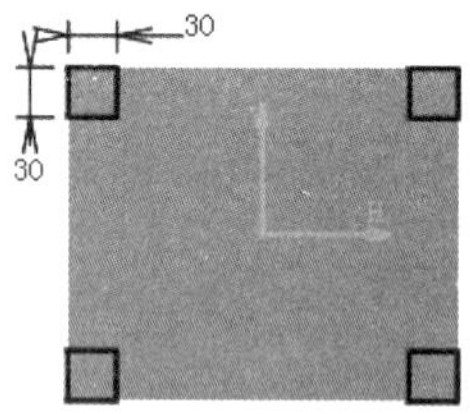

图 20.5 截面草图

Step4. 创建图 20.6b 所示的零件特征—— 拔模 1。选择下拉菜单 插入 → 修饰特征 → 拔模... 命令；选取图 20.6a 所示的面分别为要拔模的面和中性元素，并在 角度： 中输入数值 2，单击 确定 按钮，完成拔模 1 的创建。

a）拔模前 b）拔模后

图 20.6 拔模 1

Step5. 创建图 20.7b 所示的特征——倒圆角 1。选取图 20.7a 所示的边为倒圆角的对象，倒圆角半径为 10。

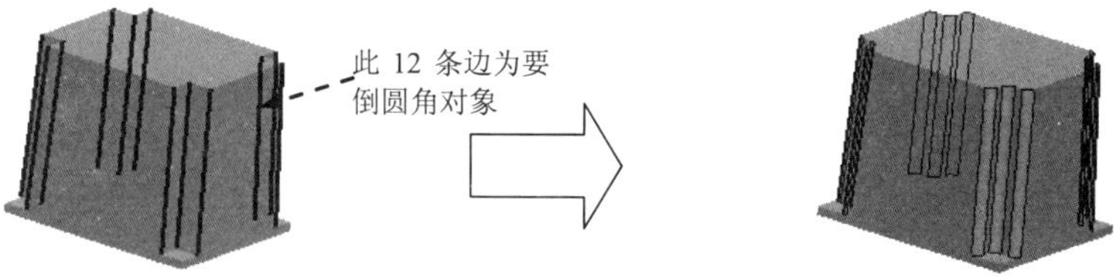

a）倒圆角前 b）倒圆角后

图 20.7 倒圆角 1

Step6. 创建图 20.8b 所示的特征—— 倒圆角 2。选取图 20.8a 所示的边为倒圆角的对象，倒圆角半径为 20。

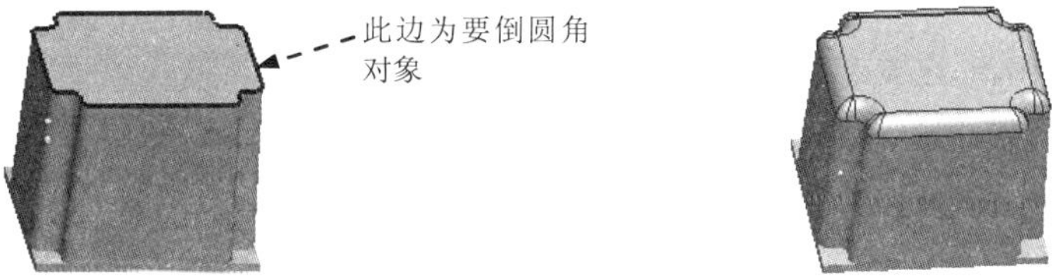

a）倒圆角前　　b）倒圆角后

图 20.8　倒圆角 2

Step7. 创建图 20.9b 所示的特征——倒圆角 3。选取图 20.9a 所示的边为倒圆角的对象，倒圆角半径为 20。

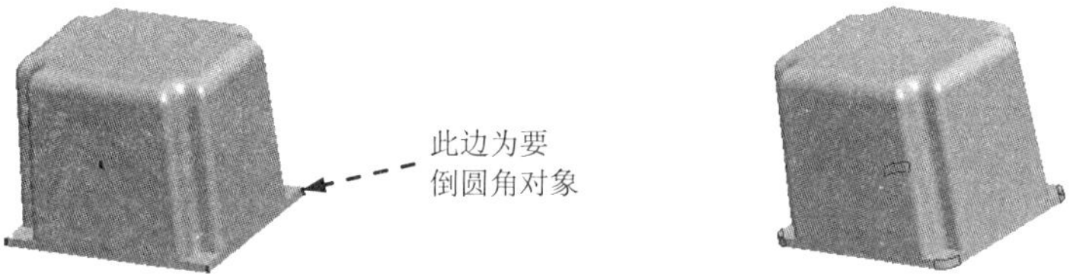

a）倒圆角前　　b）倒圆角后

图 20.9　倒圆角 3

Step8. 创建图 20.10b 所示的零件特征——盒体 1。选择下拉菜单 插入 → 修饰特征 ▸ → 抽壳... 命令，在 默认内侧厚度: 文本框中输入值 2，选取图 20.10a 所示的面为要移除的平面，单击 确定 按钮，完成盒体 1 的创建。

a）　抽壳前　　b）抽壳后

图 20.10　盒体 1

Step9. 创建图 20.11 所示的零件特征——凹槽 2。选择下拉菜单 插入 → 基于草图的特征 ▸ → 凹槽... 命令；选取 zx 平面为草绘平面；绘制图 20.12 所示的截面草图；在对话框 第一限制 区域的 类型: 下拉列表中选取 尺寸 选项，在 深度: 文本框中输入数值 120，并选中 镜像范围 复选框，单击 确定 按钮，完成凹槽 2 的创建。

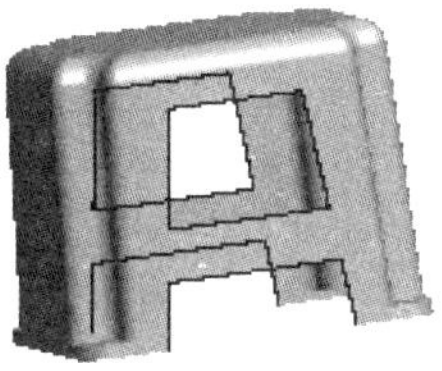

图 20.11 凹槽 2

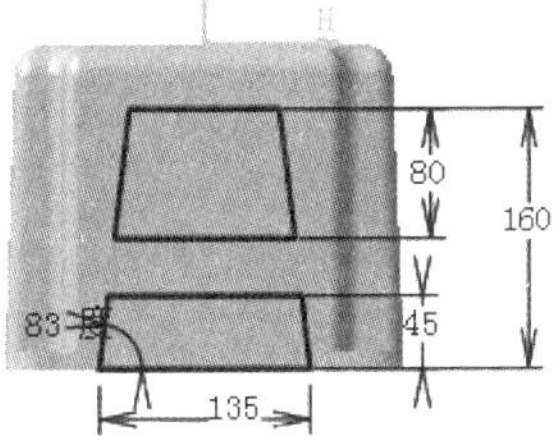

图 20.12　截面草图

Step10. 创建图 20.13 所示的零件特征——凹槽 3。选择下拉菜单 插入 → 基于草图的特征 ▸ → 凹槽... 命令；选取 yz 平面为草绘平面；绘制图 20.14 所示的截面草图；在对话框 第一限制 区域的 类型： 下拉列表中选取 尺寸 选项，在 深度： 文本框中输入数值 200，并选中 镜像范围 复选框，单击 确定 按钮，完成凹槽 3 的创建。

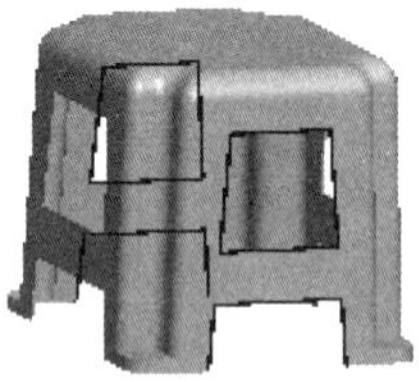

图 20.13 凹槽 3

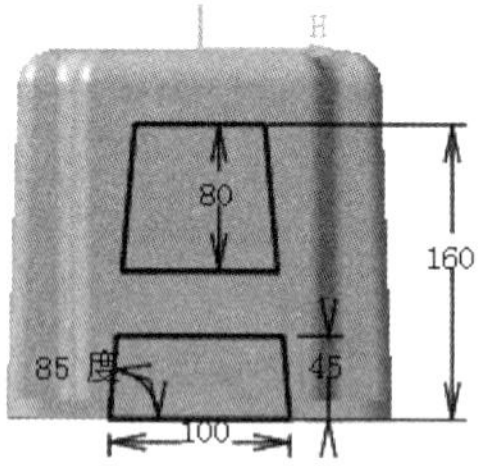

图 20.14 截面草图

Step11. 后面的详细操作过程请参见随书光盘中 video\ch02\reference\文件下的语音视频讲解文件 PLASTIC_STOOL-r02.exe。

实例21　泵　　箱

实例概述：

该零件在进行设计的过程中充分利用了“孔”“阵列”等命令，在进行截面草图绘制的过程中，要注意草绘平面的选择。零件模型和特征树如图 21.1 所示。

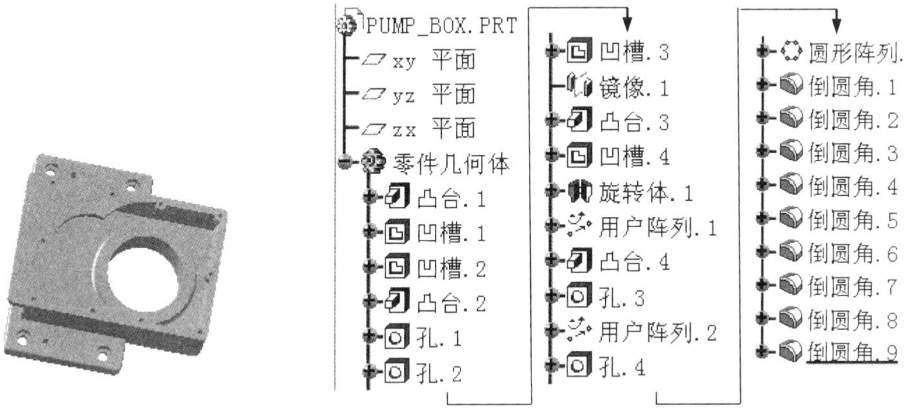

图 21.1　零件模型及特征树

Step1. 新建模型文件。选择下拉菜单 开始 → 机械设计 → 零件设计 命令，在系统弹出的“新建零件”对话框中输入名称 PUMP_BOX，选中 启用混合设计 复选框，单击 确定 按钮，进入零件设计工作台。

Step2. 创建图 21.2 所示的零件特征——凸台 1。选择下拉菜单 插入 → 基于草图的特征 → 凸台... 命令；选取 xy 平面为草绘平面，绘制图 21.3 所示的截面草图；在 第一限制 区域的 类型： 下拉列表中选取 尺寸 选项，在其后的 长度： 文本框中输入值 105，单击 确定 按钮，完成凸台 1 的创建。

图 21.2　凸台 1

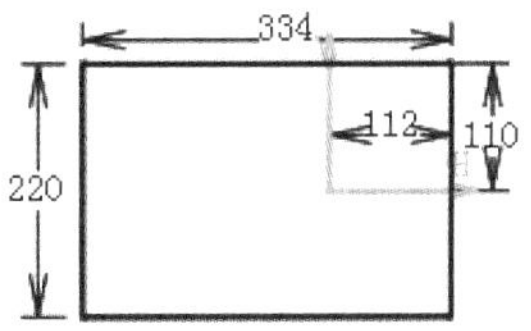

图 21.3　截面草图

Step3. 创建图 21.4 所示的零件特征——凹槽 1。选择下拉菜单 插入 →

基于草图的特征 ▸ → 凹槽...命令；选取图 21.5 所示的平面为草绘平面；绘制图 21.6 所示的截面草图；在对话框第一限制区域的类型：下拉列表中选取尺寸选项，在深度：文本框中输入数值 90，单击确定按钮，完成凹槽 1 的创建。

图 21.4 凹槽 1

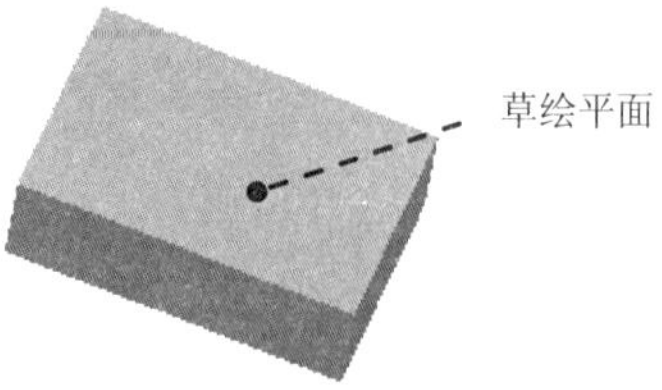

图 21.5 定义草绘平面

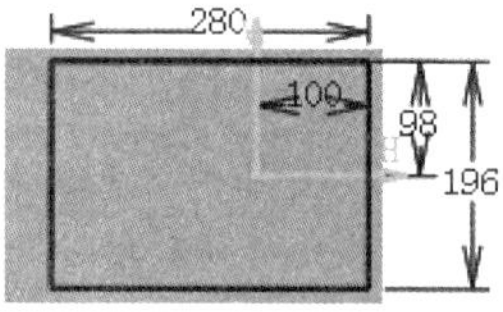

图 21.6 截面草图

Step4. 创建图 21.7 所示的零件特征——凹槽 2。选择下拉菜单插入 → 基于草图的特征 ▸ → 凹槽...命令；选取 zx 平面为草绘平面；绘制图 21.8 所示的截面草图；在对话框第一限制区域的类型：下拉列表中选取尺寸选项，在深度：文本框中输入数值 110，并选中镜像范围复选框，单击确定按钮，完成凹槽 2 的创建。

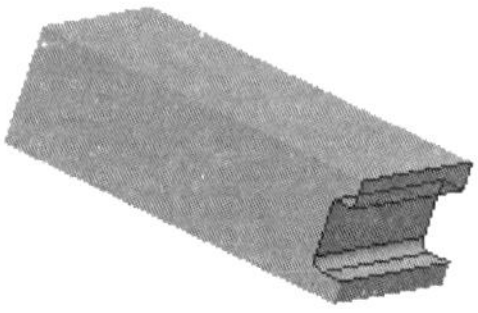

图 21.7 凹槽 2

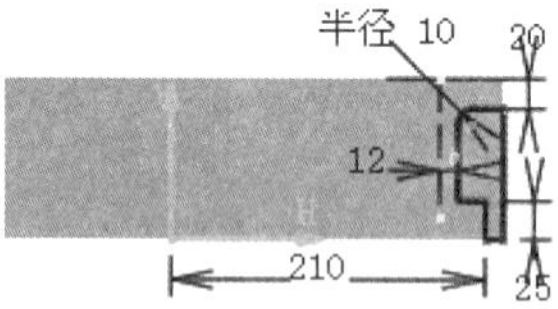

图 21.8 截面草图

Step5. 创建图 21.9 所示的零件特征——凸台 2。选择下拉菜单插入 → 基于草图的特征 ▸ → 凸台...命令；选取图 21.10 所示的平面为草绘平面，绘制图 21.11 所示的截面草图；在第一限制区域的类型：下拉列表中选取尺寸选项，在其后的长度：文本框中输入值 30，单击确定按钮，完成凸台 2 的创建。

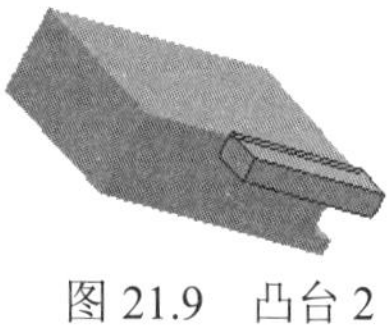

图 21.9 凸台 2

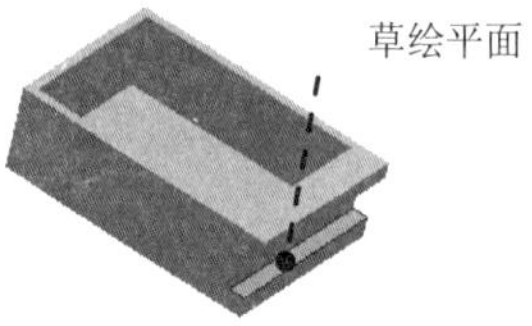

图 21.10 定义草绘平面

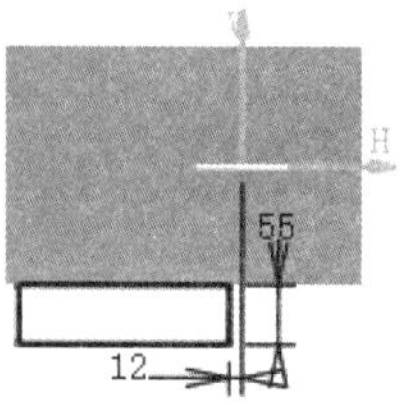

图 21.11 截面草图

Step6. 创建图 21.12 所示的零件特征——孔 1。选择下拉菜单插入 → 基于草图的特征 ▸ → 孔...命令；选取图 21.12 所示的平面为孔的放置面，定义孔的中心位置如图 21.13 所示；在扩展选项卡中选取盲孔选项，在直径：文本框中输入值 16；在深度：文本框中输入数值 35，在 类型 中选择沉头孔选项，在参数下的直径：文本框中输入数值 26，在深度：文本框中输入数值 16，单击确定按钮，完成孔 1 的创建。

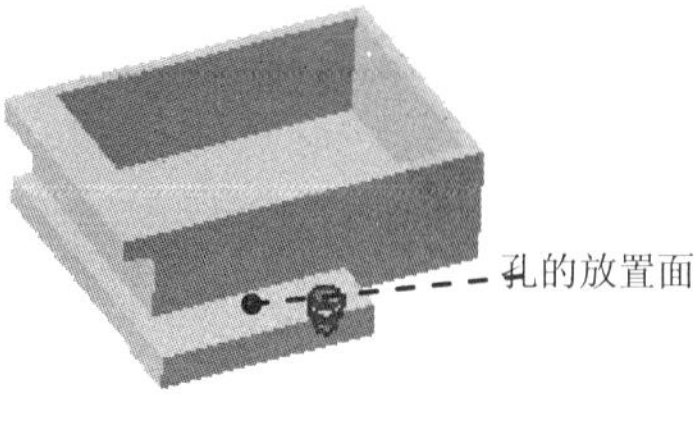

图 21.12 孔 1

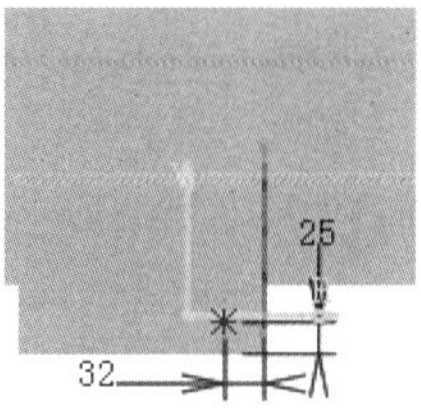

图 21.13 定义孔的位置

Step7. 创建图 21.14 所示的零件特征——孔 2。选择下拉菜单插入 → 基于草图的特征 → 孔...命令；选取图 21.14 所示的平面为孔的放置面，定义孔的中心位置如图 21.15 所示，尺寸及数值均与孔 1 相同，单击确定按钮，完成孔 2 的创建。

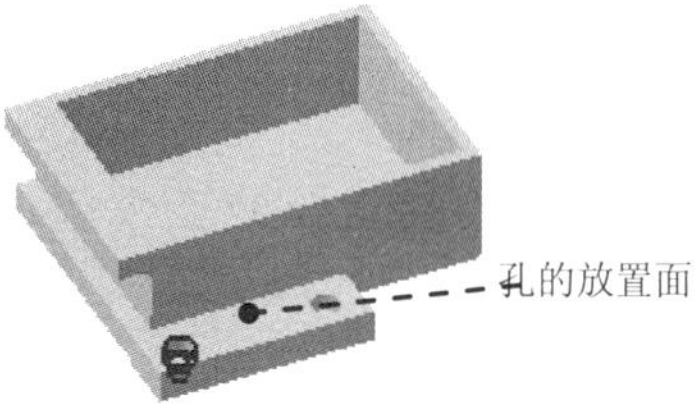

图 21.14 孔 2

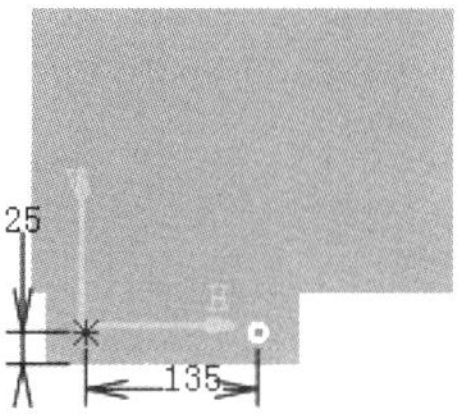

图 21.15 定义孔的位置

Step8. 创建图 21.16 所示的零件特征——凹槽 3。选择下拉菜单插入 → 基于草图的特征 → 凹槽...命令；选取图 21.16 所示的平面为草绘平面；绘制图 21.17 所示的截面草图；在对话框第一限制区域的类型：下拉列表中选取直到最后选项，单击确定按钮，完成凹槽 3 的创建。

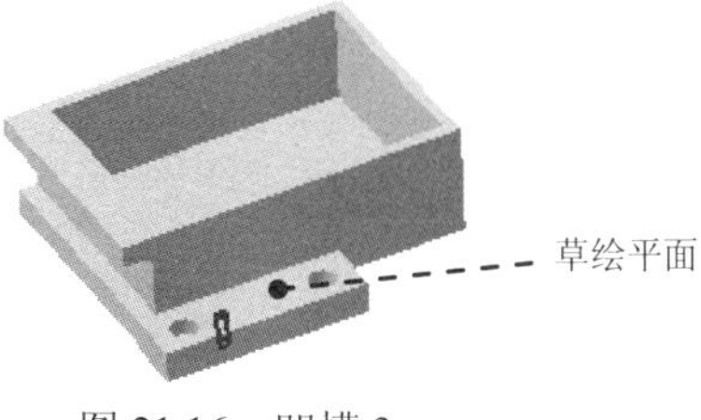

图 21.16 凹槽 3

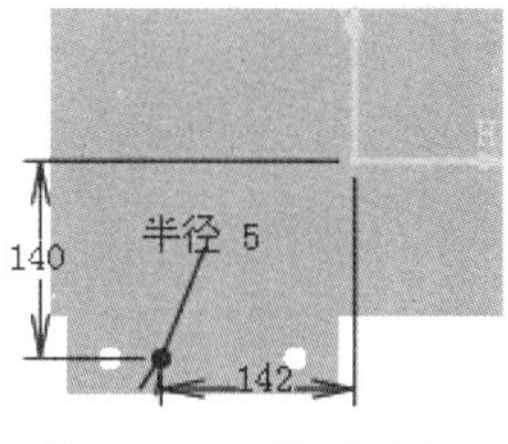

图 21.17 截面草图

Step9. 创建图 21.18b 所示的特征——镜像 1。按住 Ctrl 键，在特征树上选取凸台 2、孔 1、孔 2 和凹槽 3 为镜像对象，选择下拉菜单插入 → 操作 → 对称...命令，选取 zx 平面为镜像元素，单击确定按钮，完成镜像 1 的创建。

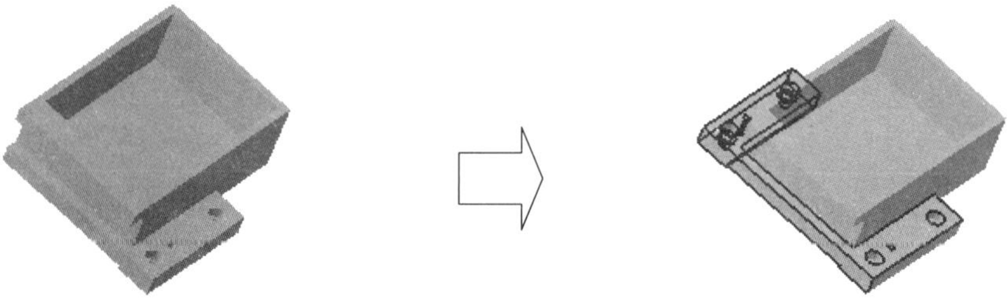

a）镜像前　　　　b）镜像后

图 21.18　镜像 1

Step10. 创建图 21.19 所示的零件特征——凸台 3。选择下拉菜单 插入 → 基于草图的特征 ▸ → 凸台... 命令；选取图 21.20 所示的平面为草绘平面，绘制图 21.21 所示的截面草图；在 第一限制 区域的 类型： 下拉列表中选取 尺寸 选项，在其后的 长度： 文本框中输入值 55，在 第二限制 区域的 类型： 下拉列表中选取 尺寸 选项，在其后的 长度： 文本框中输入值 18，单击 确定 按钮，完成凸台 3 的创建。

图 21.19　凸台 3

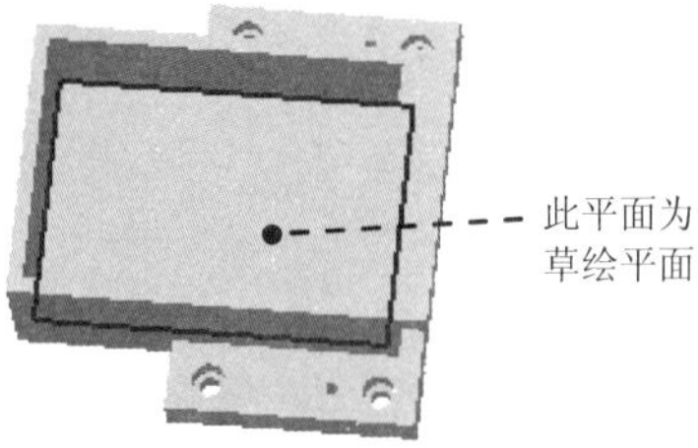

图 21.20　定义草绘平面

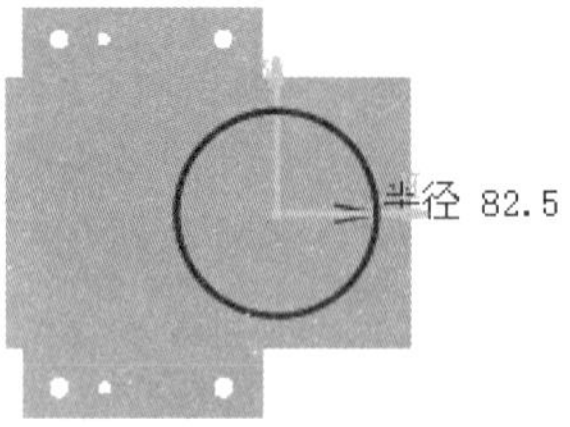

图 21.21　截面草图

Step11. 创建图 21.22 所示的零件特征——凹槽 4。选择下拉菜单 插入 → 基于草图的特征 ▸ → 凹槽... 命令；选取凸台 3 的表面为草绘平面；绘制图 21.23 所示的截面草图；在对话框 第一限制 区域的 类型： 下拉列表中选取 直到最后 选项，单击 确定 按钮，完成凹槽 4 的创建。

图 21.22　凹槽 4

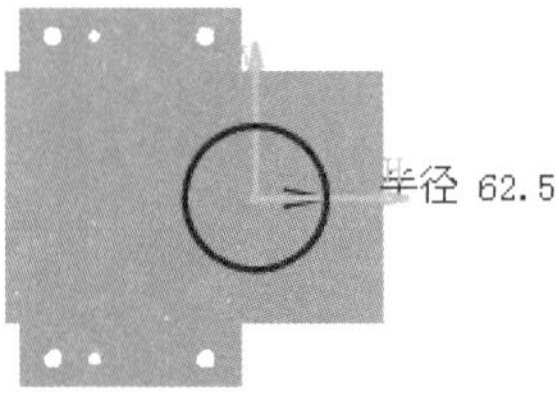

图 21.23　截面草图

Step12. 创建图 21.24 所示的特征——旋转体 1。选择下拉菜单 插入 → 基于草图的特征 ▸ → 旋转体... 命令，选取图 21.25 所示的平面为草绘平面，绘制图 21.26 所示的截面草图，在 限制 区域的 第一角度： 文本框中输入值 360，选取草图中长度为 30 的直线作为旋转轴，

单击 确定 按钮，完成旋转体 1 的创建。

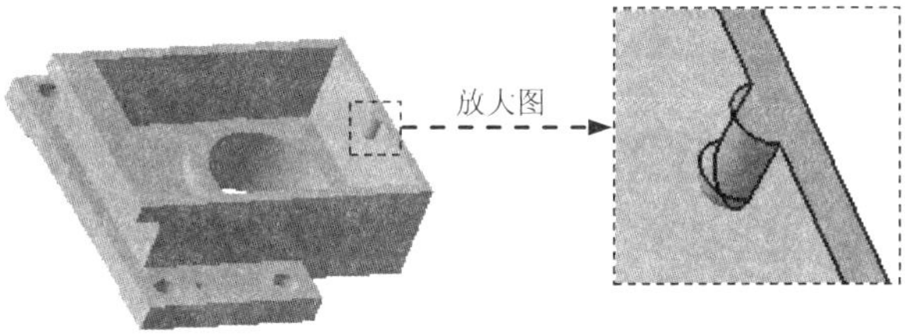

图 21.24　旋转体 1

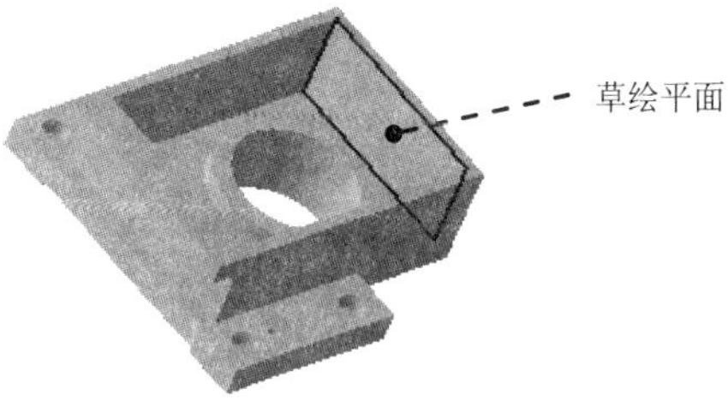

图 21.25　定义草绘平面

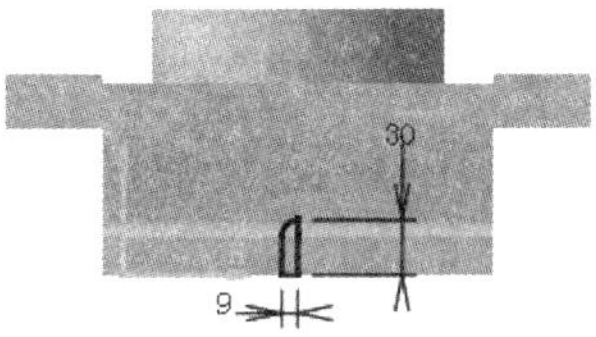

图 21.26　截面草图

Step13. 选择下拉菜单 插入 ➡ 草图编辑器 ▸ ➡ 草图 命令；选择图 21.27 所示的平面，单击 按钮，进入草图环境，绘制图 21.28 所示的草图。

Step14. 创建图 21.29 所示的用户阵列 1。选择下拉菜单 插入 ➡ 变换特征 ▸ ➡ 用户阵列... 命令，单击 实例： 下的 位置： 文本框，在特征树中选取图 21.28 所示的草图；单击 要阵列的对象 下的 对象： 文本框，在特征树中选取特征旋转体 1，单击 确定 按钮，完成用户阵列 1 的创建。

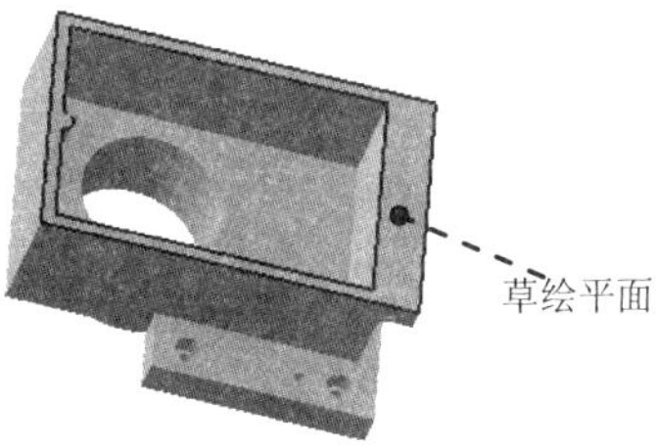

图 21.27　定义草绘平面

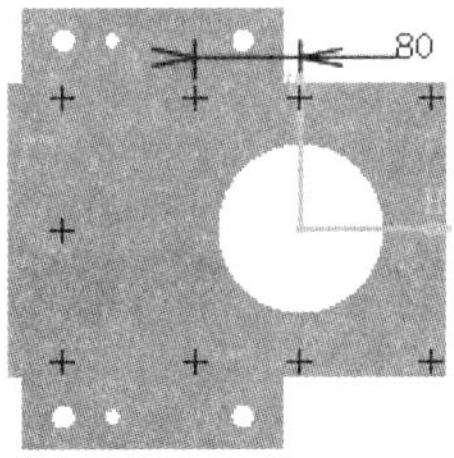

图 21.28　截面草图

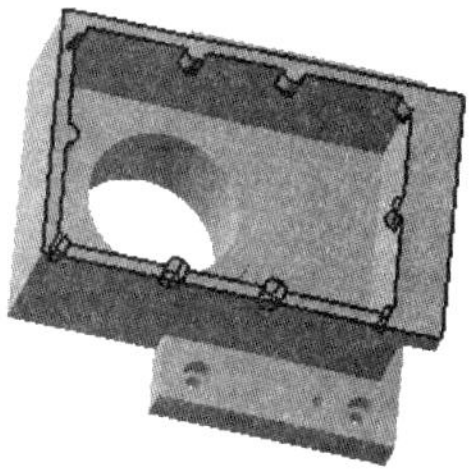
图 21.29　用户阵列 1

Step15. 后面的详细操作过程请参见随书光盘中 video\ch02\reference\文件下的语音视频讲解文件 PUMP_BOX-r02.exe。

第 3 章

创成式外形设计实例

本章主要包含如下内容：

- 实例 22　肥皂
- 实例 23　插头
- 实例 24　把手
- 实例 25　灯罩
- 实例 26　勺子
- 实例 27　牙刷

实例22 肥　　皂

实例概述：

本实例主要讲述了一款肥皂的创建过程，在整个设计过程中运用了曲面拉伸、旋转、修剪、开槽、倒圆角等命令。零件模型及特征树如图 22.1 所示。

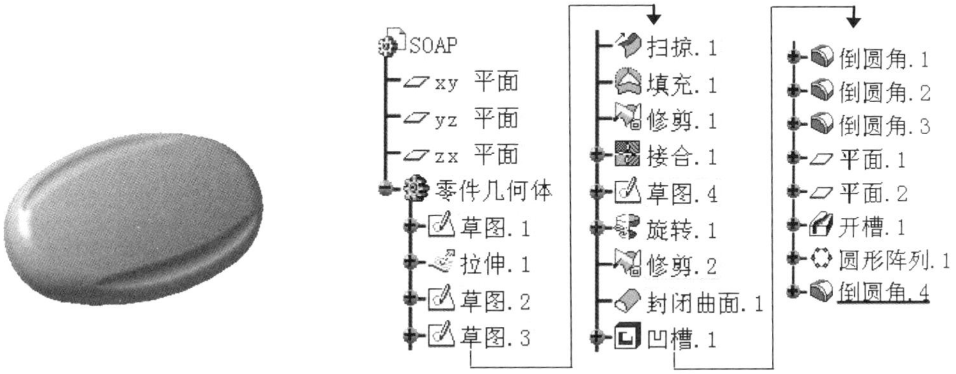

图 22.1　零件模型及特征树

Step1. 新建模型文件。选择下拉菜单 开始 → 形状 → 创成式外形设计 命令，在系统弹出的“新建零件”对话框中输入名称 SOAP，选中 启用混合设计 复选框，单击 确定 按钮，进入创成式外形设计工作台。

Step2. 创建图 22.2 所示的草图 1。选择下拉菜单 插入 → 草图编辑器 → 草图 命令；选择 xy 平面作为草图平面；在草绘工作台中绘制图 22.2 所示的草图 1。

Step3. 创建图 22.3 所示的拉伸 1。选择下拉菜单 插入 → 曲面 → 拉伸... 命令，选取草图 1 作为轮廓，在 限制 1 区域的 类型: 下拉列表中均选择 尺寸 选项，在 尺寸: 文本框中均输入数值 18。单击 确定 按钮，完成拉伸 1 的创建。

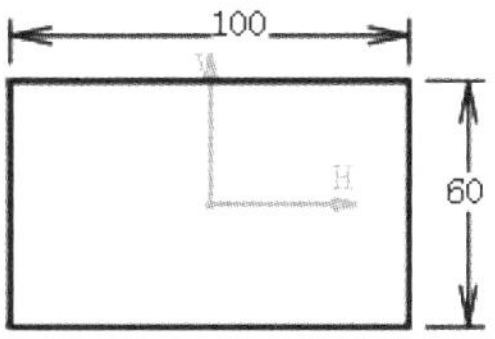

图 22.2　草图 1

图 22.3　拉伸 1

Step4. 创建图 22.4 所示的草图 2。选择下拉菜单 插入 → 草图编辑器 → 草图 命令；选择 yz 平面作为草图平面；在草绘工作台中绘制图 22.5 所示的截面草图。

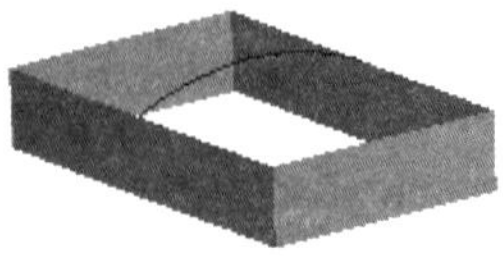

图 22.4　草图 2

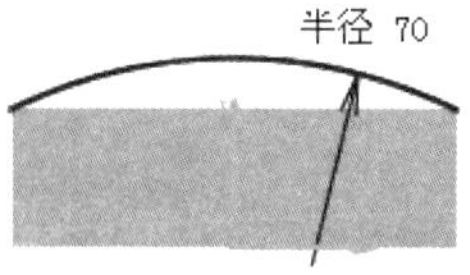

图 22.5　截面草图

Step5. 创建图 22.6 所示的草图 3。选择下拉菜单 插入 → 草图编辑器 → 草图 命令；选择 xz 平面作为草图平面；在草绘工作台中绘制图 22.7 所示的截面草图。

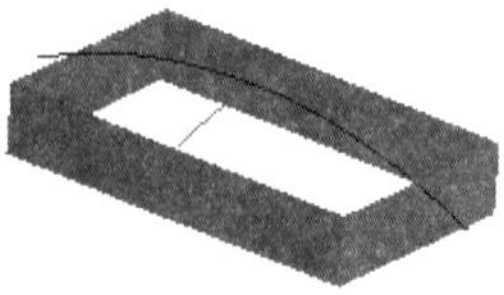

图 22.6　草图 3

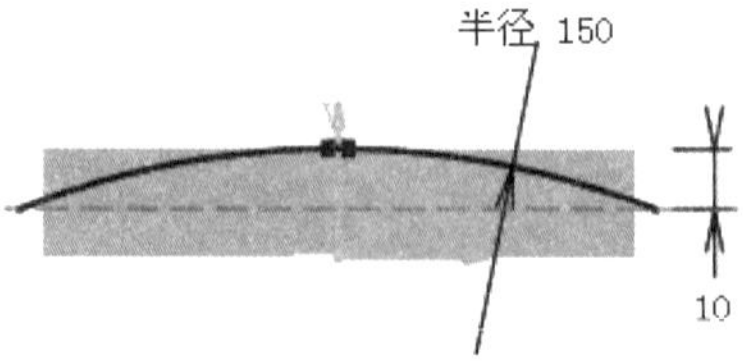

图 22.7　截面草图

Step6. 创建图 22.8b 所示的曲面特征——扫掠 1。选择下拉菜单 插入 → 曲面 → 扫掠... 命令，在 轮廓： 文本框中单击，在特征树中选择草图 2；在 引导曲线： 文本框中单击，在特征树中选择草图 3，单击 确定 按钮，完成扫掠 1 的创建。

a）混合前　　b）混合后

图 22.8　扫掠 1

Step7. 创建图 22.9 所示的填充 1。选择下拉菜单 插入 → 曲面 → 填充... 命令，依次选取图 22.10 所示的线串为填充边界，单击 确定 按钮，完成填充 1 的创建。

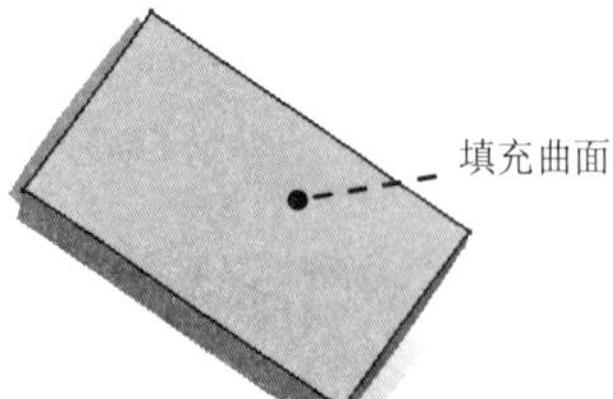

图 22.9　填充 1

图 22.10　填充边界

Step8. 创建图 22.11b 所示的曲面特征——修剪 1。选择下拉菜单 插入 → 操作 → 修剪... 命令，在 修剪元素 的文本框中单击，选择图 22.11a 所示的扫掠 1 和拉伸 1，单击 另一侧/下一元素 定义修剪方向，单击 确定 按钮，完成修剪 1 的创建。

a）修剪前　　b）修剪后

图 22.11　修剪 1

Step9. 创建图 22.12 所示的接合 1。选择下拉菜单 插入 → 操作 → 接合... 命令，选取图 22.12 所示的特征填充 1 和修剪 1 为要接合的元素，单击 确定 按钮，完成接合 1 的创建。

Step10. 创建图 22.13 所示的草图 4。选择下拉菜单 插入 → 草图编辑器 → 草图 命令；选择 zx 平面作为草图平面；在草绘工作台中绘制图 22.13 所示的草图 4。

Step11. 创建图 22.14 所示的旋转 1。选择下拉菜单 插入 → 曲面 → 旋转... 命令，选择上一步创建的草图 4 为旋转轮廓，选取图 22.13 所示的直线作为旋转轴，在“旋转曲面定义”对话框 角限制 区域的 角度 1: 文本框中输入旋转角度值 360，单击 确定 按钮，完成旋转 1 的创建。

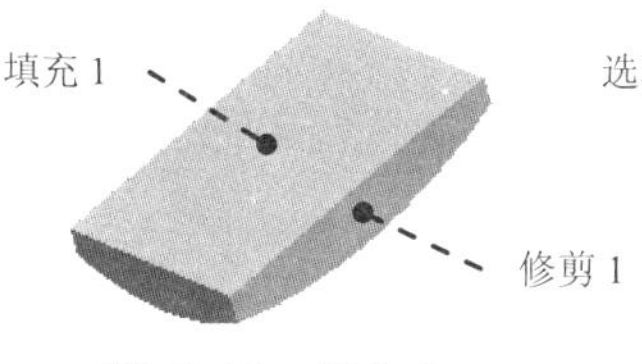

图 22.12　接合 1

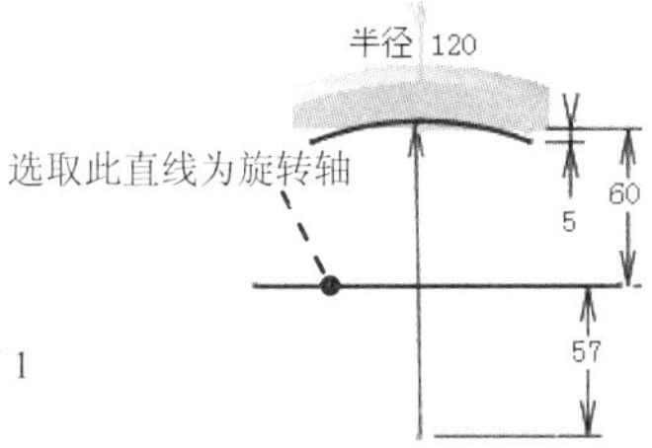

图 22.13　截面草绘（草图 4）

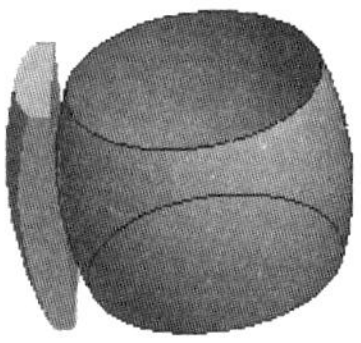

图 22.14　旋转 1

Step12. 创建图 22.15b 所示的曲面特征——修剪 2。选择下拉菜单 插入 → 操作 → 修剪... 命令，在 修剪元素 文本框中单击，选择图 22.15a 所示的旋转 1 和接合 1，单击 另一侧/上一元素 定义修剪方向，单击 确定 按钮，完成修剪 2 的创建。

Step13. 切换工作台。选择下拉菜单 开始 → 机械设计 → 零件设计 命令，切换到零件设计工作台。

Step14. 创建零件特征——封闭曲面 1。选择下拉菜单 插入 → 基于曲面的特征 → 封闭曲面... 命令，单击 要封闭的对象: 的文本框，在特征树中选择修剪 2，单击 确定按钮，完成封闭曲面 1 的创建。

a）修剪前

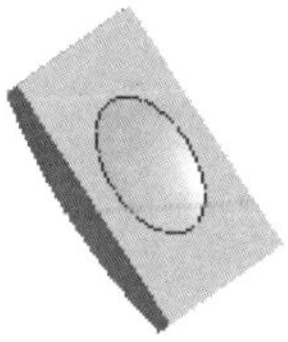

b）修剪后

图 22.15 修剪 2

Step15. 创建图 22.16 所示的零件特征——凹槽 1。选择下拉菜单 插入 → 基于草图的特征 ▸ → 凹槽... 命令；选取 xy 平面为草绘平面；绘制图 22.17 所示的截面草图；在对话框 第一限制 区域的 类型： 下拉列表中选取 直到最后 选项，单击 反转方向 按钮定义方向，单击 反转边 按钮，单击 确定 按钮，完成凹槽 1 的创建。

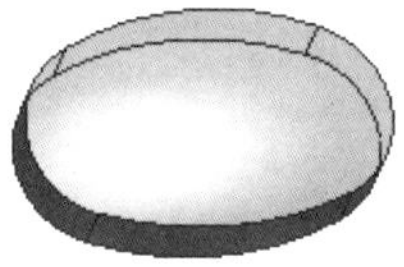

图 22.16 凹槽 1

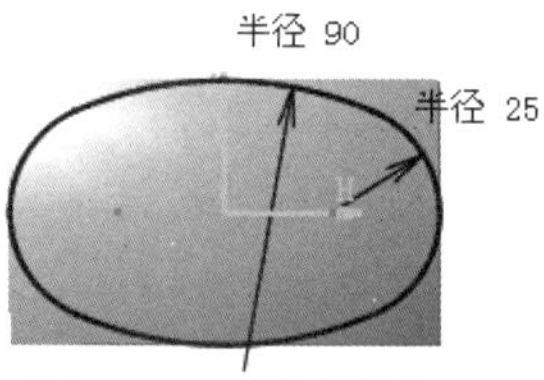

图 22.17 截面草图

Step16. 创建倒圆角特征——倒圆角 1。选取图 22.18a 所示的边为倒圆角的对象，倒圆角半径为 10。

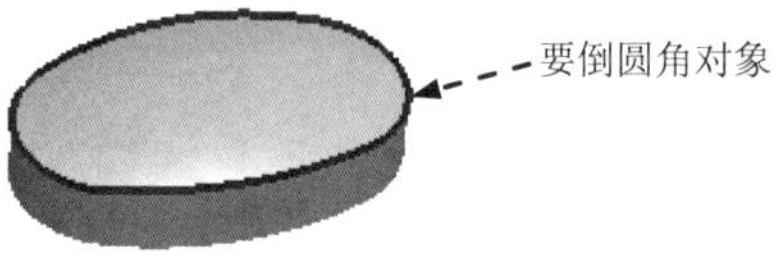

a）倒圆角前

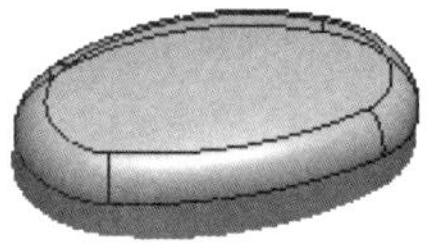

b）倒圆角后

图 22.18 倒圆角 1

Step17. 创建倒圆角特征——倒圆角 2。选取图 22.19a 所示的边为倒圆角的对象，倒圆角半径为 5。

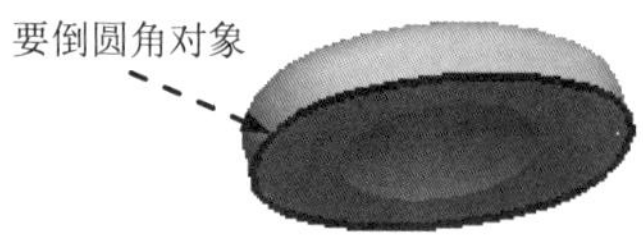

a）倒圆角前

b）倒圆角后

图 22.19 倒圆角 2

Step18. 创建倒圆角特征——倒圆角 3。选取图 22.20a 所示的边为倒圆角的对象，倒圆角半径为 10。

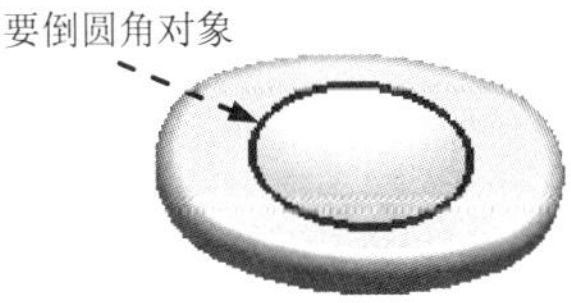

a）倒圆角前

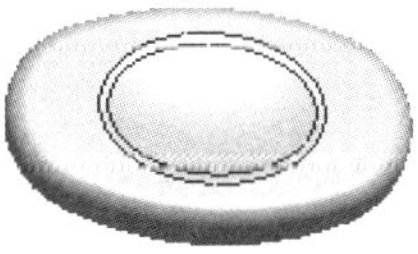

b）倒圆角后

图 22.20 倒圆角 3

Step19. 创建图 22.21 所示的特征——平面 1。单击“参考元素”工具栏中的按钮；在平面类型：下拉列表中选取偏移平面选项；在参考：文本框中右击，选取 xy 为参考平面，在偏移：文本框中输入数值 20，单击确定按钮，完成平面 1 的创建。

Step20. 创建图 22.22 所示的特征——平面 2。单击“参考元素”工具栏中的按钮；在平面类型：下拉列表中选取偏移平面选项；在参考：文本框中右击，选取 yz 为参考平面，在偏移：文本框中输入数值 40，单击反转方向按钮，单击确定按钮，完成平面 2 的创建。

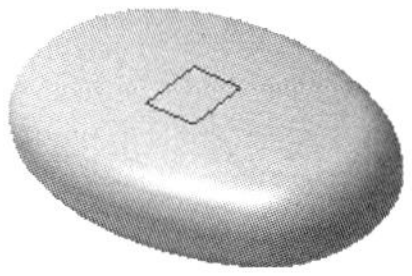

图 22.21 平面 1

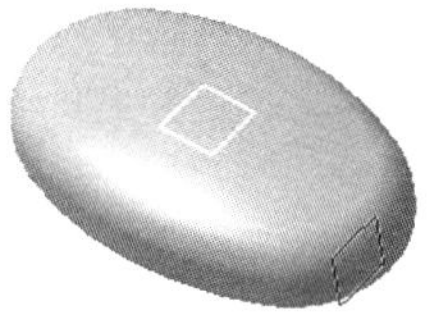

图 22.22 平面 2

Step21. 创建图 22.23 所示的零件特征——开槽 1。选择下拉菜单插入 → 基于草图的特征 → 开槽...命令；单击对话框轮廓后的按钮，选取平面 2 为草绘平面，绘制图 22.24 所示的截面草图，单击退出草图环境；单击中心曲线后的，选取平面 1 为草绘平面，绘制图 22.25 所示的截面草图，单击退出草图环境；单击确定按钮，完成开槽 1 的创建。

图 22.23 开槽 1

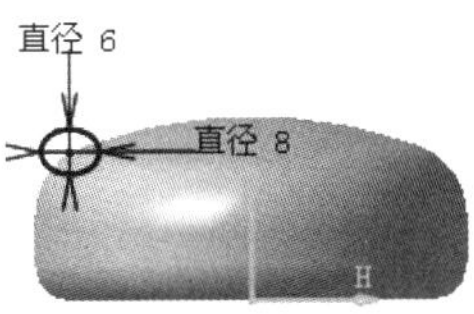

图 22.24 截面草图

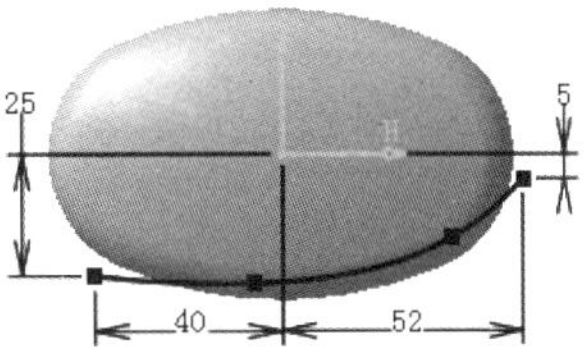

图 22.25 截面草图

Step22. 创建图 22.26 所示的变换特征——圆形阵列 1。在特征树中选中特征开槽 1 作为圆形阵列的源特征；选择下拉菜单 插入 → 变换特征 ▸ → 圆形阵列... 命令；在 参数： 文本框的下拉列表中选取 完整径向 选项，在 实例： 文本框中输入值 2；在 参考方向 区域的 参考元素： 文本框中右击，选取 Z 轴选项；单击 确定 按钮，完成圆形阵列 1 的创建。

图 22.26 圆形阵列 1

Step23. 创建倒圆角特征——倒圆角 4。选取图 22.27a 所示的边为倒圆角的对象，倒圆角半径为 3。

a）倒圆角前

b）倒圆角后

图 22.27 倒圆角 4

Step24. 保存零件模型。选择下拉菜单 文件 → 保存 命令，即可保存零件模型。

实例23　插　　头

实例概述：

在该零件设计的过程中巧妙运用了“曲面桥接”“曲面填充”“封闭曲面”“阵列”和“拔模”等命令，此外还应注意基准平面的建立和拔模面的选择。零件模型和特征树如图 23.1 所示。

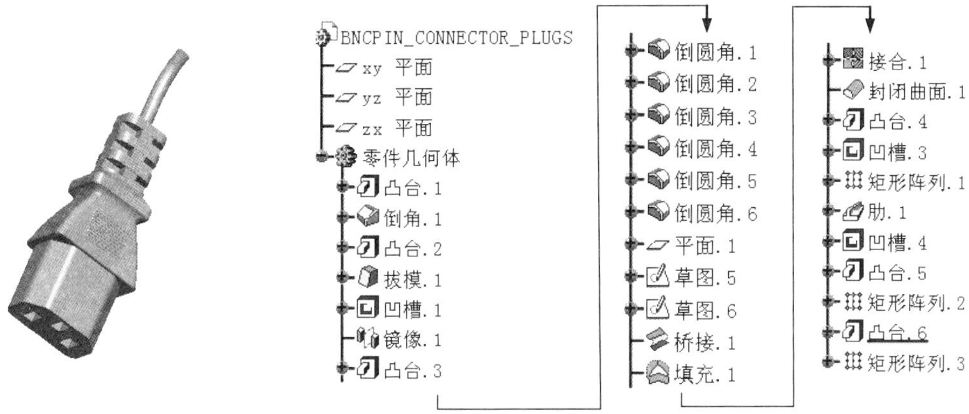

图 23.1　零件模型及特征树

Step1. 新建模型文件。选择下拉菜单 开始 → 机械设计 → 零件设计 命令，在系统弹出的“新建零件”对话框中输入名称 BNCPIN_CONNECTOR_PLUGS，选中 启用混合设计 复选框，单击 确定 按钮，进入零件设计工作台。

Step2. 创建图 23.2 所示的零件特征——凸台 1。选择下拉菜单 插入 → 基于草图的特征 → 凸台... 命令；选取 xy 平面为草绘平面，绘制图 23.3 所示的截面草图；在 第一限制 区域的 类型： 下拉列表中选取 尺寸 选项，在其后的 长度： 文本框中输入值 20；单击 确定 按钮，完成凸台 1 的创建。

图 23.2　凸台 1

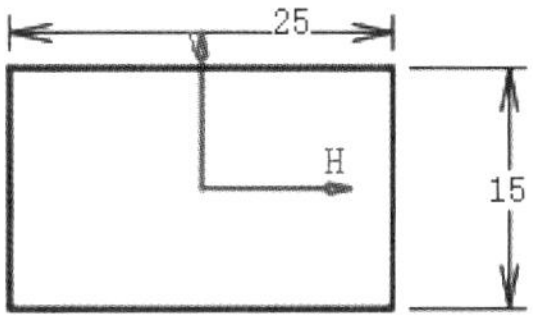

图 23.3　截面草图

Step3. 创建倒角特征——倒角 1。选择下拉菜单 插入 → 修饰特征 ▸ → 倒角... 命令；选取图 23.4a 所示的边为倒角的对象。在“定义倒角”对话框的 模式：下拉列表中选取 长度 1/角度 选项。在对话框的 长度 1：文本框中输入值 5，在 角度：文本框中输入值 45。单击 确定 按钮，完成倒角 1 的创建。

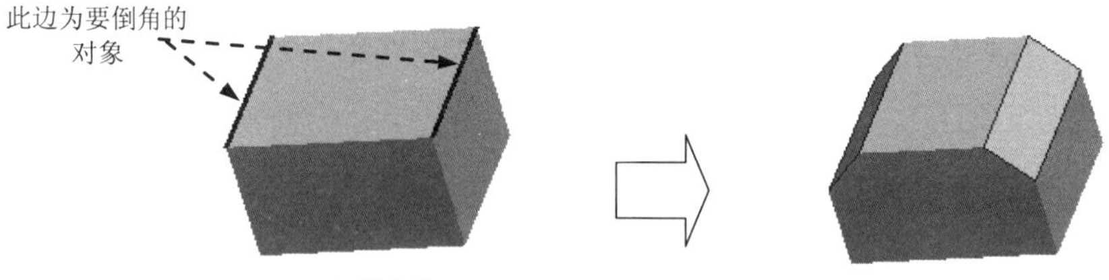

a）倒角前　　b）倒角后

图 23.4　倒角 1

Step4. 创建图 23.5 所示的零件特征——凸台 2。选择下拉菜单 插入 → 基于草图的特征 ▸ → 凸台... 命令；选取 xy 平面为草绘平面，绘制图 23.6 所示的截面草图；在 第一限制 区域的 类型：下拉列表中选取 尺寸 选项，在其后的 长度：文本框中输入值 15，并单击 反转方向 按钮；单击 确定 按钮，完成凸台 2 的创建。

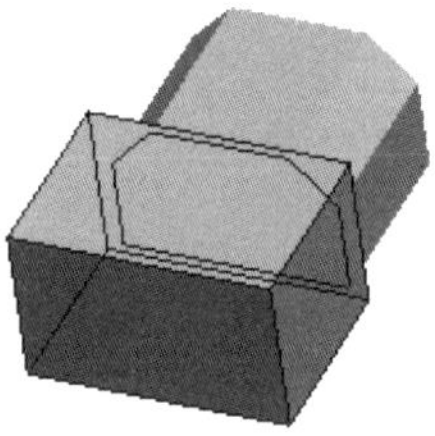

图 23.5　凸台 2

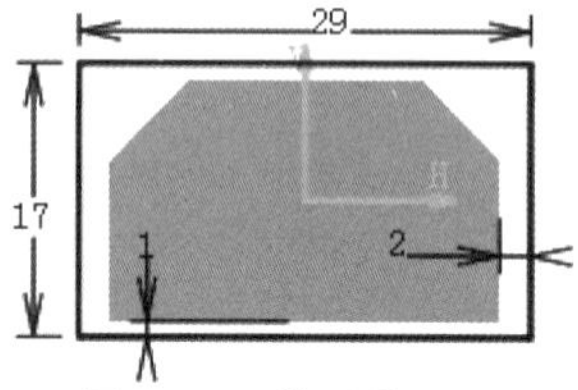

图 23.6　截面草图

Step5. 创建图 23.7 所示的零件特征——拔模 1。选择下拉菜单 插入 → 修饰特征 ▸ → 拔模... 命令；选取图 23.8 所示的面分别为要拔模的面和中性元素，并在 角度：中输入数值 8，拔模方向如图 23.8 所示；单击 确定 按钮，完成拔模 1 的创建。

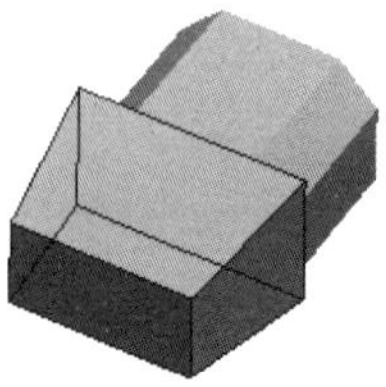

图 23. 7　拔模 1

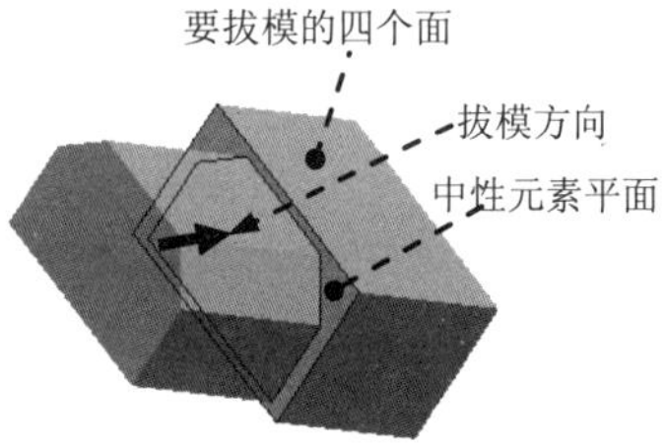

图 23.8　定义中性元素

Step6. 创建图 23.9 所示的零件特征——凹槽 1。选择下拉菜单 插入 →

基于草图的特征 → 凹槽...命令；选取 zx 平面为草绘平面；绘制图 23.10 所示的截面草图；在对话框第一限制区域的类型：下拉列表中选取尺寸选项，在深度：文本框中输入数值 15，并选中镜像范围复选框，单击确定按钮，完成凹槽 1 的创建。

图 23.9　凹槽 1

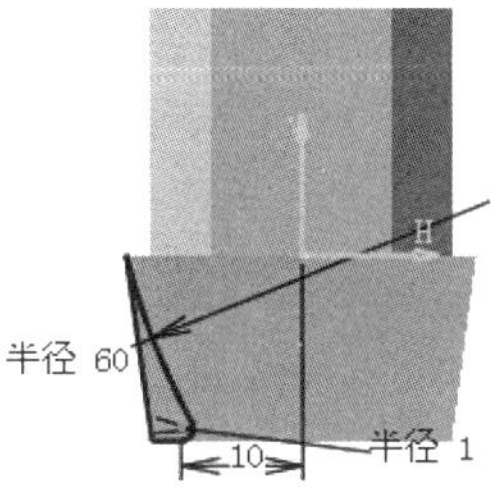

图 23.10　截面草图

Step7. 创建图 23.11b 所示的特征——镜像 1。在特征树中选取凹槽 1 为镜像对象；选择下拉菜单插入 → 变换特征 → 镜像...命令，选取 yz 平面为镜像元素，单击确定按钮，完成镜像 1 的创建。

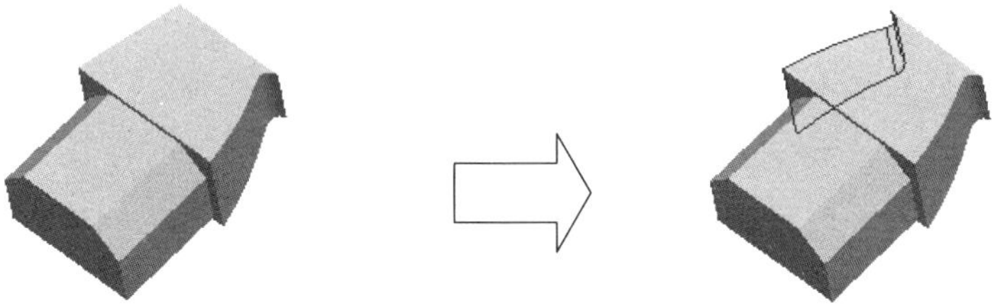
a）镜像前　　b）镜像后

图 23.11　镜像 1

Step8. 创建图 23.12 所示的零件特征——凸台 3。选择下拉菜单插入 → 基于草图的特征 → 凸台...命令；选取图 23.13 所示的平面为草绘平面，绘制图 23.14 所示的截面草图；在第一限制区域的类型：下拉列表中选取尺寸选项，在其后的长度：文本框中输入值 3，单击反转方向按钮定义凸台方向如图 23.12 所示；单击确定按钮，完成凸台 3 的创建。

图 23.12　凸台 3

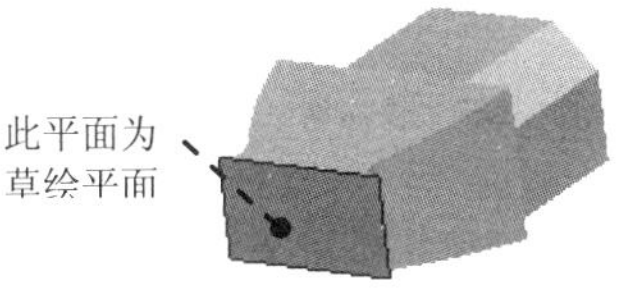

图 23.13　定义草绘平面

图 23.14　截面草图

Step9. 创建倒圆角特征——倒圆角 1。选取图 23.15 所示的边为倒圆角的对象，倒圆角半径为 0.5。

Step10. 创建倒圆角特征——倒圆角 2。选取图 23.16 所示的边为倒圆角的对象，倒圆角半径为 0.5。

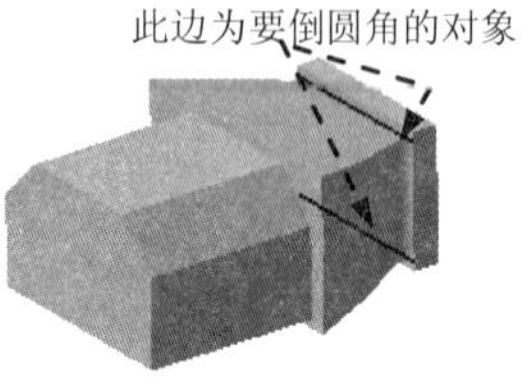

图 23.15　倒圆角 1

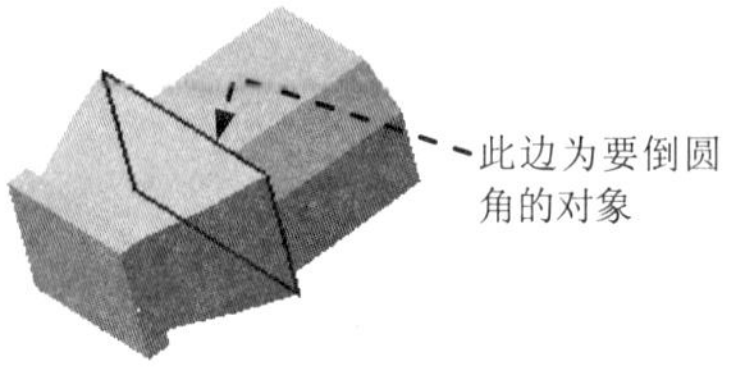

图 23.16　倒圆角 2

Step11. 创建倒圆角特征——倒圆角 3。选取图 23.17 所示的边为倒圆角的对象，倒圆角半径为 0.5。

Step12. 创建倒圆角特征——倒圆角 4。选取图 23.18 所示的边为倒圆角的对象，倒圆角半径为 2。

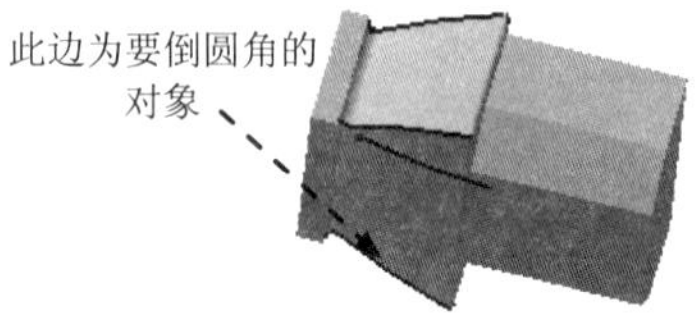

图 23.17　倒圆角 3

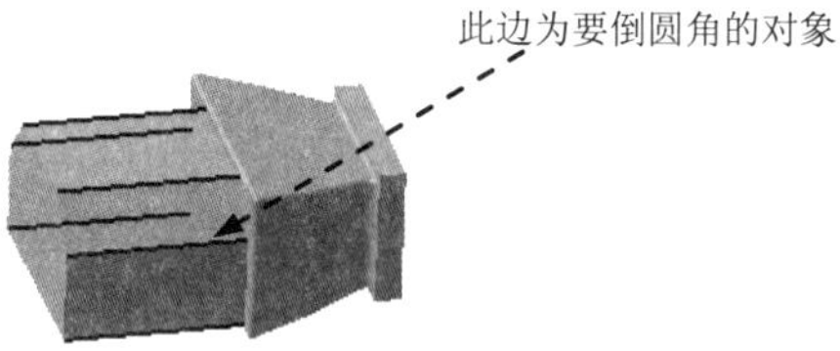

图 23.18　倒圆角 4

Step13. 创建倒圆角特征——倒圆角 5。选取图 23.19 所示的边为倒圆角的对象，倒圆角半径为 2。

Step14. 创建倒圆角特征——倒圆角 6。选取图 23.20 所示的边为倒圆角的对象，倒圆角半径为 0.5。

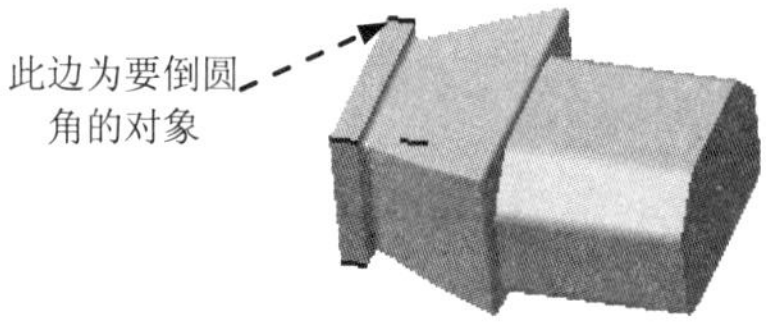

图 23.19　倒圆角 5

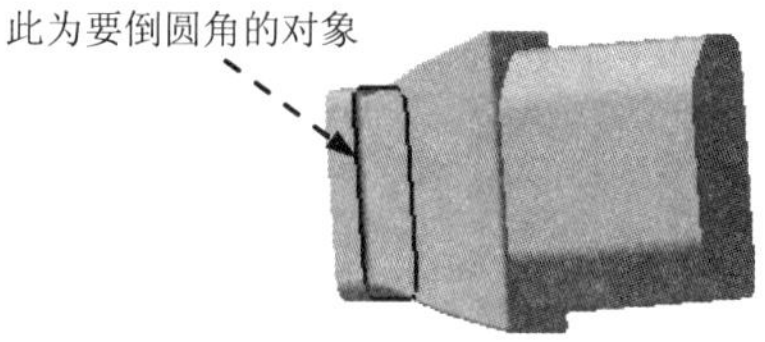

图 23.20　倒圆角 6

Step15. 创建图 23.21 所示的特征——平面 1。单击“参考元素”工具栏中的按钮；在平面类型：下拉列表中选取偏移平面选项；在参考：文本框中右击，选取 xy 为参考平面，在参考：文本框中输入数值 25，单击反转方向按钮，单击确定按钮，完成平面 1 的创建。

图 23.21 平面 1

Step16. 切换工作台。选择下拉菜单 开始 → 形状 → 创成式外形设计 命令，切换到创成式外形设计工作台。

Step17. 选择下拉菜单 插入 → 草图编辑器 → 草图 命令；选择图 23.22 所示的平面作为草图平面；在草绘工作台中绘制图 23.23 所示的草图 5。

Step18. 选择下拉菜单 插入 → 草图编辑器 → 草图 命令；选择平面 1 作为草图平面；在草绘工作台中绘制图 23.24 所示的草图 6。

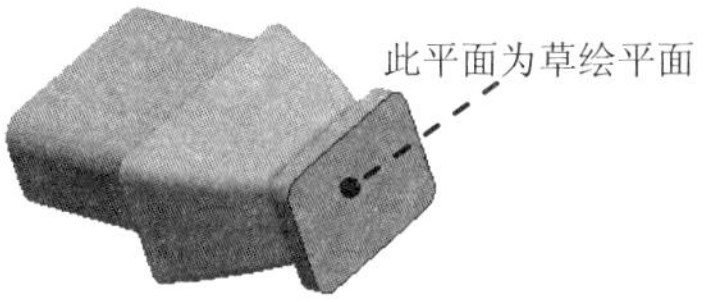

图 23.22 定义草绘平面

图 23.23 草图 5

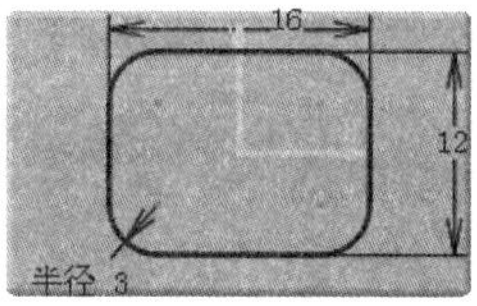

图 23.24 草图 6

Step19. 创建图 23.25 所示的桥接 1。选择下拉菜单 插入 → 曲面 → 桥接... 命令，分别选取草图 5 和草图 6 为第一曲线和第二曲线，在 耦合/脊线 的下拉列表中选择 顶点 选项，单击 确定 按钮，完成桥接 1 的创建。

Step20. 创建图 23.26 所示的填充 1。选择下拉菜单 插入 → 曲面 → 填充... 命令，依次选取图 23.26 所示的线串为填充边界。单击 确定 按钮，完成填充 1 的创建。

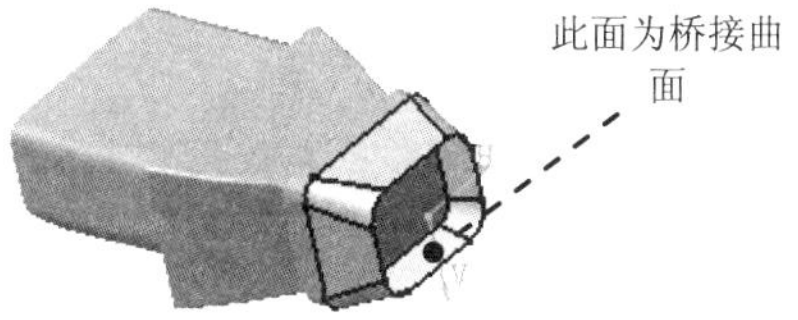

图 23.25 桥接 1

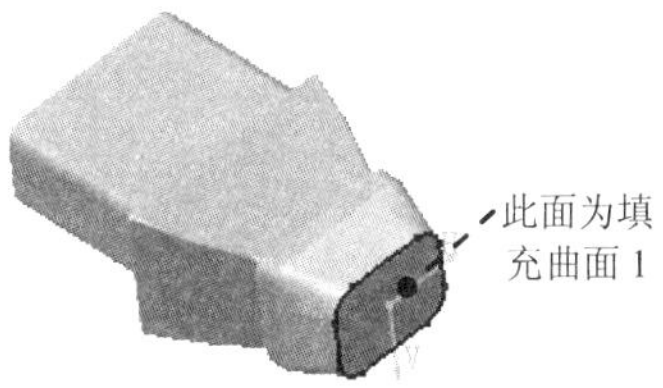

图 23.26 填充 1

Step21. 创建曲面特征——接合 1。选择下拉菜单 插入 → 操作 → 接合... 命令，在特征树中选取填充 1 和桥接 1 为要接合的元素。单击 确定 按钮，完成接合 1 的创建。

Step22. 切换工作台。选择下拉菜单 开始 → 机械设计 → 零件设计 命令，切换到零件设计工作台。

Step23. 创建图 23.27 所示的封闭曲面 1。选择下拉菜单 插入 → 基于曲面的特征 → 封闭曲面... 命令，在图形区选取接合 1 为要关闭的对象，单击 确定 按钮，完成封闭曲面 1 的创建。

图 23.27 封闭曲面 1

Step24. 创建图 23.28 所示的零件特征——凸台 4。选择下拉菜单 插入 → 基于草图的特征 → 凸台... 命令；选取图 23.29 所示的平面为草绘平面，绘制图 23.30 所示的截面草图；在 第一限制 区域的 类型： 下拉列表中选取 尺寸 选项，在其后的 长度： 文本框中输入值 20，单击 反转方向 按钮；单击 确定 按钮，完成凸台 4 的创建。

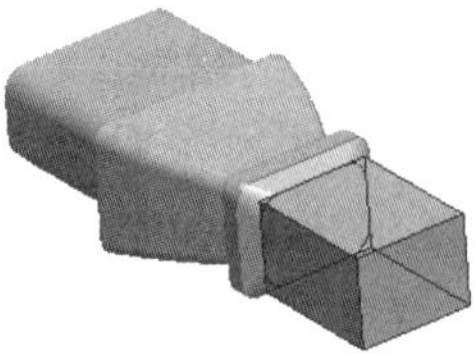

图 23.28 凸台 4

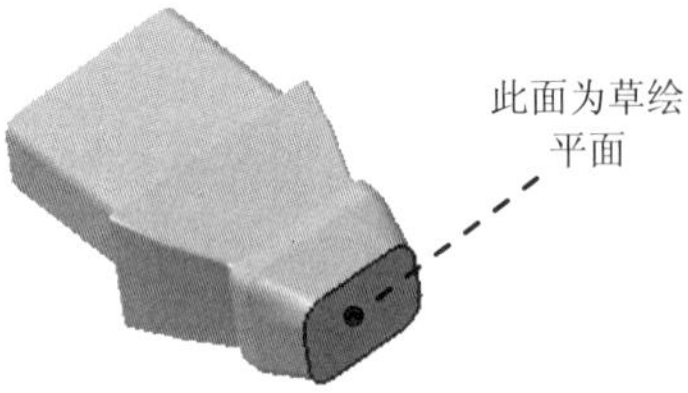

图 23.29 草绘平面

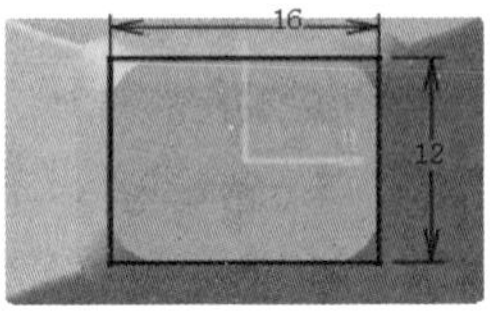

图 23.30 截面草图

Step25. 创建图 23.31 所示的零件特征——凹槽 2。选择下拉菜单 插入 → 基于草图的特征 → 凹槽... 命令；选取平面 1 为草绘平面；绘制图 23.32 所示的截面草图；在对话框 第一限制 区域的 类型： 下拉列表中选取 尺寸 选项，在 深度： 文本框中输入数值 3，单击 确定 按钮，完成凹槽 2 的创建。

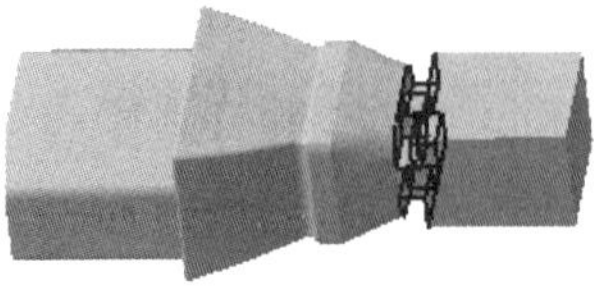

图 23.31 凹槽 2

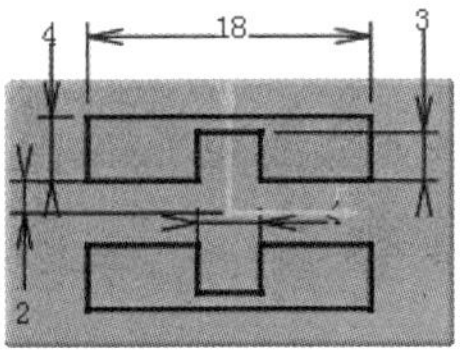

图 23.32 截面草图

Step26. 创建图 23.33 所示的变换特征——矩形阵列 1。在特征树中选中特征凹槽 2 作为矩形阵列的源特征；选择下拉菜单 插入 → 变换特征 → 矩形阵列... 命令；在 第一方向 选项的 参数： 文本框的下拉列表中选取 实例和间距 选项，在 实例： 文本框中输入值 3，并在 间距： 文本框中输入值 6，在 参考方向 下的 参考元素： 文本框中右击，选择 Z 轴作为参考元素；单击 反转 按钮，单击 确定 按钮，完成矩形阵列 1 的创建。

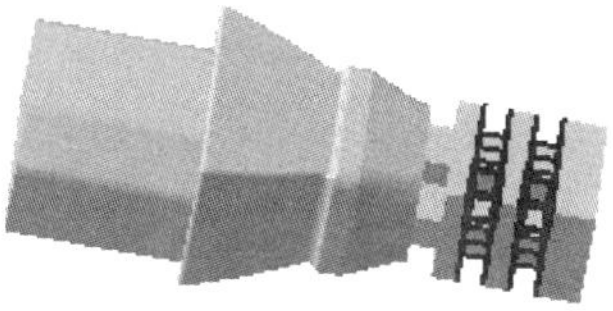

图 23.33 矩形阵列 1

Step27. 创建图 23.34 所示的特征——肋 1。选择下拉菜单 插入 → 基于草图的特征 → 肋... 命令；在 轮廓 文本框处单击 按钮，选取图 23.34 所示的面为草绘平面，绘制图 23.35 所示的截面草图，单击 退出草图环境；在 中心曲线 文本框处单击 按钮，选取 yz 平面作为草绘平面，绘制图 23.36 所示的截面草图，单击 退出草图环境，其他采用系统默认设置；单击 确定 按钮，完成肋 1 的创建。

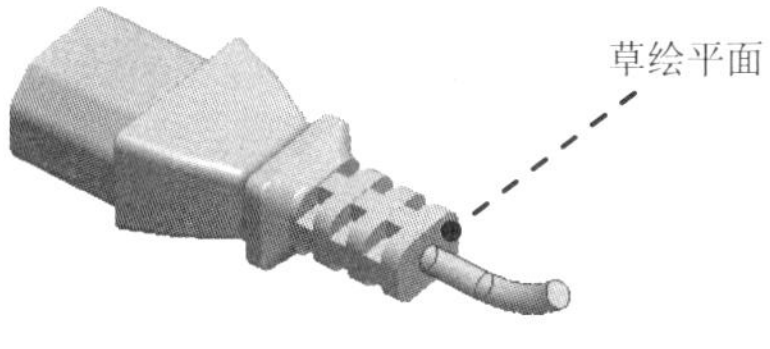

图 23.34 肋 1

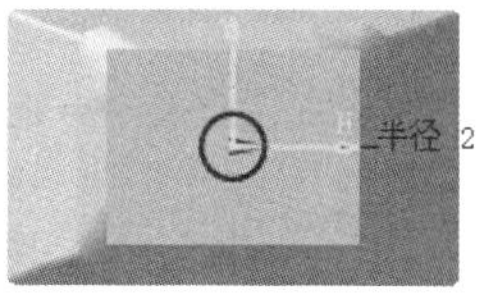

图 23.35 截面草图

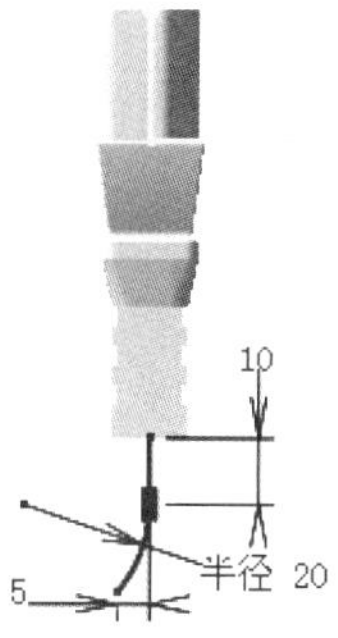

图 23.36 截面草图

Step28. 创建图 23.37 所示的零件特征——凹槽 3。选择下拉菜单 插入 → 基于草图的特征 → 凹槽... 命令；选取图 23.38 所示的平面为草绘平面；绘制图 23.39 所示的截面草图；在对话框 第一限制 区域的 类型： 下拉列表中选取 尺寸 选项，在 深度： 文本框中输入数值 8，单击 确定 按钮，完成凹槽 3 的创建。

图 23.37 凹槽 3

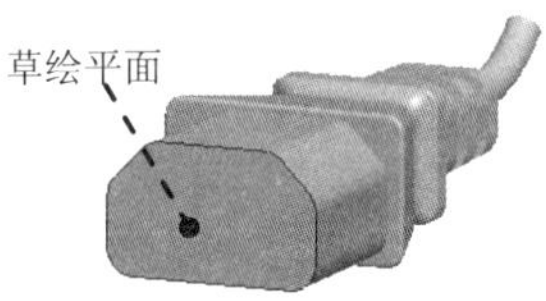

图 23.38 定义草绘平面

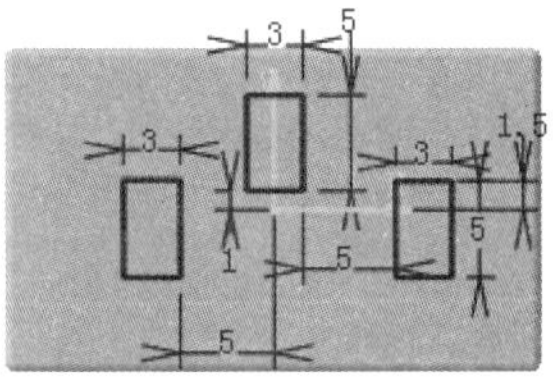

图 23.39 截面草图

Step29. 创建图 23.40 所示的零件特征——凸台 5。选择下拉菜单 插入 → 基于草图的特征 → 凸台... 命令；选取图 23.41 所示的平面为草绘平面，绘制图 23.42 所示的截面草图；在 第一限制 区域的 类型： 下拉列表中选取 尺寸 选项，在其后的 长度： 文本框中输入值 0.1；单击 确定 按钮，完成凸台 5 的创建。

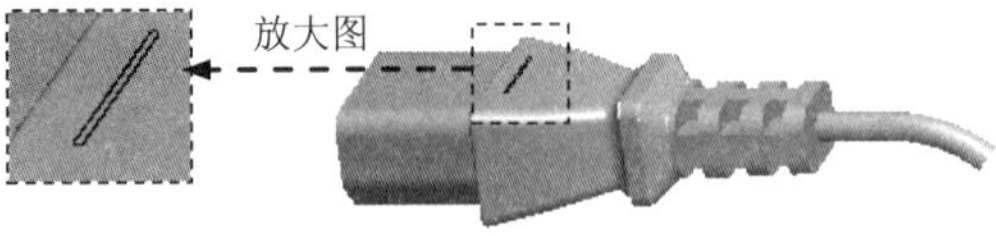

图 23.40 凸台 5

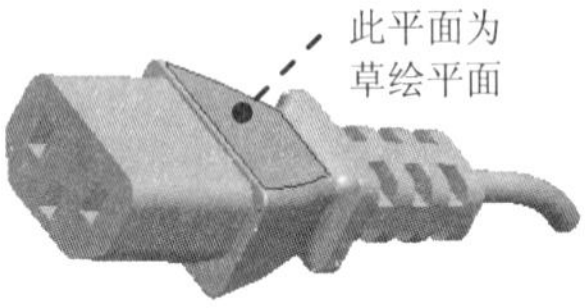

图 23.41 定义草绘平面

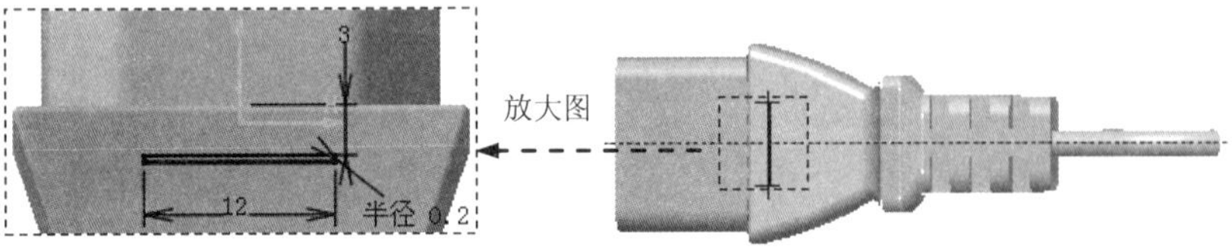

图 23.42 截面草图

Step30. 创建图 23.43 所示的变换特征——矩形阵列 2。在特征树中选中特征凸台 5 作为矩形阵列的源特征；选择下拉菜单 插入 → 变换特征 → 矩形阵列... 命令；在 第一方向 选项的 参数： 文本框的下拉列表中选取 实例和间距 选项，在 实例： 文本框中输入值 10，并在 间距： 文本框中输入值 1，在 参考元素： 文本框中右击，选择 创建直线 选项，在 线型： 下拉列表中选择 点-点 选项，在 点 1： 文本框中右击，选择 创建中点 选项，单击图 23.44 所示的任意一条直线的中点；在 点 2： 文本框中右击，选择 创建中点 选项，单击图 23.44 所示的另一条直线的中点；单击 确定 按钮，完成直线 1 的创建，在“定义矩形阵列”对话框中再单击 确定 按钮，完成矩形阵列 2 的创建。

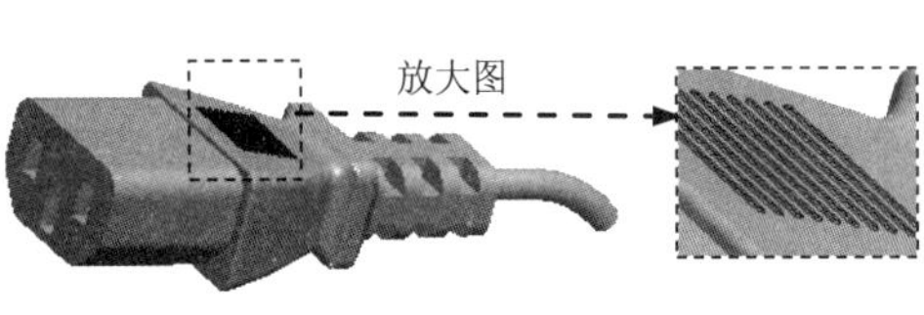

图 23.43 矩形阵列 2

图 23.44 选择点

Step31. 创建图 23.45 所示的变换特征——圆形阵列 1。在特征树中选中特征凸台 5 作为圆形阵列的源特征；选择下拉菜单 插入 → 变换特征 ▸ → 圆形阵列... 命令；在 参数： 文本框的下拉列表中选取 完整径向 选项，在 实例： 文本框中输入值 2；在 参考方向 区域的 参考元素： 文本框中右击，选取 Z 轴选项；单击 确定 按钮，完成圆形阵列 1 的创建。

Step32. 参照步骤 Step30 可以创建图 23.46 所示的矩形阵列 3。

图 23.45　圆形阵列 1

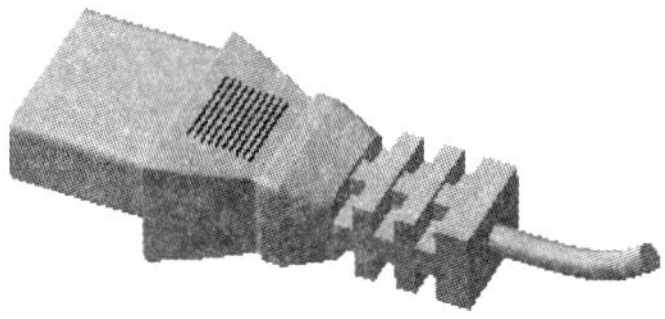

图 23.46　矩形阵列 3

Step33. 保存零件模型。选择下拉菜单 文件 → 保存 命令，即可保存零件模型。

实例24　把　　手

实例概述：

在该零件的设计过程中要充分利用创建的曲面，主要运用了“凸台”“镜像”“偏移”等特征命令。下面介绍该零件的设计过程，零件模型和特征树如图 24.1 所示。

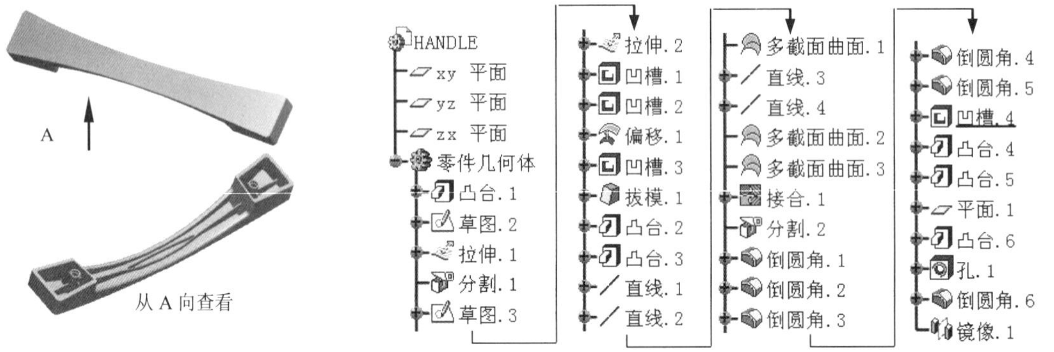

图 24.1　零件模型及特征树

Step1. 新建模型文件。选择下拉菜单 开始 → 机械设计 → 零件设计 命令，在系统弹出的“新建零件”对话框中输入名称 HANDLE，选中 启用混合设计 复选框，单击 确定 按钮，进入零件设计工作台。

Step2. 创建图 24.2 所示的零件特征——凸台 1。选择下拉菜单 插入 → 基于草图的特征 → 凸台... 命令；选取 xy 平面为草绘平面，绘制图 24.3 所示的截面草图；在 第一限制 区域的 类型： 下拉列表中选取 尺寸 选项，在其后的 长度： 文本框中输入值 30，单击 确定 按钮，完成凸台 1 的创建。

图 24.2　凸台 1

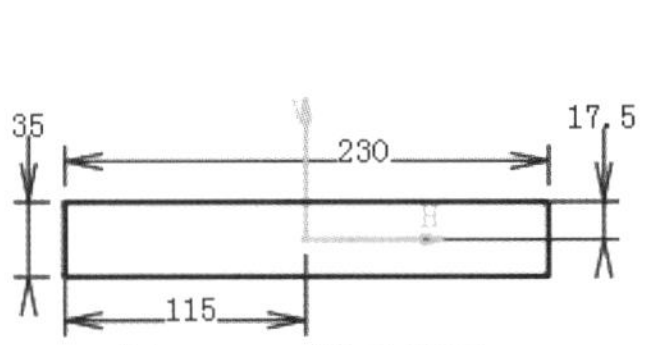

图 24.3　截面草图

Step3. 切换工作台。选择下拉菜单 开始 → 形状 → 创成式外形设计 命令，切换到创成式外形设计工作台。

Step4. 创建图 24.5 所示的草图 2。选择下拉菜单 插入 → 草图编辑器 → 草图命令；选择图 24.4 所示的平面作为草图平面；在草绘工作台中绘制图 24.5 所示的草图。

Step5. 创建图 24.6 所示的拉伸 1。选择下拉菜单 插入 → 曲面 ▸ → 拉伸... 命令，选取图 24.6 所示的草图作为轮廓，在 限制 1 和限制 2 区域的类型：下拉列表中均选择 尺寸 选项，在 限制 1 下方的 尺寸：文本框中输入数值 5，在限制 2 区域的 尺寸：文本框中均输入深度值 40，单击 确定 按钮，完成拉伸 1 的创建。

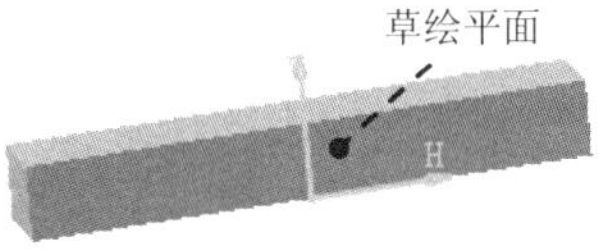

图 24.4 定义草绘平面

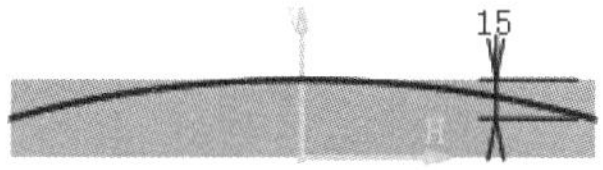

图 24.5 截面草图（草图 2）

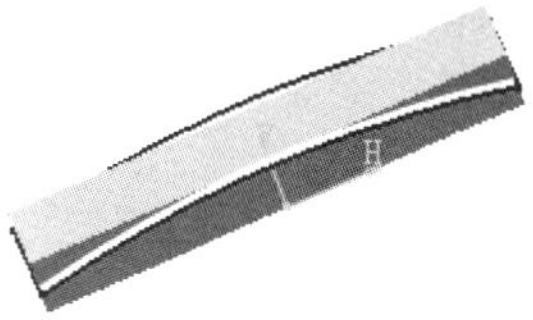

图 24.6 拉伸 1

Step6. 切换工作台。选择下拉菜单 开始 → 机械设计 ▸ → 零件设计 命令，切换到零件设计工作台。

Step7. 创建图 24.7 所示的零件特征——分割 1。选择下拉菜单 插入 → 基于曲面的特征 → 分割... 命令，在特征树中选择拉伸 1 为分割元素，单击 确定 按钮，完成分割 1 的创建。

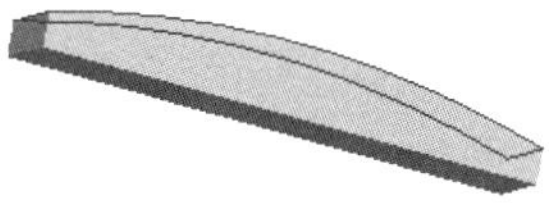

图 24.7 分割 1

Step8. 切换工作台。选择下拉菜单 开始 → 形状 ▸ → 创成式外形设计 命令，切换到创成式外形设计工作台。

Step9. 创建图 24.8 所示的草图 3。选择下拉菜单 插入 → 草图编辑器 ▸ → 草图 命令；选择图 24.8 所示的平面作为草图平面；在草绘工作台中绘制图 24.8 所示的草图。

Step10. 创建图 24.9 所示的拉伸 2。选择下拉菜单 插入 → 曲面 ▸ → 拉伸... 命令，选取图 24.8 所示的截面草图作为轮廓，在 限制 1 和限制 2 区域的类型：下拉列表中均选择 尺寸 选项，在 限制 1 下方的 尺寸：文本框中输入数值 40，在限制 2 区域的 尺寸：文本框中均输入深度值 40，单击 确定 按钮，完成拉伸 2 的创建。

Step11. 切换工作台。选择下拉菜单 开始 → 机械设计 ▸ → 零件设计 命令，切换到零件设计工作台。

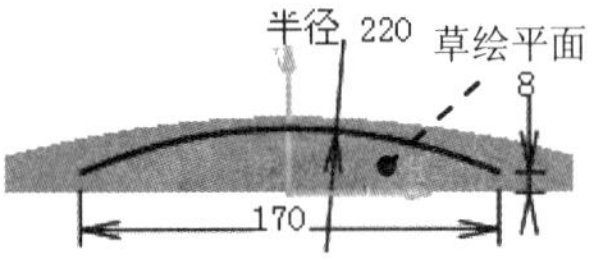

图 24.8　截面草图（草图 3）

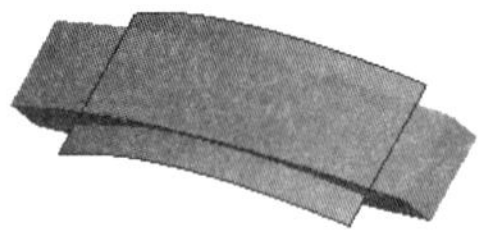
图 24.9　拉伸 2

Step12. 创建图 24.10 所示的零件特征——凹槽 1。选择下拉菜单 插入 → 基于草图的特征 → 凹槽... 命令；选取图 24.11 所示的平面为草绘平面；绘制图 24.12 所示的截面草图；在对话框 第一限制 区域的 类型： 下拉列表中选取 直到曲面 选项，在特征树中选取拉伸 2，单击 确定 按钮，完成凹槽 1 的创建。

图 24.10　凹槽 1

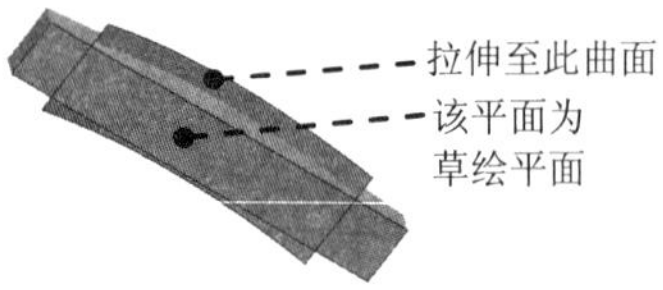

图 24.11　定义草绘平面

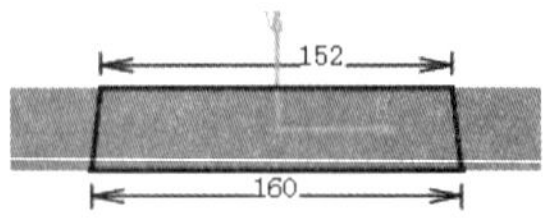

图 24.12　截面草图

Step13. 创建图 24.13 所示的零件特征——凹槽 2。选择下拉菜单 插入 → 基于草图的特征 → 凹槽... 命令；选取图 24.11 所示的平面为草绘平面；绘制图 24.14 所示的截面草图；在对话框 第一限制 区域的 类型： 下拉列表中选取 直到最后 选项，单击 反转边 按钮，单击 确定 按钮，完成凹槽 2 的创建。

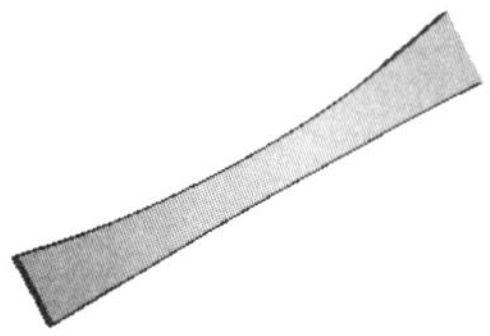
图 24.13　凹槽 2

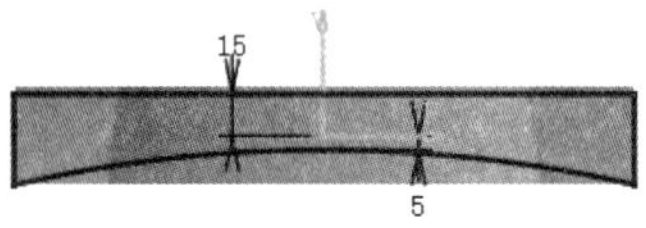

图 24.14　截面草图

Step14. 切换工作台。选择下拉菜单 开始 → 形状 → 创成式外形设计 命令，切换到创成式外形设计工作台。

Step15. 创建图 24.15 所示的零件特征——偏移 1。选择下拉菜单 插入 → 曲面 → 偏移... 命令，在特征树中选择拉伸 1 为要偏移的曲面，在 偏移： 文本框中输入数值 2，单击 确定 按钮，完成偏移 1 的创建。

图 24.15　偏移 1

Step16. 切换工作台。选择下拉菜单 开始 → 机械设计 → 零件设计 命令，切换到零件设计工作台。

Step17. 创建图 24.16 所示的零件特征——凹槽 3。选择下拉菜单 插入 → 基于草图的特征 → 凹槽... 命令；选取图 24.17 所示的平面为草绘平面；绘制图 24.18 所示的截面草图；在对话框 第一限制 区域的 类型： 下拉列表中选取 直到曲面 选项，在特征树中选取偏移 1，单击 确定 按钮，完成凹槽 3 的创建。

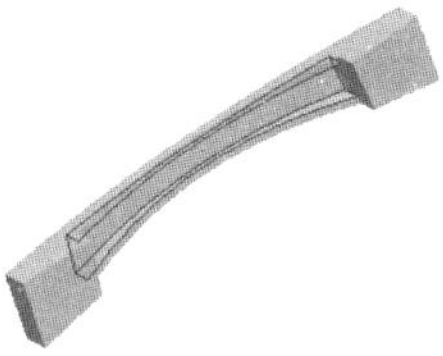

图 24.16　凹槽 3

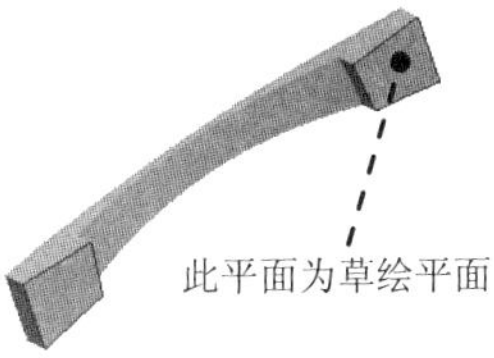

图 24.17　定义草绘平面

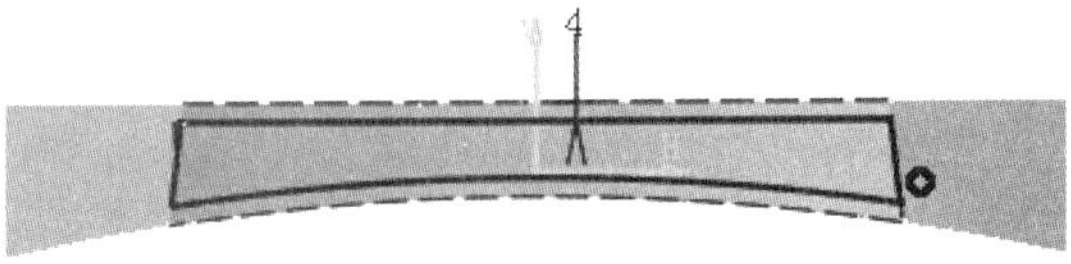

图 24.18　截面草图

Step18. 创建图 24.19 所示的零件特征——拔模 1。选择下拉菜单 插入 → 修饰特征 → 拔模... 命令；选取图 24.20 所示的面分别为要拔模的面和中性元素，并在 角度： 中输入数值 8，单击 确定 按钮，完成拔模 1 的创建。

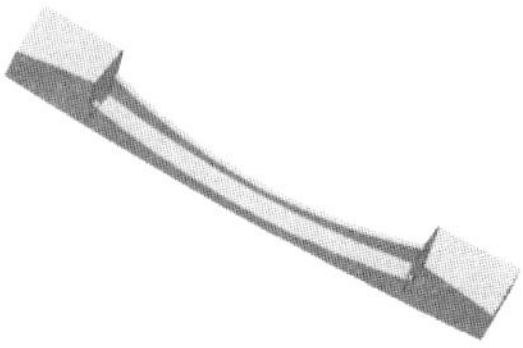

图 24.19　拔模 1

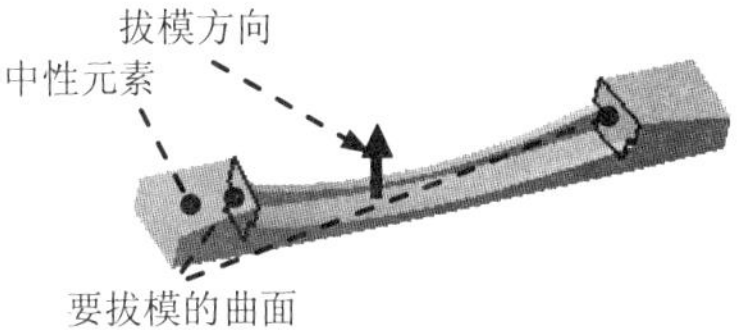

图 24.20　定义拔模参照

Step19. 创建图 24.21 所示的零件特征——凸台 2。选择下拉菜单 插入 → 基于草图的特征 → 凸台... 命令；选取图 24.22 所示的平面为草绘平面，绘制图 24.23 所示的截面草图；在 第一限制 区域的 类型： 下拉列表中选取 直到下一个 选项，同时选中 厚 复选框，单击 确定 按钮，完成凸台 2 的创建。

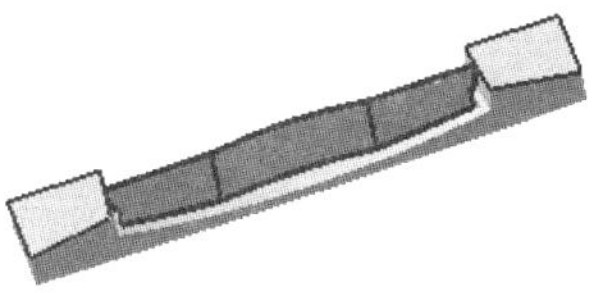

图 24.21　凸台 2

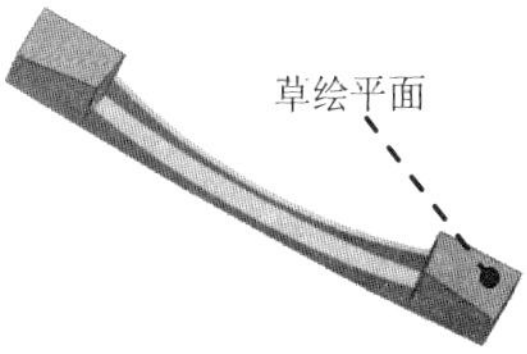

图 24.22　定义草绘平面

Step20. 创建图 24.24 所示的零件特征——凸台 3。选择下拉菜单 插入 → 基于草图的特征 → 凸台... 命令；选取图 24.22 所示的平面为草绘平面，绘制图 24.25 所示的截面草图；在 第一限制 区域的 类型： 下拉列表中选取 直到下一个 选项，同时选中 厚 复选框，单击 确定 按钮，完成凸台 3 的创建。

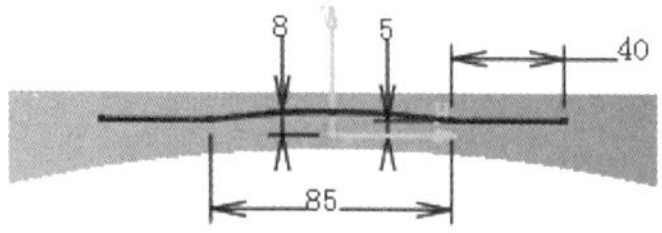

图 24.23 截面草图

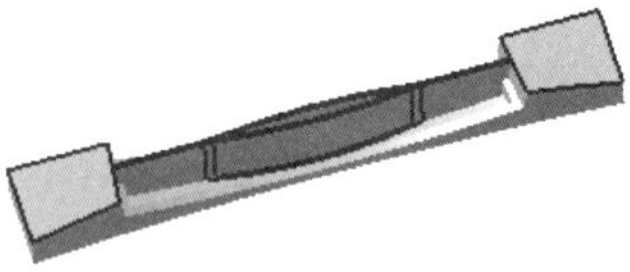

图 24.24 凸台 3

Step21. 切换工作台。选择下拉菜单 开始 → 形状 → 创成式外形设计 命令，切换到创成式外形设计工作台。

Step22. 创建图 24.26 所示的曲线特征——直线 1 。选择下拉菜单 插入 → 线框 → 直线... 命令，在 线型： 下拉列表中选取 点-点 选项，分别选取图 24.27 所示的点 1 和点 2，单击 确定 按钮，完成直线 1 的创建。

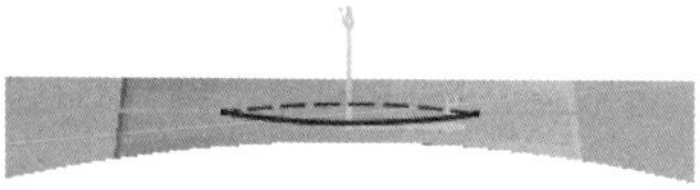

图 24.25 截面草图

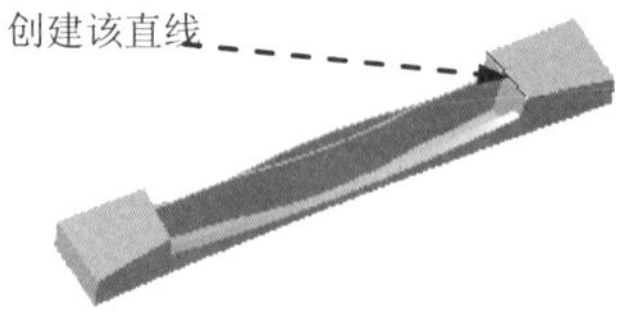

图 24.26 直线 1

Step23. 参照 Step22 可以创建图 24.28 所示的直线 2。

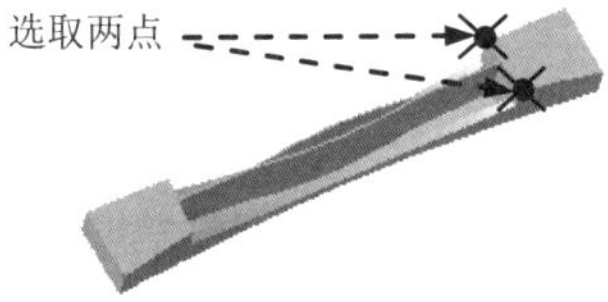

图 24.27 选取两点

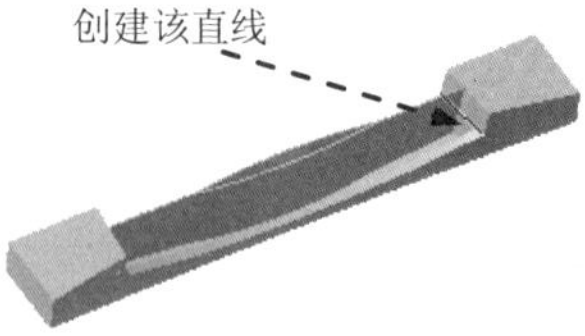

图 24.28 直线 2

Step24. 创建图 24.29 所示的曲面特征——多截面曲面 1 。选择下拉菜单 插入 → 曲面 → 多截面曲面... 命令，分别选取直线 1 和直线 2，单击 确定 按钮，完成多截面曲面 1 的创建。

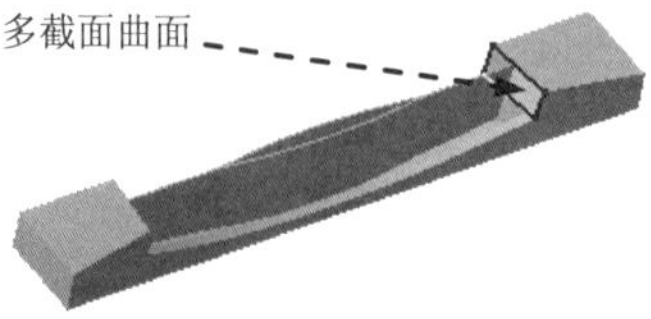

图 24.29 多截面曲面 1

Step25. 创建图 24.30 所示的曲线特征——直线 3 。选择下拉菜单 插入 → 线框 → 直线... 命令，在 线型：的下拉列表中选取 点-点 选项，分别选取图 24.31 所示的点 1 和点 2，单击 确定 按钮，完成直线 3 的创建。

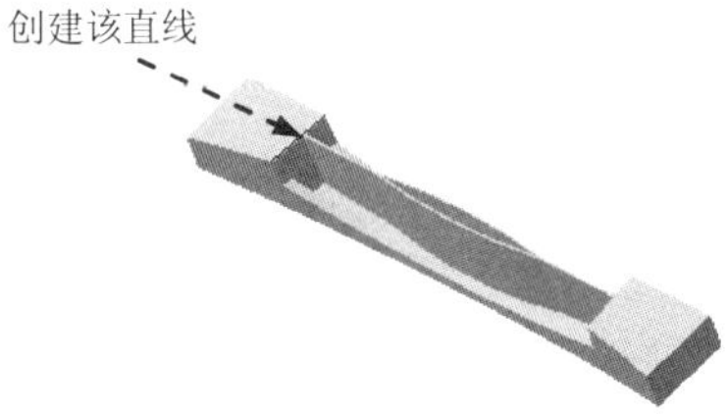

图 24.30 直线 3

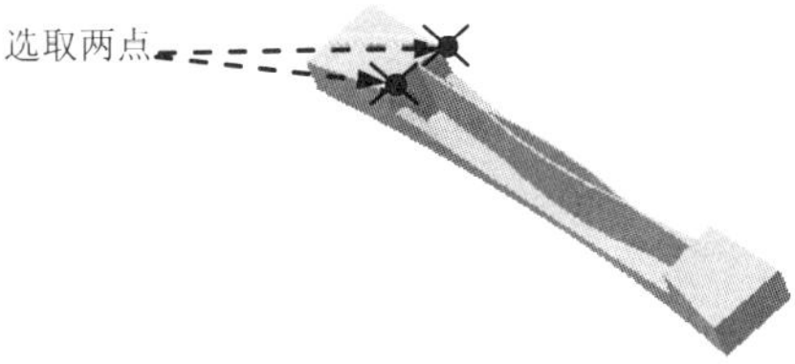

图 24.31 选取两点

Step26. 参照 Step25 可以创建图 24.32 所示的直线 4。

Step27. 创建图 24.33 所示的曲面特征——多截面曲面 2 。选择下拉菜单 插入 → 曲面 → 多截面曲面... 命令，分别选取直线 3 和直线 4，单击 确定 按钮，完成多截面曲面 2 的创建。

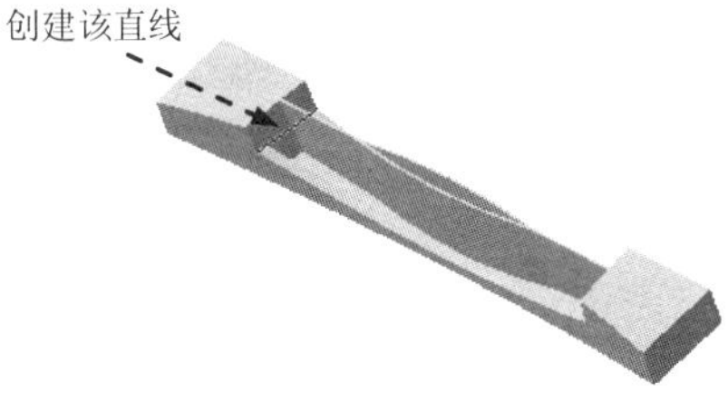

图 24.32 直线 4

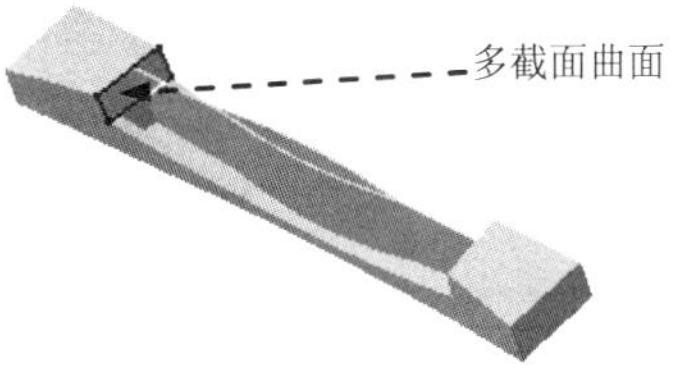

图 24.33 多截面曲面 2

Step28. 创建图 24.34 所示的曲面特征——多截面曲面 3 。选择下拉菜单 插入 → 曲面 → 多截面曲面... 命令，分别选取直线 2 和直线 4，选取图 24.34 所示的直线 5 和直线 6 作为引导线，单击 确定 按钮，完成多截面曲面 3 的创建。

Step29. 选择下拉菜单 插入 → 操作 → 接合... 命令，在特征树中分别选取多截面曲面 1、2、3，单击 确定 按钮，完成接合 1 的创建。

Step30. 后面的详细操作过程请参见随书光盘中 video\ch03\reference\文件下的语音视频讲解文件 HANDLE-r02.exe。

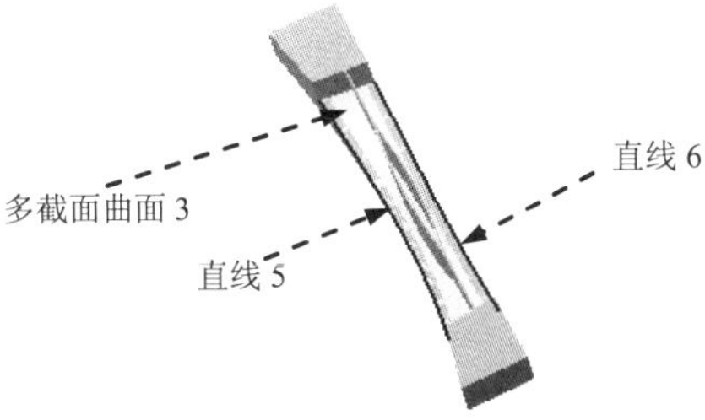

图 24.34 多截面曲面 3

实例 25　灯　　罩

实例概述：

本实例主要介绍了样条曲线绘制的技巧和对边界曲面进行加厚操作，简单的几个步骤就实现了零件的实体特征。零件模型和特征树如图 25.1 所示。

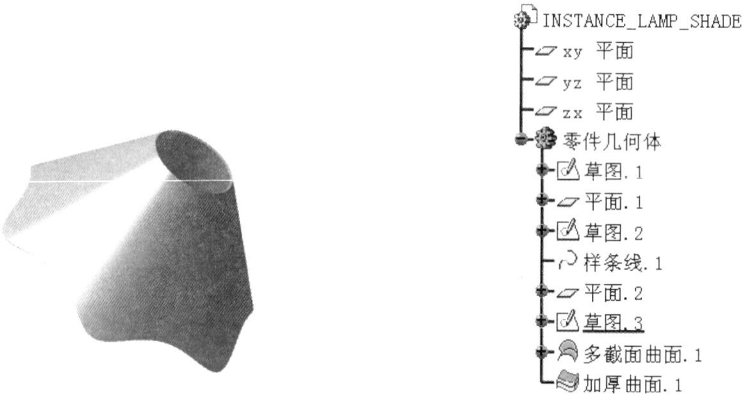

图 25.1　零件模型及特征树

Step1. 新建模型文件。选择下拉菜单 开始 → 形状 → 创成式外形设计 命令，在系统弹出的“新建零件”对话框中输入名称 INSTANCE_LAMP_SHADE，选中 启用混合设计 复选框，单击 确定 按钮，进入创成式外形设计工作台。

Step2. 创建图 25.2 所示的草图 1。选择下拉菜单 插入 → 草图编辑器 → 草图 命令；选择 xy 平面作为草图平面；在草绘工作台中绘制图 25.2 所示的草图。

Step3. 创建图 25.3 所示的特征——平面 1。单击“线框”工具栏中的 按钮；在 平面类型： 下拉列表中选取 偏移平面 选项；在 参考： 文本框中右击，选取 xy 为参考平面，在 偏移： 文本框中输入数值 20，单击 确定 按钮，完成平面 1 的创建。

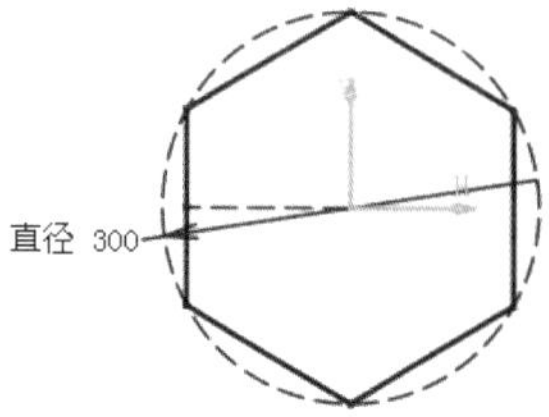

图 25.2　草图 1

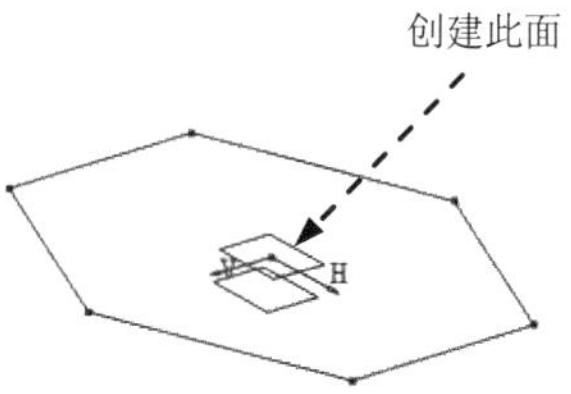

图 25.3　平面 1

Step4. 创建图25.4所示的草图2。选择下拉菜单 插入 → 草图编辑器 → 草图 命令；选择平面1作为草图平面；在草绘工作台中绘制图25.4所示的草图。

Step5. 创建图25.5所示的曲线特征——样条线1。选择下拉菜单 插入 → 线框 → 样条线... 命令，依次选取草图1和草图2中的各个点，选中对话框中的 封闭样条线 复选框，单击 确定 按钮，完成样条线1的创建。

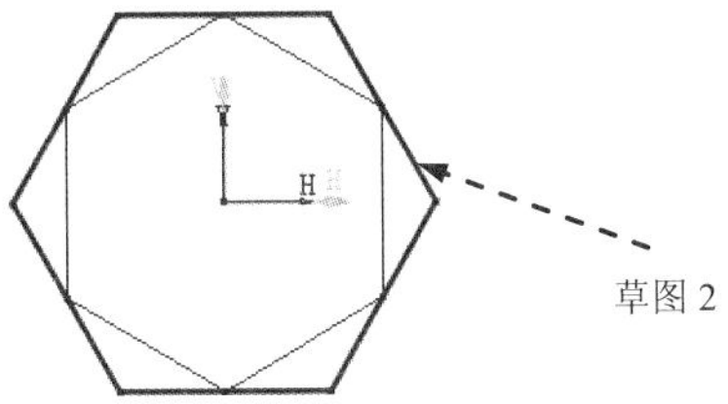

图25.4 草图2

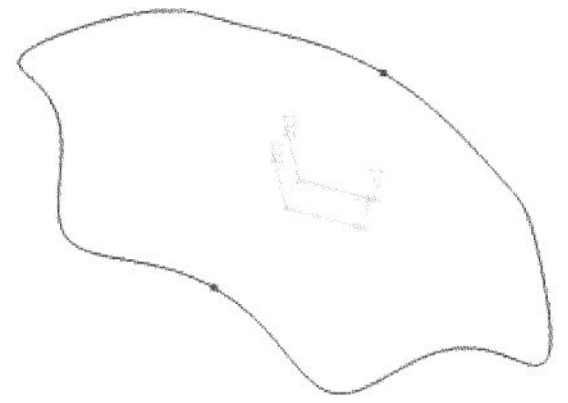

图25.5 样条线1

Step6. 创建图25.6所示的特征——平面2。单击“线框”工具栏中的 按钮；在 平面类型： 下拉列表中选取 偏移平面 选项；在 参考： 文本框中右击，选取xy为参考平面，在 偏移： 文本框中输入数值150；单击 反转方向 定义平面方向；单击 确定 按钮，完成平面2创建。

Step7. 创建图25.7所示的草图3。选择下拉菜单 插入 → 草图编辑器 → 草图 命令；选择平面2作为草图平面；在草绘工作台中绘制图25.7所示的草图。

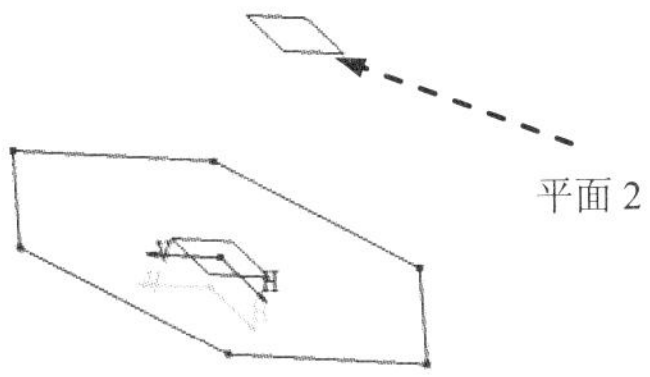

图25.6 平面2

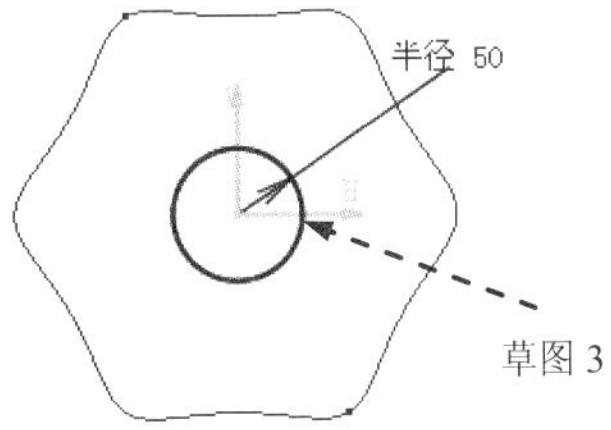

图25.7 草图3

Step8. 创建图25.8所示的多截面曲面1。选择下拉菜单 插入 → 曲面 → 多截面曲面... 命令，依次选取图25.5所示的样条线1和草图3作为截面曲线，单击 确定 按钮，完成多截面曲面1的创建。

Step9. 切换工作台。选择下拉菜单 开始 → 机械设计 → 零件设计 命令，切换到零件设计工作台。

Step10. 创建图25.9所示的零件特征——加厚曲面1。选择下拉菜单 插入 → 基于曲面的特征 → 厚曲面... 命令，单击 要偏移的对象： 文本框，在特征树中选取多截面曲面1为要偏移的对象，在 第一偏移： 文本框中输入数值3，单击 确定 按钮，完成加厚曲面1的创建。

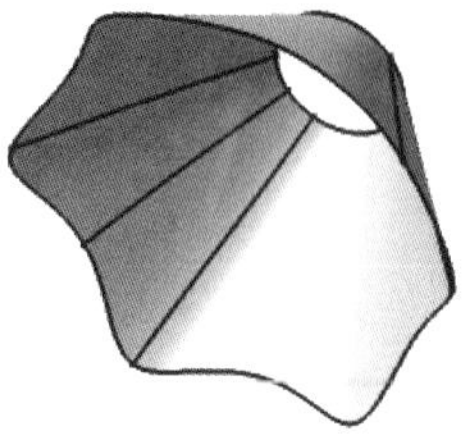

图 25.8　多截面曲面 1

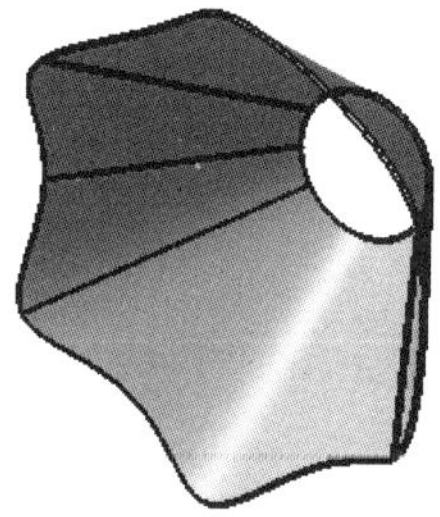

图 25.9　加厚曲面 1

Step11. 保存零件模型。选择下拉菜单 文件 → 保存 命令，即可保存零件模型。

实例26　勺　　子

实例概述：

本实例主要讲述勺子的实体建模，建模过程中包括相交、多截面曲面、曲面接合、封闭曲面和盒体特征的创建。其中多截面曲面的操作技巧性较强，需要读者用心体会。勺子模型和特征树如图 26.1 所示。

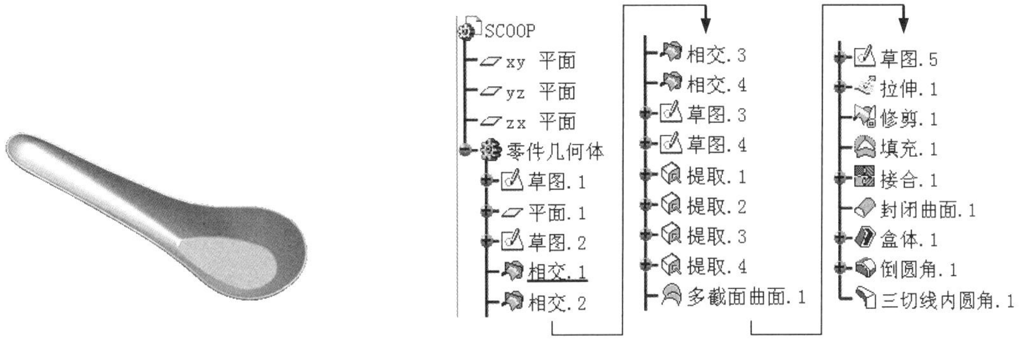

图 26.1　零件模型及特征树

Step1. 新建模型文件。选择下拉菜单 开始 → 形状 → 创成式外形设计 命令，在系统弹出的“新建零件”对话框中输入名称 SCOOP，选中 启用混合设计 复选框，单击 确定 按钮，进入零部件设计工作台。

Step2. 创建图 26.2 所示的草图 1。选择下拉菜单 插入 → 草图编辑器 → 草图 命令；选择 xy 平面作为草图平面；在草绘工作台中绘制图 26.2 所示的草图。

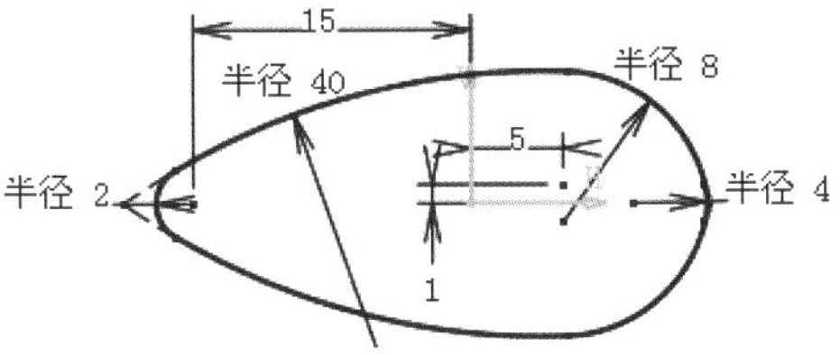

图 26.2　草图 1

Step3. 创建图 26.3 所示的特征——平面 1。单击“线框”工具栏中的 按钮；在 平面类型： 下拉列表中选取 偏移平面 选项；在 参考： 文本框中右击，选取 xy 平面为参考平面，输入偏移距离为 25，单击 确定 按钮，完成平面 1 的创建。

Step4. 创建图 26.4 所示的草图 2。选择下拉菜单 插入 → 草图编辑器 → 草图命令；选择平面 1 作为草图平面；在草绘工作台中绘制图 26.4 所示的草图。

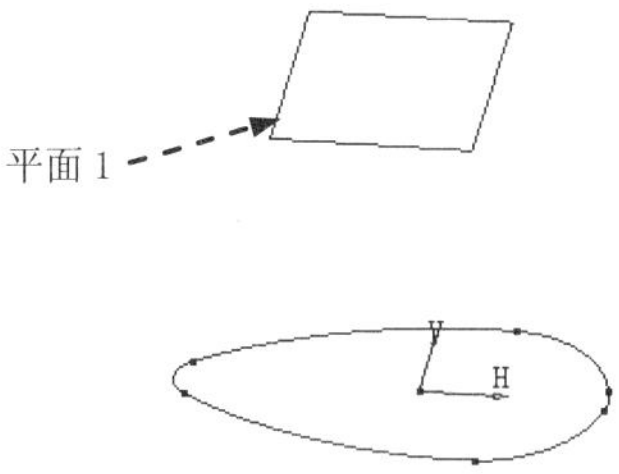

图 26.3　平面 1

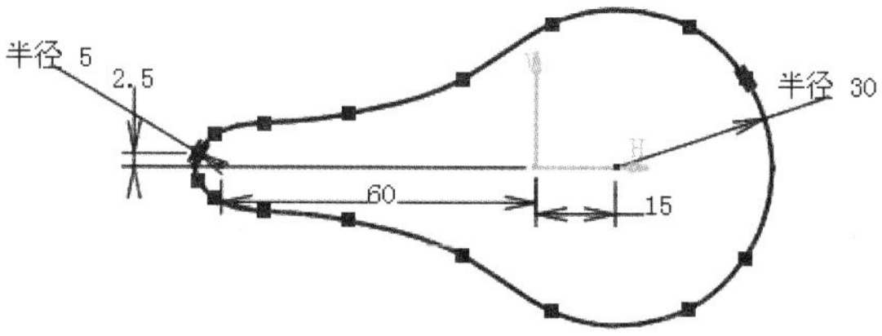

图 26.4　草图 2

Step5. 创建图 26.5 所示的曲面特征——相交 1。选择下拉菜单【插入】→【线框】→【相交...】命令，选取 yz 平面作为第一元素，草图 1 作为第二元素，单击【确定】按钮，系统弹出“多重结果管理”对话框，选中【保留所有子元素。】单选项，再次单击【确定】按钮，完成相交 1 的创建。

Step6. 参照步骤 Step5 可以创建相交 2、3、4，如图 26.6 所示。

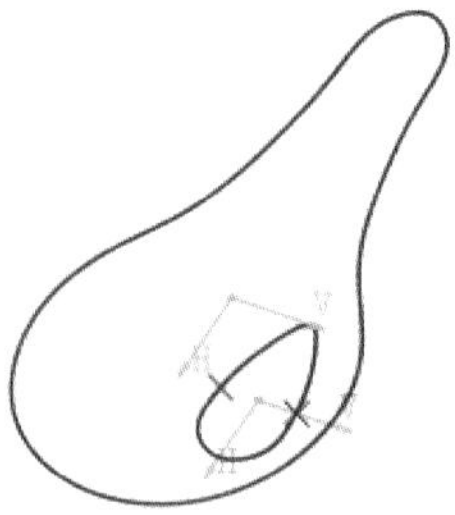

图 26.5　相交 1

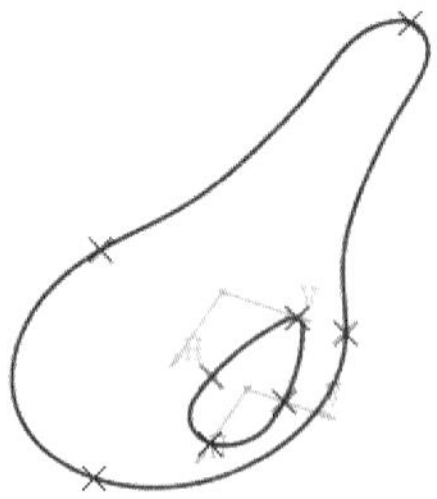

图 26.6　相交

Step7. 创建图 26.7 所示的草图 3。选择下拉菜单【插入】→【草图编辑器】→【草图】命令；选择 zx 平面作为草图平面；在草绘工作台中绘制图 26.7 所示的草图。

Step8. 创建图 26.8 所示的草图 4。选择下拉菜单【插入】→【草图编辑器】→【草图】命令；选择 yz 平面作为草图平面；在草绘工作台中绘制图 26.8 所示的草图。

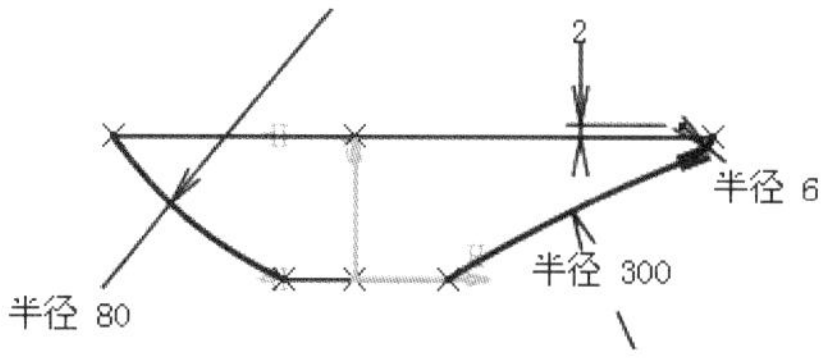

图 26.7　草图 3

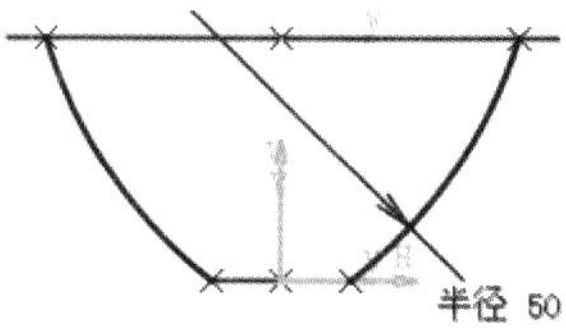

图 26.8　草图 4

Step9. 创建曲线特征——提取 1。按住 Ctrl 键，在特征树中选取草图 3 和草图 4，选择下拉菜单【插入】→【操作】→【提取...】命令，在【拓展类型：】下拉列表中选择【切线连续】选项，单击“确定”按钮，完成对曲线提取的创建。

Step10. 创建图 26.9 所示的多截面曲面 1。选择下拉菜单 插入 → 曲面 ▸ → 多截面曲面... 命令，在特征树中依次选取草图 3 和草图 4 作为截面曲线，分别选取提取 1、2、3、4 作为引导线，单击“确定”按钮，完成多截面曲面 1 的创建。

Step11. 创建图 26.10 所示的草图 5。选择下拉菜单 插入 → 草图编辑器 ▸ → 草图 命令；选择 zx 平面作为草图平面；在草绘工作台中绘制图 26.10 所示的草图。

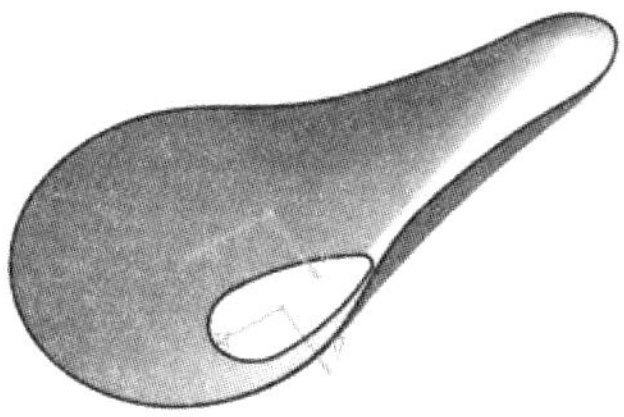

图 26.9　多截面曲面 1

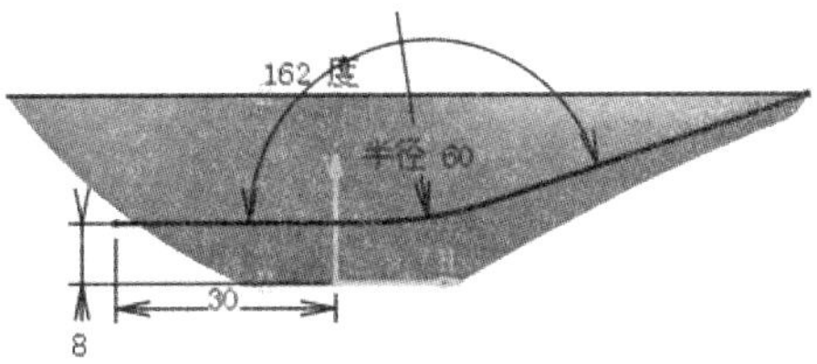

图 26.10　草图 5

Step12. 创建图 26.11 所示的拉伸 1。选择下拉菜单 插入 → 曲面 ▸ → 拉伸... 命令，选取草图 5 为拉伸轮廓，在“拉伸曲面定义”对话框 限制 1 区域的 类型: 下拉列表中均选择 尺寸 选项，在 尺寸: 文本框中均输入深度值 20，并选中 镜像范围 复选框，单击“确定”按钮，完成拉伸 1 的创建。

Step13. 创建图 26.12 所示的修剪 1。选择下拉菜单 插入 → 操作 ▸ → 修整... 命令，在“修剪定义”对话框的 模式: 下拉列表中选择 标准 选项；选择拉伸 1 和分割 1 为修剪元素。单击“确定”按钮，完成修剪 1 的创建。

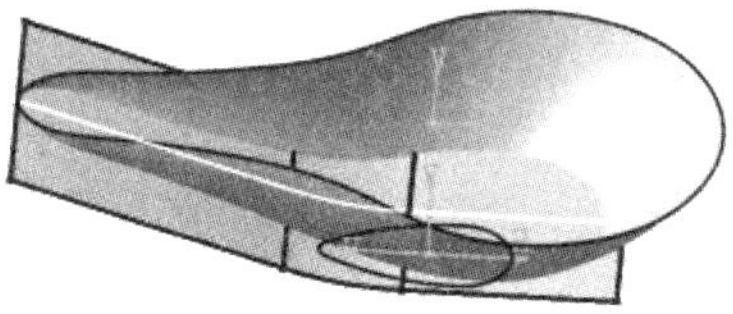

图 26.11　拉伸 1

图 26.12　修剪 1

Step14. 创建图 26.13 所示的填充 1。选择下拉菜单 插入 → 曲面 ▸ → 填充... 命令，选取图 26.14 所示的曲线为填充边界。单击“确定”按钮，完成填充 1 的创建。

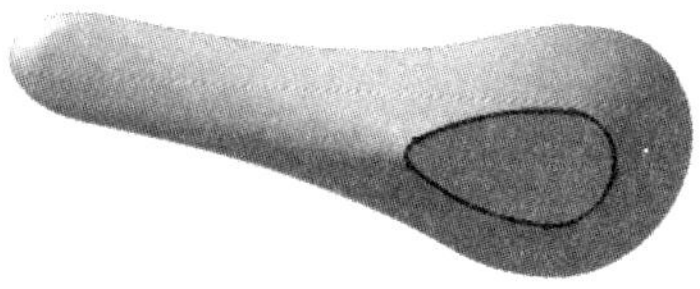

图 26.13　填充 1

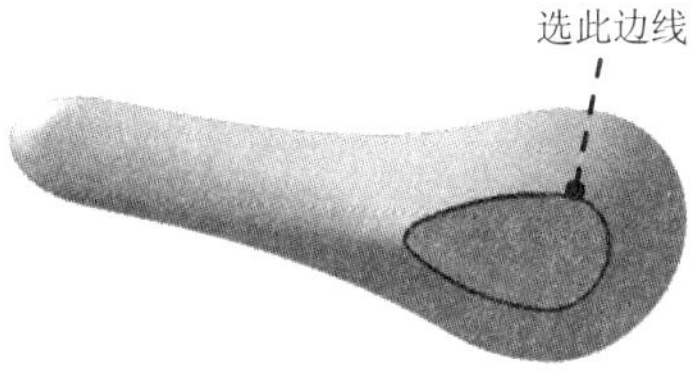

图 26.14　填充边界

Step15. 创建曲面特征——接合 1。选择下拉菜单 插入 → 操作 → 接合... 命令，选取修剪 1 和填充 1 为要接合的元素。单击 确定 按钮，完成接合 1 的创建。

Step16. 切换工作台。选择下拉菜单 开始 → 机械设计 → 零件设计 命令，切换到零件设计工作台。

Step17. 创建零件特征——封闭曲面 1。选择下拉菜单 插入 → 基于曲面的特征 → 封闭曲面... 命令，在特征树中选取接合 1 作为要封闭的曲面，单击 确定 按钮，完成封闭曲面 1 的创建。

Step18. 创建图 26.15b 所示的零件特征——盒体 1。选择下拉菜单 插入 → 修饰特征 → 抽壳... 命令，在 默认内侧厚度： 文本框中输入值 0.8，选取图 26.15a 所示的面为要移除的平面，单击 确定 按钮，完成盒体 1 的创建。

a）抽壳前　　b）抽壳后

图 26.15　盒体 1

Step19. 创建图 26.16b 所示的特征——倒圆角 1。选取图 26.16a 所示的边为倒圆角的对象，倒圆角半径为 1。

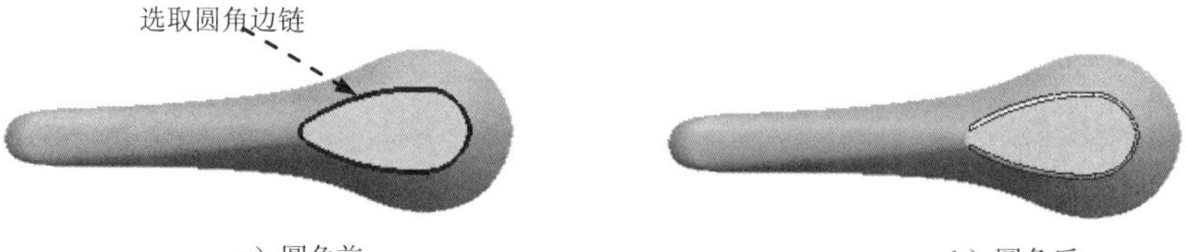

a）圆角前　　b）圆角后

图 26.16　倒圆角 1

Step20. 创建图 26.17b 所示的零件特征——三切线内圆角 1。选择下拉菜单 插入 → 修饰特征 → 三切线内圆角... 命令，选取图 26.17a 所示的两个面作为要圆角的面，选择图 26.17a 所示的一个面作为要移除的面，单击 确定 按钮，完成三切线内圆角 1 的创建。

Step21. 保存零件模型。选择下拉菜单 文件 → 保存 命令，即可保存零件模型。

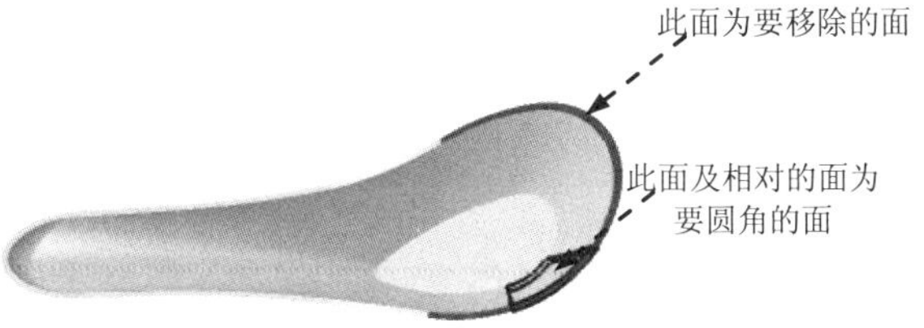

a）圆角前

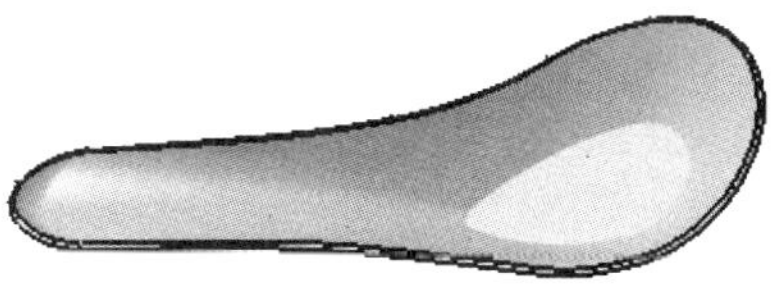

b）圆角后

图 26.17 三切线内圆角 1

实例 27　牙　　刷

实例概述：

本实例讲解了一款牙刷塑料部分的设计过程，本实例的创建方法技巧性较强，其中混合特征的创建过程是首次出现，需要读者用心体会。零件模型及特征树如图 27.1 所示。

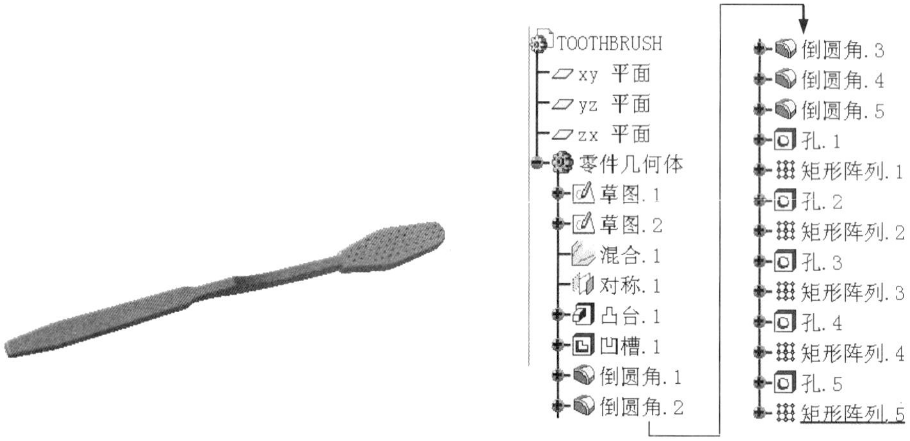

图 27.1　零件模型及特征树

Step1. 新建模型文件。选择下拉菜单 开始 → 机械设计 → 零件设计 命令，在系统弹出的“新建零件”对话框中输入名称 TOOTHBRUSH，选中 启用混合设计 复选框，单击 确定 按钮，进入零件设计工作台。

Step2. 创建图 27.2 所示的草图 1。选择下拉菜单 插入 → 草图编辑器 → 草图 命令；选择 xy 平面作为草图平面；在草绘工作台中绘制图 27.2 所示的草图。

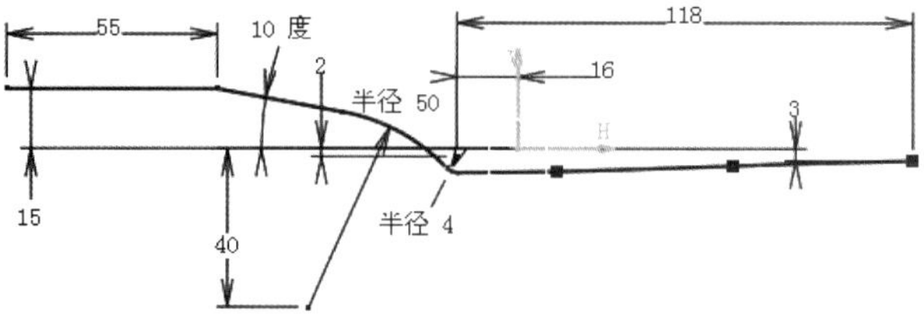

图 27.2　草图 1

Step3. 创建图 27.3 所示的草图 2。选择下拉菜单 插入 → 草图编辑器 → 草图 命令；选择 zx 平面作为草图平面；在草绘工作台中绘制图 27.3 所示的草图。

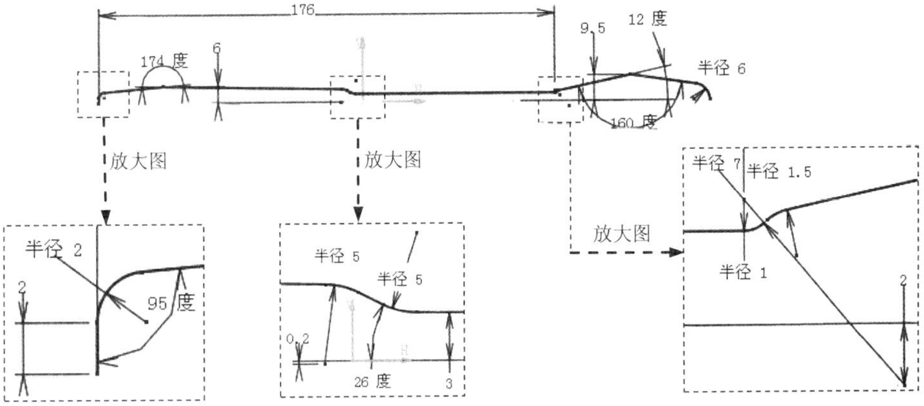

图 27.3 草图 2

Step4. 切换工作台。选择下拉菜单 开始 → 形状 ▸ → 创成式外形设计 命令，切换到创成式外形设计工作台。

Step5. 创建曲线特征——混合 1。选择下拉菜单 插入 → 线框 ▸ → 混合... 命令，在 混合类型： 下拉列表中选择 法线 选项，在特征树中分别选择草图 2 和草图 1 作为曲线 1 和曲线 2，单击 确定 按钮，完成混合 1 的创建。

Step6. 创建图 27.4 所示的曲线特征——对称 1。选择下拉菜单 插入 → 操作 ▸ → 对称... 命令，单击 元素： 文本框，在特征树中选取混合 1，选择 xy 平面作为参考，单击 确定 按钮，完成对称 1 的创建。

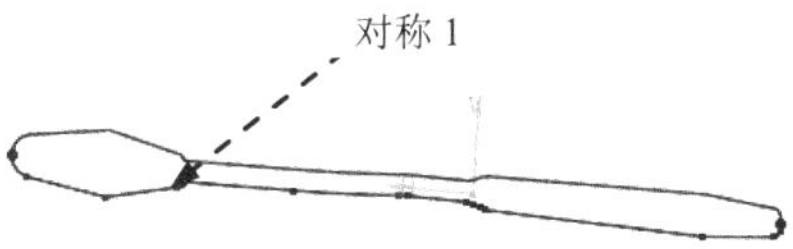

图 27.4 对称 1

Step7. 切换工作台。选择下拉菜单 开始 → 机械设计 ▸ → 零件设计 命令，切换到零件设计工作台。

Step8. 创建图 27.5 所示的零件特征——凸台 1。选择下拉菜单 插入 → 基于草图的特征 ▸ → 凸台... 命令；选取 xy 平面为草绘平面，绘制图 27.6 所示的截面草图；在 第一限制 区域的 类型： 下拉列表中选取 尺寸 选项，在其后的 长度： 文本框中输入值 20；选中 镜像范围 复选框，单击 确定 按钮，完成凸台 1 的创建。

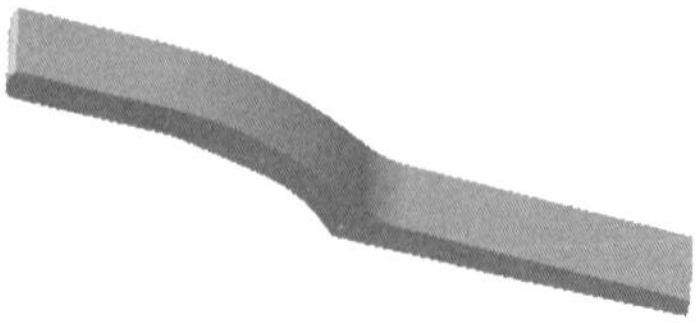

图 27.5　凸台 1

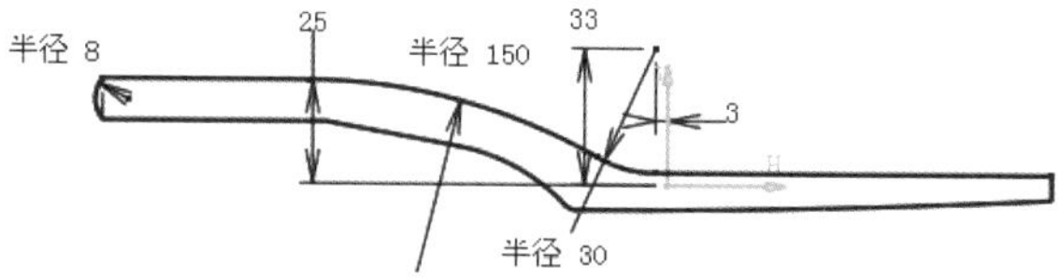

图 27.6　截面草图

Step9. 创建图 27.7 所示的零件特征——凹槽 1。选择下拉菜单 插入 → 基于草图的特征 ▸ → 凹槽... 命令；选取图 27.7 所示的平面为草绘平面，将对称 1 和混合 1 投影到图 27.7 所示的平面上，结果如图 27.8 所示；在对话框 第一限制 区域的 类型： 下拉列表中选取 直到最后 选项，单击 反转边 按钮，单击 确定 按钮，完成凹槽 1 的创建。

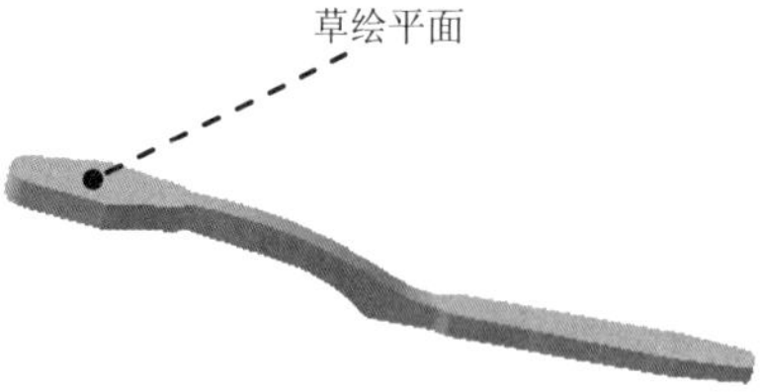

图 27.7　凹槽 1

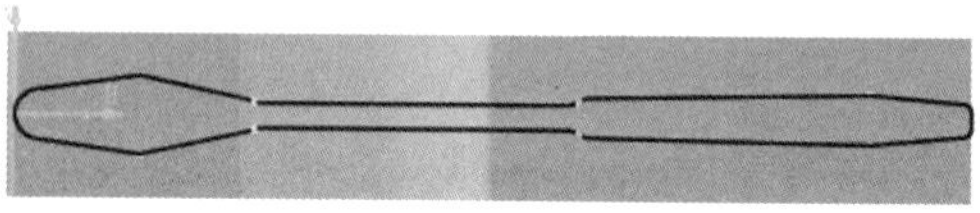

图 27.8　截面草图

Step10. 创建图 27.9b 所示的特征——倒圆角 1。选取图 27.9a 所示的边为倒圆角的对象，倒圆角半径为 20。

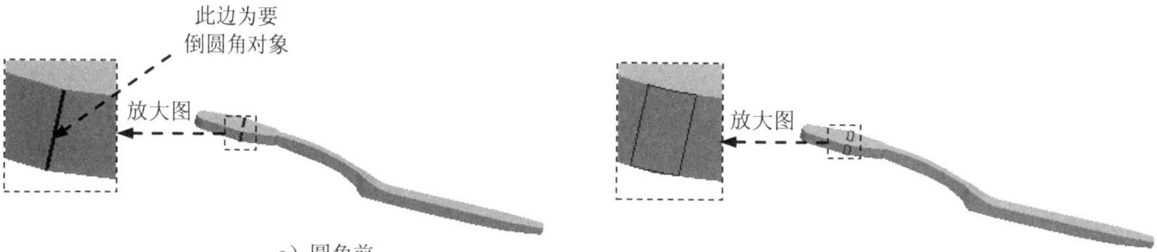

a）圆角前　　b）圆角后

图 27.9　倒圆角 1

Step11. 创建图 27.10b 所示的特征——倒圆角 2。选取图 27.10a 所示的边为倒圆角的对象，倒圆角半径为 20。

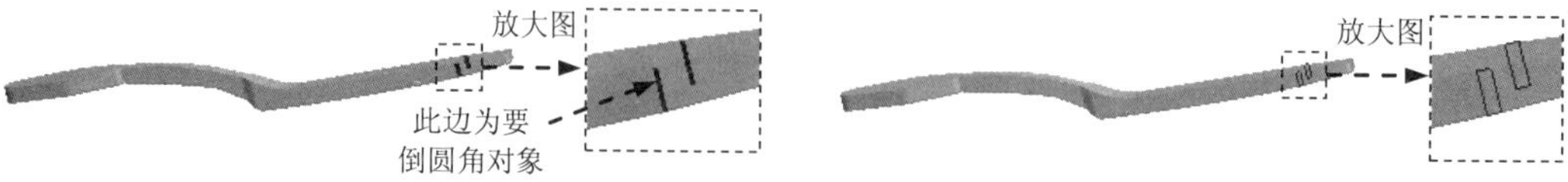

a）圆角前　　b）圆角后

图 27.10　倒圆角 2

Step12. 创建图 27.11b 所示的特征——倒圆角 3。选取图 27.11a 所示的边为倒圆角的对象，倒圆角半径为 1。

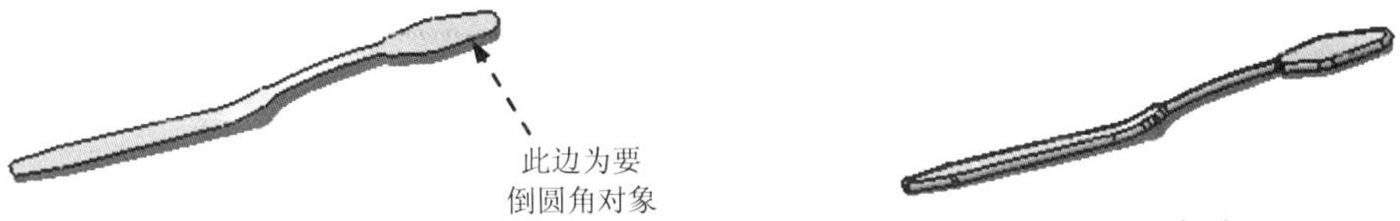

a）圆角前　　b）圆角后

图 27.11　倒圆角 3

Step13. 创建图 27.12b 所示的特征——倒圆角 4。选取图 27.12a 所示的边为倒圆角的对象，倒圆角半径为 20。

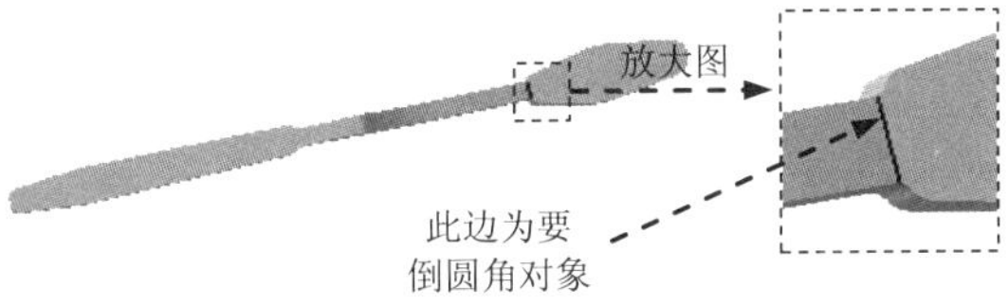

a）倒圆角前

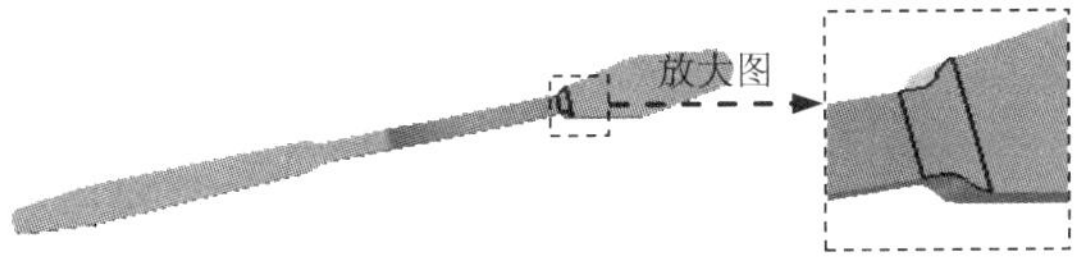

b）倒圆角后

图 27.12　倒圆角 4

Step14. 创建图 27.13b 所示的特征——倒圆角 5。选取图 27.13a 所示的边为倒圆角的对象，倒圆角半径为 1。

a）倒圆角前　　b）倒圆角后

图 27.13　倒圆角 5

Step15. 创建图 27.14 所示的零件特征——孔 1。选择下拉菜单 插入 → 基于草图的特征 → 孔... 命令；选取图 27.14 所示的面为孔的放置面，约束孔的中心位置如图 27.15 所示；在 扩展 选项卡中选取 盲孔 选项，在 直径： 文本框中输入值 2；在 深度： 文本框中输入数值 3，单击 确定 按钮，完成孔 1 的创建。

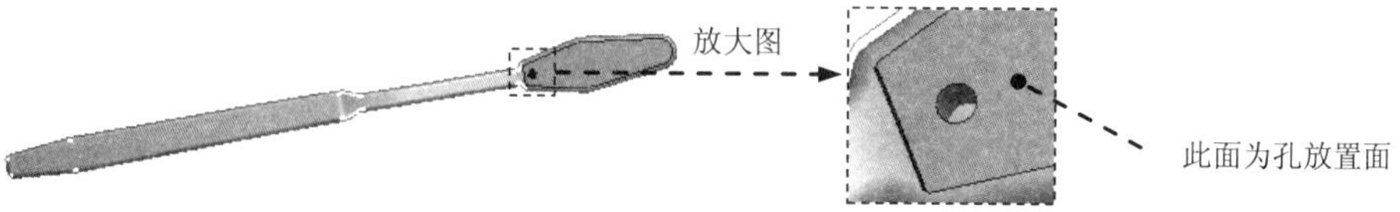

图 27.14　孔 1

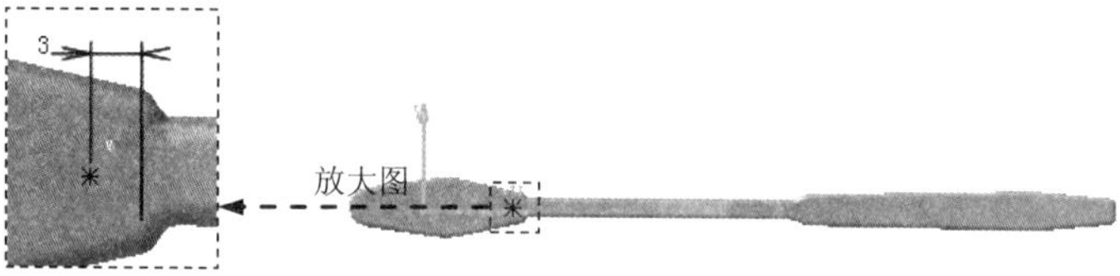

图 27.15　定义孔的位置

Step16. 创建图 27.16 所示的变换特征——矩形阵列 1。在特征树中选中孔 1 特征作为矩形阵列的源特征；选择下拉菜单 插入 → 变换特征 ▸ → 矩形阵列... 命令；在 第一方向 选项 参数：文本框的下拉列表中选取 实例和间距 选项，在 实例：文本框中输入值 13，在 间距：文本框中输入值 4，选取 X 轴为参考元素，单击 反转 按钮，单击 确定 按钮，完成矩形阵列 1 的创建。

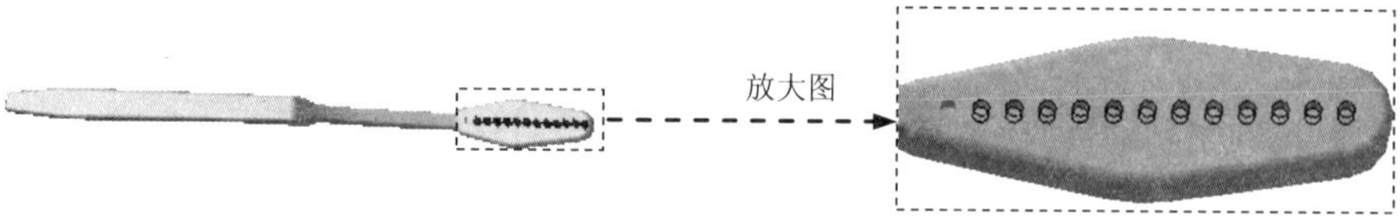

图 27.16　矩形阵列 1

Step17. 创建图 27.17 所示的零件特征——孔 2。选择下拉菜单 插入 → 基于草图的特征 ▸ → 孔... 命令；选取图 27.17 所示的面为孔的放置面，约束孔的中心位置如图 27.18 所示；在 扩展 选项卡中选取 盲孔 选项，在 直径：文本框中输入值 2；在 深度：文本框中输入数值 3，单击 确定 按钮，完成孔 2 的创建。

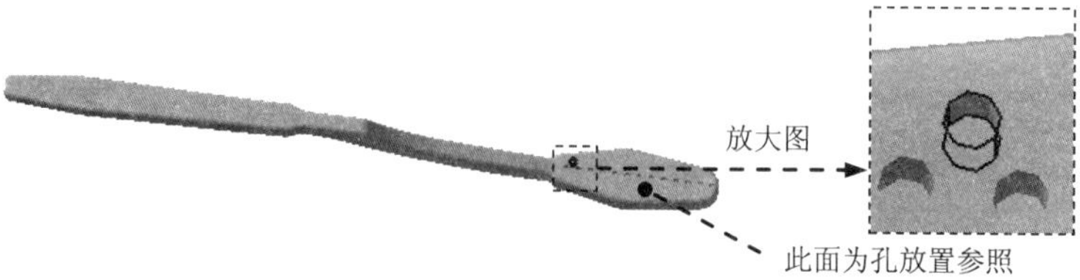

图 27.17　孔 2

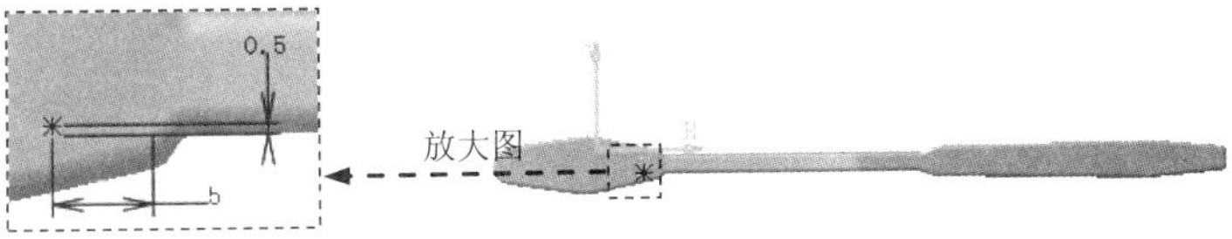

图 27.18 定义孔的位置

Step18. 创建图 27.19 所示的变换特征——矩形阵列 2。在特征树中选中孔 2 特征作为矩形阵列的源特征；选择下拉菜单 插入 → 变换特征 → 矩形阵列... 命令；在 第一方向 选项 参数：文本框的下拉列表中选取 实例和间距 选项，在 实例：文本框中输入值 12，在 间距：文本框中输入值 4，选取 X 轴为参考元素，单击 反转 按钮，单击 确定 按钮，完成矩形阵列 2 的创建。

图 27.19 矩形阵列 2

Step19. 参照步骤 Step17 和 Step18 可以创建图 27.20 所示的另一侧的孔 3 和矩形阵列 3。

图 27.20 矩形阵列 3

Step20. 创建图 27.21 所示的零件特征——孔 4。选择下拉菜单 插入 → 基于草图的特征 → 孔... 命令；选取图 27.21 所示的面为孔的放置面，约束孔的中心位置如图 27.22 所示；在 扩展 选项卡中选取 盲孔 选项，在文本框中输入值 2；在 深度：文本框中输入数值 3，单击 确定 按钮，完成孔 4 的创建。

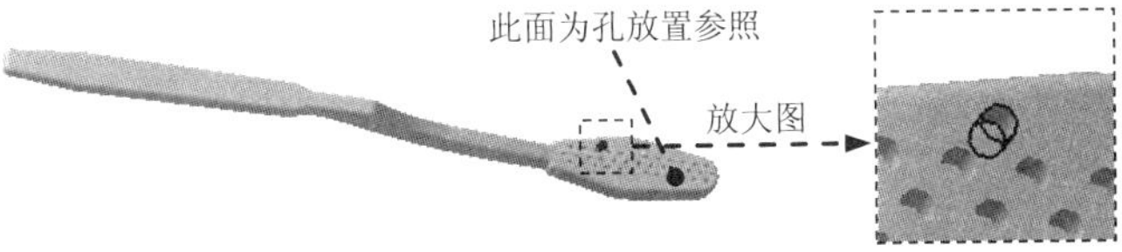

图 27.21 孔 4

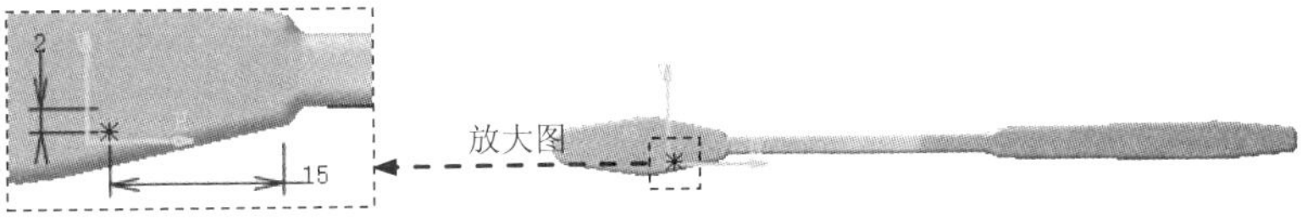

图 27.22 定义孔的位置

Step21. 创建图 27.23 所示的变换特征——矩形阵列 4。在特征树中选中孔 4 特征作为矩形阵列的源特征；选择下拉菜单 插入 → 变换特征 ▸ → 矩形阵列... 命令；在 第一方向 选项的 参数： 文本框的下拉列表中选取 实例和间距 选项，在 实例： 文本框中输入值 8，在 间距： 文本框中输入值 4，选取 X 轴为参考元素，单击 反转 按钮，单击 确定 按钮，完成矩形阵列 4 的创建。

图 27.23　矩形阵列 4

Step22. 参照步骤 Step20 和 Step21 可以创建图 27.24 所示的另一侧的孔 5 和矩形阵列 5。

图 27.24　矩形阵列 5

Step23. 保存零件模型。选择下拉菜单 文件 → 保存 命令，即可保存零件模型。

第 4 章

自由曲面设计实例

本章主要包含如下内容：

- 实例 28　汤勺
- 实例 29　面板

实例 28　汤　　勺

实例概述:

本实例介绍了汤勺的设计过程。主要是讲述了一些自由曲面的基本操作命令，如 3D 曲线、样式扫掠、断开、填充等特征命令的应用。所建的零件模型如图 28.1 所示。

图 28.1　零件模型

Step1. 新建模型文件。选择下拉菜单 开始 → 形状 → 创成式外形设计 命令；系统弹出“新建零件”对话框，在 输入零件名称 文本框中输入文件名为 spoon，单击 确定 按钮，进入自由曲面设计工作台。

Step2. 创建几何图形集 ref_ele。选择下拉菜单 插入 → 几何图形集... 命令；在“插入几何图形集”对话框的 名称: 文本框中输入 ref_ele；并单击 确定 按钮，完成几何图形集的创建。

Step3. 创建图 28.2 所示的平面 1。选择下拉菜单 插入 → 线框 → 平面... 命令；系统弹出“平面定义”对话框，在特征树中选取 zx 平面 为参考平面。输入偏移距离为 90.0，单击 确定 按钮。

Step4. 创建图 28.3 所示的平面 2。选择下拉菜单 插入 → 线框 → 平面... 命令；系统弹出“平面定义”对话框，在特征树中选取 zx 平面 为参考平面。输入偏移距离为-15，单击 确定 按钮。

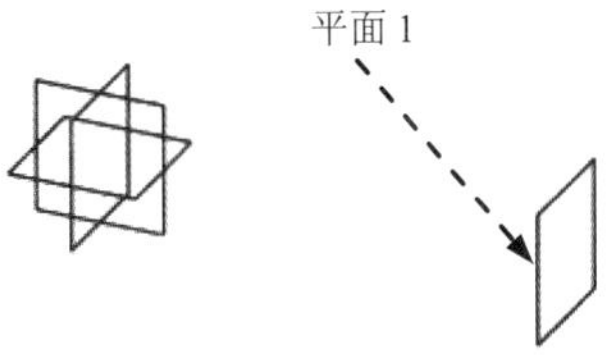

图 28.2　平面 1

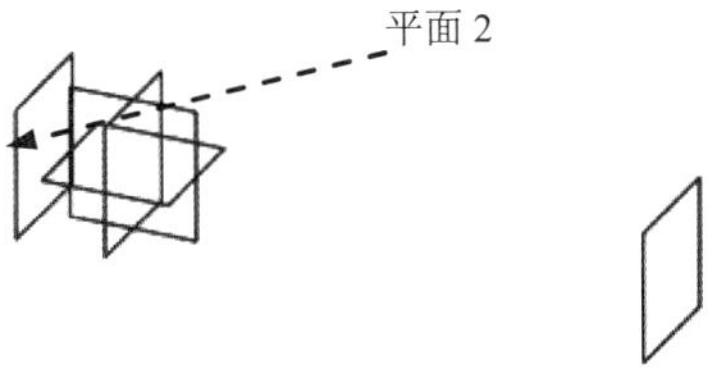

图 28.3　平面 2

Step5. 创建图 28.4 所示的平面 3。选择下拉菜单 插入 → 线框 → 平面... 命令；系统弹出“平面定义”对话框，在特征树中选取 zx 平面为参考平面。输入偏移距离为 12.0，单击 确定 按钮。

Step6. 创建图 28.5 所示的定位草图 1。选择下拉菜单 插入 → 草图编辑器 → 定位草图... 命令；系统弹出“草图定位”对话框，在特征树中选取 xy 平面为参考平面。选中 交换 与 反转 V 复选框，单击 确定 按钮，绘制图 28.5 所示的草图，单击 按钮退出草图环境。

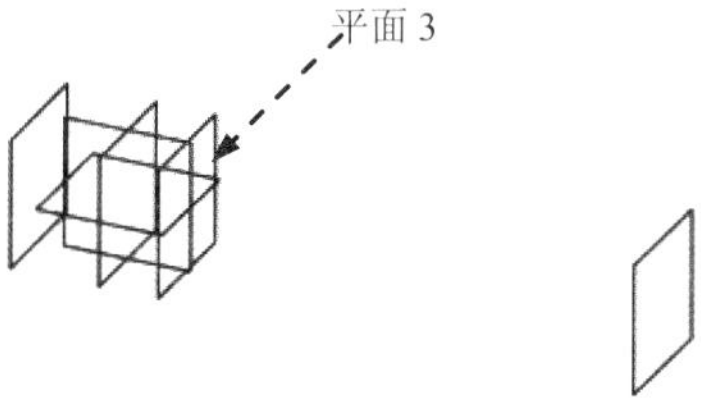

图 28.4 平面 3

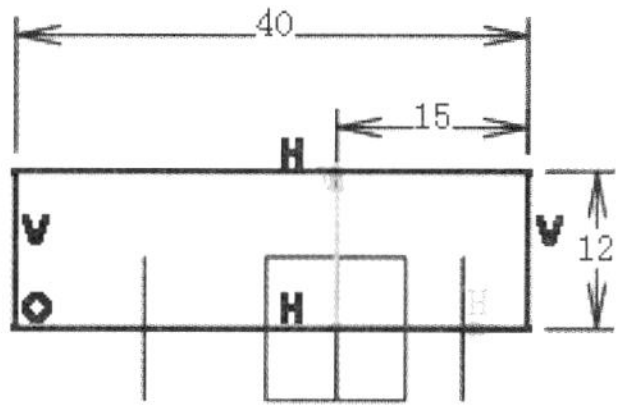

图 28.5 定位草图 1

Step7. 创建图 28.6 所示的定位草图 2。选择下拉菜单 插入 → 草图编辑器 → 定位草图... 命令；系统弹出“草图定位”对话框，在特征树中选取 yz 平面为参考平面。单击 确定 按钮，绘制图 28.6 所示的草图，单击 按钮退出草图环境。

Step8. 创建图 28.7 所示的定位草图 3。选择下拉菜单 插入 → 草图编辑器 → 定位草图... 命令；系统弹出“草图定位”对话框，在特征树中选取 平面.1 为参考平面。单击 确定 按钮，绘制图 28.7 所示的草图，单击 按钮退出草图环境。

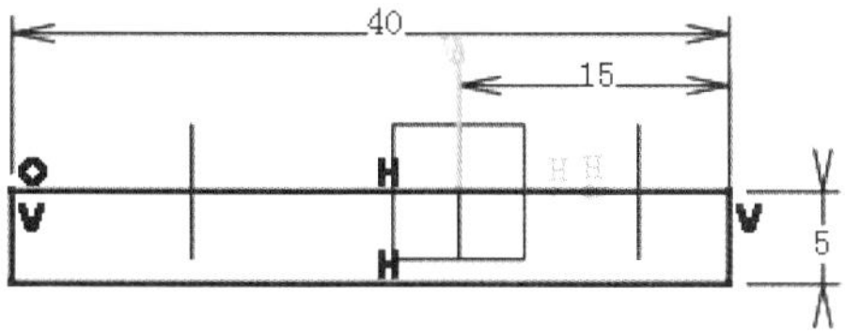

图 28.6 定位草图 2

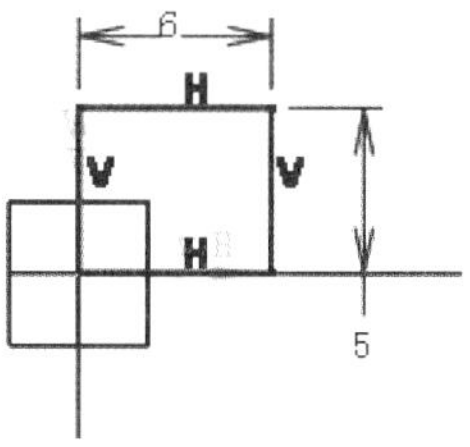

图 28.7 定位草图 3

Step9. 创建几何图形集 main-sur。选择下拉菜单 插入 → 几何图形集... 命令；在“插入几何图形集”对话框的 名称： 文本框中输入 main-sur；并单击 确定 按钮，完成几何图形集的创建。

Step10. 创建图 28.8 所示的 3D 曲线 1。选择下拉菜单 开始 → 形状 → FreeStyle 命令；然后再选择下拉菜单 插入 → Curve Creation → 3D Curve...

命令，在“3D 曲线”对话框的创建类型下拉列表中选择通过点选项；绘制图 28.9 所示的 3D 曲线并调整（在“视图”工具栏的下拉列表中选择选项，单击“工具仪表盘”工具栏中的按钮，调出“快速确定指南针方向”工具栏，并按下按钮）；单击确定按钮，完成 3D 曲线 1 的创建（注：此步骤前将草图 2 隐藏，点 1、4 和 7 与草图 1 相交）。

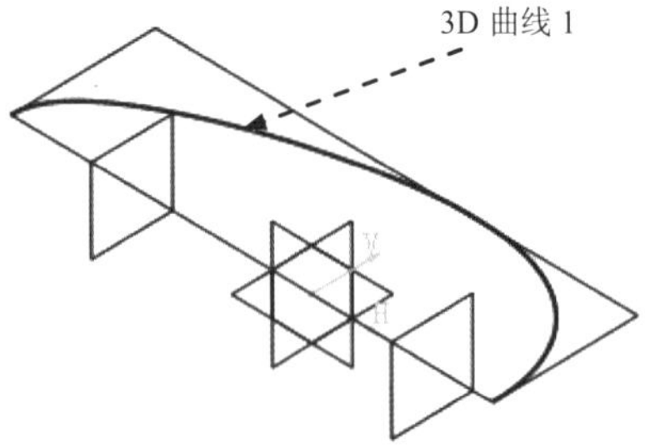

图 28.8 3D 曲线 1

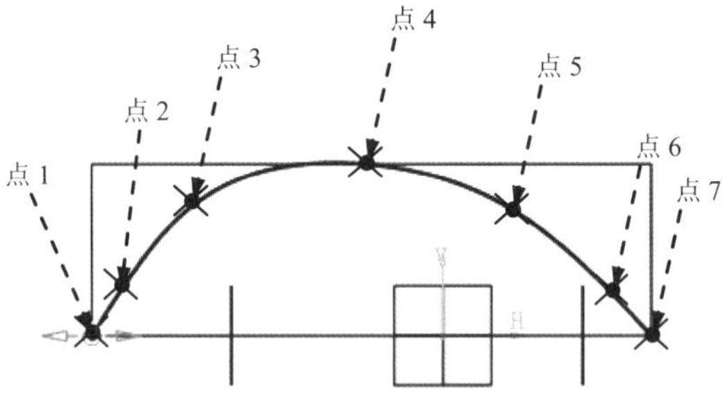

图 28.9 编辑 3D 曲线

注意：在绘制的曲线中的点 1、点 7 处右击，然后在弹出的快捷菜单中选择强加切线命令，在点 1 附近空白处右击取消选中约束元素，右击切线箭头，然后在弹出的快捷菜单中选择编辑命令，并在调整曲线过程中分别在曲线的控制点 2、点 3、点 4、点 5、点 6 上右击，然后在弹出的快捷菜单中选择编辑命令，系统弹出“调谐器”对话框，分别设置其参数如图 28.10 所示。

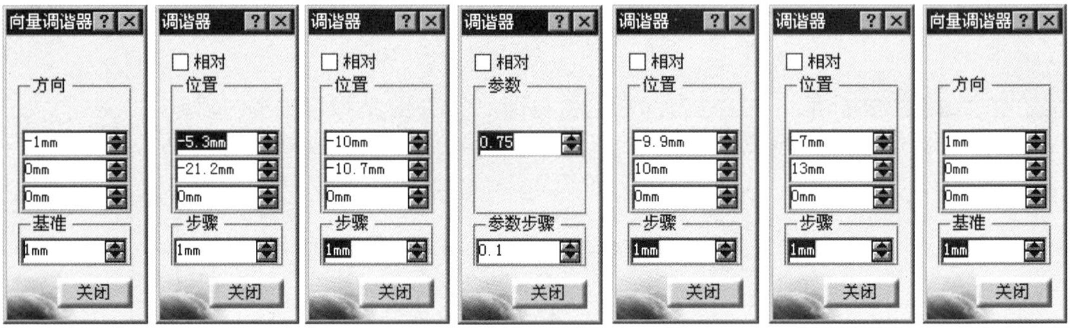

图 28.10 “调谐器”对话框

Step11. 创建图 28.11 所示的 3D 曲线 2。选择下拉菜单插入 ➡ Curve Creation ▶ ➡ 3D Curve...命令，在“3D 曲线”对话框的创建类型下拉列表中选择通过点选项；绘制图 28.12 所示的 3D 曲线并调整（在“视图”工具栏的下拉列表中选择选项，单击“工具仪表盘”工具栏中的按钮，调出“快速确定指南针方向”工具栏，并按下按钮）；单击确定按钮，完成 3D 曲线 2 的创建（注：此步骤前将草图 1 隐藏，将草图 2 显示）。

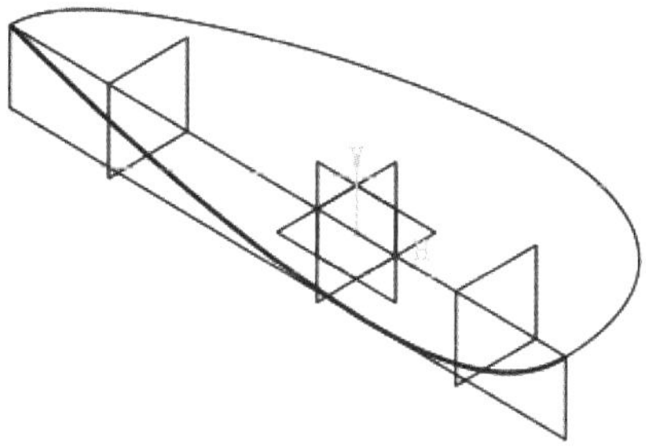

图 28.11 3D 曲线 2

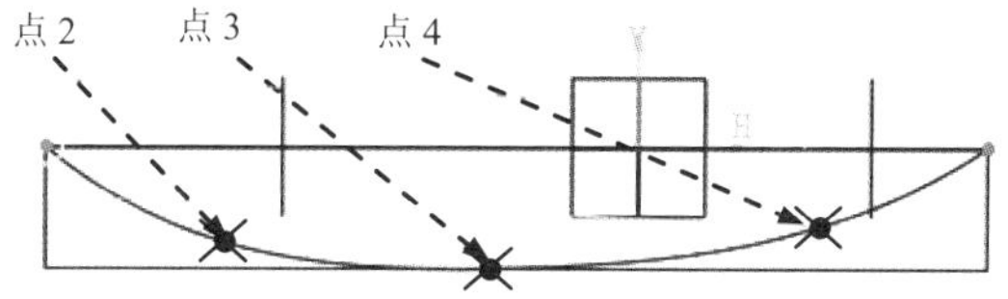

图 28.12 编辑 3D 曲线

注意：在绘制的曲线中的点 2、点 3、点 4 处右击，然后在弹出的快捷菜单中选择 编辑 命令，系统弹出“调谐器”对话框，分别设置其参数如图 28.13 所示。

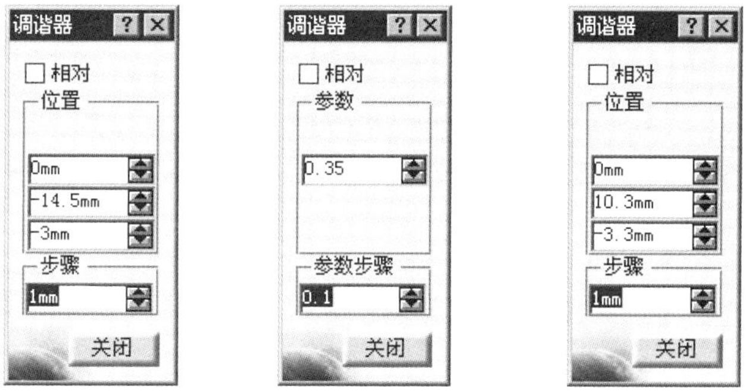

图 28.13 “调谐器”对话框

Step12. 创建图 28.14 所示的拉伸曲面——曲面 1。选择下拉菜单 插入 → Surface Creation ▸ → 拉伸曲面... 命令；在 长度 文本框中输入值 3；在绘图区选取 3D 曲线 2 为拉伸曲线；单击 确定 按钮，完成拉伸曲面的创建。

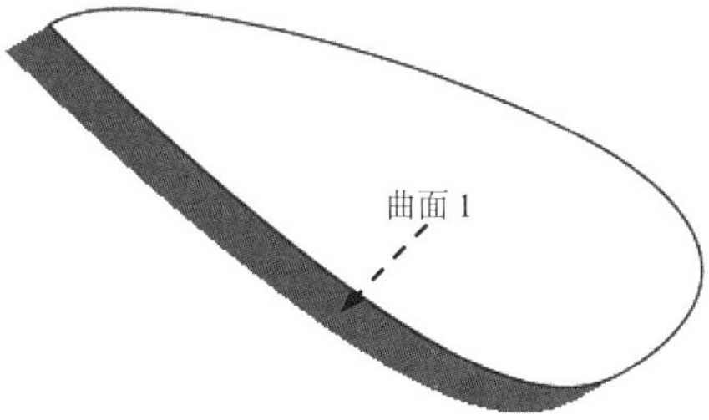

图 28.14 曲面 1

Step13. 创建图 28.15b 所示的桥接曲面——曲面 2（隐藏 3D 曲线 2）。选择下拉菜单 插入 → Surface Creation ▸ → Blend Surface... 命令；调整曲面连续性为“点”连续，选取图 28.15a 所示的边线为桥接边缘，然后拖动控制点至图 28.15b 所示的大概位置，分别在曲线控制点 1、2、3、4 处右击，然后在弹出的快捷菜单中选择 编辑 命令，系统弹出“调谐器”对话框，设置其参数如图 28.16 所示；然后将“点连续”调整为“切线连续”，单击 确定 按钮，完成桥接曲面的创建。

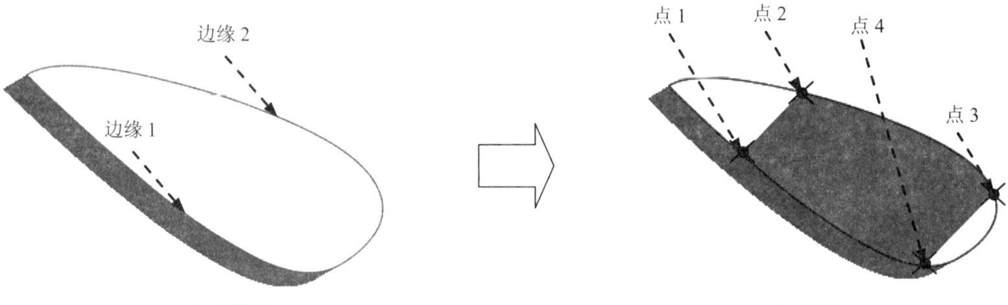

a）创建前　　b）创建后

图 28.15　曲面 2

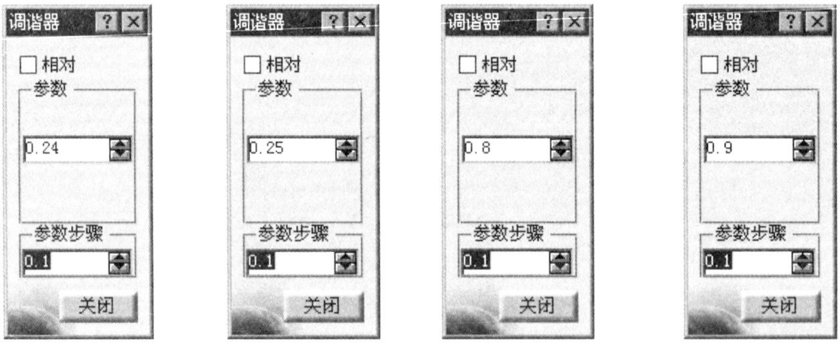

图 28.16　“调谐器”对话框

Step14. 创建图 28.17 所示的中断曲面——曲面 3、4、5。选择下拉菜单 插入 → Operations ▸ → 断开... 命令，在对话框中单击按钮。单击 选择 区域 元素： 后的按钮，系统弹出“元素列表”对话框，在特征树中依次选择 曲面.1、曲面.2，单击“元素列表”对话框中的 关闭 按钮。单击 限制： 后的按钮，系统弹出“限制列表”对话框，在特征树中依次选择 平面.2、平面.3，单击“限制列表”对话框中的 关闭 按钮。单击 应用 按钮，在图形区域选取图 28.17 所示的区域为要保留的区域。单击 确定 按钮，完成中断曲面的创建。

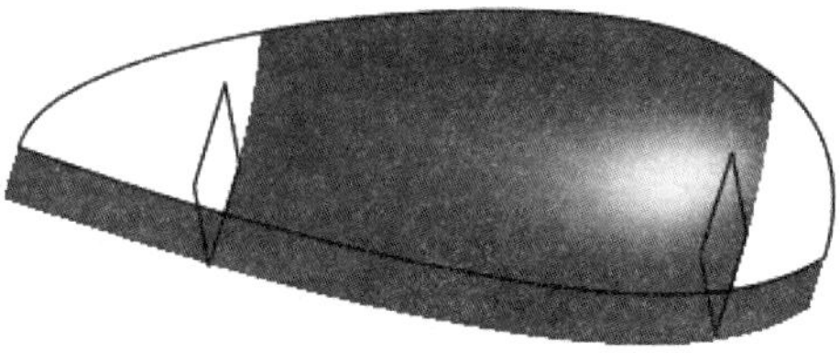

图 28.17　中断曲面

Step15. 创建图 28.18 所示的 3D 曲线 3。选择下拉菜单插入 → Curve Creation ▸ → 3D Curve...命令，在“3D 曲线”对话框的创建类型下拉列表中选择通过点选项；绘制图 28.18 所示的 3D 曲线的大概轮廓并调整（在“视图”工具栏的下拉列表中选择选项，单击“工具仪表盘”工具栏中的按钮，调出“快速确定指南针方向”工具栏，并按下按钮）；单击 确定 按钮，完成 3D 曲线 3 的创建。

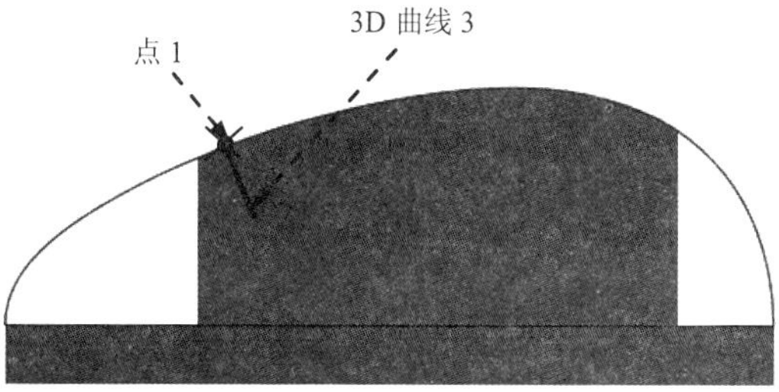

图 28.18　3D 曲线 3

注意：在绘制的曲线中的点 1 右击，然后在弹出的快捷菜单中选择编辑命令，系统弹出“调谐器”对话框，分别设置其参数如图 28.19 所示。

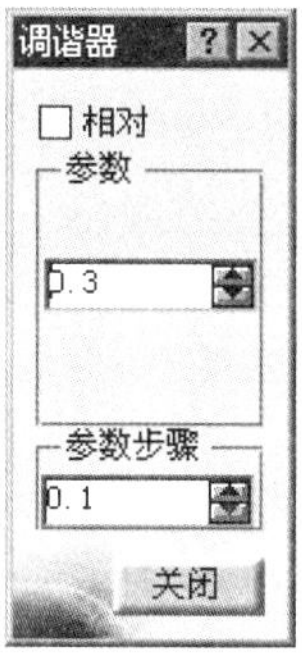

图 28.19　设置其参数结果

Step16. 创建图 28.20 所示的 3D 曲线 4。选择下拉菜单插入 → Curve Creation ▸ → 3D Curve...命令，在“3D 曲线”对话框的创建类型下拉列表中选择通过点选项；绘制图 28.20 所示的 3D 曲线（在“视图”工具栏的下拉列表中选择选项，单击“工具仪表盘”工具栏中的按钮，调出“快速确定指南针方向”工具栏，并按下按钮）；单击 确定 按钮，完成 3D 曲线 4 的创建（注：此步骤前将平面 2、平面 3、3D 曲线 2 隐藏）。在特征树中双击 3D 曲线.3将其激活，拖动图 28.20 所示的点 1 至图 28.21 所示的位置。

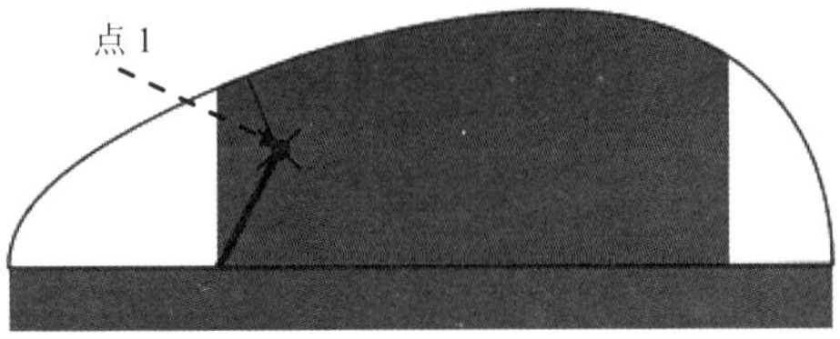

图 28.20　3D 曲线 4

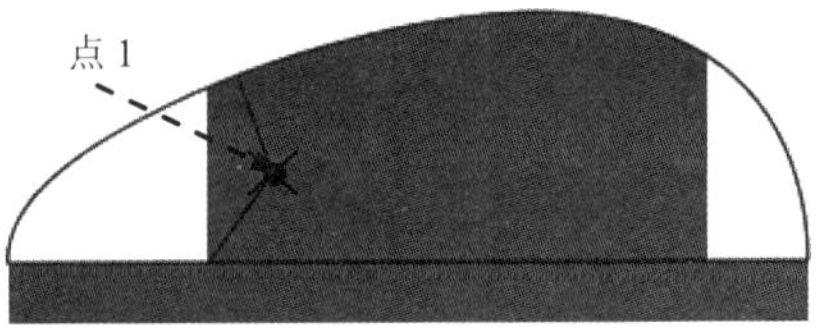

图 28.21　修改后曲线

Step17. 创建图 28.22 所示的 3D 曲线 5。选择下拉菜单 插入 → Curve Creation ▸ → 3D Curve... 命令，在“3D 曲线”对话框的 创建类型 下拉列表中选择 通过点 选项；绘制图 28.22 所示的 3D 曲线的大概轮廓并调整（在“视图”工具栏的下拉列表中选择选项，单击“工具仪表盘”工具栏中的按钮，调出“快速确定指南针方向”工具栏，并按下按钮）；单击 确定 按钮，完成 3D 曲线 5 的创建。

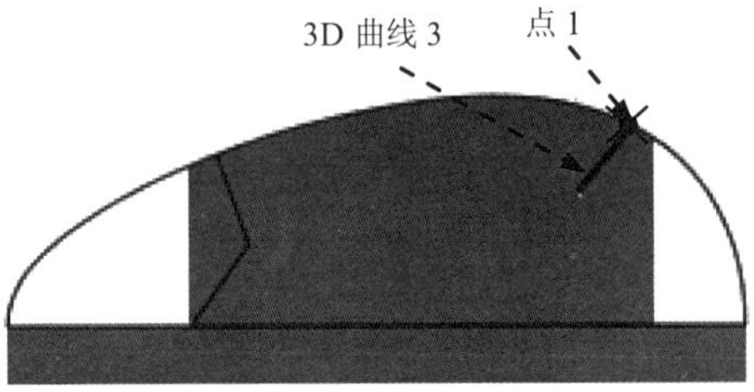

图 28.22　3D 曲线 5

注意：在绘制的曲线中的点 1 处右击，然后在弹出的快捷菜单中选择 编辑 命令，系统弹出“调谐器”对话框，分别设置其参数如图 28.23 所示。

图 28.23　设置其参数结果

Step18. 创建图 28.24 所示的 3D 曲线 6。选择下拉菜单 插入 → Curve Creation ▸ → 3D Curve... 命令，在“3D 曲线”对话框的 创建类型 下拉列表中选择 通过点 选项；绘制图 28.24 所示的 3D 曲线（在“视图”工具栏的下拉列表中选择选项，单击“工具仪表盘”工具栏中的按钮，调出“快速确定指南针方向”工具栏，并按下按钮)；单击 确定 按钮，完成 3D 曲线 6 的创建。在特征树中双击 3D 曲线.5 将其激活，拖动图 28.24 所示的点 1 至图 28.25 所示的位置。

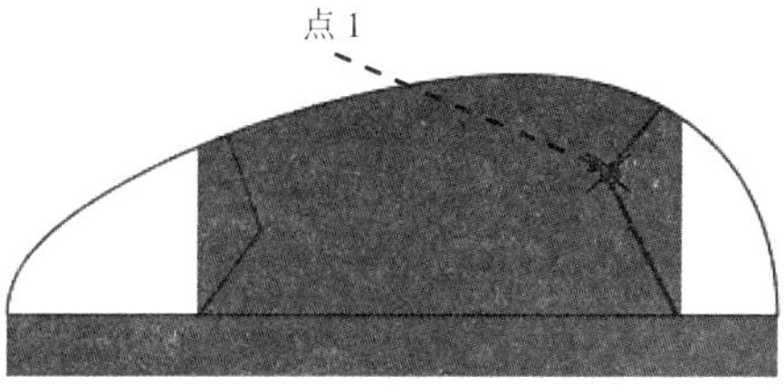

图 28.24 3D 曲线 6

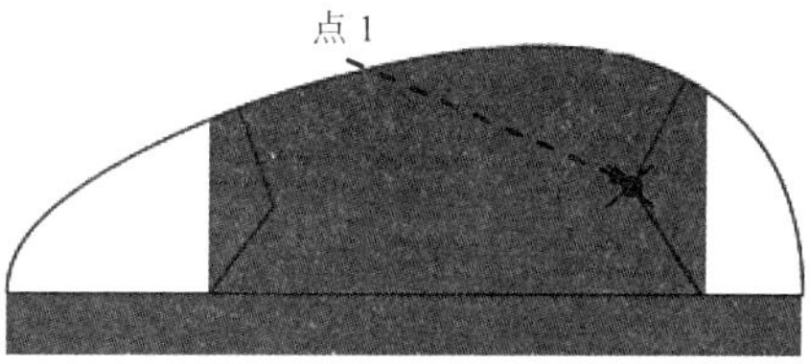

图 28.25 修改后曲线

Step19. 创建图 28.26 所示的中断曲面。选择下拉菜单 插入 → Operations ▸ → 断开... 命令，在对话框中单击按钮。单击 选择 区域 元素: 后的按钮，系统弹出“元素列表”对话框，在特征树中依次选择 曲面.2，单击“元素列表”对话框中的 关闭 按钮。单击 限制: 后的按钮，系统弹出“限制列表”对话框，在特征树中依次选择 3D 曲线.3、3D 曲线.4、3D 曲线.5、3D 曲线.6，单击“限制列表”对话框中的 关闭 按钮。单击 应用 按钮，在图形区域选取图 28.26 所示的区域为要保留的区域。单击 确定 按钮，完成中断曲面的创建。

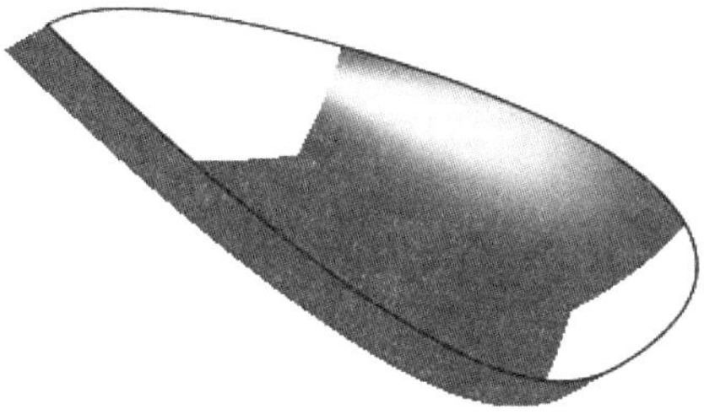

图 28.26 中断曲面

Step20. 创建图 28.27b 所示的自由填充曲面——自由样式填充 1。选择下拉菜单 插入 → Surface Creation ▸ → FreeStyle Fill... 命令；依次选取图 28.27a 所示的边线 1、2、3、4 为填充区域，单击 确定 按钮，完成自由填充曲面的创建。

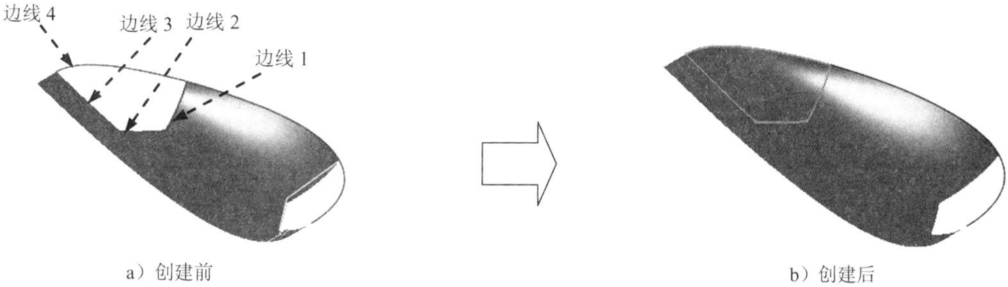

图 28.27 自由样式填充 1

Step21. 创建图 28.28 所示的自由填充曲面—— 自由样式填充 2。具体操作步骤参照上一步。

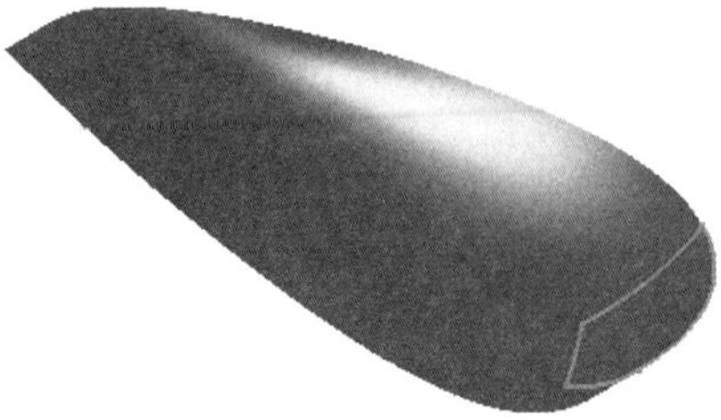

图 28.28 自由样式填充 2

Step22. 创建图 28.29 所示的 3D 曲线 7。选择下拉菜单 插入 → Curve Creation ▸ → 3D Curve... 命令，在“3D 曲线”对话框的 创建类型 下拉列表中选择 通过点 选项；绘制图 28.30 所示的 3D 曲线并调整（在“视图”工具栏的下拉列表中选择选项，单击“工具仪表盘”工具栏中的按钮，调出“快速确定指南针方向”工具栏，并按下按钮）；单击 确定 按钮，完成 3D 曲线 7 的创建（此步骤前将曲面 1、曲面 3、曲面 4、曲面 5 隐藏，将草图 3 显示）。

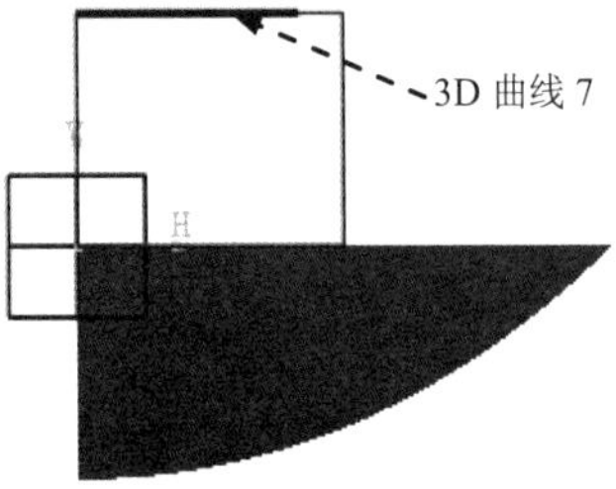

图 28.29 3D 曲线 7

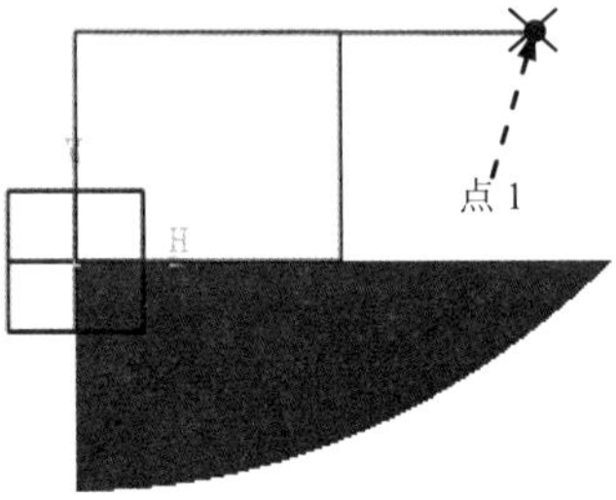

图 28.30 编辑 3D 曲线

注意： 在绘制的曲线中的控制点 1 上右击，然后在弹出的快捷菜单中选择 编辑 命令，系统弹出“调谐器”对话框，分别设置其参数如图 28.31 所示。

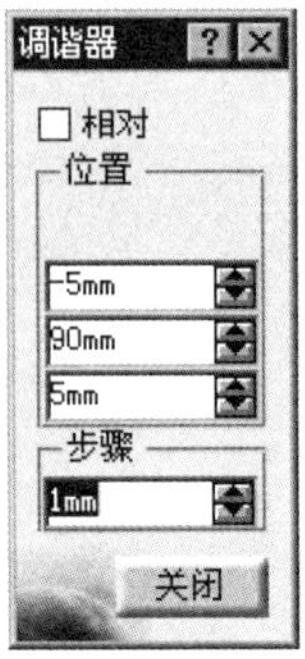

图 28.31 设置其参数结果

Step23. 创建图 28.32 所示的 3D 曲线 8。选择下拉菜单插入 ➡ Curve Creation ▸ ➡ 3D Curve... 命令，在“3D 曲线”对话框的创建类型下拉列表中选择通过点选项；绘制图 28.33 所示的 3D 曲线并调整（在“视图”工具栏的下拉列表中选择选项，单击“工具仪表盘”工具栏中的按钮，调出“快速确定指南针方向”工具栏，并按下按钮）；单击确定按钮，完成 3D 曲线 8 的创建（此步骤前将平面 1 隐藏，将 3D 曲线 2 显示）。

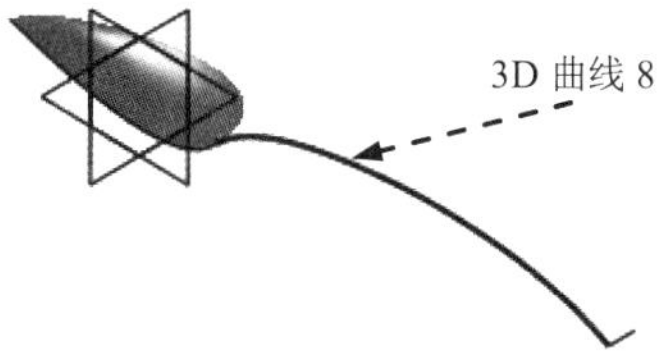

图 28.32 3D 曲线 8

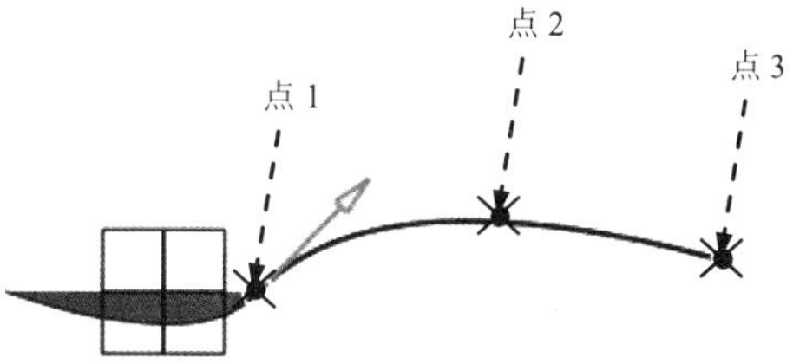

图 28.33 编辑 3D 曲线

注意：在绘制的曲线中的点 1 处右击，然后在弹出的快捷菜单中选择强加切线命令，右击切线箭头，然后在弹出的快捷菜单中选择编辑命令，并在调整曲线过程中在曲线的控制点 2 上右击，然后在弹出的快捷菜单中选择编辑命令，系统弹出“调谐器”对话框，分别设置其参数如图 28.34 所示（注：点 3 与 3D 曲线 7 重合）。

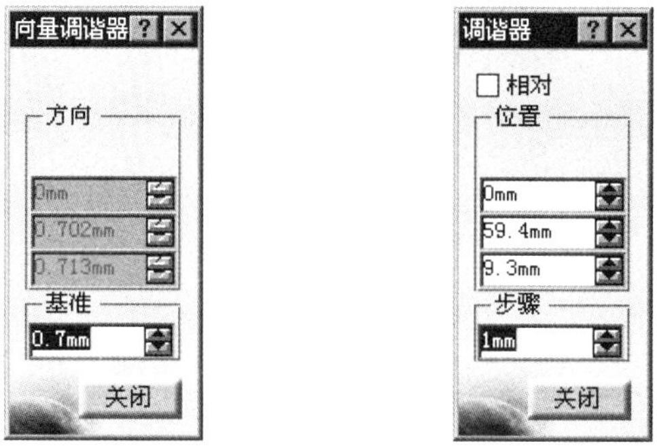

图 28.34 设置其参数结果

Step24. 创建图 28.35 所示的拉伸曲面——曲面 6。选择下拉菜单插入 ➡ Surface Creation ▸ ➡ 拉伸曲面... 命令；在长度文本框中输入值-3.0；在绘图区选取 3D 曲线 8 为拉伸曲线；单击确定按钮，完成拉伸曲面的创建。

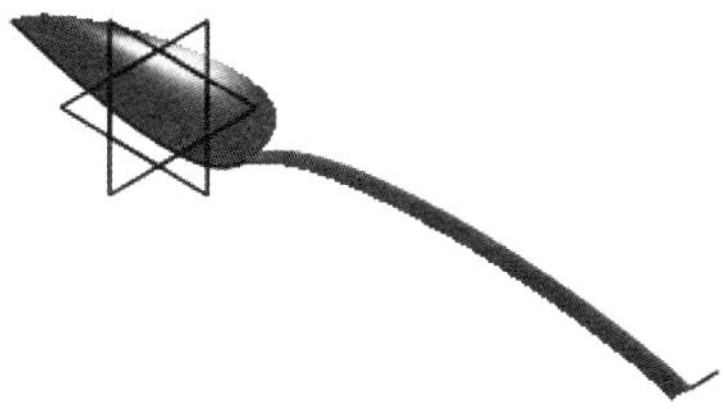

图 28.35 拉伸曲面

Step25. 创建图 28.36 所示的扫掠曲面——样式扫掠 1。选择下拉菜单 插入 → Surface Creation ▸ → Styling Sweep... 命令；系统弹出图 28.37 所示的“样式扫掠”对话框。在绘图区选取图 28.36a 所示的曲线 1 为轮廓曲线，选取曲线 2 为脊线。调整曲面连续性为“切线连续”，单击 确定 按钮，完成扫掠曲面的创建。

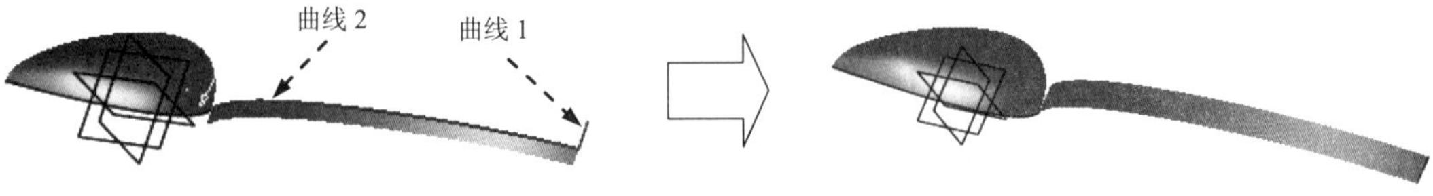

a）创建前　　b）创建后

图 28.36　扫掠曲面

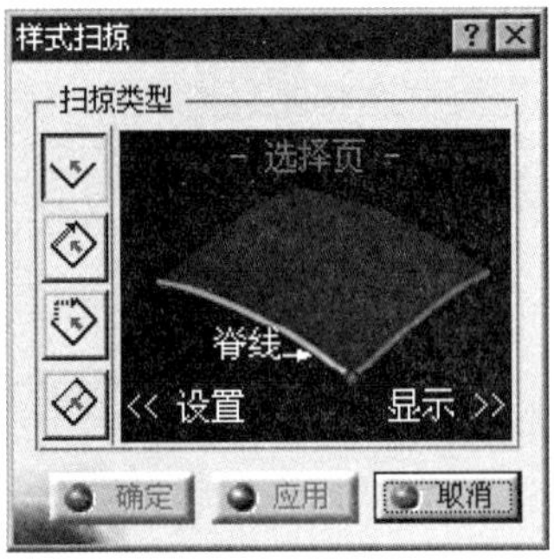

图 28.37　“样式扫掠”对话框

Step26. 创建图 28.38 所示的扩展曲面——曲面 7。选择下拉菜单 插入 → Shape Modification ▸ → Extend... 命令；选取样式扫掠 1 为扩展对象，系统弹出“信息”对话框，单击对话框中的 确定 按钮，拖动图 28.39a 所示的点 1 至图 28.39b 所示的大概位置。

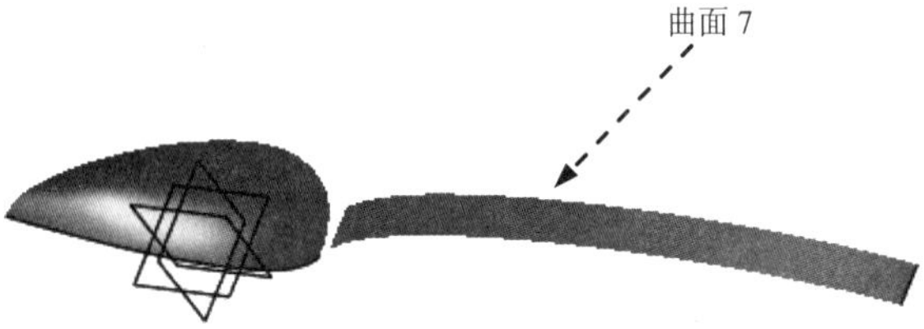

图 28.38　曲面 7

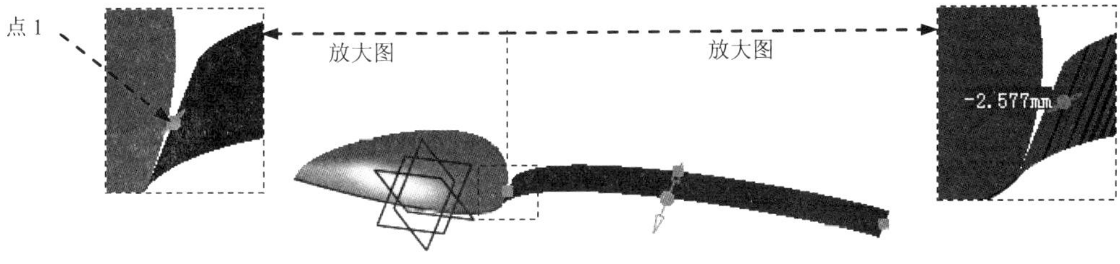

a）拖动前　　　　b）拖动后

图 28.39　曲面 7

Step27. 创建图 28.40 所示的 3D 曲线 9（隐藏样式扫掠 1）。选择下拉菜单 插入 → Curve Creation ▸ → 3D Curve... 命令，在“3D 曲线”对话框的 创建类型 下拉列表中选择 通过点 选项；绘制图 28.41 所示的 3D 曲线并调整（在“视图”工具栏的下拉列表中选择选项，单击“工具仪表盘”工具栏中的按钮，调出“快速确定指南针方向”工具栏，并按下按钮）；单击 确定 按钮，完成 3D 曲线 9 的创建。

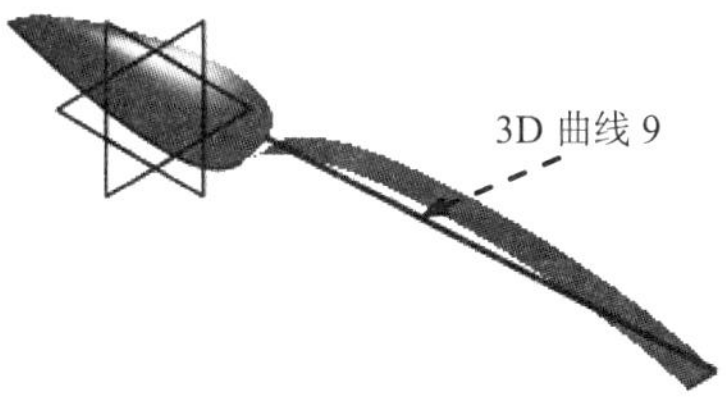

图 28.40　3D 曲线 9

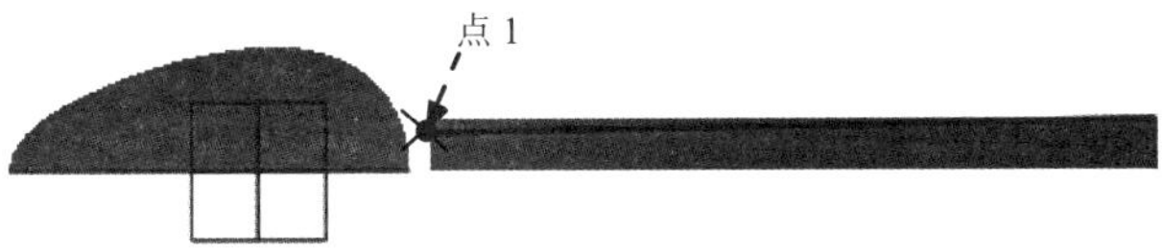

图 28.41　编辑 3D 曲线

注意：在调整曲线过程中在曲线的控制点 1 上右击，然后在弹出的快捷菜单中选择 编辑 命令，系统弹出“调谐器”对话框，分别设置其参数如图 28.42 所示。

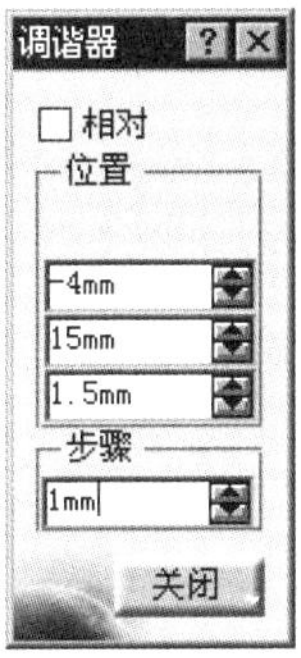

图 28.42　设置其参数结果

Step28. 创建图 28.43 所示的中断曲面。选择下拉菜单 插入 → Operations ▸ → 断开... 命令，在对话框中单击按钮。单击 选择 区域 元素： 后的按钮，系统弹出“元素列表”对话框，在特征树中依次选择 曲面.7，单击“元素列表”对话框中的关闭按钮。单击限制：后的按钮，系统弹出“限制列表”对话框，在特征树中依次选择 3D 曲线.9，单击“限制列表”对话框中的关闭按钮。单击应用按钮，在图形区域选取要保留的区域。单击确定按钮，完成中断曲面的创建。

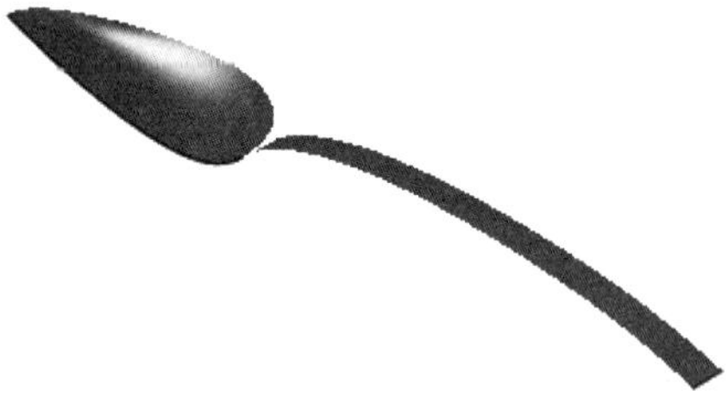

图 28.43 中断曲面

Step29. 创建图 28.44 所示的桥接曲线——曲线 1。选择下拉菜单插入 → Curve Creation ▸ → Blend Curve命令；选取图 28.45 所示的边线 1 为要桥接的一条曲线，然后选择图 28.45 所示的边线 2 为要桥接的另一条曲线，调整两个桥接点的连续性均为“曲率”。调整完成后单击确定按钮，完成曲线 1 的创建。

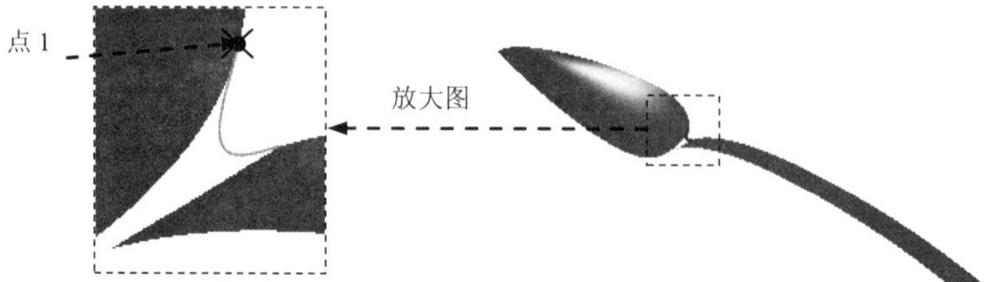

图 28.44 曲线 1

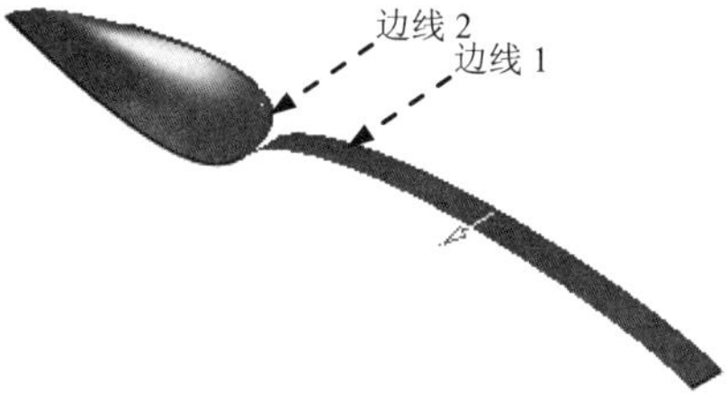

图 28.45 桥接曲线边线

注意：在绘制的曲线中的控制点 1 上右击，然后在弹出的快捷菜单中选择编辑命令，系统弹出“调谐器”对话框，分别设置其参数如图 28.46 所示。

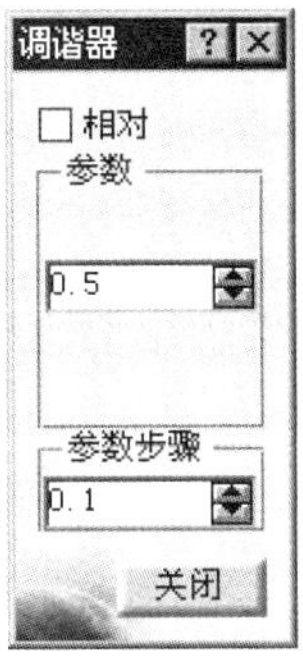

图 28.46 设置其参数结果

Step30. 创建图 28.47 所示的 3D 曲线 10。选择下拉菜单 插入 → Curve Creation ▸ → 3D Curve... 命令，在“3D 曲线”对话框的 创建类型 下拉列表中选择 通过点 选项；绘制图 28.47 所示的 3D 曲线并调整（在“视图”工具栏的下拉列表中选择选项，单击“工具仪表盘”工具栏中的按钮，调出“快速确定指南针方向”工具栏，并按下按钮）；单击 确定 按钮，完成 3D 曲线 10 的创建。

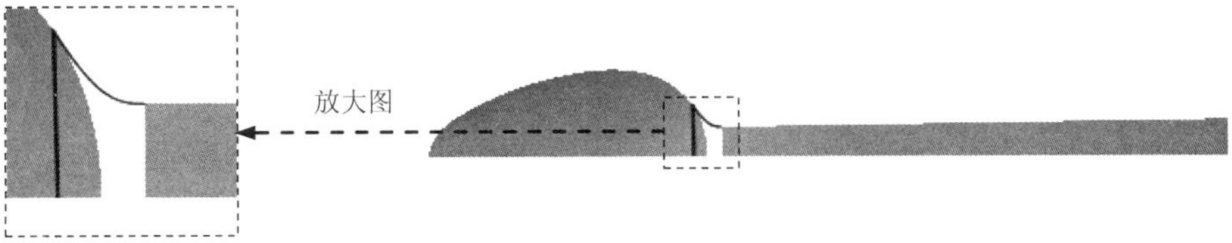

图 28.47 3D 曲线 10

Step31. 创建图 28.48 所示的中断曲面。选择下拉菜单 插入 → Operations ▸ → 断开... 命令，在对话框中单击按钮。单击 选择 区域 元素： 后的按钮，系统弹出“元素列表”对话框，在特征树中依次选择 自由样式填充.2，单击“元素列表”对话框中的 关闭 按钮。单击 限制： 后的按钮，系统弹出“限制列表”对话框，在特征树中依次选择 3D 曲线.10，单击“限制列表”对话框中的 关闭 按钮。单击 应用 按钮，在图形区域选取要保留的区域。单击 确定 按钮，完成中断曲面的创建。

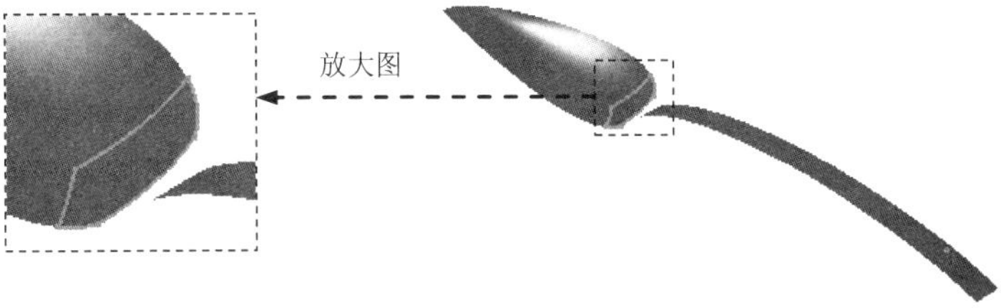

图 28.48 中断曲面

Step32. 创建图 28.49 所示的桥接曲线——曲线 2。选择下拉菜单 插入 → Curve Creation ▸ → Blend Curve 命令；选取图 28.50 所示的边线 1 为要桥接的一条曲线，然后选择图 28.50 所示的边线 2 为要桥接的另一条曲线，调整两个桥接点的连续性均为“曲率”。调整完成后单击 确定 按钮，完成曲线 2 的创建。

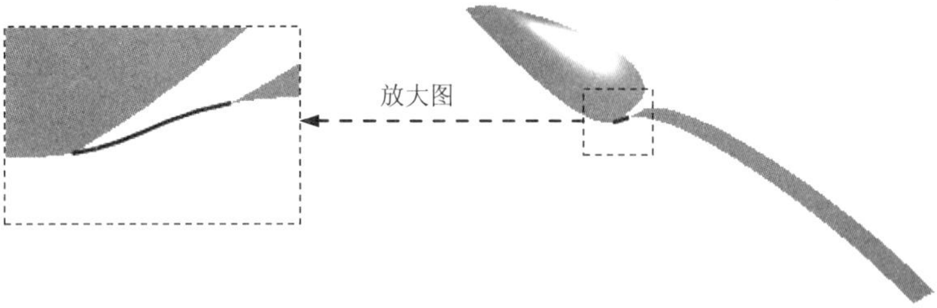

图 28.49 曲线 2

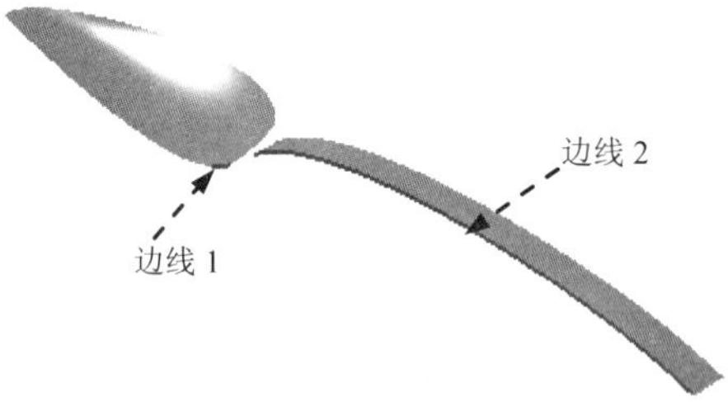

图 28.50 桥接曲线边线

Step33. 创建图 28.51 所示的拉伸曲面——曲面 9。选择下拉菜单 插入 → Surface Creation ▸ → 拉伸曲面... 命令；在 长度 文本框中输入值 3；在绘图区选取曲线 2 为拉伸曲线；单击 确定 按钮，完成拉伸曲面的创建。

图 28.51 曲面 9

Step34. 创建图 28.52b 所示的填充曲面——自由样式填充 3。选择下拉菜单 插入 → Surface Creation ▸ → FreeStyle Fill... 命令，依次选取图 28.52a 所示的边线为填充区域（注：此处要将曲线 2 隐藏），调节连接方式如图 28.52b 所示。

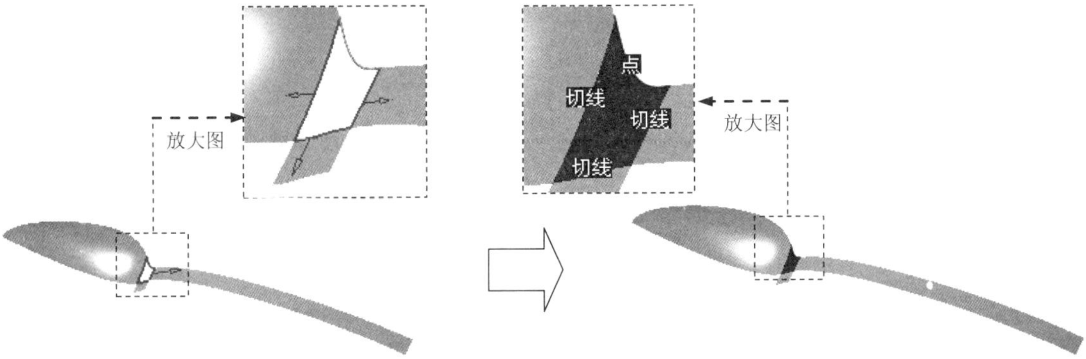

a）创建前　　b）创建后

图 28.52　自由样式填充 3

Step35. 创建特征——接合 1。选择下拉菜单 开始 → 形状 → 创成式外形设计 命令，切换至创成式外形设计工作台；选择下拉菜单 插入 → 操作 → 接合... 命令；在特征树中选取自由样式填充 1、曲面 2、曲面 8、自由样式填充 3、曲面 7 为要接合的元素；在 合并距离 文本框中输入公差值 0.001；单击 确定 按钮，完成接合 1 的创建。

Step36. 创建图 28.53 所示的对称 1。选择下拉菜单 插入 → 操作 → 对称... 命令，在特征树中选取接合 1 为对称元素。在特征树中选取 yz 平面为参考元素。单击 确定 按钮，完成对称 1 的创建。

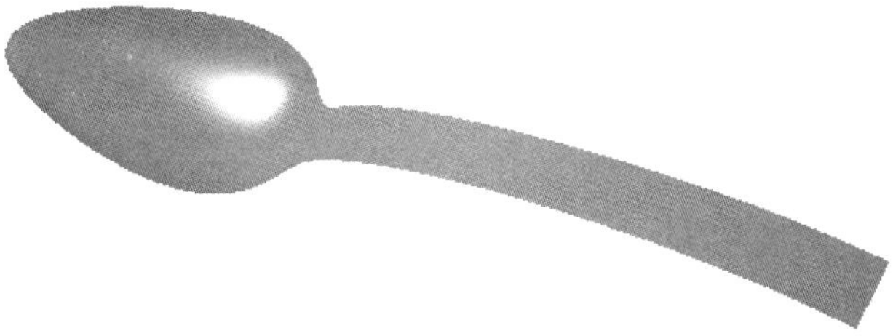

图 28.53　对称 1

Step37. 创建特征——接合 2。选择下拉菜单 插入 → 操作 → 接合... 命令；选取接合 1、对称 1 为要接合的元素；在 合并距离 文本框中输入公差值 0.001；单击 确定 按钮，完成接合 2 的创建。

Step38. 创建图 28.54 所示的曲面加厚 1。选择下拉菜单 插入 → 包络体 → 厚曲面... 命令；在特征树中选取接合 2 为要加厚的对象；单击 反转方向 按钮，设置图 28.55 所示的参数，单击 确定 按钮，完成曲面加厚 1 的创建。

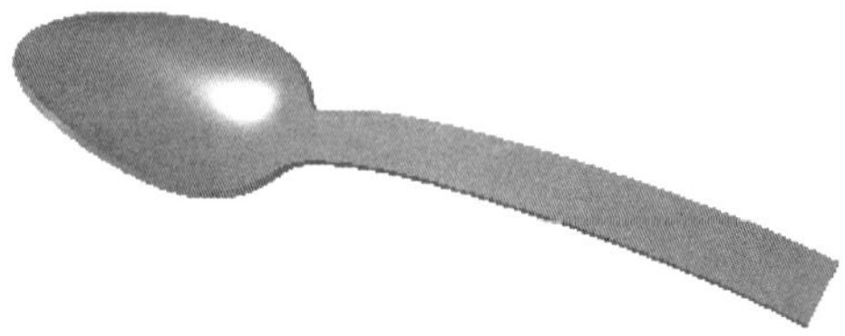

图 28.54　曲面加厚 1

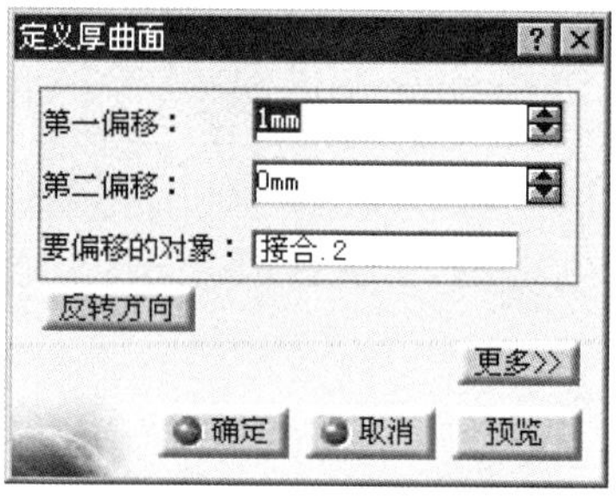

图 28.55　参数设置

Step39. 创建图 28.56 所示的三角线内圆角 1。选择下拉菜单 插入 → 操作 → 三切线内圆角... 命令；选取图 28.57 所示的面 1 与面 2 为要圆角化的面，面 3 为要移除的面，单击 确定 按钮，完成三角线内圆角 1 的创建。

图 28.56　三角线内圆角 1

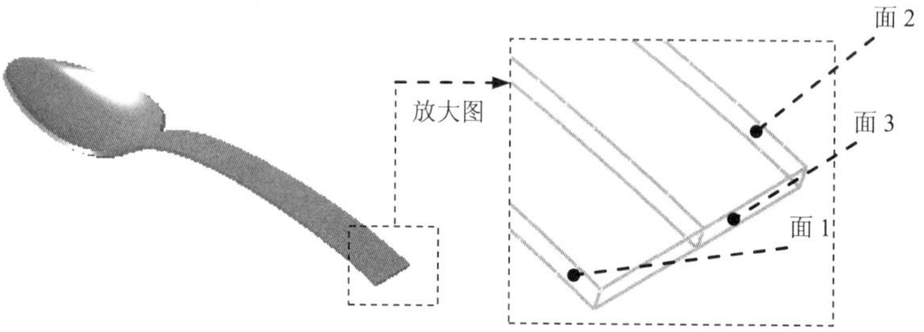

图 28.57　参数设置

Step40. 创建图 28.58 所示的三角线内圆角 2。选择下拉菜单 插入 → 操作 → 三切线内圆角... 命令；选取图 28.59 所示的面 1 与面 3 为要圆角化的面，面 2 为要移除的面，单击 确定 按钮，完成三角线内圆角 2 的创建。

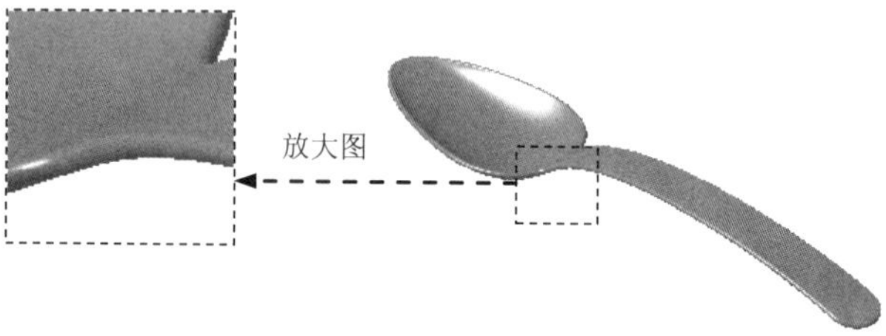

图 28.58　三角线内圆角 2

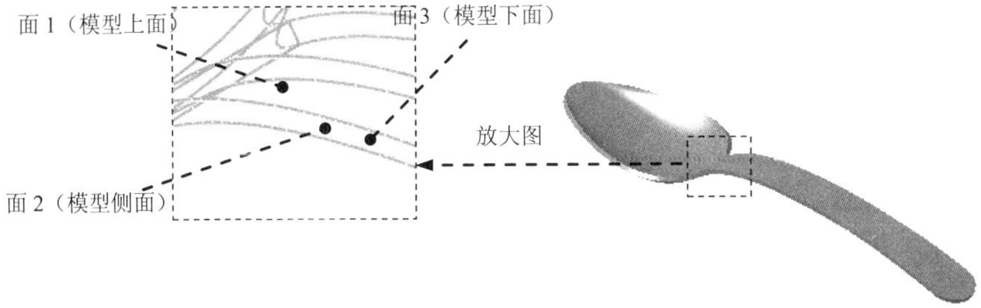

图 28.59 参数设置

Step41. 创建添加 1。在特征树中选择零件几何体，右击选择定义工作对象命令，选择下拉菜单插入 → 包络体 → 添加...命令；系统弹出“特征定义错误”对话框，单击确定按钮，在特征树中选择三角线内圆角 2，系统自动将其添加到零件结合体，单击确定按钮，完成添加 1 的创建。

Step42. 保存零件模型。选择下拉菜单文件 → 保存命令，即可保存零件模型。

实例29　面　　板

实例概述:

本实例介绍了面板的设计过程。主要是讲述了一些自由曲面的基本操作命令，如3D曲线、样式扫掠、断开、填充等特征命令的应用。所建的零件模型如图29.1所示。

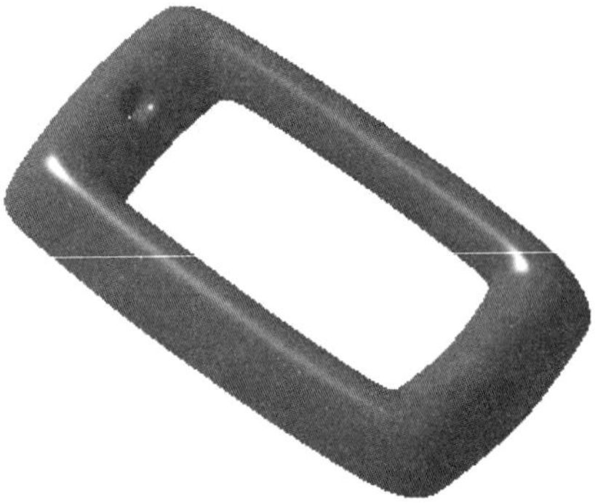

图29.1　零件模型及特征树

Step1. 新建模型文件。选择下拉菜单 开始 → 形状 ▸ → 创成式外形设计 命令；系统弹出“新建零件”对话框，在 输入零件名称 文本框中输入文件名为 face_cover，单击 确定 按钮，进入自由曲面设计工作台。

Step2. 创建几何图形集 ref_curves。选择下拉菜单 插入 → 几何图形集... 命令；在“插入几何图形集”对话框的 名称： 文本框中输入 ref_curves；并单击 确定 按钮，完成几何图形集的创建。

Step3. 创建图29.2所示的定位草图1。选择下拉菜单 插入 → 草图编辑器 → 定位草图... 命令；系统弹出“草图定位”对话框，在特征树中选取 xy 平面 为参考平面。单击 确定 按钮，绘制图29.2所示的草图，单击 按钮退出草图环境。

Step4. 创建图29.3所示的平面1。选择下拉菜单 插入 → 线框 → 平面... 命令；系统弹出“平面定义”对话框，在特征树中选取 xy 平面 为参考平面。输入偏移距离为12.0，单击 确定 按钮。

Step5. 创建图29.4所示的定位草图2。选择下拉菜单 插入 → 草图编辑器 → 定位草图... 命令；系统弹出“草图定位”对话框，在特征树中选取 平面.1 为参考平面。单击 确定 按钮，绘制图29.4所示的草图2，单击 按钮退出草图环境。

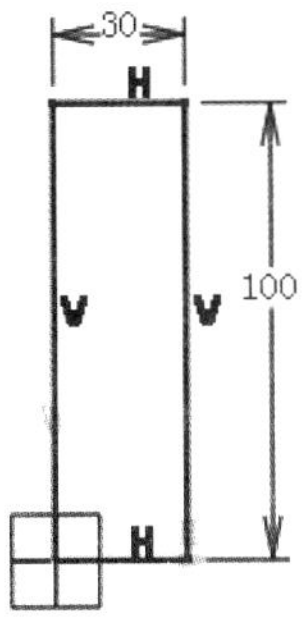

图 29.2 定位草图 1

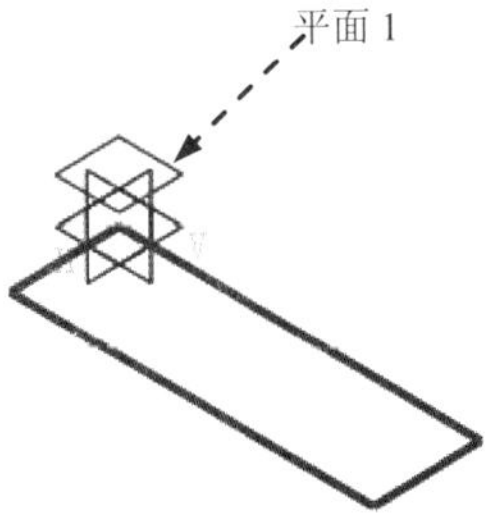

图 29.3 平面 1

Step6. 创建图 29.5 所示的平面 2。选择下拉菜单 插入 → 线框 → 平面... 命令；系统弹出“平面定义”对话框，在特征树中选取 xy 平面 为参考平面。输入偏移距离为 5.0，单击 确定 按钮。

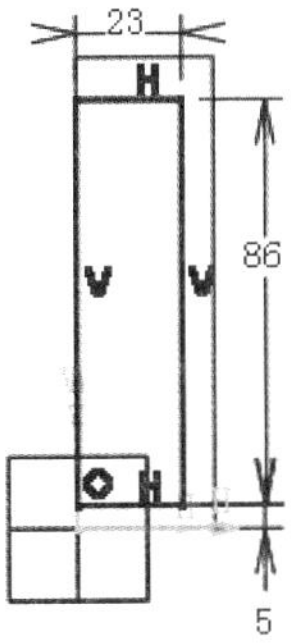

图 29.4 定位草图 2

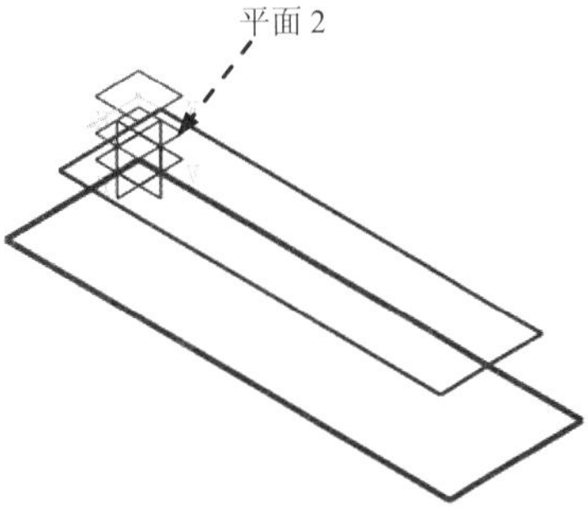

图 29.5 平面 2

Step7. 创建图 29.6 所示的定位草图 3。选择下拉菜单 插入 → 草图编辑器 → 定位草图... 命令；系统弹出“草图定位”对话框，在特征树中选取 平面. 2 为参考平面。单击 确定 按钮，绘制图 29.6 所示的草图 3，单击 按钮退出草图环境。

Step8. 创建几何图形集 main-sur。选择下拉菜单 插入 → 几何图形集... 命令；在“插入几何图形集”对话框的 名称： 文本框中输入 main-sur；单击 确定 按钮，完成几何图形集的创建。

Step9. 创建图 29.7 所示的 3D 曲线 1。选择下拉菜单 开始 → 形状 → FreeStyle 命令；然后再选择下拉菜单 插入 → Curve Creation → 3D Curve... 命令，在“3D 曲线”对话框的 创建类型 下拉列表中选择 通过点 选项；绘制图 29.8 所示的 3D 曲线并调整，单击 确定 按钮，完成 3D 曲线 1 的创建。

说明： 在绘制 3D 曲线时，可先在“视图”工具栏的 下拉列表中选择 选项，单击“工具仪表盘”工具栏中的 按钮，调出“快速确定指南针方向”工具栏，并按下 按钮，以便于绘制曲线；点 2 在水平线上。

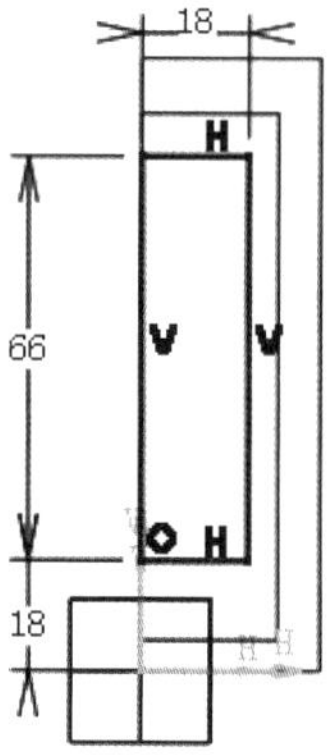

图 29.6　定位草图 3

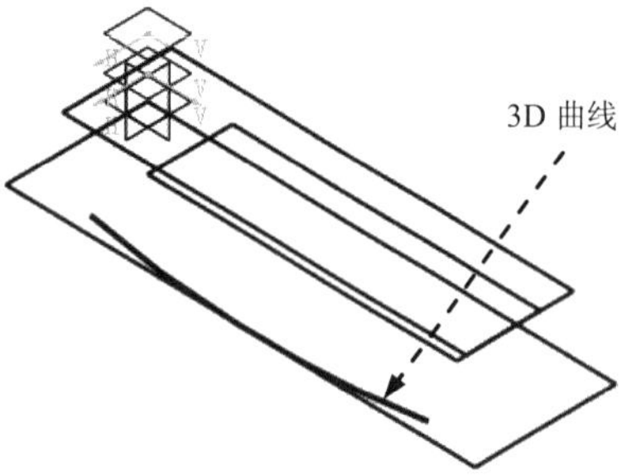

图 29.7　3D 曲线 1

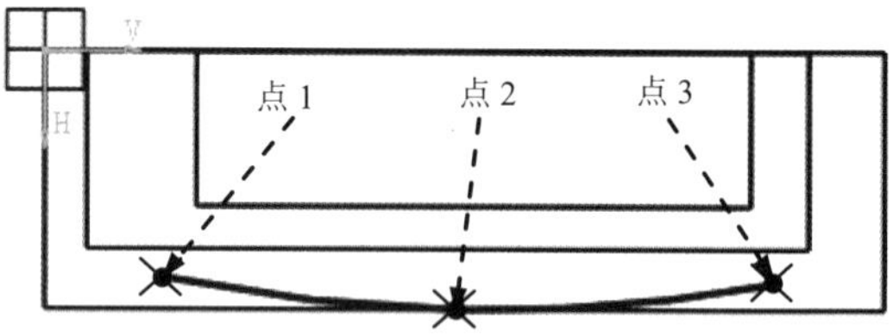

图 29.8　编辑 3D 曲线

注意：在调整曲线过程中，应先双击曲线，然后分别在曲线的控制点 1、点 2、点 3 上右击，然后在弹出的快捷菜单中选择**编辑**命令，系统弹出“调谐器”对话框，分别设置其参数如图 29.9 所示。

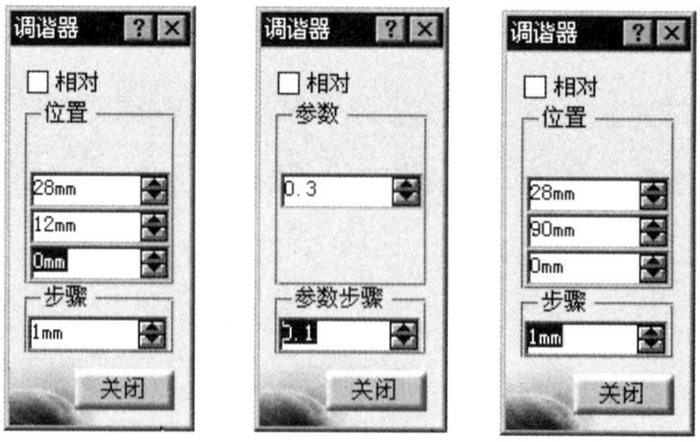

图 29.9　“调谐器”对话框

Step10. 创建图 29.10 所示的 3D 曲线 2。选择下拉菜单**插入** ➡ **Curve Creation** ➡ **3D Curve...**命令，在“3D 曲线”对话框的**创建类型**下拉列表中选择**通过点**选项；绘制图 29.11 所示的 3D 曲线并调整（在“视图”工具栏的下拉列表中选择选项，单击“工具仪表盘”工具栏中的按钮，调出“快速确定指南针方向”工具栏，并按下按钮）；单击确定按钮，完成 3D 曲线 2 的创建。

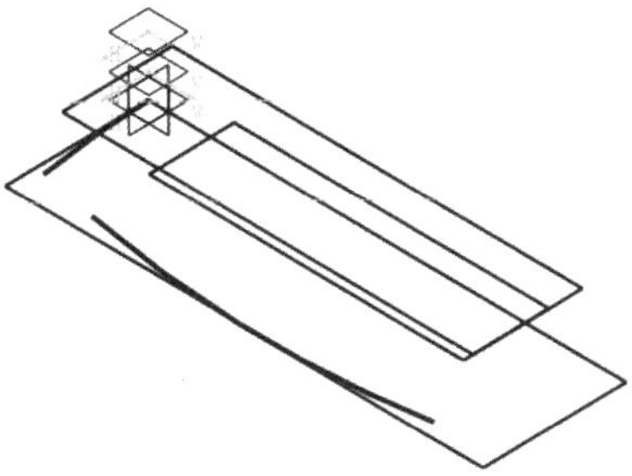

图 29.10 3D 曲线 2

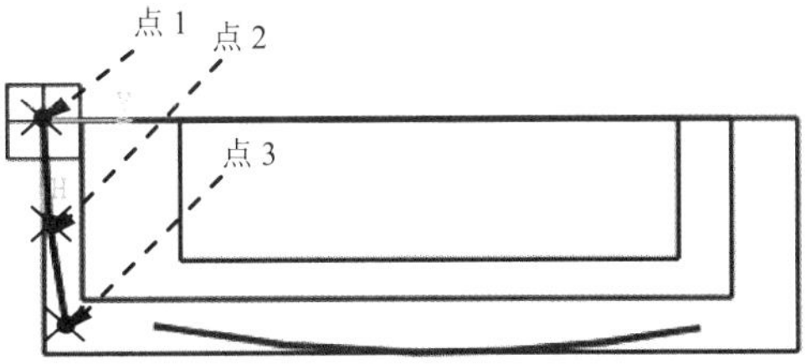

图 29.11 编辑 3D 曲线

注意：在绘制的曲线中的点 1 处右击，然后在弹出的快捷菜单中选择强加切线命令，右击切线箭头，然后在弹出的快捷菜单中选择编辑命令，并在调整曲线过程中分别在曲线的控制点 2、点 3 上右击，然后在弹出的快捷菜单中选择编辑命令，系统弹出“调谐器”对话框，分别设置其参数如图 29.12 所示。

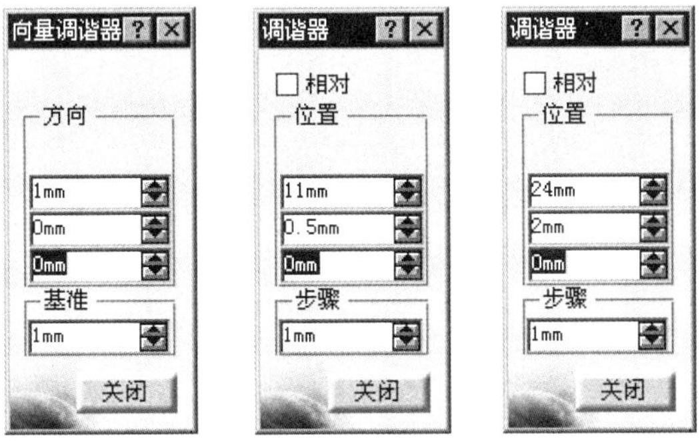

图 29.12 “调谐器”对话框

Step11. 创建图 29.13 所示的 3D 曲线 3。选择下拉菜单插入 → Curve Creation ▸ → 3D Curve...命令，在“3D 曲线”对话框的创建类型下拉列表中选择通过点选项；绘制图 29.14 所示的 3D 曲线并调整（在“视图”工具栏的下拉列表中选择选项，单击“工具仪表盘”工具栏中的按钮，调出“快速确定指南针方向”工具栏，并按下按钮）；单击确定按钮，完成 3D 曲线 3 的创建。

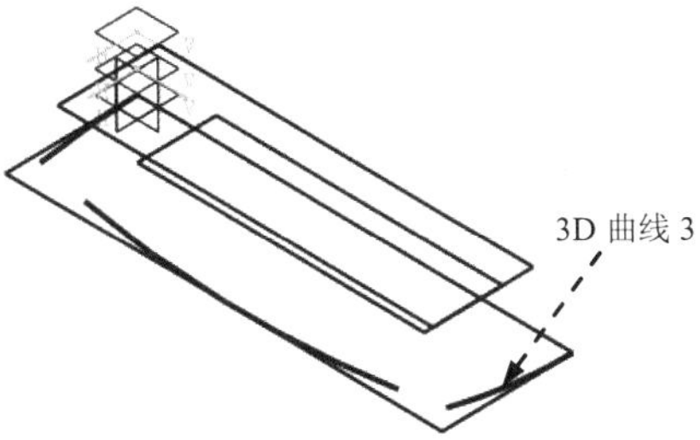

图 29.13 3D 曲线 3

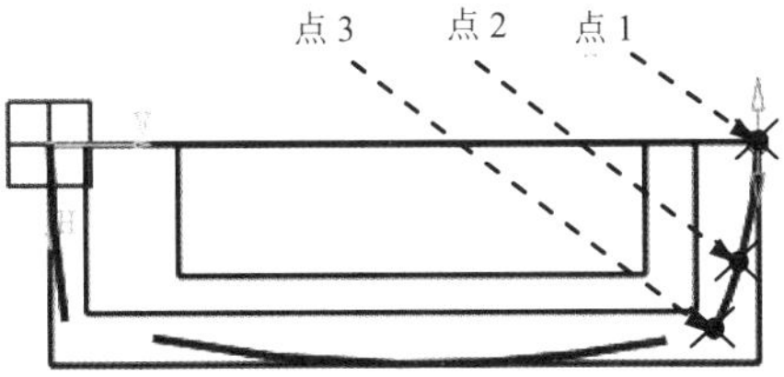

图 29.14 编辑 3D 曲线

注意：在绘制的曲线中的点 1 处右击，然后在弹出的快捷菜单中选择 强加切线 命令，在点 1 附近空白处右击取消选中 约束元素，右击切线箭头，然后在弹出的快捷菜单中选择 编辑 命令，并在调整曲线过程中分别在曲线的控制点 2、点 3 上右击，然后在弹出的快捷菜单中选择 编辑 命令，系统弹出“调谐器”对话框，分别设置其参数如图 29.15 所示。

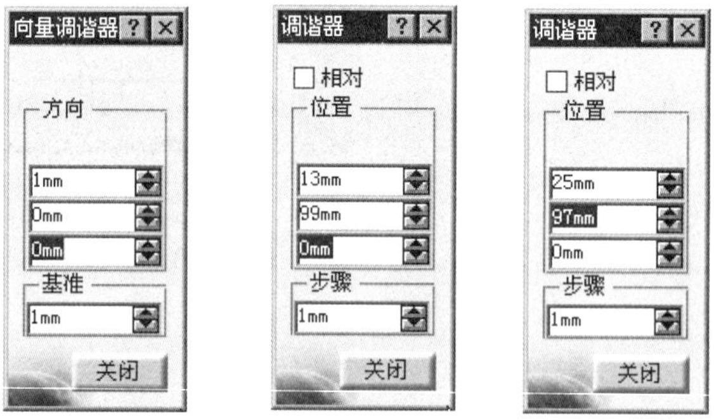

图 29.15 “调谐器”对话框

Step12. 创建图 29.16 所示的桥接曲线——曲线 1。选择下拉菜单 插入 → Curve Creation ▸ → Blend Curve 命令；选取 3D 曲线 2 为要桥接的一条曲线，选取 3D 曲线 1 为要桥接的另一条曲线，调整两个桥接点的连续性显示均为“曲率”，如图 29.16 所示。然后调整点的参数如图 29.17 所示，单击 确定 按钮，完成曲线 1 的创建。

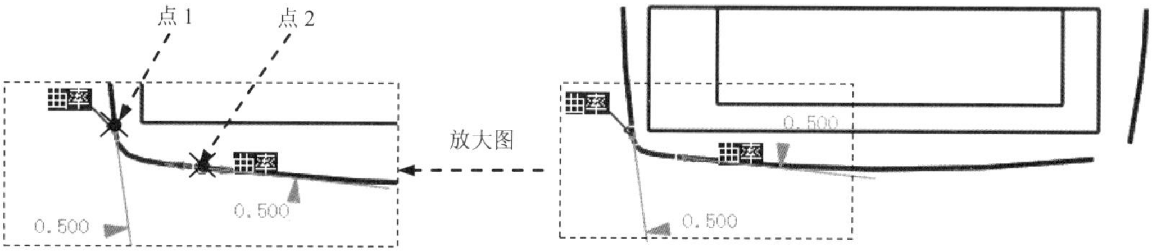

图 29.16 曲线 1

注意：分别在绘制的曲线中的控制点 1、点 2 上右击，然后在弹出的快捷菜单中选择 编辑 命令，系统弹出“调谐器”对话框，分别设置其参数如图 29.17 所示。

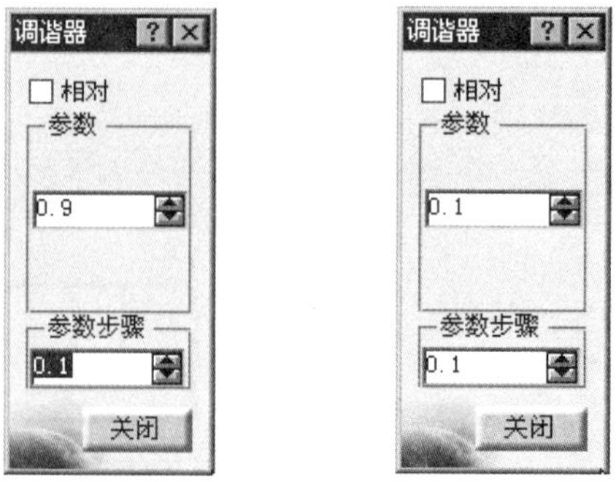

图 29.17 设置其参数结果

Step13. 创建图 29.18 所示的桥接曲线——曲线 2。选择下拉菜单 插入 → Curve Creation ▸ → Blend Curve 命令；选取 3D 曲线 1 为要桥接的一条曲线，选取 3D 曲线 3 为要桥接的另一条曲线，调整两个桥接点的连续性显示均为“曲率”，如图 29.18 所示。调整完成后单击 确定 按钮，完成曲线 2 的创建。

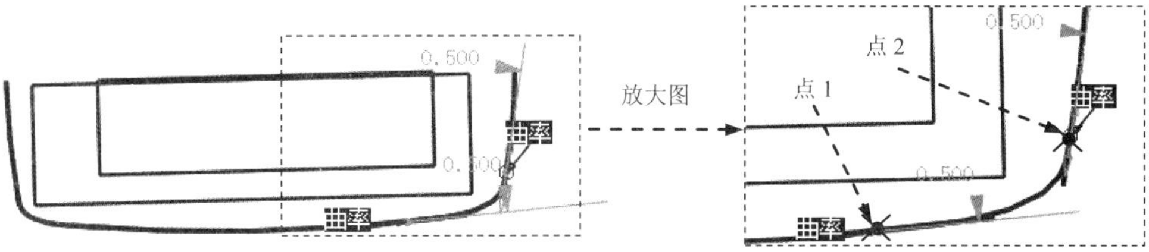

图 29.18 曲线 2

注意：分别在绘制的曲线中的控制点 1、点 2 上右击，然后在弹出的快捷菜单中选择 编辑 命令，系统弹出“调谐器”对话框，分别设置其参数如图 29.19 所示。

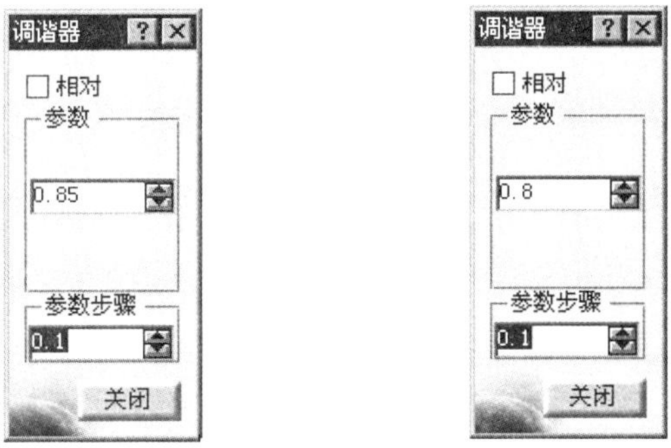

图 29.19 设置其参数结果

Step14. 创建图 29.20 所示的中断曲线——曲线 3、4、5。选择下拉菜单 插入 → Operations ▸ → 断开... 命令，在对话框中单击按钮。单击 选择 区域 元素： 后的按钮，系统弹出“元素列表”对话框，在特征树中依次选择 3D 曲线. 2、3D 曲线. 1、3D 曲线. 3，单击 限制： 后的按钮，系统弹出“限制列表”对话框，在特征树中依次选择 曲线. 1 、曲线. 2，单击 应用 按钮，在图形区域选取元素曲线 1，按住 Ctrl 键选取元素曲线 2、元素曲线 3。单击 确定 按钮，完成中断曲线的创建。

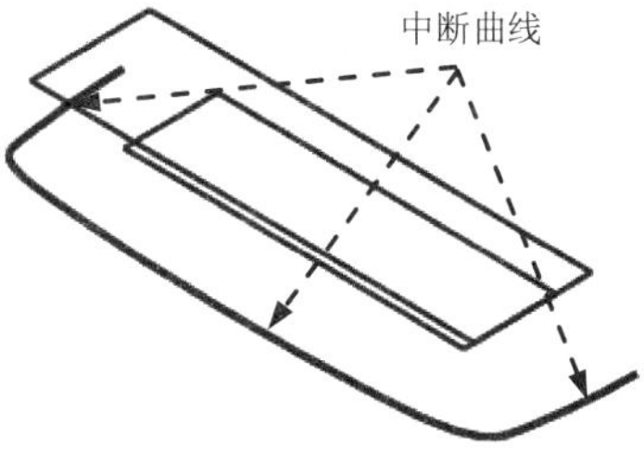

图 29.20 中断曲线

Step15. 切换工作台。选择下拉菜单 开始 → 形状 → 创成式外形设计 命令，切换到创成式外形设计工作台。

Step16. 创建特征——接合 1。选择下拉菜单 插入 → 操作 → 接合... 命令；选取曲线 3、曲线 1、曲线 4、曲线 2、曲线 5 为要接合的元素；单击 确定 按钮，完成接合 1 的创建。

Step17. 创建特征——曲线光滑 1。选择下拉菜单 插入 → 操作 → 曲线光顺... 命令；选取 接合.1 为要光顺的曲线，在“曲线光滑定义”对话框的 连续： 区域下选中 曲率 单选项，单击 确定 按钮，完成曲线光滑 1 的创建。

Step18. 创建图 29.21 所示的 3D 曲线 4。选择下拉菜单 开始 → 形状 → FreeStyle 命令；然后再选择下拉菜单 插入 → Curve Creation → 3D Curve... 命令，在“3D 曲线”对话框的 创建类型 下拉列表中选择 通过点 选项；绘制图 29.22 所示的 3D 曲线并调整（在“视图”工具栏的下拉列表中选择选项，单击“工具仪表盘”工具栏中的按钮，调出“快速确定指南针方向”工具栏，并按下按钮）；单击 确定 按钮，完成 3D 曲线 4 的创建。

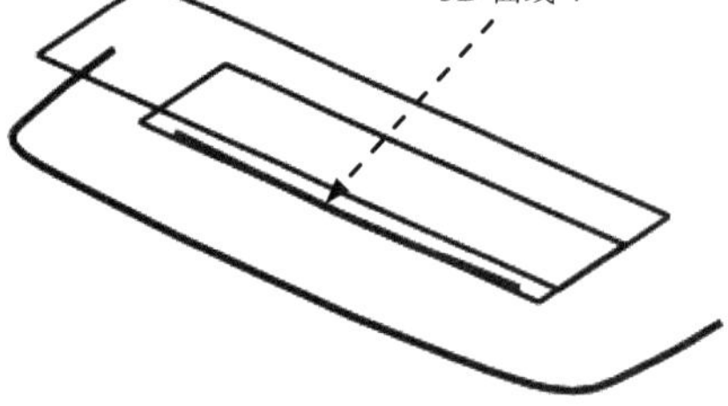

图 29.21 3D 曲线 4

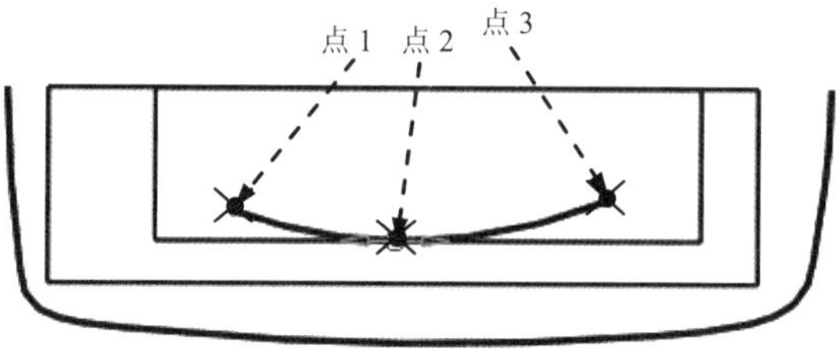

图 29.22 编辑 3D 曲线

注意：在调整曲线过程中分别在曲线的控制点 1、点 2、点 3 上右击，然后在弹出的快捷菜单中选择 编辑 命令，系统弹出“调谐器”对话框，分别设置其参数如图 29.23 所示。

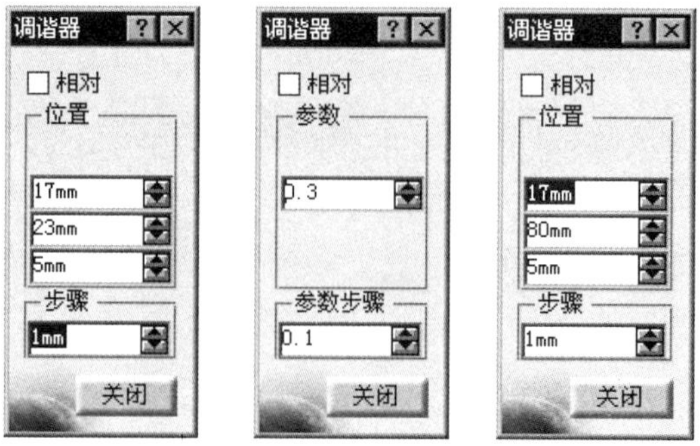

图 29.23 “调谐器”对话框

Step19. 创建图 29.24 所示的 3D 曲线 5。选择下拉菜单 插入 → Curve Creation ▸ → 3D Curve... 命令，在“3D 曲线”对话框的 创建类型 下拉列表中选择 通过点 选项；绘制图 29.25 所示的 3D 曲线并调整；单击 确定 按钮，完成 3D 曲线 5 的创建。

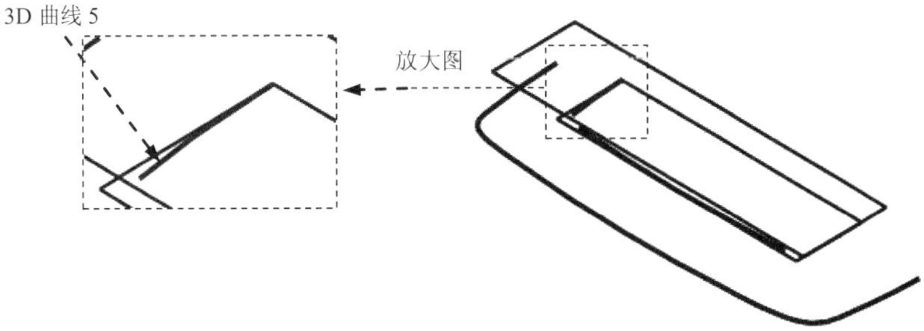

图 29.24　3D 曲线 5

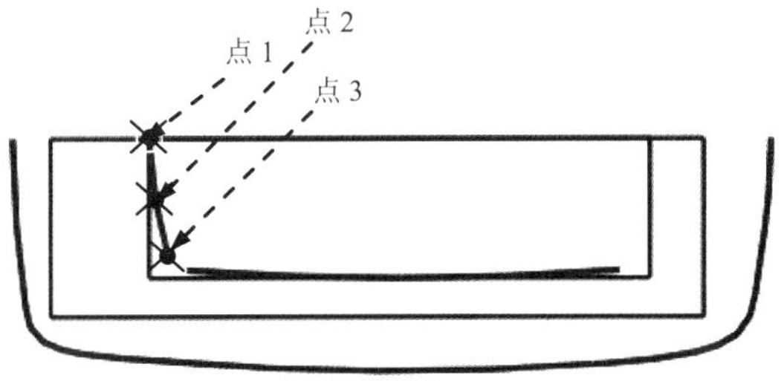

图 29.25　编辑 3D 曲线

注意：在绘制的曲线中的点 1 处右击，然后在弹出的快捷菜单中选择 强加切线 命令，右击切线箭头，然后在弹出的快捷菜单中选择 编辑 命令，并在调整曲线过程中分别在曲线的控制点 2、点 3 上右击，然后在弹出的快捷菜单中选择 编辑 命令，系统弹出“调谐器”对话框，分别设置其参数如图 29.26 所示。

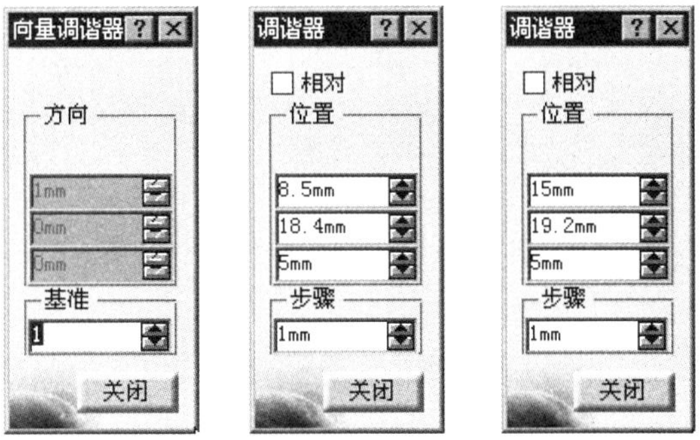

图 29.26　“调谐器”对话框

Step20. 创建图 29.27 所示的 3D 曲线 6。选择下拉菜单 插入 → Curve Creation ▸ → 3D Curve... 命令，在“3D 曲线”对话框的 创建类型 下拉列表中选择 通过点 选项；

绘制图 29.28 所示的 3D 曲线并调整（在“视图”工具栏的下拉列表中选择选项，单击“工具仪表盘”工具栏中的按钮，调出“快速确定指南针方向”工具栏，并按下按钮）；单击确定按钮，完成 3D 曲线 6 的创建。

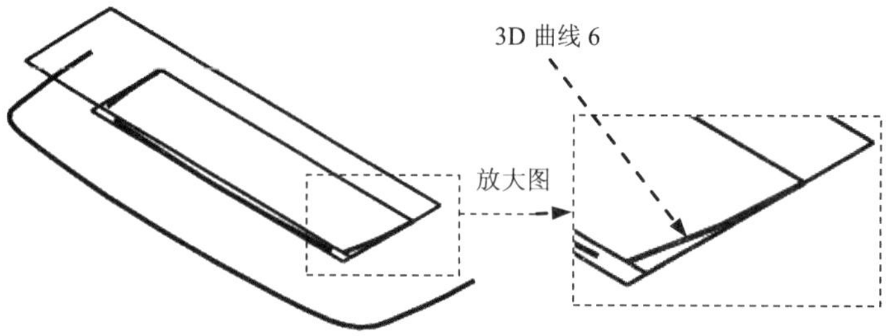

图 29.27 3D 曲线 6

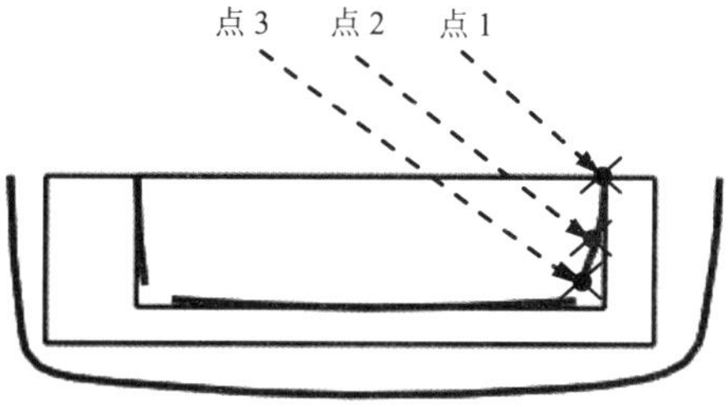

图 29.28 编辑 3D 曲线

注意：在绘制的曲线中的点 1 处右击，然后在弹出的快捷菜单中选择强加切线命令，在点 1 附近空白处右击取消选中约束元素（注：若绘制轮廓时系统自动添加了强加切线的约束，此步可省略），右击切线箭头，然后在弹出的快捷菜单中选择编辑命令，并在调整曲线过程中分别在曲线的控制点 2、点 3 上右击，然后在弹出的快捷菜单中选择编辑命令，系统弹出“调谐器”对话框，分别设置其参数如图 29.29 所示。

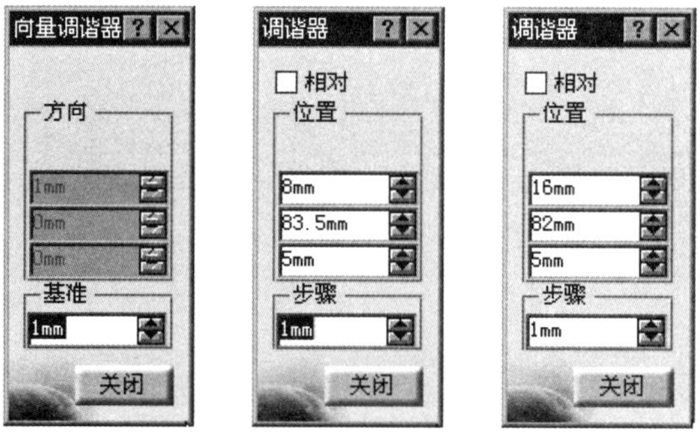

图 29.29 “调谐器”对话框

Step21. 创建图 29.30 所示的桥接曲线——曲线 6。选择下拉菜单插入 → Curve Creation ▸ → Blend Curve命令；选取 3D 曲线 5 为要桥接的一条曲线，选取 3D

曲线 4 为要桥接的另一条曲线，调整两个桥接点的连续性显示均为“曲率”，如图 29.30 所示。然后调整点的参数如图 29.30 所示，单击 确定 按钮，完成曲线 6 的创建。

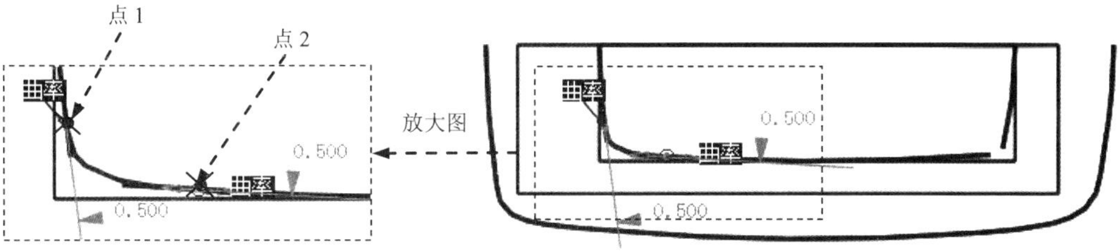

图 29.30　曲线 6

注意：分别在绘制的曲线中的控制点 1、点 2 上右击，然后在弹出的快捷菜单中选择 编辑 命令，系统弹出“调谐器”对话框，分别设置其参数如图 29.31 所示。

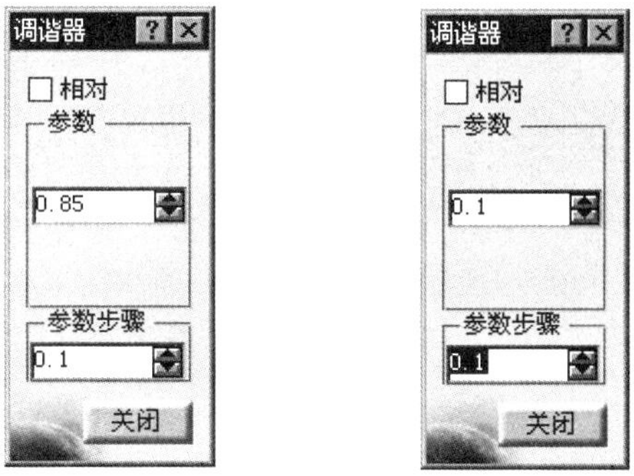

图 29.31　设置其参数结果

Step22. 创建图 29.32 所示的桥接曲线——曲线 7。选择下拉菜单 插入 → Curve Creation ▸ → Blend Curve 命令；选取 3D 曲线 4 为要桥接的一条曲线，选取 3D 曲线 6 为要桥接的另一条曲线，调整两个桥接点的连续性显示均为“曲率”，如图 29.32 所示。调整完成后单击 确定 按钮，完成曲线 7 的创建。

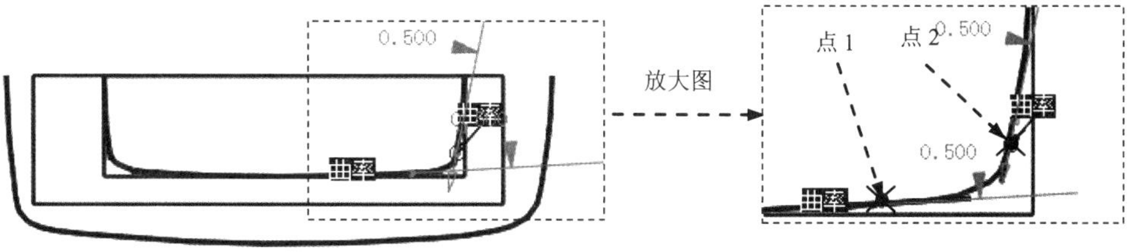

图 29.32　曲线 7

注意：分别在绘制的曲线中的控制点 1、点 2 上右击，然后在弹出的快捷菜单中选择 编辑 命令，系统弹出“调谐器”对话框，分别设置其参数如图 29.33 所示。

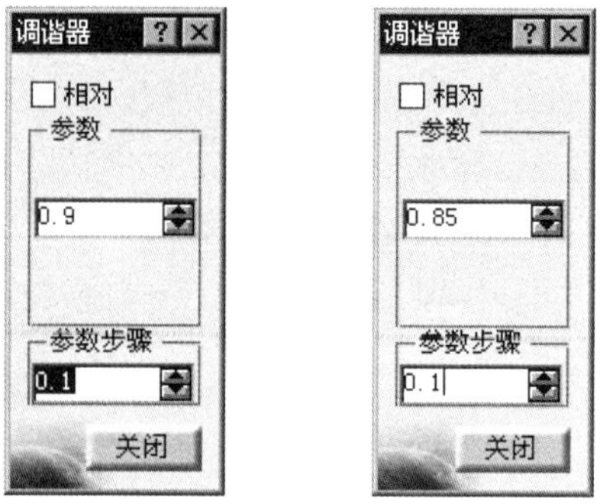

图 29.33 设置其参数结果

Step23. 创建图 29.34 所示的中断曲线——曲线 8、9、10。选择下拉菜单 插入 → Operations ▸ → 断开... 命令，在对话框中单击按钮。单击 选择 区域 元素： 后的按钮，系统弹出“元素列表”对话框，在特征树中依次选择 3D 曲线.5 、3D 曲线.4 、3D 曲线.6 ，单击“元素列表”对话框中的 关闭 按钮。单击 限制： 后的按钮，系统弹出“限制列表”对话框，在特征树中依次选择 曲线.6 、曲线.7 ，单击“限制列表”对话框中的 关闭 按钮。单击 应用 按钮，在图形区域选取元素曲线 1，按住 Ctrl 键选取元素曲线 2、元素曲线 3。单击 确定 按钮，完成中断曲线的创建。

Step24. 切换工作台。选择下拉菜单 开始 → 形状 ▸ → 创成式外形设计 命令，切换到创成式外形设计工作台。

Step25. 创建特征——接合 2。选择下拉菜单 插入 → 操作 ▸ → 接合... 命令；选取曲线 10、曲线 7、曲线 9、曲线 6、曲线 8 为要接合的元素；单击 确定 按钮，完成接合 2 的创建。

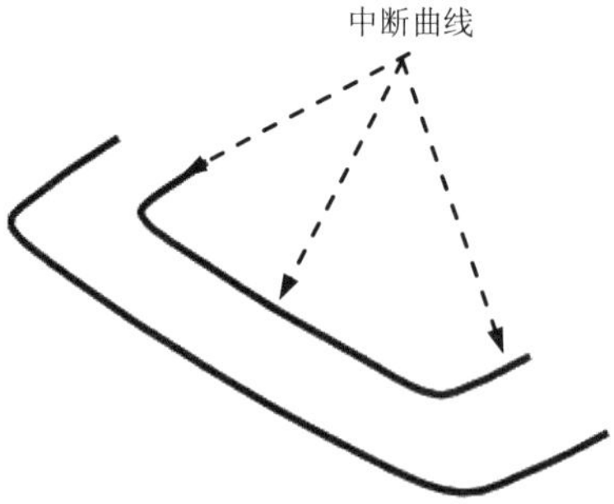

图 29.34 中断曲线

Step26. 创建特征——曲线光滑 2。选择下拉菜单 插入 → 操作 ▸ → 曲线光顺... 命令；选取 接合.2 为要光顺的曲线，在“曲线光滑定义”对话框的 连续： 区域下选中 曲率 单选项，单击 确定 按钮，完成曲线光滑 2 的创建。

Step27. 创建图 29.35 所示的 3D 曲线 7，选择下拉菜单 开始 → 形状 ▸ →

FreeStyle 命令；然后再选择下拉菜单 插入 → Curve Creation ▸ → 3D Curve... 命令，在“3D 曲线”对话框的 创建类型 下拉列表中选择 通过点 选项；绘制图 29.36 所示的 3D 曲线并调整（在“视图”工具栏的下拉列表中选择选项，单击“工具仪表盘”工具栏中的按钮，调出“快速确定指南针方向”工具栏并按下按钮）；单击 确定 按钮，完成 3D 曲线 7 的创建（注：为了绘图的方便，可将草图 3 隐藏）。

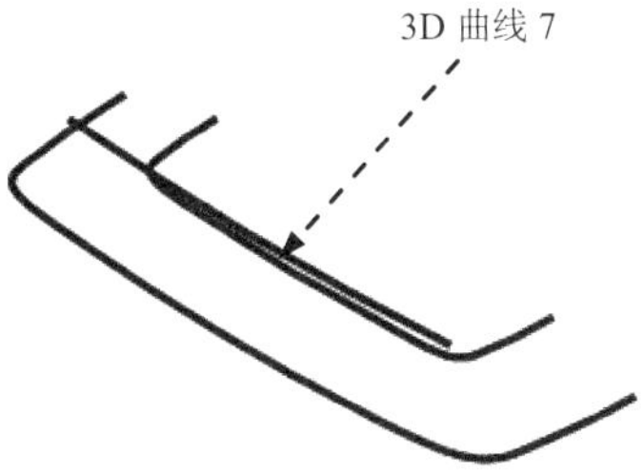

图 29.35 3D 曲线 7

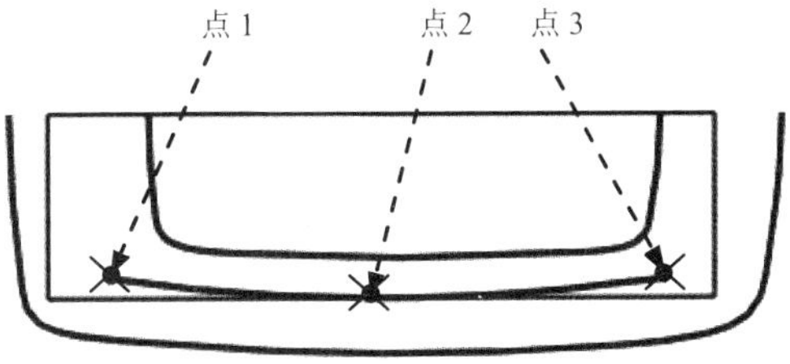

图 29.36 编辑 3D 曲线

注意：在调整曲线过程中分别在曲线的控制点 1、点 2、点 3 上右击，然后在弹出的快捷菜单中选择 编辑 命令，系统弹出“调谐器”对话框，分别设置其参数如图 29.37 所示。

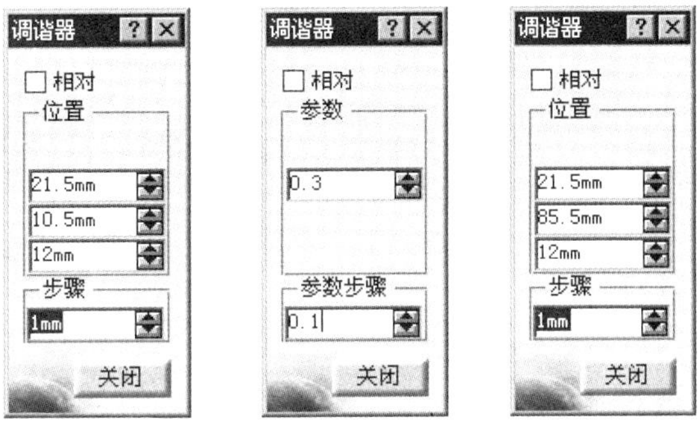

图 29.37 “调谐器”对话框

Step28. 创建图 29.38 所示的 3D 曲线 8。选择下拉菜单 插入 → Curve Creation ▸ → 3D Curve... 命令，在“3D 曲线”对话框的 创建类型 下拉列表中选择 通过点 选项；绘制图 29.39 所示的 3D 曲线并调整，单击 确定 按钮，完成 3D 曲线 8 的创建。

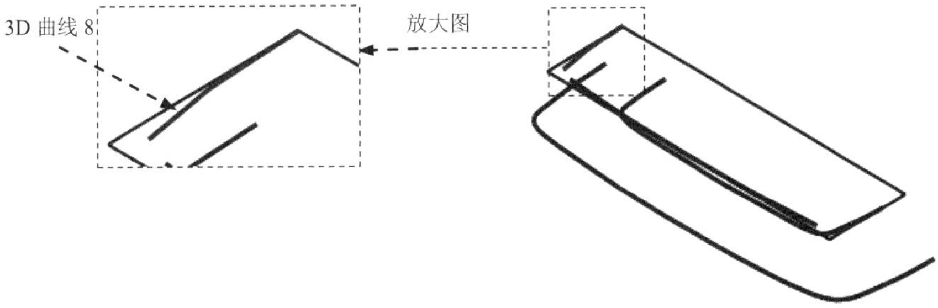

图 29.38 3D 曲线 8

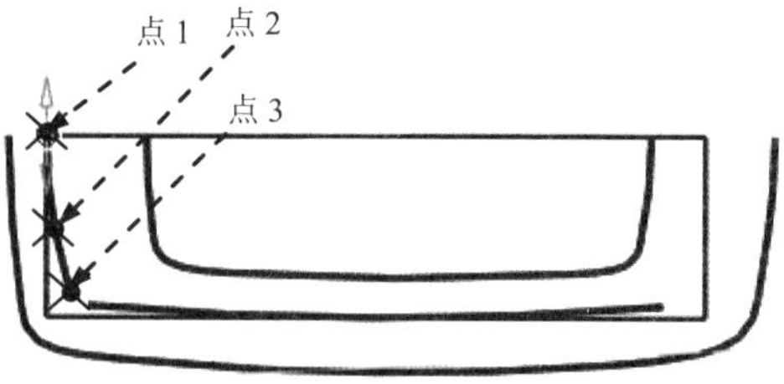

图 29.39　编辑 3D 曲线

注意：在绘制的曲线中的点 1 处右击，然后在弹出的快捷菜单中选择 强加切线 命令，右击切线箭头，然后在弹出的快捷菜单中选择 编辑 命令，并在调整曲线过程中分别在曲线的控制点 2、点 3 上右击，然后在弹出的快捷菜单中选择 编辑 命令，系统弹出“调谐器”对话框，分别设置其参数如图 29.40 所示。

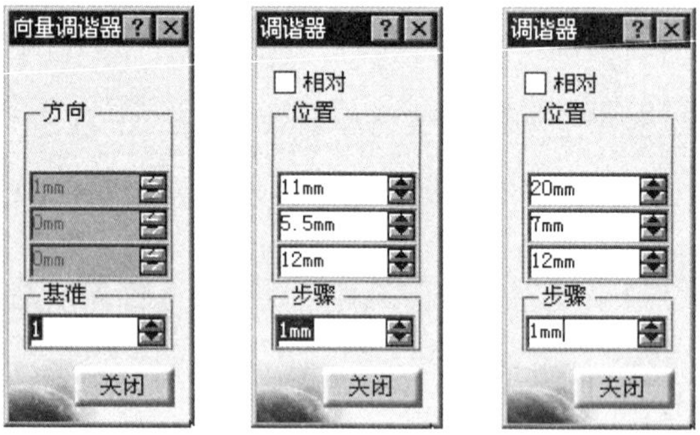

图 29.40　“调谐器”对话框

Step29. 创建图 29.41 所示的 3D 曲线 9。选择下拉菜单 插入 → Curve Creation → 3D Curve... 命令，在“3D 曲线”对话框的 创建类型 下拉列表中选择 通过点 选项；绘制图 29.42 所示的 3D 曲线并调整，单击 确定 按钮，完成 3D 曲线 9 的创建。

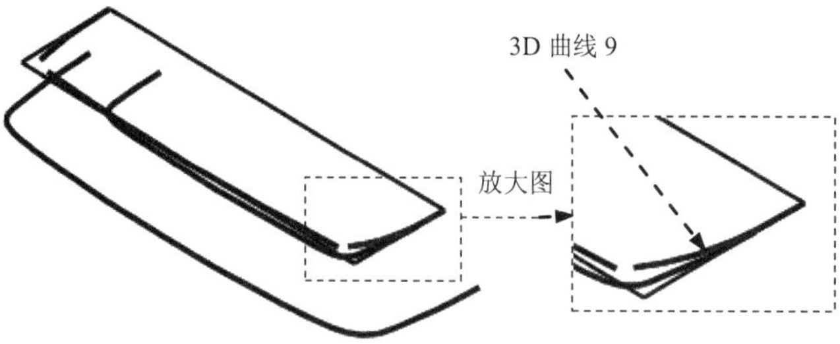

图 29.41　3D 曲线 9

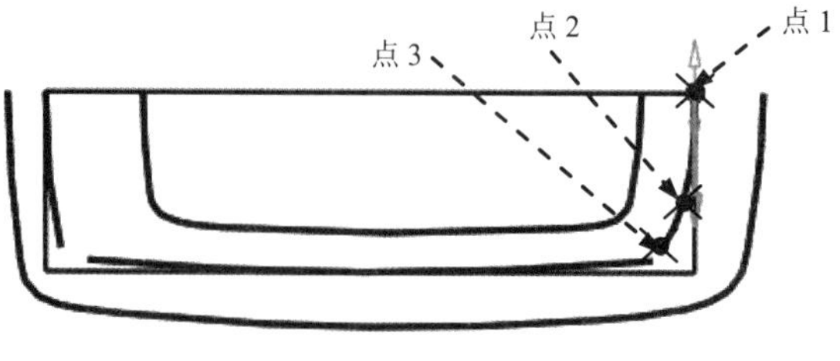

图 29.42　编辑 3D 曲线

注意：在绘制的曲线中的点 1 处右击，然后在弹出的快捷菜单中选择 强加切线 命令，在点 1 附近空白处右击取消选中 约束元素 （注：若绘制轮廓时系统自动添加了强加切线的约束，此步可省略），右击切线箭头，然后在弹出的快捷菜单中选择 编辑 命令，并在调整曲线过程中分别在曲线的控制点 2、点 3 上右击，然后在弹出的快捷菜单中选择 编辑 命令，系统弹出"调谐器"对话框，分别设置其参数如图 29.43 所示。

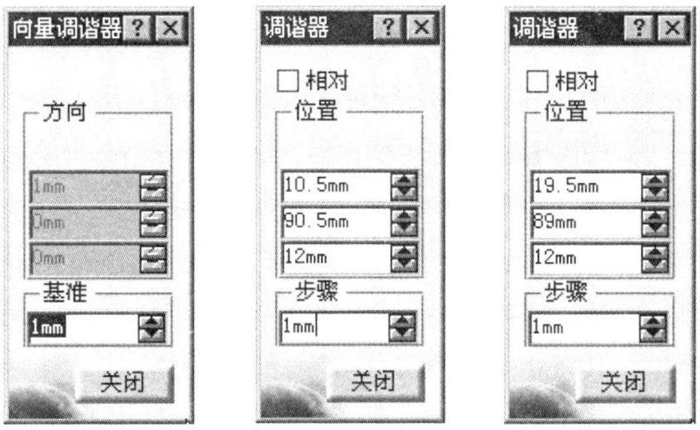

图 29.43　"调谐器"对话框

Step30. 创建图 29.44 所示的桥接曲线——曲线 11。选择下拉菜单 插入 → Curve Creation ▸ → Blend Curve 命令；选取 3D 曲线 8 为要桥接的一条曲线，选取 3D 曲线 7 为要桥接的另一条曲线，调整两个桥接点的连续性显示均为"曲率"，如图 29.44 所示。然后调整点的参数如图 29.45 所示，单击 确定 按钮，完成曲线 11 的创建。

注意：分别在绘制的曲线中的控制点 1、点 2 上右击，然后在弹出的快捷菜单中选择 编辑 命令，系统弹出"调谐器"对话框，分别设置其参数如图 29.45 所示。

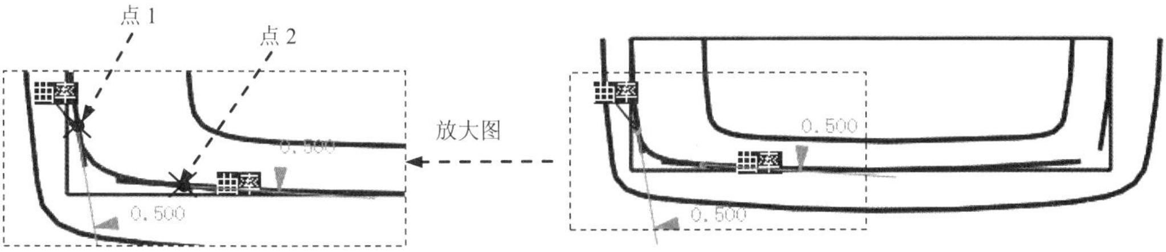

图 29.44　曲线 11

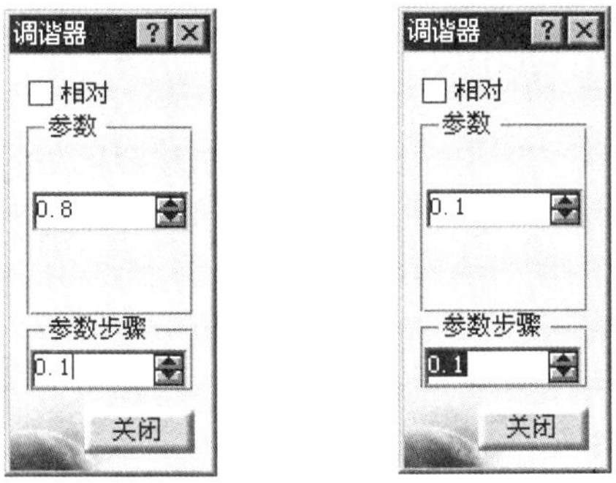

图 29.45　设置其参数结果

Step31. 创建图 29.46 所示的桥接曲线——曲线 12。选择下拉菜单 插入 → Curve Creation ▸ → Blend Curve 命令；选取 3D 曲线 7 为要桥接的一条曲线，选取 3D 曲线 9 为要桥接的另一条曲线，调整两个桥接点的连续性显示均为“曲率”，如图 29.46 所示。调整完成后单击 确定 按钮，完成曲线 12 的创建。

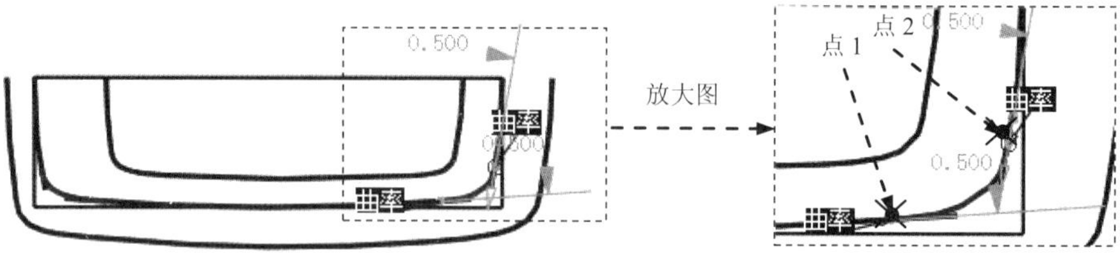

图 29.46 曲线 12

注意：分别在绘制的曲线中的控制点 1、点 2 上右击，然后在弹出的快捷菜单中选择 编辑 命令，系统弹出“调谐器”对话框，分别设置其参数如图 29.47 所示。

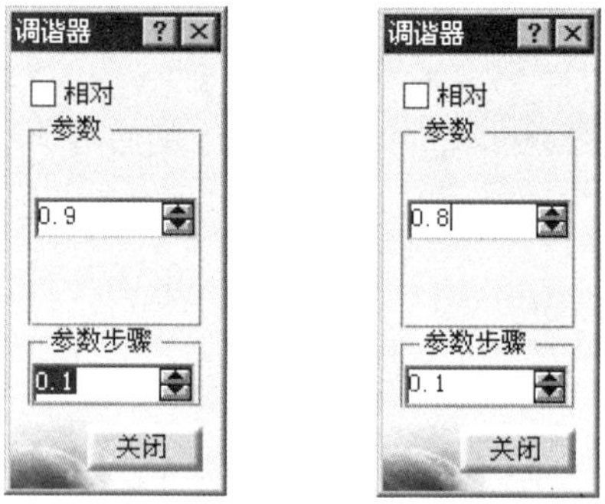

图 29.47 设置其参数结果

Step32. 创建图 29.48 所示的中断曲线——曲线 13、14、15。选择下拉菜单 插入 → Operations ▸ → 断开... 命令，在对话框中单击 按钮。单击 选择 区域 元素： 后的 按钮，系统弹出“元素列表”对话框，在特征树中依次选择 3D 曲线.8、3D 曲线.7、3D 曲线.9，单击“元素列表”对话框中的 关闭 按钮。单击 限制： 后的 按钮，系统弹出“限制列表”对话框，在特征树中依次选择 曲线.11、曲线.12，单击“限制列表”对话框中的 关闭 按钮。单击 应用 按钮，在图形区域选取元素曲线 1，按住 Ctrl 键选取元素曲线 2、元素曲线 3。单击 确定 按钮，完成中断曲线的创建。

Step33. 切换工作台。选择下拉菜单 开始 → 形状 ▸ → 创成式外形设计 命令，切换到创成式外形设计工作台。

Step34. 创建特征——接合 3。选择下拉菜单 插入 → 操作 ▸ → 接合... 命令；选取曲线 13、曲线 11、曲线 14、曲线 12、曲线 15 为要接合的元素；单击 确定 按钮，完成接合 3 的创建。

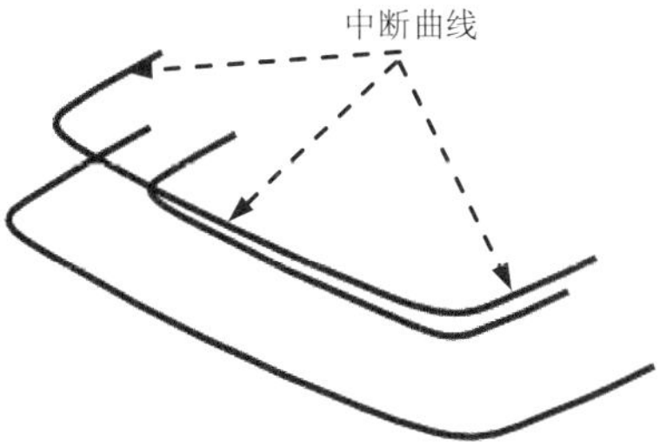

图 29.48 中断曲线

Step35. 创建特征——曲线光滑 3。选择下拉菜单 插入 → 操作 ▸ → 曲线光顺... 命令；选取 接合.3 为要光顺的曲线，在“曲线光滑定义”对话框的 连续： 区域下选中 曲率 单选项，单击 确定 按钮，完成曲线光滑 3 的创建。

Step36. 创建图 29.49 所示的 3D 曲线 10。选择下拉菜单 开始 → 形状 ▸ → FreeStyle 命令；然后再选择下拉菜单 插入 → Curve Creation ▸ → 3D Curve... 命令，在“3D 曲线”对话框的 创建类型 下拉列表中选择 通过点 选项；绘制图 29.50 所示的 3D 曲线并调整（在“视图”工具栏的下拉列表中选择选项，单击“工具仪表盘”工具栏中的按钮，调出“快速确定指南针方向”工具栏，并按下按钮）；单击 确定 按钮，完成 3D 曲线 10 的创建。

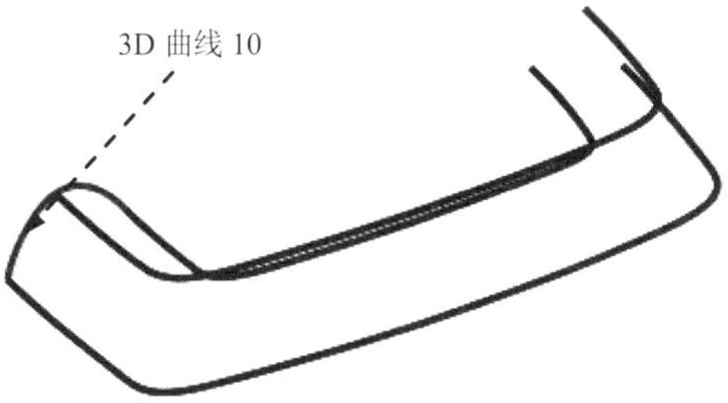

图 29.49 3D 曲线 10

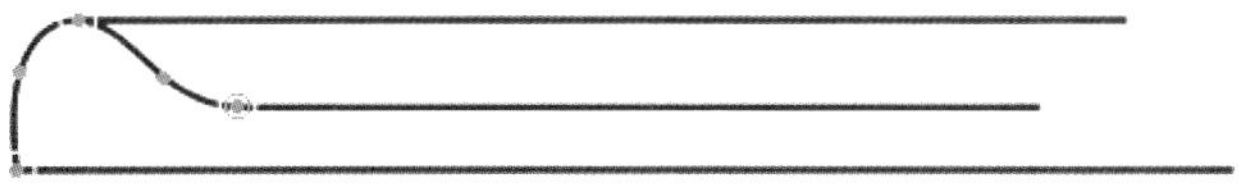

图 29.50 编辑 3D 曲线

注意：单击“分析”工具栏中的“箭状曲率分析”按钮，系统弹出“箭状曲率”对话框，调整参数如图 29.51 所示。选取 3D 曲线 10 为要显示曲率分析的曲线，调整其曲率数值，结果如图 29.52 所示（注：左下角点不要添加强加切线的约束，否则曲率将很难调节）。

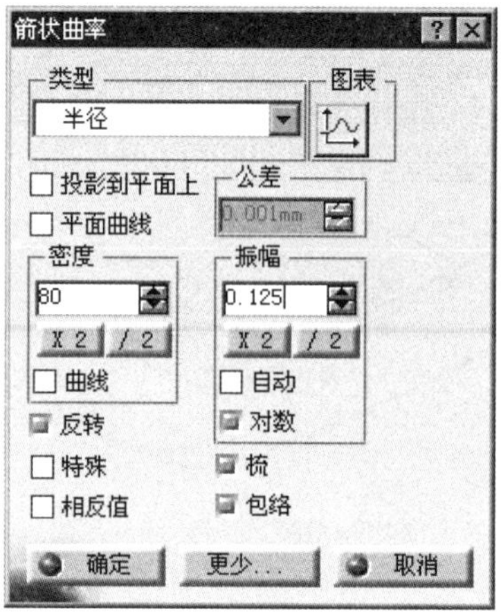

图 29.51　箭状曲率参数表

图 29.52　曲线调整后的情况

Step37. 创建图 29.53 所示的 3D 曲线 11。选择下拉菜单 插入 → Curve Creation ▸ → 3D Curve... 命令，在“3D 曲线”对话框的 创建类型 下拉列表中选择 通过点 选项；绘制图 29.54 所示的 3D 曲线并调整（在“视图”工具栏的下拉列表中选择选项，单击“工具仪表盘”工具栏中的按钮，调出“快速确定指南针方向”工具栏，并按下按钮）；单击 确定 按钮，完成 3D 曲线 11 的创建。

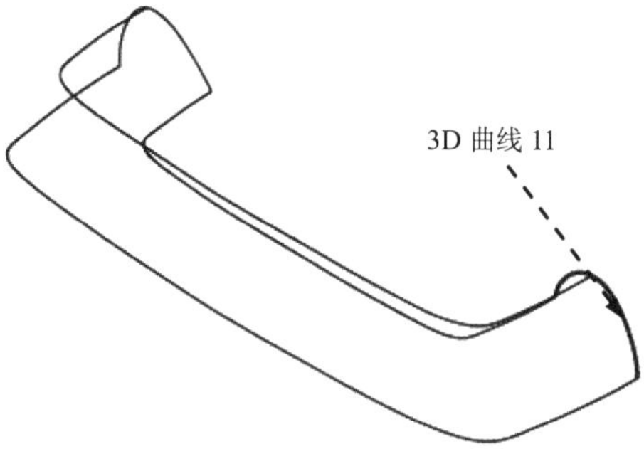

图 29.53　3D 曲线 11

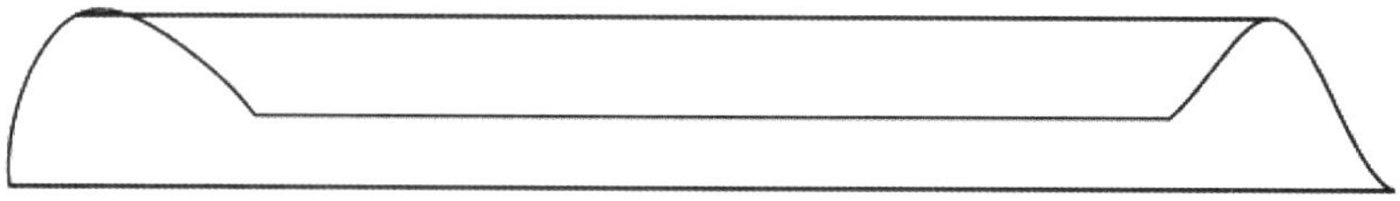

图 29.54　编辑 3D 曲线

注意：单击“分析”工具栏中的“箭状曲率分析”按钮，系统弹出“箭状曲率”对话框，调整参数如图 29.55 所示。选取 3D 曲线 11 为要显示曲率分析的曲线，调整其曲率数值，结果如图 29.56 所示。

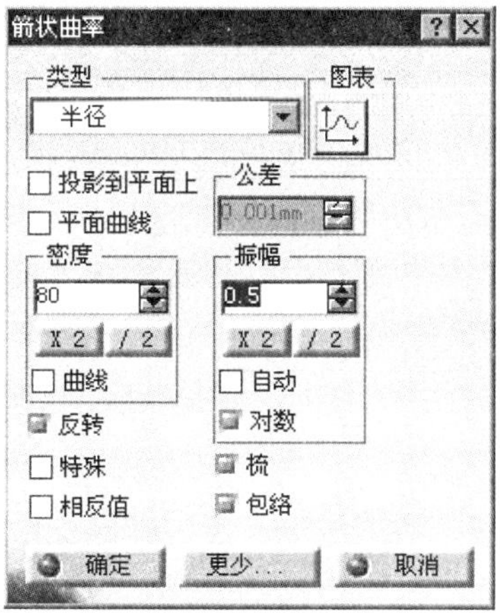

图 29.55　箭头曲率参数表

图 29.56　曲线调整后的情况

Step38. 创建图 29.57 所示的拉伸曲面——曲面 1。选择下拉菜单 插入 → Surface Creation ▸ → 拉伸曲面... 命令；在 长度 文本框中输入值 10；在绘图区选取 3D 曲线 10 为拉伸曲线；单击 确定 按钮，完成拉伸曲面的创建。

Step39. 创建图 29.58 所示的拉伸曲面——曲面 2。选择下拉菜单 插入 → Surface Creation ▸ → 拉伸曲面... 命令；在 长度 文本框中输入值-10；在绘图区选取 3D 曲线 11 为拉伸曲线；单击 确定 按钮，完成拉伸曲面的创建。

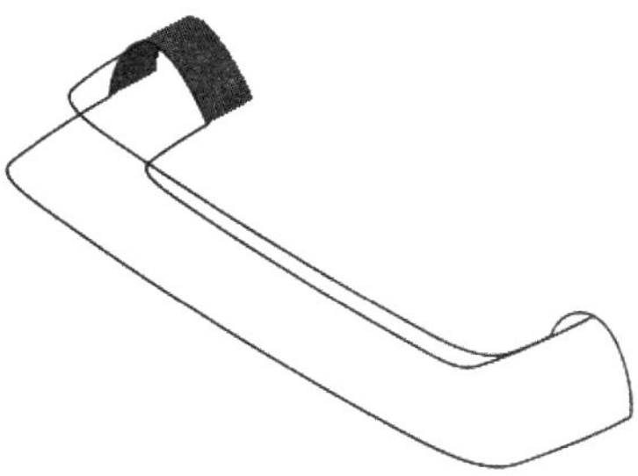

图 29.57　曲面 1

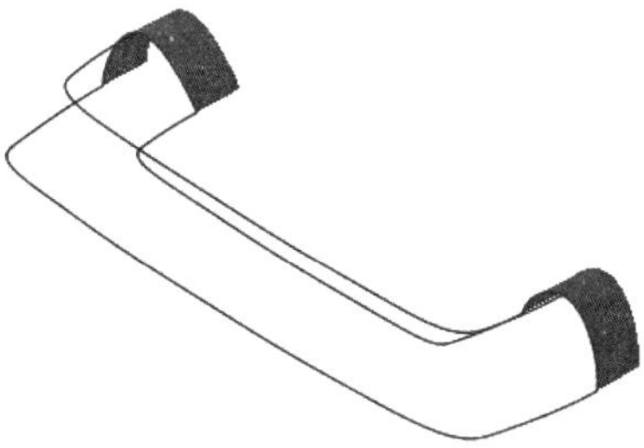

图 29.58　曲面 2

Step40. 创建图 29.59 所示的网状曲面 1（隐藏 3D 曲线 10 和 11）。选择下拉菜单 插入 → Surface Creation ▸ → Net Surface... 命令，系统弹出图 29.60 所示的“网状曲面”对话框。按住 Ctrl 键在绘图区依次选取图 29.61 所示的曲线 1 为主引导线，曲线 2 和曲线 3 为引导线。在“网状曲面”对话框中单击“轮廓”字样，然后按住 Ctrl 键在绘图区依次选取图 29.61 所示的曲线 4 为主轮廓，曲线 5 为轮廓。用鼠标分别靠近绘图区域轮廓线中的点，当点背景变化时右击，在弹出的快捷菜单中选择 切线连续 命令，单击 应用 按钮，单击 确定 按钮，完成网状曲面的创建，如图 29.59 所示。

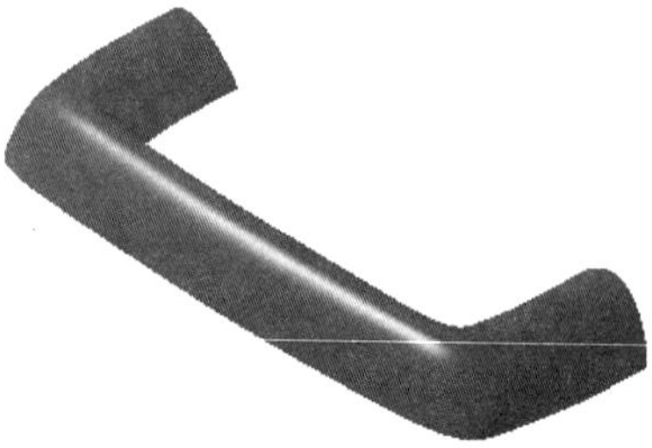

图 29.59　网状曲面 1

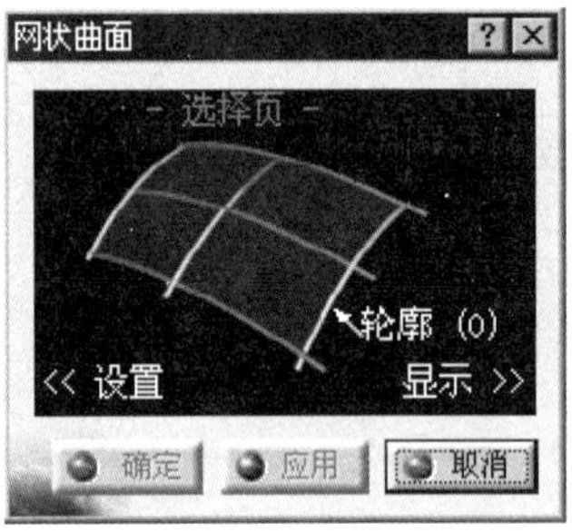

图 29.60　“网状曲面”对话框

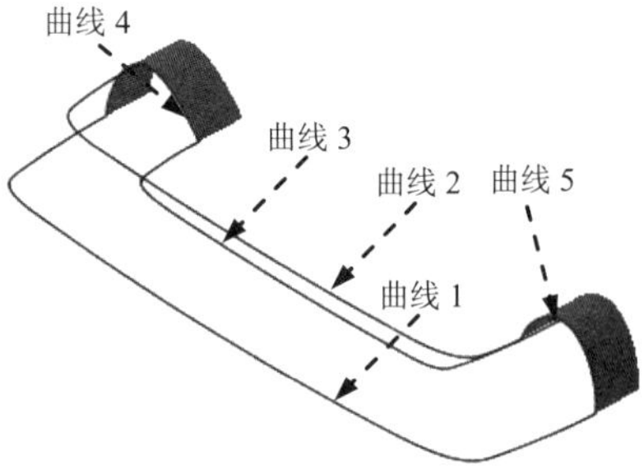

图 29.61　网状曲面

Step41. 创建图 29.62 所示的 3D 曲线 12。选择下拉菜单 插入 → Curve Creation ▸ → 3D Curve... 命令，在“3D 曲线”对话框的 创建类型 下拉列表中选择 通过点 选项；选中“点处理”区域下的 禁用几何图形检测 复选框，绘制图 29.63 所示的 3D 曲线并调整（在“视图”工具栏的下拉列表中选择选项，单击“工具仪表盘”工具栏中的按钮，调出“快速确定指南针方向”工具栏，并按下按钮）；单击 确定 按钮，完成 3D 曲线 12 的创建。

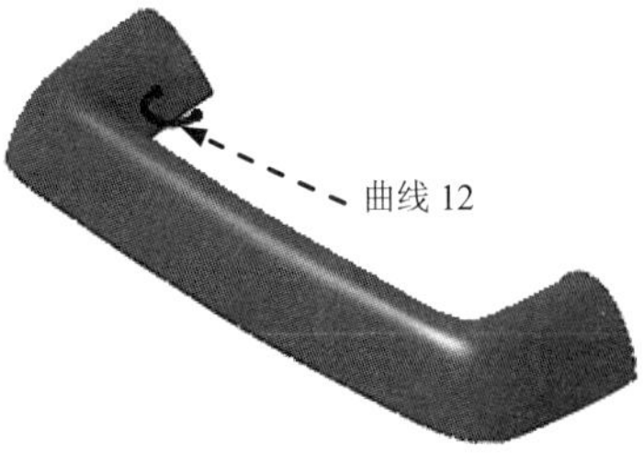

图 29.62　3D 曲线 12

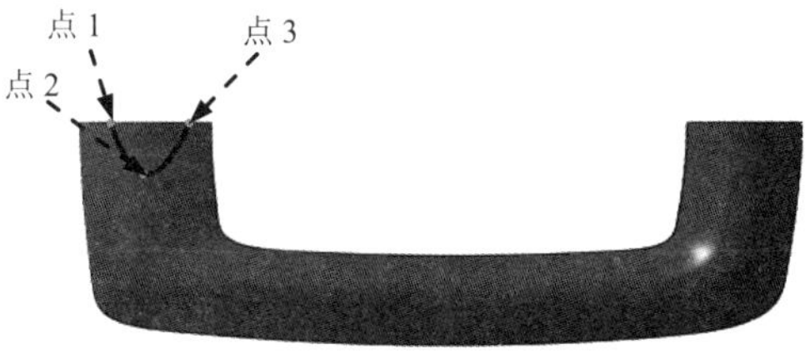

图 29.63　编辑 3D 曲线

注意：在绘制的曲线中的点 1 与点 3 上右击，然后在弹出的快捷菜单中选择 强加切线 命令，右击切线箭头，然后在弹出的快捷菜单中选择 编辑 命令，并在调整曲线过程中分别在曲线的控制点 1、点 2、点 3 上右击，然后在弹出的快捷菜单中选择 编辑 命令，系统弹出“调谐器”对话框，分别设置其参数如图 29.64 所示。

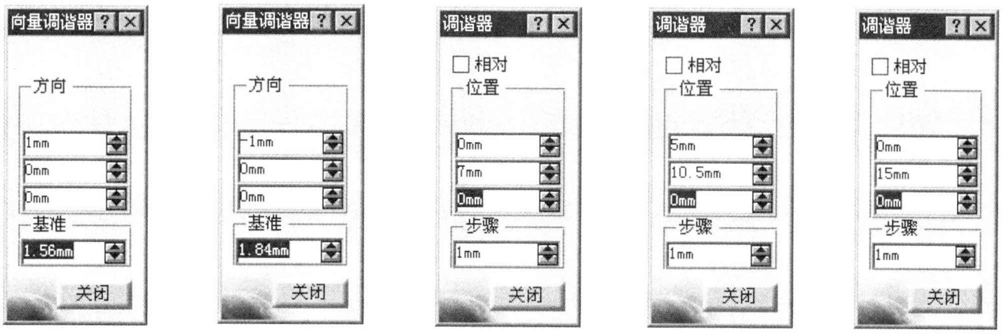

图 29.64　“调谐器”对话框

Step42. 创建图 29.65b 所示的断开曲面 1。选择下拉菜单 插入 → Operations ▸ → 断开... 命令；在“断开”对话框中单击 按钮，选取网状曲面 1 为要中断的曲面，选取 3D 曲线 12 为限制元素；单击 投影 区域下的 按钮，单击 应用 按钮，此时在绘图区显示曲面已经被中断，选取图 29.65a 所示的曲面为要保留的曲面；单击 确定 按钮，完成断开曲面的创建。

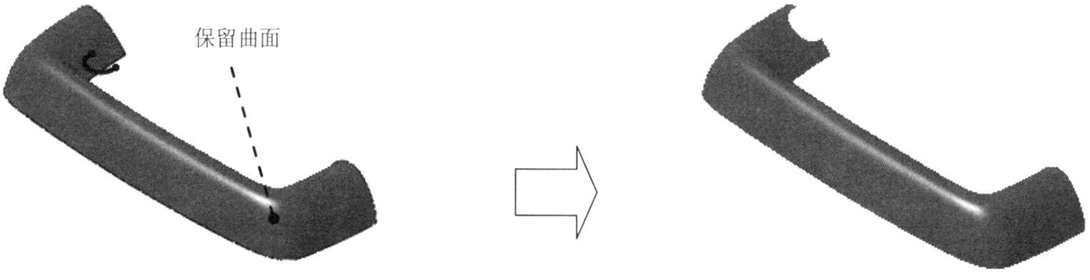

a）创建前　　b）创建后

图 29.65　断开曲面 1

Step43. 创建图 29.66 所示的 3D 曲线 13。选择下拉菜单 插入 → Curve Creation ▸ → 3D Curve... 命令，在“3D 曲线”对话框的 创建类型 下拉列表中选择 通过点 选项；选中“点处理”区域下的 禁用几何图形检测 复选框，绘制图 29.67 所示的 3D 曲线并调整（在“视图”工具栏的 下拉列表中选择 选项，单击“工具仪表盘”工具栏中的 按钮，调出“快速确定指南针方向”工具栏，并按下 按钮）；单击 确定 按钮，完成 3D 曲线 13 的创建。

注意：在调整曲线过程中分别在曲线的控制点 1、点 2、点 3 上右击，然后在弹出的快捷菜单中选择 编辑 命令，系统弹出“调谐器”对话框，分别设置其参数如图 29.68 所示。

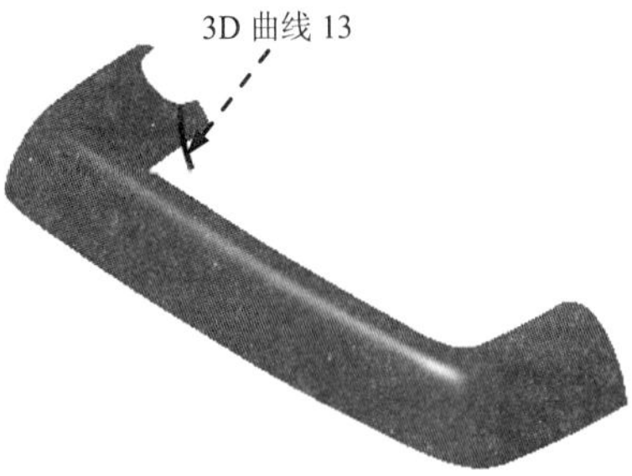

图 29.66　3D 曲线 13

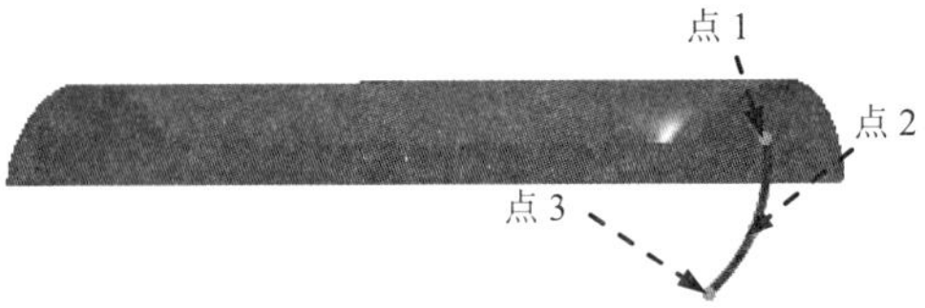

图 29.67　编辑 3D 曲线

图 29.68　“调谐器”对话框

Step44. 创建图 29.69 所示的 3D 曲线 14。选择下拉菜单 插入 → Curve Creation ▸ → 3D Curve... 命令，在“3D 曲线”对话框的 创建类型 下拉列表中选择 通过点 选项；选中“点处理”区域下的 禁用几何图形检测 复选框，绘制图 29.70 所示的 3D 曲线并调整（在“视图”工具栏的下拉列表中选择选项，单击“工具仪表盘”工具栏中的按钮，调出“快速确定指南针方向”工具栏，并按下按钮）；单击 确定 按钮，完成 3D 曲线 14 的创建。

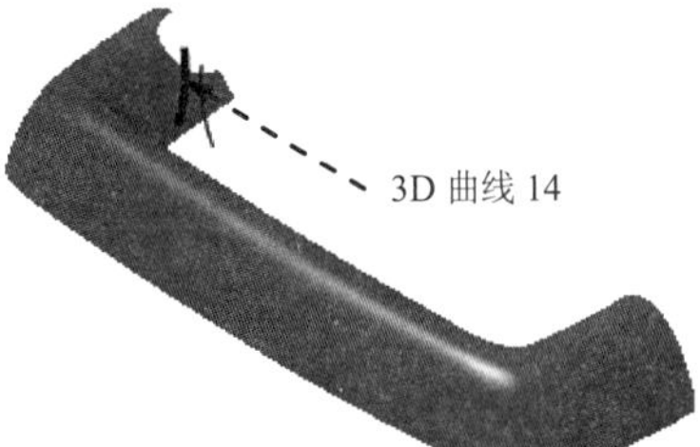

图 29.69　3D 曲线 14

图 29.70　编辑 3D 曲线

注意：在调整曲线过程中分别在曲线的控制点 1、点 2、点 3 上右击，然后在弹出的快捷菜单中选择 编辑 命令，系统弹出“调谐器”对话框，分别设置其参数如图 29.71 所示。

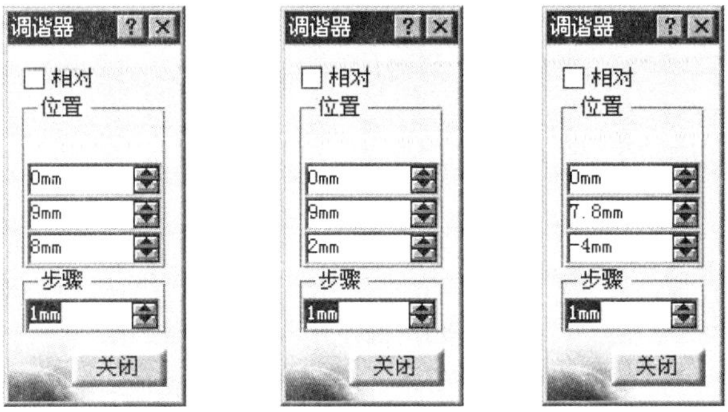

图 29.71　“调谐器”对话框

Step45. 创建图 29.72 所示的桥接曲线——曲线 16。选择下拉菜单 插入 → Curve Creation ▸ → Blend Curve 命令；选取 3D 曲线 13 为要桥接的一条曲线，然后选择图 29.72 所示的边线为要桥接的另一条曲线，调整两个桥接点的连续性显示均为“曲率”，确认“工具仪表盘”工具栏中的“张度”按钮被按下，在曲线点 1 附近的张度系数上右击，在系统弹出的快捷菜单中选择 编辑张度 命令；在“张度调谐器”对话框中输入张度系数为 0.2，在绘制的曲线中的控制 2 上右击，然后在弹出的快捷菜单中选择 编辑 命令，系统弹出“调谐器”对话框，分别设置其参数如图 29.73 所示。调整完成后单击 确定 按钮，完成曲线 16 的创建。

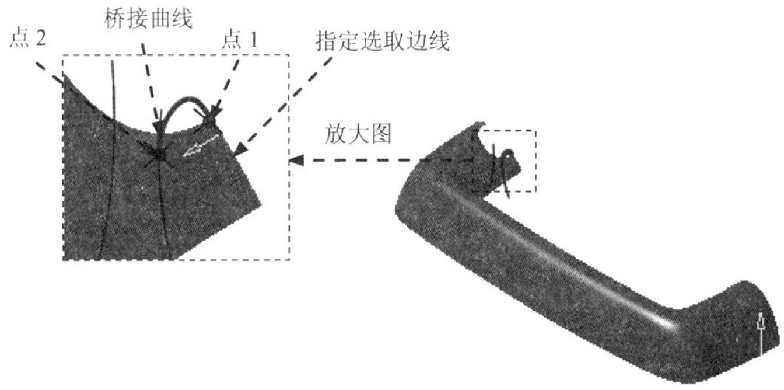

图 29.72　曲线 16

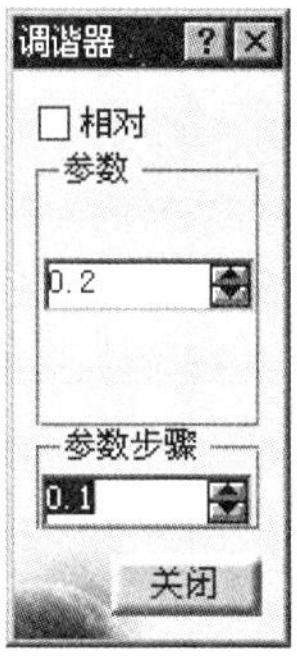

图 29.73　设置其参数结果

Step46. 创建图 29.74 所示的桥接曲线——曲线 17。选择下拉菜单 插入 → Curve Creation ▸ → Blend Curve 命令；选取 3D 曲线 14 为要桥接的一条曲线，然后选择图 29.74 所示的边线为要桥接的另一条曲线，调整两个桥接点的连续性显示均为“曲率”，确认“工具仪表盘”工具栏中的“张度”按钮被按下，在曲线点 1 附近的张度系数上右击击，在系统弹出快捷菜单中选择编辑张度命令；在“张度调谐器”对话框中输入张度系数为0.3，在绘制的曲线中的控制点 2 上右击，然后在弹出的快捷菜单中选择编辑命令，系统弹出“调谐器”对话框，分别设置其参数如图 29.75 所示。调整完成后单击确定按钮，完成曲线 17 的创建。

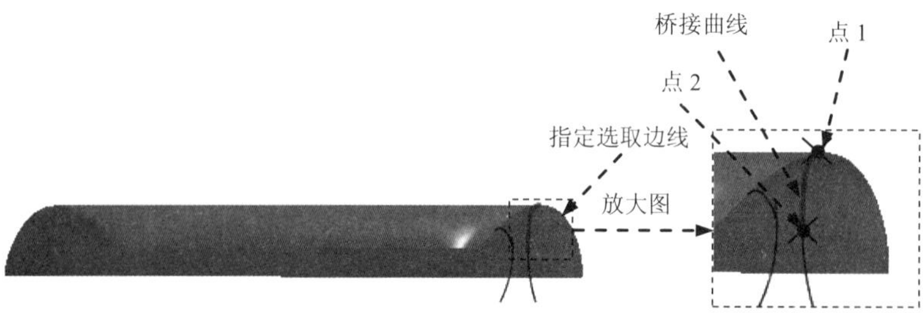

图 29.74 曲线 17

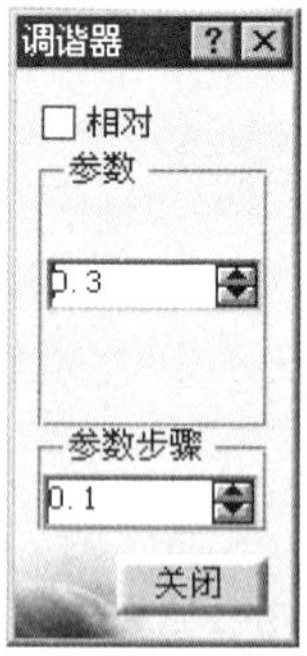

图 29.75 设置其参数结果

Step47. 创建图 29.76 所示的中断曲线——曲线 18。选择下拉菜单插入 → Operations ▸ → 断开...命令，在对话框中单击按钮。单击选择区域元素：后的按钮，系统弹出“元素列表”对话框，在特征树中依次选择 3D 曲线.13，单击“元素列表”对话框中的关闭按钮。单击限制：后的按钮，系统弹出“限制列表”对话框，在特征树中选择 曲线.16，单击“限制列表”对话框中的关闭按钮。单击应用按钮，在图形区域选取元素曲线，单击确定按钮，完成中断曲线的创建。

图 29.76 中断曲线

Step48. 创建图 29.77 所示的中断曲线——曲线 19。选择下拉菜单插入 → Operations ▸ → 断开...命令，在对话框中单击按钮。单击选择区域元素：后的按钮，系统弹出“元素列表”对话框，在特征树中依次选择 3D 曲线.14，单击“元素列表”对话框中的关闭按钮。单击限制：后的按钮，系统弹出“限制列表”对话框，在特征树中选择 曲线.17，单击“限制列表”对话框中的关闭按钮。单击应用按钮，在图形区域选取元素曲线，单击确定按钮，完成中断曲线的创建。

Step49. 切换工作台。选择下拉菜单开始 → 形状 ▸ → 创成式外形设计命令，切换到创成式外形设计工作台。

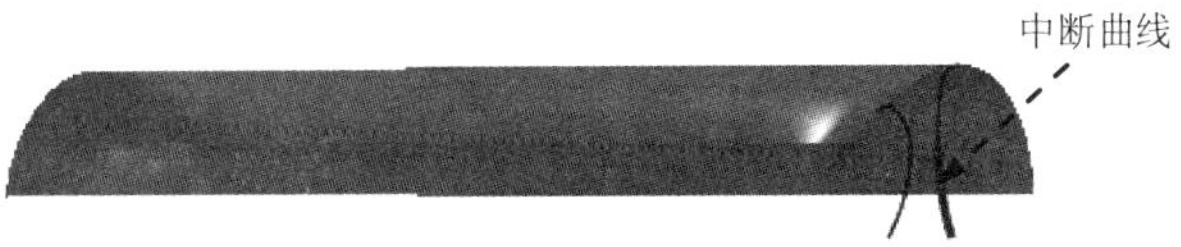

图 29.77 中断曲线

Step50. 创建特征——接合 4。选择下拉菜单 插入 → 操作 ▸ → 接合... 命令；选取曲线 16、曲线 18 为要接合的元素；单击 确定 按钮，完成接合 4 的创建。

Step51. 创建特征——曲线光滑 4。选择下拉菜单 插入 → 操作 ▸ → 曲线光顺... 命令；选取 接合.4 为要光顺的曲线，在“曲线光滑定义”对话框的 连续： 区域下选中 曲率 单选项，单击 确定 按钮，完成曲线光滑 4 的创建。

Step52. 创建特征——接合 5。选择下拉菜单 插入 → 操作 ▸ → 接合... 命令；选取曲线 17、曲线 19 为要接合的元素；单击 确定 按钮，完成接合 5 的创建。

Step53. 创建特征——曲线光滑 5。选择下拉菜单 插入 → 操作 ▸ → 曲线光顺... 命令；选取 接合.5 为要光顺的曲线，在“曲线光滑定义”对话框的 连续： 区域下选中 曲率 单选项，单击 确定 按钮，完成曲线光滑 5 的创建。

Step54. 创建图 29.78 所示的中断曲线——曲线 20、21。选择下拉菜单 开始 → 形状 ▸ → FreeStyle 命令；然后选择下拉菜单 插入 → Operations ▸ → 断开... 命令，在对话框中单击 按钮。单击 选择 区域 元素： 后的 按钮，系统弹出“元素列表”对话框，在特征树中依次选择 曲线光顺.4、 曲线光顺.5，单击“元素列表”对话框中的 关闭 按钮。单击 限制： 后的 按钮，系统弹出“限制列表”对话框，在图形区域选择平面 2，单击“限制列表”对话框中的 关闭 按钮。单击 应用 按钮，按住 Ctrl 键在图形区域选取要保留的部分，单击 确定 按钮，完成中断曲线的创建。

图 29.78 中断曲线

Step55. 后面的详细操作过程请参见随书光盘中 video\ch04\reference\文件下的语音视频讲解文件 face_cover-r02.exe。

第 5 章

装配设计实例

本章主要包含如下内容：

- 实例 30　锁扣组件
- 实例 31　儿童喂药器

实例30　锁 扣 组 件

30.1　实 例 概 述

本实例介绍了一个简单的扣件的设计过程。下面将通过介绍图 30.1.1 所示的扣件的设计，来学习和掌握产品装配的一般过程，熟悉装配的操作流程。本实例先设计每个零部件，然后再到装配，循序渐进，由浅入深。

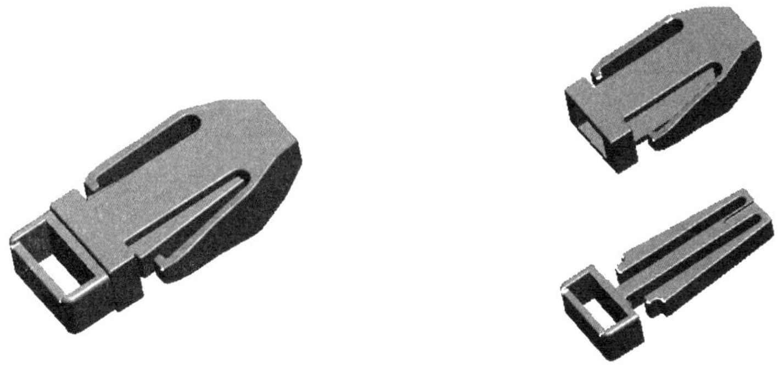

图 30.1.1　装配模型

30.2 扣 件 上 盖

零件模型及特征树如图 30.2.1 所示。

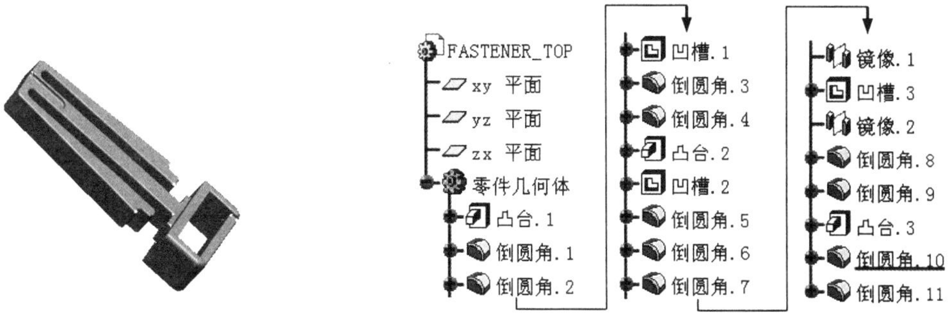

图 30.2.1　零件模型及特征树

Step1. 新建模型文件。选择下拉菜单 开始 → 机械设计 → 零件设计 命令，

在系统弹出的“新建零件”对话框中输入名称 FASTENER_TOP，选中 启用混合设计 复选框，单击 确定 按钮，进入零件设计工作台。

Step2. 创建图 30.2.2 所示的零件特征——凸台 1。选择下拉菜单 插入 → 基于草图的特征 → 凸台... 命令；选取 xy 平面为草绘平面，绘制图 30.2.3 所示的截面草图；在 第一限制 区域的 类型： 下拉列表中选取 尺寸 选项，在其后的 长度： 文本框中输入值 2.5，选中 厚 复选框，在 薄凸台 下的 厚度 1 文本框中输入数值 1，并选中 镜像范围 复选框，单击 确定 按钮，完成凸台 1 的创建。

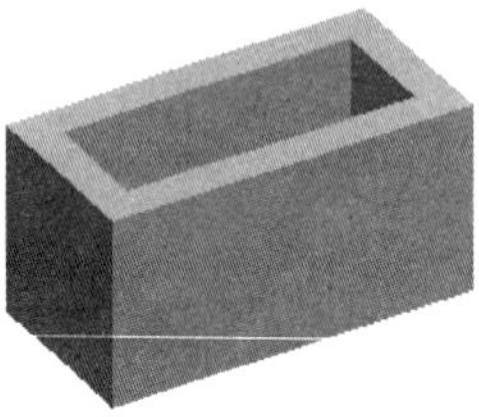

图 30.2.2 凸台 1

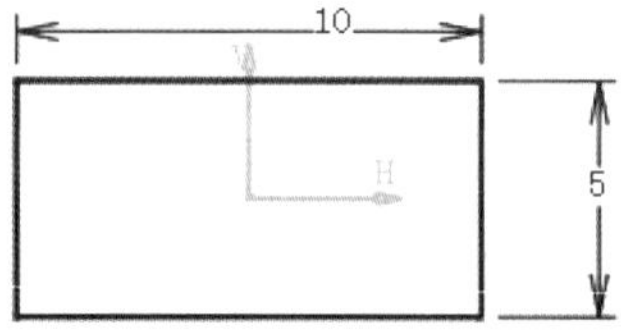

图 30.2.3 截面草图

Step3. 创建图 30.2.4b 所示的特征——倒圆角 1。选择下拉菜单 插入 → 修饰特征 → 倒圆角... 命令，在 选择模式： 下拉列表中选取 相切 选项，选取图 30.2.4a 所示的边为倒圆角的对象，倒圆角半径为 1。

a）倒圆角前 b）倒圆角后

图 30.2.4 倒圆角 1

Step4. 创建图 30.2.5b 所示的特征——倒圆角 2。选取图 30.2.5a 所示的边为倒圆角的对象，倒圆角半径为 0.5。

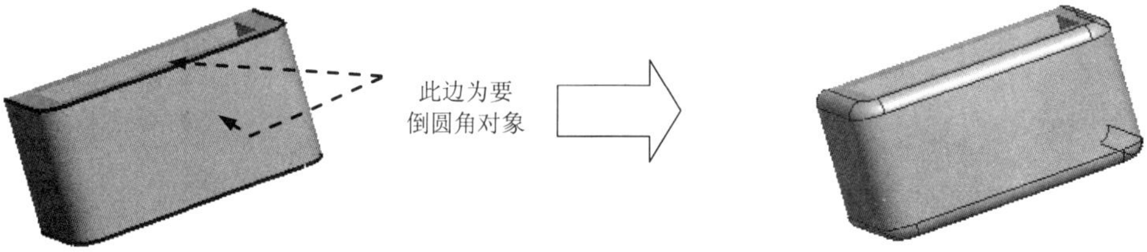

a）倒圆角前 b）倒圆角后

图 30.2.5 倒圆角 2

Step5. 创建图 30.2.6 所示的零件特征——凹槽 1。选择下拉菜单 插入 →

基于草图的特征 ▸ → 凹槽... 命令；选取图 30.2.7 所示的平面为草绘平面；绘制图 30.2.8 所示的截面草图；在对话框 第一限制 区域的 类型： 下拉列表中选取 直到下一个 选项，单击 确定 按钮，完成凹槽 1 的创建。

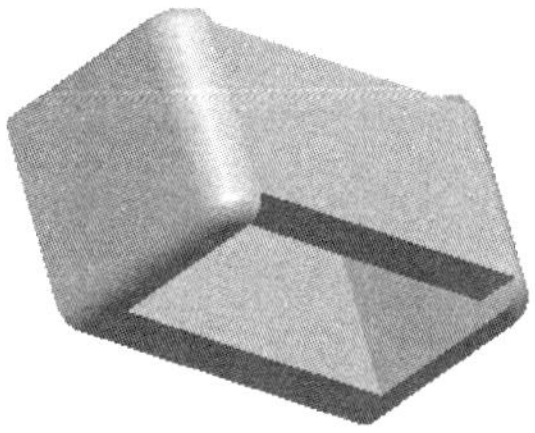

图 30.2.6　凹槽 1

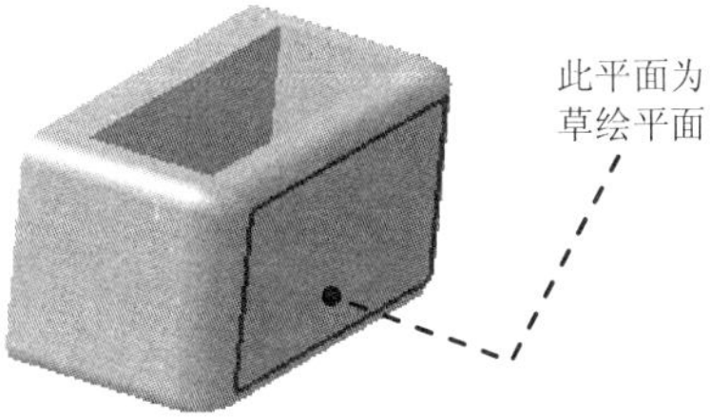

图 30.2.7　定义草绘平面

图 30.2.8　截面草图

Step6. 创建图 30.2.9b 所示的特征——倒圆角 3。选取图 30.2.9a 所示的边为倒圆角的对象，倒圆角半径为 0.2。

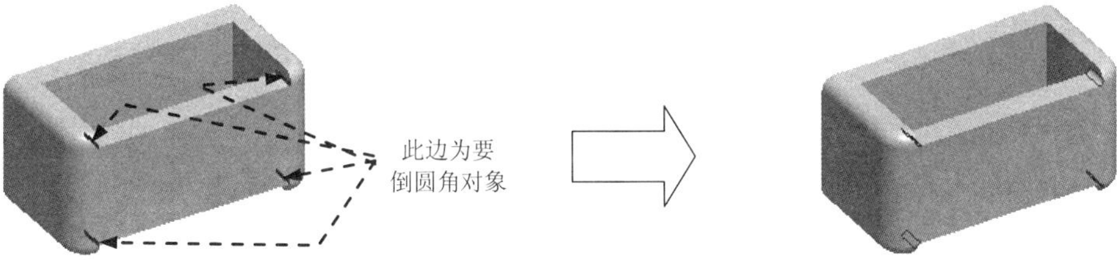

a）倒圆角前　b）倒圆角后

图 30.2.9　倒圆角 3

Step7. 创建图 30.2.10b 所示的特征——倒圆角 4。选取图 30.2.10a 所示的边为倒圆角的对象，倒圆角半径为 0.2。

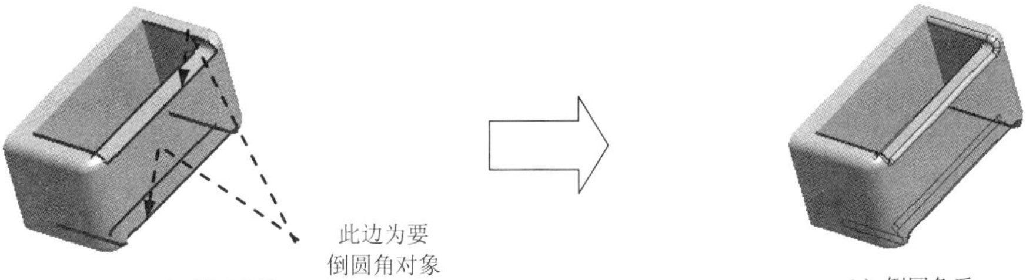

a）倒圆角前　b）倒圆角后

图 30.2.10　倒圆角 4

Step8. 创建图 30.2.11 所示的零件特征——凸台 2。选择下拉菜单 插入 → 基于草图的特征 ▸ → 凸台... 命令；选取 xy 平面为草绘平面，绘制图 30.2.12 所示的截面草图；在 第一限制 区域的 类型： 下拉列表中选取 尺寸 选项，在其后的 长度： 文本框中输入值 1.5，并选中 镜像范围 复选框，单击 确定 按钮，完成凸台 2 的创建。

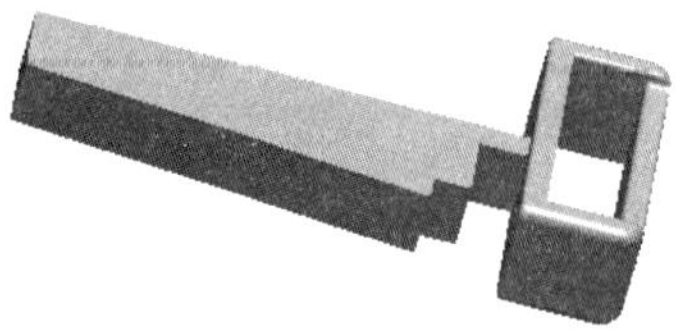

图 30.2.11　凸台 2

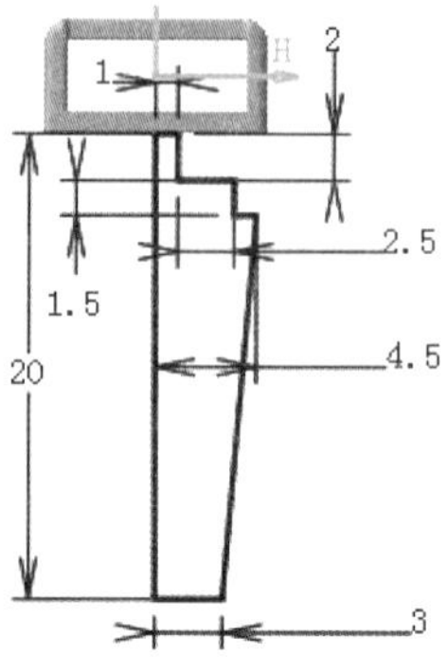

图 30.2.12　截面草图

Step9. 创建图 30.2.13 所示的零件特征——凹槽 2。选择下拉菜单 插入 ➡ 基于草图的特征 ➡ 凹槽... 命令；选取图 30.2.13 所示的平面为草绘平面；绘制图 30.2.14 所示的截面草图；在对话框 第一限制 区域的 类型： 下拉列表中选取 直到最后 选项，单击 确定 按钮，完成凹槽 2 的创建。

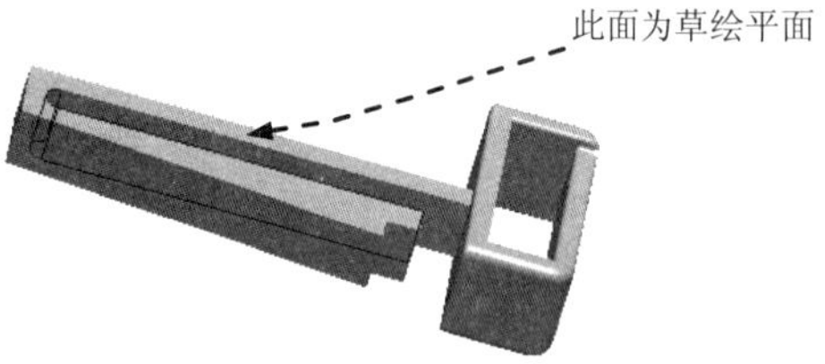

图 30.2.13　凹槽 2

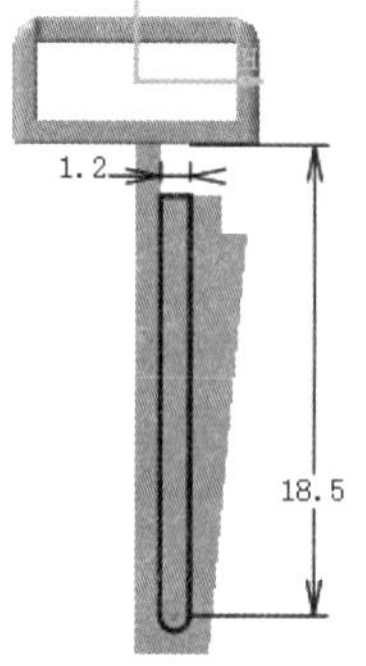

图 30.2.14　截面草图

Step10. 创建图 30.2.15b 所示的特征——倒圆角 5。选取图 30.2.15a 所示的边为倒圆角的对象，倒圆角半径为 0.3。

a）倒圆角前　　b）倒圆角后

图 30.2.15　倒圆角 5

Step11. 创建图 30.2.16b 所示的特征——倒圆角 6。选取图 30.2.16a 所示的边为倒圆角的对象，倒圆角半径为 0.5。

a）倒圆角前　　b）倒圆角后

图 30.2.16　倒圆角 6

Step12. 创建图 30.2.17b 所示的特征——倒圆角 7。选取图 30.2.17a 所示的边为倒圆角的对象，倒圆角半径为 0.5。

a）倒圆角前　　b）倒圆角后

图 30.2.17　倒圆角 7

Step13. 创建图 30.2.18b 所示的特征——镜像 1。按住 Ctrl 键，在特征树上选取凸台 2，凹槽 2，倒圆角 5、6、7 作为镜像对象，选择下拉菜单 插入 → 变换特征 → 镜像... 命令，选取 yz 平面为镜像元素，单击 确定 按钮，完成镜像 1 的创建。

a）镜像前　　b）镜像后

图 30.2.18　镜像 1

Step14. 创建图 30.2.19 所示的零件特征——凹槽 3。选择下拉菜单 插入 → 基于草图的特征 → 凹槽... 命令；选取图 30.2.19 所示的平面为草绘平面；绘制图 30.2.20 所示的截面草图；在对话框 第一限制 区域的 类型： 下拉列表中选取 尺寸 选项，在其后的 深度： 文本框中输入值 0.4；单击 确定 按钮，完成凹槽 3 的创建。

Step15. 创建图 30.2.21b 所示的特征——镜像 2。在特征树上选取凹槽 3 作为镜像对象，选择下拉菜单 插入 → 变换特征 → 镜像... 命令，选取 xy 平面为镜像元素，单击 确定 按钮，完成镜像 2 的创建。

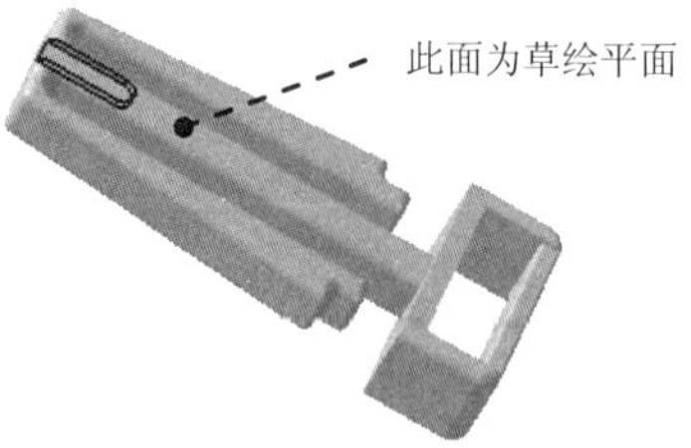

图 30.2.19 凹槽 3

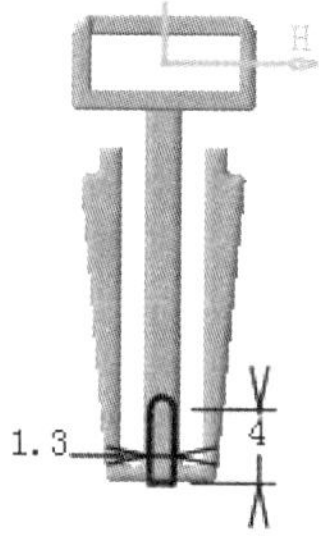

图 30.2.20 截面草图

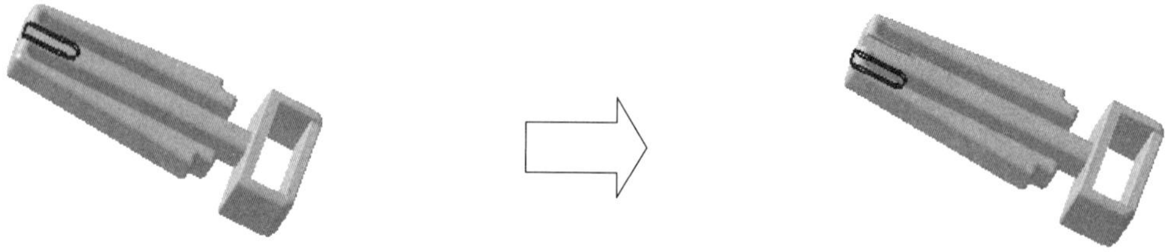

图 30.2.21 镜像 2

Step16. 创建图 30.2.22 所示的特征——倒圆角 8。选取图中所示的边为倒圆角的对象，倒圆角半径为 0.1。

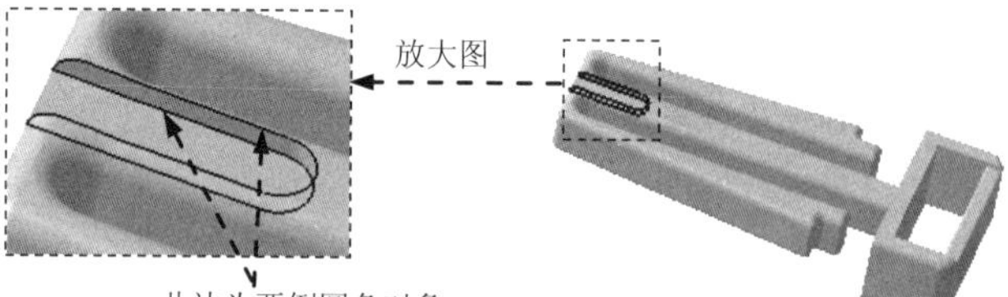

图 30.2.22 倒圆角 8

Step17. 创建图 30.2.23 所示的特征——倒圆角 9。选取图中所示的边为倒圆角的对象，倒圆角半径为 0.1。

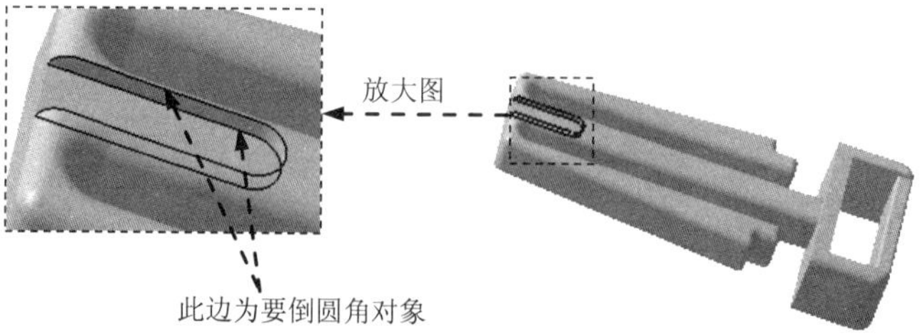

图 30.2.23 倒圆角 9

Step18. 创建图 30.2.24 所示的零件特征——凸台 3。选择下拉菜单 插入 → 基于草图的特征 → 凸台... 命令；选取图 30.2.24 所示的平面为草绘平面，绘制图 30.2.25

所示的截面草图；在 第一限制 区域的 类型：下拉列表中选取 尺寸 选项，在其后的 长度：文本框中输入值 0.5，单击 确定 按钮，完成凸台 3 的创建。

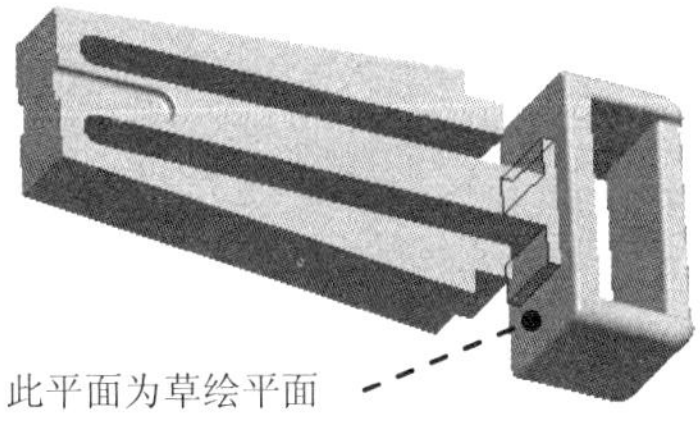

图 30.2.24 凸台 3

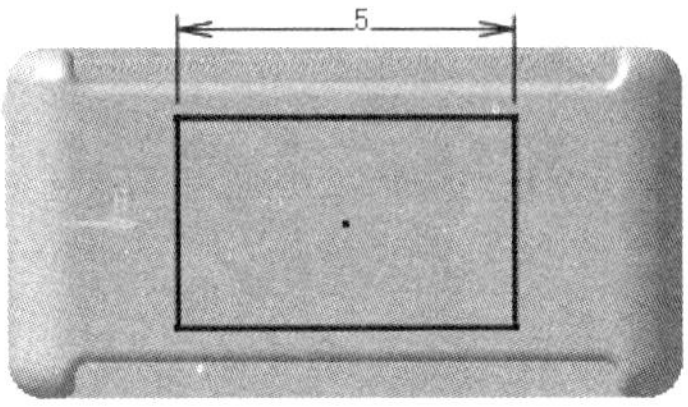

图 30.2.25 截面草图

Step19. 创建图 30.2.26b 所示的特征——倒圆角 10。选取图 30.2.26a 所示的边为倒圆角的对象，倒圆角半径为 0.2。

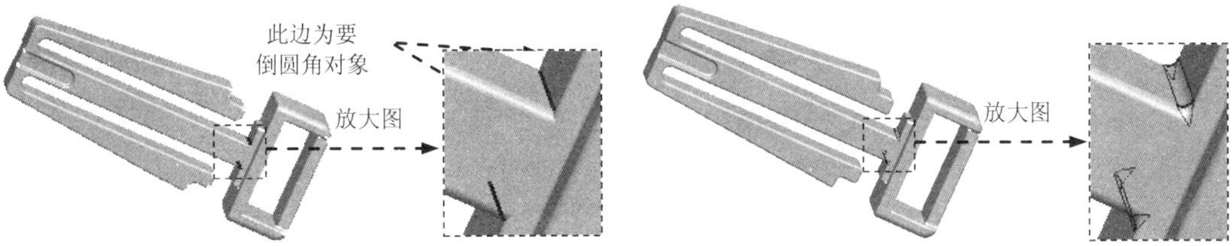

a）倒圆角前

b）倒圆角后

图 30.2.26 倒圆角 10

Step20. 创建图 30.2.27b 所示的特征——倒圆角 11。选取图 30.2.27a 所示的边为倒圆角的对象，倒圆角半径为 0.1。

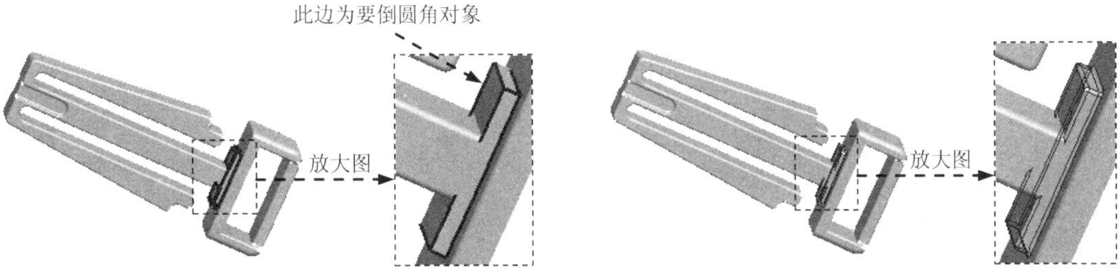

a）倒圆角前

b）倒圆角后

图 30.2.27 倒圆角 11

Step21. 保存零件模型。选择下拉菜单 文件 → 保存 命令，即可保存零件模型。

30.3 扣 件 下 盖

零件模型及特征树如图 30.3.1 所示。

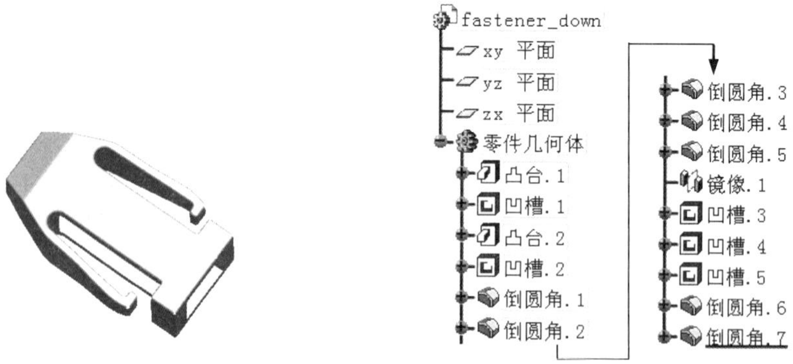

图 30.3.1 零件模型及特征树

Step1. 新建模型文件。选择下拉菜单 开始 → 机械设计 → 零件设计 命令，在系统弹出的“新建零件”对话框中输入名称 FASTENER_DOWN，选中 启用混合设计 复选框，单击 确定 按钮，进入零件设计工作台。

Step2. 创建图 30.3.2 所示的零件特征——凸台 1。选择下拉菜单 插入 → 基于草图的特征 → 凸台... 命令；选取 xy 平面为草绘平面，绘制图 30.3.3 所示的截面草图；在 第一限制 区域的 类型： 下拉列表中选取 尺寸 选项，在其后的 长度： 文本框中输入值 3；并选中 镜像范围 复选框，单击 确定 按钮，完成凸台 1 的创建。

图 30.3.2 凸台 1

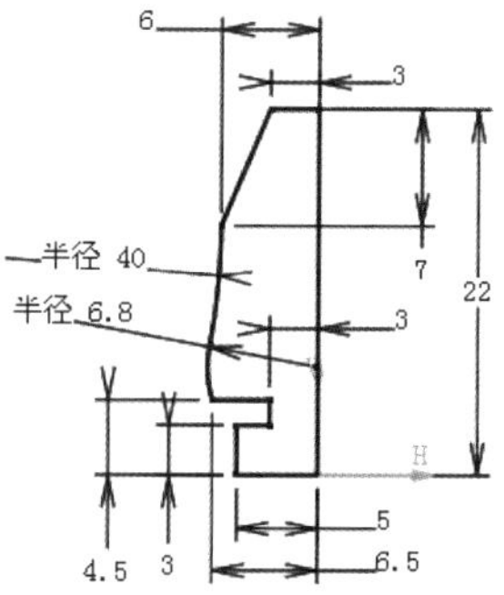

图 30.3.3 截面草图

Step3. 创建图 30.3.4 所示的零件特征——凹槽 1。选择下拉菜单 插入 → 基于草图的特征 → 凹槽... 命令；选取图 30.3.4 所示的平面为草绘平面；绘制图 30.3.5 所示的截面草图；在对话框 第一限制 区域的 类型： 下拉列表中选取 直到最后 选项，单击 确定按钮，完成凹槽 1 的创建。

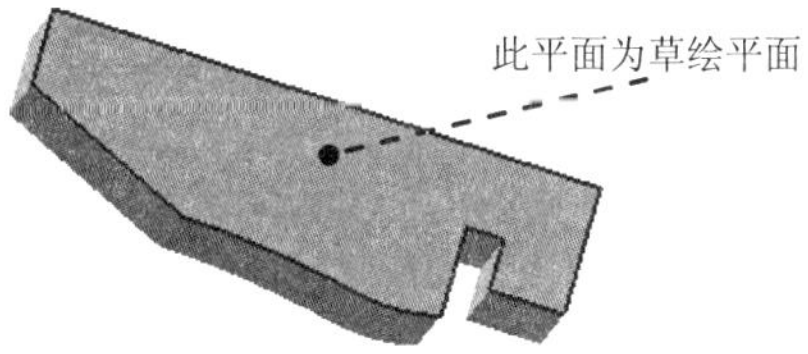

图 30.3.4　凹槽 1

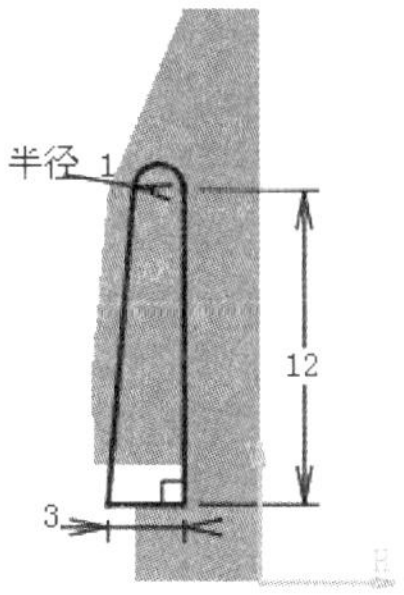

图 30.3.5　截面草图

Step4. 创建图 30.3.6 所示的零件特征——凸台 2。选择下拉菜单 插入 → 基于草图的特征 → 凸台... 命令；选取图 30.3.7 所示的平面为草绘平面，绘制图 30.3.8 所示的截面草图；在 第一限制 区域的 类型： 下拉列表中选取 尺寸 选项，在其后的 长度： 文本框中输入值 1，单击 确定 按钮，完成凸台 2 的创建。

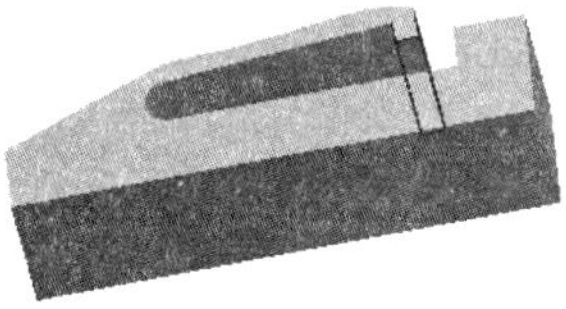

图 30.3.6　凸台 2

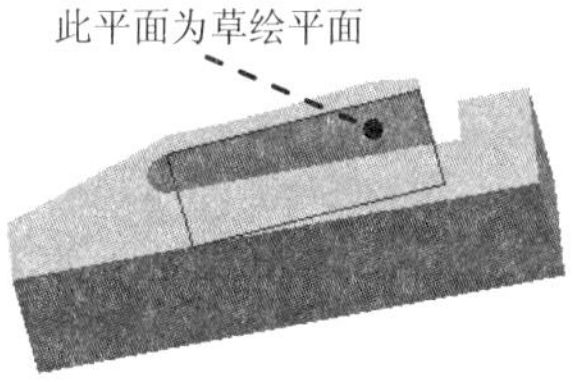

图 30.3.7　定义草绘平面

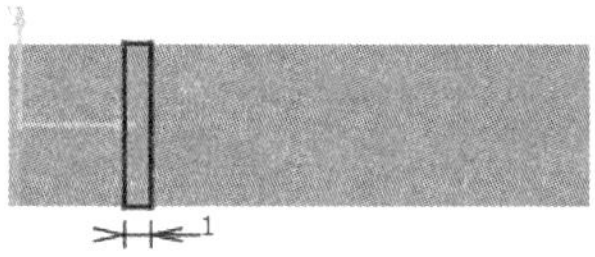

图 30.3.8　截面草图

Step5. 创建图 30.3.9 所示的零件特征——凹槽 2。选择下拉菜单 插入 → 基于草图的特征 → 凹槽... 命令；选取图 30.3.10 所示的平面为草绘平面；绘制图 30.3.11 所示的截面草图；在对话框 第一限制 区域的 类型： 下拉列表中选取 直到最后 选项，并单击 反转方向 按钮，单击 确定 按钮，完成凹槽 2 的创建。

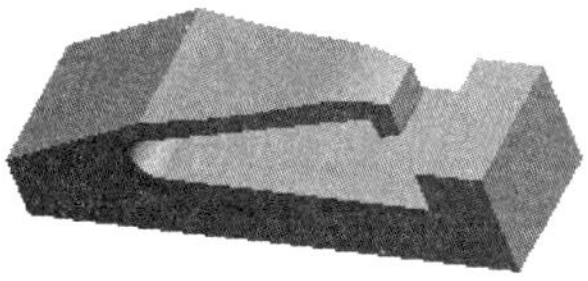

图 30.3.9　凹槽 2

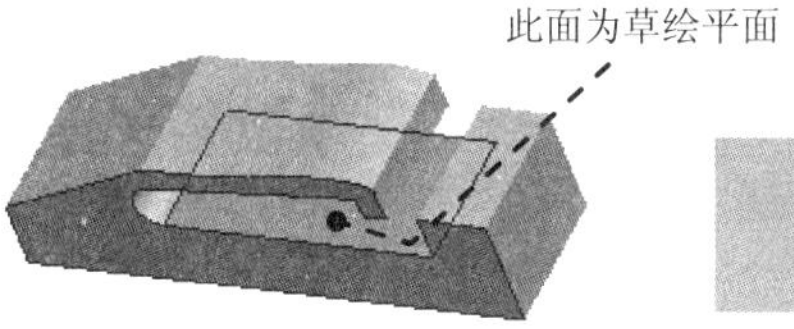

图 30.3.10　定义草绘平面

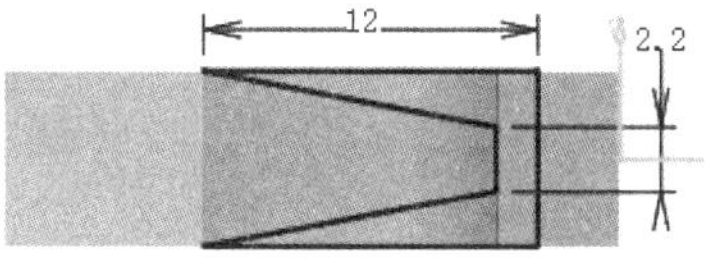

图 30.3.11　截面草图

Step6. 创建图 30.3.12b 所示的特征——倒圆角 1。选取图 30.3.12a 所示的边为倒圆角的对象，倒圆角半径为 0.3。

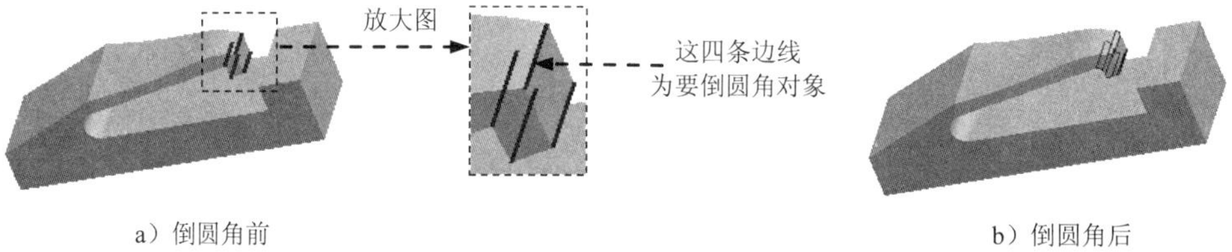

图 30.3.12 倒圆角 1

Step7. 创建图 30.3.13b 所示的特征——倒圆角 2。选取图 30.3.13a 所示的边为倒圆角的对象，倒圆角半径为 5。

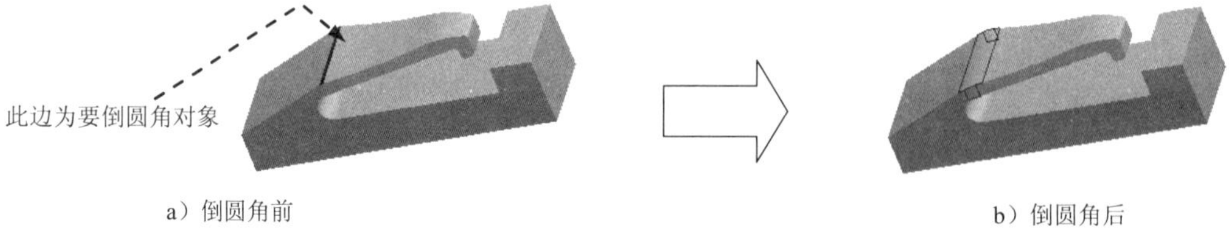

图 30.3.13 倒圆角 2

Step8. 创建图 30.3.14b 所示的特征——倒圆角 3。选取图 30.3.14a 所示的边为倒圆角的对象，倒圆角半径为 0.5。

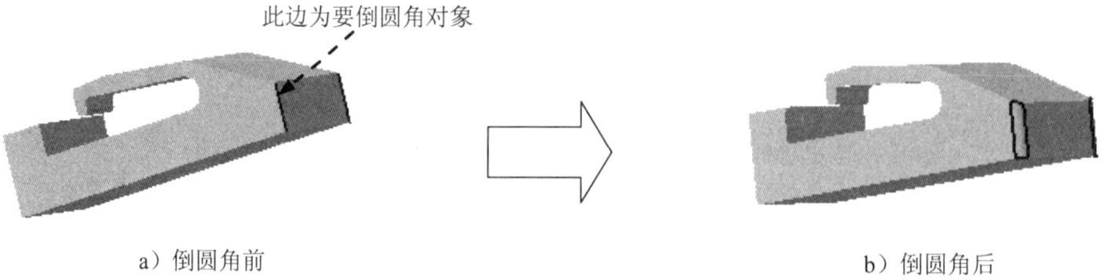

图 30.3.14 倒圆角 3

Step9. 创建图 30.3.15b 所示的特征——倒圆角 4。选取图 30.3.15a 所示的边为倒圆角的对象，倒圆角半径为 0.2。

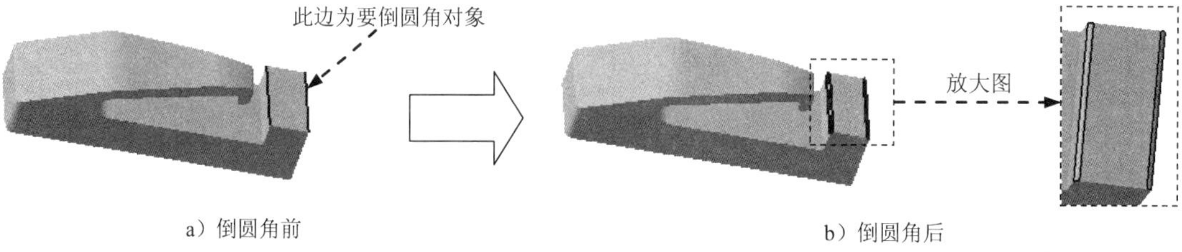

图 30.3.15 倒圆角 4

Step10. 创建图 30.3.16b 所示的特征——倒圆角 5。选取图 30.3.16a 所示的边为倒圆角的对象，倒圆角半径为 0.2。

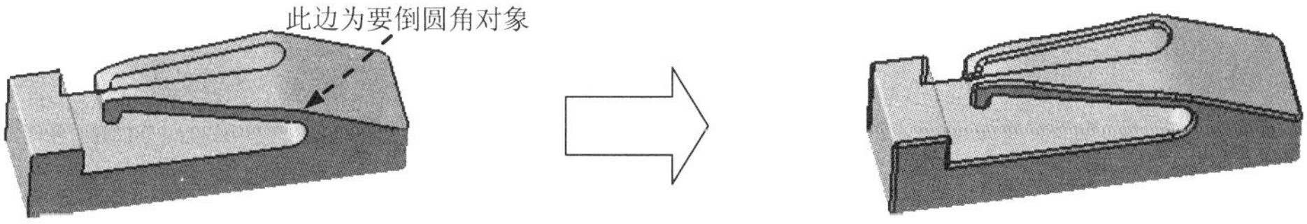

a）倒圆角前　　b）倒圆角后

图 30.3.16　倒圆角 5

Step11. 创建图 30.3.17b 所示的特征——镜像 1。选择下拉菜单 插入 → 变换特征 → 镜像... 命令，采用系统默认的当前实体作为要镜像的对象，单击 确定 按钮，完成镜像 1 的创建。

a）镜像前　　b）镜像后

图 30.3.17　镜像 1

Step12. 创建图 30.3.18 所示的零件特征——凹槽 3。选择下拉菜单 插入 → 基于草图的特征 → 凹槽... 命令；选取 xy 平面为草绘平面；绘制图 30.3.19 所示的截面草图；在对话框 第一限制 区域的 类型： 下拉列表中选取 尺寸 选项，在其后的 深度： 文本框中输入值 2，并选中 镜像范围 复选框，单击 确定 按钮，完成凹槽 3 的创建。

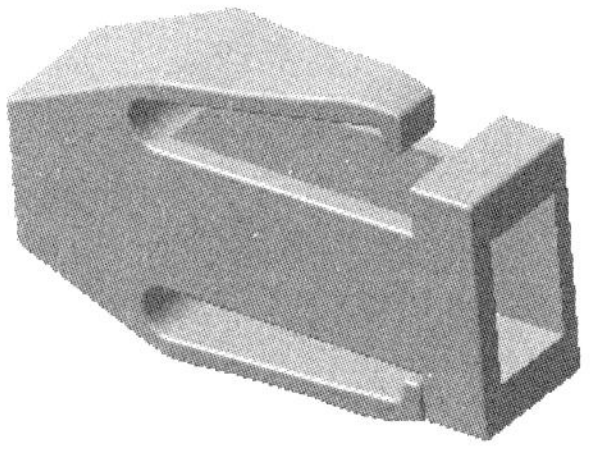

图 30.3.18　凹槽 3

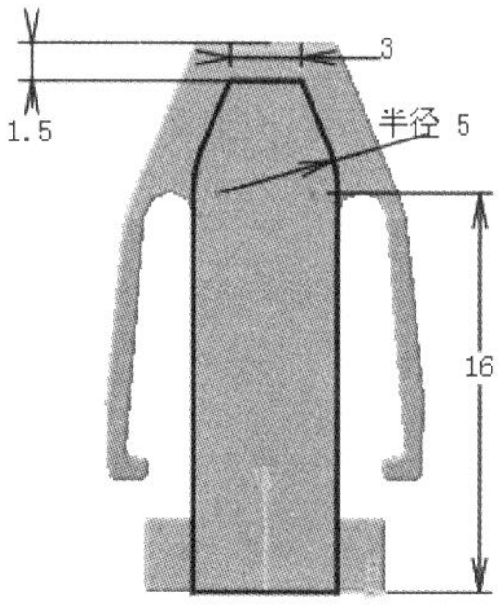

图 30.3.19　截面草图

Step13. 创建图 30.3.20 所示的零件特征——凹槽 4。选择下拉菜单 插入 → 基于草图的特征 → 凹槽... 命令；选取 yz 平面为草绘平面；绘制图 30.3.21 所示的截面草图；在对话框 第一限制 区域的 类型： 下拉列表中选取 尺寸 选项，在其后的 深度： 文本框中输入值 4，并选中 镜像范围 复选框，单击 确定 按钮，完成凹槽 4 的创建。

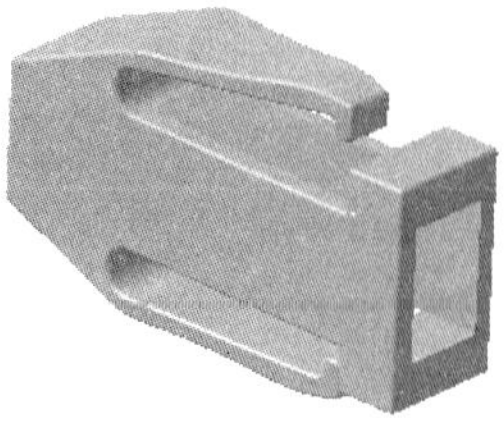
图 30.3.20 凹槽 4

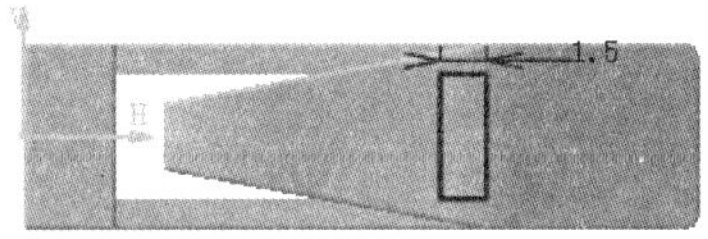

图 30.3.21 截面草图

Step14. 创建图 30.3.22 所示的零件特征——凹槽 5。选择下拉菜单 插入 → 基于草图的特征 → 凹槽... 命令；选取 yz 平面为草绘平面；绘制图 30.3.23 所示的截面草图；在对话框 第一限制 区域的 类型： 下拉列表中选取 尺寸 选项，在其后的 深度： 文本框中输入值 20，并选中 镜像范围 复选框，单击 确定 按钮，完成凹槽 5 的创建。

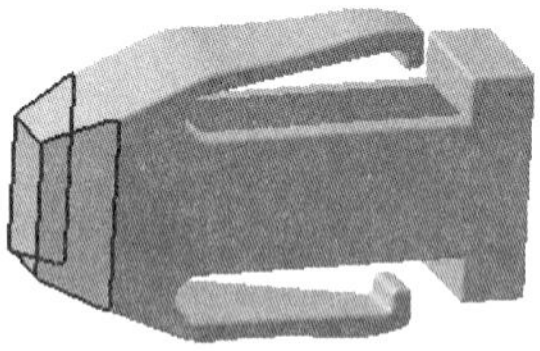
图 30.3.22 凹槽 5

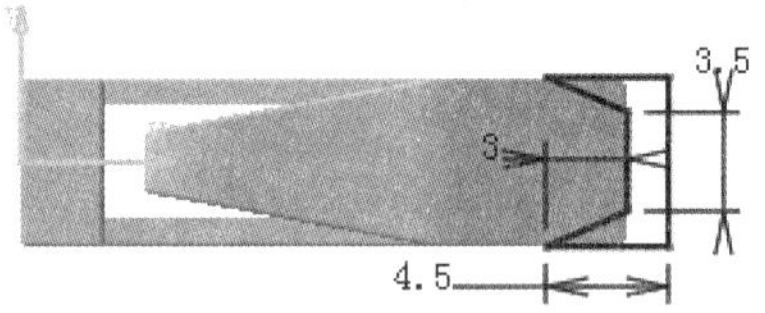

图 30.3.23 截面草图

Step15. 创建图 30.3.24b 所示的特征——倒圆角 6。选取图 30.3.24a 所示的边为倒圆角的对象，倒圆角半径为 0.2。

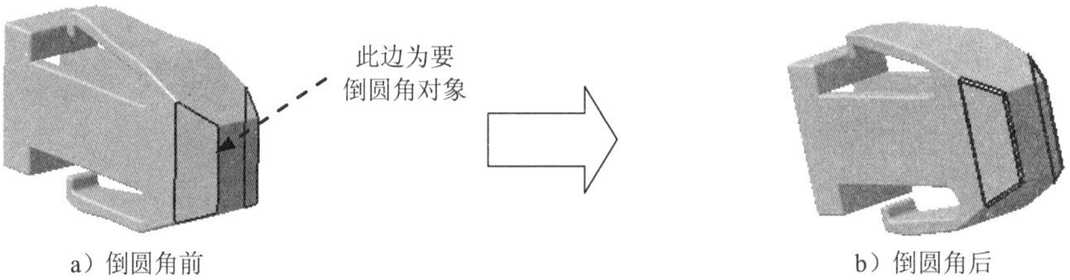

a）倒圆角前　b）倒圆角后
图 30.3.24 倒圆角 6

Step16. 创建图 30.3.25b 所示的特征——倒圆角 7。选取图 30.3.25a 所示的边为倒圆角的对象，倒圆角半径为 0.2。

a）倒圆角前　b）倒圆角后
图 30.3.25 倒圆角 7

Step17. 保存零件模型。选择下拉菜单 文件 → 保存 命令，即可保存零件模型。

30.4　装配设计

Step1. 新建装配文件。选择下拉菜单 开始 → 机械设计 ▸ → 装配设计 命令，进入装配工作台。

Step2. 在特征树中选中 Product1 选项，使其处于激活状态。选择下拉菜单 插入 → 现有部件... 命令，引入部件 fastener_down。

Step3. 选择下拉菜单 插入 → 固定 命令，单击已引入的部件，使其固定。

Step4. 在特征树中选中 Product1 选项，使其处于激活状态。选择下拉菜单 插入 → 现有部件... 命令，引入部件 fastener_Top。

Step5. 选择下拉菜单 编辑 → 移动 ▸ → 操作... 命令，拖动 fastener_Top，使其处于合适的位置。如图 30.4.1 所示。

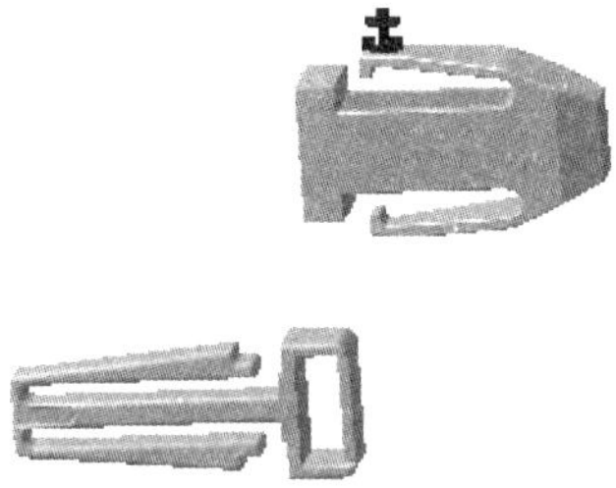

图 30.4.1　引入零件

Step6. 选择下拉菜单 插入 → 接触... 命令，选取图 30.4.2 所示的两个平面，然后选择下拉菜单 编辑 → 更新 命令，完成两平面的接触约束，如图 30.4.3 所示。

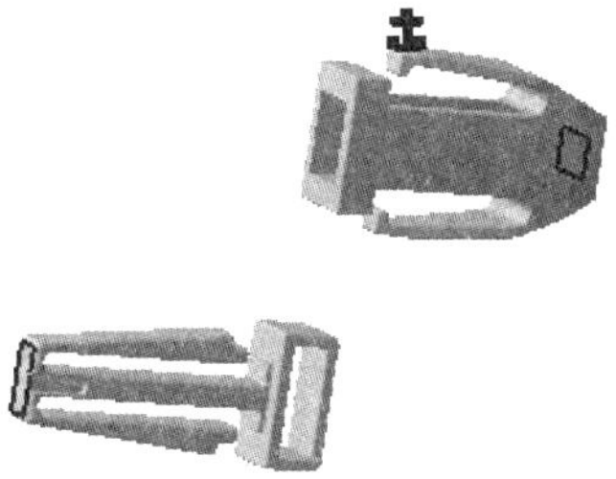

图 30.4.2　定义装配约束

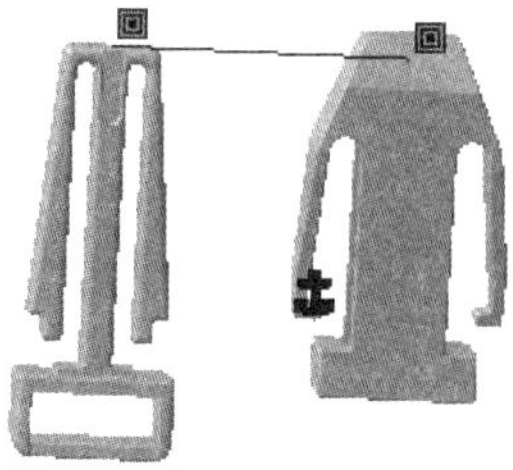

图 30.4.3　装配零件 1

Step7. 选择下拉菜单 插入 → 相合... 命令，选择图 30.4.4 所示的两个平面，在对话框的 方向 下拉列表中选择 相同，单击 确定 按钮，然后选择下拉菜单

编辑 → 更新命令，完成两平面的相合约束。如图 30.4.5 所示。

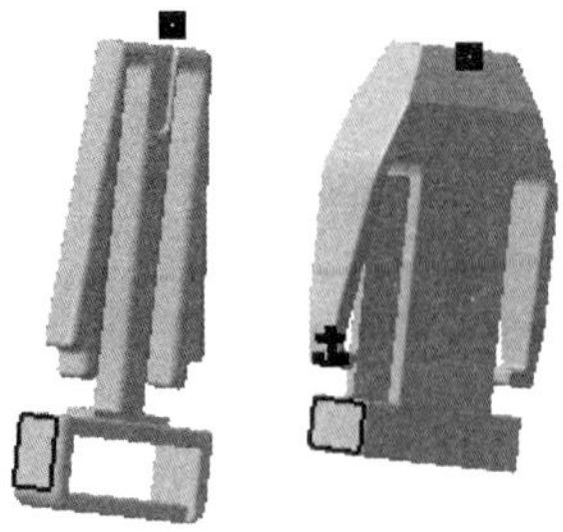

图 30.4.4　定义装配约束

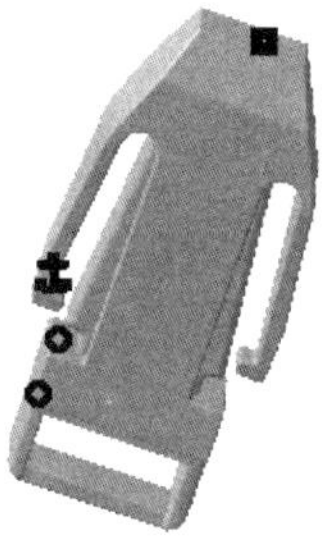

图 30.4.5　装配零件 2

Step8. 保存零件模型。选择下拉菜单文件 → 保存命令，即可保存零件模型。

实例 31　儿童喂药器

31.1 实 例 概 述

本实例是儿童喂药器的设计，在创建零件时首先创建喂药器管、喂药器推杆和橡胶塞，然后再进行装配设计。相应的装配零件模型如图 31.1.1 所示。

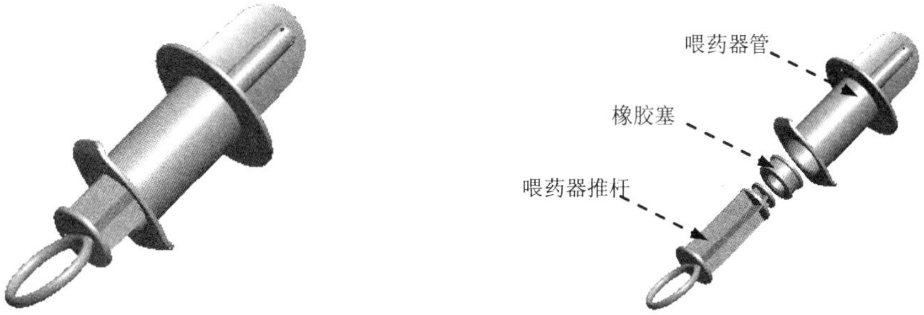

图 31.1.1　装配模型

31.2 喂 药 器 管

零件模型及特征树如图 31.2.1 所示。

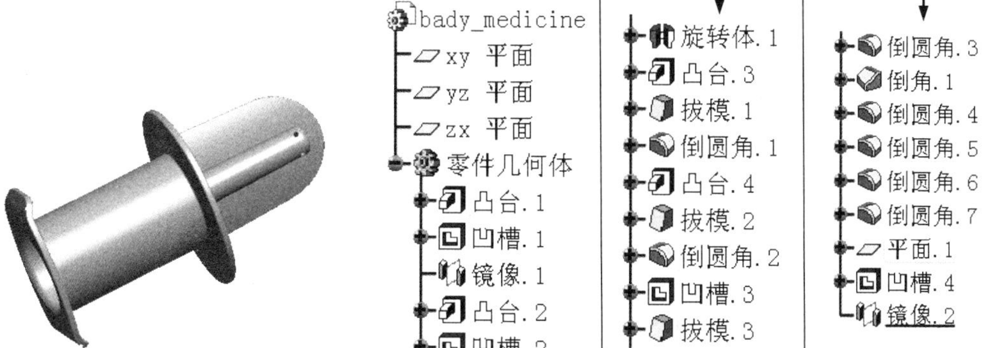

图 31.2.1　零件模型及特征树

Step1. 新建模型文件。选择下拉菜单 开始 → 机械设计 → 零件设计 命令，

在系统弹出的“新建零件”对话框中输入名称 BADY_MEDICINE_01，选中 启用混合设计 复选框，单击 确定 按钮，进入零件设计工作台。

Step2. 创建图 31.2.2 所示的零件特征——凸台 1。选择下拉菜单 插入 → 基于草图的特征 → 凸台... 命令；选取 yz 平面为草绘平面，绘制图 31.2.3 所示的截面草图；在 第一限制 区域的 类型： 下拉列表中选取 尺寸 选项，在其后的 长度： 文本框中输入值 15，选中 厚 复选框，在 薄凸台 下的 厚度 1 文本框中输入数值 2，并选中 镜像范围 复选框，单击 确定 按钮，完成凸台 1 的创建。

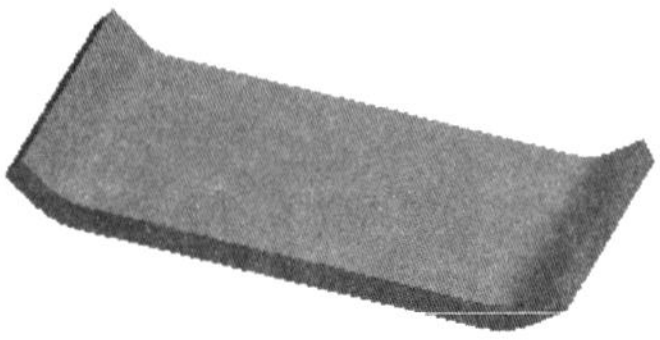

图 31.2.2　凸台 1

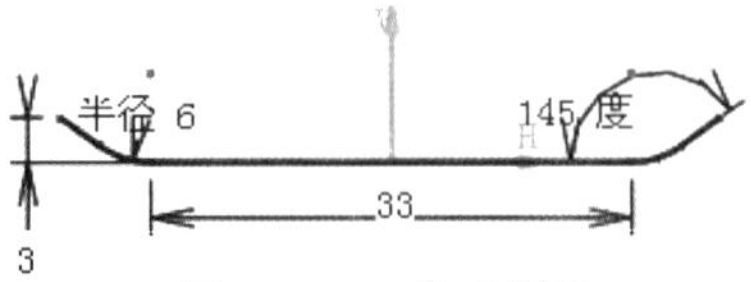

图 31.2.3　截面草图

Step3. 创建图 31.2.4 所示的零件特征——凹槽 1。选择下拉菜单 插入 → 基于草图的特征 → 凹槽... 命令；选取 xy 平面为草绘平面；绘制图 31.2.5 所示的截面草图；在对话框 第一限制 区域的 类型： 下拉列表中选取 直到最后 选项，单击 确定 按钮，完成凹槽 1 的创建。

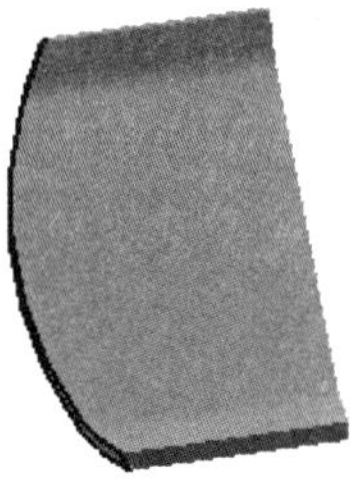

图 31.2.4　凹槽 1

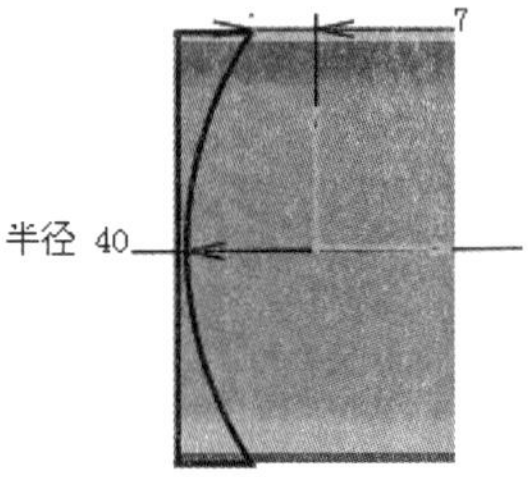

图 31.2.5　截面草图

Step4. 创建图 31.2.6b 所示的特征——镜像 1。在特征树上选取凹槽 1 为镜像对象；选取 yz 平面为镜像元素，单击 确定 按钮，完成镜像 1 的创建。

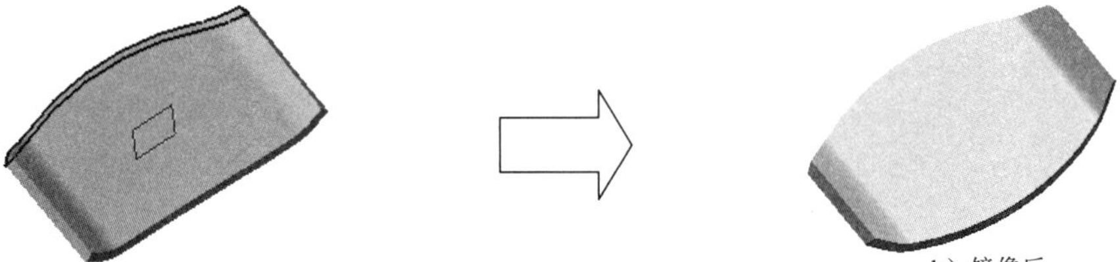

a）镜像前　b）镜像后

图 31.2.6　镜像 1

Step5. 创建图 31.2.7 所示的零件特征——凸台 2。选择下拉菜单 插入 → 基于草图的特征 ▸ → 凸台... 命令；选取图 31.2.7 所示的平面为草绘平面，绘制图 31.2.8 所示的截面草图；在 第一限制 区域的 类型： 下拉列表中选取 尺寸 选项，在其后的 长度： 文本框中输入值 45，单击 确定 按钮，完成凸台 2 的创建。

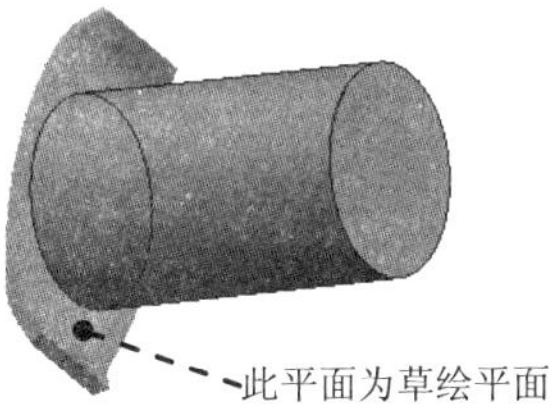

图 31.2.7　凸台 2

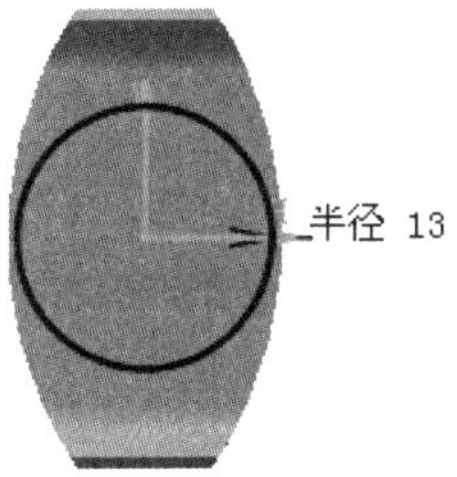

图 31.2.8　截面草图

Step6. 创建图 31.2.9 所示的零件特征——凹槽 2。选择下拉菜单 插入 → 基于草图的特征 ▸ → 凹槽... 命令；选取图 31.2.9 所示的平面为草绘平面；绘制图 31.2.10 所示的截面草图；在对话框 第一限制 区域的 类型： 下拉列表中选取 直到最后 选项，并单击 反转方向 按钮，单击 确定 按钮，完成凹槽 2 的创建。

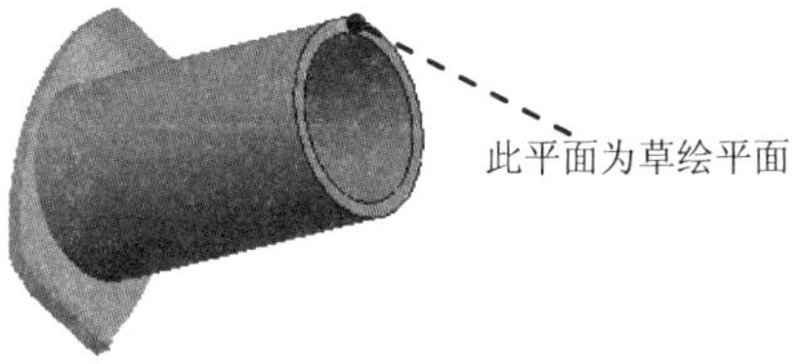

图 31.2.9　凹槽 2

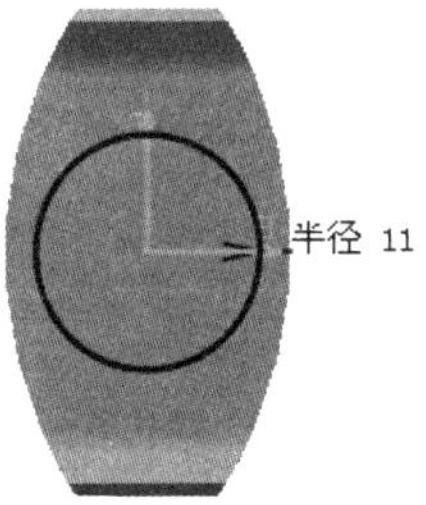

图 31.2.10　截面草图

Step7. 创建图 31.2.11 所示的特征—— 旋转体 1。选择下拉菜单 插入 → 基于草图的特征 ▸ → 旋转体... 命令，选取 yz 平面为草绘平面，绘制图 31.2.12 所示的截面草图；在 限制 区域的 第一角度： 文本框中输入值 360； 单击 轴线 区域的 选择： 文本框，选取草图中长度为 5 的直线为旋转轴，单击 确定 按钮，完成旋转体 1 的创建。

图 31.2.11　旋转体 1

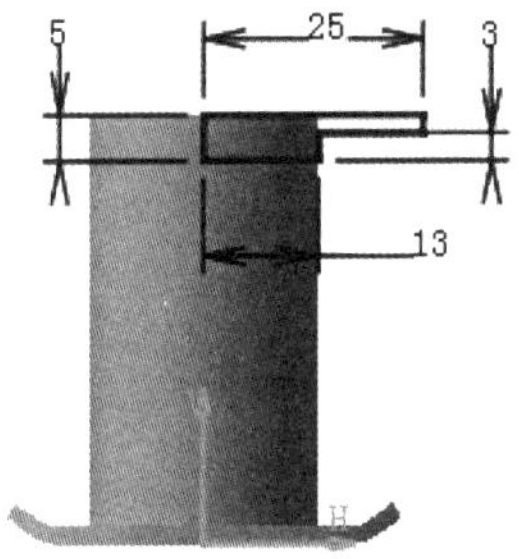

图 31.2.12　截面草图

Step8. 创建图 31.2.13 所示的零件特征——凸台 3。选择下拉菜单 插入 → 基于草图的特征 ▸ → 凸台... 命令；选取图 31.2.13 所示的平面为草绘平面，绘制图 31.2.14 所示的截面草图；在 第一限制 区域的 类型： 下拉列表中选取 尺寸 选项，在其后的 长度： 文本框中输入值 35，单击 确定 按钮，完成凸台 3 的创建。

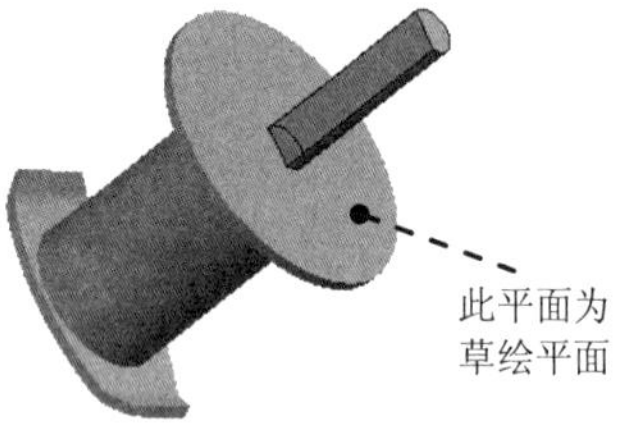

图 31.2.13 凸台 3

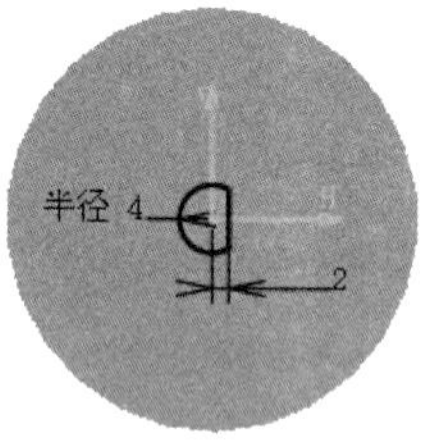

图 31.2.14 截面草图

Step9. 创建图 31.2.15 所示的零件特征——拔模 1。选择下拉菜单 插入 → 修饰特征 ▸ → 拔模... 命令；选取图 31.2.16 所示的面分别为要拔模的面和中性元素，拔模方向如图 31.2.16 所示，并在 角度： 中输入数值 1，单击 确定 按钮，完成拔模 1 的创建。

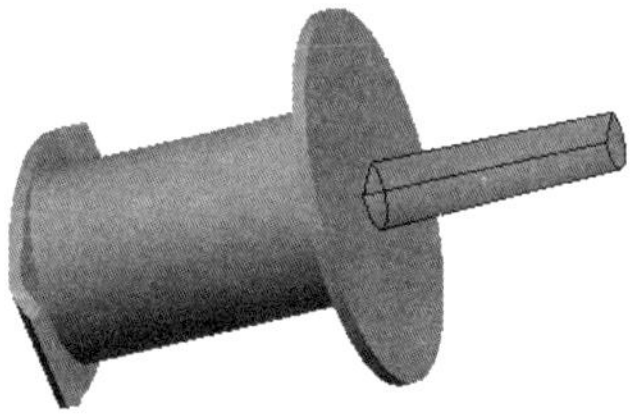

图 31.2.15 拔模 1

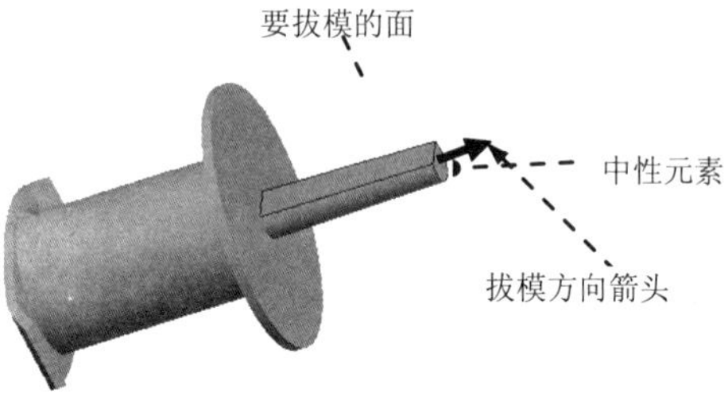

图 31.2.16 定义拔模参照

Step10. 创建图 31.2.17b 所示的特征——倒圆角 1。选取图 31.2.17a 所示的边为倒圆角的对象，倒圆角半径为 1。

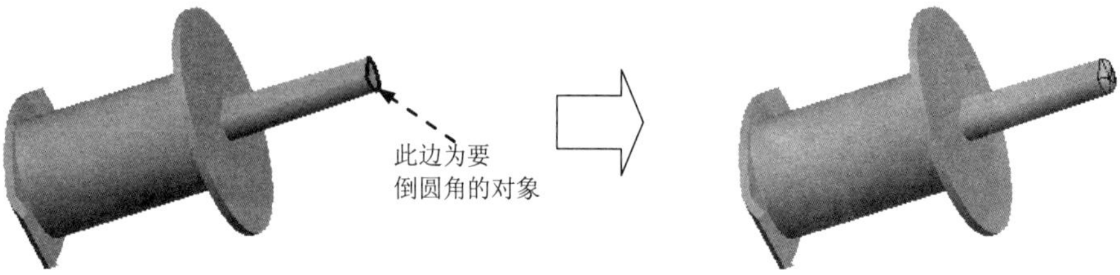

a）倒圆角前

b）倒圆角后

图 31.2.17 倒圆角 1

Step11. 创建图 31.2.18 所示的零件特征——凸台 4。选择下拉菜单 插入 → 基于草图的特征 ▸ → 凸台... 命令；选取图 31.2.18 所示的平面为草绘平面，绘制图 31.2.19 所示的截面草图；在 第一限制 区域的 类型： 下拉列表中选取 尺寸 选项，在其后的 长度： 文本框中输入值 40，选中 厚 复选框，在 薄凸台 区域的 厚度 1 文本框中输入数值 0，在 厚度 2： 文本框中输入数值 2.5，单击 确定 按钮，完成凸台 4 的创建。

图 31.2.18 凸台 4

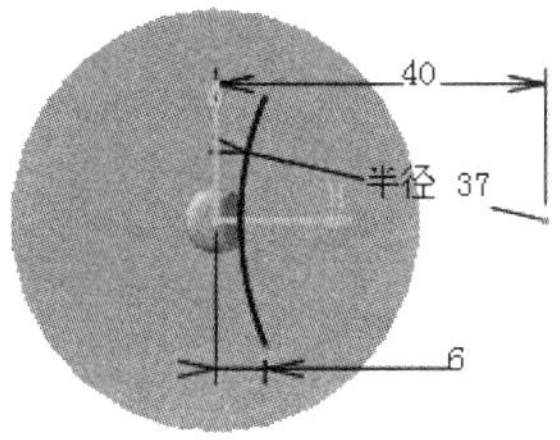

图 31.2.19 截面草图

Step12. 创建图 31.2.20 所示的零件特征——拔模 2。选择下拉菜单 插入 → 修饰特征 ▸ → 拔模... 命令；选取图 31.2.21 所示的面分别为要拔模的面和中性元素，并在 角度： 中输入数值 3，单击 确定 按钮，完成拔模 2 的创建。

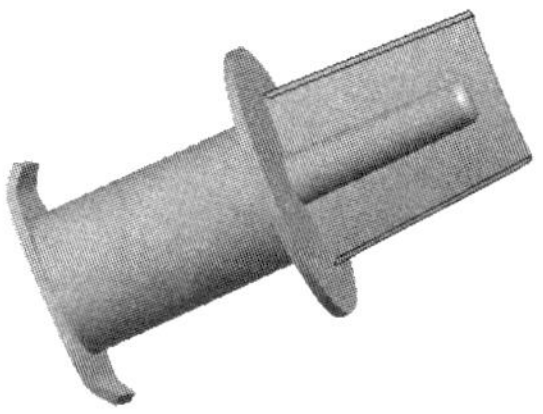

图 31.2.20 拔模 2

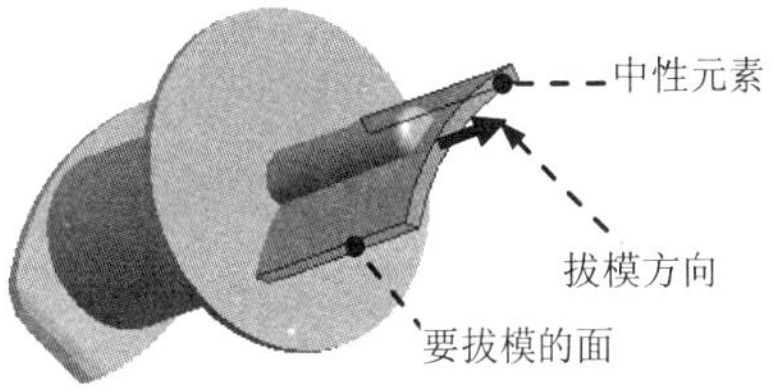

图 31.2.21 定义拔模参照

Step13. 创建图 31.2.22b 所示的特征——倒圆角 2。选取图 31.2.22a 所示的边为倒圆角的对象，倒圆角半径为 15。

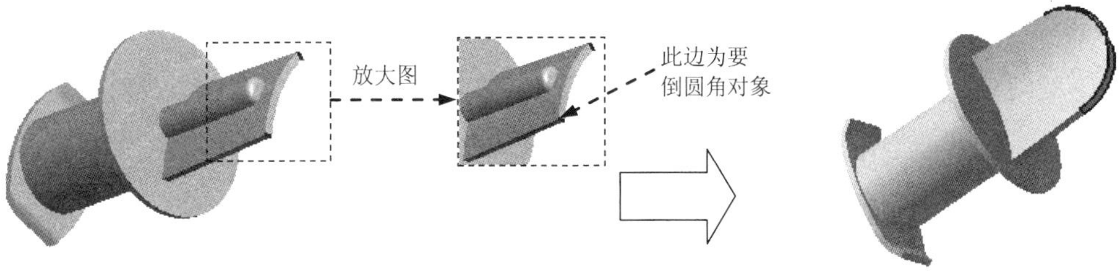

a）倒圆角前 b）倒圆角后

图 31.2.22 倒圆角 2

Step14. 创建图 31.2.23 所示的零件特征——凹槽 3。选择下拉菜单 插入 → 基于草图的特征 → 凹槽... 命令；选取图 31.2.23 所示的平面为草绘平面；绘制图 31.2.24 所示的截面草图；在 第一限制 区域的 类型： 下拉列表中选取 尺寸 选项，在其后的 深度： 文本框中输入值 38；单击 确定 按钮，完成凹槽 3 的创建。

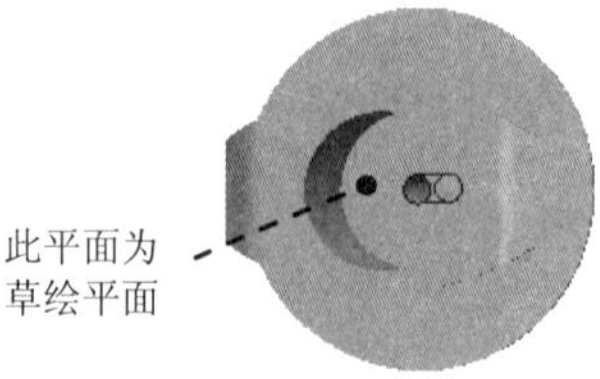

图 31.2.23　凹槽 3

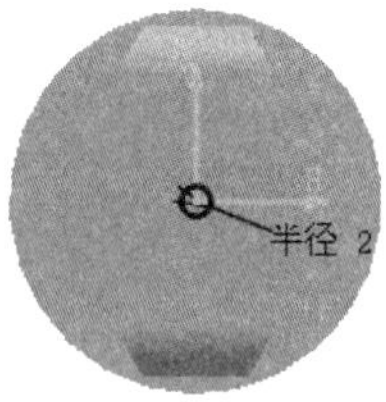

图 31.2.24　截面草图

Step15. 创建图 31.2.25 所示的零件特征——拔模 3。选择下拉菜单 插入 → 修饰特征 → 拔模... 命令；选取图 31.2.26 所示的面分别为要拔模的面和中性元素，并在 角度： 中输入数值 1，单击 确定 按钮，完成拔模 3 的创建。

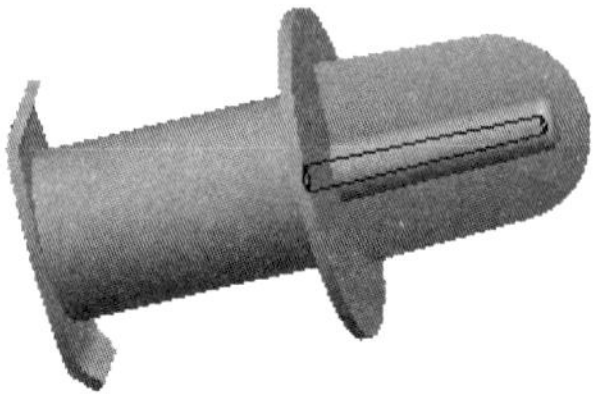

图 31.2.25　拔模 3

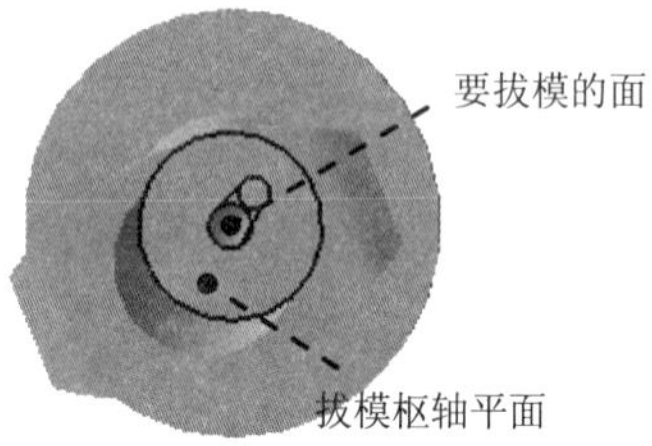

图 31.2.26　定义拔模参照

Step16. 创建图 31.2.27b 所示的特征——倒圆角 3。选取图 31.2.27a 所示的边为倒圆角的对象，倒圆角半径为 4。

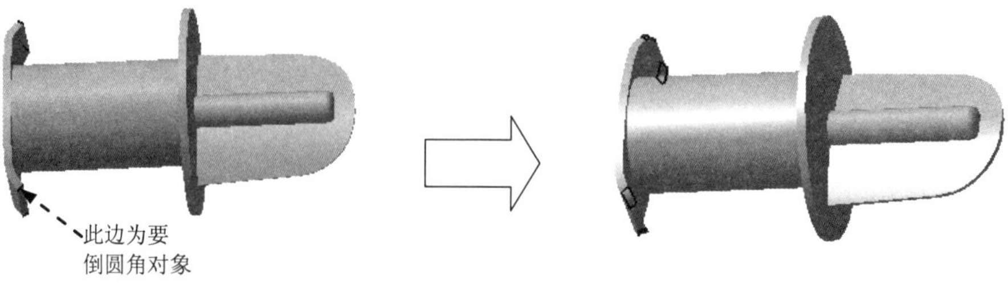

a）圆角前　　b）圆角后

图 31.2.27　倒圆角 3

Step17. 创建倒角特征——倒角 1。选择下拉菜单 插入 → 修饰特征 ▸ → 倒角. 命令；选取图 31.2.28a 所示的边为倒角的对象。在“定义倒角”对话框的 模式： 下拉列表中选取 长度 1/角度 选项。在对话框的 长度 1： 文本框中输入值 1， 角度： 文本框中输入值 45。单击 确定 按钮，完成倒角 1 的创建。

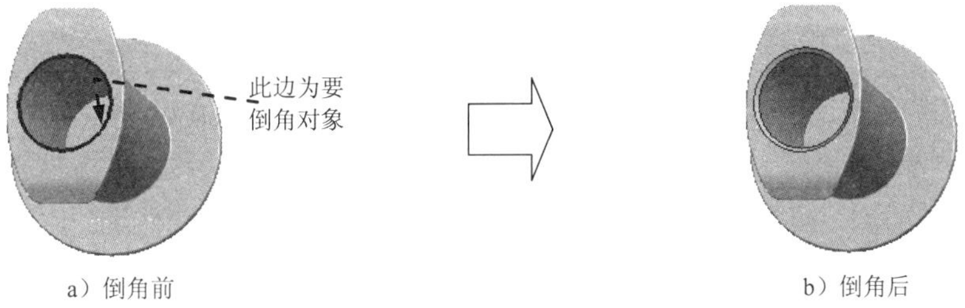

图 31.2.28　倒角 1

Step18. 创建图 31.2.29b 所示的特征——倒圆角 4。选取图 31.2.29a 所示的边为倒圆角的对象，倒圆角半径为 2。

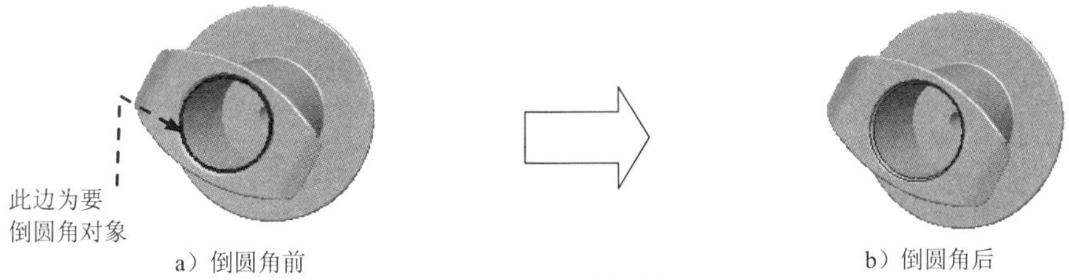

图 31.2.29　倒圆角 4

Step19. 创建图 31.2.30b 所示的特征——倒圆角 5。选取图 31.2.30a 所示的边为倒圆角的对象，倒圆角半径为 0.5。

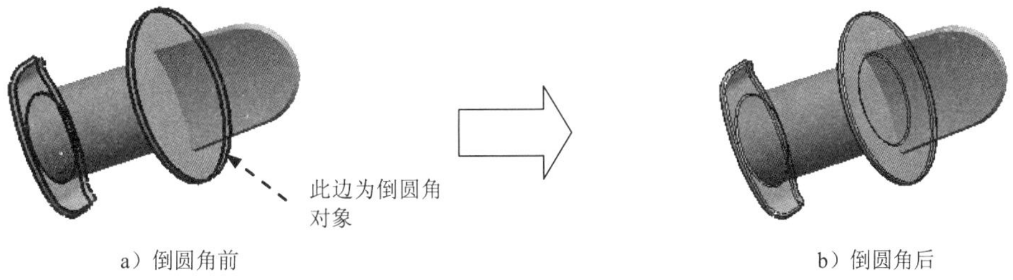

图 31.2.30　倒圆角 5

Step20. 创建图 31.2.31b 所示的特征——倒圆角 6。选取图 31.2.31a 所示的边为倒圆角的对象，倒圆角半径为 0.5。

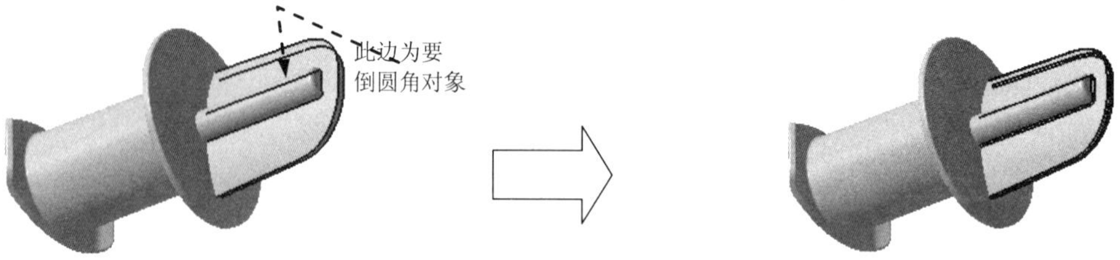

图 31.2.31 倒圆角 6

Step21. 创建图 31.2.32b 所示的特征——倒圆角 7。选取图 31.2.32a 所示的边为倒圆角的对象，倒圆角半径为 0.5。

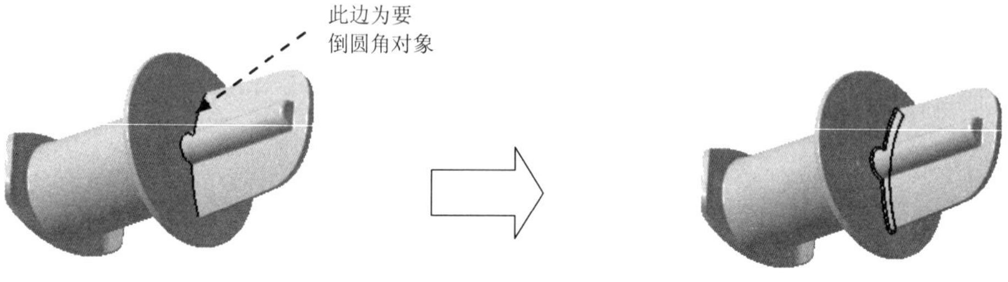

图 31.2.32 倒圆角 7

Step22. 创建图 31.2.33 所示的特征——平面 1。单击“参考元素”工具栏中的按钮；在平面类型：下拉列表中选取与平面成一定角度或垂直选项；在旋转轴：文本框中右击，选取 Z 轴为旋转轴；在参考：文本框中右击，选取 yz 为参考平面；在角度：文本框中输入数值 45，单击确定按钮，完成平面 1 的创建。

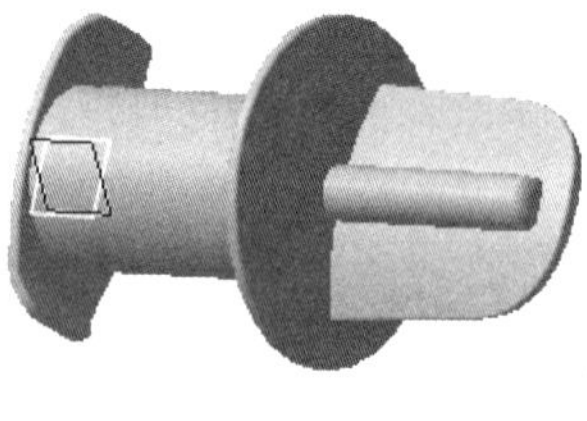

图 31.2.33 平面 1

Step23. 创建图 31.2.34 所示的零件特征——凹槽 4。选择下拉菜单插入 → 基于草图的特征 → 凹槽...命令；选取平面 1 为草绘平面；绘制图 31.2.35 所示的截面草图；在对话框第一限制区域的类型：下拉列表中选取直到最后选项，单击反转方向按钮，单击确定按钮，完成凹槽 4 的创建。

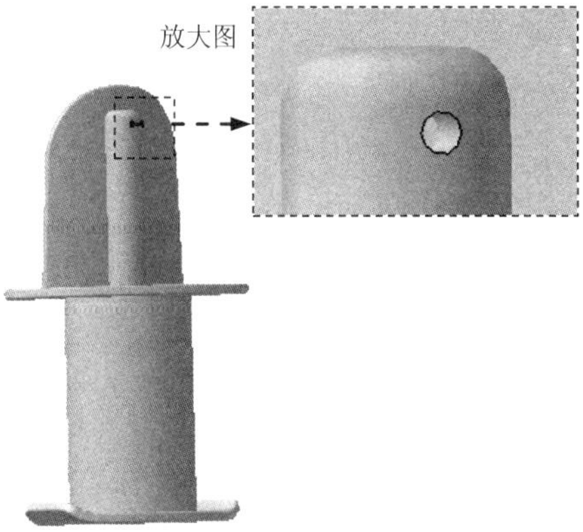

图 31.2.34　凹槽 4

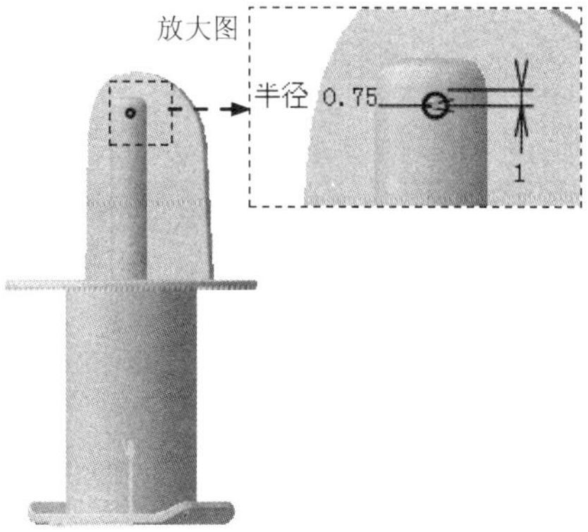

图 31.2.35　截面草图

Step24. 创建图 31.2.36 所示的特征——镜像 2。在特征树上选取凹槽 4 为镜像对象；选取 yz 平面为镜像元素，单击 确定 按钮，完成镜像 2 的创建。

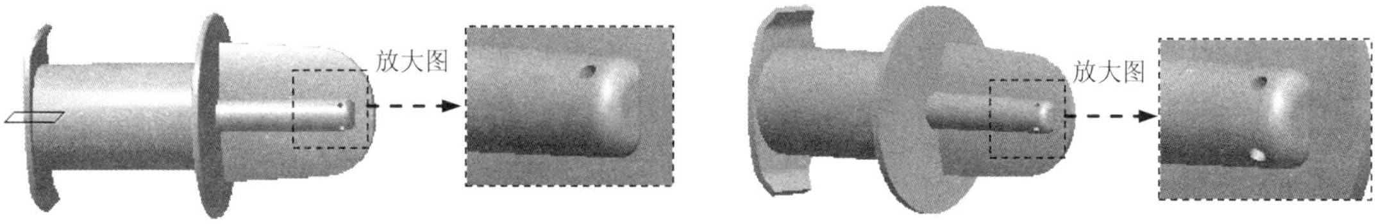

a）镜像前　　b）镜像后

图 31.2.36　镜像 2

Step25. 保存文件。选择下拉菜单 文件 → 保存 命令，完成零件模型的保存。

31.3　喂药器推杆

零件模型及特征树如图 31.3.1 所示。

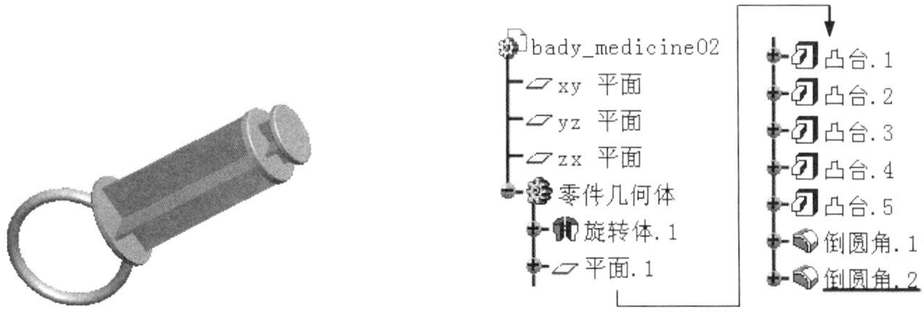

图 31.3.1　零件模型及特征树

Step1. 新建模型文件。选择下拉菜单 开始 → 机械设计 → 零件设计 命令，

在系统弹出的“新建零件”对话框中输入名称 BADY_MEDICINE_02，选中启用混合设计复选框，单击确定按钮，进入零件设计工作台。

Step2. 创建图 31.3.2 所示的特征——旋转体 1。选择下拉菜单插入 → 基于草图的特征 → 旋转体...命令，选取 xy 平面为草绘平面，绘制图 31.3.3 所示的截面草图；在限制区域的第一角度：文本框中输入值 360；单击轴线区域的选择：文本框，选取 V 轴作为旋转轴，单击确定按钮，完成旋转体 1 的创建。

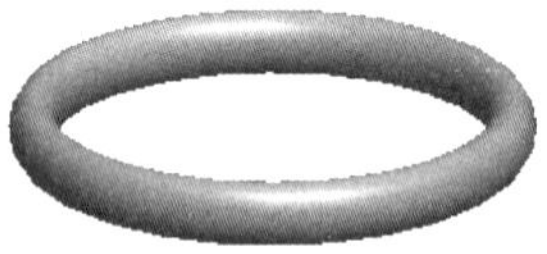
图 31.3.2　旋转体 1

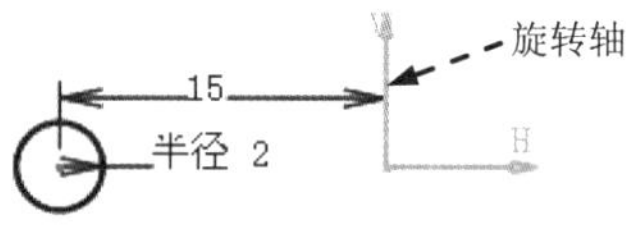

图 31.3.3　截面草图

Step3. 创建图 31.3.4 所示的特征——平面 1。单击“参考元素”工具栏中的按钮；在平面类型：下拉列表中选取偏移平面选项；在参考：文本框中右击，选取 xy 为参考平面；在偏移：文本框中输入数值 15，单击确定按钮，完成平面 1 的创建。

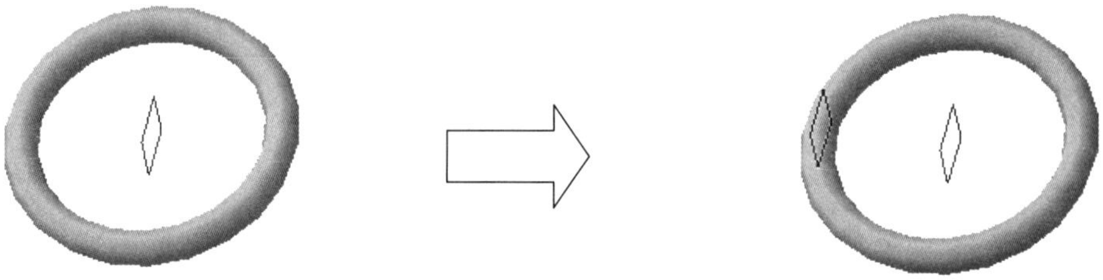
a）创建前　　b）创建后

图 31.3.4　平面 1

Step4. 创建图 31.3.5 所示的零件特征——凸台 1。选择下拉菜单插入 → 基于草图的特征 → 凸台...命令；选取平面 1 为草绘平面，绘制图 31.3.6 所示的截面草图；在第一限制区域的类型：下拉列表中选取尺寸选项，在其后的长度：文本框中输入值 2；单击确定按钮，完成凸台 1 的创建。

图 31.3.5　凸台 1

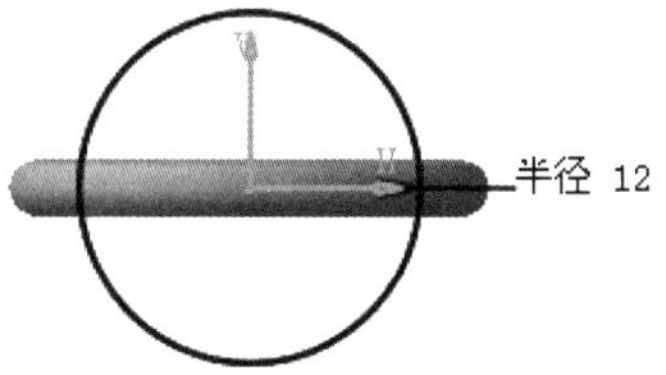

图 31.3.6　截面草图

Step5. 创建图 31.3.7 所示的零件特征——凸台 2。选择下拉菜单 插入 → 基于草图的特征 → 凸台... 命令；选取图 31.3.7 所示的平面为草绘平面，绘制图 31.3.8 所示的截面草图；在 第一限制 区域的 类型：下拉列表中选取 尺寸 选项，在其后的 长度：文本框中输入值 45；单击 确定 按钮，完成凸台 2 的创建。

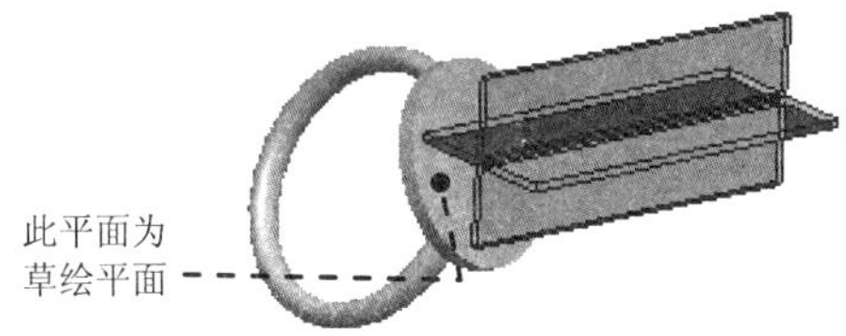

图 31.3.7　凸台 2

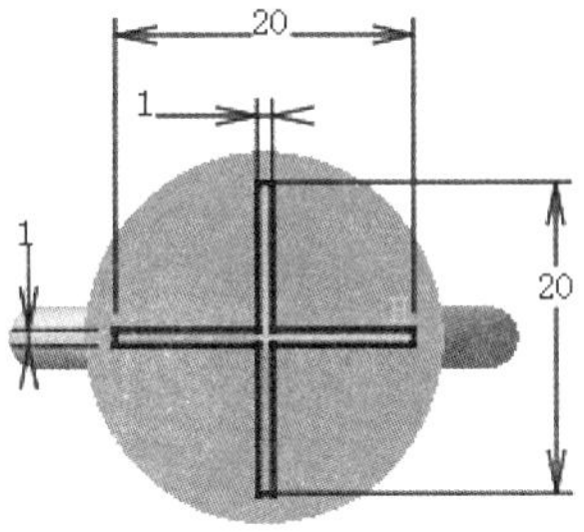

图 31.3.8　截面草图

Step6. 创建图 31.3.9 所示的零件特征——凸台 3。选择下拉菜单 插入 → 基于草图的特征 → 凸台... 命令；选取图 31.3.9 所示的平面为草绘平面，绘制图 31.3.10 所示的截面草图；在 第一限制 区域的 类型：下拉列表中选取 尺寸 选项，在其后的 长度：文本框中输入值 2；单击 确定 按钮，完成凸台 3 的创建。

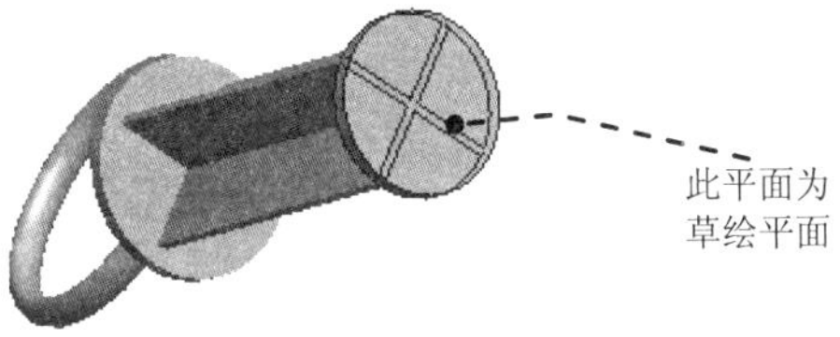

图 31.3.9　凸台 3

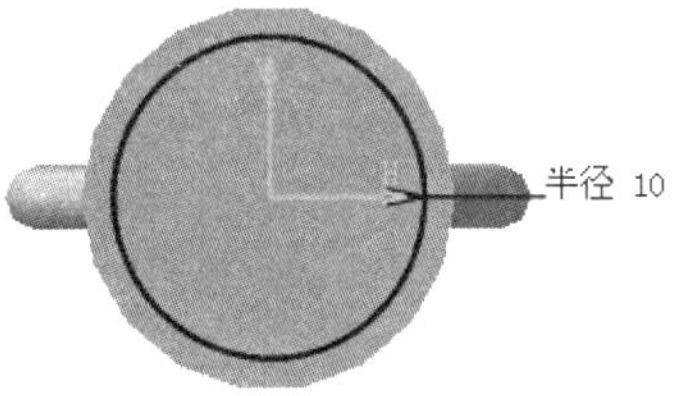

图 31.3.10　截面草图

Step7. 创建图 31.3.11 所示的零件特征——凸台 4。选择下拉菜单 插入 → 基于草图的特征 → 凸台... 命令；选取图 31.3.11 所示的平面为草绘平面，绘制图 31.3.12 所示的截面草图；在 第一限制 区域的 类型：下拉列表中选取 尺寸 选项，在其后的 长度：文本框中输入值 5；单击 确定 按钮，完成凸台 4 的创建。

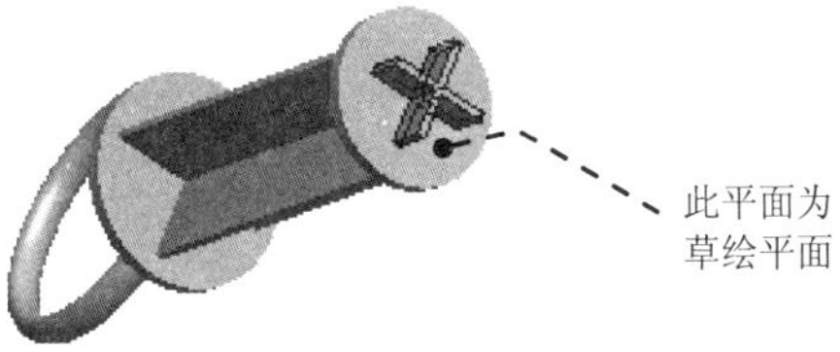

图 31.3.11　凸台 4

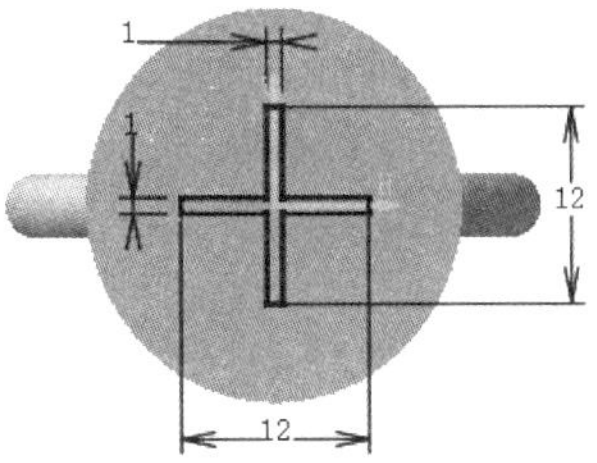

图 31.3.12　截面草图

Step8. 创建图 31.3.13 所示的零件特征——凸台 5。选择下拉菜单 插入 → 基于草图的特征 ▸ → 凸台... 命令；选取图 31.3.13 所示的平面为草绘平面，绘制图 31.3.14 所示的截面草图；在 第一限制 区域的 类型： 下拉列表中选取 尺寸 选项，在其后的 长度： 文本框中输入值 2；单击 确定 按钮，完成凸台 5 的创建。

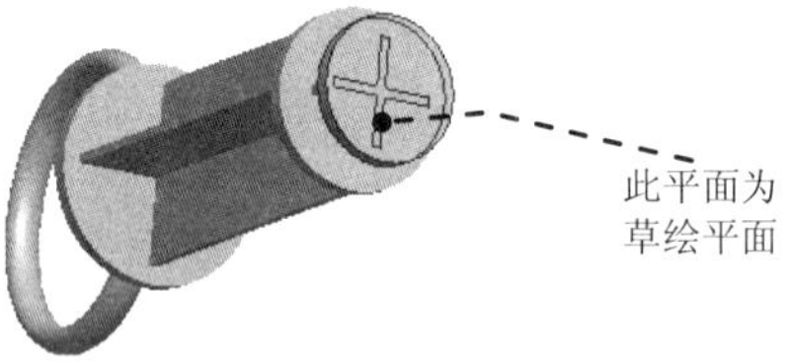

图 31.3.13 凸台 5

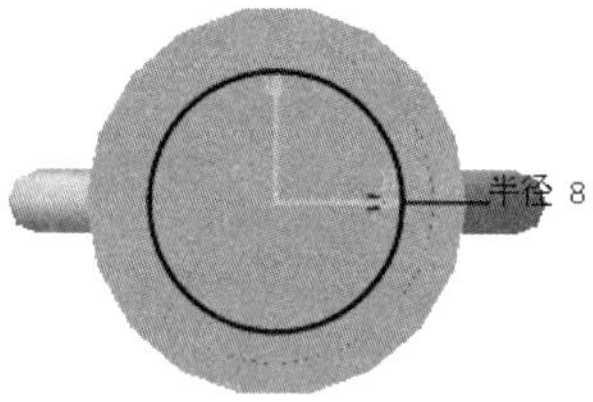

图 31.3.14 截面草图

Step9. 创建图 31.3.15b 所示的特征——倒圆角 1。选取图 31.3.15a 所示的边为倒圆角的对象，倒圆角半径为 0.5。

图 31.3.15 倒圆角 1

Step10. 创建图 31.3.16b 所示的特征——倒圆角 2。选取图 31.3.16a 所示的边为倒圆角的对象，倒圆角半径为 1。

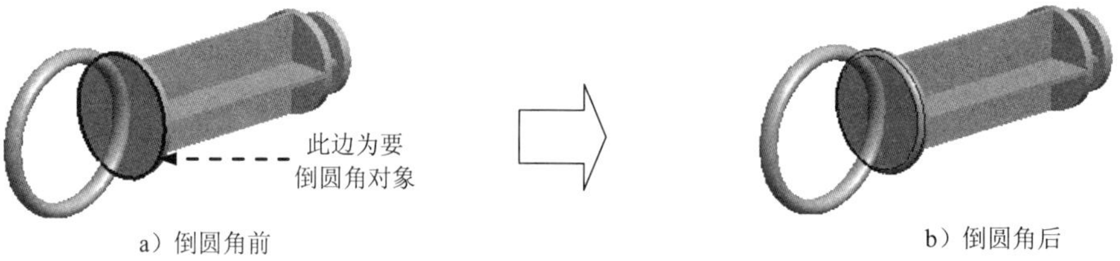

图 31.3.16 倒圆角 2

Step11. 保存文件。选择下拉菜单 文件 → 保存 命令，完成零件模型的保存。

31.4 橡 胶 塞

零件模型及特征树如图 31.4.1 所示。

图 31.4.1　零件模型及特征树

Step1. 新建模型文件。选择下拉菜单 开始 → 机械设计 → 零件设计 命令，在系统弹出的“新建零件”对话框中输入名称 BADY_MEDICINE_03，选中 启用混合设计 复选框，单击 确定 按钮，进入零件设计工作台。

Step2. 创建图 31.4.2 所示的特征——旋转体 1。选择下拉菜单 插入 → 基于草图的特征 → 旋转体... 命令，选取 xy 平面为草绘平面，绘制图 31.4.3 所示的截面草图；在 限制 区域的 第一角度： 文本框中输入值 360；在 轴线 区域的 选择： 文本框中右击，选取图 31.4.3 所示的直线为旋转轴，单击 确定 按钮，完成旋转体 1 的创建。

图 31.4.2　旋转体 1

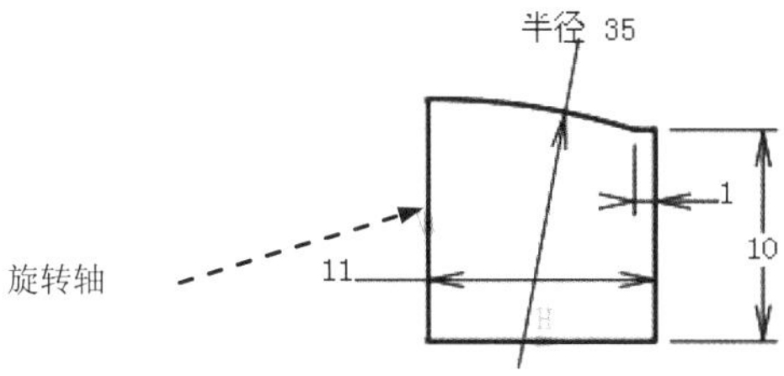

图 31.4.3　截面草图

Step3. 创建图 31.4.4 所示的特征—— 旋转槽 1。选择下拉菜单 插入 → 基于草图的特征 → 旋转槽... 命令；选取 yz 平面为草绘平面，绘制图 31.4.5 所示的截面草图；在 限制 区域的 第一角度： 文本框中输入值 360；在 第二角度： 文本框中输入值 0；在 轴线 区域的 选择： 文本框中右击，选取图 31.4.5 所示的直线为旋转轴；单击 确定 按钮，完成旋转槽 1 的创建。

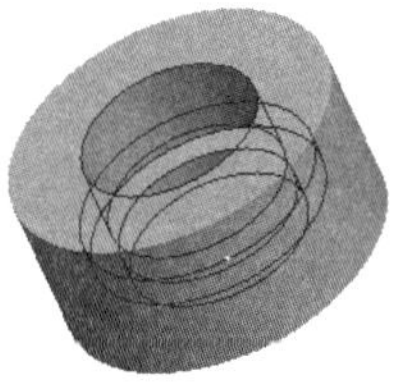

图 31.4.4　旋转槽 1

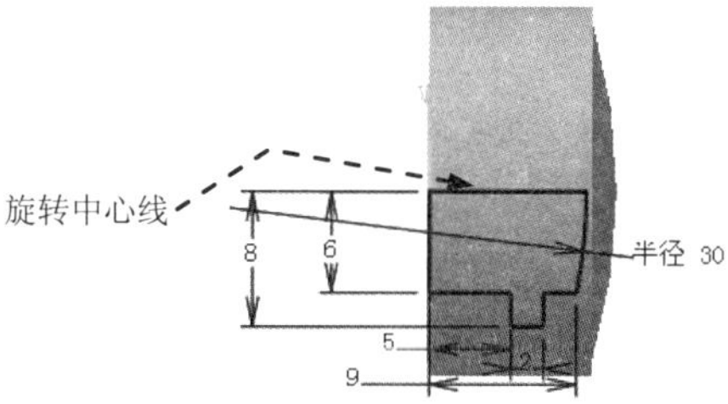

图 31.4.5　截面草图

Step4. 创建图 31.4.6 所示的特征——旋转槽 2。选择下拉菜单 插入 → 基于草图的特征 ▸ → 旋转槽... 命令；选取 yz 平面为草绘平面，绘制图 31.4.7 所示的截面草图；在 限制 区域的 第一角度： 文本框中输入值 360；在 第二角度： 文本框中输入值 0；在 轴线 区域的 选择： 文本框中右击，选取 H 轴作为旋转轴；单击 确定 按钮，完成旋转槽 2 的创建。

Step5. 创建图 31.4.8b 所示的特征——倒圆角 1。选取图 31.4.8a 所示的边为倒圆角的对象，倒圆角半径为 3。

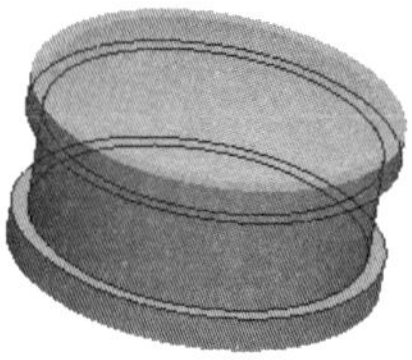

图 31.4.6　旋转槽 2

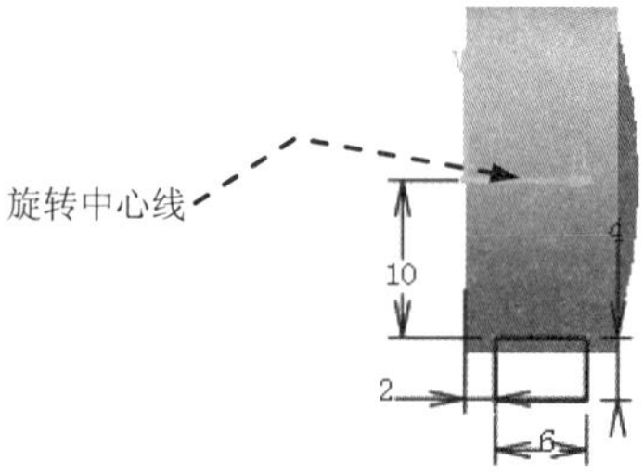

图 31.4.7　截面草图

a）倒圆角前　　b）倒圆角后

图 31.4.8　倒圆角 1

Step6. 创建图 31.4.9b 所示的特征——倒圆角 2。选取图 31.4.9a 所示的边为倒圆角的对象，倒圆角半径为 0.5。

Step7. 创建图 31.4.10b 所示的倒角特征——倒角 1。选择下拉菜单 插入 → 修饰特征 ▸ → 倒角... 命令；选取图 31.4.10a 所示的边为倒角的对象。在“定义倒角”对话框的 模式： 下拉列表中选取 长度 1/角度 选项。在对话框的 长度 1： 文本框中输入值 1，角度：文本框中输入值 45。单击 确定 按钮，完成倒角 1 的创建。

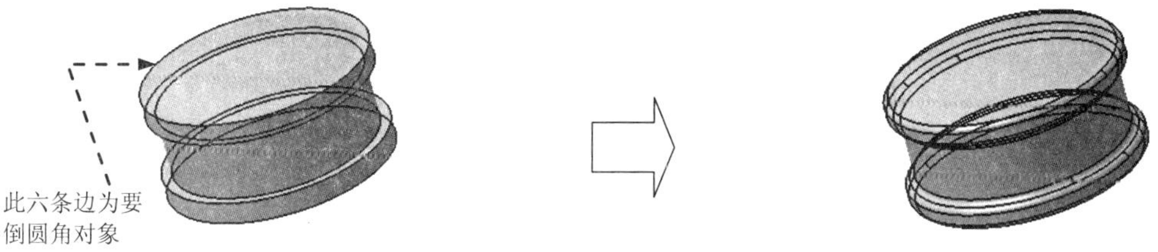

a）倒圆角前　　b）倒圆角后

图 31.4.9　倒圆角 2

a）倒角前　　b）倒角后

图 31.4.10　倒角 1

Step8. 保存零件模型。选择下拉菜单 文件 → 保存 命令，即可保存零件模型。

31.5 装配设计

Step1. 新建装配文件。选择下拉菜单 开始 → 机械设计 → 装配设计 命令，进入装配工作台。

Step2. 在特征树中右击 Product1 选项，选取 属性 命令，系统弹出“属性”对话框，单击 产品 选项卡，在 零件编号 文本框中输入 baby_medicine，单击 确定 按钮，完成名称的修改。

Step3. 在特征树中选中 bady_medicine 选项，使其处于激活状态。选择下拉菜单 插入 → 现有部件... 命令，引入部件 bady_medicine_02。

Step4. 选择下拉菜单 插入 → 固定 命令，单击已引入的部件，使其固定。

Step5. 单击特征树中此装配文件的名称，使其处于激活状态。选择下拉菜单 插入 → 现有部件... 命令，引入部件 bady_medicine_03。

Step6. 选择下拉菜单 编辑 → 移动 → 操作... 命令，拖动 baby_medicine_03，使其处于合适的位置。如图 31.5.1 所示。

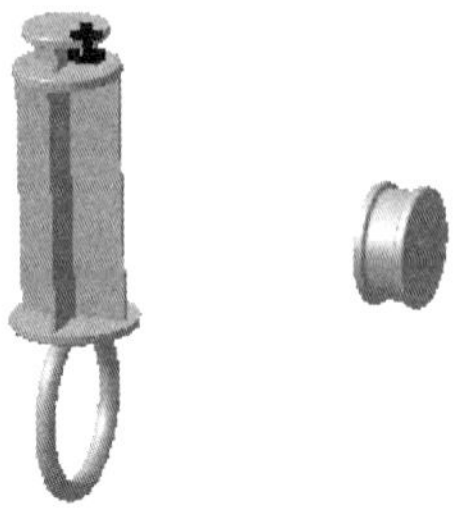

图 31.5.1 引入零件

Step7. 选择下拉菜单 插入 → 相合... 命令，选取图 31.5.2 和图 31.5.3 所示的两个平面，在弹出的对话框的 方向 下拉列表中选择 相反 选项，单击 确定 按钮。选择下拉菜单 编辑 → 更新 命令，完成两平面的相合约束。

Step8. 选择下拉菜单 插入 → 相合... 命令，选择图 31.5.4 和图 31.5.5 所示的两零件的轴线，然后选择下拉菜单 编辑 → 更新 命令，完成两轴线的相合约束，如图 31.5.6 所示。

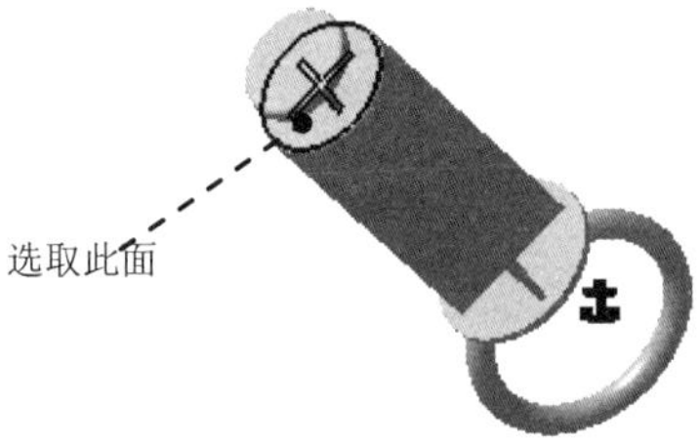

图 31.5.2 选取相合面

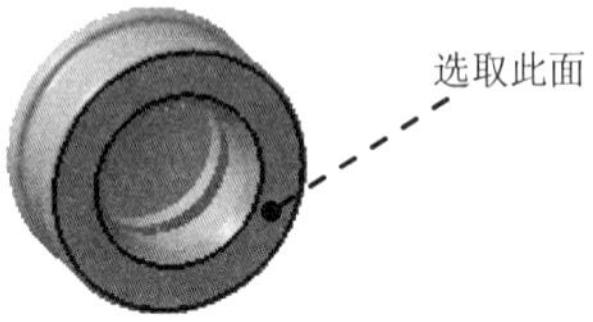

图 31.5.3 选取相合面

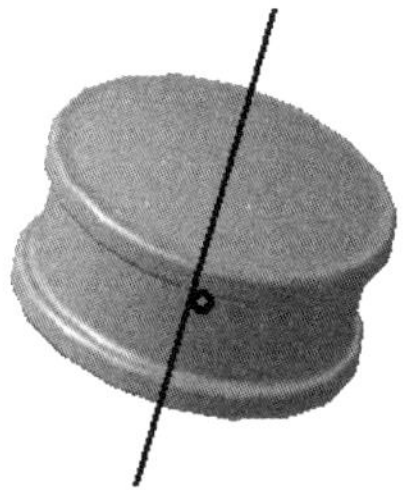

图 31.5.4 选取轴线

图 31.5.5 选取轴线

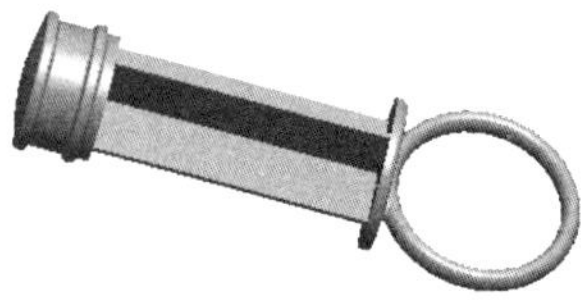

图 31.5.6 装配零件 1

Step9. 在特征树中选中 bady_medicine 选项，使其处于激活状态。选择下拉菜单 插入 → 现有部件... 命令，引入部件 bady_medicine_01。

Step10. 选择下拉菜单 编辑 → 移动 → 操作... 命令，拖动 baby_medicine_01，使其处于合适的位置。

Step11. 选择下拉菜单插入 → 接触...命令，选取图 31.5.7 所示的两平面，然后选择下拉菜单编辑 → 更新命令，完成两平面的接触约束。

Step12. 选择下拉菜单插入 → 相合...命令，选择图 31.5.7 所示的两零件的轴线，然后选择下拉菜单编辑 → 更新命令，完成两轴线的相合约束，如图 31.5.8 所示。

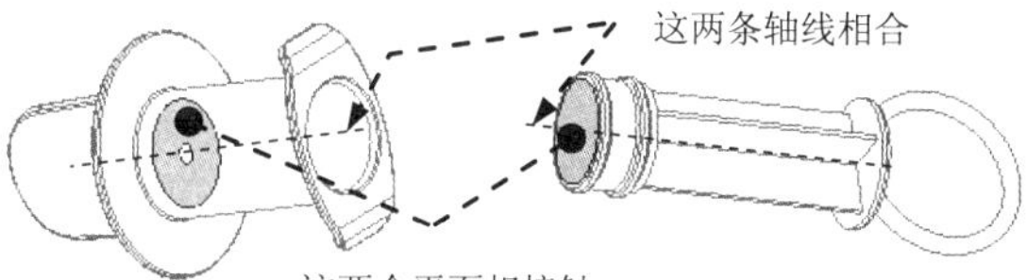

图 31.5.7　定义装配约束

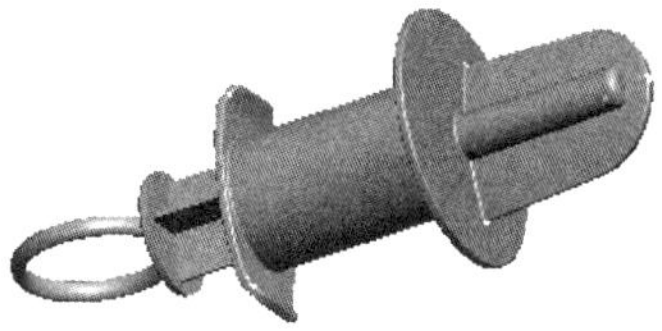
图 31.5.8　装配零件 2

Step13. 保存零件模型。选择下拉菜单文件 → 保存命令，即可保存零件模型。

第 6 章

TOP-DOWN 设计实例

本章主要包含如下内容：

- 实例 32　无绳电话的自顶向下设计
- 实例 33　微波炉钣金外壳的自顶向下设计

实例 32　无绳电话的自顶向下设计

32.1　实 例 概 述

本实例详细讲解了一款无绳电话的整个设计过程，该设计过程中采用了较为先进的设计方法——自顶向下（Top-own Design）的设计方法。采用这种方法不仅可以获得较好的整体造型，并且能够大大缩短产品的上市时间。许多家用电器，如电脑机箱、吹风机、电脑鼠标等都可以采用这种方法进行设计。设计流程图如图 32.1.1 所示。

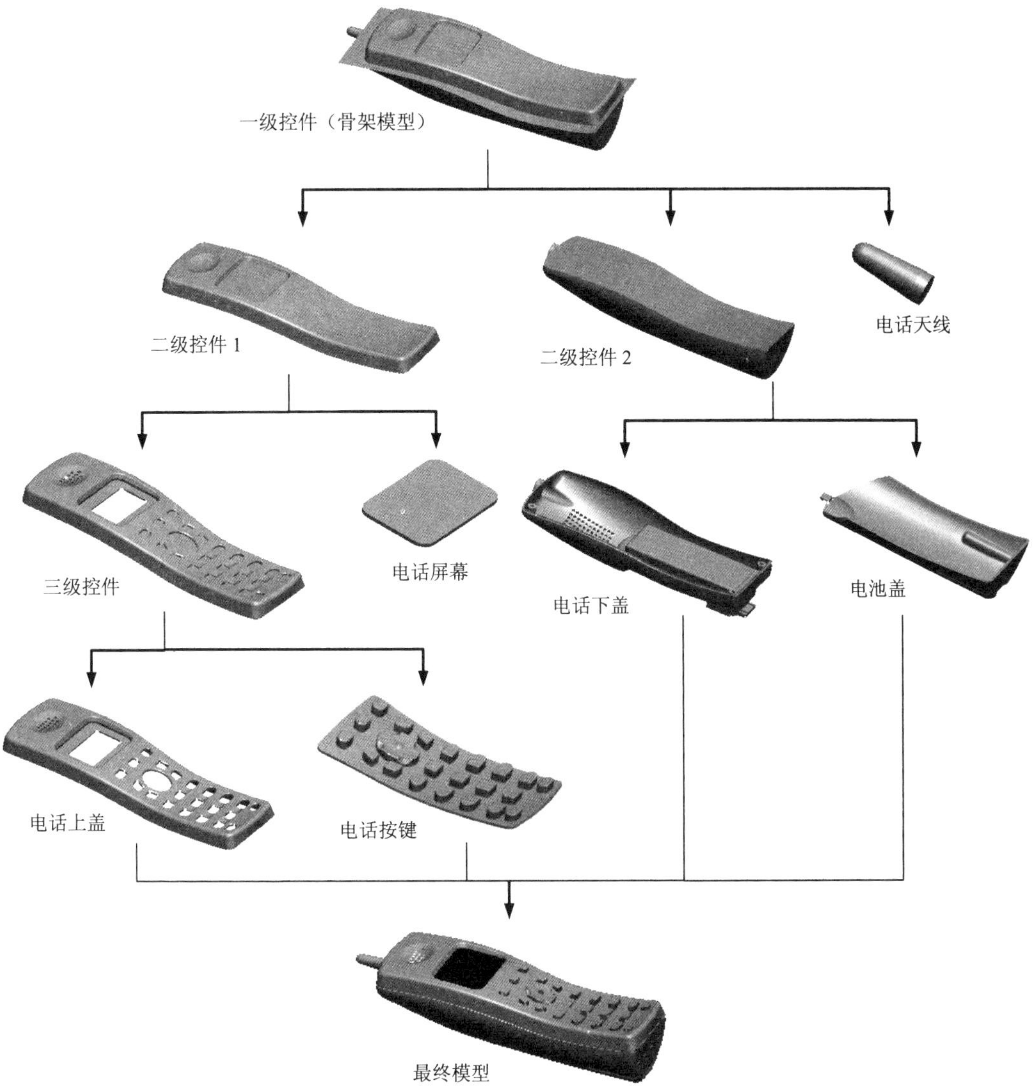

图 32.1.1　设计流程图

32.2　创建电话的骨架模型

Task1．创建一级控件

在装配环境下，创建图 32.2.1 所示骨架模型及特征树。

图 32.2.1　骨架模型及特征树

Step1. 选择下拉菜单 文件 → 新建... 命令，系统弹出“新建”对话框，在 类型列表： 下拉列表中选择 Product 选项，单击 确定 按钮，系统弹出“新建零件”对话框，在 输入零件名称 文本框中输入文件名为 HANDSET，单击 确定 按钮，进入装配设计工作台。

Step2. 在特征树的 Product1 上右击，在弹出的快捷菜单中选择 属性 选项，系统弹出“属性”对话框。在文本框的 零件编号 中输入文件名 HANDSET；单击 确定 按钮，完成文件名的修改。

Step3. 激活 HANDSET ，选择下拉菜单 插入 → 新建零件 命令，在 Part1 (Part1.1) 上右击，在弹出的快捷菜单中选择 属性 选项；系统弹出“属性”对话框。在 实例名称 和 零件编号 两个文本框中分别输入文件名 FIRST；单击 确定 按钮，完成文件名的修改。

Step4. 激活 FIRST (FIRST).，然后右击，在弹出的快捷菜单中选择 FIRST 对象 →

在新窗口中打开选项；系统进入零件设计工作台。

Step5. 选择下拉菜单开始 → 形状 ▸ → 创成式外形设计命令，切换到创成式外形设计工作台。

Step6. 创建图 32.2.2 所示的草图 1。选择下拉菜单插入 → 草图编辑器 ▸ → 草图命令；选择 xy 平面作为草图平面；在草绘工作台中绘制图 32.2.2 所示的草图。

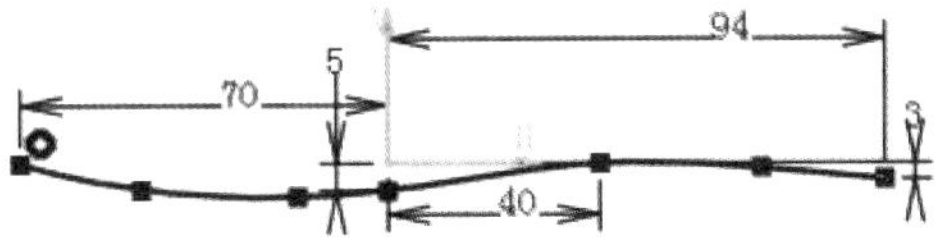

图 32.2.2　草图 1

Step7. 创建图 32.2.3 所示的草图 2。选择下拉菜单插入 → 草图编辑器 ▸ → 草图命令；选择 zx 平面作为草图平面；在草绘工作台中绘制图 32.2.3 所示的草图。

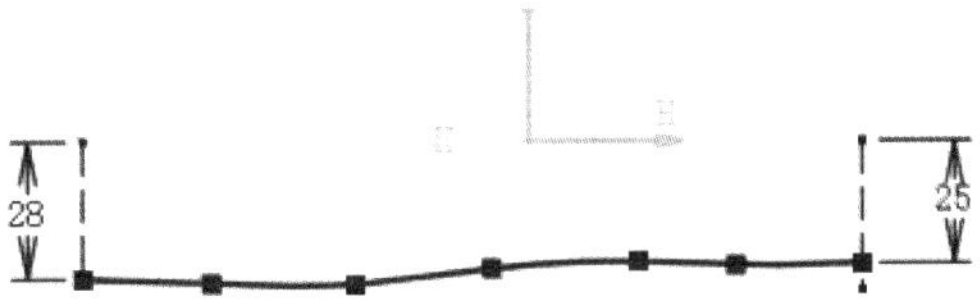

图 32.2.3　草图 2

Step8. 创建图 32.2.4 所示的曲线特征——混合 1。选择下拉菜单插入 → 线框 ▸ → 混合...命令；在混合类型：下拉列表中选择法线选项，在特征树中分别选取草图 1 和草图 2 作为要混合的曲线 1 和曲线 2，单击确定按钮，完成混合 1 的创建。

Step9. 创建图 32.2.5 所示的曲线特征——对称 1。选择下拉菜单插入 → 操作 ▸ → 对称...命令；选取 xy 平面作为参考，单击确定按钮，完成对称 1 的创建。

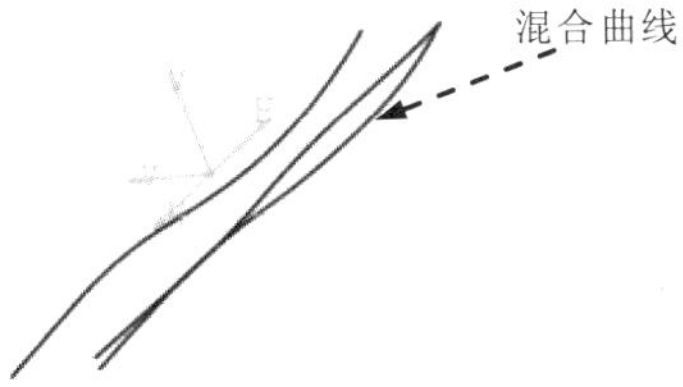

图 32.2.4　混合 1

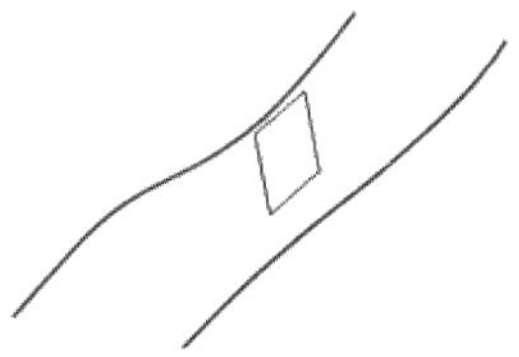

图 32.2.5　对称 1

Step10. 创建图 32.2.6 所示的草图 3。选择下拉菜单插入 → 草图编辑器 ▸ → 草图命令；选择 xy 平面作为草图平面；在草绘工作台中绘制图 32.2.6 所示的草图。

图 32.2.6　草图 3

Stcp11. 创建图 32.2.7 所示的草图 4。选择下拉菜单 插入 → 草图编辑器 → 草图 命令；选择 xy 平面作为草图平面；在草绘工作台中绘制图 32.2.7 所示的草图。

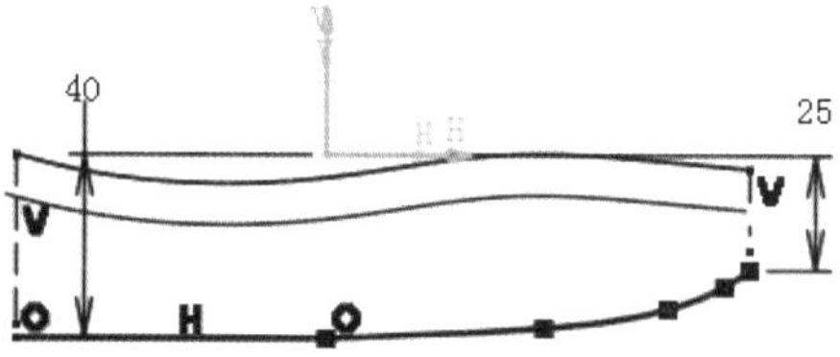

图 32.2.7　草图 4

Step12. 创建图 32.2.8 所示的平面 1。选择下拉菜单 插入 → 线框 → 平面... 命令；在“平面定义”对话框的 平面类型 下拉列表中选择 平行通过点 选项；单击 参考： 后的文本框，在特征树中选取 yz 平面；单击 点： 后的文本框，选取图 32.2.8 所示的点，单击 确定 按钮，完成平面 1 的创建。

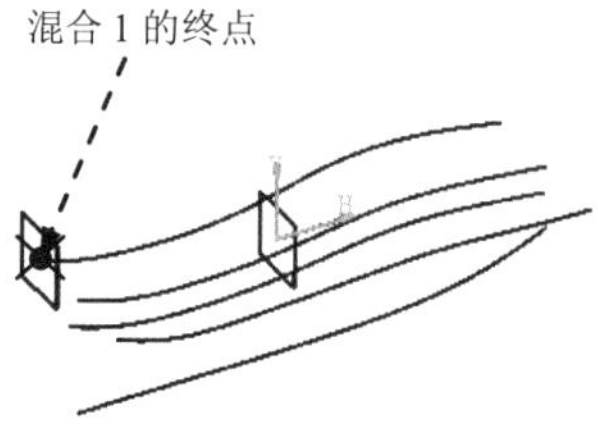

图 32.2.8　平面 1

Step13. 创建图 32.2.9 所示的平面 2。选择下拉菜单 插入 → 线框 → 平面... 命令；在“平面定义”对话框的 平面类型 下拉列表中选择 平行通过点 选项；单击 参考： 后的文本框，在特征树中选取 yz 平面；单击 点： 后的文本框，选取图 32.2.9 所示的点，单击 确定 按钮，完成平面 2 的创建。

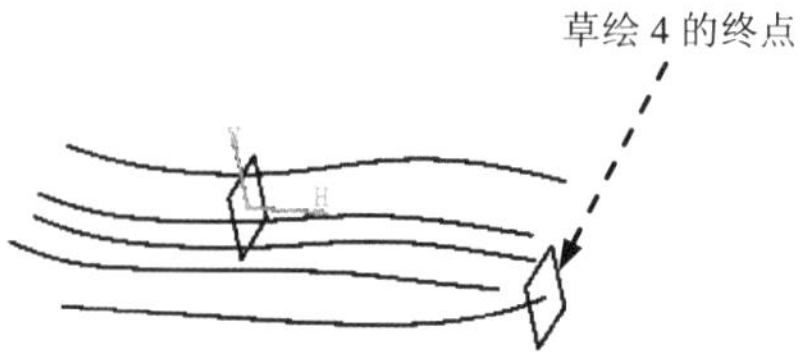

图 32.2.9　平面 2

Step14. 创建图 32.2.10 所示的草图 5。选择下拉菜单 插入 → 草图编辑器 →

草图命令；选择平面 1 作为草图平面；在草绘工作台中绘制图 32.2.11 所示的草图。

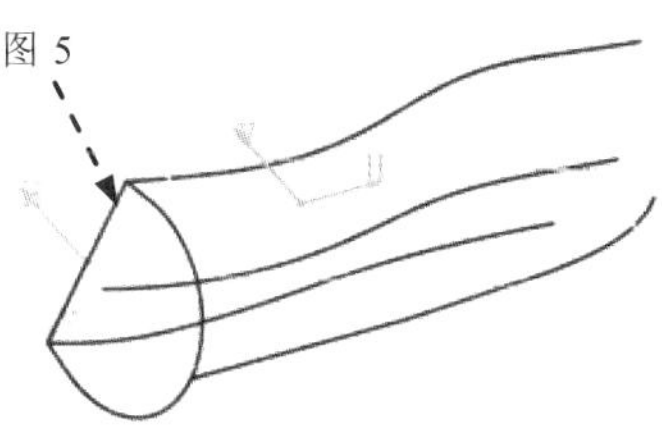

图 32.2.10 草图 5（建模环境）

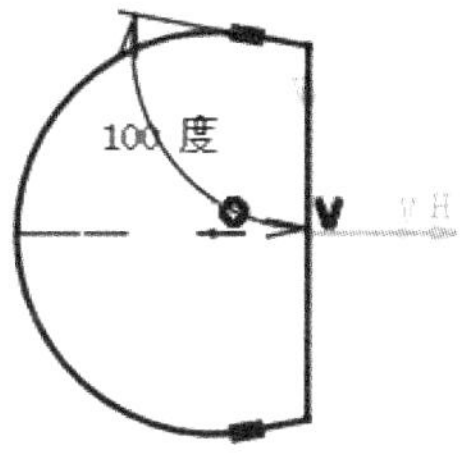

图 32.2.11 草图 5（草绘环境）

Step15. 创建图 32.2.12 所示的曲线特征——相交 1。选择下拉菜单插入 → 线框 → 相交...命令；在特征树中分别选取 yz 平面和混合 1 作为第一元素和第二元素，单击确定按钮，完成相交 1 的创建。

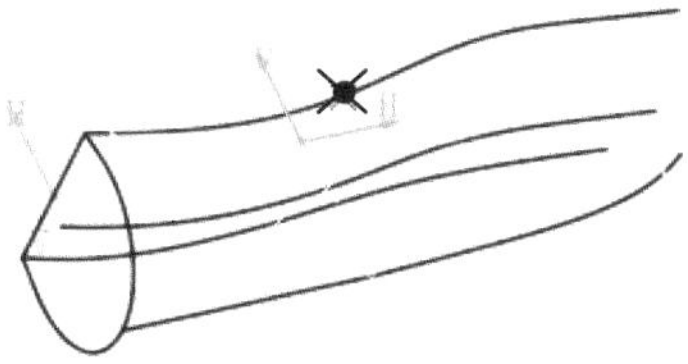

图 32.2.12 相交 1

Step16. 参照步骤 Step15 可创建图 32.2.13 所示的相交 2、3、4。

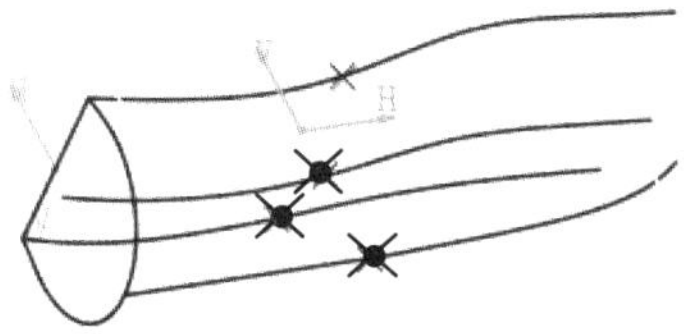

图 32.2.13 相交

Step17. 创建图 32.2.14 所示的草图 6。选择下拉菜单插入 → 草图编辑器 → 草图命令；选择 yz 平面作为草图平面；在草绘工作台中绘制图 32.2.15 所示的草图。

图 32.2. 14 草图 6（建模环境）

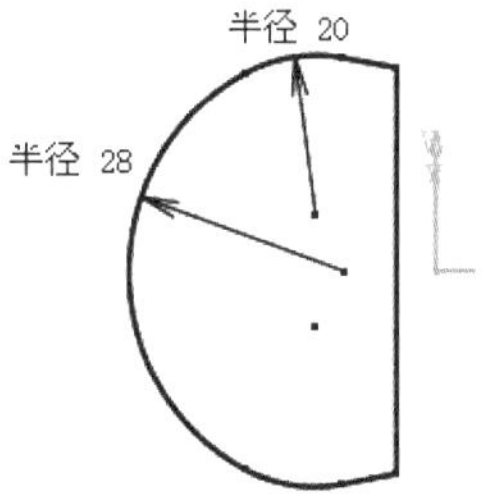

图 32.2.15 草图 6（草绘环境）

Step18. 创建图 32.2.16 所示的草图 7。选择下拉菜单 插入 → 草图编辑器 ▸ → 草图 命令；选择平面 2 作为草图平面；在草绘工作台中绘制图 32.2.17 所示的草图。

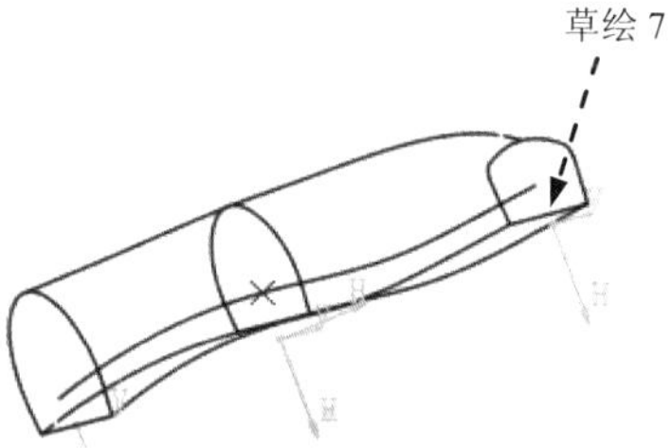

图 32.2.16 草图 7（建模环境）

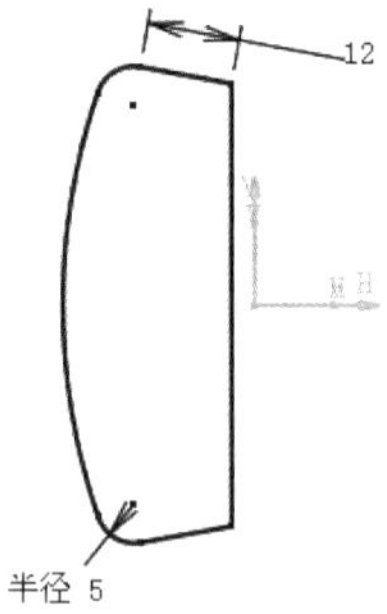

图 32.2.17 草图 7（草绘环境）

Step19. 创建图 32.2.18 所示的曲面特征——多截面曲面 1。选择下拉菜单 插入 → 曲面 ▸ → 多截面扫掠... 命令，依次选取图 32.2.19 所示的草图 5、6、7 作为截面曲线，依次选取图 32.2.20 所示的镜像 1、草图 4 和对称 1 作为引导线，单击 确定 按钮，完成多截面曲面 1 的创建。

图 32.2.18 多截面曲面 1

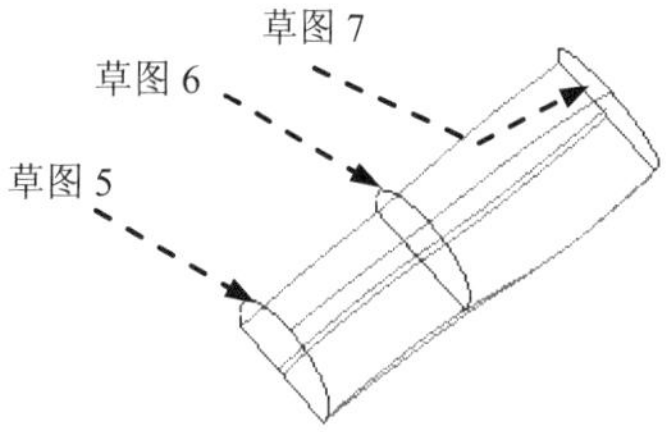

图 32.2.19 定义截面曲线

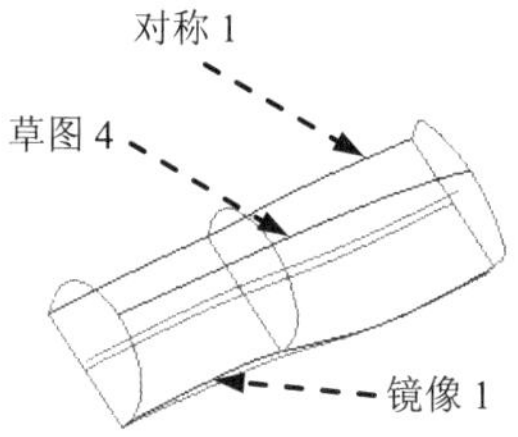

图 32.2.20 定义引导线

Step20. 创建图 32.2.21 所示的填充 1。选择下拉菜单 插入 → 曲面 ▸ → 填充... 命令，选取草图 5 为填充边界。单击 确定 按钮，完成填充 1 的创建。

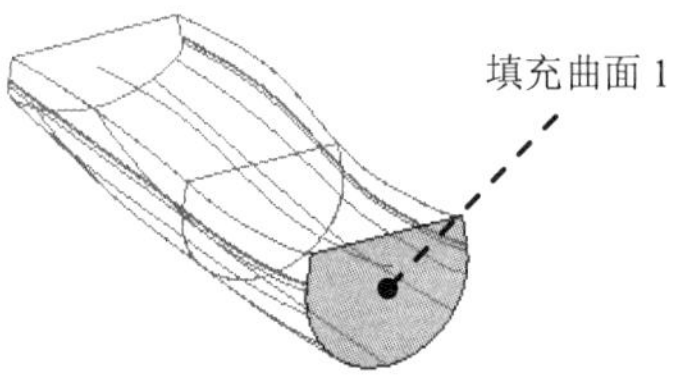

图 32.2.21 填充 1

Step21. 创建图 32.2.22 所示的填充 2。选择下拉菜单 插入 → 曲面 → 填充... 命令，选取草图 7 为填充边界。单击 确定 按钮，完成填充 2 的创建。

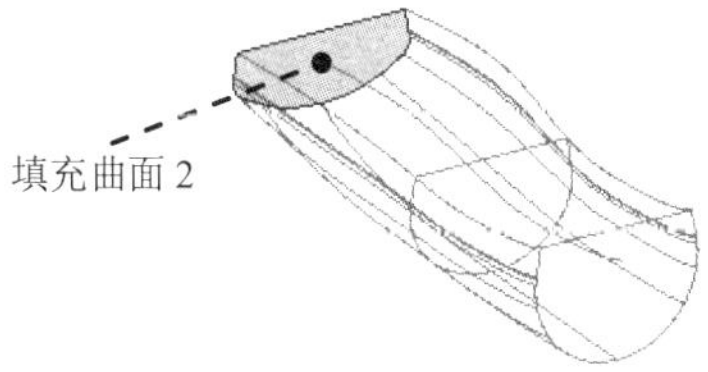

图 32.2.22　填充 2

Step22. 创建曲面特征——接合 1。选择下拉菜单 插入 → 操作 → 接合... 命令，分别选取填充 1、多截面曲面 1 和填充 2 为要接合的元素。单击 确定 按钮，完成接合 1 的创建。

Step23. 切换工作台。选择下拉菜单 开始 → 机械设计 → 零件设计 命令，进入到零件设计工作台。

Step24. 创建图 32.2.23 所示的零件特征——封闭曲面 1。选择下拉菜单 插入 → 基于曲面的特征 → 封闭曲面... 命令；选取接合 1 为要封闭的对象，单击 确定 按钮，完成封闭曲面 1 的创建。

图 32.2.23　封闭曲面 1

Step25. 创建图 32.2.24 所示的零件特征——凹槽 1。选择下拉菜单 插入 → 基于草图的特征 → 凹槽... 命令；选取 zx 平面为草绘平面；绘制图 32.2.25 所示的截面草图；在对话框 第一限制 区域的 类型： 下拉列表中选取 直到最后 选项，并单击 反转方向 按钮，单击 确定 按钮，完成凹槽 1 的创建。

图 32.2.24　凹槽 1

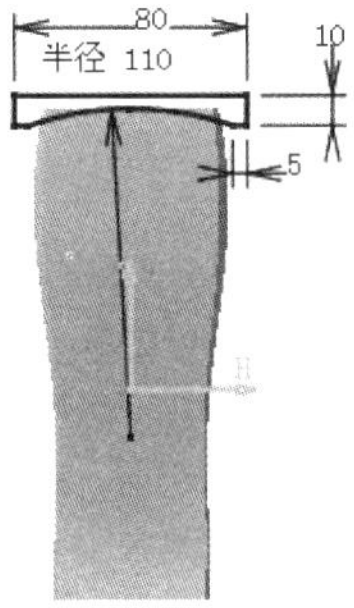

图 32.2.25　截面草图

Step26. 创建图 32.2.26b 所示的特征——倒圆角 1。选取图 32.2.26a 所示的边为倒圆角的对象，倒圆角半径为 3。

a）圆角前　　b）圆角后

图 32.2.26 倒圆角 1

Step27. 创建图 32.2.27 所示的特征——平面 3。单击“线框”工具栏中的按钮；在平面类型：下拉列表中选取偏移平面选项；在参考：文本框中右击，选取 xy 为参考平面；在偏移：文本框中输入数值 15，单击确定按钮，完成平面 3 的创建。

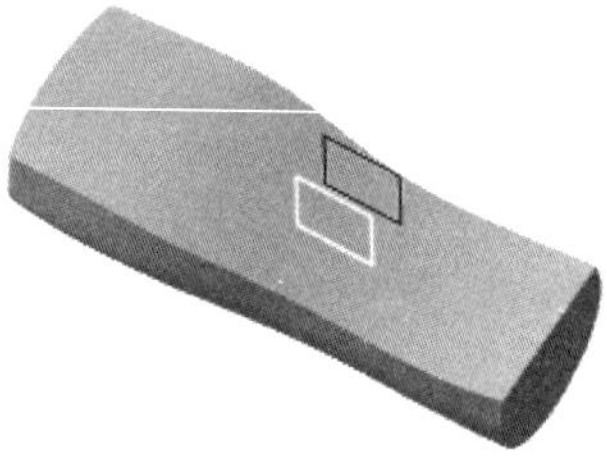

图 32.2.27 平面 3

Step28. 创建图 32.2.28 所示的特征——平面 4。单击“线框”工具栏中的按钮；在平面类型：下拉列表中选取偏移平面选项；在参考：文本框中右击，选取 zx 为参考平面；在偏移：文本框中输入数值 22，单击确定按钮，完成平面 4 的创建。

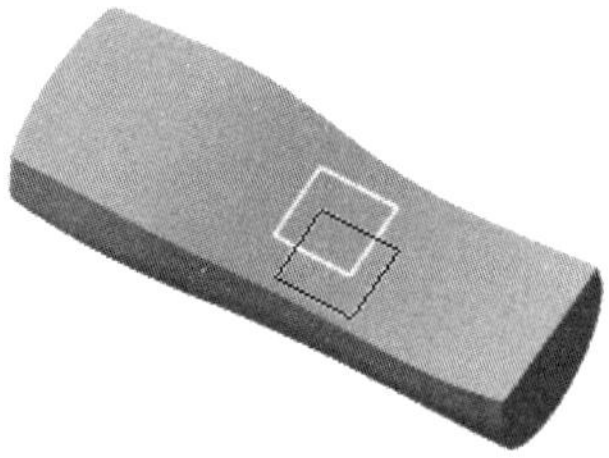

图 32.2.28 平面 4

Step29. 创建图 32.2.29 所示的特征——旋转体 1。选择下拉菜单插入 → 基于草图的特征 ▸ → 旋转体...命令，选取平面 3 为草绘平面，绘制图 32.2.30 所示的截面草图；在限制区域的第一角度：文本框中输入值 360；选取草图中长度为 55 的直线为旋转轴，单击确定按钮，完成旋转体 1 的创建。

图 32.2.29　旋转体 1

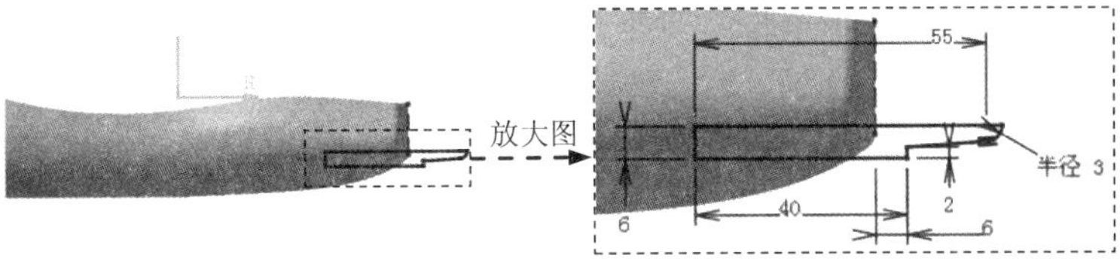

图 32.2.30　截面草图

Step30. 创建图 32.2.31b 所示的特征——倒圆角 2。选取图 32.2.31a 所示的边为倒圆角的对象，倒圆角半径为 2。

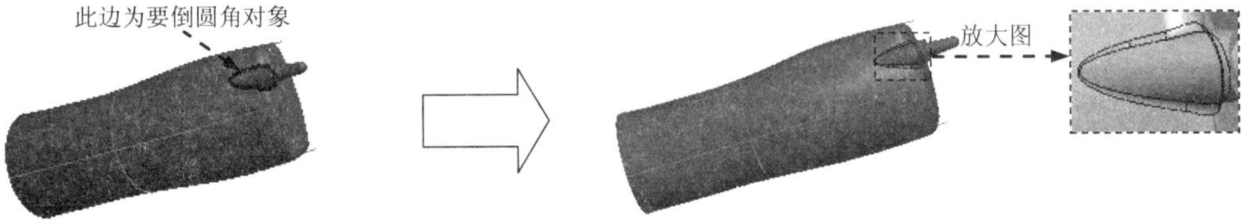

a）圆角前　　b）圆角后

图 32.2.31　倒圆角 2

Step31. 创建图 32.2.32 所示的草图 10。选择下拉菜单 插入 → 草图编辑器 → 草图 命令；选择图 32.2.32 所示的平面为草绘平面；在草绘工作台中绘制图 32.2.32 所示的草图。

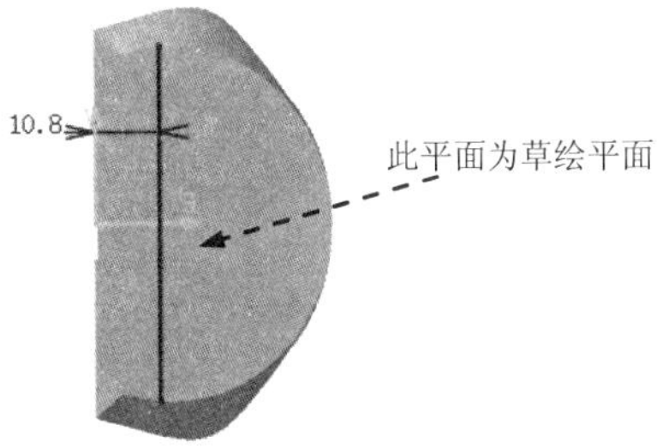

图 32.2.32　草图 10

Step32. 创建图 32.2.33 所示的草图 11。选择下拉菜单 插入 → 草图编辑器 → 草图 命令；选择 zx 平面为草绘平面；在草绘工作台中绘制图 32.2.34 所示的草图。

图 32.2.33　草图 11（草绘环境）

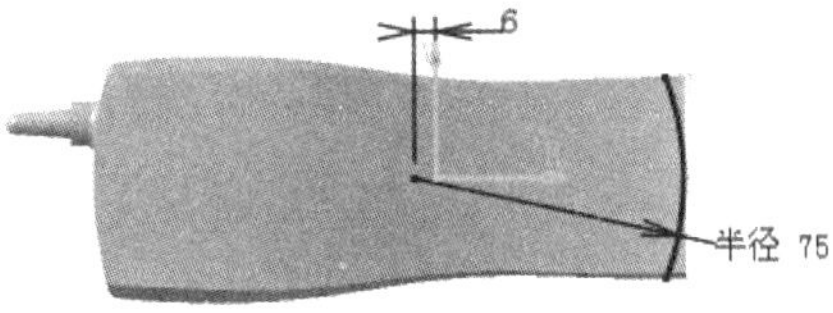

图 32.2.34　草图 11（草绘环境）

Step33. 切换工作台。选择下拉菜单 开始 → 形状 → 创成式外形设计 命令，切换到创成式外形设计工作台。

Step34. 创建图 32.2.35 所示的桥接 1。选择下拉菜单 插入 → 曲面 → 桥接... 命令，分别选取草图 10 和草图 11 为第一曲线和第二曲线，单击 确定 按钮，完成桥接 1 的创建。

图 32.2.35　桥接 1

Step35. 切换工作台。选择下拉菜单 开始 → 机械设计 → 零件设计 命令，切换到零件设计工作台。

Step36. 创建图 32.2.36 所示的分割 1。选择下拉菜单 插入 → 基于曲面的特征 → 分割... 命令，选取桥接 1 为分割元素，单击 确定 按钮，完成分割 1 的创建。

图 32.2.36　分割 1

Step37. 创建图 32.2.37 所示的特征——平面 5。单击“线框”工具栏中的 按钮；在 平面类型：下拉列表中选取 偏移平面 选项；在 参考：文本框中右击，选取 zx 为参考平面；在 偏移：文本框中输入数值 5，单击 确定 按钮，完成平面 5 的创建。

图 32.2.37　平面 5

Step38. 创建图 32.2.38 所示的特征——平面 6。单击“线框”工具栏中的 按钮；在 平面类型：下拉列表中选取 偏移平面 选项；在 参考：文本框中右击，选取 zx 为参考平面；在 偏移：文本框中输入数值 1.5，单击 反转方向 按钮定义平面的方向，单击 确定 按钮，完成平面 6 的创建。

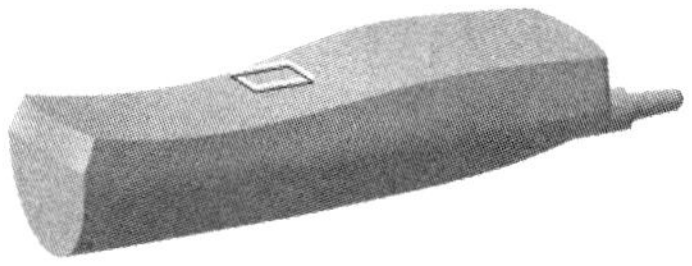

图 32.2.38　平面 6

Step39. 创建图 32.2.39 所示的特征——平面 7。单击“线框”工具栏中的按钮；在平面类型：下拉列表中选取偏移平面选项；在参考：文本框中右击，选取 zx 为参考平面；在偏移：文本框中输入数值 40，单击反转方向按钮定义平面的方向，单击确定按钮，完成平面 7 的创建。

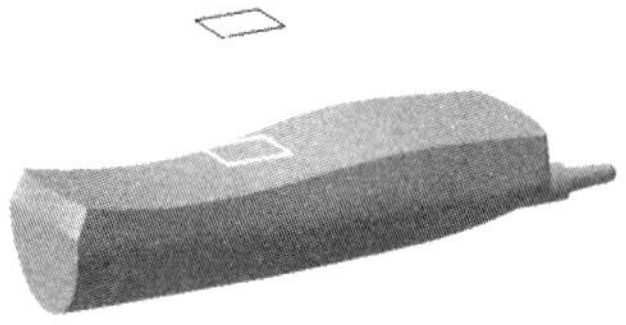

图 32.2.39　平面 7

Step40. 创建图 32.2.40 所示的特征——旋转槽 1。选择下拉菜单插入 → 基于草图的特征 → 旋转槽...命令；选取 xy 平面为草绘平面，绘制图 32.2.41 所示的截面草图；在限制区域的第一角度：文本框中输入值 360；在第二角度：文本框中输入值 0；单击轴线区域的选择：文本框，选取图 32.2.41 所示的直线为轴线；单击确定按钮，完成旋转槽 1 的创建。

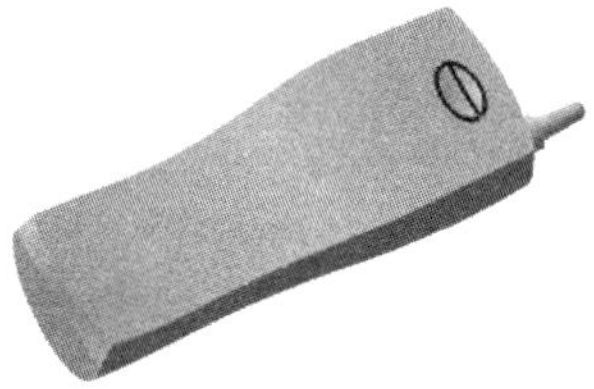

图 32.2.40　旋转槽 1

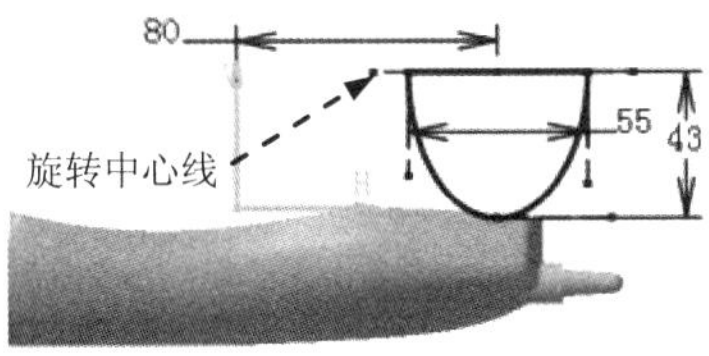

图 32.2.41　截面草图

Step41. 创建图 32.2.42 所示的零件特征——凹槽 2。选择下拉菜单插入 → 基于草图的特征 → 凹槽...命令；选取 zx 平面为草绘平面；绘制图 32.2.43 所示的截面草图；在对话框第一限制区域的类型：下拉列表中选取尺寸选项，在其后的深度：文本框中输入值 8；单击确定按钮，完成凹槽 2 的创建。

图 32.2.42　凹槽 2

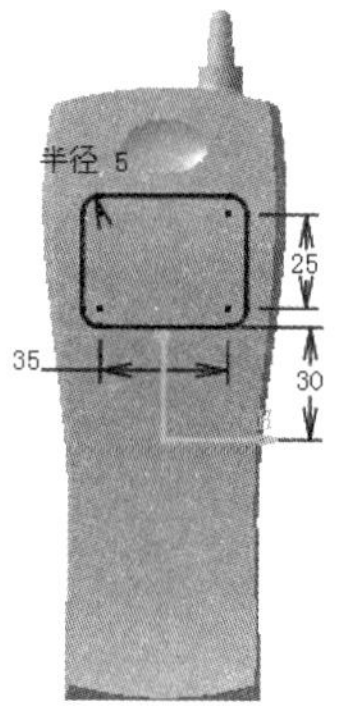

图 32.2.43　截面草图

Step42. 创建图 32.2.44b 所示的零件特征——拔模 1。选择下拉菜单 插入 → 修饰特征 → 拔模... 命令；选取图 32.2.44a 所示的面分别为要拔模的面和中性元素，并在 角度： 中输入数值 30，单击 确定 按钮，完成拔模 1 的创建。

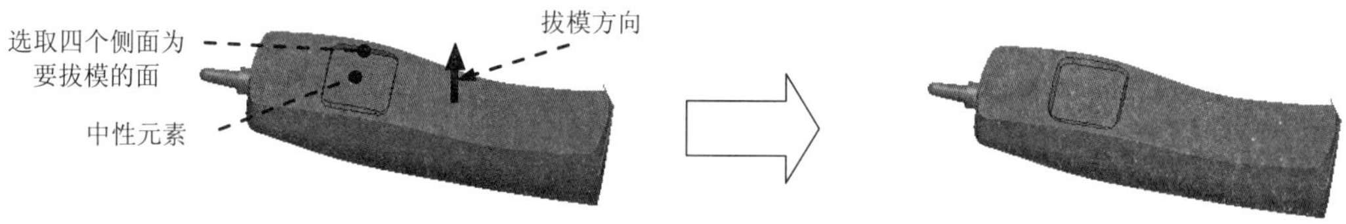

a）拔模前　　b）拔模后

图 32.2.44　拔模 1

Step43. 创建图 32.2.45b 所示的特征——倒圆角 3。选取图 32.2.45a 所示的边为倒圆角的对象，倒圆角半径为 1。

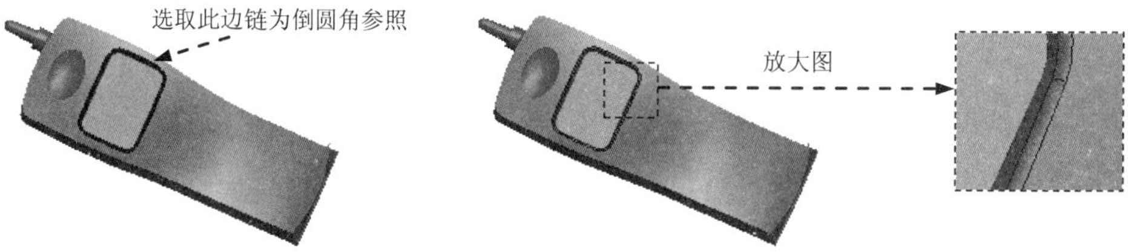

a）圆角前　　b）圆角后

图 32.2.45　倒圆角 3

Step44. 切换工作台。选择下拉菜单 开始 → 形状 → 创成式外形设计 命令，切换到创成式外形设计工作台。

Step45. 创建图 32.2.46 所示的草图 14。选择下拉菜单 插入 → 草图编辑器 → 草图 命令；选择 xy 平面为草绘平面；在草绘工作台中绘制图 32.2.46 所示的草图。

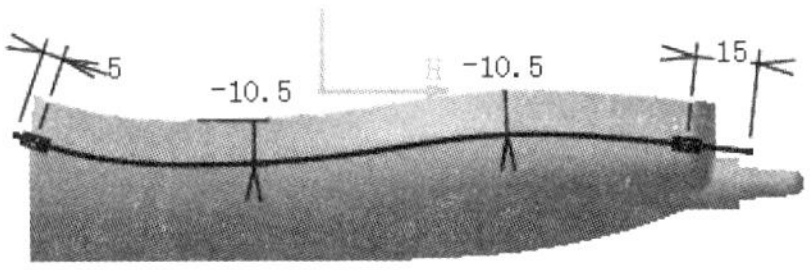

图 32.2.46　草图 14

Step46. 创建图 32.2.47 所示的曲面特征——拉伸 1。选择下拉菜单 插入 → 曲面 ▸ → 拉伸... 命令，选取草图 14 为拉伸轮廓，在对话框 限制 1 和限制 2 区域的类型：下拉列表中均选择 尺寸 选项，在 限制 1 和限制 2 区域的 尺寸：文本框中均输入深度值 37.5。单击 确定 按钮，完成拉伸 1 的创建。

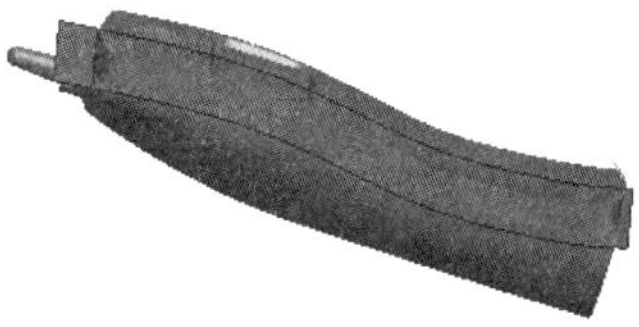

图 32.2.47　拉伸 1

Step47. 切换工作台。选择下拉菜单 开始 → 机械设计 ▸ → 零件设计 命令，切换到零件设计工作台。

Step48. 创建图 32.2.48 所示的特征——旋转槽 2。选择下拉菜单 插入 → 基于草图的特征 ▸ → 旋转槽... 命令；选取 xy 平面为草绘平面，绘制图 32.2.49 所示的截面草图；在 限制 区域的 第一角度：文本框中输入值 360；在 第二角度：文本框中输入值 0；单击 轴线 区域的 选择：文本框，选取图 32.2.49 所示的直线作为轴线；单击 确定 按钮，完成旋转槽 2 的创建。

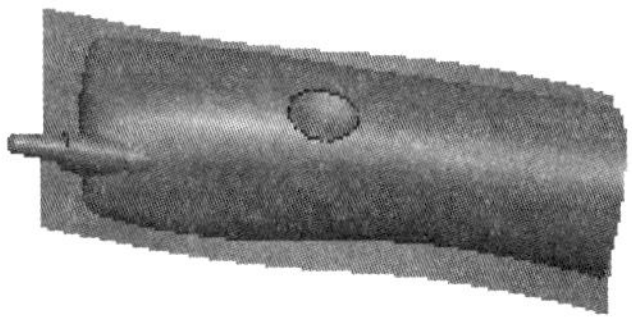

图 32.2.48　旋转槽 2

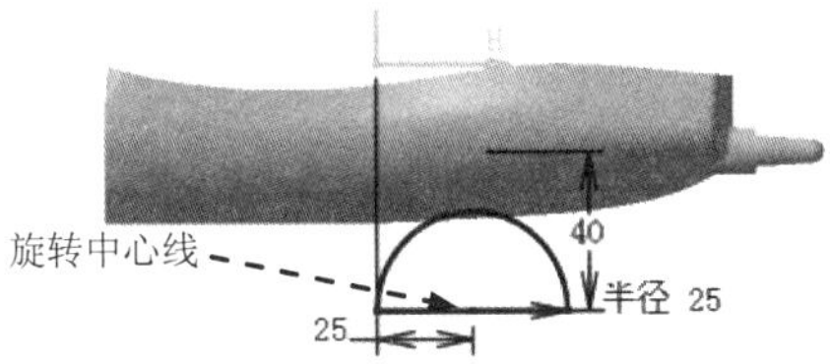

图 32.2.49　截面草图

Step49. 创建图 32.2.50 所示的特征——平面 8。单击“参考元素”工具栏中的 ▱ 按钮；在 平面类型：下拉列表中选取 偏移平面 选项；单击 参考：文本框，选取平面 4 作为参考；在 偏移：文本框中输入数值 25，单击 反转方向 来确定偏移方向，单击 确定 按钮，完成平面 8 的创建。

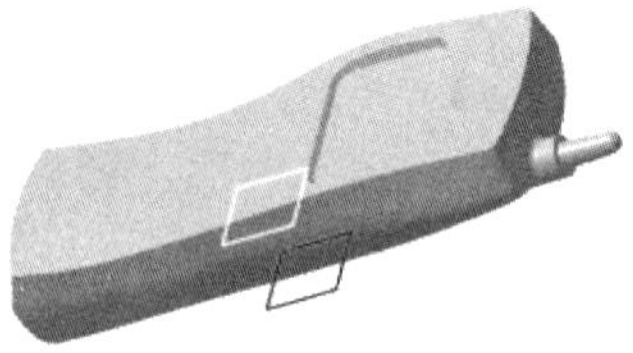

图 32.2.50 平面 8

Step50. 创建图 32.2.51 所示的特征——平面 9。单击“参考元素”工具栏中的按钮；在平面类型：下拉列表中选取偏移平面选项；单击参考：文本框，选取图 32.2.51 所示的平面作为参考；在偏移：文本框中输入数值 3，单击反转方向来确定偏移方向，单击确定按钮，完成平面 9 的创建。

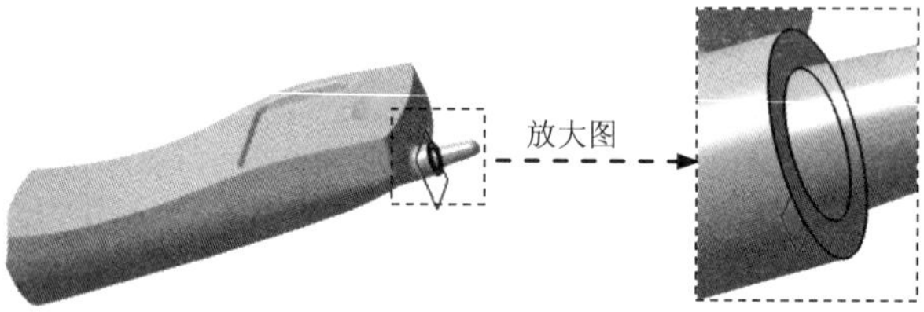

图 32.2.51 平面 9

Step51. 创建图 32.2.52 所示的特征——平面 10。单击“参考元素”工具栏中的按钮；在平面类型：下拉列表中选取偏移平面选项；单击参考：文本框，选取图 32.2.52 所示的平面作为参考；在偏移：文本框中输入数值 6，单击反转方向来确定偏移方向，单击确定按钮，完成平面 10 的创建。

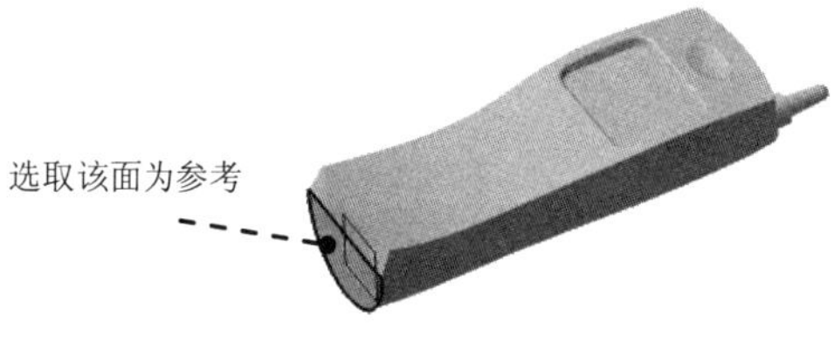

图 32.2.52 平面 10

Step52. 创建图 32.2.53 所示的特征——平面 11。单击“参考元素”工具栏中的按钮；在平面类型：下拉列表中选取偏移平面选项；单击参考：文本框，选取 xy 平面作为参考；在偏移：文本框中输入数值 20，单击反转方向来确定偏移方向，单击确定按钮，完成平面 10 的创建。

Step53. 同理可创建平面 12 关于 xy 平面对称。

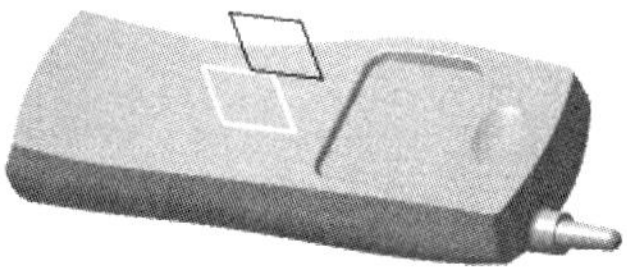

图 32.2.53　平面 11

Step54. 创建图 32.2.54 所示的特征——平面 13。单击“参考元素”工具栏中的按钮；在 平面类型：下拉列表中选取偏移平面选项；单击 参考：文本框，选取平面 9 作为参考；在 偏移：文本框中输入数值 8，单击 反转方向 来确定偏移方向，单击 确定 按钮，完成平面 13 的创建。

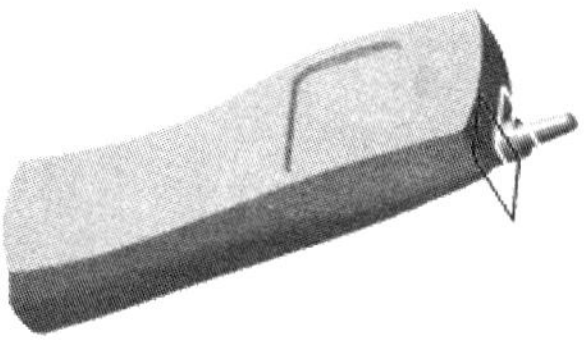

图 32.2.54　平面 13

Step55. 切换工作台。选择下拉菜单 开始 → 形状 → 创成式外形设计 命令，切换到创成式外形设计工作台。

Step56. 创建图 32.2.55 所示的曲线特征——相交 5。选择下拉菜单 插入 → 线框 → 相交... 命令；在特征树中分别选取平面 11 和平面 10 作为第一元素和第二元素，单击 确定 按钮，完成相交 5 的创建。

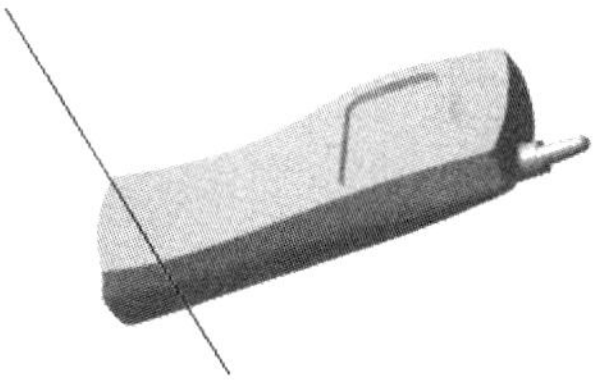

图 32.2.55　相交 5

Step57. 参照创建相交 5 的操作步骤，选取平面 10 和平面 12 创建相交 6，选取平面 11 和平面 13 创建相交 7，结果如图 32.2.56 所示。

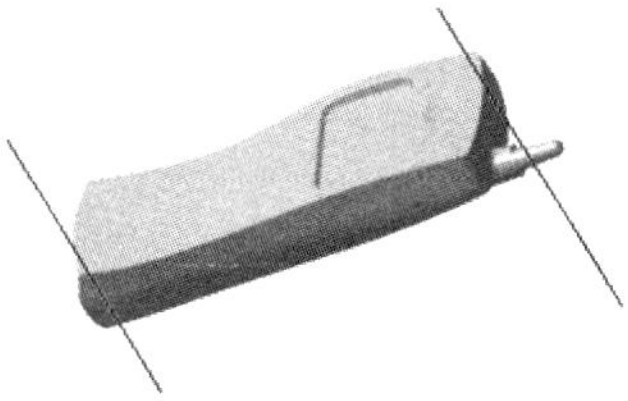

图 32.2.56　相交 6、7

Step58. 切换工作台。选择下拉菜单 开始 → 机械设计 → 零件设计 命令，切换到零件设计工作台。

Step59. 创建图 32.2.57b 所示的特征——倒圆角 4。选取图 32.2.57a 所示的边为倒圆角的对象，倒圆角半径为 1。

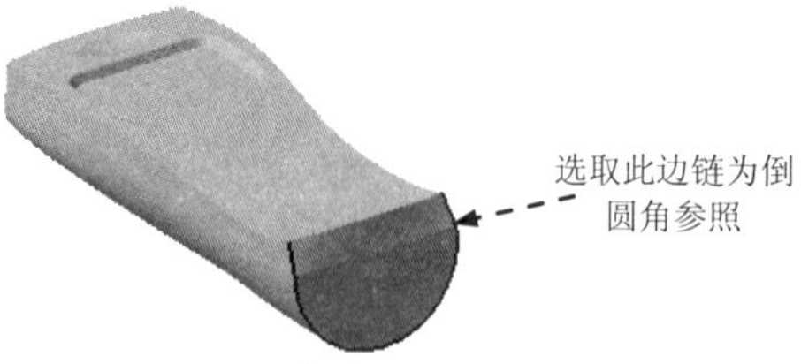

a）圆角前

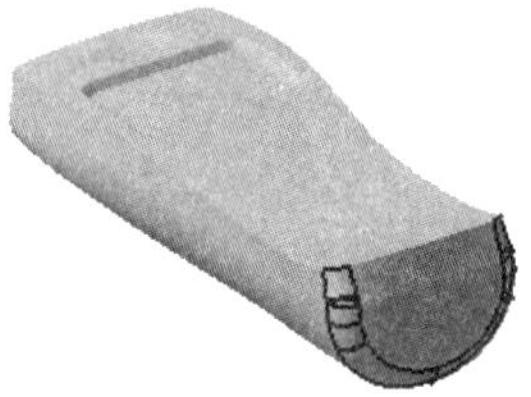

b）圆角后

图 32.2.57 倒圆角 4

Step60. 创建图 32.2.58b 所示的特征——倒圆角 5。选取图 32.2.58a 所示的边为倒圆角的对象，倒圆角半径为 5。

a）圆角前

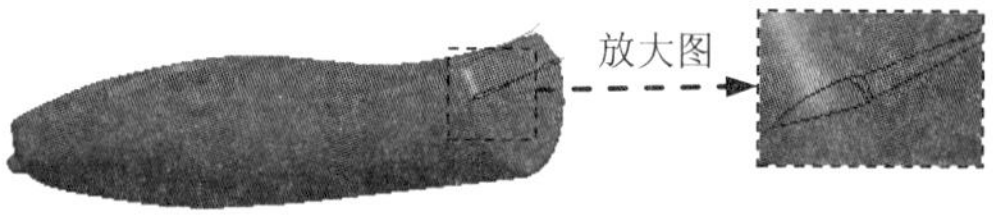

b）圆角后

图 32.2.58 倒圆角 5

Step61. 创建图 32.2.59b 所示的特征——倒圆角 6。选取图 32.2.59a 所示的边为倒圆角的对象，倒圆角半径为 2.5。

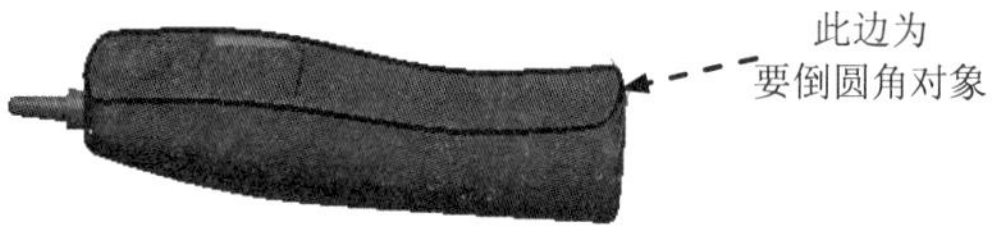

a）圆角前

b）圆角后

图 32.2.59 倒圆角 6

Step62. 选择下拉菜单 工具 → 发布... 命令；在特征树中选取“零件几何体”“拉伸 1”“相交 5、6、7”“平面 9”“平面 13”作为发布对象。单击 确定 按钮，完成发布特征。

Step63. 保存零件模型。选择下拉菜单 文件 → 保存 命令，即可保存零件模型。

Step64. 选择下拉菜单 窗口 → 1 HANDSET.CATProduct 命令，切换窗口并保存。

32.3　创建二级主控件 1

下面讲解二级主控件 1（SECOND01.PRT）的创建过程，零件模型及特征树如图 32.3.1 所示。

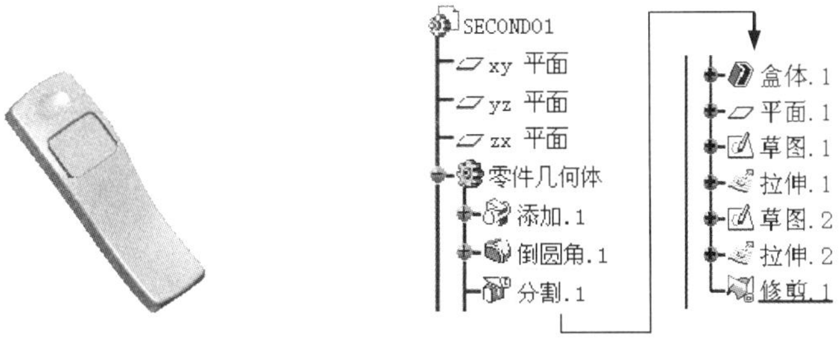

图 32.3.1　零件模型及特征树

Step1. 激活 HANDSET，选择下拉菜单 插入 → 新建零件 命令，系统弹出“新零件：原点”对话框；单击 是(Y) 按钮，完成零件的创建。

Step2. 在 Part1 (Part1.2) 上右击，在弹出的快捷菜单中选择 属性 选项；系统弹出“属性”对话框。在 实例名称 和 零件编号 两个文本框中分别输入文件名 SECOND01；单击 确定 按钮，完成文件名的修改。

Step3. 激活 SECOND01 (SECOND01)，然后右击，在弹出的快捷菜单中选择 SECOND01 对象 → 在新窗口中打开 命令；系统进入零件设计工作台。

Step4. 选择下拉菜单 窗口 → 2 FIRST.CATPart 命令。在发布特征中选择 零件几何体 并右击，在弹出的快捷菜单中选择 复制 命令。再选择下拉菜单 窗口 → 3 SECOND01.CATPart，切换到 SECOND01 模型文件。在特征树中 SECOND01 右击，在弹出的快捷菜单中选择 选择性粘贴... 命令，系统弹出“选择性粘贴”对话框，选择 与原文档相关联的结果 选项，单击 确定 按钮，完成外部参考的创建。

Step5. 在特征树中选中 几何体.2，选择下拉菜单 插入 → 布尔操作 → 添加... 命令；再选择下拉菜单 窗口 → 2 FIRST.CATPart 命令，在发布特征中选中“拉伸 1”“相交 5、6、7”并右击，在弹出的快捷菜单中选择 复制 命令。再选择下拉菜单 窗口 → 3 SECOND01.CATPart 选项，切换到 SECOND01 模型文件。在特征树中右击 SECOND01，并选择 选择性粘贴... 命令，系统弹出“选择性粘贴”对话框，选择 与原文档相关联的结果 选项，单击 确定 按钮，完成外部参考的创建。

Step6. 创建图 32.3.2b 所示的特征——倒圆角 1。选取图 32.3.2a 所示的边为倒圆角的对象，倒圆角半径为 5。

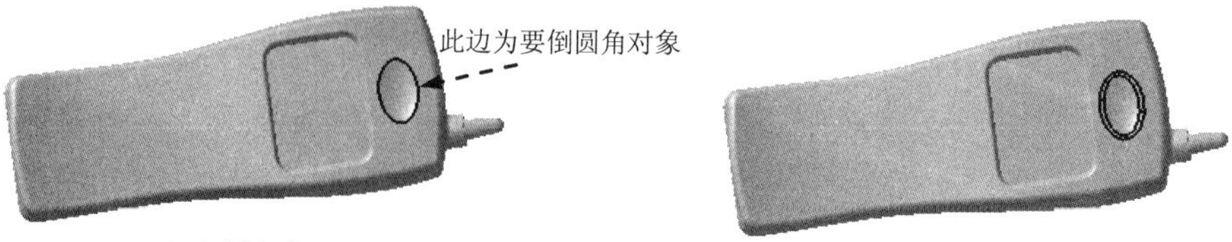

a）圆角前 b）圆角后

图 32.3.2 倒圆角 1

Step7. 创建图 32.3.3 所示的零件特征——分割 1。选择下拉菜单 插入 → 基于曲面的特征 → 分割... 命令，选取外部参考下的拉伸 1 为切除元素，调整切割方向，单击 确定 按钮，完成分割 1 的创建。

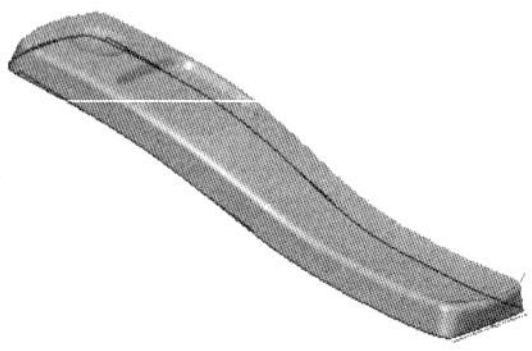

图 32.3.3 分割 1

Step8. 创建图 32.3.4b 所示的零件特征——盒体 1。选择下拉菜单 插入 → 修饰特征 → 抽壳... 命令，在 默认内侧厚度： 文本框中输入值 1，选取图 32.3.4a 所示的面为要移除的平面，单击 确定 按钮，完成盒体 1 的创建。

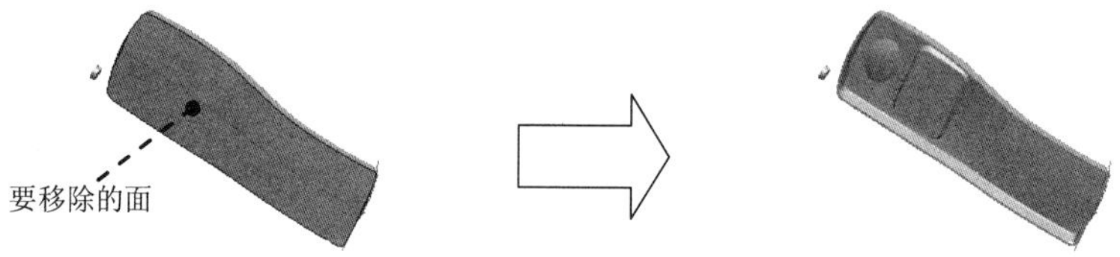

a） 抽壳前 b）抽壳后

图 32.3.4 盒体 1

Step9. 切换工作台。选择下拉菜单 开始 → 形状 → 创成式外形设计 命令，切换到创成式外形设计工作台。

Step10. 创建图 32.3.5 所示的特征——平面 1。单击“线框”工具栏中的 ▱ 按钮；在 平面类型： 下拉列表中选取 偏移平面 选项；单击 参考： 文本框，选取图 32.3.6 所示的平面为参考平面，在 偏移： 文本框中输入数值 1，单击 确定 按钮，完成平面 1 的创建。

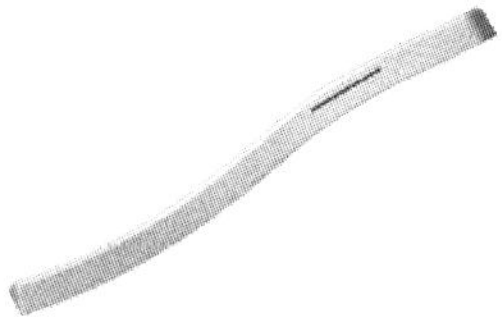

图 32.3.5　平面 1

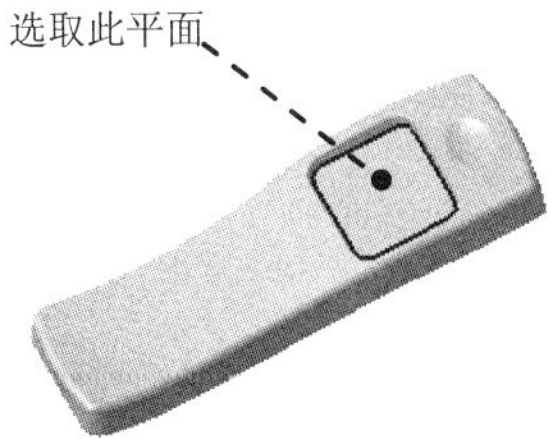

图 32.3.6　定义参考平面

Step11. 创建图 32.3.7 所示的草图 1。选择下拉菜单 插入 → 草图编辑器 → 草图 命令；选择 xy 平面作为草图平面；在草绘工作台中绘制图 32.3.8 所示的草图。

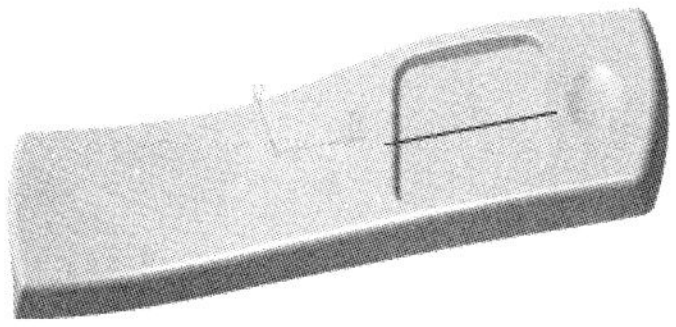

图 32.3.7　草图 1

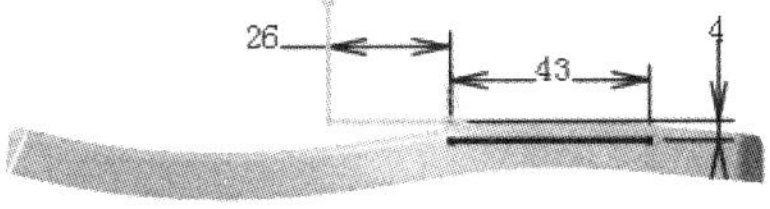

图 32.3.8　草绘截面

Step12. 创建图 32.3.9 所示的曲面特征——拉伸 1。选择下拉菜单 插入 → 曲面 → 拉伸... 命令，选取草图 1 为拉伸轮廓，在对话框 限制 1 的类型：下拉列表中均选择 尺寸 选项，在 尺寸： 文本框中输入数值为 26，并选中 镜像范围 复选框，单击 确定 按钮，完成拉伸 1 的创建。

Step13. 创建图 32.3.10 所示的草图 2。选择下拉菜单 插入 → 草图编辑器 → 草图 命令；选择平面 1 作为草图平面；在草绘工作台中绘制图 32.3.11 所示的草图。

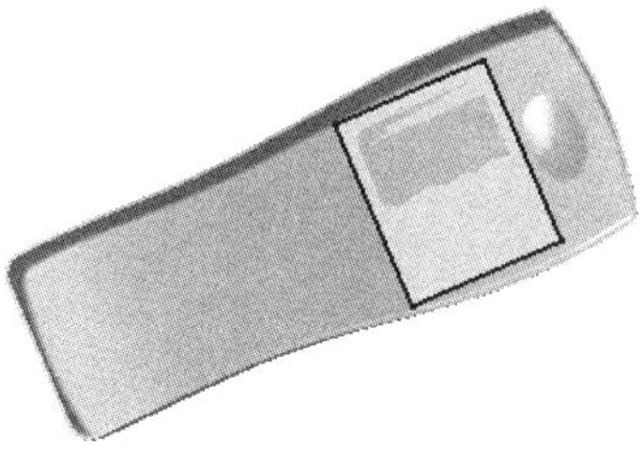

图 32.3.9　拉伸 1

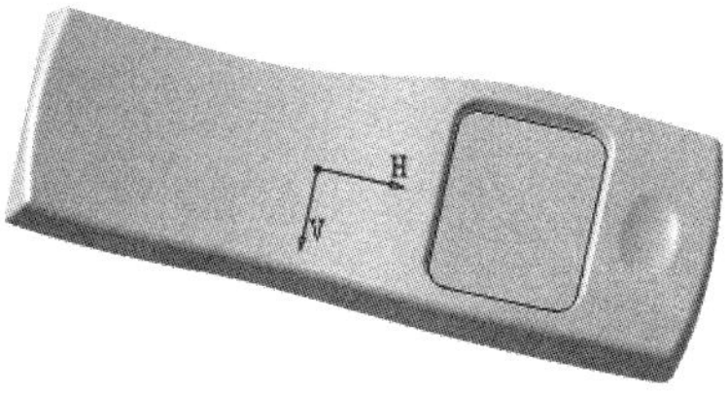

图 32.3.10　草图 2

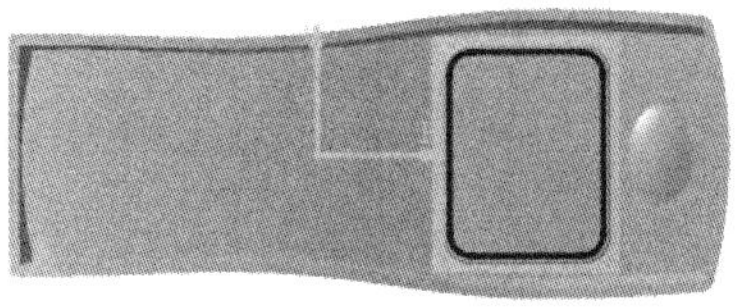

图 32.3.11　草绘截面

Step14. 创建图 32.3.12 所示的曲面特征——拉伸 2。选择下拉菜单 插入 → 曲面 → 拉伸... 命令，选取草图 2 为拉伸轮廓，在对话框 限制 1 和 限制 2 区域的 类型: 下拉列表中均选择 尺寸 选项，在“拉伸曲面定义”对话框的 限制 1 和 限制 2 区域的 尺寸: 文本框中分别输入数值 4 和 0。单击 确定 按钮，完成拉伸 2 的创建。

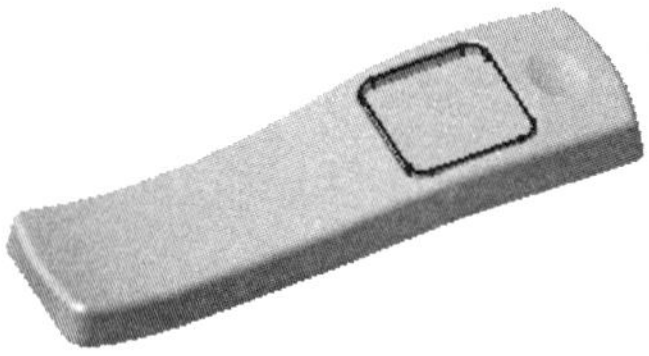

图 32.3.12 拉伸 2

Step15. 创建图 32.3.13 所示的曲面特征——修剪 1。选择下拉菜单 插入 → 操作 → 修剪... 命令，在对话框的 模式: 下拉列表中选择 标准 选项；选择拉伸 1 和分割 1 为修剪元素。

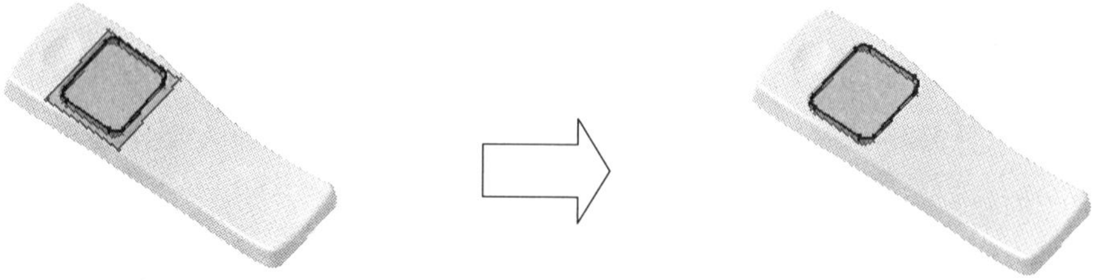

a） 修剪前 b）修剪后

图 32.3.13 修剪 1

Step16. 选择下拉菜单 工具 → 发布... 命令；在特征树中选取 “修剪 1”“曲线 5、6、7” 和“零件几何体”作为发布对象。单击 确定 按钮，完成发布特征。

Step17. 保存零件模型。选择下拉菜单 文件 → 保存 命令，即可保存零件模型。

Step18. 选择下拉菜单 窗口 → 1 HANDSET.CATProduct 命令，切换窗口并保存。

32.4 创建二级主控件 2

下面讲解二级主控件 2（SECOND02.PRT）的创建过程，零件模型及特征树如图 32.4.1 所示。

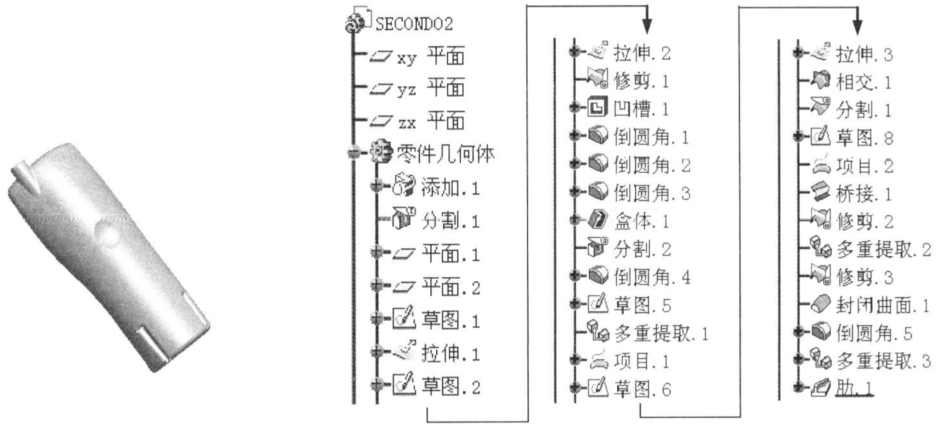

图 32.4.1　二级主控件及特征树

Step1. 激活 HANDSET，选择下拉菜单 插入 → 新建零件 命令，系统弹出“新零件：原点”对话框；单击 是(Y) 按钮，完成零部件的创建。

Step2. 在 Part1 (Part1.3) 上右击，在弹出的快捷菜单中选择 属性 选项；系统弹出“属性”对话框。在 实例名称 和 零件编号 两个文本框中分别输入文件名 SECOND02；单击 确定 按钮，完成文件名的修改。

Step3. 激活 SECOND02 (SECOND02)，然后右击，在弹出的快捷菜单中选择 SECOND02 对象 → 在新窗口中打开 命令；系统进入零件设计工作台。

Step4. 选择下拉菜单 窗口 → 2 FIRST.CATPart 命令。在发布特征中选择 零件几何体 右击，在弹出的快捷菜单中选择 复制 命令。再选择下拉菜单 窗口 → 4 SECOND02.CATPart，切换到 SECOND02 模型文件。在特征树中 SECOND02 右击，在弹出的快捷菜单中选择 选择性粘贴... 命令，系统弹出“选择性粘贴”对话框，选择 与原文档相关联的结果 选项，单击 确定 按钮，完成外部参考的创建。

Step5. 在特征树中选中 几何体.2，选择下拉菜单 插入 → 布尔操作 → 添加... 命令；再选择下拉菜单 窗口 → 2 FIRST.CATPart 命令，在发布特征中选中其余的所有平面特征并右击，在弹出的快捷菜单中选择 复制 命令。再选择下拉菜单 窗口 → 4 SECOND02.CATPart 选项，切换到 SECOND02 模型文件。在特征树中右击 SECOND02，并选择 选择性粘贴... 命令，系统弹出“选择性粘贴”对话框，选择 与原文档相关联的结果 选项，单击 确定 按钮，完成外部参考的创建。

Step6. 创建图 32.4.2b 所示的零件特征——分割 1。选择下拉菜单 插入 → 基于曲面的特征 → 分割... 命令，选择图 32.4.2a 所示的曲面为分割元素，单击图中箭头定义分割方向，单击 确定 按钮，完成分割 1 的创建。

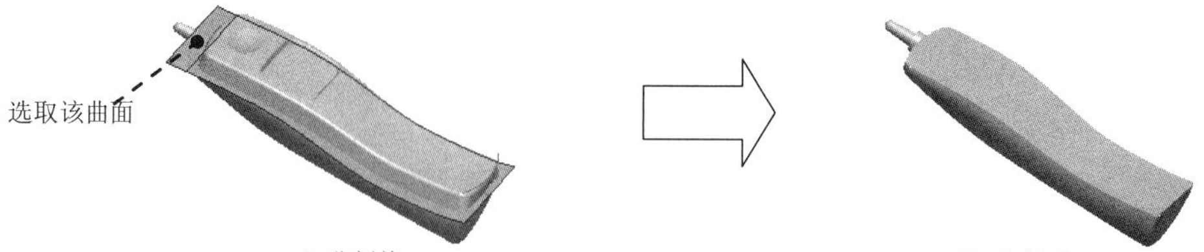

a）分割前　　b）分割后

图 32.4.2　分割 1

Step7. 创建图 32.4.3 所示的特征——平面 1。单击“参考元素”工具栏中的按钮；在**平面类型：**下拉列表中选取**偏移平面**选项；在**参考：**文本框中右击，选取 zx 为参考平面，在**偏移：**文本框中输入数值 22，单击**确定**按钮，完成平面 1 的创建。

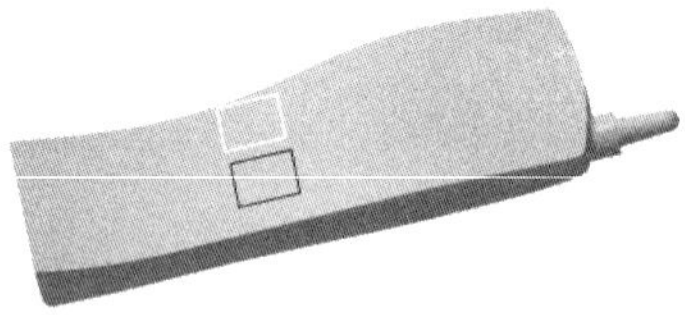

图 32.4.3　平面 1

Step8. 创建图 32.4.4 所示的特征——平面 2。单击“参考元素”工具栏中的按钮；在**平面类型：**下拉列表中选取**偏移平面**选项；在**参考：**文本框中右击，选取图 32.4.4 所示的平面为参考平面，在**偏移：**文本框中输入数值 3，单击**确定**按钮，完成平面 2 的创建。

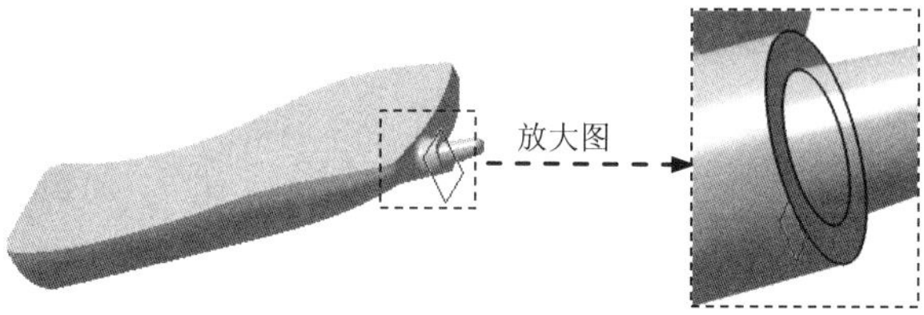

图 32.4.4　平面 2

Step9. 切换工作台。选择下拉菜单**开始** → **形状** → **创成式外形设计**命令，切换到创成式外形设计工作台。

Step10. 创建图 32.4.5 所示的草图 1。选择下拉菜单**插入** → **草图编辑器** → **草图**命令；选择平面 1 作为草图平面；在草绘工作台中绘制图 32.4.5 所示的草图。

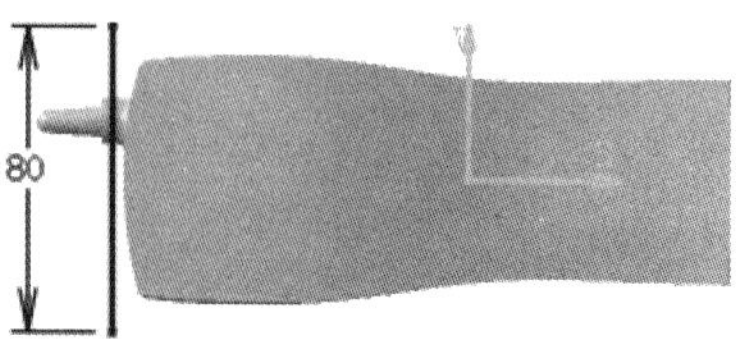

图 32.4.5　草图 1

Step11. 创建图 32.4.6 所示的曲面特征——拉伸 1。选择下拉菜单 插入 → 曲面 → 拉伸... 命令，选取草图 1 为拉伸轮廓，在对话框 限制 1 区域的 类型: 下拉列表中选择 尺寸 选项，在 尺寸: 文本框中输入深度值 15，选中 镜像范围 复选框，单击 确定 按钮，完成拉伸 1 的创建。

图 32.4.6　拉伸 1

Step12. 创建图 32.4.7 所示的草图 2。选择下拉菜单 插入 → 草图编辑器 → 草图 命令；选择图 32.4.7 所示的平面作为草图平面；绘制图 32.4.8 所示的草图。

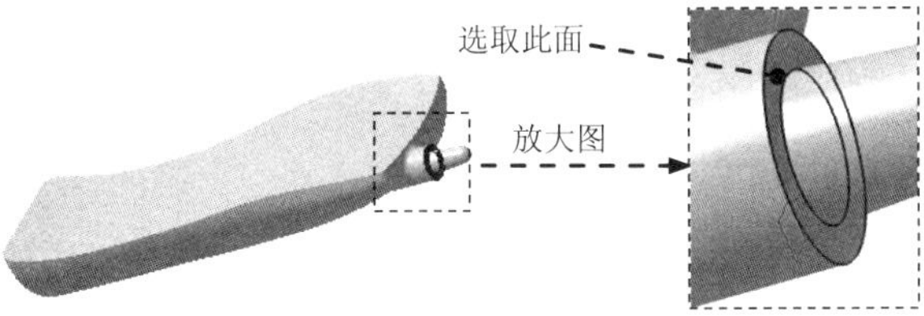

图 32.4.7　定义草绘平面

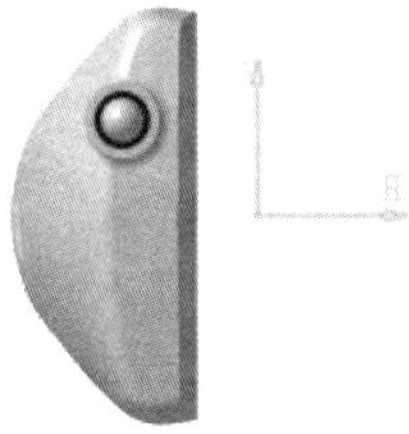

图 32.4.8　截面草图

Step13. 创建图 32.4.9 所示的曲面特征——拉伸 2。选择下拉菜单 插入 → 曲面 → 拉伸... 命令，选取草图 2 为拉伸轮廓，在对话框 限制 1 和 限制 2 区域的 类型: 下拉列表中均选择 尺寸 选项，在 限制 1 和 限制 2 区域的 尺寸: 文本框中分别输入深度值 5 和 0，单击 确定 按钮，完成拉伸 2 的创建。

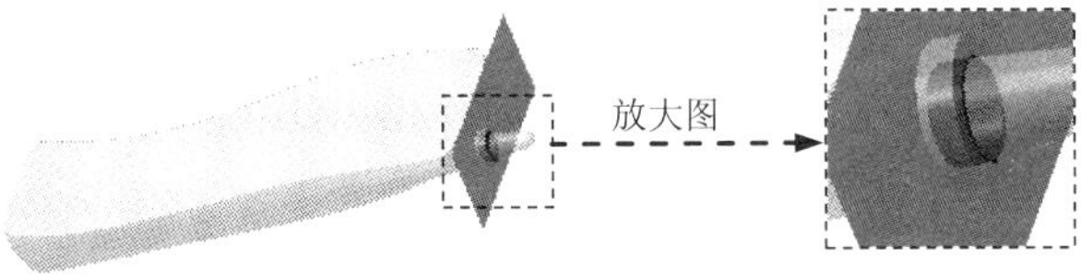

图 32.4.9　拉伸 2

Step14. 创建曲面特征——修剪 1。选择下拉菜单 插入 → 操作 → 修剪... 命令，在对话框的 模式: 下拉列表中选择 标准 选项；选择拉伸 1 和拉伸 2 为修剪元素。单击 确定 按钮，完成修剪 1 的创建。

Step15. 切换工作台。选择下拉菜单 开始 → 机械设计 → 零件设计 命令，切换到零件设计工作台。

Step16. 创建图 32.4.10 所示的零件特征——凹槽 1。选择下拉菜单 插入 → 基于草图的特征 → 凹槽... 命令；选取图 32.4.11 所示的平面为草绘平面；绘制图 32.4.12 所示的截面草图；在对话框 第一限制 区域的 类型： 下拉列表中选取 尺寸 选项，在其后的 深度： 文本框中输入值 23；单击 确定 按钮，完成凹槽 1 的创建。

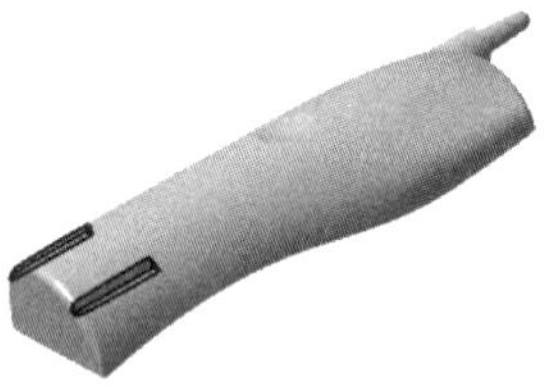

图 32.4.10 凹槽 1

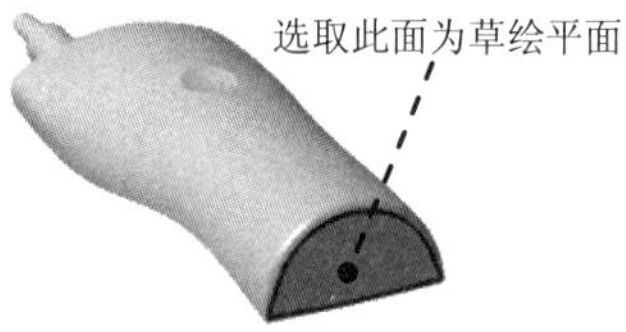

图 32.4.11 定义草绘平面

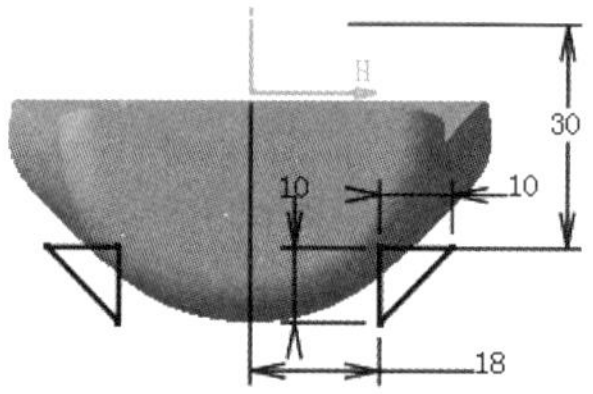

图 32.4.12 截面草图

Step17. 创建图 32.4.13b 所示的特征——倒圆角 1。选取图 32.4.13a 所示的边为倒圆角的对象，倒圆角半径为 1。

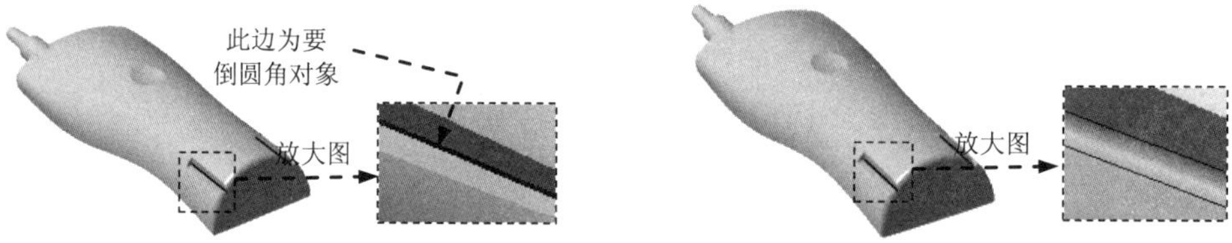

a）圆角前　　b）圆角后

图 32.4.13 倒圆角 1

Step18. 创建图 32.4.14b 所示的特征——倒圆角 2。选取图 32.4.14a 所示的边为倒圆角的对象，倒圆角半径为 0.5。

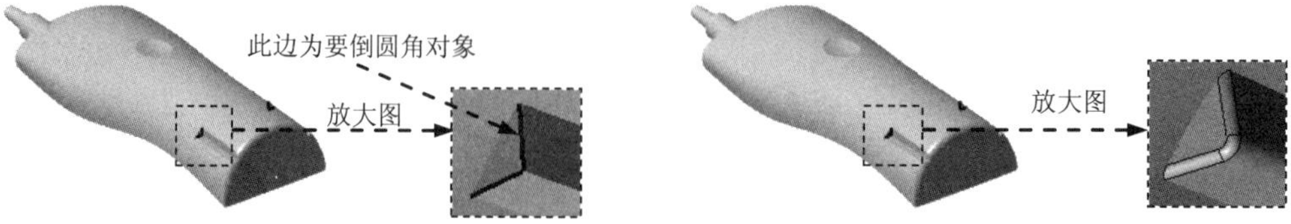

a）圆角前　　b）圆角后

图 32.4.14 倒圆角 2

Step19. 创建图 32.4.15b 所示的特征——倒圆角 3。选取图 32.4.15a 所示的边为倒圆角的对象，倒圆角半径为 2。

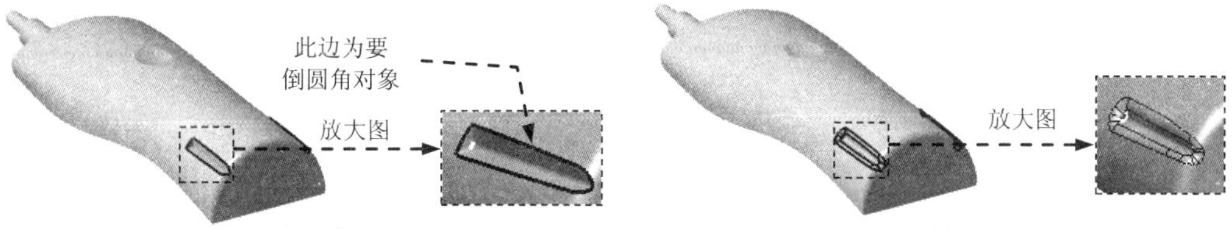

a）圆角前　　b）圆角后

图 32.4.15　倒圆角 3

Step20. 创建图 32.4.16b 所示的零件特征——盒体 1。选择下拉菜单 插入 → 修饰特征 → 抽壳... 命令，在 默认内侧厚度：文本框中输入值 1，选取图 32.4.16a 所示的面为要移除的平面，单击 确定 按钮，完成盒体 1 的创建。

a）抽壳前　　b）抽壳后

图 32.4.16　盒体 1

Step21. 创建图 32.4.17b 所示的零件特征——分割 2。选择下拉菜单 插入 → 基于曲面的特征 → 分割... 命令，选择修剪 1 为分割元素，单击图中箭头定义分割方向，单击 确定 按钮，完成分割 2 的创建。

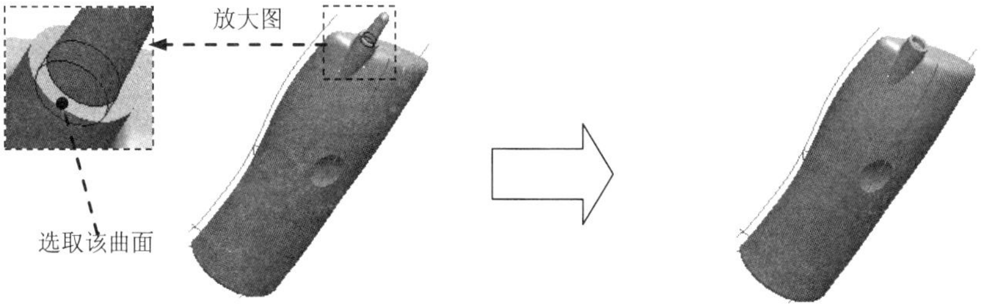

a）分割前　　b）分割后

图 32.4.17　分割 2

Step22. 创建图 32.4.18b 所示的特征——倒圆角 4。选取图 32.4.18a 所示的边为倒圆角的对象，倒圆角半径为 1。

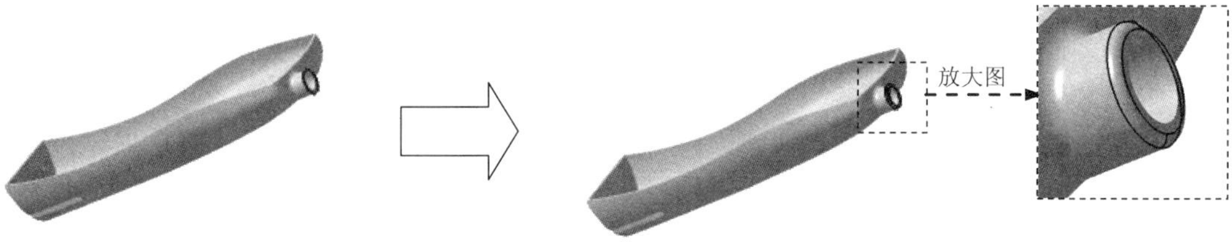

a）倒圆角前　　b）倒圆角后

图 32.4.18　倒圆角 4

Step23. 切换工作台。选择下拉菜单 开始 → 形状 ▸ → 创成式外形设计 命令，切换到创成式外形设计工作台。

Step24. 创建图 32.4.19 所示的草图 4。选择下拉菜单 插入 → 草图编辑器 ▸ → 草图 命令；选择 zx 平面作为草图平面；在草绘工作台中绘制图 32.4.20 所示的草图。

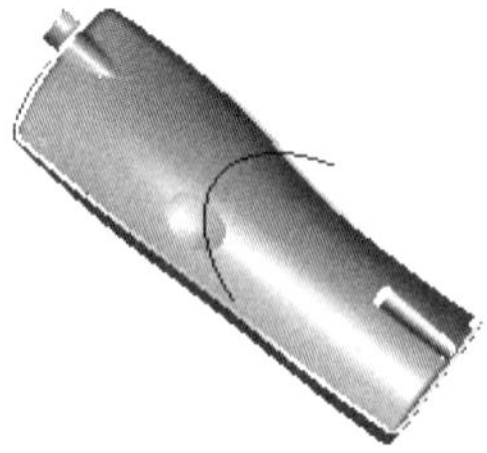

图 32.4.19　草图 4（建模环境）

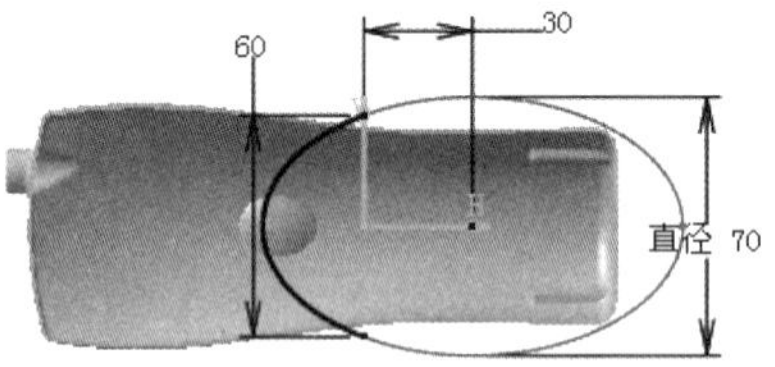

图 32.4.20　草图 4（草绘环境）

Step25. 创建图 32.4.21 所示的曲面特征——多重提取 1。选择下拉菜单 插入 → 操作 ▸ → 多重提取... 命令；选取图 32.4.21 所示的面作为要提取的元素，单击 确定 按钮，完成多重提取 1 的创建。

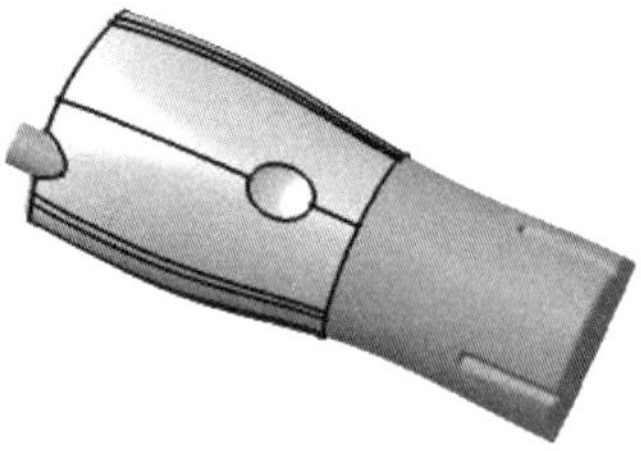

图 32.4.21　多重提取 1

Step26. 创建图 32.4.22 所示的曲线特征——投影 1。选择下拉菜单 插入 → 线框 ▸ → 投影... 命令；在 投影类型： 下拉列表中选择 沿某一方向 选项，单击 投影的： 文本框，在特征树中选取草图 4 作为要投影的对象，选择多重提取 1 作为支持面，在 方向： 文本框中右击，选择 Y 部件 作为方向，单击 确定 按钮，完成投影 1 的创建。

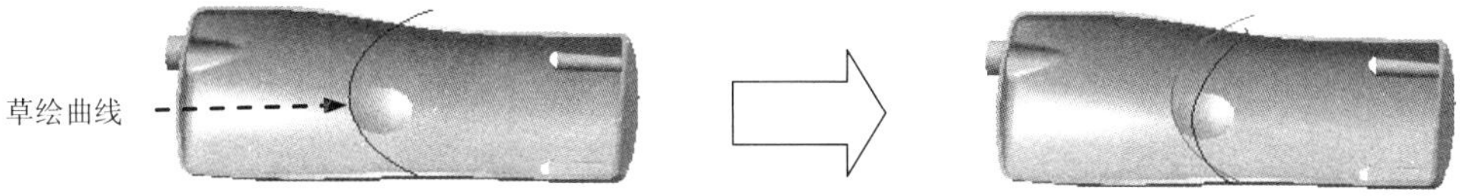

a）投影前　　　　b）投影后

图 32.4.22　投影 1

Step27. 创建图 32.4.23 所示的草图 5。选择下拉菜单 插入 → 草图编辑器 → 草图 命令；选择 xy 平面作为草图平面；在草绘工作台中绘制图 32.4.23 所示的草图。

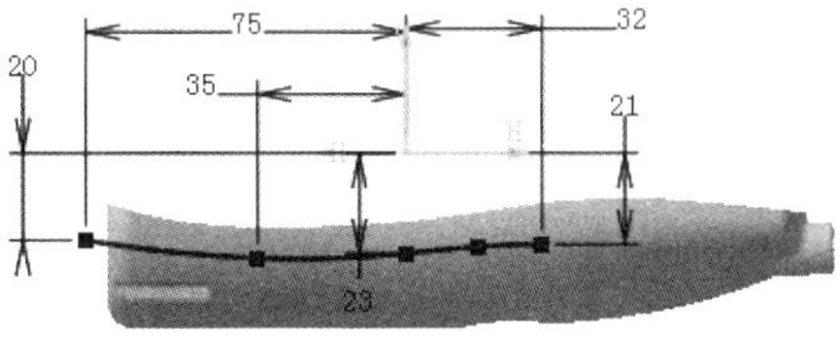

图 32.4.23　截面草图（草图 5）

Step28. 创建图 32.4.24 所示的曲面特征——拉伸 3。选择下拉菜单 插入 → 曲面 → 拉伸... 命令，选取草图 5 为拉伸轮廓，在对话框 限制 1 区域的 类型: 下拉列表中选择 尺寸 选项，在 尺寸: 文本框中输入深度值 35，并选中 镜像范围 复选框，单击 确定 按钮，完成拉伸 3 的创建。

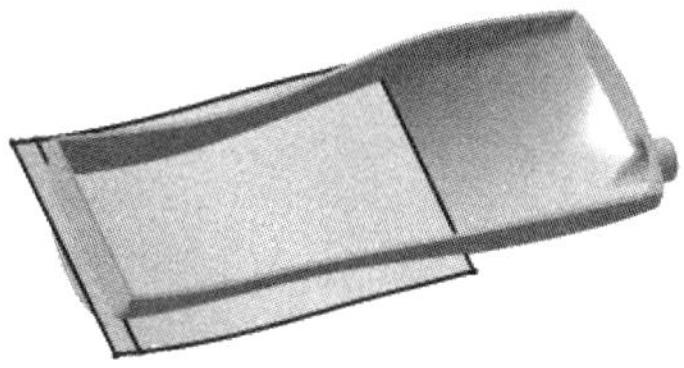

图 32.4.24　拉伸 3

Step29. 创建图 32.4.25 所示的点特征——相交 1。选择下拉菜单 插入 → 线框 → 相交... 命令；选取项目 1 作为第一元素，选取拉伸 3 作为第二元素，单击 确定 按钮，完成相交 1 的创建。

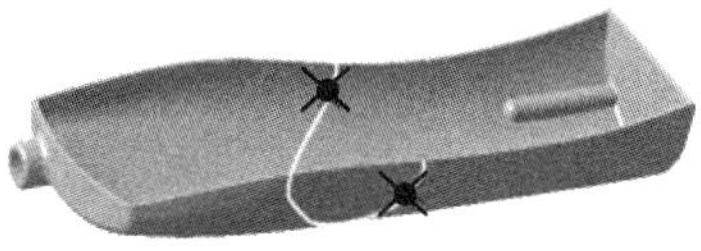

图 32.4.25　相交 1

Step30. 创建图 32.4.26 所示的曲线特征——分割 3。选择下拉菜单 插入 → 操作 → 分割... 命令；在特征树中选取项目 1 作为要切除的元素，选取拉伸 3 作为切除元素，单击确定按钮，完成分割 3 的创建。

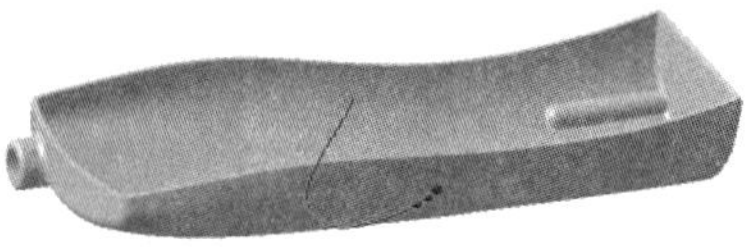

图 32.4.26 分割 3

Step31. 创建图 32.4.27 所示的草图 6。选择下拉菜单插入 → 草图编辑器 → 草图命令；选择 zx 平面作为草图平面；在草绘工作台中绘制图 32.4.28 所示的草图。

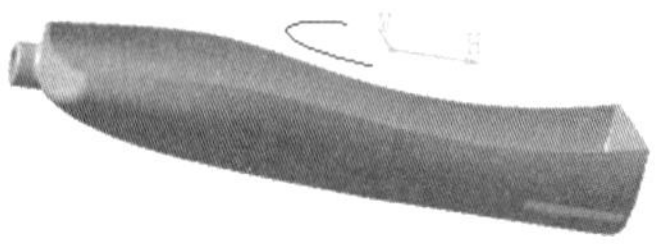

图 32.4.27 草图 6

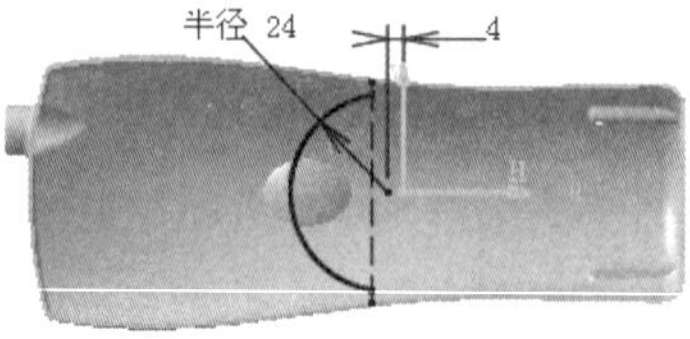

图 32.4.28 截面草图

Step32. 创建图 32.4.29 所示的曲面特征——投影 2。选择下拉菜单插入 → 线框 → 投影...命令；在投影类型：下拉列表中选择法线选项，单击投影的：文本框，在特征树中选取草图 6 作为要投影的对象，选择拉伸 3 作为支持面，单击确定按钮，完成投影 2 的创建。

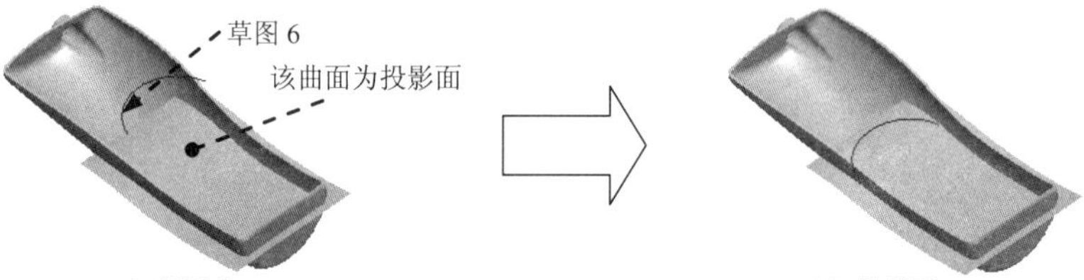

a）投影前　　b）投影后

图 32.4.29 投影 2

Step33. 创建图 32.4.30 所示的曲面特征——桥接 1。选择下拉菜单插入 → 曲面 → 桥接...命令；在特征树中分别选取项目 2 和分割 1 作为第一曲线和第二曲线，在耦合/脊线选项卡的下拉列表中选择避免自交选项，单击确定按钮，完成桥接 1 的创建。

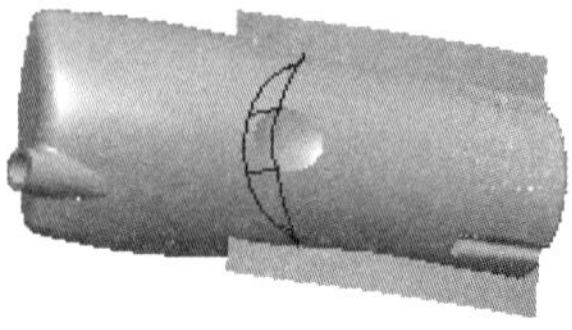

图 32.4.30 桥接 1

Step34. 创建图 32.4.31b 所示的曲面特征——修剪 2。选择下拉菜单 插入 → 操作 → 修剪... 命令；在对话框的 模式： 下拉列表中选择 标准 选项；选择拉伸 3 和桥接 1 为修剪元素。单击 确定 按钮，完成修剪 2 的创建。

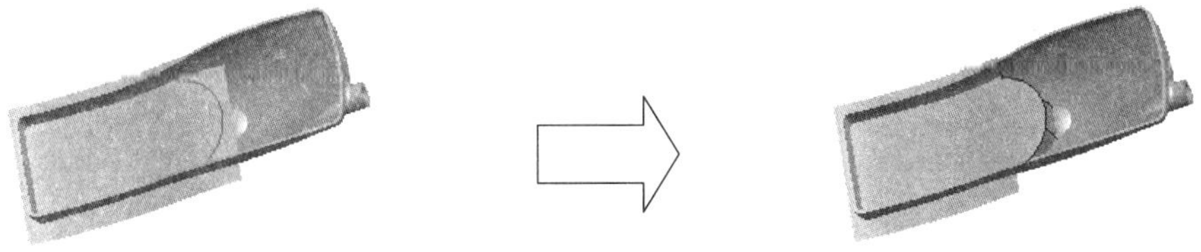

a）修剪前　　b）修剪后

图 32.4.31　修剪 2

Step35. 创建图 32.4.32 所示的曲面特征——多重提取 2。选择下拉菜单 插入 → 操作 → 多重提取... 命令；在 拓展类型： 下拉列表中选择 切线连续 选项，选取图 32.4.32 所示的面作为要提取的元素，单击 确定 按钮，完成多重提取 2 的创建。

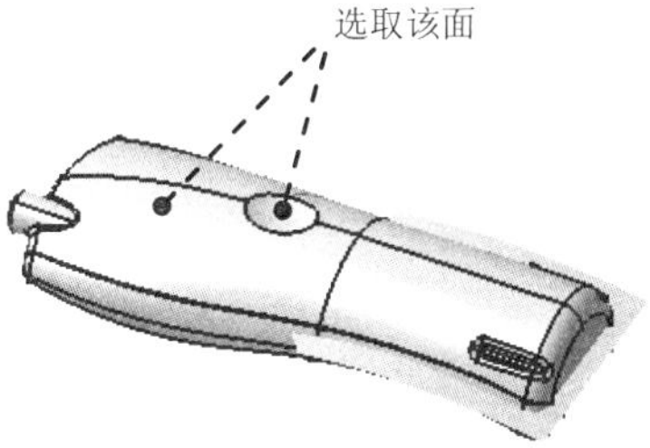

图 32.4.32　多重提取 2

Step36. 创建图 32.4.33b 所示的曲面特征——修剪 3。选择下拉菜单 插入 → 操作 → 修剪... 命令；在对话框的 模式： 下拉列表中选择 标准 选项；选择多重提取 2 和修剪 2 为修剪元素。单击 确定 按钮，完成修剪 3 的创建。

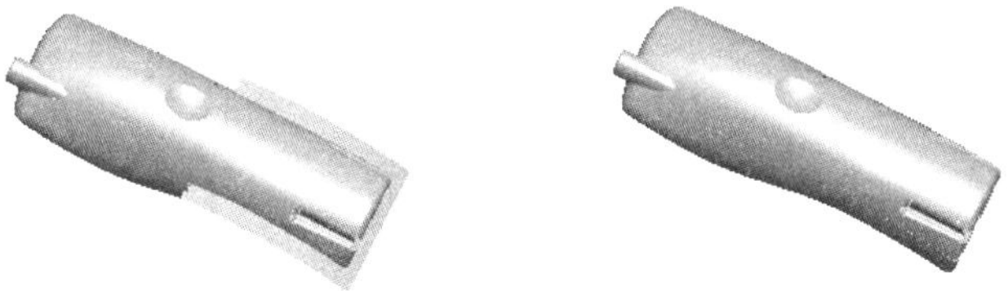

a）修剪前　　b）修剪后

图 32.4.33　修剪 3

Step37. 切换工作台。选择下拉菜单 开始 → 机械设计 → 零件设计 命令，切换到零件设计工作台。

Step38. 创建图 32.4.34 所示的零件特征——封闭曲面 1。选择下拉菜单 插入 →

基于曲面的特征 → 封闭曲面... 命令；选取修剪 3 为要封闭的曲面，单击 确定 按钮，完成封闭曲面 1 的创建。

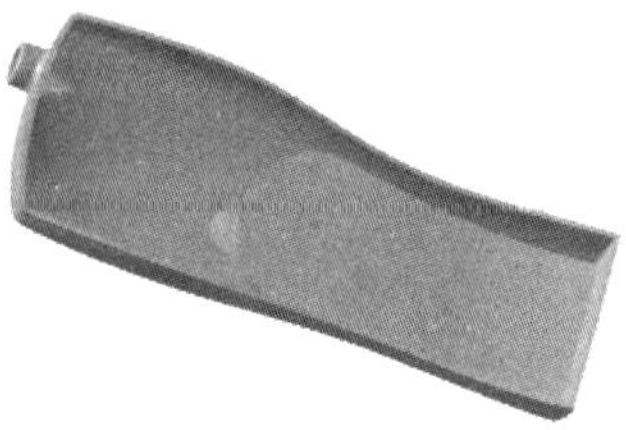

图 32.4.34 封闭曲面 1

Step39. 创建图 32.4.35b 所示的特征——倒圆角 5。选取图 32.4.35a 所示的边为倒圆角的对象，倒圆角半径为 1。

Step40. 切换工作台。选择下拉菜单 开始 → 形状 ▸ → 创成式外形设计 命令，切换到创成式外形设计工作台。

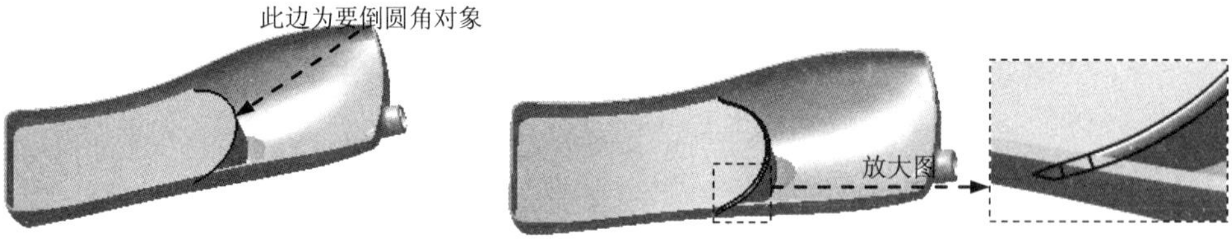

a）圆角前 b）圆角后

图 32.4.35 倒圆角 5

Step41. 创建曲线特征——多重提取 3。选择下拉菜单 插入 → 操作 ▸ → 多重提取... 命令；选取图 32.4.36 所示的模型的内侧边线，单击 确定 按钮，完成多重提取 3 的创建。

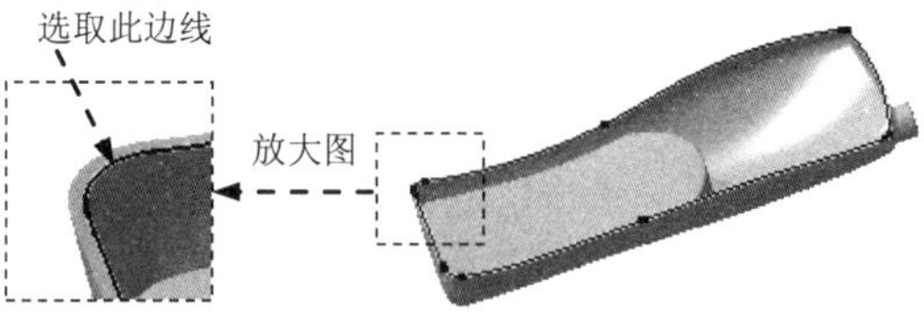

图 32.4.36 多重提取 3

Step42. 切换工作台。选择下拉菜单 开始 → 机械设计 ▸ → 零件设计 命令，切换到零件设计工作台。

Step43. 创建图 32.4.37 所示的特征——肋 1。选择下拉菜单 插入 → 基于草图的特征 ▸ → 肋... 命令；单击 轮廓 文本框后的 按钮，选取 xy 平面绘制图 32.4.38 所示的草图；

单击中心曲线文本框，选取多重提取 3 作为中心曲线，在控制轮廓区域的下拉列表中选择拔模方向选项，然后右击选择：文本框，选择 Y 轴选项，其他采用系统默认设置；单击确定按钮，完成肋 1 的创建。

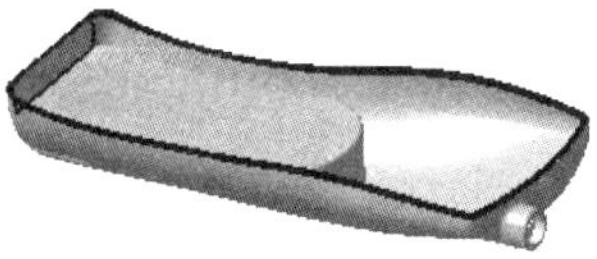

图 32.4.37　肋 1

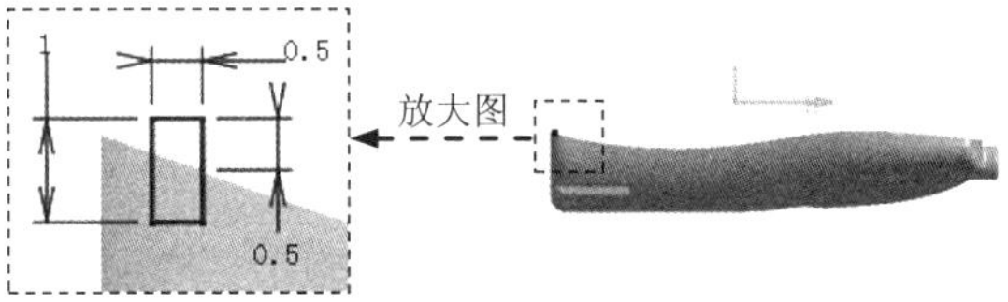

图 32.4.38　截面草图

Step44. 选择下拉菜单工具 → 发布...命令；在特征树中选取“零件几何体”“相交 5、6、7”“修剪 1”和“修剪 2”作为发布对象。单击确定按钮，完成发布特征。

Step45. 保存文件模型。选择下拉菜单文件 → 保存命令，即可保存零件模型。

Step46. 选择下拉菜单窗口 → 1 HANDSET.CATProduct命令，切换窗口并保存。

32.5　创建电话天线

下面讲解电话天线（ANTENNA.PRT）的创建过程，零件模型及特征树如图 32.5.1 所示。

图 32.5.1　零件模型及特征树

Step1. 激活HANDSET，选择下拉菜单插入 → 新建零件命令，系统弹出“新零件：原点”对话框；单击是(Y)按钮，完成零部件的创建。

Step2. 在Part1 (Part1.4)上右击，在弹出的快捷菜单中选择属性选项；系统弹出“属性”对话框。在实例名称和零件编号两个文本框中分别输入文件名 ANTENNA；单击确定按钮，完成文件名的修改。

Step3. 激活ANTENNA (ANTENNA)，然后右击，在弹出的快捷菜单中选择ANTENNA 对象 → 在新窗口中打开命令；系统进入零件设计工作台。

Step4. 选择下拉菜单窗口 → 2 FIRST.CATPart命令。在发布特征中选择零件几何体右击，在弹出的快捷菜单中选择复制命令。再选择下拉菜单

窗口 → 5 ANTENNA.CATPart，切换到 ANTENNA 模型文件。在特征树中 ANTENNA 右击，在弹出的快捷菜单中选择 选择性粘贴... 命令，系统弹出“选择性粘贴”对话框，选择 与原文档相关联的结果 选项，单击 确定 按钮，完成外部参考的创建。

Step5.在特征树中选中 几何体.2，选择下拉菜单 插入 → 布尔操作 → 添加... 命令；再选择下拉菜单 窗口 → 4 SECOND02.CATPart 命令，在发布特征中选中修剪 1 特征并右击，在弹出的快捷菜单中选择 复制 命令。再选择下拉菜单 窗口 → 5 ANTENNA.CATPart 选项，切换到 ANTENNA 模型文件。在特征树中右击 ANTENNA，并选择 选择性粘贴... 命令，系统弹出“选择性粘贴”对话框，选择 与原文档相关联的结果 选项，单击 确定 按钮，完成外部参考的创建。

Step6. 创建图 32.5.2b 所示的零件特征——分割 1。选择下拉菜单 插入 → 基于曲面的特征 → 分割... 命令，选择图 32.5.2a 所示的修剪 1 为分割元素，单击图中箭头定义分割方向，单击 确定 按钮，完成分割 1 的创建。

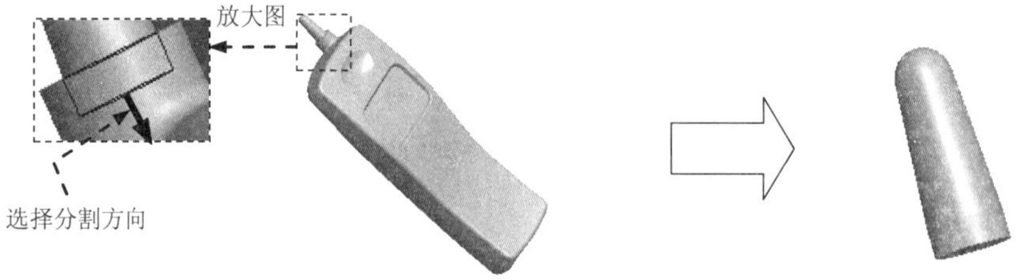

a）分割前　　b）分割后

图 32.5.2　分割 1

Step7. 保存零件模型。选择下拉菜单 文件 → 保存 命令，即可保存零件模型。

Step8. 选择下拉菜单 窗口 → 1 HANDSET.CATProduct 命令，切换窗口并保存。

32.6　创建电话下盖

下面讲解电话下盖（DOWN_COVER.PRT）的创建过程，零件模型及特征树如图 32.6.1 所示。

Step1. 激活 HANDSET，选择下拉菜单 插入 → 新建零件 命令，系统弹出“新零件：原点”对话框；单击 是(Y) 按钮，完成零部件的创建。

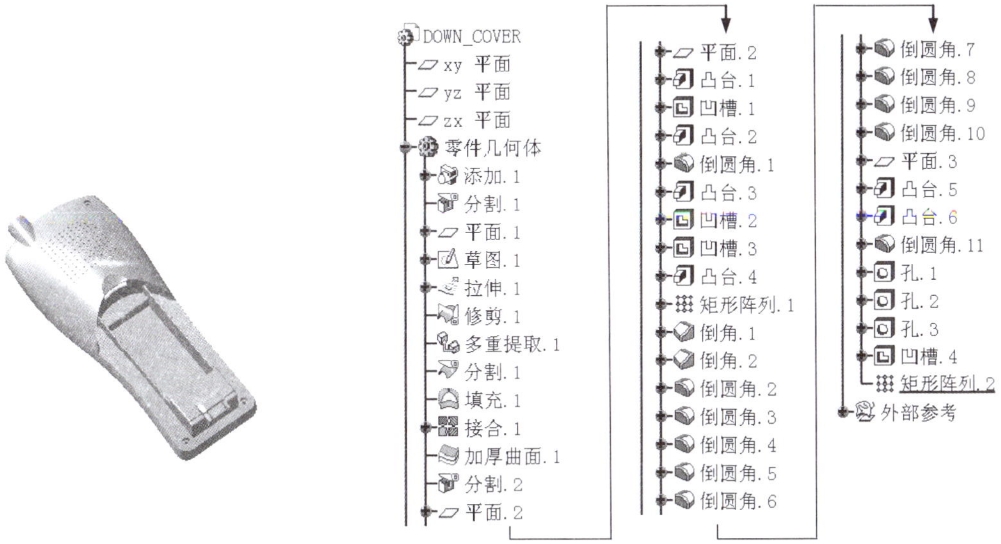

图 32.6.1　零件模型及特征树

Step2. 在 Part1 (Part1.5) 上右击，在弹出的快捷菜单中选择 属性 选项；系统弹出“属性”对话框。在 实例名称 和 零件编号 两个文本框中分别输入文件名 DOWN_COVER；单击 确定 按钮，完成文件名的修改。

Step3. 激活 DOWN_COVER (DOWN_COVER)，然后右击，在弹出的快捷菜单中选择 DOWN_COVER 对象 → 在新窗口中打开 命令；系统进入零件设计工作台。

Step4. 选择下拉菜单 窗口 → 4 SECOND02.CATPart 命令，在 零件几何体 右击，在弹出的快捷菜单中选择 复制 命令。再选择下拉菜单 窗口 → 6 DOWN_COVER.CATPart，切换到 DOWN_COVER 模型文件。在特征树中 DOWN_COVER 右击，在弹出的快捷菜单中选择 选择性粘贴... 命令，系统弹出“选择性粘贴”对话框，选择 与原文档相关联的结果 选项，单击 确定 按钮，完成外部参考的创建。

Step5. 在特征树中选中 几何体.2，选择下拉菜单 插入 → 布尔操作 → 添加... 命令；再选择下拉菜单 窗口 → 4 SECOND02.CATPart 命令，在发布特征中选中所有特征并右击，在弹出的快捷菜单中选择 复制 命令。再选择下拉菜单 窗口 → 6 DOWN_COVER.CATPart 选项，切换到 DOWN_COVER 模型文件。在特征树中右击 DOWN_COVER，并选择 选择性粘贴... 命令，系统弹出“选择性粘贴”对话框，选择 与原文档相关联的结果 选项，单击 确定 按钮，完成外部参考的创建。

Step6. 创建图 32.6.2b 所示的零件特征——分割 1。选择下拉菜单 插入 → 基于曲面的特征 → 分割... 命令，选择图 32.6.2a 所示的曲面为分割元素，单击图中箭头定义分割方向，单击 确定 按钮，完成分割 1 的创建。

a）分割前　　b）分割后

图 32.6.2　分割 1

Step7. 创建图 32.6.3 所示的特征——平面 1。单击“参考元素”工具栏中的按钮；在平面类型：下拉列表中选取偏移平面选项；在参考：文本框中右击，选取 zx 为参考平面，在偏移：文本框中输入数值 30，单击反转方向定义平面方向；单击确定按钮，完成平面 1 的创建。

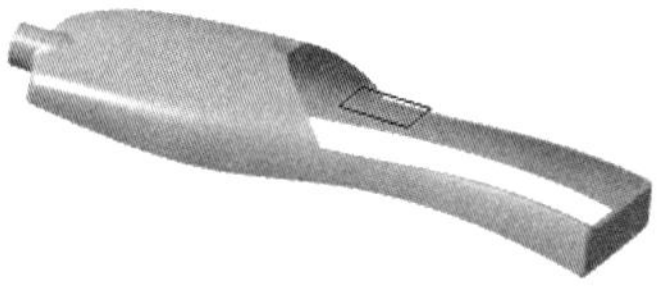

图 32.6.3　平面 1

Step8. 切换工作台。选择下拉菜单开始 → 形状 → 创成式外形设计命令，切换到创成式外形设计工作台。

Step9. 创建图 32.6.4 所示的草图 1。选择下拉菜单插入 → 草图编辑器 → 草图命令；选择平面 1 作为草图平面；在草绘工作台中绘制图 32.6.4 所示的草图。

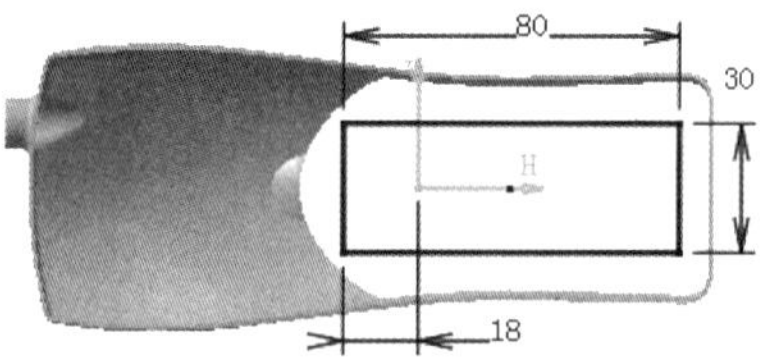

图 32.6.4　草图 1

Step10. 创建图 32.6.5 所示的曲面特征——拉伸 1。选择下拉菜单插入 → 曲面 → 拉伸...命令，选取草图 1 为拉伸轮廓，在对话框限制 1 和限制 2区域的类型：下拉列表中均选择尺寸选项，在尺寸：文本框中分别输入深度值 15 和 0，单击确定按钮，完成拉伸 1 的创建。

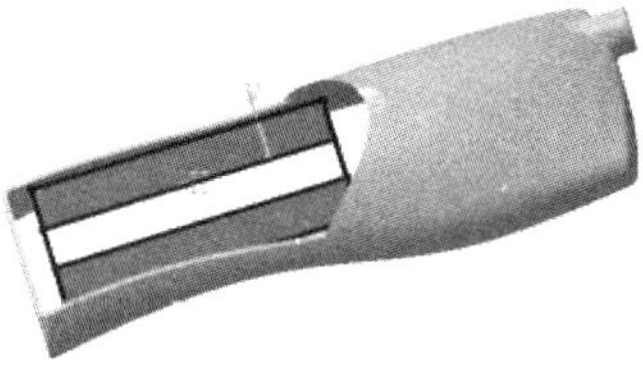

图 32.6.5　拉伸 1

Step11. 创建图 32.6.6b 所示的曲面特征——修剪 1。选择下拉菜单 插入 → 操作 → 修剪... 命令；在“修剪定义”对话框的 模式: 下拉列表中选择 标准 选项；选择拉伸 1 和分割 1 为修剪元素。单击 确定 按钮，完成修剪 1 的创建。

a）修剪前　　　　b）修剪后

图 32.6.6　修剪 1

Step12. 创建图 32.6.7 所示的曲面特征——多重提取 1。选择下拉菜单 插入 → 操作 → 多重提取. 命令；选取模型的外表面为要提取的元素，单击 确定 按钮，完成多重提取 1 的创建。

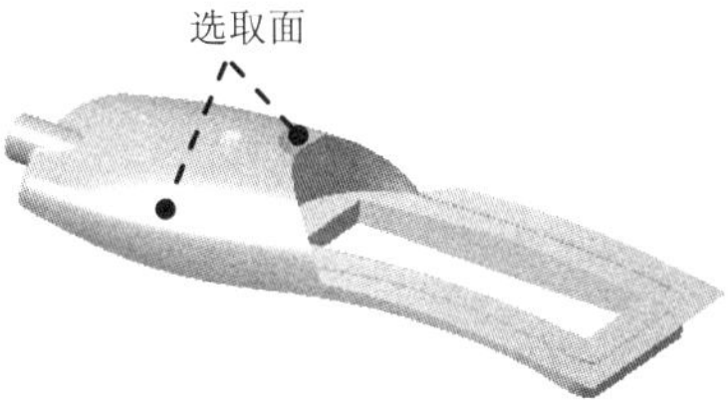

图 32.6.7　多重提取 1

Step13. 创建图 32.6.8 所示的曲面特征——分割 2。选择下拉菜单 插入 → 操作 → 分割... 命令；选取修剪 1 作为要切除的元素，选择多重提取 1 为切除元素，单击 确定 按钮，完成分割 2 的创建。

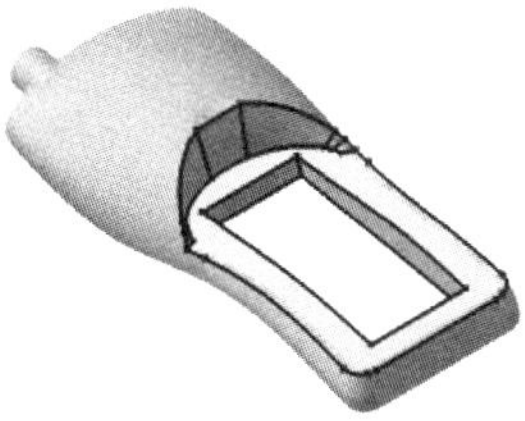

图 32.6.8　分割 2

Step14. 创建图 32.6.9 所示的填充 1。选择下拉菜单 插入 → 曲面 ▸ → 填充... 命令，选取草图 1 为填充边界。单击 确定 按钮，完成填充 1 的创建。

图 32.6.9 填充 1

Step15. 创建曲面特征——接合 1。选择下拉菜单 插入 → 操作 ▸ → 接合... 命令，选取填充 1 和分割 2 为要接合的元素。单击 确定 按钮，完成接合 1 的创建。

Step16. 切换工作台。选择下拉菜单 开始 → 机械设计 ▸ → 零件设计 命令，切换到零件设计工作台。

Step17. 创建图 32.6.10 所示的零件特征——加厚曲面 1。选择下拉菜单 插入 → 基于曲面的特征 → 厚曲面... 命令，在 第一偏移：文本框中输入数值 1，调整加厚方向指向模型内部，单击 确定 按钮，完成加厚曲面 1 的创建。

Step18. 创建图 32.6.11 所示的零件特征——分割 3。选择下拉菜单 插入 → 基于曲面的特征 ▸ → 分割... 命令，在特征树上选择多重提取 1 为分割元素，单击图中箭头定义分割方向，单击 确定 按钮，完成分割 3 的创建。

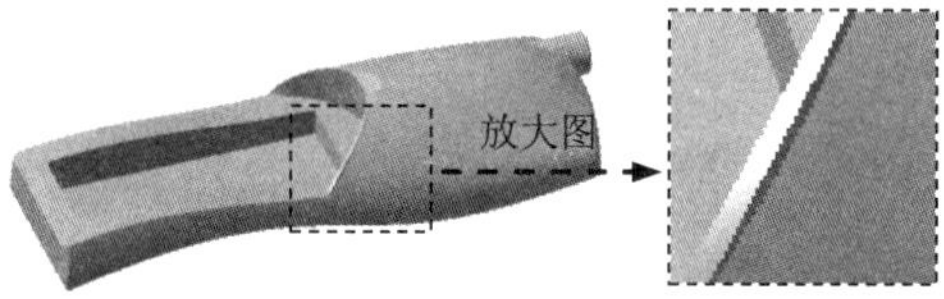

图 32.6.10 加厚曲面 1

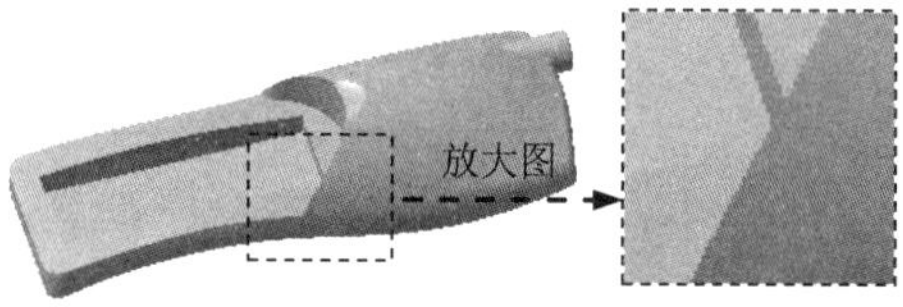

图 32.6.11 分割 3

Step19. 创建图 32.6.12 所示的特征——平面 2。单击“参考元素”工具栏中的 按钮；在 平面类型：下拉列表中选取 偏移平面 选项；在 参考：文本框中右击，选取 zx 为参考平面，在 偏移：文本框中输入数值 35，单击 反转方向 定义平面方向；单击 确定 按钮，完成平面 2 的创建。

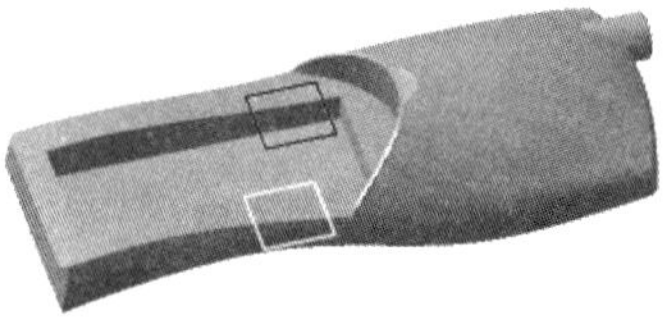

图 32.6.12 平面 2

Step20. 创建图 32.6.13 所示的零件特征——凸台 1。选择下拉菜单 插入 → 基于草图的特征 → 凸台... 命令；选取平面 2 为草绘平面，绘制图 32.6.14 所示的截面草图；在 第一限制 区域的 类型：下拉列表中选取 直到曲面 选项，并选取 32.6.13 所示的曲面，单击 确定 按钮，完成凸台 1 的创建。

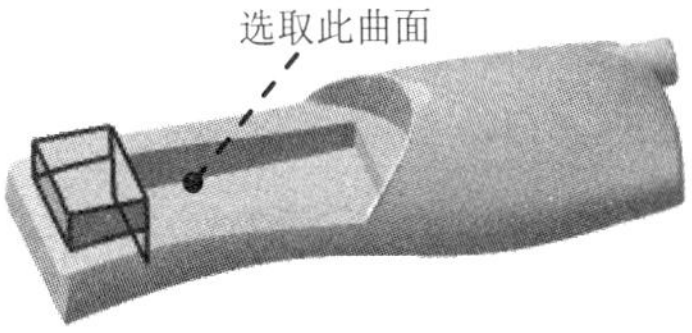

图 32.6.13 凸台 1

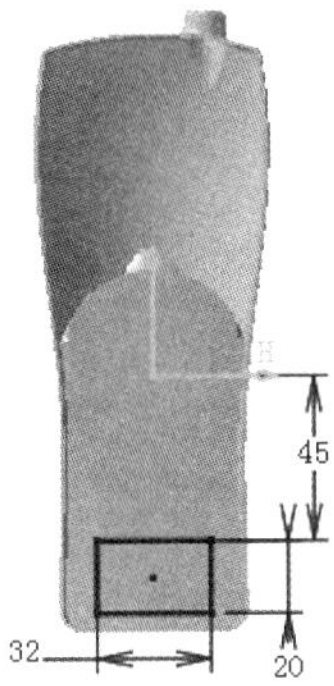

图 32.6.14 截面草图

Step21. 创建图 32.6.15 所示的零件特征——凹槽 1。选择下拉菜单 插入 → 基于草图的特征 → 凹槽... 命令；选取 xy 平面为草绘平面；绘制图 32.6.16 所示的截面草图；在对话框 第一限制 区域的 类型：下拉列表中选取 尺寸 选项，在 深度：文本框中输入值 50，并选中 镜像范围 复选框，单击 确定 按钮，完成凹槽 1 的创建。

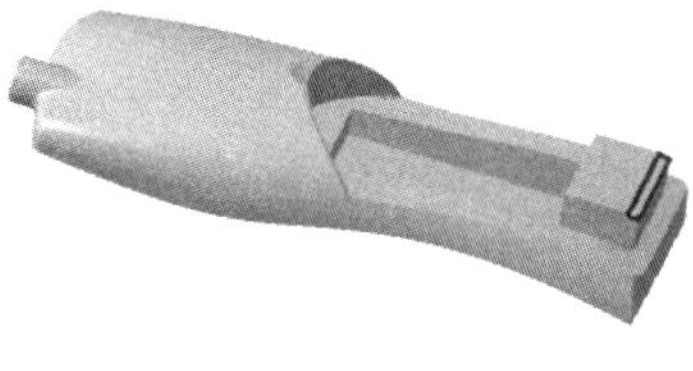

图 32.6.15 凹槽 1

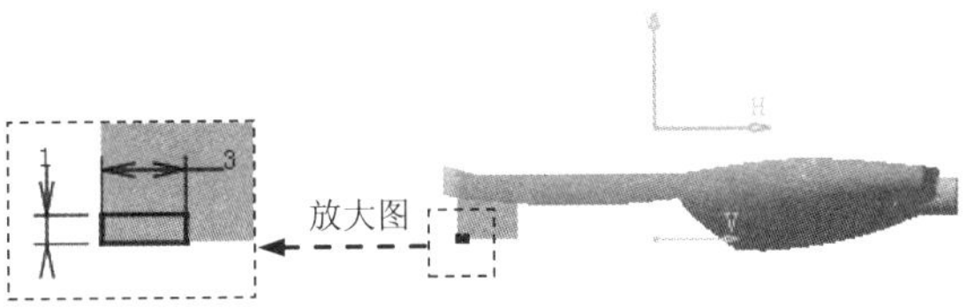

图 32.6.16 截面草图

Step22. 创建图 32.6.17 所示的零件特征——凸台 2。选择下拉菜单 插入 → 基于草图的特征 → 凸台... 命令；选取 xy 平面为草绘平面，绘制图 32.6.18 所示的截面草图；在 第一限制 区域的 类型：下拉列表中选取 尺寸 选项，在其后的 长度：文本框中输入值 7.5，并选中 镜像范围 复选框，单击 确定 按钮，完成凸台 2 的创建。

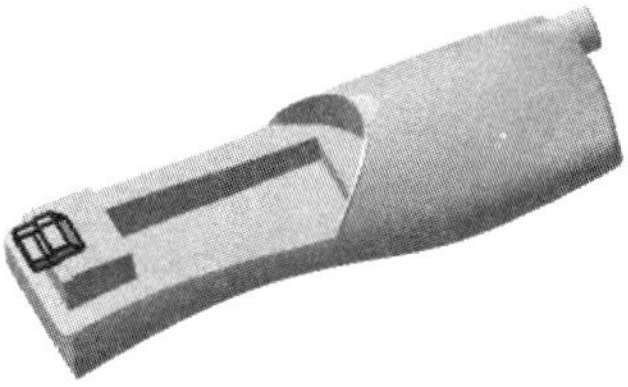

图 32.6.17 凸台 2

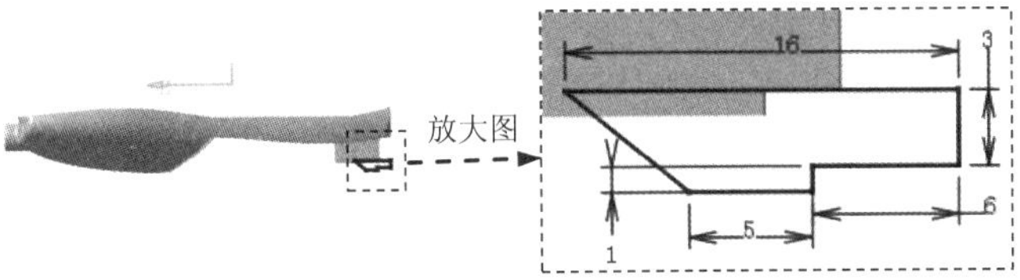

图 32.6.18 截面草图

Step23. 创建图 32.6.19b 所示的特征——倒圆角 1。选取图 32.6.19a 所示的边为倒圆角的对象，倒圆角半径为 0.5。

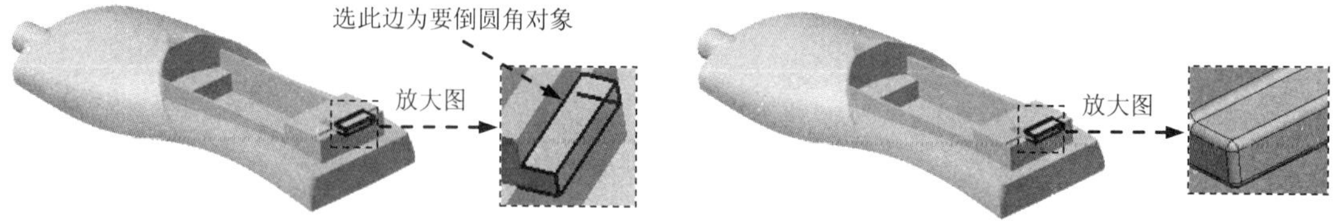

a）圆角前　　b）圆角后

图 32.6.19　倒圆角 1

Step24. 创建图 32.6.20 所示的零件特征——凸台 3。选择下拉菜单 插入 → 基于草图的特征 ▸ → 凸台... 命令；选取平面 1 为草绘平面，绘制图 32.6.21 所示的截面草图；在 第一限制 区域的 类型： 下拉列表中选取 直到下一个 选项，单击 确定 按钮，完成凸台 3 的创建。

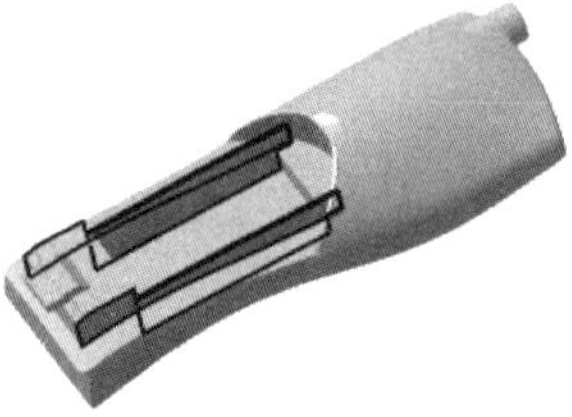

图 32.6.20　凸台 3

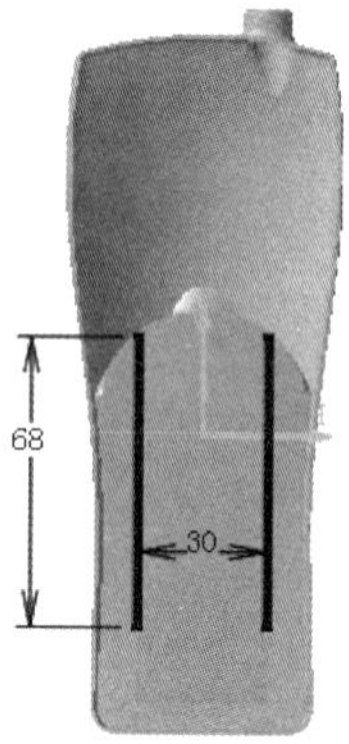

图 32.6.21　截面草图

Step25. 创建图 32.6.22 所示的零件特征——凹槽 2。选择下拉菜单 插入 → 基于草图的特征 ▸ → 凹槽... 命令；选取图 32.6.22 所示的平面为草绘平面；绘制图 32.6.23 所示的截面草图；在对话框 第一限制 区域的 类型： 下拉列表中选取 尺寸 选项，在 深度： 文本框中输入值 13.6，单击 反转方向 按钮，单击 确定 按钮，完成凹槽 2 的创建。

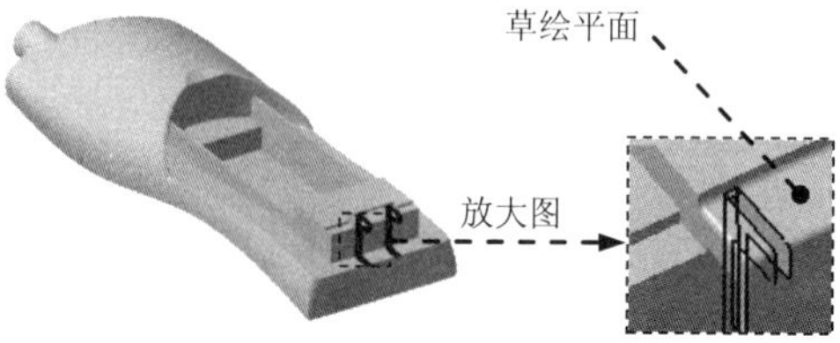

图 32.6.22　凹槽 2

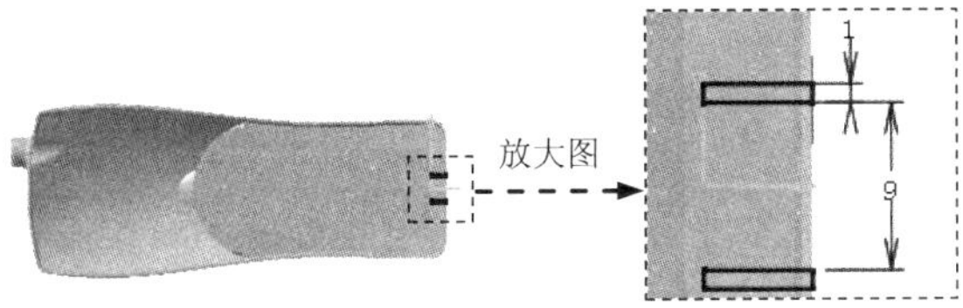

图 32.6.23 截面草图

Step26. 创建图 32.6.24 所示的零件特征——凹槽 3。选择下拉菜单 插入 → 基于草图的特征 → 凹槽... 命令；选取 yz 平面为草绘平面；绘制图 32.6.25 所示的截面草图；在对话框 第一限制 区域的 类型： 下拉列表中选取 直到下一个 选项，并单击 反转方向 按钮；单击 确定 按钮，完成凹槽 3 的创建。

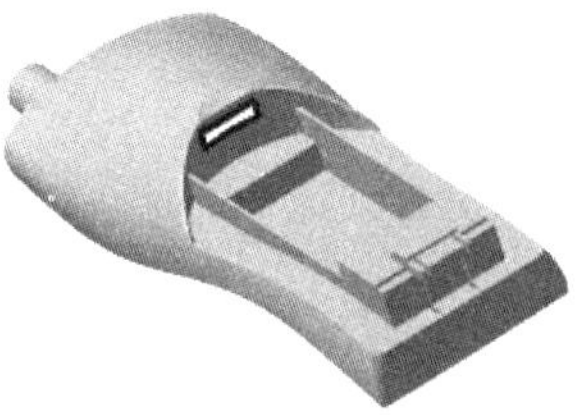

图 32.6.24 凹槽 3

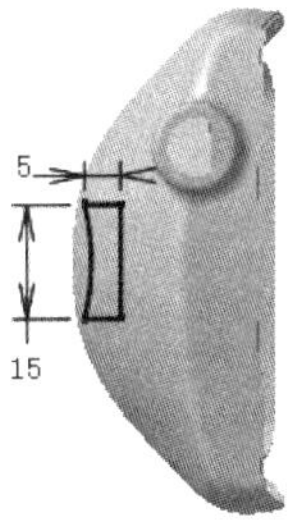

图 32.6.25 截面草图

Step27. 创建图 32.6.26 所示的零件特征——凸台 4。选择下拉菜单 插入 → 基于草图的特征 → 凸台... 命令；选取 yz 平面为草绘平面，绘制图 32.6.27 所示的截面草图；在 第一限制 区域的 类型： 下拉列表中选取 尺寸 选项，在其后的 长度： 文本框中输入值 2.5，并选中 镜像范围 复选框，单击 确定 按钮，完成凸台 4 的创建。

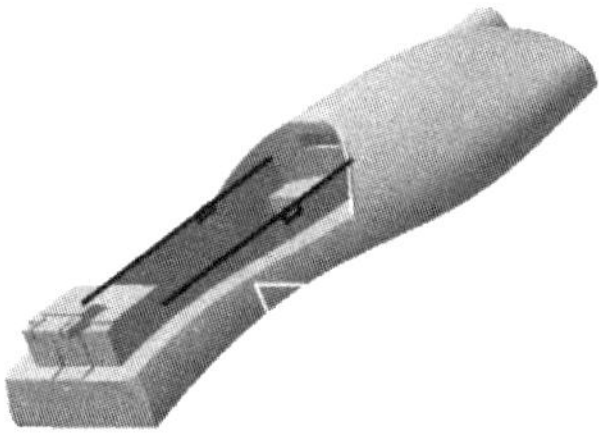

图 32.6.26 凸台 4

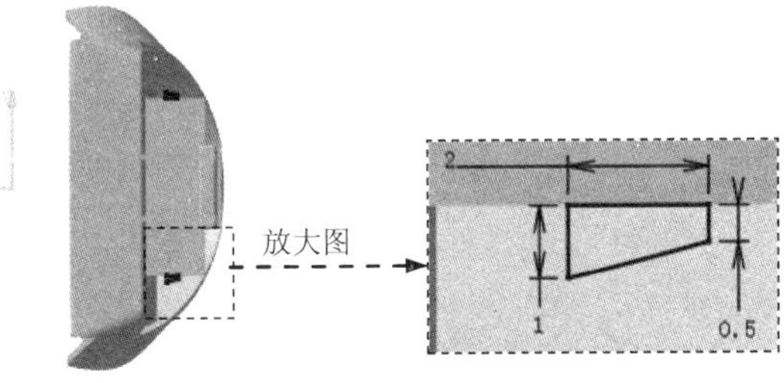

图 32.6.27 截面草图

Step28. 创建图 32.6.28 所示的变换特征——矩形阵列 1。在特征树中选中特征凸台 4 作为矩形阵列的源特征；选择下拉菜单 插入 → 变换特征 → 矩形阵列... 命令；在 第一方向 选项的 参数： 文本框的下拉列表中选取 实例和间距 选项，在 实例： 文本框中输入值 2，并在 间距： 文本框中输入值 38，在 参考元素： 文本框中右击，选择 X 轴 选项，单击 反转 按钮，单击 确定 按钮，完成矩形阵列 1 的创建。

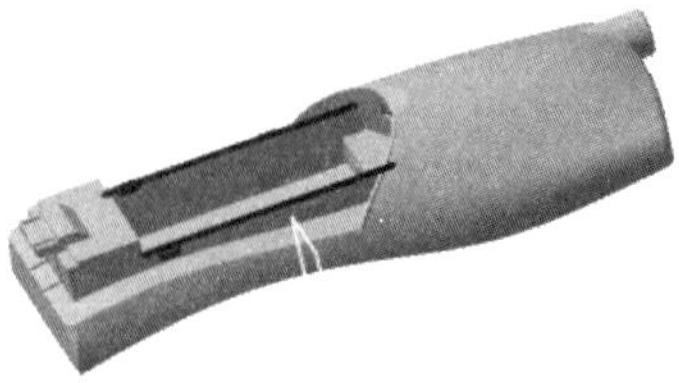

图 32.6.28　矩形阵列 1

Step29. 创建图 32.6.29 所示的零件特征——倒角 1。选择下拉菜单 插入 → 修饰特征 ▸ → 倒角... 命令，选取零件模型的边线，在 长度 1: 文本框中输入数值 0.2，单击 确定 按钮，完成倒角 1 的创建。

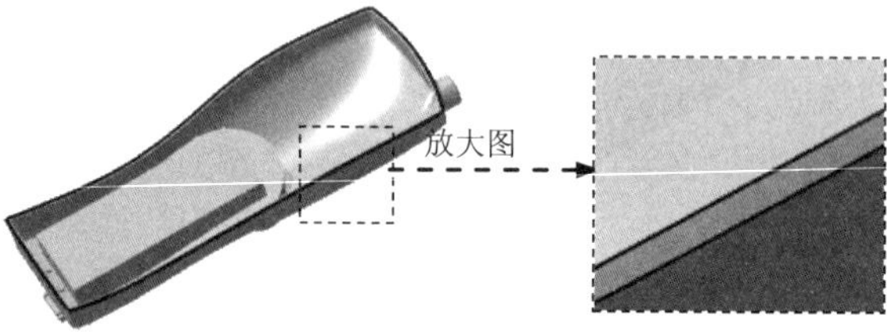

图 32.6.29　倒角 1

Step30. 创建图 32.6.30b 所示的零件特征——倒角 2。选择下拉菜单 插入 → 修饰特征 ▸ → 倒角... 命令，选取零件模型的边线，在 长度 1: 文本框中输入数值 0.2，在 长度 2: 文本框中输入数值 0.5，单击 确定 按钮，完成倒角 2 的创建。

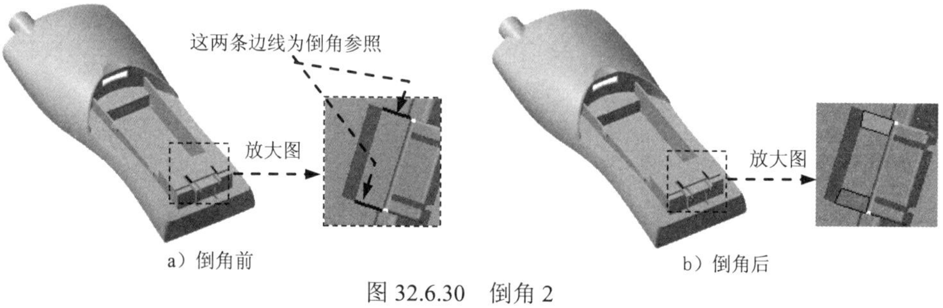

图 32.6.30　倒角 2

Step31. 创建图 32.6.31b 所示的特征——倒圆角 2。选取图 32.6.31a 所示的边为倒圆角的对象，倒圆角半径为 1。

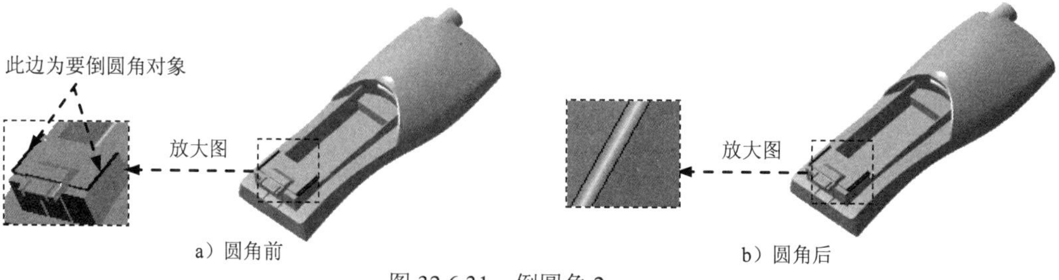

图 32.6.31　倒圆角 2

Step32. 创建图 32.6.32b 所示的特征——倒圆角 3。选取图 32.6.32a 所示的边为倒圆角的对象，倒圆角半径为 0.5。

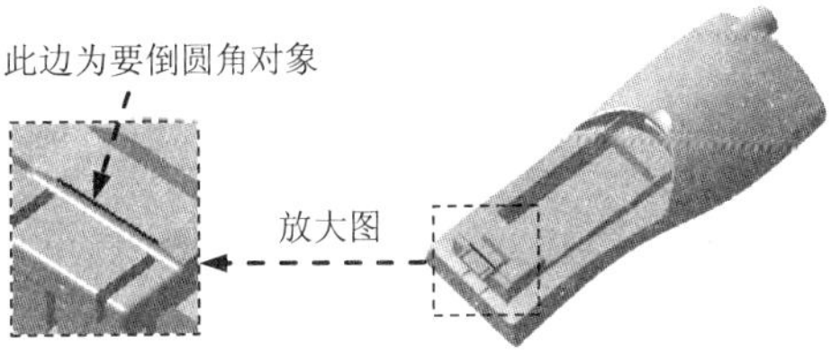

a）圆角前

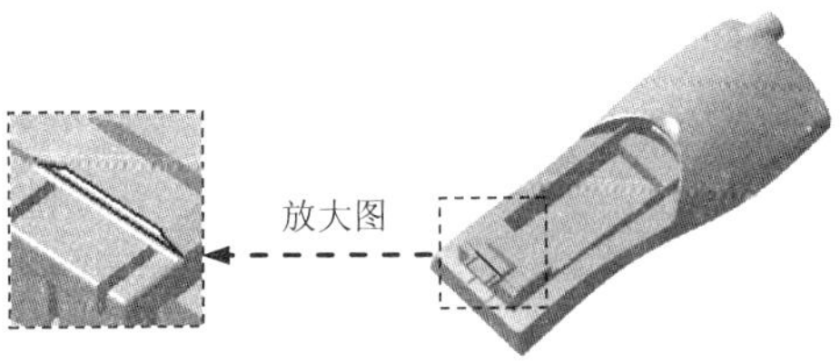

b）圆角后

图 32.6.32　倒圆角 3

Step33. 创建图 32.6.33b 所示的特征——倒圆角 4。选取图 32.6.33a 所示的边为倒圆角的对象，倒圆角半径为 1。

a）圆角前

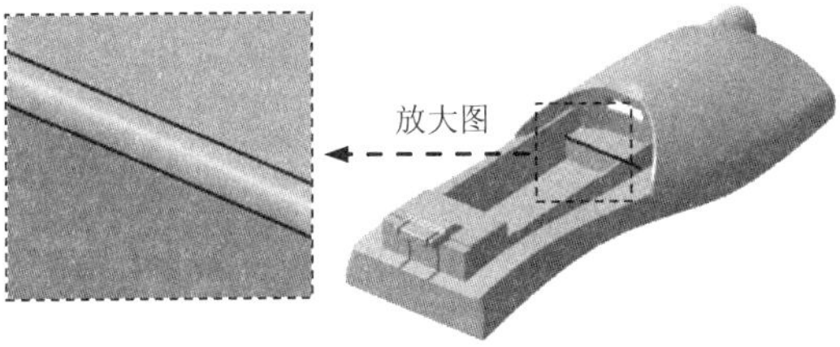

b）圆角后

图 32.6.33　倒圆角 4

Step34. 创建图 32.6.34b 所示的特征——倒圆角 5。选取图 32.6.34a 所示的边为倒圆角的对象，倒圆角半径为 1。

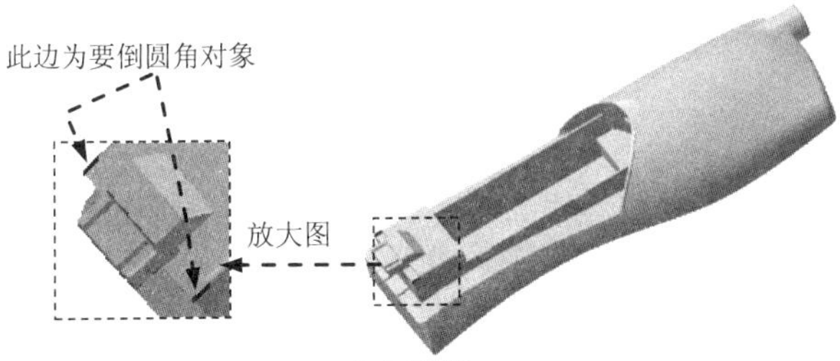

a）圆角前

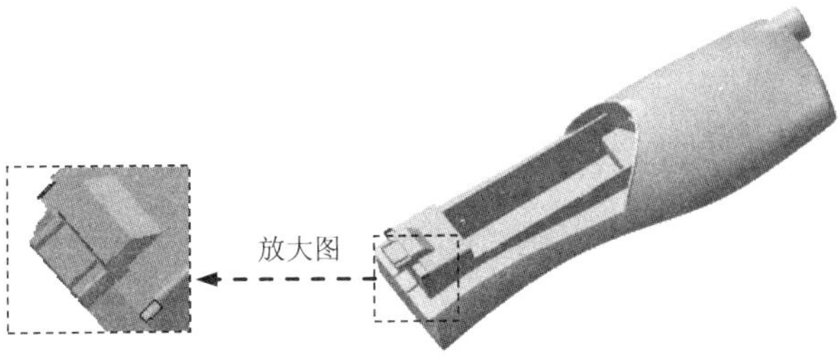

b）圆角后

图 32.6.34　倒圆角 5

Step35. 创建图 32.6.35b 所示的特征——倒圆角 6。选取图 32.6.35a 所示的边为倒圆角的对象，倒圆角半径为 1。

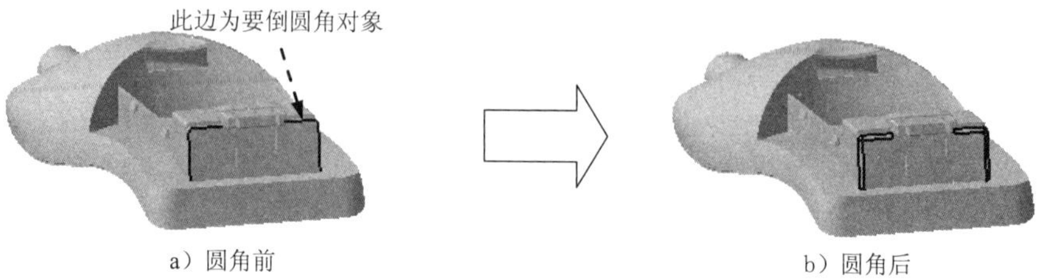

图 32.6.35 倒圆角 6

Step36. 创建图 32.6.36 所示的特征——倒圆角 7。选取图 32.6.36 所示的边为倒圆角的对象，倒圆角半径为 0.2。

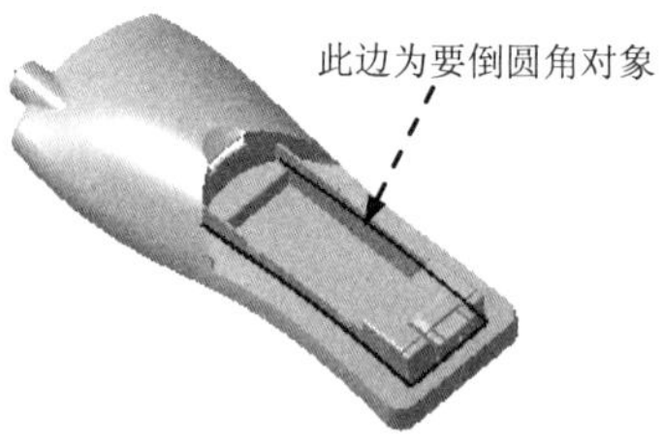

图 32.6.36 倒圆角 7

Step37. 创建图 32.6.37b 所示的特征——倒圆角 8。选取图 32.6.37a 所示的边为倒圆角的对象，倒圆角半径为 0.2。

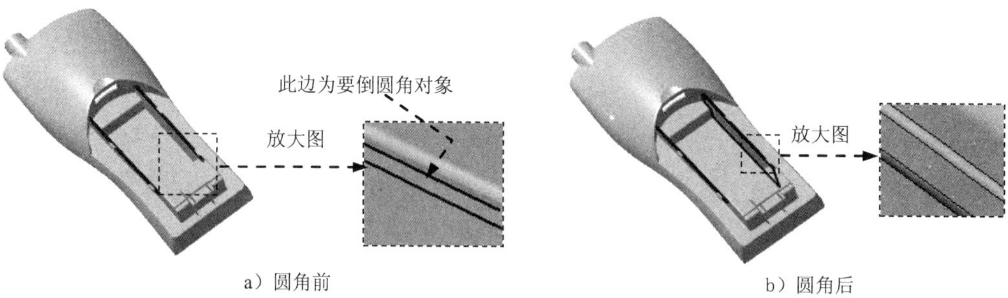

图 32.6.37 倒圆角 8

Step38. 创建图 32.6.38b 所示的特征——倒圆角 9。选取图 32.6.38a 所示的边(共 8 条)为倒圆角的对象，倒圆角半径为 0.5。

Step39. 创建图 32.6.39b 所示的特征——倒圆角 10。选取图 32.6.39a 所示的边为倒圆角的对象，倒圆角半径为 1。

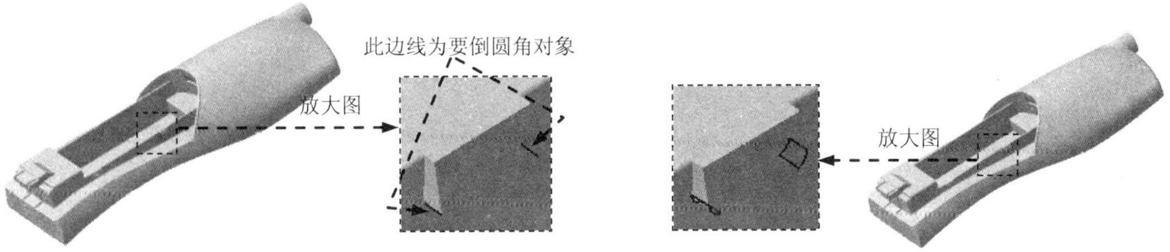

a）圆角前　　b）圆角后

图 32.6.38　倒圆角 9

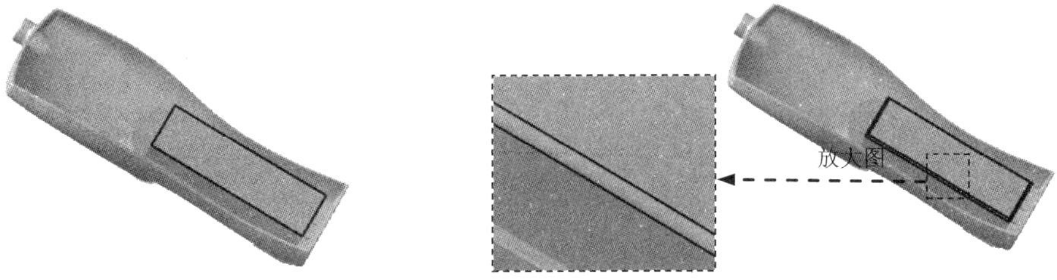

a）圆角前　　b）圆角后

图 32.6.39　倒圆角 10

Step40. 创建图 32.6.40 所示的特征——平面 3。单击“参考元素”工具栏中的按钮；在平面类型：下拉列表中选取偏移平面选项；在参考：文本框中右击，选取 zx 为参考平面，在偏移：文本框中输入数值 12，单击反转方向定义平面方向；单击确定按钮，完成平面 3 的创建。

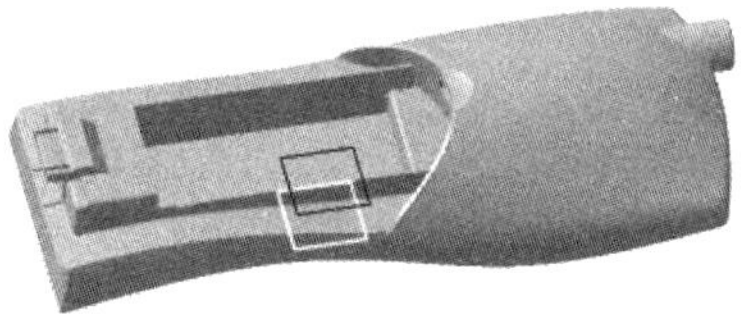

图 32.6.40　平面 3

Step41. 创建图 32.6.41 所示的零件特征——凸台 5。选择下拉菜单插入 → 基于草图的特征 → 凸台...命令；选取平面 3 为草绘平面，绘制图 32.6.42 所示的截面草图；在第一限制区域的类型：下拉列表中选取直到曲面选项，选取模型的底面，单击确定按钮，完成凸台 5 的创建。

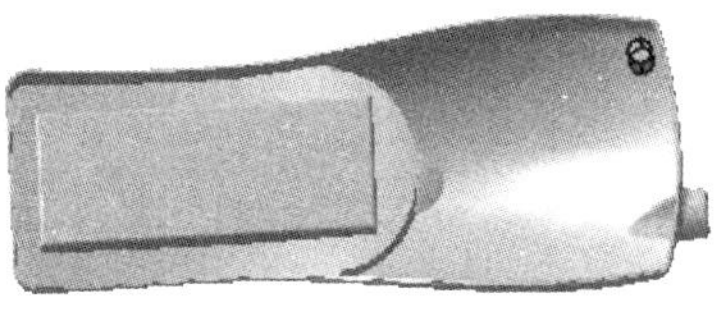

图 32.6.41　凸台 5

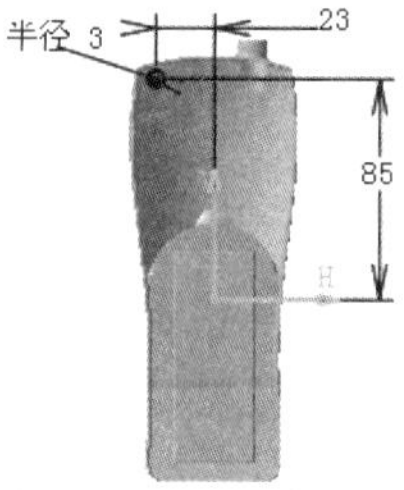

图 32.6.42 截面草图

Step42. 创建图 32.6.43 所示的零件特征——凸台 6。选择下拉菜单 插入 → 基于草图的特征 → 凸台... 命令；选取平面 3 为草绘平面，绘制图 32.6.44 所示的截面草图；在 第一限制 区域的 类型： 下拉列表中选取 直到曲面 选项，选取模型的底面，单击 确定 按钮，完成凸台 6 的创建。

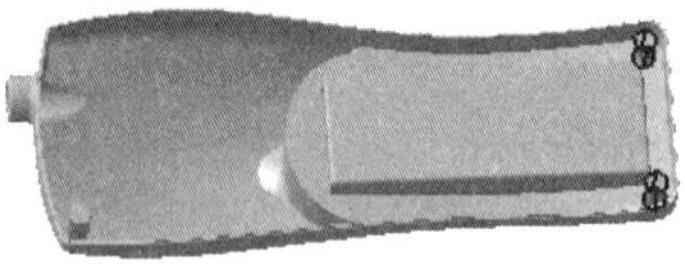

图 32.6.43 凸台 6

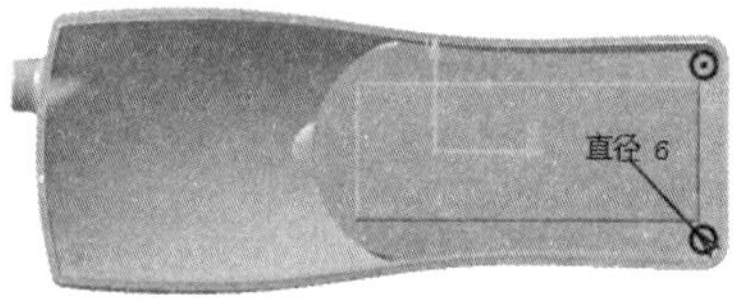

图 32.6.44 截面草图

Step43. 创建图 32.6.45 所示的特征——倒圆角 11。选取各圆柱的根部边线为倒圆角的对象，倒圆角半径为 0.5。

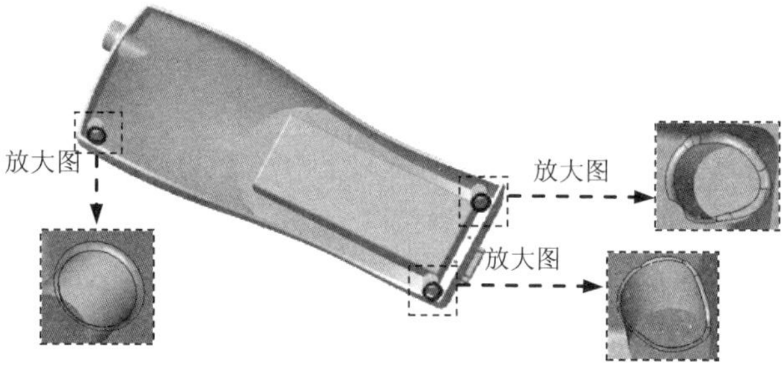

图 32.6.45 倒圆角 11

Step44. 创建图 32.6.46 所示的零件特征——孔 1。选择下拉菜单 插入(I) → 基于草图的特征 → 孔... 命令；选取平面 2 为孔的放置面，约束孔的中心与圆柱同心，在 扩展 选项卡中选取 盲孔 选项，在 直径： 文本框中输入值 2，并在 深度： 文本框中输入数值 50，并单击 反转 按钮；在 类型 选项卡中选择 沉头孔 选项，在 直径： 文本框中输入值 4，并在 深度： 文本框中输入数值 14；在 定义螺纹 选项卡中取消选中 □ 螺纹孔 复选框；单击 确定 按钮，完成孔 1 的创建。

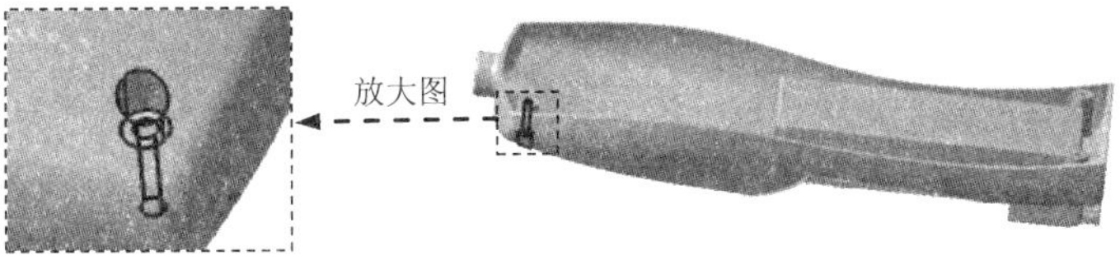

图 32.6.46　孔 1

Step45. 参照步骤 Step44 可以创建图 32.6.47 所示的其他两个沉头孔特征，并调整沉头孔深度为 16。

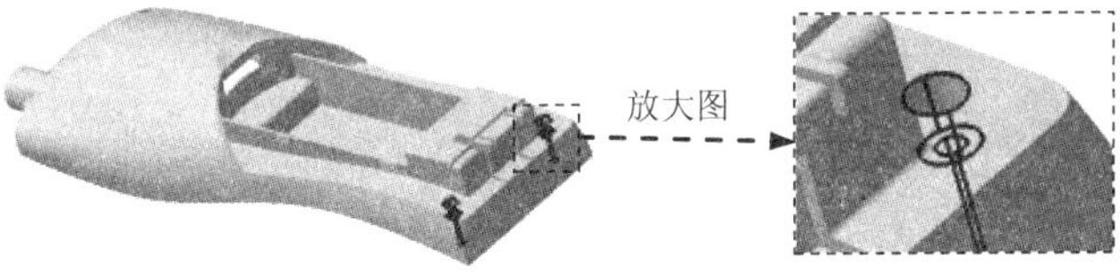

图 32.6.47　孔

Step46. 创建图 32.6.48 所示的零件特征——凹槽 4。选择下拉菜单 插入 → 基于草图的特征 → 凹槽... 命令；选取 zx 平面为草绘平面；绘制图 32.6.49 所示的截面草图；在对话框 第一限制 区域的 类型： 下拉列表中选取 直到最后 选项，单击 确定 按钮，完成凹槽 4 的创建。

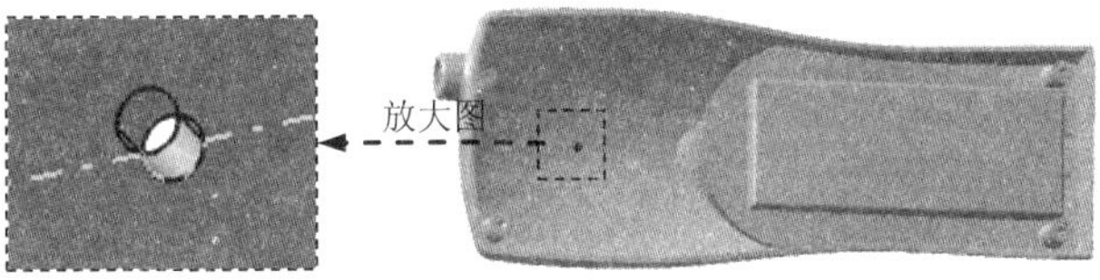

图 32.6.48　凹槽 4

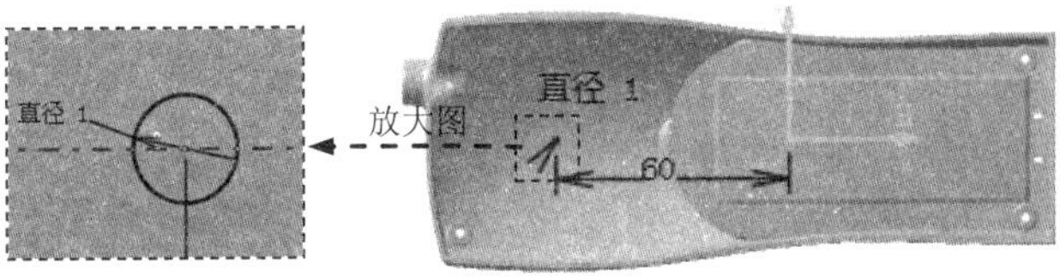

图 32.6.49　截面草图

Step47. 创建图 32.6.50 所示的变换特征——矩形阵列 2。在特征树中选中凹槽 4 特征作为矩形阵列的源特征；选择下拉菜单 插入 → 变换特征 → 矩形阵列... 命令；在 第一方向 选项的 参数： 文本框的下拉列表中选取 实例和间距 选项，在 实例： 文本框中输入值 11，并在 间距： 文本框中输入值 3，单击 参考元素： 文本框，在特征树中选取 zx 平面；单击第二方向选项，在参数：文本框的下拉列表中选取实例和间距选项，在实例：文本框中输入值11，并在间距：文本框中输入值 3，单击参考元素：文本框，在特征树中选取 zx 平面；单击更多>>按钮，在对象在阵列中的位置下的方向 1 的行：和方向 2 的行：的文本框中分别输入数值 6，并选中保留规格复选框，单击确定按钮，完成矩形阵列 2 的创建。

Step48. 保存文件模型。选择下拉菜单文件 → 保存命令，即可保存零件模型。

Step49. 选择下拉菜单窗口 → 1 HANDSET.CATProduct命令，切换窗口并保存。

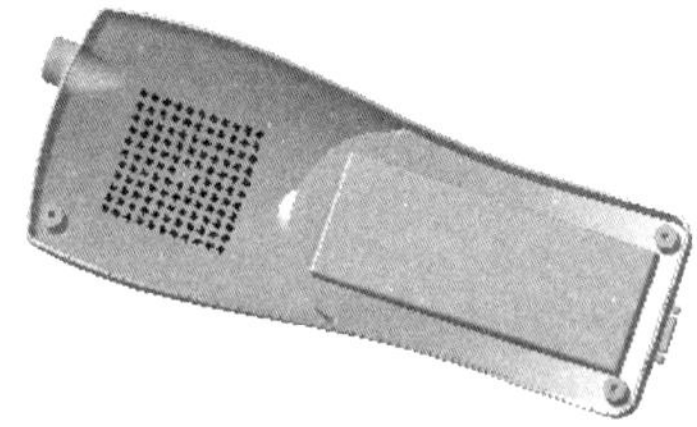

图 32.6.50　矩形阵列 2

32.7　创建电话上盖

下面讲解电话上盖（UP_COVER.PRT）的创建过程，零件模型及特征树如图 32.7.1 所示。

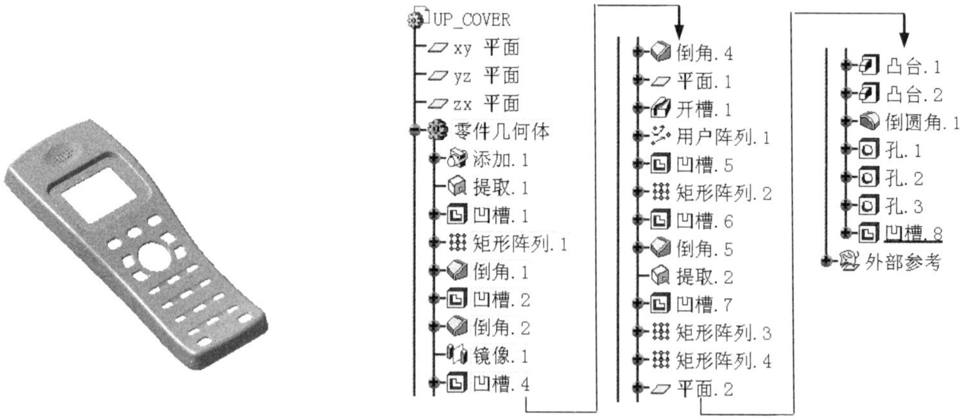

图 32.7.1　零件模型及特征树

Step1. 激活HANDSET，选择下拉菜单插入 → 新建零件命令，系统弹出“新零件：原点”对话框；单击是(Y)按钮，完成零部件的创建。

Step2. 在Part1 (Part1.6)上右击，在弹出的快捷菜单中选择属性选项；系统弹出“属性”对话框。在实例名称和零件编号两个文本框中分别输入文件名 UP_COVER；单击确定按钮，完成文件名的修改。

Step3. 激活 [illegible]，然后右击，在弹出的快捷菜单中选择 UP_COVER 对象 → 在新窗口中打开 命令；系统进入到零件设计工作台。

Step4. 选择下拉菜单 窗口 → 3 SECOND01.CATPart 命令。在发布特征中选择 [illegible] 并右击，在弹出的快捷菜单中选择 复制 命令。再选择下拉菜单 窗口 → 7 UP_COVER.CATPart，切换到 UP_COVER 模型文件。在特征树中 [illegible] 右击，在弹出的快捷菜单中选择 选择性粘贴... 命令，系统弹出“选择性粘贴”对话框，选择 与原文档相关联的结果 选项，单击 确定 按钮，完成外部参考的创建。

Step5. 在特征树中选中 [illegible]，选择下拉菜单 插入 → 布尔操作 → 添加... 命令；再选择下拉菜单 窗口 → 3 SECOND01.CATPart 命令，在发布特征中选中除去零件几何体之外所有特征并右击，在弹出的快捷菜单中选择 复制 命令。再选择下拉菜单 窗口 → 7 UP_COVER.CATPart 选项，切换到 UP_COVER 模型文件。在特征树中右击 [illegible]，并选择 选择性粘贴... 命令，系统弹出“选择性粘贴”对话框，选择 与原文档相关联的结果 选项，单击 确定 按钮，完成外部参考的创建。

Step6. 切换工作台。选择下拉菜单 开始 → 形状 ▸ → 创成式外形设计 命令，切换到创成式外形设计工作台。

Step7. 创建图 32.7.2 所示的曲面特征——提取 1。选择下拉菜单 插入 → 操作 → 提取... 命令；选取图 32.7.2 所示的面，单击 确定 按钮，完成提取 1 的创建。

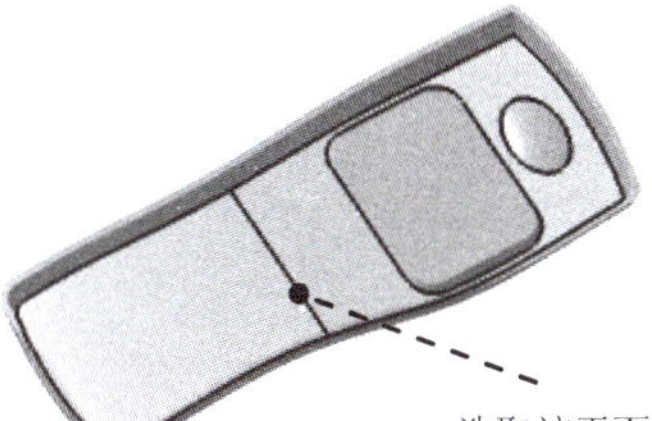

图 32.7.2　提取 1

Step8. 切换工作台。选择下拉菜单 开始 → 机械设计 ▸ → 零件设计 命令，切换到零件设计工作台。

Step9. 创建图 32.7.3 所示的零件特征——凹槽 1。选择下拉菜单 插入 → 基于草图的特征 ▸ → 凹槽... 命令；选取 zx 平面为草绘平面；绘制图 32.7.4 所示的截面草图；在对话框 第一限制 区域的 类型： 下拉列表中选取 直到最后 选项，单击 确定 按钮，完成凹槽 1 的创建。

图 32.7.3 凹槽 1

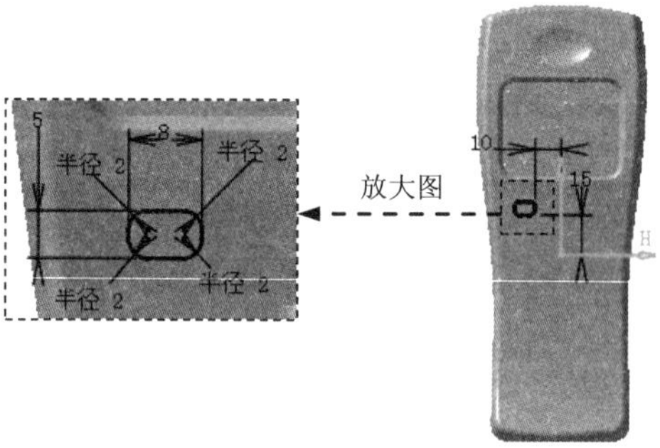

图 32.7.4 截面草图

Step10. 创建图 32.7.5 所示的变换特征——矩形阵列 1。在特征树中选中凹槽 1 特征作为矩形阵列的源特征；选择下拉菜单 插入 → 变换特征 ▸ → 矩形阵列... 命令；在 第一方向 选项的 参数： 文本框的下拉列表中选取 实例和间距 选项，在 实例： 文本框中输入值 3，并在 间距： 文本框中输入值 15，在 参考元素： 文本框中右击，选择 Z 轴 选项，单击 确定 按钮，完成矩形阵列 1 的创建。

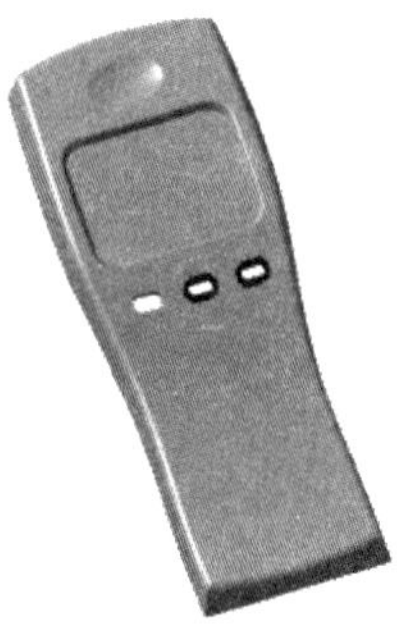

图 32.7.5 矩形阵列 1

Step11. 创建图 32.7.6b 所示的零件特征——倒角 1。选择下拉菜单 插入 → 修饰特征 ▸ → 倒角... 命令；选取图 32.7.6a 所示的边为倒角的对象。在“定义倒角”对话框的 模式： 下拉列表中选取 长度 1/角度 选项。在对话框的 长度 1： 文本框中输入值 0.5，

在 角度: 文本框中输入值 45。单击 确定 按钮，完成倒角 1 的创建。

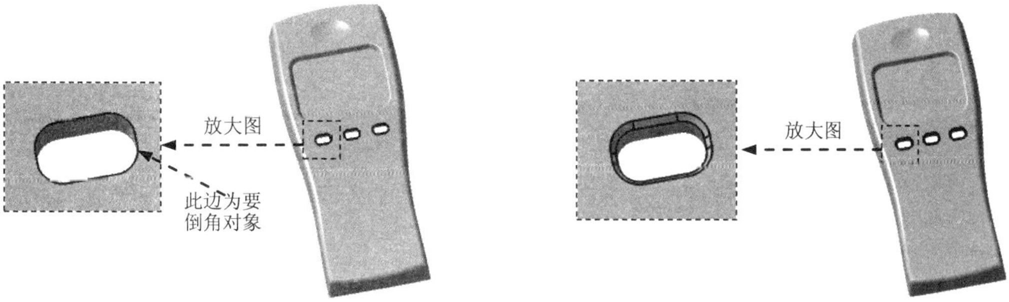

a)倒角前　　b）倒角后

图 32.7.6　倒角 1

Step12. 创建图 32.7.7 所示的零件特征——凹槽 2。选择下拉菜单 插入 → 基于草图的特征 → 凹槽... 命令；选取 zx 平面为草绘平面；绘制图 32.7.8 所示的截面草图；在对话框 第一限制 区域的 类型: 下拉列表中选取 直到最后 选项，单击 确定 按钮，完成凹槽 2 的创建。

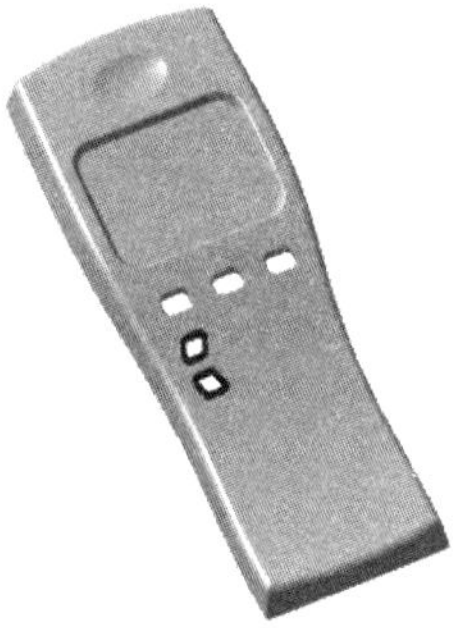

图 32.7.7　凹槽 2

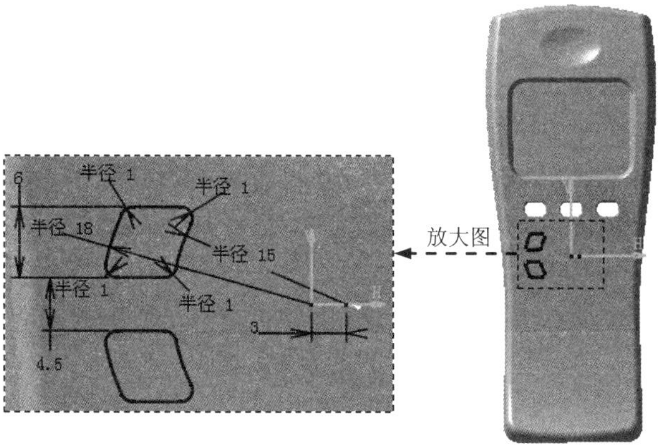

图 32.7.8　截面草图

Step13. 创建图 32.7.9b 所示的零件特征——倒角 2。选择下拉菜单 插入 →

修饰特征 ▸ ➡ 倒角... 命令；选取图 32.7.9a 所示的边为倒角的对象。在“定义倒角”对话框的 模式： 下拉列表中选取 长度 1/角度 选项。在对话框的 长度 1： 文本框中输入值 0.5，在 角度： 文本框中输入值 45。单击 确定 按钮，完成倒角 2 的创建。

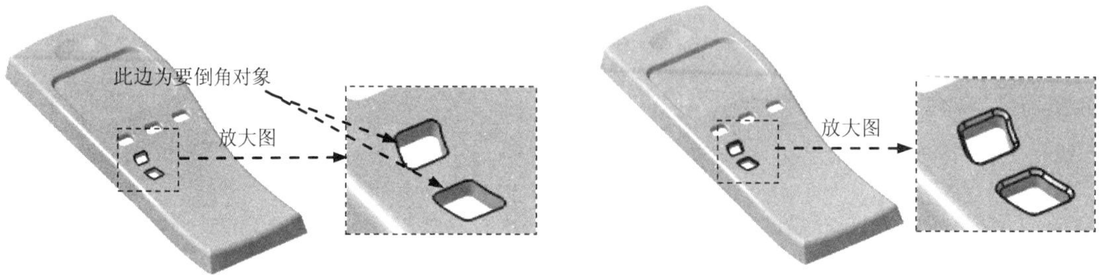

a)倒角前　　b）倒角后

图 32.7.9　倒角 2

Step14. 创建图 32.7.10b 所示的特征——镜像 1。在特征树上选取凹槽 2 和倒角 2 为要镜像的对象；选取 xy 平面为镜像元素，单击 确定 按钮，完成镜像 1 的创建。

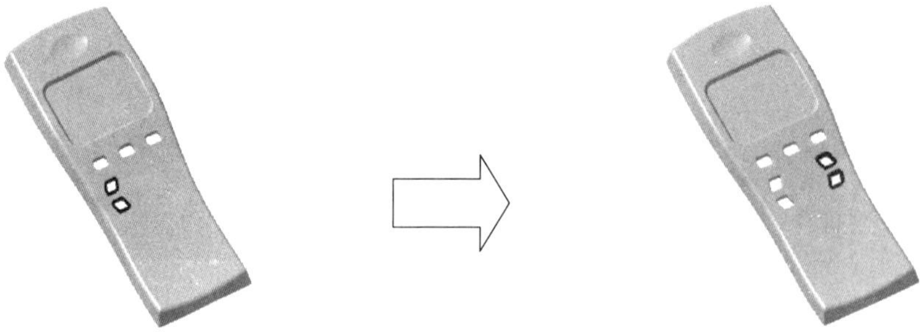

a) 镜像前　　b）镜像后

图 32.7.10　镜像 1

Step15. 创建图 32.7.11 所示的零件特征——凹槽 3。选择下拉菜单 插入 ➡ 基于草图的特征 ▸ ➡ 凹槽... 命令；选取 zx 平面为草绘平面；绘制图 32.7.12 所示的截面草图；在对话框 第一限制 区域的 类型： 下拉列表中选取 直到最后 选项，单击 确定 按钮，完成凹槽 3 的创建。

图 32.7.11　凹槽 3

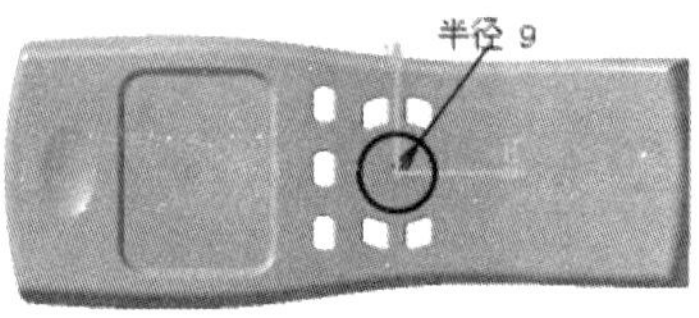

图 32.7.12　截面草图

Step16. 创建图 32.7.13b 所示的零件特征——倒角 3。选择下拉菜单 插入 → 修饰特征 → 倒角... 命令；选取图 32.7.13a 所示的边为倒角的对象。在“定义倒角”对话框的 模式： 下拉列表中选取 长度 1/角度 选项。在对话框的 长度 1： 文本框中输入值 0.5，在 角度： 文本框中输入值 45。单击 确定 按钮，完成倒角 3 的创建。

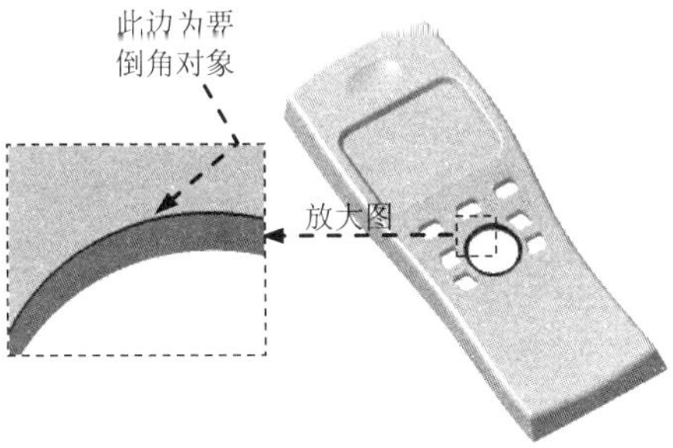

a)倒角前

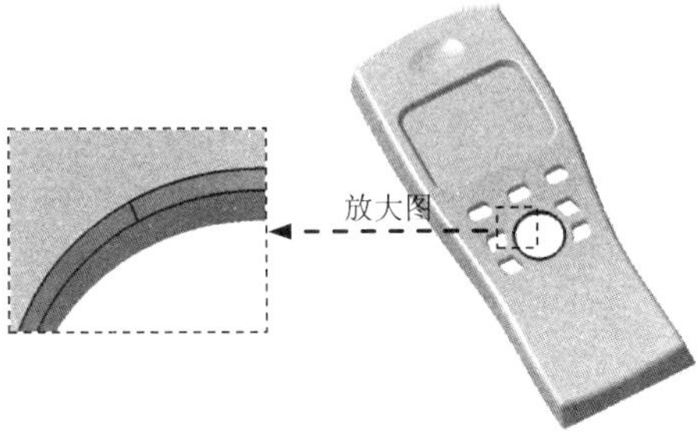

b）倒角后

图 32.7.13　倒角 3

Step17. 创建图 32.7.14 所示的特征——平面 1。单击“线框”工具栏中的按钮；在 平面类型： 下拉列表中选取 偏移平面 选项；在 参考： 文本框中右击，选取 yz 为参考平面，在 偏移： 文本框中输入数值 15，单击 反转方向 定义平面方向；单击 确定 按钮，完成平面 1 的创建。

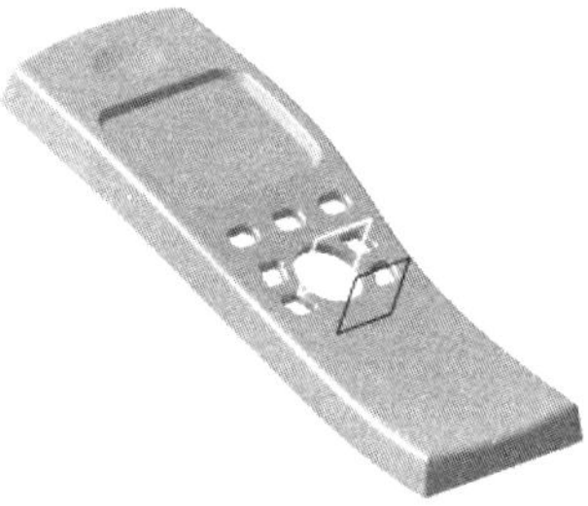

图 32.7.14　平面 1

Step18. 创建图 32.7.15 所示的草图 4。选择下拉菜单 插入 → 草图编辑器 → 草图 命令；选择平面 1 作为草图平面；在草绘工作台中绘制图 32.7.16 所示的草图。

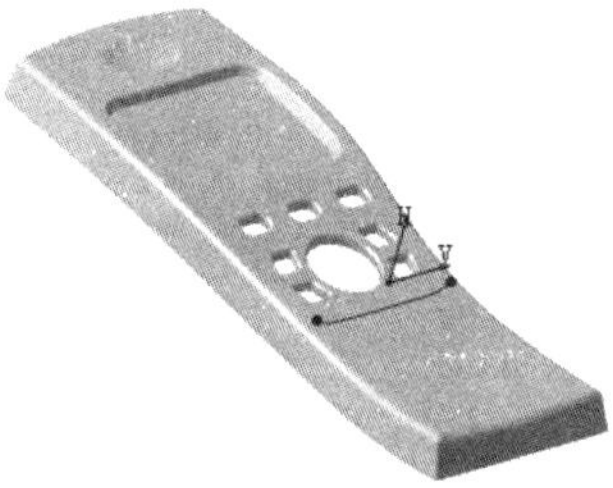

图 32.7.15　草图 4（建模环境）

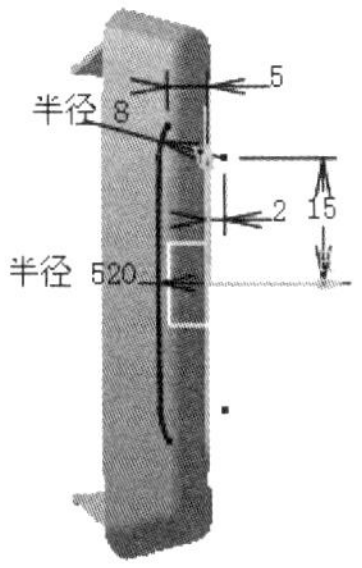

图 32.7.16　草图 4（草绘环境）

Step19. 创建图 32.7.17 所示的开槽特征。选择下拉菜单 插入 → 基于草图的特征 ▸ → 开槽... 命令；选择 xy 平面为草绘平面，在草绘工作台中绘制图 32.7.18 所示的截面草图；中心曲线为草图 4。单击 确定 按钮，完成开槽 1 的创建。

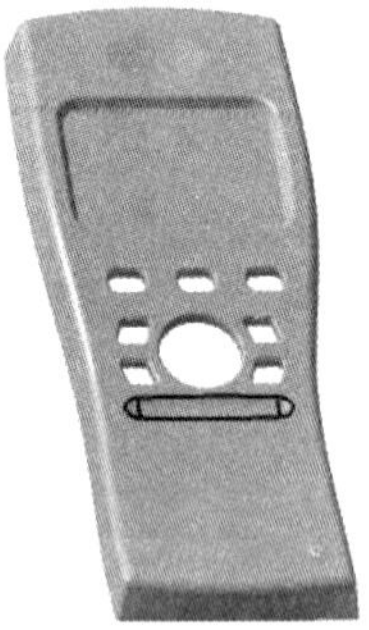

图 32.7.17 开槽 1

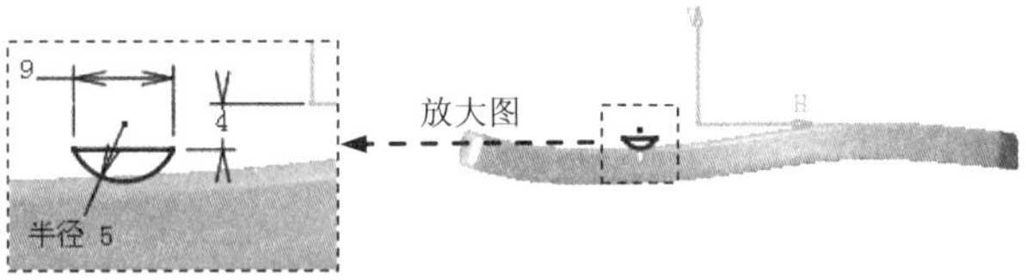

图 32.7.18 截面草图

Step20. 创建图 32.7.19 所示的草图 6。选择下拉菜单 插入 → 草图编辑器 ▸ → 草图 命令；选择 xy 平面作为草图平面；在草绘工作台中绘制图 32.7.19 所示的草图。

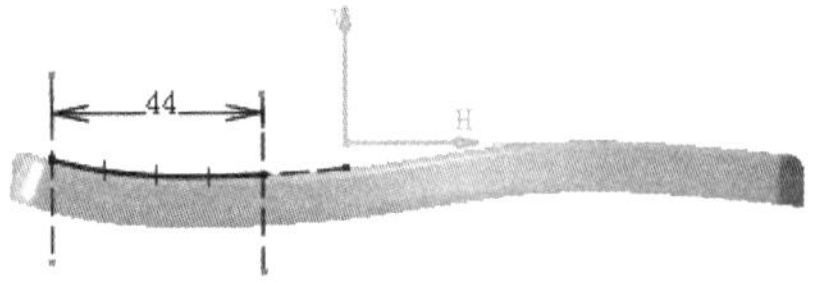

图 32.7.19 草图 6

Step21. 创建图 32.7.20 所示的零件特征——用户阵列 1。选择下拉菜单 插入 → 变换特征 ▸ → 用户阵列... 命令；单击 位置: 文本框，在特征树中选取草图 6，单击 要阵列的对象 下的 对象: 文本框，并在特征树中选取开槽 1，单击 定位: 文本框，在草图 6 中选择靠近开槽 1 的端点，单击 确定 按钮，完成用户阵列 1 的创建。

图 32.7.20 用户阵列 1

Step22. 创建图 32.7.21 所示的零件特征——凹槽 5。选择下拉菜单 插入 → 基于草图的特征 ▸ → 凹槽... 命令；选取 zx 平面为草绘平面；绘制图 32.7.22 所示的截面草图；在对话框 第一限制 区域的 类型： 下拉列表中选取 直到最后 选项，单击 确定 按钮，完成凹槽 5 的创建。

图 32.7.21 凹槽 5

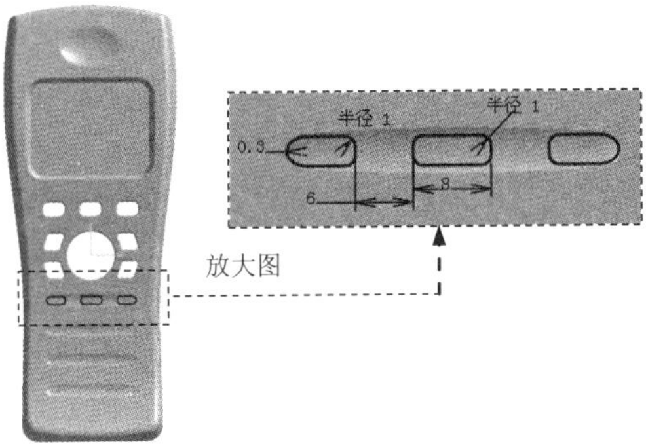

图 32.7.22 截面草图

Step23. 创建图 32.7.23 所示的零件特征——矩形阵列 2。选择下拉菜单 插入 → 变换特征 ▸ → 矩形阵列... 命令；在 第一方向 选项卡的 参数： 下拉列表中选择 实例和不等间距 选项，在 实例： 文本框中输入值 4，并在 间距： 文本框中输入值 14，在 参考元素： 文本框中右击，选择 X 轴 选项，单击 反转 按钮调整方向，单击 要阵列的对象 下的 对象： 文本框，并在特征树中选取凹槽 5，选中 保留规格 复选框，在图形区双击各个尺寸数值，将其调整在 11.3 左右，单击 确定 按钮，完成矩形阵列 2 的创建。

图 32.7.23 矩形阵列 2

Step24. 创建图 32.7.24 所示的零件特征——凹槽 6。选择下拉菜单 插入 →

基于草图的特征 → 凹槽...命令；选取 zx 平面为草绘平面；绘制图 32.7.25 所示的截面草图；在对话框第一限制区域的类型：下拉列表中选取直到最后选项，单击确定按钮，完成凹槽 6 的创建。

图 32.7.24 凹槽 6

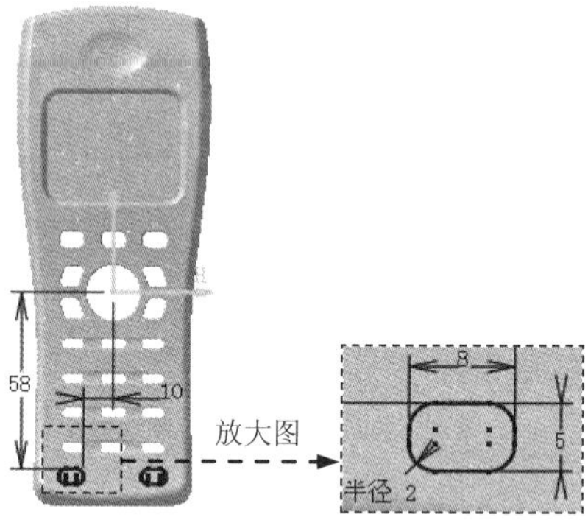

图 32.7.25 截面草图

Step25. 创建图 32.7.26b 所示的零件特征——倒角 4。选择下拉菜单插入 → 修饰特征 → 倒角...命令；选取图 32.7.26a 所示的边为倒角的对象。在“定义倒角”对话框的模式：下拉列表中选取长度 1/角度选项。在对话框的长度 1：文本框中输入值 0.5，在角度：文本框中输入值 45。单击确定按钮，完成倒角 4 的创建。

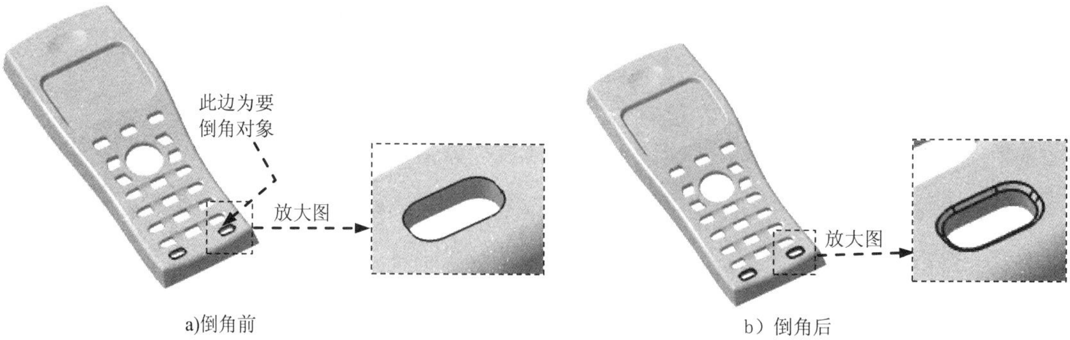

a)倒角前 b）倒角后

图 32.7.26 倒角 4

Step26. 切换工作台。选择下拉菜单开始 → 形状 → 创成式外形设计命令，切换到创成式外形设计工作台。

Step27. 创建图 32.7.27 所示的特征——提取 2。选择下拉菜单插入 → 操作 → 提取...命令；选取图形中的面为要提取的元素，单击确定按钮，完成提取 2 的创建。

图 32.7.27　提取 2

Step28. 创建图 32.7.28 所示的零件特征——凹槽 7。选择下拉菜单 插入 → 基于草图的特征 ▸ → 凹槽... 命令；选取 zx 平面为草绘平面；绘制图 32.7.29 所示的截面草图；在对话框 第一限制 区域的 类型： 下拉列表中选取 直到最后 选项，单击 确定 按钮，完成凹槽 7 的创建。

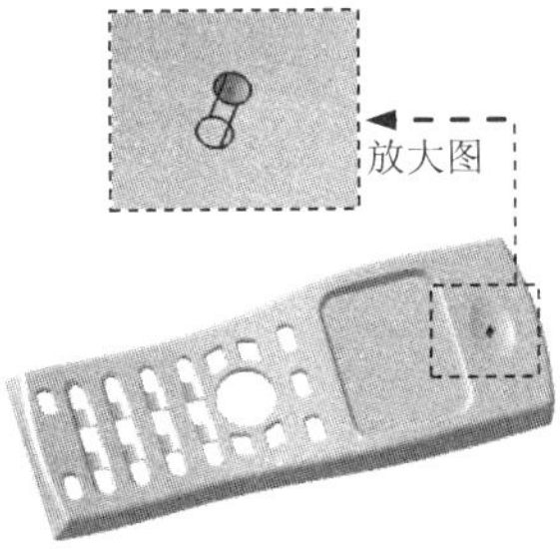

图 32.7.28　凹槽 7

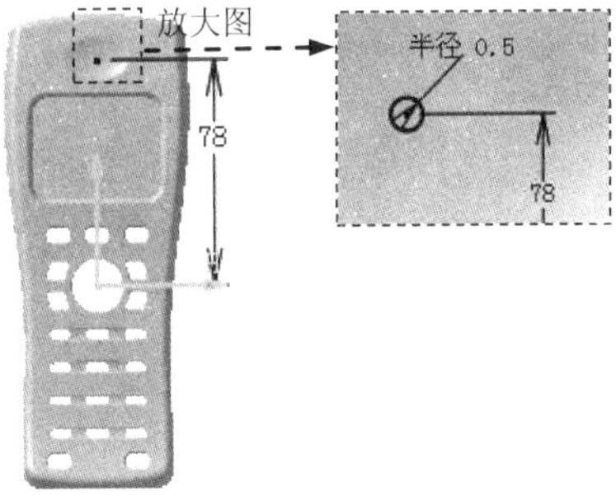

图 32.7.29　截面草图

Step29. 创建图 32.7.30 所示的变换特征——矩形阵列 3。在特征树中选中凹槽 6 特征作为矩形阵列的源特征；选择下拉菜单 插入 → 变换特征 ▸ → 矩形阵列... 命令；在 第一方向 选项的 参数： 文本框的下拉列表中选取 实例和间距 选项，在 实例： 文本框中输入值 5，并在 间距： 文本框中输入值 2，在 参考元素： 文本框中右击，选择 Z 轴 选项；单击 第二方向 选项，在 参数： 文本框的下拉列表中选取 实例和间距 选项，在 实例： 文本框中输入值 3，并在 间距： 文本框中输入值 2，在 参考元素： 文本框中右击，选择 X 轴 选项；单击 更多>> 按钮，在 对象在阵列中的位置 下的 方向 1 的行： 和 方向 2 的行： 的文本框中分别输入数值 3 和 2，并选中 保留规格 复选框，单击 确定 按钮，完成矩形阵列 3 的创建。

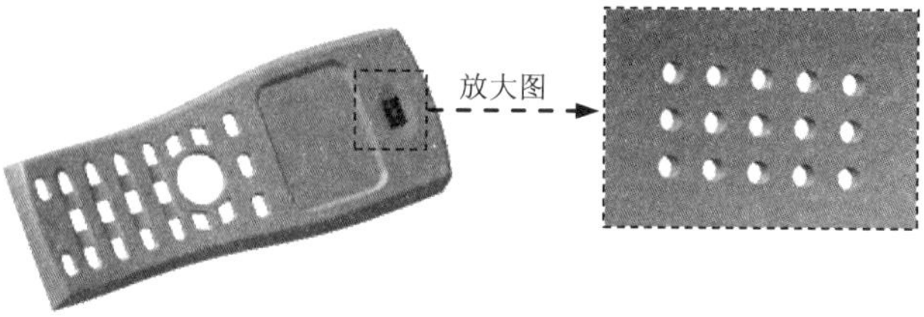

图 32.7.30 矩形阵列 3

Step30. 创建图 32.7.31 所示的变换特征——矩形阵列 4。在特征树中选中凹槽 7 特征作为矩形阵列的源特征；选择下拉菜单 插入 → 变换特征 → 矩形阵列... 命令；在 第一方向 选项的 参数： 文本框的下拉列表中选取 实例和间距 选项，在 实例： 文本框中输入值 3，并在 间距： 文本框中输入值 6，在 参考元素： 文本框中右击，选择 Z 轴 选项；单击 更多>> 按钮，在 对象在阵列中的位置 下的 方向 1 的行： 文本框中输入数值 2，并选中 保留规格 复选框，单击 确定 按钮，完成矩形阵列 4 的创建。

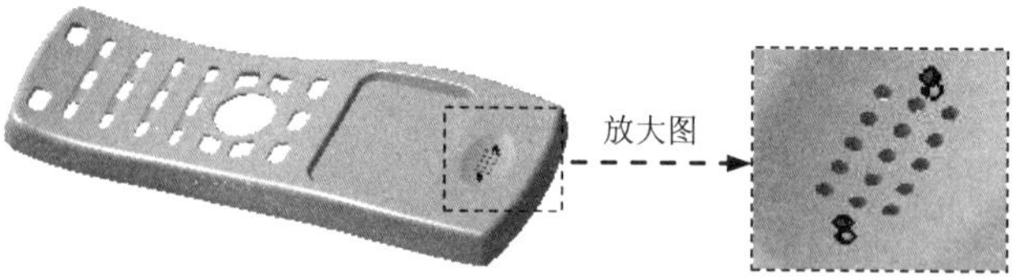

图 32.7.31 矩形阵列 4

Step31. 创建图 32.7.32 所示的特征——平面 2。单击“线框”工具栏中的 按钮；在 平面类型： 下拉列表中选取 偏移平面 选项；在 参考： 文本框中右击，选取 zx 为参考平面，在 偏移： 文本框中输入数值 13，单击 反转方向 定义平面方向；单击 确定 按钮，完成平面 2 的创建。

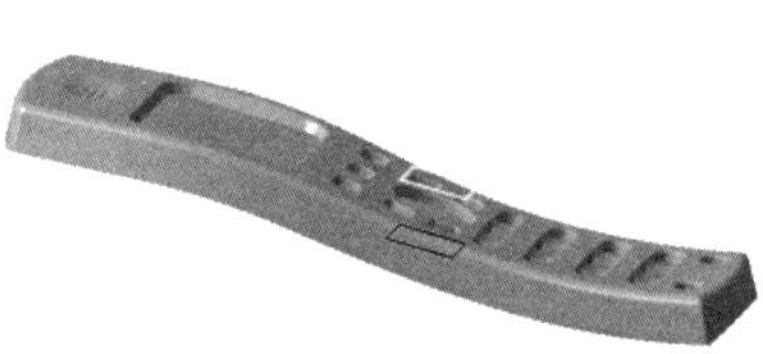

图 32.7.32 平面 2

Step32. 创建图 32.7.33 所示的零件特征——凸台 1。选择下拉菜单 插入 → 基于草图的特征 → 凸台... 命令；选取平面 2 为草绘平面，绘制图 32.7.34 所示的截面草图（草图中两个圆分别与外部参考中的曲线相合）；在 第一限制 区域的 类型： 下拉列表中选取 直到下一个 选项，单击 确定 按钮，完成凸台 1 的创建。

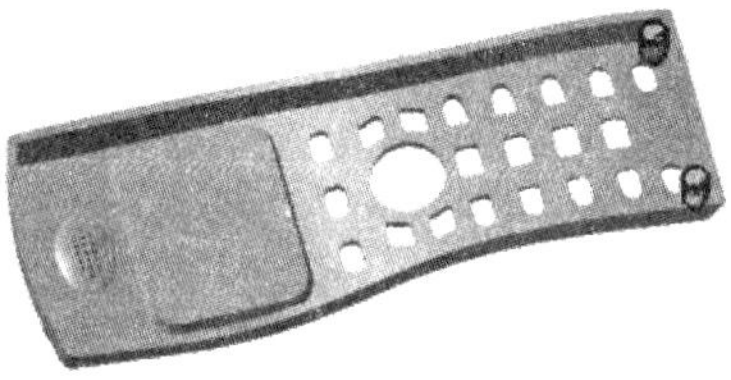

图 32.7.33　凸台 1

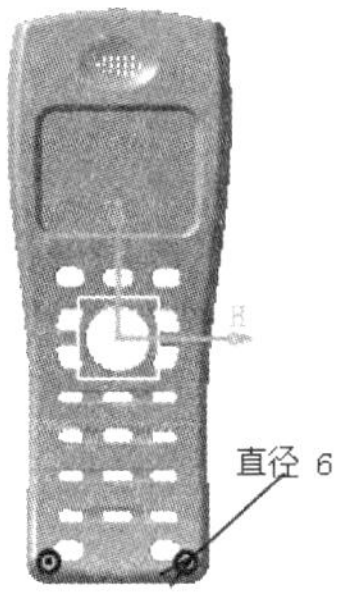

图 32.7.34　截面草图

Step33. 创建图 32.7.35 所示的零件特征——凸台 2。选择下拉菜单 插入 → 基于草图的特征 → 凸台... 命令；选取平面 2 为草绘平面，绘制图 32.7.36 所示的截面草图；在 第一限制 区域的 类型: 下拉列表中选取 直到下一个 选项，单击 确定 按钮，完成凸台 2 的创建。

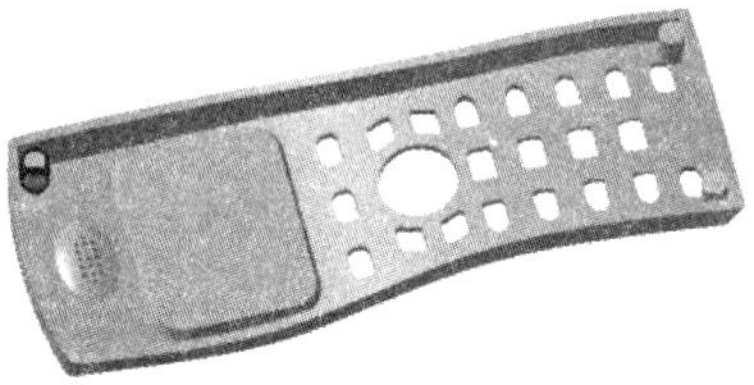

图 32.7.35　凸台 2

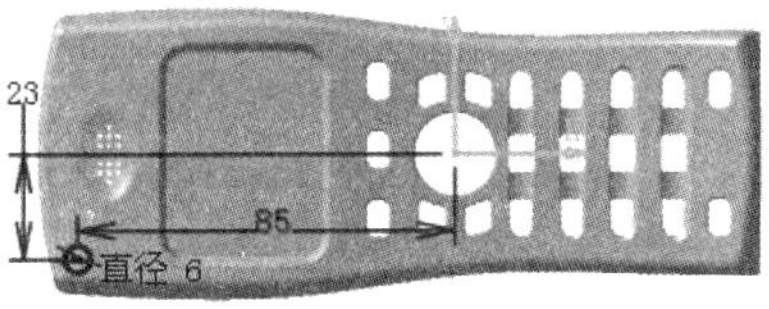

图 32.7.36　截面草图

Step34. 创建图 32.7.37 所示的特征——倒圆角 1。选取各圆柱的根部边线为倒圆角的对象，倒圆角半径为 0.5。

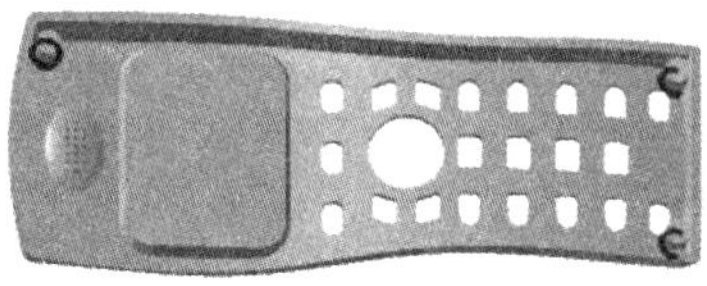

图 32.7.37　倒圆角 1

Step35. 创建图 32.7.38 所示的零件特征——孔 1。选择下拉菜单 插入(I) → 基于草图的特征 → 孔... 命令；选取平面 2 为孔的放置面，约束孔的中心与圆柱同心，在 扩展 选项卡中选取 盲孔 选项，在 直径: 文本框中输入值 2，并在 深度: 文本框中输入数值 6，并单击 反转 按钮，在 底部 下拉列表中选择 V 形底 选项，并在 角度: 文本框中输入数值 120；在 类型 选项卡中选择 简单 选项；在 定义螺纹 选项卡中取消选中 □ 螺纹孔 复选框；单击 确定 按钮，完成孔 1 的创建。

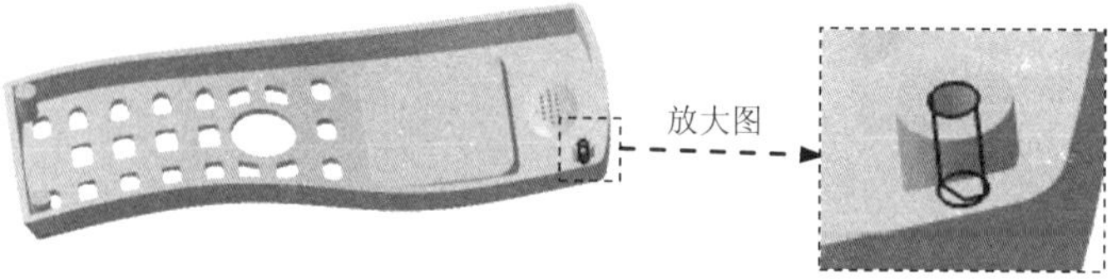

图 32.7.38　孔 1

Step36. 参照 Step35 的步骤，可以创建出图 32.7.39 所示的孔。

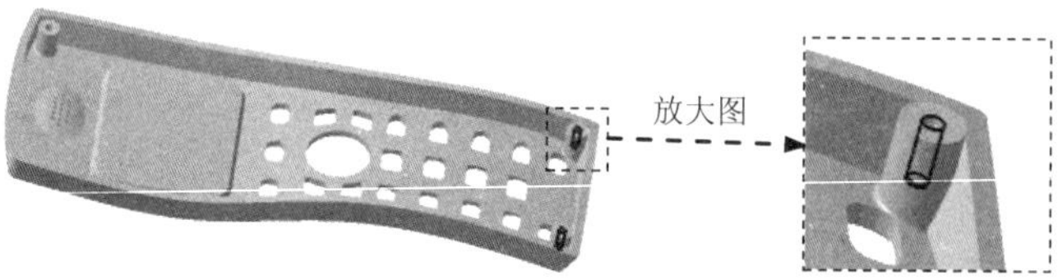

图 32.7.39　孔

Step37. 创建图 32.7.40 所示的零件特征——凹槽 8。选择下拉菜单 插入 → 基于草图的特征 ▸ → 凹槽... 命令；选取图 32.7.40 所示的平面为草绘平面；绘制图 32.7.41 所示的截面草图；在对话框 第一限制 区域的 类型： 下拉列表中选取 直到最后 选项，单击 确定 按钮，完成凹槽 8 的创建。

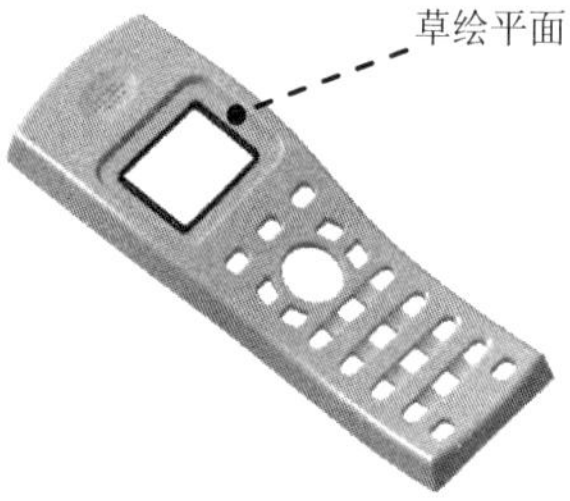

图 32.7.40　凹槽 8

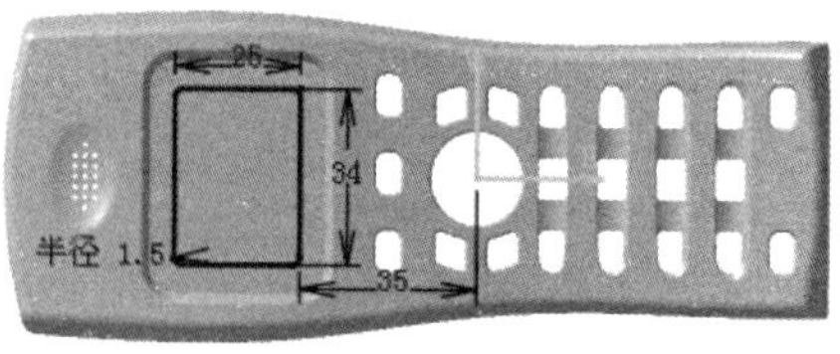

图 32.7.41　截面草图

Step38. 选择下拉菜单 工具 → 发布... 命令；在特征树中选取提取 1 和提取 2 作为发布对象。单击 确定 按钮，完成发布特征。

Step39. 保存零件模型。选择下拉菜单 文件 → 保存 命令，即可保存零件模型。

Step40. 选择下拉菜单 窗口 → 1 HANDSET.CATProduct 命令，切换窗口并保存。

32.8　建立电池盖

创建图 32.8.1 所示的电池盖 CELL_COVER，零件模型及特征树如图 32.8.1 所示。

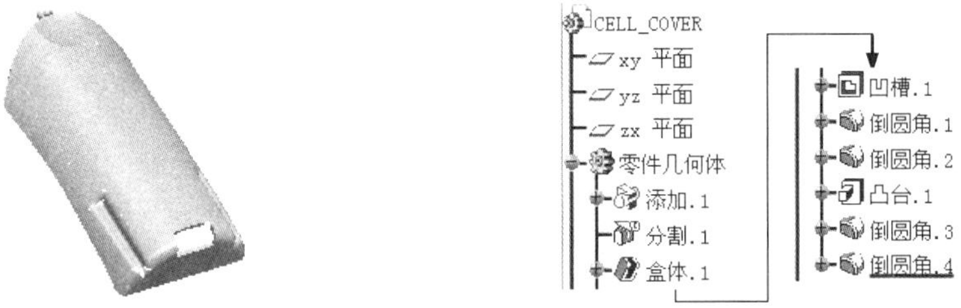

图 32.8.1　零件模型及特征树

Step1. 激活 HANDSET，选择下拉菜单 插入 → 新建零件 命令，系统弹出“新零件：原点”对话框；单击 是(Y) 按钮，完成零部件的创建。

Step2. 在 Part1 (Part1.7) 上右击，在弹出的快捷菜单中选择 属性 选项；系统弹出“属性”对话框。在 实例名称 和 零件编号 两个文本框中分别输入文件名 CELL_COVER；单击 确定 按钮，完成文件名的修改。

Step3. 激活 [redacted]，然后右击，在弹出的快捷菜单中选择 CELL_COVER 对象 → 在新窗口中打开 命令；系统进入到零件设计工作台。

Step4. 选择下拉菜单 窗口 → 4 SECOND02.CATPart 命令。在发布特征中选择 [redacted] 并右击，在弹出的快捷菜单中选择 复制 命令。再选择下拉菜单 窗口 → 8 CELL_COVER.CATPart，切换到 CELL_COVER 模型文件。在特征树中 [redacted] 右击，在弹出的快捷菜单中选择 选择性粘贴... 命令，系统弹出“选择性粘贴”对话框，选择 与原文档相关联的结果 选项，单击 确定 按钮，完成外部参考的创建。

Step5. 在特征树中选中 几何体.2，选择下拉菜单 插入 → 布尔操作 → 添加... 命令；再选择下拉菜单 窗口 → 4 SECOND02.CATPart 命令，在发布特征中选中修剪 2 特征并右击，在弹出的快捷菜单中选择 复制 命令。再选择下拉菜单 窗口 → 8 CELL_COVER.CATPart 选项，切换到 CELL_COVER 模型文件。在特征树中右击 [redacted]，并选择 选择性粘贴... 命令，系统弹出“选择性粘贴”对话框，选择 与原文档相关联的结果 选项，单击 确定 按钮，完成外部参考的创建。

Step6. 创建图 32.8.2 所示的特征——分割 1。选择下拉菜单 插入 → 基于曲面的特征 ▸

➡ 分割... 命令，选择发布特征中的曲面 1 为分割元素，单击图中箭头定义分割方向，单击 确定 按钮，完成分割 1 的创建。

a）分割前　　b）分割后

图 32.8.2 分割 1

Step7. 创建图 32.8.3b 所示的零件特征——盒体 1。选择下拉菜单 插入 ➡ 修饰特征 ▸ ➡ 抽壳... 命令，在 默认内侧厚度： 文本框中输入值 1，选取图 32.8.3a 所示的面为要移除的面，单击 确定 按钮，完成盒体 1 的创建。

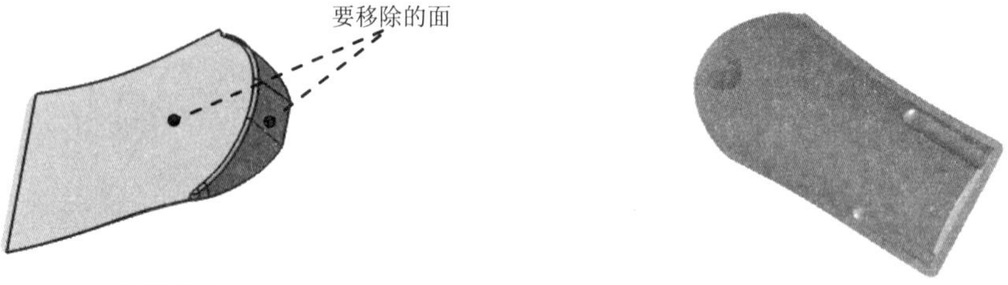

a）抽壳前　　b）抽壳后

图 32.8.3 盒体 1

Step8. 创建图 32.8.4 所示的零件特征——凹槽 1。选择下拉菜单 插入 ➡ 基于草图的特征 ▸ ➡ 凹槽... 命令；选取图 32.8.4 所示的平面为草绘平面；绘制图 32.8.5 所示的截面草图；在对话框 第一限制 区域的 类型： 下拉列表中选取 尺寸 选项，在 深度： 文本框中输入值 6；单击 确定 按钮，完成凹槽 1 的创建。

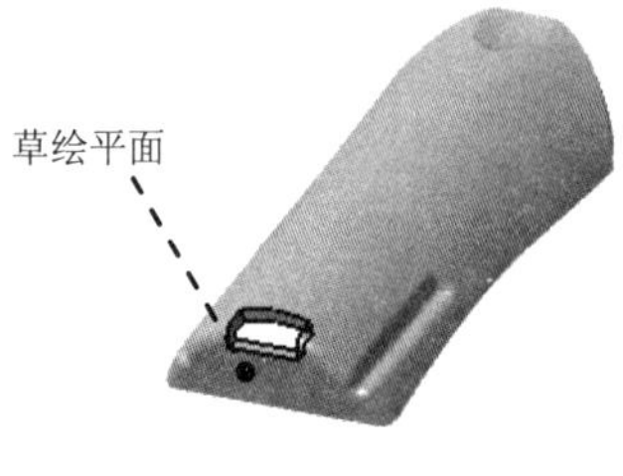

图 32.8.4 凹槽 1

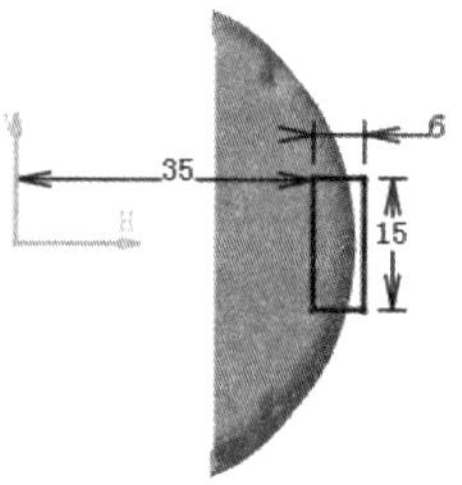

图 32.8.5 截面草图

Step9. 创建图 32.8.6b 所示的特征——倒圆角 1。选取图 32.8.6a 所示的边为倒圆角的对象，倒圆角半径为 1。

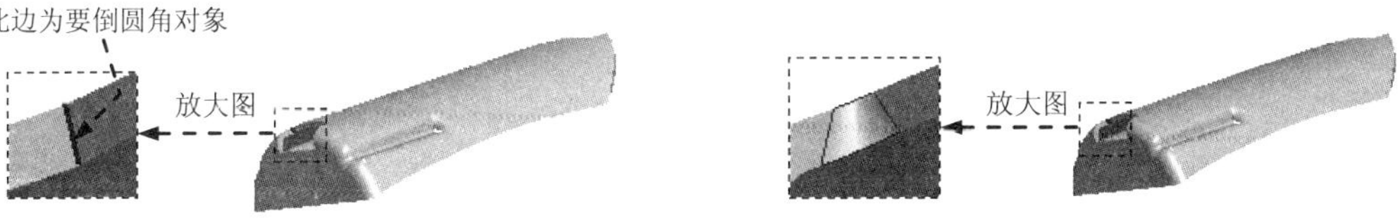

a）圆角前　　b）圆角后

图 32.8.6　倒圆角 1

Step10. 创建图 32.8.7b 所示的特征——倒圆角 2。选取图 32.8.7a 所示的边为倒圆角的对象，倒圆角半径为 1。

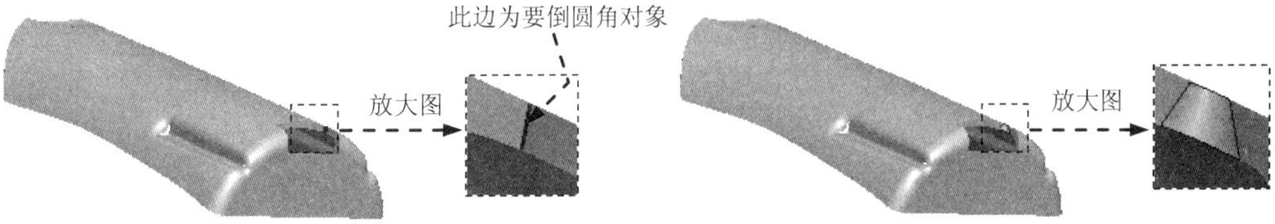

a）圆角前　　b）圆角后

图 32.8.7　倒圆角 2

Step11. 创建图 32.8.8 所示的零件特征——凸台 1。选择下拉菜单 插入 → 基于草图的特征 → 凸台... 命令；选取 xy 平面为草绘平面，绘制图 32.8.9 所示的截面草图；在 第一限制 区域的 类型： 下拉列表中选取 尺寸 选项，在其后的 长度： 文本框中输入值 2.5；并选中 镜像范围 复选框；单击 确定 按钮，完成凸台 1 的创建。

图 32.8.8　凸台 1

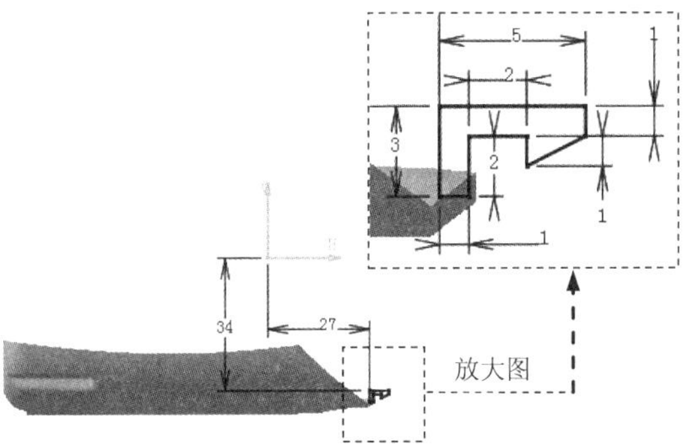

图 32.8.9　截面草图

Step12. 创建图 32.8.10b 所示的特征——倒圆角 3。选取图 32.8.10a 所示的边为倒圆角的对象，倒圆角半径为 0.5。

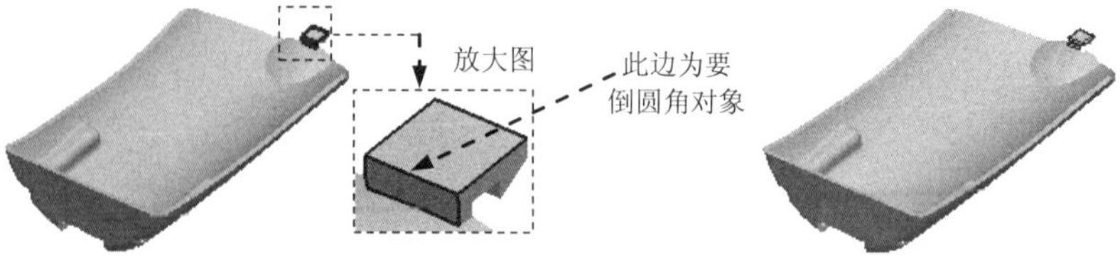

a）圆角前　　b）圆角后

图 32.8.10　倒圆角 3

Step13. 创建图 32.8.11b 所示的特征——倒圆角 4。选取图 32.8.11a 所示的边为倒圆角的对象，倒圆角半径为 0.5。

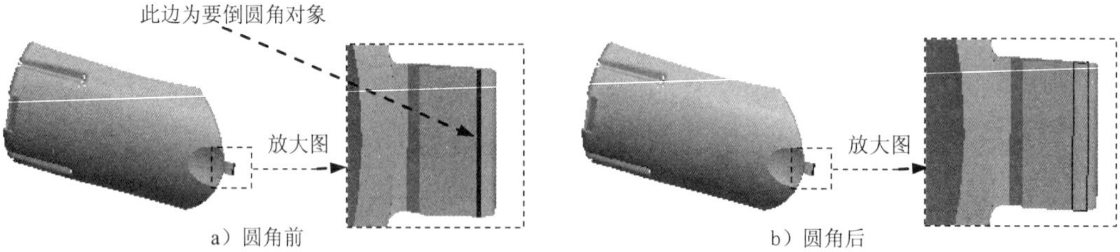

a）圆角前　　b）圆角后

图 32.8.11　倒圆角 4

Step14. 保存零件模型。选择下拉菜单 文件 → 保存 命令，即可保存零件模型。

32.9 创建电话屏幕

下面讲解电话屏幕（SCREEN.PRT）的创建过程，零件模型及特征树如图 32.9.1 所示。

图 32.9.1　零件模型及特征树

Step1. 激活 HANDSET，选择下拉菜单 插入 → 新建零件 命令，系统弹出“新零件：原点”对话框；单击 是(Y) 按钮，完成零部件的创建。

Step2. 在 Part1 (Part1.8) 上右击，在弹出的快捷菜单中选择 属性 选项；系统弹出“属性”对话框。在 实例名称 和 零件编号 两个文本框中分别输入文件名 SCREEN；单击 确定 按钮，完成文件名的修改。

Step3. 激活[redacted]，然后右击，在弹出的快捷菜单中选择SCREEN 对象 → 在新窗口中打开命令；系统进入到零件设计工作台。

Step4. 选择下拉菜单窗口 → 3 SECOND01.CATPart命令。在发布特征中选择[redacted]并右击，在弹出的快捷菜单中选择复制命令。再选择下拉菜单窗口 → 9 SCREEN.CATPart，切换到 SCREEN 模型文件。在特征树中[redacted]右击，在弹出的快捷菜单中选择选择性粘贴...命令，系统弹出“选择性粘贴”对话框，选择与原文档相关联的结果选项，单击确定按钮，完成外部参考的创建。

Step5. 在特征树中选中[redacted]，选择下拉菜单插入 → 布尔操作 → 添加...命令；再选择下拉菜单窗口 → 3 SECOND01.CATPart命令，在发布特征中选中修剪 1 特征并右击，在弹出的快捷菜单中选择复制命令。再选择下拉菜单窗口 → 9 SCREEN.CATPart选项，切换到 SCREEN 模型文件。在特征树中右击[redacted]，并选择选择性粘贴...命令，系统弹出“选择性粘贴”对话框，选择与原文档相关联的结果选项，单击确定按钮，完成外部参考的创建。

Step6. 创建图 32.9.2b 所示的零件特征——分割 1。选择下拉菜单插入 → 基于曲面的特征 ▸ → 分割...命令，选择发布特征曲面 1（修剪 1）为分割元素，单击图中箭头定义分割方向，单击确定按钮，完成分割 1 的创建。

a）分割前　　　　b）分割后

图 32.9.2　分割 1

Step7. 保存零件模型。选择下拉菜单文件 → 保存命令，即可保存零件模型。

Step8. 选择下拉菜单窗口 → 1 HANDSET.CATProduct命令，切换窗口并保存。

32.10　创建电话按键

下面讲解电话屏幕（KEY_PRESS.PRT）的创建过程，零件模型及特征树如图 32.10.1 所示。

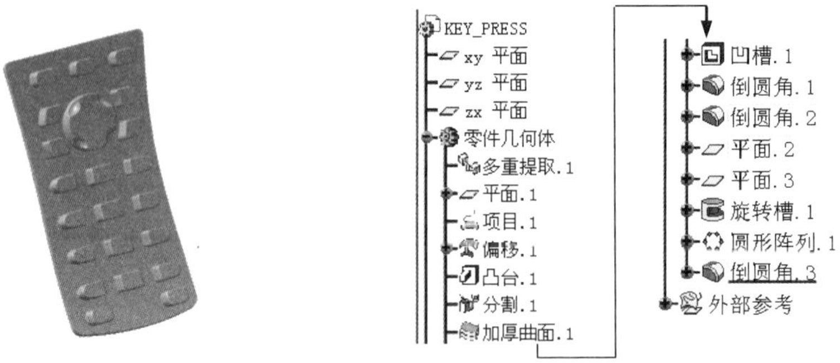

图 32.10.1　零件模型及特征树

Step1. 激活HANDSET，选择下拉菜单插入 → 新建零件命令，系统弹出“新零件：原点”对话框；单击是(Y)按钮，完成零部件的创建。

Step2. 在Part1 (Part1.9)上右击，在弹出的快捷菜单中选择属性选项；系统弹出“属性”对话框。在实例名称和零件编号两个文本框中分别输入文件名 KEY_PRESS；单击确定按钮，完成文件名的修改。

Step3. 激活[redacted]，然后右击，在弹出的快捷菜单中选择KEY_PRESS 对象 → 在新窗口中打开命令；系统进入零件设计工作台。

Step4. 选择下拉菜单窗口 → 4 SECOND02.CATPart命令。在发布特征中选择所有的特征作为外部参考，再选择下拉菜单窗口 → KEY_PRESS.CATPart，切换到 KEY_PRESS 模型文件。在特征树中[redacted]右击，在弹出的快捷菜单中选择选择性粘贴...命令，系统弹出“选择性粘贴”对话框，选择与原文档相关联的结果选项，单击确定按钮，完成外部参考的创建。

Step5. 切换工作台。选择下拉菜单开始 → 形状 → 创成式外形设计命令，切换到创成式外形设计工作台。

Step6. 创建图 32.10.2 所示的多重提取 1。选择下拉菜单插入 → 操作 → 多重提取命令，选择图中所有的边线，单击确定按钮，完成多重提取 1 的创建。

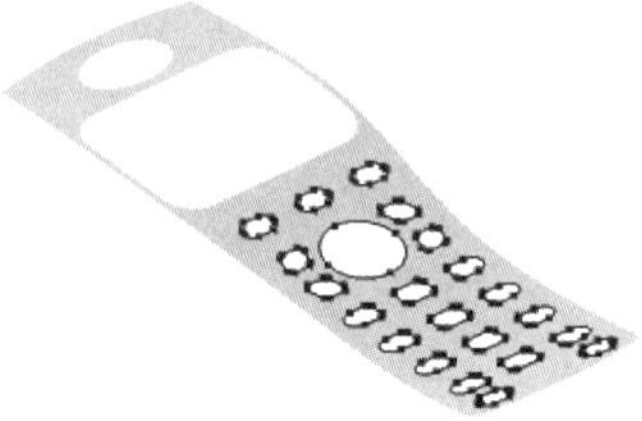

图 32.10.2　多重提取 1

Step7. 创建图 32.10.3 所示的特征——平面 1。单击“线框”工具栏中的按钮；在

【平面类型：】下拉列表中选取【偏移平面】选项；在【参考：】文本框中右击，选取 zx 为参考平面，在【偏移：】文本框中输入数值 10，单击【确定】按钮，完成平面 1 的创建。

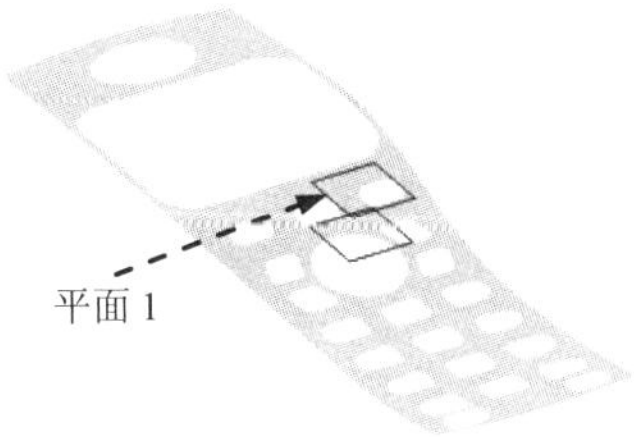

图 32.10.3 平面 1

Step8. 创建图 32.10.4 所示的特征——投影 1。选择下拉菜单【插入】→【线框】→【投影...】命令；在【投影类型：】下拉列表中选择【法线】选项，单击【投影的：】文本框，在特征树中选择多重提取 1，单击【支持面：】文本框，在特征树中选择平面 1，取消选中【近接解法】复选框，单击【确定】按钮，完成投影 1 的创建。

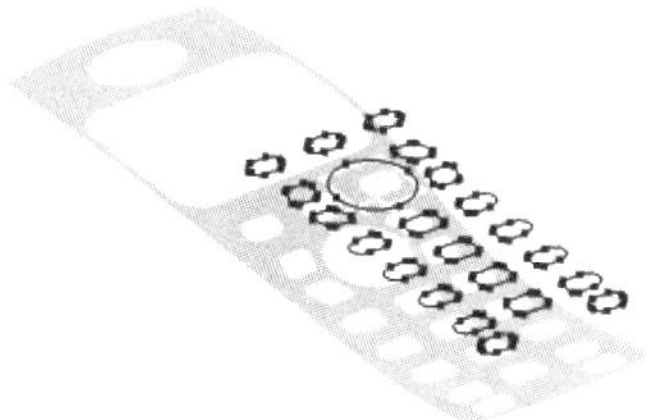

图 32.10.4 投影 1

Step9. 创建图 32.10.5 所示的特征——偏移 1。选择下拉菜单【插入】→【曲面】→【偏移...】命令；在外部参考中选取曲面 1 作为要偏移的曲面，在【偏移：】文本框中输入数值 5，单击【确定】按钮，完成偏移 1 的创建。

图 32.10.5 偏移 1

Step10. 切换工作台。选择下拉菜单【开始】→【机械设计】→【零件设计】命令，切换到零件设计工作台。

Step11. 创建图 32.10.6 所示的特征——凸台 1。选择下拉菜单【插入】→【基于草图的特征】→【凸台...】命令；在特征树中选取投影 1 为要拉伸的曲线，在【第一限制】

区域的 类型：下拉列表中选取直到曲面选项，在外部参考中选取曲面 1 为拉伸终止面，在偏移：文本框中输入值 1，单击 确定 按钮，完成凸台 1 的创建。

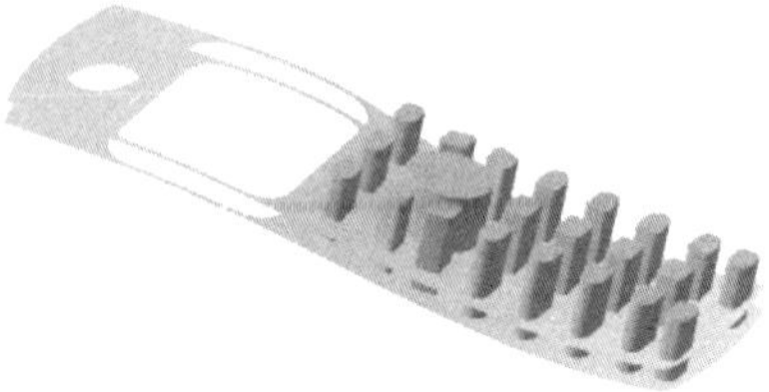

图 32.10.6 凸台 1

Step12. 创建图 32.10.7 所示的特征——分割 1。选择下拉菜单 插入 → 基于曲面的特征 → 分割... 命令；在特征树中选取偏移 1 为分割元素，单击图形区域的箭头定义分割方向，单击 确定 按钮，完成分割 1 的创建。

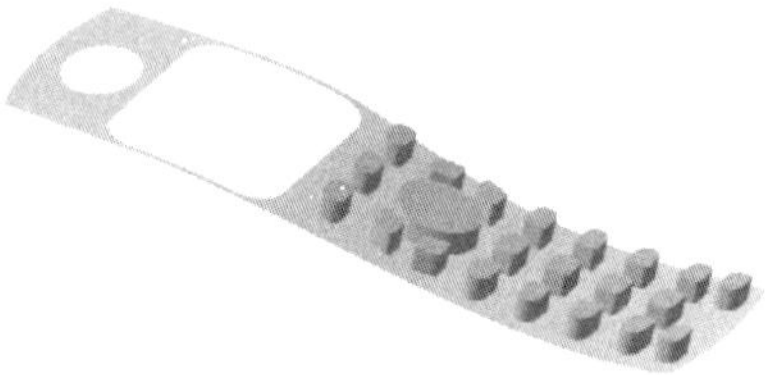

图 32.10.7 分割 1

Step13. 创建图 32.10.8 所示的特征——加厚曲面 1。选择下拉菜单 插入 → 基于曲面的特征 → 厚曲面... 命令；在外部参考中选取曲面 2 为要加厚的曲面，在第一偏移：文本框中输入数值 2，其他参数保持系统默认设置值，单击 确定 按钮，完成加厚曲面 1 的创建。

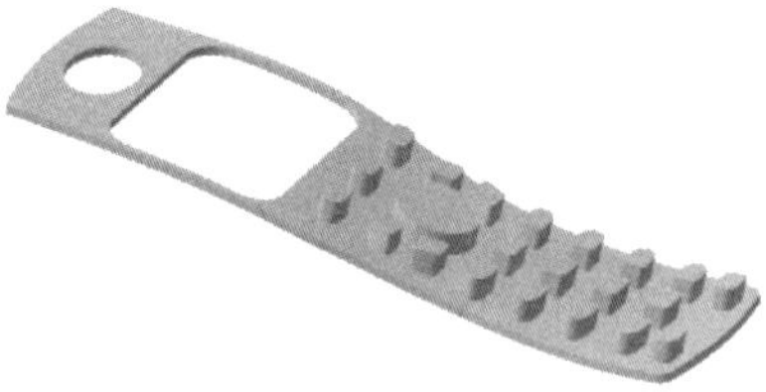

图 32.10.8 加厚曲面 1

Step14. 创建图 32.10.9 所示的零件特征——凹槽 1。选择下拉菜单 插入 → 基于草图的特征 → 凹槽... 命令；选取平面 1 为草绘平面；绘制图 32.10.10 所示的截面草图；在对话框 第一限制 区域的 类型：下拉列表中选取直到最后选项，单击 确定 按钮，完成凹槽 1 的创建。

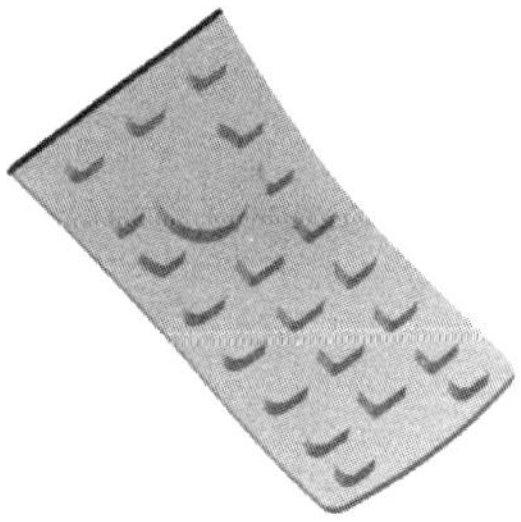

图 32.10.9　凹槽 1

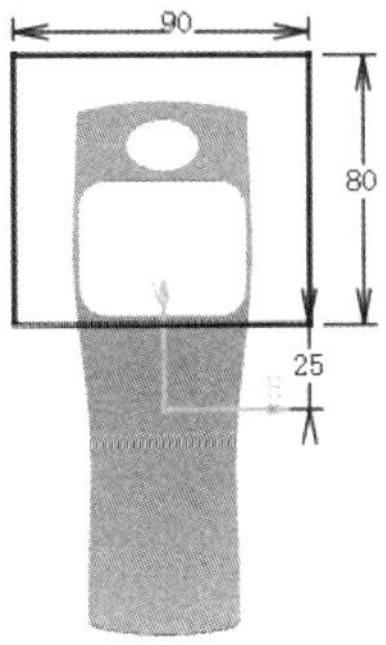

图 32.10.10　截面草图

Step15. 创建图 32.10.11b 所示的特征——倒圆角 1。选取图 32.10.11a 所示的边为倒圆角的对象，倒圆角半径为 2。

a）圆角前　　b）圆角后

图 32.10.11　倒圆角 1

Step16. 创建图 32.10.12 所示的特征——倒圆角 2。选取图中所有的边线为倒圆角的对象，倒圆角半径为 0.5。

图 32.10.12　倒圆角 2

Step17. 创建图 32.10.13 所示的特征——平面 2。单击“参考元素”工具栏中的按钮；在平面类型：下拉列表中选取与平面成一定角度或垂直选项；在旋转轴：文本框中右击，选取 Y 轴为参考轴，单击参考：文本框，在特征树中选取 xy 平面为参考，在角度：文本框中输入数值 -45，单击确定按钮，完成平面 2 的创建。

Step18. 创建图 32.10.14 所示的特征——平面 3。单击“参考元素”工具栏中的按钮；在平面类型：下拉列表中选取偏移平面选项；　在参考：文本框中右击，在特征树中选取平面 2 为参考平面，在偏移：文本框中输入数值 8.5，单击反转方向定义平面方向；单击确定按钮，完成平面 3 的创建。

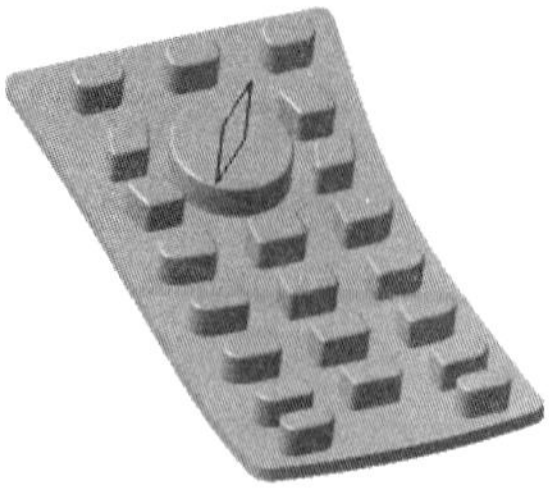

图 32.10.13 平面 2

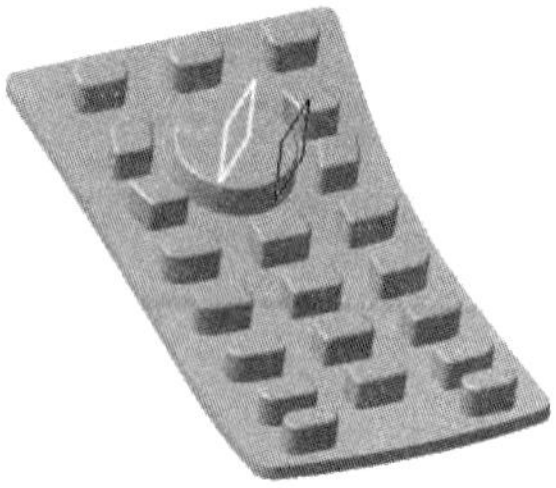

图 32.10.14 平面 3

Step19. 创建图 32.10.15 所示的特征——旋转槽 1。选择下拉菜单 插入 → 基于草图的特征 ▸ → 旋转槽... 命令；选取平面 3 为草绘平面，绘制图 32.10.16 所示的截面草图；在 限制 区域的 第一角度： 文本框中输入值 360，单击 轴线 区域的 选择： 文本框，选取草图中的直线作为旋转轴，单击 确定 按钮，完成旋转槽 1 的创建。

图 32.10.15 旋转槽 1

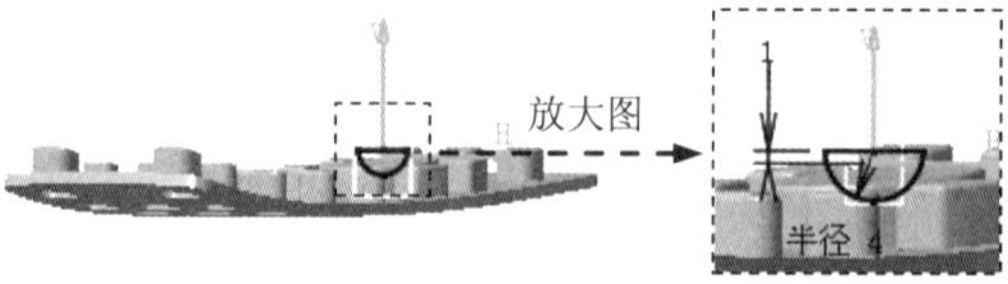

图 32.10.16 截面草图

Step20. 创建图 32.10.17 所示的变换特征——圆形阵列 1。在特征树中选取旋转槽 1 作为圆形阵列的源特征；选择下拉菜单 插入 → 变换特征 ▸ → 圆形阵列... 命令；在 参数： 文本框的下拉列表中选取 实例和角度间距 选项，在 实例： 文本框中输入值 4，在 角度间距： 文本框中输入数值 90，在 参考方向 区域的 参考元素： 文本框中右击，选取 Y 轴选项；单击 确定 按钮，完成圆形阵列 1 的创建。

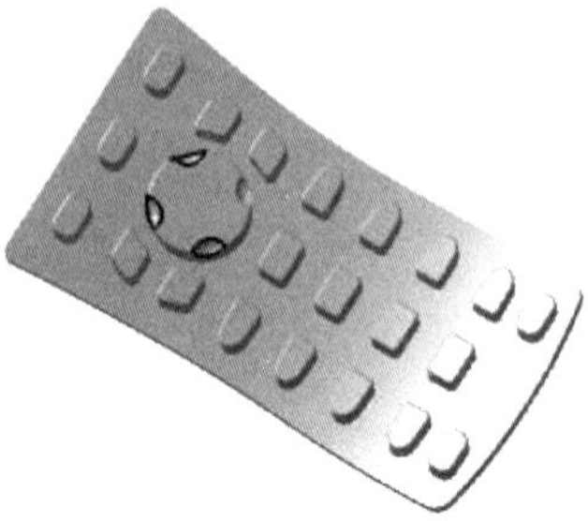

图 32.10.17 圆形阵列 1

Step21. 创建图 32.10.18b 所示的特征——倒圆角 3。选取图 32.10.18a 所示的边为倒圆角的对象，倒圆角半径为 0.5。

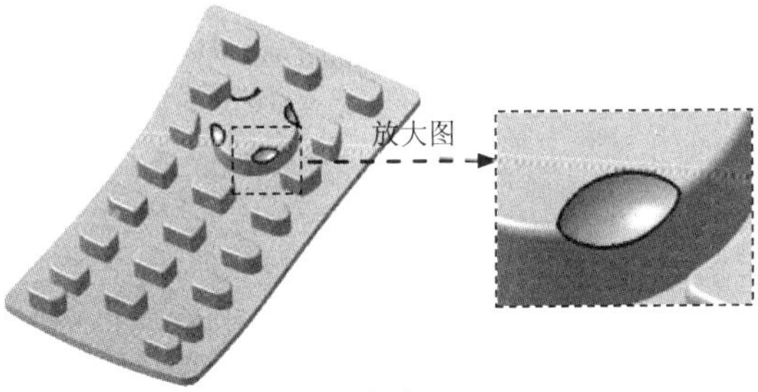

a）圆角前

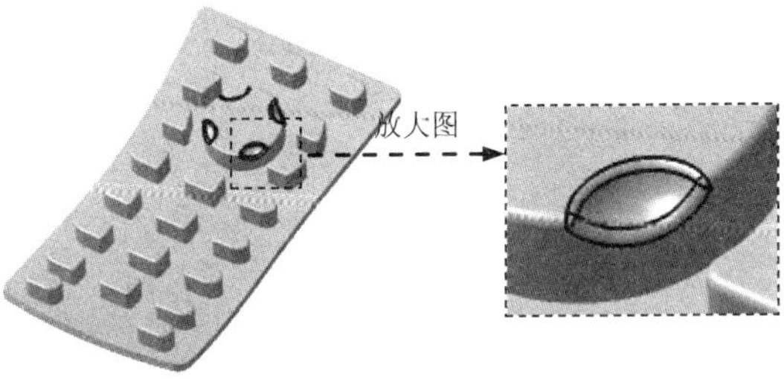

b）圆角后

图 32.10.18　倒圆角 3

Step22. 保存零件模型。选择下拉菜单 文件 → 保存 命令，即可保存零件模型。

Step23. 选择下拉菜单 窗口 → 1 HANDSET.CATProduct 命令，切换窗口并保存。

实例 33　微波炉钣金外壳的自顶向下设计

33.1　实 例 概 述

本实例详细讲解了采用自顶向下（Top_Down Design）设计方法创建图 33.1.1 所示微波炉外壳的整个设计过程。其设计过程是先确定微波炉内部原始文件的尺寸，然后根据该文件建立一个骨架模型，通过该骨架模型将设计意图传递给微波炉的各个外壳钣金零件后，再对其进行细节设计。设计流程如图 33.1.2 所示。

骨架模型是根据装配体内各元件之间的关系而创建的一种特殊的零件模型，或者说它是一个装配体的 3D 布局，是自顶向下设计（Top_Down Design）一个强有力的工具。

当微波炉外壳设计完成后，只需要更改内部原始文件的尺寸，微波炉的尺寸就随之更改。该设计方法可以加快产品的更新速度，非常适用于系列化的产品。

a）方位 1

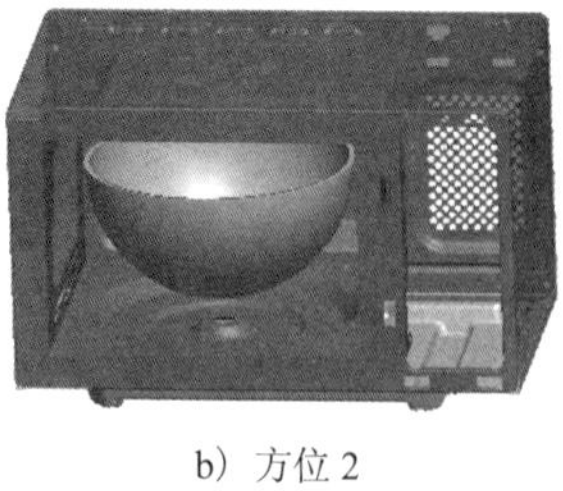

b）方位 2

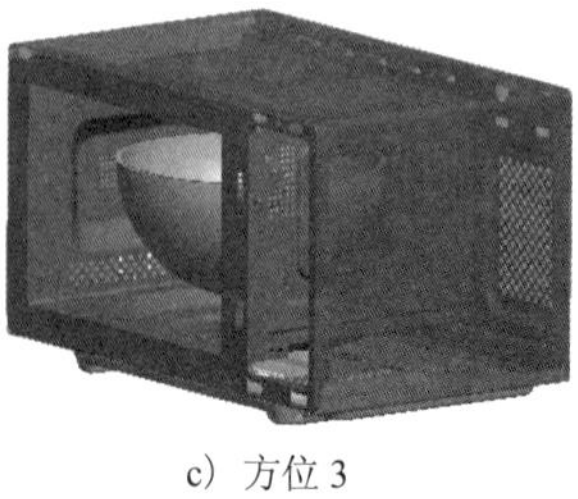

c）方位 3

图 33.1.1　微波炉外壳

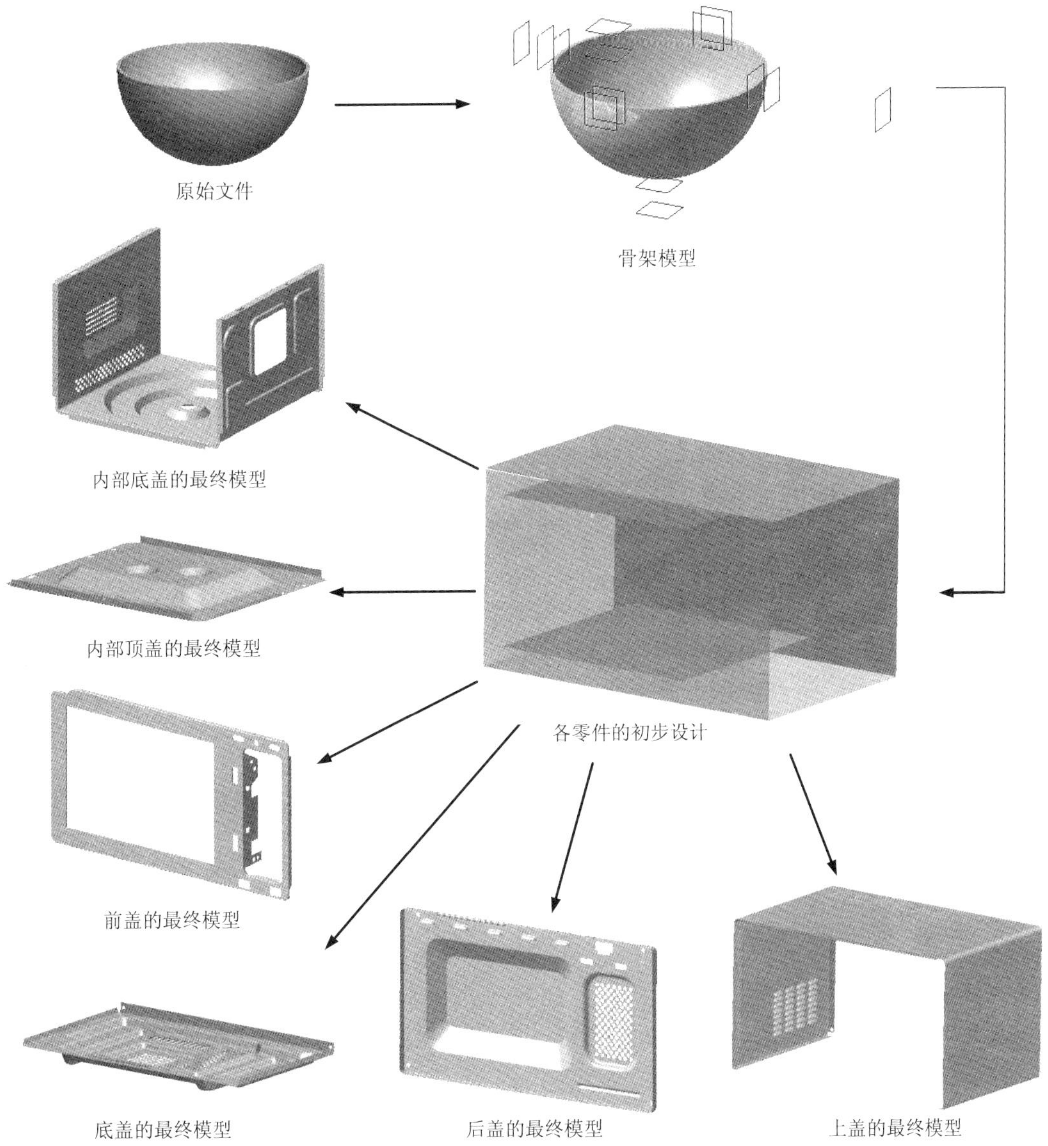
原始文件
骨架模型
内部底盖的最终模型
内部顶盖的最终模型
各零件的初步设计
前盖的最终模型
底盖的最终模型
后盖的最终模型
上盖的最终模型

图 33.1.2　设计流程图

33.2 构建微波炉外壳的总体骨架

微波炉外壳总体骨架的创建在整个微波炉的设计过程中是非常重要的，只有通过骨架文件才能把原始文件的数据传递给外壳中的每个零件。总体骨架如图 33.2.1 所示。

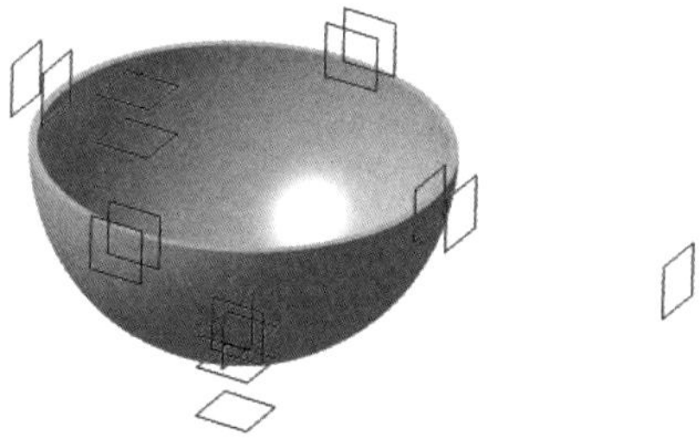

图 33.2.1 构建微波炉的总体骨架

Task1．创建图 33.2.2 所示的碗模型

Step1. 选择下拉菜单 文件 → 新建... 命令，系统弹出“新建”对话框，在 类型列表： 下拉列表中选择 Product 选项，单击 确定 按钮，进入装配设计工作台。

Step2. 在特征树的 Product1 上右击，在弹出的快捷菜单中选择 属性 选项，系统弹出“属性”对话框。在文本框的 零件编号 中输入文件名 MICROWAVE_OVEN_CASE；单击 确定 按钮，完成文件名的修改。

Step3. 选中特征树中的 MICROWAVE_OVEN_CASE，选择下拉菜单 插入 → 新建零件 命令，在新产生的 PART1(PART1.1) 节点上右击，在弹出的快捷菜单中选择 属性 选项；系统弹出“属性”对话框。在 实例名称 和 零件编号 两个文本框中分别输入文件名 DISH；单击 确定 按钮，完成文件名的修改。

Step4. 右击 [redacted] 节点，在弹出的快捷菜单中选择 DISH 对象 → 在新窗口中打开 选项；系统进入零件设计工作台。

Step5. 切换工作台。选择下拉菜单 开始 → 机械设计 ▸ → 零件设计 命令，进入零件设计工作台。

注意：如果已经处于零件设计工作台，就不需要执行此步操作。

Step6. 创建图 33.2.2 所示的特征——旋转体 1。选择下拉菜单 插入 → 基于草图的特征 ▸ → 旋转体... 命令，选取 xy 平面为草绘平面，绘制图 33.2.3 所示的截面草图；在 限制 区域的 第一角度： 文本框中输入值 360；选中 厚轮廓 复选框，单击 更多>> 按钮，在厚度 1：文本框中输入值 5，在厚度 2：文本框中输入值 0，在轴线区域的选择：文本框中右击，选取 Y 轴为旋转轴，单击确定按钮，完成旋转体 1 的创建。

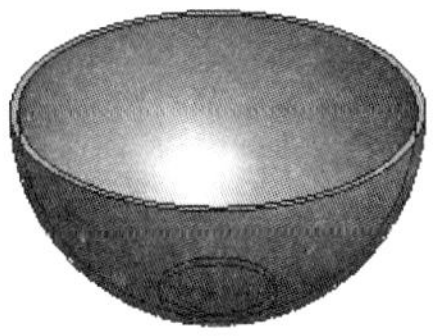

图 33.2.2　旋转体 1

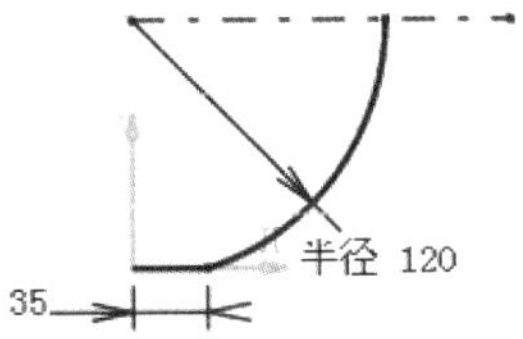

图 33.2.3　截面草图

Step7. 切换工作台。选择下拉菜单开始 → 形状 → 创成式外形设计命令，切换到创成式外形设计工作台。

Step8. 创建图 33.2.4 所示的曲线特征——提取 1。选择下拉菜单插入 → 操作 → 提取...命令；单击要提取的元素后的文本框，在模型中选取模型的边线，单击确定按钮，完成提取 1 的创建。

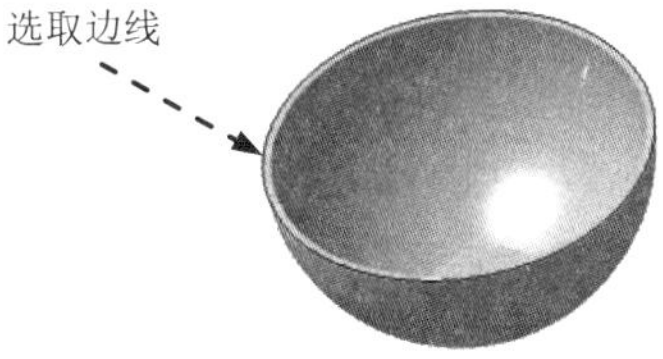

图 33.2.4　提取 1

Step9. 创建图 33.2.5 所示的曲线特征——相交 1。选择下拉菜单插入 → 线框 → 相交...命令；选取提取 1 为第一元素，xy 平面为第二元素，单击确定按钮，此时系统弹出“多种结果管理”对话框，选中保留所有子元素。单选项，单击确定按钮，完成相交 1 的创建。

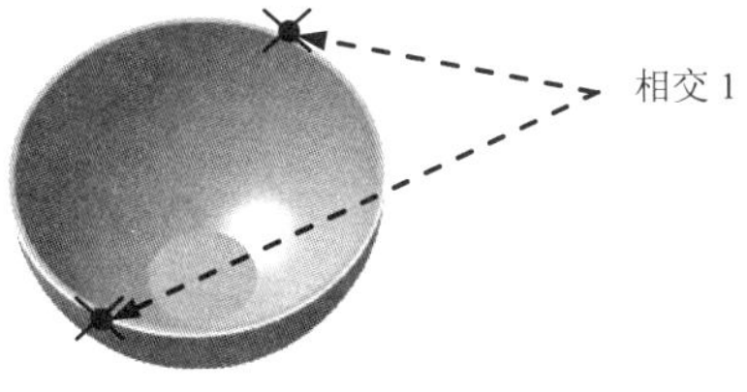

图 33.2.5　相交 1

Step10. 创建曲线特征——提取 2。选择下拉菜单插入 → 操作 → 提取...命令；单击要提取的元素后的文本框，在模型中选取相交 1 特征中的沿 X 轴方向的点，单击确定按钮，完成提取 2 的创建。

Step11. 参照 Step10 的操作方法，可以创建提取 3。在模型中选取相交 1 特征中的另一个点，单击 确定 按钮，完成提取 3 的创建。

Step12. 创建图 33.2.6 所示的平面 1。选择下拉菜单 插入 → 线框 → 平面... 命令；在“平面定义”对话框的 平面类型 下拉列表中选择 平行通过点 选项，选择 yz 平面为参考平面，单击 点： 文本框，在特征树中选取提取 2，单击 确定 按钮，完成平面 1 的创建。

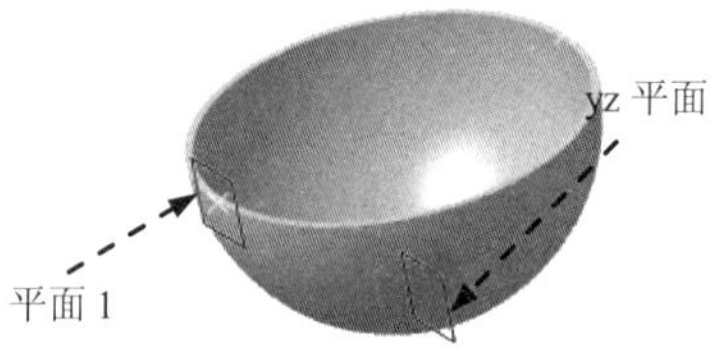

图 33.2.6 平面 1

Step13. 创建图 33.2.7 所示的平面 2。参照 Step12 的操作方法，创建平行于 yz 平面并且通过提取 3 的平面 2。

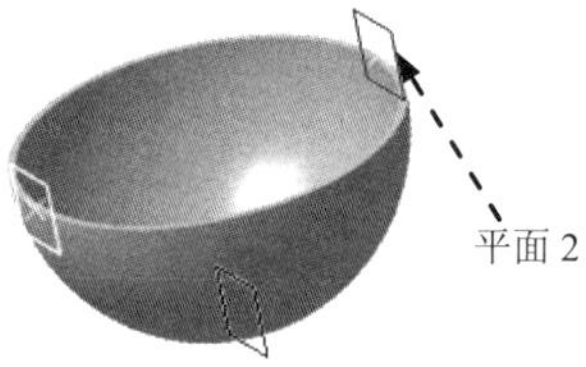

图 33.2.7 平面 2

Step14. 创建图 33.2.8 所示的平面 3。选择下拉菜单 插入 → 线框 → 平面... 命令；在“平面定义”对话框的 平面类型 下拉列表中选择 偏移平面 选项；选择平面 1 为参考平面，在对话框的 偏移： 文本框中输入偏移距离值 20，单击 反转方向 按钮调整方向，单击 确定 按钮，完成平面 3 的创建。

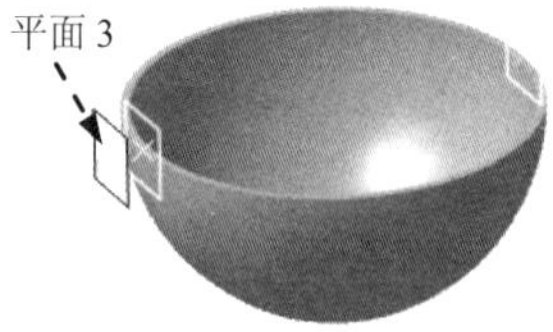

图 33.2.8 平面 3

Step15. 创建图 33.2.9 所示的平面 4。参照 Step14 的操作方法，选择平面 2 为参考平面，输入偏移距离值 20。

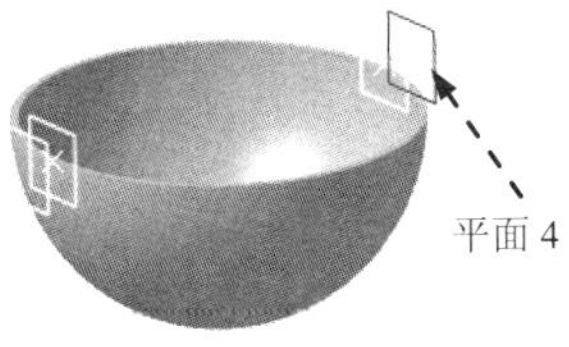

图 33.2.9　平面 4

Step16. 创建图 33.2.10 所示的曲线特征——相交 2。选择下拉菜单 插入 → 线框 → 相交... 命令；选取 yz 平面为第一元素，提取 1 为第二元素，单击 确定 按钮，此时系统弹出“多种结果管理”对话框，选取 保留所有子元素。单选项，单击 确定 按钮，完成相交 2 的创建。

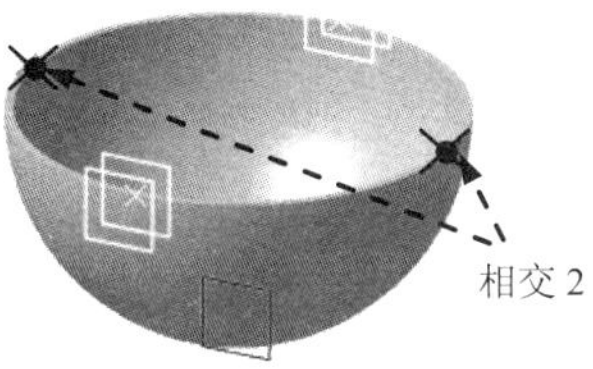

图 33.2.10　相交 2

Step17. 创建曲线特征——提取 4。选择下拉菜单 插入 → 操作 → 提取... 命令；单击 要提取的元素 后的文本框，在模型中选取相交 2 特征中的沿 Z 轴正向的点，单击 确定 按钮，完成提取 4 的创建。

Step18. 参照 Step17 的操作方法创建提取 5。在模型中选取相交 2 特征中的另一个点，单击 确定 按钮，完成提取 5 的创建。

Step19. 创建图 33.2.11 所示的平面 5。选择下拉菜单 插入 → 线框 → 平面... 命令；在“平面定义”对话框的 平面类型 下拉列表中选择 平行通过点 选项，选择 xy 平面为参考平面，单击 点： 文本框，在特征树中选取提取 4，单击 确定 按钮，完成平面 5 的创建。

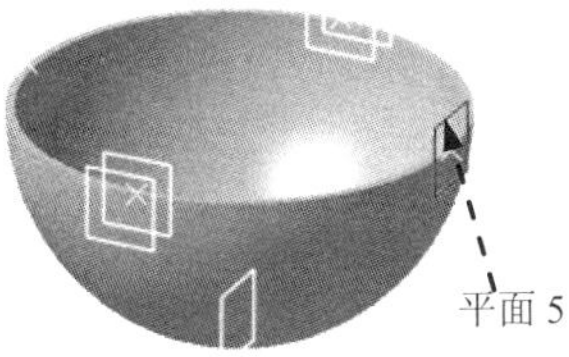

图 33.2.11　平面 5

Step20. 创建图 33.2.12 所示的平面 6。选择下拉菜单 插入 → 线框 → 平面... 命令；在“平面定义”对话框的 平面类型 下拉列表中选择 偏移平面 选项；选择平面 5

为参考平面，在对话框的 偏移： 文本框中输入偏移距离值 20，单击 确定 按钮，完成平面 6 的创建。

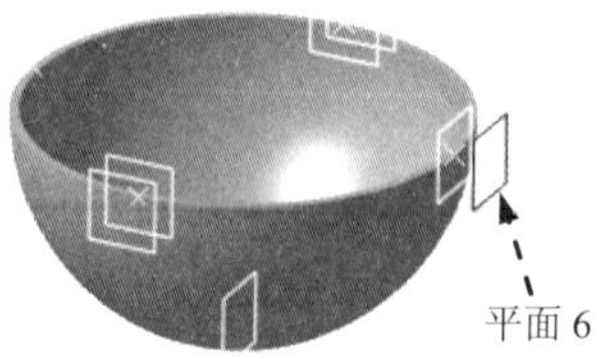

图 33.2.12 平面 6

Step21. 创建图 33.2.13 所示的平面 7。选择下拉菜单 插入 → 线框 → 平面... 命令；在“平面定义”对话框的 平面类型 下拉列表中选择 偏移平面 选项，选择平面 6 为参考平面，在对话框的 偏移： 文本框中输入偏移距离值 30，单击 反转方向 按钮调整方向指向 Z 轴正方向，单击 确定 按钮，完成平面 7 的创建。

说明：创建平面时应注意其方向，如果与结果图示不一致，可以单击 反转方向 按钮调整方向，以下调整方向操作不再赘述。

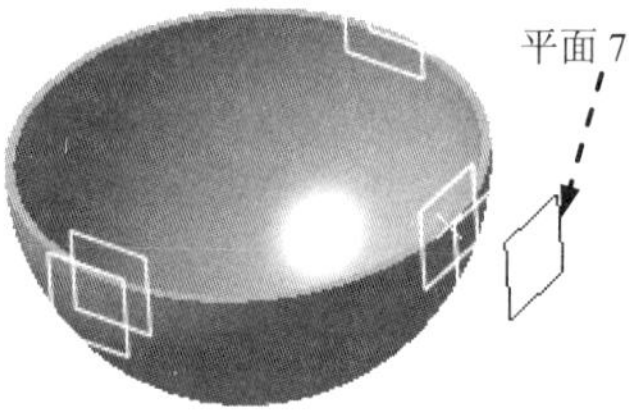

图 33.2.13 平面 7

Step22. 创建图 33.2.14 所示的平面 8。选择下拉菜单 插入 → 线框 → 平面... 命令；在“平面定义”对话框的 平面类型 下拉列表中选择 平行通过点 选项，选择 xy 平面为参考平面，单击 点： 文本框，在特征树中选取提取 5，单击 确定 按钮，完成平面 8 的创建。

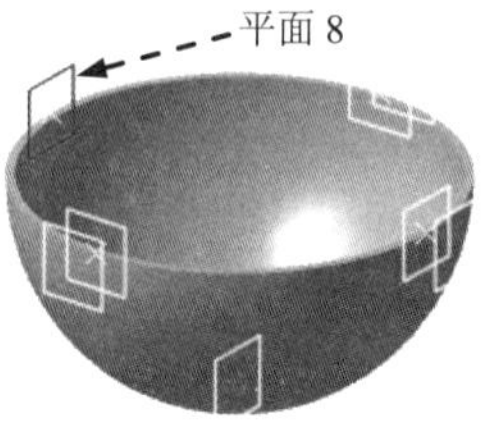

图 33.2.14 平面 8

Step23. 创建图 33.2.15 所示的平面 9。选择下拉菜单 插入 → 线框 →

平面...命令；在“平面定义”对话框的平面类型下拉列表中选择偏移平面选项；选择平面 7 为参考平面，在对话框的偏移：文本框中输入偏移距离值 20，单击确定按钮，完成平面 9 的创建。

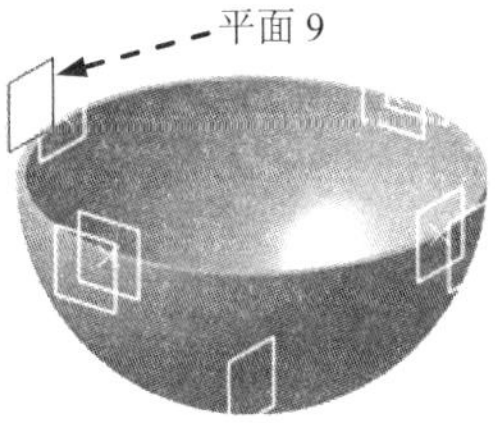

图 33.2.15　平面 9

Step24. 创建图 33.2.16 所示的平面 10。选择下拉菜单插入 → 线框 → 平面...命令；在“平面定义”对话框的平面类型下拉列表中选择偏移平面选项；选择模型的上表面为参考平面，在对话框的偏移：文本框中输入偏移距离值 60，单击确定按钮，完成平面 10 的创建。

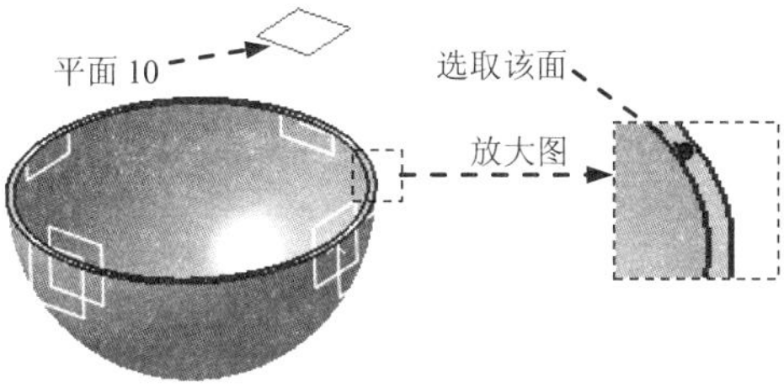

图 33.2.16　平面 10

Step25. 创建图 33.2.17 所示的平面 11。选择下拉菜单插入 → 线框 → 平面...命令；在“平面定义”对话框的平面类型下拉列表中选择偏移平面选项；选择平面 10 为参考平面，在对话框的偏移：文本框中输入偏移距离值 30，单击确定按钮，完成平面 11 的创建。

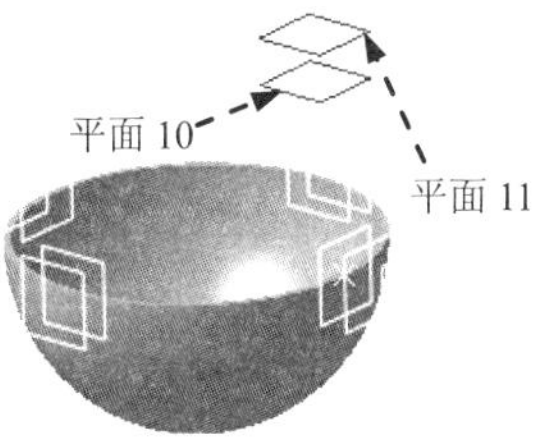

图 33.2.17　平面 11

Step26. 创建图 33.2.18 所示的平面 12。选择下拉菜单插入 → 线框 → 平面...命令；在“平面定义”对话框的平面类型下拉列表中选择偏移平面选项；选择模型的底面为参考平面，在对话框的 偏移： 文本框中输入偏移距离值 20，单击 确定 按钮，完成平面 12 的创建。

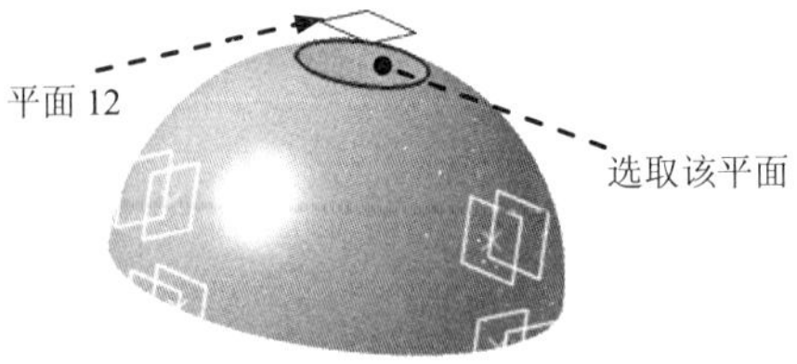

图 33.2.18 平面 12

Step27. 创建图 33.2.19 所示的平面 13。选择下拉菜单 插入 → 线框 → 平面... 命令；在“平面定义”对话框的 平面类型 下拉列表中选择 偏移平面 选项；选择平面 12 为参考平面，在对话框的 偏移： 文本框中输入偏移距离值 30，单击 确定 按钮，完成平面 13 的创建。

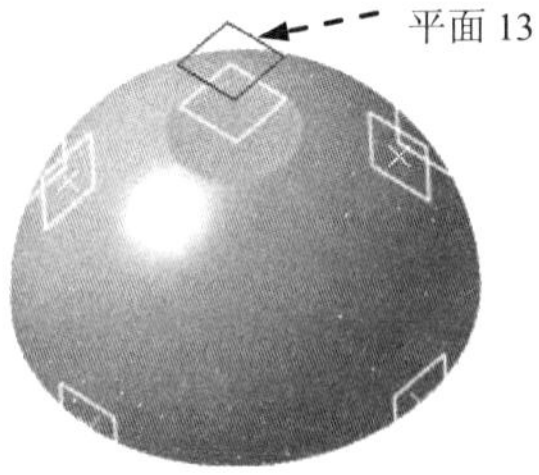

图 33.2.19 平面 13

Step28. 创建图 33.2.20 所示的平面 14。选择下拉菜单 插入 → 线框 → 平面... 命令；在“平面定义”对话框的 平面类型 下拉列表中选择 偏移平面 选项；选择平面 8 为参考平面，在对话框的 偏移： 文本框中输入偏移距离值 140，单击 确定 按钮，完成平面 14 的创建。

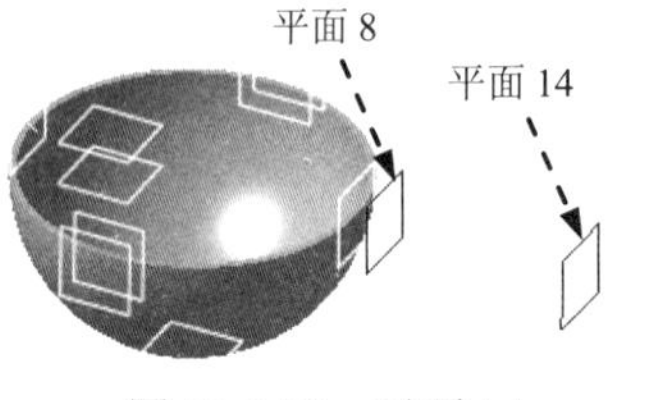

图 33.2.20 平面 14

Step29. 选择下拉菜单 工具 → 发布... 命令；在特征树中依次选取零件几何体和创建的 14 个平面特征作为发布对象。单击 确定 按钮，完成发布特征。

Step30. 保存零件模型。选择下拉菜单 文件 → 保存 命令，即可保存零件模型。

Step31. 选择下拉菜单 窗口 → 1 MICROWAVE_OVEN_CASE.CATProduct 命令，切换窗口并保存装配体。

33.3　微波炉外壳内部底盖的细节设计

下面进行图 33.3.1 所示的微波炉外壳内部底盖的细节设计。

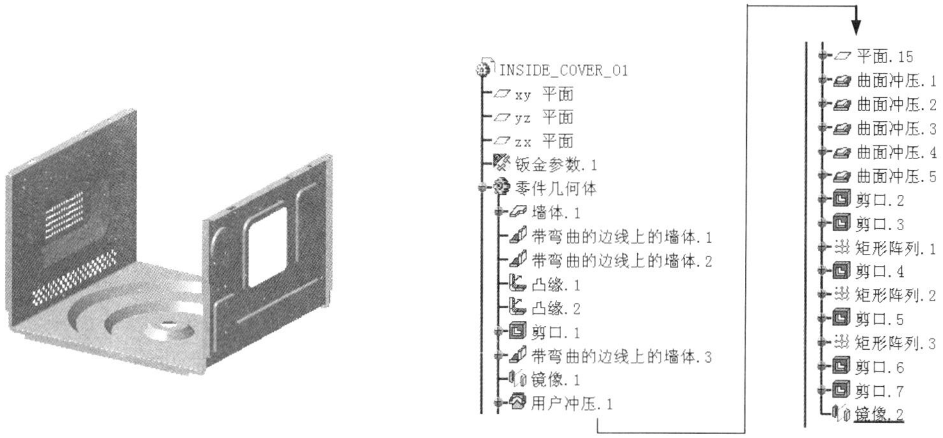

图 33.3.1　微波炉外壳内部底盖及特征树

Step1. 激活 MICROWAVE_OVEN_CASE，选择下拉菜单 插入 → 新建零件 命令，系统弹出“新零件：原点”对话框；单击 否(N) 按钮，完成零部件的创建。

Step2. 在新创建的 Part1 (Part1.2) 节点上右击，在弹出的快捷菜单中选择 属性 选项；系统弹出“属性”对话框。在 实例名称 和 零件编号 文本框中分别输入文件名 INSIDE_COVER_01；单击 确定 按钮，完成文件名的修改。

Step3. 右击 INSIDE_COVER_01 (INSIDE_COVER_01) 节点，在弹出的快捷菜单中选择 INSIDE_COVER_01 对象 → 在新窗口中打开 命令；系统进入创成式外形设计工作台。

Step4. 切换工作台。选择下拉菜单 开始 → 机械设计 → Generative Sheetmetal Design 命令，切换到钣金设计工作台。

Step5. 选择下拉菜单 窗口 → 2 DISH.CATPart 命令。在发布特征中选择 零件几何体 并右击，在弹出的快捷菜单中选择 复制 命令。再选择下拉菜单 窗口 → 3 INSIDE_COVER_01.CATPart，切换到 INSIDE_COVER_01 模型文件。在特征树中 INSIDE_COVER_01 右击，在弹出的快捷菜单中选择 选择性粘贴... 命令，系统弹出“选择性粘贴”对话框，选择 与原文档相关联的结果 选项，单击 确定 按钮，完成外部参考的创建。

Step6. 选择下拉菜单窗口 → 2 DISH.CATPart命令，在发布特征中依次选中所有的发布平面特征并右击，在弹出的快捷菜单中选择复制命令。再选择下拉菜单窗口 → 3 INSIDE_COVER_01.CATPart选项，切换到 INSIDE_COVER_01 模型文件。在特征树中右击INSIDE_COVER_01，选择选择性粘贴...命令，系统弹出“选择性粘贴”对话框，选择与原文档相关联的结果选项，单击确定按钮，完成外部参考的创建。

Step7. 设置钣金参数。选择下拉菜单插入 → Sheet Metal Parameters...命令，在Thickness：文本框中输入值 0.5，在Default Bend Radius：文本框中输入值 0.5；单击Bend Extremities选项卡，然后在Minimum with no relief下拉列表中选择Minimum with no relief选项。单击确定按钮，完成钣金参数的设置。

Step8. 在特征树中右击零件几何体选项，在弹出的快捷菜单中选取定义工作对象命令。

Step9. 创建图 33.3.2 所示的特征——第一钣金壁 1。选择下拉菜单插入 → Walls → Wall...命令，在对话框中单击按钮，选取外部参考中的平面 12 为草绘平面，进入草图环境，并绘制图 33.3.3 所示的截面草图；单击确定按钮，完成第一钣金壁 1 的创建。

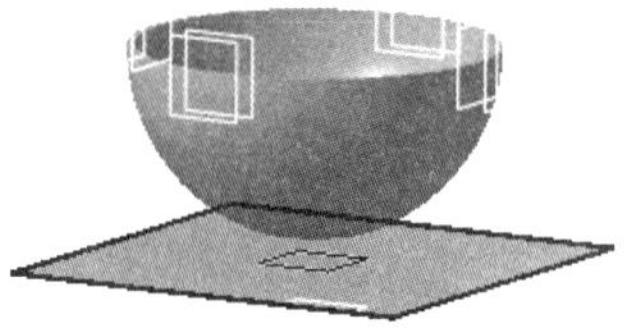
图 33.3.2 第一钣金壁 1

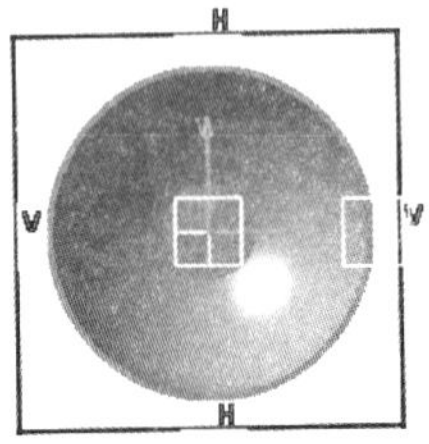
图 33.3.3 截面草图

Step10. 创建图 33.3.4 所示的特征——附加钣金壁 1。选择下拉菜单插入 → Walls → Wall On Edge...命令，在绘图区选取图 33.3.5 所示的边为附着边，在对话框的Type:下拉列表中选择Automatic选项，在Height & Inclination下拉列表中选取Up To Plane/Surface选项，单击其后的文本框，在特征树中选取外部参考中的平面 10 作为终止面；在Angle后的文本框中输入数值 90，在对话框中选中With Bend复选框，单击按钮，输入折弯半径为 3，单击确定按钮，完成附加钣金壁 1 的创建。

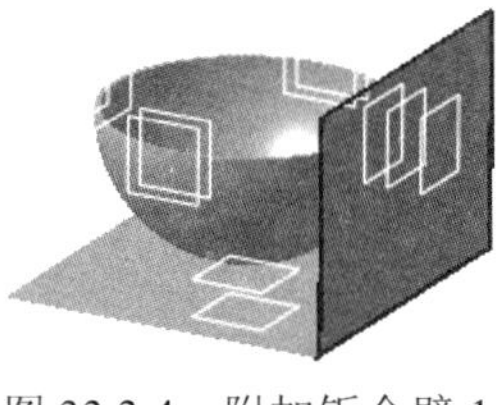
图 33.3.4 附加钣金壁 1

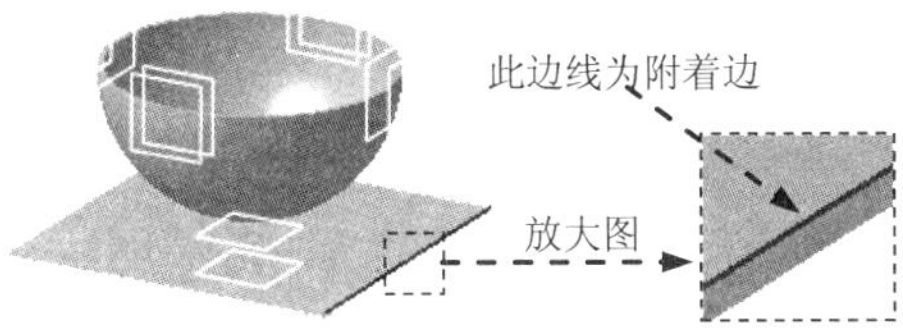

图 33.3.5　定义附着边

Step11. 创建图 33.3.6 所示的特征——附加钣金壁 2。选择下拉菜单 插入 → Walls ▸ → Wall On Edge... 命令，在绘图区选取图 33.3.7 所示的边为附着边，在对话框的 Type: 下拉列表中选择 Automatic 选项，在 Height & Inclination 下拉列表中选取 Up To Plane/Surface: 选项，单击文本框，在特征树中选取平面 4 作为终止面；在 Angle 后的文本框中输入数值 90，在对话框中选中 With Bend 复选框，单击 f(x) 按钮，输入折弯半径为 3，单击 确定 按钮，完成附加钣金壁 2 的创建。

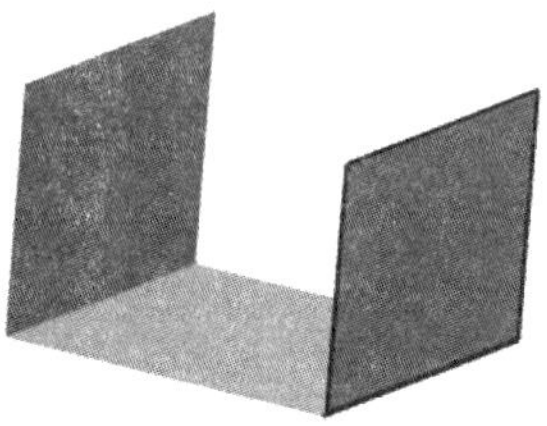

图 33.3.6　附加钣金壁 2

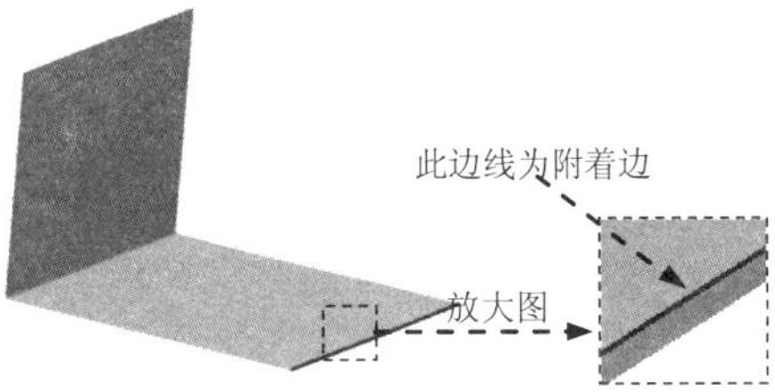

图 33.3.7　定义附着边

Step12. 创建图 33.3.8 所示的特征——凸缘 1。选择下拉菜单 插入 → Walls ▸ → Swept Walls ▸ → Flange... 命令；在对话框的下拉列表中选取 Basic 选项，在 Length: 文本框中输入数值 10，在 Angle: 文本框中输入数值 90，并在 Radius: 文本框中输入数值 0.2，单击 Spine: 后的文本框，选取图 33.3.9 所示的边，单击 Propagate 按钮，选中 Trim Support 复选框，单击 确定 按钮，完成凸缘 1 的创建。

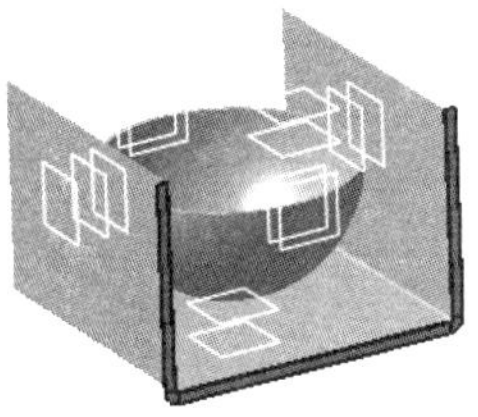

图 33.3. 8　凸缘 1

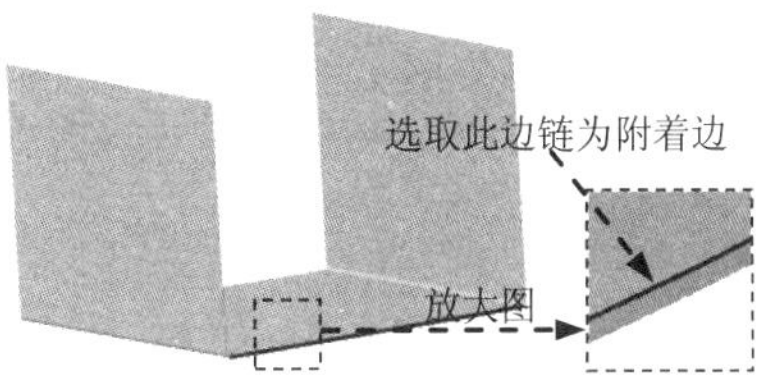

图 33.3. 9　定义附着边

Step13. 创建图 33.3.10 所示的特征——凸缘 2。参照 Step12 的操作步骤，选取另一侧的边线，采用相同的参数，完成凸缘 2 的创建。

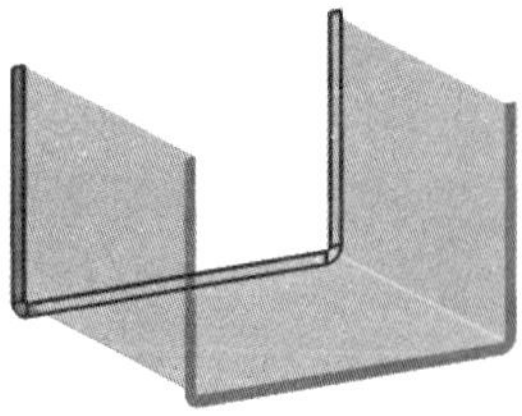

图 33.3.10　凸缘 2

Step14. 创建图 33.3.11 所示的特征——剪口 1。选择下拉菜单 插入 → Cutting ▸ → Cut Out... 命令；选取图 33.3.11 所示的平面为草绘平面，绘制图 33.3.12 所示的截面草图，在对话框的 Type: 文本框中选取 Up to last 选项，单击 确定 按钮，完成剪口 1 的创建。

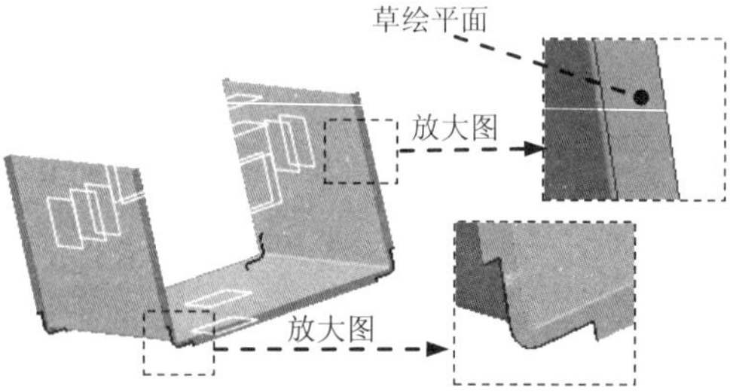

图 33.3.11　剪口 1

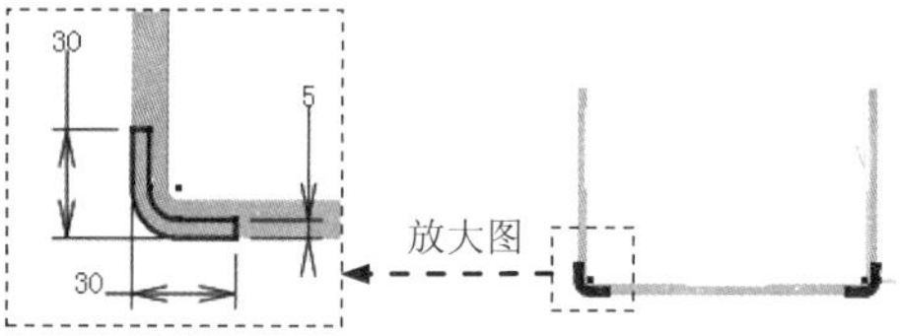

图 33.3.12　截面草图

Step15. 创建图 33.3.13 所示的特征——附加钣金壁 3。选择下拉菜单 插入 → Walls ▸ → Wall On Edge... 命令，在绘图区选取图 33.3.14 所示的边为附着边，在对话框的 Type: 下拉列表中选择 Sketch Based 选项，在 Profile: 后文本框后单击 按钮，选取图 33.3.14 所示的平面为草绘平面，绘制图 33.3.15 所示的截面草图；在 Clearance: 下拉列表中选取 Monodirectional 选项，在 Value: 文本框中输入数值-0.5，单击 确定 按钮，完成附加钣金壁 3 的创建。

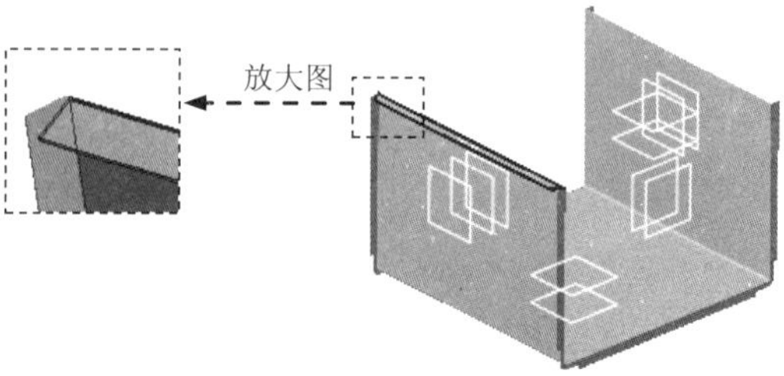

图 33.3.13　附加钣金壁 3

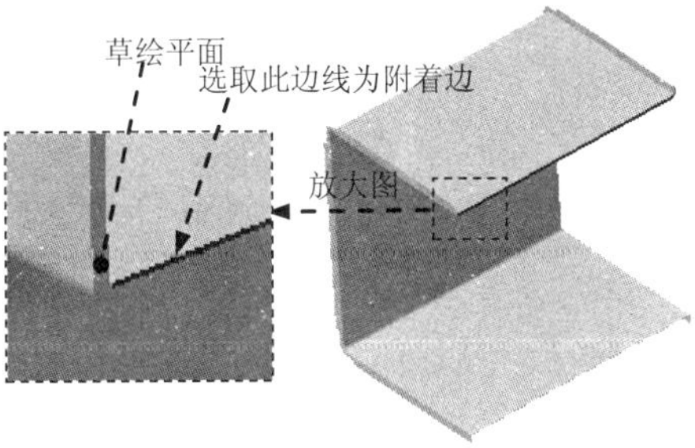

图 33.3.14　定义附着边

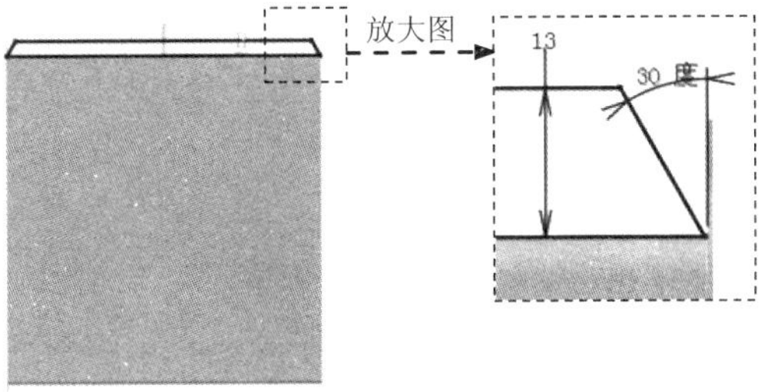

图 33.3.15　截面草图

Step16. 创建图 33.3.16 所示的镜像 1。选择下拉菜单 插入 → Transformations ▸ → Mirror... 命令，单击 Mirroring plane: 文本框，在特征树中选取 xy 平面，单击 Element to mirror: 文本框，在特征树中选取附加钣金壁 3，单击 确定 按钮，完成镜像 1 的创建。

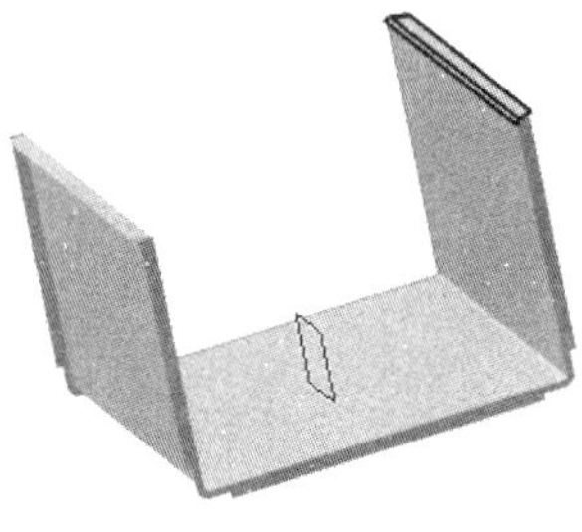

图 33.3.16　镜像 1

Step17. 选择下拉菜单 插入 → 几何体 命令，创建几何体。选择下拉菜单 开始 → 机械设计 ▸ → 零件设计 命令，切换至零件设计工作台。

Step18. 创建图 33.3.17 所示的零件特征——旋转体 1。选择下拉菜单 插入 → 基于草图的特征 ▸ → 旋转体... 命令，选取 xy 平面为草绘平面，绘制图 33.3.18 所示的截面草图；在 限制 区域的 第一角度: 文本框中输入值 360；单击 轴线 区域的 选择: 文本框，选取长度为 10 的直线为旋转轴，单击 确定 按钮，完成旋转体 1 的创建。

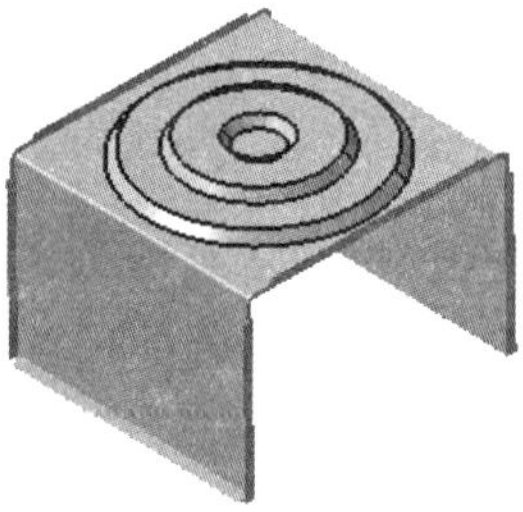

图 33.3.17 旋转体 1

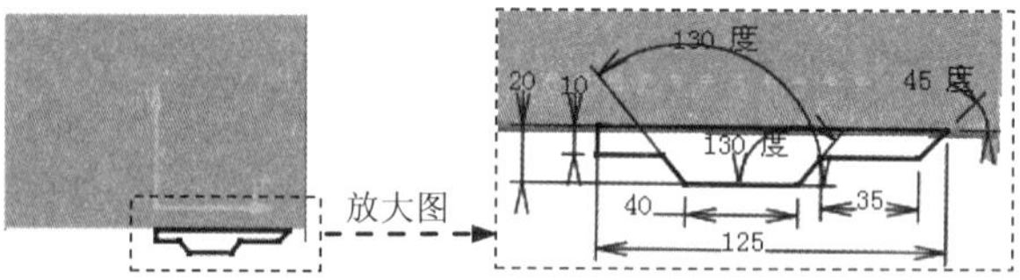

图 33.3.18 截面草图

Step19. 切换工作台。选择下拉菜单 开始 → 机械设计 → Generative Sheetmetal Design 命令，切换到钣金设计工作台。在特征树中右击 零件几何体 节点，在弹出的快捷菜单中选取 定义工作对象 命令。

Step20. 创建图 33.3.19 所示的特征——用户冲压 1。选择下拉菜单 插入 → Stamping → User Stamp... 命令；选取图 33.3.19 所示的平面为附着面，在 Type: 下拉列表中选择 Punch 选项，单击 Punch: 文本框，在特征树中选取 几何体.3 为冲压模具，在 Fillet 区域的 No fillet R1 radius: 文本框中输入值 2，在 Position on wall 区域选中 Position on context 复选框；单击 确定 按钮，完成用户冲压 1 的创建。

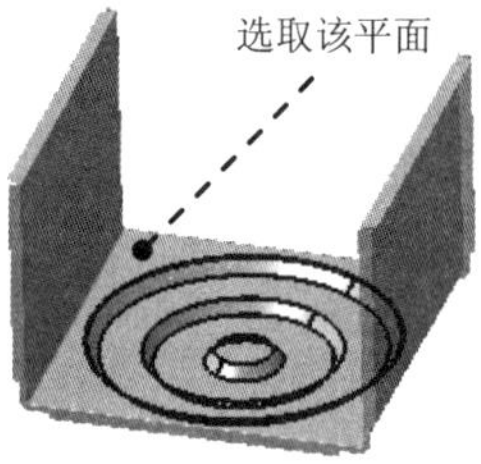

图 33.3.19 用户冲压 1

Step21. 创建图 33.3.20 所示的特征——平面 15。单击“参考元素”工具栏中的 按钮；在 平面类型： 下拉列表中选取 偏移平面 选项；在 参考： 文本框中右击，选取图 33.3.20 所示的面为参考平面，在 偏移： 文本框中输入数值 15，单击 确定 按钮，完成平面 15 的创建。

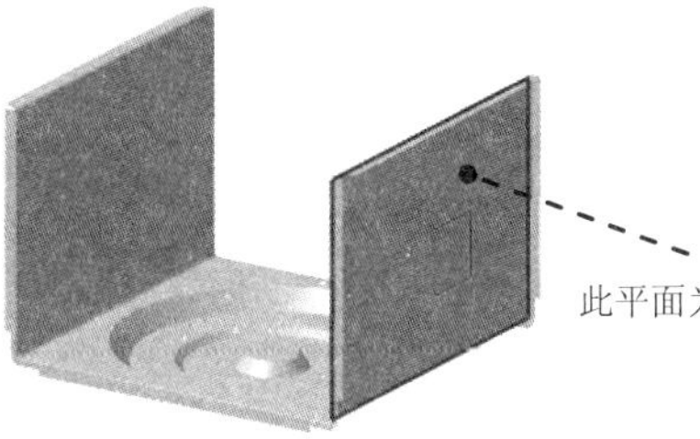

图 33.3.20　平面 15

Step22．创建图 33.3.21 所示的特征——曲面冲压 1。选择下拉菜单 插入 → Stamping ▸ → Surface Stamp... 命令；在 Parameters choice : 下拉列表中选择 Two profiles 选项，单击 Profile: 后的按钮，选取图 33.3.21 所示的平面为草绘平面，绘制图 33.3.22 所示的截面草图，单击按钮，退出草图环境；单击 Second profile : 后的按钮，选取平面 15 为草绘平面，绘制图 33.3.23 所示的截面草图，单击按钮，退出草图环境；在 Height H : 文本框中输入值 15，在 Radius R1 : 和 Radius R2 : 文本框中分别输入值 2.5 和 3，单击 确定 按钮，完成曲面冲压 1 的创建。

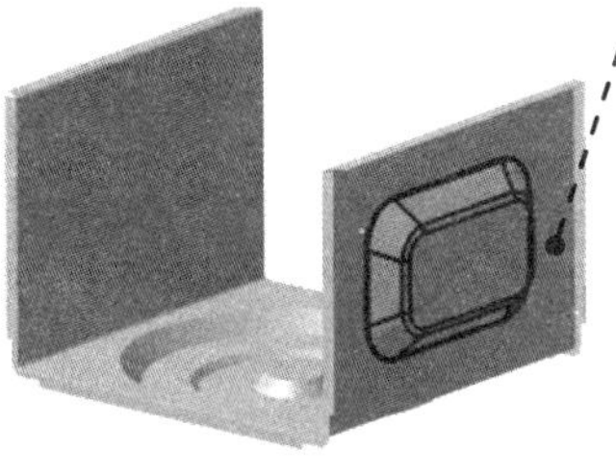

图 33.3.21　曲面冲压 1

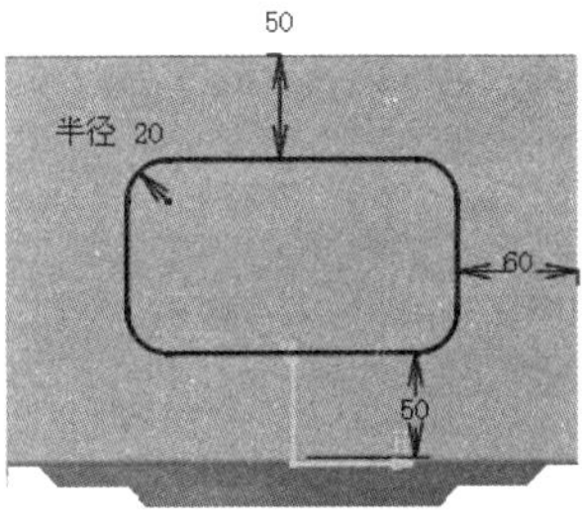

图 33.3.22　截面草图 1

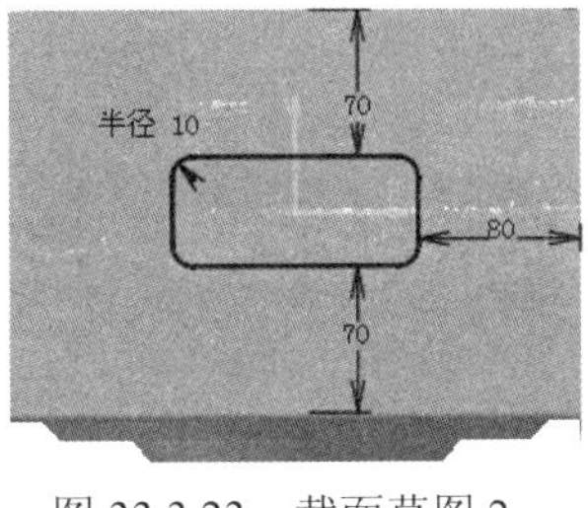

图 33.3.23　截面草图 2

说明： 如果初次创建时无法调整方向，可以重新编辑该特征，调整为正确的冲压方向。

Step23．创建图 33.3.24 所示的特征——曲面冲压 2。选择下拉菜单 插入 → Stamping ▸ → Surface Stamp... 命令；在 Parameters choice : 下拉列表中选择 Angle 选项，单击 Profile: 后的按钮，选取图 33.3.24 所示的平面为草绘平面，绘制图 33.3.25 所示的截面草图（图中所有圆角半径均为 5），在 Angle A : 文本框中输入数值 90，在 Height H : 文本框中输入数值 5，在 Radius R1 : 和 Radius R2 : 文本框中分别输入数值 1.5 和 2，单击图形区域的箭头定义方向，单击 确定 按钮，完成曲面冲压 2 的创建。

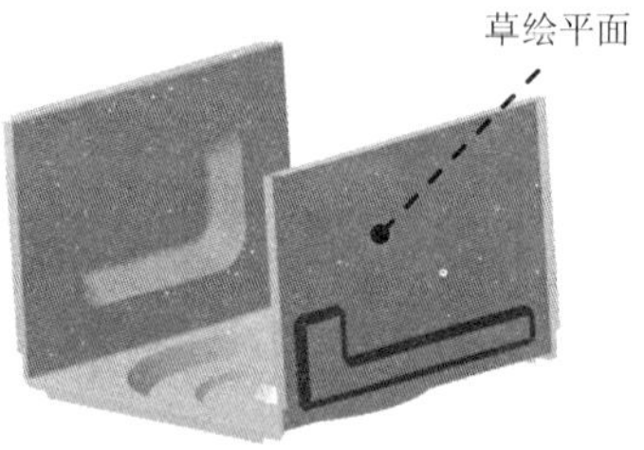

图 33.3.24 曲面冲压 2

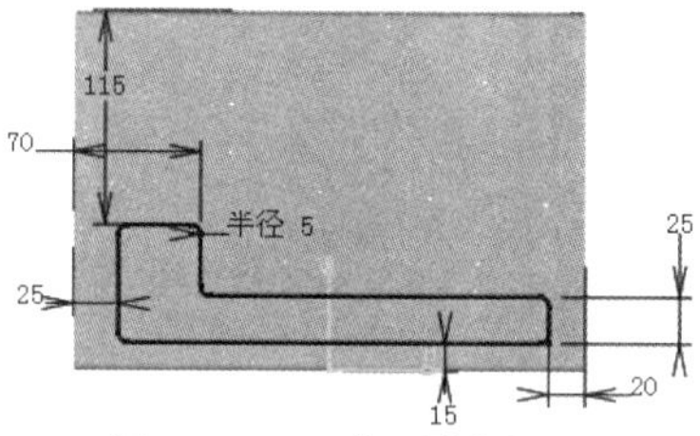

图 33.3.25 截面草图

Step24. 创建图 33.3.26 所示的特征——曲面冲压 3。选择下拉菜单 插入 → Stamping ▸ → Surface Stamp... 命令；在 Parameters choice : 下拉列表中选择 Angle 选项，单击 Profile: 后的 按钮，选取图 33.3.26 所示的平面为草绘平面，绘制图 33.3.27 所示的截面草图，单击 按钮，退出草图环境；在 Height H : 文本框中输入数值 5，在 Radius R1 : 和 Radius R2 : 文本框中分别输入数值 1.5 和 2，单击图形区域的反向箭头定义方向，单击 确定 按钮，完成曲面冲压 3 的创建。

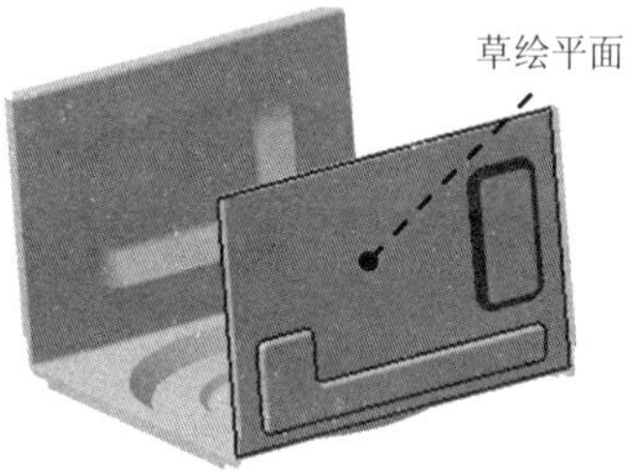

图 33.3.26 曲面冲压 3

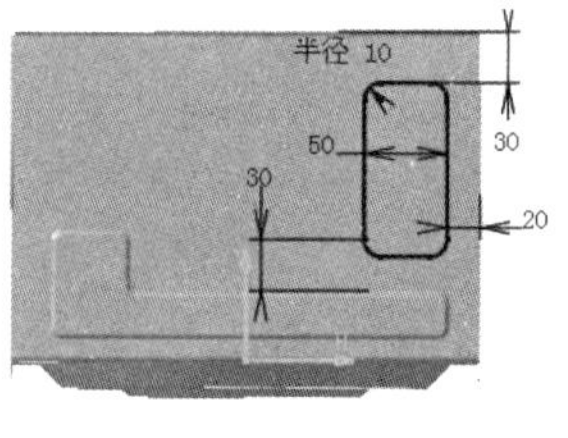

图 33.3.27 截面草图

Step25. 创建图 33.3.28 所示的特征——曲面冲压 4。选择下拉菜单 插入 → Stamping ▸ → Surface Stamp... 命令；在 Parameters choice : 下拉列表中选择 Angle 选项，单击 Profile: 后的 按钮，选取图 33.3.28 所示的平面为草绘平面，绘制图 33.3.29 所示的截面草图，单击 按钮，退出草图环境；在 Height H : 文本框中输入数值 5，在 Radius R1 : 和 Radius R2 : 文本框中分别输入数值 1.5 和 2，单击图形区域的箭头定义方向，单击 确定 按钮，完成曲面冲压 4 的创建。

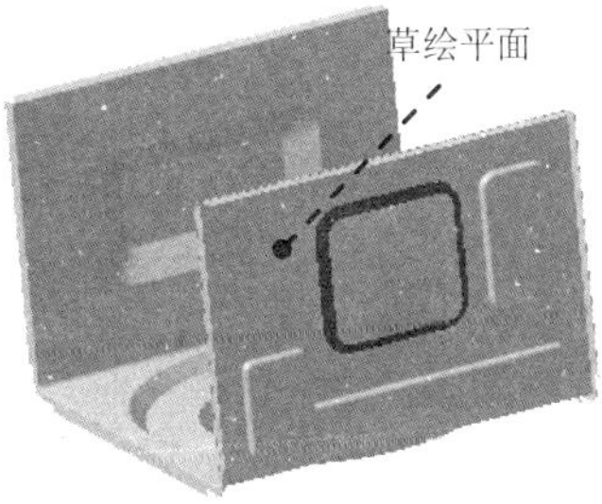

图 33.3.28　曲面冲压 4

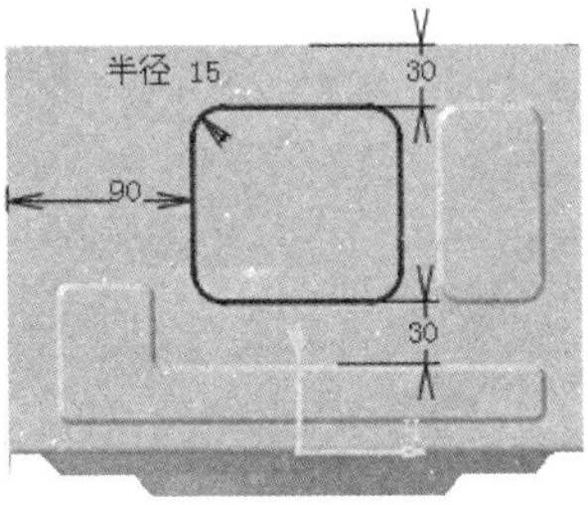

图 33.3.29　截面草图

Step26. 创建图 33.3.30 所示的特征——曲面冲压 5。选择下拉菜单 插入 → Stamping ▸ → Surface Stamp... 命令；在 Parameters choice：下拉列表中选择 Angle 选项，单击 Profile: 后的按钮，选取图 33.3.30 所示的平面为草绘平面，绘制图 33.3.31 所示的截面草图，单击按钮，退出草图环境；在 Height H：文本框中输入数值 5，在 Radius R1：和 Radius R2：文本框中分别输入数值 1.5 和 2，单击图形区域的箭头定义方向，单击 确定 按钮，完成曲面冲压 5 的创建。

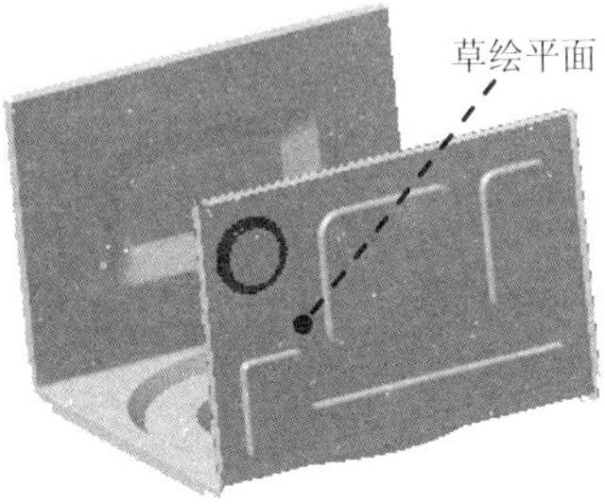

图 33.3.30　曲面冲压 5

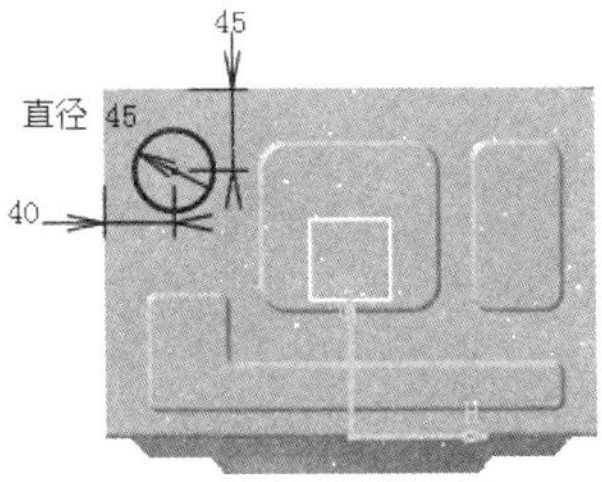

图 33.3.31　截面草图

Step27. 创建图 33.3.32 所示的特征——剪口 2。选择下拉菜单 插入 → Cutting ▸ → Cut Out... 命令；选取图 33.3.33 所示的平面为草绘平面，绘制图 33.3.34 所示的截面草图，在对话框的 Type: 文本框中选取 Up to next 选项，单击 确定 按钮，完成剪口 2 的创建。

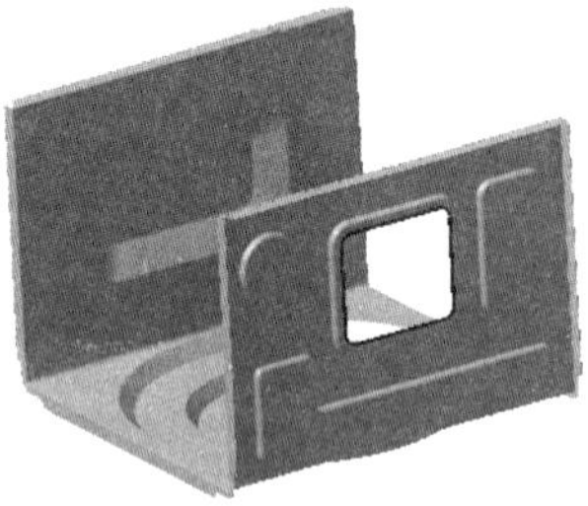
图 33.3.32 剪口 2

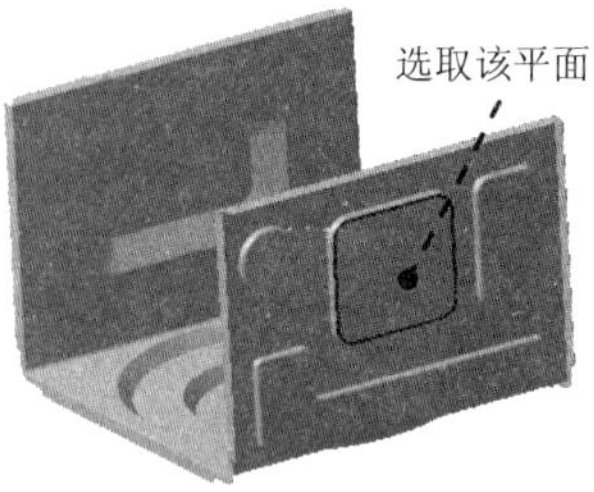

图 33.3.33 定义草绘平面

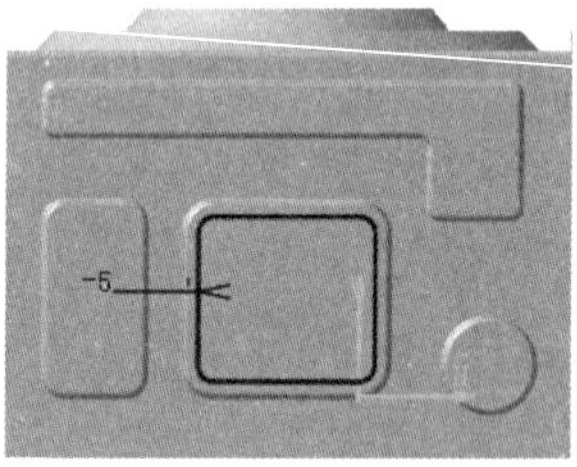

图 33.3.34 截面草图

Step28. 创建图 33.3.35 所示的特征——剪口 3。选择下拉菜单 插入 → Cutting ▸ → Cut Out... 命令；选取图 33.3.35 所示的平面为草绘平面，绘制图 33.3.36 所示的截面草图，在对话框的 Type: 文本框中选取 Up to next 选项，单击 确定 按钮，完成剪口 3 的创建。

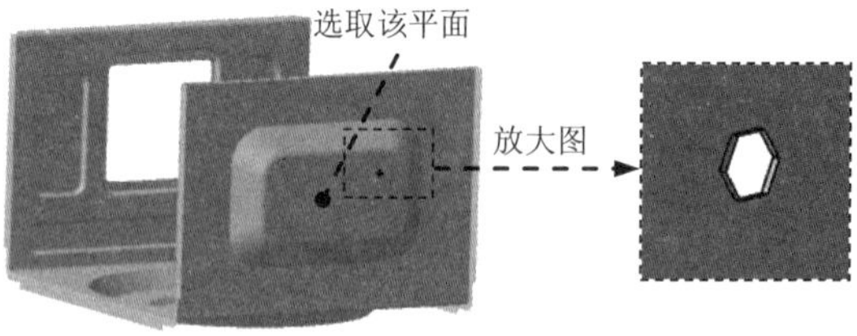

图 33.3.35 剪口 3

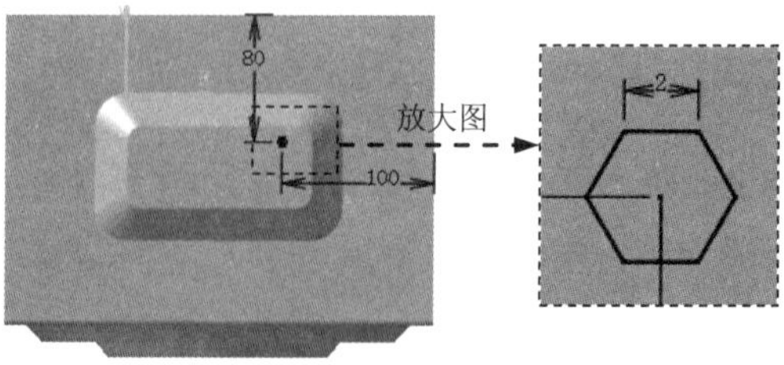

图 33.3.36 截面草图

Step29. 创建图 33.3.37 所示的特征——矩形阵列 1。在特征树上选择剪口 3，然后选择下拉菜单 插入 → Transformations ▸ → Rectangular Pattern... 命令；在 第一方向 选项的 参数: 文本框的下拉列表中选取 实例和间距 选项，在 实例: 文本框中输入值 17，并在 间距: 文本框中输入值 5，选取 X 轴为参考元素，单击 反转 按钮调整方向；单击 第二方向 选项，在 参数: 文本框的下拉列表中选取 实例和间距 选项，在 实例: 文本框中输入值 5，并在 间距: 文本框中输入值 8，单击 参考元素: 文本框，在特征树中选择 Y 轴，单击 确定 按钮，完成矩形阵列 1 的创建。

图 33.3.37　矩形阵列 1

Step30. 创建图 33.3.38 所示的特征——剪口 4。选择下拉菜单 插入 → Cutting ▸ → Cut Out... 命令；选取图 33.3.38 所示的平面为草绘平面，绘制图 33.3.39 所示的截面草图，在对话框的 Type: 文本框中选取 Up to next 选项，通过单击 Reverse Side 按钮和 Reverse Direction 按钮调整轮廓方向，单击 确定 按钮，完成剪口 4 的创建。

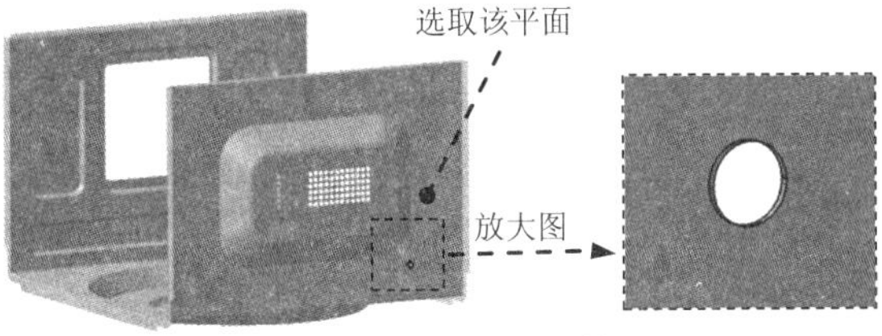

图 33.3.38　剪口 4

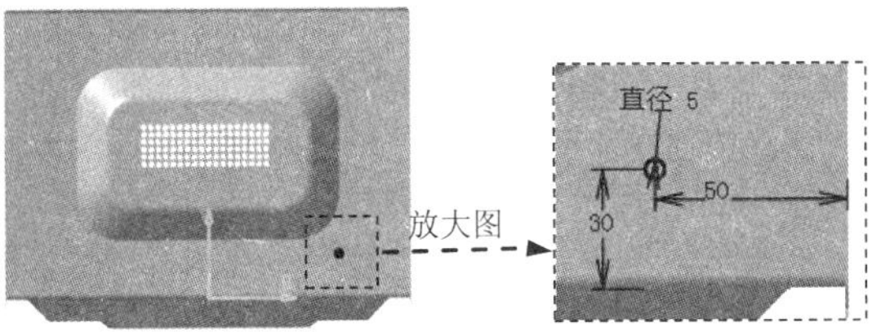

图 33.3.39　截面草图

Step31. 创建图 33.3.40 所示的特征——矩形阵列 2。选择下拉菜单 插入 →

Transformations ▸ → Rectangular Pattern... 命令；在 第一方向 选项的 参数： 文本框的下拉列表中选取 实例和间距 选项，在 实例： 文本框中输入值 17，并在 间距： 文本框中输入值 11，选取 X 轴为参考元素，单击 反转 按钮调整方向；单击 第二方向 选项，在 参数： 文本框的下拉列表中选取 实例和间距 选项，在 实例： 文本框中输入值 2，并在 间距： 文本框中输入值 11，选取 Y 轴为参考元素，单击 反转 按钮调整方向；单击 确定 按钮，完成矩形阵列 2 的创建。

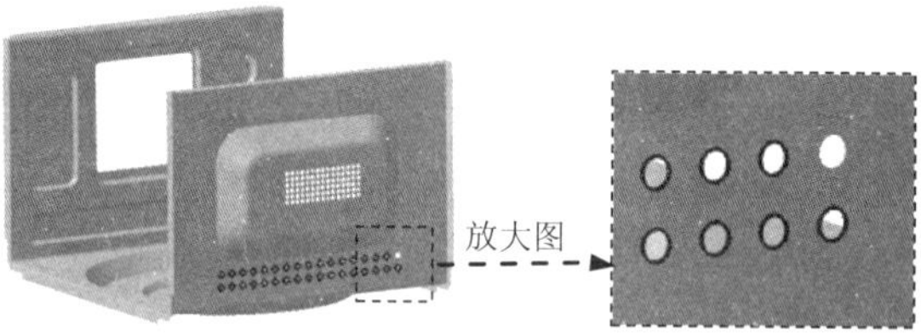

图 33.3.40　矩形阵列 2

Step32. 创建图 33.3.41 所示的特征——剪口 5。选择下拉菜单 插入 → Cutting ▸ → Cut Out... 命令；选取图 33.3.41 所示的平面为草绘平面，绘制图 33.3.42 所示的截面草图，在对话框的 Type: 文本框中选取 Up to next 选项，单击 确定 按钮，完成剪口 5 的创建。

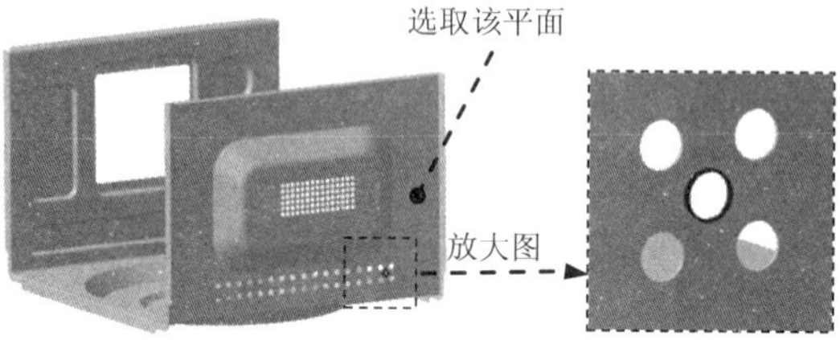

图 33.3.41　剪口 5

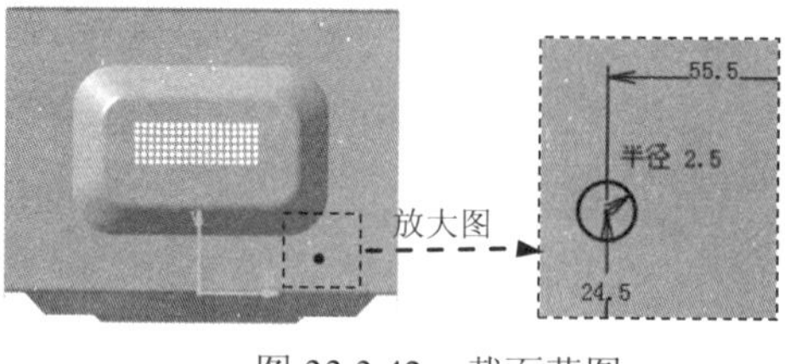

图 33.3.42　截面草图

Step33. 创建图 33.3.43 所示的特征——矩形阵列 3。选择下拉菜单 插入 → Transformations ▸ → Rectangular Pattern... 命令；在 第一方向 选项的 参数： 文本框的下拉列表中选取 实例和间距 选项，在 实例： 文本框中输入值 16，并在 间距： 文本框中输入值 11，选取 X 轴为参考元素；单击 第二方向 选项，在 参数： 文本框的下拉列表中选取 实例和间距 选项，在 实例： 文本框中输入值 2，并在 间距： 文本框中输入值 11，选取 Y 轴为参考元素；单击 确定 按钮，完成矩形阵列 3 的创建。

Step34. 创建图 33.3.44 所示的特征——剪口 6。选择下拉菜单 插入 → Cutting ▸ → Cut Out... 命令；选取图 33.3.45 所示的平面为草绘平面，绘制图 33.3.46 所示的截面草图，在对话框的 Type: 文本框中选取 Up to next 选项，其他采用系统默认设置，单击 确定 按钮，完成剪口 6 的创建。

图 33.3.43　矩形阵列 3

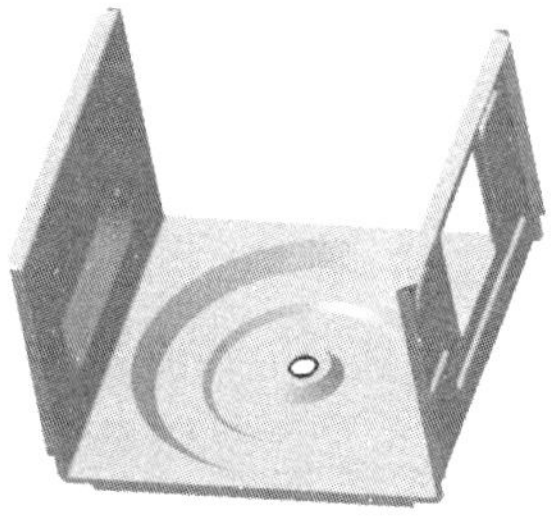

图 33.3.44　剪口 6

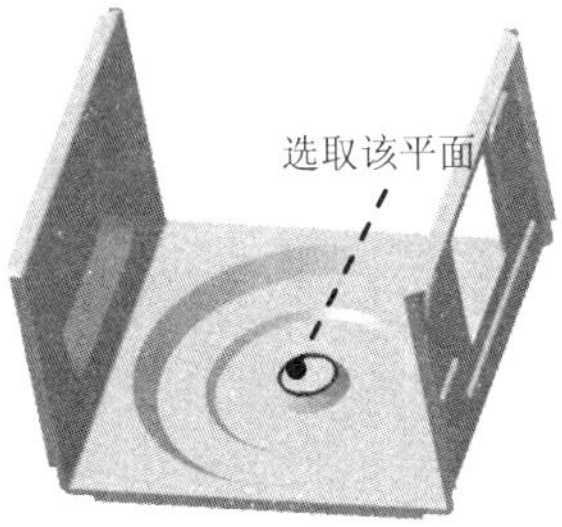

图 33.3.45　定义草绘平面

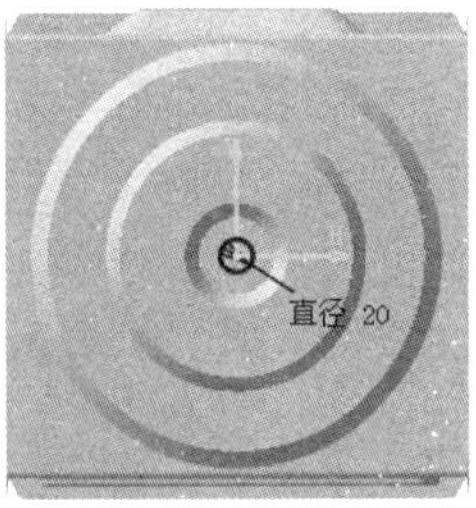

图 33.3.46　截面草图

Step35. 创建图 33.3.47 所示的特征——剪口 7。选择下拉菜单 插入 → Cutting ▸ → Cut Out... 命令；选取图 33.3.47 所示的平面为草绘平面，绘制图 33.3.48 所示的截面草图，在对话框的 Type: 文本框中选取 Up to next 选项，通过单击 Reverse Side 按钮和 Reverse Direction 按钮调整轮廓方向，单击 确定 按钮，完成剪口 7 的创建。

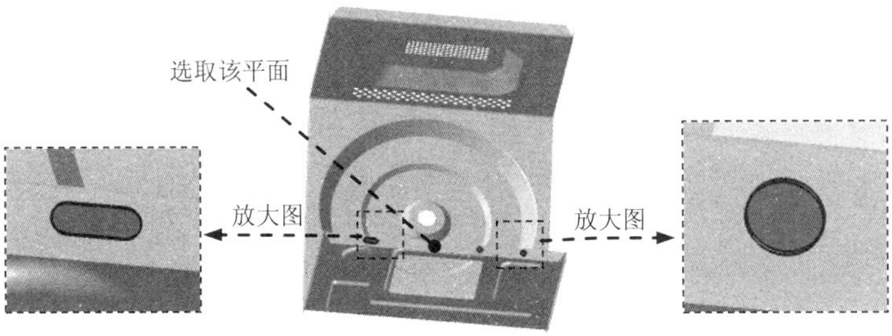

图 33.3.47　剪口 7

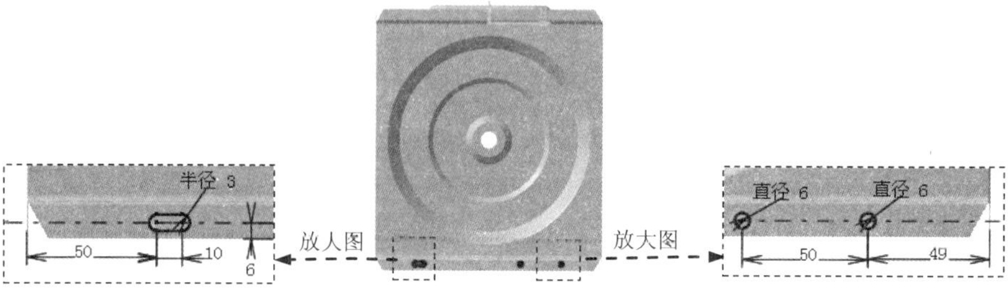

图 33.3.48　截面草图

Step36. 创建图 33.3.49 所示的特征——镜像 2。选择下拉菜单 插入 → Transformations ▸ → Mirror... 命令，单击 Mirroring plane: 文本框，在特征树中选取 xy 平面，单击 Element to mirror: 文本框，在特征树中选取剪口 7，单击 确定 按钮，完成镜像 2 的创建。

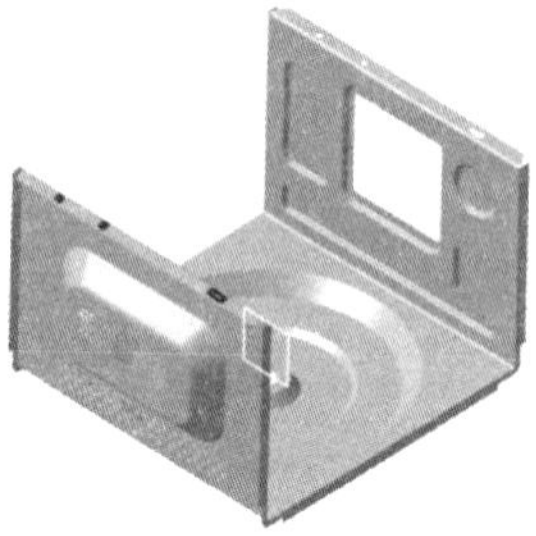

图 33.3.49　镜像 2

Step37. 保存文件。选择下拉菜单 文件 → 保存 命令，完成零件模型的保存。

Step38. 选择下拉菜单 窗口 → 1 MICROWAVE_OVEN_CASE.CATProduct 命令，切换窗口并保存装配体文件。

33.4 微波炉外壳内部顶盖的细节设计

下面进行图 33.4.1 所示的微波炉外壳内部顶盖的细节设计。

Step1. 激活 MICROWAVE OVEN CASE，选择下拉菜单 插入 → 新建零件 命令，系统弹出“新零件：原点”对话框；单击 否(N) 按钮，完成零部件的创建。

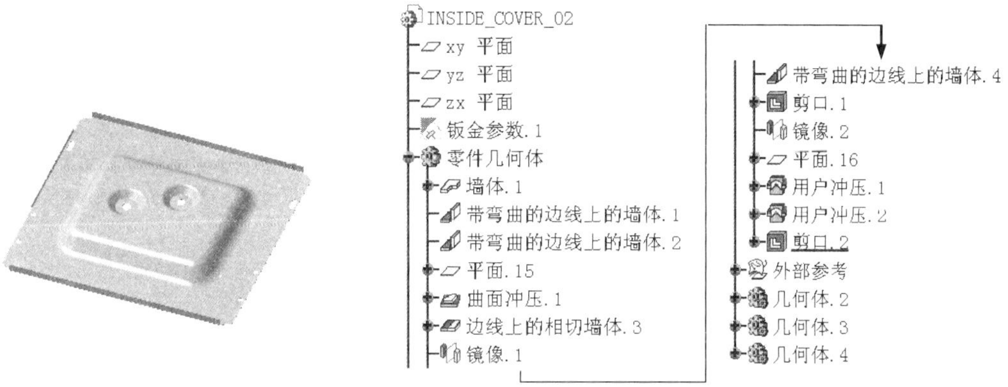

图 33.4.1 微波炉外壳内部顶盖模型及特征树

Step2. 在新创建的Part1（Part1.3）节点上右击，在弹出的快捷菜单中选择属性选项；系统弹出“属性”对话框。在实例名称和零件编号文本框中分别输入文件名INSIDE_COVER_02；单击确定按钮，完成文件名的修改。

Step3. 右击INSIDE_COVER_02（INSIDE_COVER_02）节点，在弹出的快捷菜单中选择INSIDE_COVER_02 对象 → 在新窗口中打开命令；系统进入钣金设计工作台。

Step4. 选择下拉菜单窗口 → 2 DISH.CATPart命令。在发布特征中选择零件几何体并右击，在弹出的快捷菜单中选择复制命令。再选择下拉菜单窗口 → 4 INSIDE_COVER_02.CATPart，切换到 INSIDE_COVER_01 模型文件。在特征树中INSIDE_COVER_01右击，在弹出的快捷菜单中选择选择性粘贴...命令，系统弹出“选择性粘贴”对话框，选择与原文档相关联的结果选项，单击确定按钮，完成外部参考的创建。

Step5. 选择下拉菜单窗口 → 2 DISH.CATPart命令，在发布特征中依次选中所有的发布平面特征并右击，在弹出的快捷菜单中选择复制命令。再选择下拉菜单窗口 → 4 INSIDE_COVER_02.CATPart选项，切换到 INSIDE_COVER_01 模型文件。在特征树中右击INSIDE_COVER_01，选择选择性粘贴...命令，系统弹出“选择性粘贴”对话框，选择与原文档相关联的结果选项，单击确定按钮，完成外部参考的创建。

Step6. 设置钣金参数。选择下拉菜单插入 → Sheet Metal Parameters...命令，在Thickness：文本框中输入值 0.5，在Default Bend Radius：文本框中输入值 0.5；单击Bend Extremities选项卡，然后在Minimum with no relief下拉列表中选择Minimum with no relief选项。单击确定按钮，完成钣金参数的设置。

Step7. 在特征树中右击零件几何体选项，在弹出的快捷菜单中选取定义工作对象命令。

Step8. 创建图 33.4.2 所示的特征——第一钣金壁 1。选择下拉菜单 插入 → Walls → Wall... 命令，在对话框中单击 按钮，选取外部参考中的平面 10 作为草绘平面，进入草图环境，并绘制图 33.4.3 所示的截面草图；单击 确定 按钮，完成第一钣金壁 1 的创建。

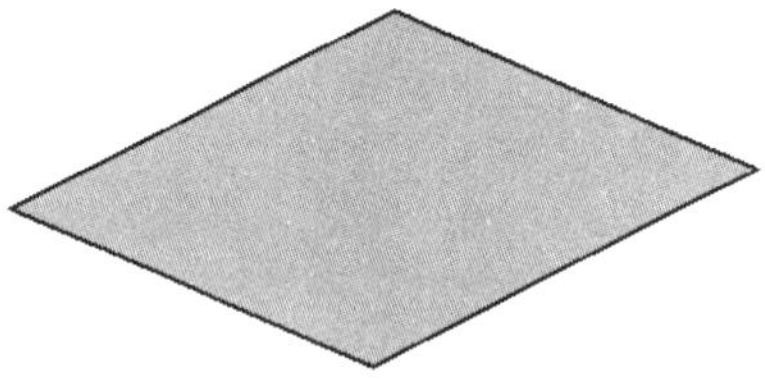

图 33.4.2　第一钣金壁 1

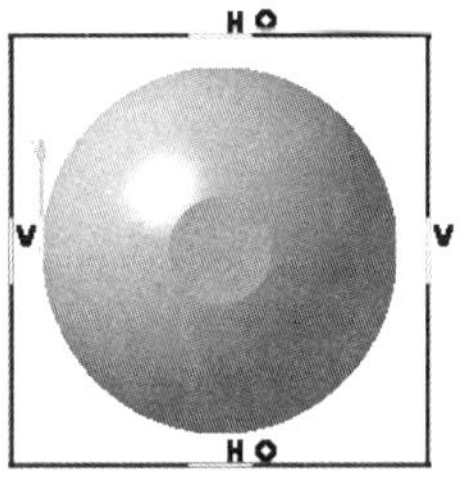

图 33.4.3　截面草图

Step9. 创建图 33.4.4 所示的特征——附加钣金壁 1。选择下拉菜单 插入 → Walls → Wall On Edge... 命令，在绘图区选取图 33.4.5 所示的边为附着边，在对话框的 Type: 下拉列表中选择 Automatic 选项，在 Height & Inclination 下拉列表中选取 Height: 选项，在文本框中输入数值 10，在 Angle 后的文本框中输入数值 90，在 Clearance mode: 下拉列表中选取 Monodirectional 选项，在 Clearance value: 文本框中输入数值-1，在对话框中选中 With Bend 复选框，单击 确定 按钮，完成附加钣金壁 1 的创建。

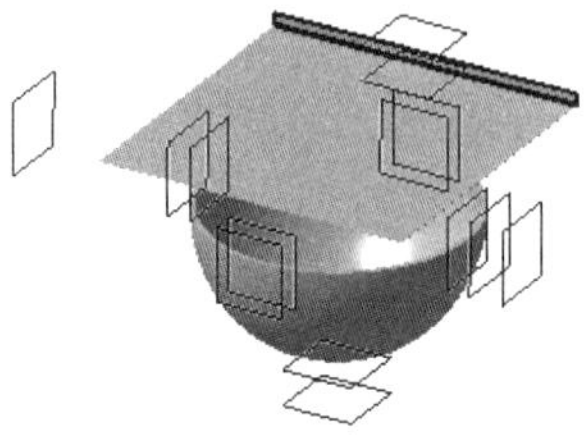

图 33.4.4　附加钣金壁 1

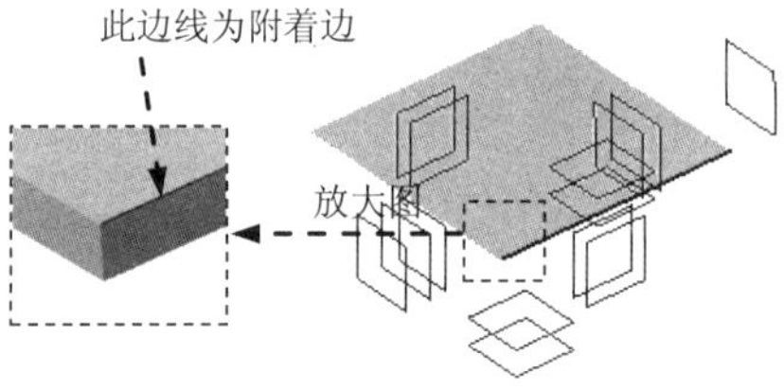

图 33.4.5　定义附着边

Step10. 创建图 33.4.6 所示的特征——附加钣金壁 2。选择下拉菜单 插入 → Walls → Wall On Edge... 命令，在绘图区选取图 33.4.7 所示的边为附着边，在对话框的 Type: 下拉列表中选择 Automatic 选项，在 Height & Inclination 下拉列表中选取 Height: 选项，在文本框中输入数值 10，在 Angle 后的文本框中输入数值 90，在 Clearance mode: 下拉列表中选取 Monodirectional 选项，在 Clearance value: 文本框中输入数值-1，在对话框中选中 With Bend 复选框，单击 确定 按钮，完成附加钣金壁 2 的创建。

图 33.4.6　附加钣金壁 2

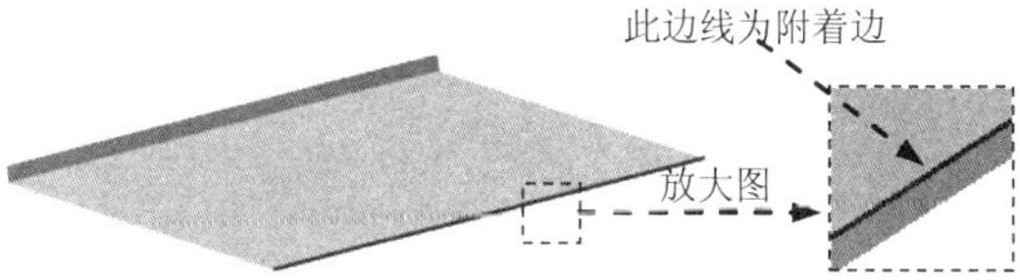

图 33.4.7　定义附着边

Step11. 创建图 33.4.8 所示的特征——平面 15。单击“参考元素”工具栏中的按钮；在平面类型：下拉列表中选取偏移平面选项；在参考：文本框中右击，选取图 33.4.8 所示的面为参考平面，在偏移：文本框中输入数值 20，单击反转方向定义平面方向；单击确定按钮，完成平面 15 的创建。

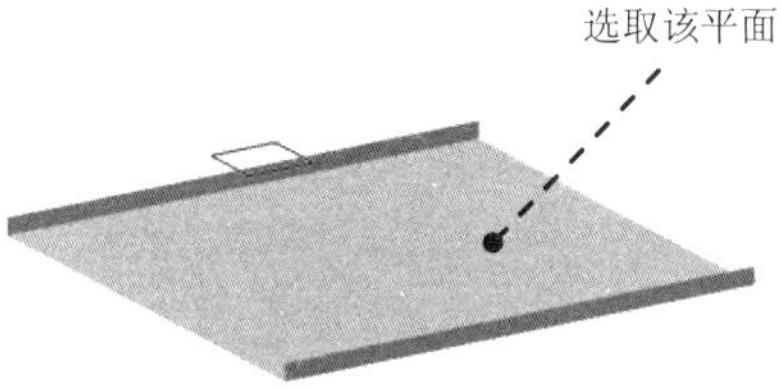

图 33.4.8　平面 15

Step12. 创建图 33.4.9 所示的特征——曲面冲压 1。选择下拉菜单插入 → Stamping ▸ → Surface Stamp...命令；在Parameters choice：下拉列表中选择Two profiles选项，单击Profile:后的按钮，选取图 33.4.9 所示的平面为草绘平面，绘制图 33.4.10 所示的截面草图，单击按钮，退出草图环境；单击Second profile：后的按钮，选取平面 15 为草绘平面，绘制图 33.4.11 所示的截面草图，单击按钮，退出草图环境；在Height H：文本框中输入数值 20，在Radius R1：和Radius R2：文本框中分别输入数值 14.5 和 15，单击确定按钮，完成曲面冲压 1 的创建。

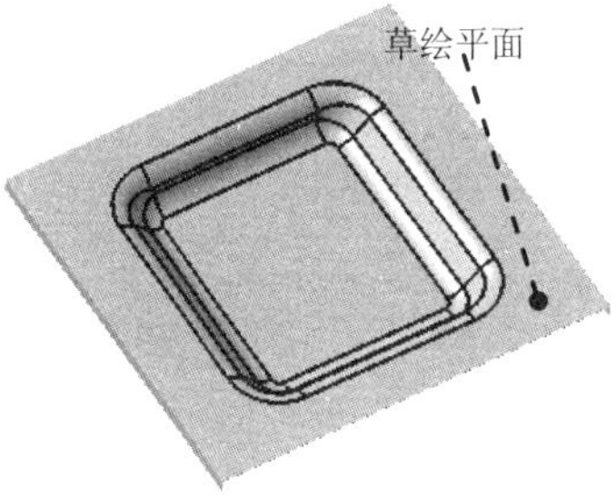

图 33.4.9　曲面冲压 1

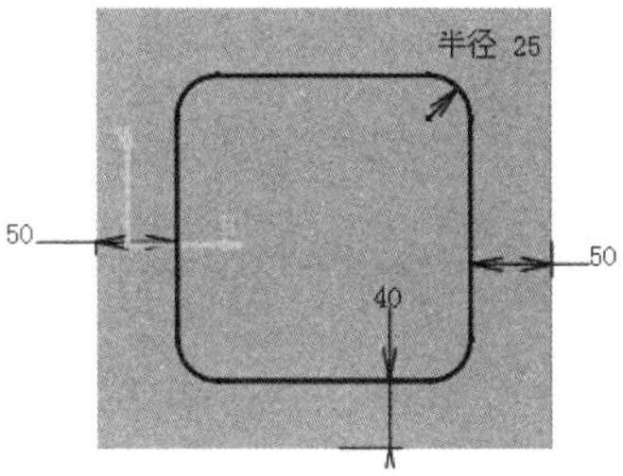

图 33.4.10　截面草图

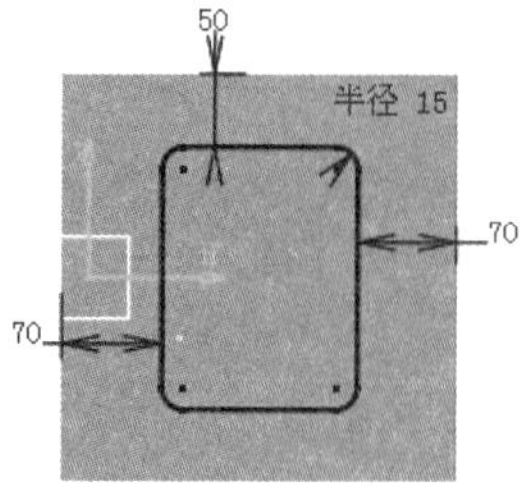

图 33.4.11 截面草图

Step13. 创建图 33.4.12 所示的特征——附加钣金壁 3。选择下拉菜单 插入 → Walls ▸ → Wall On Edge... 命令，在绘图区选取图 33.4.13 所示的边为附着边，在对话框的 Type: 下拉列表中选择 Sketch Based 选项，在 Profile: 文本框后单击按钮，选取图 33.4.13 所示的平面为草绘平面，绘制图 33.4.14 所示的截面草图；单击 确定 按钮，完成附加钣金壁 3 的创建。

图 33.4.12 附加钣金壁 3

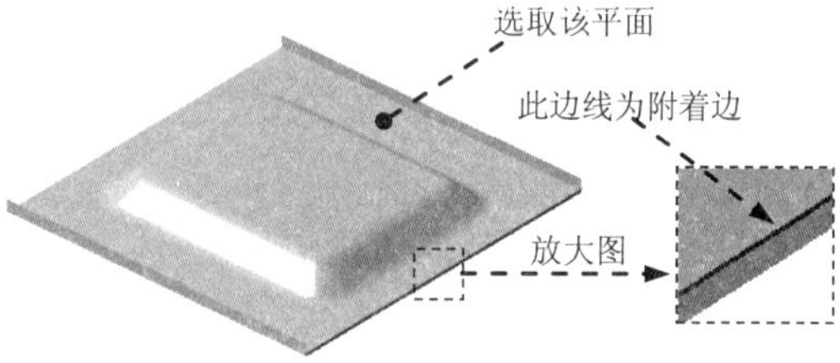

图 33.4.13 定义附着边和草绘平面

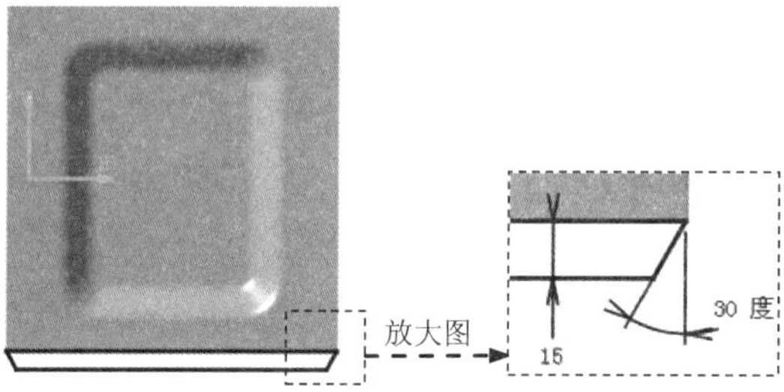

图 33.4.14 截面草图

Step14. 创建图 33.4.15 所示的镜像 1。选择下拉菜单 插入 → Transformations ▸ → Mirror... 命令，单击 Mirroring plane: 文本框，在特征树中选取 xy 平面，单击 Element to mirror: 文本框，在特征树中选取附加钣金壁 3，单击 确定 按钮，完成镜像 1 的创建。

图 33.4.15 镜像 1

Step15. 创建图 33.4.16 所示的特征——附加钣金壁 4。选择下拉菜单 插入 → Walls ▸ → Wall On Edge... 命令，在绘图区选取图 33.4.17 所示的边为附着边，在对话框的 Type: 下拉列表中选择 Automatic 选项，在 Height & Inclination 下拉列表中选取 Height: 选项，在文本框中输入数值 5，在 Angle 后的文本框中输入数值 90，单击 Extremities 选项卡，在 Left offset: 文本框中输入数值-20，在 Right offset: 文本框中输入数值-100，选中 With Bend 复选框，单击 确定 按钮，完成附加钣金壁 4 的创建。

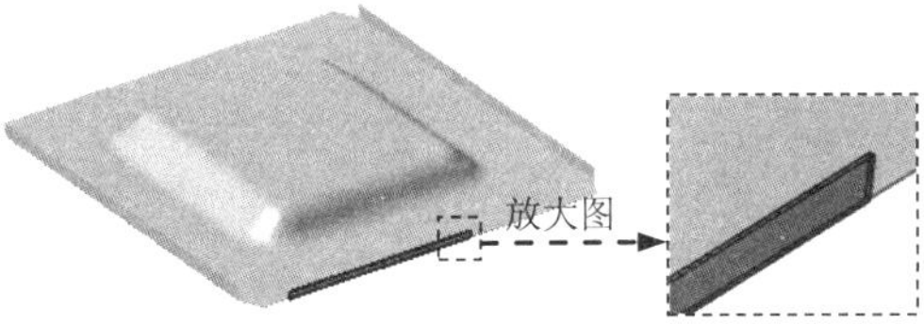

图 33.4.16　附加钣金壁 4

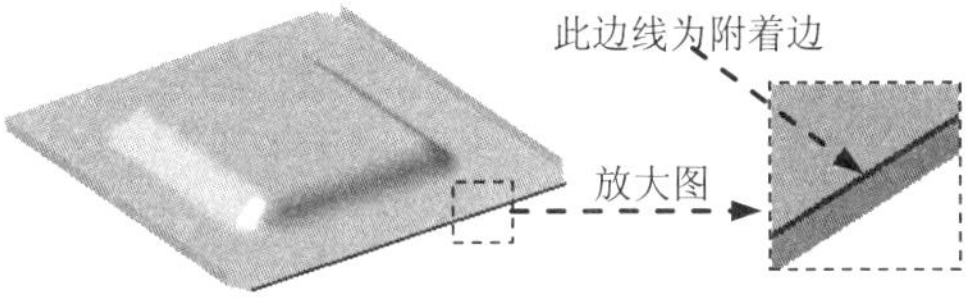

图 33.4.17　定义附着边

Step16. 创建图 33.4.18 所示的特征——剪口 1。选择下拉菜单 插入 → Cutting ▸ → Cut Out... 命令；选取图 33.4.18 所示的平面为草绘平面，绘制图 33.4.19 所示的截面草图，在对话框的 Type: 文本框中选取 Up to next 选项，其他参数采用系统默认设置值，单击 确定 按钮，完成剪口 1 的创建。

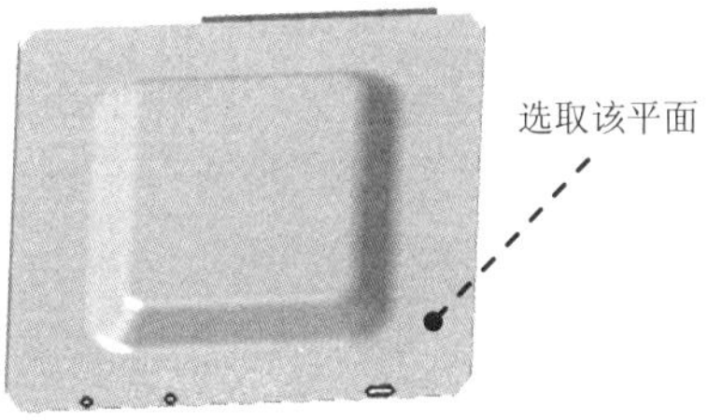

图 33.4.18　剪口 1

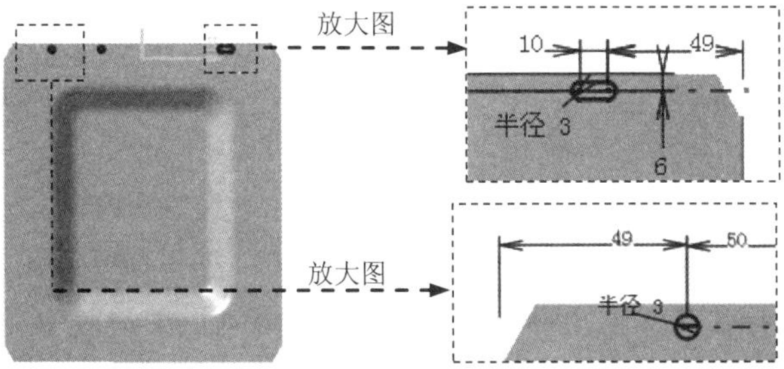

图 33.4.19　截面草图

Step17. 创建图 33.4.20 所示的镜像 2。选择下拉菜单 插入 → Transformations ▸ → Mirror... 命令，单击 Mirroring plane: 文本框，在特征树中选取 xy 平面，单击 Element to mirror: 文本框，在特征树中选取剪口 1，单击 确定 按钮，完成镜像 2 的创建。

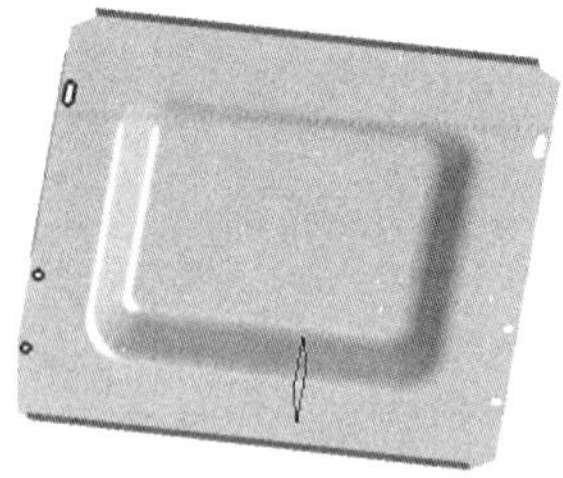

图 33.4.20 镜像 2

Step18. 创建图 33.4.21 所示的特征——平面 16。单击“参考元素”工具栏中的按钮；在 平面类型： 下拉列表中选取 偏移平面 选项；在 参考： 文本框中右击，选取图 33.4.21 所示的面为参考平面，在 偏移： 文本框中输入数值 110，单击 反转方向 定义平面方向；单击 确定 按钮，完成平面 16 的创建。

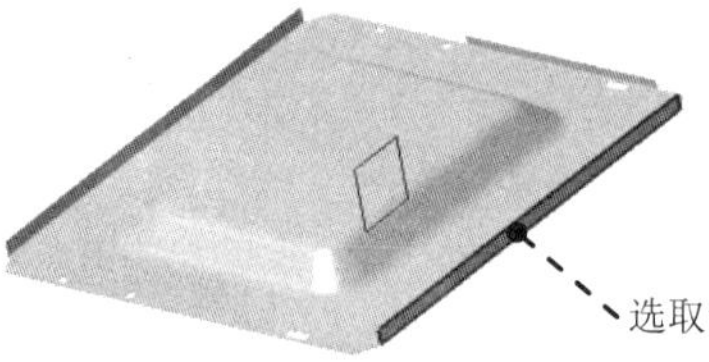

图 33.4.21 平面 16

Step19. 选择下拉菜单 插入 → 几何体 命令，创建几何体。选择下拉菜单 开始 → 机械设计 ▸ → 零件设计 命令，切换至零件设计工作台。

Step20. 创建图 33.4.22 所示的零件特征——旋转体 1。选择下拉菜单 插入 → 基于草图的特征 ▸ → 旋转体... 命令，选取 xy 平面为草绘平面，绘制图 33.4.23 所示的截面草图；在 限制 区域的 第一角度： 文本框中输入值 360；单击 轴线 区域的 选择： 文本框，在模型区域选取长度为 8 的边线作为轴线；单击 确定 按钮，完成旋转体 1 的创建。

图 33.4.22 旋转体 1

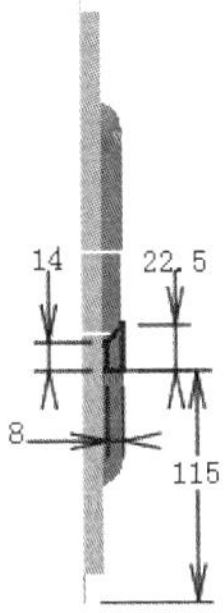

图 33.4.23　截面草图

Step21. 创建图 33.4.24b 所示的特征——倒圆角 1。选取图 33.4.24a 所示的边为倒圆角的对象，倒圆角半径为 2。

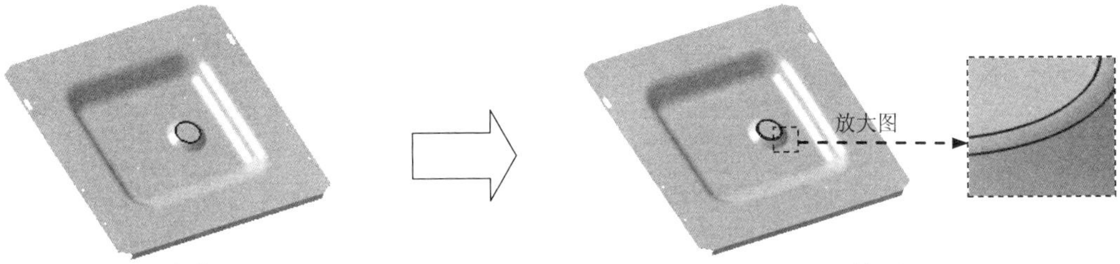

图 33.4.24　倒圆角 1

Step22. 切换工作台。选择下拉菜单 开始 → 机械设计 → Generative Sheetmetal Design 命令，切换到钣金设计工作台。

Step23. 在特征树中右击 零件几何体 选项，在弹出的快捷菜单中选取 定义工作对象 命令。

Step24. 创建图 33.4.25 所示的特征——用户冲压 1。选择下拉菜单 插入 → Stamping → User Stamp... 命令；选取图 33.4.25 所示的平面为附着面，在 Type: 下拉列表中选择 Punch 选项，单击 Punch: 文本框，在特征树中选取 几何体.3 为冲压模具。在 Fillet 区域的 □ No fillet R1 radius: 文本框中输入数值 5，在 Position on wall 区域选中 Position on context 复选框；单击 确定 按钮，完成用户冲压 1 的创建。

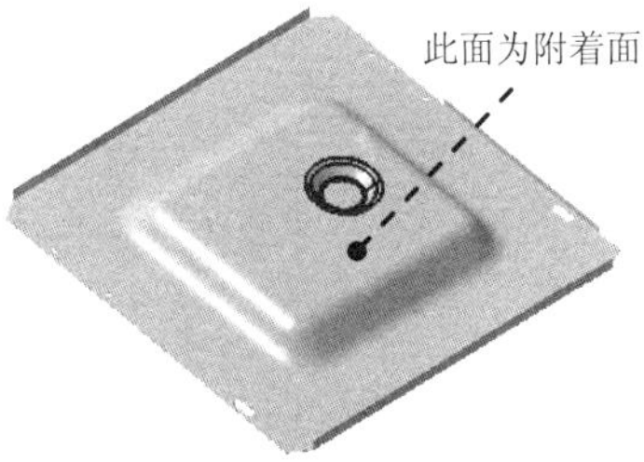

图 33.4.25　用户冲压 1

Step25. 选择下拉菜单 插入 → 几何体 命令，创建几何体。选择下拉菜单 开始 → 机械设计 ▸ → 零件设计 命令，切换至零件设计工作台。

Step26. 创建图 33.4.26 所示的零件特征——旋转体 2。选择下拉菜单 插入 → 旋转体... 命令，选取平面 16 为草绘平面，绘制图 33.4.27 所示的截面草图；在 限制 区域的 第一角度： 文本框中输入值 360；单击 轴线 区域的 选择： 文本框，在模型区域选取长度为 8 的边线作为轴线；单击 确定 按钮，完成旋转体 2 的创建。

图 33.4.26　旋转体 2

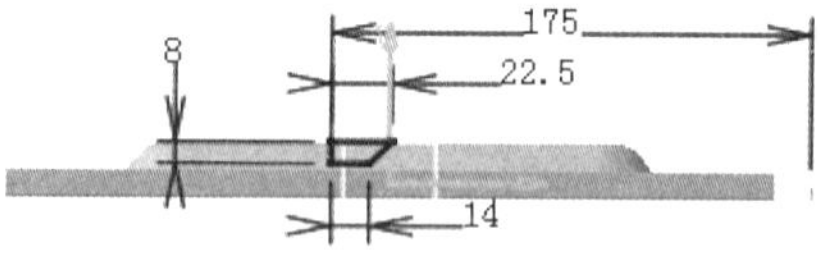

图 33.4.27　截面草图

Step27. 创建图 33.4.28b 所示的特征——倒圆角 2。选取图 33.4.28a 所示的边为倒圆角的对象，倒圆角半径为 2。

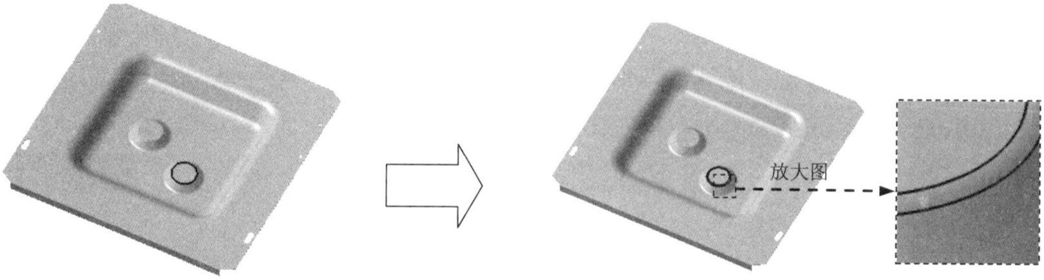

a）圆角前

b）圆角后

图 33.4.28　倒圆角 2

Step28. 切换工作台。选择下拉菜单 开始 → 机械设计 ▸ → Generative Sheetmetal Design 命令，切换到钣金设计工作台。

Step29. 在特征树中右击 零件几何体 选项，在弹出的快捷菜单中选取 定义工作对象 命令。

Step30. 创建图 33.4.29 所示的特征——用户冲压 2。选择下拉菜单 插入 → Stamping ▸ → User Stamp... 命令；选取图 33.4.29 所示的平面为附着面，在 Type: 下拉列表中选择 Punch 选项，单击 Punch: 文本框，在特征树中选取 几何体. 4 为冲压模具。在 Fillet 区域的 □ No fillet R1 radius: 文本框中输入数值 5，在 Position on wall 区域选中 Position on context

复选框；单击 确定 按钮，完成用户冲压 2 的创建。

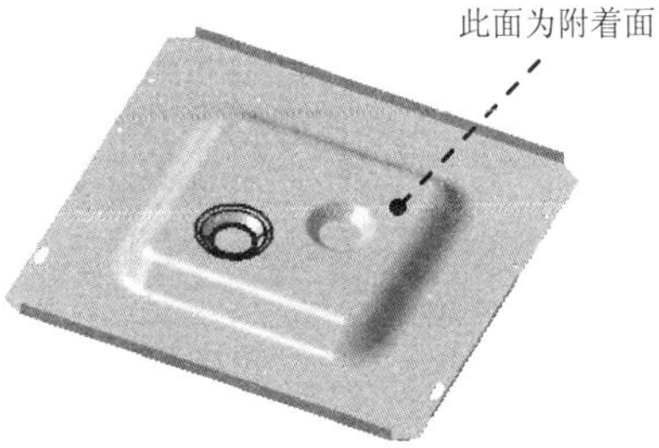

图 33.4.29　用户冲压 2

Step31. 创建图 33.4.30 所示的特征——剪口 2。选择下拉菜单 插入 → Cutting ▸ → Cut Out... 命令；选取图 33.4.30 所示的平面为草绘平面，绘制图 33.4.31 所示的截面草图，在对话框的 Type: 文本框中选取 Up to last 选项，通过单击 Reverse Side 按钮和 Reverse Direction 按钮调整轮廓方向，单击 确定 按钮，完成剪口 2 的创建。

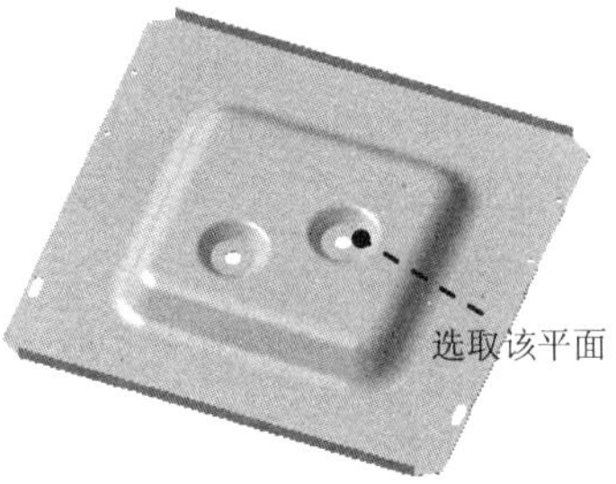

图 33.4.30　剪口 2

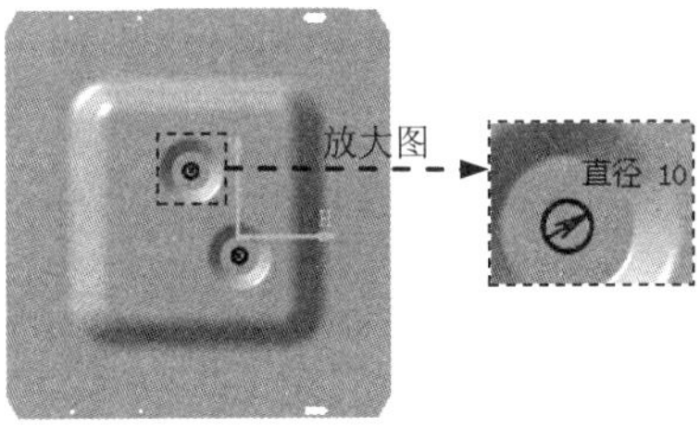

图 33.4.31　截面草图

Step32. 保存文件。选择下拉菜单 文件 → 保存 命令，完成零件模型的保存。

Step33. 选择下拉菜单 窗口 → 1 MICROWAVE_OVEN_CASE.CATProduct 命令，切换窗口并保存装配体文件。

33.5　微波炉外壳前盖的细节设计

下面进行图 33. 5. 1 所示的微波炉外壳前盖的细节设计。

Step1. 参照前面两个钣金件的创建方法，在装配环境新建零件，并将零件命名为 FRONT_COVER，将 DISH 模型中发布的几何特征分别复制并选择性粘贴过来。

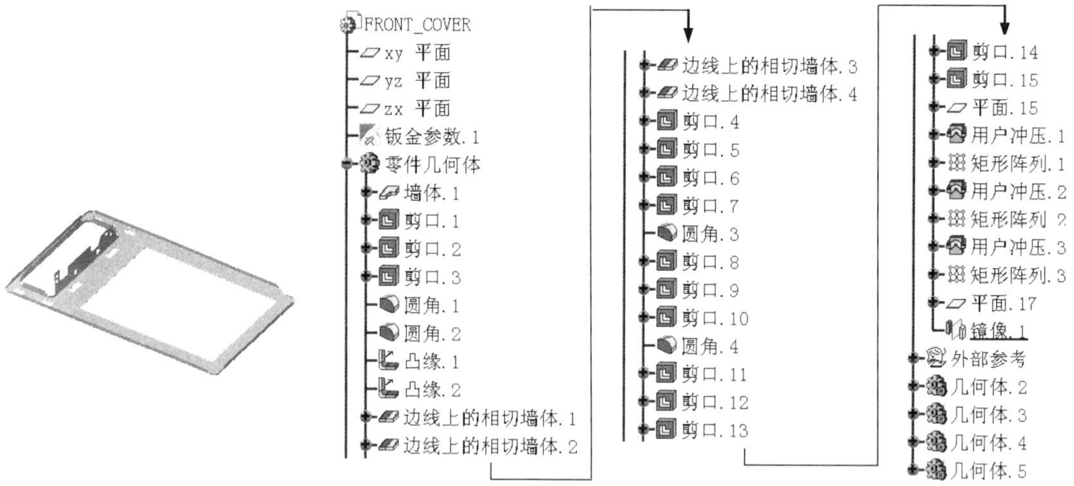

图 33.5.1 微波炉外壳前盖模型及特征树

Step2. 设置钣金参数。选择下拉菜单 插入 → Sheet Metal Parameters... 命令，在 Thickness: 文本框中输入值 0.5，在 Default Bend Radius: 文本框中输入值 0.5；单击 Bend Extremities 选项卡，然后在 Minimum with no relief 下拉列表中选择 Minimum with no relief 选项。单击 确定 按钮，完成钣金参数的设置。

Step3. 在特征树中右击 零件几何体 选项，在弹出的快捷菜单中选取 定义工作对象 命令。

Step4. 创建图 33.5.2 所示的特征——第一钣金壁 1。选择下拉菜单 插入 → Walls ▸ → Wall... 命令，在对话框中单击 按钮，选取平面 4 为草绘平面，进入草图环境，并绘制图 33.5.3 所示的截面草图；单击 确定 按钮，完成第一钣金壁 1 的创建。

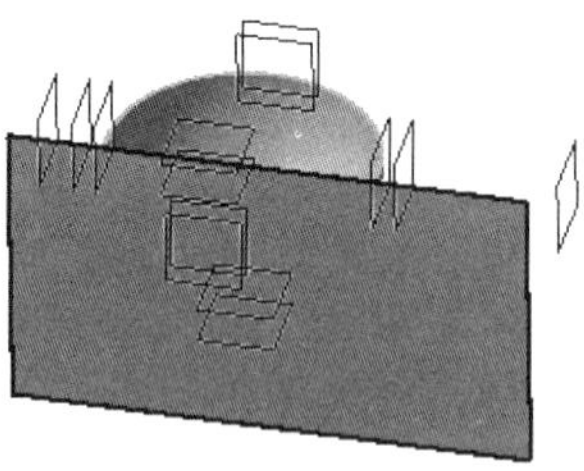

图 33.5.2 第一钣金壁 1

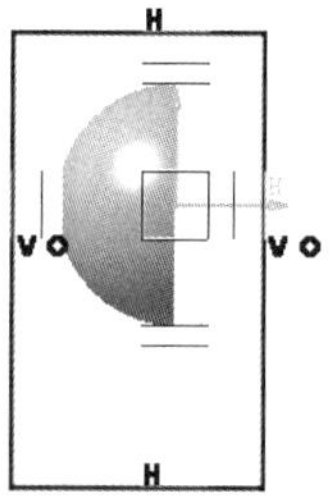

图 33.5.3 截面草图

Step5. 创建图 33.5.4 所示的特征——剪口 1。选择下拉菜单 插入 → Cutting ▸ → Cut Out... 命令；选取图 33.5.4 所示的平面为草绘平面，绘制图 33.5.5 所示的截面草图，在对话框的 Type: 文本框中选取 Up to next 选项，其他参数采用系统默认设置值，单击 确定 按钮，完成剪口 1 的创建。

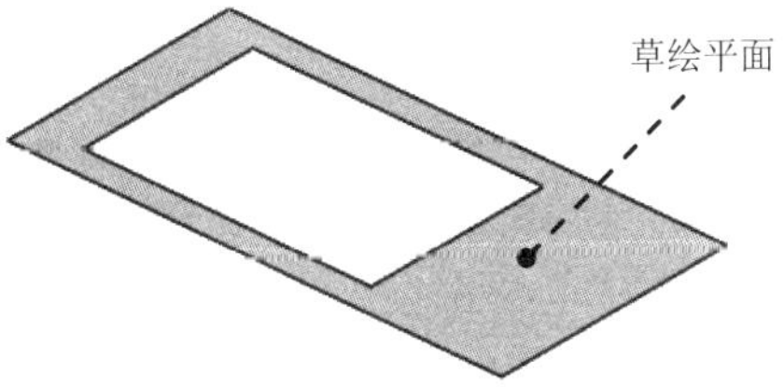

图 33.5.4 剪口 1

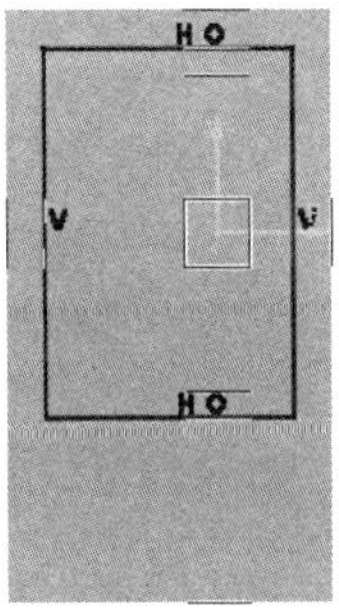

图 33.5.5 截面草图

Step6. 创建图 33.5.6 所示的特征——剪口 2。选择下拉菜单 插入 → Cutting ▸ → Cut Out... 命令；选取图 33.5.4 所示的平面为草绘平面，绘制图 33.5.7 所示的截面草图，在对话框的 Type: 文本框中选取 Up to next 选项，其他参数采用系统默认设置值，单击 确定 按钮，完成剪口 2 的创建。

图 33.5.6 剪口 2

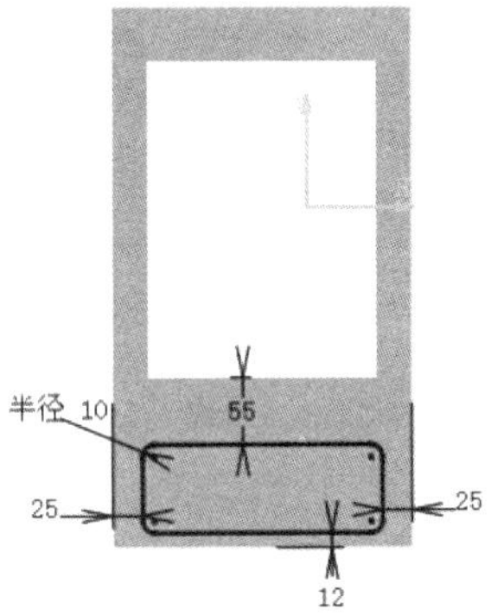

图 33.5.7 截面草图

Step7. 创建图 33.5.8 所示的特征——剪口 3。选择下拉菜单 插入 → Cutting ▸ → Cut Out... 命令；选取图 33.5.8 所示的平面为草绘平面，绘制图 33.5.9 所示的截面草图，在对话框的 Type: 文本框中选取 Up to next 选项，其他参数采用系统默认设置值，单击 确定 按钮，完成剪口 3 的创建。

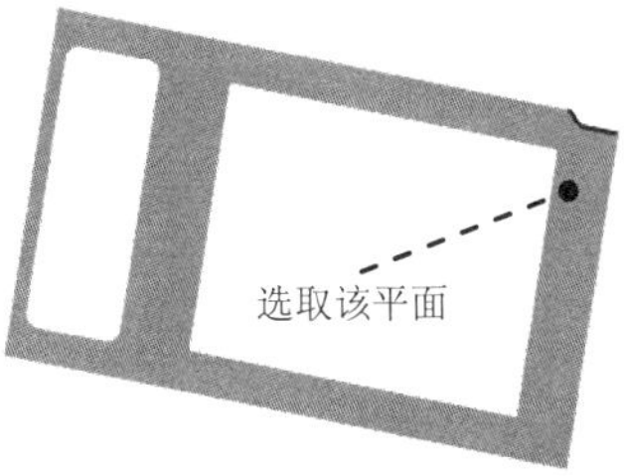

图 33.5.8 剪口 3

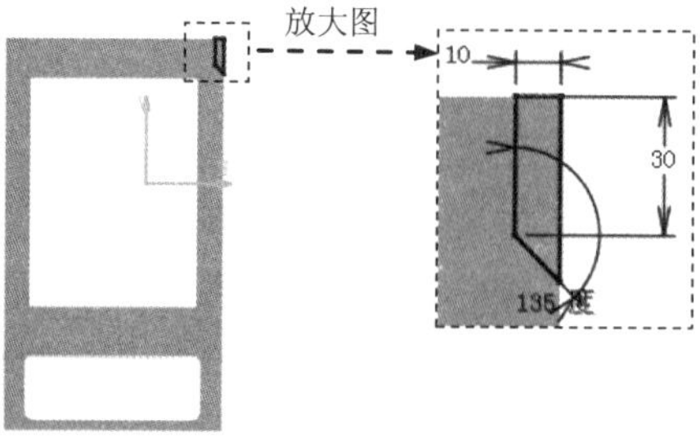

图 33.5.9　截面草图

Step8. 创建图 33.5.10 所示的特征——圆角 1。选择下拉菜单 插入 → Cutting ▸ → Corner... 命令；输入圆角半径值 10，选取图 33.5.10 所示的边线，单击 确定 按钮，完成圆角 1 的创建。

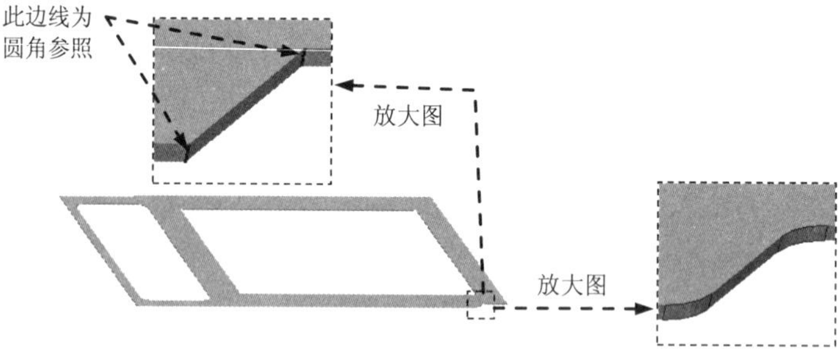

图 33.5.10　圆角 1

Step9. 创建图 33.5.11 所示的圆角 2。选取边线为四个拐角的边线，圆角半径值为 10。

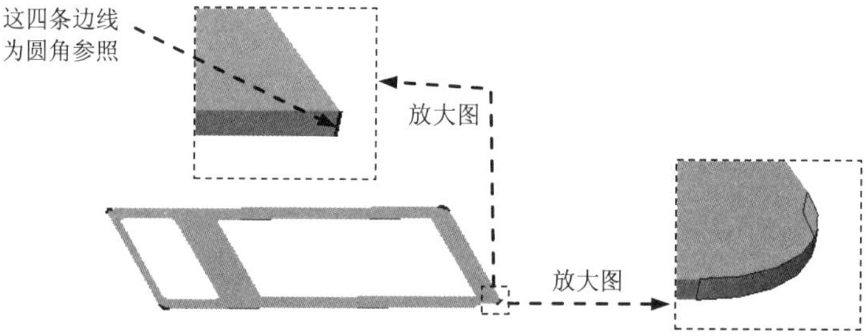

图 33.5.11　圆角 2

Step10. 创建图 33.5.12 所示的特征——凸缘 1。选择下拉菜单 插入 → Walls ▸ → Swept Walls ▸ → Flange... 命令；在对话框的下拉列表中选取 Basic 选项，在 Length: 文本框中输入数值 8，在其后选择类型，在 Angle: 文本框中输入数值 90，并在 Radius: 文本框中输入数值 0.5，单击 Spine: 后的文本框，选取图 33.5.13 所示的边，单击 Propagate 按钮，选中 Trim Support 复选框，单击 确定 按钮，完成凸缘 1 的创建。

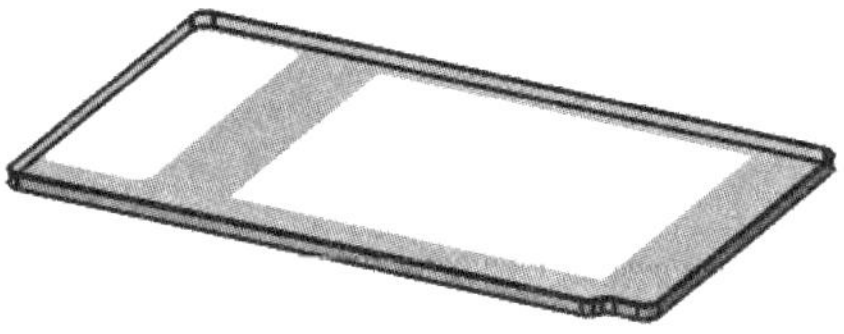

图 33.5.12　凸缘 1

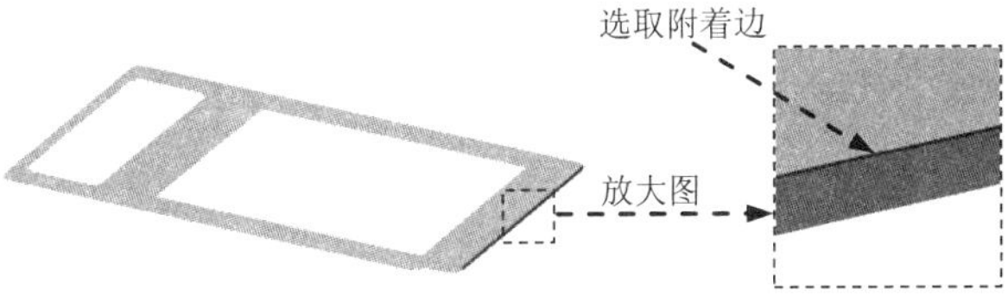

图 33.5.13　定义附着边

Step11. 创建图 33.5.14 所示的特征——凸缘 2。选择下拉菜单 插入 → Walls ▸ → Swept Walls ▸ → Flange... 命令；在对话框的下拉列表中选取 Basic 选项，在 Length: 文本框中输入数值 5，在 Angle: 文本框中输入数值 90，并在 Radius: 文本框中输入数值 0.5，单击 Spine: 后的文本框，选取图 33.5.15 所示的边，单击 Propagate 按钮，其他参数采用系统默认设置值，单击 确定 按钮，完成凸缘 2 的创建。

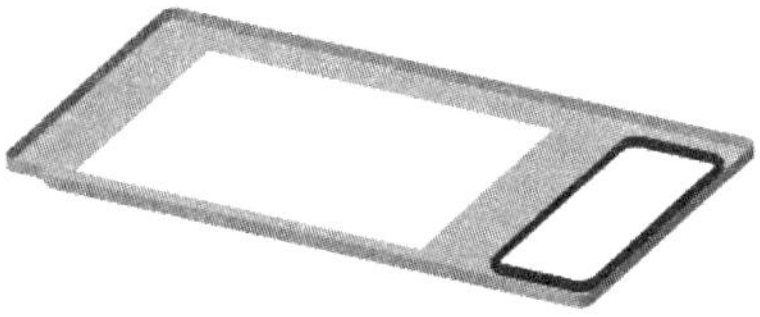

图 33.5.14　凸缘 2

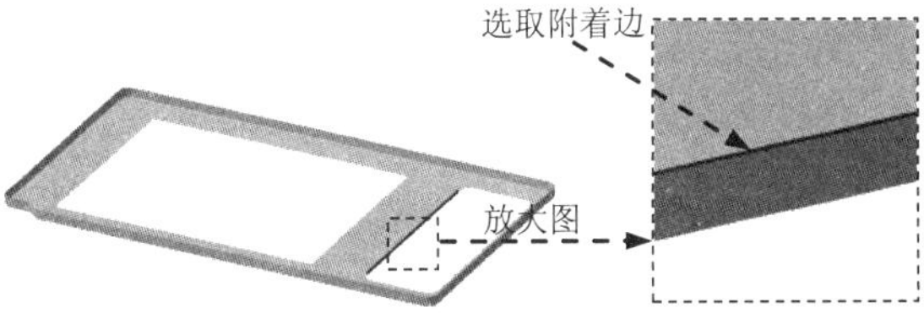

图 33.5.15　定义附着边

Step12. 创建图 33.5.16 所示的特征——附加钣金壁 1。选择下拉菜单 插入 → Walls ▸ → Wall On Edge... 命令，在绘图区选取图 33.5.17 所示的边为附着边，在对话框的 Type: 下拉列表中选择 Sketch Based 选项，在 Profile: 文本框后单击按钮，选取图 33.5.17 所示的平面为草绘平面，绘制图 33.5.18 所示的截面草图；单击 确定 按钮，完成附加钣金壁 1 的创建。

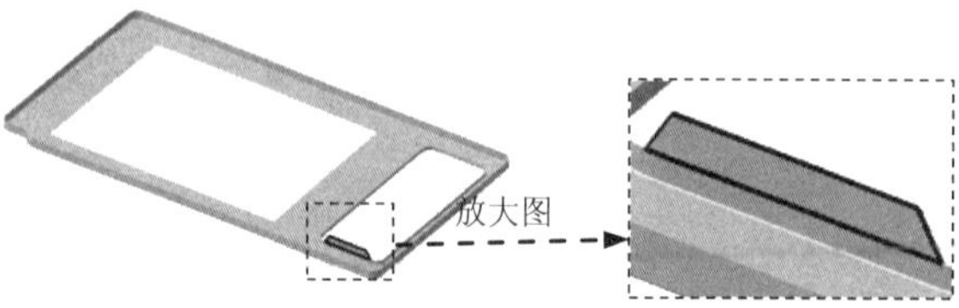

图 33.5.16　附加钣金壁 1

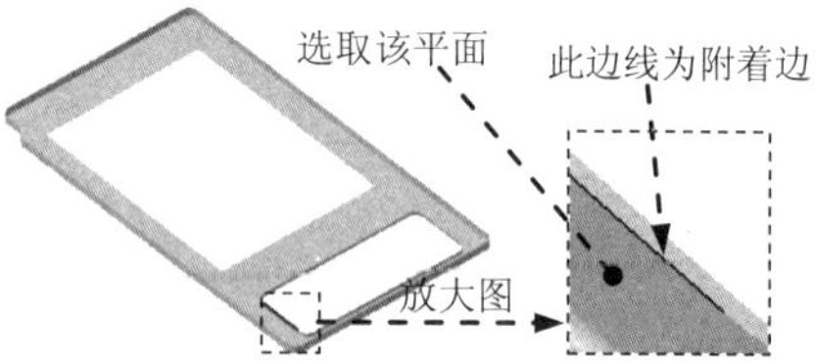

图 33.5.17　定义附着边和草图平面

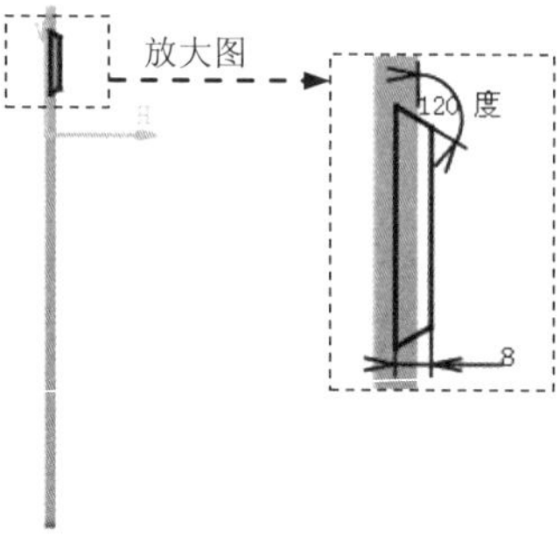

图 33.5.18　截面草图

Step13. 参照步骤 Step12 可创建图 33.5.19 所示的附加钣金壁 2。

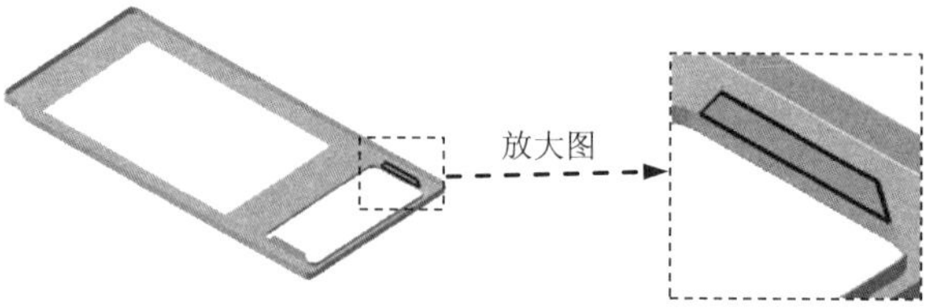

图 33.5.19　附加钣金壁 2

Step14. 创建图 33.5.20 所示的特征——附加钣金壁 3。选择下拉菜单 插入 → Walls ▸ → Wall On Edge... 命令，在绘图区选取图 33.5.21 所示的边为附着边，在对话框的 Type: 下拉列表中选择 Sketch Based 选项，在 Profile: 文本框后单击按钮，选取图 33.5.21 所示的平面为草绘平面，绘制图 33.5.22 所示的截面草图；单击 确定 按钮，完成附加钣金壁 3 的创建。

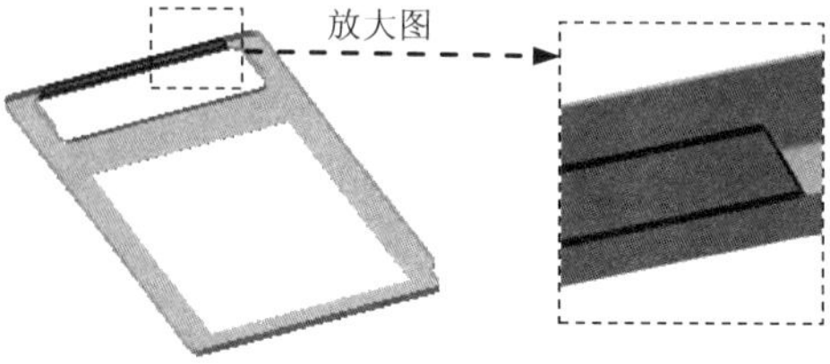

图 33.5.20　附加钣金壁 3

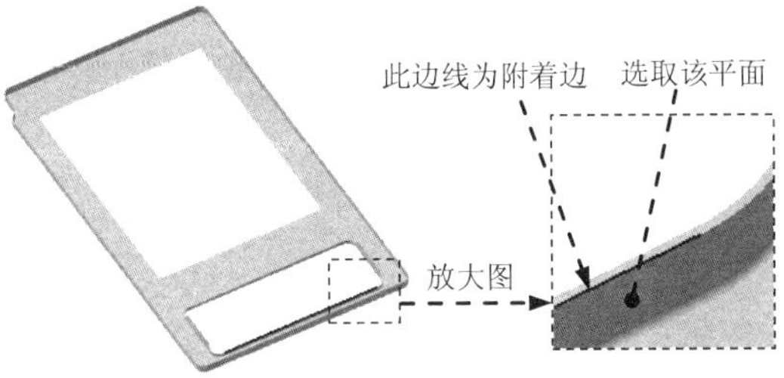

图 33.5.21　定义附着边

图 33.5.22　截面草图

Step15. 创建图 33.5.23 所示的特征——附加钣金壁 4。选择下拉菜单 插入 → Walls ▸ → Wall On Edge... 命令，在绘图区选取图 33.5.24 所示的边为附着边，在对话框的 Type: 下拉列表中选择 Sketch Based 选项，在 Profile: 文本框后单击 按钮，选取图 33.5.24 所示的平面为草绘平面，绘制图 33.5.25 所示的截面草图；单击 确定 按钮，完成附加钣金壁 4 的创建。

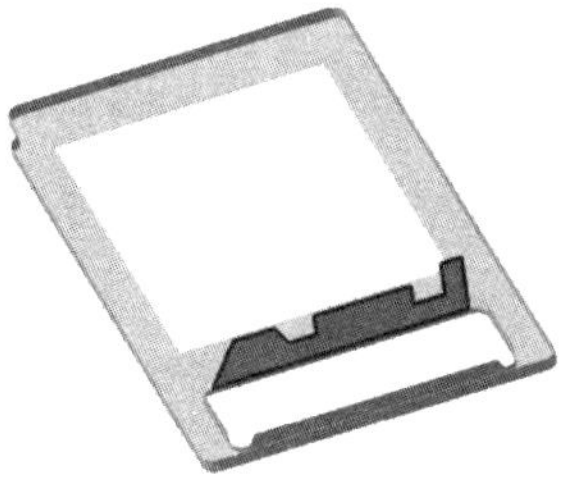

图 33.5.23　附加钣金壁 4

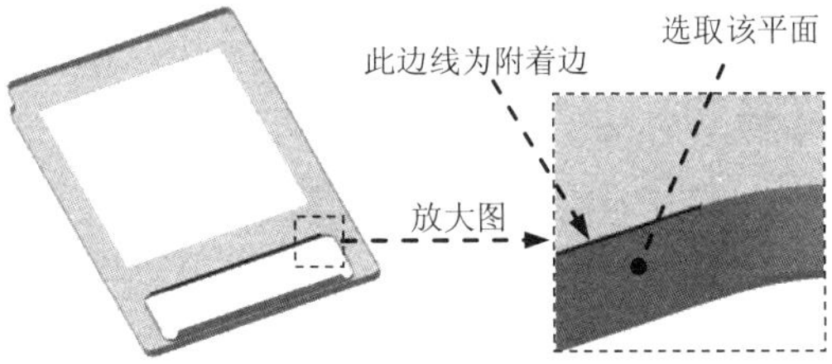

图 33.5.24　定义附着边

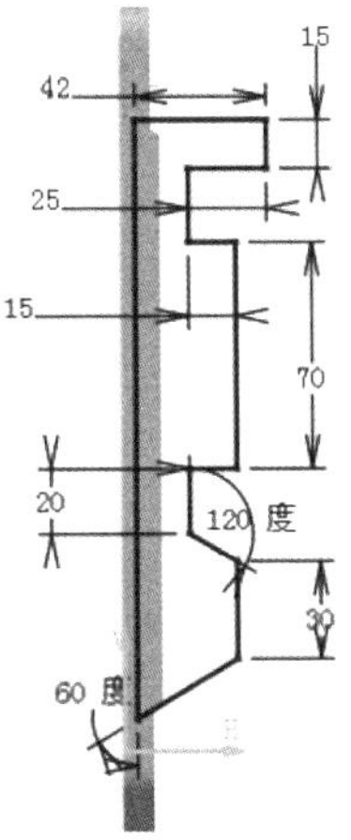

图 33.5.25　截面草图

Step16. 创建图 33.5.26 所示的特征——剪口 4。选择下拉菜单 插入 → Cutting ▸ → Cut Out... 命令；选取图 33.5.26 所示的平面为草绘平面，绘制图 33.5.27 所示的截面草图，在对话框的 Type: 文本框中选取 Up to next 选项，其他参数采用系统默认设置值，单击 确定 按钮，完成剪口 4 的创建。

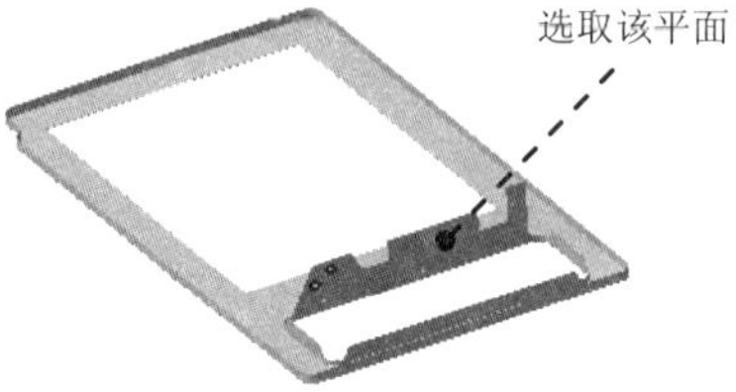

图 33.5.26 剪口 4

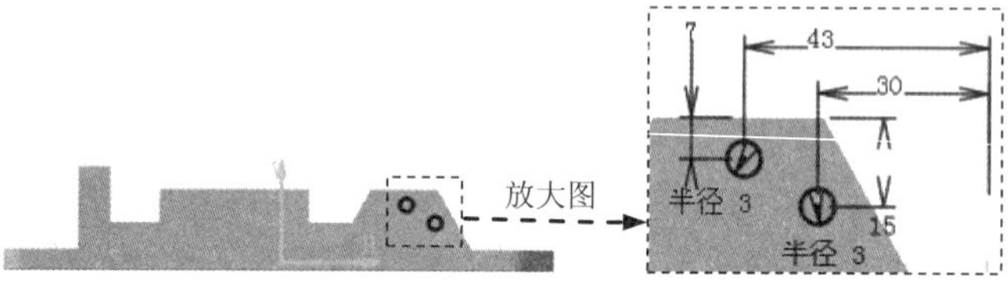

图 33.5.27 截面草图

Step17. 创建图 33.5.28 所示的特征——剪口 5。选择下拉菜单 插入 → Cutting ▸ → Cut Out... 命令；选取图 33.5.26 所示的平面为草绘平面，绘制图 33.5.29 所示的截面草图，在对话框的 Type: 文本框中选取 Up to next 选项，其他参数采用系统默认设置值，单击 确定 按钮，完成剪口 5 的创建。

图 33.5.28 剪口 5

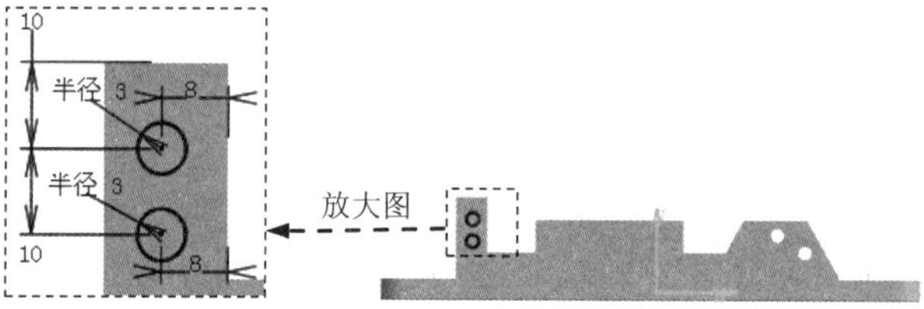

图 33.5.29 截面草图

Step18. 创建图 33.5.30 所示的特征——剪口 6。选择下拉菜单 插入 → Cutting ▸ → Cut Out... 命令；选取图 33.5.26 所示的平面为草绘平面，绘制图 33.5.31 所示的截面草图，在对话框的 Type: 文本框中选取 Up to next 选项，其他参数采用系统默认设置值，单击 确定 按钮，完成剪口 6 的创建。

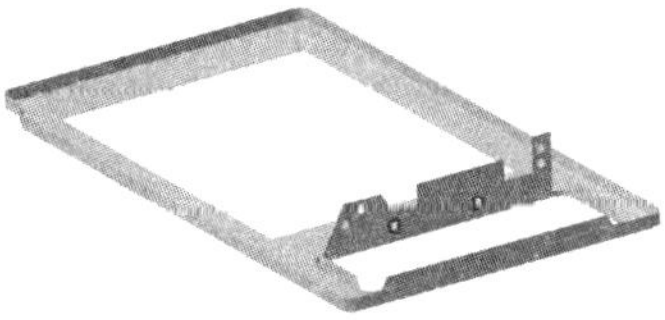
图 33.5.30 剪口 6

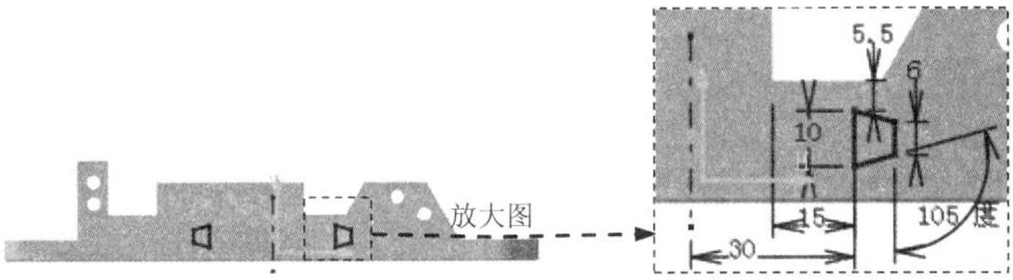

图 33.5.31 截面草图

Step19. 创建图 33.5.32 所示的特征——剪口 7。选择下拉菜单 插入 → Cutting → Cut Out... 命令；选取图 33.5.32 所示的平面为草绘平面，绘制图 33.5.33 所示的截面草图，在对话框的 Type: 文本框中选取 Up to next 选项，其他参数采用系统默认设置值，单击 确定 按钮，完成剪口 7 的创建。

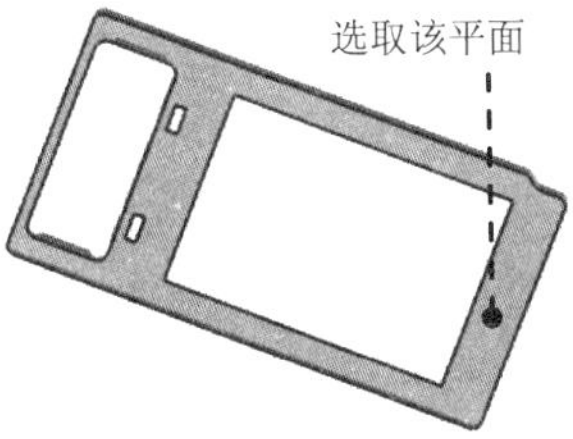

图 33.5.32 剪口 7

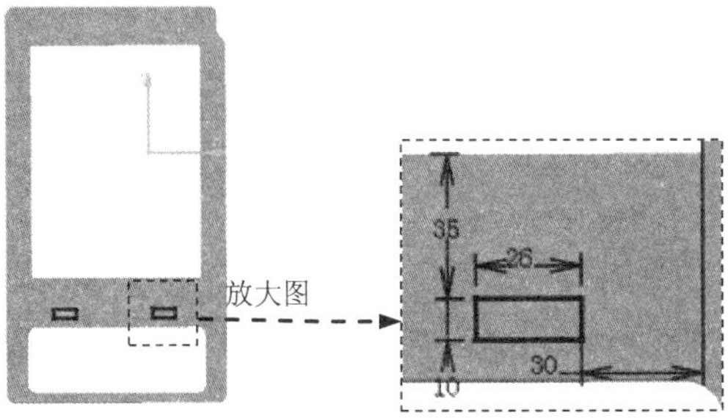

图 33.5.33 截面草图

Step20. 创建圆角 3。选择下拉菜单 插入 → Cutting → Corner... 命令；输入

圆角半径值 2，选取图 33.5.34 所示的边线，单击 确定 按钮，完成圆角 3 的创建。

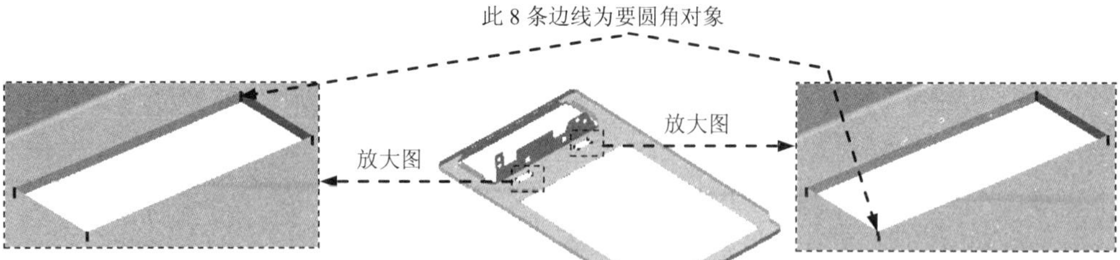

图 33.5.34　圆角 3

Step21. 创建图 33.5.35 所示的特征——剪口 8。选择下拉菜单 插入 → Cutting ▸ → Cut Out... 命令；选取图 33.5.35 所示的平面为草绘平面，绘制图 33.5.36 所示的截面草图，在对话框的 Type: 文本框中选取 Up to next 选项，其他参数采用系统默认设置值，单击 确定 按钮，完成剪口 8 的创建。

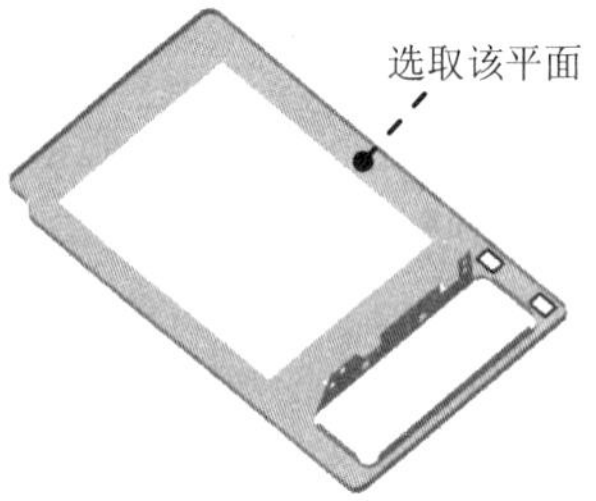

图 33.5.35　剪口 8

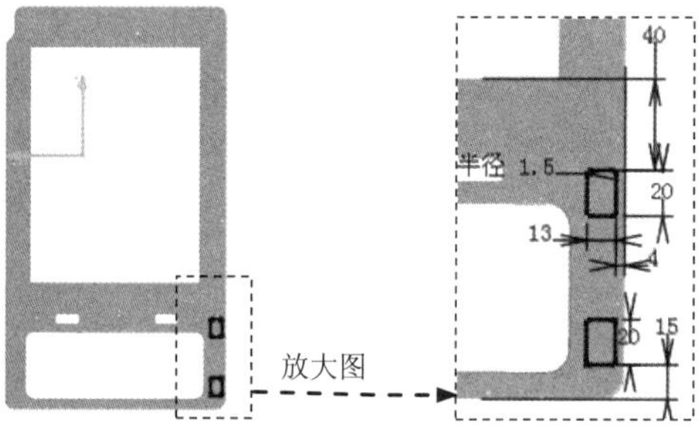

图 33.5.36　截面草图

Step22. 创建图 33.5.37 所示的特征——剪口 9。选择下拉菜单 插入 → Cutting ▸ → Cut Out... 命令；选取图 33.5.37 所示的平面为草绘平面，绘制图 33.5.38 所示的截面草图，在对话框的 Type: 文本框中选取 Up to next 选项，其他参数采用系统默认设置值，单击 确定 按钮，完成剪口 9 的创建。

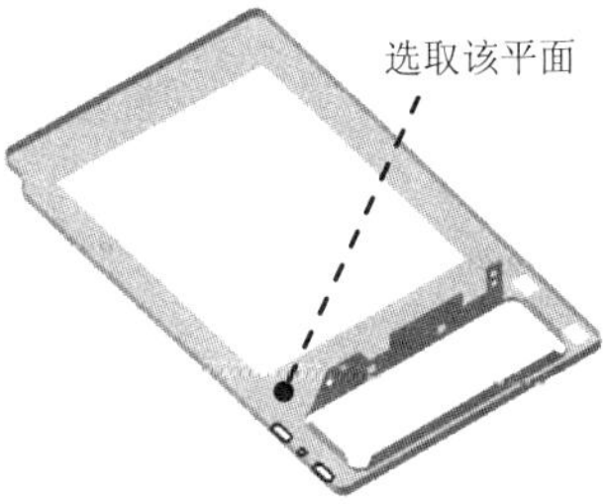

图 33.5.37 剪口 9

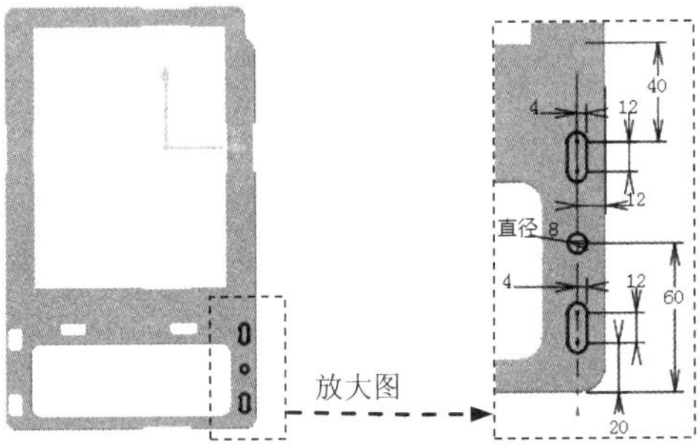

图 33.5.38 截面草图

Step23. 创建图 33.5.39 所示的特征——剪口 10。选择下拉菜单 插入 → Cutting ▸ Cut Out... 命令；选取图 33.5.39 所示的平面为草绘平面，绘制图 33.5.40 所示的截面草图，在对话框的 Type: 文本框中选取 Dimension 选项，在 Depth: 文本框中输入数值 20，其他参数采用系统默认设置值，单击 确定 按钮，完成剪口 10 的创建。

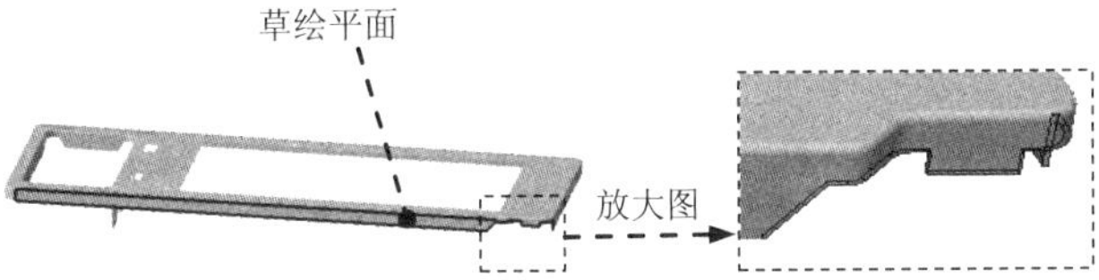

图 33.5.39 剪口 10

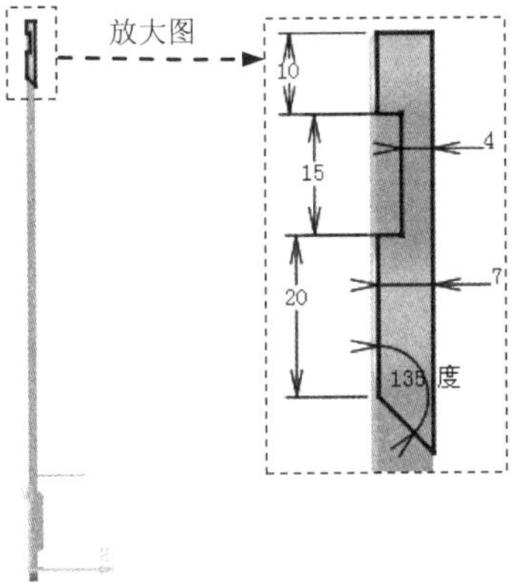

图 33.5.40 截面草图

Step24. 创建圆角 4。选择下拉菜单插入 → Cutting ▸ → Corner...命令；输入圆角半径值为 2，选取图 33.5.41 所示的边线，单击确定按钮，完成圆角 4 的创建。

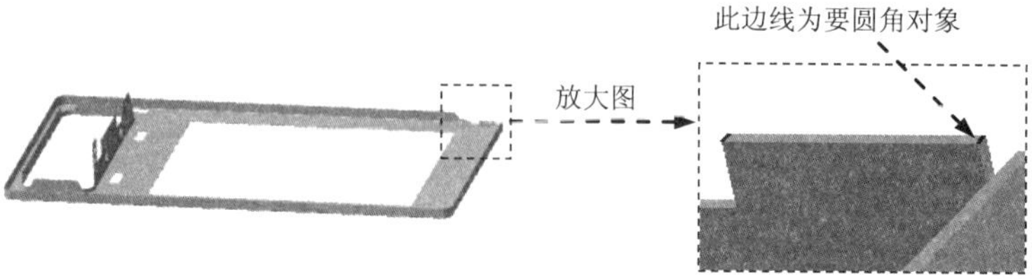

图 33.5.41　圆角 4

Step25. 创建图 33.5.42 所示的特征——剪口 11。选择下拉菜单插入 → Cutting ▸ → Cut Out...命令；选取图 33.5.42 所示的平面为草绘平面，绘制图 33.5.43 所示的截面草图，在对话框的 Type: 文本框中选取 Up to next 选项，其他参数采用系统默认设置值，单击确定按钮，完成剪口 11 的创建。

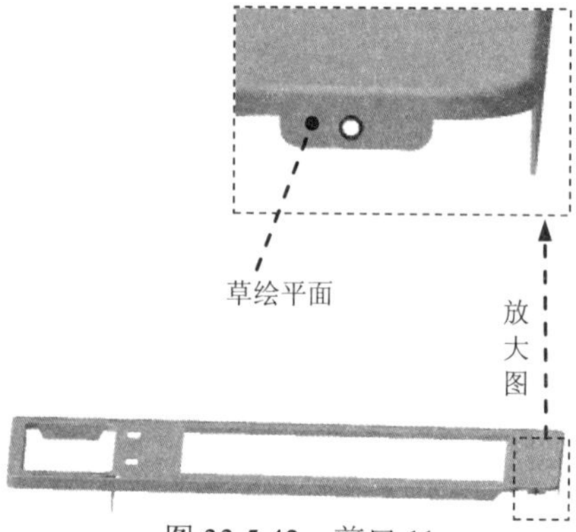

图 33.5.42　剪口 11

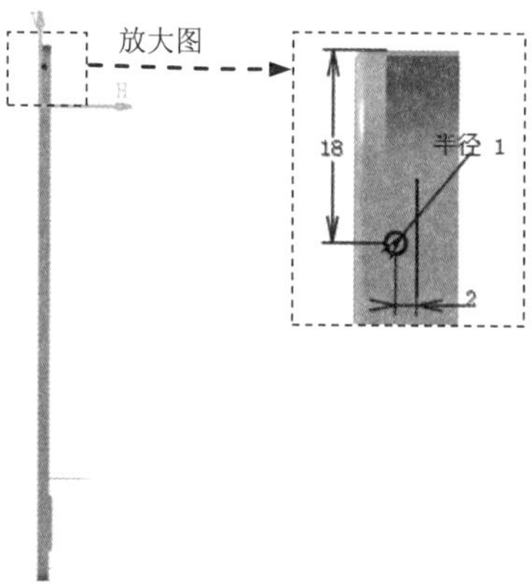

图 33.5.43　截面草图

Step26. 创建图 33.5.44 所示的特征——剪口 12。选择下拉菜单插入 → Cutting ▸ →

Cut Out...命令；选取图 33.5.44 所示的平面为草绘平面，绘制图 33.5.45 所示的截面草图，在对话框的 Type: 文本框中选取 Up to next 选项，其他参数采用系统默认设置值，单击 确定 按钮，完成剪口 12 的创建。

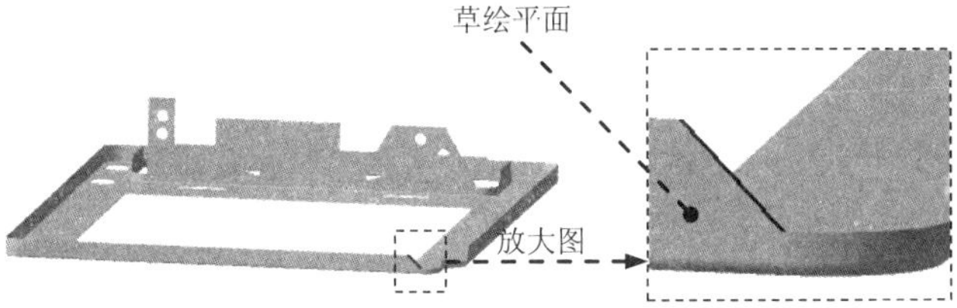

图 33.5.44　剪口 12

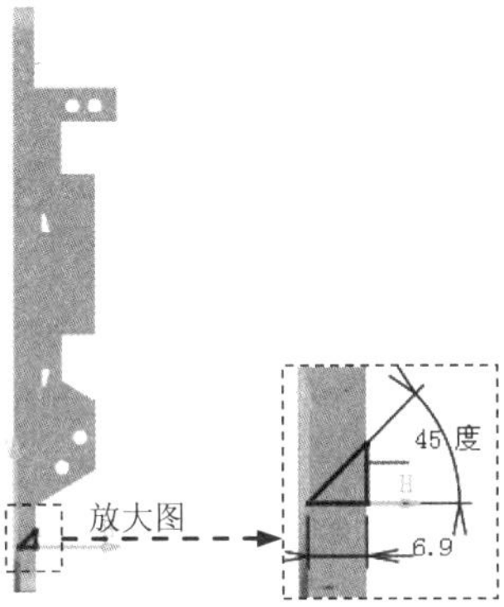

图 33.5.45　截面草图

Step27. 创建图 33.5.46 所示的特征——剪口 13。选择下拉菜单 插入 → Cutting ▸ → Cut Out...命令；选取图 33.5.46 所示的平面为草绘平面，绘制图 33.5.47 所示的截面草图，在对话框的 Type: 文本框中选取 Dimension 选项，在 Depth: 文本框中输入数值 20，其他参数采用系统默认设置值，单击 确定 按钮，完成剪口 13 的创建。

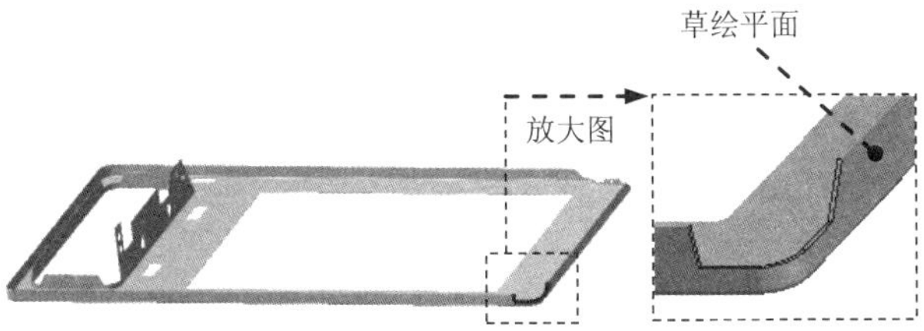

图 33.5.46　剪口 13

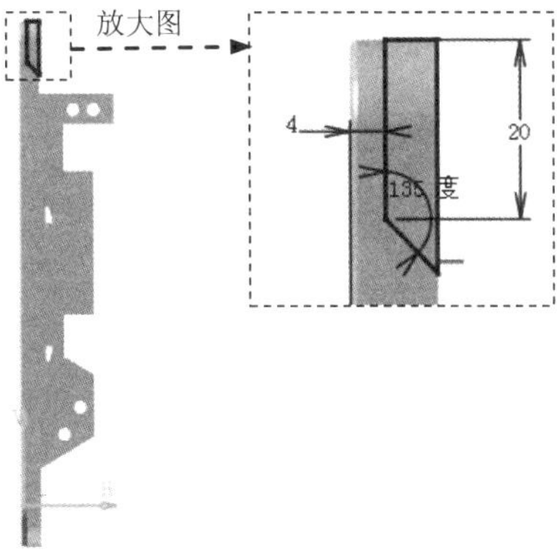

图 33.5.47　截面草图

Step28. 创建图 33.5.48 所示的特征——剪口 14。选择下拉菜单 插入 → Cutting ▸ → Cut Out... 命令；选取图 33.5.48 所示的平面为草绘平面，绘制图 33.5.49 所示的截面草图（草图曲线与剪口 13 的边线重合），在对话框的 Type: 文本框中选取 Dimension 选项，在 Depth: 文本框中输入数值 20，其他参数采用系统默认设置值，单击 确定 按钮，完成剪口 14 的创建。

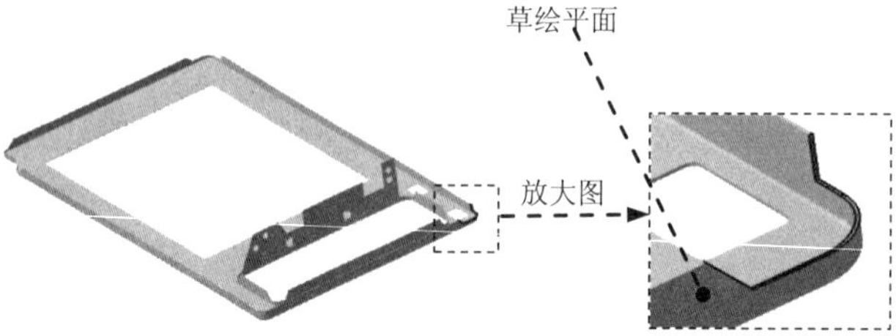

图 33.5.48 剪口 14

图 33.5.49 截面草图

Step29. 创建图 33.5.50 所示的特征——剪口 15。选择下拉菜单 插入 → Cutting ▸ → Cut Out... 命令；选取图 33.5.50 所示的平面为草绘平面，绘制图 33.5.51 所示的截面草图，在对话框的 Type: 文本框中选取 Dimension 选项，在 Depth: 文本框中输入数值 12，其他参数采用系统默认设置值，单击 确定 按钮，完成剪口 15 的创建。

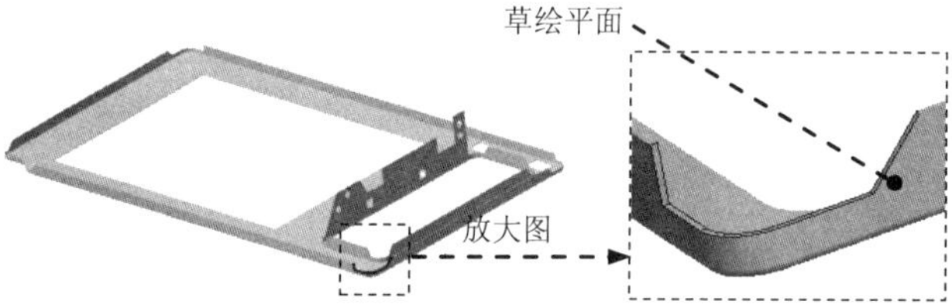

图 33.5.50 剪口 15

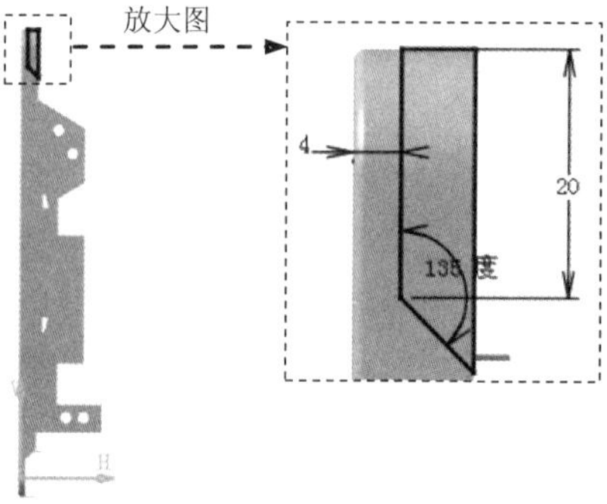

图 33.5.51 截面草图

Step30. 创建图 33.5.52 所示的特征——平面 15。单击“参考元素”工具栏中的▱按钮；在平面类型：下拉列表中选取偏移平面选项；单击参考：文本框，选取图 33.5.52 所示的平面为参考平面，在偏移：文本框中输入数值 65，单击反转方向调整平面方向；单击确定按钮，完成平面 15 的创建。

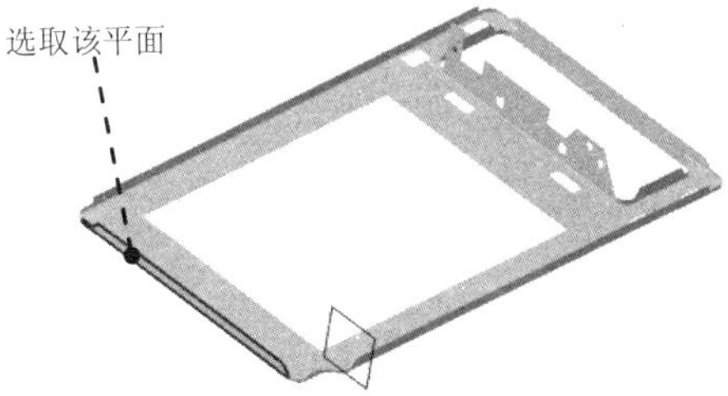

图 33.5.52　平面 15

Step31. 选择下拉菜单插入 → 几何体命令，创建几何体。选择下拉菜单开始 → 机械设计 ▸ → 零件设计命令，切换至零件设计工作台。

Step32. 创建图 33.5.53 所示的零件特征——旋转体 1。选择下拉菜单插入 → 基于草图的特征 ▸ → 旋转体...命令，选取平面 15 为草绘平面，绘制图 33.5.54 所示的截面草图；在限制区域的第一角度：文本框中输入值 90，在第二角度：文本框中输入数值 90；单击轴线区域的选择：文本框，在模型区域选取长度为 4 的边线作为轴线；单击确定按钮，完成旋转体 1 的创建。

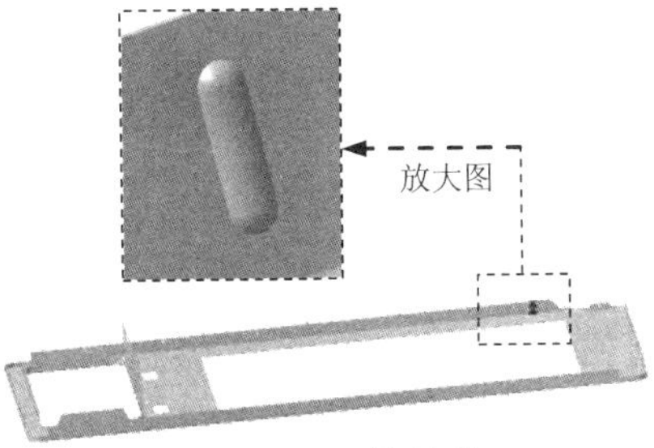

图 33.5.53　旋转体 1

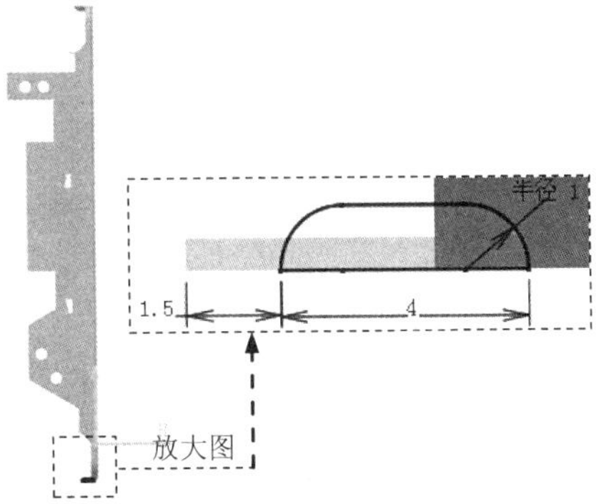

图 33.5.54　截面草图

Step33. 切换工作台。选择下拉菜单开始 → 机械设计 ▸ → Generative Sheetmetal Design命令，切换到钣金设计工作台。在特征树中右击零件几何体选项，在弹出的快捷菜单中选取定义工作对象命令。

Step34. 创建图 33.5.55 所示的特征——用户冲压 1。选择下拉菜单插入 →

Stamping ▸ → User Stamp...命令；选取图 33.5.56 所示的平面为附着面，在 Type: 下拉列表中选择 Punch 选项，单击 Punch: 文本框，在特征树中选取 几何体.3 为冲压模具。在 Fillet 区域的 No fillet R1 radius: 文本框中输入数值 0.5，在 Position on wall 区域选中 Position on context 复选框；单击 确定 按钮，完成用户冲压 1 的创建。

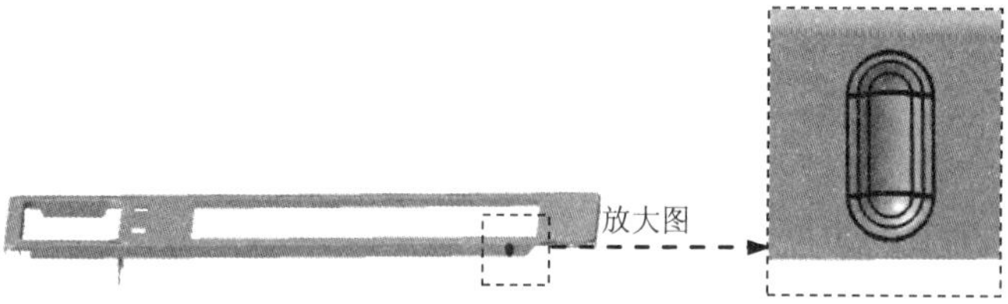

图 33.5.55 用户冲压 1

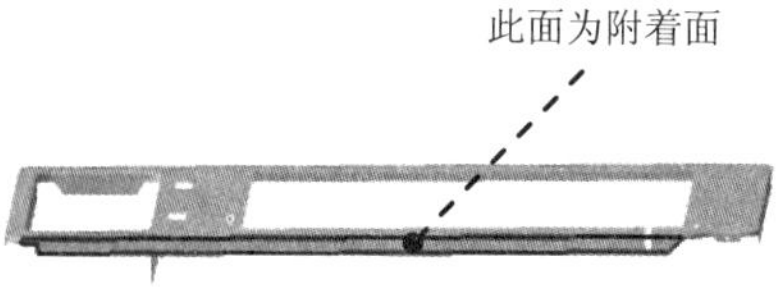

图 33.5.56 定义附着面

Step35. 创建图 33.5.57 所示的特征——矩形阵列 1。选取用户冲压 1 为要阵列的对象，选择下拉菜单 插入 → Transformations ▸ → Rectangular Pattern... 命令；在 第一方向 选项的 参数： 文本框的下拉列表中选取 实例和间距 选项，在 实例： 文本框中输入值 5，并在 间距： 文本框中输入值 80，在 参考元素： 文本框中右击，选取 Z 轴为参考元素；单击 确定 按钮，完成矩形阵列 1 的创建。

图 33.5.57 矩形阵列 1

Step36. 参照步骤 Step31~Step35 可以创建用户冲压 2 及矩形阵列 2，如图 33.5.58 所示。

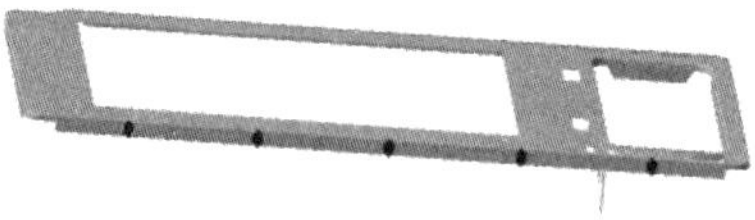

图 33.5.58 矩形阵列 2

Step37. 选择下拉菜单 插入 → 几何体 命令，创建几何体。选择下拉菜单 开始 → 机械设计 ▸ → 零件设计 命令，切换至零件设计工作台。

Step38. 创建图 33.5.59 所示的特征——平面 16。单击“参考元素”工具栏中的 按钮；在 平面类型： 下拉列表中选取 偏移平面 选项；单击 参考： 文本框，选取图 33.5.59 所示的平面为参考平面，在 偏移： 文本框中输入数值 55，单击 反转方向 定义平面方向；单击 确定 按钮，完成平面 16 的创建。

图 33.5.59　平面 16

Step39. 创建图 33.5.60 所示的零件特征——旋转体 3。选择下拉菜单 插入 → 基于草图的特征 ▸ → 旋转体... 命令，选取平面 16 为草绘平面，绘制图 33.5.61 所示的截面草图；在 限制 区域的 第一角度： 文本框中输入值 90，在 第二角度： 文本框中输入数值 90；单击 轴线 区域的 选择： 文本框，在模型区域选取长度为 4 的边线作为轴线，单击 反转方向 按钮定义旋转体的方向；单击 确定 按钮，完成旋转体 3 的创建。

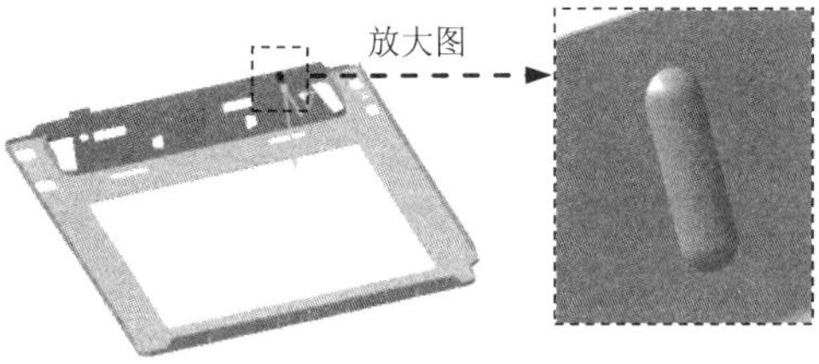

图 33.5.60　旋转体 3

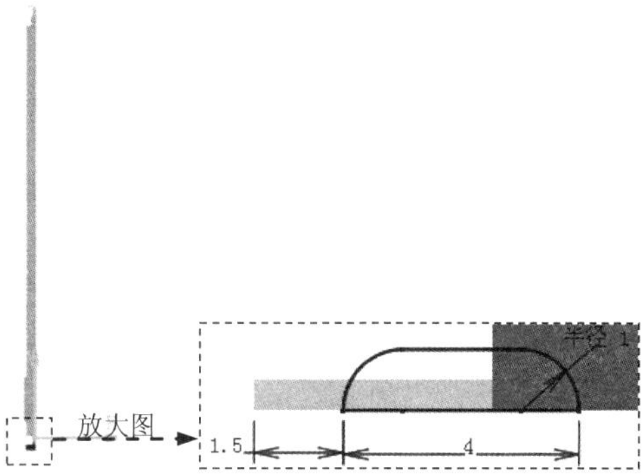

图 33.5.61　截面草图

Step40. 切换工作台。选择下拉菜单 开始 → 机械设计 ▸ → Generative Sheetmetal Design 命令，切换到钣金设计工作台。在特征树中右击 零件几何体 选项，在弹出的快捷菜单中选取 定义工作对象 命令。

Step41. 创建图 33.5.62 所示的特征——用户冲压 3。选择下拉菜单 插入 → Stamping ▸ → User Stamp... 命令；选取图 33.5.63 所示的平面为附着面，在 Type: 下拉列表中选择 Punch 选项，单击 Punch: 文本框，在特征树中选取 几何体.4 为冲压模具。单击 Faces for opening (0): 文本框，选取几何体 4 中与附着面重合的面作为开放面，在 Fillet 区域的 □ No fillet R1 radius: 文本框中输入数值 0.5，在 Position on wall 区域选中 Position on context 复选框；单击 确定 按钮，完成用户冲压 3 的创建。

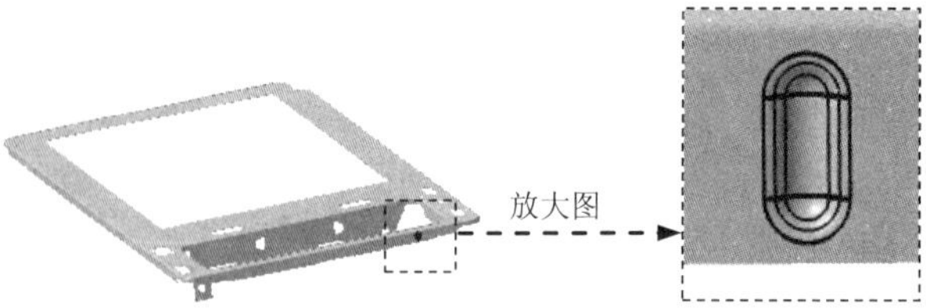

图 33.5.62 用户冲压 3

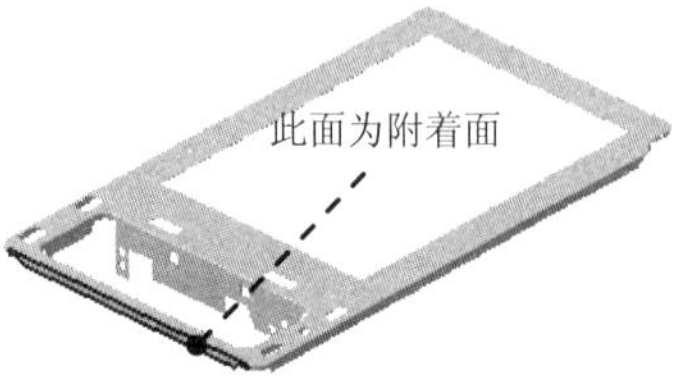

图 33.5.63 定义附着面

Step42. 创建图 33.5.64 所示的特征——矩形阵列 3。选取用户冲压 3 为要阵列的对象，选择下拉菜单 插入 → Transformations ▸ → Rectangular Pattern... 命令；在 第一方向 选项的 参数： 文本框的下拉列表中选取 实例和间距 选项，在 实例： 文本框中输入值 4，并在 间距： 文本框中输入值 50，在 参考元素： 文本框中右击，选取 Y 轴为参考元素；单击 确定 按钮，完成矩形阵列 3 的创建。

图 33.5.64 矩形阵列 3

Step43. 创建图 33.5.65 所示的特征——平面 17，单击“参考元素”工具栏中的 按钮；在 平面类型： 下拉列表中选取 偏移平面 选项；在 参考： 文本框中右击，选取图 33.5.65 所示的面为参考平面，在 偏移： 文本框中输入数值 225，单击 反转方向 按钮；单击 确定 按钮，完成平面 17 的创建。

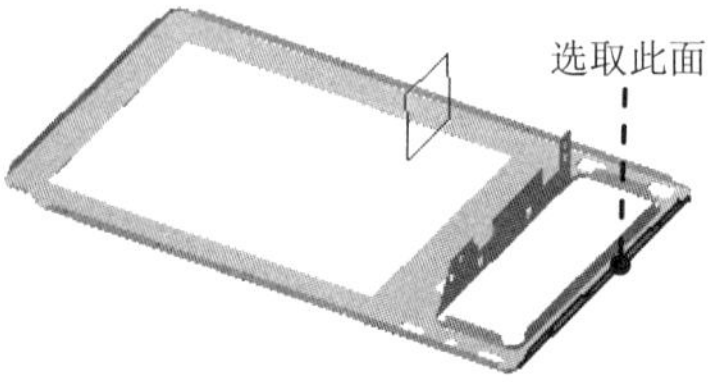

图 33.5.65 平面 17

Step44. 创建图 33.5.66 所示的特征——镜像 1。选择下拉菜单 插入 →

Transformations ▸ ⟶ Mirror... 命令，单击 Mirroring plane: 文本框，在特征树中选取平面 17 为镜像平面，单击 Element to mirror: 文本框，在特征树中选取矩形阵列 3，单击 确定 按钮，完成镜像 1 的创建。

图 33.5.66　镜像 1

Step45. 保存文件。选择下拉菜单 文件 ⟶ 保存 命令，完成零件模型的保存。

Step46. 选择下拉菜单 窗口 ⟶ 1 MICROWAVE_OVEN_CASE.CATProduct 命令，切换窗口并保存装配体文件。

33.6　微波炉外壳后盖的细节设计

图 33.6.1 所示是微波炉外壳后盖的细节设计。

Step1. 参照前面钣金件的创建方法，在装配环境新建零件，并将零件命名为 BACK_COVER，将 DISH 模型中发布的几何特征分别复制并选择性粘贴过来。

Step2. 设置钣金参数。选择下拉菜单 插入 ⟶ Sheet Metal Parameters... 命令，在 Thickness: 文本框中输入值 0.5，在 Default Bend Radius: 文本框中输入值 0.5；单击 Bend Extremities 选项卡，然后在 Minimum with no relief 下拉列表中选择 Minimum with no relief 选项。单击 确定 按钮，完成钣金参数的设置。

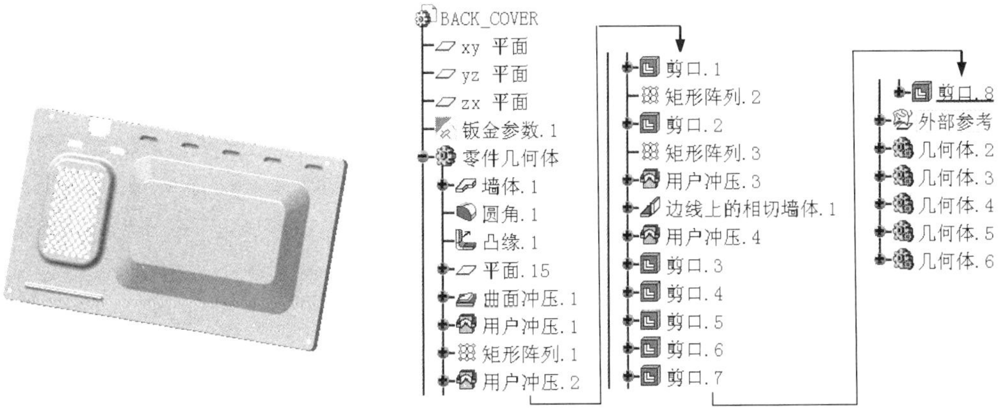

图 33.6.1　微波炉外壳后盖模型及特征树

Step3. 创建图 33.6.2 所示的特征——第一钣金壁 1。在特征树中右击 零件几何体 节点，在弹出的快捷菜单中选取 定义工作对象 命令。选择下拉菜单 插入 → Walls ▸ → Wall... 命令，在对话框中单击 按钮，选取外部参考中的平面 3 作为草绘平面，进入草图环境，并绘制图 33.6.3 所示的截面草图；单击 确定 按钮，完成第一钣金壁 1 的创建。

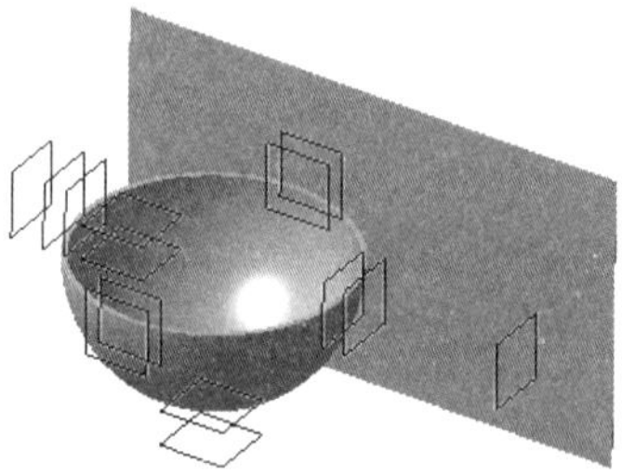

图 33.6.2 第一钣金壁 1

图 33.6.3 截面草图

Step4. 创建圆角 1。选择下拉菜单 插入 → Cutting ▸ → Corner... 命令；输入圆角半径值 8，选取图 33.6.4a 所示的边线，单击 确定 按钮，完成圆角 1 的创建。

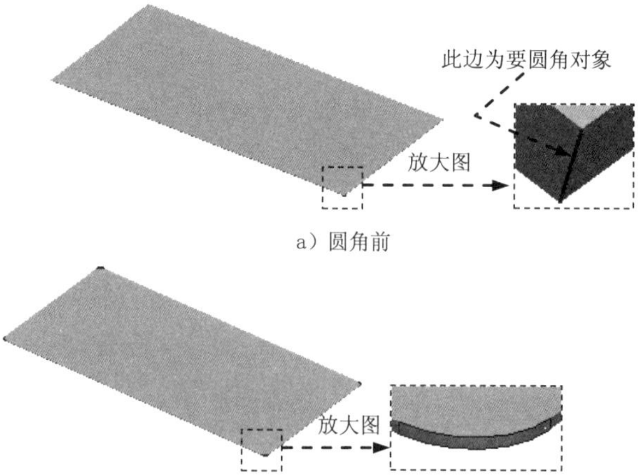

a）圆角前

b）圆角后

图 33.6.4 圆角 1

Step5. 创建图 33.6.5 所示的特征——凸缘 1。选择下拉菜单 插入 → Walls → Swept Walls → Flange... 命令；在对话框的下拉列表中选取 Basic 选项，在 Length: 文本框中输入数值 12，在 Angle: 文本框中输入数值 90，并在 Radius: 文本框中输入数值 0.5，单击 Spine: 后的文本框，选取图 33.6.6 所示的边，并单击 Propagate 按钮，单击 确定 按钮，完成凸缘 1 的创建。

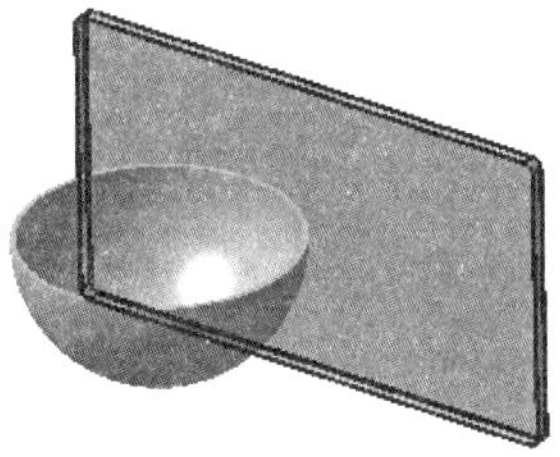

图 33.6.5　凸缘 1

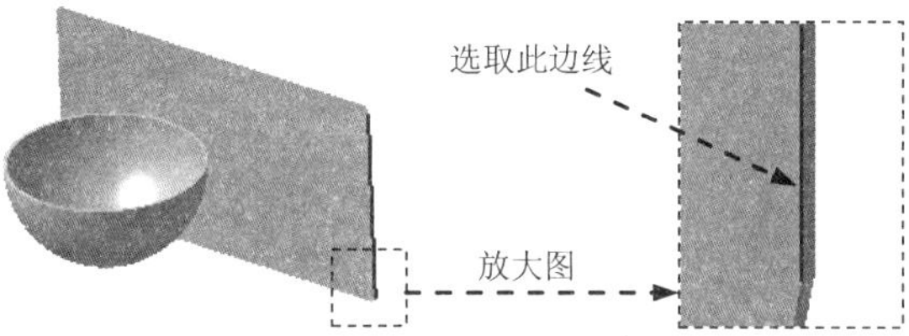

图 33.6.6　定义附着边

Step6. 创建图 33.6.7 所示的特征——平面 15。单击“参考元素”工具栏中的 按钮；在 平面类型： 下拉列表中选取 偏移平面 选项；在 参考： 文本框中右击，选取图 33.6.7 所示的平面为参考平面，在 偏移： 文本框中输入数值 20，单击 确定 按钮，完成平面 15 的创建。

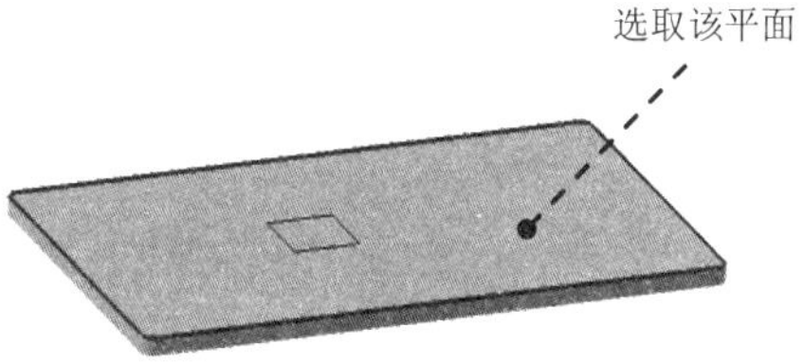

图 33.6.7　平面 15

Step7. 创建图 33.6.8 所示的特征——曲面冲压 1。选择下拉菜单 插入 → Stamping → Surface Stamp... 命令；在 Parameters choice : 下拉列表中选择 Two profiles 选项，单击 Profile: 后的 按钮，选取图 33.6.8 所示的平面为草绘平面，绘制图 33.6.9 所示的截面草图，单击 按钮，退出草图环境；单击 Second profile : 后的 按钮，选取平面 15 为草绘平面，绘制图 33.6.10 所示的截面草图，单击 按钮，退出草图环境；在 Height H : 文本框中输入数值 20，在 Radius R1 : 和 Radius R2 : 文本框中分别输入数值 3 和 4，单击 确定 按钮，完成曲面冲压

1 的创建。

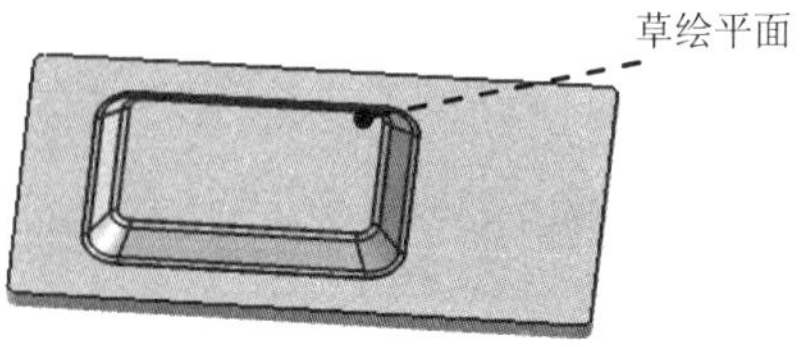

图 33.6.8　曲面冲压 1

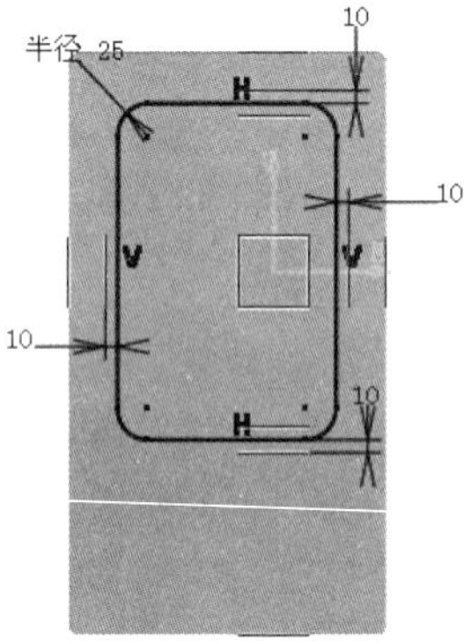

图 33.6.9　截面草图

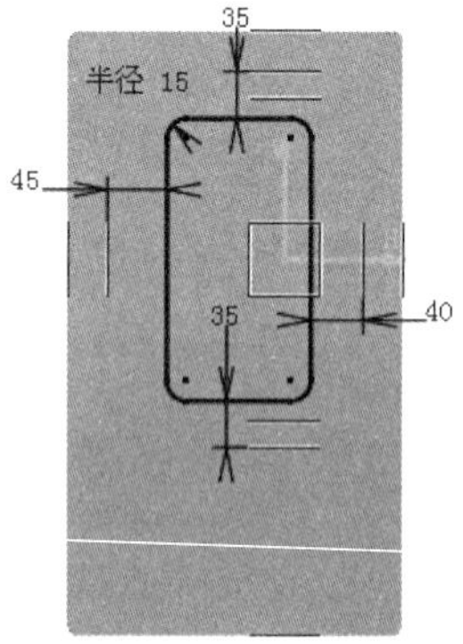

图 33.6.10　截面草图

Step8. 选择下拉菜单 插入 → 几何体 命令，创建几何体。选择下拉菜单 开始 → 机械设计 → 零件设计 命令，切换至零件设计工作台。

Step9. 创建图 33.6.11 所示的特征——平面 16。单击“参考元素”工具栏中的按钮；在 平面类型： 下拉列表中选取 偏移平面 选项；在 参考： 文本框中右击，选取图 33.6.11 所示的平面为参考平面，在 偏移： 文本框中输入数值 20，单击 反转方向 按钮；单击 确定 按钮，完成平面 16 的创建。

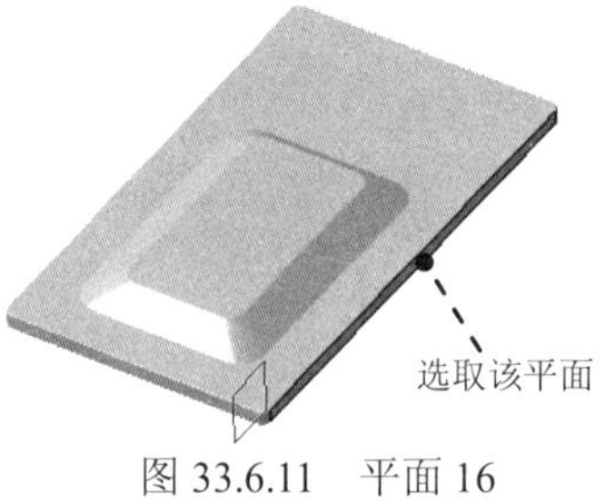

图 33.6.11　平面 16

Step10. 创建图 33.6.12 所示的零件特征——旋转体 1。选择下拉菜单 插入 → 基于草图的特征 → 旋转体... 命令，选取平面 16 为草绘平面，绘制图 33.6.13 所示的截面草图；在 限制 区域的 第一角度： 文本框中输入值 90；单击 轴线 区域的 选择： 文本框，在模型区域选取长度为 25 的边线作为轴线；单击 确定 按钮，完成旋转体 1 的创建。

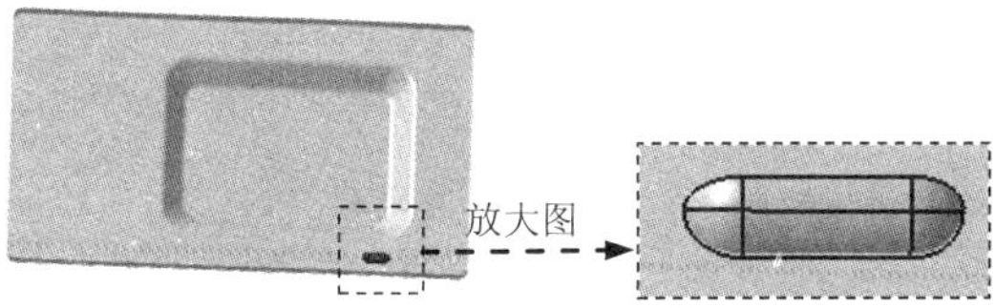

图 33.6.12　旋转体 1

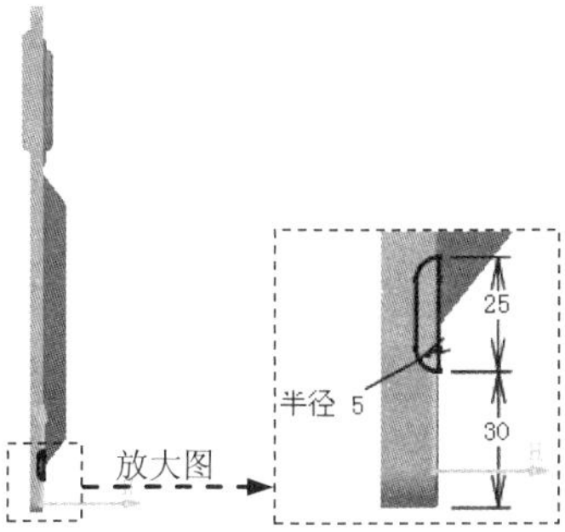

图 33.6.13　截面草图

Step11. 切换工作台。选择下拉菜单 开始 → 机械设计 → Generative Sheetmetal Design 命令，切换到钣金设计工作台。

Step12. 在特征树中右击 零件几何体 选项，在弹出的快捷菜单中选取 定义工作对象 命令。

Step13.创建图 33.6.14 所示的特征——用户冲压 1。选择下拉菜单 插入 → Stamping → User Stamp... 命令；选取图 33.6.15 所示的平面为附着面，在 Type: 下拉列表中选择 Punch 选项，单击 Punch: 文本框，在特征树中选取 几何体.3 为冲压模具。单击 Faces for opening (0): 文本框，选取图 33.6.16 所示的面为开放面，在 Fillet 区域的 No fillet R1 radius: 文本框中输入数值 2，在 Position on wall 区域选中 Position on context 复选框；单击 确定 按钮，完成用户冲压 1 的创建。

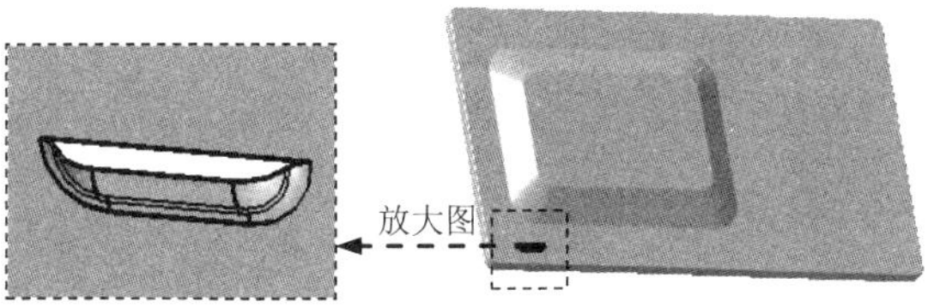

图 33.6.14　用户冲压 1

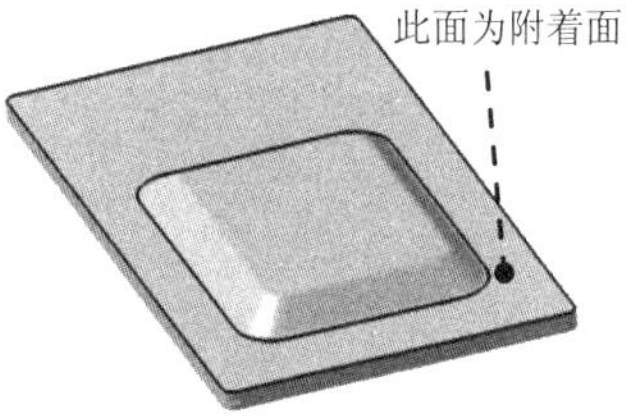

图 33.6.15　定义附着面

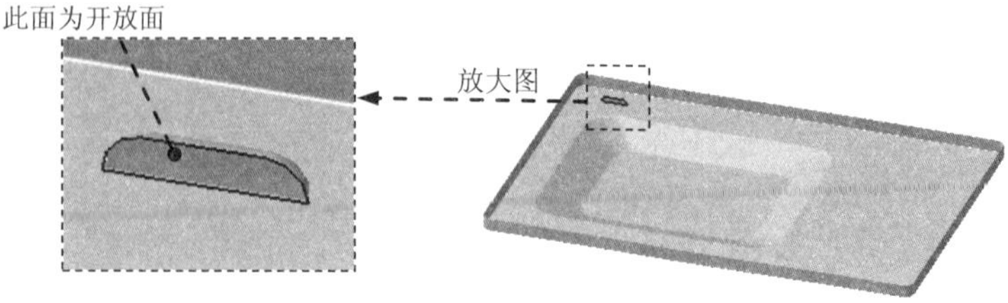

图 33.6.16 定义开放面

Step14. 创建图 33.6.17 所示的特征——矩形阵列 1。选取用户冲压 1 为要阵列的对象，选择下拉菜单 插入 → Transformations ▸ → Rectangular Pattern... 命令；在 第一方向 选项的 参数： 文本框的下拉列表中选取 实例和间距 选项，在 实例： 文本框中输入值 5，并在 间距： 文本框中输入值 60，在 参考元素： 文本框中右击，选取 Z 轴为参考元素，单击 反转 按钮，单击 确定 按钮，完成矩形阵列 1 的创建。

图 33.6.17 矩形阵列 1

Step15. 选择下拉菜单 插入 → 几何体 命令，创建几何体。选择下拉菜单 开始 → 机械设计 ▸ → 零件设计 命令，切换至零件设计工作台。

Step16. 创建图 33.6.18 所示的零件特征——凸台 1。选择下拉菜单 插入 → 基于草图的特征 ▸ → 凸台... 命令；选取图 33.6.19 所示的平面为草绘平面，绘制图 33.6.19 所示的截面草图；在 第一限制 区域的 类型： 下拉列表中选取 尺寸 选项，在 长度： 文本框中输入值 8，单击 反转方向 按钮定义凸台的方向；单击 确定 按钮，完成凸台 1 的创建。

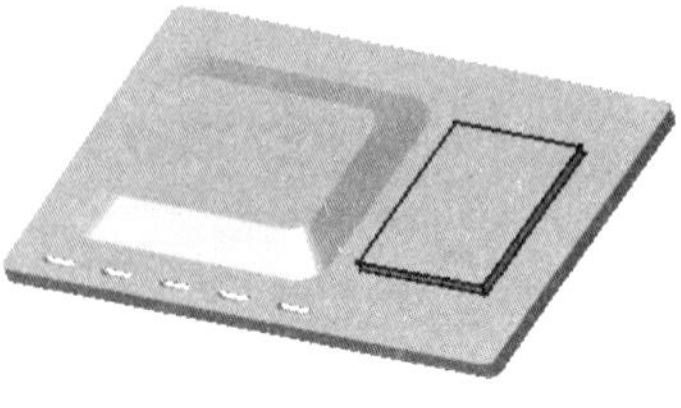

图 33.6.18 凸台 1

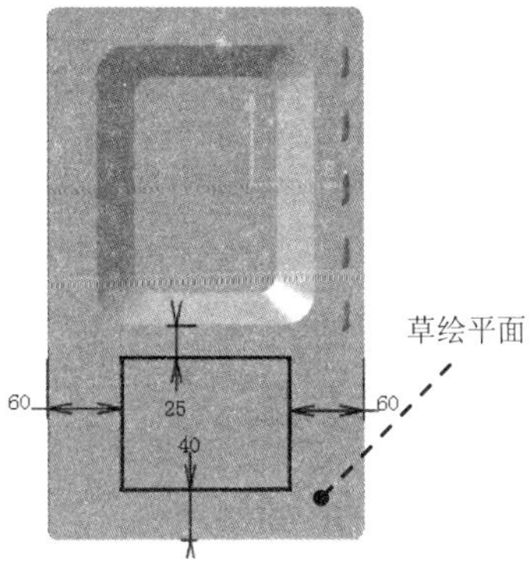

图 33.6.19　截面草图

Step17. 创建图 33.6.20 所示的特征——倒圆角 1。选取图 33.6.20a 所示的边为倒圆角的对象，倒圆角半径为 24。

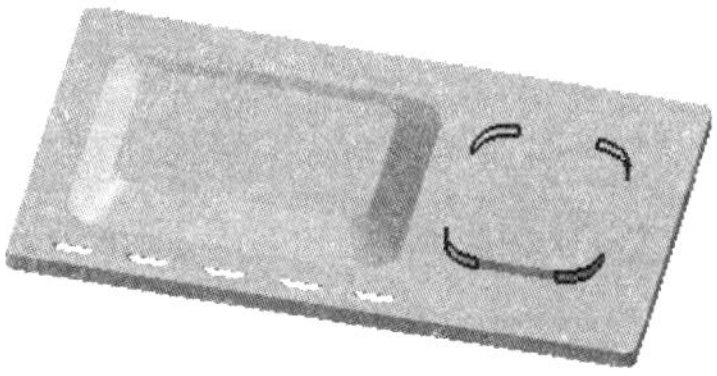

图 33.6.20　倒圆角 1

Step18. 创建图 33.6.21 所示的零件特征——拔模 1。选择下拉菜单 插入 → 修饰特征 → 拔模... 命令；在角度：中输入数值 30，选取凸台 1 的六个侧面为要拔模的面，选取凸台 1 的上表面为中性元素，单击 确定 按钮，完成拔模 1 的创建。

图 33.6.21　拔模 1

Step19. 创建图 33.6.22 所示的特征——倒圆角 2。选取图 33.6.22 所示的边为倒圆角的对象，倒圆角半径为 5。

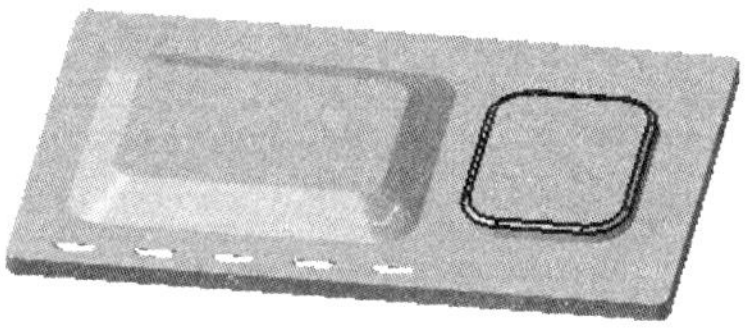

图 33.6.22　倒圆角 2

Step20. 切换工作台。选择下拉菜单 开始 → 机械设计 → Generative Sheetmetal Design 命令，切换到钣金设计工作台。

Step21. 在特征树中右击 零件几何体 节点，在弹出的快捷菜单中选取 定义工作对象 命令。

Step22. 创建图 33.6.23 所示的特征——用户冲压 2。选择下拉菜单 插入 → Stamping → User Stamp... 命令；选取图 33.6.24 所示的平面为附着面，在 Type: 下拉列表中选择 Punch 选项，单击 Punch: 文本框，在特征树中选取 几何体.4 为冲压模具。在 Fillet 区域的 □ No fillet R1 radius: 文本框中输入数值 6，在 Position on wall 区域选中 Position on context 复选框；单击 确定 按钮，完成用户冲压 2 的创建。

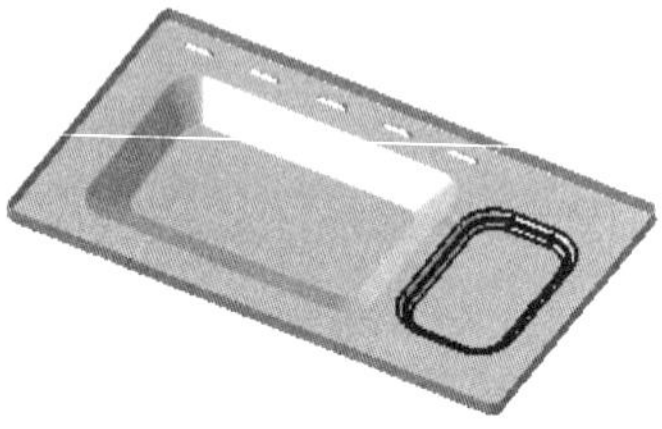

图 33.6.23 用户冲压 2

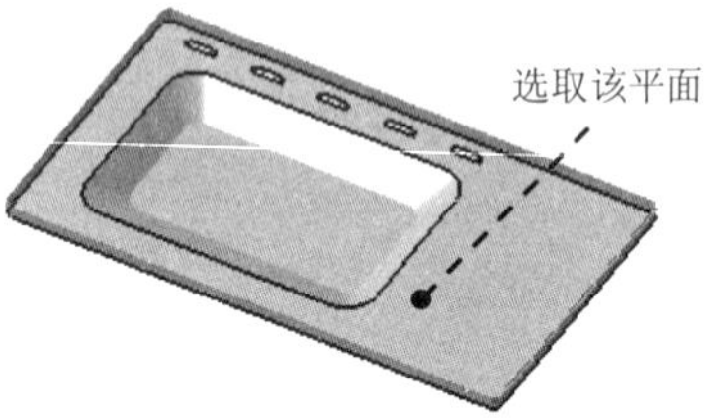

图 33.6.24 定义附着面

Step23. 创建图 33.6.25 所示的特征——剪口 1。选择下拉菜单 插入 → Cutting → Cut Out... 命令；选取图 33.6.25 所示的平面为草绘平面，绘制图 33.6.26 所示的截面草图，在对话框的 Type: 文本框中选取 Up to next 选项，其他参数采用系统默认设置值，单击 确定 按钮，完成剪口 1 的创建。

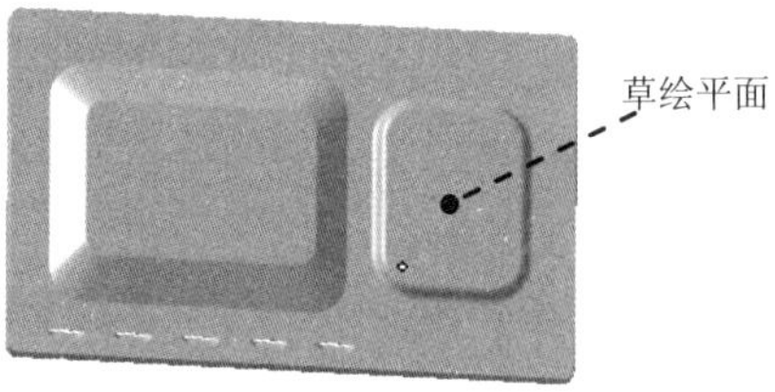

图 33.6.25 剪口 1

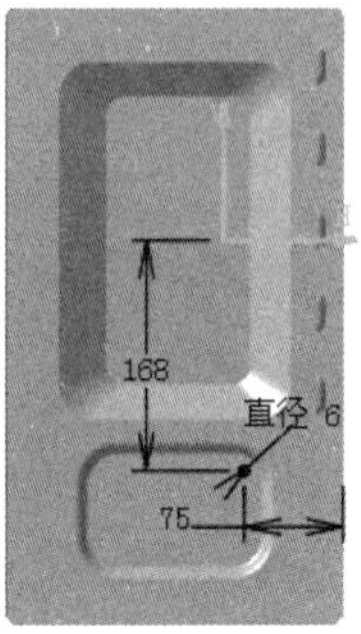

图 33.6.26 截面草图

Step24. 创建图 33.6.27 所示的特征——矩形阵列 2。选取剪口 1 为要阵列的对象，选择下拉菜单 插入 → Transformations ▸ → Rectangular Pattern... 命令；在 第一方向 选项的 参数：文本框的下拉列表中选取 实例和间距 选项，在 实例：文本框中输入值 10，在 间距：文本框中输入值 12，单击 参考元素：文本框，在设计树中选取 yz 平面作为参考元素；单击 第二方向 选项，在 参数：文本框的下拉列表中选取 实例和间距 选项，在 实例：文本框中输入值 7，在 间距：文本框中输入值 10，单击 确定 按钮，完成矩形阵列 2 的创建。

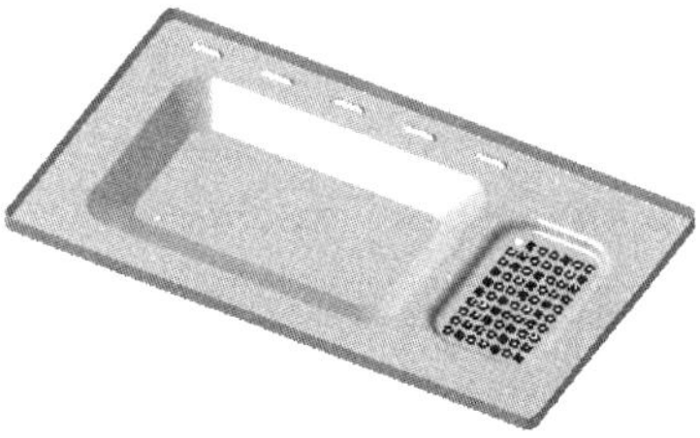

图 33.6.27　矩形阵列 2

Step25. 创建图 33.6.28 所示的特征——剪口 2。选择下拉菜单 插入 → Cutting ▸ → Cut Out... 命令；选取图 33.6.25 所示的平面为草绘平面，绘制图 33.6.29 所示的截面草图，在对话框的 Type: 文本框中选取 Up to next 选项，其他采用系统默认设置，单击 确定 按钮，完成剪口 2 的创建。

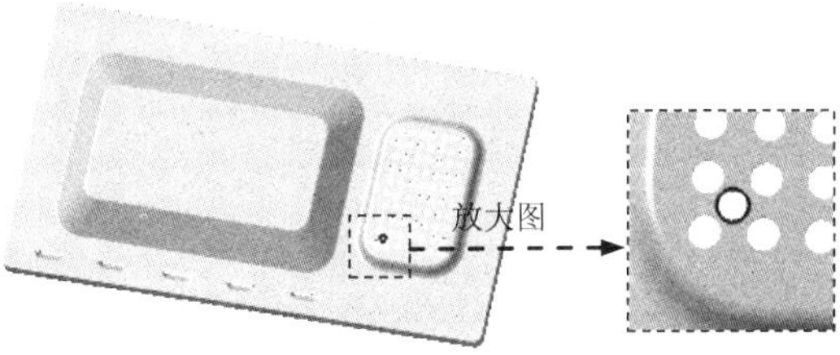

图 33.6.28　剪口 2

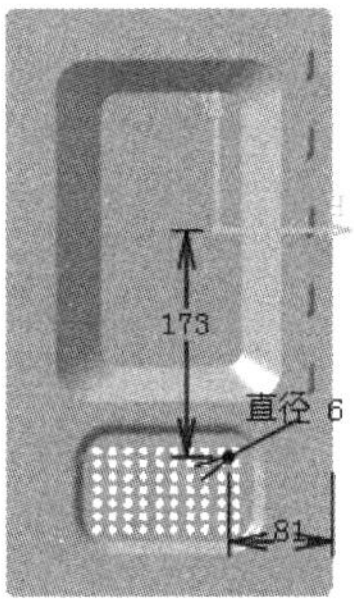

图 33.6.29　截面草图

Step26. 创建图 33.6.30 所示的特征——矩形阵列 3。选取剪口 2 为要阵列的对象，选择

下拉菜单 插入 → Transformations ▸ → Rectangular Pattern... 命令；在 第一方向 选项的 参数：文本框的下拉列表中选取 实例和间距 选项，在 实例：文本框中输入值 9，在 间距：文本框中输入值 12，单击 第二方向 选项，在 参数：文本框的下拉列表中选取 实例和间距 选项，在 实例：文本框中输入值 6，在 间距：文本框中输入值 10，单击 参考元素：文本框，在特征树中选取 yz 平面作为参考元素；单击 确定 按钮，完成矩形阵列 3 的创建。

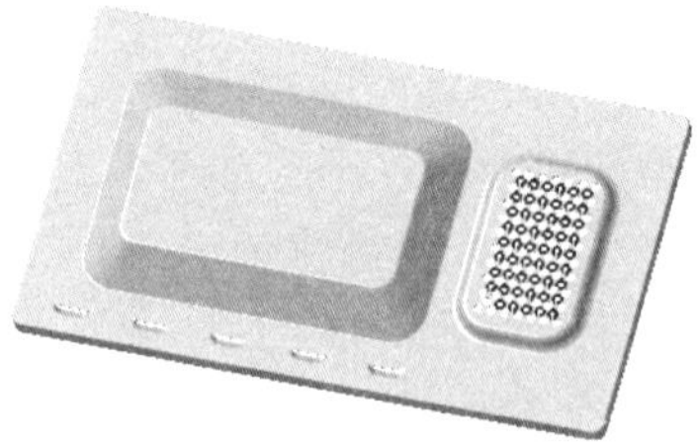

图 33.6.30 矩形阵列 3

Step27. 选择下拉菜单 插入 → 几何体 命令，创建几何体。选择下拉菜单 开始 → 机械设计 ▸ → 零件设计 命令，切换至零件设计工作台。

Step28. 创建图 33.6.31 所示的特征——平面 17。单击“参考元素”工具栏中的 按钮；在 平面类型：下拉列表中选取 偏移平面 选项；在 参考：文本框中右击，选取图 33.6.31 所示的平面为参考平面，在 偏移：文本框中输入数值 22，单击 反转方向 按钮定义平面方向；单击 确定 按钮，完成平面 17 的创建。

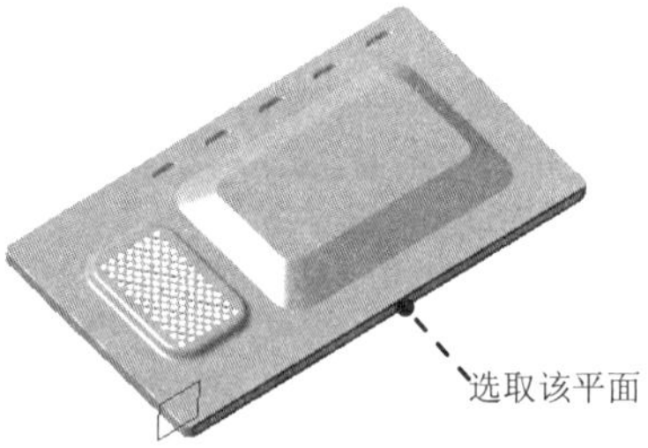

图 33.6.31 平面 17

Step29. 创建图 33.6.32 所示的零件特征——旋转体 2。选择下拉菜单 插入 → 基于草图的特征 ▸ → 旋转体... 命令，选取平面 17 为草绘平面，绘制图 33.6.33 所示的截面草图；在 限制 区域的 第一角度：文本框中输入值 90，在 第二角度：文本框中输入数值 90；单击 轴线 区域的 选择：文本框，在模型区域选取长度为 110 的边线作为轴线；单击 确定 按钮，完成旋转体 2 的创建。

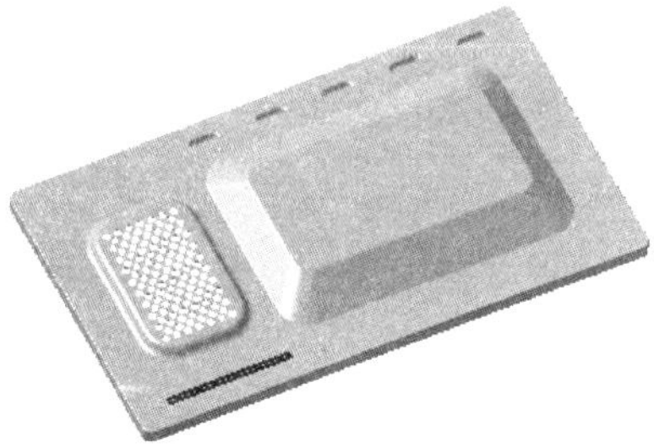

图 33.6.32 旋转体 2

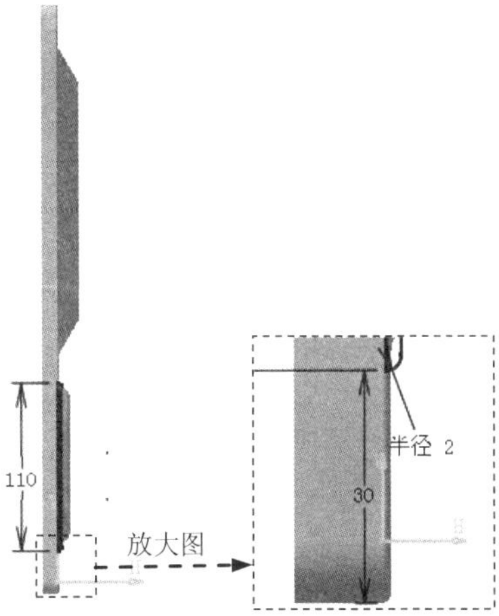

图 33.6.33 截面草图

Step30. 切换工作台。选择下拉菜单 开始 → 机械设计 → Generative Sheetmetal Design 命令，切换到钣金设计工作台。

Step31. 在特征树中右击 零件几何体 选项，在弹出的快捷菜单中选取 定义工作对象 命令。

Step32. 创建图 33.6.34 所示的特征——用户冲压 3。选择下拉菜单 插入 → Stamping → User Stamp... 命令；选取图 33.6.34 所示的平面为附着面，在 Type: 下拉列表中选择 Punch 选项，单击 Punch: 文本框，在特征树中选取 几何体.5 为冲压模具。在 Fillet 区域的 No fillet R1 radius: 文本框中输入数值 3.5，在 Position on wall 区域选中 Position on context 复选框；单击 确定 按钮，完成用户冲压 3 的创建。

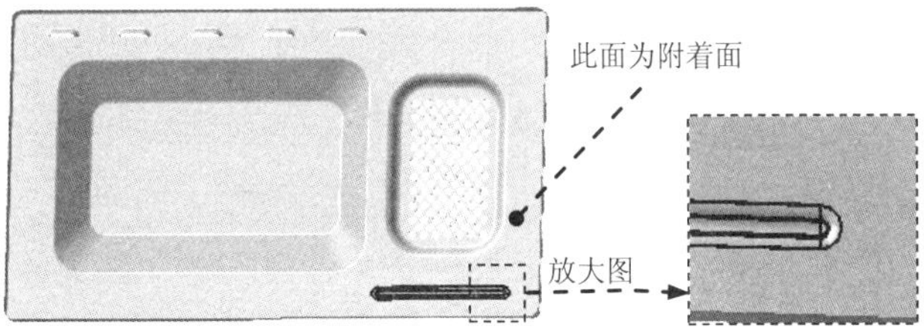

图 33.6.34 用户冲压 3

Step33. 创建图 33.6.35 所示的特征——附加钣金壁 1。选择下拉菜单 插入 → Walls → Wall On Edge... 命令，在绘图区选取图 33.6.36 所示的边为附着边，在对话框的 Type: 下拉列表中选择 Sketch Based 选项，在 Profile: 后的文本框后单击 按钮，选取图 33.6.36 所示的平面为草绘平面，绘制图 33.6.37 所示的截面草图；单击 确定 按钮，完成附加钣金壁 1 的创建。

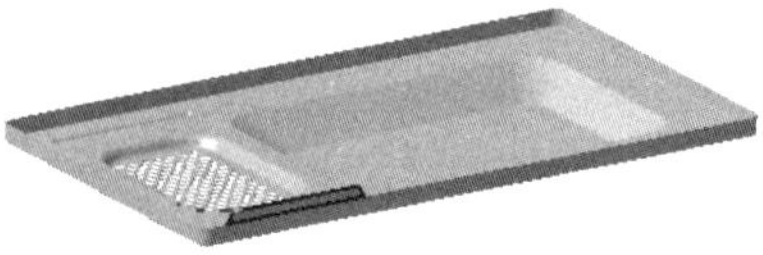

图 33.6.35 附加钣金壁 1

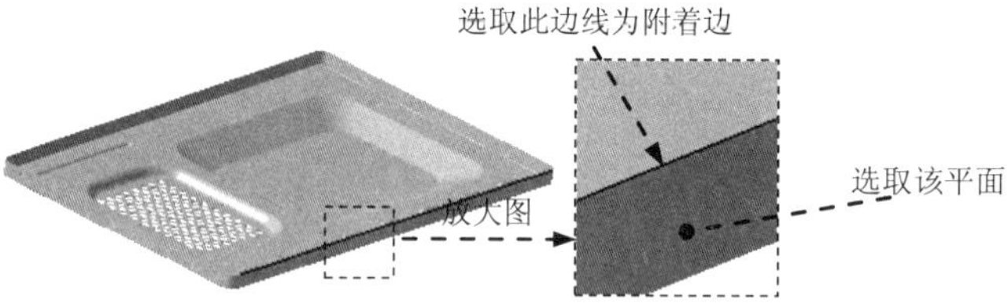

图 33.6.36 定义附着边

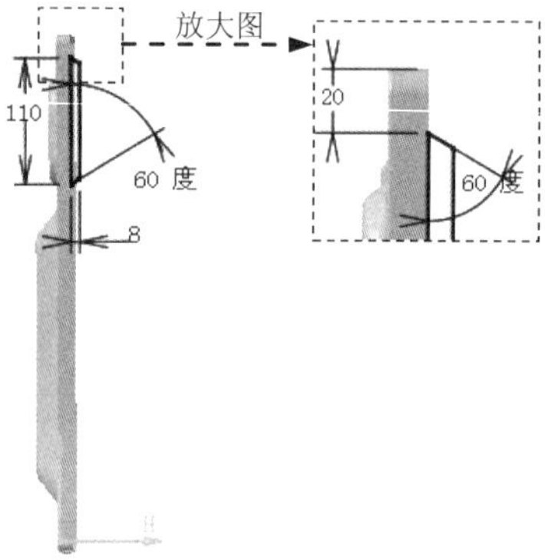

图 33.6.37 截面草图

Step34. 选择下拉菜单 插入 → 几何体 命令，创建几何体。选择下拉菜单 开始 → 机械设计 → 零件设计 命令，切换至零件设计工作台。

Step35. 创建图 33.6.38 所示的特征——平面 18。单击“参考元素”工具栏中的按钮；在 平面类型： 下拉列表中选取 偏移平面 选项；在 参考： 文本框中右击，选取图 33.6.38 所示的平面为参考平面，在 偏移： 文本框中输入数值 6，单击 确定 按钮，完成平面 18 的创建。

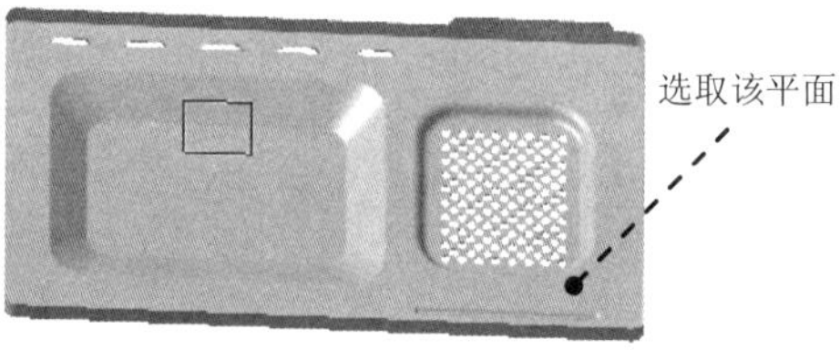

图 33.6.38 平面 18

Step36. 创建图 33.6.39 所示的零件特征——旋转体 3。选择下拉菜单 插入 →

基于草图的特征 → 旋转体...命令，选取平面 18 为草绘平面，绘制图 33.6.40 所示的截面草图；在 限制 区域的 第一角度：文本框中输入值 90，在 第二角度：文本框中输入值 90；单击 轴线 区域的 选择：文本框，在模型区域选取长度为 125 的边线作为轴线；单击 确定 按钮，完成旋转体 3 的创建。

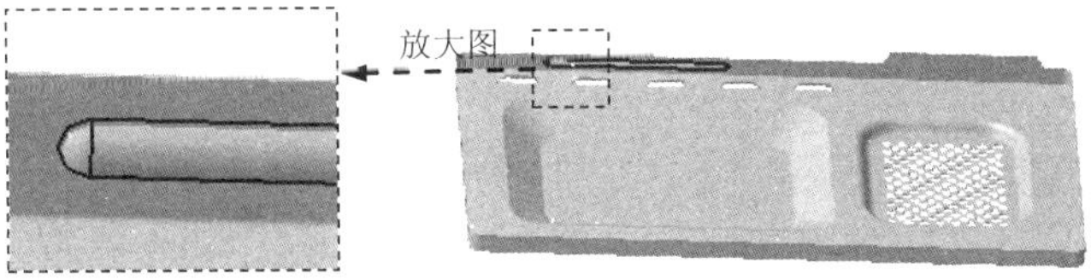

图 33.6.39　旋转体 3

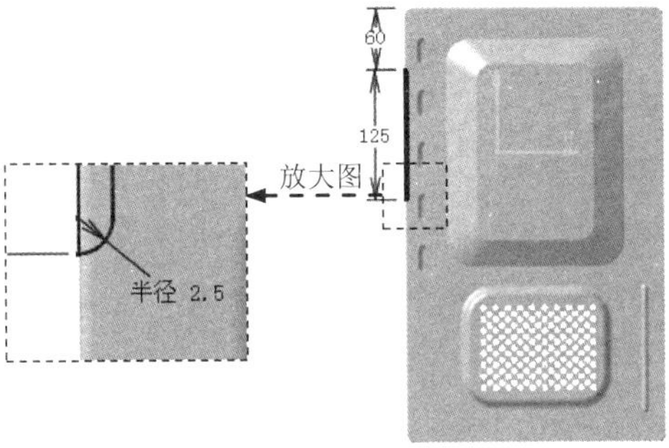

图 33.6.40　截面草图

Step37. 切换工作台。选择下拉菜单 开始 → 机械设计 → Generative Sheetmetal Design 命令，切换到钣金设计工作台。

Step38. 在特征树中右击 零件几何体 选项，在弹出的快捷菜单中选取 定义工作对象 命令。

Step39. 创建图 33.6.41 所示的特征——用户冲压 4。选择下拉菜单 插入 → Stamping → User Stamp... 命令；选取图 33.6.41 所示的平面为附着面，在 Type: 下拉列表中选择 Punch 选项，单击 Punch: 文本框，在特征树中选取 几何体.6 为冲压模具。在 Fillet 区域的 □ No fillet R1 radius: 文本框中输入数值 0.5，在 Position on wall 区域选中 Position on context 复选框；单击 确定 按钮，完成用户冲压 4 的创建。

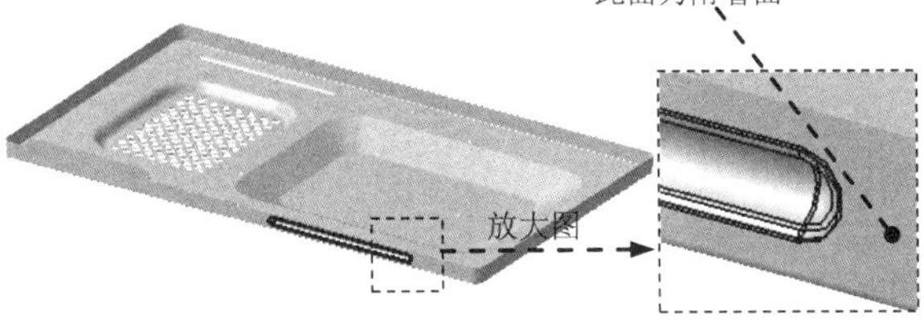

图 33.6.41　用户冲压 4

Step40. 创建图 33.6.42 所示的特征——剪口 3。选择下拉菜单 插入 → Cutting ▸ → Cut Out... 命令；单击按钮，选取图 33.6.42 所示的平面为草绘平面，绘制图 33.6.43 所示的截面草图，在对话框的 Type: 下拉列表中选取 Sheetmetal pocket 选项，在 Depth: 文本框中输入数值 3，其他参数采用系统默认设置值，单击 确定 按钮，完成剪口 3 的创建。

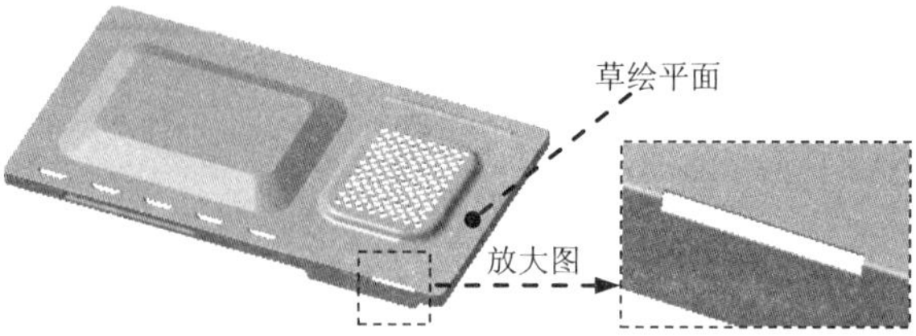

图 33.6.42　剪口 3

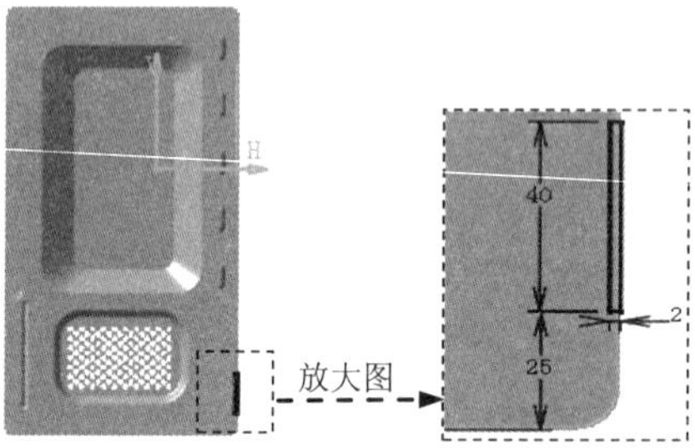

图 33.6.43　截面草图

Step41. 创建图 33.6.44 所示的特征——剪口 4。选择下拉菜单 插入 → Cutting ▸ → Cut Out... 命令；单击按钮，选取图 33.6.44 所示的平面为草绘平面，绘制图 33.6.45 所示的截面草图，在对话框的 Type: 下拉列表中选取 Sheetmetal pocket 选项，在 Depth: 文本框中输入数值 2，其他参数采用系统默认设置值，单击 确定 按钮，完成剪口 4 的创建。

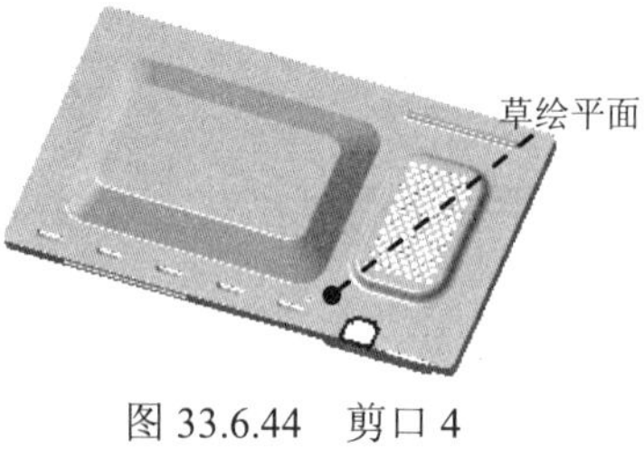

图 33.6.44　剪口 4

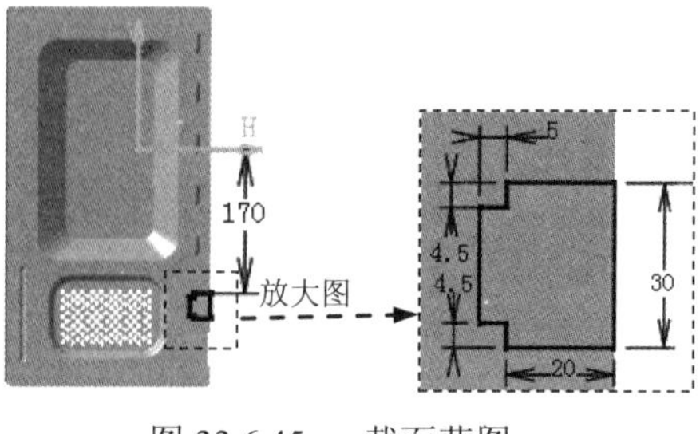

图 33.6.45　截面草图

Step42. 创建图 33.6.46 所示的特征——剪口 5。选择下拉菜单 插入 → Cutting ▸ → Cut Out... 命令；选取图 33.6.46 所示的平面为草绘平面，绘制图 33.6.47 所示的截面草图；在对话框的 Type: 下拉列表中选取 Sheetmetal pocket 选项，在 Depth: 文本框中输入数值 2，单击 Reverse Side 按钮调整轮廓，单击 确定 按钮，完成剪口 5 的创建。

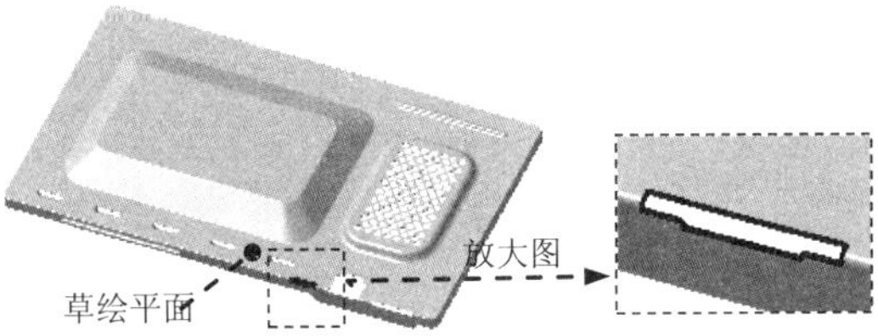

图 33.6.46　剪口 5

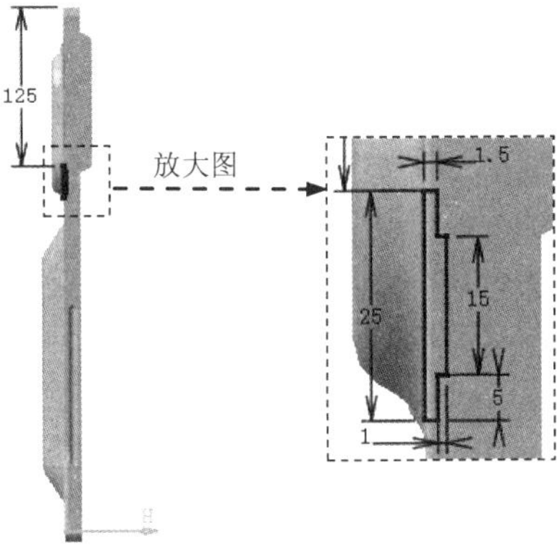

图 33.6.47　截面草图

Step43. 创建图 33.6.48 所示的特征——剪口 6。选择下拉菜单 插入 → Cutting ▸ → Cut Out... 命令；选取图 33.6.48 所示的平面为草绘平面，绘制图 33.6.49 所示的截面草图；在 Cutout Type 区域的 Type: 下拉列表中选取 Sheetmetal standard 选项，在 End Limit 区域的 Type: 下拉列表中选取 Up to next 选项，其他参数采用系统默认设置值，单击 确定 按钮，完成剪口 6 的创建。

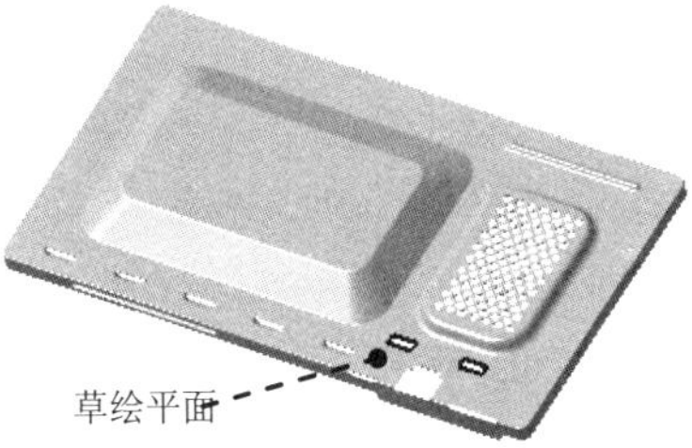

图 33.6.48　剪口 6

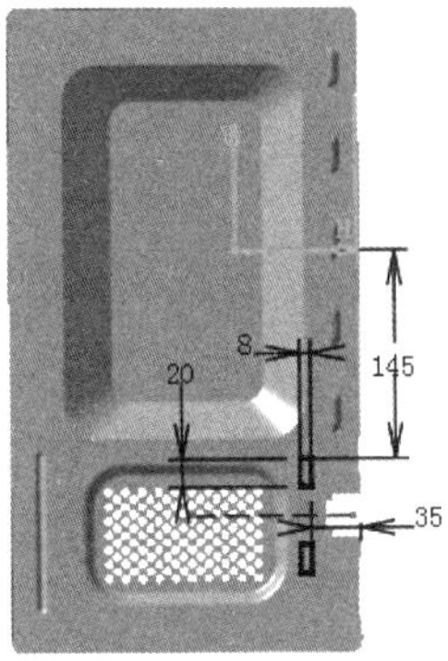

图 33.6.49　截面草图

Step44. 创建图 33.6.50 所示的特征——剪口 7。选择下拉菜单 插入 → Cutting ▸ → Cut Out... 命令；单击 按钮，选取图 33.6.50 所示的平面为草绘平面，绘制图 33.6.51 所示的截面草图，在 Cutout Type 区域的 Type: 下拉列表中选取 Sheetmetal standard 选项，在 End Limit 区域的 Type: 下拉列表中选取 Up to next 选项，其他参数采用系统默认设置值，单击 确定 按钮，完成剪口 7 的创建。

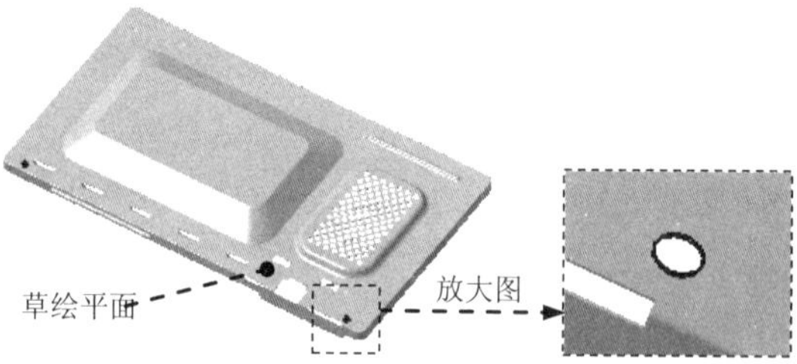

图 33.6.50 剪口 7

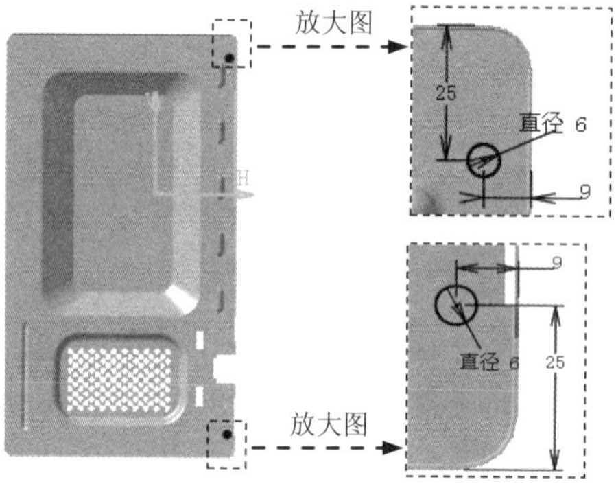

图 33.6.51 截面草图

Step45. 创建图 33.6.52 所示的特征——剪口 8。选择下拉菜单 插入 → Cutting ▸ → Cut Out... 命令；在 Cutout Type 区域的 Type: 下拉列表中选取 Sheetmetal standard 选项，在 End Limit 区域的 Type: 下拉列表中选取 Up to next 选项，单击 按钮，选取图 33.6.52 所示的平面为草绘平面，绘制图 33.6.53 所示的截面草图，其他参数采用系统默认设置值，单击 确定 按钮，完成剪口 8 的创建。

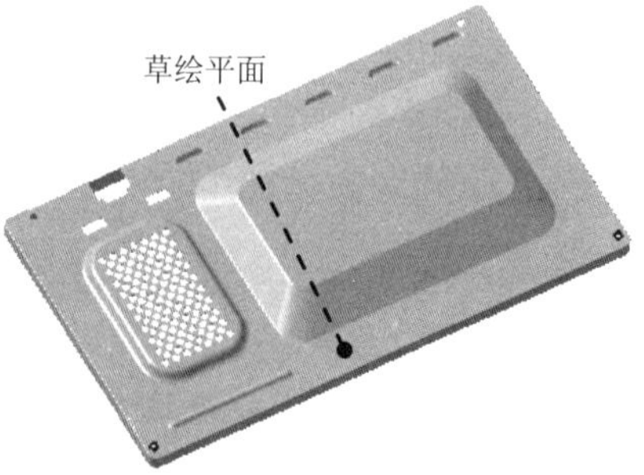

图 33.6.52 剪口 8

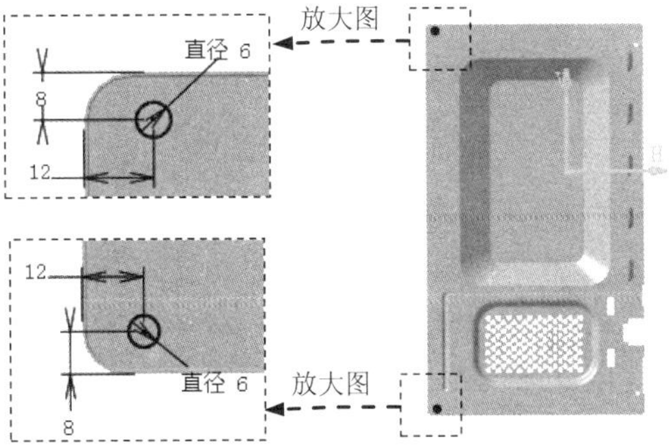

图 33.6.53　截面草图

Step46. 保存文件。选择下拉菜单 文件 → 保存 命令，完成零件模型的保存。

Step47. 选择下拉菜单 窗口 → 1 MICROWAVE_OVEN_CASE.CATProduct 命令，切换窗口并保存装配体文件。

33.7 创建微波炉外壳顶盖

下面创建图 33.7.1 所示的微波炉外壳顶盖。

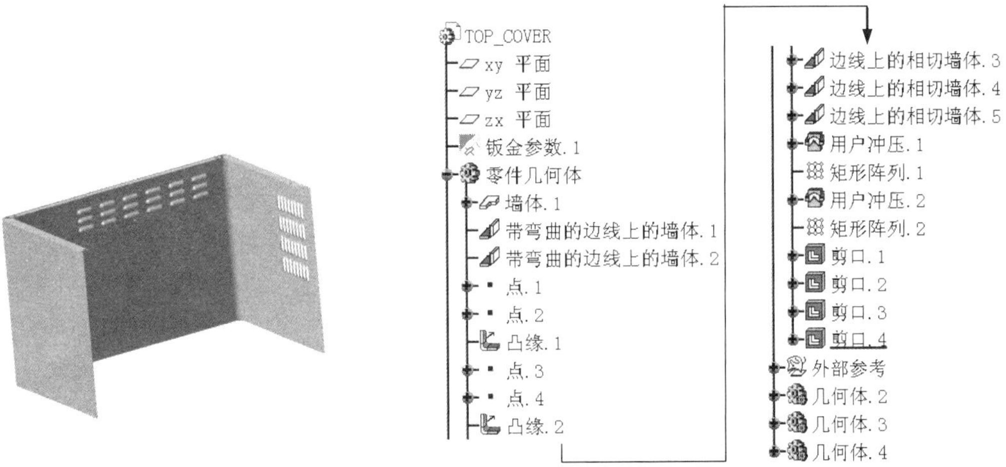

图 33.7.1　微波炉外壳顶盖模型及特征树

Step1. 参照前面钣金件的创建方法，在装配环境新建零件，并将零件命名为 TOP_COVER，将 DISH 模型中发布的几何特征分别复制并选择性粘贴过来。

Step2. 设置钣金参数。选择下拉菜单 插入 → Sheet Metal Parameters... 命令，在 Thickness: 文本框中输入值 0.5，在 Default Bend Radius: 文本框中输入值 0.5；单击 Bend Extremities 选项卡，然后在 Minimum with no relief 下拉列表中选择 Minimum with no relief 选项。单击 确定 按

钮，完成钣金参数的设置。

Step3. 在特征树中右击 零件几何体 选项，在弹出的快捷菜单中选取 定义工作对象 命令。

Step4. 创建图 33.7.2 所示的特征——第一钣金壁 1。选择下拉菜单 插入 → Walls ▸ → Wall... 命令，在对话框中单击 按钮，选取平面 11 为草绘平面，进入草图环境，并绘制图 33.7.3 所示的截面草图；单击 确定 按钮，完成第一钣金壁 1 的创建。

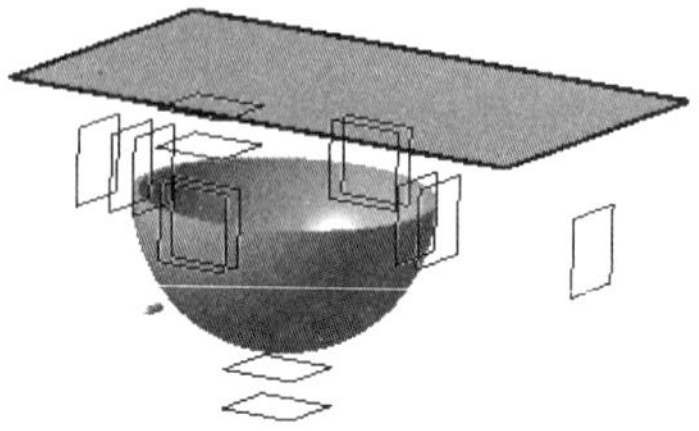

图 33.7.2 第一钣金壁 1

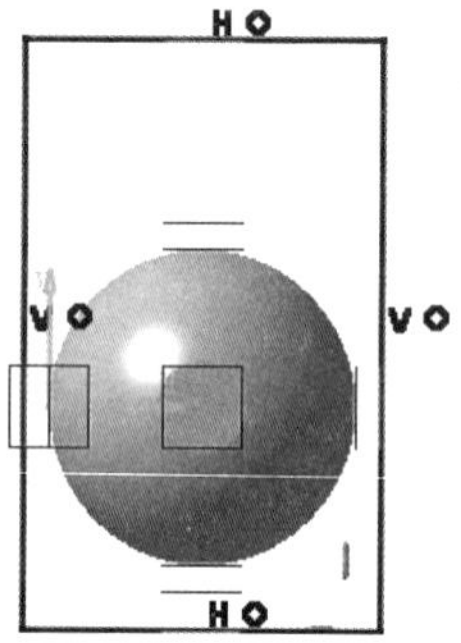

图 33.7.3 截面草图

Step5. 创建图 33.7.4 所示的特征——附加钣金壁 1。选择下拉菜单 插入 → Walls ▸ → Wall On Edge... 命令，在绘图区选取图 33.7.5 所示的边为附着边，在对话框的 Type: 下拉列表中选择 Automatic 选项，在 Height & Inclination 下拉列表中选取 Up To Plane/Surface: 选项，单击文本框，在特征树中选取外部参考平面 12 为终止面，在 Clearance mode: 下拉列表中选取 Monodirectional 选项，在 Clearance value: 文本框中输入数值 0.5，单击 f(x) 按钮，在文本框中输入弯曲半径为 10，在对话框中选中 With Bend 复选框，单击 确定 按钮，完成附加钣金壁 1 的创建。

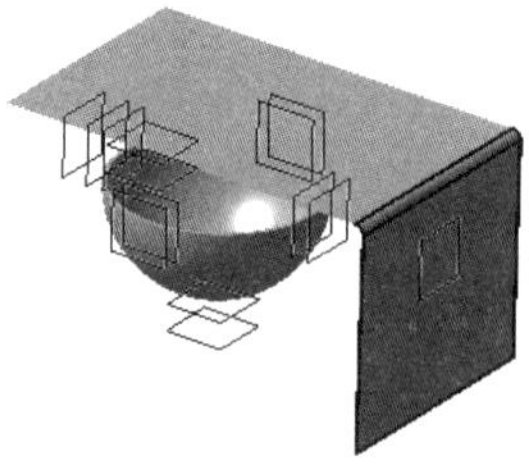

图 33.7.4 附加钣金壁 1

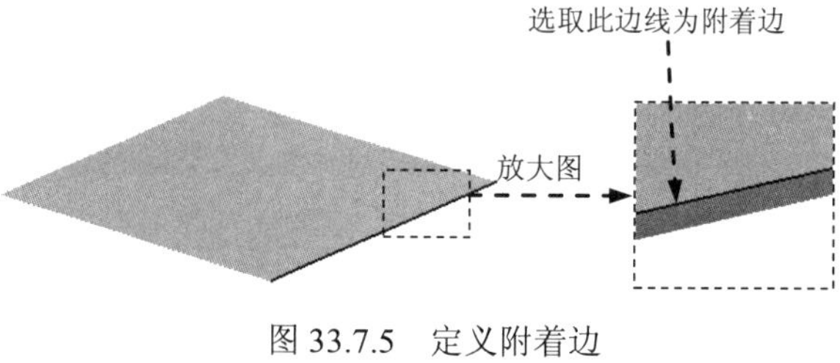

图 33.7.5 定义附着边

Step6. 参照 Step5 的操作步骤可以创建图 33.7.6 所示的附加钣金壁 2。

图 33.7.6　附加钣金壁 2

Step7. 创建图 33.7.7 所示的特征——点 1。单击“参考元素”工具栏中的 按钮；在 点类型：下拉列表中选取 曲线上 选项；单击 曲线：文本框，在模型中选取图 33.7.7 所示的边线，并在长度文本框中输入数值 8，单击 确定 按钮，完成点 1 的创建。

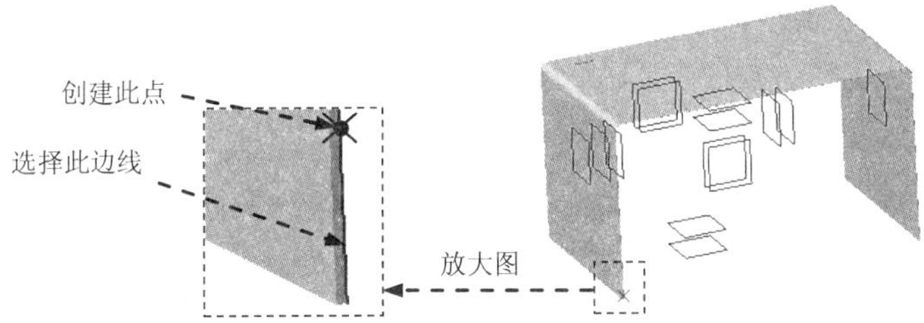

图 33.7.7　点 1

Step8. 参照 Step7 的操作步骤，创建图 33.7.8 所示的点 2。

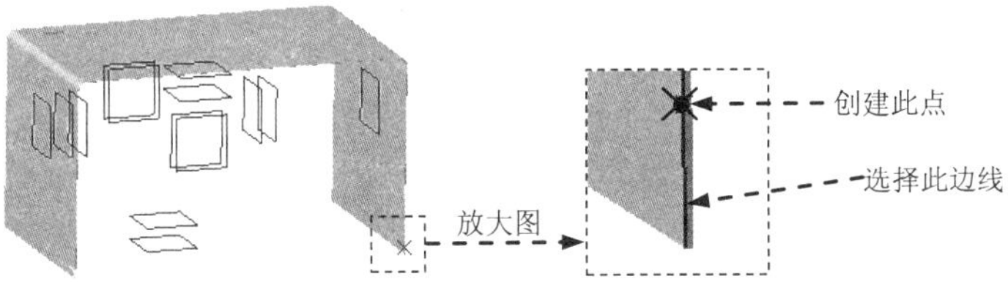

图 33.7.8　点 2

Step9. 创建图 33.7.9 所示的特征——凸缘 1。选择下拉菜单 插入 → Walls ▸ → Swept Walls ▸ → Flange... 命令；在对话框的下拉列表中选取 Relimited 选项，在 Length: 文本框中输入数值 15，在 Angle: 文本框中输入数值 0，在 Radius: 文本框中输入数值 0，单击 Spine: 后的文本框，选取图 33.7.10 所示的边，并单击 Propagate 按钮，单击 Limit 1: 文本框，在特征树中选取点 1；单击 Limit 2: 文本框，在特征树中选取点 2；单击 Reverse Direction 按钮调整方向，单击 确定 按钮，完成凸缘 1 的创建。

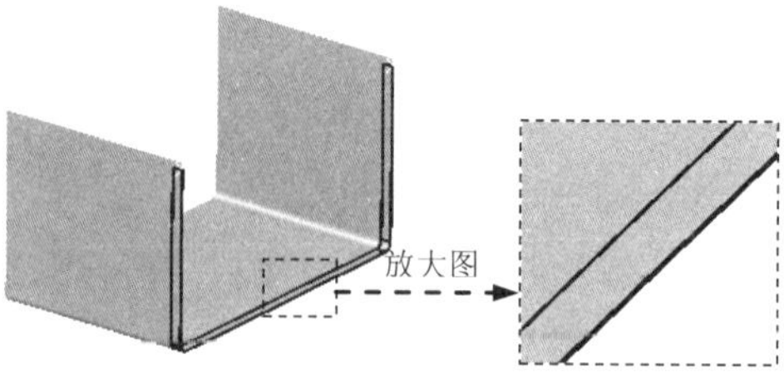

图 33.7.9 凸缘 1

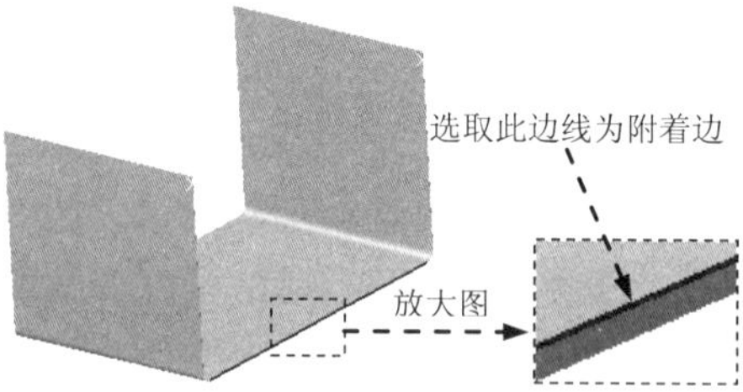

图 33.7.10 定义附着边

Step10. 创建图 33.7.11 所示的特征——点 3。单击“参考元素”工具栏中的 按钮；在 点类型： 下拉列表中选取 曲线上 选项；单击 曲线： 文本框，在模型中选取图 33.7.11 所示的边线，并在长度文本框中输入数值 8，单击 确定 按钮，完成点 3 的创建。

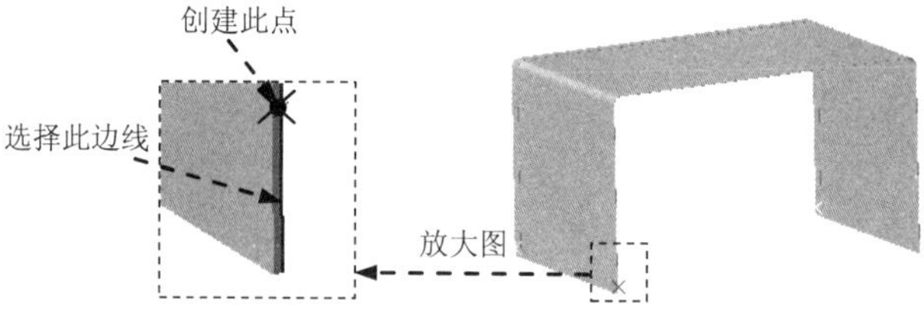

图 33.7.11 点 3

Step11. 参照步骤 Step10 可以创建图 33.7.12 所示的点 4。

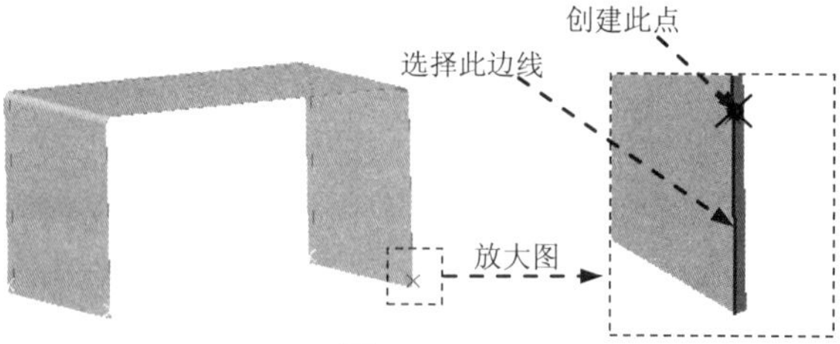

图 33.7.12 点 4

Step12. 创建图 33.7.13 所示的特征——凸缘 2。选择下拉菜单 插入 → Walls → Swept Walls → Flange... 命令；在对话框的下拉列表中选取 Relimited 选项，在 Length: 文本框中输入数值 5，在 Angle: 文本框中输入数值 90，在 Radius: 文本框中输入数值 0.5，单击 Spine:

后的文本框，选取图 33.7.14 所示的边，单击 Propagate 按钮，单击 Limit 1: 文本框，在特征树中选取点 3；单击 Limit 2: 文本框，在特征树中选取点 4；单击 Reverse Direction 按钮确定凸缘的方向，单击 确定 按钮，完成凸缘 2 的创建。

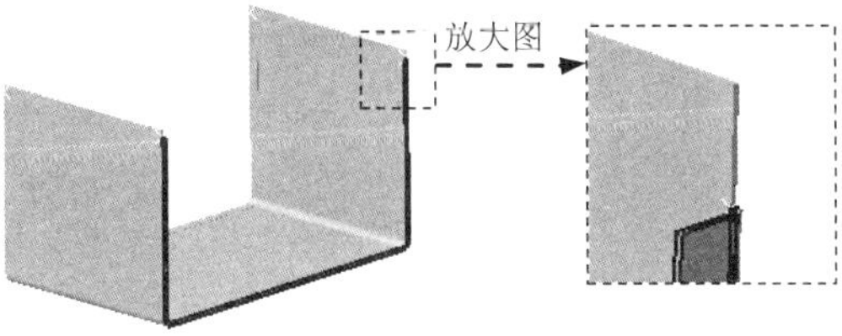

图 33.7.13　凸缘 2

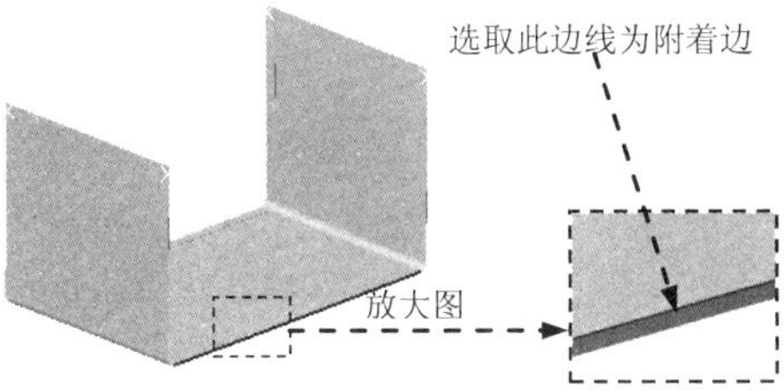

图 33.7.14　定义附着边

Step13. 创建图 33.7.15 所示的特征——附加钣金壁 2。选择下拉菜单 插入 → Walls ▸ → Wall On Edge... 命令，在绘图区选取图 33.7.16 所示的边为附着边，在对话框的 Type: 下拉列表中选择 Sketch Based 选项，单击 Profile: 选项卡中的按钮，选取图 33.7.16 所示的平面为草绘平面，绘制图 33.7.17 所示的截面草图；单击 确定 按钮，完成附加钣金壁 2 的创建。

图 33.7.15　附加钣金壁 2

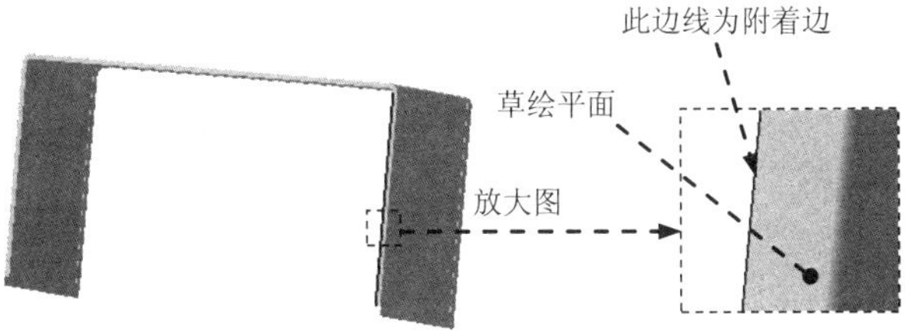

图 33.7.16　定义附着边

Step14. 参照步骤 Step13 可以创建图 33.7. 18 所示的附加钣金壁 3。

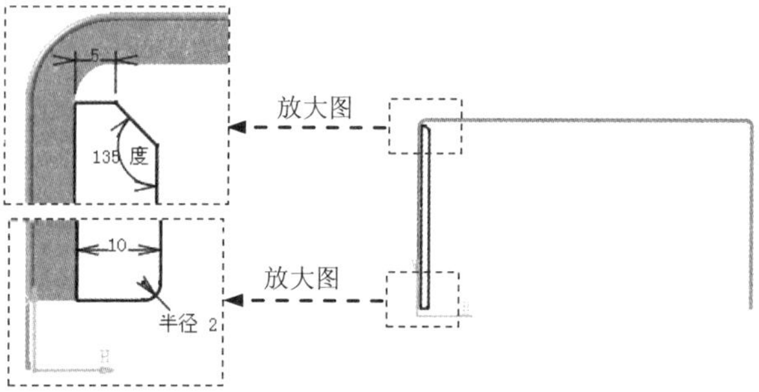

图 33.7.17　截面草图

图 33.7.18　附加钣金壁 3

Step15. 创建图 33.7.19 所示的特征——附加钣金壁 4。选择下拉菜单 插入 → Walls ▸ → Wall On Edge... 命令，在绘图区选取图 33.7.20 所示的边为附着边，在对话框的 Type: 下拉列表中选择 Sketch Based 选项，单击 Profile: 选项卡中的按钮，选取图 33.7.20 所示的平面为草绘平面，绘制图 33.7.21 所示的截面草图；单击 确定 按钮，完成附加钣金壁 4 的创建。

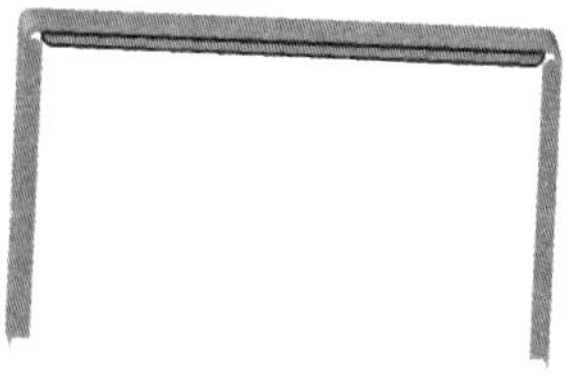

图 33.7.19　附加钣金壁 4

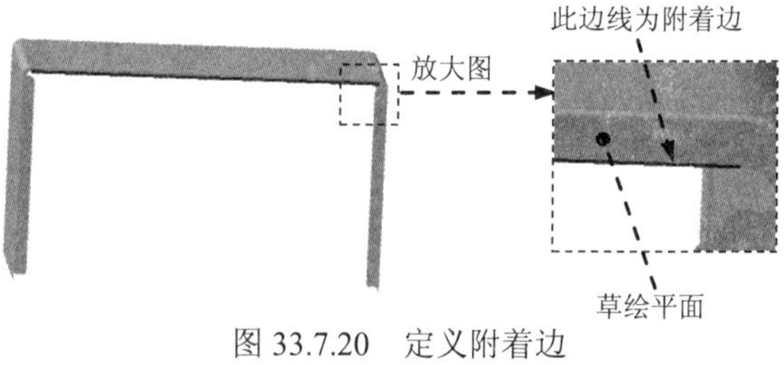

图 33.7.20　定义附着边

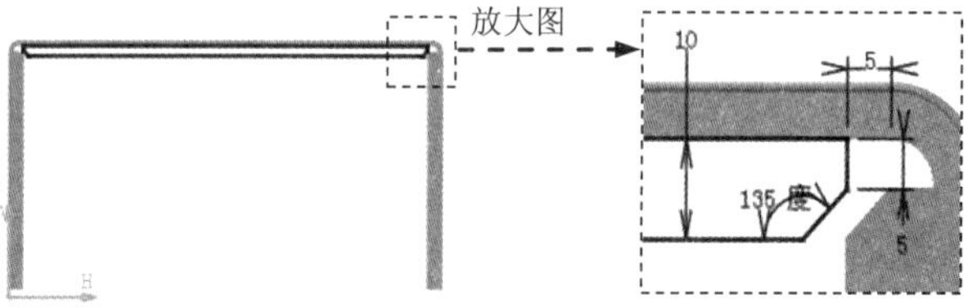

图 33.7.21　截面草图

Step16. 选择下拉菜单 插入 → 几何体 命令，创建几何体。选择下拉菜单

开始 → 机械设计 → 零件设计 命令，切换至零件设计工作台。

Step17. 创建图 33.7.22 所示的零件特征——旋转体 1。选择下拉菜单 插入 → 基于草图的特征 → 旋转体... 命令，选取图 33.7.23 所示的平面为草绘平面，绘制图 33.7.24 所示的截面草图；在 限制 区域的 第一角度： 文本框中输入值 90；在 轴线 区域的 选择： 文本框中右击，选取长度为 25 的直线作为旋转轴，单击 确定 按钮，完成旋转体 1 的创建。

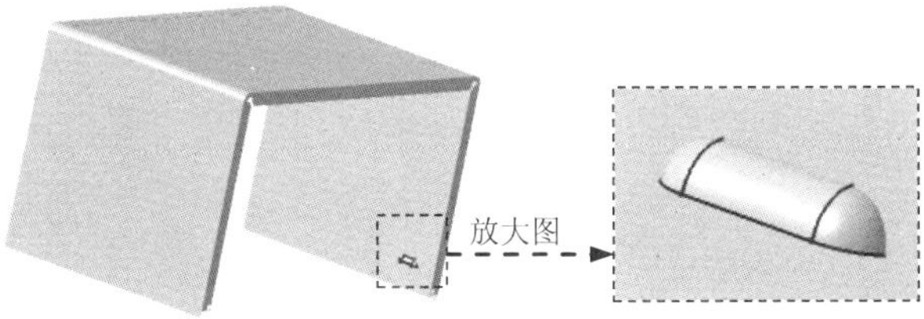

图 33.7.22 旋转体 1

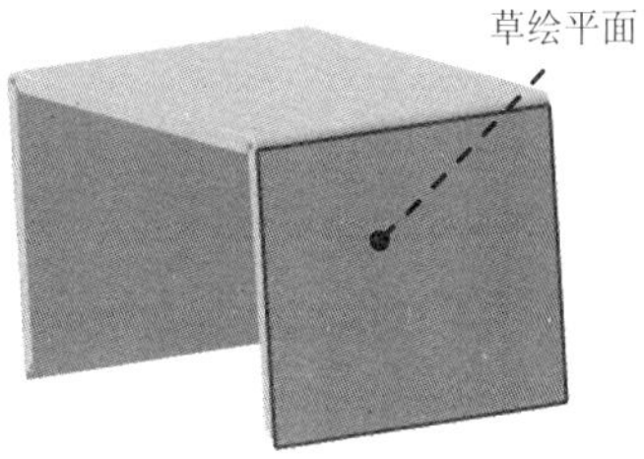

图 33.7.23 定义草绘平面

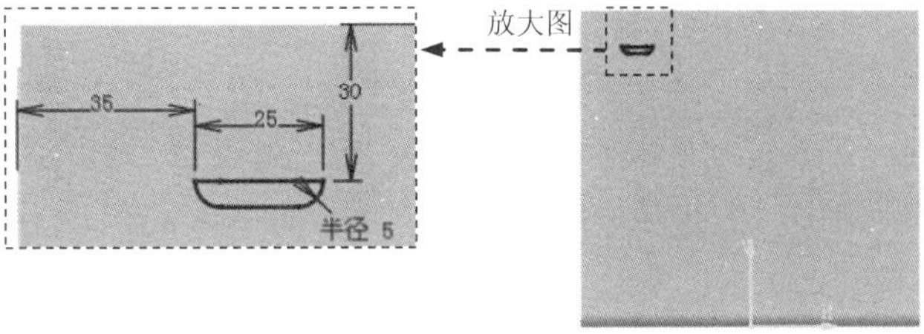

图 33.7.24 截面草图

Step18. 切换工作台。选择下拉菜单 开始 → 机械设计 → Generative Sheetmetal Design 命令，切换到钣金设计工作台，在 零件几何体 上右击，然后在弹出的快捷菜单中选择 定义工作对象 命令。

Step19. 创建图 33.7.25 所示的特征——用户冲压 1。选择下拉菜单 插入 → Stamping → User Stamp... 命令；选取图 33.7.25 所示的平面为附着面，在 Type: 下拉列表中选择 Punch 选项，单击 Punch: 文本框，在特征树中选取 几何体.3 为冲压模具。单击 Faces for opening (0): 文本框，选取图 33.7.26 所示的面为开放面，在 Fillet 区域的 □ No fillet R1 radius: 文本框中输入数值 2.5，在 Position on wall 区域选中 Position on context 复选框；单击 确定 按钮，完成用户冲压 1 的创建。

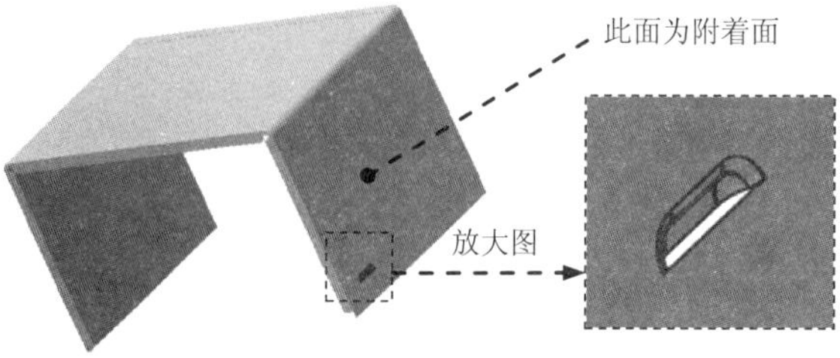

图 33.7.25　用户冲压 1

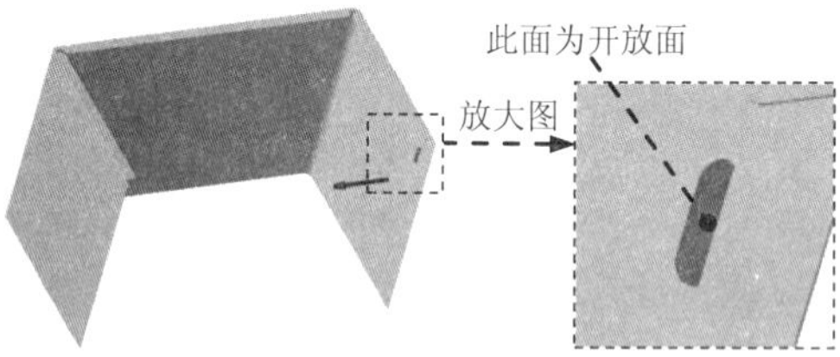

图 33.7.26　定义开放面

Step20. 创建图 33.7.27 所示的特征——矩形阵列 1。选取用户冲压 1 为要阵列的对象，选择下拉菜单 插入 → Transformations ▸ → Rectangular Pattern... 命令；在 第一方向 选项 参数： 文本框的下拉列表中选取 实例和间距 选项，在 实例： 文本框中输入值 4，并在 间距： 文本框中输入值 35；单击 第二方向 选项，在 参数： 文本框的下拉列表中选取 实例和间距 选项，在 实例： 文本框中输入值 8，在 间距： 文本框中输入值 10，单击 参考元素： 文本框，在特征树中选取 xy 平面作为参考；单击 确定 按钮，完成矩形阵列 1 的创建。

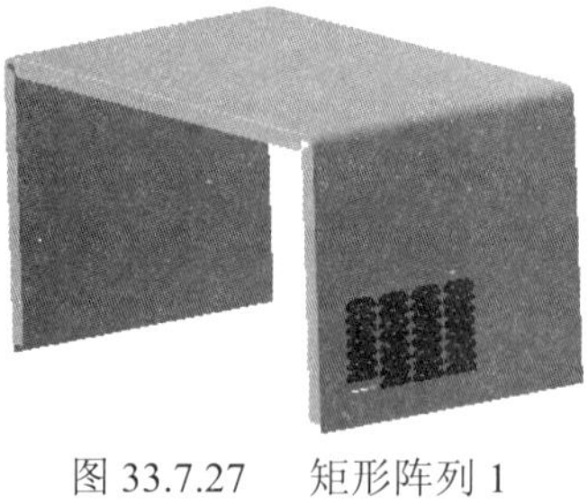

图 33.7.27　矩形阵列 1

Step21. 选择下拉菜单 插入 → 几何体 命令，创建几何体。选择下拉菜单 开始 → 机械设计 ▸ → 零件设计 命令，切换至零件设计工作台。

Step22. 创建图 33.7.28 所示的零件特征——旋转体 2。选择下拉菜单 插入 → 基于草图的特征 ▸ → 旋转体... 命令，选取图 33.7.29 所示的平面为草绘平面，绘制图 33.7.30 所示的截面草图；在 限制 区域的 第一角度： 文本框中输入值 90；在 轴线 区域的 选择： 文本框中右击，选取长度为 30 的直线作为旋转轴，单击 确定 按钮，完成旋转体 2 的创建。

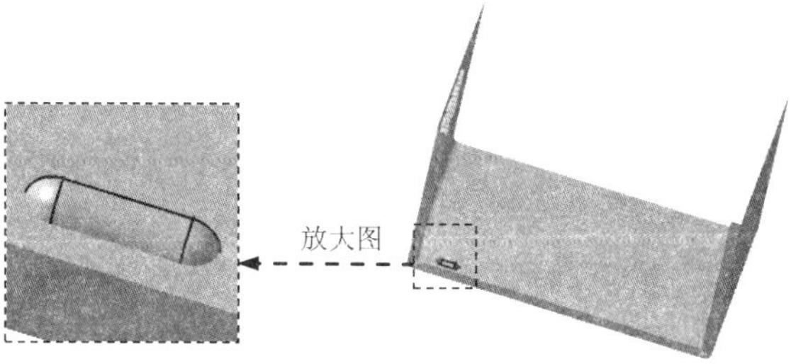

图 33.7.28　旋转体 2

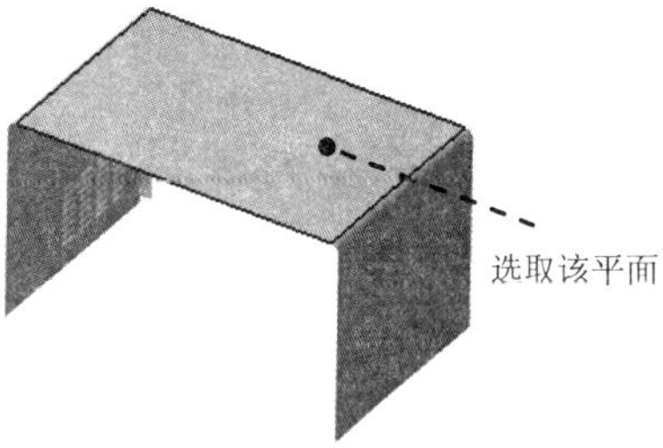

图 33.7.29　定义草绘平面

Step23. 切换工作台。选择下拉菜单 开始 → 机械设计 → Generative Sheetmetal Design 命令，切换到钣金设计工作台，在 零件几何体 上右击，然后在弹出的快捷菜单中选择 定义工作对象 命令。

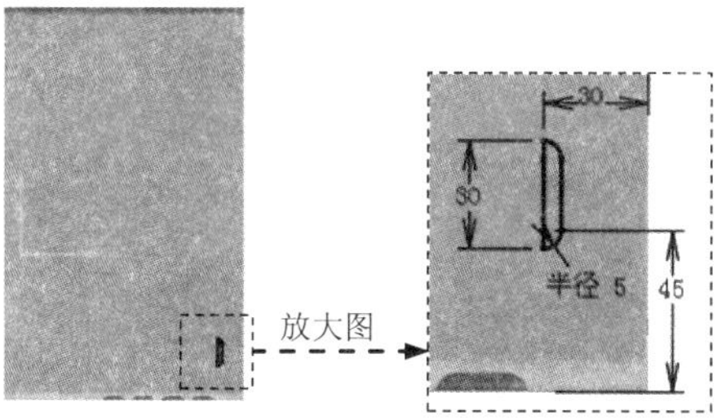

图 33.7.30　截面草图

Step24. 创建图 33.7.31 所示的特征——用户冲压 2。选择下拉菜单 插入 → Stamping → User Stamp... 命令；选取图 33.7.32 所示的平面为附着面，在 Type: 下拉列表中选择 Punch 选项，单击 Punch: 文本框，在特征树中选取 几何体.4 为冲压模具。单击 Faces for opening (0): 文本框，选取图 33.7.33 所示的面为开放面，在 Fillet 区域的 No fillet R1 radius: 文本框中输入数值 2.5，在 Position on wall 区域选中 Position on context 复选框；单击 确定 按钮，完成用户冲压 2 的创建。

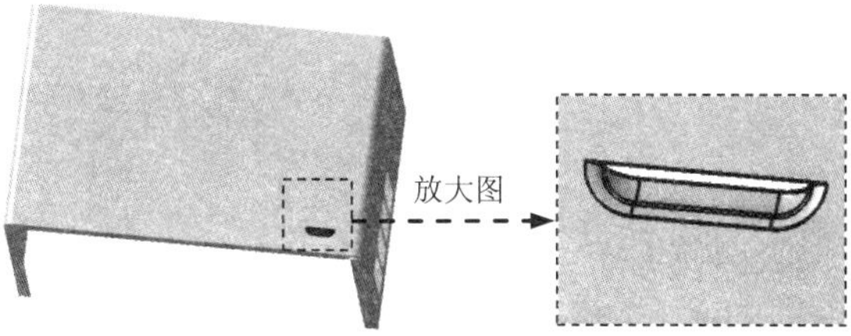

图 33.7.31　用户冲压 2

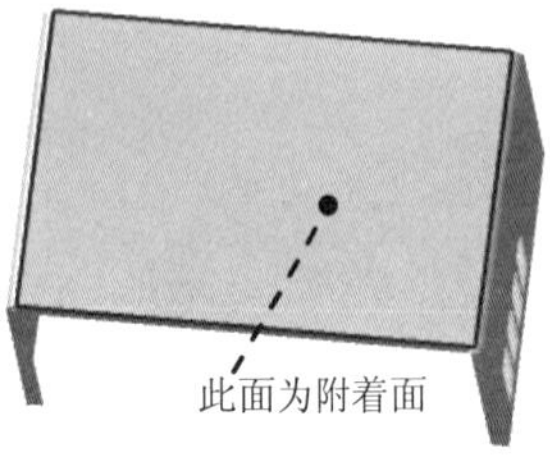

图 33.7.32　定义附着面

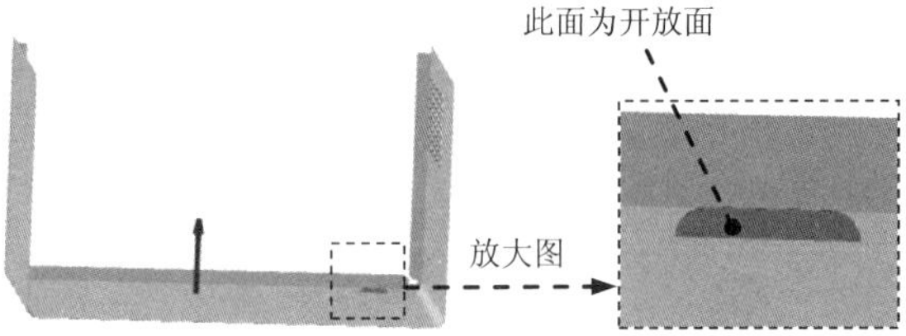

图 33.7.33　定义开放面

Step25. 创建图 33.7.34 所示的特征——矩形阵列 2。选取用户冲压 2 为要阵列的对象，选择下拉菜单 插入 → Transformations ▸ → Rectangular Pattern... 命令；在 第一方向 选项的 参数： 文本框的下拉列表中选取 实例和间距 选项，在 实例： 文本框中输入值 6，并在 间距： 文本框中输入值 45；单击 第二方向 选项，在 参数： 文本框的下拉列表中选取 实例和间距 选项，在 实例： 文本框中输入值 3，在 间距： 文本框中输入值 15，单击 参考元素： 文本框，在特征树中选取 zx 平面作为参考；单击 反转 按钮调整方向，单击 确定 按钮，完成矩形阵列 2 的创建。

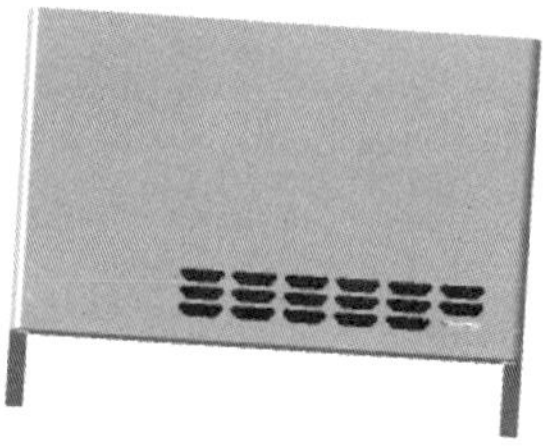

图 33.7.34　矩形阵列 2

Step26. 创建图 33.7.35 所示的特征——剪口 1。选择下拉菜单 插入 → Cutting ▸ → Cut Out... 命令；在 Cutout Type 区域的 Type: 下拉列表中选取 Sheetmetal standard 选项，在 End Limit 区域的 Type: 下拉列表中选取 Up to next 选项，单击 按钮，选取图 33.7.35 所示的平面为草绘平面，绘制图 33.7.36 所示的截面草图，其他参数采用系统默认设置值，单击 确定 按钮，完成剪口 1 的创建。

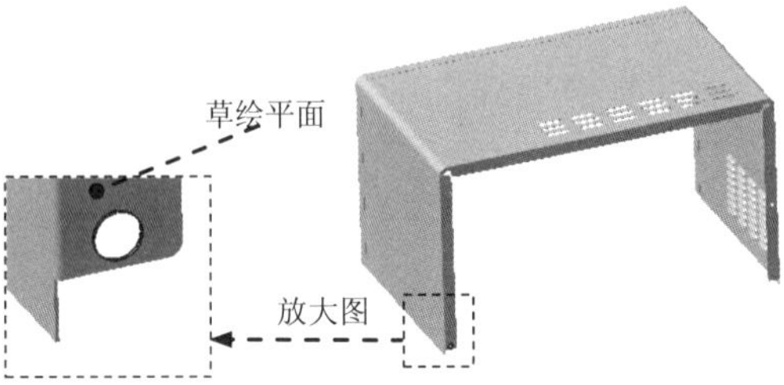

图 33.7.35　剪口 1

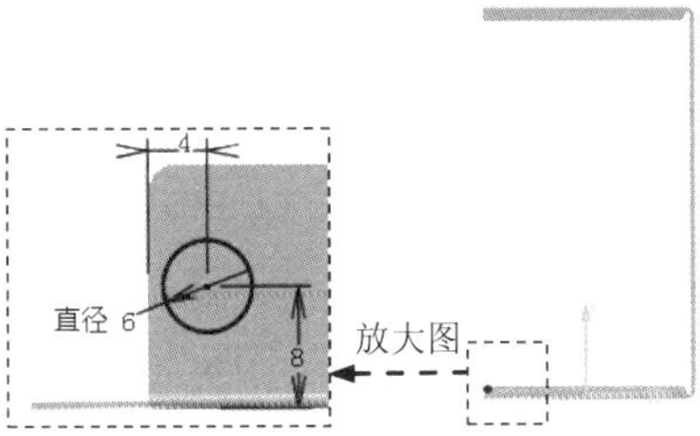

图 33.7.36 截面草图

Step27. 创建图 33.7.37 所示的特征——剪口 2。选择下拉菜单 插入 → Cutting ▸ → Cut Out... 命令；在 Cutout Type 区域的 Type: 下拉列表中选取 Sheetmetal standard 选项，在 End Limit 区域的 Type: 下拉列表中选取 Up to next 选项，单击 按钮，选取图 33.7.37 所示的平面为草绘平面，绘制图 33.7.38 所示的截面草图，其他参数采用系统默认设置值，单击 确定 按钮，完成剪口 2 的创建。

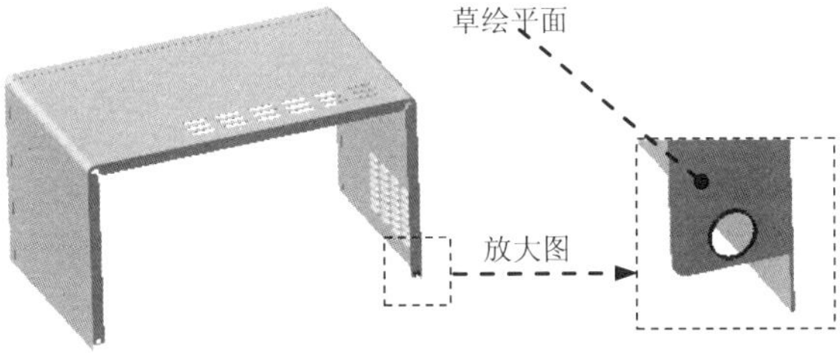

图 33.7.37 剪口 2

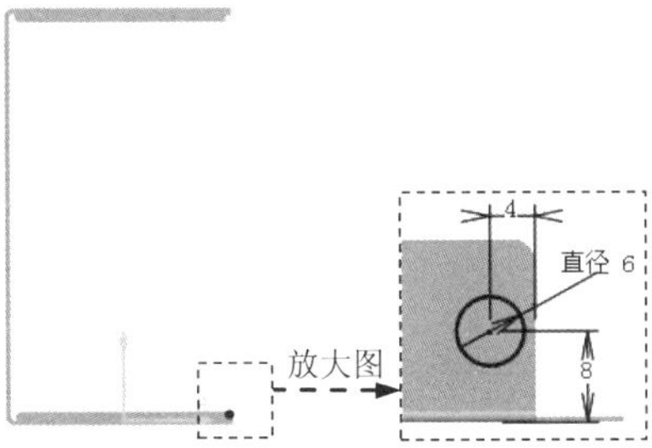

图 33.7.38 截面草图

Step28. 创建图 33.7.39 所示的特征——剪口 3。选择下拉菜单 插入 → Cutting ▸ → Cut Out... 命令；在 Cutout Type 区域的 Type: 下拉列表中选取 Sheetmetal standard 选项，在 End Limit 区域的 Type: 下拉列表中选取 Up to next 选项，单击 按钮，选取图 33.7.39 所示的平面为草绘平面，绘制图 33.7.40 所示的截面草图，其他参数采用系统默认设置值，单击 确定 按钮，完成剪口 3 的创建。

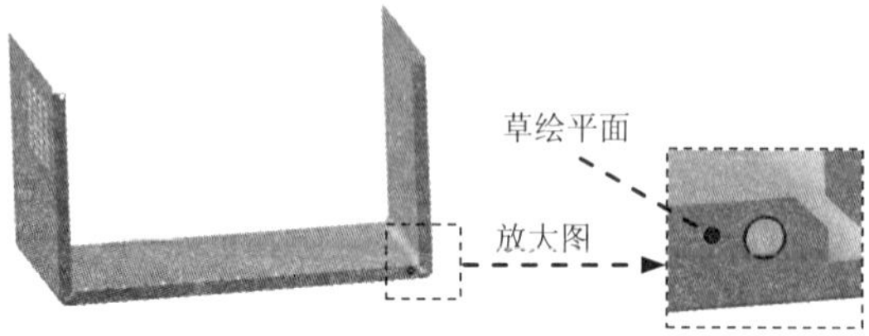

图 33.7.39　剪口 3

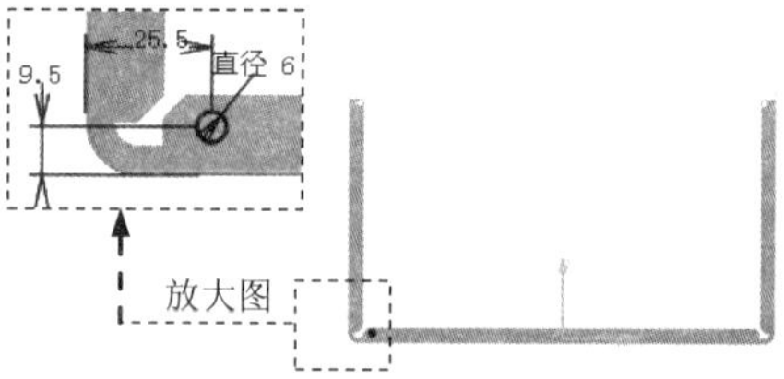

图 33.7.40　截面草图

Step29. 创建图 33.7.41 所示的特征——剪口 4。选择下拉菜单 插入 → Cutting ▸ → Cut Out... 命令；在 Cutout Type 区域的 Type: 下拉列表中选取 Sheetmetal standard 选项，在 End Limit 区域的 Type: 下拉列表中选取 Up to next 选项，单击按钮，选取图 33.7.41 所示的平面为草绘平面，绘制图 33.7.42 所示的截面草图，其他参数采用系统默认设置值，单击 确定 按钮，完成剪口 4 的创建。

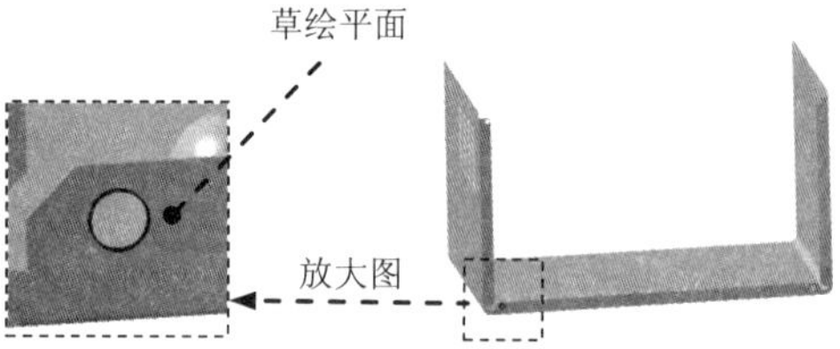

图 33.7.41　剪口 4

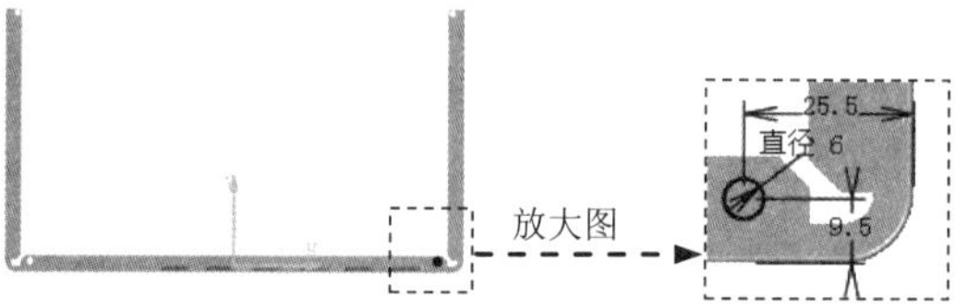

图 33.7.42　截面草图

Step30. 保存文件。选择下拉菜单 文件 → 保存 命令，完成零件模型的保存。

Step31. 选择下拉菜单 窗口 → 1 MICROWAVE_OVEN_CASE.CATProduct 命令，切换窗口并保存装配体文件。

33.8　创建微波炉外壳底板

下面创建图 33.8.1 所示的微波炉外壳底板。

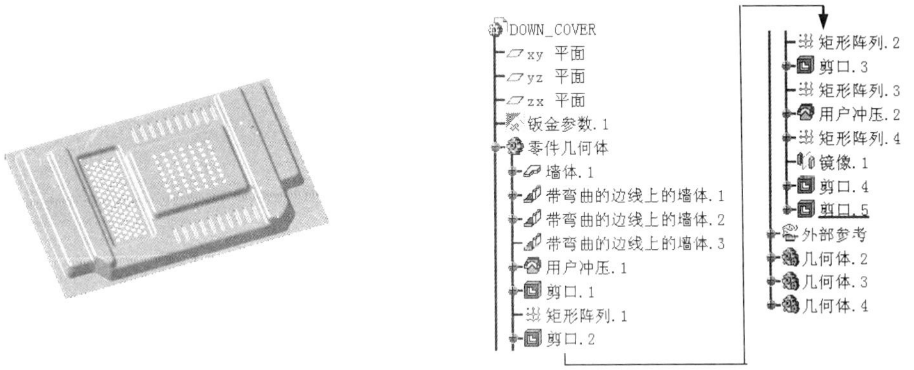

图 33.8.1　微波炉外壳底板模型及特征树

Step1. 参照前面钣金件的创建方法，在装配环境新建零件，并将零件命名为 DOWN_COVER，将 DISH 模型中发布的几何特征分别复制并选择性粘贴过来。

Step2. 设置钣金参数。选择下拉菜单 插入 → Sheet Metal Parameters... 命令，在 Thickness: 文本框中输入值 0.5，在 Default Bend Radius: 文本框中输入值 0.5；单击 Bend Extremities 选项卡，然后在 Minimum with no relief 下拉列表中选择 Minimum with no relief 选项。单击 确定 按钮，完成钣金参数的设置。

Step3. 在特征树中右击 零件几何体 选项，在弹出的快捷菜单中选取 定义工作对象 命令。

Step4. 创建图 33.8.2 所示的特征——第一钣金壁 1。选择下拉菜单 插入 → Walls ▸ → Wall... 命令，在对话框中单击 按钮，选取外部参考中的平面 13 作为草绘平面，进入草图环境，并绘制图 33.8.3 所示的截面草图；单击图形区域中的箭头定义方向，单击 确定 按钮，完成第一钣金壁 1 的创建。

图 33.8.2　第一钣金壁 1

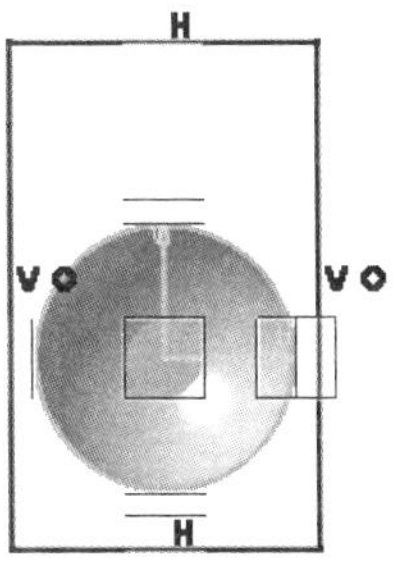

图 33.8.3　截面草图

Step5. 创建图 33.8.4 所示的特征——附加钣金壁 1。选择下拉菜单 插入 ➡ Walls ▸ ➡ Wall On Edge... 命令，在绘图区选取图 33.8.5 所示的边为附着边，在对话框的 Type: 下拉列表中选择 Sketch Based 选项，在 Profile: 选项中单击 按钮，选取图 33.8.5 所示的平面为草绘平面，绘制图 33.8.6 所示的截面草图；单击 确定 按钮，完成附加钣金壁 1 的创建。

图 33.8.4　附加钣金壁 1

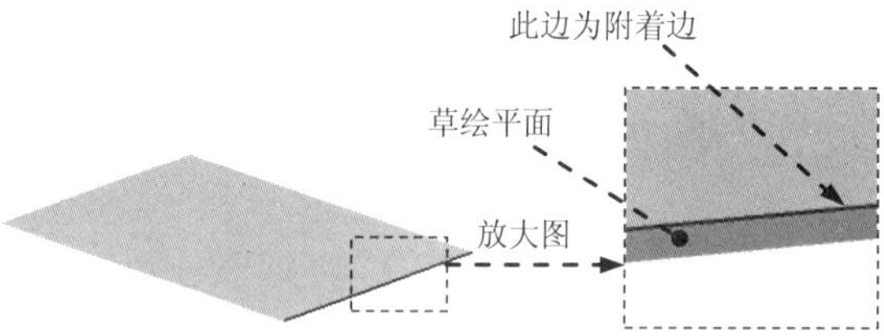

图 33.8.5　定义附着边

Step6. 参照步骤 Step5 可以创建图 33.8.7 所示的附加钣金壁 2。

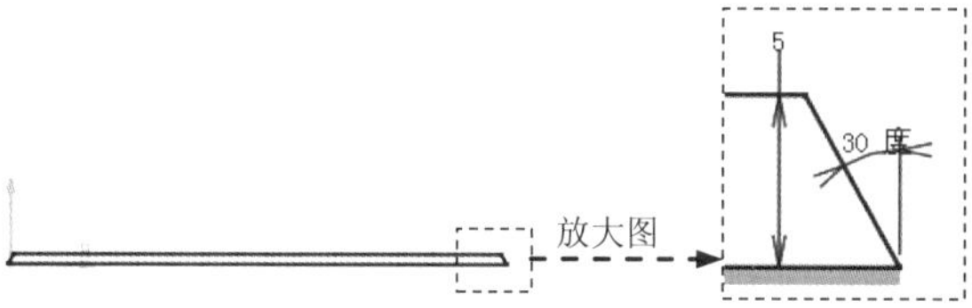

图 33.8.6　截面草图

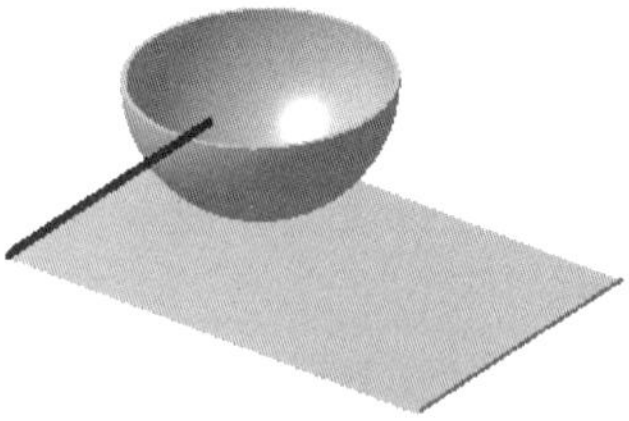

图 33.8.7　附加钣金壁 2

Step7. 创建图 33.8.8 所示的特征——附加钣金壁 3。选择下拉菜单 插入 ➡ Walls ▸ ➡ Wall On Edge... 命令，在绘图区选取图 33.8.9 所示的边为附着边，在对话框的 Type: 下拉列表中选择 Automatic 选项，在 Height & Inclination 下拉列表中选取 Height: 选项，在文本框中输入数值 18，在 Angle 后的文本框中输入数值 90，在 Clearance mode: 下拉列表中选取 Monodirectional 选项，在 Clearance value: 文本框中输入数值 1，在对话框中选中 With Bend 复选框，单击 确定 按钮，完成附加钣金壁 3 的创建。

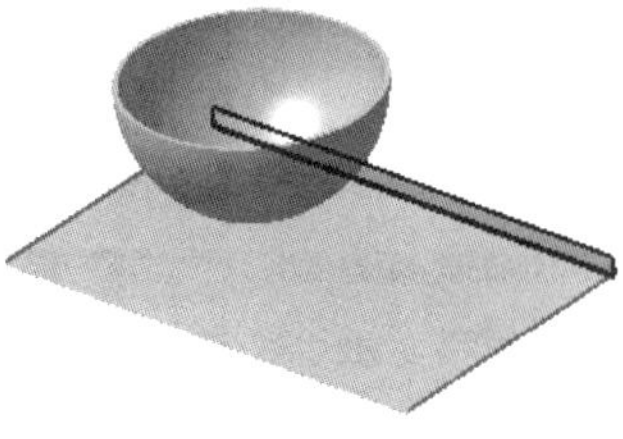

图 33.8.8　附加钣金壁 3

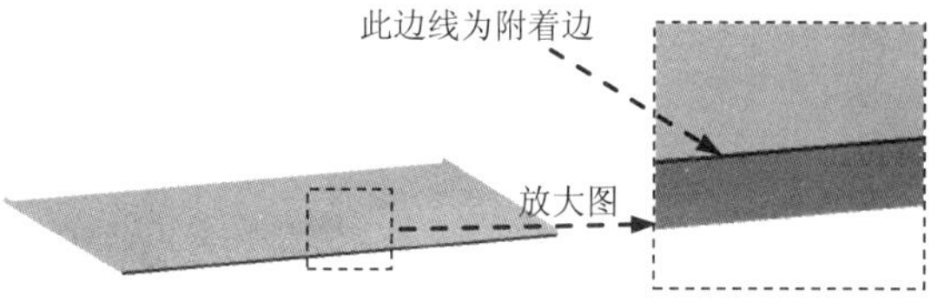

图 33.8.9　定义附着边

Step8. 选择下拉菜单 插入 → 几何体 命令，创建几何体。选择下拉菜单 开始 → 机械设计 ▸ → 零件设计 命令，切换至零件设计工作台。

Step9. 创建图 33.8.10 所示的零件特征——凸台 1。选择下拉菜单 插入 → 基于草图的特征 ▸ → 凸台... 命令；选取图 33.8.11 所示的面为草绘平面，绘制图 33.8.11 所示的截面草图；在 第一限制 区域的 类型： 下拉列表中选取 尺寸 选项，在 长度： 文本框中输入值 20，单击 反转方向 按钮；单击 确定 按钮，完成凸台 1 的创建。

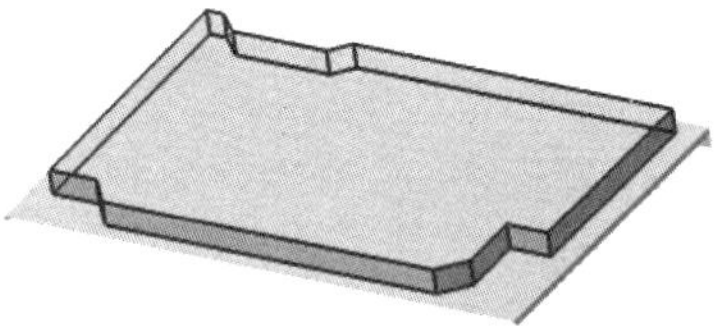

图 33.8.10 凸台 1

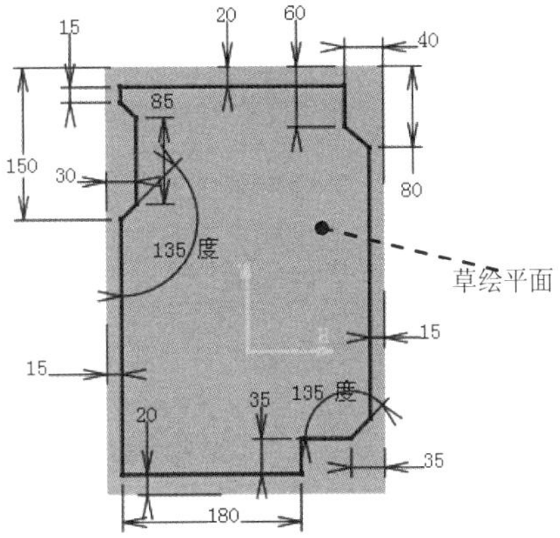

图 33.8.11 截面草图

Step10. 创建图 33.8.12 所示的零件特征——凸台 2。选择下拉菜单 插入 → 基于草图的特征 ▸ → 凸台... 命令；选取图 33.8.12 所示的面为草绘平面，绘制图 33.8.13 所示的截面草图；在 第一限制 区域的 类型： 下拉列表中选取 尺寸 选项，在 长度： 文本框中输入值 10；单击 确定 按钮，完成凸台 2 的创建。

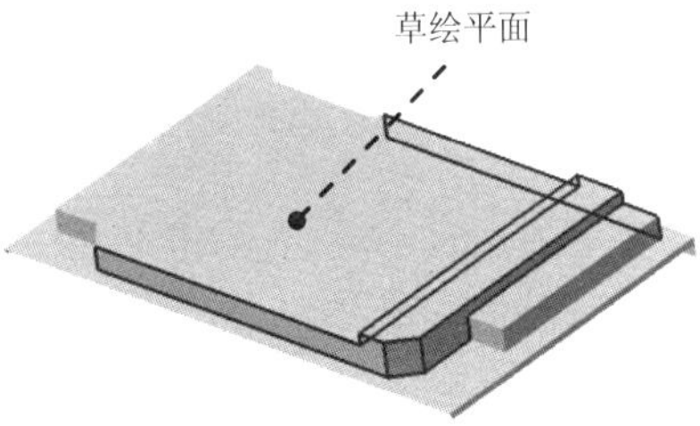

图 33.8.12 凸台 2

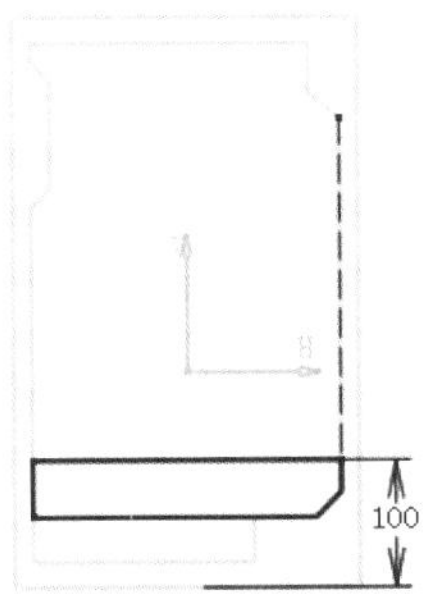

图 33.8.13 截面草图

Step11. 创建图 33.8.14 所示的零件特征——凸台 3。选择下拉菜单 插入 → 基于草图的特征 → 凸台... 命令；选取图 33.8.14 所示的面为草绘平面，绘制图 33.8.15 所示的截面草图；在 第一限制 区域的 类型： 下拉列表中选取 尺寸 选项，在 长度： 文本框中输入值 10，采用系统默认的方向，单击 确定 按钮，完成凸台 3 的创建。

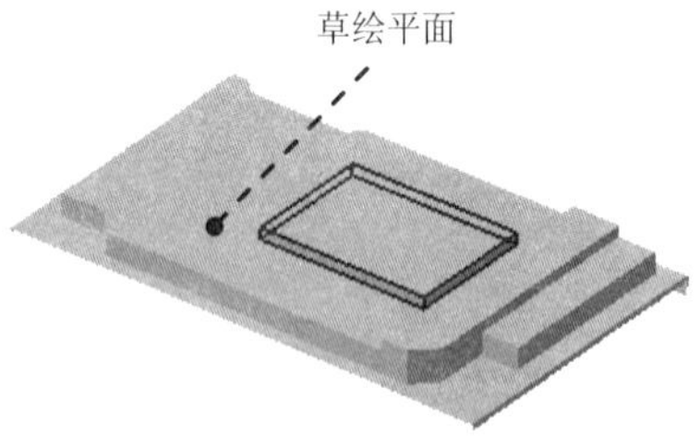

图 33.8.14 凸台 3

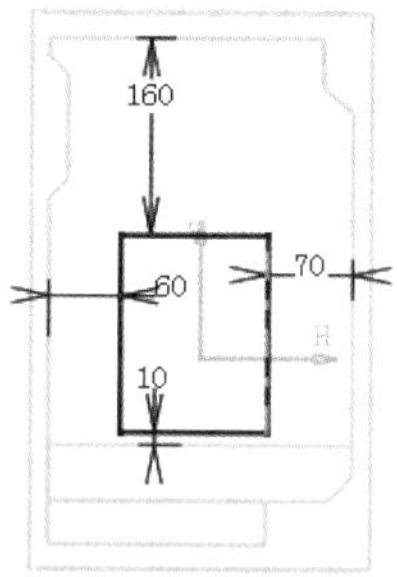

图 33.8.15 截面草图

Step12. 创建图 33.8.16 所示的零件特征——凸台 4。选择下拉菜单 插入 → 基于草图的特征 → 凸台... 命令；选取图 33.8.16 所示的面为草绘平面，绘制图 33.8.17 所示的截面草图；在 第一限制 区域的 类型： 下拉列表中选取 尺寸 选项，在 长度： 文本框中输入值 10，采用系统默认的方向，单击 确定 按钮，完成凸台 4 的创建。

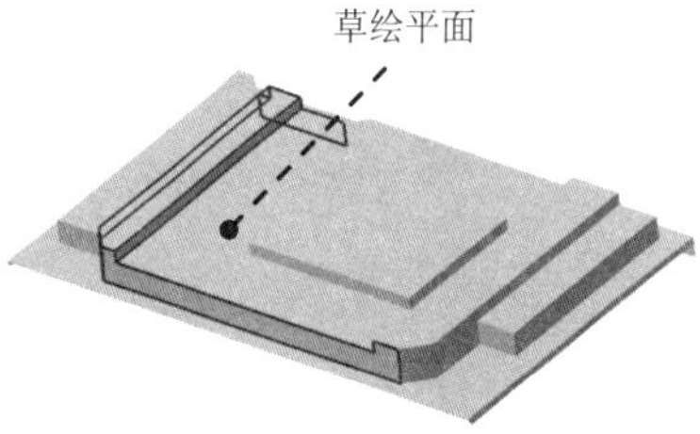

图 33.8.16 凸台 4

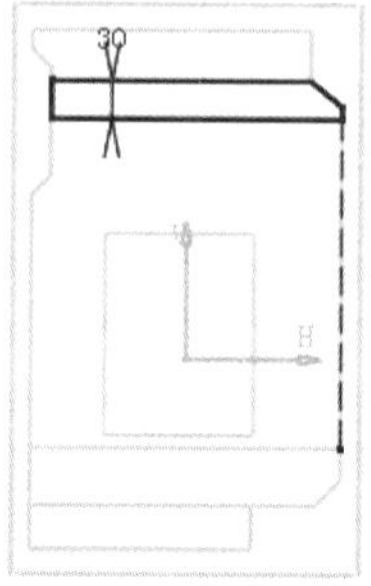

图 33.8.17 截面草图

Step13. 创建图 33.8.18 所示的零件特征——凹槽 1。选择下拉菜单 插入 → 基于草图的特征 → 凹槽... 命令；选取图 33.8.18 所示的面为草绘平面；绘制图 33.8.19 所示的截面草图；在对话框 第一限制 区域的 类型： 下拉列表中选取 尺寸 选项，在 深度： 文本框中输入值 8，采用系统默认的方向，单击 确定 按钮，完成凹槽 1 的创建。

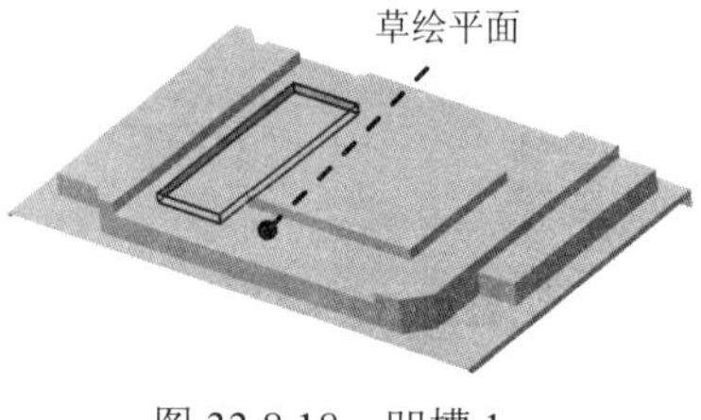

图 33.8.18 凹槽 1

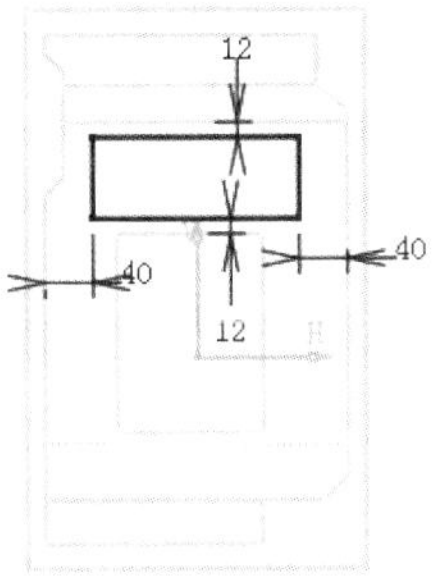

图 33.8.19 截面草图

Step14. 创建图 33.8.20b 所示的零件特征——拔模 1。选择下拉菜单 插入 → 修饰特征 → 拔模... 命令；选取图 33.8.20a 所示的面分别为要拔模的面和中性元素，在 角度: 中输入数值 20，单击图形区域的方向箭头调整拔模方向，单击 确定 按钮，完成拔模 1 的创建。

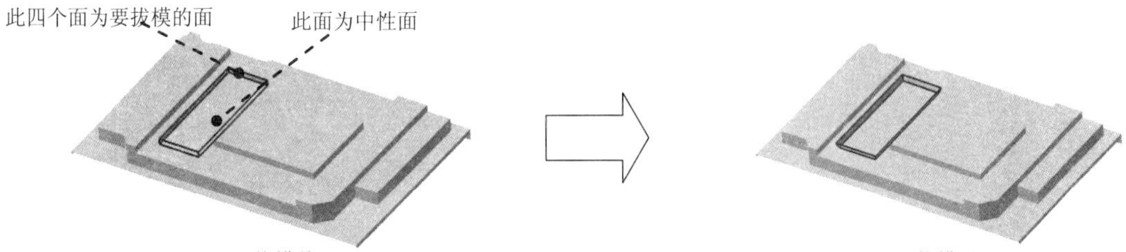

a）拔模前 b）拔模后

图 33.8.20 拔模 1

Step15. 创建图 33.8.21b 所示的零件特征——拔模 2。选择下拉菜单 插入 → 修饰特征 → 拔模... 命令；选取图 33.8.21a 所示的面分别为要拔模的面和中性元素，在 角度: 中输入数值 20，采用系统默认的拔模方向，单击 确定 按钮，完成拔模 2 的创建。

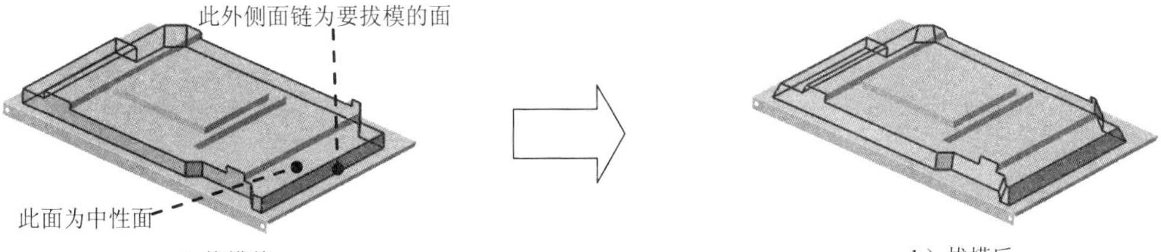

a）拔模前 b）拔模后

图 33.8.21 拔模 2

Step16. 创建图 33.8.22b 所示的零件特征——拔模 3。选择下拉菜单 插入 → 修饰特征 → 拔模... 命令；选取图 33.8.22a 所示的面分别为要拔模的面和中性元素，在 角度: 中输入数值 20，采用系统默认的拔模方向，单击 确定 按钮，完成拔模 3 的创建。

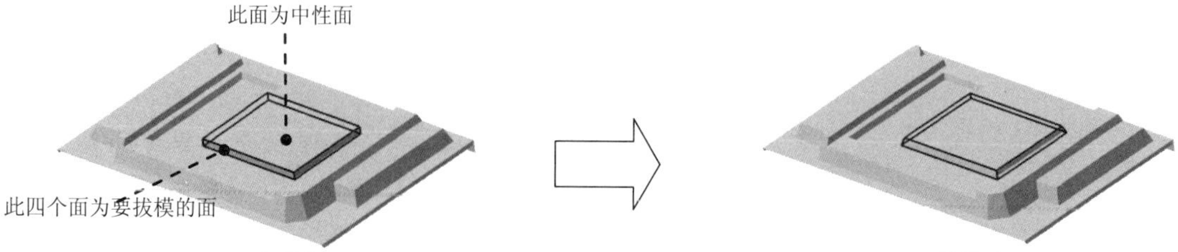

a）拔模前　　　　b）拔模后

图 33.8.22　拔模 3

Step17. 创建图 33.8.23b 所示的特征——倒圆角 1。选取图 33.8.23a 所示的边为倒圆角的对象，倒圆角半径为 10。

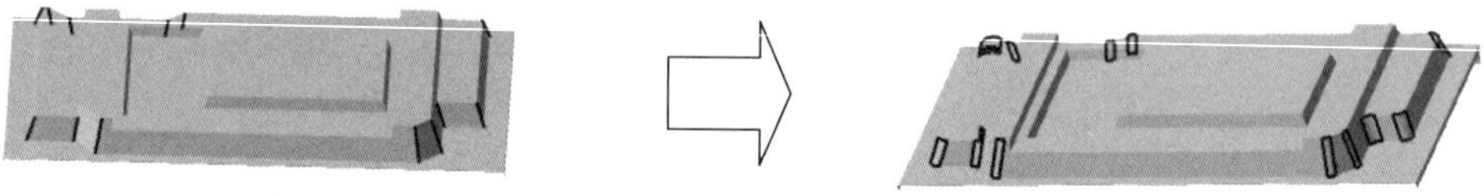

a）圆角前　　　　b）圆角后

图 33.8.23　倒圆角 1

Step18. 创建图 33.8.24b 所示的特征——倒圆角 2。选取图 33.8.24a 所示的边为倒圆角的对象，倒圆角半径为 8。

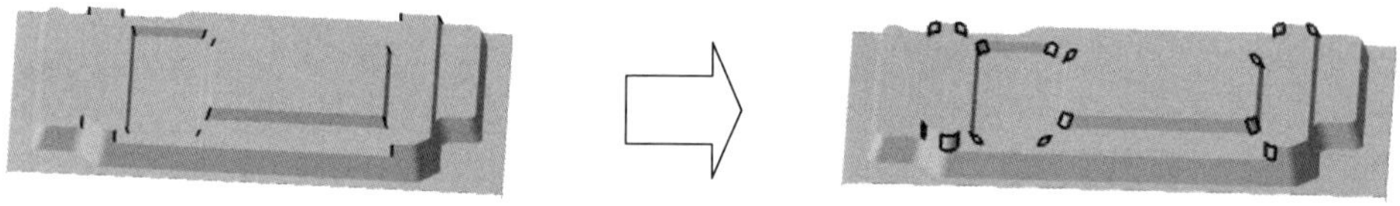

a）圆角前　　　　b）圆角后

图 33.8.24　倒圆角 2

Step19. 创建图 33.8.25b 所示的特征——倒圆角 3。选取图 33.8.25a 所示的边为倒圆角的对象，倒圆角半径为 5。

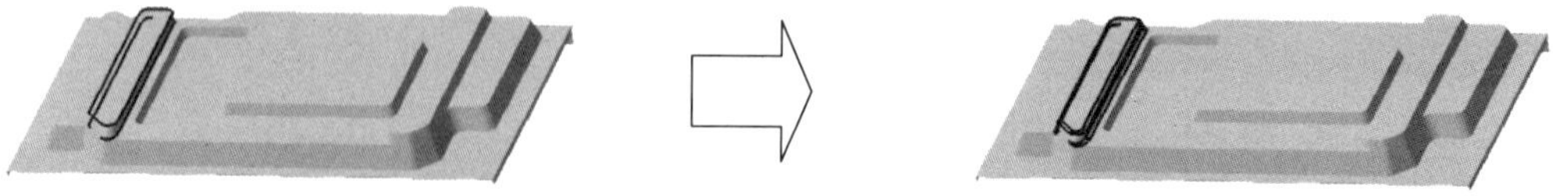

a）圆角前　　　　b）圆角后

图 33.8.25　倒圆角 3

Step20. 创建图 33.8.26b 所示的特征——倒圆角 4。选取图 33.8.26a 所示的边为倒圆角的对象，倒圆角半径为 5。

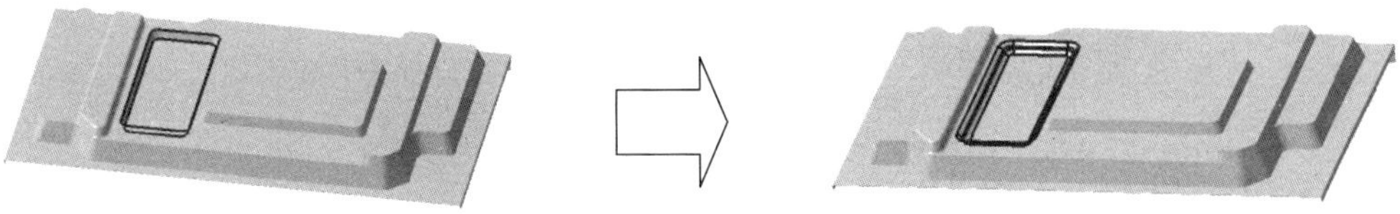

a）圆角前　　b）圆角后

图 33.8.26　倒圆角 4

Step21. 创建图 33.8.27b 所示的特征——倒圆角 5。选取图 33.8.27a 所示的边为倒圆角的对象，倒圆角半径为 5。

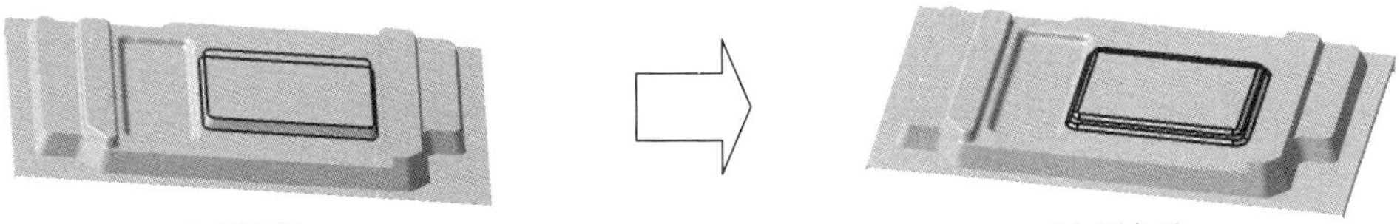

a）圆角前　　b）圆角后

图 33.8.27　倒圆角 5

Step22. 创建图 33.8.28b 所示的特征——倒圆角 6。选取图 33.8.28a 所示的边为倒圆角的对象，倒圆角半径为 5。

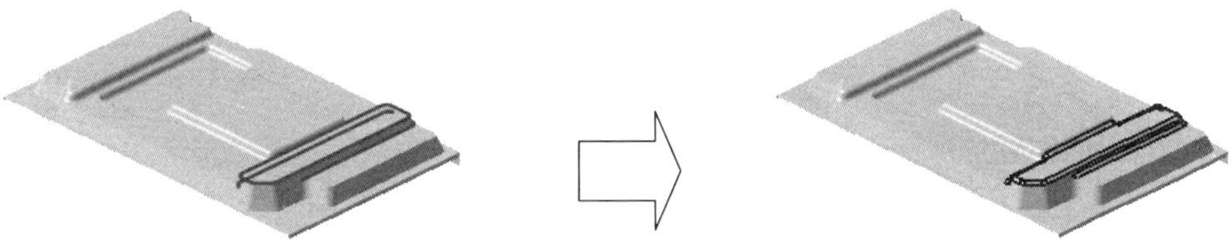

a）圆角前　　b）圆角后

图 33.8.28　倒圆角 6

Step23. 创建图 33.8.29b 所示的特征——倒圆角 7。选取图 33.8.29a 所示的边为倒圆角的对象，倒圆角半径为 5。

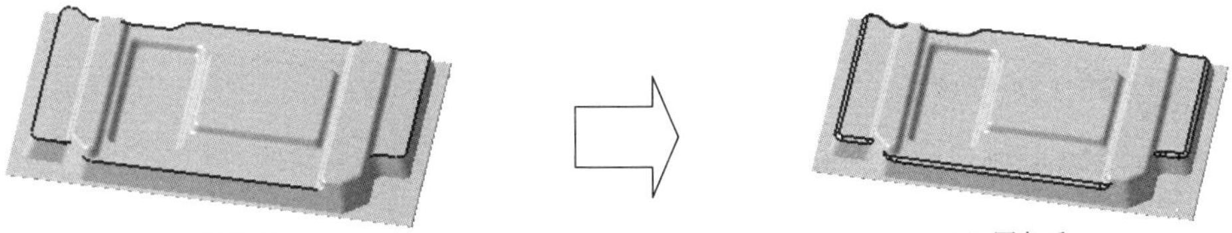

a）圆角前　　b）圆角后

图 33.8.29　倒圆角 7

Step24. 切换工作台。选择下拉菜单 开始 → 机械设计 → Generative Sheetmetal Design 命令，切换到钣金设计工作台，在 零件几何体 上右击，然后在弹出的快捷菜单中选择 定义工作对象 命令。

Step25. 创建图 33.8.30 所示的特征——用户冲压 1。选择下拉菜单 插入 → Stamping ▸ → User Stamp... 命令；选取图 33.8.31 所示的平面为附着面，在 Type: 下拉列表中选择 Punch 选项，单击 Punch: 文本框，在特征树中选取 几何体.3 为冲压模具。在 Fillet 区域的 □ No fillet R1 radius: 文本框中输入数值 2，在 Position on wall 区域选中 Position on context 复选框；单击 确定 按钮，完成用户冲压 1 的创建。

图 33.8.30　用户冲压 1

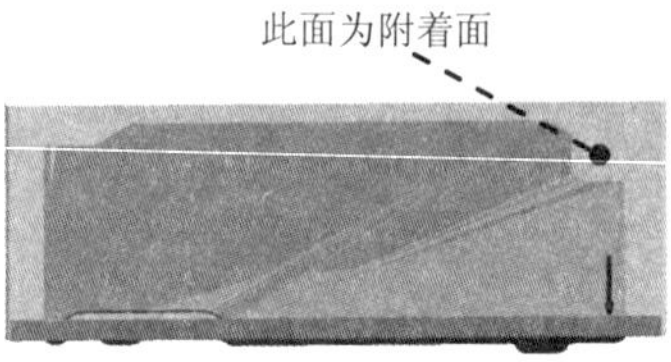

图 33.8.31　定义附着面

Step26. 创建图 33.8.32 所示的特征——剪口 1。选择下拉菜单 插入 → Cutting ▸ → Cut Out... 命令；选取图 33.8.32 所示的平面为草绘平面，绘制图 33.8.33 所示的截面草图，在对话框的 Type: 文本框中选取 Up to next 选项，其他参数采用系统默认设置值，单击 确定 按钮，完成剪口 1 的创建。

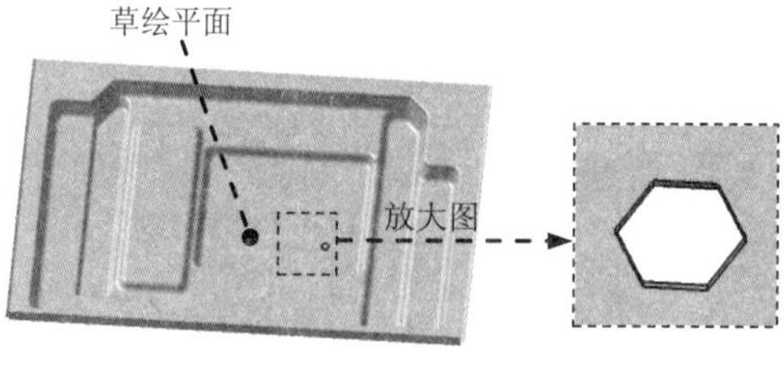

图 33.8.32　剪口 1

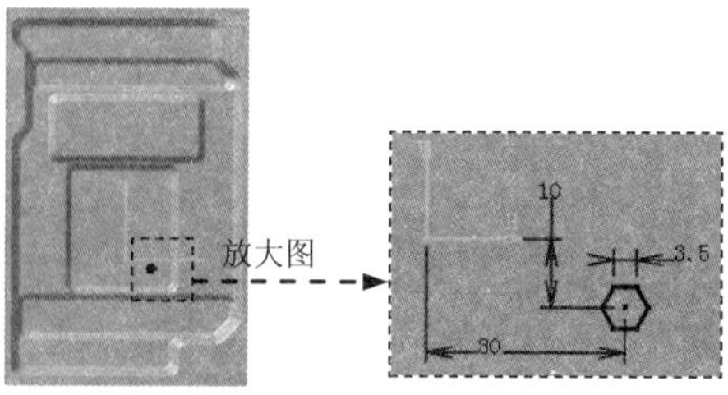

图 33.8.33　截面草图

Step27. 创建图 33.8.34 所示的特征——矩形阵列 1。在特征树中选择剪口 1，选择下拉菜单 插入 → Transformations ▸ → Rectangular Pattern... 命令；在 第一方向 选项的 参数: 文本框的下拉列表中选取 实例和间距 选项，在 实例: 文本框中输入值 7，并在 间距: 文本框中输入值 15；单击 第二方向 选项，在 参数: 文本框的下拉列表中选取 实例和间距 选项，在 实例: 文本框中输入值 8，并在 间距: 文本框中输入值 11，单击 参考元素: 文本框，在特征树中选取 zx 平面作为参考；单击 确定 按钮，完成矩形阵列 1 的创建。

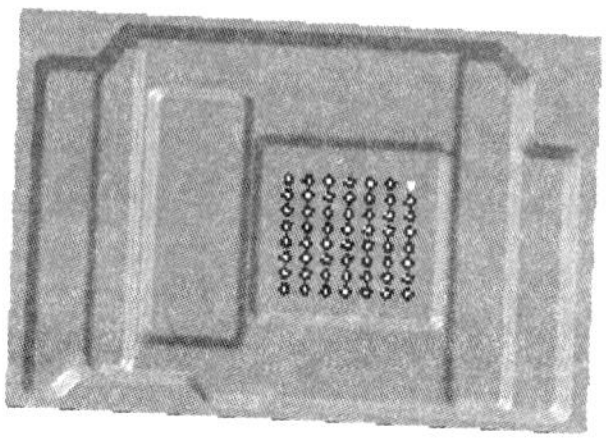

图 33.8.34　矩形阵列 1

Step28. 创建图 33.8.35 所示的特征——剪口 2。选择下拉菜单 插入 → Cutting ▸ → Cut Out... 命令；在 Cutout Type 区域的 Type: 下拉列表中选取 Sheetmetal standard 选项，在 End Limit 区域的 Type: 下拉列表中选取 Up to next 选项，单击 按钮，选取图 33.8.35 所示的平面为草绘平面，绘制图 33.8.36 所示的截面草图；单击 确定 按钮，完成剪口 2 的创建。

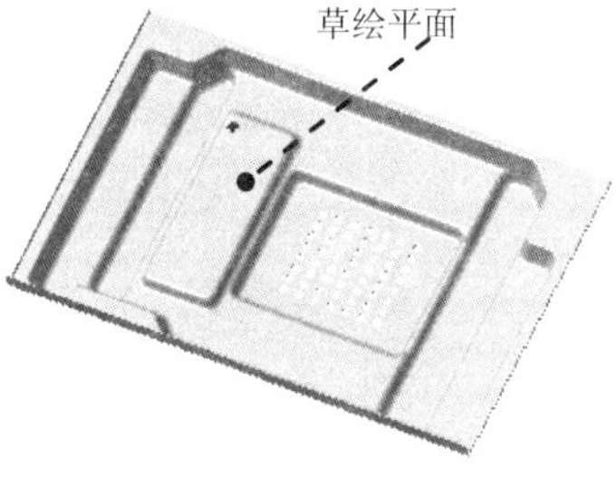

图 33.8.35　剪口 2

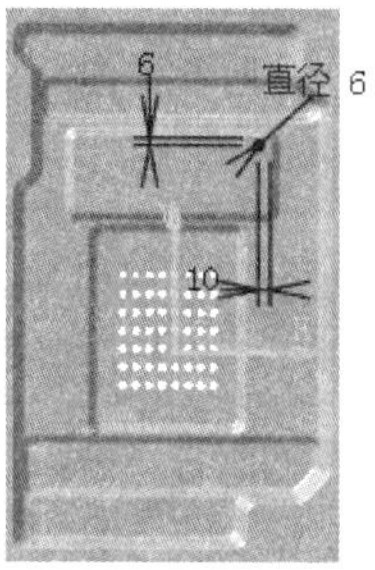

图 33.8.36　截面草图

Step29. 创建图 33.8.37 所示的特征——矩形阵列 2。在特征树中选取剪口 2，选择下拉菜单 插入 → Transformations ▸ → Rectangular Pattern... 命令；在 第一方向 选项的 参数: 文本框的下拉列表中选取 实例和间距 选项，在 实例: 文本框中输入值 4，在 间距: 文本框中输入值 15；单击 第二方向 选项，在 参数: 文本框的下拉列表中选取 实例和间距 选项，在 实例: 文本框中输入值 14，在 间距: 文本框中输入值 11，单击 参考元素: 文本框，在特征树中选取 zx 平面作为参考；单击 确定 按钮，完成矩形阵列 2 的创建。

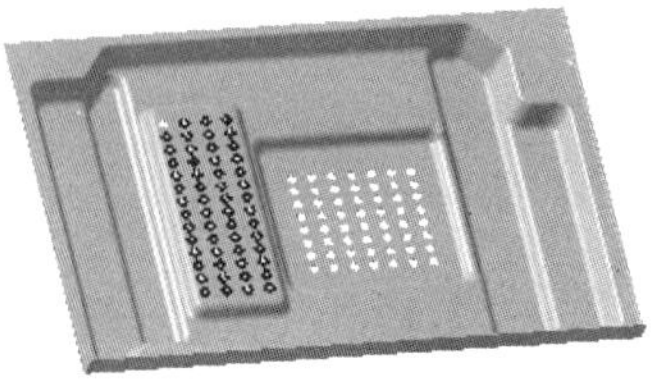

图 33.8.37　矩形阵列 2

Step30. 创建图 33.8.38 所示的特征——剪口 3。选择下拉菜单 插入 → Cutting ▸ → Cut Out... 命令；在 Cutout Type 区域的 Type: 下拉列表中选取 Sheetmetal standard 选项，在 End Limit 区域的 Type: 下拉列表中选取 Up to next 选项，单击 按钮，选取图 33.8.38 所示的平面为草绘平面，绘制图 33.8.39 所示的截面草图；单击 确定 按钮，完成剪口 3 的创建。

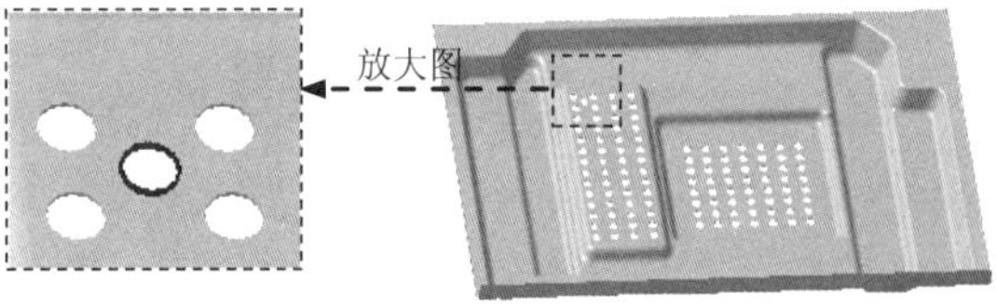

图 33.8.38　剪口 3

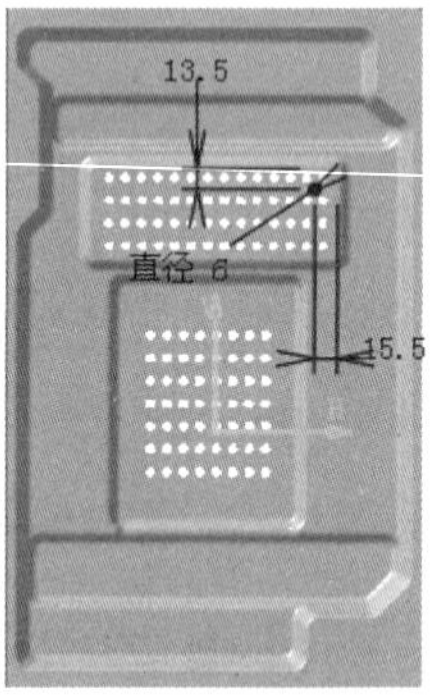

图 33.8.39　截面草图

Step31. 创建图 33.8.40 所示的特征——矩形阵列 3。在特征树中选取剪口 3，选择下拉菜单 插入 → Transformations ▸ → Rectangular Pattern... 命令；在 第一方向 选项的 参数： 文本框的下拉列表中选取 实例和间距 选项，在 实例： 文本框中输入值 3，在 间距： 文本框中输入值 15；单击 第二方向 选项，在 参数： 文本框的下拉列表中选取 实例和间距 选项，在 实例： 文本框中输入值 13，在 间距： 文本框中输入值 11，单击 参考元素： 文本框，在特征树中选取 zx 平面作为参考；单击 确定 按钮，完成矩形阵列 3 的创建。

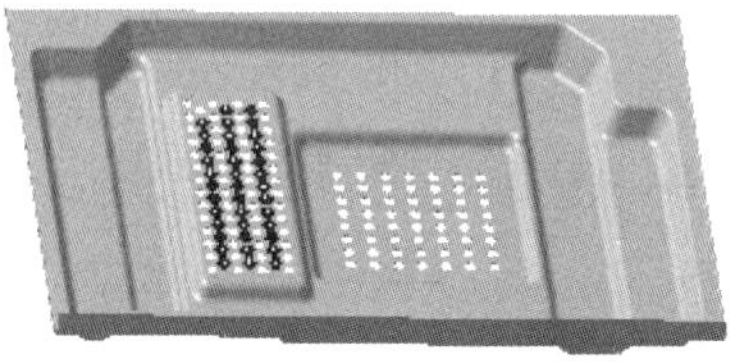

图 33.8.40　矩形阵列 3

Step32. 选择下拉菜单 插入 → 几何体 命令，创建几何体。选择下拉菜单 开始 → 机械设计 ▸ → 零件设计 命令，切换至零件设计工作台。

Step33. 创建图 33.8.41 所示的特征——平面 15。单击“参考元素”工具栏中的按钮；在 平面类型： 下拉列表中选取 偏移平面 选项；选取图 33.8.41 所示的平面作为参考，在 偏移： 文本框中输入数值 115，单击 反转方向 定义平面方向；单击 确定 按钮，完成平面 15 的创建。

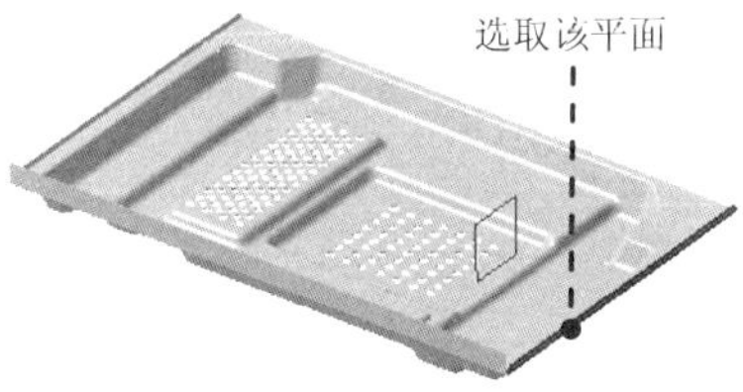

图 33.8.41　平面 15

Step34. 创建图 33.8.42 所示的零件特征——旋转体 1。选择下拉菜单 插入 → 基于草图的特征 → 旋转体... 命令，选取平面 15 为草绘平面，绘制图 33.8.43 所示的截面草图；在 限制 区域的 第一角度： 文本框中输入值 90；选取长度为 30 的直线作为旋转轴，单击 反转方向 按钮调整旋转方向，单击 确定 按钮，完成旋转体 1 的创建。

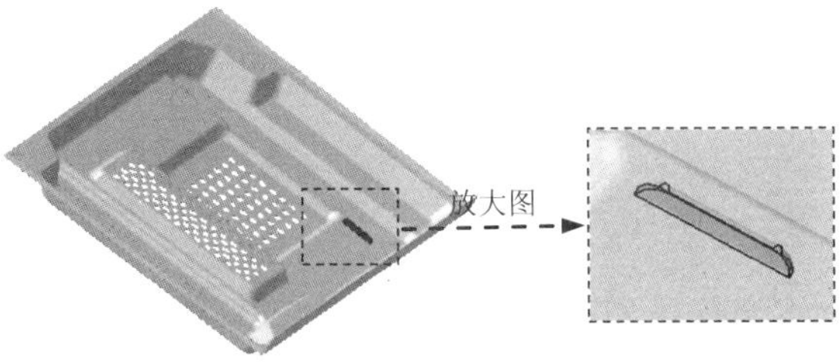

图 33.8.42　旋转体 1

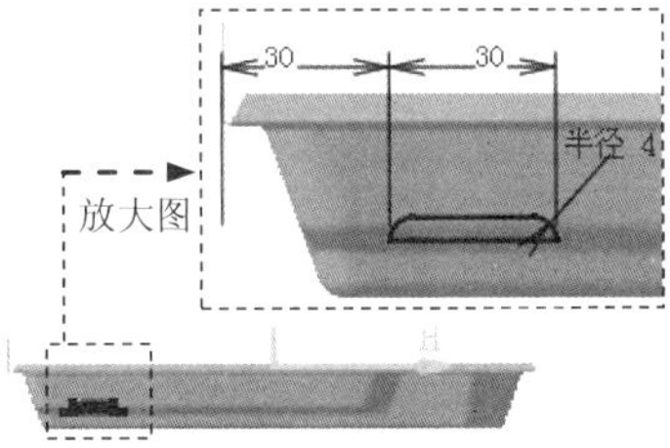

图 33.8.43　截面草图

Step35. 切换工作台。选择下拉菜单 开始 → 机械设计 → Generative Sheetmetal Design 命令，切换到钣金设计工作台，在 零件几何体 上右击，然后在弹出的快捷菜单中选择 定义工作对象 命令。

Step36. 创建图 33.8.44 所示的特征——用户冲压 2。选择下拉菜单 插入 → Stamping → User Stamp... 命令；选取图 33.8.44 所示的平面为附着面，在 Type: 下拉列表中选择 Punch 选项，单击 Punch: 文本框，在特征树中选取 几何体. 4 为冲压模具。单击 Faces for opening (0): 文本框，选取图 33.8.45 所示的平面为开放面，在 Fillet 区域的 No fillet R1 radius: 文本框中输入数值 2，在 Position on wall 区域选中 Position on context 复选框；单击 确定 按钮，完成用户冲压 2 的创建。

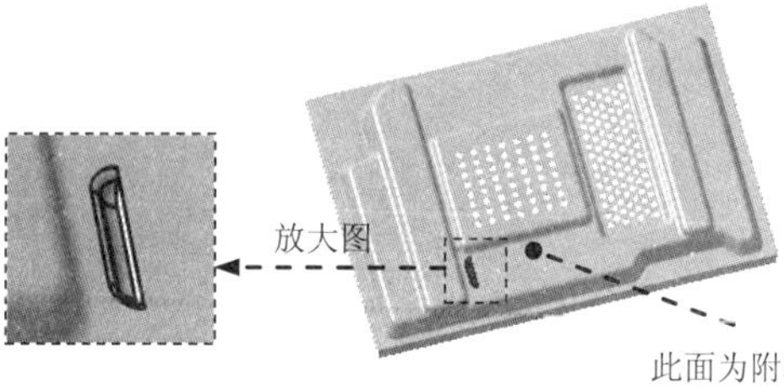

图 33.8.44 用户冲压 2

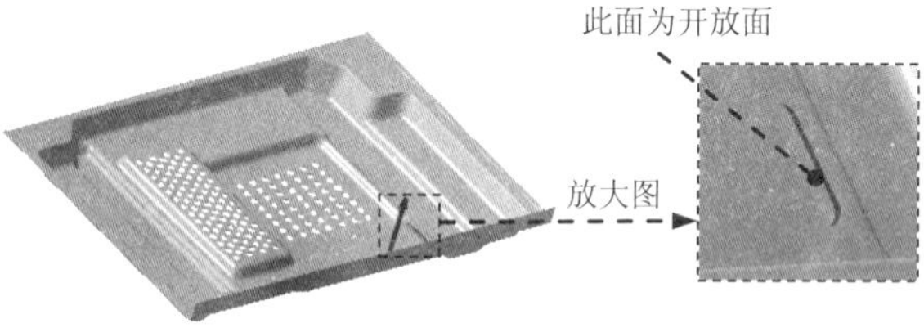

图 33.8.45 定义开放面

Step37. 创建图 33.8.46 所示的特征——矩形阵列 4。在特征树中选取用户冲压 2，选择下拉菜单 插入 → Transformations ▸ → Rectangular Pattern... 命令；在 第一方向 选项的 参数： 文本框的下拉列表中选取 实例和间距 选项，在 实例： 文本框中输入值 10，并在 间距： 文本框中输入值 15，选取 Z 轴为参考元素；单击 确定 按钮，完成矩形阵列 4 的创建。

Step38. 创建图 33.8.47 所示的特征——镜像 1。选择下拉菜单 插入 → Transformations ▸ → Mirror... 命令，单击 Mirroring plane: 文本框，在特征树中选取 yz 平面，单击 Element to mirror: 文本框，在特征树中选取矩形阵列 4 为要镜像的特征，单击 确定 按钮，完成镜像 1 的创建。

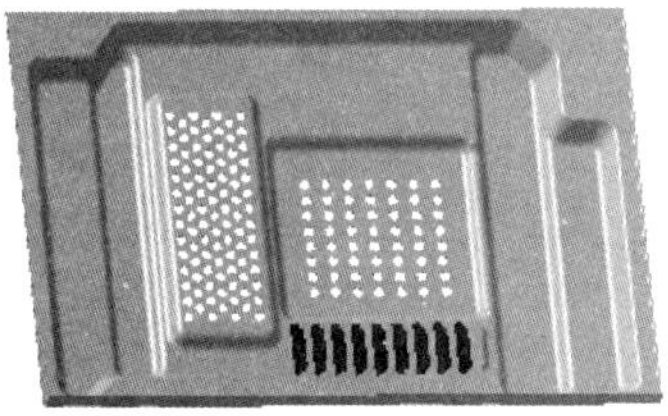

图 33.8.46 矩形阵列 4

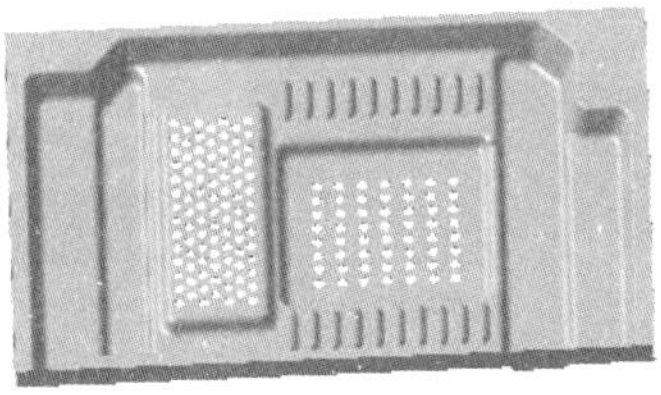

图 33.8.47 镜像 1

Step39. 创建图 33.8.48 所示的特征——剪口 4。选择下拉菜单 插入 → Cutting ▸ → Cut Out... 命令；在 Cutout Type 区域的 Type: 下拉列表中选取 Sheetmetal standard 选项，在 End Limit 区域的 Type: 下拉列表中选取 Up to next 选项，单击 按钮，选取图 33.8.48 所示的平面为草绘平面，绘制图 33.8.49 所示的截面草图，其他采用系统默认设置，单击 确定 按钮，完成剪口 4 的创建。

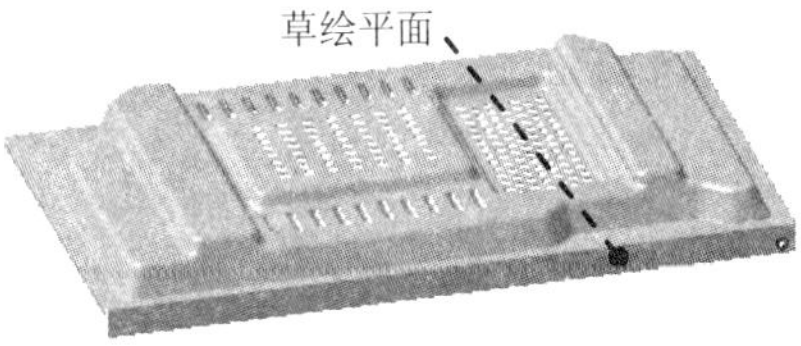

图 33.8.48 剪口 4

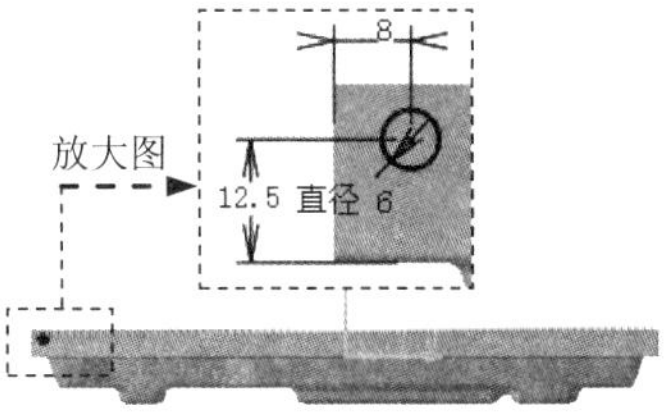

图 33.8.49 截面草图

Step40. 创建图 33.8.50 所示的特征——剪口 5。选择下拉菜单 插入 → Cutting ▸ → Cut Out... 命令；在 Cutout Type 区域的 Type: 下拉列表中选取 Sheetmetal standard 选项，在 End Limit 区域的 Type: 下拉列表中选取 Up to next 选项，单击按钮，选取图 33.8.50 所示的平面为草绘平面，绘制图 33.8.51 所示的截面草图，其他参数采用系统默认设置值，单击 确定 按钮，完成剪口 5 的创建。

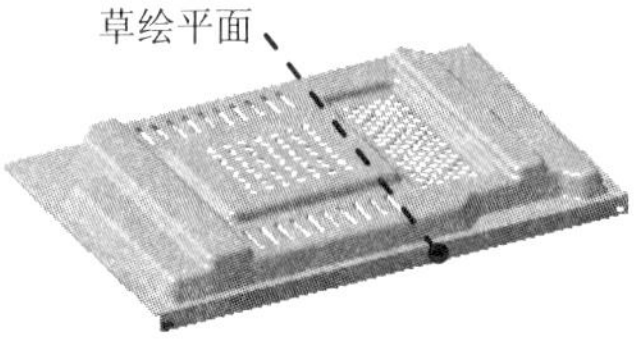

图 33.8.50 剪口 5

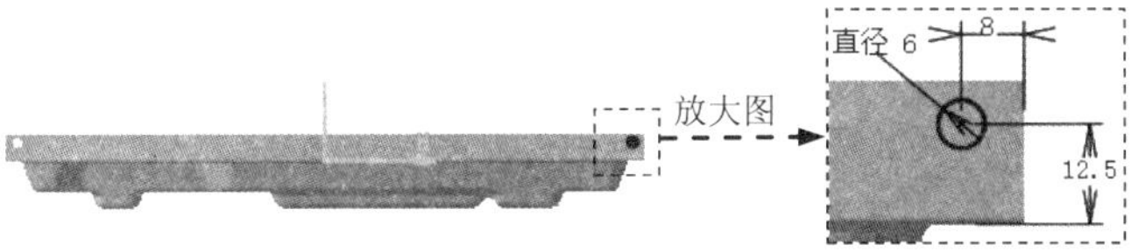

图 33.8.51 截面草图

Step41. 保存文件。选择下拉菜单 文件 → 保存 命令，完成零件模型的保存。

Step42. 切换窗口，选择下拉菜单 窗口 → 1 MICROWAVE_OVEN_CASE.CATProduct，选择下拉菜单 文件 → 保存 命令，完成装配文件的保存。

第 7 章

钣金设计实例

本章主要包含如下内容：

- 实例 34 钣金板
- 实例 35 钣金固定架

实例34 钣 金 板

实例概述：

本实例介绍了钣金板的设计过程，首先创建第一钣金壁特征，然后通过附加钣金壁命令和凸缘命令创建了钣金其余特征，在设计此零件的过程中还创建了剪口特征。下面介绍其设计过程，钣金件模型及特征树如图 34.1 所示。

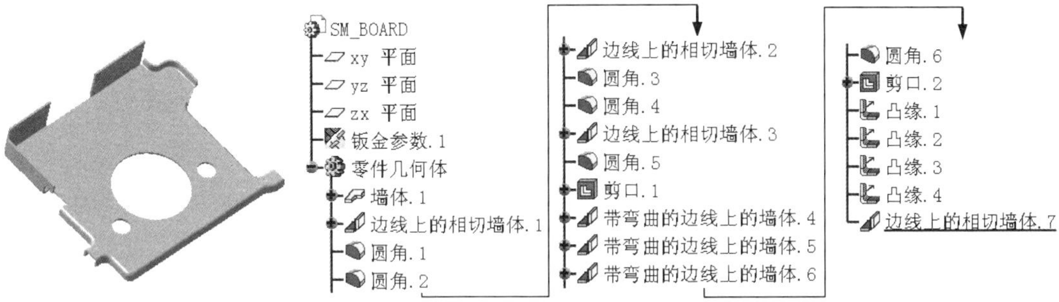

图 34.1 钣金件模型及特征树

Step1. 新建一个钣金件模型，将其命名为 FLOPPY_DRIVE_BRACKET。

说明：确认当前处于钣金设计工作台，如果不在该工作台，可以选择下拉菜单 开始 → 机械设计 → Generative Sheetmetal Design 命令，切换到钣金设计工作台。

Step2. 设置钣金参数。选择下拉菜单 插入 → Sheet Metal Parameters... 命令，在 Thickness: 文本框中输入值 1，在 Default Bend Radius: 文本框中输入值 0.5；单击 Bend Extremities 选项卡，然后在 Minimum with no relief 下拉列表中选择 Minimum with no relief 选项。单击 确定 按钮，完成钣金参数的设置。

Step3. 创建图 34.2 所示的特征——第一钣金壁 1。选择下拉菜单 插入 → Walls → Wall... 命令，在对话框中单击 按钮，选取 xy 平面为草绘平面，进入草图环境，并绘制图 34.3 所示的截面草图；单击 确定 按钮，完成第一钣金壁 1 的创建。

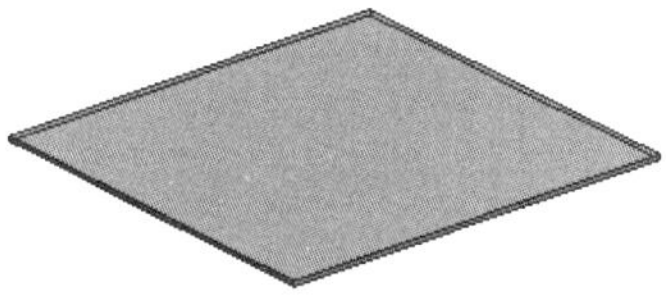

图 34.2 第一钣金壁 1

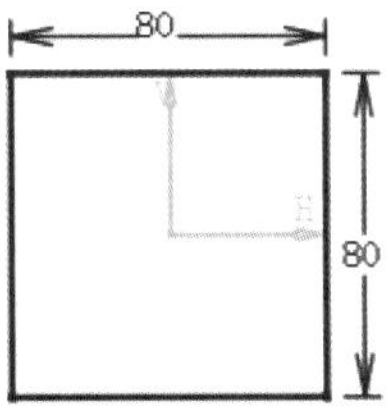

图 34.3 截面草图

Step4. 创建图 34.4 所示的特征——附加钣金壁 1。选择下拉菜单 插入 → Walls ▸ → Wall On Edge... 命令，在绘图区选取图 34.5 所示的边为附着边，在对话框的 Type: 下拉列表中选择 Sketch Based 选项，在 Profile: 选项中单击按钮，选取模型的表面为草绘平面，绘制图 34.6 所示的截面草图；在对话框中取消选中 □ With Bend 复选框，单击 确定 按钮，完成附加钣金壁 1 的创建。

图 34.4 附加钣金壁 1

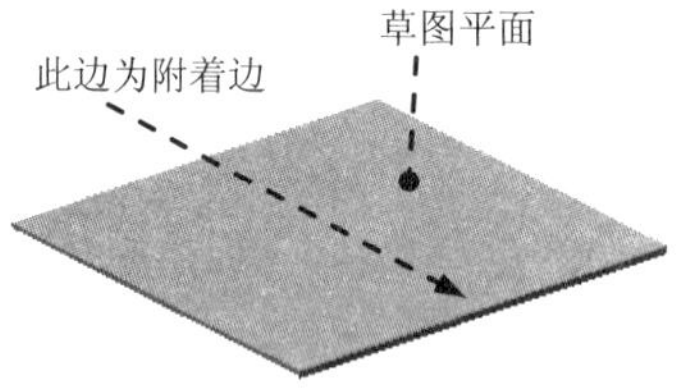

图 34.5 定义附着边

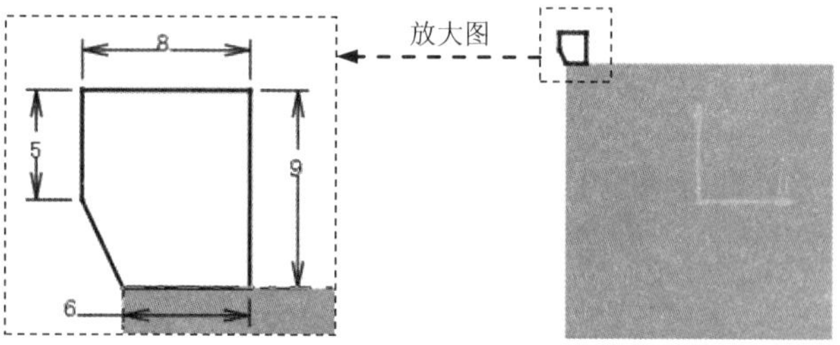

图 34.6 截面草图

Step5. 创建图 34.7b 所示的特征——倒圆角 1。选择下拉菜单 插入 → Cutting ▸ → Corner... 命令；在模型中选取要倒圆角的边，在 Radius: 文本框中输入数值 5，单击 确定 按钮，完成倒圆角 1 的创建。

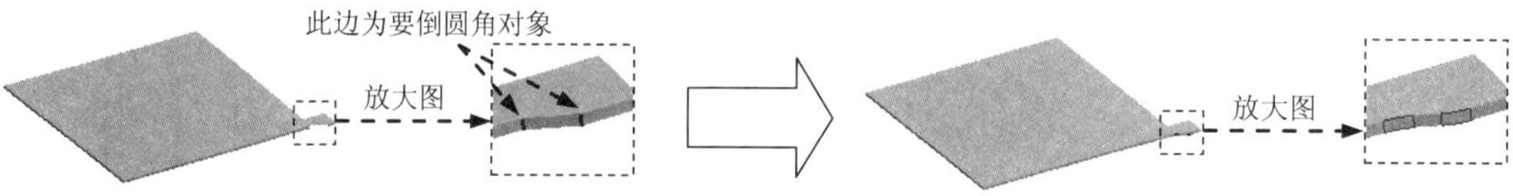

a）圆角前　　b）圆角后

图 34.7 倒圆角 1

Step6. 创建图 34.8b 所示的特征——倒圆角 2。选择下拉菜单 插入 → Cutting ▸ → Corner... 命令；在模型中选取要倒圆角的边，在 Radius: 文本框中输入数值 3，单击 确定 按钮，完成倒圆角 2 的创建。

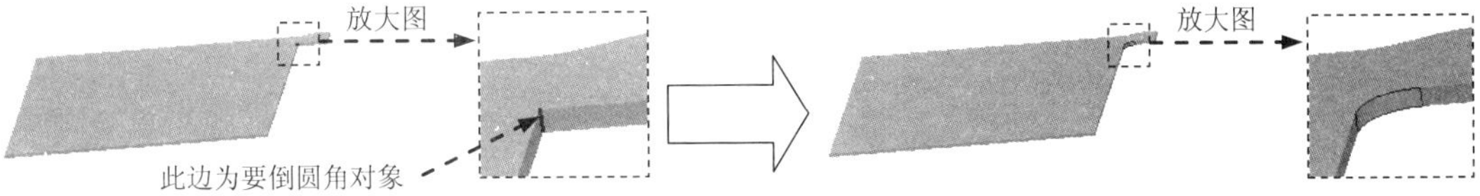

a）圆角前　　b）圆角后

图 34.8　倒圆角 2

Step7. 创建图 34.9 所示的特征——附加钣金壁 2。选择下拉菜单 插入 → Walls ▸ → Wall On Edge... 命令，在绘图区选取图 34.10 所示的边为附着边，在对话框的 Type: 下拉列表中选择 Sketch Based 选项，在 Profile: 文本框后单击 按钮，选取模型的表面为草绘平面，绘制图 34.11 所示的截面草图；在对话框中取消选中 □ With Bend 复选框，单击 确定 按钮，完成附加钣金壁 2 的创建。

图 34.9　附加钣金壁 2

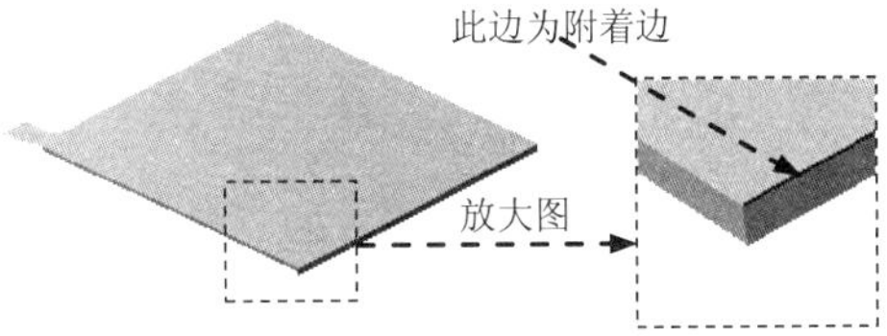

图 34.10　定义附着边

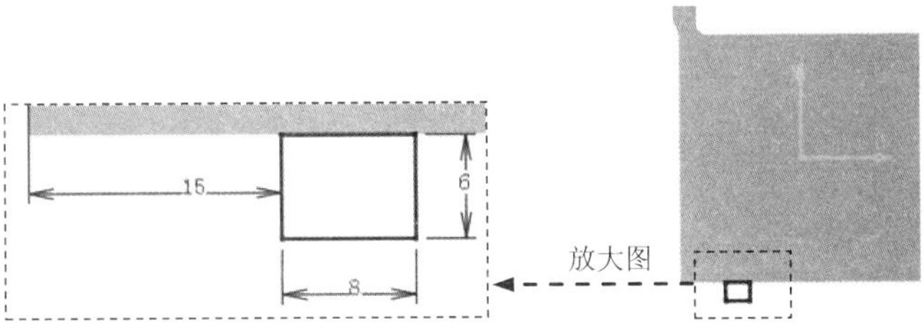

图 34.11　截面草图

Step8. 创建图 34.12b 所示的特征——倒圆角 3。选择下拉菜单 插入 → Cutting ▸ → Corner... 命令；在模型中选取要倒圆角的边，在 Radius: 文本框中输入数值 3，单击 确定 按钮，完成倒圆角 3 的创建。

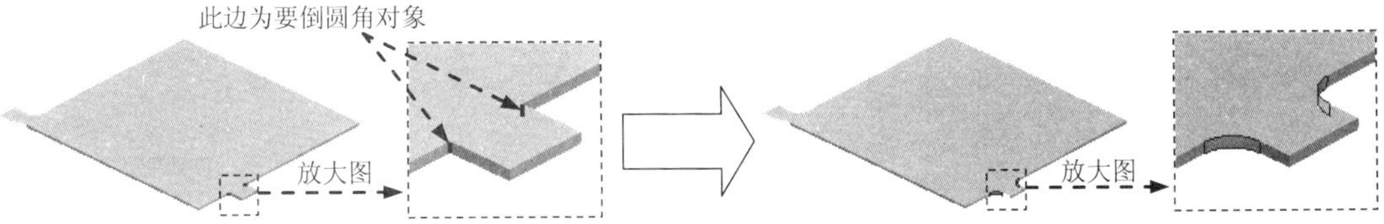

a）圆角前　　b）圆角后

图 34.12　倒圆角 3

Step9. 创建图 34.13b 所示的特征——倒圆角 4。选择下拉菜单 插入 → Cutting ▸ → Corner... 命令；在模型中选取要倒圆角的边，在 Radius: 文本框中输入数值 3，单击 确定 按钮，完成倒圆角 4 的创建。

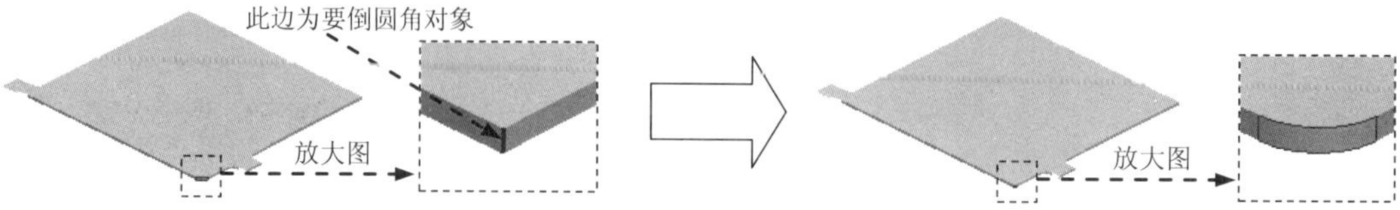

a）圆角前　　b）圆角后

图 34.13　倒圆角 4

Step10. 创建图 34.14 所示的特征——附加钣金壁 3。选择下拉菜单 插入 → Walls ▸ → Wall On Edge... 命令，在绘图区选取图 34.15 所示的边为附着边，在对话框的 Type: 下拉列表中选择 Sketch Based 选项，在 Profile: 文本框后单击 按钮，选取模型的表面为草绘平面，绘制图 34.16 所示的截面草图；在对话框中选中 With Bend 复选框，单击 确定 按钮，完成附加钣金壁 3 的创建。

图 34.14　附加钣金壁 3

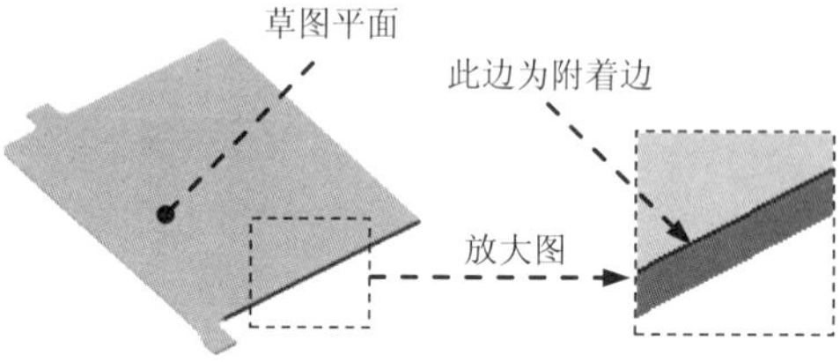

图 34.15　定义附着边

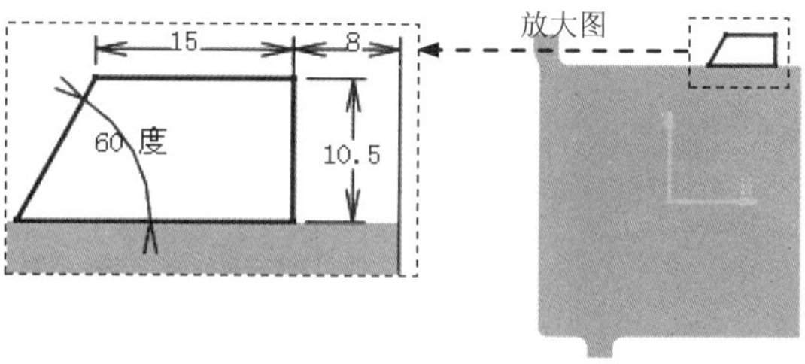

图 34.16　截面草图

Step11. 创建图 34.17b 所示的特征——倒圆角 5。选择下拉菜单 插入 → Cutting ▸ → Corner... 命令；在模型中选取要倒圆角的边，在 Radius: 文本框中输入数值 5，单击 确定 按钮，完成倒圆角 5 的创建。

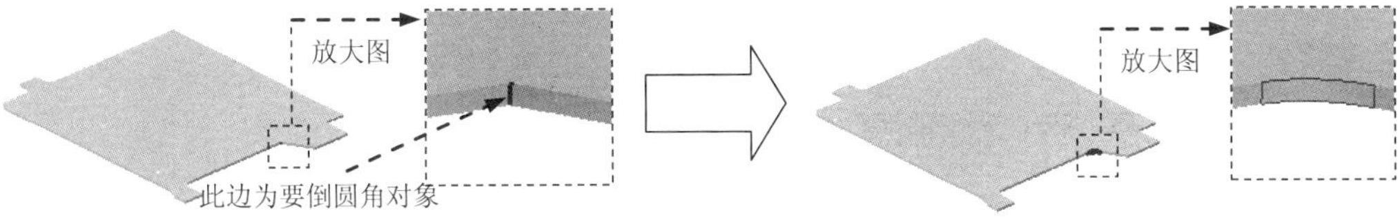

a）圆角前　　b）圆角后

图 34.17　倒圆角 5

Step12. 创建图 34.18 所示的特征——剪口 1。选择下拉菜单 插入 → Cutting ▸ → Cut Out... 命令；选取模型的表面为草绘平面，绘制图 34.19 所示的截面草图，在对话框的 Type: 文本框中选取 Up to last 选项，通过单击 Reverse Side 按钮和 Reverse Direction 按钮调整轮廓方向，单击 确定 按钮，完成剪口 1 的创建。

图 34.18　剪口 1

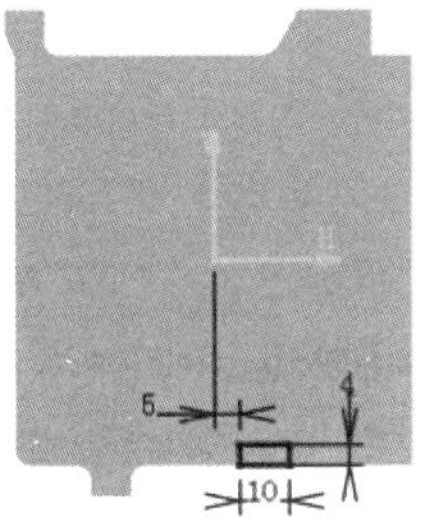

图 34.19　截面草图

Step13. 创建图 34.20 所示的特征——附加钣金壁 4。选择下拉菜单 插入 → Walls ▸ → Wall On Edge... 命令，在绘图区选取图 34.21 所示的边为附着边，在对话框的 Type: 下拉列表中选择 Sketch Based 选项，在 Profile: 文本框后单击按钮，选取图 34.22 所示的面为草绘平面，绘制图 34.23 所示的截面草图；在对话框中选中 With Bend 复选框，单击 确定 按钮，完成附加钣金壁 4 的创建。

图 34.20　附加钣金壁 4

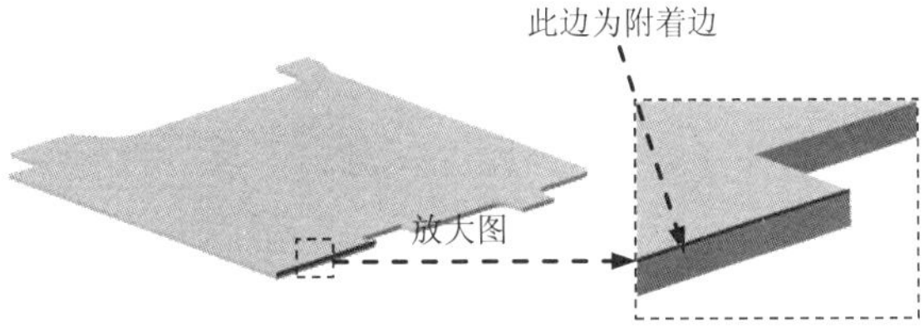

图 34.21　定义附着边

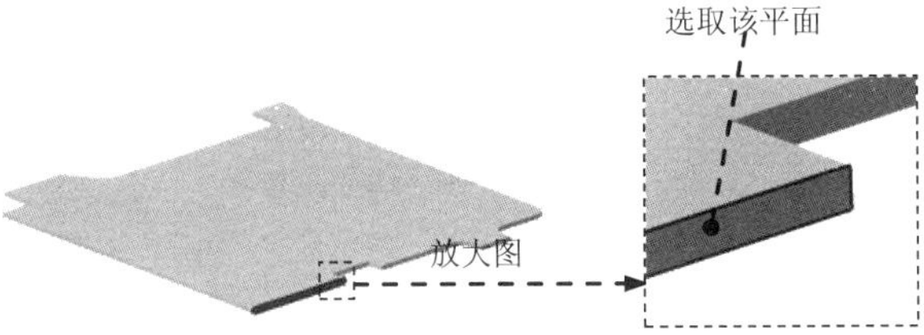

图 34.22　定义草绘平面

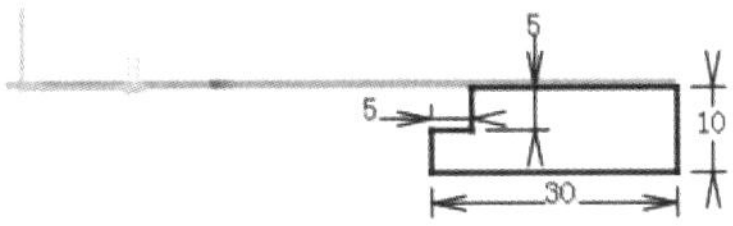

图 34.23　截面草图

Step14. 创建图 34.24 所示的特征——附加钣金壁 5。选择下拉菜单 插入 → Walls ▸ → Wall On Edge... 命令，在绘图区选取图 34.25 所示的边为附着边，在对话框的 Type: 下拉列表中选择 Sketch Based 选项，在 Profile: 选项中单击 按钮，选取图 34.26 所示的面为草绘平面，绘制图 34.27 所示的截面草图；在对话框中选中 With Bend 复选框，单击 确定 按钮，完成附加钣金壁 5 的创建。

图 34.24　附加钣金壁 5

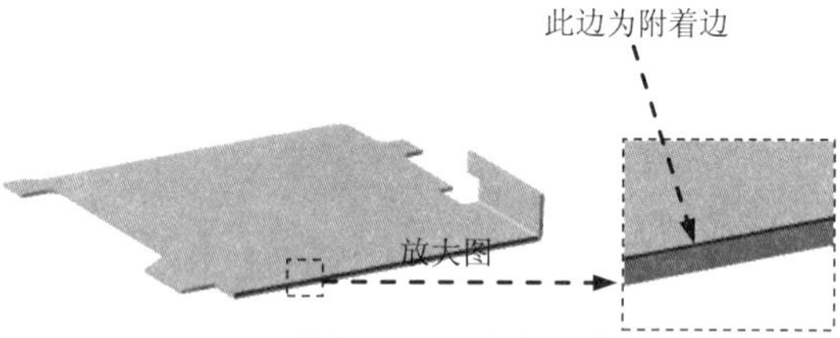

图 34.25　定义附着边

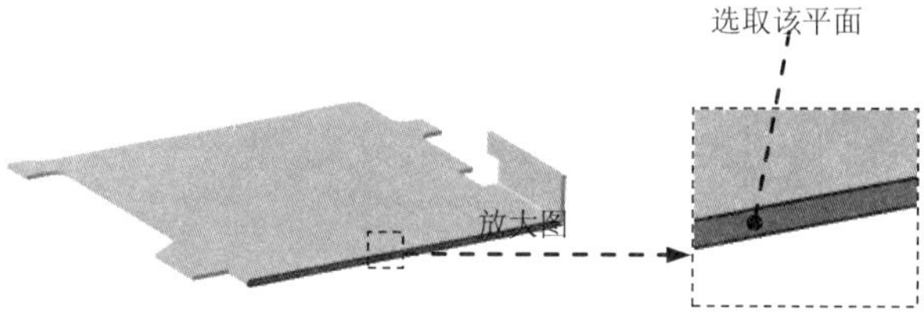

图 34.26　定义草绘平面

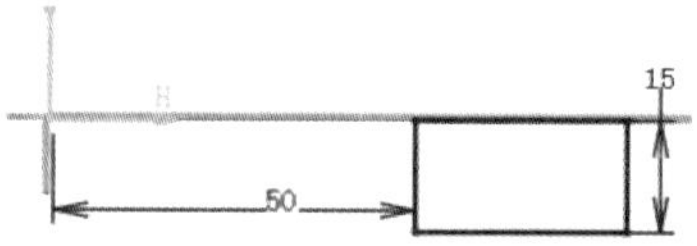

图 34.27　截面草图

Step15. 创建图 34.28 所示的特征——附加钣金壁 6。选择下拉菜单 插入 → Walls ▸ → Wall On Edge... 命令，在绘图区选取图 34.29 所示的边为附着边，在对话框的 Type: 下拉列表中选择 Sketch Based 选项，在 Profile: 选项中单击 按钮，选取图 34.30 所示的面为草绘平面，绘制图 34.31 所示的截面草图；在对话框中选中 With Bend 复选框，单击 确定 按钮，完成附加钣金壁 6 的创建。

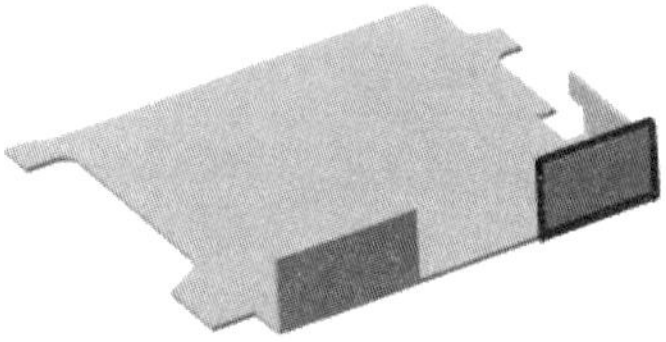

图 34.28　附加钣金壁 6

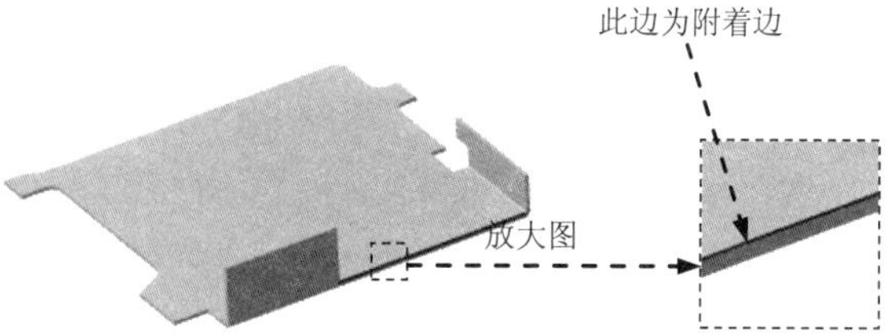

图 34.29　定义附着边

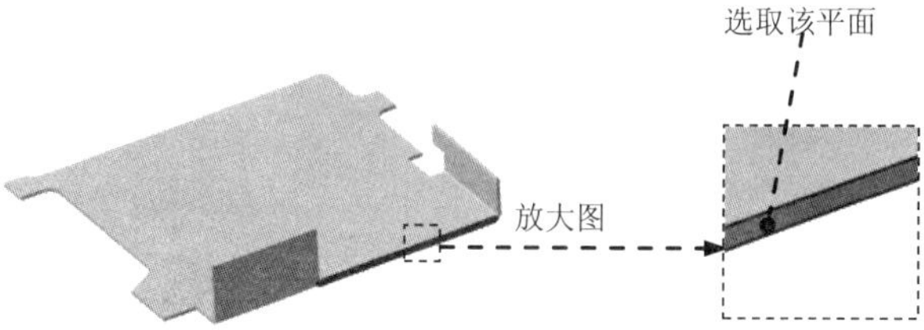

图 34.30　定义草绘平面

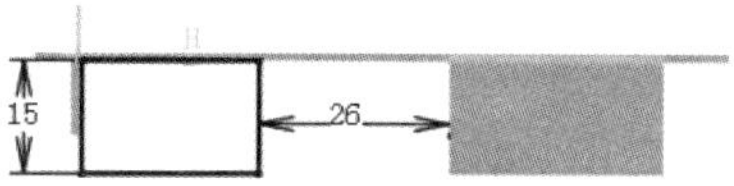

图 34.31　截面草图

Step16. 创建图 34.32b 所示的特征——倒圆角 6。选择下拉菜单 插入 → Cutting ▸ → Corner... 命令；在模型中选取要倒圆角的边，在 Radius: 文本框中输入数值 4.5，单击 确定 按钮，完成倒圆角 6 的创建。

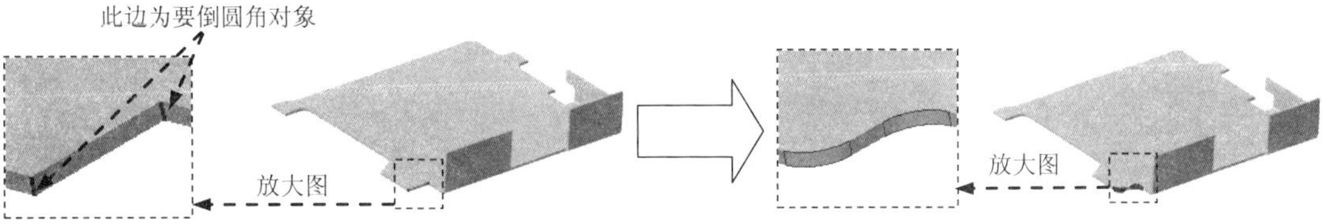

a）圆角前　　b）圆角后

图 34.32　倒圆角 6

Step17. 创建图 34.33 所示的特征——剪口 2。选择下拉菜单 插入 → Cutting ▸ → Cut Out... 命令；选取模型的表面为草绘平面，绘制图 34.34 所示的截面草图，在对话框的 Type: 文本框中选取 Up to last 选项，通过单击 Reverse Side 按钮和 Reverse Direction 按钮调整轮廓方向，单击 确定 按钮，完成剪口 2 的创建。

图 34.33　剪口 2

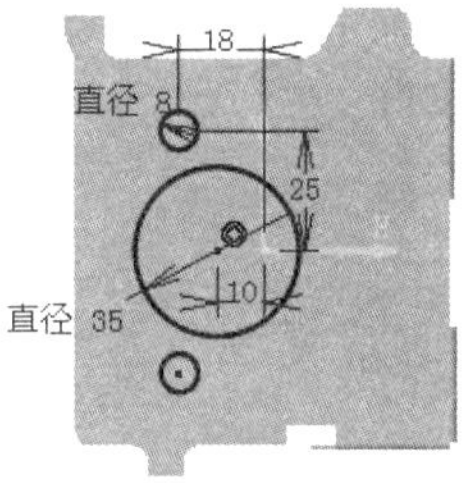

图 34.34　截面草图

Step18. 创建图 34.35 所示的特征——凸缘 1。选择下拉菜单 插入 → Walls ▸ → Swept Walls ▸ → Flange... 命令；选取图 34.36 所示的边为凸缘附着边。在对话框的 Basic 下拉列表中选择 Basic 选项，在 Length: 文本框中输入值 3，在 Angle: 文本框中输入值 90，在其后的下拉列表中选择选项；在 Radius: 文本框中输入值 0.5，并选中 Trim Support 复选框；其他选项按系统默认设置；单击 确定 按钮，完成凸缘 1 的创建。

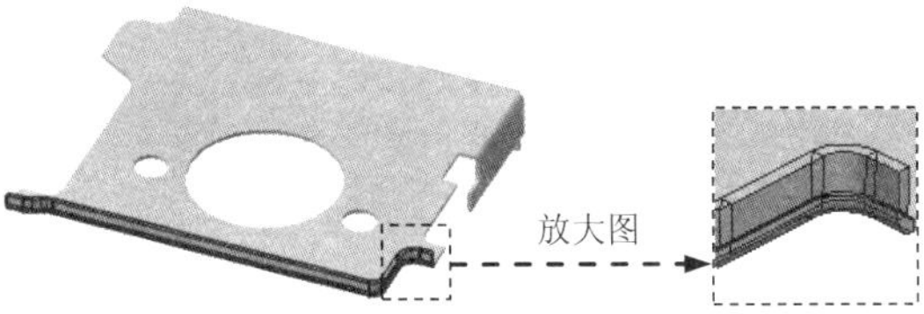

图 34.35　凸缘 1

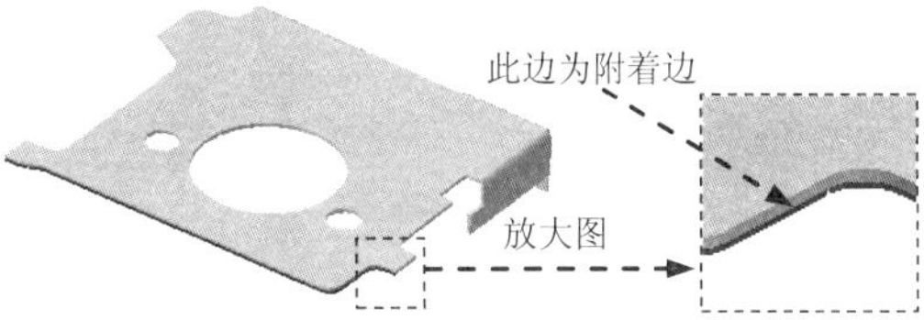

图 34.36　定义附着边

Step19. 创建图 34.37 所示的特征——凸缘 2。选择下拉菜单 插入 → Walls ▸ → Swept Walls ▸ → Flange... 命令；选取图 34.38 所示的边为凸缘附着边。在对话框的 Basic

下拉列表中选择Basic选项，在Length:文本框中输入值 3，在Angle:文本框中输入值 90，在其后的下拉列表中选择选项；在Radius:文本框中输入值 0.5，并选中Trim Support复选框；其他选项按系统默认设置；单击确定按钮，完成凸缘 2 的创建。

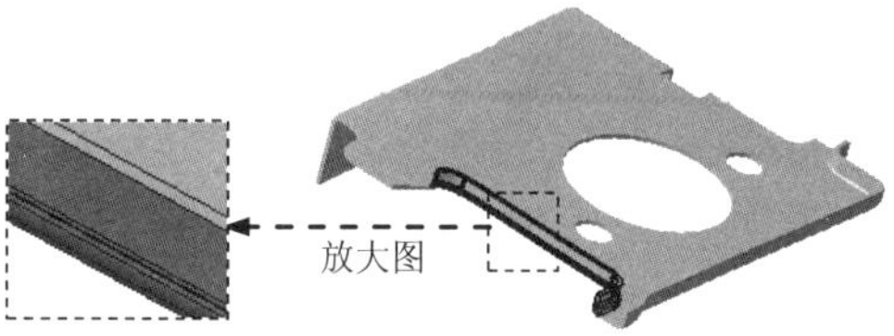

图 34.37 凸缘 2

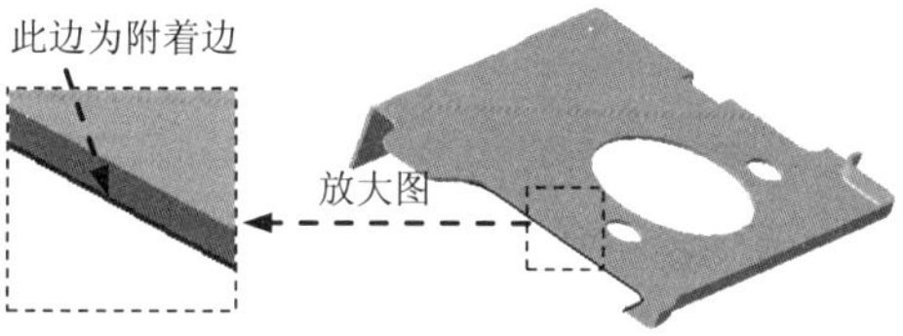

图 34.38 定义附着边

Step20. 创建图 34.39 所示的特征——凸缘 3。选择下拉菜单插入 → Walls ▸ → Swept Walls ▸ → Flange...命令；选取图 34.40 所示的边为凸缘附着边。在对话框的Basic下拉列表中选择Basic选项，在Length:文本框中输入值 3，在Angle:文本框中输入值 90，在其后的下拉列表中选择选项；在Radius:文本框中输入值 0.5，并选中Trim Support复选框；其他选项按系统默认设置；单击确定按钮，完成凸缘 3 的创建。

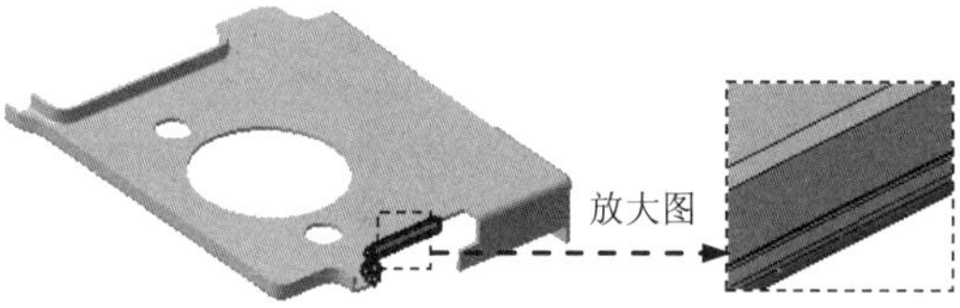

图 34.39 凸缘 3

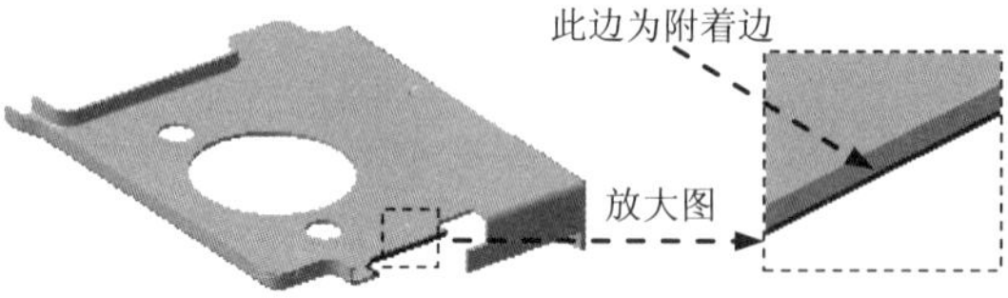

图 34.40 定义附着边

Step21. 创建图 34.41 所示的特征——凸缘 4。选择下拉菜单插入 → Walls ▸ → Swept Walls ▸ → Flange...命令；选取图 34.42 所示的边为凸缘附着边。在对话框的Basic下拉列表中选择Basic选项，在Length:文本框中输入值 3，在Angle:文本框中输入值 90，在其后的下拉列表中选择选项；在Radius:文本框中输入值 0.5，并取消选中□Trim Support复选框；其他选项按系统默认设置；单击确定按钮，完成凸缘 4 的创建。

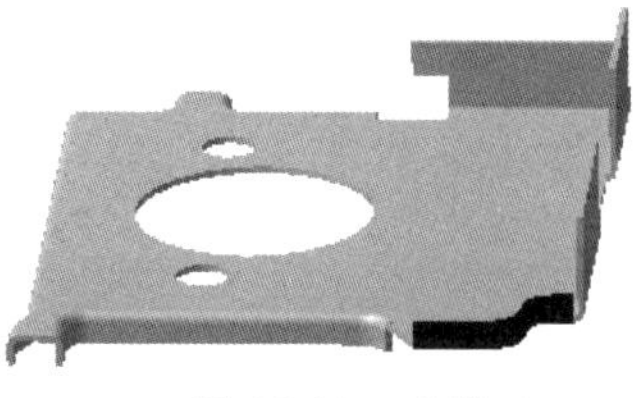
图 34.41 凸缘 4

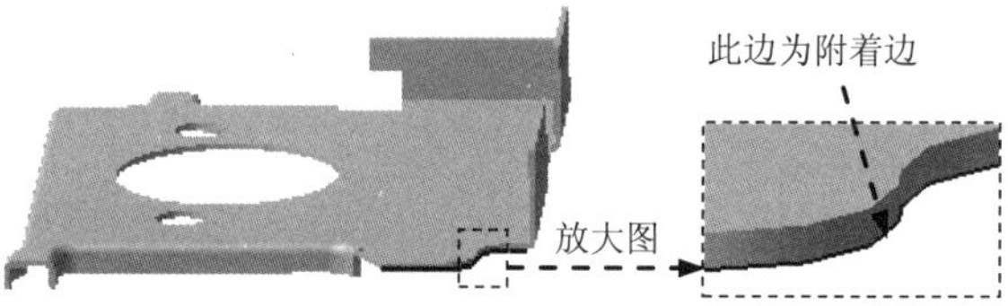

图 34.42 定义附着边

Step22. 创建图 34.43 所示的特征——附加钣金壁 7。选择下拉菜单插入 → Walls ▸ → Wall On Edge...命令；在对话框的Type:下拉列表中选择Automatic选项，选取图 34.44 所示的边为附着边，并取消选中 □ With Bend 复选框；在 Height: 下拉列表中选择 Height: 选项，并在其后的文本框中输入值 5，在 Angle 下拉列表中选择 Angle 选项，并在其后的文本框中输入值 180，单击 确定 按钮，完成附加钣金壁 7 的创建。

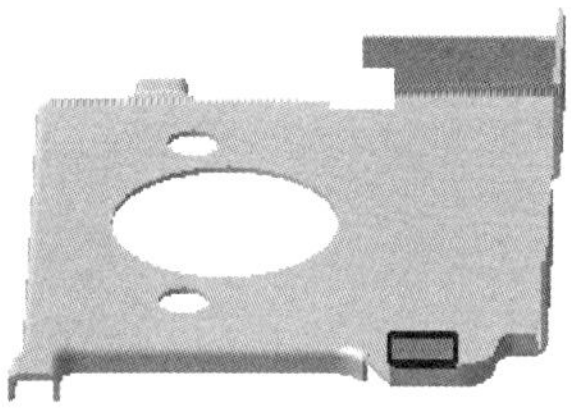

图 34.43　附加钣金壁 7

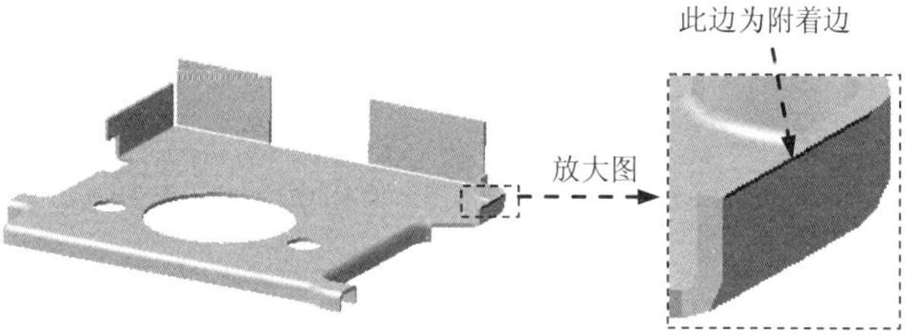

图 34.44　定义附着边

Step23. 保存零件模型。

实例 35　钣金固定架

实例概述：

本实例介绍了钣金固定架的设计过程，通过“折弯”命令对模型进行折弯操作，再对钣金进行冲压。钣金件模型及特征树如图 35.1 所示。

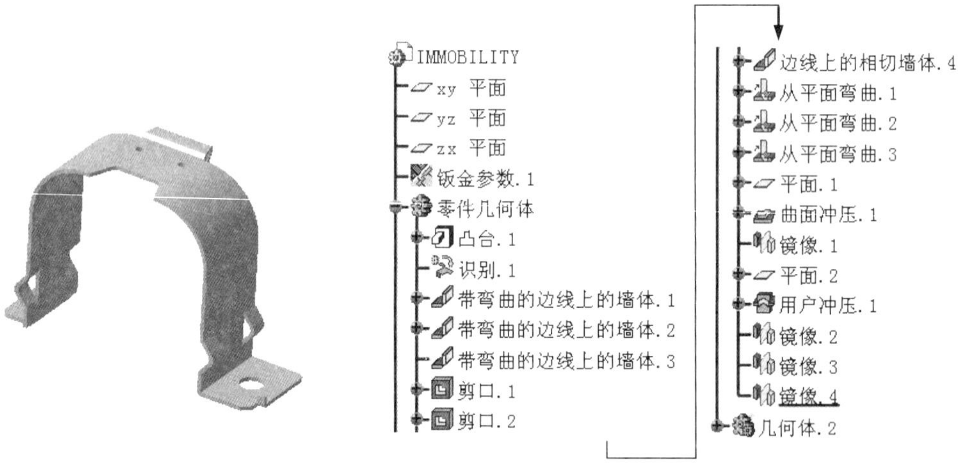

图 35.1　钣金件模型及特征树

Step1. 新建模型文件。选择下拉菜单 开始 → 机械设计 → 零件设计 命令，在系统弹出的“新建零件”对话框中输入名称 IMMOBILITY，选中 启用混合设计 复选框，单击 确定 按钮，进入零部件设计工作台。

Step2. 创建图 35.2 所示的零件特征——凸台 1。选择下拉菜单 插入 → 基于草图的特征 → 凸台... 命令；选取 xy 平面为草绘平面，绘制图 35.3 所示的截面草图；在 第一限制 区域的 类型： 下拉列表中选取 尺寸 选项，在 长度： 文本框中输入值 11，选中 厚 复选框，在 厚度 1 文本框中输入数值 1，选中 镜像范围 复选框。单击 确定 按钮，完成凸台 1 的创建。

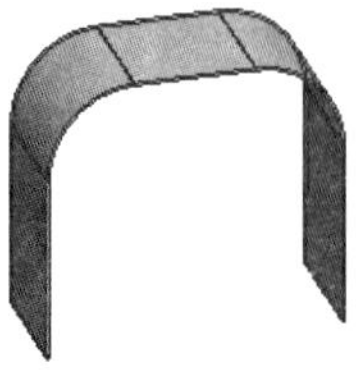

图 35.2　凸台 1

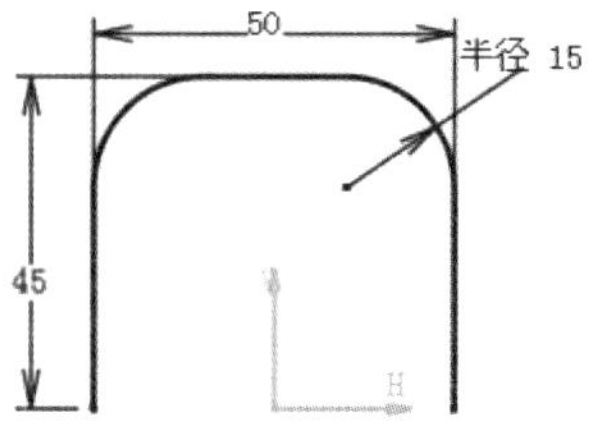

图 35.3　截面草图

Step3. 切换工作台。选择下拉菜单 开始 → 机械设计 → Generative Sheetmetal Design 命令，切换到钣金设计工作台。

Step4. 将零件模型进行识别。选择下拉菜单 插入 → Recognize... 命令，单击 Reference face 文本框，在模型区选取图 35.4 所示的表面，单击 确定 按钮，完成识别 1 的创建。

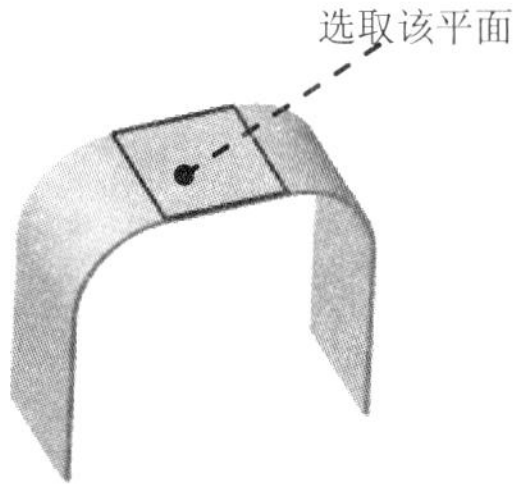

图 35.4 识别 1

Step5. 设置钣金参数。选择下拉菜单 插入 → Sheet Metal Parameters... 命令，在 Thickness : 文本框中输入值 1，在 Default Bend Radius : 文本框中输入值 0.2；单击 Bend Extremities 选项卡，然后在 Minimum with no relief 下拉列表中选择 Minimum with no relief 选项。单击 确定 按钮，完成钣金参数的设置。

Step6. 创建图 35.5 所示的特征——附加钣金壁 1。选择下拉菜单 插入 → Walls → Wall On Edge... 命令，在绘图区选取图 35.6 所示的边为附着边，在对话框的 Type: 下拉列表中选择 Sketch Based 选项，在 Profile: 选项中单击 按钮，选取图 35.7 所示的平面为草绘平面，绘制图 35.8 所示的截面草图；单击 确定 按钮，完成附加钣金壁 1 的创建。

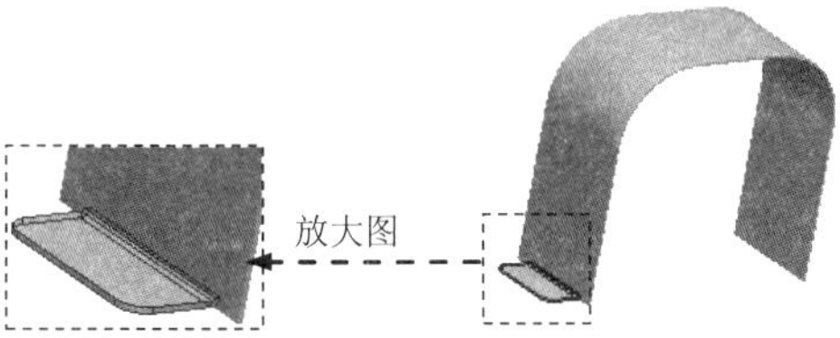

图 35.5 附加钣金壁 1

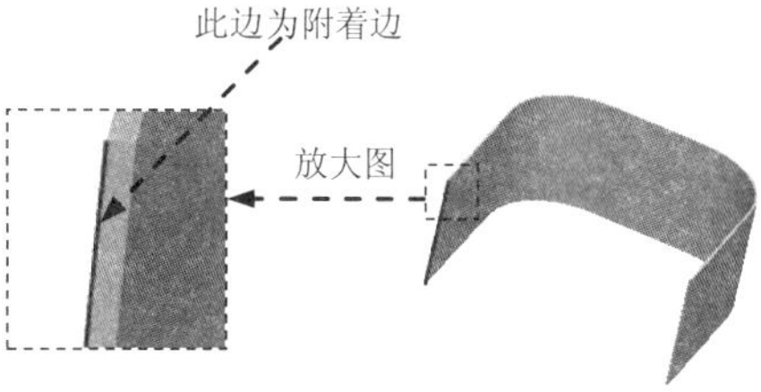

图 35.6 定义附着边

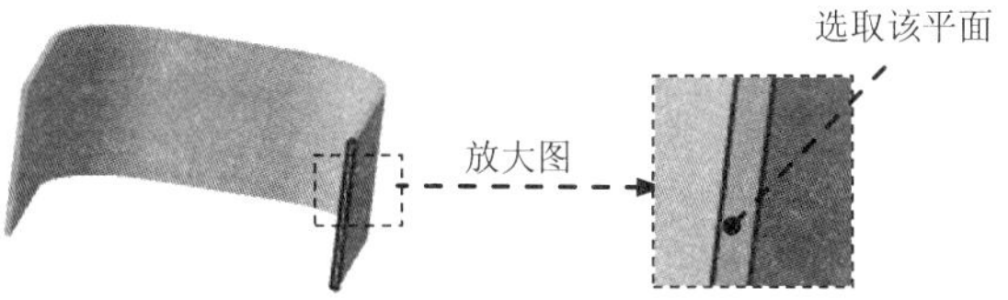

图 35.7 定义草绘平面

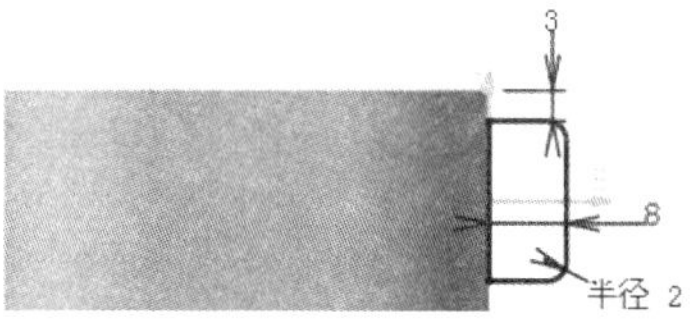

图 35.8 截面草图

Step7. 创建图 35.9 所示的特征——附加钣金壁 2。选择下拉菜单 插入 → Walls ▸ → Wall On Edge... 命令，在绘图区选取图 35.10 所示的边为附着边，在对话框的 Type: 下拉列表中选择 Sketch Based 选项，在 Profile: 选项中单击按钮，选取图 35.11 所示的平面为草绘平面，绘制图 35.12 所示的截面草图；单击 确定 按钮，完成附加钣金壁 2 的创建。

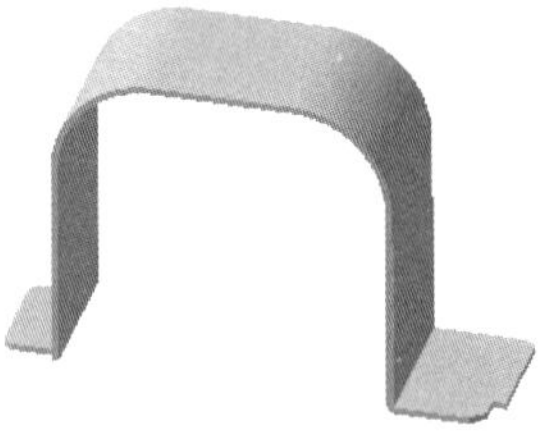
图 35.9 附加钣金壁 2

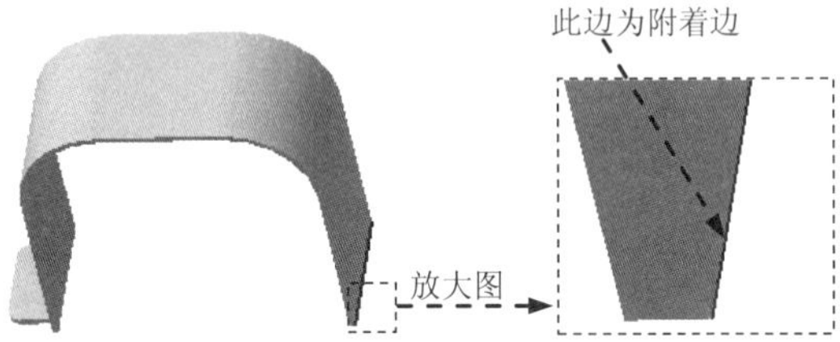

图 35.10 定义附着边

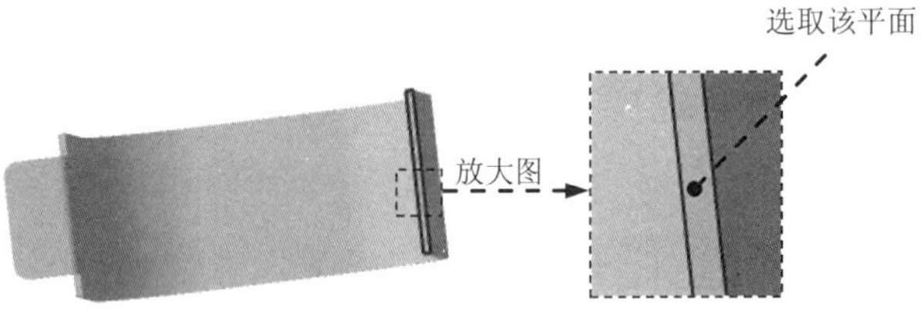

图 35.11 定义草绘平面

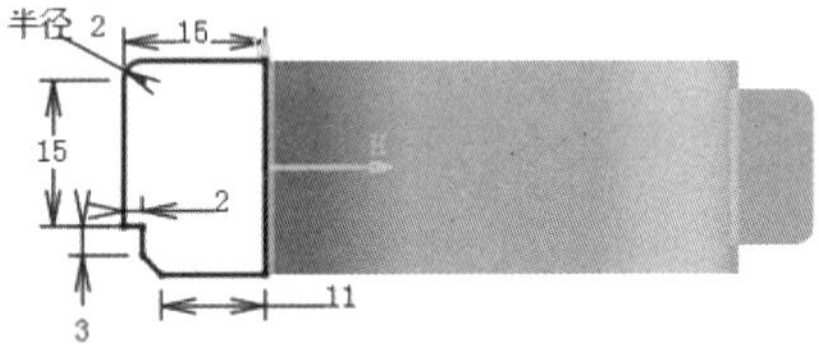

图 35.12 截面草图

Step8. 创建图 35.13 所示的特征——附加钣金壁 3。选择下拉菜单 插入 → Walls ▸ → Wall On Edge... 命令，在绘图区选取图 35.14 所示的边为附着边，在对话框的 Type: 下拉列表中选择 Automatic 选项，在 Height: 文本框中输入数值 3，在 Angle 后的文本框中输入数值 90，在对话框中选中 With Bend 复选框，单击 确定 按钮，完成附加钣金壁 3 的创建。

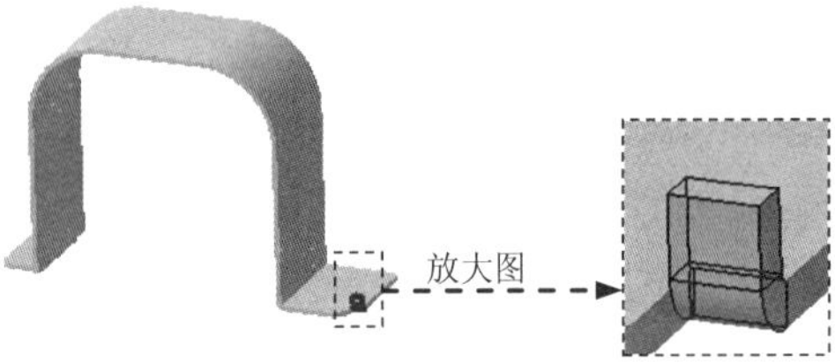

图 35.13 附加钣金壁 3

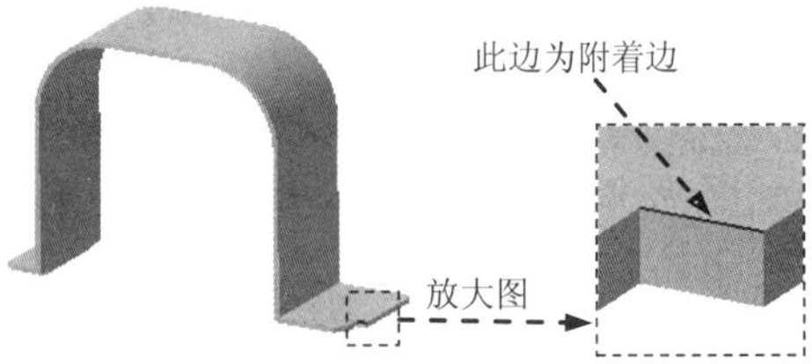

图 35.14 定义附着边

Step9. 创建图 35.15 所示的特征——剪口 1。选择下拉菜单 插入 → Cutting ▸ → Cut Out... 命令；选取图 35.15 所示的平面为草绘平面，绘制图 35.16 所示的截面草图，在对话框的 Type: 文本框中选取 Up to last 选项，通过单击 Reverse Side 按钮和 Reverse Direction 按钮调整轮廓方向，单击 确定 按钮，完成剪口 1 的创建。

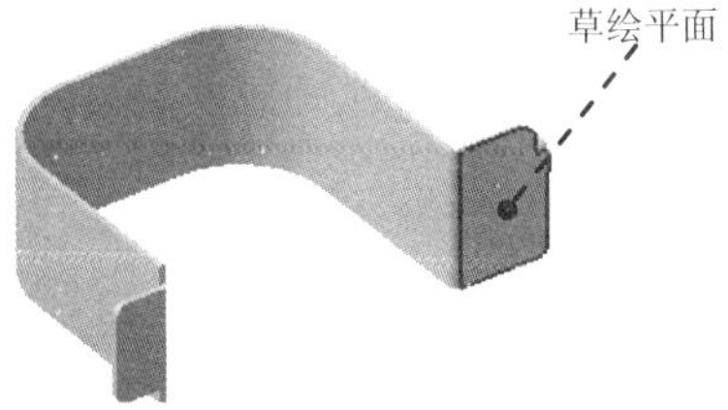

图 35.15　剪口 1

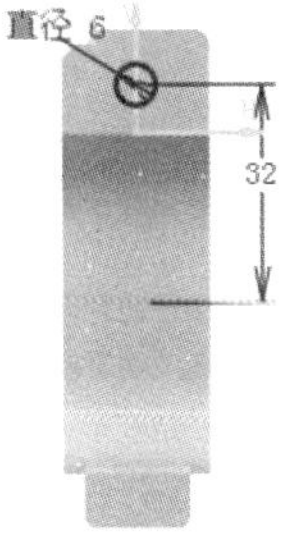

图 35.16　截面草图

Step10. 创建图 35.17 所示的特征——剪口 2。选择下拉菜单 插入 → Cutting ▸ → Cut Out... 命令；选取图 35.17 所示的平面为草绘平面，绘制图 35.18 所示的截面草图，在对话框的 Type: 文本框中选取 Up to last 选项，采用系统默认的剪口方向，单击 确定 按钮，完成剪口 2 的创建。

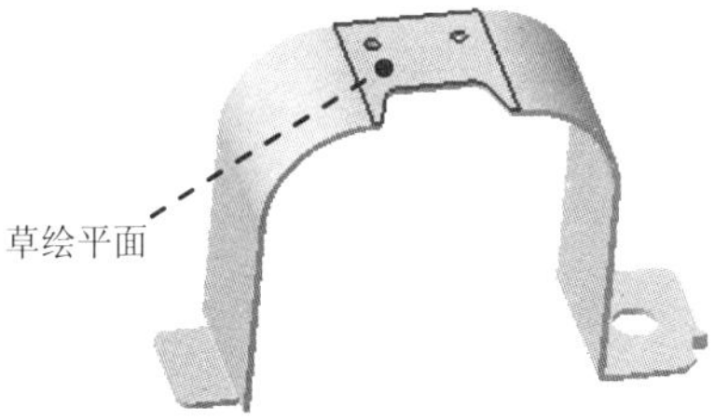

图 35.17　剪口 2

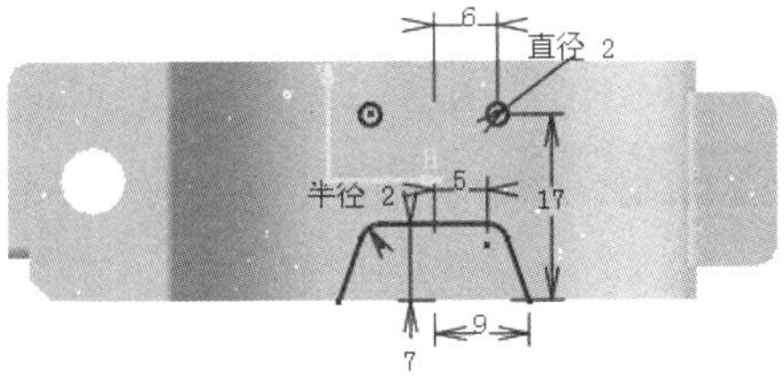

图 35.18　截面草图

Step11. 创建图 35.19 所示的特征——附加钣金壁 4。选择下拉菜单 插入 → Walls ▸ → Wall On Edge... 命令，在绘图区选取图 35.20 所示的边为附着边，在对话框的 Type: 下拉列表中选择 Sketch Based 选项，在 Profile: 选项中单击 按钮，选取图 35.21 所示的平面为草绘平面，绘制图 35.22 所示的截面草图；单击 确定 按钮，完成附加钣金壁 4 的创建。

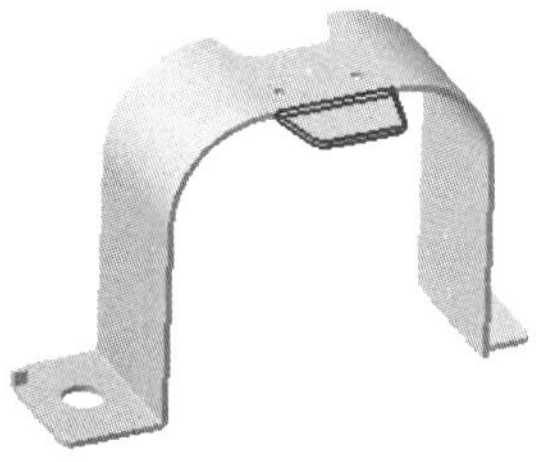

图 35.19　附加钣金壁 4

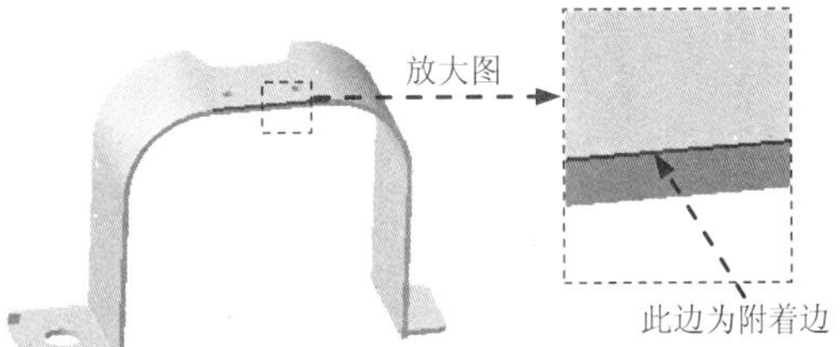

图 35.20　定义附着边

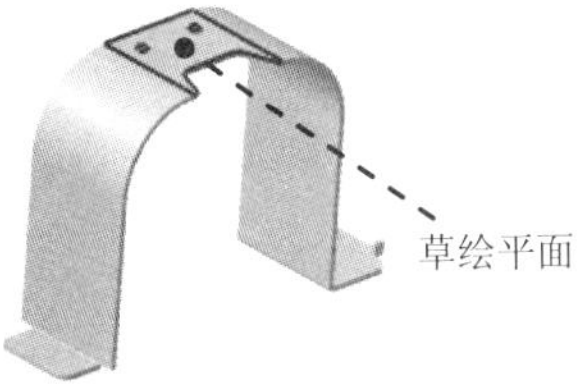

图 35.21　定义草绘平面

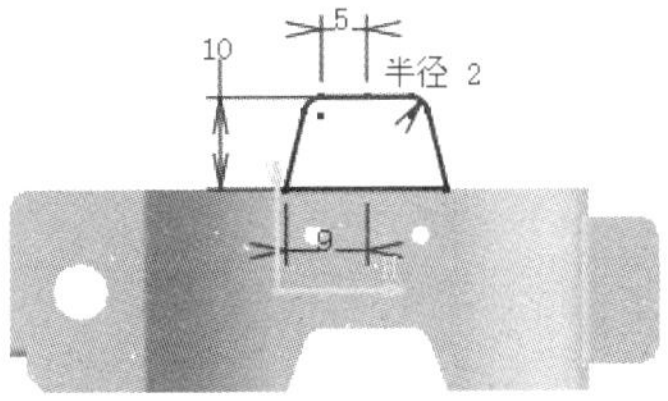

图 35.22　截面草图

Step12. 创建图 35.23 所示的特征——折弯 1。选择下拉菜单 插入 → Bending → Bend From Flat... 命令，在 Profile: 选项中单击按钮，选取图 35.23 所示的平面为草绘平面，绘制图 35.24 所示的截面草图；单击按钮退出草图环境。在模型中选取图 35.25 所示的点为固定点，在 Angle: 文本框中输入数值 135，单击 确定 按钮，完成折弯 1 的创建。

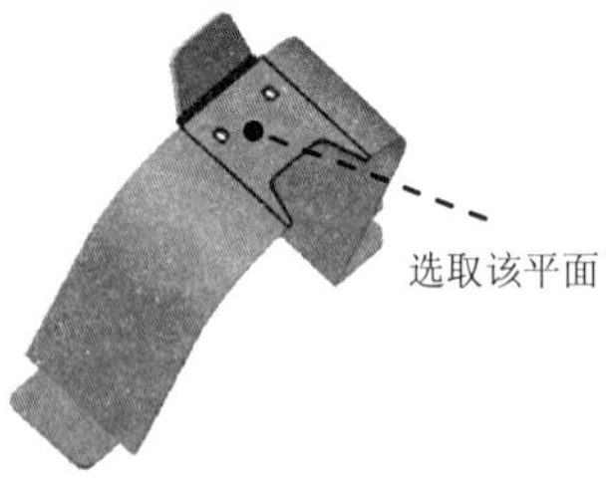

图 35.23 折弯 1

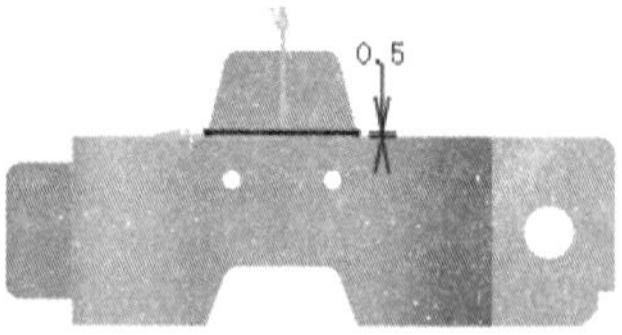

图 35.24 截面草图

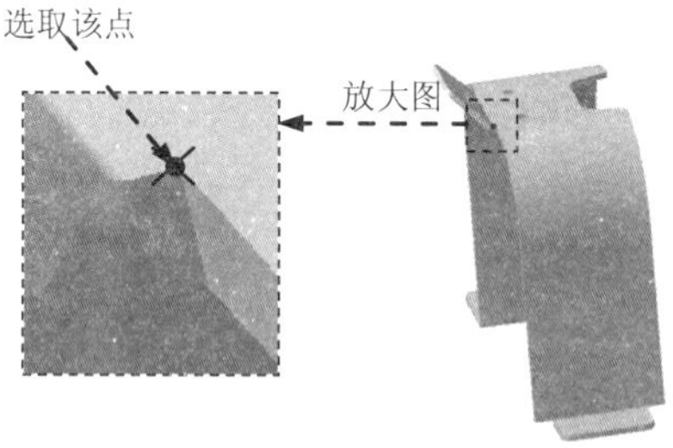

图 35.25 选取固定点

Step13. 创建图 35.26 所示的特征——折弯 2。选择下拉菜单 插入 → Bending → Bend From Flat... 命令，在 Profile: 选项中单击按钮，选取图 35.26 所示的平面为草绘平面，绘制图 35.27 所示的截面草图；单击按钮退出草图环境。在模型中选取图 35.28 所示的点为固定点，在 Angle: 文本框中输入数值 135，单击 确定 按钮，完成折弯 2 的创建。

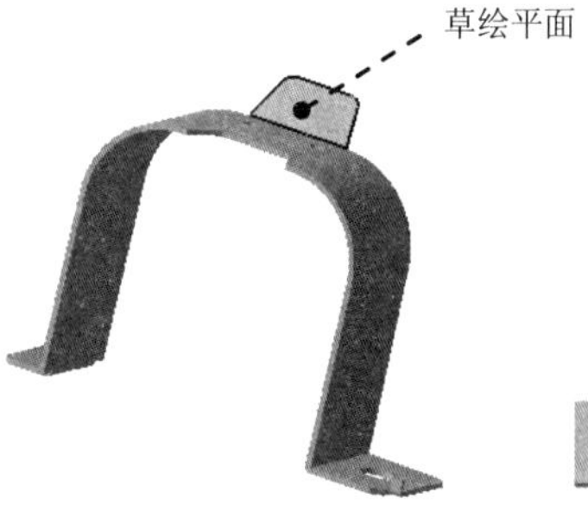

图 35.26 折弯 2

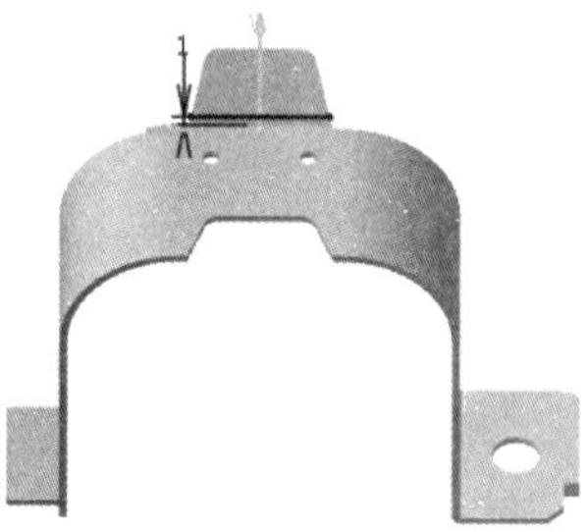

图 35.27 截面草图

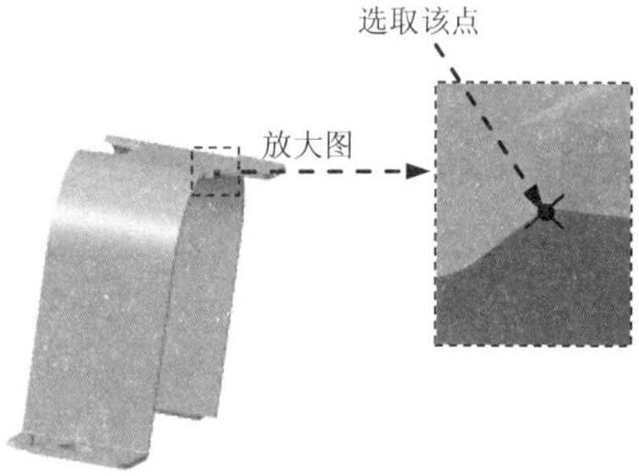

图 35.28 选取固定点

Step14. 创建图 35.29 所示的特征——折弯 3。选择下拉菜单 插入 → Bending → Bend From Flat... 命令，在 Profile: 选项中单击按钮，选取图 35.29 所示的平面为草绘平面，绘制图 35.30 所示的截面草图；单击按钮退出草图环境。在模型中选取图 35.31 所示的点为固定点，在 Angle: 文本框中输入数值 90，单击 确定 按钮，完成折弯 3 的创建。

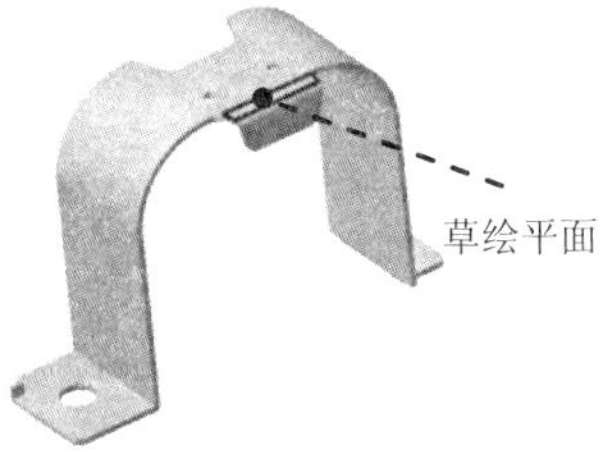

图 35.29 折弯 3

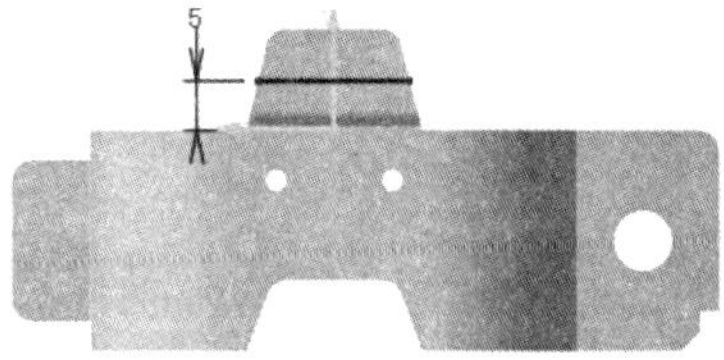

图 35.30 截面草图

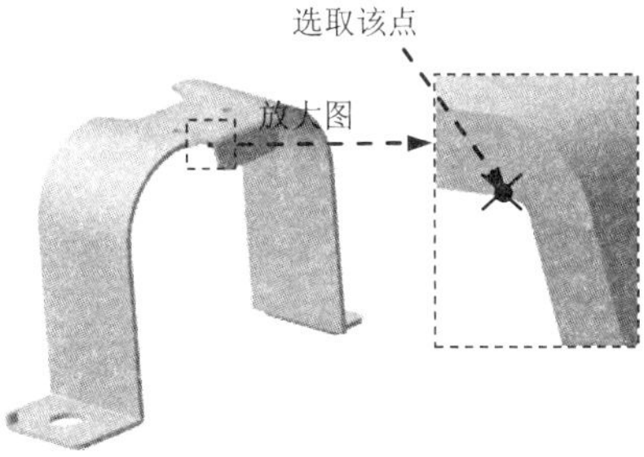

图 35.31 选取固定点

Step15. 创建图 35.32 所示的特征——平面 1。单击“参考元素”工具栏中的按钮；在平面类型：下拉列表中选取偏移平面选项；单击参考：文本框，在模型区选取图 35.32 所示的平面为参考平面，在偏移：文本框中输入数值 3，调整方向指向模型的外侧，单击确定按钮，完成平面 1 的创建。

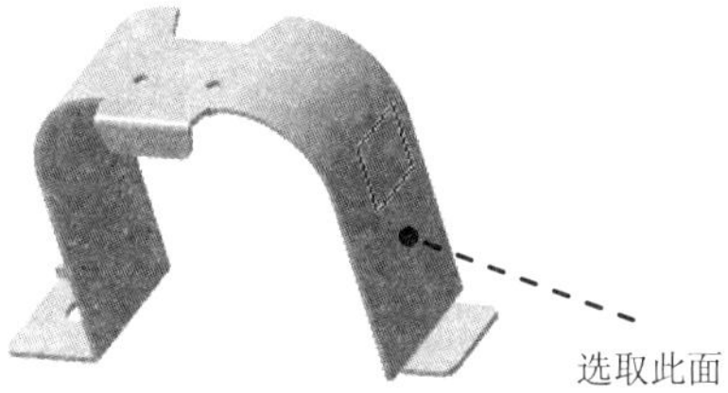

图 35.32 平面 1

Step16. 创建图 35.33 所示的特征——曲面冲压 1。选择下拉菜单插入 → Stamping ▸ → Surface Stamp...命令；在Parameters choice：下拉列表中选择Two profiles选项，单击Profile:选项中的按钮，选取图 35.33 所示的平面为草绘平面，绘制图 35.34 所示的草图，单击按钮；单击Second profile：文本框后的按钮，选取平面 1 为草绘平面，绘制图 35.35 所示的草图，单击按钮；在Height H：文本框中输入数值 2，在Radius R1：和Radius R2：文本框中分别输入数值 0.5 和 0.6，单击确定按钮，完成曲面冲压 1 的创建。

Step17. 创建图 35.36b 所示的特征——镜像 1。选择下拉菜单插入 → Transformations ▸ → Mirror...命令，单击Mirroring plane:文本框，在特征树中选取 yz 平面，单击Element to mirror:文本框，在特征树中选取曲面冲压 1，单击确定按钮，完成镜像 1 的创建。

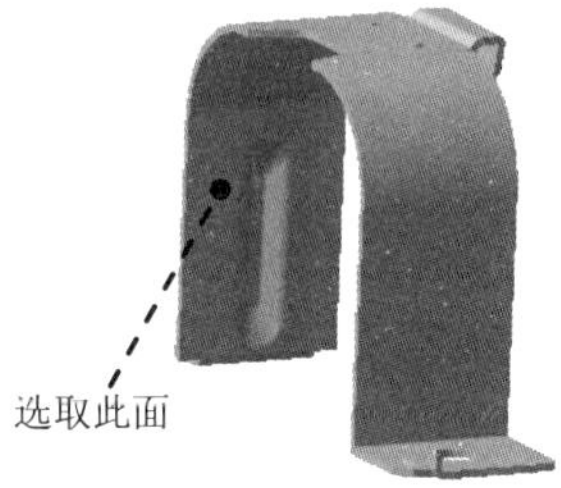

图 35.33 曲面冲压 1

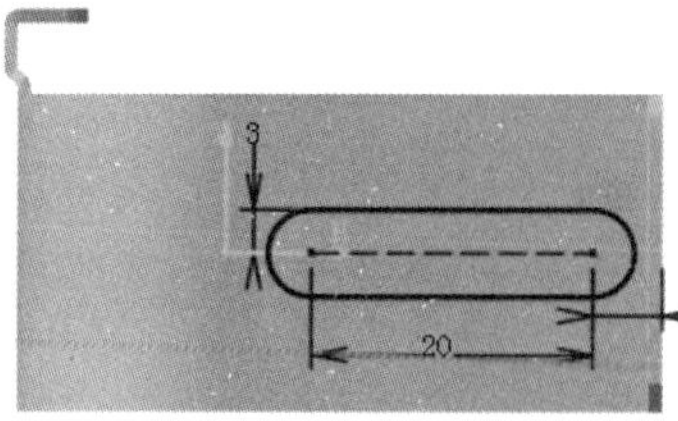

图 35.34 草图 10

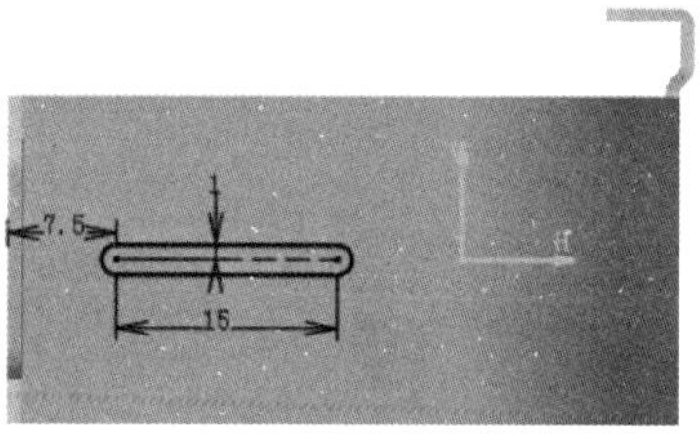

图 35.35 草图 11

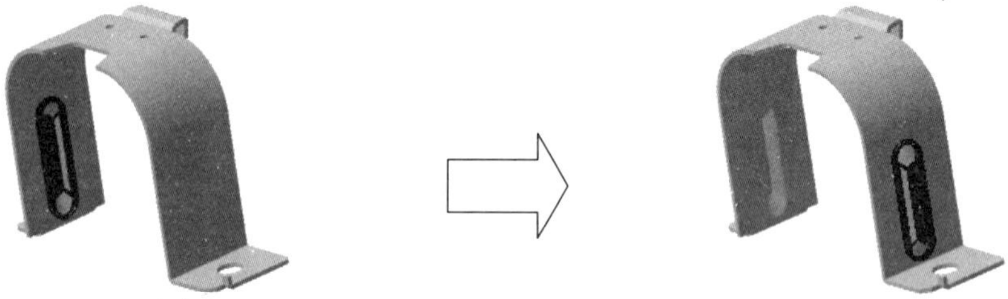

a）镜像前

b）镜像后

图 35.36 镜像 1

Step18. 创建图 35.37 所示的特征——平面 2。单击“参考元素”工具栏中的按钮；在平面类型：下拉列表中选取偏移平面选项；在参考：文本框中右击，选取 xy 平面，在偏移：文本框中输入数值 9，单击反转方向定义平面方向；单击确定按钮，完成平面 2 的创建。

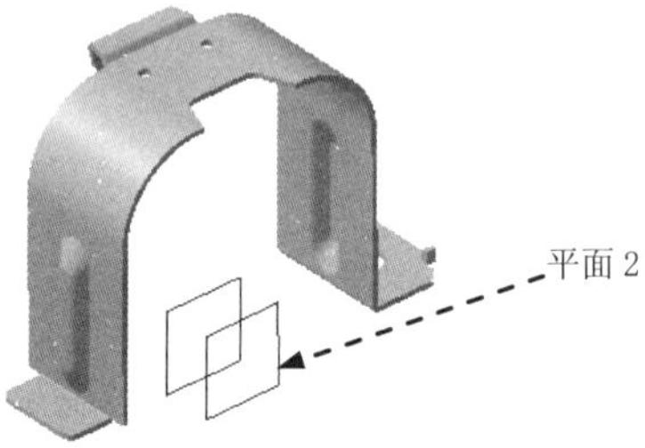

图 35.37 平面 2

Step19. 选择下拉菜单插入 → 几何体命令，创建几何体。

Step20. 后面的详细操作过程请参见随书光盘中 video\ch07\reference\文件下的语音视频讲解文件 IMMOBILITY-r02.exe。

第 8 章

模型的外观设置与渲染实例

本章主要包含如下内容：

- 实例 36 贴图贴画及渲染实例
- 实例 37 机械零件渲染

实例 36　贴图贴画及渲染实例

本实例讲解了如何在模型表面进行贴图，并对贴图后的模型进行渲染的整个过程，如图 36.1a 所示。

Task1. 准备贴画图像文件

在模型上贴图，首先要准备一个图像文件，书中编者已经准备了一个含有文字的图像文件 decal.bmp，如图 36.1b 所示。下面主要介绍如何将图像文件 decal.bmp 处理成适合于 CATIA 贴画用的图片。

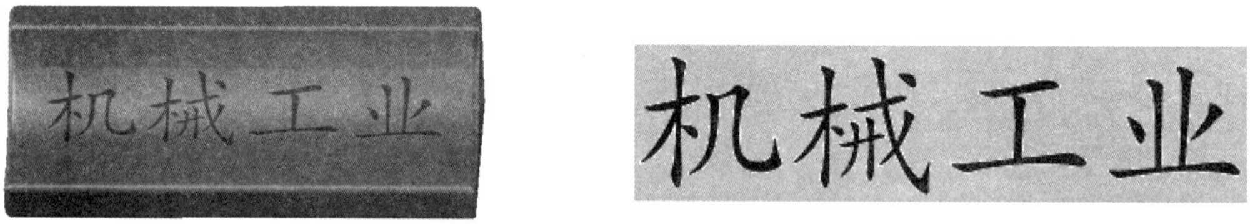

a）模型　　　　b）图像文件

图 36.1　在模型上贴图

Task2.创建装配文件

新建装配文件，并进入零部件装配工作台。

Task3. 在模型的表面上设置贴画外观

Step1. 切换界面。选择下拉菜单 开始 → 基础结构 → 图片工作室 命令。

Step2. 打开文件。激活 Product1 选项，选择下拉菜单 插入 → 现有部件... 命令，选取 D:\catins20\work\ch08\ins36\Block.CATPart。

Step3. 打开贴画文件。单击“应用材料”工具栏中的按钮，系统弹出“贴画”对话框。在 结构 选项卡下单击按钮，选择 D:\catins20\work\ch08\ins36\decal.bmp。

Step4. 定义放置面。单击图 36.2 所示的模型表面。

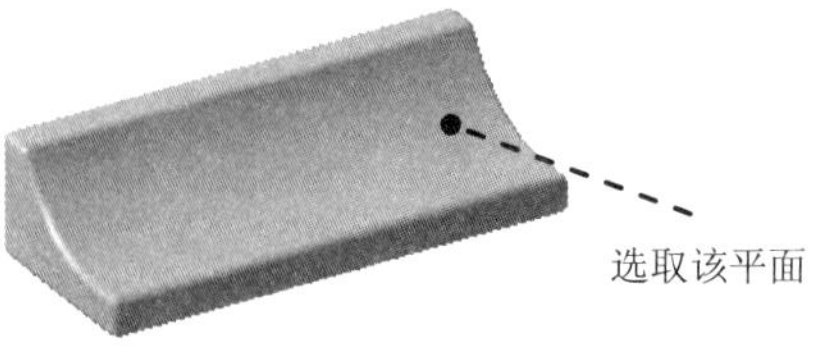

图 36.2　定义放置面

Step5. 定义参数。在翻转区域选中U复选框，在方向文本框中输入数值 90，同时调节对话框中的滑轮，使图片处于合适的位置。结果如图 36.3 所示。

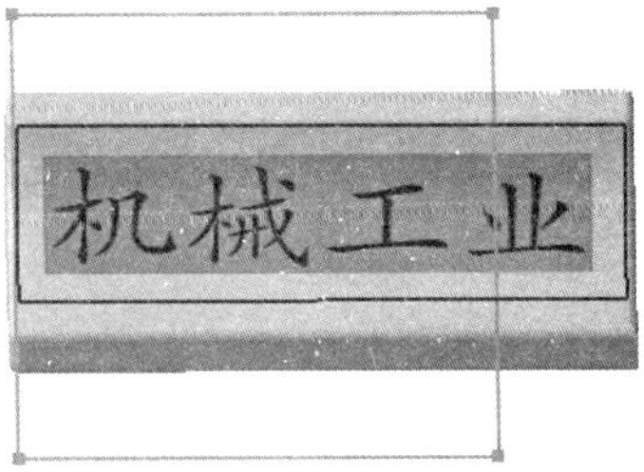

图 36.3　贴图显示

Step6. 单击照明选项卡，选中使用透明颜色复选框，单击按钮，系统弹出“拾取透明颜色”对话框，单击字体中的绿色区域，使透明颜色：显示出绿色，然后单击确定按钮，完成背景颜色的设置。

Step7. 在“贴画”对话框中单击确定按钮，完成贴画的插入，结果如图 36.4 所示。

图 36.4　贴图显示

Task4．对模型进行渲染

Step1. 单击“应用材料”工具栏中的按钮，系统弹出“库（只读）”对话框。

Step2. 单击Painting文本框，选中“DS Light Blue”选项，并将其拖动到图形区域中，图形显示出颜色。

Step3. 单击“渲染”工具栏中的按钮，可以进行对模型的快速渲染。

Task5．保存模型。

保存零件模型。选择下拉菜单文件 → 保存命令，即可保存零件模型。

实例 37　机械零件渲染

本实例介绍了使用 CATIA V5R20 进行机械零件渲染的一般过程，渲染效果如图 37.1 所示。

图 37.1　渲染图

Task1．导入模型文件

Step1．新建装配文件。选择下拉菜单 文件 → 新建... 命令，系统弹出“新建”对话框，在对话框中选取 Product 选项，单击 确定 按钮，系统进入装配工作台。

Step2．进入“图片工作室”工作台。选择下拉菜单 开始 → 基础结构 → 图片工作室 命令，系统即进入到图片工作室工作台。

Step3．引入部件。在特征树中选中 Product1 选项，使其处于激活状态。选择下拉菜单 插入 → 现有部件... 命令，打开 D:\catins20\work\ch08\ins37\instance_engine.CATPart 文件。

Task2．设置模型外观属性

Step1．单击“应用材料”工具栏中的 按钮，系统弹出“库（只读）”对话框。

Step2．在对话框中单击 Metal 选项卡，选中“Aluminium”选项，将其拖动到模型上，即可将选中的材质添加到模型上，如图 37.2 所示。单击 确定 按钮。

注意：此处添加的外观材质必须在“带材料着色”的渲染样式下才能观察到。

图 37.2　添加材质

Task3. 添加展示室环境

Step1. 添加立方体环境。单击“场景编辑器”工具条中的“创建箱环境”按钮，添加环境后，模型如图 37.3 所示。在特征树中显示出环境各个墙壁特征，如图 37.4 所示。

图 37.3　添加立方体环境

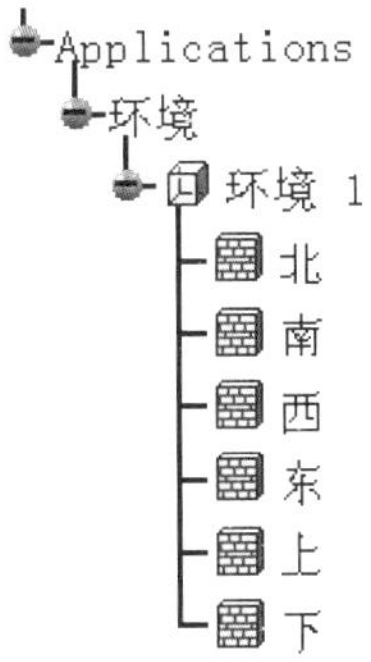

图 37.4　特征树

Step2. 调整环境大小。单击特征树中 Applications 和 环境 选项前的“+”号，显示出 环境 1 选项，右击，在弹出的快捷菜单中选择 环境 1 对象 → 定义... 命令，系统弹出“环境定义”对话框，在 尺寸 区域中设置图 37.5 所示的参数，结果如图 37.6 所示。

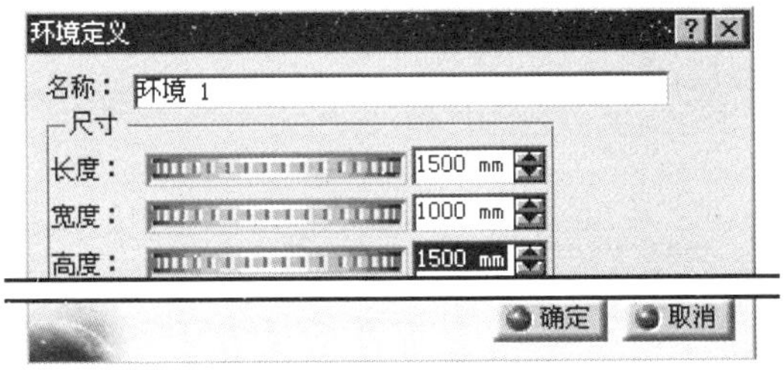

图 37.5　“环境定义”对话框

图 37.6　调整环境大小

Step3. 调整环境位置。单击“视图”工具条中的按钮，将视图调整到俯视图状态，在对话框位置/方向区域的Y:文本框中输入值 455.0，将环境中某一墙壁靠到模型底部，如图 37.7 所示。

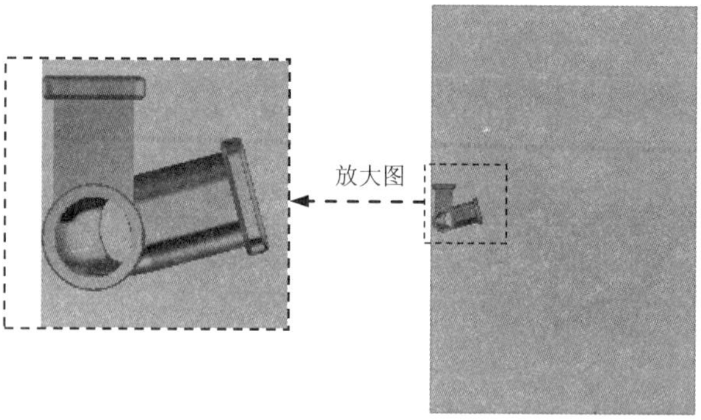

图 37.7 调整位置

Step4. 设置场景环境贴图。

（1）设置地板图案。在“环境定义”对话框的墙体结构区域选中“西”墙壁，在结构定义区域单击...按钮，系统弹出“选择文件”对话框，选取图片 floor.jpg，单击打开(O)按钮，结果如图 37.8 所示。

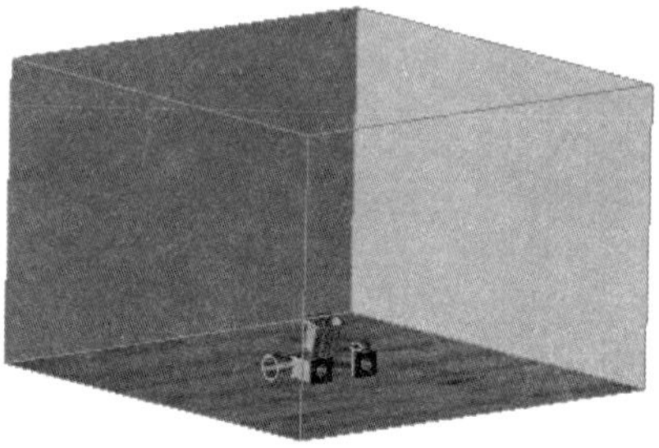

图 37.8 地板图案

（2）设置墙壁图案。在“环境定义”对话框的墙体结构区域分别选中“北”“上”“下”和“南”墙壁，在结构定义区域单击...按钮，系统弹出“选择文件”对话框，选取图片 wall.jpg，单击打开(O)按钮，结果如图 37.9 所示。

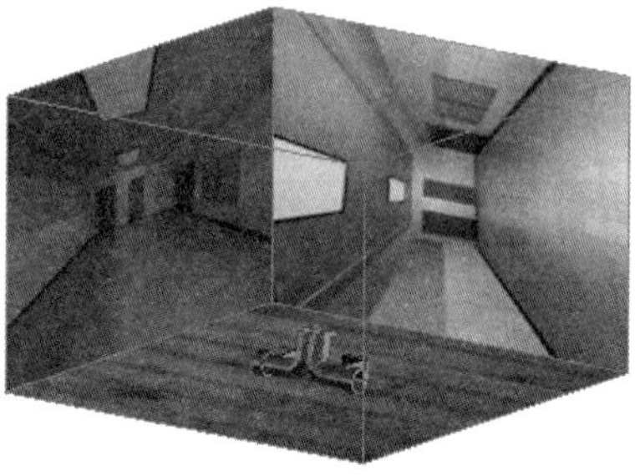

图 37.9 墙壁图案

（3）设置天花板图案。在“环境定义”对话框的墙体结构区域选中“东”选项，在结构定义区域单击...按钮，系统弹出“选择文件”对话框，选取图片 sky.jpg，单击打开(O)按钮，结果如图 37.10 所示。单击“环境定义”对话框中的确定按钮，完成环境的定义。

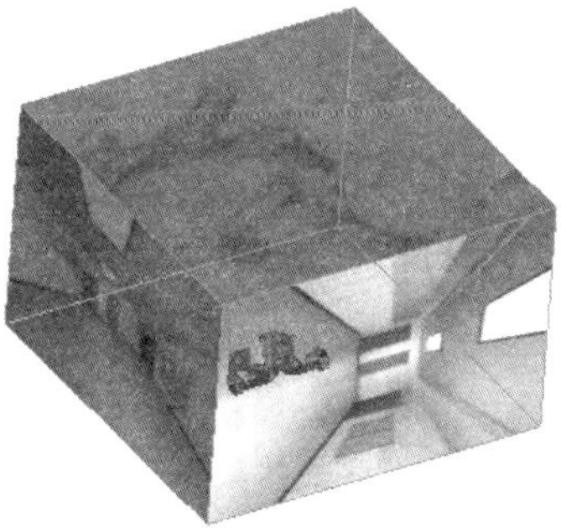

图 37.10　天花板图案

Task4．创建聚光源

Step1. 添加光源。单击“场景编辑器”工具条中的“创建聚光源”按钮，系统自动产生一个光源，可以将光源拖动到合适的位置，结果如图 37.11 所示。

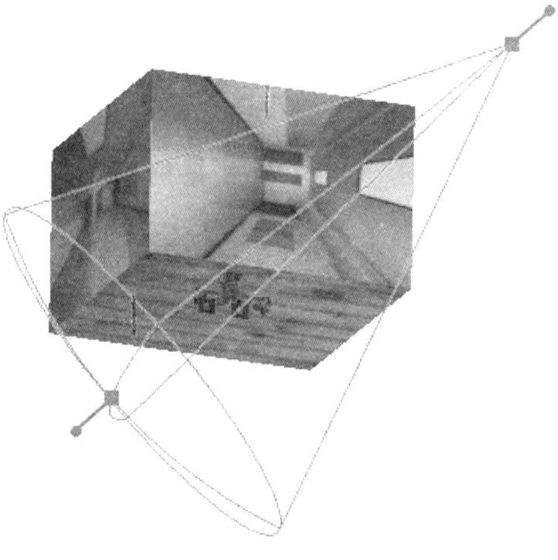

图 37.11　添加光源

Step2. 定义光源属性。

（1）在特征树中单击光源选项前的“+”号，然后选中光源 1选项，右击，在弹出的快捷菜单中选取光源 1 对象下的定义...命令，系统弹出“属性”对话框。

（2）定义光源照明属性。单击照明选项卡，在光源区域的类型下拉列表中选择聚光源选项，在强度后的文本框中输入光源强度为 1.8，在衰减区域的衰减下拉列表中选择平方衰减选项，在衰减末端文本框中输入数值 3819，在指数文本框中输入数值 1。

（3）定义光源区域属性。单击区域选项卡，在类型下拉列表中选取球形选项，其他参数采用系统默认设置值，结果如图 37.12 所示。

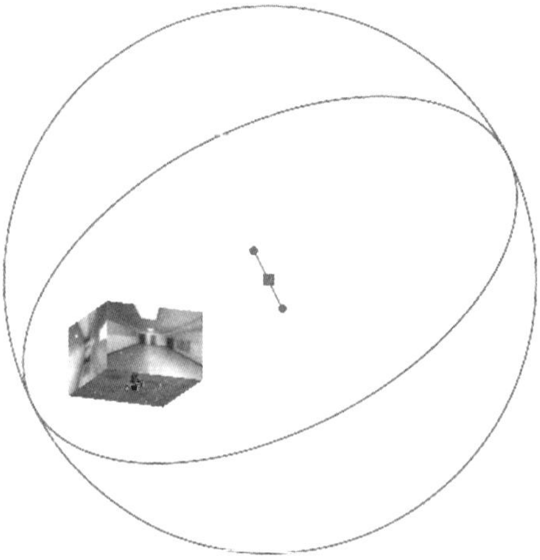

图 37.12 设置光源属性

（4）定义光源位置。单击位置选项卡，在原点区域的 X 、Y 、Z 文本框中分别输入数值 -2078、1744、121.3，同时在参考轴区域中选中 模型 单选项。

（5）单击确定按钮，完成光源的设置。

Task5. 创建照相机视图

单击“场景编辑器”工具条中的“创建照相机”按钮，视图区出现照相机边框，调整相机的焦点（视图区两个绿色的点）至图 37.13 所示的位置（大概位置即可）。

图 37.13 添加照相机

Task6. 新建拍摄并渲染图像

Step1. 新建拍摄。

（1）单击“渲染”工具条中的“创建拍摄”按钮，系统弹出图 37.14 所示的“拍摄定义”对话框。

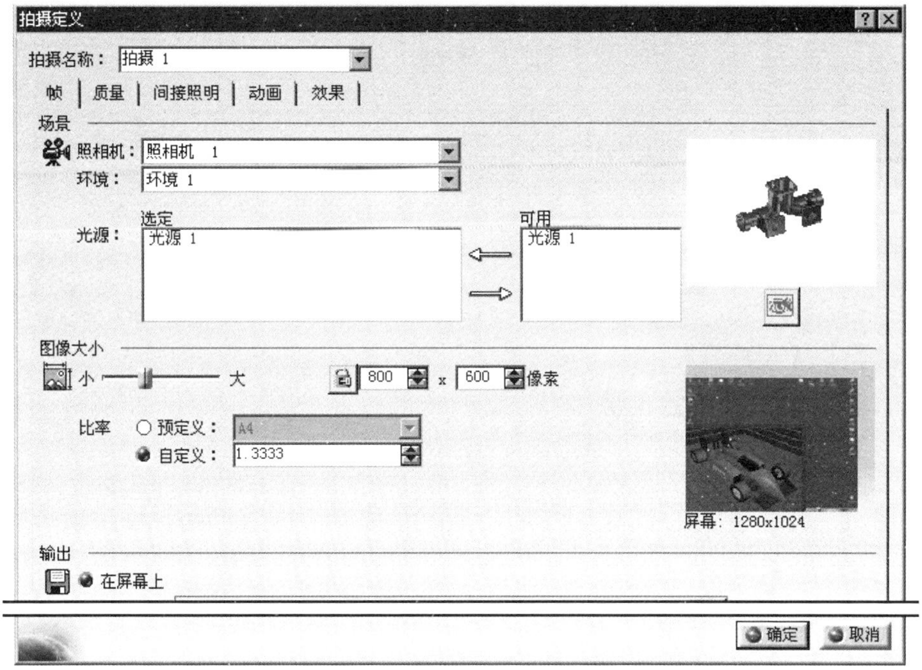

图 37.14　“拍摄定义”对话框

（2）定义帧属性。单击 帧 选项卡，在照相机：下拉列表中选择照相机 1选项，单击按钮预览照相机视图。

（3）定义拍摄质量。单击质量选项卡，在渲染区域的反射：、折射：和反弹：文本框中分别输入数值 3、2、5，同时在精确度区域中将精确度调到最高，其他参数采用系统默认设置值，单击确定按钮，完成拍摄定义。

Step2. 渲染拍摄。单击“渲染”工具条中的“渲染拍摄”按钮，系统弹出图 37.15 所示的“渲染”对话框。单击“渲染”对话框中的按钮，即可预览渲染图，结果如图 37.16 所示（渲染后的效果参见随书光盘文件 D:\catins20\work\ch08\ins37\ok\ph1.doc）。

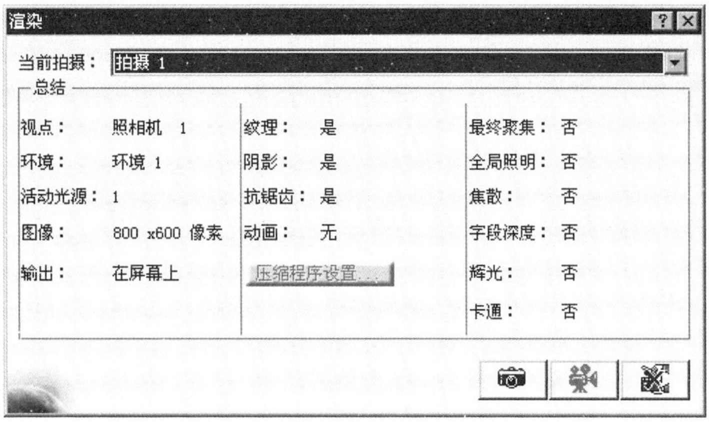

图 37.15　“渲染”对话框

图 37.16 渲染图片

Step3. 保存渲染图。单击“正在渲染输出”对话框中的“另存为”按钮，系统弹出“另存为”对话框，在保存类型(T):下拉列表中选择JPEG 尚好的质量 (*.jpg)选项，输入文件名称为“picture”，单击保存(S)按钮，即可保存渲染图。

Step4. 保存模型文件。

第 9 章

IMA 造型设计实例

本章主要包含如下内容：

- 实例 38　淋浴把手
- 实例 39　吹风机

实例38　淋 浴 把 手

本实例通过淋浴把手曲面造型范例来说明 IMA 曲面造型的一般过程，由此读者可以体会到 CATIA IMA 在曲面零件整体造型中的便捷、高效之处。

模型及特征树如图 38.1 所示。

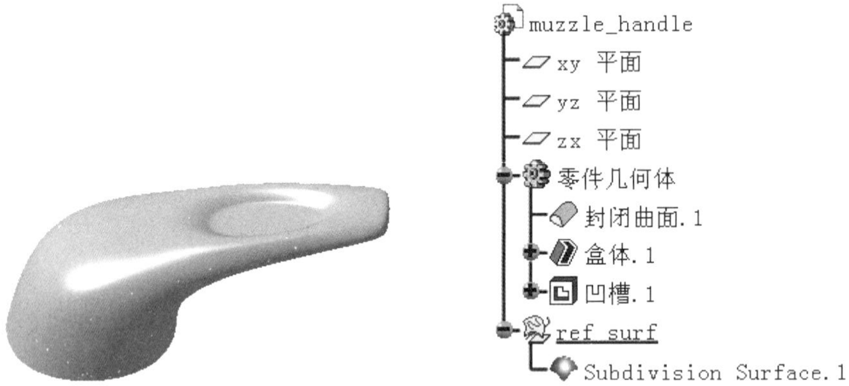

图 38.1　模型及特征树

Step1. 新建文件。选择下拉菜单 开始 → 形状 ▸ → Imagine & Shape 命令，输入零件名称 muzzle_handle，取消选中 □ 启用混合设计 复选框，单击 确定 按钮，进入“IMA 形状设计”工作台。

Step2. 选项设置。选择下拉菜单 工具 → 选项... 命令，系统弹出“选项”对话框。在“选项”对话框左侧的树中单击 形状 节点下的 Imagine & Shape 选项，然后在右侧 General 选项卡 Primitive Creation Center Mode 区域选中 Origin centered 单选项，单击 确定 按钮。

Step3. 新建几何图形集。选择下拉菜单 插入 → 几何图形集... 命令，系统弹出图 38.2 所示的“插入几何图形集”对话框，在 名称: 文本框中输入“ref_surf”，单击 确定 按钮。

Step4. 调整视图方位。在“视图”工具栏中单击“仰视图”按钮，将视图方位调整到仰视方位。

Step5. 创建柱形曲面。选择下拉菜单 插入 → Closed Primitives → IMA - Cylinder 命令，在图形区中创建图 38.3 所示的柱形曲面。

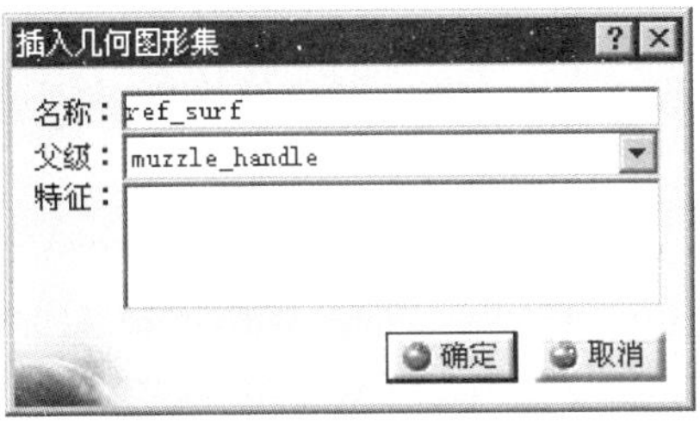

图 38.2 “插入几何图形集”对话框

图 38.3 柱形曲面

Step6. 调整柱形曲面形状。在工具控制板中单击“Affinity”按钮，然后单击按钮，再单击按钮，在系统弹出的“Affinity”对话框中设置图 38.4 所示的参数，然后单击确定按钮，结果如图 38.5 所示。

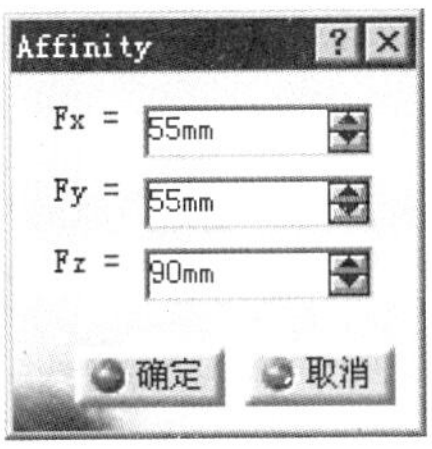

图 38.4 “Affinity”对话框

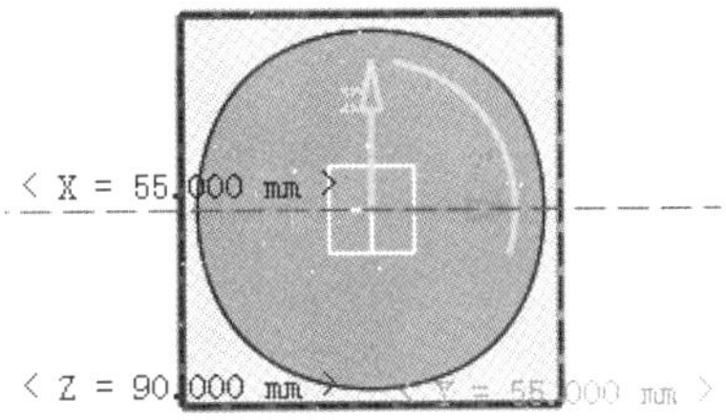

图 38.5 调整圆柱面形状

Step7. 设置变换中心。在工具控制板中单击“Translation”按钮，选择图 38.6 所示的单元网格，然后单击按钮，在“Translation”对话框中设置图 38.7 所示的参数，单击确定按钮。

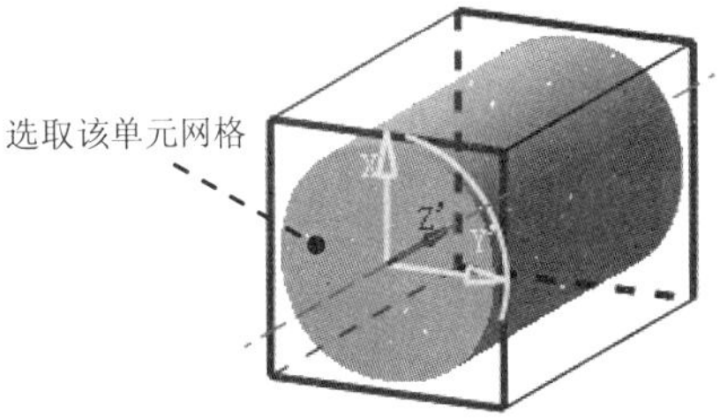

图 38.6 定义参照面

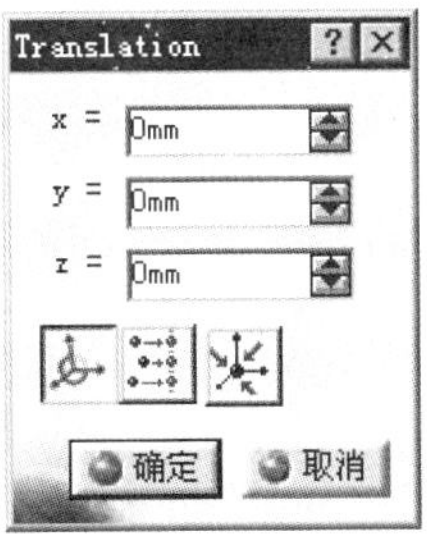

图 38.7 “Translation”对话框

Step8. 网格分割 1。选择下拉菜单插入 → IMA - Face Cutting命令；在工具控制板中确认按钮被按下，单击按钮，在系统弹出的“Number Of Sections”对话框中输入值 1，然后单击确定按钮；选取图 38.8 所示的网格边线为分割对象；单击按钮完成分割，结果如图 38.9 所示。

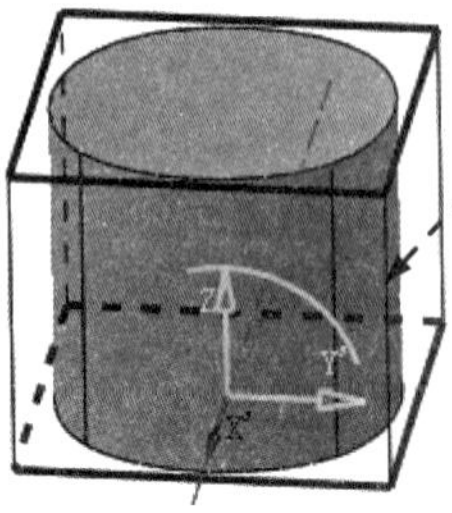

图 38.8　选取分割对象

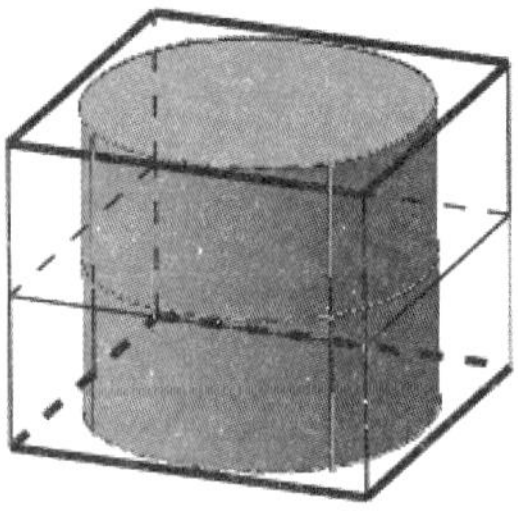

图 38.9　网格分割 1

Step9. 局部对称牵引 1。选择下拉菜单插入 → IMA - Modification命令，在工具控制板中单击“Affinity”按钮和“面”按钮；选取图 38.10 所示的顶部单元格为编辑对象；单击按钮，在系统弹出的“Translation”对话框中设置图 38.11 所示的参数；然后单击确定按钮，结果如图 38.12 所示。

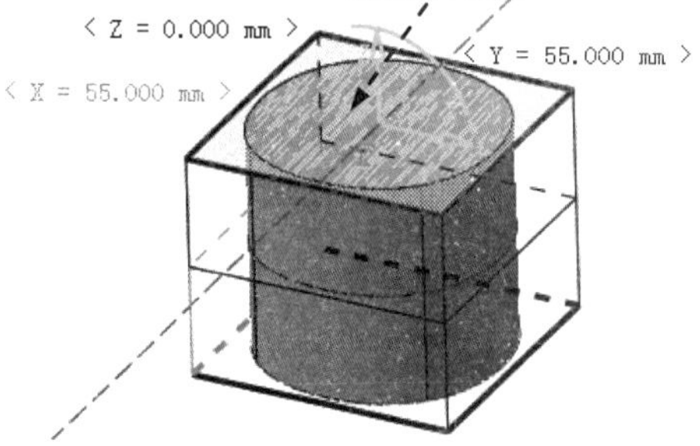

图 38.10　选取牵引对象

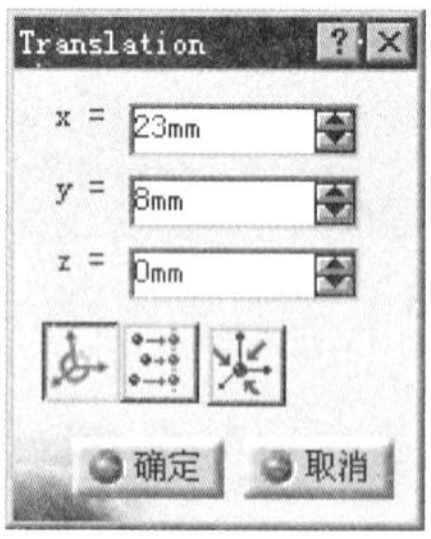

图 38.11　“Translation”对话框

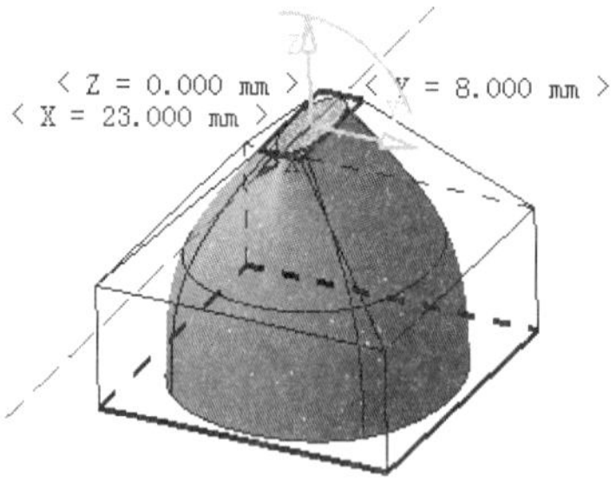

图 38.12　局部对称牵引 1

Step10. 旋转编辑 1。在工具控制板中单击按钮，单击按钮，在系统弹出的“Rotation”对话框中设置图 38.13 所示的参数；然后单击确定按钮，结果如图 38.14 所示。

Step11. 平移编辑 1。在工具控制板中单击按钮和按钮；选取图 38.15 所示的网格为平移对象；单击按钮，在系统弹出的“Translation”对话框中设置图 38.16 所示的参数；然后单击确定按钮，结果如图 38.17 所示。

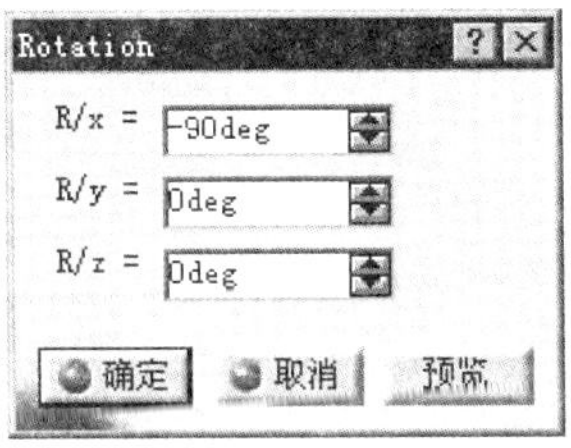

图 38.13　“Rotation”对话框

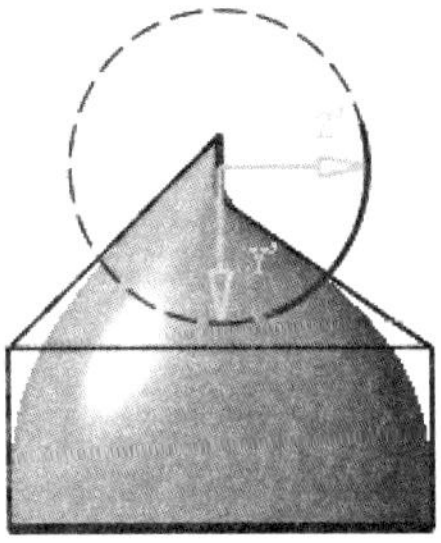

图 38.14　旋转编辑 1

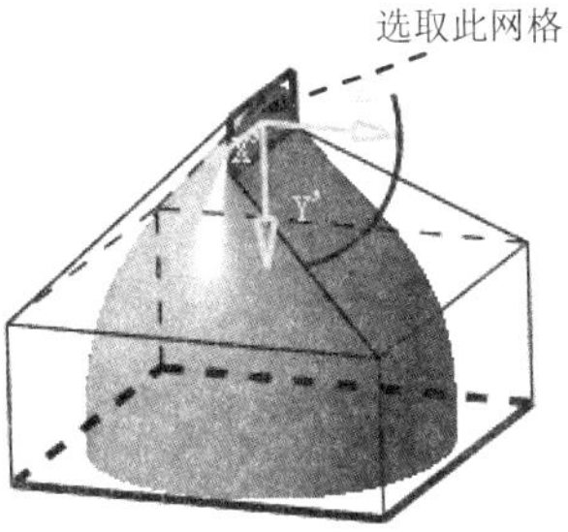

图 38.15　选取平移对象

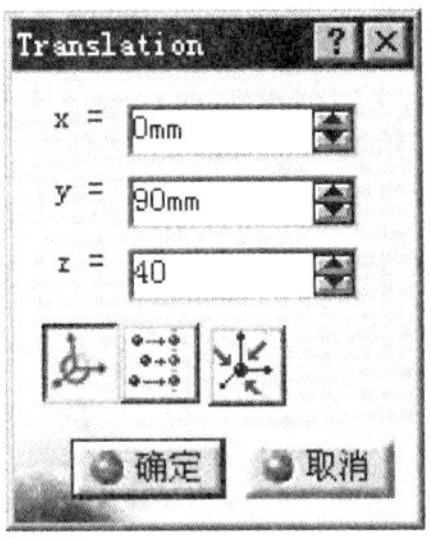

图 38.16　“Translation”对话框

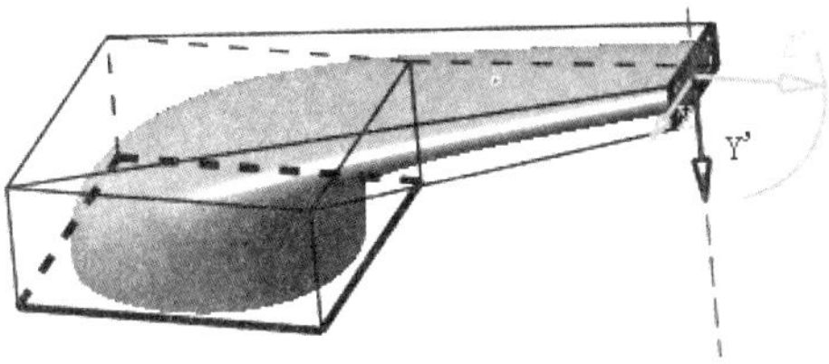

图 38.17　平移编辑 1

Step12. 比例吸附 1。在工具控制板的编辑区域中单击“Attraction”按钮，采用默认的图 38.18 所示的网格边线，在工具控制板中单击按钮，在系统弹出的“Weight”对话框中输入值 85（图 38.19），然后单击确定按钮，结果如图 38.20 所示。

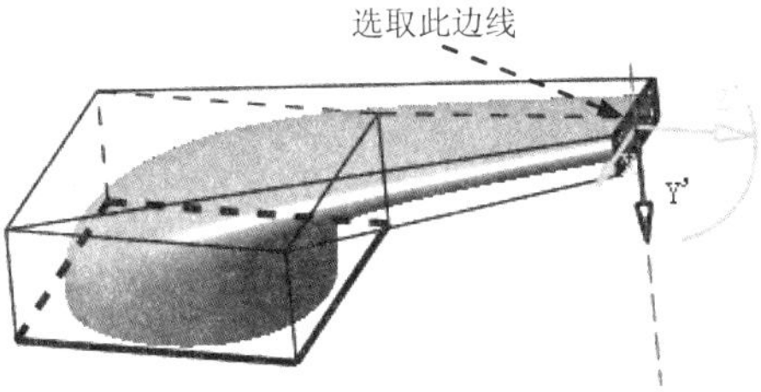

图 38.18　选取网格边线

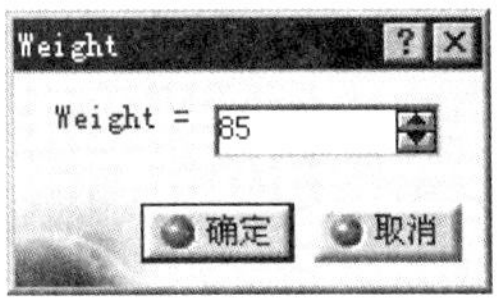

图 38.19　“Weight”对话框

Step13. 平移编辑 2。在工具控制板中确认按钮和按钮被按下；选取图 38.21 所示的边线为平移对象；单击按钮，在系统弹出的“Translation”对话框中设置图 38.22 所示的参数；然后单击确定按钮，结果如图 38.23 所示。

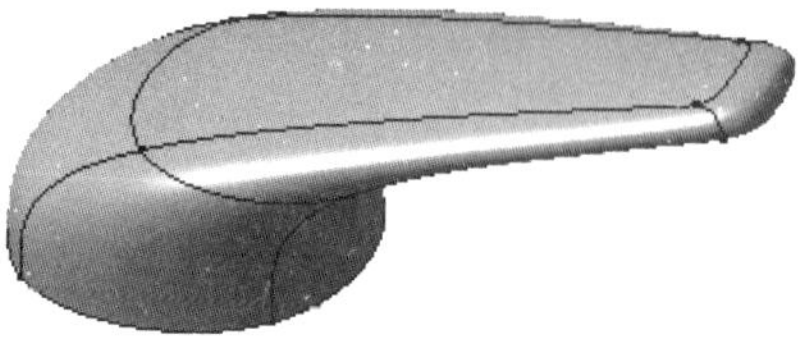

图 38.20 编辑结果

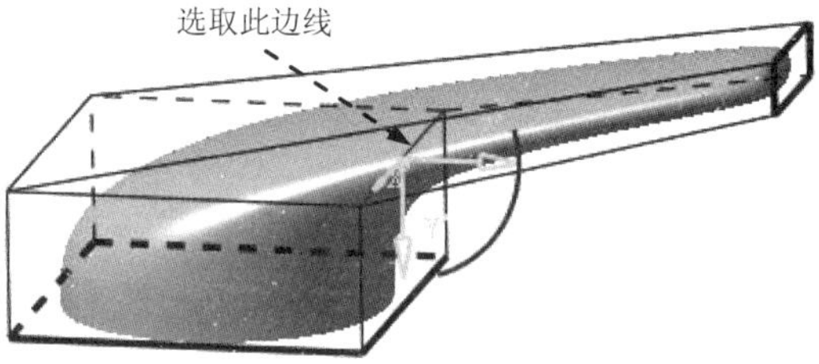

图 38.21 选取平移对象

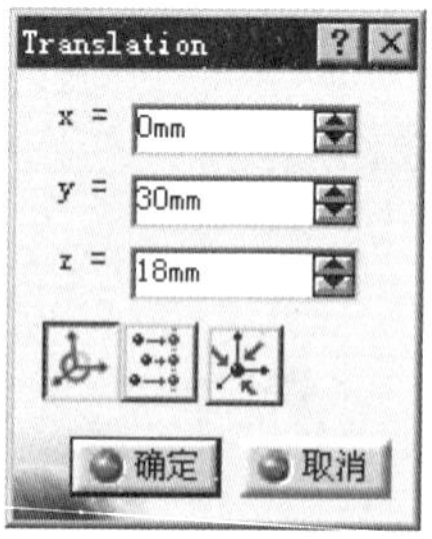

图 38.22 “Translation”对话框

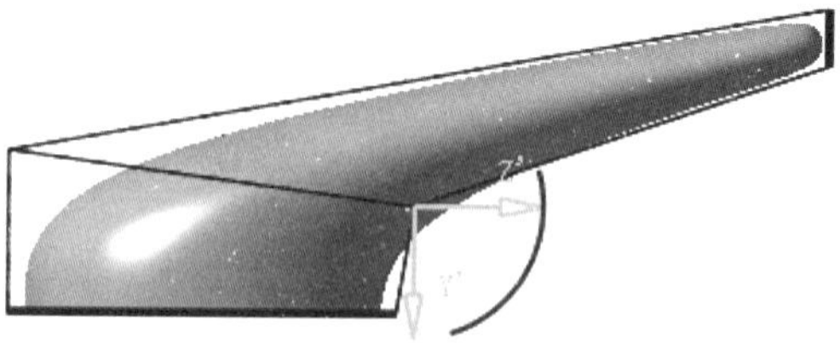

图 38.23 平移编辑 2

Step14. 平移编辑 3。在工具控制板中确认按钮和按钮被按下；选取图 38.24 所示的边线为平移对象；单击按钮，在系统弹出的“Translation”对话框中设置图 38.25 所示的参数；然后单击确定按钮，结果如图 38.26 所示。

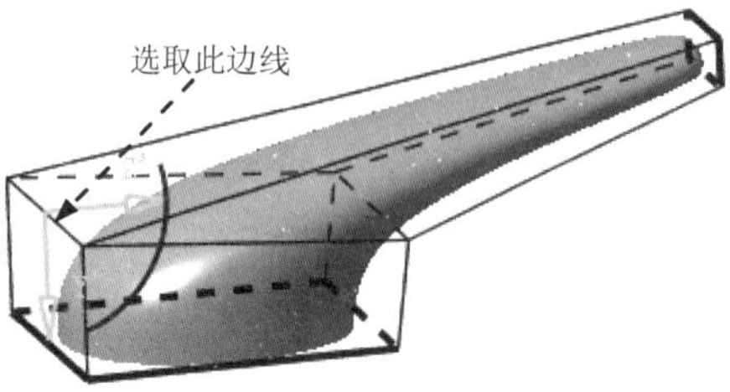

图 38.24 选取平移对象

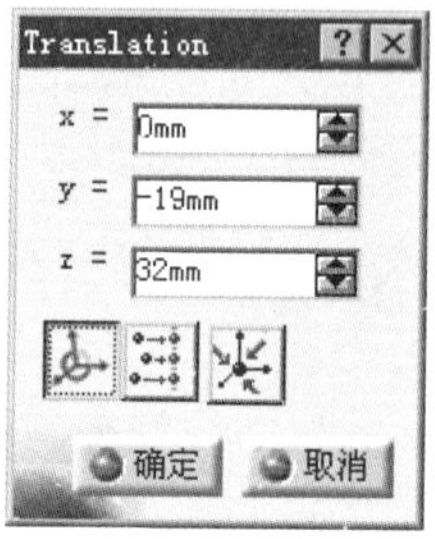

图 38.25 “Translation”对话框

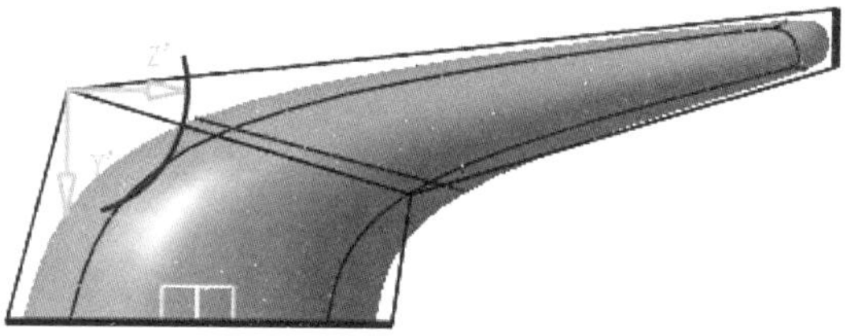

图 38.26 平移编辑 3

Step15. 网格分割 2。选择下拉菜单插入 → IMA - Face Cutting 命令；在工具控制板中确认按钮被按下，单击按钮，在系统弹出的“Number Of Sections”对话框中输入值 1，然后单击确定按钮；选取图 38.27 所示的网格边线为分割对象；单击按钮完成分割，结果如图 38.28 所示。

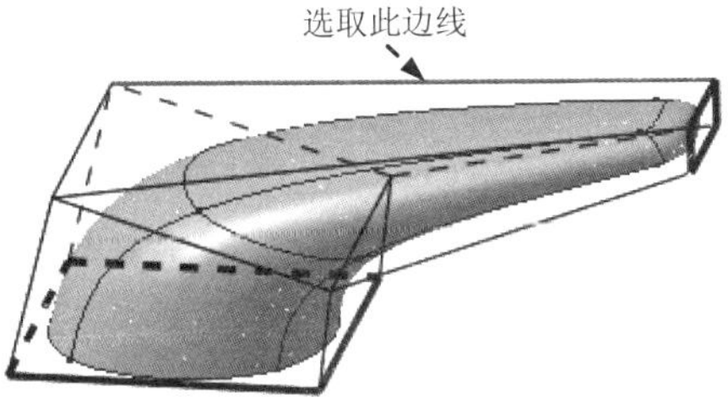

图 38.27　选取分割对象

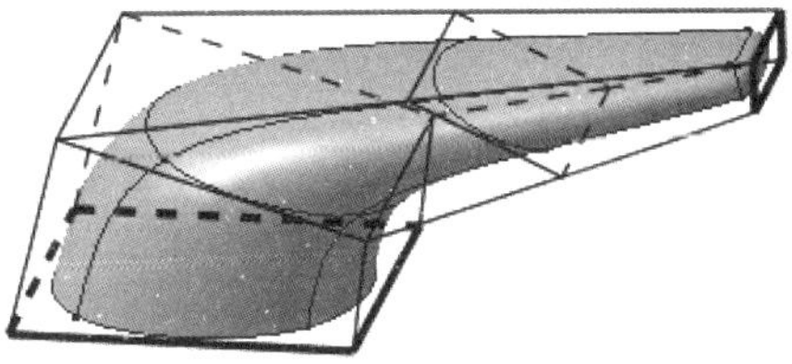

图 38.28　网格分割 2

Step16. 平移编辑 4。选择下拉菜单 插入 → IMA - Modification 命令，在工具控制板中单击按钮和按钮；选取图 38.29 所示的两条边线（按住 Ctrl 键）为平移对象；单击按钮，在系统弹出的“Translation”对话框中设置图 38.30 所示的参数；然后单击确定按钮，结果如图 38.31 所示。

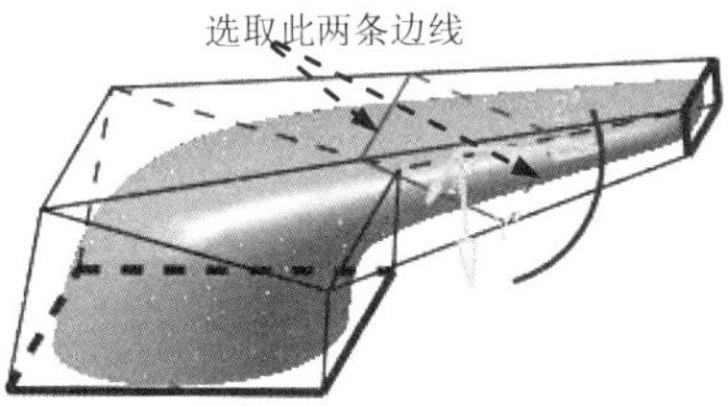

图 38.29　选取平移对象

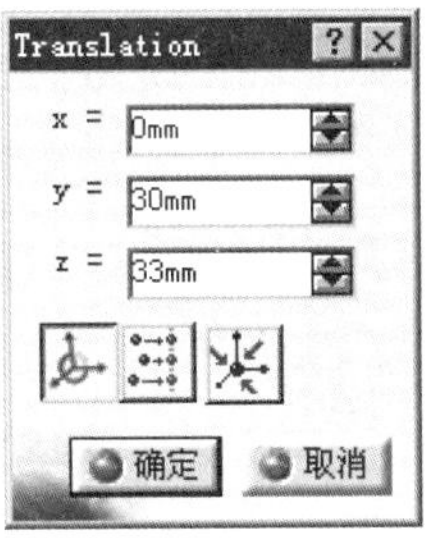

图 38.30　“Translation”对话框

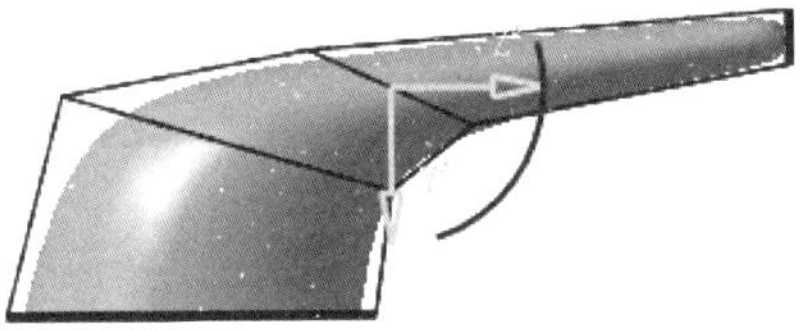

图 38.31　平移编辑 4

Step17. 平移编辑 5。在工具控制板中单击按钮和按钮；选取图 38.32 所示的边线为平移对象；单击按钮，在系统弹出的“Translation”对话框中设置图 38.33 所示的参数；然后单击确定按钮，结果如图 38.34 所示。

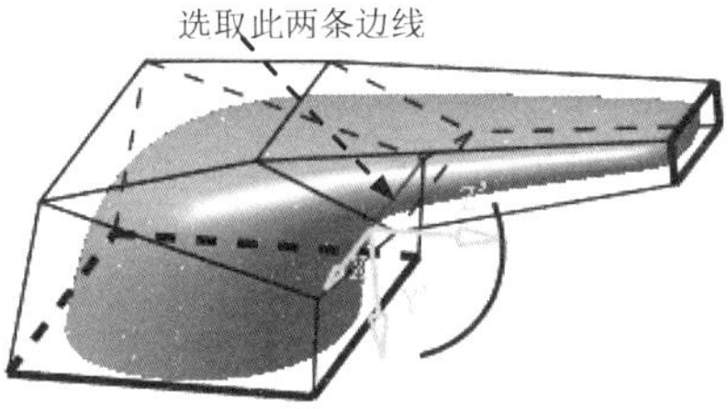

图 38.32　选取平移对象

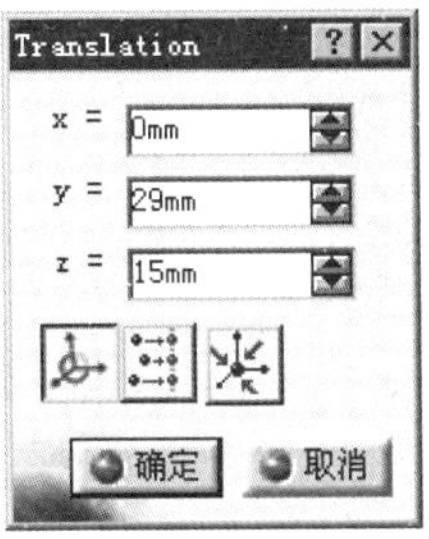

图 38.33　“Translation”对话框

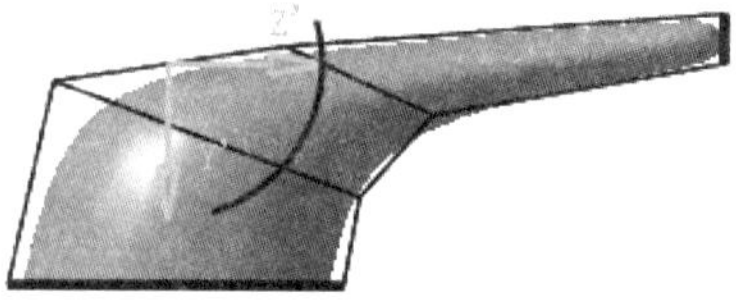

图 38.34 平移编辑 5

Step18. 表面细分 1。选择下拉菜单插入 → IMA - Face Subdivision命令；在工具控制板中单击按钮，在系统弹出的“Sbudivision Ratio”对话框中输入值 0.7，单击确定按钮；在图形区中选取图 38.35 所示的网格表面为细分对象；单击按钮完成表面细分，结果如图 38.36 所示。

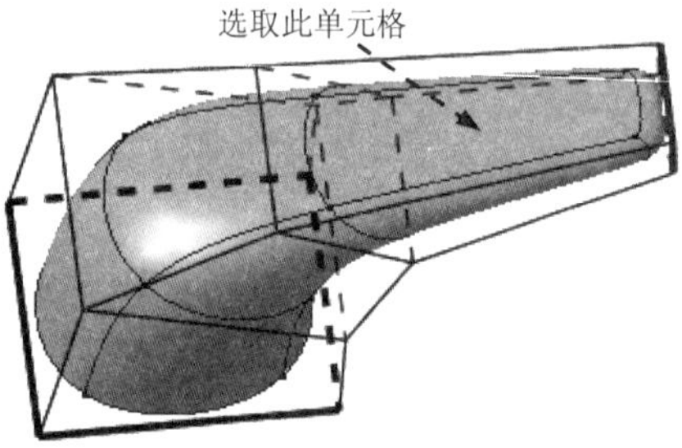

图 38.35 选取细分对象

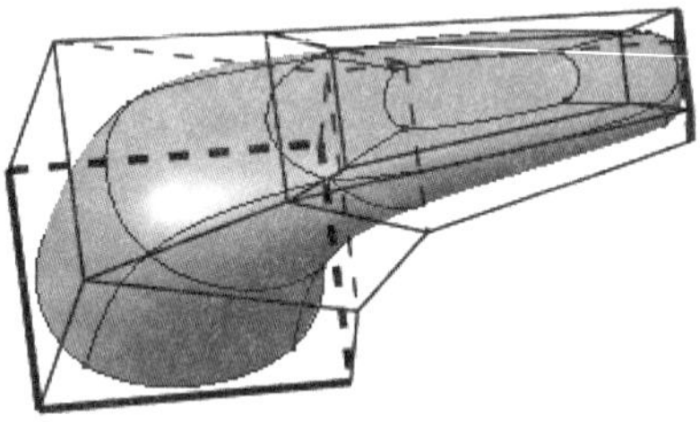

图 38.36 表面细分

Step19. 表面细分 2。在图形区中选取图 38.37 所示的网格表面为细分对象；单击按钮完成表面细分，结果如图 38.38 所示。详细操作过程参照 Step18。

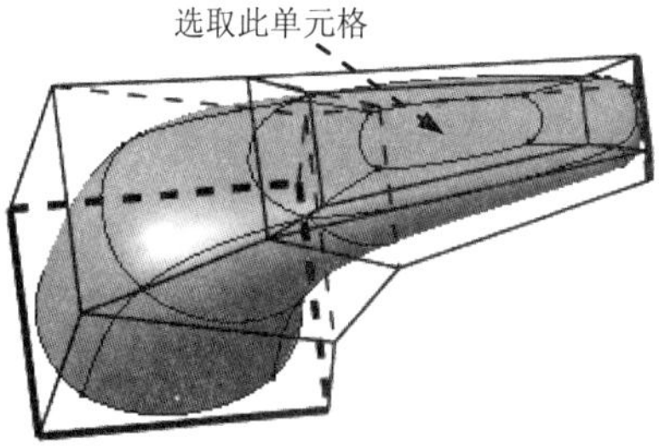

图 38.37 选取细分对象

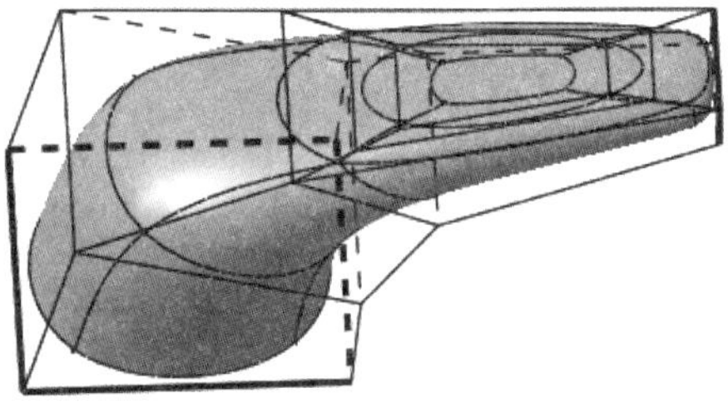

图 38.38 表面细分

Step20. 局部对称牵引 2。选择下拉菜单插入 → IMA - Modification命令，在工具控制板中单击按钮和按钮；选取图 38.39 所示的内部单元格为牵引对象；单击按钮，在系统弹出的“Translation”对话框中设置图 38.40 所示的参数；然后单击确定按钮，结果如图 38.41 所示。

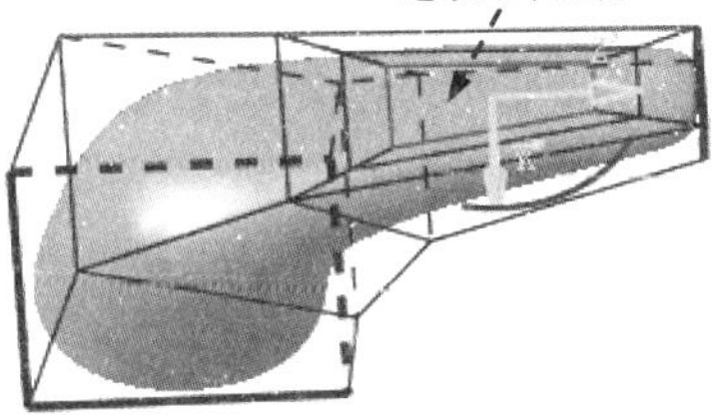

图 38.39　选取牵引对象

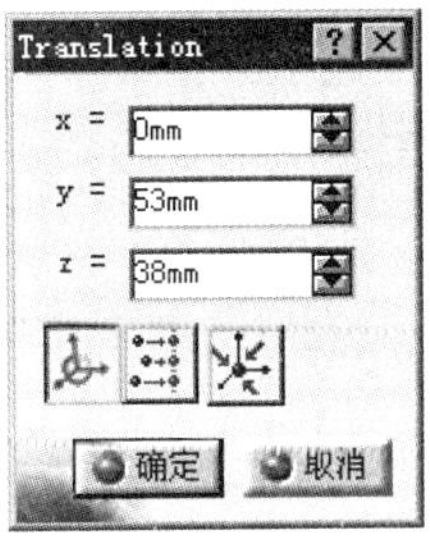

图 38.40　“Translation”对话框

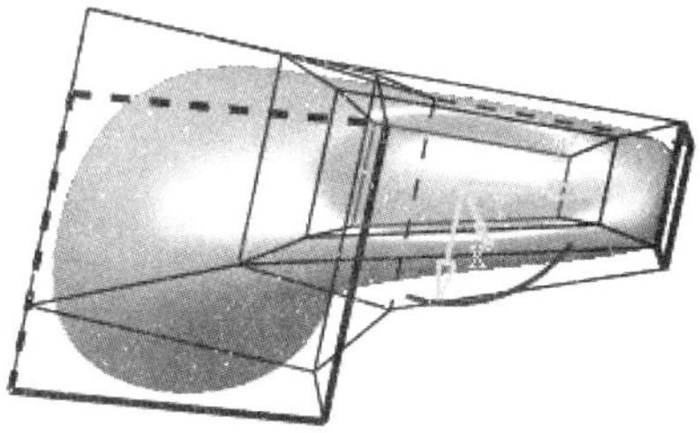

图 38.41　局部对称牵引 2

Step21. 比例吸附 2。在工具控制板的编辑区域中单击“Attraction”按钮，采用默认的图 38.42 所示的网格边线，在工具控制板中单击按钮，在系统弹出的“Weight”对话框中输入值 100（图 38.43），然后单击确定按钮，按 Esc 键，结束曲面编辑。结果如图 38.44 所示。

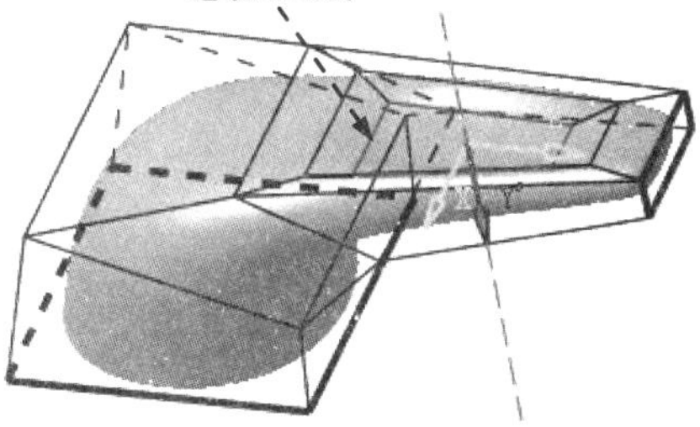

图 38.42　选取网格边线

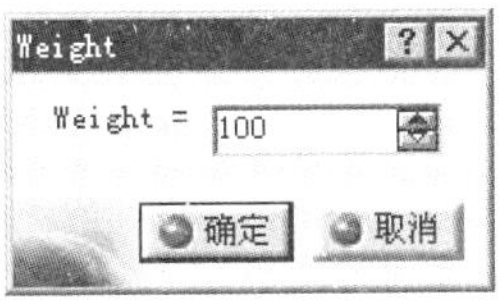

图 38.43　“Weight”对话框

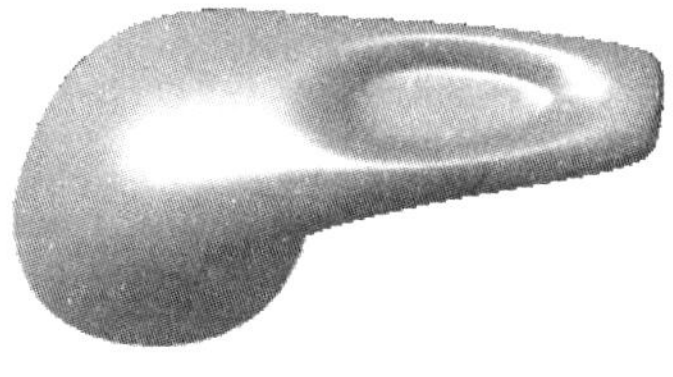

图 38.44　编辑结果

Step22. 选择下拉菜单 开始 → 机械设计 → 零件设计 命令，切换到零件设计工作台。在特征树上右击 零件几何体 节点，在弹出的快捷菜单中选择 定义工作对象 命令。

Step23. 封闭曲面。选择下拉菜单 插入 → 基于曲面的特征 ▸ → 封闭曲面... 命令，在图形区选取全部曲面，然后单击 确定 按钮，完成封闭曲面的创建。

Step24. 隐藏对象。在特征树上右击 Subdivision Surface.1 节点，在弹出的快捷菜单中选择 隐藏/显示 命令。

Step25. 创建盒体 1。选择下拉菜单 插入 → 修饰特征 → 抽壳... 命令，采用默认的内侧厚度值为 1，外侧厚度值为 0，选取图 38.45 所示的面为要移除的面，然后单击 确定 按钮，完成盒体 1 的创建。结果如图 38.46 所示。

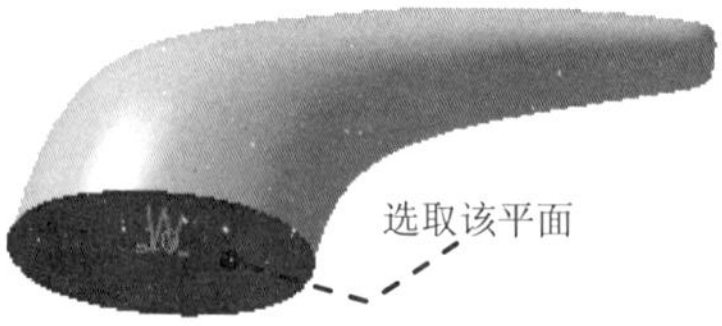

图 38.45 定义要移除的面

图 38.46 盒体 1

Step26. 创建图 38.47 所示的凹槽 1。选择下拉菜单 插入 → 基于草图的特征 ▸ → 凹槽... 命令；选取 zx 平面为草绘平面，绘制图 38.48 所示的截面草图；在对话框 第一限制 区域的 类型： 下拉列表中选取 直到下一个 选项，并单击 反转方向 按钮，单击 确定 按钮，完成凹槽 1 的创建。

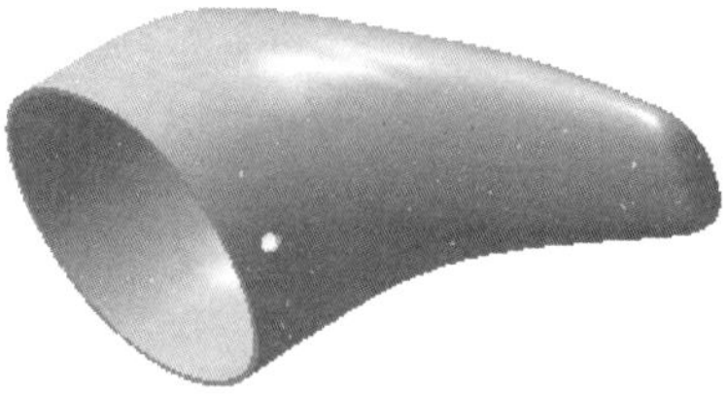
图 38.47 凹槽 1

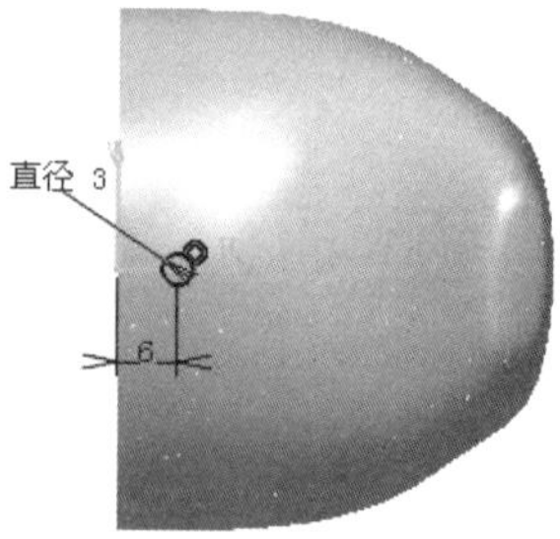

图 38.48 截面草图

Step27. 保存模型。选择下拉菜单 文件 → 保存 命令，保存模型文件。

实例39　吹　风　机

下面通过吹风机曲面造型实例来说明 IMA 曲面造型的一般过程，由此读者可以体会到 CATIA IMA 在曲面零件整体造型中的便捷、高效之处。

模型及特征树如图 39.1 所示。

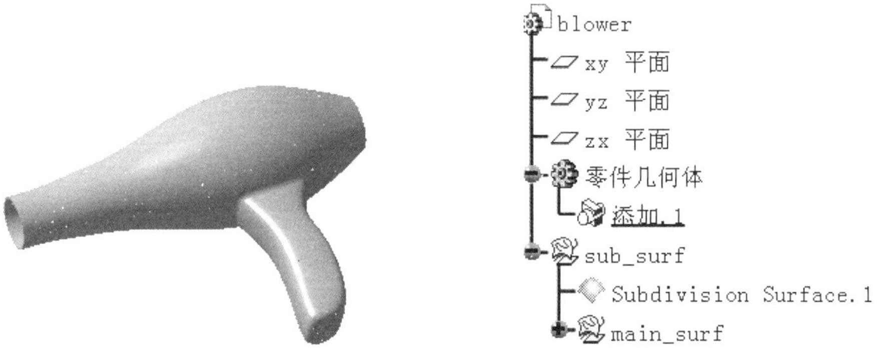

图 39.1　模型及特征树

Step1. 新建文件。选择下拉菜单 开始 → 形状 → Imagine & Shape 命令，输入零件名称 blower，取消选中□启用混合设计复选框，单击 确定 按钮，进入 IMA 设计工作台。

Step2. 新建几何图形集。选择下拉菜单 插入 → 几何图形集... 命令，系统弹出图 39.2 所示的“插入几何图形集”对话框，在 名称: 文本框中输入名称“sub_surf”，单击 确定 按钮。

Step3. 调整视图方位。在“视图”工具栏中单击“左视图”按钮，将视图方位调整到左视方位。

Step4. 创建柱形曲面。选择下拉菜单 插入 → Closed Primitives → IMA - Cylinder 命令，在图形区中创建图 39.3 所示的柱形曲面。

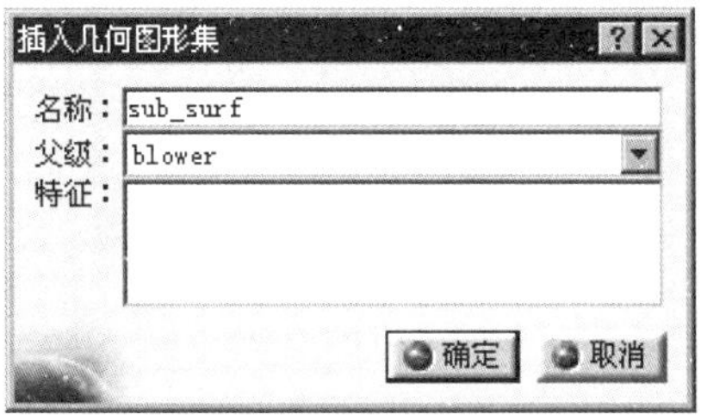

图 39.2　“插入几何图形集”对话框

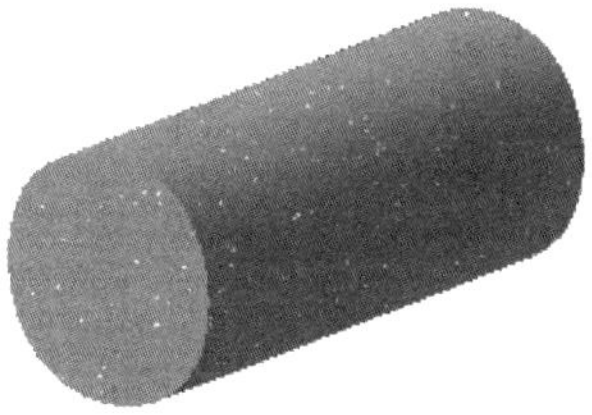

图 39.3　柱形曲面

Step5. 调整柱形曲面形状。在工具控制板中单击“Affinity”按钮，然后单击按钮，再单击按钮，在系统弹出的“Affinity”对话框中设置图 39.4 所示的参数，然后单击确定按钮，结果如图 39.5 所示。

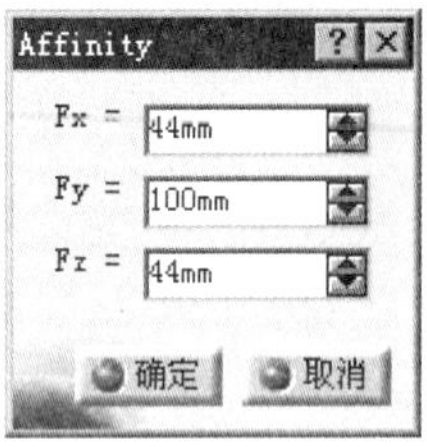

图 39.4　“Affinity”对话框

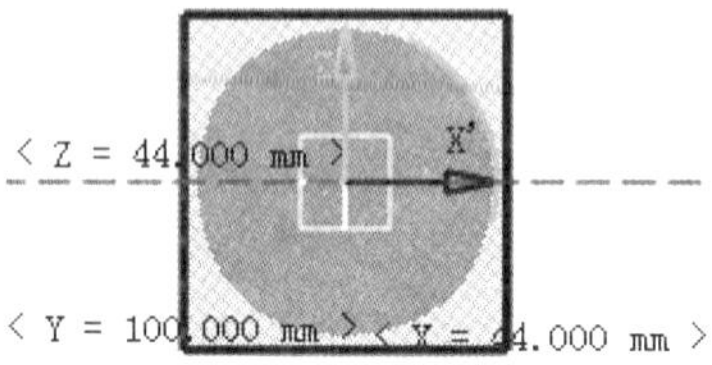

图 39.5　调整形状

Step6. 设置变换中心。在工具控制板中单击“Translation”按钮和“面”按钮，选择图 39.6 所示的面为参照，然后单击按钮，在“Translation”对话框中设置图 39.7 所示的参数，单击确定按钮。

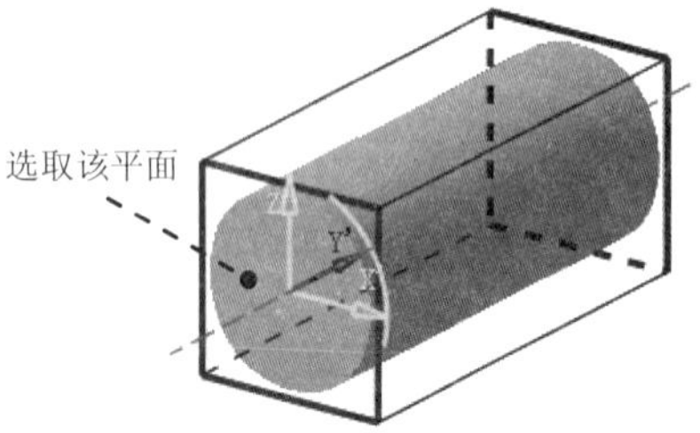

图 39.6　选取参照面

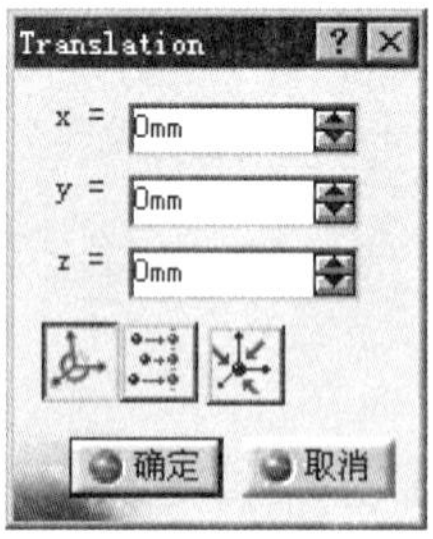

图 39.7　“Translation”对话框

Step7. 调整视图方位。在“视图”工具栏中单击“正视图”按钮，将视图方位调整到正视方位。

Step8. 网格分割 1。选择下拉菜单插入 → IMA - Face Cutting 命令；在工具控制板中确认按钮被按下，单击按钮，在系统弹出的“Number Of Sections”对话框中输入值 5，然后单击确定按钮；选取图 39.8 所示的网格边线为分割对象；单击按钮完成分割，结果如图 39.9 所示。

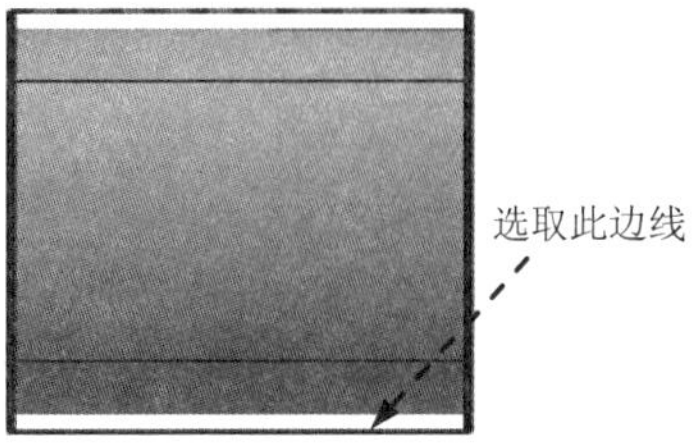

图 39.8　选取分割对象

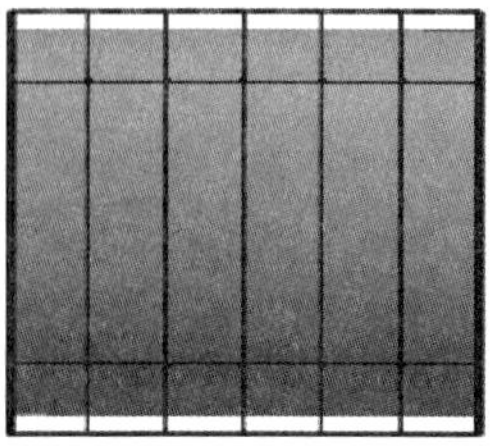

图 39.9　网格分割 1

Step9. 平移编辑 1。选择下拉菜单 插入 → IMA - Modification 命令，在工具控制板中单击“Translation”按钮和“点”按钮；选取图 39.10 所示的四点（按下 Ctrl 键）为平移对象；单击按钮，在系统弹出的“Translation”对话框中设置图 39.11 所示的参数；然后单击 确定 按钮，结果如图 39.12 所示。

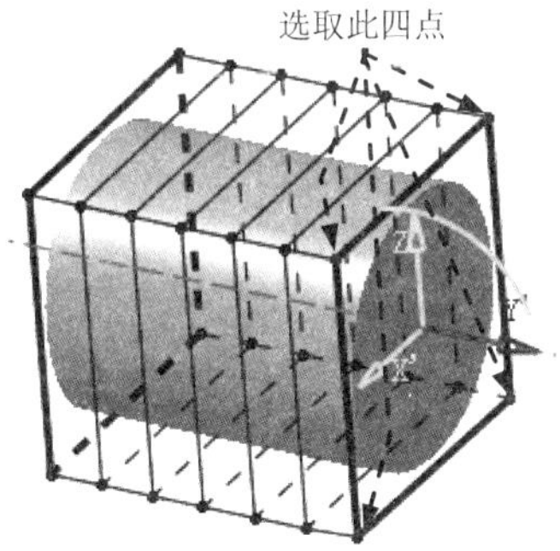

图 39.10　选取平移对象

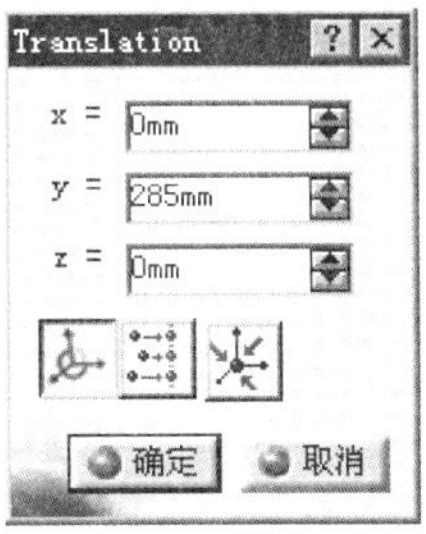

图 39.11　“Translation”对话框

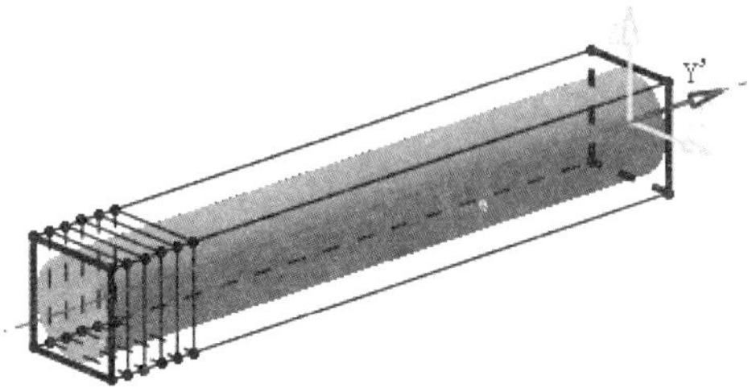

图 39.12　平移编辑 1

Step10. 平移编辑 2。在工具控制板中确认“Translation”按钮和“点”按钮被按下；选取图 39.13 所示的四点（按下 Ctrl 键）为平移对象；单击按钮，在系统弹出的“Translation”对话框中设置图 39.14 所示的参数；然后单击 确定 按钮，结果如图 39.15 所示。

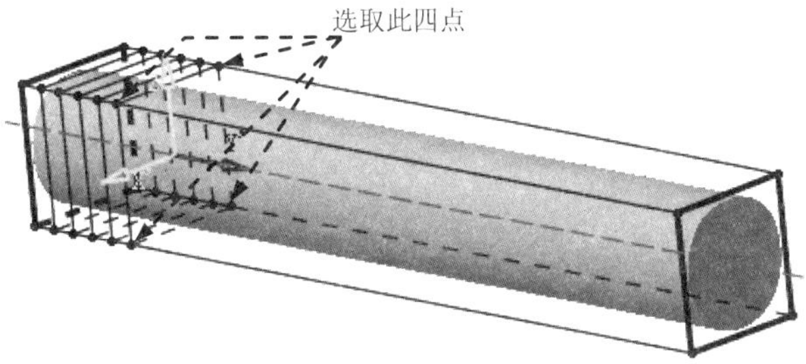

图 39.13　选取平移对象

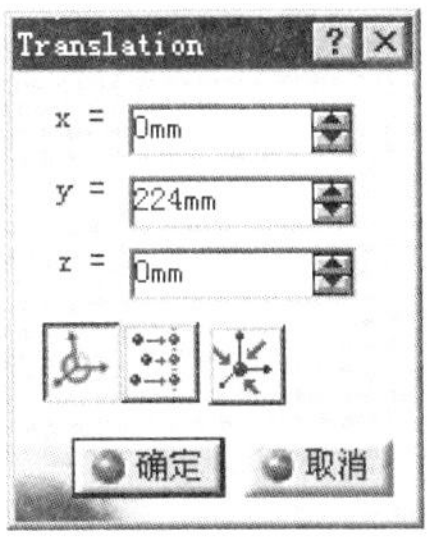

图 39.14　“Translation”对话框

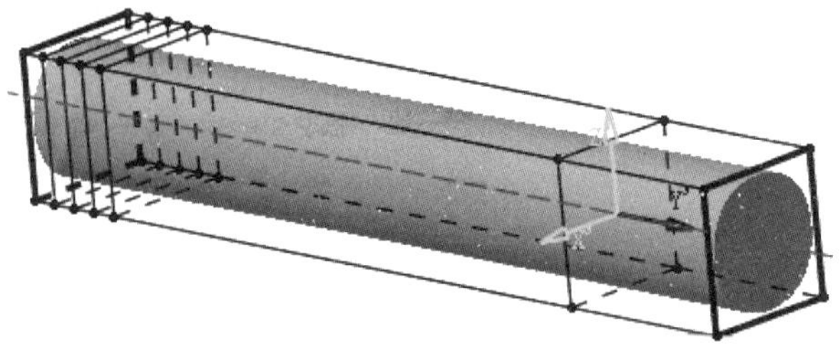

图 39.15　平移编辑 2

Step11. 局部对称牵引 1。在工具控制板中单击“Affinity”按钮；然后单击按钮，在系统弹出的“Affinity”对话框中设置图 39.16 所示的参数；然后单击确定按钮，结果如图 39.17 所示。

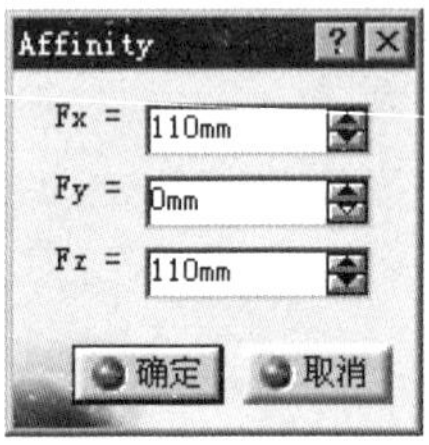

图 39.16　“Affinity”对话框

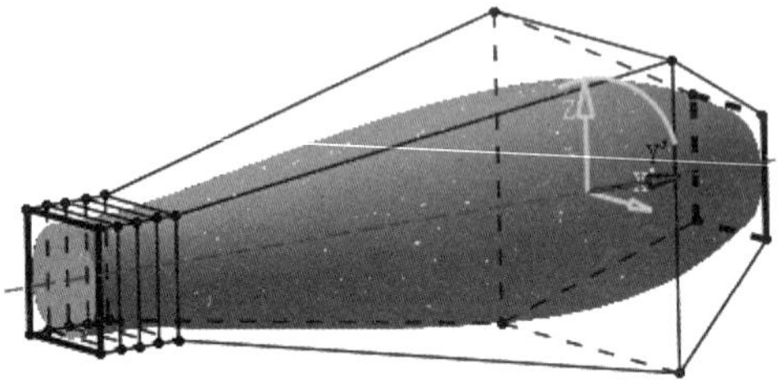

图 39.17　对称牵引 1

Step12. 平移编辑 3。在工具控制板中确认“Translation”按钮和“点”按钮被按下；选取图 39.18 所示的四点（按下 Ctrl 键）为平移对象；单击按钮，在系统弹出的“Translation”对话框 x = 文本框中输入值 0，在 y = 文本框中输入值 164，在 z = 文本框中输入值 0，然后单击确定按钮，结果如图 39.19 所示。

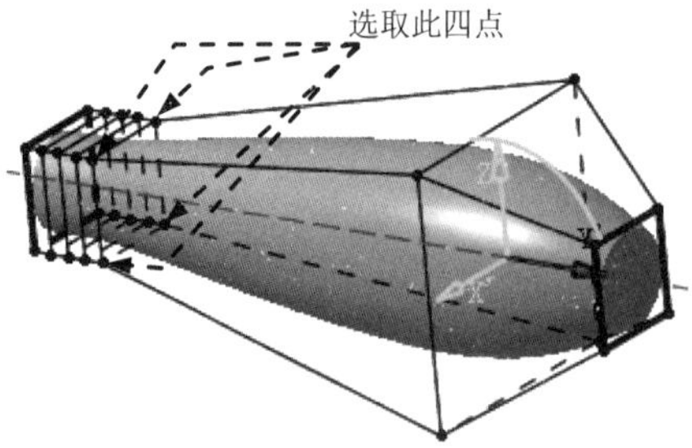

图 39.18　选取平移对象

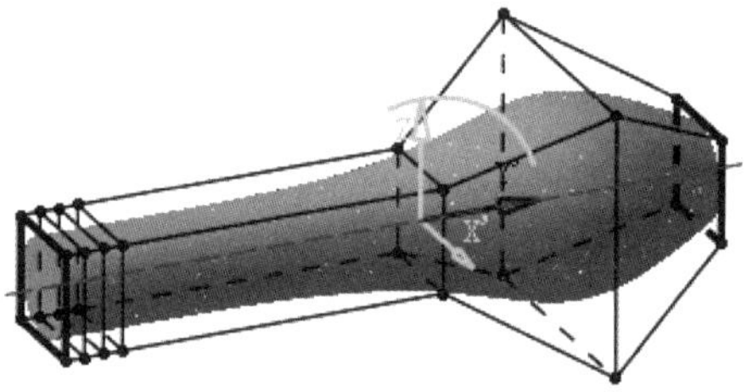

图 39.19　平移编辑 3

Step13. 局部对称牵引 2。在工具控制板中单击“Affinity”按钮；然后单击按钮，在系统弹出的“Affinity”对话框中设置图 39.20 所示的参数；然后单击确定按钮，结果如图 39.21 所示。

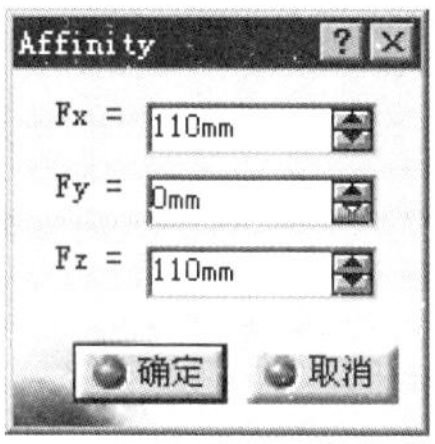

图 39.20　“Affinity”对话框

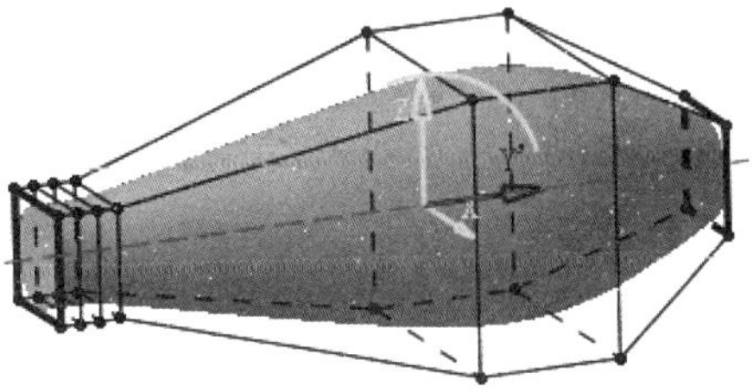

图 39.21　对称牵引 2

Step14. 平移编辑 4。在工具控制板中确认“Translation”按钮和“点”按钮被按下；选取图 39.22 所示的四点（按下 Ctrl 键）为平移对象；单击按钮，在系统弹出的“Translation”对话框 x = 文本框中输入值 0，在 y = 文本框中输入值 94，在 z = 文本框中输入值 0，然后单击 确定 按钮，结果如图 39.23 所示。

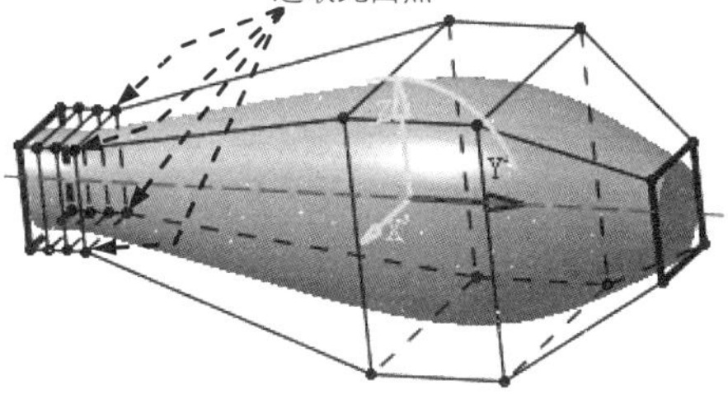

图 39.22　选取平移对象

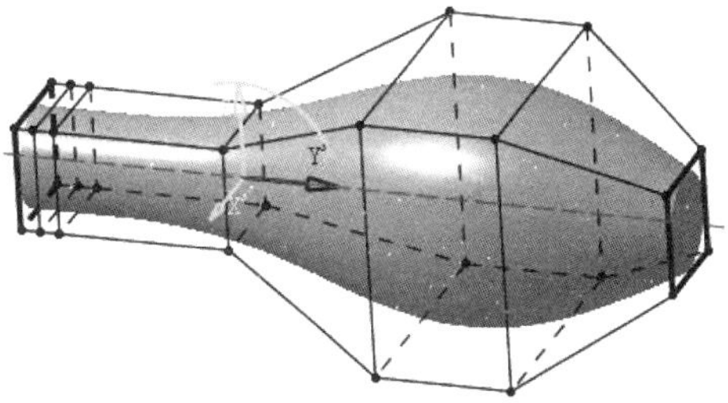

图 39.23　平移编辑 4

Step15. 局部对称牵引 3。在工具控制板中单击“Affinity”按钮；然后单击按钮，在系统弹出的“Affinity”对话框中设置图 39.24 所示的参数；然后单击 确定 按钮，结果如图 39.25 所示。

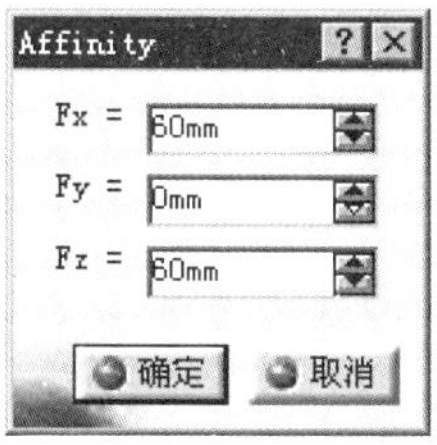

图 39.24　“Affinity”对话框

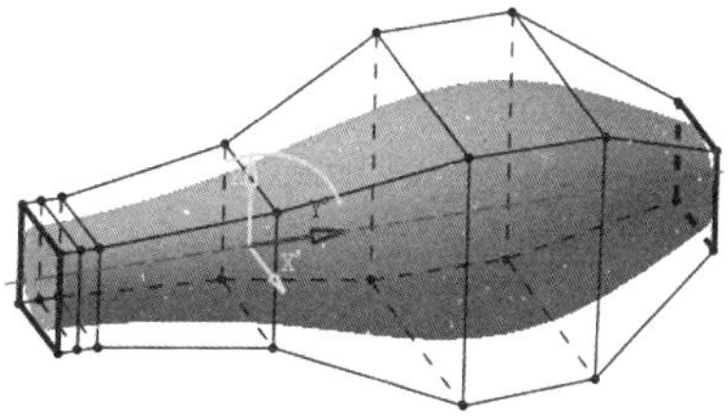

图 39.25　对称牵引 3

Step16. 平移编辑 5。在工具控制板中确认“Translation”按钮和“点”按钮被按下；选取图 39.26 所示的四点（按下 Ctrl 键）为平移对象；单击按钮，在系统弹出的“Translation”对话框 x = 文本框中输入值 0，y = 文本框中输入值 54，z = 文本框中输入值 0，然后单击 确定 按钮，结果如图 39.27 所示。

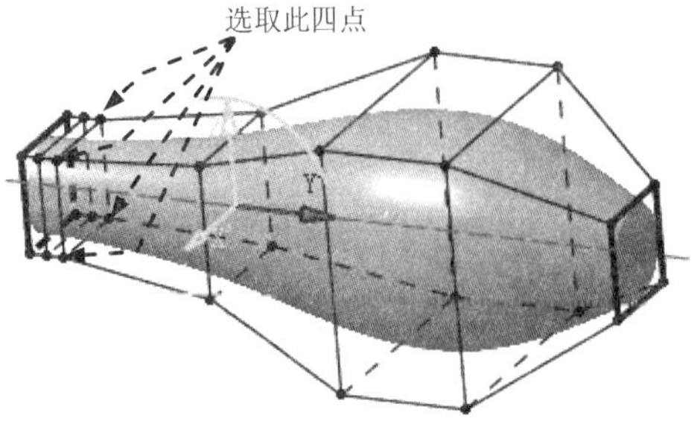

图 39.26　选取平移对象

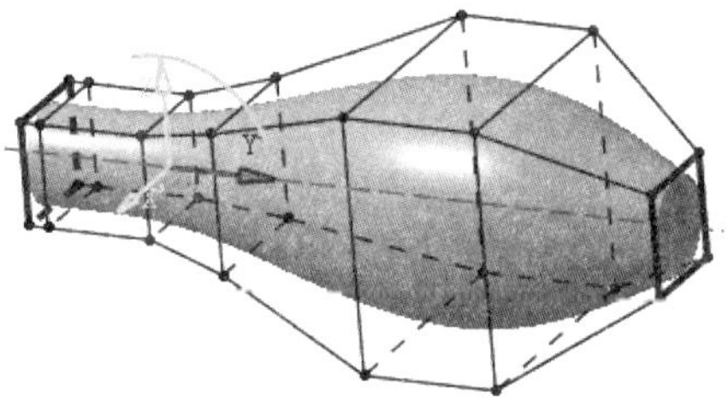

图 39.27　平移编辑 5

Step17. 局部对称牵引 4。在工具控制板中单击“Affinity”按钮；然后单击按钮，在系统弹出的“Affinity”对话框中设置图 39.28 所示的参数；然后单击确定按钮，结果如图 39.29 所示。

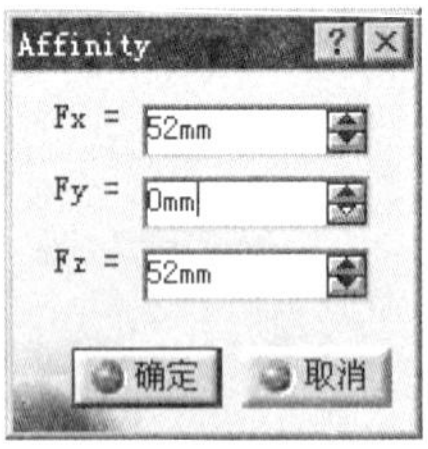

图 39.28　“Affinity”对话框

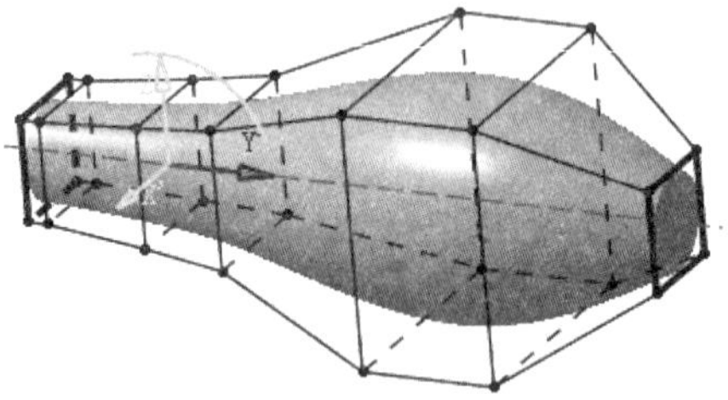

图 39.29　对称牵引 4

Step18. 平移编辑 6。在工具控制板中确认“Translation”按钮和“点”按钮被按下；选取图 39.30 所示的四点（按下 Ctrl 键）为平移对象；单击按钮，在系统弹出的“Translation”对话框 x = 文本框中输入值 0，在 y = 文本框中输入值 25，在 z = 文本框中输入值 0，然后单击确定按钮，结果如图 39.31 所示。

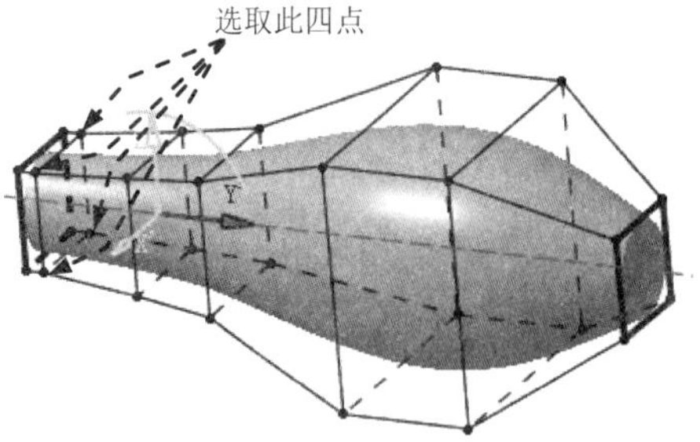

图 39.30　选取平移对象

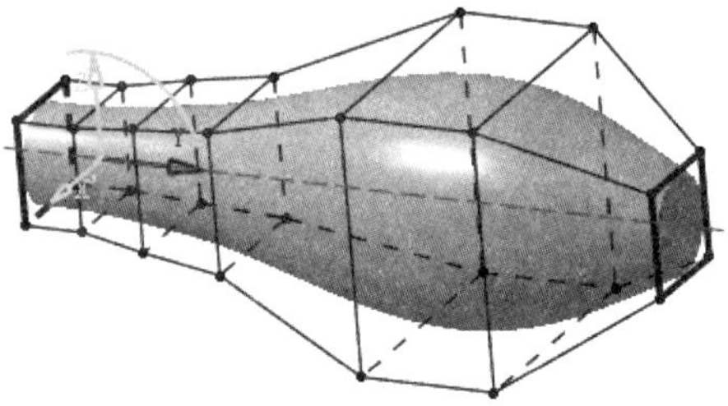

图 39.31　平移编辑 6

Step19. 调整视图方位。在“视图”工具栏中单击“仰视图”按钮，将视图方位调整到仰视方位。

Step20. 创建长方体。选择下拉菜单 插入 → Closed Primitives → IMA - Box 命

令，在图形区中创建长方体。

Step21. 使用对称牵引调整长方体的大小。在工具控制板中单击“Affinity”按钮，然后单击按钮，再单击按钮，在系统弹出的“Affinity”对话框中设置图 39.32 所示的参数，然后单击确定按钮，结果如图 39.33 所示。

图 39.32 “Affinity”对话框

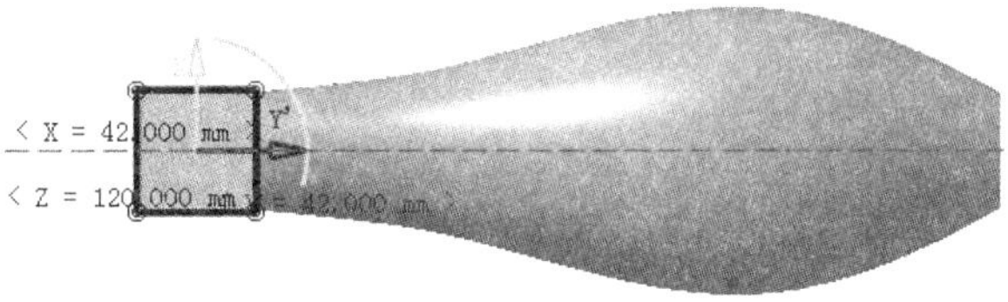

图 39.33 对称牵引 5

Step22. 定义变换中心。在工具控制板中单击“Translation”按钮和“面”按钮，选择图 39.34 所示的面为参照，然后单击按钮，在“Translation”对话框中设置图 39.35 所示的参数，单击确定按钮。

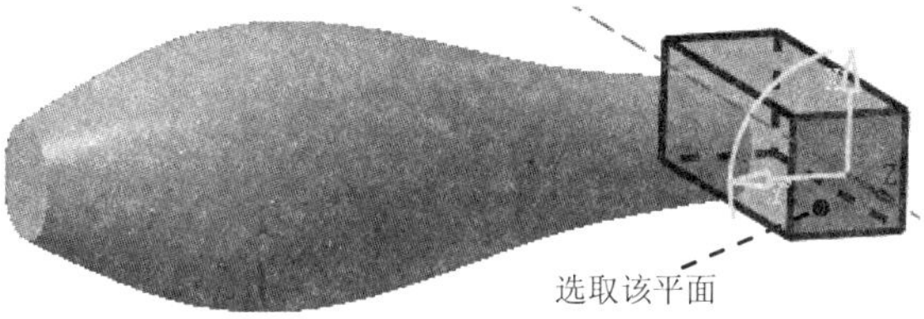

图 39.34 定义参照面

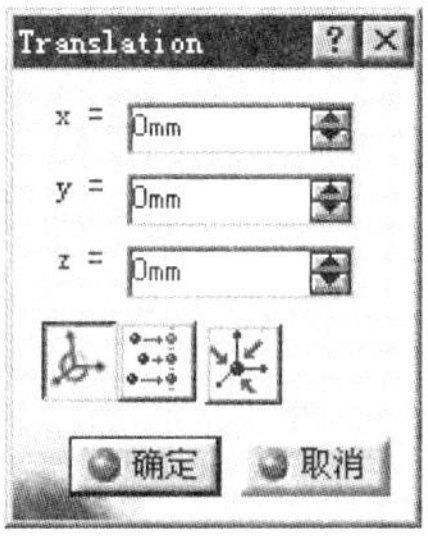

图 39.35 “Translation”对话框

Step23. 平移编辑 7。在工具控制板中单击按钮和按钮；然后单击按钮，在系统弹出的“Translation”对话框中设置图 39.36 所示的参数；然后单击确定按钮，结果如图 39.37 所示。

说明：操作此步骤前需将视图调整到仰视方位。

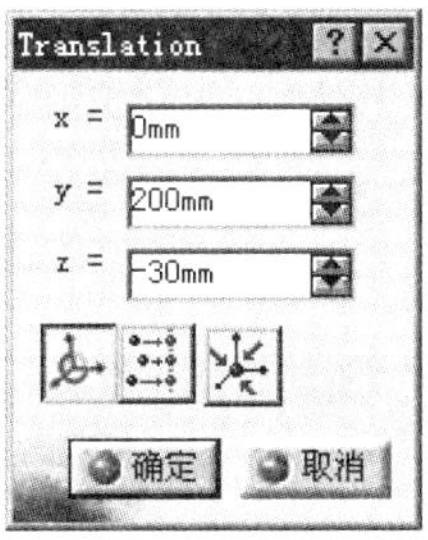

图 39.36 “Translation”对话框

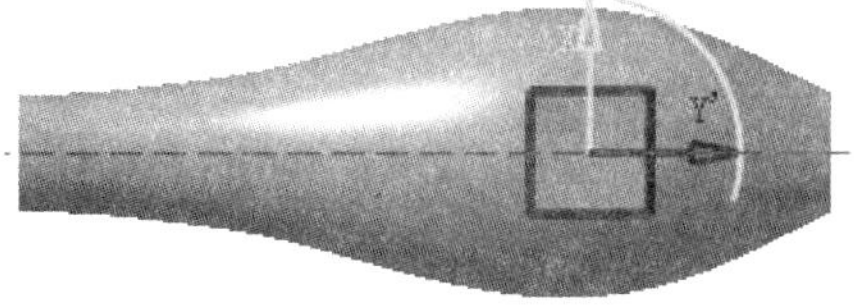

图 39.37 平移编辑 7

Step24. 调整视图方位。在“视图”工具栏中单击“正视图”按钮，将视图方位调整到正视方位。

Step25. 平移编辑 8。在工具控制板中确认“Translation”按钮和“点”按钮被按下；按住 Ctrl 键，框选图 39.38 所示的四点为平移对象；单击按钮，在系统弹出的“Translation”对话框 x= 文本框中输入值 0，在 y= 文本框中输入值 200，在 z= 文本框中输入值-170；然后单击确定按钮，结果如图 39.39 所示。

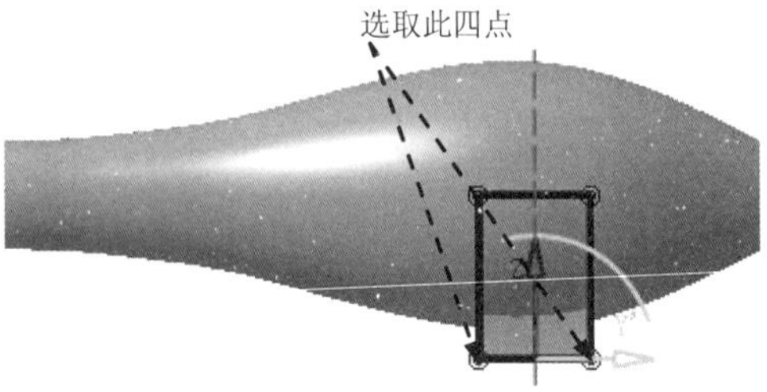

图 39.38 选取平移对象

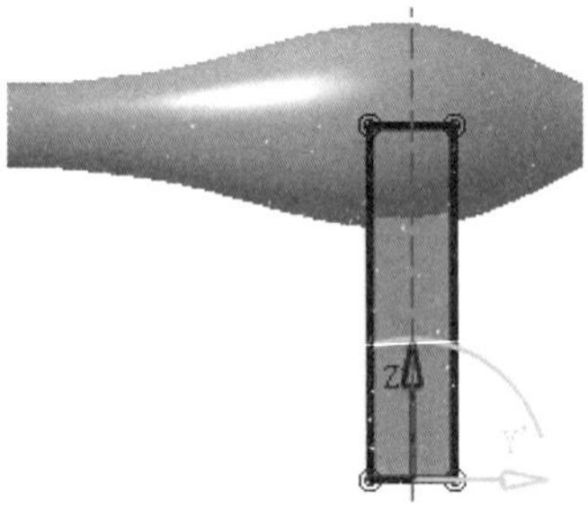
图 39.39 平移编辑 8

Step26. 比例吸附。在工具控制板的编辑区域中单击“Attraction”按钮和“面”按钮，选取图 39.40 所示的网格边线，在工具控制板中单击按钮，在系统弹出的“Weight”对话框中输入值 50，然后单击确定按钮，结果如图 39.41 所示。

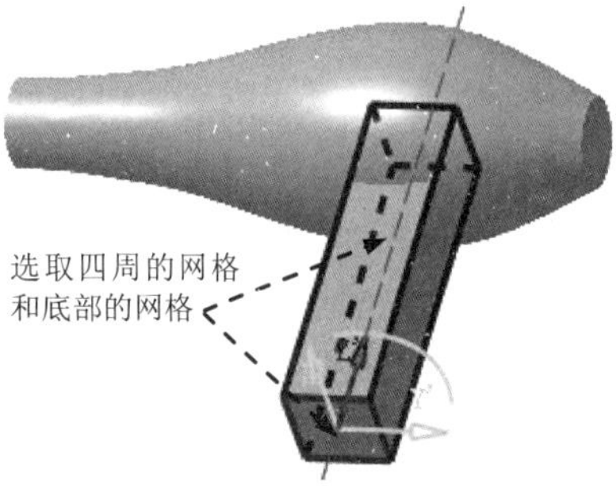

图 39.40 选取网格边线

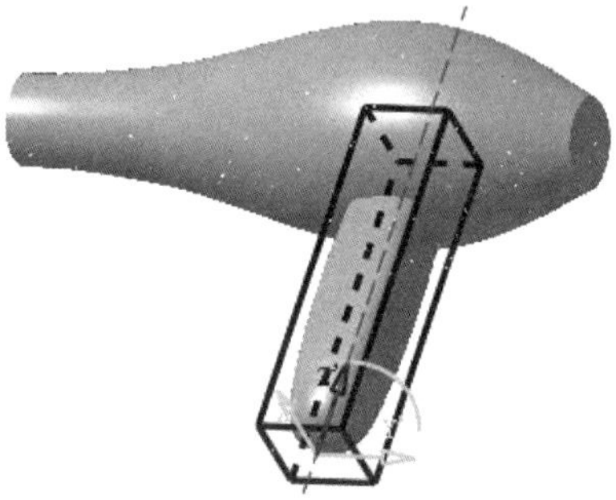
图 39.41 编辑结果

Step27. 网格分割 2。选择下拉菜单插入 → IMA - Face Cutting 命令，在工具控制板中确认按钮被按下，单击按钮，在系统弹出的“Number Of Sections”对话框中输入值 3，然后单击确定按钮；选取图 39.42 所示的网格边线为分割对象；单击按钮完成分割，结果如图 39.43 所示。

Step28. 平移编辑 9。选择下拉菜单插入 → IMA - Modification 命令，在工具控制板中确认“Translation”按钮和“点”按钮被按下；按住 Ctrl 键，框选图 39.44 所示的两点为平移对象；单击按钮，在系统弹出的“Translation”对话框 x= 文本框中输入值 0，在 y = 文本框中输入值 140，在 z = 文本框中输入值 0，然后单击确定按钮，结果如图 39.45 所示。

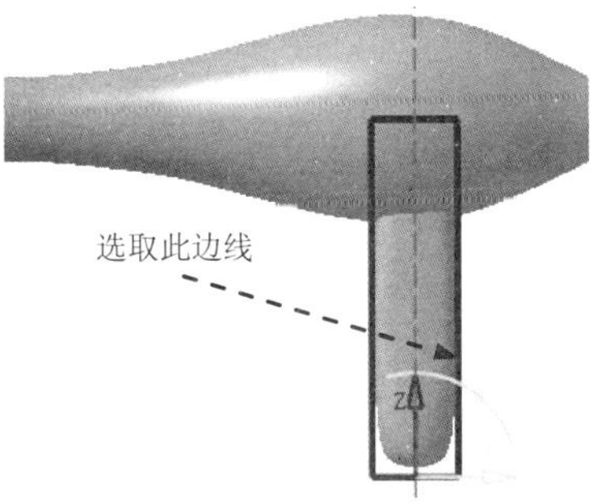

图 39.42 选取分割对象

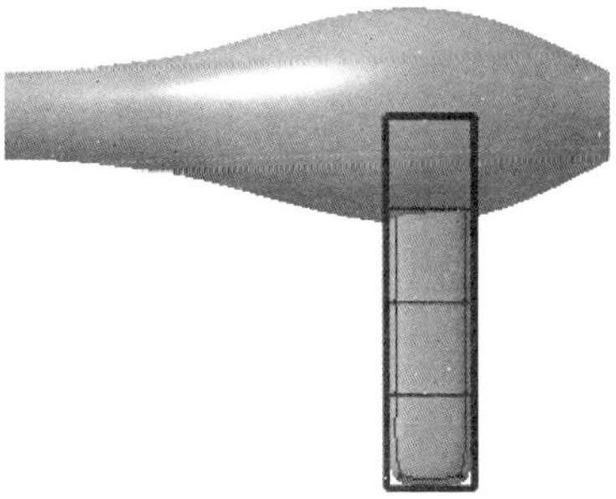

图 39.43 网格分割 2

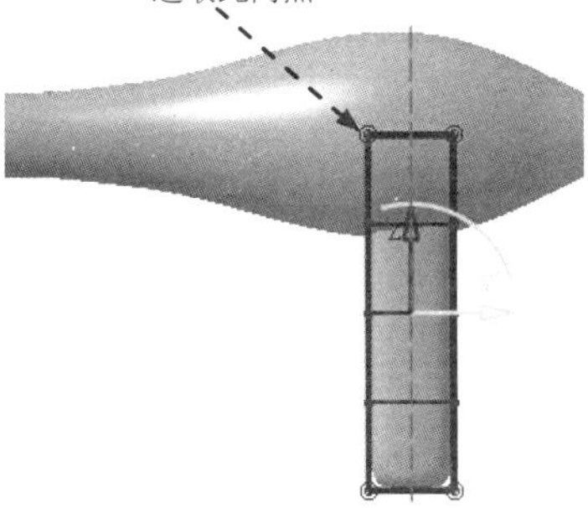

图 39.44 选取平移对象

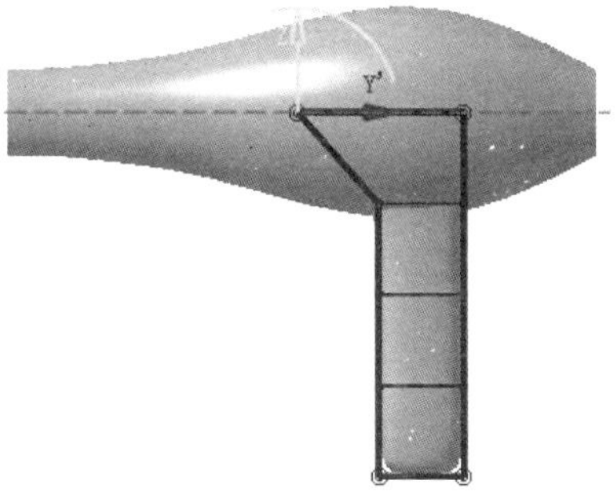

图 39.45 平移编辑 9

Step29. 平移编辑 10。按住 Ctrl 键，框选图 39.46 所示的两点为平移对象；单击按钮，在系统弹出的“Translation”对话框 x = 文本框中输入值 0，在 y = 文本框中输入值 264，在 z = 文本框中输入值 0，然后单击确定按钮，结果如图 39.47 所示。

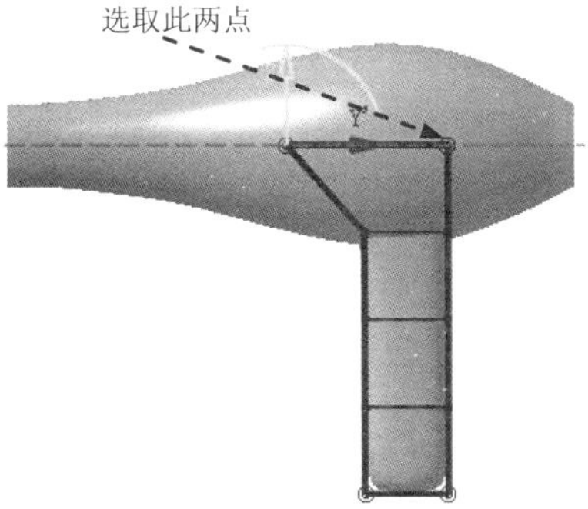

图 39.46 选取平移对象

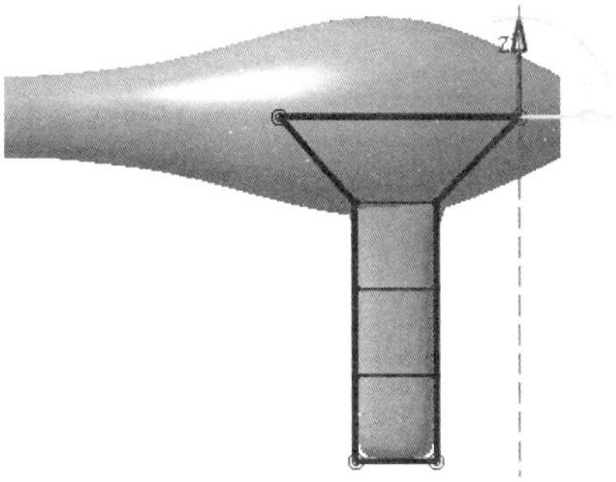

图 39.47 平移编辑 10

Step30. 平移编辑 11。按住 Ctrl 键，框选图 39.48 所示的两点为平移对象；单击按钮，在系统弹出的“Translation”对话框 x = 文本框中输入值 0，在 y = 文本框中输入值 169，在 z = 文本框中输入值-55；然后单击确定按钮，结果如图 39.49 所示。

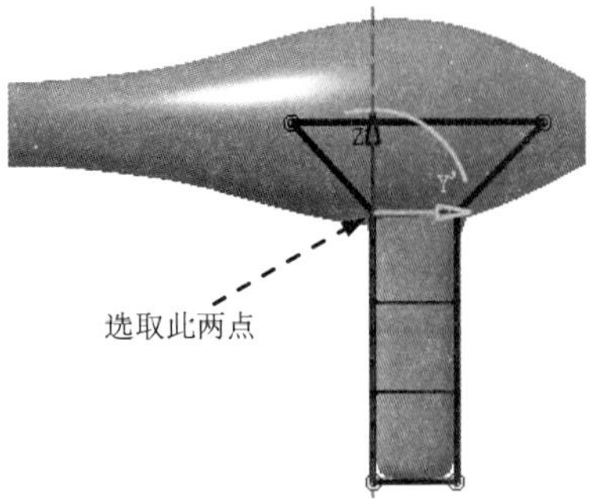

图 39.48 选取平移对象

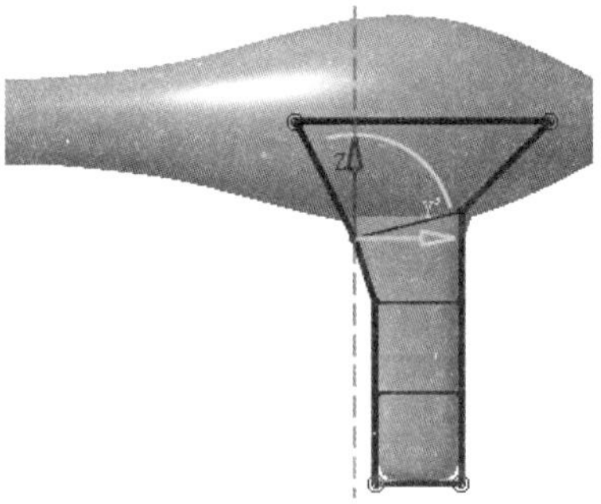

图 39.49 平移编辑 11

Step31. 平移编辑 12。按住 Ctrl 键，框选图 39.50 所示的两点为平移对象；单击按钮，在系统弹出的“Translation”对话框 x = 文本框中输入值 0，在 y = 文本框中输入值 209，在 z = 文本框中输入值-66；然后单击确定按钮，结果如图 39.51 所示。

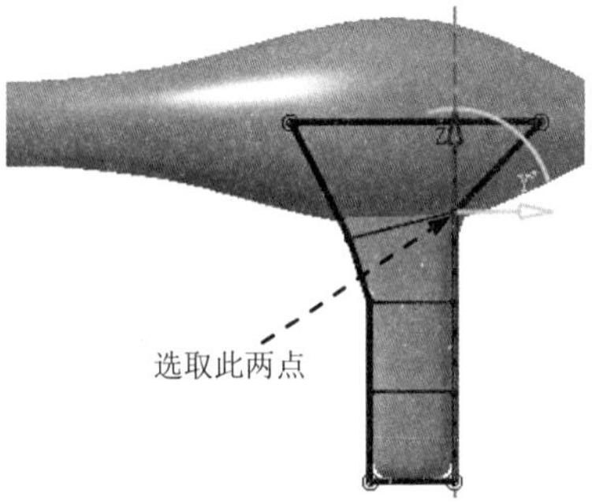

图 39.50 选取平移对象

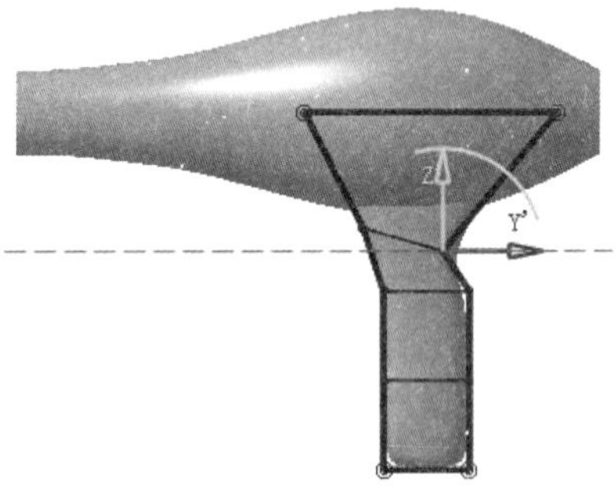

图 39.51 平移编辑 12

Step32. 平移编辑 13。按住 Shift 键，框选图 39.52 所示的两点为平移对象；单击按钮，在系统弹出的“Translation”对话框 x = 文本框中输入值 0，在 y = 文本框中输入值 223，在 z = 文本框中输入值-86；然后单击确定按钮，结果如图 39.53 所示。

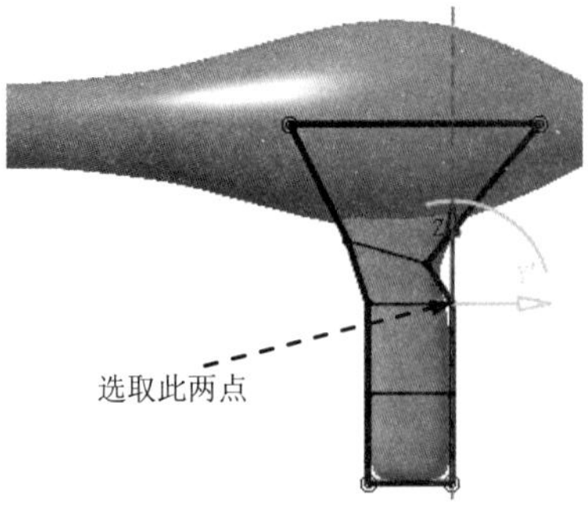

图 39.52 选取平移对象

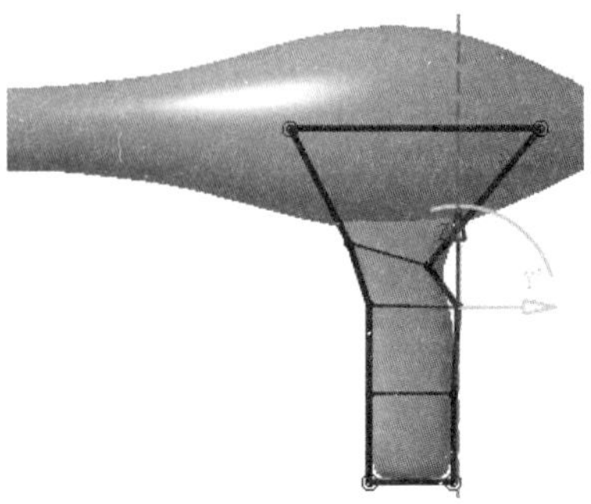

图 39.53 平移编辑 13

Step33. 平移编辑 14。按住 Shift 键，框选图 39.54 所示的两点为平移对象；单击按钮，在系统弹出的“Translation”对话框 x = 文本框中输入值 0，在 y = 文本框中输入值 180，在 z = 文本框中输入值-85，然后单击 确定 按钮，结果如图 39.55 所示。

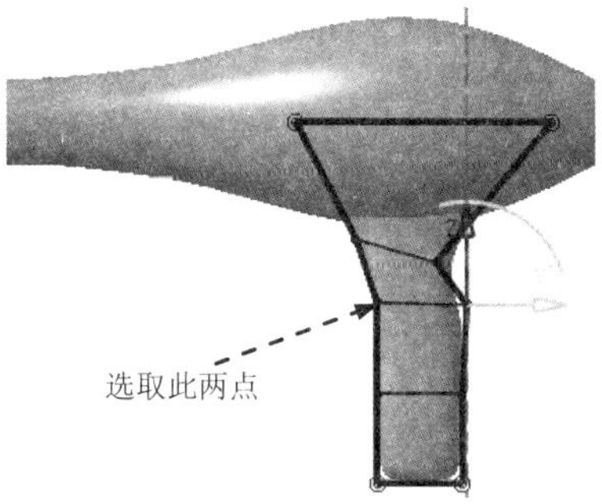

图 39.54 选取平移对象

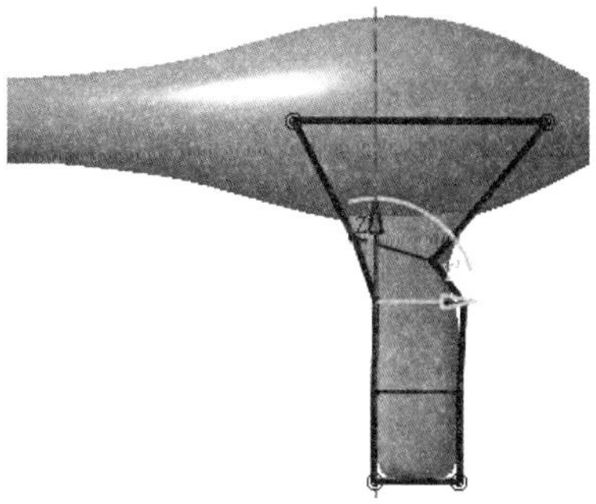

图 39.55 平移编辑 14

Step34. 平移编辑 15。按住 Shift 键，框选图 39.56 所示的两点为平移对象；单击按钮，在系统弹出的“Translation”对话框 x = 文本框中输入值 0，在 y = 文本框中输入值 223，在 z = 文本框中输入值-144.5；然后单击 确定 按钮，结果如图 39.57 所示。

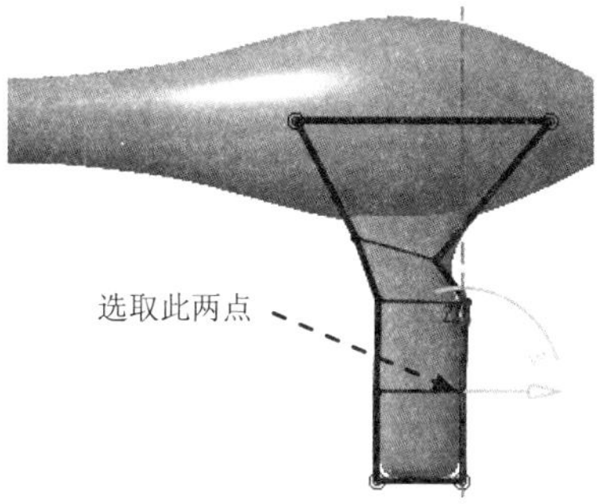

图 39.56 选取平移对象

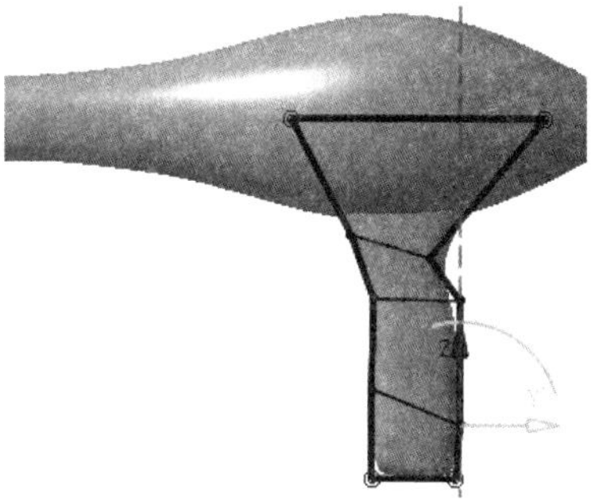

图 39.57 平移编辑 15

Step35. 平移编辑 16。按住 Shift 键，框选图 39.58 所示的两点为平移对象；单击按钮，在系统弹出的“Translation”对话框 x = 文本框中输入值 0，在 y = 文本框中输入值 178，在 z = 文本框中输入值-123；然后单击 确定 按钮，结果如图 39.59 所示。

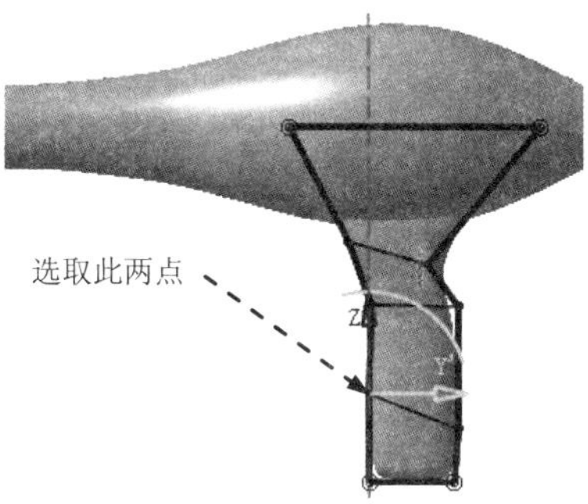

图 39.58 选取平移对象

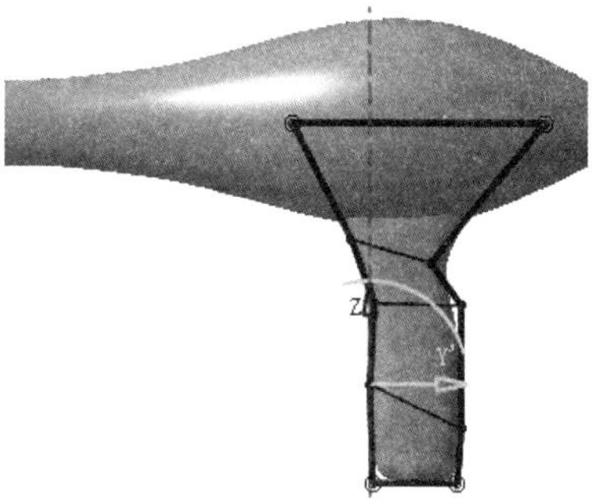

图 39.59 平移编辑 16

Step36. 平移编辑 17。按住 Shift 键，框选图 39.60 所示的两点为平移对象；单击按钮，在系统弹出的“Translation”对话框 x = 文本框中输入值 0，在 y = 文本框中输入值 173，在 z = 文本框中输入值-171；然后单击 确定 按钮，结果如图 39.61 所示。

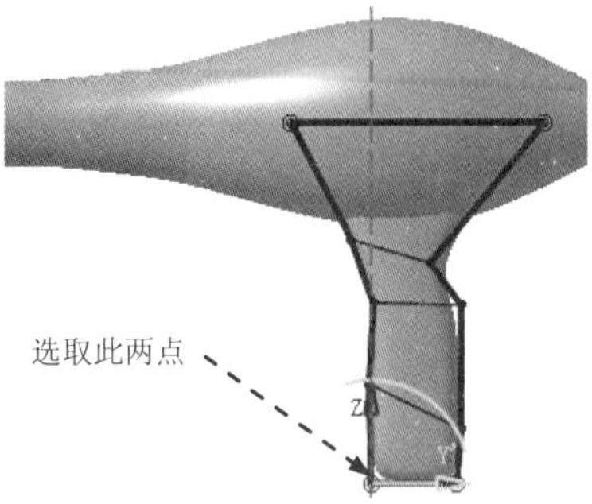

图 39.60 选取平移对象

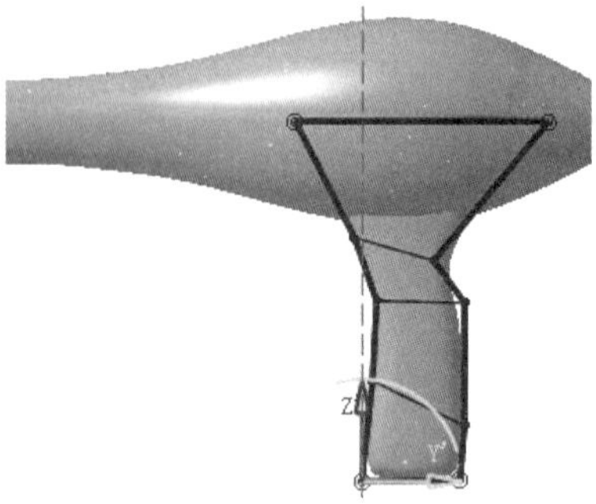

图 39.61 平移编辑 17

Step37. 平移编辑 18。按住 Shift 键，框选图 39.62 所示的两点为平移对象；单击按钮，在系统弹出的“Translation”对话框 x = 文本框中输入值 0，在 y = 文本框中输入值 203，在 z = 文本框中输入值-168；然后单击 确定 按钮，结果如图 39.63 所示。

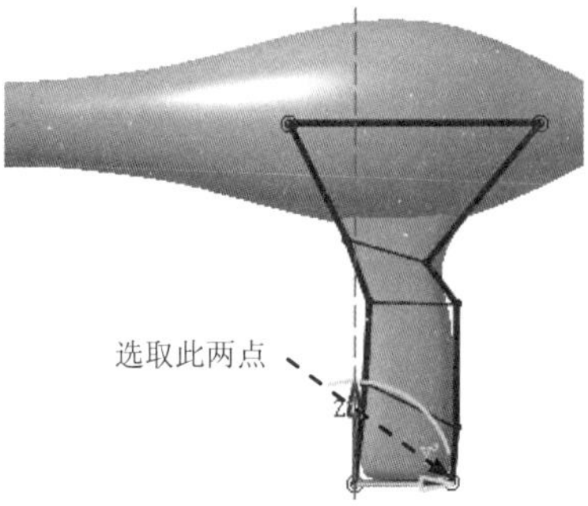

图 39.62 选取平移对象

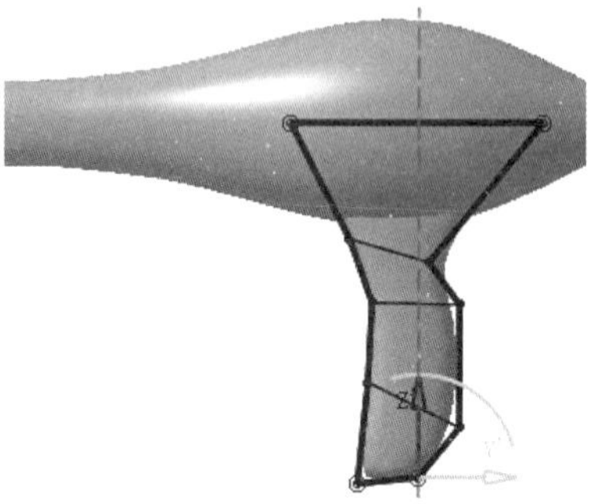

图 39.63 平移编辑 18

Step38. 选择下拉菜单 开始 → 形状 → 创成式外形设计 命令，切换到曲面设计工作台。

Step39. 新建几何图形集。选择下拉菜单 插入 → 几何图形集... 命令，系统弹出“插入几何图形集”对话框，在 名称： 文本框中输入名称“main_sur”，单击 确定 按钮。

Step40. 创建修剪特征。选择下拉菜单 插入 → 操作 → 修剪... 命令，在图形区选取图 39.64 所示的两个曲面为参照，单击 确定 按钮。

Step41. 封闭曲面。选择下拉菜单 插入 → 包络体 → 封闭曲面... 命令，在图形区选取全部曲面，然后单击 确定 按钮，完成封闭曲面的创建。

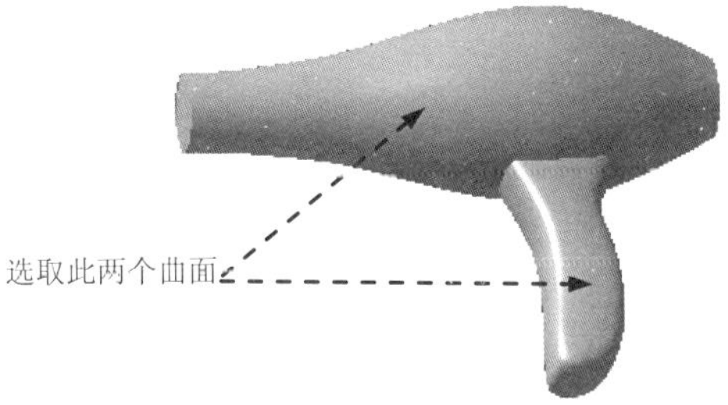

图 39.64　定义参照对象

Step42. 隐藏对象。在特征树上右击修剪.1节点，在弹出的快捷菜单中选择隐藏/显示命令。

Step43. 创建图 39.65 所示的倒圆角 1。选择下拉菜单插入 → 操作 → 倒圆角...命令；选取图 39.66 所示的边为要圆角的对象；在半径:文本框中输入值 5；在选择模式:下拉列表中选取相切选项，单击确定按钮，完成倒圆角 1 的创建。

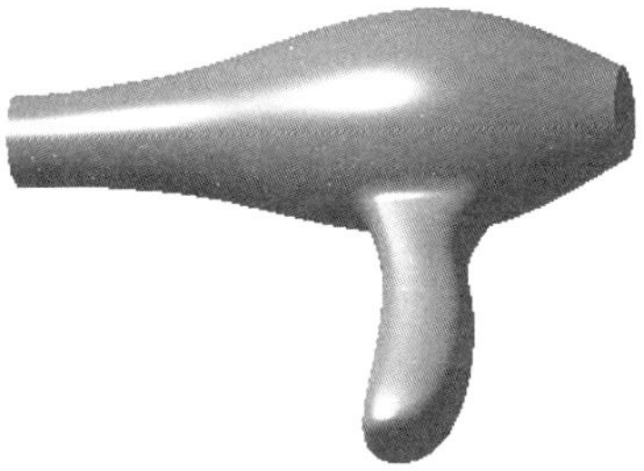

图 39.65　倒圆角 1

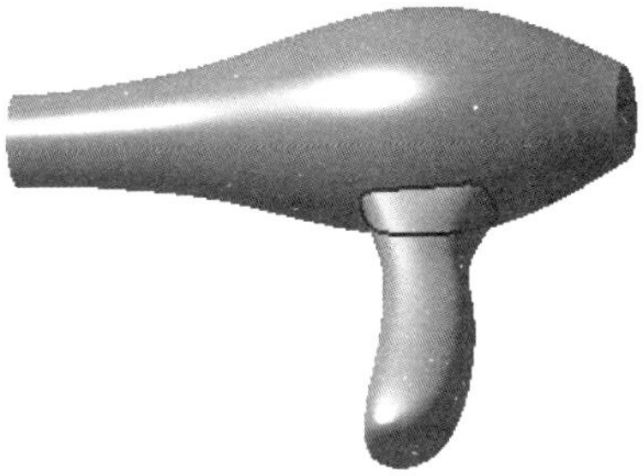

图 39.66　定义参照边

Step44. 创建盒体 1。选择下拉菜单插入 → 包络体 → 抽壳...命令，在“内侧厚度”文本框中输入值 1.5，“外侧厚度”值为 0，选取图 39.67 所示的面为要移除的面，然后单击确定按钮，完成盒体 1 的创建。结果如图 39.68 所示。

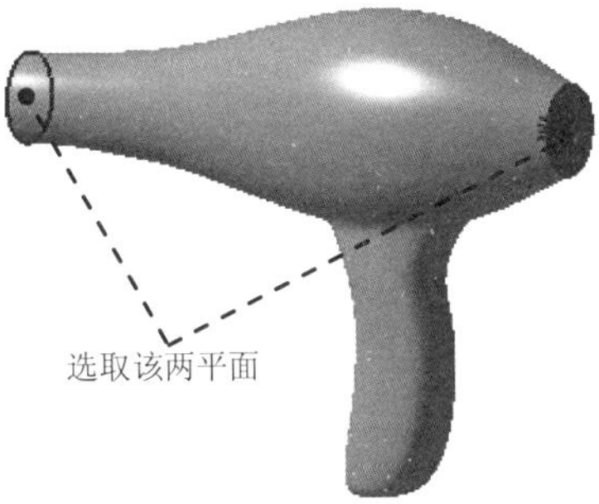

图 39.67　定义要移除的面

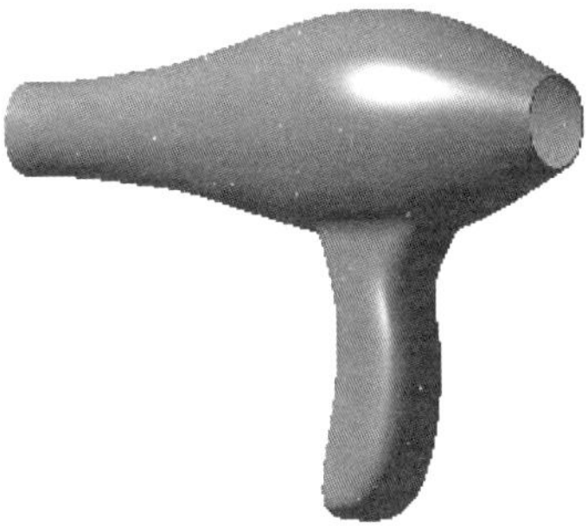

图 39.68　盒体 1

Step45. 选择下拉菜单 开始 → 机械设计 ▸ → 零件设计 命令，切换到零件设计工作台。在特征树上右击 零件几何体 节点，在弹出的快捷菜单中选择 定义工作对象 命令。

Step46. 创建布尔操作。选择下拉菜单 插入 → 布尔操作 → 添加... 命令，在特征树中选取 盒体.1，然后单击 确定 按钮，完成布尔操作的创建。然后将 盒体.1 隐藏。

Step47. 保存模型。选择下拉菜单 文件 → 保存 命令，保存模型文件。

第 10 章

DMU 电子样机设计实例

本章主要包含如下内容：

- 实例 40　凸轮运动机构
- 实例 41　牛头刨床运动机构

实例40　凸轮运动机构

实例概述：

本实例详细讲解了凸轮运动机构模拟的设计过程，使读者进一步熟悉 CATIA 中的 DMU 运动机构的应用。本实例中重点要求读者掌握装配的先后顺序及其在装配中的机械装置编辑命令的使用；凸轮运动机构如图 40.1 所示。

图 40.1　凸轮运动机构

Task1. 新建产品

Step1. 新建产品。新建一个 Product 文件，并激活该产品 Product1。

Step2. 修改文件名。右击 Product1，在弹出的快捷菜单中选取 属性 选项；系统弹出“属性“对话框；在 零件编号 文本框中输入文件名“CAM_mech”；单击 确定 按钮，完成文件名的修改。

Task2. 机构装配

Step1. 选择命令。选择下拉菜单 开始 → 数字化装配 → DMU 运动机构 命令，进入“DMU 运动机构”工作台。

Step2. 添加图 40.2 所示的零件模型。

（1）单击特征树中 CAM_mech，激活 CAM_mech。

（2）选择命令。选择下拉菜单 插入 → 现有部件... 命令，在弹出的“选择文件”对话框中选取 D:/catins20/work/ch10/ins40/fixed_plate.CATPart，然后单击 打开(O) 按钮。

（3）定义“固定零件”。选择下拉菜单 插入 → 固定零件... 命令，系统弹出“新固定零件”对话框；在“新固定零件”对话框中单击新机械装置按钮，系统弹出“创建机械装置”对话框，采用系统默认设置，单击确定按钮；并在特征树中单击FIXED_PLATE (FIXED_PLATE.1)（或单击模型），结果如图 40.2 所示。

Step3. 添加图 40.3 所示的零件模型。

图 40.2　添加“fixed_plate”零件模型

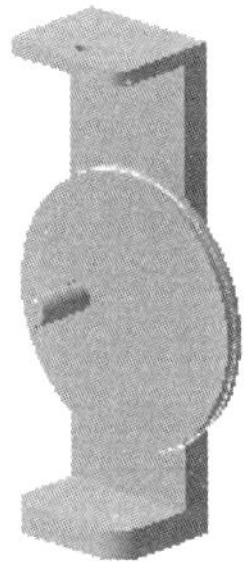

图 40.3　添加“cam”零件模型

（1）在确认 CAM_mech 处于激活状态后，选择下拉菜单插入 → 现有部件...命令，在弹出的“选择文件”对话框中选取模型文件 cam.CATPart，然后单击打开(O)按钮。

（2）使用指南针将部件 cam 移动至合适的位置。

（3）添加“旋转”接合。选择下拉菜单插入 → 新接合点 → 旋转...命令，系统弹出图 40.4 所示的“创建接合：旋转”对话框。分别选取图 40.5 的轴线 1、轴线 2、cam 零件的 xy 平面和 fixed_plate 零件的 xy 平面为接合对象；选中偏移 = 单选项，在其后的文本框中输入值 0；并选中驱动角度复选框，其他参数采用系统默认设置；单击确定按钮，系统弹出图 40.6 所示的“信息”对话框，单击确定按钮，完成“旋转”接合的添加。

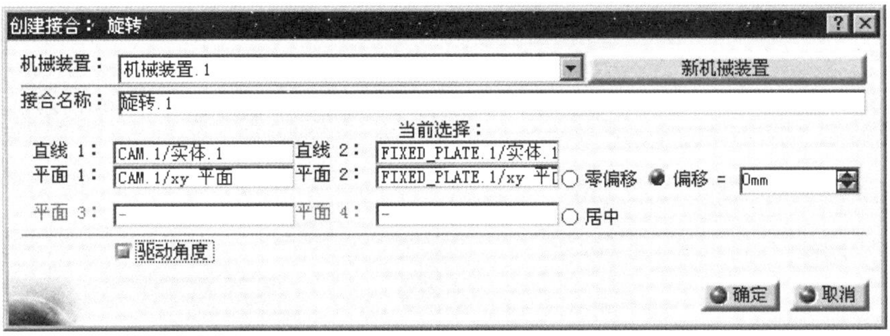

图 40.4　“创建接合：旋转”对话框

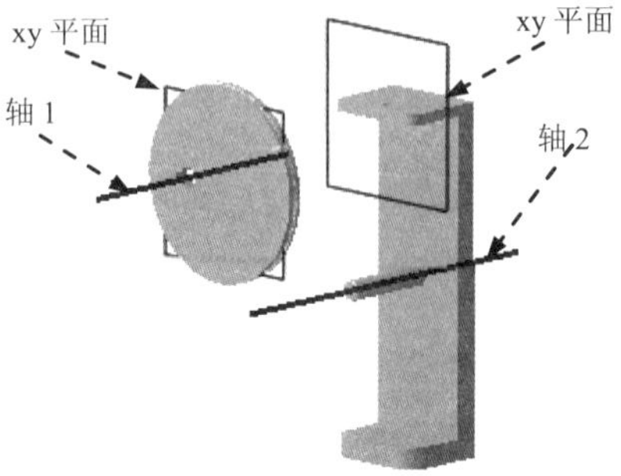

图 40.5 定义“旋转”接合对象

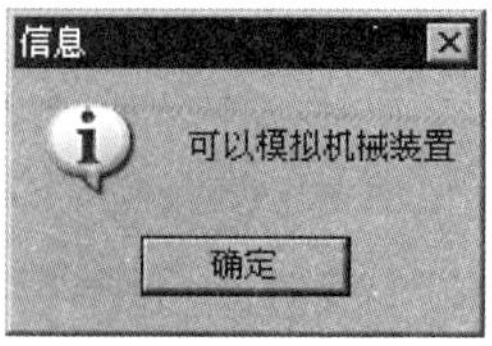

图 40.6 “信息”对话框

Step4. 添加图 40.7 所示的零件模型。

（1）在确认 CAM_mech 处于激活状态后，选择下拉菜单 插入 → 现有部件... 命令，在弹出的“选择文件”对话框中选取模型文件 rod.CATPart，然后单击 打开(O) 按钮。

（2）使用指南针将部件 rod 移动至合适的位置。

（3）添加“棱形”接合。选择下拉菜单 插入 → 新接合点 ▸ → 棱形... 命令，分别选取图 40.8 的轴线 1、轴线 2、fixed_plate 零件的 xy 平面和 rod 零件的 xy 平面为接合对象，单击 确定 按钮，完成“棱形”接合的添加。

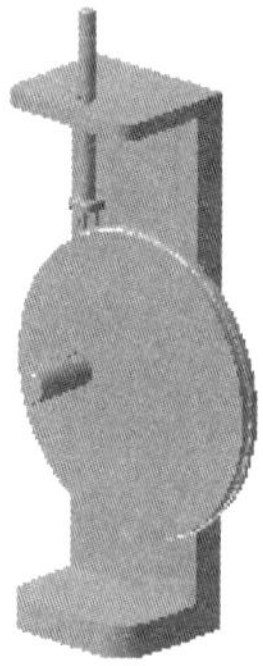

图 40.7 添加“rod”零件模型

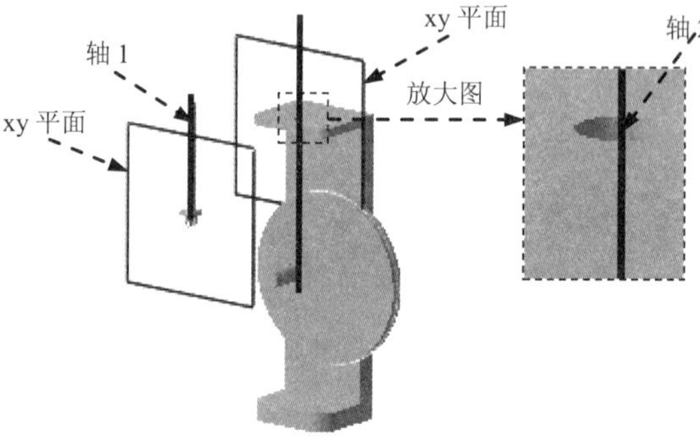

图 40.8 定义“棱形”接合对象

Step5. 添加图 40.9 所示的零件模型。

（1）在确认 CAM_mech 处于激活状态后，选择下拉菜单 插入 → 现有部件... 命令，在弹出的“选择文件”对话框中选取模型文件 pin.CATPart，然后单击 打开(O) 按钮。

（2）使用指南针将部件 pin 移动至合适的位置。

（3）添加“相合”约束。选择下拉菜单 开始 → 机械设计 ▸ → 装配设计 命令，进入“装配设计”工作台；选择下拉菜单 插入 → 相合... 命令，分别选取图 40.10 的轴线 1、轴线 2 为相合对象。

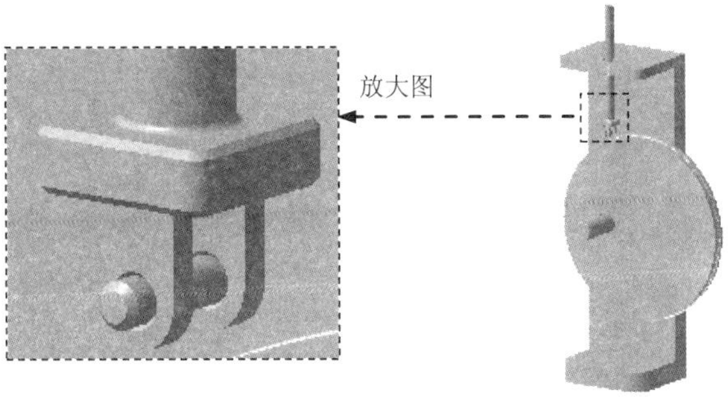

图 40.9　添加“pin”零件模型

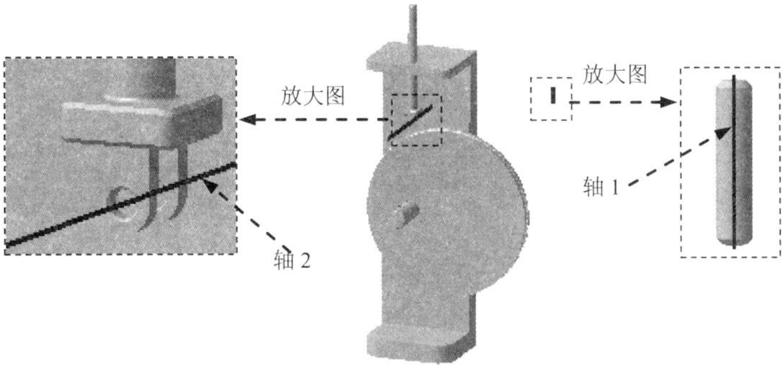

图 40.10　定义“相合”对象

（4）添加“相合”约束。选择下拉菜单 插入 → 相合... 命令，分别选取图 40.11 所示的 rod 零件的 xy 平面和 pin 零件的 yz 平面。

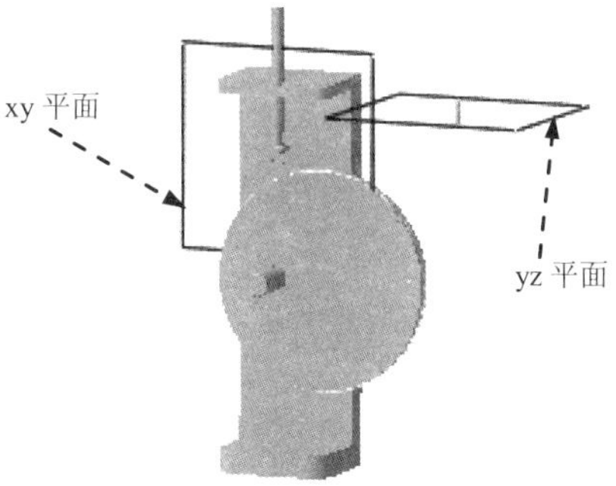

图 40.11　定义“相合”对象

（5）更新操作。选择下拉菜单 编辑 → 更新 命令。

Step6. 添加“刚性”接合。选择下拉菜单 开始 → 数字化装配 → DMU 运动机构 命令，进入“DMU 运动机构”工作台；选择下拉菜单 插入 → 新接合点 → 刚性... 命令，分别选取零件 rod 和零件 pin 为接合对象；单击 确定 按钮，完成“刚性”接合的添加。

Step7. 添加图 40.12 所示的零件模型。

（1）在确认 CAM_mech 处于激活状态后，选择下拉菜单 插入 → 现有部件... 命令，在弹出的“选择文件”对话框中选取模型文件 wheel.CATPart，然后单击 打开(O) 按钮。

（2）使用指南针将部件 wheel 移动至合适的位置。

（3）添加“旋转”接合。选择下拉菜单 插入 → 新接合点 ▸ → 旋转... 命令，分别选取图 40.13 的轴线 1、轴线 2、wheel 零件的 yz 平面和 pin 零件的 yz 平面为接合对象，单击 确定 按钮，完成“旋转”接合的添加。

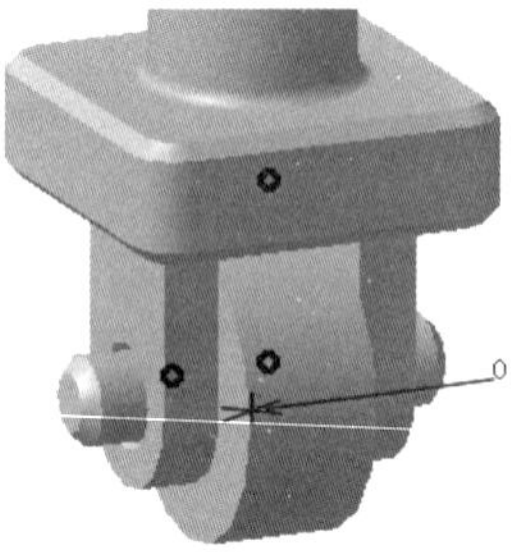

图 40.12　添加“wheel”零件模型

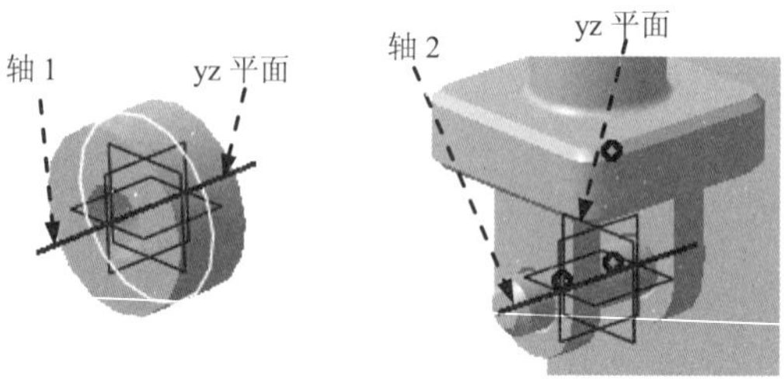

图 40.13　定义“旋转”接合对象

Step8. 添加“接触”约束。选择下拉菜单 开始 → 机械设计 ▸ → 装配设计 命令，进入“装配设计”工作台；选择下拉菜单 插入 → 接触... 命令，分别选取图 40.14 所示的面 1 和面 2，在 “约束定义”对话框 方向 区域的下拉菜单中选择 外部 选项；单击 确定 按钮，完成“接触”约束的添加。

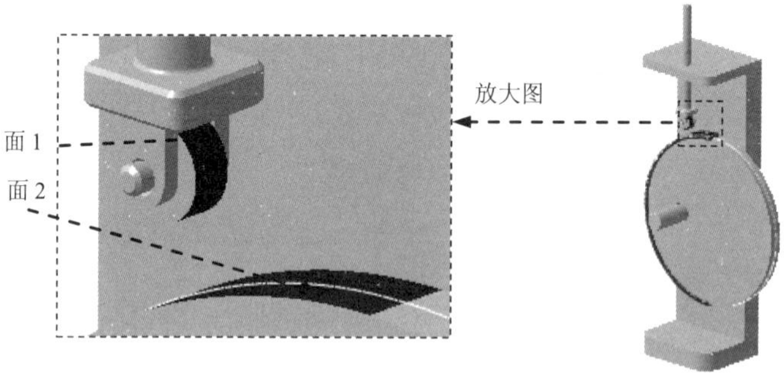

图 40.14　添加“接触”约束

Step9. 添加“滚动曲线”接合。选择下拉菜单 开始 → 数字化装配 ▸ → DMU 运动机构 命令，进入“DMU 运动机构”工作台；选择下拉菜单 插入 → 新接合点 ▸ → 滚动曲线... 命令，分别选取图 40.15 所示的曲线 1、2 为接合对象；单击 确定 按钮，系统弹出“信息”对话框，单击 确定 按钮，完成“滚动曲线”接合的添加。

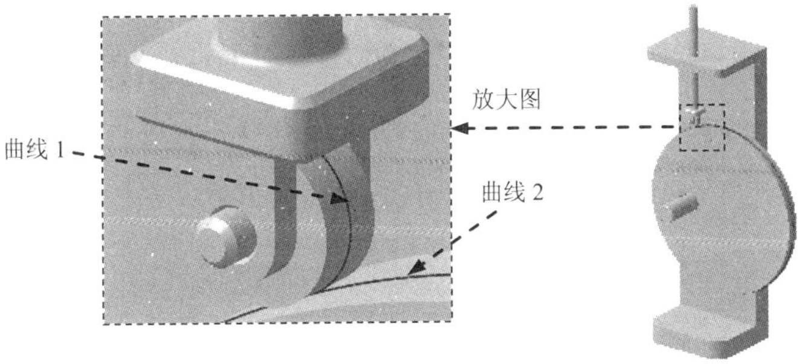

图 40.15 添加“滚动曲线”接合

Task3. 编辑公式

在图 40.16 所示的特征树中双击命令节点下的命令.1（旋转.1，角度），系统弹出图 40.17 所示的“编辑命令：命令.1（角度）”对话框，在对话框的命令值：文本框中右击，选择编辑公式...命令，系统弹出“公式编辑器：机械装置.1\命令\命令.1\角度”对话框；单击特征树中的机械装置.1，自由度=0，在词典区域的“参数”选项单元对应的全部 的成员区域中双击`机械装置.1\KINTime`选项；在其上的文本框中输入图 40.18 所示的内容“`机械装置.1\KINTime`*72deg/1s”；单击两次确定按钮。

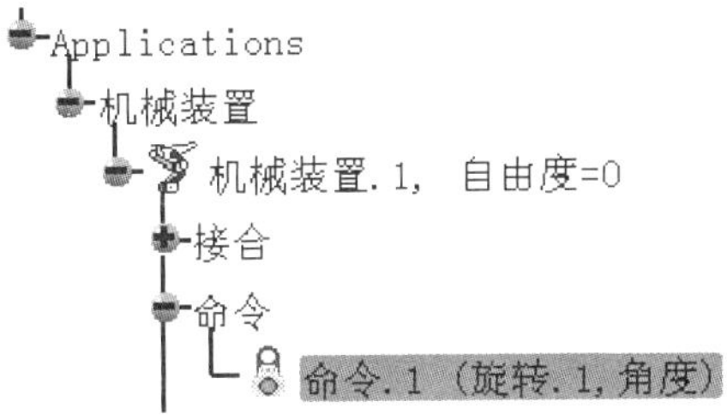

图 40.16 特征树

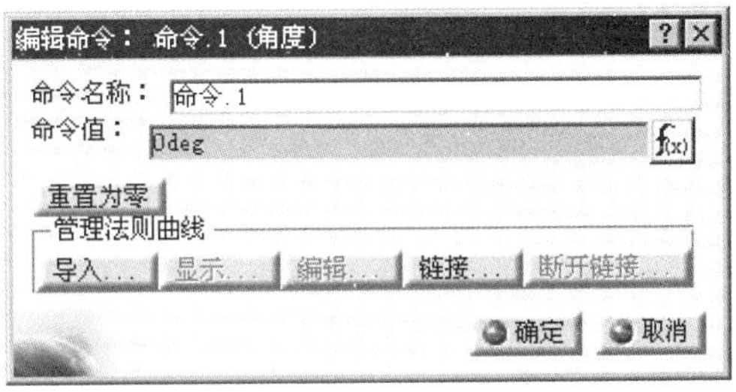

图 40.17 “编辑命令：命令.1（角度）”对话框

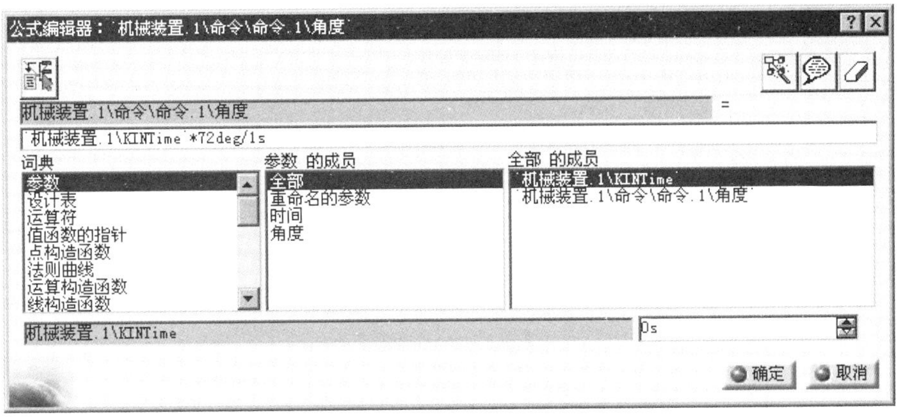

图 40.18 “公式编辑器：机械装置.1\命令\命令.1\角度”对话框

Task4. 运动模拟

Step1. 单击“DMU 运动机构”工具栏中的按钮下的“使用法则曲线进行模拟”按钮，系统弹出图 40.19 所示的“运动模拟-机械装置.1”对话框，在对话框的步骤数：文本框中输入值 40；单击“向前播放”按钮，即可完成凸轮机构运动模拟。

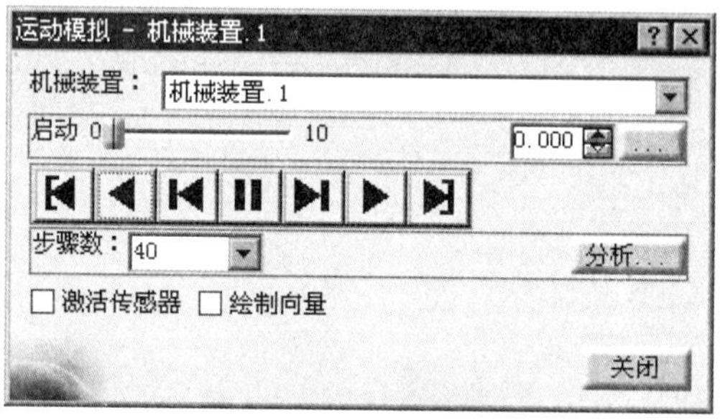

图 40.19 “运动模拟-机械装置. 1”对话框

Step2. 保存模型文件。

实例 41　牛头刨床运动机构

实例概述：

本实例详细讲解了牛头刨床运动机构模拟的设计过程，使读者进一步熟悉 CATIA 中的 DMU 运动机构的应用。本实例中重点要求读者掌握装配的先后顺序，注意不能使各零部件之间完全约束。牛头刨床机构如图 41.1 所示。

图 41.1　牛头刨床机构

Task1. 新建产品

Step1. 新建产品。新建一个 Product 文件，并激活该产品 Product1。

Step2. 修改文件名。右击 Product1，在弹出的快捷菜单中选取 属性 选项；系统弹出 “属性“对话框；在 零件编号 文本框中输入文件名“shaping_machine”；单击 确定 按钮，完成文件名的修改。

Task2. 机构装配

Step1. 添加图 41.2 所示的支架模型。

（1）单击特征树中 shaping_machine，激活 shaping_machine。

（2）选择命令。选择下拉菜单 插入 → 现有部件... 命令，在弹出的“选择文件”对话框中选取 D：/catins20/work/ch10/ins41/bracket.CATPart，然后单击 打开(O) 按钮。

（3）添加“固定”约束。选择下拉菜单 插入 → 固定 命令，然后在特征树中单击 BRACKET (BRACKET.1)（或单击模型），结果如图 41.2 所示。

图 41.2　添加支架模型

Step2. 添加图 41.3 所示的零件——滑块 1 并定位。

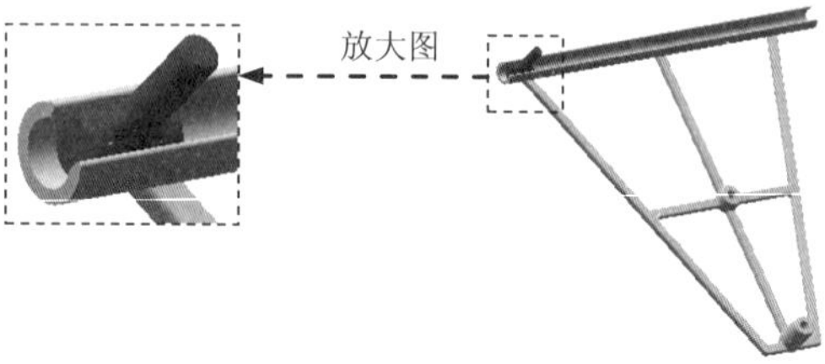

图 41.3　添加滑块 1

（1）在确认 shaping_machine 处于激活状态后，选择下拉菜单 插入 → 现有部件... 命令，在弹出的“选择文件”对话框中选取滑块模型文件 slider01.CATPart，然后单击 打开(O) 按钮。

（2）将滑块 1 移动至合适的位置。

（3）设置轴线“相合”约束。选择下拉菜单 插入 → 相合... 命令；分别选取两个部件的轴线为相合对象，如图 41.4 所示。

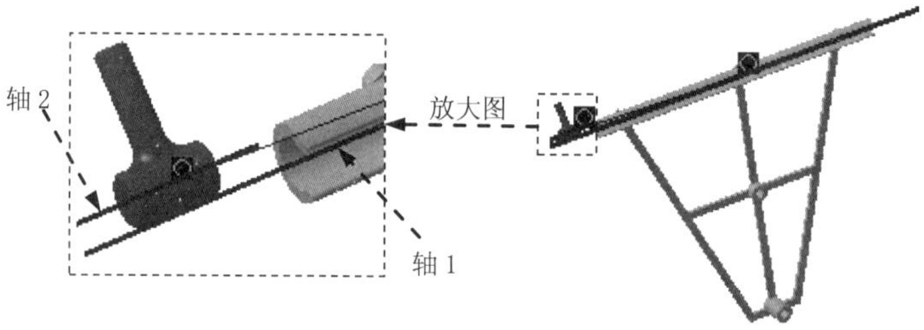

图 41.4　定义轴线“相合”对象

（4）设置平面“相合”约束。选择下拉菜单 插入 → 相合... 命令；选取图 41.5 所示的 bracket 零件的 xy 平面和 slider01 零件的 yz 平面为相合对象；在系统弹出的“约束属性”对话框的 方向 下拉列表中选择 相同 选项，单击 确定 按钮，完成平面相合约束的设置，并更新调整其至合适的位置。

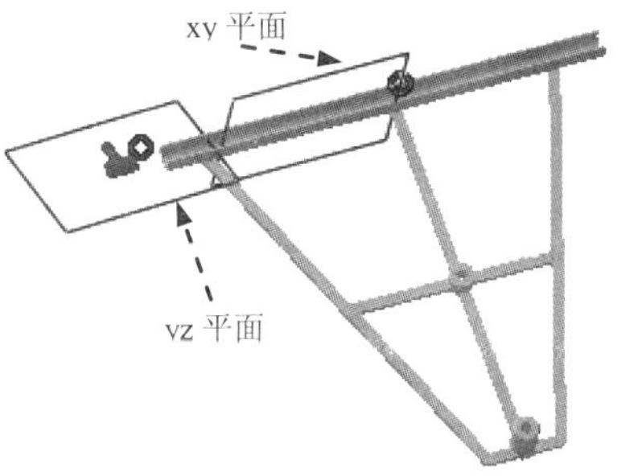

图 41.5 定义平面“相合”约束

Step3. 添加图 41.6 所示的连杆并定位。

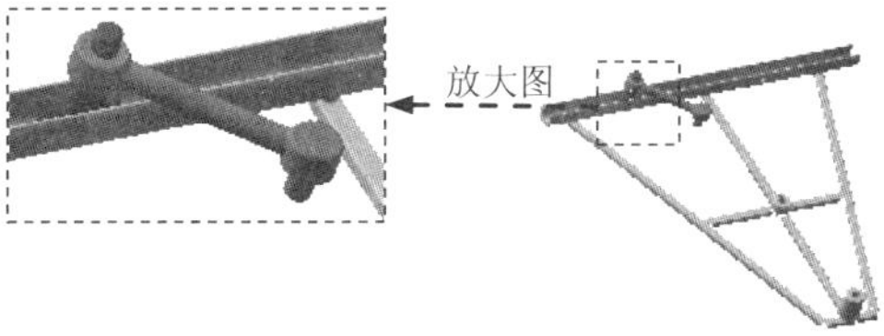

图 41.6 添加连杆零件

（1）在确认 shaping_machine 处于激活状态后，选择下拉菜单 插入 → 现有部件... 命令，在弹出的“选择文件”对话框中选取连杆模型文件 connecting_rod.CATPart，然后单击 打开(O) 按钮。

（2）将部件移动至合适的位置。

（3）设置轴线“相合”约束。选择下拉菜单 插入 → 相合... 命令；分别选取两个部件的轴线为相合对象，如图 41.7 所示；并更新调整其至合适的位置。

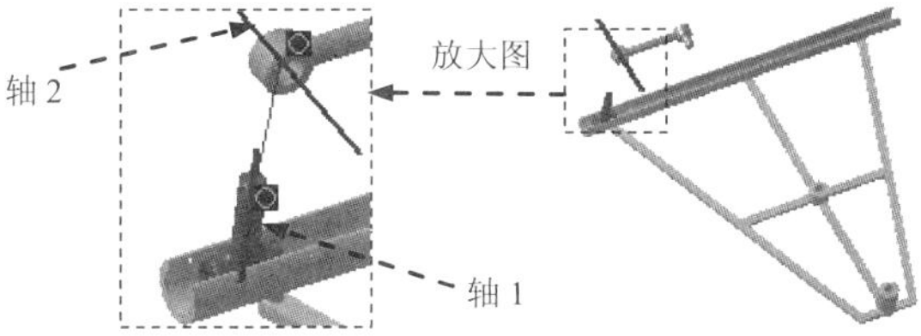

图 41.7 定义轴线“相合”对象

Step4. 添加图 41.8 所示的曲柄并定位。

图 41.8 添加曲柄零件

（1）在确认 shaping_machine 处于激活状态后，选择下拉菜单 插入 → 现有部件... 命令，在弹出的“选择文件”对话框中选取曲柄模型文件 brace.CATPart，然后单击 打开(O) 按钮。

（2）将部件移动至合适的位置。

（3）设置轴线“相合”约束。选择下拉菜单 插入 → 相合... 命令；分别选取两个部件的轴线为相合对象，如图 41.9 所示；并更新调整其至合适的位置。

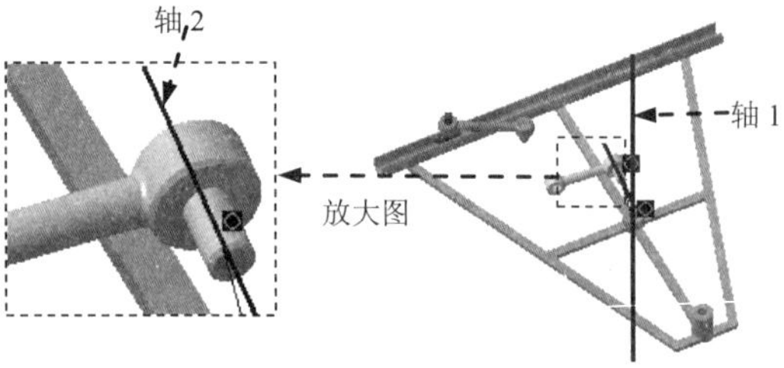

图 41.9　定义轴线“相合”对象

（4）设置面“接触”约束。选择下拉菜单 插入 → 接触... 命令；选取图 41.10 所示的面 1 和面 2 作为接触面；并更新调整其至合适的位置。

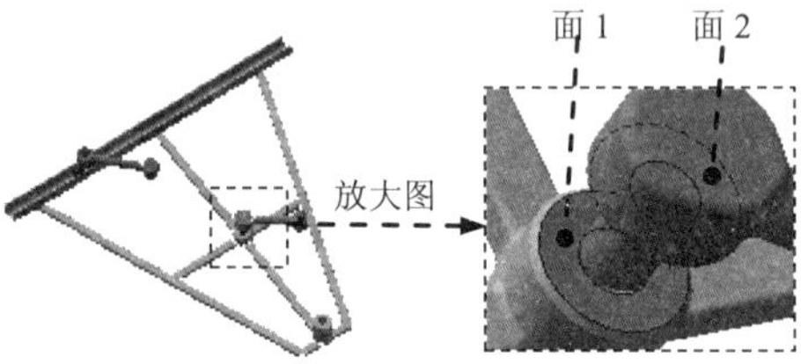

图 41.10　定义“接触”面

Step5. 添加图 41.11 所示的摇杆并定位。

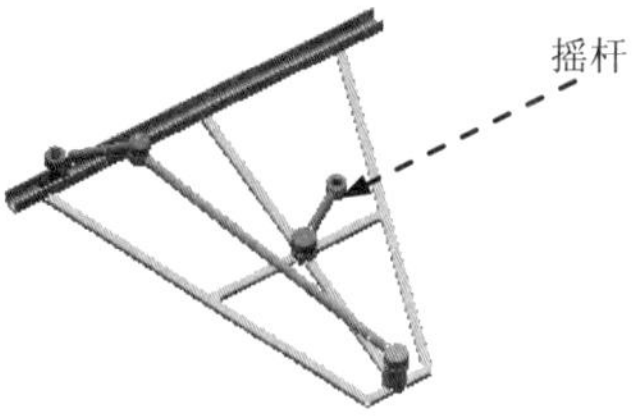

图 41.11　添加摇杆零件

（1）在确认 shaping_machine 处于激活状态后，选择下拉菜单 插入 → 现有部件... 命令，在弹出的“选择文件”对话框中选取摇杆模型文件 rocker.CATPart，然后单击 打开(O) 按钮。

（2）将部件移动至合适的位置。

（3）设置轴线“相合”约束。选择下拉菜单 插入 → 相合... 命令；分别选取两个部件的轴线为相合对象，如图 41.12 所示。

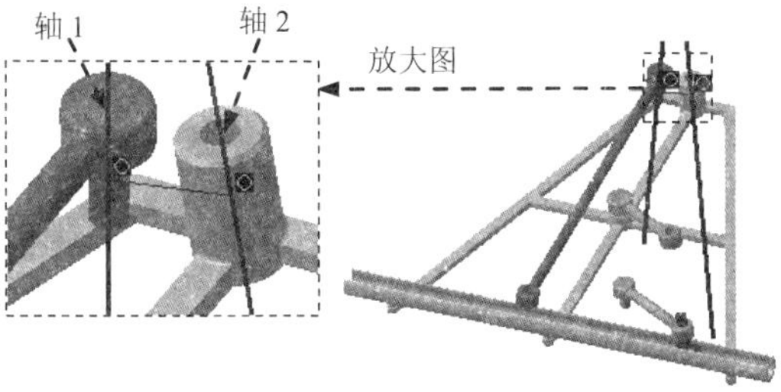

图 41.12 定义轴线“相合”对象

（4）设置面“接触”约束。选择下拉菜单 插入 → 接触... 命令；选取图 41.13 所示的面 1 和面 2 作为接触面。

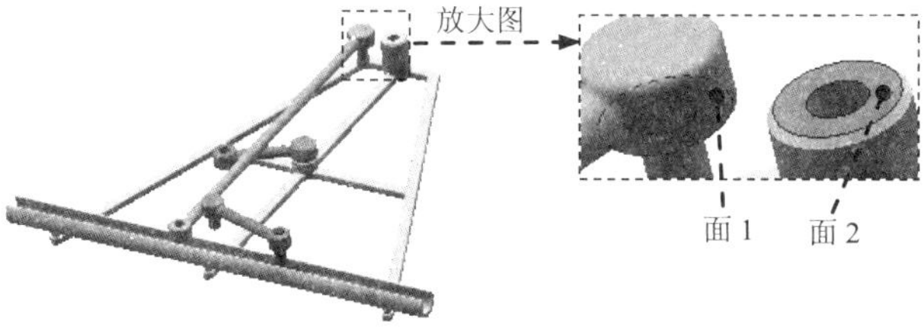

图 41.13 定义“接触”面

（5）设置轴线“相合”约束。选择下拉菜单 插入 → 相合... 命令；分别选取两个部件的轴线为相合对象，如图 41.14 所示。

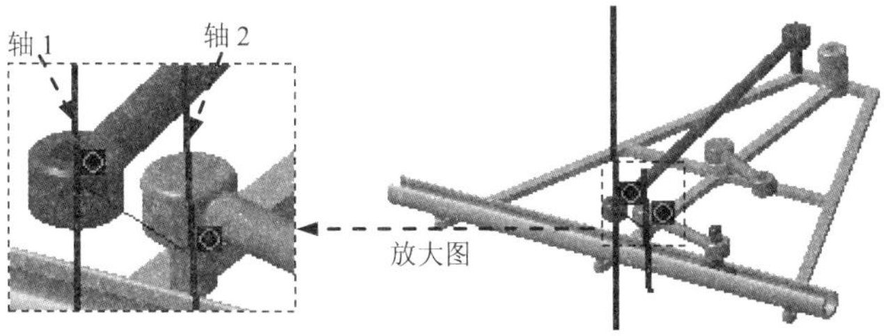

图 41.14 定义轴线“相合”对象

（6）设置面“接触”约束。选择下拉菜单 插入 → 接触... 命令；选取图 41.15 所示的面 1 和面 2 作为接触面；并更新调整其至合适的位置。

Step6. 添加图 41.16 所示的滑块 2 并定位。

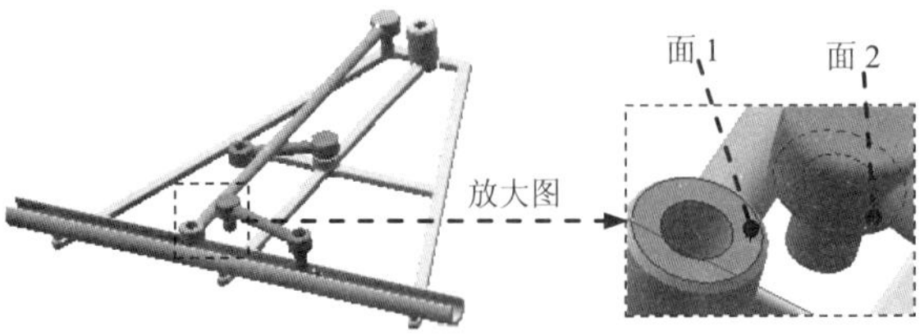

图 41.15　定义“接触”面

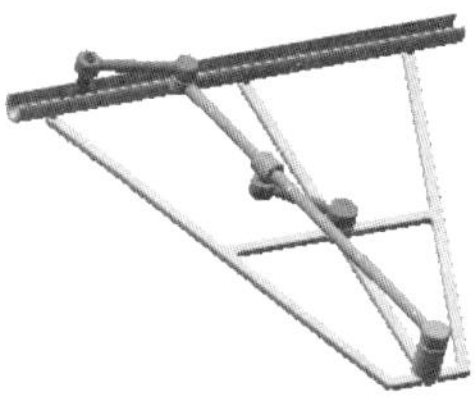

图 41.16　添加滑块 2

（1）在确认 shaping_machine 处于激活状态后，选择下拉菜单 插入 → 现有部件... 命令，在弹出的“选择文件”对话框中选取滑块模型文件 slider02.CATPart，然后单击 打开(O) 按钮。

（2）将部件滑块移动至合适的位置。

（3）设置轴线“相合”约束。选择下拉菜单 插入 → 相合... 命令；分别选取两个部件的轴线为相合对象，如图 41.17 所示。

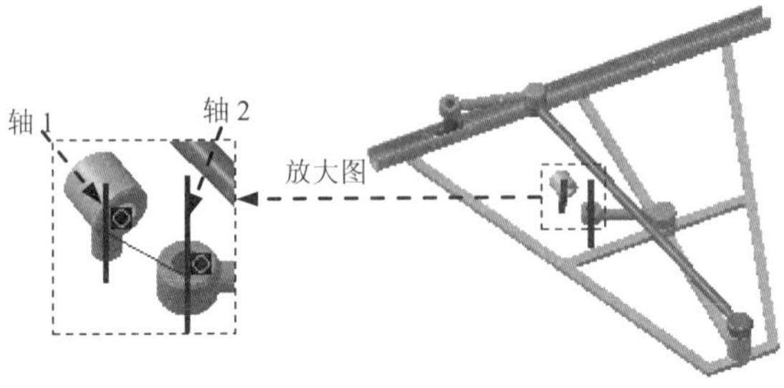

图 41.17　定义轴线“相合”对象

（4）设置轴线“相合”约束。选择下拉菜单 插入 → 相合... 命令；分别选取两个部件的轴线为相合对象，如图 41.18 所示；并更新调整其至合适的位置。

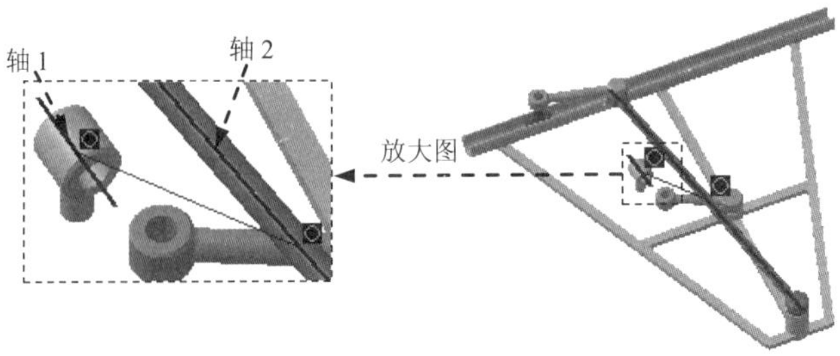

图 41.18　定义轴线“相合”对象

Step7. 转换装配约束。选择下拉菜单 开始 → 数字化装配 → DMU 运动机构 命令，进入“DMU 运动机构”工作台；单击“DMU 运动机构”工具栏中的“装配约束转换”按钮，系统弹出图 41.19 所示的“装配件约束转换”对话框，单击新机械装置按钮，系统弹出“创建机械装置”对话框，单击确定按钮，在“装配件约束转换”对话框中单击自动创建按钮，单击确定按钮；完成转换装配约束的创建。

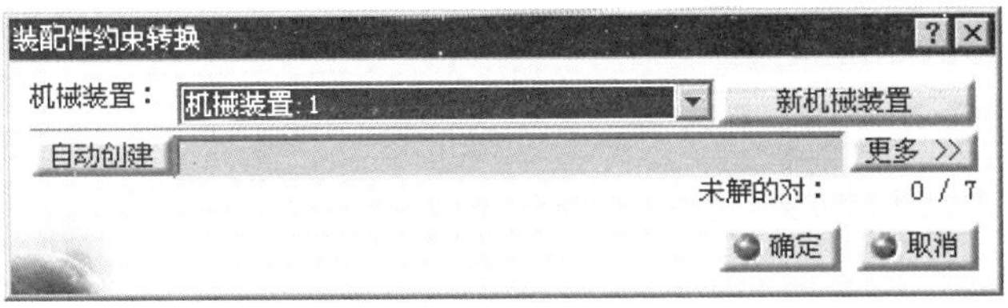

图 41.19 “装配件约束转换”对话框

Step8. 编辑接合。在图 41.20 所示的特征树中双击旋转.1 (BRACE.1, BRACKET.1)，系统弹出“编辑接合：旋转.1（旋转）”对话框，选中驱动角度复选框，在接合限制区域的“上限”“下限”文本框中分别输入值-3600、3600；单击确定按钮，在弹出的“信息”对话框中单击确定按钮，完成接合定义。

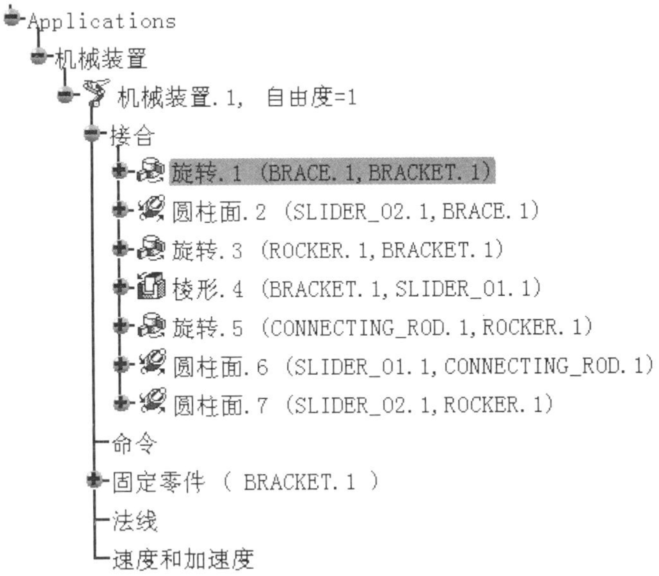

图 41.20 特征树

Task3. 编辑公式

在图 41.20 所示的特征树中双击命令节点下的命令.1 (旋转.1，角度)，系统弹出图 41.21 所示的对话框，在其对话框的命令值：文本框中右击，选择编辑公式...选项，系统弹出 “公式编辑器：机械装置.1\命令\命令.1\角度”对话框；单击特征树中的机械装置.1， 自由度=0，在词典区域的“参数”选项单元对应的全部 的成员区域中双击`机械装置.1\KINTime`选项；在其上的文本框中输入图 41.22 所示的内容 “`机械装置.1\KINTime`*60deg/1s”；单击两次 确定 按钮，完成编辑公式的操作。

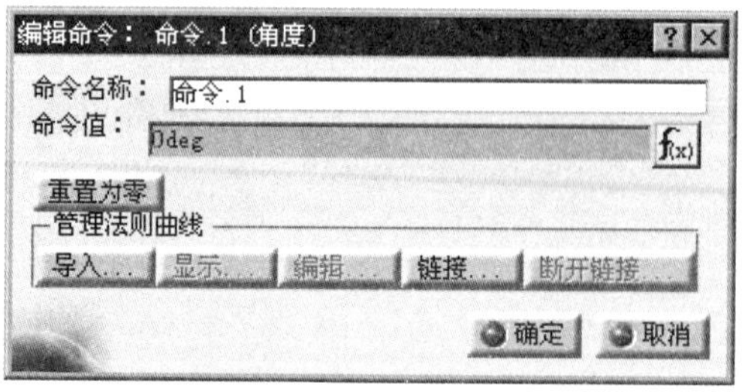

图 41.21 “编辑命令：命令.1（角度）”对话框

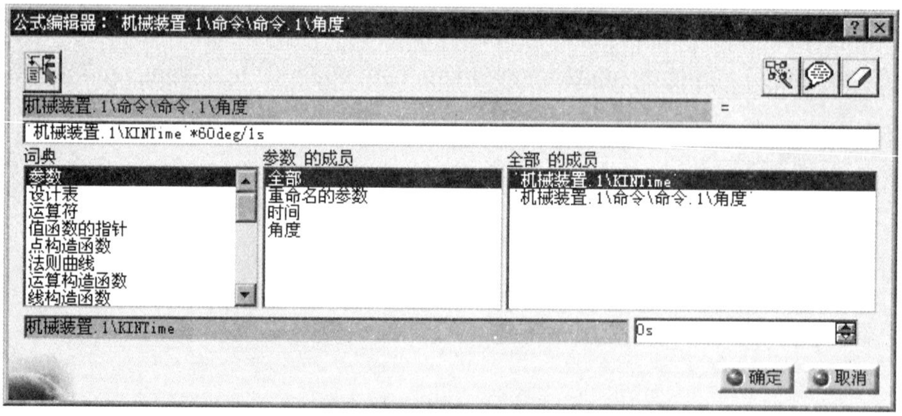

图 41.22 “公式编辑器：机械装置.1\命令\命令.1\角度”对话框

Task4. 运动模拟

Step1. 运动模拟。单击“DMU 运动机构”工具栏中的按钮下的“使用法则曲线进行模拟”按钮，系统弹出图 41.23 所示的“运动模拟-机械装置.1”对话框，在 步骤数： 文本框中输入值 300；单击“向前播放”按钮，即可完成牛头刨床机构运动模拟。

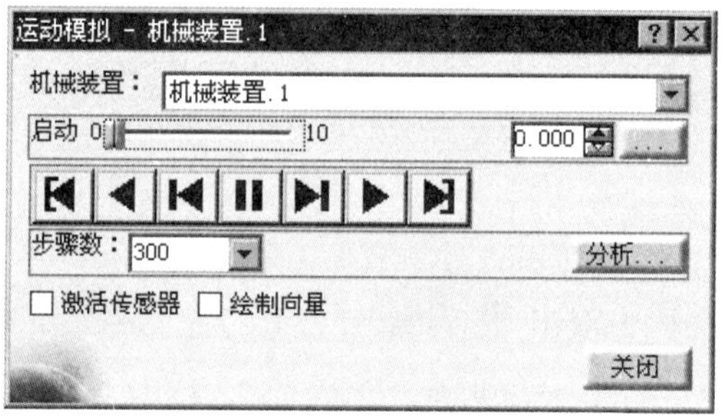

图 41.23 “运动模拟-机械装置.1”对话框

Step2. 保存模型文件。

第 11 章

模具设计实例

本章主要包含如下内容：

- 实例 42　带型芯的模具设计
- 实例 43　具有复杂外形的模具设计
- 实例 44　带破孔的模具设计
- 实例 45　一模多穴的模具设计
- 实例 46　带侧抽机构的模具设计
- 实例 47　带滑块的模具设计

实例 42　带型芯的模具设计

本实例将介绍一个杯子的模具设计（图 42.1）。在设计该杯子的模具时，如果将模具的开模方向定义为竖直方向，那么杯子中盲孔的轴线方向就与开模方向垂直，这就需要设计型芯模具元件才能构建该孔。下面介绍该模具的设计过程。

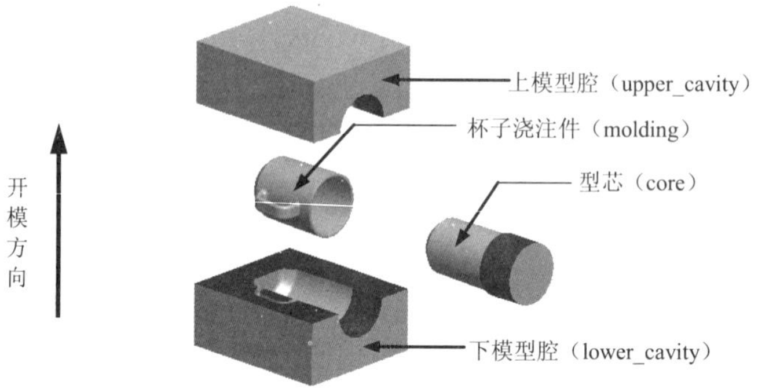

图 42.1　杯子的模具设计

Stage1. 加载模型

Step1. 选择文件路径 D:\catins20\work\ch11\ins42\cup_mold.CATPart，单击 打开(O) 按钮并确认切换到零件设计工作台。

Step2. 设置缩放率。选择下拉菜单 插入 → 变换特征 → 缩放... 命令，单击 参考： 文本框，在图形区域中选取轴系的原点作为参考，然后在 比率： 文本框中输入数值 1.006，单击 确定 按钮，完成缩放率的设置。

Step3. 在特征树中右击 [redacted] 选项，在弹出的快捷菜单中选取 复制 命令，然后右击 [redacted] 选项，在弹出的快捷菜单中选取 选择性粘贴... 命令，在"选择性粘贴"对话框中选取 与原文档相关联的结果 选项，单击 确定 按钮，完成几何体的复制。

Step4. 在特征树中右击 [redacted] 选项，在弹出的快捷菜单中选取 属性 命令，单击 特征属性 选项卡，在 特征名称： 文本框中输入 parting，单击 确定 按钮，完成几何体的重命名。

Stage2. 创建工件

Step1. 选择下拉菜单 插入 → 几何体 命令，将“几何体 3”更改命名为“mold”。

Step2. 创建图 42.2 所示的零件特征——凸台 1。选择下拉菜单 插入 → 基于草图的特征 → 凸台... 命令；选取 xy 平面为草绘平面，绘制图 42.3 所示的截面草图；在 第一限制 区域的 类型： 下拉列表中选取 尺寸 选项，在 长度： 文本框中输入值 40，选中 镜像范围 复选框，单击 确定 按钮，完成凸台 1 的创建。

图 42.2　凸台 1

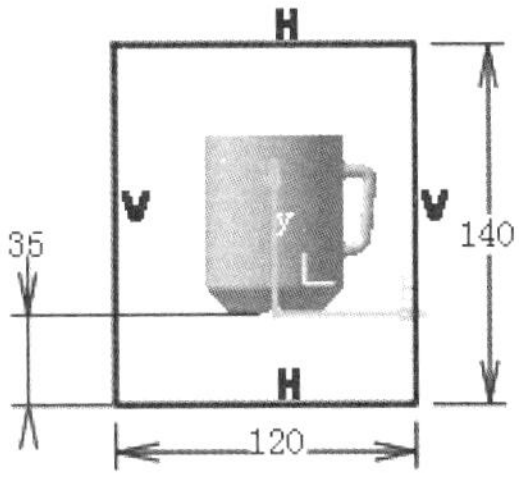

图 42.3　截面草图

Stage3. 创建型腔分型面

Step1. 插入几何图形集。选择下拉菜单 插入 → 几何图形集... 命令，在“插入几何图形集”对话框的 名称： 文本框中输入 Cavity_surface，单击 确定 按钮，完成几何图形集的插入。

Step2. 切换工作台。选择下拉菜单 开始 → 形状 → 创成式外形设计 命令，切换到创成式外形设计工作台（隐藏“parting”及“mold”文件）。

Step3. 创建图 42.4 所示的分割 1。选择下拉菜单 插入 → 操作 → 分割... 命令，单击 要切除的元素： 文本框，在特征树中选取缩放.1 为要切除的元素，单击 切除元素 文本框，选取 xy 平面为切除元素，同时选中 保留双侧 复选框，单击 确定 按钮，完成分割 1 的创建。

图 42.4　分割 1

Step4. 创建图 42.5 所示的提取 1（隐藏零件几何体及分割 1）。选择下拉菜单 插入 → 操作 → 提取... 命令，在 拓展类型： 下拉列表中选取 无拓展 选项，单击 要提取的元素 文本框，在图形区域中选取要提取的曲面，单击 确定 按钮，完成提取 1 的创建。

说明：在选取提取面时，可参考视频来完成。

图 42.5 提取 1

Step5. 创建接合 1。选择下拉菜单 插入 → 操作 → 接合... 命令，在特征树中选取所有的提取特征为要接合的元素，单击 确定 按钮，完成接合 1 的创建。

Step6. 创建图 42.6 所示的拉伸 1。选择下拉菜单 插入 → 曲面 → 拉伸... 命令，选取图 42.7 所示的边线为拉伸轮廓，在“拉伸曲面定义”对话框的 方向： 文本框中右击，选取 Y 部件 选项，在 限制 1 区域的 类型： 下拉列表中均选择 尺寸 选项，在 尺寸： 文本框中均输入深度值 60，单击 确定 按钮，完成拉伸 1 的创建。

Step7. 创建接合 2。选择下拉菜单 插入 → 操作 → 接合... 命令，在特征树中选取接合 1 和拉伸 1 为要接合的元素，单击 确定 按钮，完成接合 2 的创建。

图 42.6 拉伸 1

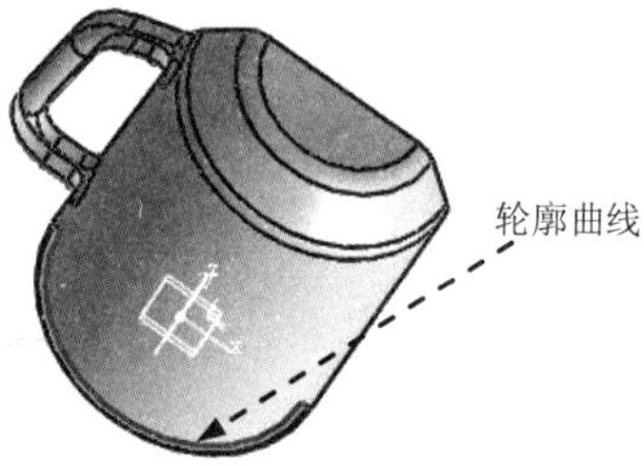

图 42.7 定义轮廓线

Step8. 创建图 42.8 所示的草图 6。选择下拉菜单 插入 → 草图编辑器 → 草图 命令；选择 xy 平面作为草图平面；在草绘工作台中绘制图 42.8 所示的草图。

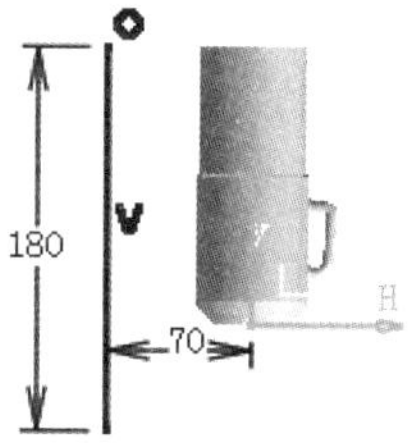

图 42.8 草图 6

Step9. 创建图 42.9 所示的拉伸 2。选择下拉菜单插入 → 曲面 → 拉伸...命令，选取草图 6 为拉伸轮廓，在“拉伸曲面定义”对话框的方向：文本框中右击，选取X 部件选项，在限制 1 和限制 2区域的类型：下拉列表中均选择尺寸选项，然后在尺寸：文本框中分别输入深度值 205、65，单击确定按钮，完成拉伸 2 的创建。

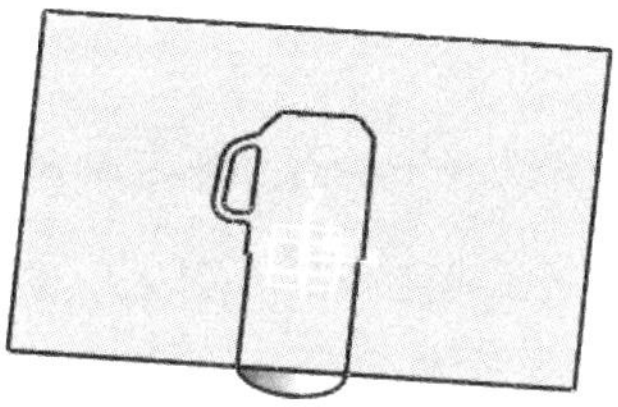

图 42.9　拉伸 2

Step10. 创建图 42.10 所示的修剪 1。选择下拉菜单插入 → 操作 → 修剪...命令，在“修剪定义”对话框的模式：下拉列表中选择标准选项；选择拉伸 2 和接合 2 为修剪元素，调整至图 42.10 所示，单击确定按钮，完成修剪 1 的创建。

Step11. 将修剪 1 更改命名为“Cavity_surface”。

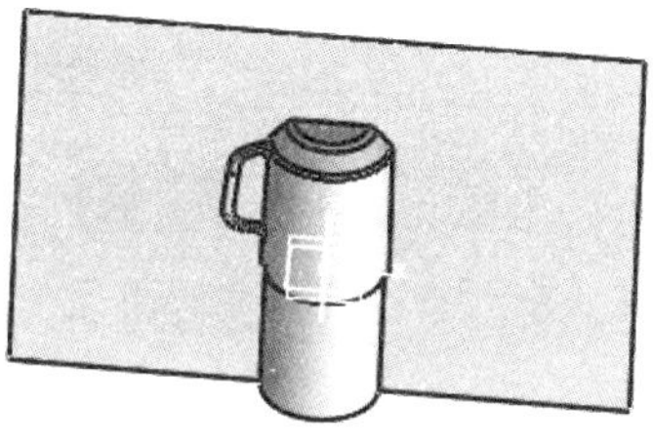

图 42.10　修剪 1

Stage4. 创建型芯分型面（显示零件几何体并隐藏型腔分型面）

Step1. 插入几何图形集。选择下拉菜单插入 → 几何图形集...命令，在“插入几何图形集”对话框的名称：文本框中输入 Core_surface，单击确定按钮，完成几何图形集的插入。

Step2. 创建图 42.11 所示的提取 2。选择下拉菜单插入 → 操作 → 提取...命令，在拓展类型：下拉列表中选取无拓展选项，单击要提取的元素文本框，在图形区域中选取要提取的曲面，单击确定按钮，完成提取 2 的创建。

Step3. 创建接合 3。选择下拉菜单插入 → 操作 → 接合...命令，在特征树中选取提取 29、提取 30、提取 31、提取 32、提取 33 和提取 34 为要接合的元素，单击确定按钮，完成接合 3 的创建。

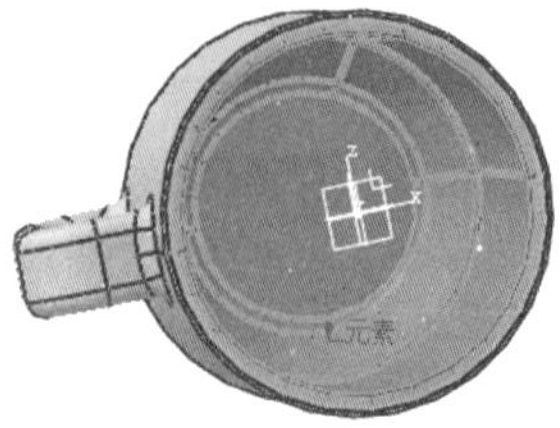

图 42.11 提取 2

Step4. 创建图42.12所示的拉伸3。选择下拉菜单 插入 → 曲面 ▸ → 拉伸... 命令，选取图 42.13 所示的边线为拉伸轮廓，在“拉伸曲面定义”对话框的 方向： 文本框中右击，选取 Y 部件 选项，在 限制 1 和 限制 2 区域的 类型： 下拉列表中均选择 尺寸 选项，然后在 尺寸： 文本框中分别输入深度值 50、0；单击 确定 按钮，完成拉伸 3 的创建。

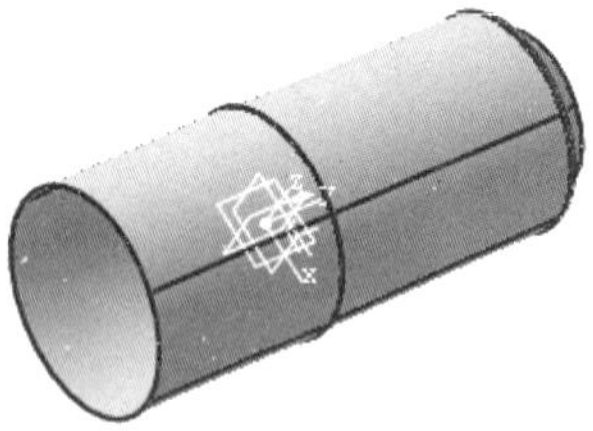

图 42.12 拉伸 3

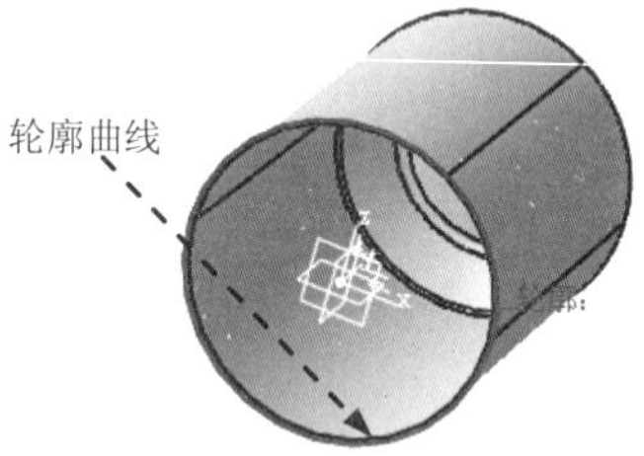

图 42.13 定义轮廓线

Step5. 创建接合 4。选择下拉菜单 插入 → 操作 ▸ → 接合... 命令，在特征树中选取接合 3 和拉伸 3 为要接合的元素，单击 确定 按钮，完成接合 4 的创建。

Step6. 将接合 4 更改命名为“Core_surface”。

Stage5. 创建下模型腔（显示 mold 零件）

Step1. 在特征树中选取 mold 选项，右击，在弹出的快捷菜单中选取 定义工作对象 命令。然后右击 [redacted] 选项，选取 parting 对象 中的 移除... 命令，系统弹出“移除”对话框，单击 确定 按钮，完成特征的移除。

Step2. 显示型腔分型面并隐藏零件几何体。

Step3. 在特征树中右击 mold 选项，在弹出的快捷菜单中选取 复制 命令，在弹出的快捷菜单中选取 选择性粘贴... 命令，在“选择性粘贴”对话框中选取 与原文档相关联的结果 选项，单击 确定 按钮，完成几何体的复制。

Step4. 将复制的“mold”更改命名为“lower_cavity”。

Step5. 切换工作台。选择下拉菜单 开始 → 机械设计 ▸ → 零件设计 命令，切换到零件设计工作台。

Step6. 创建图 42.14 所示的分割 1。选择下拉菜单 插入 → 基于曲面的特征 → 分割... 命令，在特征树中选取 Cavity_surface 为分割对象，单击图形中的箭头定义分割方向，单击 确定 按钮，完成分割 1 的创建。

说明： 选取对象时可参见视频，图 42.14 是将 mold 零件隐藏的效果。

Stage6. 创建型芯

Step1. 在特征树中右击 mold 选项，在弹出的快捷菜单中选取 复制 命令，在弹出的快捷菜单中选取 选择性粘贴... 命令，在“选择性粘贴”对话框中选取 与原文档相关联的结果 选项，单击 确定 按钮，完成几何体的复制。

Step2. 将复制的“mold”更改命名为“core”。

Step3. 创建图 42.15 所示的分割 2。选择下拉菜单 插入 → 基于曲面的特征 → 分割... 命令，在特征树中选取 [redacted] 为分割对象，单击图形中的箭头定义分割方向，单击 确定 按钮，完成分割 2 的创建。

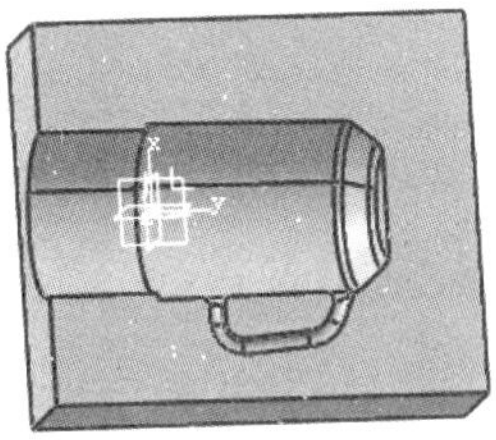

图 42.14　分割 1

图 42.15　分割 2

Stage7. 创建上模型腔（隐藏 mold 零件及分型面）

Step1. 在特征树中右击 lower_cavity 选项，在弹出的快捷菜单中选取 复制 命令，在弹出的快捷菜单中选取 选择性粘贴... 命令，在“选择性粘贴”对话框中选取 与原文档相关联的结果 选项，单击 确定 按钮，完成几何体的复制。

Step2. 选择下拉菜单 插入 → 变换特征 ▸ → 对称... 命令，在系统弹出的“问题”对话框中单击 是(Y) 按钮，然后在特征树中选择 xy 平面为对称平面，在“对称定义”对话框中单击 确定 按钮，完成上模型腔的创建。

Step3. 将复制的“lower_cavity”零件更改命名为“upper_cavity”。

Stage8. 移动零件（显示零件几何体）

Step1. 移动型芯。在特征树中选中 [redacted] 选项，右击，在弹出的快捷菜单中选取 定义工作对象 命令；选择下拉菜单 插入 → 变换特征 ▸ → 平移... 命令，在系统弹出的“问题”对话框中单击是(Y)按钮，在向量定义：下拉列表中选取方向、距离选项，右击方向：文本框，选取Y 部件为移动的方向，然后在文本框中输入数值 110，单击确定按钮，完成型芯的移动，如图 42.16 所示。

Step2. 移动上模型腔。在特征树中选中upper cavity选项，右击，在弹出的快捷菜单中选取定义工作对象命令；选择下拉菜单插入 ⟶ 变换特征 ⟶ 平移...命令，在系统弹出的“问题”对话框中单击是(Y)按钮，在向量定义：下拉列表中选取方向、距离选项，右击方向：文本框，选取Z 部件为移动的方向，然后在文本框中输入数值 90，单击确定按钮，完成上模型腔的移动，如图 42.17 所示。

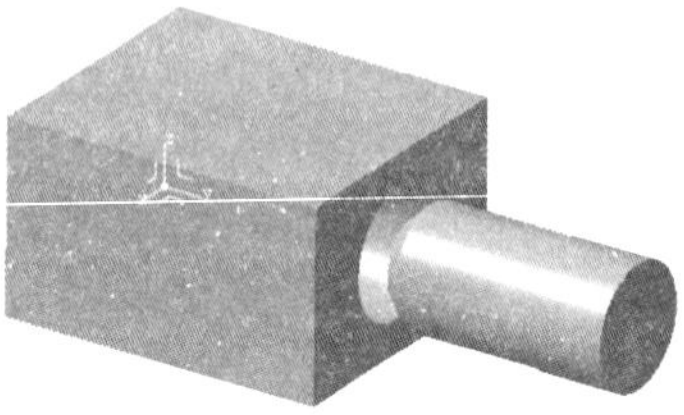

图 42.16　移动型芯

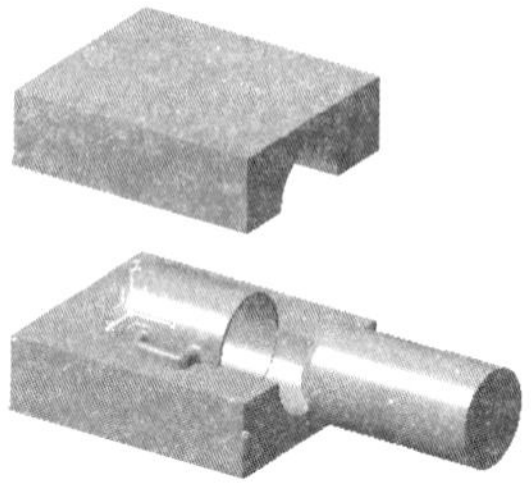

图 42.17　移动上模型腔

Step3. 移动下模型腔。在特征树中选中lower cavity选项，右击，在弹出的快捷菜单中选取定义工作对象命令；选择下拉菜单插入 ⟶ 变换特征 ⟶ 平移...命令，在系统弹出的“问题”对话框中单击是(Y)按钮，在向量定义：下拉列表中选取方向、距离选项，右击方向：文本框，选取Z 部件为移动的方向，然后在文本框中输入数值-60，单击确定按钮，完成下模型腔的移动，如图 42.18 所示。

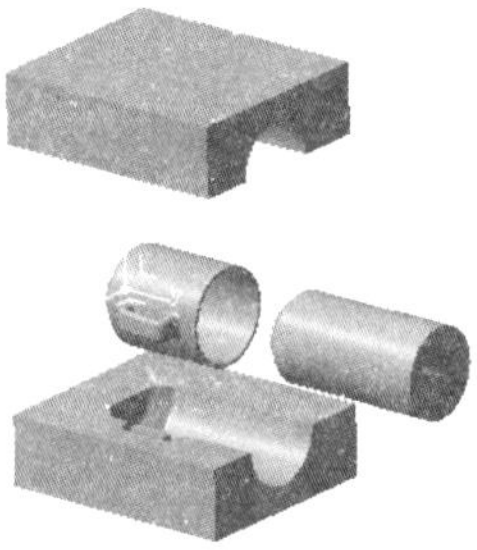

图 42.18　移动下模型腔

Step4. 保存模型。选择下拉菜单插入 ⟶ 保存命令。

实例 43　具有复杂外形的模具设计

图 43.1 所示为一个下盖（DOWN_COVER）的模型，该模型的表面有多个破孔，要使其能够顺利分出上、下模具，必须将破孔填补才能完成，本实例将详细介绍如何来设计该模具。图 43.2 为下盖的模具开模图。

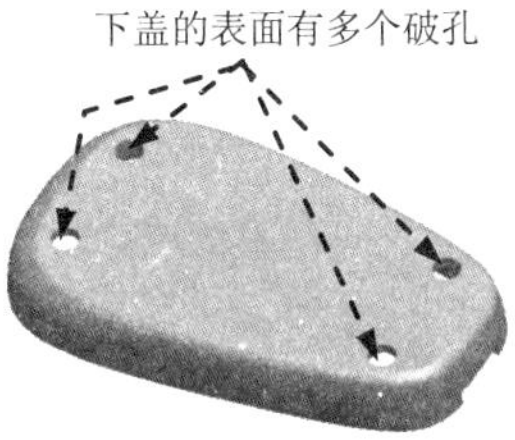

图 43.1　零件模型

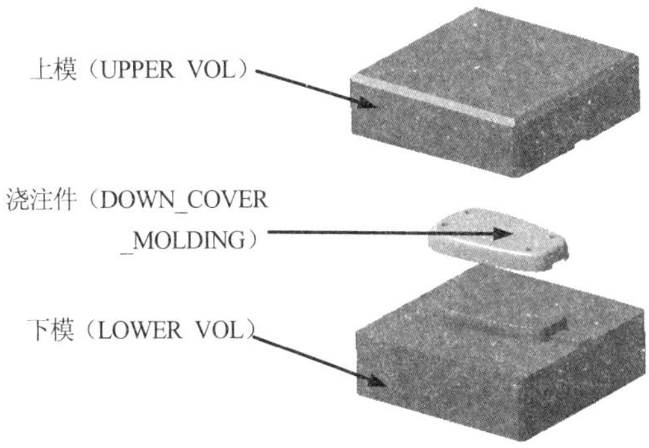

图 43.2　下盖的模具开模图

Task1. 导入模型

Stage1. 加载模型

Step1. 新建产品。新建一个 Product 文件，并激活该产品 Product1。

Step2. 修改文件名。右击 Product1，在弹出的快捷菜单中选取 属性 选项；系统弹出 “属性“对话框；在 零件编号 文本框中输入文件名“down cover_mold”；单击 确定 按钮，完成文件名的修改。

Step3. 选择命令。选择下拉菜单 开始 → 机械设计 ▸ → Core & Cavity Design 命令，系统切换至“型芯/型腔设计”工作台。

Step4. 选择命令。选择下拉菜单 插入 → Models ▸ → Import... 命令，系统弹出“Import Molded Part”对话框。

Step5. 在“Import Molded Part”对话框的 Model 区域中单击“打开”按钮，此时系统弹出“选择文件”对话框，选择文件路径 D:\catins20\work\ch11\ins43\down cover .CATPart，单击 打开(O) 按钮。

Step6. 选择要开模的实体。接受系统默认设置。

Stage2. 设置收缩率

Step1. 设置坐标系。接受系统默认设置。

Step2. 设置收缩数值。在Shrinkage区域的Ratio文本框中输入值 1.006。

Step3. 在“Import down cover .CATPart”对话框中单击确定按钮，完成零件的收缩设置，结果如图 43.3 所示。

图 43.3 零件几何体

Stage3. 添加缩放后的实体

Step1. 切换工作台。选择下拉菜单开始 → 机械设计 → 零件设计命令，系统切换至“零件设计”工作台。

Step2. 显示特征。在特征树中依次单击MoldedPart (MoldedPart.1) → MoldedPart前的“+”号，显示出MANIFOLD_SOLID_BREP #5968 的结果。

Step3. 定义工作对象。在特征树中右击零件几何体，在弹出的快捷菜单中选择定义工作对象命令，将其定义为工作对象。

Step4. 创建封闭曲面。

（1）选择命令。选择下拉菜单插入 → 基于曲面的特征 → 封闭曲面命令，系统弹出“定义封闭曲面”对话框。

（2）选取封闭曲面。在特征树中单击MANIFOLD_SOLID_BREP #5968 的结果前的“+”号，然后在其“+”号下选择缩放.1，在“定义封闭曲面”对话框中单击确定按钮。

Step5. 隐藏产品模型。在特征树中单击零件几何体前的“+”号，然后右击封闭曲面.1，在弹出的快捷菜单中选择隐藏/显示命令，将产品模型隐藏起来。

说明：这里将产品模型隐藏起来，为了便于以下的操作。

Step6. 切换工作台。选择下拉菜单开始 → 机械设计 → Core & Cavity Design命令，系统切换至“型芯/型腔设计”工作台。

Step7. 定义工作对象。在特征树中右击MANIFOLD_SOLID_BREP #5968 的结果，

在弹出的快捷菜单中选择定义工作对象命令，将其定义为工作对象。

Task2. 定义主开模方向

Step1. 选择命令。选择下拉菜单插入 → Pulling Direction ▸ → Pulling Direction... 命令，系统弹出“Main Pulling Direction Definition”对话框。

Step2. 锁定坐标系。在该对话框的Direction 区域中选中 Locked 复选框。

Step3. 在图形区中选取加载的零件几何体，在该对话框中单击确定按钮，计算完成后在特征树中增加了两个几何图形集，同时在零件几何体上也会显示出来，如图 43.4 所示。

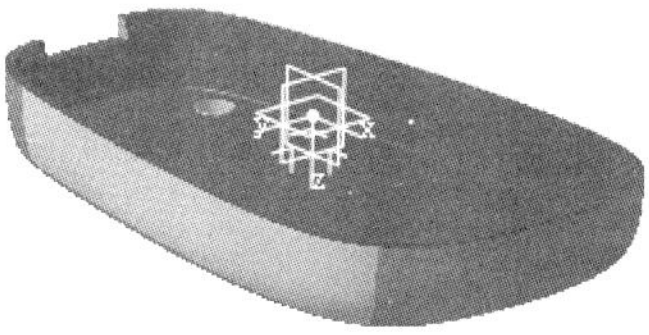

图 43.4 区域颜色

Task3. 移动元素

Step1. 选择命令。选择下拉菜单插入 → Pulling Direction ▸ → Transfer... 命令，系统弹出“Transfer Element”对话框。

Step2. 定义型腔区域。在该对话框的Destination 下拉列表中选取Cavity.1选项，然后选取图 43.5 所示的面和各个孔的内表面。

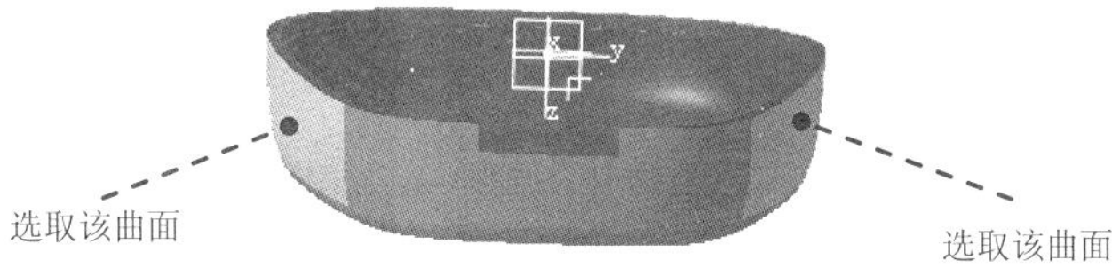

图 43.5 定义型腔区域

Step3. 定义型芯区域。在该对话框的Destination 下拉列表中选取Core选项，然后选取图 43.6 所示的面。

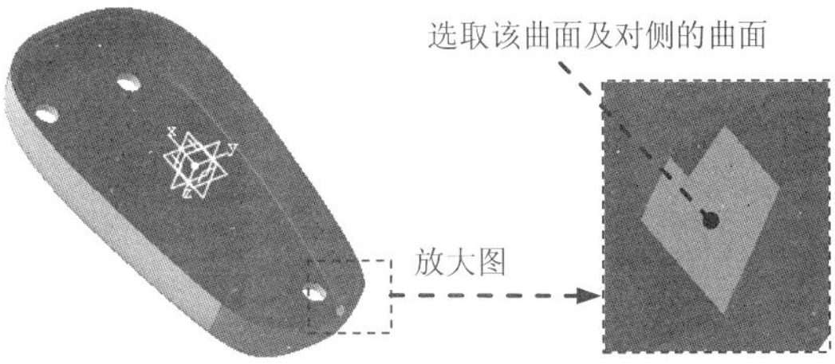

图 43.6 定义型芯区域

Step4. 在“Transfer Element”对话框中单击 确定 按钮，完成元素的移动。

Task4. 集合曲面

Step1. 集合型芯曲面。

（1）选择命令。选择下拉菜单 插入 → Pulling Direction ▸ → Aggregate Mold Area... 命令，系统弹出“Aggregate Surfaces”对话框。

（2）定义要集合的区域。在“Aggregate Surfaces”对话框的 Select a mold area 下拉列表中选择 Core.1 选项，此时系统会自动在 List of surfaces 区域中显示要集合的曲面。

（3）定义连接数据。在“Aggregate Surfaces”对话框中选中 Create a datum Join 复选框，单击 确定 按钮，完成型芯曲面的集合。

Step2. 集合型腔曲面。

（1）选择命令。选择下拉菜单 插入 → Pulling Direction ▸ → Aggregate Mold Area... 命令，系统弹出“Aggregate Surfaces”对话框。

（2）定义要集合的区域。在“Aggregate Surfaces”对话框的 Select a mold area 下拉列表中选择 Cavity.1' 选项，此时系统会自动在 List of surfaces 区域中显示要集合的曲面。

（3）定义连接数据。在“Aggregate Surfaces”对话框中选中 Create a datum Join 复选框，单击 确定 按钮，完成型腔曲面的集合。

Task5. 创建分型面

Stage1. 创建 PrtSrf_接合 1

Step1. 新建几何图形集。

（1）选择命令。选择下拉菜单 插入 → 几何图形集... 命令，系统弹出“插入几何图形集”对话框。

（2）在弹出的对话框的 名称： 文本框中输入文件名“Parting_surface”，接受 父级： 文本框中的默认选项 MoldedPart ，然后单击 确定 按钮。

Step2. 创建图 43.7 所示的填充曲面。

（1）选择命令。选择下拉菜单 插入 → Surfaces ▸ → Fill... 命令，系统弹出“填充曲面定义”对话框。

（2）定义填充边界。选取孔的边线为要填充的边界。

（3）单击 确定 按钮，完成填充曲面的创建。

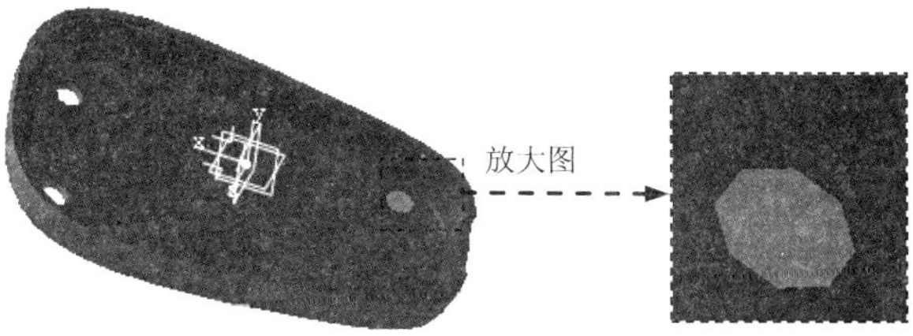

图 43.7 填充曲面

Step3. 参照 Step2 可以创建图 43.8 所示的填充曲面。

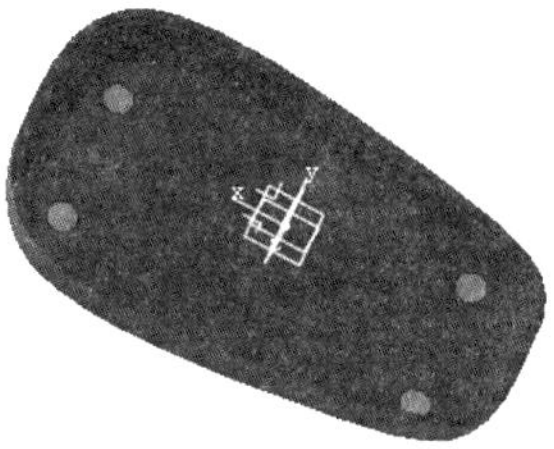

图 43.8 填充曲面

Step4. 创建 PrtSrf_拉伸.1。

（1）选择命令。选择下拉菜单 插入 → Surfaces ▸ → Parting Surface... 命令，系统弹出“Parting surface Definition”对话框。

（2）选取拉伸边界点。在绘图区选取零件模型的型腔面，此时零件模型上会显示许多边界点，在对话框中取消选中 □ Join parting surface 复选框，在零件模型中分别选取图 43.9 所示的点 1 和点 2 作为拉伸边界点。

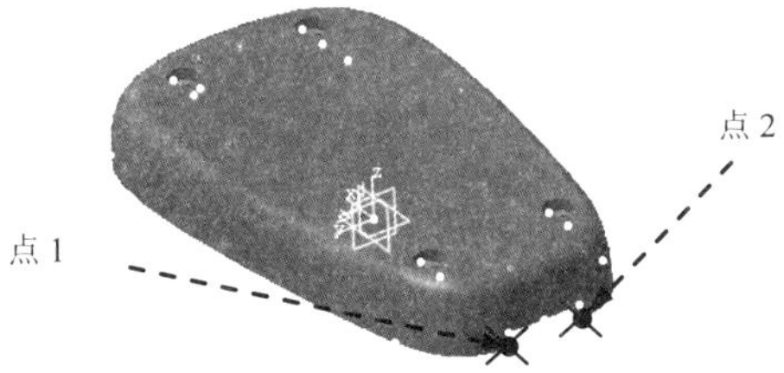

图 43.9 选取拉伸边界点

（3）定义拉伸方向和长度。在该对话框中选择 Direction+Length 选项卡，在 Length 文本框中输入值 50，在坐标系中选取 X 轴，然后单击 Reverse 按钮，结果如图 43.10 所示。

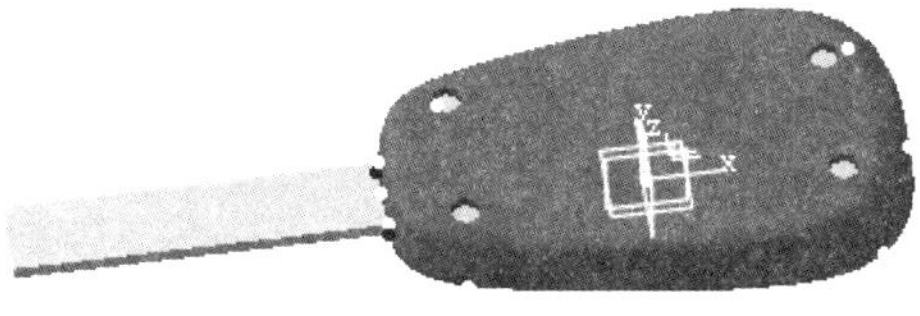

图 43.10 拉伸边界

Step5. 创建PrtSrf_拉伸2。在 Vertex 1: 文本框中单击一下，在零件模型中分别选取图43.11所示的点3和点4作为拉伸边界点；然后在坐标系中选取Y轴（主坐标系），在 Length 文本框中输入值50，单击 Reverse 按钮，结果如图43.12所示。

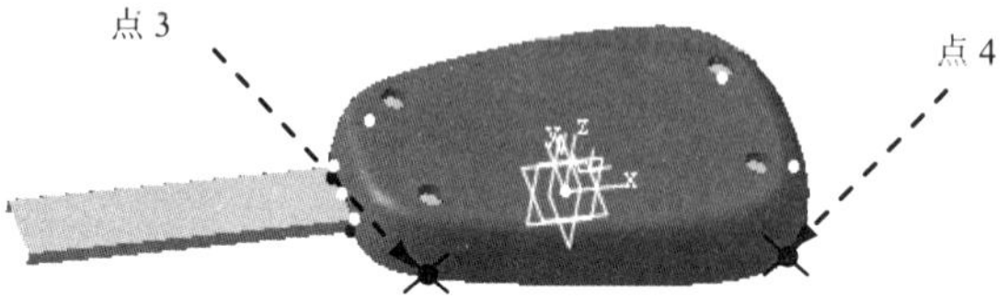

图43.11 选取拉伸边界点

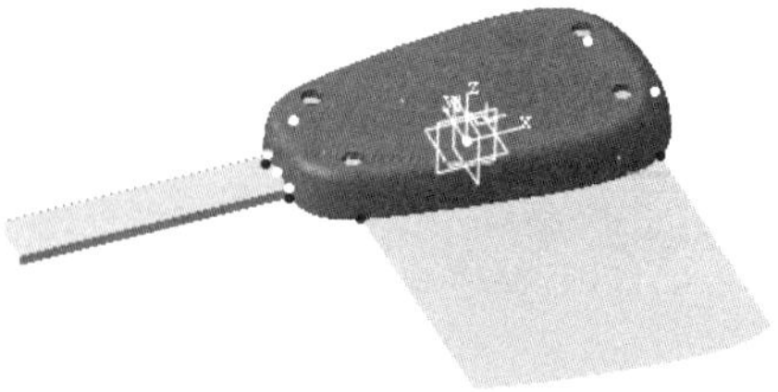
图43.12 创建PrtSrf_拉伸2

Step6. 创建 PrtSrf_拉伸 3。在 Vertex 1: 文本框中单击一下，在零件模型中分别选取图43.13所示的点5和点6作为拉伸边界点；然后在坐标系中选取X轴，在 Length 文本框中输入值50，结果如图43.14所示。

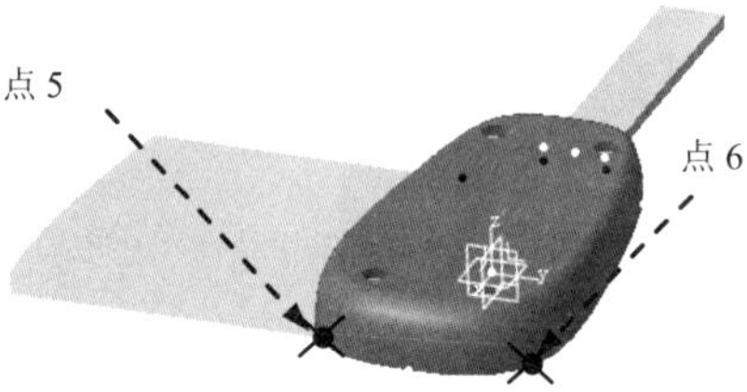

图43.13 选取拉伸边界点

图43.14 创建PrtSrf_拉伸3

Step7. 创建PrtSrf_拉伸4。在 Vertex 1: 文本框中单击一下，在零件模型中分别选取图43.15所示的点7和点8作为拉伸边界点；然后在坐标系中选取Y轴（主坐标系），在 Length 文本框中输入值50，结果如图43.16所示。

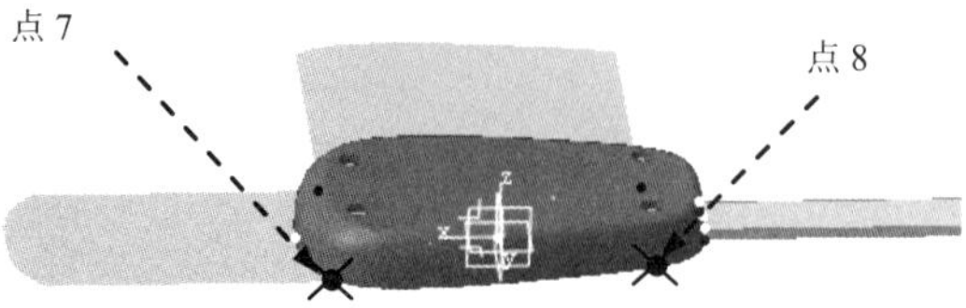

图43.15 选取拉伸边界点

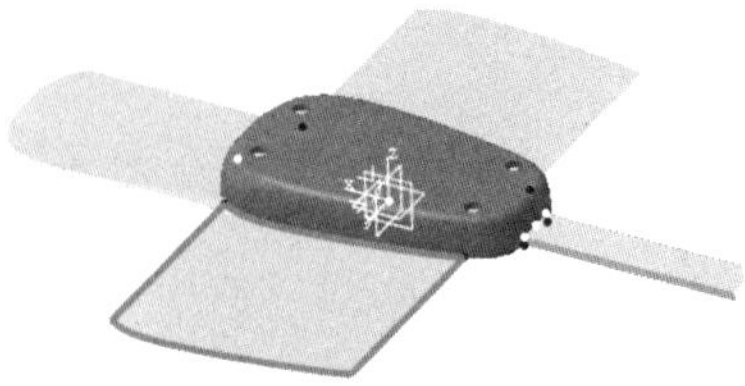
图43.16 创建PrtSrf_拉伸4

Stage2. 创建扫掠曲面

Step1. 创建接合2。

（1）选择命令。选择下拉菜单 插入 → Operations ▸ → Join... 命令，系统弹出

“接合定义”对话框。

（2）选取接合对象。选取图 43.17 所示的边界 1 和边界 2，接受系统默认的合并距离值（即公差值）。

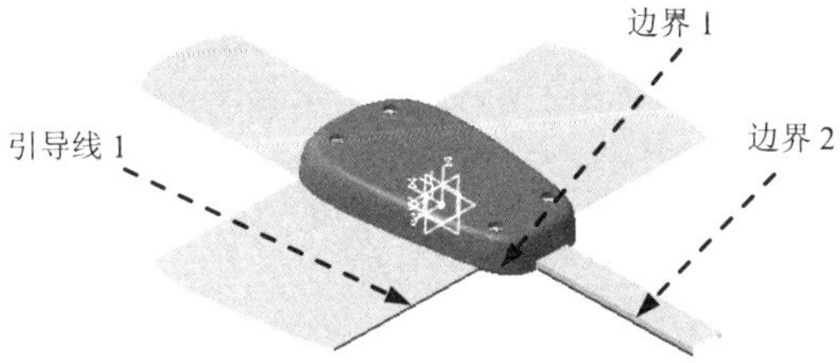

图 43.17　选取边界线

（3）单击 确定 按钮，完成接合 2 的创建。

Step2. 创建图 43.18 所示的扫掠曲面 1。

（1）选择命令。选择下拉菜单 插入 → Surfaces ▸ → Sweep... 命令，系统弹出“扫掠曲面定义”对话框。

（2）选取轮廓曲线。在模型中选取接合 2 作为轮廓曲线。

（3）选取引导曲线 1。选取图 43.17 所示的引导线 1。

（4）在该对话框中单击 确定 按钮，完成扫掠曲面 1 的创建。

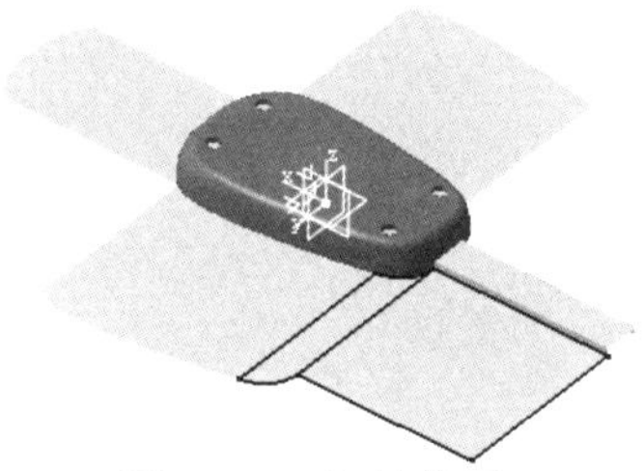

图 43.18　扫掠曲面 1

Step3. 参照 Step1 和 Step2 可以创建图 43.19 所示的扫掠曲面 2。

图 43.19　扫掠曲面 2

Step4. 创建图 43.20 所示的扫掠曲面 3。

（1）选择命令。选择下拉菜单插入 → Surfaces ▸ → Sweep... 命令，系统弹出“扫掠曲面定义”对话框。

（2）选取轮廓曲线。选取图 43.21 所示的边线 3 作为轮廓曲线。

（3）选取引导曲线。选取图 43.21 所示的边线 4 作为引导线。

（4）在该对话框中单击 确定 按钮，完成扫掠曲面 3 的创建。

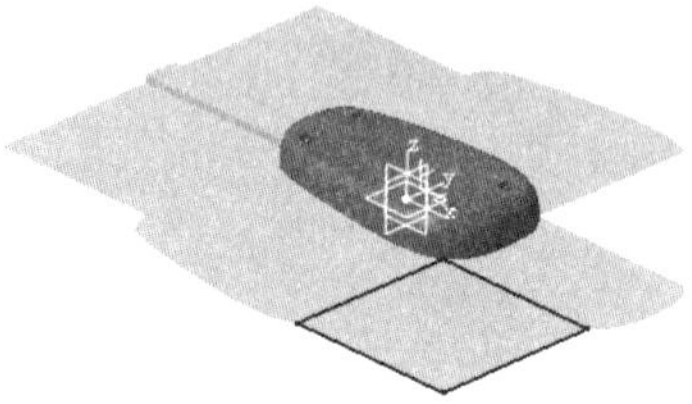

图 43.20　扫掠曲面 3

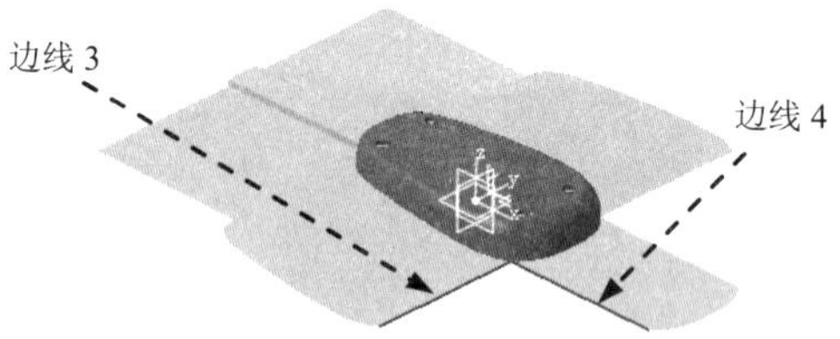

图 43.21　选取边线

Step5. 参照步骤 Step4 可以创建图 43.22 所示的扫掠曲面 4。

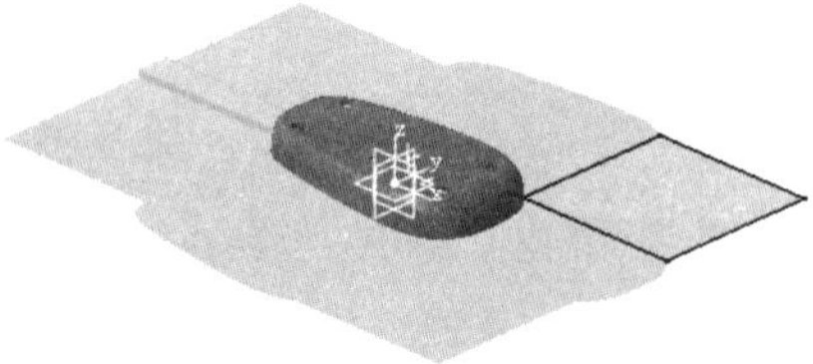

图 43.22　扫掠曲面 4

Step6. 创建接合 3。

（1）选择命令。选择下拉菜单插入 → Operations ▸ → Join... 命令，系统弹出“接合定义”对话框。

（2）选择接合对象。在特征树中单击 Core.1 前的“+”号，选取 曲面.19 和图形区域中的各个曲面，接受系统默认的合并距离值。

（3）单击 确定 按钮，完成接合 3 的创建。

（4）重命名型芯分型面。右击 接合.3，在弹出的快捷菜单中选择 属性 命令，然后在弹出的“属性”对话框中选择 特征属性 选项卡，在 特征名称： 文本框中输入“Core_surface”，单击 确定 按钮，完成型芯分型面的重命名。

Step7. 创建接合 4。

（1）选择命令。选择下拉菜单 插入 → Operations ▸ → Join... 命令，系统弹出“接合定义”对话框。

（2）选择接合对象。在特征树中单击 Cavity.1 前的“+”号，选取 曲面.20；然后选取图形区域中的各个曲面，接受系统默认的合并距离值。

（3）单击 确定 按钮，完成接合 4 的创建。

（4）重命名型腔分型面。右击 接合.4，在弹出的快捷菜单中选择 属性 命令，然后在弹出的“属性”对话框中选择 特征属性 选项卡，在 特征名称： 文本框中输入文件名“Cavity_surface”，单击 确定 按钮，完成型腔分型面的重命名。

Task6. 模具分型

Stage1. 创建型芯

Step1. 在特征树中选取 Cavity_surface 并右击，在弹出的快捷菜单中选择 隐藏/显示 命令。

Step2. 切换工作台。选择下拉菜单 开始 → 机械设计 ▸ → Mold Tooling Design 命令。

Step3. 加载工件。

（1）激活产品。在特征树中双击 down_cover_mold。

（2）选择命令。选择下拉菜单 插入 → Mold Base Components ▸ → New Insert... 命令，系统弹出“Define Insert”对话框。

（3）定义放置平面和点。在特征树中选取 xy 平面为放置平面。在型芯分型面上单击任意位置，然后在“Define Insert”对话框 X 文本框中输入值 0，在 Y 文本框中输入值 0，在 Z 文本框中输入值 0，在 W 文本框中输入值-30。

（4）定义工件类型。在“Define Insert”对话框中单击按钮，在弹出的对话框中双击 Pad_with_chamfer 选项，然后在弹出的对话框中双击 Pad 选项。

（5）定义工件参数。在“Define Insert”对话框中选择 Parameters 选项卡，然后在 L 文本框中输入值 100，在 H 文本框中输入值 60，在 Draft 文本框中输入值 0，其他接受系统默认设置。

（6）在“Define Insert”对话框中单击 确定 按钮，创建结果如图 43.23 所示。

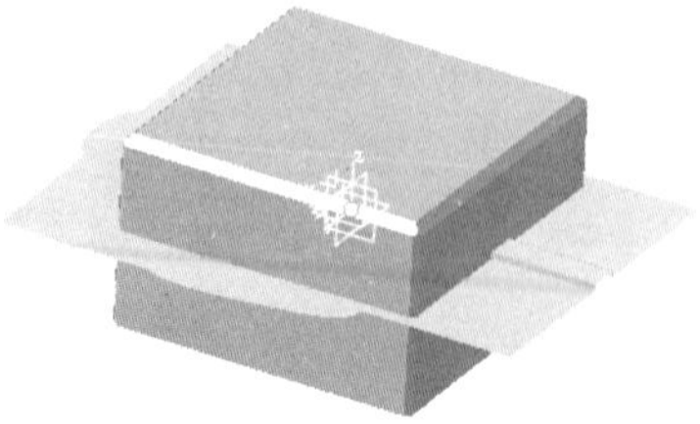

图 43.23　加载工件

（7）重命名工件。右击 Insert_2 (Insert_2.1)，在弹出的快捷菜单中选择 属性 命令，然后在弹出的“属性”对话框中选择 产品 选项卡，在 实例名称 和 零件编号 文本框中均输入“core”，单击 确定 按钮，此时系统弹出“Warning”对话框，单击 是 按钮，完成工件的重命名。

Step4. 分割工件。

（1）选择命令。在特征树中右击 core (core) 选项，在弹出的快捷菜单中选择 core 对象 → Split component... 命令，系统弹出“Split Definition”对话框。

（2）定义分割曲面。选取图 43.24 所示的型芯分型面，然后单击图 43.24 所示的箭头，单击 确定 按钮，结果如图 43.25 所示。

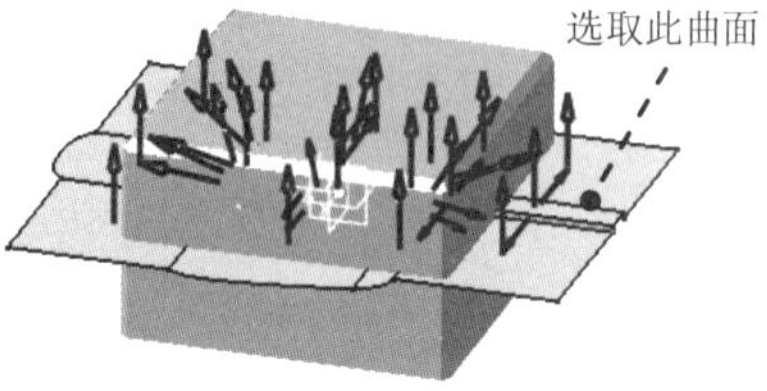

图 43.24　选取特征

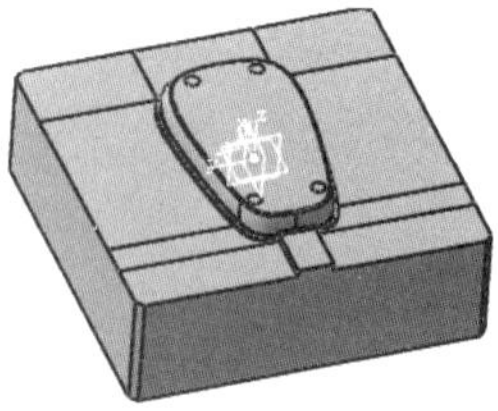

图 43.25　型芯

Stage2. 创建型腔

Step1. 显示型腔分型面。在特征树中右击 Cavity_surface，在弹出的快捷菜单中选择 隐藏/显示 命令，将型腔分型面显示出来。

Step2. 隐藏型芯。在特征树中右击 core (core)，在弹出的快捷菜单中选择 隐藏/显示 命令，将型芯隐藏。

Step3. 加载工件。

（1）激活产品。在特征树中双击 down_cover_mold。

（2）选择命令。选择下拉菜单 插入 → Mold Base Components → New Insert... 命令，

系统弹出“Define Insert”对话框。

（3）定义放置平面和点。在特征树中选取 xy 平面为放置平面。在型芯分型面上单击任意位置，然后在“Define Insert”对话框 X 文本框中输入值 0，在 Y 文本框中输入值 0，在 Z 文本框中输入值 0，在 W 文本框中输入值-30。

（4）定义工件类型。接受系统默认选项设置。

（5）定义工件参数。在“Define Insert”对话框中选择 Parameters 选项卡，然后在 L 文本框中输入值 100，在 H 文本框中输入值 60，在 Draft 文本框中输入值 0，其他接受系统默认设置。

（6）在“Define Insert”对话框中单击 确定 按钮，创建结果如图 43.26 所示。

（7）重命名工件。右击 Insert_2 (Insert_2.2)，在弹出的快捷菜单中选择 属性 命令，然后在弹出的“属性”对话框中选择 产品 选项卡，在 实例名称 和 零件编号 文本框中均输入“cavity”，单击 确定 按钮，此时系统弹出“Warning”对话框，单击 是 按钮，完成工件的重命名。

Step4. 分割工件。

（1）选择命令。在特征树中右击 cavity (cavity)，在弹出的快捷菜单中选择 Insert_2.2 对象 ▸ → Split component... 命令，系统弹出“Split Definition”对话框。

（2）定义分割曲面。选取图 43.27 所示的型腔分型面，采用系统默认的分割方向，单击 确定 按钮。

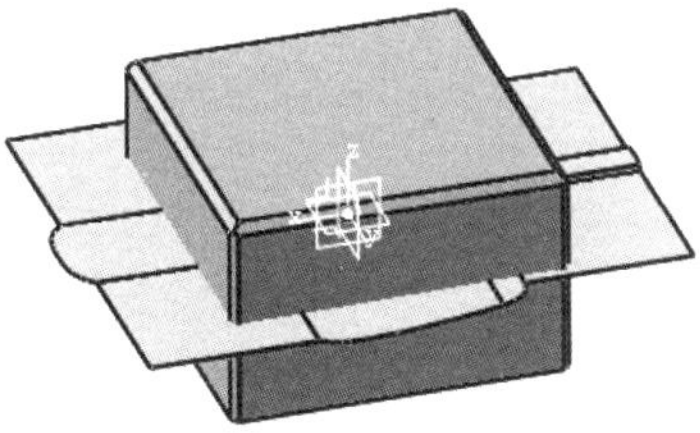

图 43.26　加载工件

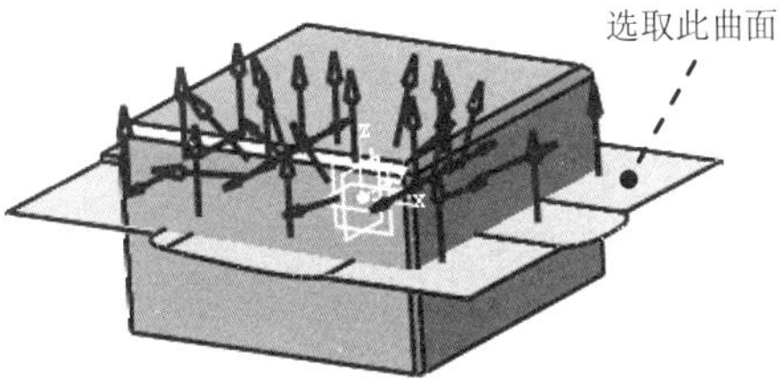

图 43.27　选取特征

（3）隐藏型腔分型面。在特征树中右击 Cavity_surface，在弹出的快捷菜单中选择 隐藏/显示 命令，将型腔分型面隐藏，结果如图 43.28 所示。

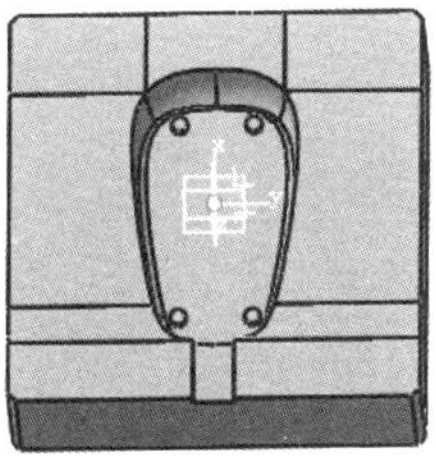

图 43.28　型腔

说明：可将错误特征删除。例如：在特征树中双击 MoldedPart，然后右击 零件几何体 "+"号下的 DrillHoleInsert 2.1，在弹出的快捷菜单中选择 删除 命令；此时系统弹出"删除"对话框，单击 确定 按钮。

Task7. 保存文件

保存文件。选择下拉菜单 文件 → 保存 命令，即可保存模型。

实例 44　带破孔的模具设计

本实例将介绍一款香皂盒盖（SOAP_BOX）的模具设计（图 44.1）。由于设计原件中有破孔，在模具设计时必须将这一破孔填补，才可以顺利地分出上、下模具，使其顺利脱模。下面介绍该模具的主要设计过程。

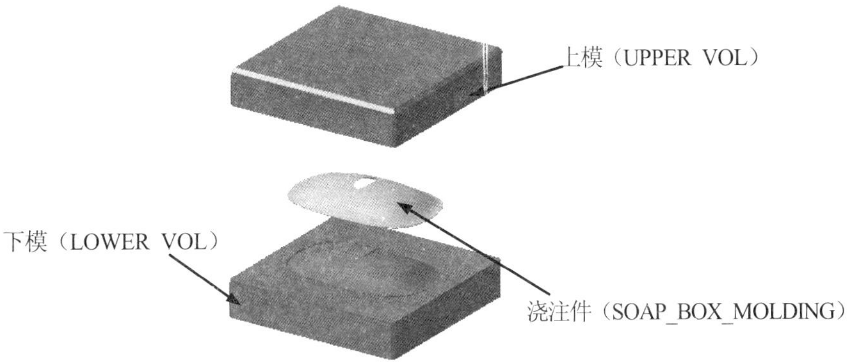

图 44.1　香皂盒盖的模具设计

Task1. 导入模型

Stage1. 加载模型

Step1. 新建产品。新建一个 Product 文件，并激活该产品 Product1。

Step2. 选择命令。选择下拉菜单 开始 → 机械设计 → Core & Cavity Design 命令，系统切换至“型芯/型腔设计”工作台。

Step3. 修改文件名。右击 Product1，在弹出的快捷菜单中选取 属性 选项；系统弹出 “属性“对话框；在 零件编号 文本框中输入文件名“soap_box_mold”；单击 确定 按钮，完成文件名的修改。

Step4. 选择命令。选择下拉菜单 插入 → Models → Import... 命令，系统弹出“Import Molded Part”对话框。

Step5. 在“Import Molded Part”对话框的 Model 区域中单击“打开”按钮，此时系统弹出“选择文件”对话框，选择文件路径 D:\catins20\work\ch11\ins44\soap_box.CATPart，单击 打开(O) 按钮。

Step6. 选择要开模的实体。接受系统默认设置。

Stage2. 设置收缩率

Step1. 设置坐标系。接受系统默认设置。

Step2. 设置收缩数值。在Shrinkage区域的Ratio文本框中输入值 1.006。

Step3. 在“Import handle.CATPart”对话框中单击确定按钮，完成零件的收缩设置，结果如图 44.2 所示。

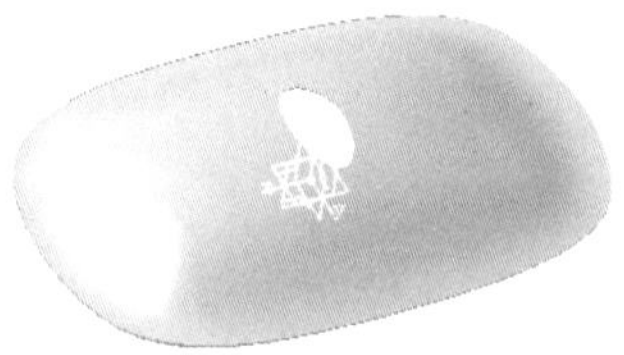

图 44.2 零件几何体

Stage3. 添加缩放后的实体

Step1. 切换工作台。选择下拉菜单开始 → 机械设计 → 零件设计命令，系统切换至“零件设计”工作台。

Step2. 显示特征。在特征树中依次单击MoldedPart (MoldedPart.1) → MoldedPart前的“+”号，显示出零件几何体 的结果。

Step3. 定义工作对象。在特征树中右击零件几何体，在弹出的快捷菜单中选择定义工作对象命令，将其定义为工作对象。

Step4. 创建封闭曲面。

（1）选择命令。选择下拉菜单插入 → 基于曲面的特征 → 封闭曲面命令，系统弹出“定义封闭曲面”对话框。

（2）选取封闭曲面。在特征树中单击零件几何体 的结果前的“+”号，然后在其“+”号下选择缩放.1，在“定义封闭曲面”对话框中单击确定按钮。

Step5. 隐藏产品模型。在特征树中单击零件几何体前的“+”号，然后右击封闭曲面.1，在弹出的快捷菜单中选择隐藏/显示命令，将产品模型隐藏起来。

Step6. 切换工作台。选择下拉菜单开始 → 机械设计 → Core & Cavity Design命令，系统切换至“型芯/型腔设计”工作台。

Step7. 定义工作对象。在特征树中右击零件几何体 的结果，在弹出的快捷菜单中选择定义工作对象命令，将其定义为工作对象。

Task2. 定义主开模方向

Step1. 选择命令。选择下拉菜单 插入 → Pulling Direction ▸ → Pulling Direction... 命令，系统弹出“Main Pulling Direction Definition”对话框。

Step2. 锁定坐标系。在该对话框的 Direction 区域中选中 Locked 复选框。

Step3. 在图形区中选取加载的零件几何体，在该对话框中单击 确定 按钮，计算完成后在特征树中增加了两个几何图形集，同时在零件几何体上也会显示出来，如图 44.3 所示。

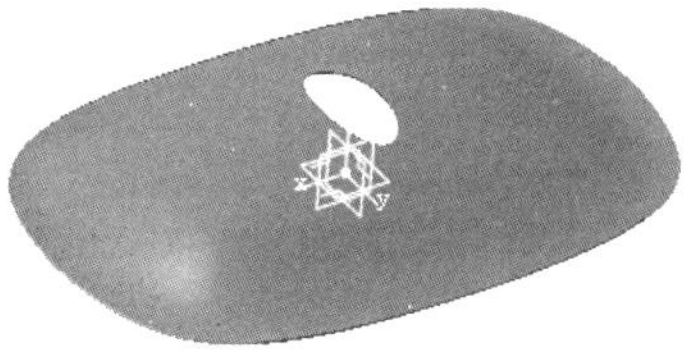

图 44.3　区域颜色

Task3. 移动元素

Step1. 选择命令。选择下拉菜单 插入 → Pulling Direction ▸ → Transfer... 命令，系统弹出“Transfer Element”对话框。

Step2. 定义型芯区域。在该对话框的 Destination 下拉列表中选取 Core 选项，然后选取图 44.4 所示的面。

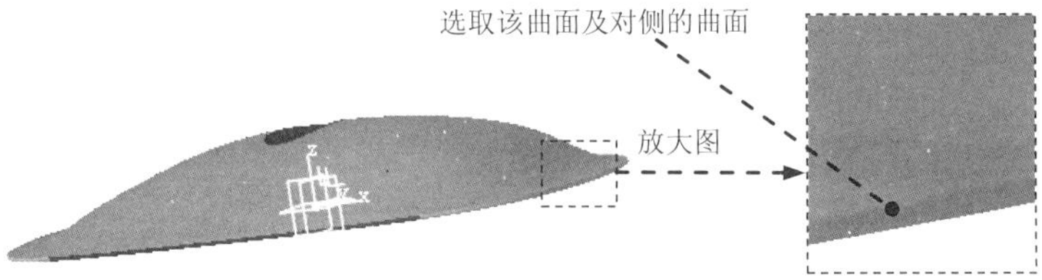

图 44.4　定义型芯区域

Step3. 定义型腔区域。采用默认的参数设置值。

Step4. 在“Transfer Element”对话框中单击 确定 按钮，完成元素的移动。

Task4. 集合曲面

Step1. 集合型芯曲面。

（1）选择命令。选择下拉菜单 插入 → Pulling Direction ▸ → Aggregate Mold Area... 命令，系统弹出“Aggregate Surfaces”对话框。

（2）定义要集合的区域。在“Aggregate Surfaces”对话框的 Select a mold area 下拉列表中

选择Core.1选项，此时系统会自动在List of surfaces区域中显示要集合的曲面。

（3）定义连接数据。在“Aggregate Surfaces”对话框中选中Create a datum Join复选框，单击确定按钮，完成型芯曲面的集合。

Step2. 集合型腔曲面。

（1）选择命令。选择下拉菜单插入 → Pulling Direction → Aggregate Mold Area...命令，系统弹出“Aggregate Surfaces”对话框。

（2）定义要集合的区域。在“Aggregate Surfaces”对话框的Select a mold area下拉列表中选择Cavity.1选项，此时系统会自动在List of surfaces区域中显示要集合的曲面。

（3）定义连接数据。在“Aggregate Surfaces”对话框中选中Create a datum Join复选框，单击确定按钮，完成型腔曲面的集合。

Task5. 创建分型面

Stage1. 创建 PrtSrf_接合 1

Step1. 新建几何图形集。

（1）选择命令。选择下拉菜单插入 → 几何图形集...命令，系统弹出“插入几何图形集”对话框。

（2）在弹出的对话框的名称：文本框中输入文件名“Reparsurface”，接受父级：文本框中的默认选项MoldedPart，然后单击确定按钮。

Step2. 创建图 44.5 所示的填充曲面。

（1）选择命令。选择下拉菜单插入 → Surfaces → Fill...命令，系统弹出“填充曲面定义”对话框。

（2）定义填充边界。选取孔的边线为要填充的边界。

（3）单击确定按钮，完成填充曲面的创建。

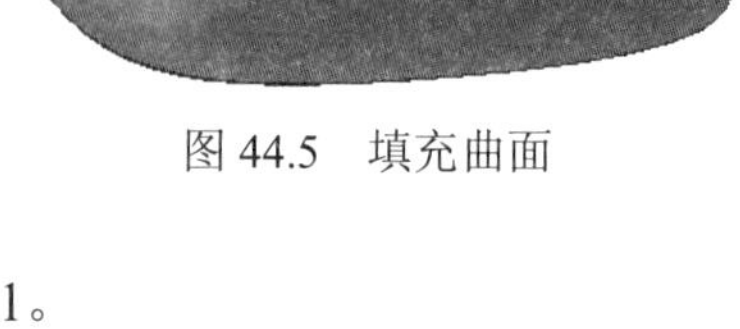

图 44.5　填充曲面

Step3. 创建 PrtSrf_拉伸.1。

（1）选择命令。选择下拉菜单插入 → Surfaces → Parting Surface...命令，系

统弹出“Parting surface Definition”对话框。

（2）选取拉伸边界点。在绘图区选取零件模型的型腔面，此时零件模型上会显示许多边界点，在对话框中取消选中 □ Join parting surface 复选框，在零件模型中分别选取图 44.6 所示的点 1 和点 2 作为拉伸边界点。

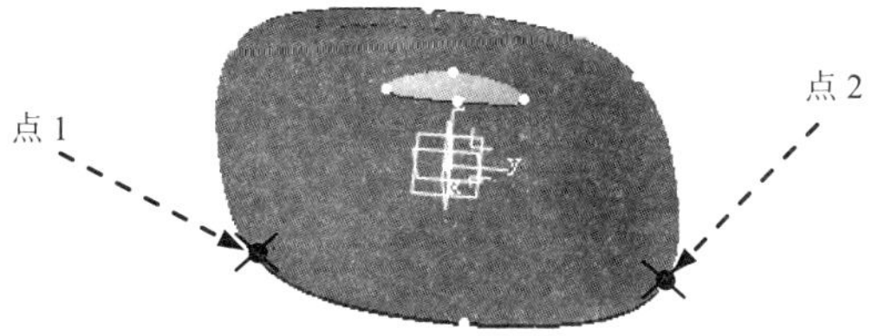

图 44.6　选取拉伸边界点

（3）定义拉伸方向和长度。在该对话框中选择 Direction+Length 选项卡，在 Length 文本框中输入值 50，在坐标系中选取 X 轴，结果如图 44.7 所示。

图 44.7　拉伸边界

Step4. 创建 PrtSrf_拉伸 2。在 Vertex 1: 文本框中单击一下，在零件模型中分别选取图 44.8 所示的点 3 和点 4 作为拉伸边界点；然后在坐标系中选取 Y 轴（主坐标系），在 Length 文本框中输入值 50，结果如图 44.9 所示。

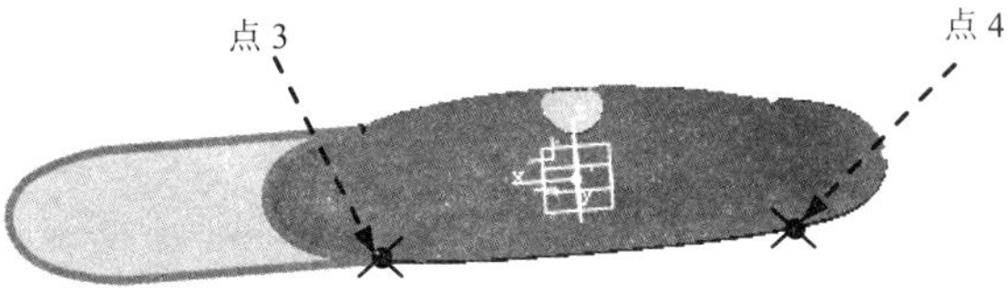

图 44.8　选取拉伸边界点

图 44.9　创建 PrtSrf_拉伸 2

Step5. 参照步骤 Step4 和 Step5 可以创建图 44.10 所示的两个 PrSrf 拉伸特征。

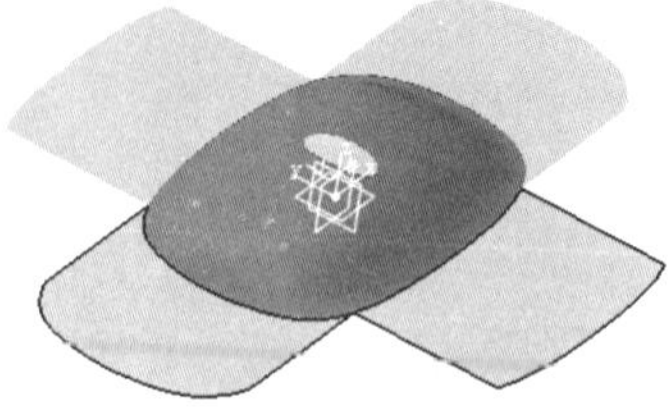

图 44.10 拉伸边界

Stage2. 创建扫掠曲面

Step1. 创建图 44.11 所示的扫掠曲面 1。

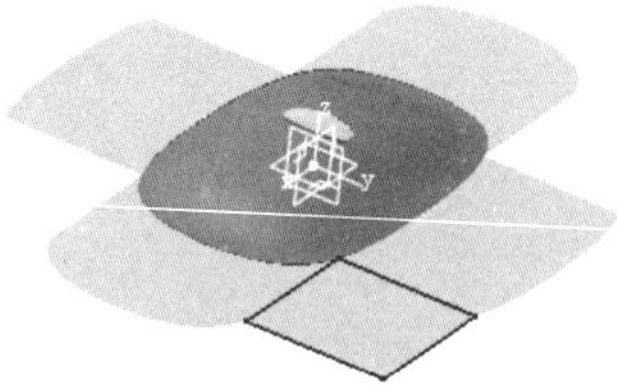

图 44.11 扫掠曲面 1

（1）选择命令。选择下拉菜单 插入 → Surfaces ▸ → Sweep... 命令，系统弹出“扫掠曲面定义”对话框。

（2）选取轮廓曲线。选取图 44.12 所示的边线 1 作为轮廓曲线。

（3）选取引导曲线。选取图 44.12 所示的边线 2 作为引导线。

（4）在该对话框中单击 确定 按钮，完成扫掠曲面 1 的创建。

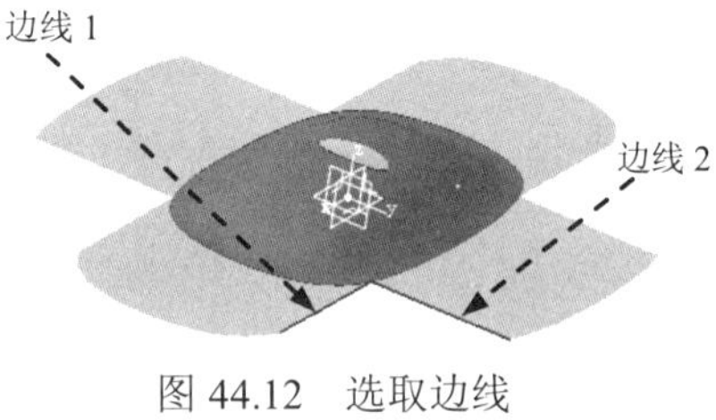

图 44.12 选取边线

Step2. 参照步骤 Step1 可以创建图 44.13 所示的扫掠特征。

图 44.13 扫掠曲面

Step3. 创建接合 1。

（1）选择命令。选择下拉菜单 插入 → Operations ▸ → Join... 命令，系统弹出“接合定义”对话框。

（2）选择接合对象。在特征树中单击 Core.1 前的“+”号，选取 曲面.7 和图形区域中的各个曲面，接受系统默认的合并距离值。

（3）单击 确定 按钮，完成接合 1 的创建。

（4）重命名型芯分型面。右击 接合.1，在弹出的快捷菜单中选择 属性 命令，然后在弹出的“属性”对话框中选择 特征属性 选项卡，在 特征名称： 文本框中输入“Core_surface”，单击 确定 按钮，完成型芯分型面的重命名。

Step4. 创建接合 2。

（1）选择命令。选择下拉菜单 插入 → Operations ▸ → Join... 命令，系统弹出“接合定义”对话框。

（2）选择接合对象。在特征树中单击 Cavity.1 前的“+”号，选取 曲面.8；然后选取图形区域中的各个曲面，接受系统默认的合并距离值。

（3）单击 确定 按钮，完成接合 2 的创建。

（4）重命名型腔分型面。右击 接合.2，在弹出的快捷菜单中选择 属性 命令，然后在弹出的“属性”对话框中选择 特征属性 选项卡，在 特征名称： 文本框中输入文件名“Cavity_surface”，单击 确定 按钮，完成型腔分型面的重命名。

Task6. 模具分型

Stage1. 创建型芯

Step1. 在特征树中选取 Core_surface 和 Cavity_surface 并右击，在弹出的快捷菜单中选择 隐藏/显示 命令。

Step2. 切换工作台。选择下拉菜单 开始 → 机械设计 ▸ → Mold Tooling Design 命令。

Step3. 激活产品。在特征树中双击 soap_box_mold。

Step4. 加载工件。

（1）激活产品。在特征树中双击 soap_box_mold。

（2）选择命令。选择下拉菜单 插入 → Mold Base Components ▸ → New Insert... 命令，系统弹出“Define Insert”对话框。

（3）定义放置平面和点。在特征树中选取 xy 平面为放置平面。在型芯分型面上单击任意位置，然后在“Define Insert”对话框 X 文本框中输入值 0，在 Y 文本框中输入值 0，在 Z 文本框中输入值 0，在 W 文本框中输入值-30。

（4）定义工件类型。在“Define Insert”对话框中单击按钮，在弹出的对话框中双击 Pad_with_chamfer 选项，然后在弹出的对话框中双击 Pad 选项。

（5）定义工件参数。在“Define Insert”对话框中选择 Parameters 选项卡，然后在 L 文本框中输入值 150，在 W 文本框中输入值 150，在 H 文本框中输入值 60，在 Draft 文本框中输入值 0，其他接受系统默认设置。

（6）在“Define Insert”对话框中单击 确定 按钮，创建结果如图 44.14 所示。

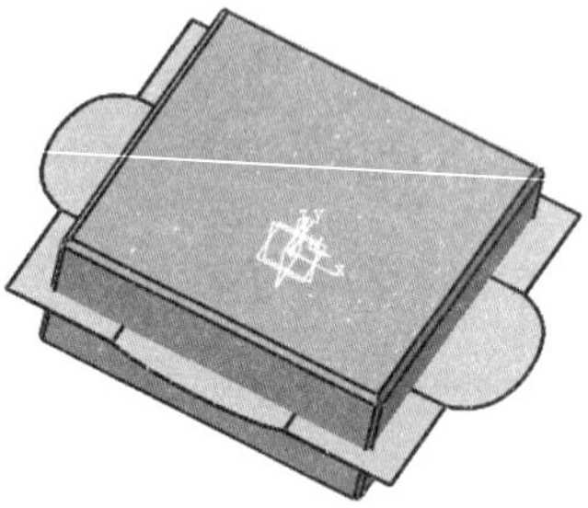

图 44.14　加载工件

（7）重命名工件。右击 Insert_2 (Insert_2.1)，在弹出的快捷菜单中选择 属性 命令，然后在弹出的“属性”对话框中选择 产品 选项卡，在 实例名称 和 零件编号 文本框中均输入 “core”，单击 确定 按钮，此时系统弹出“Warning”对话框，单击 是 按钮，完成工件的重命名。

Step5. 分割工件。

（1）选择命令。在特征树中右击 core (core) 选项，在弹出的快捷菜单中选择 core 对象 → Split component... 命令，系统弹出“Split Definition”对话框。

（2）定义分割曲面。选取图 44.15 所示的型芯分型面，然后单击图 44.15 所示的箭头，单击 确定 按钮，结果如图 44.16 所示。

图 44.15　选取特征

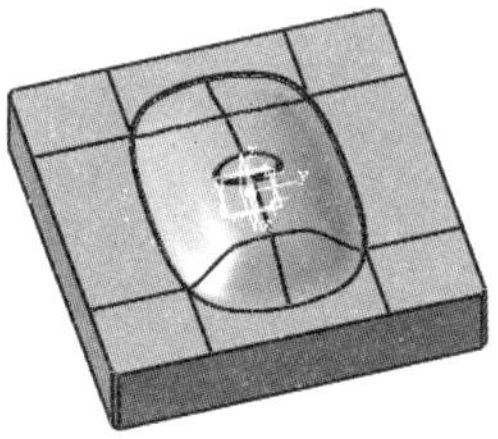

图 44.16　型芯

说明：可将错误特征删除。例如：在特征树中双击 MoldedPart，然后右击 零件几何体 “+”号下的 DrillHoleInsert 2.1，在弹出的快捷菜单中选择 删除 命令；此时系统弹出“删除”对话框，单击 确定 按钮。

Stage2．创建型腔

Step1. 显示型腔分型面。在特征树中右击 Cavity_surface，在弹出的快捷菜单中选择 隐藏/显示 命令，将型腔分型面显示出来。

Step2. 隐藏型芯。在特征树中右击 core (core)，在弹出的快捷菜单中选择 隐藏/显示 命令，将型芯隐藏。

Step3. 加载工件。

（1）激活产品。在特征树中双击 soap_box_mold。

（2）选择命令。选择下拉菜单 插入 → Mold Base Components → New Insert... 命令，系统弹出“Define Insert”对话框。

（3）定义放置平面和点。在特征树中选取 xy 平面为放置平面。在型腔分型面上单击任意位置，然后在“Define Insert”对话框 X 文本框中输入值 0，在 Y 文本框中输入值 0，在 Z 文本框中输入值 30，在 W 文本框中输入值-30。

（4）定义工件类型。接受系统默认选项设置。

（5）定义工件参数。在“Define Insert”对话框中选择 Parameters 选项卡，然后在 L 文本框中输入值 150，在 W 文本框中输入值 150，在 H 文本框中输入值 60，在 Draft 文本框中输入值 0，其他接受系统默认设置。

（6）在“Define Insert”对话框中单击 确定 按钮，创建结果如图 44.17 所示。

图 44.17　加载工件

（7）重命名工件。右击 Insert_2 (Insert_2.2)，在弹出的快捷菜单中选择 属性 命令，然后在弹出的“属性”对话框中选择 产品 选项卡，在 实例名称 和 零件编号 文本框中均输入“cavity”，单击 确定 按钮，此时系统弹出“Warning”对话框，单击 是 按钮，完成工件的重命名。

Step4. 分割工件。

（1）激活产品。在特征树中双击soap_box_mold。

（2）选择命令。在特征树中右击cavity (cavity)，在弹出的快捷菜单中选择Insert_2.2 对象 → Split component...命令，系统弹出“Split Definition”对话框。

（3）定义分割曲面。选取图 44.18 所示的型腔分型面，采用系统默认的分割方向，单击确定按钮。

（4）隐藏型腔分型面。在特征树中右击Cavity_surface，在弹出的快捷菜单中选择隐藏/显示命令，将型腔分型面隐藏，结果如图 44.19 所示。

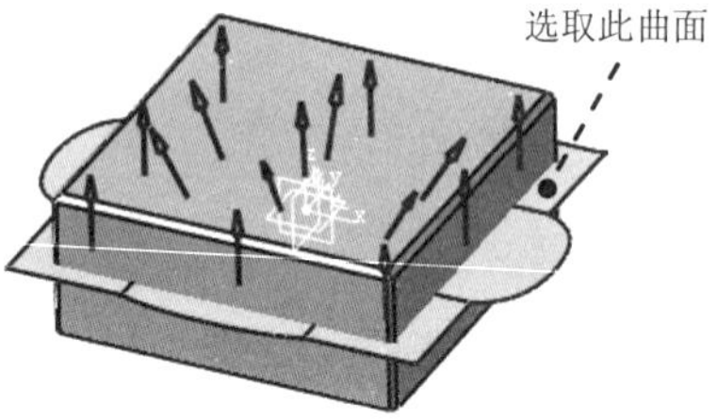

图 44.18　选取特征

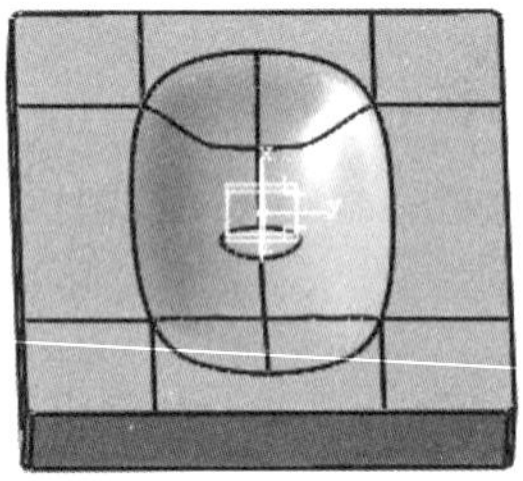

图 44.19　型腔

Task7. 保存文件

选择下拉菜单文件 → 保存命令，即可保存模型。

实例 45 一模多穴的模具设计

本实例将介绍一款微波炉旋钮的一模多穴的模具设计（图 45.1）。所谓一模多穴模具是指一个模具中可以含有多个相同的型腔，注射时便可以同时获得多个成型零件的模具设计。下面详细介绍该模具的主要设计过程。

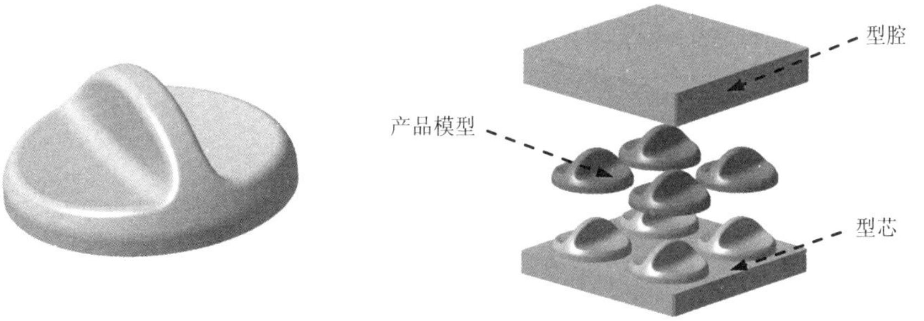

图 45.1 一模多穴的模具设计

Task1. 导入模型

Stage1. 加载模型

Step1. 新建产品。新建一个 Product 文件，并激活该产品 Product1。

Step2. 选择命令。选择下拉菜单 开始 → 机械设计 → Core & Cavity Design 命令，系统切换至“型芯/型腔设计”工作台。

Step3. 修改文件名。在特征树中右击 Product1，在弹出的快捷菜单中选择 属性 选项；系统弹出 “属性”对话框；在 零件编号 文本框中输入文件名“gas_oven_switch_mold”；单击 确定 按钮，完成文件名的修改。

Step4. 选择命令。选择下拉菜单 插入 → Models → Import... 命令，系统弹出“Import Molded Part”对话框。

Step5. 在“Import Molded Part”对话框的 Model 区域中单击“打开”按钮，此时系统弹出“选择文件”对话框，选择文件路径 D:\catins20\work\ch11\ins45\gas_oven_switch. CATPart，单击 打开(O) 按钮。

Step6. 选择要开模的实体。在“Import gas_oven_switch.CATPart”对话框 Model 区域的 Body 下拉列表中选择 零件几何体 选项。

说明：在 Body 下拉列表中有两个 零件几何体 选项，此例中选取任何一个都不会有影响。

Stage2. 设置收缩率

Step1. 设置坐标系。

（1）选取坐标类型。在“Import gas_oven_switch.CATPart”对话框Axis System区域的下拉列表中选择Coordinates选项。

（2）定义坐标值。分别在Origin区域的X、Y和Z文本框中输入值0、0和0。

Step2. 设置收缩数值。在Shrinkage区域的Ratio文本框中输入值1.006。

Step3. 在“Import gas_oven_switch.CATPart”对话框中单击确定按钮，完成零件几何体的收缩，结果如图45.2所示。

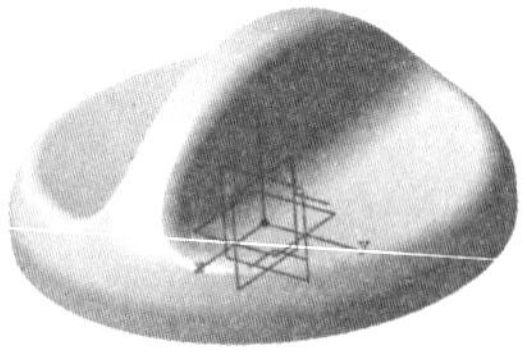

图45.2 零件几何体

Stage3. 添加缩放后的实体

Step1. 显示特征。在特征树中依次单击MoldedPart (MoldedPart.1) → MoldedPart前的“+”号，显示出零件几何体 的结果。

Step2. 切换工作台。选择下拉菜单开始 → 机械设计 → 零件设计命令，系统切换至“零件设计”工作台。

Step3. 定义工作对象。在特征树中右击零件几何体，在弹出的快捷菜单中选择定义工作对象命令，将其定义为工作对象。

Step4. 创建封闭曲面。

（1）选择命令。选择下拉菜单插入 → 基于曲面的特征 → 封闭曲面命令，系统弹出“定义封闭曲面”对话框。

（2）定义封闭曲面。在特征树中选取零件几何体 的结果“+”号下的缩放.1，在“定义封闭曲面”对话框中单击确定按钮。

Step5. 阵列封闭曲面。

（1）选择命令。选择下拉菜单插入 → 变换特征 → 矩形阵列...命令，系统弹出“定义矩形阵列”对话框。

（2）定义阵列参数。在第一方向选项卡参数：文本框的下拉列表中选择实例和间距选项，在实例：

文本框中输入值 2。并在间距：文本框中输入值 90。

（3）定义参考方向。在参考方向区域的参考元素：文本框中右击，在弹出的下拉菜单中选择 X 轴选项为参照方向。

（4）定义阵列对象。在要阵列的对象区域的对象：文本框中单击，在特征树中选取封闭曲面.1。

（5）单击第二方向选项卡，在参数：文本框的下拉列表中选择实例和间距选项，在实例：文本框中输入值 2。并在间距：文本框中输入值 90。在参考方向区域的参考元素：文本框中右击，在弹出的下拉菜单中选择 Y 轴选项。

（6）单击确定按钮，完成封闭曲面的阵列，结果如图 45.3 所示。

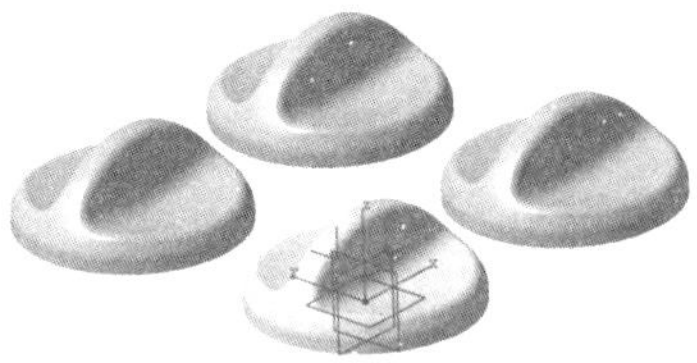

图 45.3　阵列封闭曲面

Step6. 隐藏产品模型。在特征树中单击零件几何体前的“+”号，然后选取封闭曲面.1并右击，在弹出的快捷菜单中选择隐藏/显示命令，将产品模型隐藏。

说明：为了便于以下的操作，这里将产品模型隐藏。

Step7. 切换工作台。选择下拉菜单开始 → 机械设计 → Core & Cavity Design 命令，系统切换至“型芯/型腔设计”工作台。

Step8. 定义工作对象。在特征树中右击零件几何体 的结果，在弹出的快捷菜单中选择定义工作对象命令，将其定义为工作对象。

Task2. 定义主开模方向

Step1. 选择命令。选择下拉菜单插入 → Pulling Direction → Pulling Direction... 命令，系统弹出“Main Pulling Direction Definition”对话框。

Step2. 锁定坐标系。在该对话框Direction区域中选中 Locked 复选框。

Step3. 设置区域颜色。在图形区中选取加载的零件几何体，然后在 Local Transfer 区域中选中 FacetsToIgnore 复选框，并将其滑块移动到 0.15%。

Step4. 分解区域视图。在Visualization 区域中选中 Explode 单选项，然后在下面的文本框中输入值 50，单击预览按钮，然后选中 Faces display 单选项。

Step5. 在该对话框中单击 确定 按钮，计算完成后在特征树中增加了三个几何图形集，同时在几何图形集上也会显示出来，如图 45.4 所示。

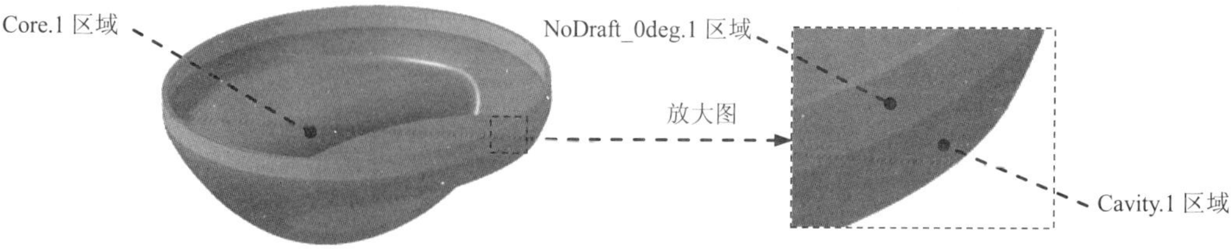

图 45.4 区域颜色

说明：图 45.4 中的区域并没有完全显示出来，只是指出了三个区域，便于读者观察。

Task3. 移动元素

Step1. 选择命令。选择下拉菜单 插入 → Pulling Direction ▸ → Transfer... 命令，系统弹出“Transfer Element”对话框。

Step2. 定义型芯区域。在该对话框的 Destination 下拉列表中选择 Core.1 选项，然后选取图 45.5 所示的模型内表面区域的面（共 4 个面）。

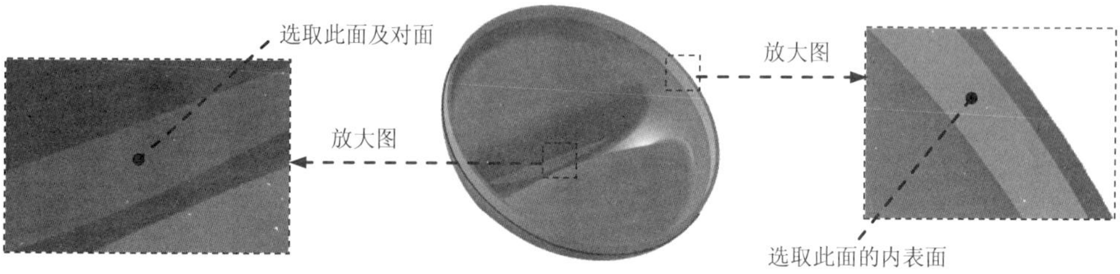

图 45.5 定义型芯区域

Step3. 定义型腔区域。在该对话框的 Destination 下拉列表中选择 Cavity.1 选项，然后选取图 45.6 所示的模型外表面区域的面（共 4 个面）。

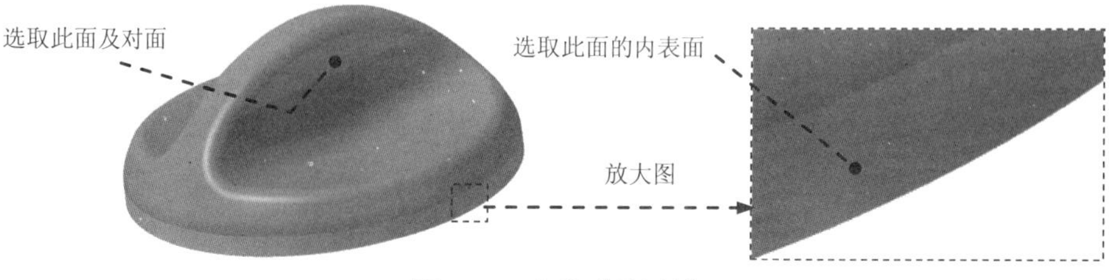

图 45.6 定义型腔区域

Step4. 在“Transfer Element”对话框中单击 确定 按钮，完成元素的移动。

Task4. 创建爆炸视图

Step1. 选择命令。选择下拉菜单 插入 → Pulling Direction ▸ → Explode View... 命令，系统弹出“Explode Value”对话框。

Step2. 定义移动距离。在 Explode Value 文本框中输入值 50，单击 Enter 键，结果如图 45.7 所示。

图 45.7 爆炸视图

说明：此例中只有一个主方向，在创建爆炸视图时，系统将自动判断其移动方向，在图 45.7 中，只有型芯与型腔完全分开，没有多余的区域，说明移动元素没有错误。

Step3. 在“Explode Value”对话框中单击 取消 按钮，完成爆炸视图的创建。

Task5. 集合曲面

Step1. 集合型芯曲面。

（1）选择命令。选择下拉菜单 插入 → Pulling Direction ▸ → Aggregate Mold Area... 命令，系统弹出“Aggregate Surfaces”对话框。

（2）定义要集合的区域。在“Aggregate Surfaces”对话框的 Select a mold area 下拉列表中选择 Core.1 选项，此时系统会自动在 List of surfaces 区域中显示要集合的曲面。

（3）定义连接数据。在“Aggregate Surfaces”对话框中选中 Create a datum Join 复选框，单击 确定 按钮，完成型芯曲面的集合。

Step2. 集合型腔曲面。

（1）选择命令。选择下拉菜单 插入 → Pulling Direction ▸ → Aggregate Mold Area... 命令，系统弹出“Aggregate Surfaces”对话框。

（2）定义要集合的区域。在“Aggregate Surfaces”对话框的 Select a mold area 下拉列表中选择 Cavity.1 选项，此时系统会自动在 List of surfaces 区域中显示要集合的曲面。

（3）定义连接数据。在“Aggregate Surfaces”对话框中选中 Create a datum Join 复选框，

单击 确定 按钮，完成型腔曲面的集合。

Step3. 切换工作台。选择下拉菜单 开始 → 形状 → 创成式外形设计 命令，系统切换至“创成式外形设计”工作台。

Step4. 阵列型芯曲面。

（1）定义工作对象。在特征树中右击 Core.1，在弹出的快捷菜单中选择 定义工作对象 命令，将其定义为工作对象。

（2）定义阵列对象。在特征树中选取 Core.1 “+”号下的 曲面.16。

（3）选择命令。选择下拉菜单 插入 → 高级复制工具 → 矩形阵列... 命令，系统弹出“定义矩形阵列”对话框。

（4）在 第一方向 选项的 参数: 文本框的下拉列表中选择 实例和间距 选项，在 实例: 文本框中输入值 2。并在 间距: 文本框中输入值 90。

（5）定义参考方向。在 参考方向 区域的 参考元素: 文本框中右击，在弹出的下拉菜单中选择 X 轴 选项为参照方向。

（6）单击 第二方向 选项，在 参数: 文本框的下拉列表中选择 实例和间距 选项，在 实例: 文本框中输入值 2。并在 间距: 文本框中输入值 90。在 参考方向 区域的 参考元素: 文本框中右击，在弹出的下拉菜单中选择 Y 轴 选项。

（7）单击 确定 按钮，完成型芯曲面的阵列。

Step5. 阵列型腔曲面。

（1）定义工作对象。在特征树中右击 Cavity.1，在弹出的快捷菜单中选择 定义工作对象 命令，将其定义为工作对象。

（2）选取要阵列的特征。在特征树中选取 Cavity.1 “+”号下的 曲面.17。

（3）选择命令。选择下拉菜单 插入 → 高级复制工具 → 矩形阵列... 命令，系统弹出“定义矩形阵列”对话框。

（4）在 第一方向 选项的 参数: 文本框的下拉列表中选择 实例和间距 选项，在 实例: 文本框中输入值 2。并在 间距: 文本框中输入值 90。

（5）定义参考方向。在 参考方向 区域的 参考元素: 文本框中右击，在弹出的下拉菜单中选择 X 轴 选项为参照方向。

（6）单击 第二方向 选项，在 参数: 文本框的下拉列表中选择 实例和间距 选项，在 实例: 文本框中输入值 2。并在 间距: 文本框中输入值 90。在 参考方向 区域的 参考元素: 文本框中右击，在弹出的下拉菜单中选择 Y 轴 选项。

（7）单击 确定 按钮，完成型腔曲面的阵列。

Task6. 创建分型面

Stage1. 创建边界线 1

Step1. 定义工作对象。在特征树中右击 NoDraft_0deg.1，在弹出的快捷菜单中选择 定义工作对象 命令，将其定义为工作对象。

Step2. 新建几何图形集。

（1）选择命令。选择下拉菜单 插入 → 几何图形集... 命令，系统弹出“插入几何图形集”对话框。

（2）在弹出的对话框的 名称： 文本框中输入文件名“Parting_surface”，接受 父级： 文本框中的默认选项 MoldedPart，然后单击 确定 按钮。

Step3. 选择命令。选择下拉菜单 插入 → 操作 → 边界... 命令，系统弹出“边界定义”对话框。

Step4. 定义拓展类型。在该对话框的 拓展类型： 下拉列表中选择 点连续 选项。

Step5. 选择边界线。在模型中选取图 45.8 所示的边线，单击 确定 按钮，完成边界线 1 的创建。

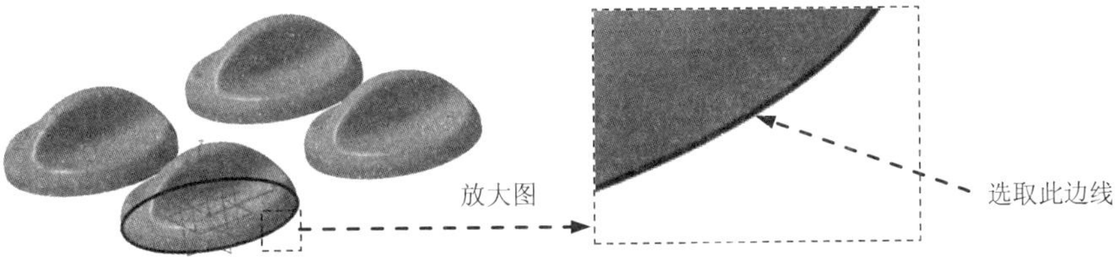

图 45.8 选取边界线

Stage2. 创建边界线 2

Step1. 选择命令。选择下拉菜单 插入 → 操作 → 边界... 命令，系统弹出“边界定义”对话框。

Step2. 定义拓展类型。在该对话框的 拓展类型： 下拉列表中选择 点连续 选项。

Step3. 选择边界线。在模型中选取图 45.9 所示的边线，单击 确定 按钮，完成边界线 2 的创建。

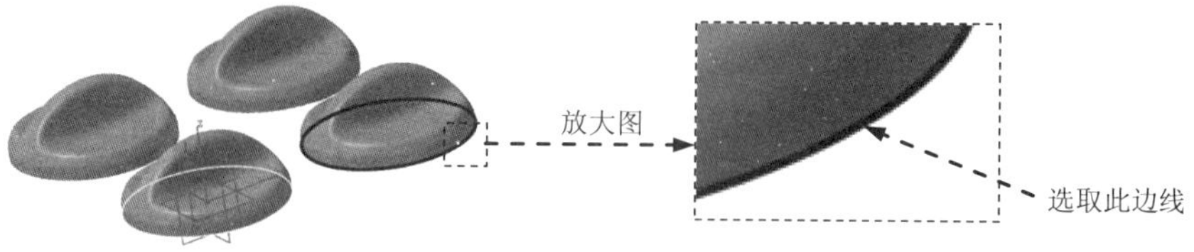

图 45.9　选取边界线

Stage3．创建边界线 3 和 4

参照 Stage2，在其他两个模型上创建边界线 3 和边界线 4。

Stage4．创建主分型面

Step1．绘制图 45.10 所示的草图。

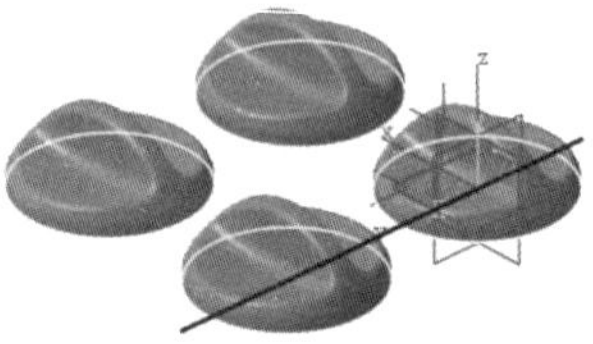

图 45.10　草图

（1）选择命令。选择下拉菜单 插入 → 草图编辑器 ▸ → 草图 命令。

（2）定义草图平面。在特征树中选取 yz 平面为草图平面，绘制图 45.11 所示的截面草图。

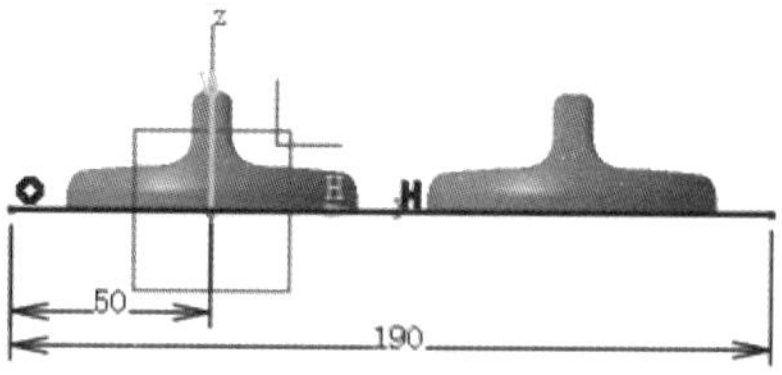

图 45.11　截面草图

（3）单击“工作台”工具栏中的按钮，退出草绘工作台。

Step2．拉伸曲面。

（1）选择命令。选择下拉菜单 插入 → 曲面 ▸ → 拉伸... 命令，系统弹出“拉伸曲面定义”对话框。

（2）定义拉伸轮廓。在 轮廓： 文本框处单击使其激活，然后选取图 45.10 所示的草图。

（3）定义拉伸方向。在 方向： 文本框中右击，在弹出的下拉菜单中选择 X 部件 选项。

（4）定义拉伸长度。在 限制 1 区域的 尺寸: 文本框中输入值 140，在 限制 2 区域的 尺寸: 文本框中输入值 50。

（5）单击 确定 按钮，完成拉伸曲面的创建，结果如图 45.12 所示。

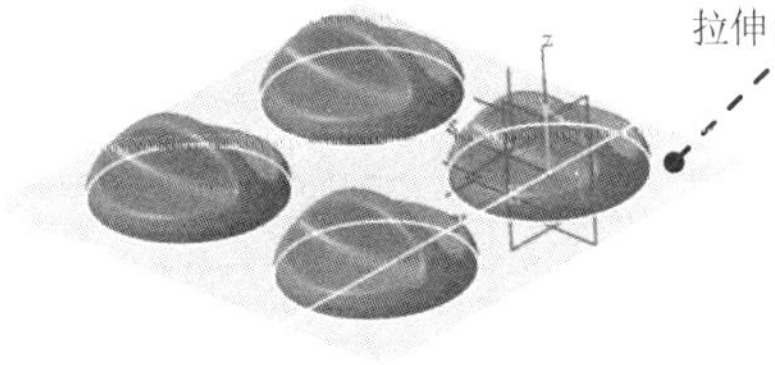

图 45.12 创建拉伸曲面

Step3. 分割拉伸曲面。

（1）选择命令。选择下拉菜单 插入 → 操作 → 分割... 命令，系统弹出“分割定义”对话框。

（2）定义要切除的元素。在图形区中选取图 45.12 所示的拉伸曲面。

（3）定义切除元素。在特征树中单击 Parting surface 前的“+”号，然后在其展开的特征树中选取 边界.1、边界.2、边界.3 和 边界.4 为切除对象。

说明： *在切除时要注意切除方向，若方向相反则可单击* 另一侧 按钮。

（4）单击 确定 按钮，完成分割拉伸曲面的创建，结果如图 45.13 所示。

图 45.13 分割拉伸曲面

Stage5. 创建接合曲面

Step1. 创建型芯分型面。

（1）隐藏曲线。选择下拉菜单 工具 → 隐藏 → 所有曲线 命令，然后在特征树中右击 草图.1，在弹出的快捷菜单中选择 隐藏/显示 命令。

（2）切换工作台。选择下拉菜单 开始 → 机械设计 → Core & Cavity Design 命令，系统切换至“型芯/型腔设计”工作台。

（3）选择命令。选择下拉菜单 插入 → Operations → Join... 命令，系统弹出“接合定义”对话框。

（4）定义接合对象。在特征树中分别选取 Core.1 “+”号下的 曲面.16 和 矩形模式.2；选取 Parting surface “+”号下的 分割.1。

（5）在该对话框中单击 确定 按钮，完成型芯分型面的创建。

（6）重命名型芯分型面。右击 接合.1，在弹出的快捷菜单中选择 属性 命令，然后在弹出的“属性”对话框中选择 特征属性 选项卡，在 特征名称： 文本框中输入文件名“Core_surface”，单击 确定 按钮，完成型芯分型面的重命名。

Step2. 创建型腔分型面。

（1）选择命令。选择下拉菜单 插入 → Operations → Join... 命令，系统弹出“接合定义”对话框。

（2）定义接合对象。在特征树中分别选取 Cavity.1 “+”号下的 曲面.17 和 矩形模式.3；选取 Parting surface “+”号下的 分割.1。

（3）在该对话框中单击 确定 按钮，完成型腔分型面的创建。

（4）重命名型腔分型面。在特征树中右击 接合.2，在弹出的快捷菜单中选取 属性 命令，然后在弹出的“属性”对话框中选择 特征属性 选项卡，在 特征名称： 文本框中输入文件名“Cavity_surface”，单击 确定 按钮，完成型腔分型面的重命名。

Task7. 模具分型

Stage1. 创建型芯

Step1. 隐藏型腔分型面。在特征树中右击 Cavity_surface，在弹出的快捷菜单中选择 隐藏/显示 命令，将型腔分型面隐藏。

Step2. 切换工作台。选择下拉菜单 开始 → 机械设计 → Mold Tooling Design 命令。

Step3. 激活产品。在特征树中双击 gas_oven_switch_mold。

Step4. 加载工件。

（1）选择命令。选择下拉菜单 插入 → Mold Base Components → New Insert... 命令，系统弹出“Define Insert”对话框。

（2）定义放置平面和点。在特征树中选取 xy 平面为放置平面。在型芯分型面上单击任意位置，然后在“Define Insert”对话框 X 文本框中输入值 45，在 Y 文本框中输入值 45，在 Z 文本框中输入值 0。

（3）选择工件类型。在“Define Insert”对话框中单击 按钮，在弹出的对话框中双击

Pad_with_chamfer选项，然后在弹出的对话框中双击 Pad选项，单击 确定 按钮。

（4）选择工件参数。在“Define Insert”对话框中选择 Parameters 选项卡，然后在 L 文本框中输入值 180，在 W 文本框中输入值 180，在 Draft 文本框中输入值 0，在 BChamfer 文本框中输入值 2，在 Z 文本框中输入值 30，其他接受系统默认设置。

（5）在“Define Insert”对话框中单击 确定 按钮，此时系统弹出“更新诊断：gas_oven_switch_mold”对话框，单击 关闭 按钮，完成工件的加载。

说明：为了便于观察工件，用户可在特征树中依次单击 Insert_2 (Insert_2.1) → Insert_2前的“+”号，然后右击 零件几何体，在弹出的快捷菜单中选择 属性 选项，在弹出的“属性”对话框中选择 图形 选项卡，然后在 透明度 区域中通过移动滑块来调节型芯的透明度。

Step5. 删除错误特征。

（1）在特征树中双击 MoldedPart，然后右击 零件几何体 “+”号下的 DrillHoleInsert_2.1，在弹出的快捷菜单中选择 删除 命令。

（2）此时系统弹出“删除”对话框，单击 确定 按钮。

Step6. 分割工件。

（1）激活产品。在特征树中双击 gas_oven_switch_mold。

（2）选择命令。在特征树中右击 Insert_2 (Insert_2.1)，在弹出的快捷菜单中选择 Insert_2.1 对象 → Split component... 命令，系统弹出“Split Definition”对话框。

（3）定义分割曲面。选取型芯分型面为分割曲面，分割方向如图 45.14 所示，单击 确定 按钮。

图 45.14　定义分割方向

（4）隐藏型芯分型面。在特征树中右击 Core_surface，在弹出的快捷菜单中选择 隐藏/显示 命令，将型芯分型面隐藏，结果如图 45.15 所示。

Step7. 重命名型芯。在特征树中右击 Insert_2 (Insert_2.1)，在弹出的快捷菜单中选择 属性 选项；在弹出的“属性”对话框中选择 产品 选项卡，分别在 部件 区域的 实例名称文本框和产品区域的零件编号文本框中输入文件名“Core_part”，单击确定按钮，此时系统弹出“Warning”对话框，单击是按钮，完成型芯的重命名。

图 45.15 型芯

Stage2．创建型腔

Step1．显示型腔分型面。在特征树中右击Cavity_surface，在弹出的快捷菜单中选择隐藏/显示命令，将型腔分型面显示。

Step2．隐藏型芯。在特征树中右击Core_part (Core_part)，在弹出的快捷菜单中选择隐藏/显示命令，将型芯隐藏。

Step3．加载工件。

（1）选择命令。选择下拉菜单插入 → Mold Base Components → New Insert...命令，系统弹出“Define Insert”对话框。

（2）定义放置平面和点。在特征树中选取 xy 平面为放置平面。在型腔分型面上单击任意位置，然后在“Define Insert”对话框 X 文本框中输入值 45，在 Y 文本框中输入值 45，在 Z 文本框中输入值 0。

（3）定义工件类型。采用系统默认的型腔设置。

（4）定义工件参数。在“Define Insert”对话框中选择 Parameters 选项卡，然后在 L 文本框中输入值 180，在 W 文本框中输入值 180，在 Draft 文本框中输入值 0，在 BChamfer 文本框中输入值 2，在 Z 文本框中输入值-20，其他接受系统默认设置。

（5）定义方向。在“Define Insert”对话框中选择 Positioning 选项卡，然后单击 Reverse Direction 按钮。

（6）在“Define Insert”对话框中单击确定按钮，此时系统弹出“更新诊断：gas_oven_switch _mold”对话框，单击关闭按钮，完成工件的加载。

Step4．删除错误特征。

（1）在特征树中双击MoldedPart，然后右击零件几何体 “+”号下的DrillHoleInsert_2.2，在弹出的快捷菜单中选择删除命令。

（2）此时系统弹出“删除”对话框，单击 确定 按钮。

Step5. 分割工件。

（1）激活产品。在特征树中双击 gas_oven_switch_mold。

（2）选择命令。在特征树中右击 Insert_2 (Insert_2.2)，在弹出的快捷菜单中选择 Insert_2.2 对象 ▸ ➡ Split component... 命令，系统弹出“Split Definition”对话框。

（3）定义分割曲面。在特征树中选取型腔分型面，单击 确定 按钮。

（4）隐藏型腔分型面。在特征树中右击 Cavity_surface，在弹出的快捷菜单中选择 隐藏/显示 命令，将型腔分型面隐藏，结果如图 45.16 所示。

图 45.16 型腔

Step6. 重命名型腔。在特征树中右击 Insert_2 (Insert_2.2)，在弹出的快捷菜单中选择 属性 选项；在弹出的“属性”对话框中选择 产品 选项卡，分别在 部件 区域的 实例名称 文本框和 产品 区域的 零件编号 文本框中输入文件名“Cavity_part”，单击 确定 按钮，此时系统弹出“Warning”对话框，单击 是 按钮，完成型腔的重命名。

Task8. 创建模具分解视图

Step1. 显示型芯。在特征树中右击 Core_part (Core_part)，在弹出的快捷菜单中选择 隐藏/显示 命令，将型芯显示。

Step2. 切换工作台。选择下拉菜单 开始 ➡ 机械设计 ▸ ➡ 装配设计 命令。

Step3. 显示产品模型。在特征树中双击 MoldedPart 使其激活，然后右击 封闭曲面.1，在弹出的快捷菜单中选择 隐藏/显示 命令，将产品模型显示。

Step4. 激活总文件，然后在特征树中双击 gas_oven_switch_mold 使其激活。

Step5. 选择命令。选择下拉菜单 编辑 ➡ 移动 ▸ ➡ 操作... 命令，系统弹出“操作参数”对话框。

Step6. 移动型腔。在“操作参数”对话框中单击 按钮，然后在模具中沿 Z 方向上移动型腔，结果如图 45.17 所示。

Step7. 移动型芯。在模具中沿 Z 方向下移动型芯，结果如图 45.18 所示，单击 取消 按钮。

图 45.17 移动型腔后

图 45.18 移动型芯后

Step8. 保存文件。选择下拉菜单 文件 → 保存 命令，即可保存模型。

实例 46　带侧抽机构的模具设计

本实例将介绍一个带侧抽机构的模具设计（图 46.1），在学过本实例之后，希望读者能够熟练掌握带侧抽机构模具设计的方法和技巧。下面介绍该模具的设计过程。

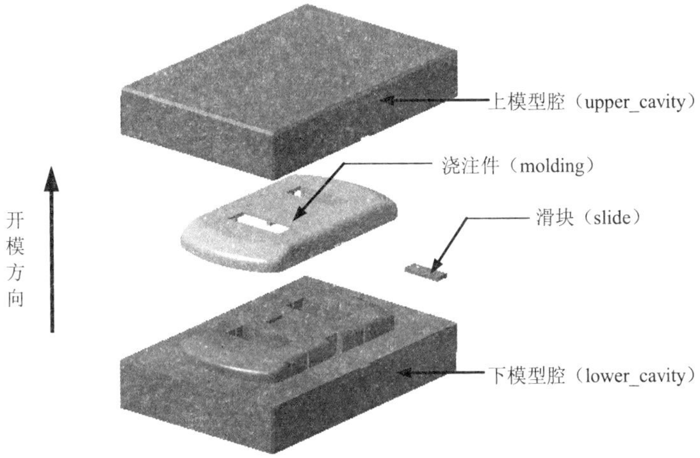

图 46.1　杯子的模具设计

Task1. 导入模型

Stage1. 加载模型

Step1. 新建产品。新建一个 Product 文件，并激活该产品 Product1。

Step2. 修改文件名。右击 Product1，在弹出的快捷菜单中选取 属性 选项；系统弹出“属性“对话框；在 零件编号 文本框中输入文件名“cap_mold”；单击 确定 按钮，完成文件名的修改。

Step3. 选择命令。选择下拉菜单 开始 → 机械设计 ▸ → Core & Cavity Design 命令，系统切换至“型芯/型腔设计”工作台。

Step4. 选择命令。选择下拉菜单 插入 → Models ▸ → Import... 命令，系统弹出“Import Molded Part”对话框。

Step5. 在“Import Molded Part”对话框的 Model 区域中单击“打开”按钮，此时系统弹出“选择文件”对话框，选择文件路径 D:\catins20\work\ch11\ins46\cap.CATPart，单击 打开(O) 按钮。

Step6. 选择要开模的实体。接受系统默认设置。

Stage2. 设置收缩率

Step1. 设置坐标系。接受系统默认设置。

Step2. 设置收缩数值。在Shrinkage区域的Ratio文本框中输入值 1.006。

Step3. 在“Import CAP.CATPart”对话框中单击 确定 按钮，完成零件的收缩，结果如图 46.2 所示。

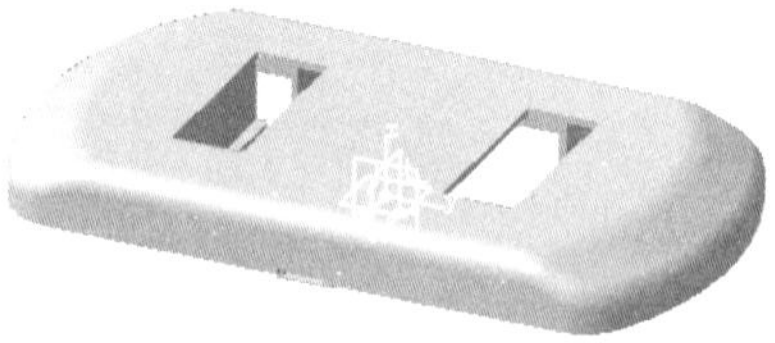

图 46.2 零件几何体

Stage3. 添加缩放后的实体

Step1. 切换工作台。选择下拉菜单 开始 → 机械设计 → 零件设计 命令，系统切换至“零件设计”工作台。

Step2. 显示特征。在特征树中依次单击 MoldedPart (MoldedPart.1) → MoldedPart 前的“+”号，显示出 MANIFOLD_SOLID_BREP #4427 的结果。

Step3. 定义工作对象。在特征树中右击 零件几何体，在弹出的快捷菜单中选择 定义工作对象 命令，将其定义为工作对象。

Step4. 创建封闭曲面。

（1）选择命令。选择下拉菜单 插入 → 基于曲面的特征 → 封闭曲面 命令，系统弹出“定义封闭曲面”对话框。

（2）选取封闭曲面。在特征树中单击 MANIFOLD_SOLID_BREP #4427 的结果 前的“+”号，然后在其“+”号下选择 缩放.1，在“定义封闭曲面”对话框中单击 确定 按钮。

Step5. 隐藏产品模型。在特征树中单击 零件几何体 前的“+”号，然后右击 封闭曲面.1，在弹出的快捷菜单中选择 隐藏/显示 命令，将产品模型隐藏起来。

Step6. 切换工作台。选择下拉菜单 开始 → 机械设计 → Core & Cavity Design 命令，系统切换至“型芯/型腔设计”工作台。

Step7. 定义工作对象。在特征树中右击 MANIFOLD_SOLID_BREP #4427 的结果，在弹出的快捷菜单中选择 定义工作对象 命令，将其定义为工作对象。

Task2. 定义主开模方向

Step1. 选择命令。选择下拉菜单插入 → Pulling Direction ▸ → Pulling Direction... 命令，系统弹出“Main Pulling Direction Definition”对话框。

Step2. 锁定坐标系。在该对话框的Direction 区域中选中 Locked 复选框。

Step3. 在图形区中选取加载的零件几何体，在该对话框中单击确定按钮，计算完成后在特征树中增加了几何图形集，同时在零件几何体上也会显示出来，如图 46.3 所示。

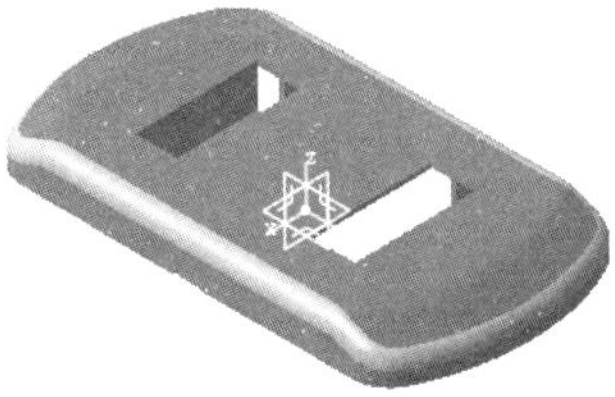

图 46.3 区域颜色

Task3. 移动元素

Step1. 选择命令。选择下拉菜单插入 → Pulling Direction ▸ → Transfer... 命令，系统弹出“Transfer Element”对话框。

Step2. 定义 Other 区域。在该对话框的Destination 下拉列表中选取Other.1选项，然后选取模型的侧面滑块区域表面为 Other 区域。

说明：选取表面时可参见视频。

Step3. 定义型腔区域。在该对话框的Destination 下拉列表中选取Cavity.1选项，然后选取模型的所有外表面为型腔区域。

Step4. 定义型芯区域。在该对话框的Destination 下拉列表中选取Core选项，然后选取模型的所有内表面为型芯区域。

Step5. 在“Transfer Element”对话框中单击确定按钮，完成元素的移动。

Task4. 集合曲面

Step1. 集合型芯曲面。

（1）选择命令。选择下拉菜单插入 → Pulling Direction ▸ → Aggregate Mold Area... 命令，系统弹出“Aggregate Surfaces”对话框。

（2）定义要集合的区域。在“Aggregate Surfaces”对话框的 Select a mold area 下拉列表中选择Core.1选项，此时系统会自动在List of surfaces 区域中显示要集合的曲面。

（3）定义连接数据。在“Aggregate Surfaces”对话框中选中 Create a datum Join 复选框，单击 确定 按钮，完成型芯曲面的集合。

Step2. 集合型腔曲面。

（1）选择命令。选择下拉菜单 插入 → Pulling Direction ▸ → Aggregate Mold Area... 命令，系统弹出“Aggregate Surfaces”对话框。

（2）定义要集合的区域。在“Aggregate Surfaces”对话框的 Select a mold area 下拉列表中选择 Cavity.1 选项，此时系统会自动在 List of surfaces 区域中显示要集合的曲面。

（3）定义连接数据。在“Aggregate Surfaces”对话框中选中 Create a datum Join 复选框，单击 确定 按钮，完成型腔曲面的集合。

Step3. 参照步骤 Step2 集合 Other 曲面。

Task5. 创建分型面

Stage1. 创建拉伸曲面

Step1. 新建几何图形集_repearsurface。

（1）选择命令。选择下拉菜单 插入 → 几何图形集... 命令，系统弹出“插入几何图形集”对话框。

（2）在弹出的对话框的 名称： 文本框中输入文件名“repearsurface”，接受 父级： 文本框中的默认选项 MoldedPart，然后单击 确定 按钮。

Step2. 创建图 46.4 所示的扫掠曲面 1。

（1）选择命令。选择下拉菜单 插入 → Surfaces ▸ → Sweep... 命令，系统弹出“扫掠曲面定义”对话框。

（2）选取轮廓曲线。选取图 46.5 所示的直线 1 作为轮廓曲线。

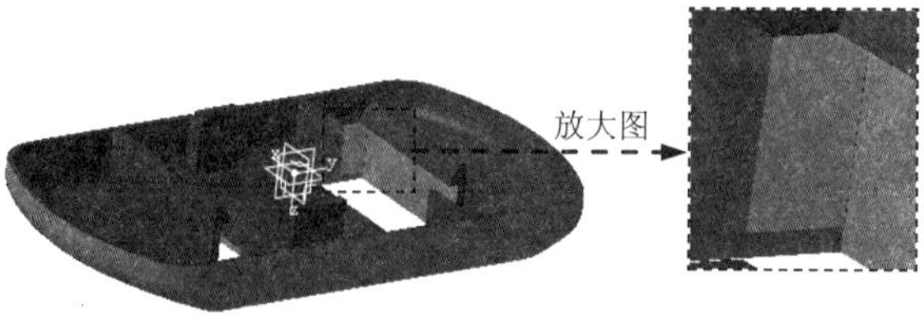

图 46.4 扫掠曲面 1

（3）选取引导曲线。选取图 46.5 所示的直线 2 作为引导线。

（4）单击 确定 按钮，完成扫掠曲面 1 的创建。

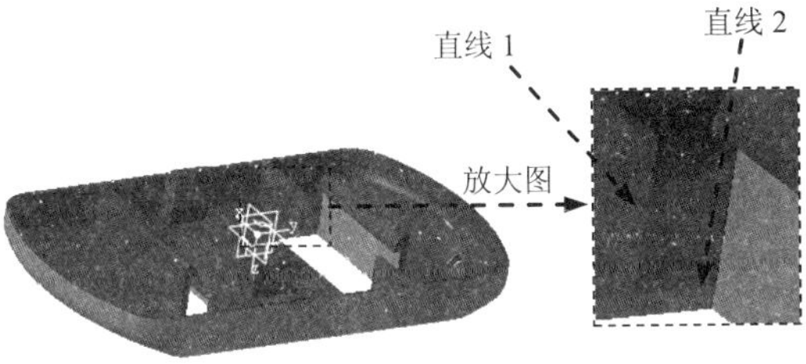

图 46.5 选择直线

Step3. 参照步骤 Step2 可以创建图 46.6 所示的扫掠特征。

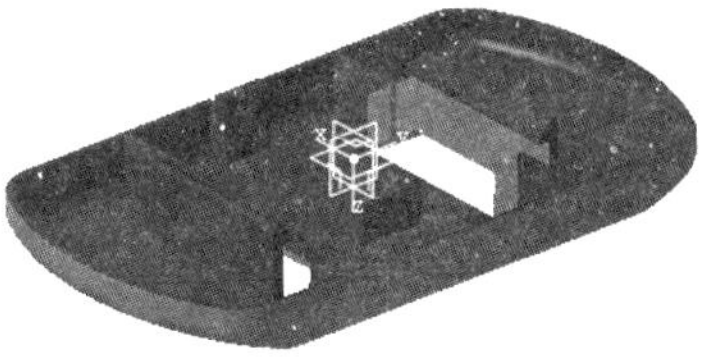

图 46.6 扫掠特征

Step4. 创建图 46.7 所示的扫掠曲面 5。

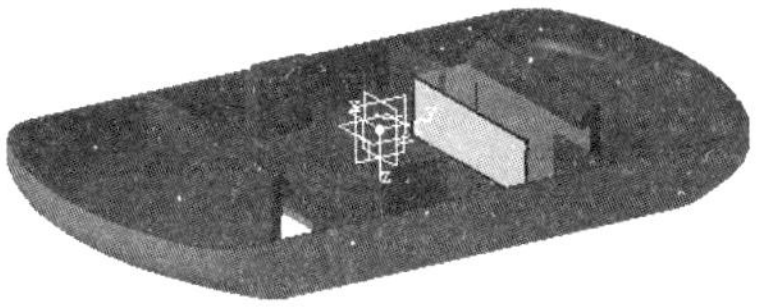

图 46.7 扫掠曲面 5

（1）选择命令。选择下拉菜单 插入 → Surfaces ▸ → Sweep... 命令，系统弹出“扫掠曲面定义”对话框。

（2）选取轮廓曲线。选取图 46.8 所示的直线 3 作为轮廓曲线。

（3）选取引导曲线。选取图 46.8 所示的直线 4 作为引导线。

（4）单击 确定 按钮，完成扫掠曲面 5 的创建。

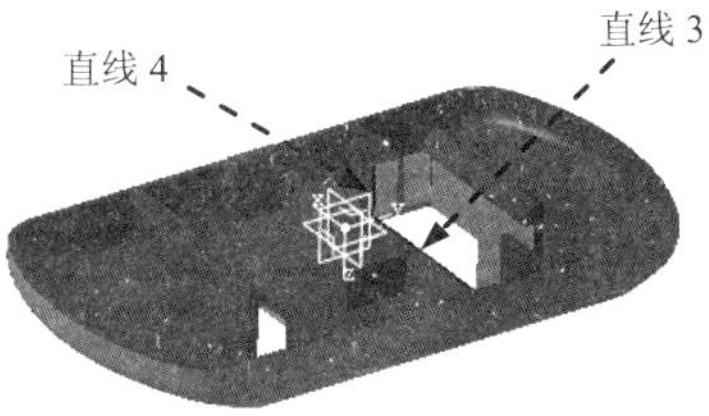

图 46.8 选取直线

Step5. 创建图 46.9 所示的拉伸曲面 1。

（1）选择命令。选择下拉菜单 插入 → Surfaces ▸ → Extrude... 命令，系统弹出

“拉伸曲面定义”对话框。

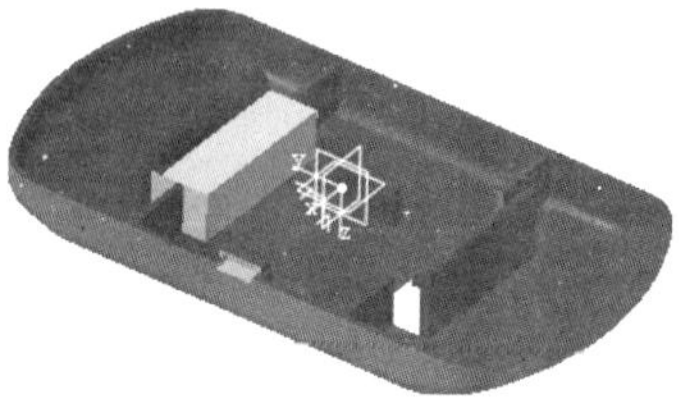

图 46.9　拉伸曲面 1

（2）选取轮廓曲线。单击轮廓：文本框，选取图 46.10 所示的直线 5 作为轮廓曲线。

（3）定义方向。单击方向：文本框，选取图 46.10 所示的直线 6 作为拉伸方向。

（4）定义拉伸类型。在限制 1 区域的类型：下拉列表中选取直到元素选项，选取图 46.10 所示的点为拉伸终止点，其他参数保持系统默认设置值。

（5）单击确定按钮，完成拉伸曲面 1 的创建

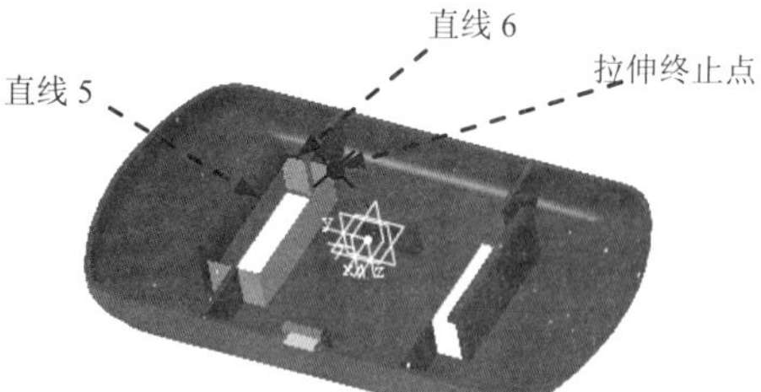

图 46.10　选取直线

Step6. 参照以上步骤可以创建图 46.11 所示的特征。

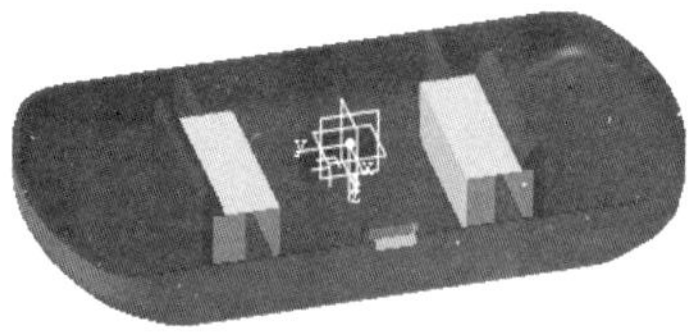

图 46.11　拉伸曲面

Stage2. 创建 PrtSrf_拉伸.1

Step1. 新建几何图形集。

（1）选择命令。选择下拉菜单插入 ➡ 几何图形集...命令，系统弹出“插入几何图形集”对话框。

（2）在弹出的对话框的名称：文本框中输入文件名“partingsurface”，接受父级：文本框中的默认选项MoldedPart，然后单击确定按钮。

Step2. 创建 PrtSrf_拉伸.1。

（1）选择命令。选择下拉菜单 插入 → Surfaces ▸ → Parting Surface... 命令，系统弹出“Parting surface Definition”对话框。

（2）选取拉伸边界点。在绘图区选取零件模型的型腔面，此时零件模型上会显示许多边界点，在对话框中取消选中 ☐ Join parting surface 复选框，在零件模型中分别选取图 46.12 所示的点 1 和点 2 作为拉伸边界点。

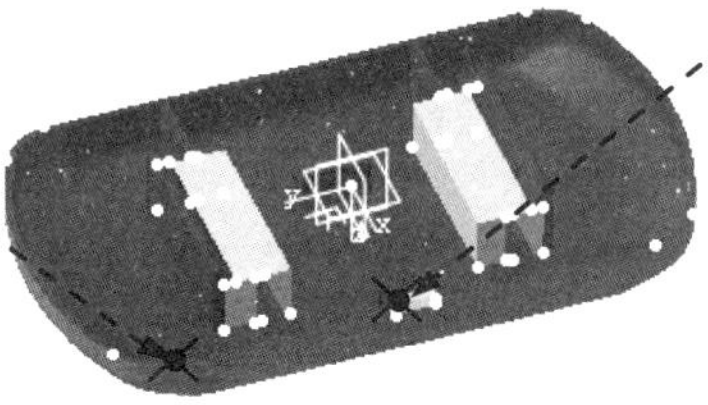

图 46.12 选取拉伸边界点

（3）定义拉伸方向和长度。在该对话框中选择 Direction+Length 选项卡，在 Length 文本框中输入值 100，在坐标系中选取 X 轴，结果如图 46.13 所示。

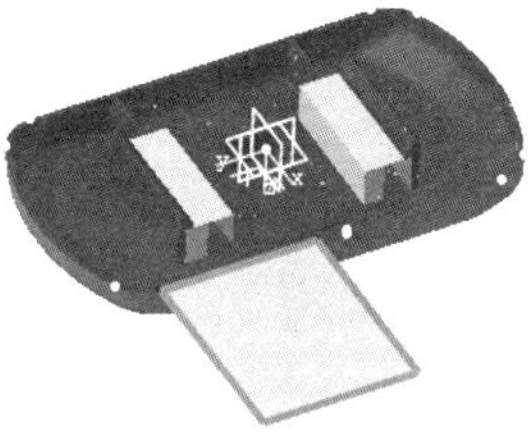
图 46.13 拉伸边界

Step3. 创建 PrtSrf_拉伸 2。在 Vertex 1: 文本框中单击一下，在零件模型中分别选取图 46.14 所示的点 3 和点 4 作为拉伸边界点；然后在坐标系中选取 X 轴（主坐标系），单击 Reverse 按钮，在 Length 文本框中输入值 100，结果如图 46.15 所示。

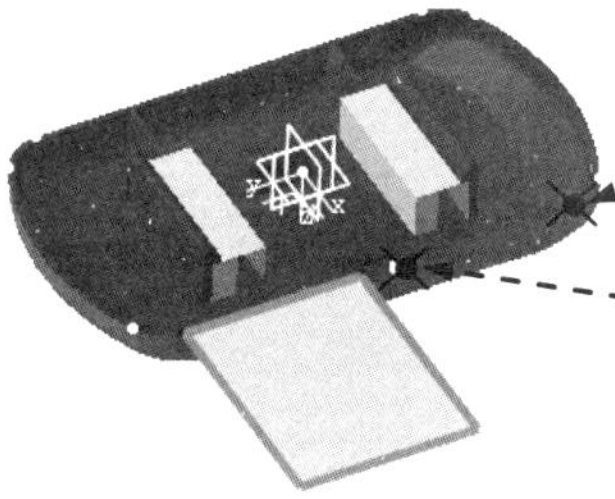

图 46.14 选取拉伸边界点

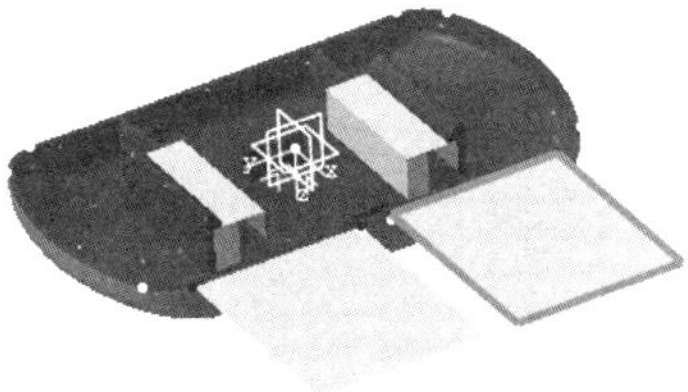
图 46.15 选取拉伸边界点

Step4. 创建 PrtSrf_拉伸 3。在 Vertex 1: 文本框中单击一下，在零件模型中分别选取点 2

和点 3 作为拉伸边界点；在坐标系中选取 X 轴（主坐标系），在 Length 文本框中输入值 100，结果如图 46.16 所示。

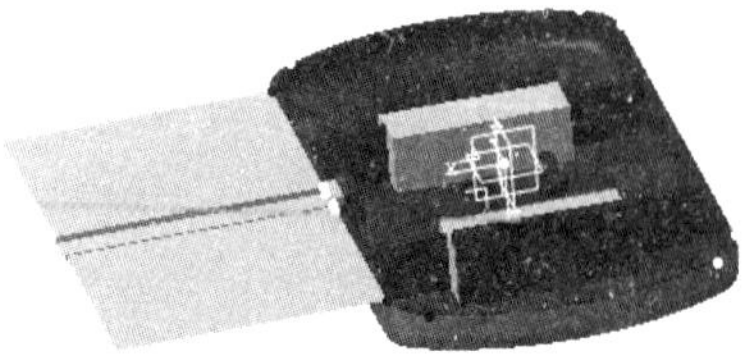

图 46.16 拉伸边界

Step5. 创建 PrtSrf_拉伸 4。在 Vertex 1: 文本框中单击一下，在零件模型中分别选取图 46.17 所示的点 5 和点 6 作为拉伸边界点；然后在坐标系中选取 Y 轴（主坐标系），单击 Reverse 按钮，在 Length 文本框中输入值 100，结果如图 46.18 所示。

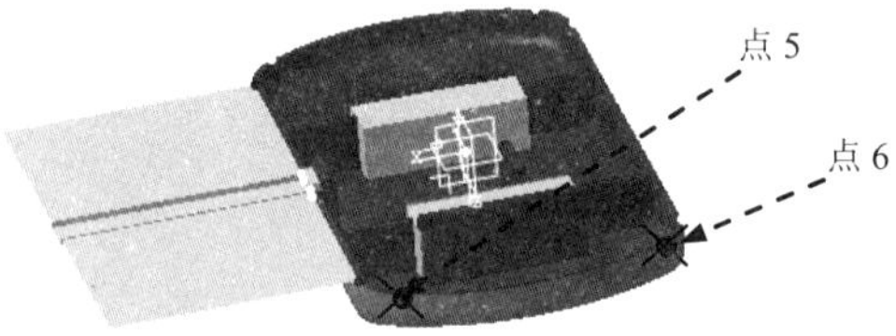

图 46.17 选取拉伸边界点

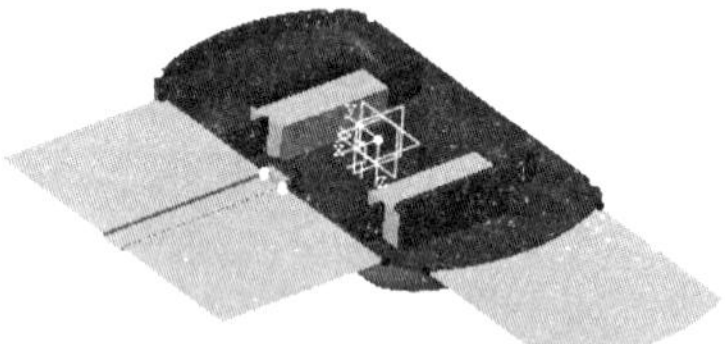

图 46.18 拉伸边界

Step6. 参照以上步骤可以创建图 46.19 所示的拉伸边界。

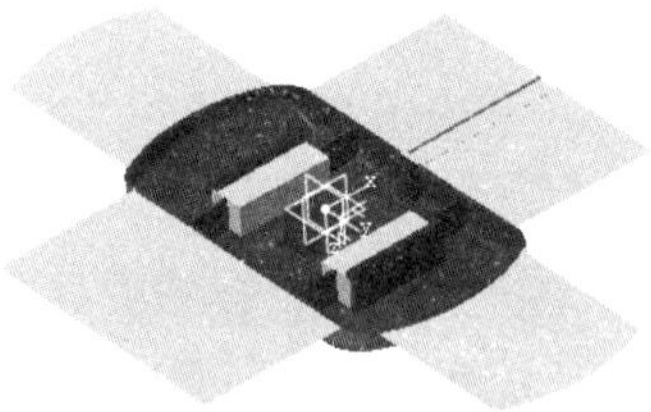

图 46.19 拉伸边界

Step7. 创建接合 1。

（1）选择命令。选择下拉菜单 插入 → Operations ▸ → Join... 命令，系统弹出“接合定义”对话框。

（2）选取接合对象。选取图 46.20 所示的直线 1、直线 2 和直线 3，接受系统默认的合并距离值（即公差值）。

（3）单击 确定 按钮，完成接合 1 的创建。

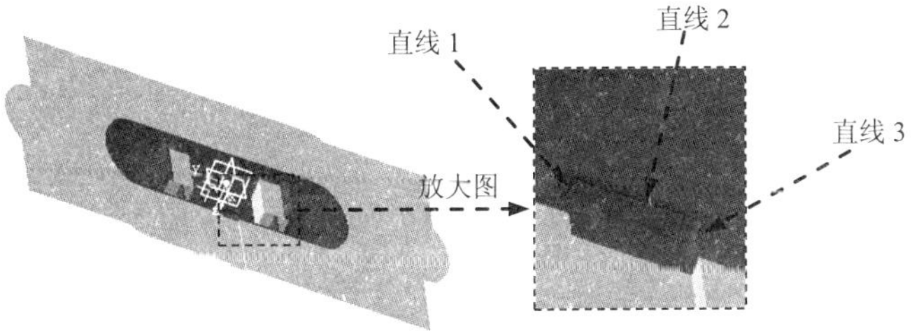

图 46.20 选择直线

Step8. 创建图 46.21 所示的拉伸曲面 5。

（1）选择命令。选择下拉菜单 插入 → Surfaces ▸ → Extrude... 命令，系统弹出“拉伸曲面定义”对话框。

（2）选取轮廓曲线。单击 轮廓： 文本框，选取接合 1 作为轮廓曲线。

（3）定义方向。右击 方向： 文本框，选取 X 部件 选项。

（4）定义拉伸类型。在 限制 1 区域的 类型： 下拉列表中选取 尺寸 选项，在 尺寸： 文本框中输入数值 100，其他保持系统默认设置。

（5）单击 确定 按钮，完成拉伸曲面 5 的创建。

Stage3. 创建扫掠曲面

Step1. 创建接合 2。

（1）选择命令。选择下拉菜单 插入 → Operations ▸ → Join... 命令，系统弹出“接合定义”对话框。

（2）选取接合对象。选取图 46.22 所示的边界 1 和边界 2，接受系统默认的合并距离值（即公差值）。

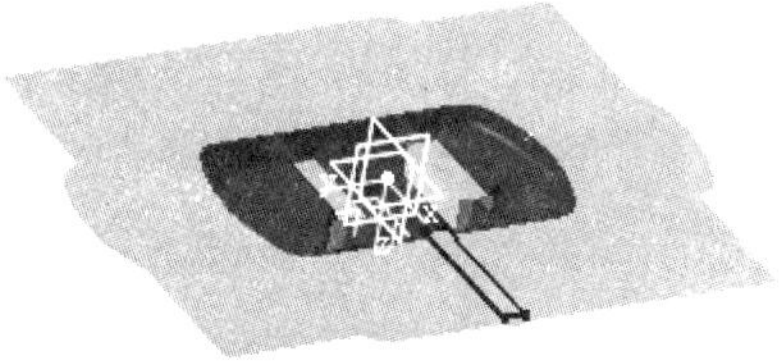

图 46.21 拉伸曲面 5

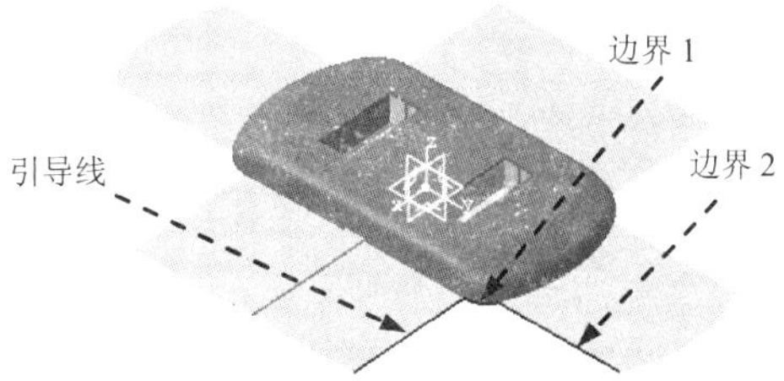

图 46.22 选取边界线

（3）单击 确定 按钮，完成接合 2 的创建。

Step2. 创建图 46.23 所示的扫掠曲面。

（1）选择命令。选择下拉菜单 插入 → Surfaces ▸ → Sweep... 命令，系统弹出

“扫掠曲面定义”对话框。

（2）选取轮廓曲线。在模型中选取接合 1 作为轮廓曲线。

（3）选取引导曲线 1。选取图 46.22 所示的引导线。

（4）在该对话框中单击 确定 按钮，完成扫掠曲面的创建。

Step3. 参照步骤 Step1 和 Step2 可以创建图 46.24 所示的扫掠特征。

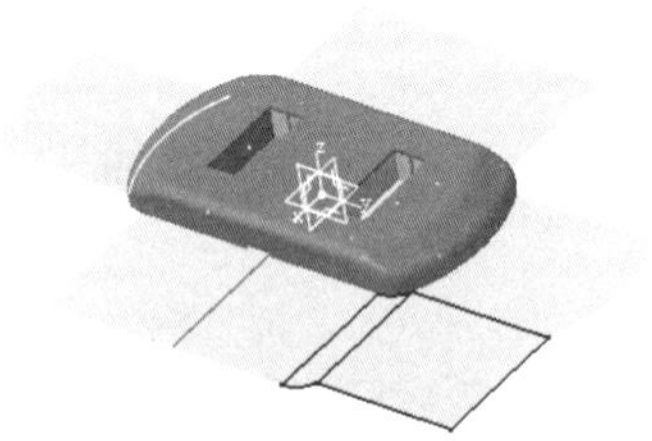

图 46.23 扫掠曲面

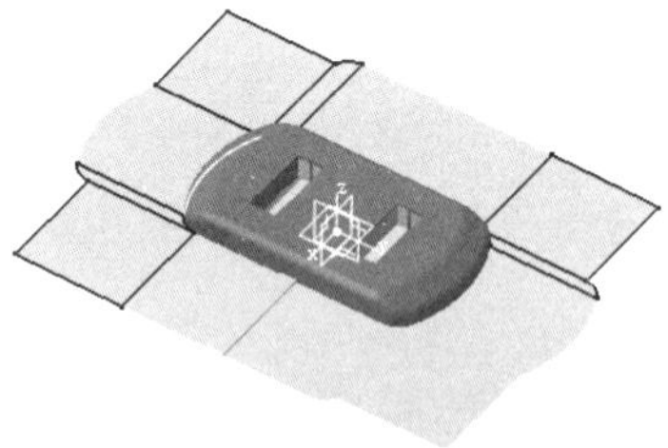

图 46.24 扫掠特征

Step4. 创建接合 6。

（1）选择命令。选择下拉菜单 插入 → Operations ▸ → Join... 命令，系统弹出“接合定义”对话框。

（2）选择接合对象。在特征树中单击 Core.1 前的“+”号，选取 曲面.39；然后选取图形区域中的除 PrtSrf_拉伸 5 外的所有曲面，接受系统默认的合并距离值。

（3）单击 确定 按钮，完成接合 6 的创建。

（4）重命名型芯分型面。右击 接合.6，在弹出的快捷菜单中选择 属性 命令，然后在弹出的“属性”对话框中选择 特征属性 选项卡，在 特征名称： 文本框中输入“Core_surface”，单击 确定 按钮，完成型芯分型面的重命名。

Step5. 创建接合 7。

（1）选择命令。选择下拉菜单 插入 → Operations ▸ → Join... 命令，系统弹出“接合定义”对话框。

（2）选择接合对象。在特征树中单击 Cavity.1 前的“+”号，选取 曲面.40；然后选取图形区域中的除拉伸 9 外的所有曲面，接受系统默认的合并距离值。

（3）单击 确定 按钮，完成接合 7 的创建。

（4）重命名型腔分型面。右击 接合.7，在弹出的快捷菜单中选择 属性 命令，然后在弹出的“属性”对话框中选择 特征属性 选项卡，在 特征名称： 文本框中输入文件名

"Cavity_surface"，单击 确定 按钮，完成型腔分型面的重命名。

Step6. 创建接合 8。

（1）选择命令。选择下拉菜单 插入 → Operations ▸ → Join... 命令，系统弹出"接合定义"对话框。

（2）选择接合对象。在特征树中单击 Other.1 前的"+"号，选取 曲面.41；然后选取图形区域中的 PrtSrf_拉伸 5 和拉伸 9 作为要接合的对象，接受系统默认的合并距离值。

（3）单击 确定 按钮，完成接合 8 的创建。

（4）重命名分型面。右击 接合.8，在弹出的快捷菜单中选择 属性 命令，然后在弹出的"属性"对话框中选择 特征属性 选项卡，在 特征名称： 文本框中输入文件名"Slide_surface"，单击 确定 按钮，完成分型面的重命名。

Task6. 模具分型

Step1. 在特征树中选取 Cavity_surface 并右击，在弹出的快捷菜单中选择 隐藏/显示 命令。

Step2. 切换工作台。选择下拉菜单 开始 → 机械设计 ▸ → Mold Tooling Design 命令。

Step3. 加载工件。

（1）激活产品。在特征树中双击 cap_mold。

（2）选择命令。选择下拉菜单 插入 → Mold Base Components ▸ → New Insert... 命令，系统弹出"Define Insert"对话框。

（3）定义放置平面和点。在特征树中选取 xy 平面为放置平面。在型芯分型面上单击任意位置，然后在"Define Insert"对话框 X 文本框中输入值 0，在 Y 文本框中输入值 0，在 Z 文本框中输入值 0，在 W 文本框中输入值-50。

（4）定义工件类型。在"Define Insert"对话框中单击 按钮，在弹出的对话框中双击 Pad_with_chamfer 选项，然后在弹出的对话框中双击 Pad 选项。

（5）定义工件参数。在"Define Insert"对话框中选择 Parameters 选项卡，然后在 L 文本框中输入值 200，在 W 文本框中输入值 300，在 H 文本框中输入值 100，在 Draft 文本框中输入值 0，其他接受系统默认设置。

（6）在"Define Insert"对话框中单击 确定 按钮，创建结果如图 46.25 所示。

图 46.25 加载工件

（7）重命名工件。右击 Insert_2 (Insert_2.1)，在弹出的快捷菜单中选择 属性 命令，然后在弹出的“属性”对话框中选择 产品 选项卡，在 实例名称 和 零件编号 文本框中均输入“core”，单击 确定 按钮，此时系统弹出“Warning”对话框，单击 是 按钮，完成工件的重命名。

Step4. 分割工件。

（1）选择命令。在特征树中右击 core (core) 选项，在弹出的快捷菜单中选择 core 对象 → Split component... 命令，系统弹出“Split Definition”对话框。

（2）定义分割曲面。选取图 46.26 所示的型芯分型面，然后单击图 46.26 所示的箭头，单击 确定 按钮，结果如图 46.27 所示。

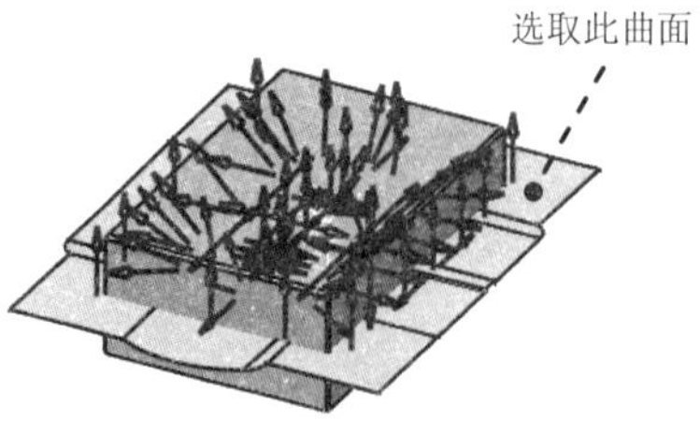

图 46.26 选取特征

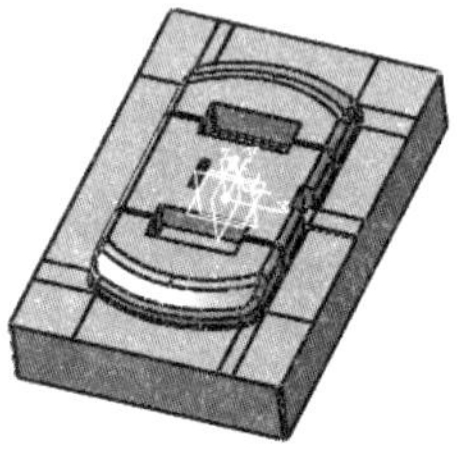

图 46.27 型芯

Stage1. 创建型腔

Step1. 显示型腔分型面。在特征树中右击 Cavity_surface，在弹出的快捷菜单中选择 隐藏/显示 命令，将型腔分型面显示出来。

Step2. 隐藏型芯。在特征树中右击 core (core)，在弹出的快捷菜单中选择 隐藏/显示 命令，将型芯隐藏。

Step3. 加载工件。

（1）激活产品。在特征树中双击 cap_mold。

（2）选择命令。选择下拉菜单 插入 → Mold Base Components → New Insert... 命令，系统弹出“Define Insert”对话框。

（3）定义放置平面和点。在特征树中选取 xy 平面为放置平面。在型腔分型面上单击任意位置，然后在“Define Insert”对话框 X 文本框中输入值 0，在 Y 文本框中输入值 0，在 Z 文本框中输入值 0，在 W 文本框中输入值-50。

（4）定义工件类型。接受系统默认选项设置。

（5）定义工件参数。在“Define Insert”对话框中选择 Parameters 选项卡，然后在 L 文本框中输入值 200，在 W 文本框中输入值 300，在 H 文本框中输入值 100，在 Draft 文本框中输入值 0，其他接受系统默认设置。

（6）在“Define Insert”对话框中单击 确定 按钮，创建结果如图 46.28 所示。

图 46.28 加载工件

（7）重命名工件。右击 Insert_2 (Insert_2.2)，在弹出的快捷菜单中选择 属性 命令，然后在弹出的“属性”对话框中选择 产品 选项卡，在 实例名称 和 零件编号 文本框中均输入 “cavity”，单击 确定 按钮，此时系统弹出“Warning”对话框，单击 是 按钮，完成工件的重命名。

Step4. 分割工件。

（1）激活产品。在特征树中双击 cap_mold。

（2）选择命令。在特征树中右击 cavity (cavity)，在弹出的快捷菜单中选择 Insert_2.2 对象 → Split component... 命令，系统弹出“Split Definition”对话框。

（3）定义分割曲面。选取图 46.29 所示的型腔分型面，采用系统默认的分割方向，单击 确定 按钮。

（4）隐藏型腔分型面。在特征树中右击 Cavity_surface，在弹出的快捷菜单中选择 隐藏/显示 命令，将型腔分型面隐藏，结果如图 46.30 所示。

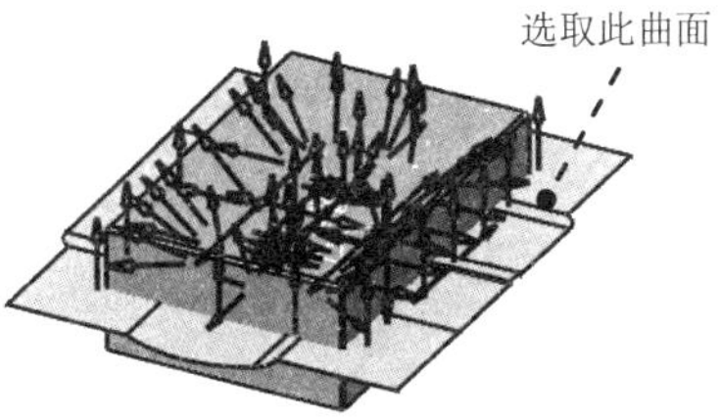

图 46.29 选取特征

图 46.30 型腔

Stage2．创建滑块

Step1．显示型芯面。在特征树中右击 Slide_surface，在弹出的快捷菜单中选择 隐藏/显示 命令，将型芯分型面显示出来。

Step2．隐藏型腔面。在特征树中右击 Cavity_surface，在弹出的快捷菜单中选择 隐藏/显示 命令，将型腔面隐藏。

Step3．加载工件。

（1）激活产品。在特征树中双击 cap_mold。

（2）选择命令。选择下拉菜单 插入 ➡ Mold Base Components ➡ New Insert... 命令，系统弹出“Define Insert”对话框。

（3）定义放置平面和点。在特征树中选取 xy 平面为放置平面。在滑块分型面上单击任意位置，然后在“Define Insert”对话框 X 文本框中输入值 0，在 Y 文本框中输入值 0，在 Z 文本框中输入值 0，在 W 文本框中输入值-50。

（4）定义工件类型。接受系统默认选项设置。

（5）定义工件参数。在“Define Insert”对话框中选择 Parameters 选项卡，然后在 L 文本框中输入值 200，在 W 文本框中输入值 300，在 H 文本框中输入值 100，在 Draft 文本框中输入值 0，其他接受系统默认设置。

（6）在“Define Insert”对话框中单击 确定 按钮。

（7）重命名工件。右击 Inster_3 (Inster_3.1)，在弹出的快捷菜单中选择 属性 命令，然后在弹出的“属性”对话框中选择 产品 选项卡，在 实例名称 和 零件编号 文本框中均输入“slide”，单击 确定 按钮，此时系统弹出“Warning”对话框，单击 是 按钮，完成工件的重命名。

Step4．分割工件。

（1）激活产品。在特征树中双击 cap_mold。

（2）选择命令。在特征树中右击 slide (slide)，在弹出的快捷菜单中选择 Inster3.1 对象 ➡ Split component... 命令，系统弹出“Split Definition”对话框。

（3）定义分割曲面。选取图 46.31 所示的滑块分型面，单击图形中的箭头，单击 确定 按钮，结果如图 46.32 所示。

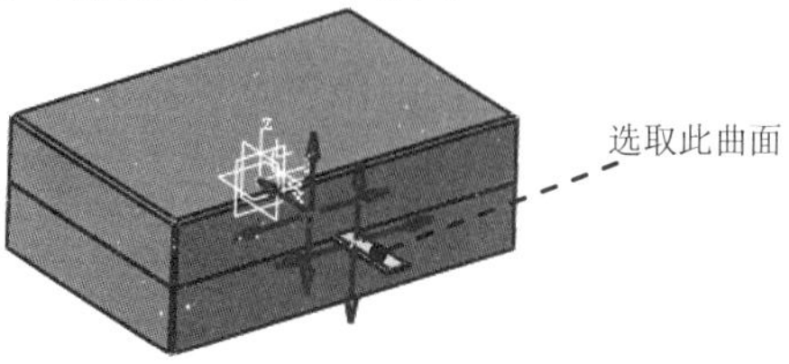

图 46.31 选取特征

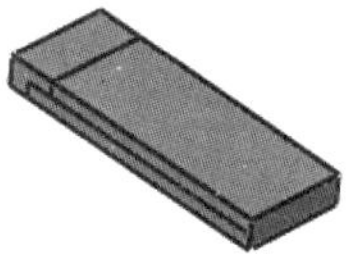
图 46.32 型芯

说明：最后可将错误特征删除。例如：在特征树中双击 MoldedPart，然后右击 零件几何体 "+"号下的 DrillHoleInsert 2.1，在弹出的快捷菜单中选择 删除 命令；此时系统弹出"删除"对话框，单击 确定 按钮。

Task7. 保存文件

选择下拉菜单 文件 → 保存 命令，即可保存模型。

实例 47　带滑块的模具设计

本实例将介绍一款手柄的模具设计（图 47.1）。由于该模型中带有一个盲孔，并且模具的开模方向与手柄中盲孔的轴线方向垂直。为了保证产品模型能够正常脱模，因此在模具设计过程中必须通过设计滑块来帮助开模。下面详细介绍该模具的主要设计过程。

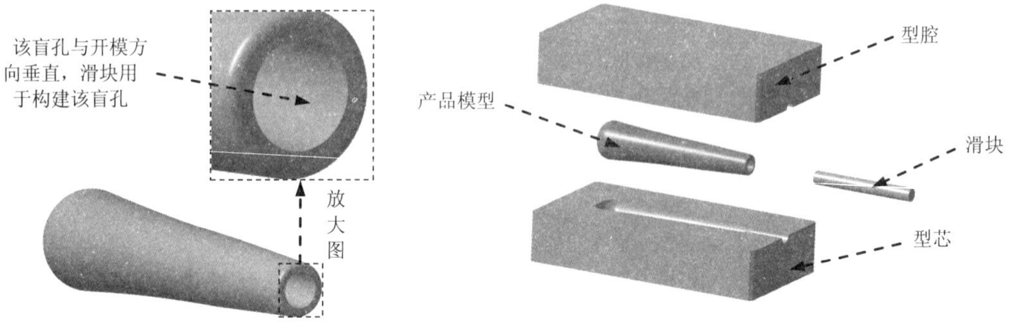

图 47.1　手柄的模具设计

Task1. 导入模型

Stage1. 加载模型

Step1. 新建产品。新建一个 Product 文件，并激活该产品 Product1。

Step2. 选择命令。选择下拉菜单 开始 → 机械设计 → Core & Cavity Design 命令，系统切换至“型芯/型腔设计”工作台。

Step3. 修改文件名。右击 Product1，在弹出的快捷菜单中选取 属性 选项；系统弹出 “属性“对话框；在 零件编号 文本框中输入文件名“handle_mold”；单击 确定 按钮，完成文件名的修改。

Step4. 选择命令。选择下拉菜单 插入 → Models → Import... 命令，系统弹出“Import Molded Part”对话框。

Step5. 在“Import Molded Part”对话框的 Model 区域中单击“打开”按钮，此时系统弹出“选择文件”对话框，选择文件路径 D:\catins20\work\ch11\ins47\handle.CATPart，单击 打开(O) 按钮。

Step6. 选择要开模的实体。接受系统默认参数设置值。

Stage2. 设置收缩率

Step1. 设置坐标系。接受系统默认参数设置值。

Step2. 设置收缩数值。在Shrinkage区域的Ratio文本框中输入值 1.006。

Step3. 在"Import handle.CATPart"对话框中单击确定按钮，完成零件的收缩，结果如图 47.2 所示。

图 47.2　零件几何体

Stage3. 添加缩放后的实体

Step1. 切换工作台。选择下拉菜单开始 → 机械设计 → 零件设计命令，系统切换至"零件设计"工作台。

Step2. 显示特征。在特征树中依次单击MoldedPart (MoldedPart.1) → MoldedPart前的"+"号，显示出零件几何体 的结果。

Step3. 定义工作对象。在特征树中右击零件几何体，在弹出的快捷菜单中选择定义工作对象命令，将其定义为工作对象。

Step4. 创建封闭曲面。

（1）选择命令。选择下拉菜单插入 → 基于曲面的特征 → 封闭曲面命令，系统弹出"定义封闭曲面"对话框。

（2）选取封闭曲面。在特征树中单击零件几何体 的结果前的"+"号，然后在其"+"号下选择缩放.1，在"定义封闭曲面"对话框中单击确定按钮。

Step5. 隐藏产品模型。在特征树中单击零件几何体前的"+"号，然后右击封闭曲面.1，在弹出的快捷菜单中选择隐藏/显示命令，将产品模型隐藏起来。

说明：这里将产品模型隐藏起来，为了便于以下的操作。

Step6. 切换工作台。选择下拉菜单开始 → 机械设计 → Core & Cavity Design命令，系统切换至"型芯/型腔设计"工作台。

Step7. 定义工作对象。在特征树中右击零件几何体 的结果，在弹出的快捷菜单中选择定义工作对象命令，将其定义为工作对象。

Task2. 定义主开模方向

Step1. 选择命令。选择下拉菜单 插入 → Pulling Direction ▸ → Pulling Direction... 命令，系统弹出“Main Pulling Direction Definition”对话框。

Step2. 锁定坐标系。在该对话框的 Direction 区域中选中 Locked 复选框。

Step3. 在图形区中选取加载的零件几何体，在该对话框中单击 确定 按钮，计算完成后在特征树中增加了两个几何图形集，同时在零件几何体上也会显示出来，如图 47.3 所示。

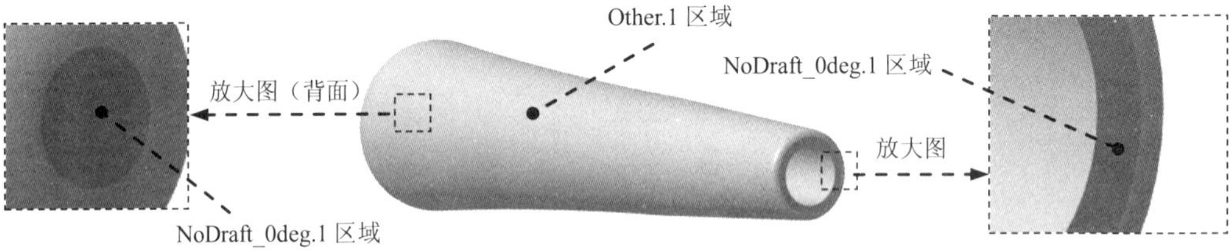

图 47.3　区域颜色

Task3. 分割模型区域

Step1. 选择命令。选择下拉菜单 插入 → Pulling Direction ▸ → Split Mold Area... 命令，系统弹出“Split Mold Area”对话框。

Step2. 定义要分割的面。选取模型中的所有外表面为分割面。

Step3. 定义分割元素。在该对话框的 Cutting Element 区域中单击 No selection 选项使其激活，然后在特征树中选取 xy 平面。

Step4. 在该对话框中单击 确定 按钮，完成分割区域的创建。

Task4. 移动元素

Step1. 选择命令。选择下拉菜单 插入 → Pulling Direction ▸ → Transfer... 命令，系统弹出“Transfer Element”对话框。

Step2. 定义型芯区域。在该对话框的 Destination 下拉列表中选择 Core 选项，然后选取图 47.4 所示的面。

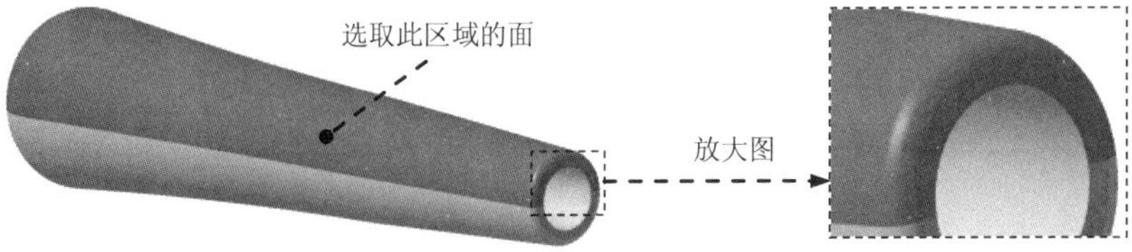

图 47.4　定义型芯区域

说明：图 47.4 所选取的区域是以 xy 平面分割后的模型下半部分所有的外表面。

Step3. 定义型腔区域。在该对话框的 Destination 下拉列表中选择 Cavity 选项，然后选取图 47.5 所示的面。

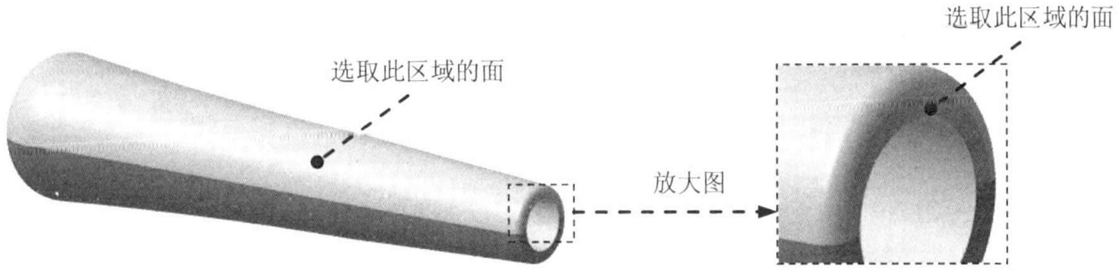

图 47.5　定义型腔区域

说明：图 47.5 所选取的区域是以 xy 平面分割后的模型上半部分所有的外表面。

Step4. 定义 Other 区域。在该对话框的 Destination 下拉列表中选择 Other.1 选项，然后选取图 47.6 所示的面。

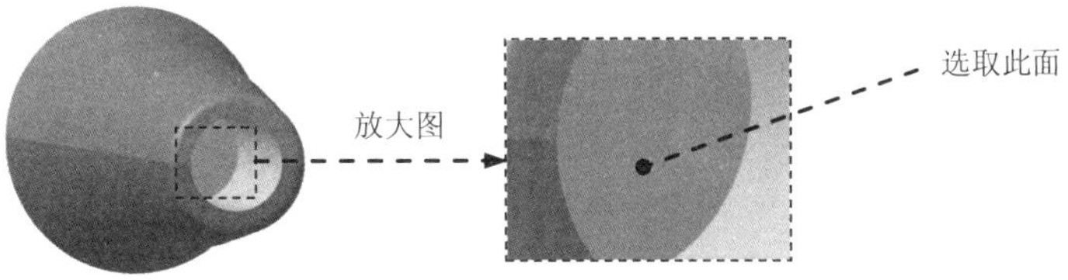

图 47.6　定义 Other 区域

Step5. 在“Transfer Element”对话框中单击 确定 按钮，完成元素的移动。

Task5. 定义滑块开模方向

Step1. 选择命令。选择下拉菜单 插入 → Pulling Direction ▸ → Slider Lifter... 命令，系统弹出“Slide Lifter Pulling Direction Definition”对话框。

Step2. 锁定开模方向。分别在 Direction 区域的 DX 、DY 和 DZ 文本框中输入值 0、-1 和 0，然后选中 Locked 复选框。

Step3. 选取滑块区域。在零件模型中选取所有的内表面（即其他区域的面）。

Step4. 分解区域视图。在 Visualization 区域中选中 Explode 单选项，然后在下面的文本框中输入值 30，单击 预览 按钮，结果如图 47.7 所示，选中 Faces display 单选项。

Step5. 在该对话框中单击 确定 按钮。

Task6. 创建爆炸视图

Step1. 选择命令。选择下拉菜单 插入 → Pulling Direction ▸ → Explode View...

命令，系统弹出“Explode View”对话框。

Step2. 定义移动距离。在 Explode Value 文本框中输入值 30，单击 Enter 键，结果如图 47.8 所示。

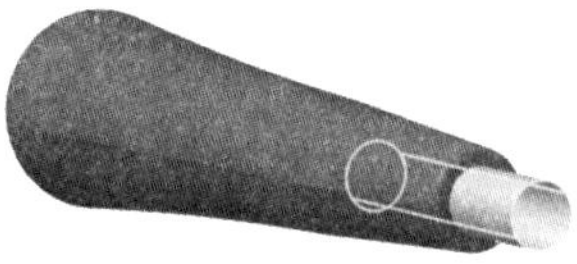
图 47.7　分解区域

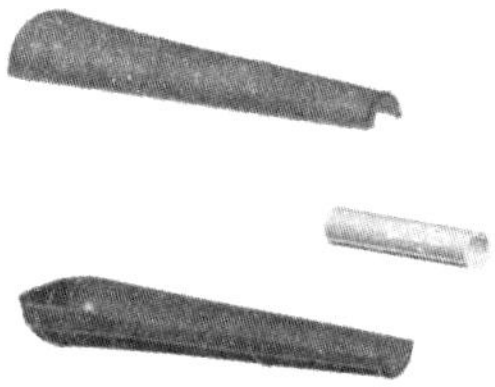
图 47.8　爆炸视图

说明：此例中有两个开模方向，在创建爆炸视图时，系统将自动判断其移动方向。在图 47.8 中，型芯、型腔与滑块完全分开，没有多余的区域，说明移动元素没有错误。

Step3. 在“Explode Value”对话框中单击 取消 按钮，完成爆炸视图的创建。

Task7. 集合曲面

Step1. 集合型芯曲面。

（1）选择命令。选择下拉菜单 插入 → Pulling Direction ▸ → Aggregate Mold Area... 命令，系统弹出“Aggregate Surfaces”对话框。

（2）定义要集合的区域。在“Aggregate Surfaces”对话框的 Select a mold area 下拉列表中选择 Core.1 选项，此时系统会自动在 List of surfaces 区域中显示要集合的曲面。

（3）定义连接数据。在“Aggregate Surfaces”对话框中选中 Create a datum Join 复选框，单击 确定 按钮，完成型芯曲面的集合。

Step2. 集合型腔曲面。

（1）选择命令。选择下拉菜单 插入 → Pulling Direction ▸ → Aggregate Mold Area... 命令，系统弹出“Aggregate Surfaces”对话框。

（2）定义要集合的区域。在“Aggregate Surfaces”对话框的 Select a mold area 下拉列表中选择 Cavity.1 选项，此时系统会自动在 List of surfaces 区域中显示要集合的曲面。

（3）定义连接数据。在“Aggregate Surfaces”对话框中选中 Create a datum Join 复选框，单击 确定 按钮，完成型腔曲面的集合。

Task8. 创建分型面

Stage1. 创建 PrtSrf_接合 1

Step1. 新建几何图形集。

（1）选择命令。选择下拉菜单 插入 → 几何图形集... 命令，系统弹出“插入几何图形集”对话框。

（2）在弹出的对话框的 名称： 文本框中输入文件名“Parting_surface”，接受 父级： 文本框中的默认选项 MoldedPart，然后单击 确定 按钮。

Step2. 选择命令。选择下拉菜单 插入 → Surfaces ▸ → Parting Surface... 命令，系统弹出“Parting surface Definition”对话框。

Step3. 在绘图区选取零件模型的型腔面，此时零件模型上会显示许多边界点。

Step4. 创建 PrtSrf_拉伸.1。

（1）选取拉伸边界点。在零件模型中分别选取图 47.9 所示的点 1 和点 2 作为拉伸边界点。

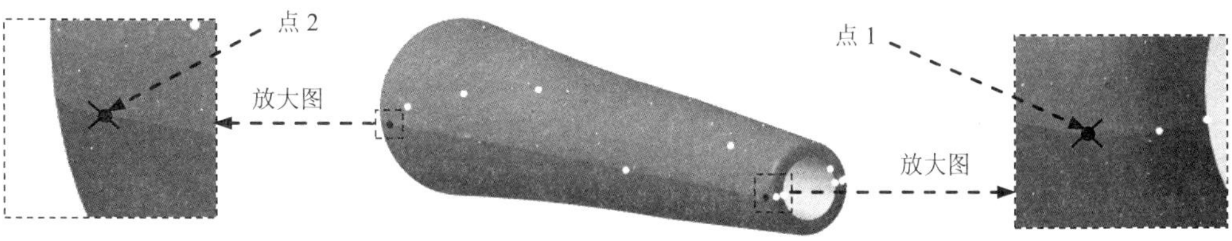

图 47.9　选取点

（2）定义拉伸方向和长度。在该对话框中选择 Direction+Length 选项卡，在 Length 文本框中输入值 50，在坐标系中选取 X 轴，然后单击 Reverse 按钮，结果如图 47.10 所示。

图 47.10　创建 PrtSrf_拉伸.1

Step5. 创建 PrtSrf_拉伸.2。在 Vertex 1: 文本框中单击一下，在零件模型中分别选取图 47.11 所示的点 3 和点 4 作为拉伸边界点；然后在坐标系中选取 Y 轴（主坐标系），在 Length 文本框中输入值 50，结果如图 47.12 所示。

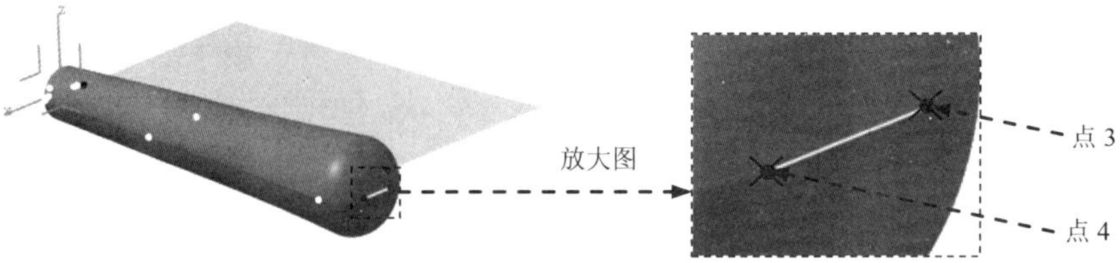

图 47.11　选取点

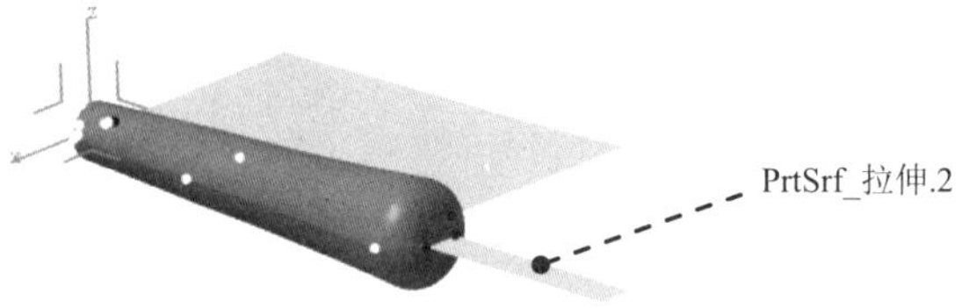

图 47.12　创建 PrtSrf_拉伸.2

Step6. 创建 PrtSrf_拉伸.3。在 Vertex 1: 文本框中单击一下，在零件模型中分别选取图 47.13 所示的点 5 和点 6 作为拉伸边界点；然后在坐标系中选取 X 轴，在 Length 文本框中输入值 50，结果如图 47.14 所示。

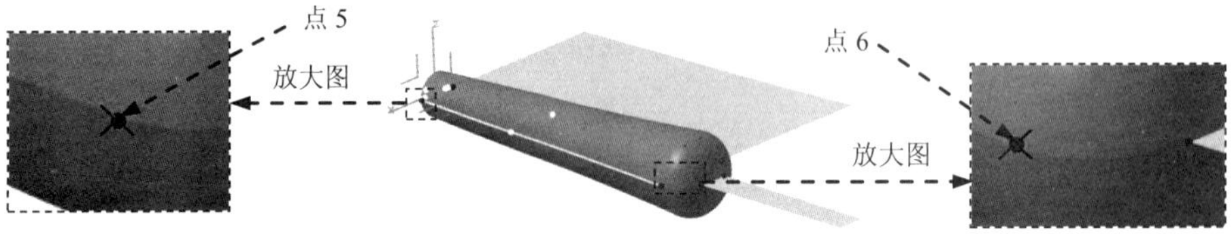

图 47.13　选取点

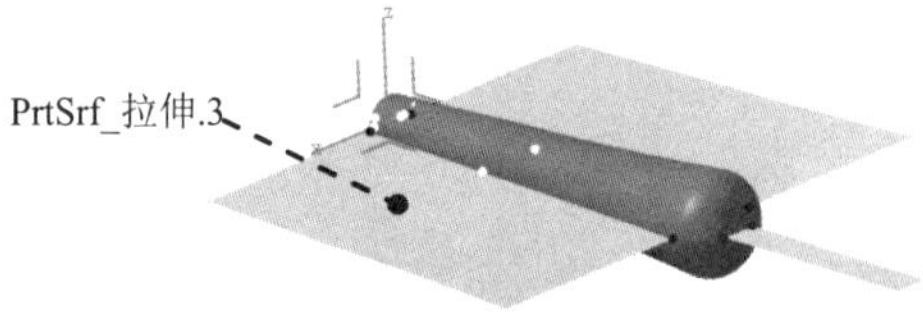

图 47.14　创建 PrtSrf_拉伸.3

Step7. 创建 PrtSrf_拉伸.4。在 Vertex 1: 文本框中单击一下，在零件模型中分别选取图 47.15 所示的点 7 和点 8 作为拉伸边界点；然后在坐标系中选取 Y 轴（主坐标系），在 Length 文本框中输入值 50，然后单击 Reverse 按钮，结果如图 47.16 所示。

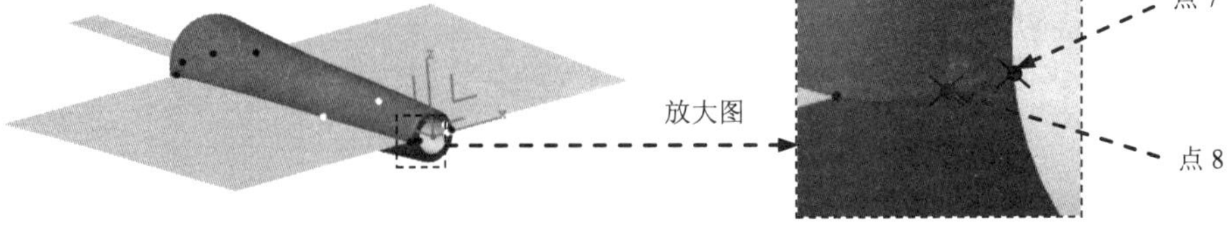

图 47.15　选取点

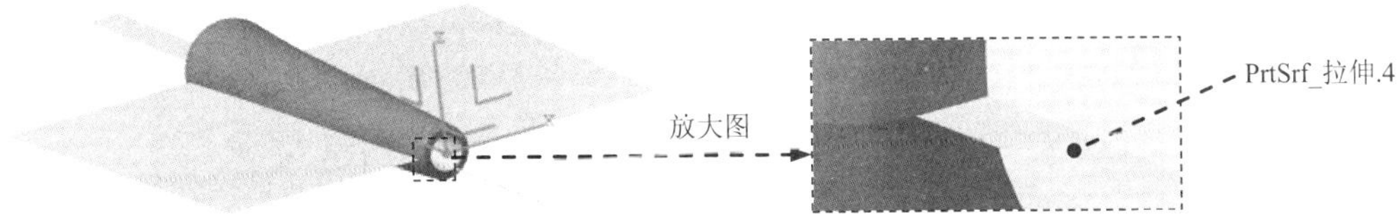

图 47.16　创建 PrtSrf_拉伸.4

Step8. 创建 PrtSrf_拉伸.5。在 Vertex 1: 文本框中单击一下，在零件模型中分别选取图 47.17 所示的点 9 和点 10 作为拉伸边界点；然后在坐标系中选取 Y 轴，在 Length 文本框中输入值 50，然后单击 Reverse 按钮，结果如图 47.18 所示。

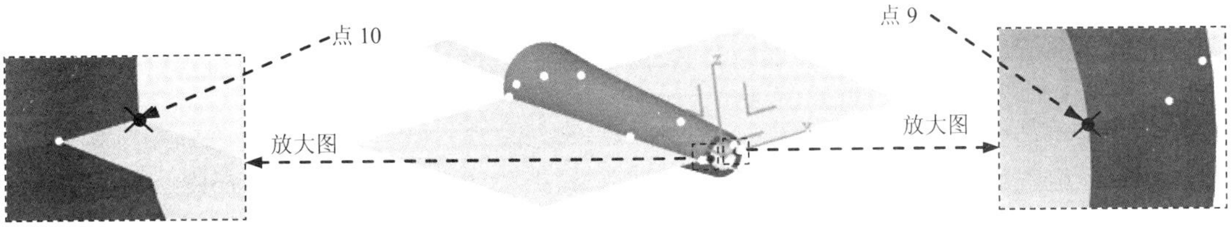

图 47.17　选取点

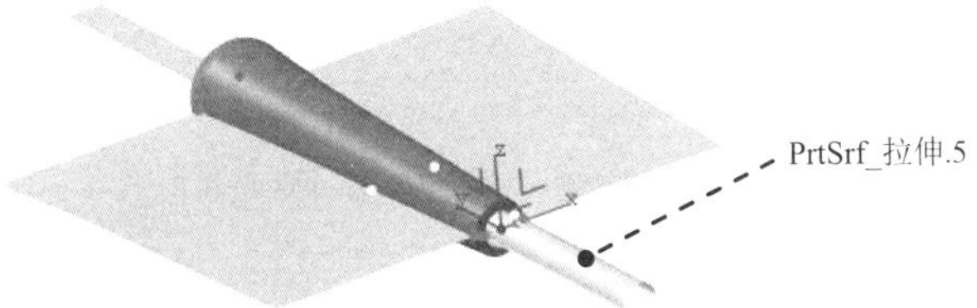

图 47.18　创建 PrtSrf_拉伸.5

Step9. 创建 PrtSrf_拉伸.6。参照 Step7，在模型的另一侧创建 PrtSrf_拉伸.6。

Step10. 在“Parting surface Definition”对话框中单击 确定 按钮，完成 PrtSrf_接合.1 的创建。

Stage2. 创建扫掠曲面 1

Step1. 创建接合 1。

（1）选择命令。选择下拉菜单 插入 → Operations ▸ → Join... 命令，系统弹出“接合定义”对话框。

（2）选取接合对象。选取图 47.19 所示的边界 1 和边界 2，接受系统默认的合并距离值（即公差值）。

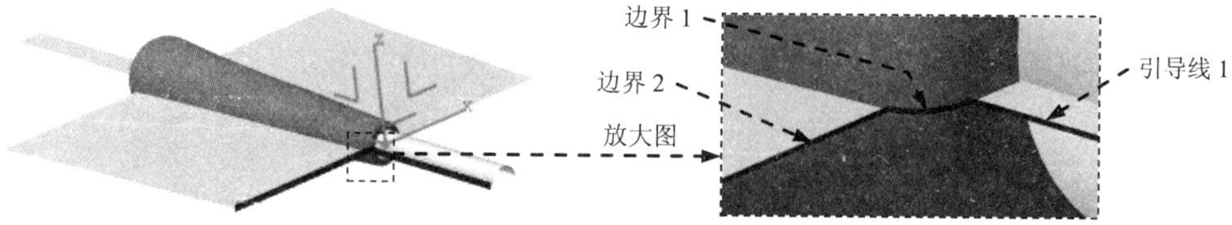

图 47.19　选取边界线

（3）单击 确定 按钮，完成接合 1 的创建。

Step2. 创建扫掠曲面 1。

（1）选择命令。选择下拉菜单 插入 → Surfaces ▸ → Sweep... 命令，系统弹出“扫掠曲面定义”对话框。

（2）选取轮廓曲线。在模型中选取 Step1 中创建的接合 1。

（3）选取引导曲线 1。选取图 47.19 所示的引导线 1。

（4）在该对话框中单击 确定 按钮，完成扫掠曲面 1 的创建，结果如图 47.20 所示。

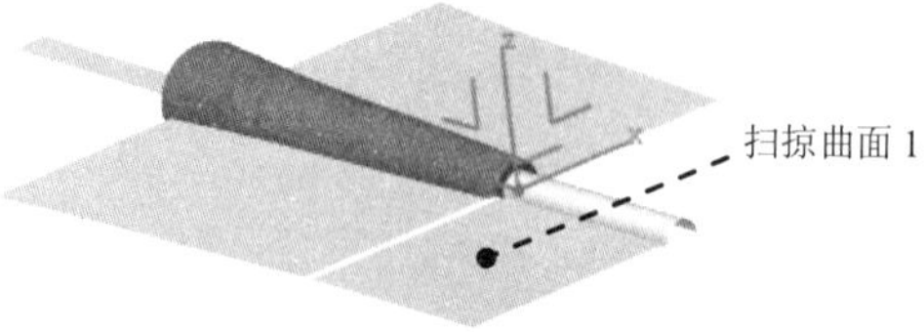

图 47.20　创建扫掠曲面 1

Stage3. 创建扫掠曲面 2、3 和 4

参照 Stage2，创建扫掠曲面 2、3 和 4，结果分别如图 47.21~图 47.23 所示。

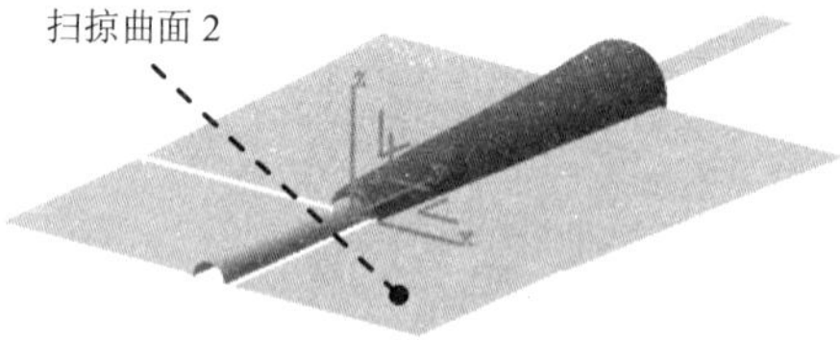

图 47.21　创建扫掠曲面 2

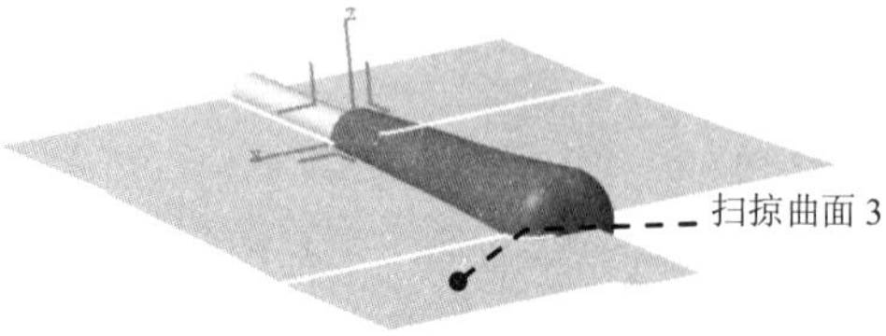

图 47.22　创建扫掠曲面 3

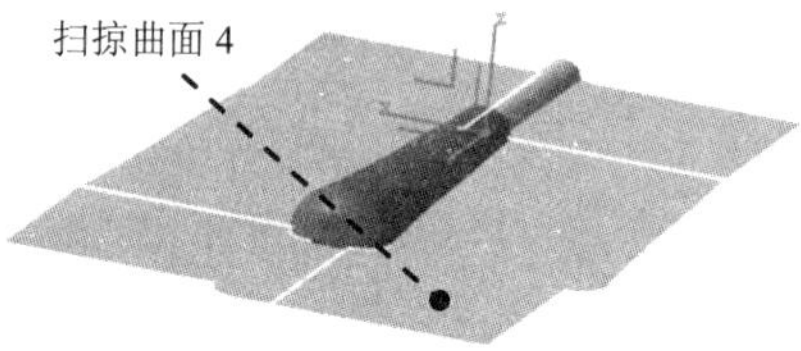

图 47.23　创建扫掠曲面 4

Stage4. 创建滑块分型面

Step1. 选择命令。选择下拉菜单 插入 → Surfaces ▸ → Parting Surface... 命令，系统弹出“Parting surface Definition”对话框。

Step2. 在绘图区选取零件模型的型芯面，此时在零件模型上会显示许多边界点。

Step3. 创建拉伸曲面。

（1）选取拉伸边界点。在零件模型中分别选取图 47.24 所示的点 1 和点 2 作为拉伸边界点。

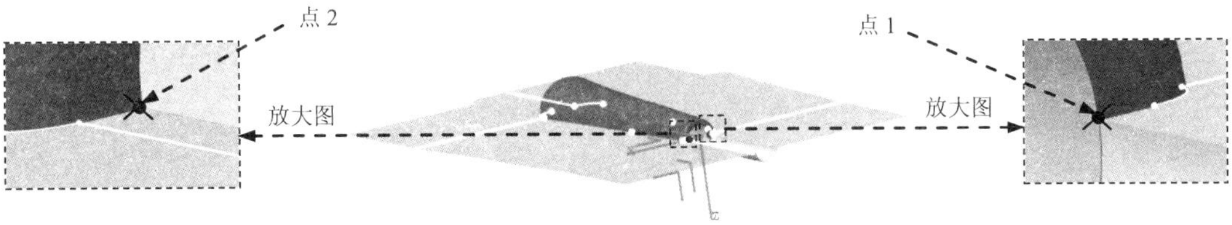

图 47.24　选取点

（2）定义拉伸方向和长度。在该对话框中选择 Direction+Length 选项卡，在 Length 文本框中输入值 50，在坐标系中选取 Z 轴（滑块坐标系中），结果如图 47.25 所示。

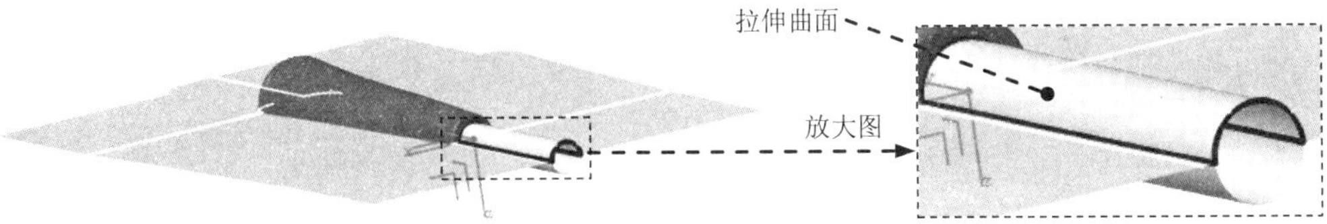

图 47.25　创建拉伸曲面

（3）在“Parting surface Definition”对话框中单击 确定 按钮，完成拉伸曲面的创建。

Stage5. 创建接合曲面

Step1. 创建型腔分型面。

（1）隐藏曲线。选择下拉菜单 工具 → 隐藏 ▸ → 所有曲线 命令。

（2）选择命令。选择下拉菜单 插入 → Operations ▸ → Join... 命令，系统弹出“接合定义”对话框。

（3）选择接合对象。在特征树中单击 Cavity.1 前的“+”号，选取 曲面.24；然后单击 Parting_surface 前的“+”号，分别选取 PrtSrf_接合.1、扫掠.1、扫掠.2、扫掠.3 和 扫掠.4。

（4）在该对话框中单击 确定 按钮，完成型腔分型面的创建。

（5）重命名型腔分型面。右击 接合.7，在弹出的快捷菜单中选择 属性 命令，然后在弹出的“属性”对话框中选择 特征属性 选项卡，在 特征名称： 文本框中输入文件名“Cavity_surface”，单击 确定 按钮，完成型腔分型面的重命名。

Step2. 创建型芯分型面。

（1）选择命令。选择下拉菜单 插入 → Operations ▸ → Join... 命令，系统弹出“接合定义”对话框。

（2）选择接合对象。在特征树中单击 Core.1 前的“+”号，选取 曲面.23；然后单击 Parting_surface 前的“+”号，分别选取 PrtSrf_接合.6、扫掠.1、扫掠.2、扫掠.3 和 扫掠.4。

（3）在该对话框中单击 确定 按钮，完成型芯分型面的创建。

（4）重命名型芯分型面。右击 接合.8，在弹出的快捷菜单中选择 属性 命令，然后在弹出的“属性”对话框中选择 特征属性 选项卡，在 特征名称： 文本框中输入“Core_surface”，单击 确定 按钮，完成型芯分型面的重命名。

Step3. 创建滑块分型面。

（1）选择命令。选择下拉菜单 插入 → Operations ▸ → Join... 命令，系统弹出“接合定义”对话框。

（2）选择接合对象。在特征树中单击 Slider/Lifter.1 前的“+”号，选取 曲面.22，然后单击 Parting_surface 前的“+”号，分别选取 PrtSrf_拉伸.5 和 PrtSrf_接合.6。

（3）在该对话框中单击 确定 按钮，完成滑块分型面的创建。

（4）重命名滑块分型面。右击 接合.9，在弹出的快捷菜单中选择 属性 命令，然后在弹出的“属性”对话框中选择 特征属性 选项卡，在 特征名称： 文本框中输入文件名“Slide_surface”，单击 确定 按钮，完成滑块分型面的重命名。

Step4. 后面的详细操作过程请参见随书光盘中 video\ch11\reference\文件下的语音视频讲解文件 handle-r02.exe。

第 12 章

数控加工实例

本章主要包含如下内容：

- 实例 48　车削加工
- 实例 49　凹模加工
- 实例 50　凸模加工
- 实例 51　圆盘加工
- 实例 52　泵体端盖加工

实例48　车 削 加 工

下面介绍图 48.1 所示的轴零件的加工过程，其加工工艺路线如图 48.2 和图 48.3 所示。

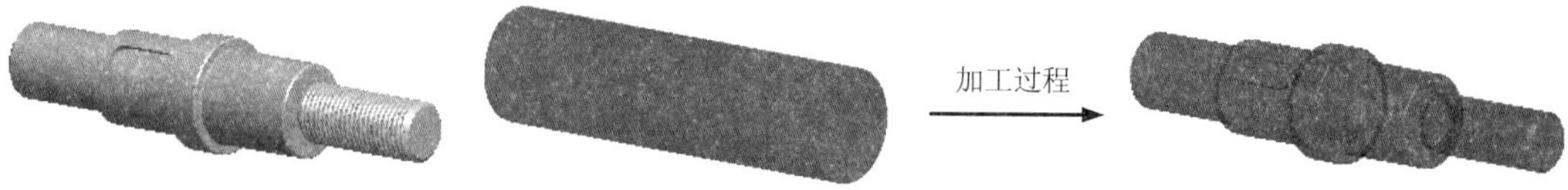

a）参考模型　　b）工件　　c）加工结果

图 48.1　轴零件加工过程

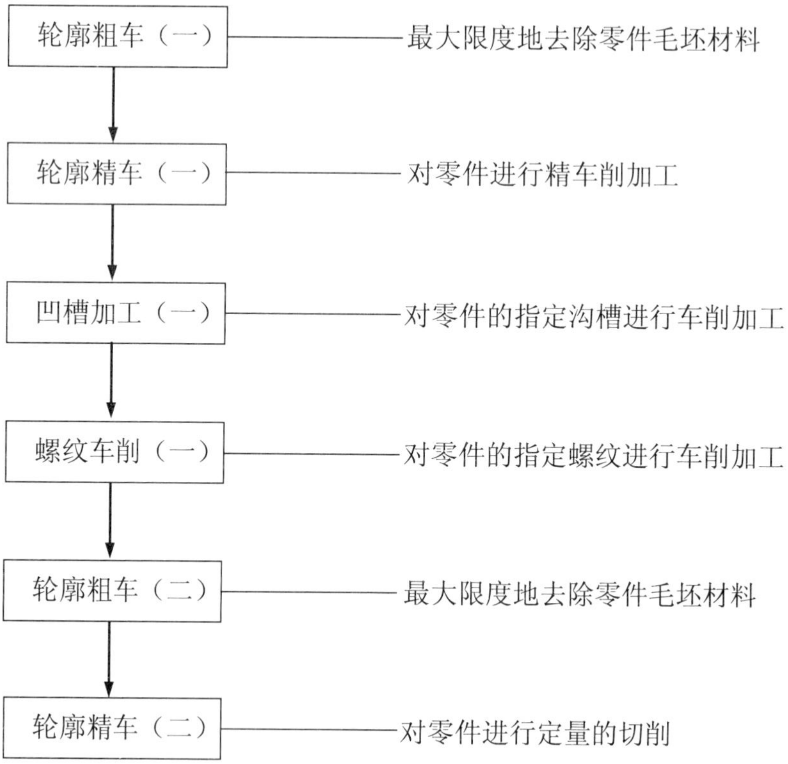

图 48.2　加工工艺路线（一）

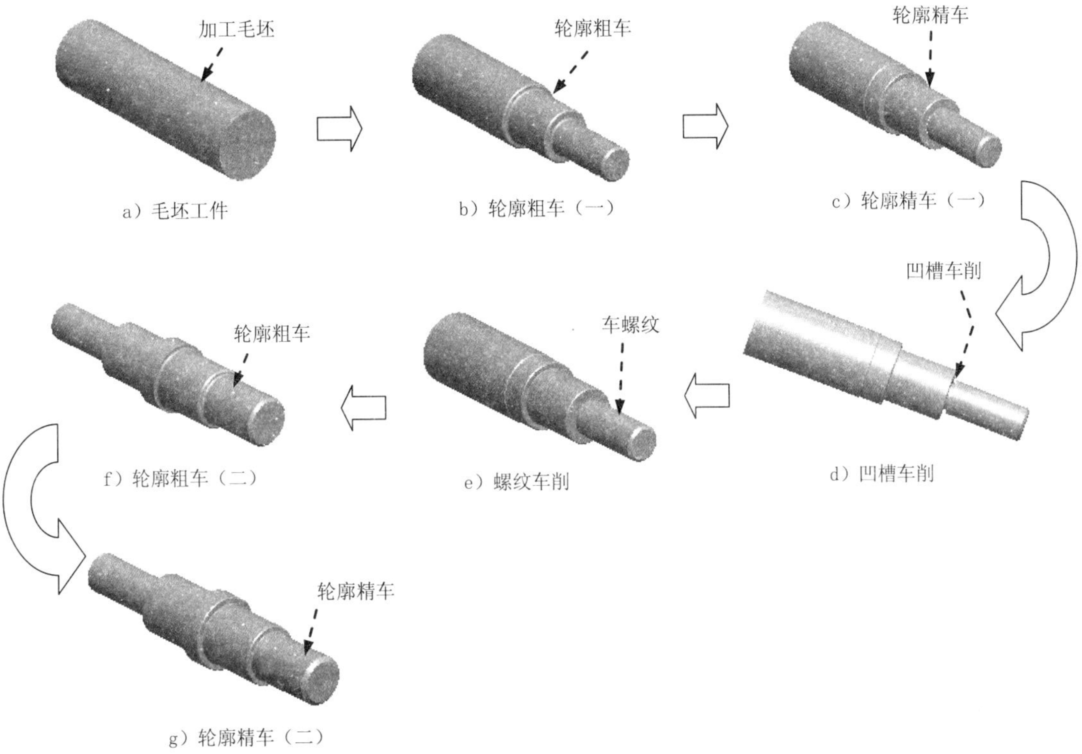

图 48.3 加工工艺路线（二）

Task1. 新建模型文件

Step. 选择下拉菜单 文件 ➡ 新建... 命令，在“新建”对话框中选取 Process 选项，单击 确定 按钮，系统进入到加工模块。

Task2. 零件操作定义

Step1. 在特征树中双击 Part Operation.1 节点，系统弹出“Part Operation”对话框。

Step2. 机床设置。单击“Part Operation”对话框中的“Machine”按钮，系统弹出“Machine Editor”对话框，单击其中的“Horizontal Lathe Machine”按钮，保持系统默认设置，然后单击 确定 按钮，完成机床的选择。

Step3. 加载产品。单击对话框中的按钮，系统弹出“选择文件”对话框，选取零件模型 turing.CATProduct。

Step4. 定义加工坐标系。

（1）单击“Part Operation”对话框中的按钮，系统弹出“Default reference machining axis for Part Operation. 1”对话框。

（2）在对话框的 Axis Name：文本框中输入坐标系名称 My_axis.1。

（3）单击对话框中的坐标原点感应区，然后在图形区选取图 48.4 所示的点作为加工坐标系的原点，系统创建图 48.4 所示的加工坐标系。单击对话框中的 Z 轴，系统弹出“Direction Z”对话框，在 I: 文本框中输入数值 1，在 K: 文本框中输入数值 0，单击 确定 按钮；单击对话框中的 X 轴，系统弹出“Direction X”对话框，在 J: 文本框中输入数值 1，在 K: 文本框中输入数值 0，单击 确定 按钮，完成加工坐标系的定义。

说明：调整后的坐标系 Z 轴沿零件轴向，X 轴与指南针的 Y 轴平行。

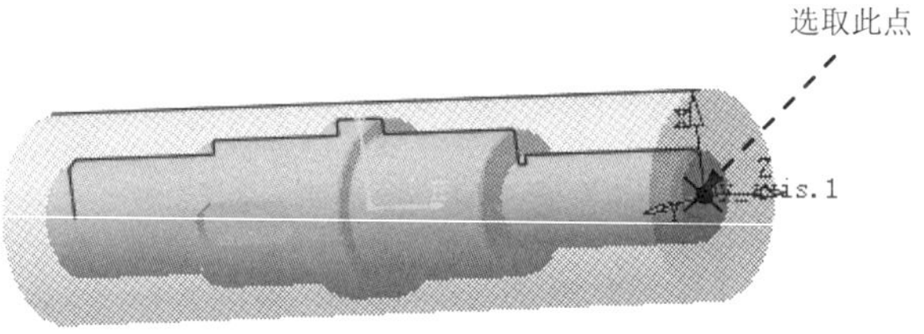

图 48.4 定义坐标系

Step5. 定义加工目标零件。单击“Part Operation”对话框中的按钮，在图形区中选择目标加工零件，在图形区域空白处双击，系统返回到“Part Operation”对话框。

Step6. 定义毛坯零件。单击“Part Operation”对话框中的按钮，在图形区中选择毛坯加工零件，在图形区空白处双击，系统返回到“Part Operation”对话框。

Step7. 定义换刀点。选择 Position 选项卡，在 X：文本框中输入数值 100，在 Y：文本框中输入数值 0，在 Z：文本框中输入数值 300，其他参数保持系统默认设置值，单击 确定 按钮，完成设置。

Task3. 车削粗加工（一）

Step1. 在特征树中选择 Manufacturing Program. 1 节点，然后选择下拉菜单 插入 → Machining Operations ▸ → Rough Turning 命令，插入一个粗车加工操作，系统弹出“Rough Turning.1”对话框。

Step2. 定义几何参数。

（1）定义零件轮廓。单击“几何参数”选项卡，然后单击“Rough Turning.1”对话框中的零件轮廓感应区，系统弹出“Edge Selection”工具条。在图形区选择图 48.5 所示的曲线作为零件轮廓。单击“Edge Selection”工具条中的 OK 按钮，系统返回到“Rough Turning.1”对话框。

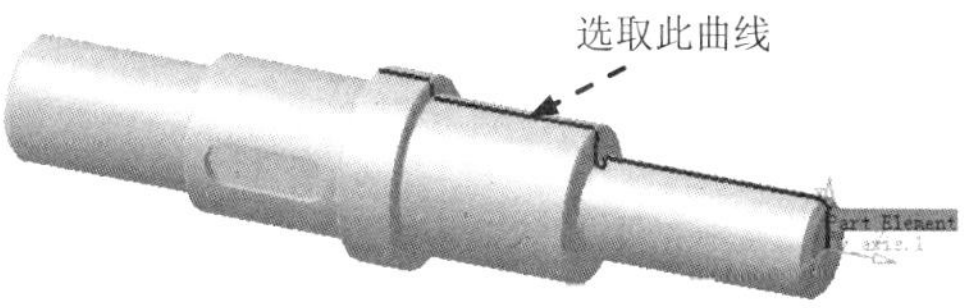

图 48.5 零件轮廓

（2）定义毛坯边界。单击“Rough Turning.1”对话框中的毛坯边界感应区，系统弹出“Edge Selection”工具条。在图形区选择图 48.6 所示的直线作为毛坯边界。单击“Edge Selection”工具条中的 OK 按钮，系统返回到“Rough Turning.1”对话框。

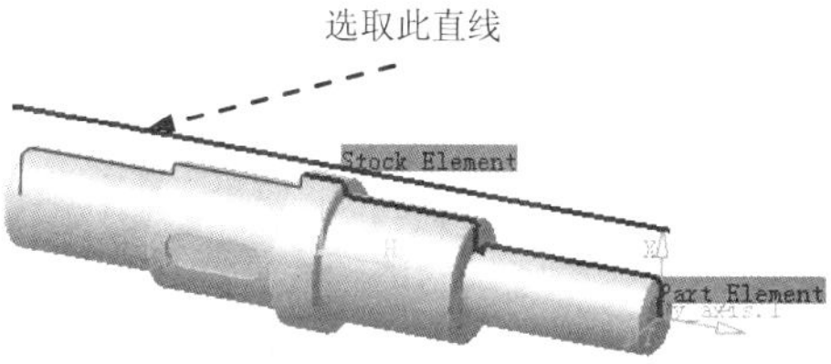

图 48.6 毛坯边界

（3）定义车削余量。单击对话框中的终点限制感应区，然后选取图 48.7 所示的平面。

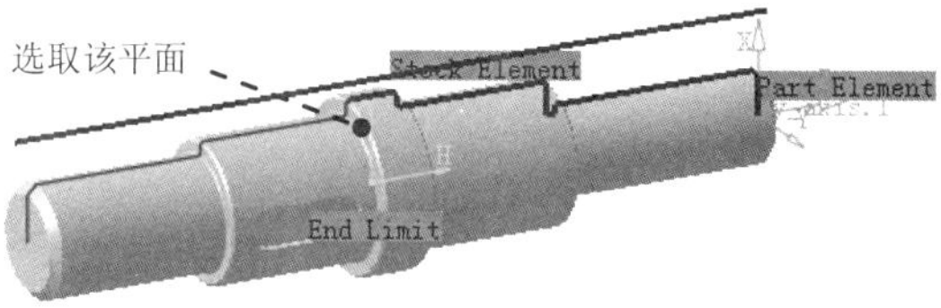

图 48.7 加工终止面

（4）定义加工余量。在 Part offset: 文本框中输入值 0.5，在 Axial part offset: 文本框中输入数值 0.2，在 Radial part offset: 文本框中输入数值 0.3，在 End limit offset: 文本框中输入数值 5，其余参数采用系统默认设置。

Step3. 定义刀具参数。

（1）进入“刀具参数”选项卡。在“Rough Turning.1”对话框中单击“刀具参数”选项卡。

（2）选择刀具装配。选用系统默认的刀具“Turning Tool Assembly.1”。

（3）选择刀柄。在“Rough Turning.1”对话框中单击“刀柄”选项卡，选用系统默认的外圆车刀。

（4）定义刀片。在“Rough Turning.1”对话框中单击“刀片”选项卡，选用菱形刀片类型，其他参数采用系统默认设置。

Step4. 定义进给率。

（1）进入“进给率”选项卡。在“Rough Turning.1”对话框中单击选项卡。

（2）设置进给率。在“Rough Turning.1”对话框的选项卡中选中 Feedrate 区域中的 Automatic compute from tooling Feeds and Speeds 复选框，在 Lead-in : 文本框中输入值 0.1，在 Machining: 文本框中输入值 0.2，在 Lift-off : 文本框中输入值 0.4；然后取消选中 Spindle Speed 区域中的 Automatic compute from tooling Feeds and Speeds 复选框，在 Machining: 文本框中输入值 500。其他选项按系统默认设置。

Step5. 定义刀具路径参数。

（1）进入“刀具路径参数”选项卡。在“Rough Turning.1”对话框中单击选项卡。

（2）设置“Strategy”选项卡。单击 Strategy 选项卡，双击“Max depth of cut”字样，系统弹出“Edit Parameter”对话框，然后输入数值 1，单击 确定 按钮；其他参数采用系统默认设置值。

（3）设置“Option”选项卡。单击 Option 选项卡，采用系统默认的参数设置值。

Step6. 定义进刀/退刀路径。

（1）进入进刀/退刀路径选项卡。在“Rough Turning.1”对话框中单击“进刀/退刀路径”选项卡。

（2）定义进刀路径。

① 激活进刀。在 Macro Management 区域的列表框中选择 Approach，右击，在弹出的快捷菜单中选择 Activate 命令。

② 在 Mode: 下拉列表中选择 Build by user 选项，然后单击“Remove all motion”按钮和“Add Horizontal motion”按钮。

（3）定义退刀路径。

① 激活进刀。在 Macro Management 区域的列表框中选择 Retract，右击，在弹出的快捷菜单中选择 Activate 命令。

② 在 Mode: 下拉列表中选择 Build by user 选项，然后单击“Remove all motion”按钮和“Add Tangent motion”按钮。

Step7. 刀路仿真。

（1）在“Rough Turning.1”对话框中单击“Tool Path Replay”按钮，系统弹出“Rough Turning.1”对话框，且在图形区显示刀路轨迹。

（2）在“Rough Turning.1”对话框中单击按钮，然后单击按钮，观察刀具切削毛坯零件的运行情况。

Step8. 在“Rough Turning.1”对话框中单击两次 确定 按钮。

Task4. 车削精加工（一）

Step1. 在特征树中选择 Rough Turning.1 (Computed) 节点，然后选择下拉菜单 插入 → Machining Operations ▸ → Profile Finish Turning 命令，插入一个轮廓精车加工操作，系统弹出“Profile Finish Turning.1”对话框。

Step2. 定义几何参数。

（1）单击“几何参数”选项卡，然后单击“Profile Finish Turning.1”对话框中的零件轮廓感应区，系统弹出“Edge Selection”工具条。在图形区选择图 48.8 所示的曲线作为零件轮廓。单击“Edge Selection”工具条中的 OK 按钮，系统返回到“Profile Finish Turning.1”对话框。

图 48.8　零件轮廓

（2）单击“Profile Finish Turning.1”对话框中的终点限制感应区，然后选取图 48.9 所示的平面。

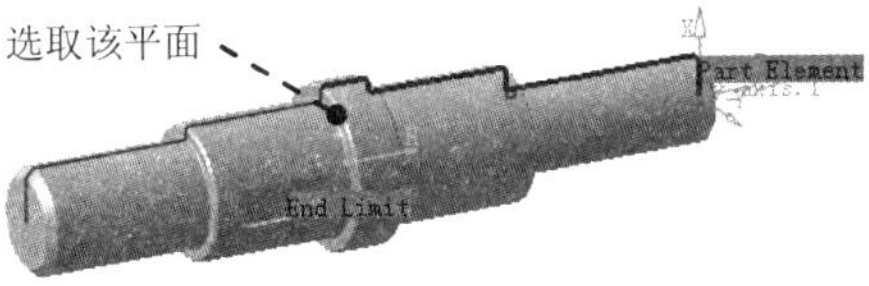

图 48.9　加工终止面

（3）在“Profile Finish Turning.1”对话框中右击“End limit mode”字样，在弹出的快捷菜单中选取 Out 命令。

（4）定义加工余量。在 Part offset:、Axial part offset:、Radial part offset: 文本框中均输入数值 0，其余参数采用系统默认设置。

Step3. 定义刀具参数。

（1）进入刀具参数选项卡。在“Profile Finish Turning.1”对话框中单击“刀具参数”选项卡 。

（2）选择刀具装配。单击“刀柄”选项卡，在 Name: 文本框中输入“Turning Tool Assembly.2”并按下 Enter 键，在 Tool number : 文本框中输入值 2。

（3）定义刀柄。单击“刀柄”选项卡，选择“External Insert-Holder”刀柄，在 Name: 文本框中输入“T2 External Insert-Holder”并按下 Enter 键，然后单击 More>> 按钮，在 Cutting edge angle (Kr): 文本框中输入数值 135，在 Insert angle (a): 文本框中输入数值 35。

（4）定义刀片。系统自动沿用了上一个操作的菱形刀片，在 Name: 文本框中输入“Diamond Insert r 0.2”；然后单击 More>> 按钮，在 Inscribed diameter (iC): 文本框中输入数值 6，在 Nose radius (r): 文本框中输入数值 0.2，在 Insert angle (a): 文本框中输入数值 35，其他参数保持系统默认设置值。

Step4. 定义进给率。

（1）进入进给率选项卡。在“Profile Finish Turning.1”对话框中单击选项卡。

（2）设置进给率。在“Profile Finish Turning.1”对话框的选项卡中选中 Feedrate 区域中的 Automatic compute from tooling Feeds and Speeds 复选框，在 Lead-in : 文本框中输入值 0.2，在 Machining: 文本框中输入值 0.1；然后取消选中 Spindle Speed 区域中的 □ Automatic compute from tooling Feeds and Speeds 复选框，在 Machining: 文本框中输入值 1000。其他选项按系统默认设置。

Step5. 定义刀具路径参数。

（1）进入“刀具路径参数”选项卡。在“Profile finish turning.1”对话框中单击选项卡。

（2）设置“General（一般）”参数。单击 General 选项卡，取消选中 □ Recess machining 复选框，单击 Machining: 选项卡，双击“Lead-in angle：90”字眼，系统弹出“Edit Parameter”对话框，在对话框中输入数值 0，其他参数采用系统默认设置。

（3）其他选项卡中的参数采用系统默认设置。

Step6. 定义进刀/退刀路径。

（1）进入进刀/退刀路径选项卡。在“Profile finish turning.1”对话框中单击“进刀/退刀路径”选项卡。

（2）定义进刀路径。在 Macro Management 区域的列表框中选择 Approach，右击，在弹出的快捷菜单中选择 Activate 命令；在 Mode: 下拉列表中选择 Build by user 选项，然后单击“Remove all motion”按钮和“Add Tangent motion”按钮。

（3）定义退刀路径。在 Macro Management 区域的列表框中选择 Retract，右击，在弹出的快捷菜单中选择 Activate 命令；在 Mode: 下拉列表中选择 Build by user 选项，然后单击“Remove all motion”按钮和“Add Horizontal motion”按钮。

Step7. 刀路仿真。在“Profile finish turning.1”对话框中单击“Tool Path Replay”按钮，系统弹出“Profile finish turning.1”对话框，且在图形区显示刀路轨迹。

Step8. 在“Profile finish turning.1”对话框中单击两次 确定 按钮。

Task5. 沟槽加工

Step1. 在特征树中选择 Profile Finish Turning.1 (Computed) 节点，然后选择下拉菜单 插入 → Machining Operations ▸ → Groove Turning 命令，插入一个沟槽加工操作，系统弹出“Groove Turning.1”对话框。

Step2. 定义几何参数。

（1）单击“几何参数”选项卡，然后单击“Groove Turning.1”对话框中的零件轮廓感应区，系统弹出“Edge Selection”工具条。选择图 48.10 所示的凹槽的 3 条曲线作为零件轮廓。单击“Edge Selection”工具条中的 OK 按钮，系统返回到“Groove Turning.1”对话框。

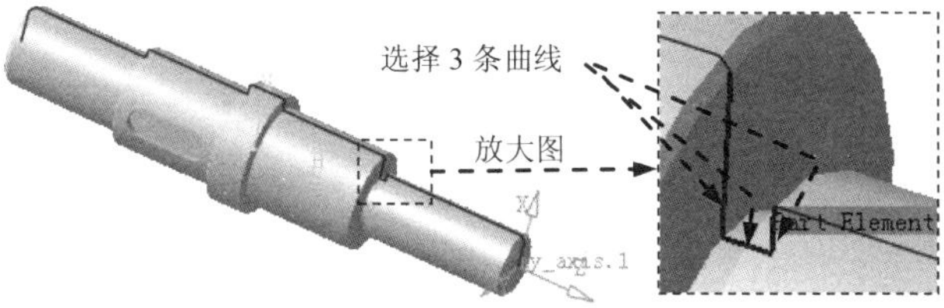

图 48.10　零件轮廓

（2）定义毛坯边界。单击毛坯边界感应区，系统弹出“Edge Selection”工具条。选择图 48.11 所示的曲线为零件轮廓，单击“Edge Selection”工具条中的 OK 按钮，系统返回到“Groove Turning.1”对话框。

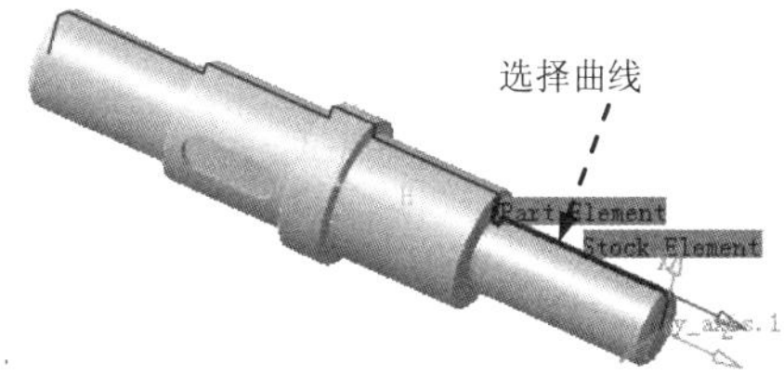

图 48.11　零件边界

（3）其他采用系统默认设置。

Step3. 定义刀具参数。

（1）进入“刀具参数”选项卡。在“Groove Turning.1”对话框中单击“刀具参数”选项卡。

（2）定义刀柄。单击选项卡，单击“刀柄”选项卡，采用“External Groove Insert-Holder”刀柄，单击More>>按钮，在Insert width (la):文本框中输入数值 1.9，其他参数采用系统默认设置。

（3）定义刀片。单击“刀头”选项卡，然后选择“Groove Insert”刀片，单击More>>按钮，在Left nose radius (r1):文本框中输入数值 0.2，在Right nose radius (r2):文本框中输入数值 0.2，在Insert width (la):文本框中输入数值 2，其他参数采用系统默认设置值。

Step4. 定义进给率。

（1）进入进给率选项卡。在“Groove Turning.1”对话框中单击选项卡。

（2）设置进给率。在“Groove Turning.1”对话框的选项卡中选中Feedrate区域中的Automatic compute from tooling Feeds and Speeds复选框，在Lead-in :文本框中输入值 0.05，在First plunge :文本框中输入值 0.1；然后取消选中Spindle Speed区域中的Automatic compute from tooling Feeds and Speeds复选框，在Machining:文本框中输入值 800。其他选项按系统默认设置。

Step5. 定义刀具路径参数。进入“刀具路径参数”选项卡。单击“Groove Turning.1”对话框中选项卡，在对话框中选中Grooving by level复选框，其他保持系统默认设置。

Step6. 定义进刀/退刀路径。

（1）进入进刀/退刀路径选项卡。在“Groove Turning.1”对话框中单击“进刀/退刀路径”选项卡。

（2）定义进刀路径。在Macro Management区域的列表框中选择Approach，右击，在弹出的快捷菜单中选择Activate命令；在Mode:下拉列表中选择Build by user选项，然后单击“Remove all motion”按钮和“Add Tangent motion”按钮。

（3）定义退刀路径。在Macro Management区域的列表框中选择Retract，右击，在弹出的快捷菜单中选择Activate命令；在Mode:下拉列表中选择Build by user选项，然后单击“Remove all motion”按钮和“Add Tangent motion”按钮。

Step7. 刀路仿真。在“Groove Turning.1”对话框中单击“Tool Path Replay”按钮，系统弹出“Groove Turning.1”对话框，且在图形区显示刀路轨迹。

Step8. 在“Groove Turning.1”对话框中单击两次确定按钮。

Task6. 螺纹加工

Step1. 在特征树中选择 Groove Turning.1 节点，然后选择下拉菜单 插入 → Machining Operations ▸ → Thread Turning 命令，插入一个螺纹加工操作，系统弹出“Thread Turning.1”对话框。

Step2. 设置几何参数。

（1）定义零件边界。单击“Thread Turning.1”对话框中的零件边界感应区，系统弹出“Edge Selection”工具条。在图形区选择图 48.12 所示的曲线作为零件边界。单击“Edge Selection”工具条中的 OK 按钮，系统返回到“Thread Turning.1”对话框。

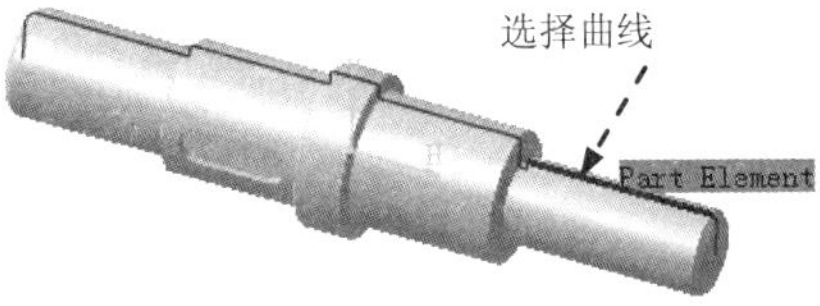

图 48.12 零件边界

（2）定义螺纹起点。右击对话框中的“Start limit mode”字样，在系统弹出的快捷菜单中选择 Out 选项，然后单击螺纹起点感应区，选择图 48.13 所示端面作为螺纹起点，系统返回到“Thread Turning.1”对话框。

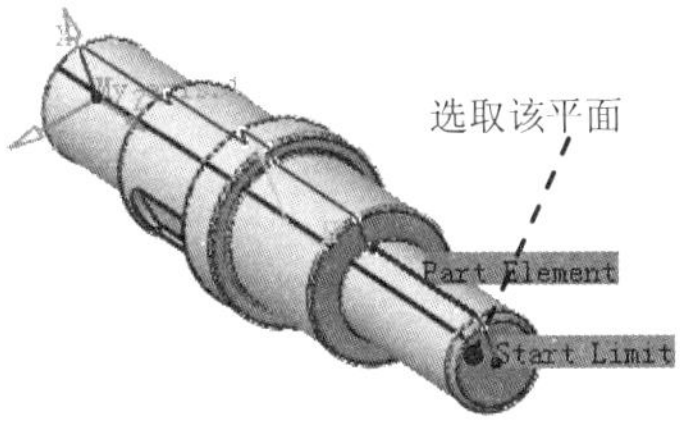

图 48.13 螺纹起点

（3）定义螺纹终点。右击对话框中的“End limit mode”字样，在系统弹出的快捷菜单中选择 On 选项，然后单击螺纹终点感应区，选择图 48.14 所示曲线作为螺纹终点，系统返回到“Thread Turning.1”对话框。

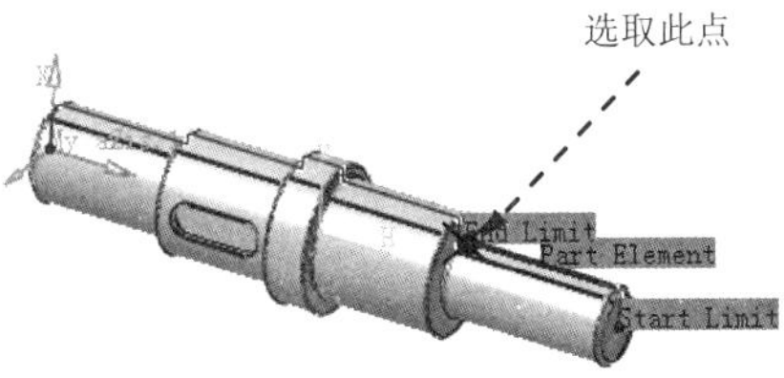

图 48.14 螺纹终点

（4）在End limit offset:文本框中输入数值 1，其他参数保持系统默认设置值。

Step3. 设置刀具参数。

（1）进入“刀具参数”选项卡。在“Thread Turning.1”对话框中单击“刀具参数”选项卡。

（2）选择刀具装配。选用系统默认的刀具“Turning Tool Assembly.4”。

（3）选择刀柄。在“Rough Turning.1”对话框中单击“刀柄”选项卡，选用系统默认的外螺纹车刀。

（4）定义刀片。在“Thread Turning.1”对话框中单击“刀片”选项卡，采用系统默认的螺纹刀片类型，在右下角单击More>>按钮，在Thread profile :下拉列表中选取ISO选项，其他保持系统默认设置。

Step4. 设置刀具路径参数。

（1）进入“刀具路径参数”选项卡。在“Thread Turning.1”对话框中单击选项卡。

（2）定义螺纹参数。单击Thread选项卡，然后双击 “Pitch：1mm”字样，系统弹出Edit Parameter对话框，在其中的文本框中输入值 2，其他参数采用系统默认设置值。

Step5. 定义进刀/退刀路径。

（1）进入进刀/退刀路径选项卡。在“Thread Turning.1”对话框中单击“进刀/退刀路径”选项卡。

（2）定义进刀路径。

① 激活进刀。在Macro Management区域的列表框中选择Approach选项，右击，在弹出的快捷菜单中选择Activate命令。

② 在Mode:下拉列表中选择Build by user选项，然后单击“Remove all motion”按钮和“Add Tangent motion”按钮。

（3）定义退刀路径。

① 激活退刀。在Macro Management区域的列表框中选择Retract选项，右击，在弹出的快捷菜单中选择Activate命令。

② 在Mode:下拉列表中选择Build by user选项，然后单击“Remove all motion”按钮和“Add Horizontal motion”按钮。

Step6. 刀路仿真。在“Thread Turning.1”对话框中单击“Tool Path Replay”按钮，系统弹出“Thread Turning.1”对话框，且在图形区显示刀路轨迹。

Step7. 在“Thread Turning.1”对话框中单击两次确定按钮。

Task7. 零件操作定义

Step1. 在特征树中选中 Thread Turning.1 (Computed) 选项，单击“Manu facturingProgram”工具栏中的按钮，然后在特征树中双击新生成的 Part Operation.2 节点，系统弹出“Part Operation”对话框。

Step2. 加载产品。单击对话框中的按钮，系统弹出“选择文件”对话框，选取零件模型 turing.CATProduct。

Step3. 机床设置。单击“Part Operation”对话框中的“Machine”按钮，系统弹出“Machine Editor”对话框，单击其中的“Horizontal Lathe Machine”按钮，保持系统默认设置，然后单击 确定 按钮，完成机床的选择。

Step4. 定义加工坐标系。

（1）单击“Part Operation”对话框中的按钮，系统弹出“Default reference machining axis for Part Operation. 1”对话框。

（2）在对话框的 Axis Name : 文本框中输入坐标系名称 My_axis.2。

（3）单击对话框中的坐标原点感应区，然后在图形区选取图 48.15 所示的点作为加工坐标系的原点，单击对话框中的 Z 轴，系统弹出“Direction Z”对话框，在 I: 文本框中输入数值-1，在 K: 文本框中输入数值 0，单击 确定 按钮；单击对话框中的 X 轴，系统弹出“Direction X”对话框，在 J: 文本框中输入数值 1，在 K: 文本框中输入数值 0，单击 确定 按钮，完成加工坐标系的定义。

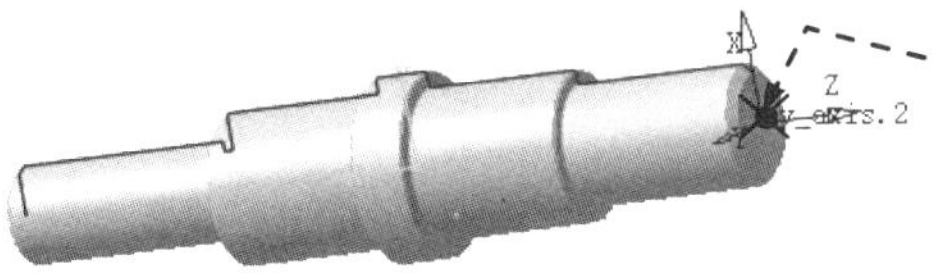

图 48.15　定义坐标系

Step5. 定义加工目标零件。单击“Part Operation”对话框中的按钮，在图形区中选择目标加工零件，在图形区域空白处双击，系统返回到“Part Operation”对话框。

Step6. 定义毛坯零件。单击“Part Operation”对话框中的按钮，在图形区中选择毛坯加工零件，在图形区空白处双击，系统返回到“Part Operation”对话框。

Step7. 定义换刀点。选择 Position 选项卡，在 X : 文本框中输入数值 100，在 Y : 文本框中输入数值 0，在 Z : 文本框中输入数值 300，其他参数保持系统默认设置值，单击 确定 按钮，完成设置。

Task8. 车削粗加工

Step1. 在特征树中选中 Part Operation.2 节点，然后单击工具栏中的按钮，在特征树中选中新生成的“Manufacturing Program.2”节点，选择下拉菜单 插入 ➡ Machining Operations ▸ ➡ Rough Turning 命令，插入一个粗车加工操作，系统弹出“Rough Turning.2”对话框。

Step2. 定义几何参数。

（1）定义零件轮廓。单击“几何参数”选项卡，然后单击“Rough Turning.2”对话框中的零件轮廓感应区，系统弹出“Edge Selection”工具条。在图形区选择图 48.16 所示的曲线作为零件轮廓。单击“Edge Selection”工具条中的 OK 按钮，系统返回到“Rough Turning.2”对话框。

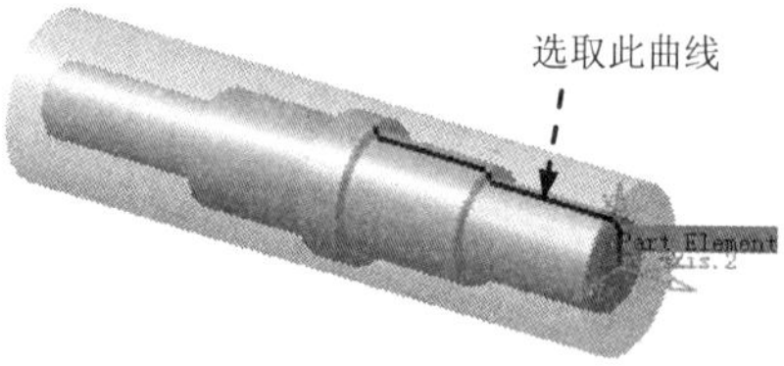

图 48.16　零件轮廓

（2） 定义毛坯边界。单击“Rough Turning.2”对话框中的毛坯边界感应区，系统弹出“Edge Selection”工具条。在图形区选择图 48.17 所示的直线作为毛坯边界。单击“Edge Selection”工具条中的 OK 按钮，系统返回到“Rough Turning.2”对话框。

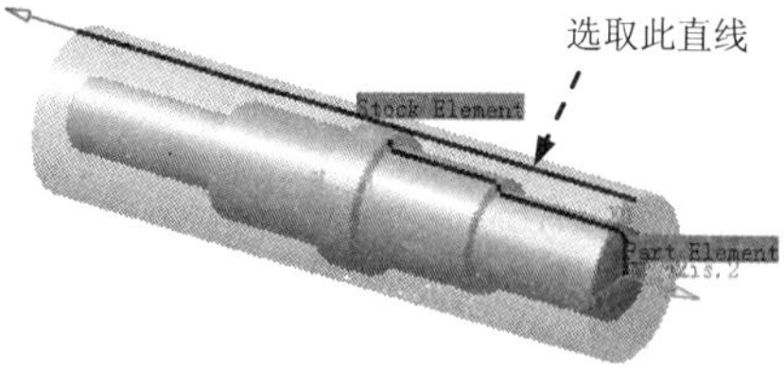

图 48.17　毛坯边界

（3）定义加工余量。在 Part offset: 文本框中输入值 0.5，在 Axial part offset: 文本框中输入数值 0.2，在 Radial part offset: 文本框中输入数值 0.3，其他参数采用系统默认设置。

Step3. 定义刀具参数。

（1）进入“刀具参数”选项卡。在“Rough Turning.2”对话框中单击“刀具参数”选项卡。

（2）选择刀具装配。单击 Name: 文本框后的 ... 按钮，选用名为“Turning Tool

Assembly.1”的刀具，其他参数采用系统默认设置。

Step4. 定义进给率。

（1）进入“进给率”选项卡。在“Rough Turning.2”对话框中单击选项卡。

（2）设置进给率。在“Rough Turning.1”对话框的选项卡中选中 Feedrate 区域中的 Automatic compute from tooling Feeds and Speeds 复选框，在 Lead-in : 文本框中输入值 0.1，在 Machining: 文本框中输入值 0.2，在 Lift-off : 文本框中输入值 0.4；然后取消选中 Spindle Speed 区域中的□ Automatic compute from tooling Feeds and Speeds 复选框，在 Machining: 文本框中输入值 500。其他选项按系统默认设置。

Step5. 定义刀具路径参数。

（1）进入“刀具路径参数”选项卡。在“Rough Turning.1”对话框中单击选项卡。

（2）设置“Strategy”选项卡。单击 Strategy 选项卡，双击“Max depth of cut”字样，系统弹出“Edit Parameter”对话框，然后输入数值 1，单击 确定 按钮；其他参数采用系统默认设置值。

（3）设置“Option”选项卡。单击 Option 选项卡，采用系统默认的参数设置值。

Step6. 定义进刀/退刀路径。

（1）进入进刀/退刀路径选项卡。在“Rough Turning.2”对话框中单击“进刀/退刀路径”选项卡。

（2）定义进刀路径。

① 激活进刀。在 Macro Management 区域的列表框中选择 Approach，右击，在弹出的快捷菜单中选择 Activate 命令。

② 在 Mode: 下拉列表中选择 Build by user 选项，然后单击“Remove all motion”按钮和“Add Horizontal motion”按钮。

（3）定义退刀路径。

① 激活进刀。在 Macro Management 区域的列表框中选择 Retract，右击，在弹出的快捷菜单中选择 Activate 命令。

② 在 Mode: 下拉列表中选择 Build by user 选项，然后单击“Remove all motion”按钮和“Add Tangent motion”按钮。

Step7. 刀路仿真。

（1）在“Rough Turning.2”对话框中单击“Tool Path Replay”按钮，系统弹出“Rough Turning.1”对话框，且在图形区显示刀路轨迹。

（2）在“Rough Turning.2”对话框中单击按钮，然后单击按钮，观察刀具切削毛坯零件的运行情况。

Step8. 在“Rough Turning.2”对话框中单击两次 确定 按钮。

Task9. 车削精加工

Step1. 在特征树中选择 Rough Turning.2 (Computed) 节点，然后选择下拉菜单 插入 → Machining Operations ▸ → Profile Finish Turning 命令，插入一个轮廓精车加工操作，系统弹出“Profile Finish Turning.2”对话框。

Step2. 定义几何参数。

（1）单击“几何参数”选项卡，然后单击“Profile Finish Turning.2”对话框中的零件轮廓感应区，系统弹出“Edge Selection”工具条。在图形区选择图 48.18 所示的曲线作为零件轮廓。单击“Edge Selection”工具条中的 OK 按钮，系统返回到“Profile Finish Turning.2”对话框。

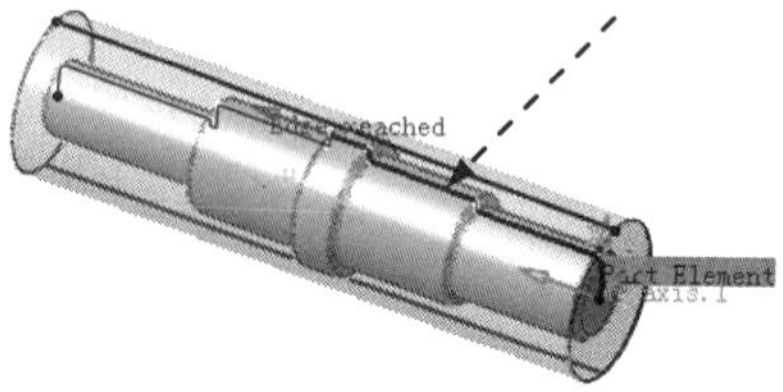

图 48.18 零件轮廓

（2）定义加工余量。在 Part offset:、Axial part offset:、Radial part offset: 文本框中均输入数值 0，其他参数采用系统默认设置。

Step3. 定义刀具参数。

（1）进入刀具参数选项卡。在“Profile Finish Turning.1”对话框中单击“刀具参数”选项卡。

（2）选择刀具装配。单击 Name: 文本框后的 ... 按钮，选用名为“Turning Tool Assembly.2”的刀具，其他参数采用系统默认设置。

（3）在定义刀柄和定义刀片选项卡中的参数均采用系统默认设置。

Step4. 定义进给率。

（1）进入进给率选项卡。在“Profile Finish Turning.2”对话框中单击选项卡。

（2）设置进给率。在“Profile Finish Turning.2”对话框的选项卡中选中 Feedrate 区域中的 □Automatic compute from tooling Feeds and Speeds 复选框，在 Lead-in : 文本框中输入值 0.3，在 Machining: 文本框中输入值 0.1，在 Chamfering : 文本框中输入数值 0.2，在 Lift-off : 文本框中输入数值 0.8；然后取消选中 Spindle Speed 区域中的 □Automatic compute from tooling Feeds and Speeds 复选框，在 Machining: 文本框中输入值 1000。其他参数选项采用系统默认设置值。

Step5. 定义刀具路径参数。

（1）进入“刀具路径参数”选项卡。在“Profile finish turning.1”对话框中单击选项卡。

（2）设置“General（一般）”参数。单击 General 选项卡，取消选中 □Recess machining 复选框， 在 Machining: 选项卡中采用系统默认设置。

（3）其他选项卡中的参数采用系统默认设置。

Step6. 定义进刀/退刀路径。

（1）进入进刀/退刀路径选项卡。在“Profile finish turning.1”对话框中单击“进刀/退刀路径”选项卡。

（2）定义进刀路径。在 Macro Management 区域的列表框中选择 Approach，右击，在弹出的快捷菜单中选择 Activate 命令；在 Mode: 下拉列表中选择 Build by user 选项，然后单击“Remove all motion”按钮和“Add Tangent motion”按钮。

（3）定义退刀路径。在 Macro Management 区域的列表框中选择 Retract，右击，在弹出的快捷菜单中选择 Activate 命令；在 Mode: 下拉列表中选择 Build by user 选项，然后单击“Remove all motion”按钮和“Add Horizontal motion”按钮。

Step7. 刀路仿真。在“Profile finish turning.1”对话框中单击“Tool Path Replay”按钮，系统弹出“Profile finish turning.1”对话框，且在图形区显示刀路轨迹。

Step8. 在“Profile finish turning.1”对话框中单击两次 确定 按钮。

Task10. 保存文件

选择下拉菜单 文件 → 另存为... 命令，在系统弹出的“另存为”对话框中输入文件名 model，单击 保存(S) 按钮，即可保存文件。

实例 49　凹 模 加 工

下面介绍图 49.1 所示的凹模零件的加工过程，其加工工艺路线如图 49.2 和图 49.3 所示。

a）参考模型

b）工件　　c）加工结果

图 49.1　凹模零件加工过程

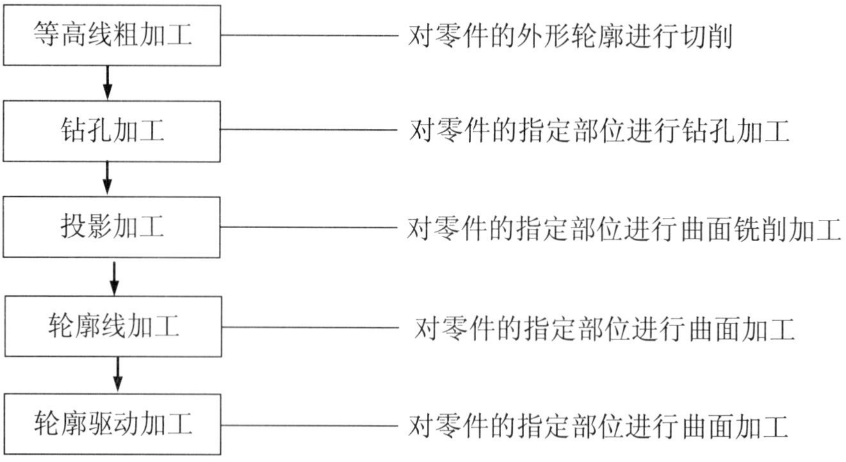

图 49.2　加工工艺路线（一）

a）等高线粗加工　b）钻孔加工　c）投影加工　d）轮廓线加工　e）轮廓驱动加工

图 49.3　加工工艺路线（二）

Task1．打开模型文件并进入加工模块

Step1．打开模型文件 D:\catins20\work\ch12\ins49\mill_ex01.CATPart。

Step2．选择下拉菜单 工具 → 选项... 命令，单击对话框左侧的 加工 节点，选中右侧的 General 选项卡，在 Complementary Geometry 区域中选中 Create a CATPart to store geometry. 复选框，单击 确定 按钮，完成设置。

Step3．切换工作台。选择下拉菜单 开始 → 加工 ▸ → Surface Machining 命令，进入“Surface Machining”工作台。

Task2．创建毛坯零件

Step1．创建图 49.4 所示的毛坯零件。在“Geometry Management”工具栏中单击“Creates Rough Stock”按钮，系统弹出“Rough Stock”对话框。在图形区选择目标加工零件作为参照，系统自动创建一个毛坯零件，且在“Rough Stock”对话框 Definition of the Stock 区域下的 DX:、DY: 文本框中分别输入数值 110、110，在 Z max: 文本框中输入数值 35。完成后单击“Rough Stock”对话框中的 确定 按钮。

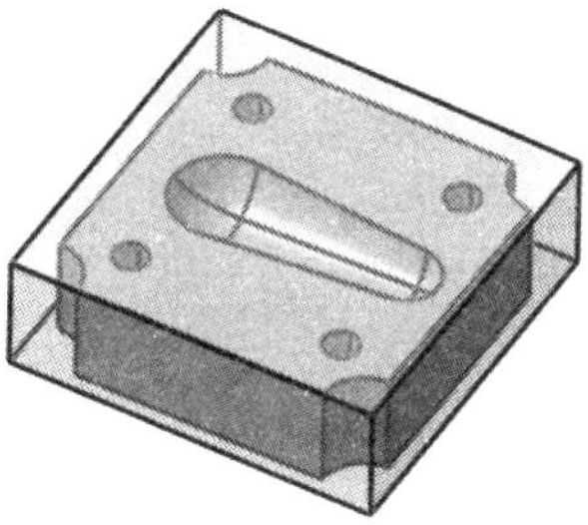

图 49.4　创建毛坯

Step2. 在特征树中双击 Rough stock.1 选项，系统进入到零件设计工作台。

Step3. 创建图 49.5 所示的加工坐标系原点，此点为毛坯零件上表面的中心点。单击“线框”工具栏中的按钮，在 点类型: 下拉列表中选取 之间 选项，然后分别选取图 49.5 所示的两个点，单击 中点 按钮，单击 确定 按钮，完成点的创建。

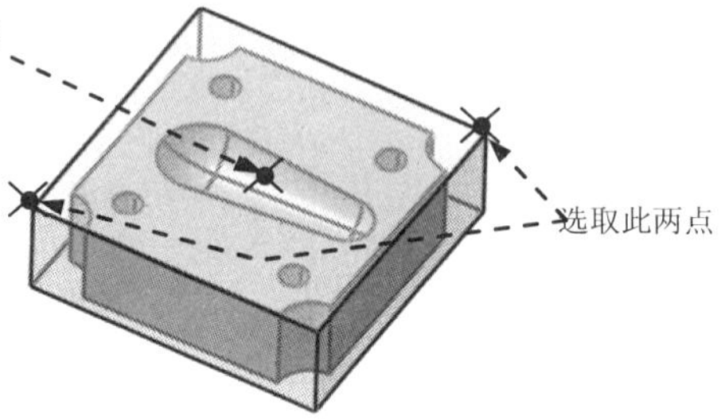

图 49.5 加工坐标系原点

Task3. 零件操作定义

Step1. 在特征树中双击 Process 选项，系统进入到铣削加工工作台。

Step2. 进入零件操作对话框。在特征树中双击 Part Operation.1 节点，系统弹出“Part Operation”对话框。

Step3. 机床设置。单击“Part Operation”对话框中的“Machine”按钮，系统弹出“Machine Editor”对话框，单击其中的“3-axis Machine”按钮，保持系统默认设置，然后单击 确定 按钮，完成机床的选择。

Step4. 定义加工坐标系。

（1）单击“Part Operation”对话框中的按钮，系统弹出“Default reference machining axis for Part Operation. 1”对话框。

（2）在对话框的 Axis Name : 文本框中输入坐标系名称 My_axis.1。

（3）单击对话框中的坐标原点，然后在图形区选取图 49.5 所示的点作为加工坐标系的原点，系统创建图 49.6 所示的加工坐标系。单击 确定 按钮，完成加工坐标系的定义。

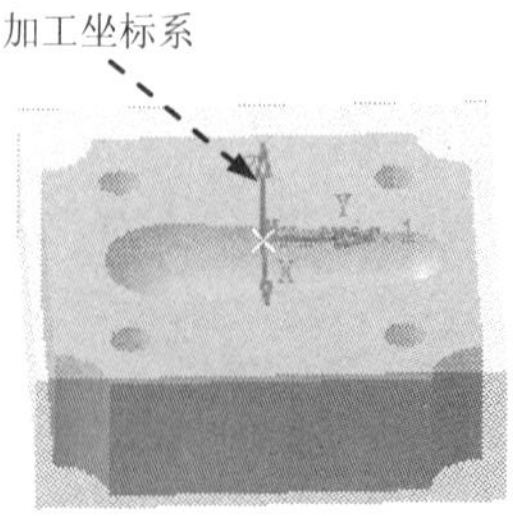

图 49.6 创建加工坐标系

Step5. 定义加工目标零件。单击“Part Operation”对话框中的按钮，在图形区中选择目标加工零件，在图形区域空白处双击，系统返回到“Part Operation”对话框。

Step6. 定义毛坯零件。单击“Part Operation”对话框中的按钮，在图形区中选择毛坯加工零件，在图形区空白处双击，系统返回到“Part Operation”对话框。

Step7. 定义安全平面。单击“Part Operation”对话框中的按钮，在图形区选取图 49.7 所示的毛坯表面作为安全平面参照，系统创建一个安全平面。右击系统创建的安全平面，在弹出的快捷菜单选择 Offset... 命令，系统弹出“Edit Parameter”对话框，在其中的 Thickness 文本框中输入值 30，单击 确定 按钮，完成安全平面的定义（图 49.8）。

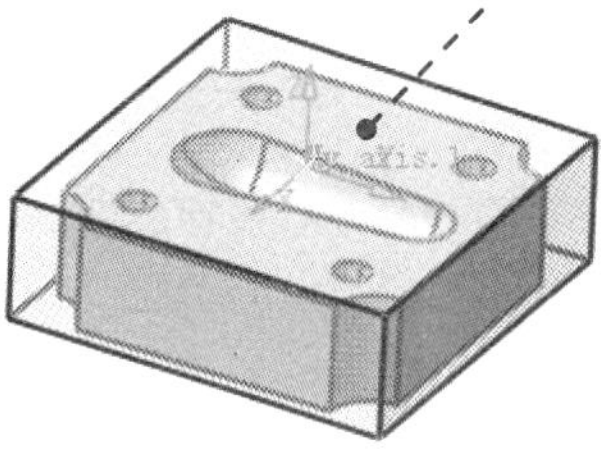

图 49.7 定义参照平面

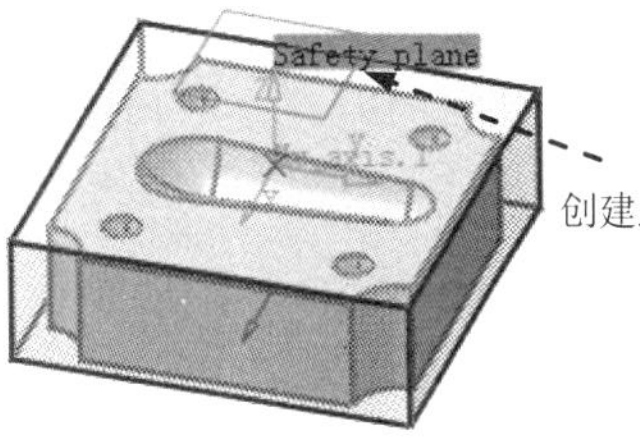

图 49.8 安全平面

Step8. 单击“Part Operation”对话框中的 确定 按钮，完成零件定义操作。

Task4. 等高线粗加工

Step1. 定义几何参数。

（1）在特征树中选择 Manufacturing Program.1 节点，然后选择 插入 → Machining Operations → Roughing Operations → Roughing 命令，插入一个等高线粗加工操作，系统弹出“Roughing.1”对话框。

（2）定义加工区域。单击选项卡，然后单击“Roughing.1”对话框中的目标零件感应区，在图形区选择目标加工零件，系统会自动计算出一个加工区域，在图形区空白处双击，系统返回到“Roughing.1”对话框。

（3）定义毛坯。单击“Roughing.1”对话框中的毛坯零件（Rough stock）感应区，该对话框消失。在图形区选取前面创建的毛坯零件，系统返回到“Roughing.1”对话框。

Step2. 定义刀具参数。

（1）在“Roughing.1”对话框中选择选项卡，单击其中的按钮，选择立铣刀作为加工刀具，然后在 Name 文本框中输入刀具名称“T1 End Mill D 10”。

（2）在“Roughing.1”对话框中取消选中□Ball-end tool复选框，单击More>>按钮，然后选择Geometry选项卡，在Corner radius (Rc):文本框中输入数值0.5，其他保持系统默认设置。

Step3. 定义进给率。在“Roughing.1”对话框中选择“进给率”选项卡。取消选中Feedrate区域中的□Automatic compute from tooling Feeds and Speeds复选框，在Machining:文本框中输入值600；然后取消选中Spindle Speed区域中的□Automatic compute from tooling Feeds and Speeds复选框，在Machining:文本框中输入值1500。其他参数保持系统默认设置值。

Step4. 定义刀具路径参数。

（1）进入刀具路径参数选项卡。在“Roughing.1”对话框中单击选项卡。

（2）定义切削参数。单击Machining选项卡，在Machining mode:下拉列表中选择By Area和Outer part and pockets选项，在Tool path style:下拉列表中选择Helical选项，其他选项采用系统默认设置。

（3）定义径向参数。单击Radial选项卡，然后在Stepover:下拉列表中选择Overlap ratio选项，在Tool diameter ratio:文本框中输入值50。

（4）定义轴向参数。单击Axial选项卡，然后在Maximum cut depth:文本框中输入值2。

（5）其他选项卡采用系统默认设置。

Step5. 定义进刀/退刀路径。

（1）进入进刀/退刀路径选项卡。在“Roughing.1”对话框中单击选项卡。

（2）在Macro Management区域的列表框中选择Automatic选项，在Mode:下拉列表中选择Ramping选项，在Ramping angle:文本框中输入数值2，选中Circular approach复选框，然后在下方的Circular approach radius:文本框中输入数值2。

Step6. 在“Roughing.1”对话框中单击“Tool Path Replay”按钮，系统弹出“Roughing.1”对话框，且在图形区显示刀路轨迹，如图49.9所示。

图 49.9　刀具路径

Step7. 单击按钮，然后单击按钮，即可完成零件模型的粗加工，如图 49.10 所示。

图 49.10　粗加工模型

Step8. 单击对话框中的按钮，在对话框中选中 Remaining Material 和 Gouge 复选框，单击 应用 按钮，观察切削材料的过切或过剩情况，单击 取消 按钮，关闭此对话框。

Step9. 在“Roughing.1”对话框中单击两次 确定 按钮。

Task5. 钻孔加工

Step1. 定义几何参数。

（1）在特征树中选择 Roughing.1 (Computed) 节点，然后选择下拉菜单 插入 ➡ Machining Operations ➡ Axial Machining Operations ➡ Drilling 命令，插入一个钻孔加工操作，系统弹出“Drilling.1”对话框。

（2）定义加工区域。

① 单击“几何参数”选项卡，然后单击“Drilling.1”对话框中的“Extension：Blind（盲孔）”字样，将其改变为“Extension：Through（通孔）”。

② 单击“Drilling.1”对话框中孔的顶面感应区，选取图 49.11 所示的面为孔的放置面；单击“Drilling.1”对话框中孔的侧壁感应区，系统弹出“Pattern Selection”窗口，选取图 49.12 所示的边线，在图形区空白处双击鼠标左键，系统返回到“Drilling.1”对话框。

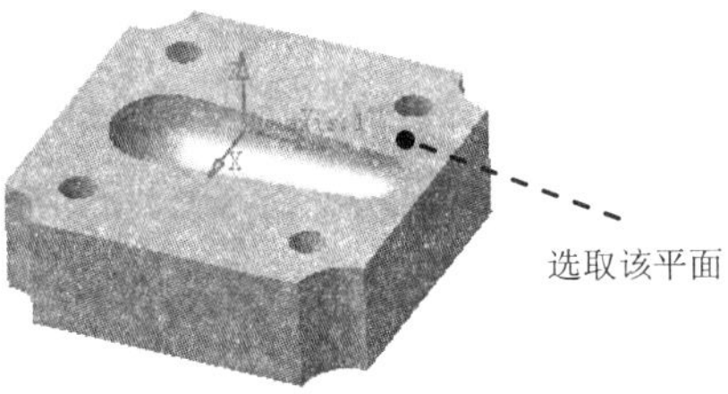

图 49.11　定义孔的放置面

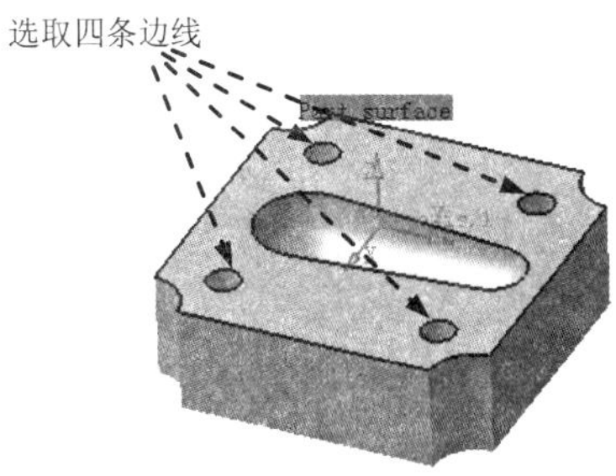

图 49.12　定义孔的侧壁

Step2. 定义刀具参数。在“Drilling.1”对话框中选择“刀具参数”选项卡，单击其中的按钮，然后在 Name 文本框中输入刀具名称“T2 Drill D 10”。

Step3. 定义进给率。在“Drilling.1”对话框中选择“进给率”选项卡。取消选中 Feedrate 区域中的 □ Automatic compute from tooling Feeds and Speeds 复选框，在 Machining: 文本框中输入值 300；然后取消选中 Spindle Speed 区域中的 □ Automatic compute from tooling Feeds and Speeds 复选框，在 Machining: 文本框中输入值 800。其他选项按系统默认设置。

Step4. 定义刀具路径参数。在“Drilling.1”对话框中选择选项卡，在 Approach clearance (A) : 文本框中输入值 3，在 Depth mode : 下拉列表中选择 By shoulder (Ds) 选项，在 Breakthrough (B) : 文本框中输入数值 2，其他参数采用系统默认设置。

Step5. 定义进刀/退刀路径。

（1）进入进刀/退刀路径选项卡。在“Drilling.1”对话框中选择选项卡。

（2）定义进刀路径。选择 Macro Management 列表框中的 Approach 选项，右击，从弹出的快捷菜单中选择 Activate 命令。在 Mode: 下拉列表中选择 Build by user 选项，然后单击按钮，添加一个从安全平面开始的轴向进刀运动。

（3）定义退刀路径。选择 Macro Management 列表框中的 Retract 选项，右击，从弹出的快捷菜单中选择 Activate 命令。在 Mode: 下拉列表中选择 Build by user 选项，然后单击按钮，添加一个至安全平面的轴向退刀运动。

（4）选择 Macro Management 列表框中的 Clearance 选项，右击，从弹出的快捷菜单中选择 Activate 命令。

Step6. 刀路仿真。在“Drilling.1”对话框中单击“Tool Path Replay”按钮，系统弹出“Drilling.1”对话框，且在图形区显示刀路轨迹，如图 49.13 所示。

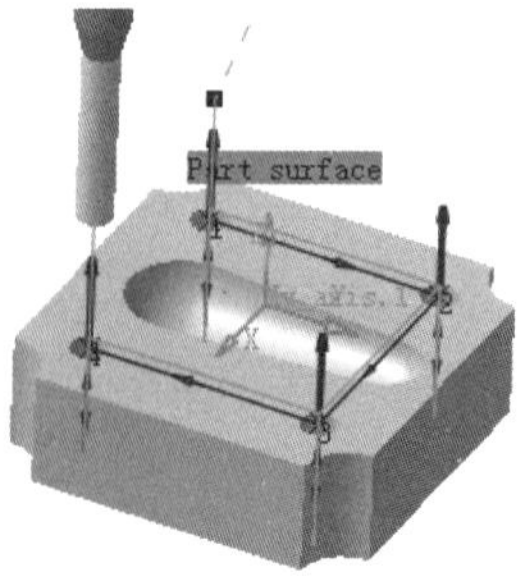

图 49.13 刀路轨迹

Step7. 单击按钮，然后单击按钮，观察刀具切削情况，如图 49.14 所示。

图 49.14　粗加工模型

Step8. 单击对话框中的按钮，在对话框中选中 Remaining Material 和 Gouge 复选框，单击 应用 按钮，观察切削材料的过切或过剩情况，单击 取消 按钮，关闭此对话框。

Step9. 在“Drilling.1”对话框中单击两次 确定 按钮。

Task6. 投影加工

Step1. 在特征树中选择 Drilling.1 (Computed)，然后选择下拉菜单 插入 → Machining Operations ▸ → Sweeping Operations ▸ → Sweeping 命令，插入一个投影加工操作，系统弹出“Sweeping.1”对话框。

Step2. 定义几何参数。

（1）在“Sweeping.1”对话框中选择“几何参数”选项卡，右击目标零件感应区，在弹出的快捷菜单中选取 Select faces... 命令，然后选取图 49.15 所示的零件表面，在图形区空白处双击，系统返回到“Sweeping.1”对话框。

（2）设置加工余量。双击“Sweeping.1”对话框中的“Offset on part”字样，在系统弹出的“Edit Parameter”对话框中输入值 0.2；其他参数保持系统默认设置值。

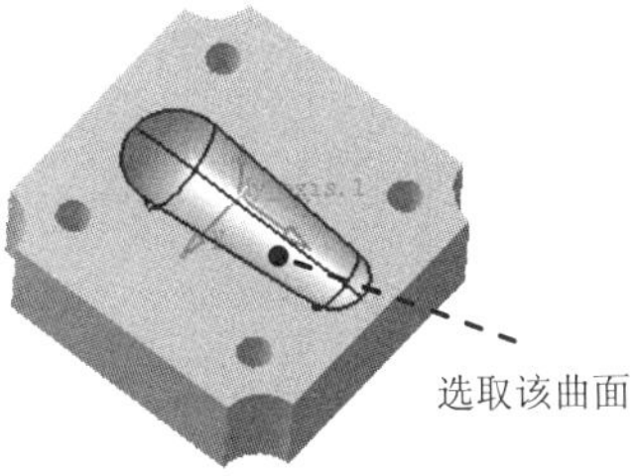

图 49.15　定义加工区域

Step3. 定义刀具参数。

（1）在“Sweeping.1”对话框中选择选项卡，单击按钮，选择立铣刀作为加工刀具，在 Name 文本框中输入刀具名称“T3 End Mill D 6”，并按下 Enter 键。

（2）定义刀具参数。在“Sweeping.1”对话框中选中 Ball-end tool 复选框，单击 More>> 按钮，在 Nominal diameter (D): 文本框中输入数值 6，其他参数保持系统默认设置值。

Step4. 定义进给率。在“Sweeping.1”对话框中选择“进给率”选项卡。取消选中 Feedrate 区域中的 Automatic compute from tooling Feeds and Speeds 复选框，在 Machining: 文本框中输入值 600；然后取消选中 Spindle Speed 区域中的 Automatic compute from tooling Feeds and Speeds 复选框，在 Machining: 文本框中输入值 1500，其他参数保持系统默认设置值。

Step5. 定义刀具路径参数。

（1）在“Sweeping.1”对话框中选择选项卡。

（2）单击切削方向感应区域，系统弹出“Machining”对话框，在 I: 文本框中输入数值 1，其他参数保持系统默认设置值。单击 确定 按钮，系统回到“Sweeping.1”对话框。

（3）切削参数。选择 Machining 选项卡，在 Tool path style: 下拉列表中选择 Zig-zag 选项。

（4）定义径向参数。选择 Radial 选项卡，然后在 Scallop height: 文本框中输入数值 0.2，在 Max. distance between pass: 文本框中输入值 1。

（5）定义轴向参数。单击 Axial 选项卡，在此选项卡下保持系统默认设置。

Step6. 定义进刀退刀路径。

（1）进入进刀/退刀路径选项卡。在“Sweeping.1”对话框中选中“进刀/退刀路径”选项卡。

（2）激活 Macro Management 列表框中的 Approach 选项，然后在 Mode: 下拉列表中选择 Back 选项。双击尺寸 1.608mm，在弹出的“Edit Parameter”对话框中输入值 6，单击 确定 按钮；双击尺寸 6mm，在弹出的“Edit Parameter”对话框中输入值 10，单击 确定 按钮。

（3）其他保持系统默认设置。

Step7. 刀路仿真。在“Sweeping.1”对话框中单击“Tool Path Replay”按钮，系统弹出“Sweeping.1”对话框，且在图形区显示刀路轨迹，如图 49.16 所示。在“Sweeping.1”对话框中单击按钮，然后单击按钮，观察刀具切削情况。

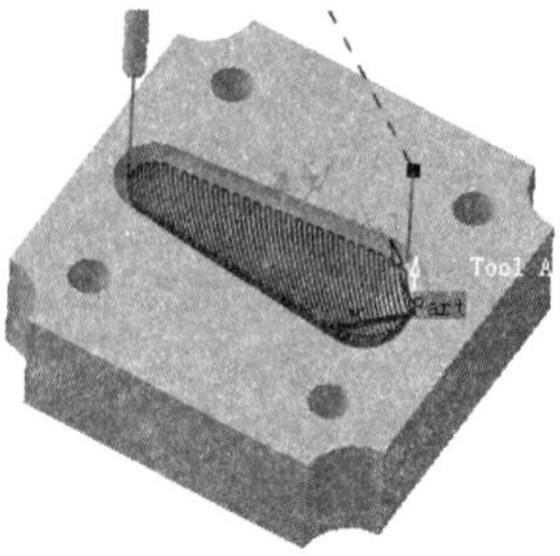

图 49.16 刀路轨迹

Step8. 在“Sweeping.1”对话框中单击两次 确定 按钮，完成加工操作的创建。

Task7. 轮廓线加工

Step1. 在特征树中选中 Sweeping.1 选项，选择下拉菜单 插入 → Machining Operations ▸ → Profile Contouring 命令；系统弹出“Profile Contouring.1”对话框。

Step2. 定义几何参数。

（1）在“Profile Contouring.1”对话框中选择“几何参数”选项卡，在 Mode 下拉列表中选择 Between Two Planes 选项，单击侧面感应区，然后选取图 49.17 所示的零件边线，在图形区空白处双击，系统返回到“Profile Contouring.1”对话框。

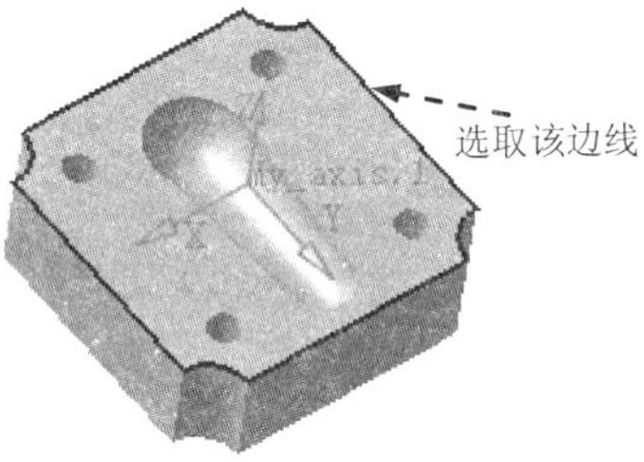

图 49.17　定义轮廓线

（2）设置加工顶面。单击顶面感应区，然后选取图 49.18 所示的面，系统返回到“Profile Contouring.1”对话框。

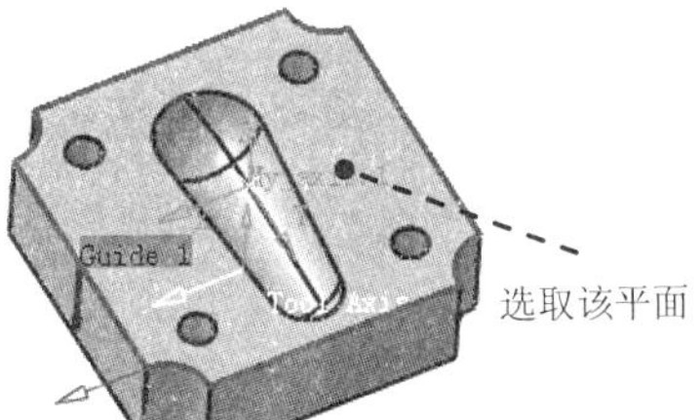

图 49.18　定义顶面

（3）设置加工底面。单击“Profile Contouring.1”对话框中的“Bottom：Hard”字样，使其变成“Bottom：Soft”。 单击目标零件感应区，选取图 49.19 所示的平面。

（4）设置底面加工余量。双击“Offset on Bottom”字样，系统弹出“Edit Parameter”对话框，在对话框中输入数值-2，其他参数保持系统默认设置值。

Step3. 定义刀具参数。在“Sweeping.1”对话框中选择 选项卡，单击 按钮，选择立铣刀作为加工刀具，单击 ... 按钮，在系统弹出的“Search Tool”对话框中选择刀具“T1

End Mill D 10”作为加工刀具。

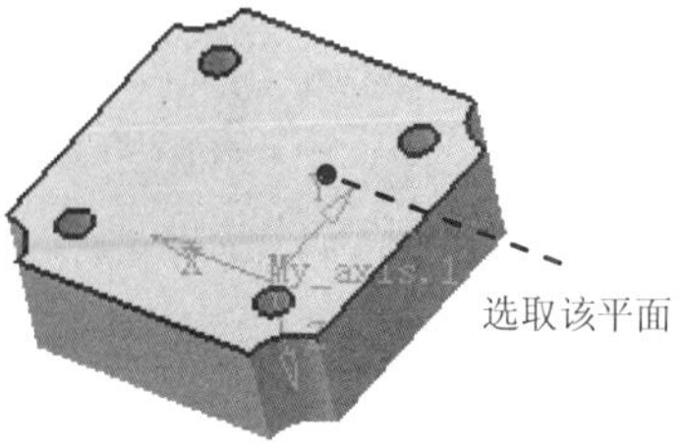

图 49.19　定义底面

Step4. 定义进给率。在“Profile Contouring.1”对话框中选择“进给率”选项卡 。取消选中 Feedrate 区域中的 Automatic compute from tooling Feeds and Speeds 复选框，在 Machining: 文本框中输入值 800；然后取消选中 Spindle Speed 区域中的 Automatic compute from tooling Feeds and Speeds 复选框，在 Machining: 文本框中输入值 1500，其他参数保持系统默认设置值。

Step5. 定义刀具路径参数。

（1）切削参数。在“Profile Contouring.1”对话框中选择 选项卡，在 Tool path style: 下拉列表中选择 One way 选项，选择 Machining 选项卡，在 Machining tolerance: 文本框中输入数值 0.01，选中 Close tool path 复选框，其他保持系统默认设置。

（2）选择 Stepover 选项卡，在 Sequencing: 下拉列表中选择 Axial first 选项，在 Number of levels: 文本框中输入数值 5，在 Breakthrough: 文本框中输入数值 2，其他参数保持系统默认设置值。

Step6. 定义进刀退刀路径。

（1）进入进刀/退刀路径选项卡。在“Profile Contouring.1”对话框中选中“进刀/退刀路径”选项卡 。

（2）激活 Macro Management 列表框中的 Approach 选项，选择 Definition 选项卡，然后再依次单击 按钮、 按钮和 按钮；激活 Macro Management 列表框中的 Retract 选项，选择 Definition 选项卡，在 Mode: 下拉列表中选择 Build by user 选项，然后再依次单击 按钮、 按钮和 按钮。

（3）激活 Macro Management 列表框中的 Return between levels Approach 选项，右击，从弹出的快捷菜单中选择 Activate 命令。然后依次单击 按钮和 按钮，激活 Macro Management 列表框中的 Return between levels Retract 选项，然后依次单击 按钮和 按钮。

（4）其他保持系统默认设置。

Step7. 刀路仿真。在“Profile Contouring.1”对话框中单击“Tool Path Replay”按钮，系统弹出“Profile Contouring.1”对话框，且在图形区显示刀路轨迹，如图 49.20 所示。单击按钮，然后单击按钮，观察刀具切削情况。

Step8. 在“Sweeping.1”对话框中单击两次 确定 按钮，完成加工操作的创建。

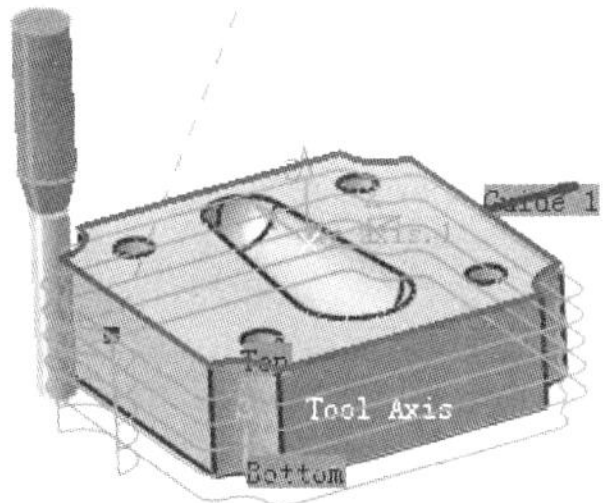

图 49.20 刀路轨迹

Task8. 轮廓驱动加工

Step1. 在特征树中选择 Profile Contouring.1 选项，然后选择下拉菜单 插入 → Machining Operations → Contour-driven 命令，系统弹出“Contour-driven.1”对话框。

Step2. 定义几何参数。

（1）在“Contour-driven.1”对话框中选择“几何参数”选项卡，右击目标零件感应区，在弹出的快捷菜单中选取 Select faces ... 命令，然后选取图 49.21 所示的曲面，单击“Face Selection”工具条中的按钮，然后单击 OK 按钮，系统返回到“Contour-driven.1”对话框。

（2）设置加工余量。双击“Contour-driven.1”对话框中的“Offset on part”字样，在系统弹出的“Edit Parameter”对话框中输入值 0；其他参数保持系统默认设置值。

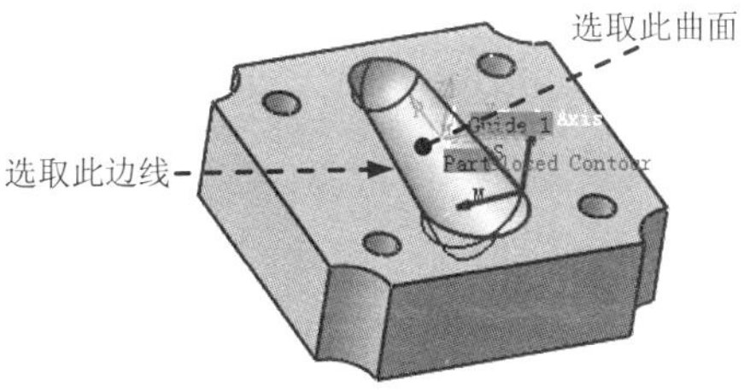

图 49.21 定义加工区域

Step3. 定义刀具参数。在“Contour-driven.1”对话框中选择选项卡，单击按钮，选择立铣刀作为加工刀具，在 Name 文本框中输入刀具名称“T3 End Mill D 6”。

Step4. 定义进给率。在“Contour-driven.1”对话框中选择“进给率”选项卡。取消选中 Feedrate 区域中的□ Automatic compute from tooling Feeds and Speeds 复选框，在 Machining: 文本框中输入值 1000；然后取消选中 Spindle Speed 区域中的□ Automatic compute from tooling Feeds and Speeds 复选框，在 Machining: 文本框中输入值 2000，其他参数保持系统默认设置值。

Step5. 定义刀具路径参数。

（1）在“Contour-driven.1”对话框中选择选项卡。

（2）在 Guiding strategy 区域下选中 Parallel contour 单选项，单击引导线 1 感应区，选取图 49.20 所示的边线，单击“Edge Selection”工具条中的按钮，然后单击 OK 按钮，系统返回到“Contour-driven.1”对话框。

（3）定义切削参数。选择 Machining 选项卡，在 Tool path style: 下拉列表中选择 One-way same 选项。

（4）定义径向参数。选择 Radial 选项卡，在 Stepover 下拉列表中选取 Constant 3D 选项，在 Distance between paths: 文本框中输入数值 0.5。

（5）定义轴向参数。单击 Axial 选项卡，在此选项卡下保持系统默认设置。

（6）定义策略参数。选择 Strategy 选项卡，在 Reference: 下拉列表中选择 Contact point 选项，其他保持系统默认设置。

Step6. 定义进刀退刀路径。

（1）进入进刀/退刀路径选项卡。在“Contour-driven.1”对话框中选中“进刀/退刀路径”选项卡。

（2）激活 Macro Management 列表框中的 Approach 选项，然后在 Mode: 下拉列表中选择 Back 选项。双击尺寸 1.608mm，在弹出的“Edit Parameter”对话框中输入值 1，单击 确定 按钮，其他保持系统默认参数设置值。

Step7. 刀路仿真。在“Contour-driven.1”对话框中单击“Tool Path Replay”按钮，系统弹出“Contour-driven.1”对话框，且在图形区显示刀路轨迹，如图 49.22 所示。在“Contour-driven.1”对话框中单击按钮，然后单击按钮，观察刀具切削情况。

Step8. 在“Contour-driven.1”对话框中单击两次 确定 按钮，完成加工操作的创建。

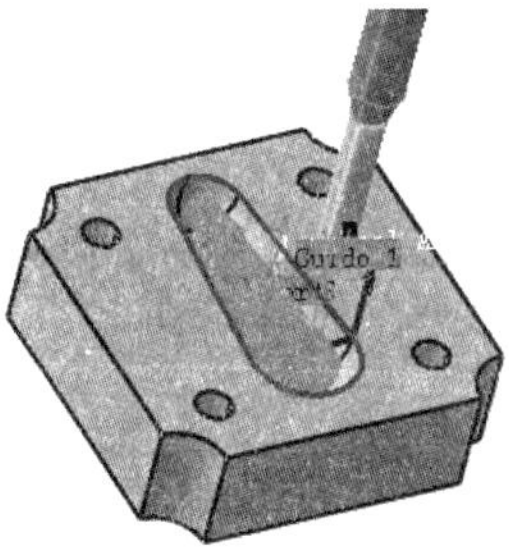

图 49.22 刀路轨迹

Task9. 保存模型文件

选择下拉菜单 文件 → 保存 命令，即可保存文件。

实例50　凸 模 加 工

本实例列举了一个综合实例——凸模。从这个例子中可以看出，对于一些复杂零件的数控加工，零件模型加工工序的安排是至关重要的。在学习本节后，希望读者能够了解一些对于复杂零件采用多工序加工的方法及设置。

随着塑料产品的增加，模具的使用也越来越多。模具的型腔形状往往都十分复杂，加工的精度要求也较高，一般的传统加工工艺设备难以满足模具加工的要求，但随着数控技术的发展，已有效地解决了这一难题。鉴于 CATIA 在模具制造方面的广泛应用，本实例以一个简单的凸模加工为例介绍模具的加工。

该凸模的加工工艺路线如图 50.1 和图 50.2 所示。

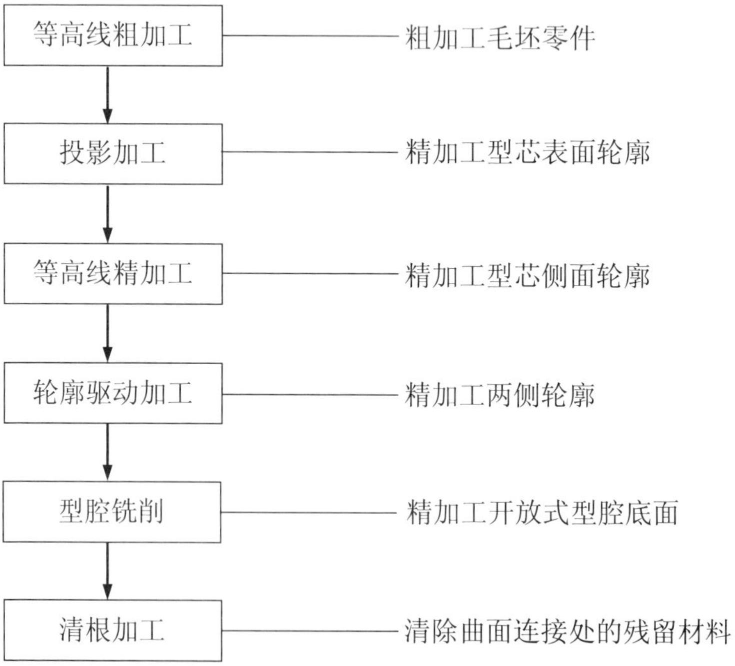

图 50.1　加工路线（一）

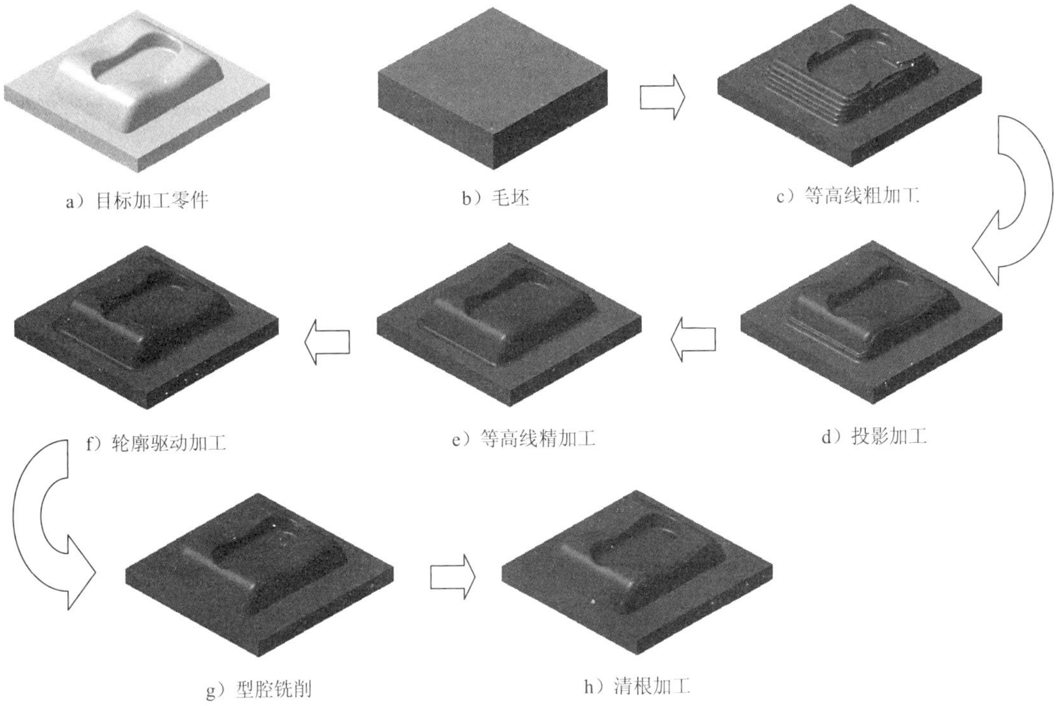

图 50.2　加工路线（二）

Task1．打开模型文件并进入加工模块

Step1．打开模型文件 D:\catins20\work\ch12\ins50\model.CATPart。

Step2．选择下拉菜单 开始 → 加工 ▸ → Surface Machining 命令，进入“Surface Machining “工作台。

Task2．创建毛坯零件

Step1．创建图 50.3 所示的毛坯零件。在“Geometry Management”工具栏中单击“Creates Rough Stock” 按钮，系统弹出“Rough Stock” 对话框。在图形区选择目标加工零件作为参照，系统自动创建一个毛坯零件，且在“Rough Stock” 对话框中显示毛坯零件的尺寸参数。完成后单击“Rough Stock” 对话框中的 确定 按钮。

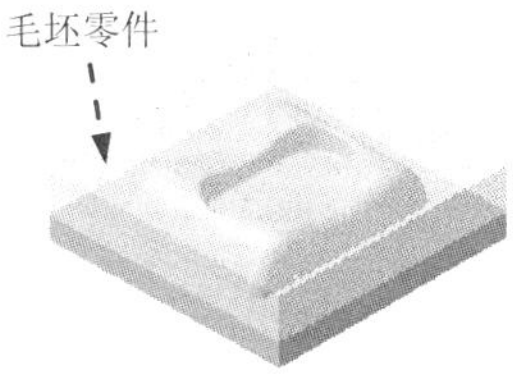

图 50.3　创建毛坯零件

Step2. 创建图 50.4 所示的加工坐标系原点，此点为毛坯零件上表面的中心点。

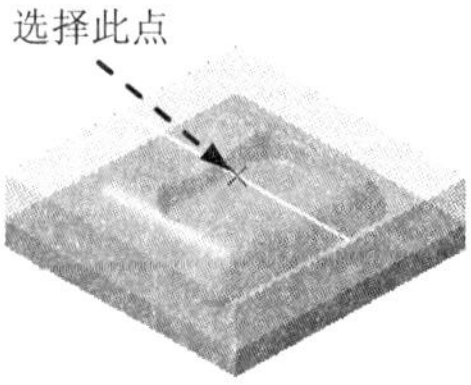

图 50.4　选取参照点

Task3. 零件操作定义

Step1. 进入零件操作对话框。在特征树中双击 Part Operation.1，系统弹出“Part Operation”对话框。

Step2. 机床设置。单击“Part Operation”对话框中的“Machine”按钮，系统弹出“Machine Editor”对话框，单击其中的“3-axis Machine”按钮，保持系统默认设置，然后单击 确定 按钮，完成机床的选择。

Step3. 定义加工坐标系。

（1）单击“Part Operation”对话框中的按钮，系统弹出“Default reference machining axis for Part Operation. 1”对话框。

（2）在对话框的 Axis Name : 文本框中输入坐标系名称 MyAxis 并按下 Enter 键。

（3）单击对话框中的坐标原点，然后在图形区选取图 50.4 所示的点作为加工坐标系的原点，系统创建图 50.5 所示的加工坐标系。单击 确定 按钮，完成加工坐标系的定义。

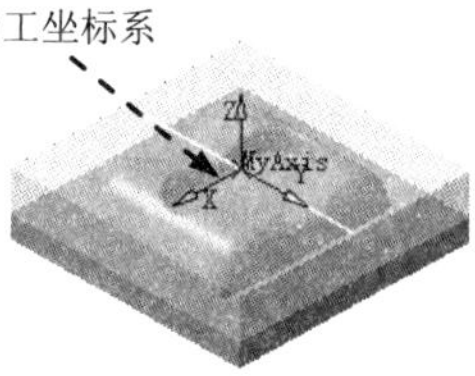

图 50.5　创建加工坐标系

Step4. 定义加工目标零件。单击“Part Operation”对话框中的按钮，在图形区中选择目标加工零件，在图形区域空白处双击，系统返回到“Part Operation”对话框。

Step5. 定义毛坯零件。单击“Part Operation”对话框中的按钮，在图形区中选择毛坯加工零件，在图形区空白处双击，系统返回到“Part Operation”对话框。

Step6. 定义安全平面。单击“Part Operation”对话框中的按钮，在图形区选取图 50.6 所示的毛坯表面作为安全平面参照，系统创建一个安全平面。右击系统创建的安全平面，在弹出的快捷菜单选择 Offset... 命令，系统弹出“Edit Parameter”对话框，在其中的 Thickness 文本框中输入值 10，单击 确定 按钮，完成安全平面的定义（图 50.7）。

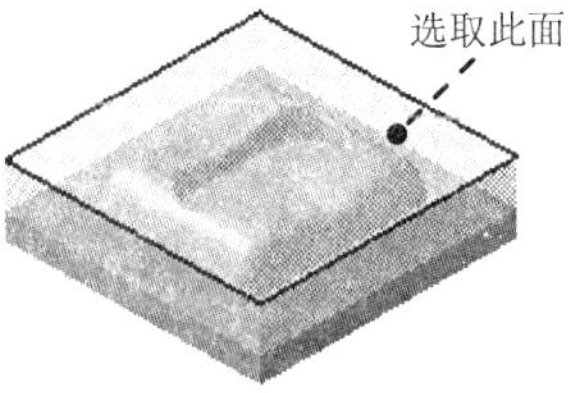

图 50.6 选取参照平面

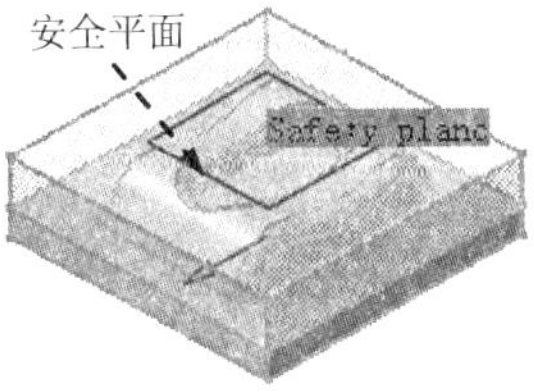

图 50.7 定义安全平面

Step7. 单击“Part Operation”对话框中的 确定 按钮，完成零件定义操作。

Task4. 等高线粗加工

Step1. 定义几何参数。

（1）在特征树中选择 Manufacturing Program.1，然后选择下拉菜单 插入 → Machining Operations → Roughing Operations → Roughing 命令，插入一个等高线粗加工操作，系统弹出“Roughing.1”对话框。

（2）定义加工区域。单击 选项卡，然后单击“Roughing.1”对话框中的目标零件感应区，在图形区选择目标加工零件，系统会自动计算出一个加工区域，在图形区空白处双击，系统返回到“Roughing.1”对话框。

Step2. 定义刀具参数。

（1）在“Roughing.1”对话框中选择 选项卡，单击其中的 按钮，选择立铣刀作为加工刀具，然后在 Name 文本框中输入刀具名称“T1 End Mill D 20”并按下 Enter 键。

（2）在“Roughing.1”对话框中取消选中 Ball-end tool 复选框，单击 More>> 按钮，然后选择 Geometry 选项卡，设置图 50.8 所示的刀具参数。

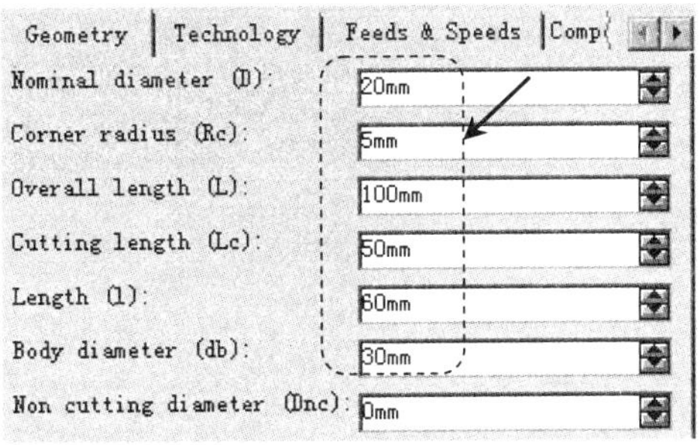

图 50.8 定义刀具参数

Step3. 定义进给率。在“Roughing.1”对话框中选择“进给率”选项卡。取消选中 Feedrate 区域中的 □ Automatic compute from tooling Feeds and Speeds 复选框，在 Approach: 文本框中输入值 100，在 Machining: 文本框中输入值 2000，在 Retract: 文本框中输入值 3000；然后取消选中 Spindle Speed 区域中的 □ Automatic compute from tooling Feeds and Speeds 复选框，在 Machining: 文本框中输入值 1800。其他参数采用系统默认设置。

Step4. 定义刀具路径参数。

（1）进入刀具路径参数选项卡。在“Roughing.1”对话框中单击选项卡。

（2）定义切削参数。单击 Machining 选项卡，在 Machining mode: 下拉列表中选择 By Area 和 Outer part and pockets 选项，在 Tool path style: 下拉列表中选择 Helical 选项，其他选项采用系统默认设置。

（3）定义径向参数。单击 Radial 选项卡，然后在 Stepover: 下拉列表中选择 Overlap ratio 选项，在 Tool diameter ratio 文本框中输入值 30。

（4）定义轴向参数。单击 Axial 选项卡，然后在 Maximum cut depth: 文本框中输入值 6。

（5）其他选项卡采用系统默认的设置。

Step5. 定义进刀/退刀路径。

（1）进入进刀/退刀路径选项卡。在“Roughing.1”对话框中单击选项卡。

（2）在 Macro Management 区域的列表框中选择 Automatic 选项，在 Mode: 下拉列表中选择 Ramping 选项。

（3）在 Macro Management 区域的列表框中选择 Pre-motions 选项，然后单击按钮。

（4）在 Macro Management 区域的列表框中选择 Post-motions 选项，然后单击按钮。

Step6. 在“Roughing.1”对话框中单击“Tool Path Replay”按钮，系统弹出“Roughing.1”对话框，且在图形区显示刀路轨迹，如图 50.9 所示。

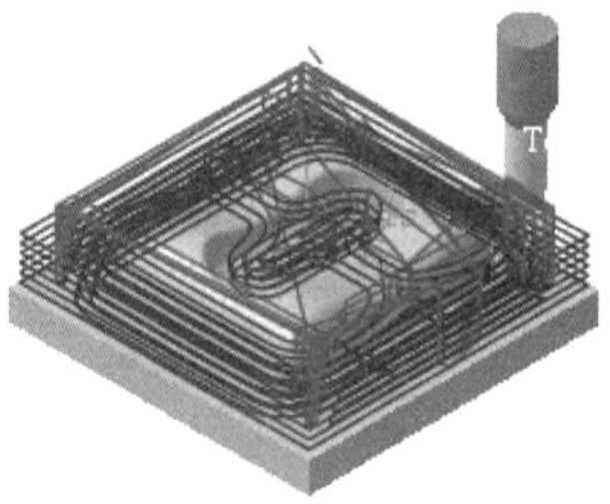

图 50.9 刀具路径

Step7. 在“Roughing.1”对话框中单击两次 确定 按钮。

Task5. 投影加工

Step1. 在特征树中选择 Roughing.1 (Computed)，然后选择下拉菜单 插入 → Machining Operations ▸ → Sweeping Operations ▸ → Sweeping 命令，插入一个投影加工操作，系统弹出“Sweeping.1”对话框。

Step2. 定义几何参数。

（1）在“Sweeping.1”对话框中选择“几何参数”选项卡，单击目标零件感应区，然后在图形区中选择目标加工零件，在图形区空白处双击，系统返回到“Sweeping.1”对话框。

（2）单击“Sweeping.1”对话框中的加工边界感应区，选择图 50.10 所示的边线为加工边界，在图形区空白处双击，系统返回到“Sweeping.1”对话框。

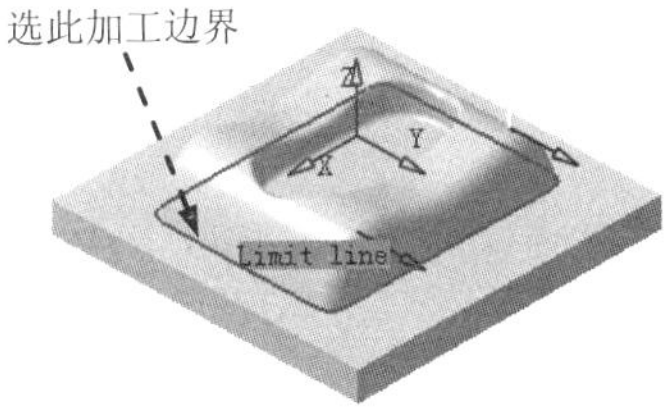

图 50.10 定义加工边界

（3）设置加工余量。双击“Sweeping.1”对话框中的“Offset on part”字样，在系统弹出的“Edit Parameter”对话框中输入值 0；双击“Sweeping.1”对话框中的“Offset on check”字样，在系统弹出的“Edit Parameter”对话框中输入值 0。

Step3. 定义刀具参数。

（1）在“Sweeping.1”对话框中选择选项卡，单击按钮，选择立铣刀作为加工刀具，在 Name 文本框中输入刀具名称“T2 End Mill D 10”并按下 Enter 键。

（2）定义刀具参数。在“Sweeping.1”对话框中选中 Ball-end tool 复选框，单击 More>> 按钮，然后选择 Geometry 选项卡，设置图 50.11 所示的刀具参数。

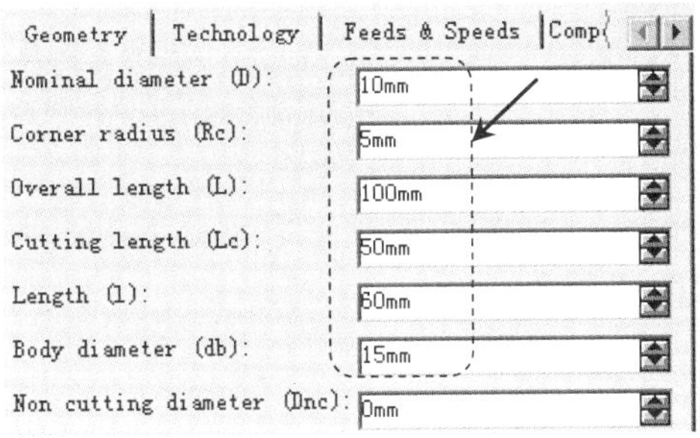

图 50.11 定义刀具参数

Step4. 定义进给率。在“Sweeping.1”对话框中选择“进给率”选项卡。取消选中 Feedrate 区域中的□ Automatic compute from tooling Feeds and Speeds 复选框，在 Approach: 文本框中输入值 100，在 Machining: 文本框中输入值 1200，在 Retract: 文本框中输入值 2000；然后取消选中 Spindle Speed 区域中的□ Automatic compute from tooling Feeds and Speeds 复选框，在 Machining: 文本框中输入值 800。其他选项按系统默认设置。

Step5. 定义刀具路径参数。

（1）在“Sweeping.1”对话框中选择选项卡。

（2）定义切削参数。选择 Machining 选项卡，在 Tool path style: 下拉列表中选择 Zig-zag 选项。

（3）定义径向参数。选择 Radial 选项卡，然后在 Max. distance between pass: 文本框中输入值 0.5，在 Stepover side: 下拉列表中选择 Right 选项。

（4）定义轴向参数。单击 Axial 选项卡，然后设置图 50.12 所示的参数。

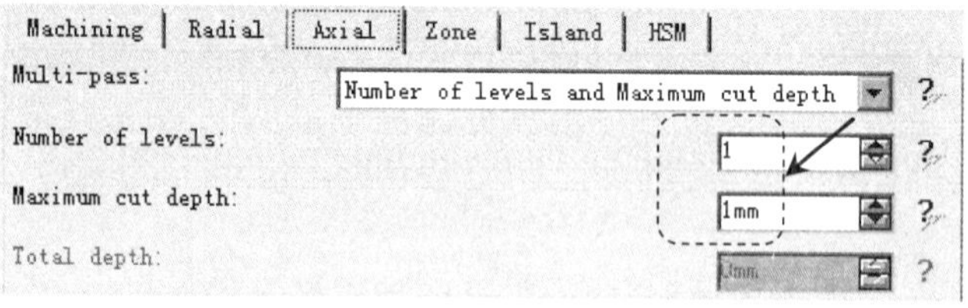

图 50.12 定义轴向参数

Step6. 定义进刀/退刀路径。

（1）进入进刀/退刀路径选项卡。在“Sweeping.1”对话框中选中“进刀/退刀路径”选项卡。

（2）激活 Macro Management 列表框中的 Approach 选项，然后在 Mode: 下拉列表中选择 Back 选项。双击尺寸 1.608mm，在弹出的“Edit Parameter”对话框中输入值 20，单击 确定 按钮；双击尺寸 6mm，在弹出的“Edit Parameter”对话框中输入值 20，单击 确定 按钮。

（3）激活 Macro Management 列表框中的 Retract 选项，然后在 Mode: 下拉列表中选择 Along tool axis 选项。双击尺寸 6mm，在弹出的“Edit Parameter”对话框中输入值 20，单击 确定 按钮。

Step7. 刀路仿真。在“Sweeping.1”对话框中单击“Tool Path Replay”按钮，系统弹出“Sweeping.1”对话框，且在图形区显示刀路轨迹，如图 50.13 所示。在“Sweeping.1”对话框中单击 确定 按钮，然后在“Sweeping.1”对话框中再次单击 确定 按钮。

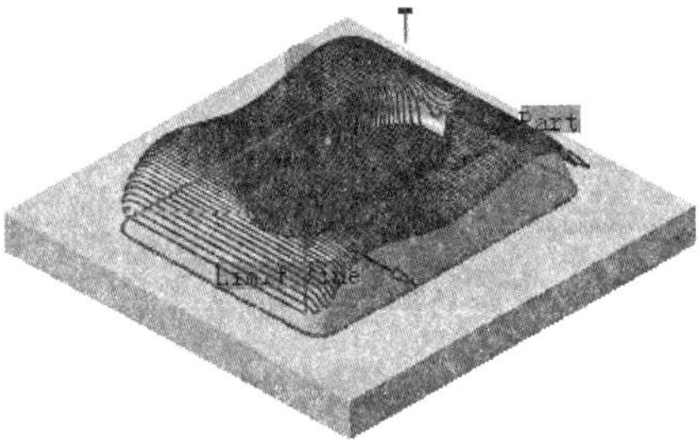

图 50.13　刀具路径

Task6．等高线加工

Step1．在特征树中选择 Sweeping.1 (Computed)，然后选择下拉菜单 插入 → Machining Operations ▸ → ZLevel 命令，插入一个等高线加工操作，系统弹出“ZLevel.1”对话框。

Step2．定义几何参数。

（1）单击“ZLevel.1”对话框中的“几何参数”选项卡。

（2）单击“ZLevel.1”对话框中的零件感应区，然后在图形区中选择目标加工零件，系统自动判断加工区域，然后在空白处双击。

（3）设置加工余量。双击“ZLevel.1”对话框中的“Offset on part”字样，在系统弹出的“Edit Parameter”对话框中输入值 0；双击“ZLevel.1”对话框中的“Offset on check”字样，在系统弹出的“Edit Parameter”对话框中输入值 0。

说明：若系统已默认加工余量为 0，这里就不必要再进行设置。

Step3．定义刀具参数。选择前面创建的刀具 T2 End Mill D 10 为加工刀具。

Step4．定义进给率。在“ZLevel.1”对话框中选择“进给率”选项卡。取消选中 Feedrate 区域中的 □ Automatic compute from tooling Feeds and Speeds 复选框，在 Approach: 文本框中输入值 100，在 Machining: 文本框中输入值 2000，在 Retract: 文本框中输入值 3000；然后取消选中 Spindle Speed 区域中的 □ Automatic compute from tooling Feeds and Speeds 复选框，在 Machining: 文本框中输入值 1200，其他参数采用系统默认设置。

Step5．定义刀具路径参数。

（1）进入刀具路径参数选项卡。在“ZLevel.1”对话框中单击选项卡。

（2）定义切削参数。在“ZLevel.1”对话框中单击 Machining 选项卡，然后在 Machining tolerance: 文本框中输入值 0.01，其他参数采用系统默认设置。

（3）定义轴向参数。在“ZLevel.1”对话框中单击 Axial 选项卡，在 Distance between pass

文本框中输入值 0.8，其他参数采用系统默认设置。

Step6. 定义进刀/退刀路径。

（1）进入进刀/退刀路径选项卡。在“ZLevel.1”对话框中单击选项卡。

（2）激活进刀。在Macro Management区域的列表框中选择Approach选项并右击，从弹出的快捷菜单中选择Activate选项。

说明：若系统显示为Approach状态，说明此时就处于激活状态，无须再进行激活。

（3）定义进刀方式。

① 在Macro Management区域的列表框中选择Approach选项，然后在Mode:下拉列表中选择Ramping选项。

② 双击 ZLevel.1 对话框中的半径尺寸 1.2mm，在弹出的“Edit Parameter”对话框中输入值 10；双击“ZLevel.1”对话框中的尺寸 15deg，在弹出的“Edit Parameter”对话框中输入值 10，单击确定按钮。

（4）激活退刀。在Macro Management区域的列表框中选择Retract选项并右击，从弹出的快捷菜单中选择Activate选项（系统默认激活）。

（5）定义退刀方式。

① 在Macro Management区域的列表框中选择Retract选项，然后在Mode:下拉列表中选择Build by user选项。

② 依次单击按钮和按钮。

Step7. 刀路仿真。在“ZLevel.1”对话框中单击“Tool Path Replay”按钮，系统弹出“ZLevel.1”对话框，并在图形区显示刀路轨迹，如图 50.14 所示。

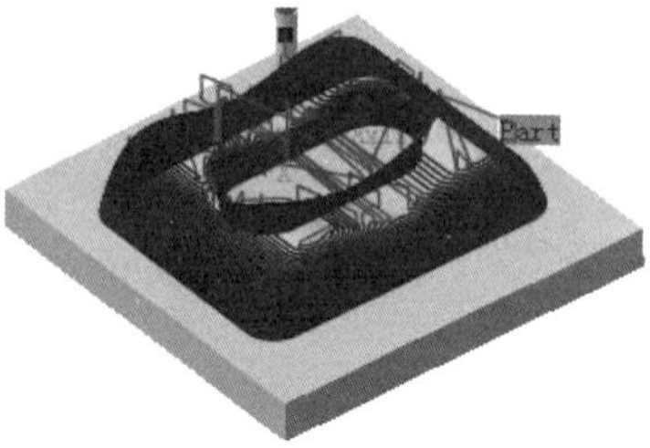

图 50.14 刀具路径

Step8. 在“ZLevel.1”对话框中单击两次确定按钮。

Task7. 轮廓驱动加工（一）

Step1. 在特征树中选择 ZLevel.1 (Computed)，然后选择下拉菜单 插入 → Machining Operations ▸ → Contour-driven 命令，插入一个轮廓驱动加工操作，系统弹出“Contour-driven.1”对话框。

说明：添加轮廓驱动加工操作是为了进一步提高型芯两侧轮廓的精度和光洁度。

Step2. 定义加工区域。

（1）选中“Contour-driven.1”对话框中的选项卡。

（2）单击“Contour-driven.1”对话框中的目标零件感应区，然后在图形区选择目标加工零件，系统自动计算加工区域，在图形区空白处双击，返回到“Contour-driven.1”对话框。

（3）定义加工余量。双击“Contour-driven.1”对话框中的“Offset on part”字样，系统弹出“Edit parameter”对话框，在“Offset on part”文本框中输入值 0；双击“Offset on check”字样，系统弹出“Edit parameter”对话框，在“Offset on check”文本框中输入值 0。

说明：若系统已默认加工余量为 0，这里就不必要再进行设置。

Step3. 定义刀具参数。

（1）在“Contour-driven.1”对话框中选择选项卡，单击按钮，选择立铣刀作为加工刀具，在 Name 文本框中输入刀具名称 T3 End Mill D 6 并按下 Enter 键。

（2）定义刀具参数。在“Contour-driven.1”对话框中选中 Ball-end tool 复选框，单击 More>> 按钮，然后选择 Geometry 选项卡，设置图 50.15 所示的刀具参数。

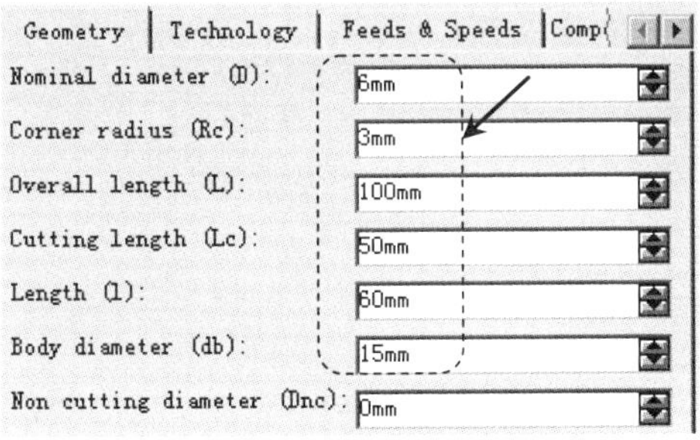

图 50.15 定义刀具参数

Step4. 定义进给率。在“Contour-driven.1”对话框中选择“进给率”选项卡。取消选中 Feedrate 区域中的 □ Automatic compute from tooling Feeds and Speeds 复选框，在 Approach: 文本框中输入值 100，在 Machining: 文本框中输入值 1800，在 Retract: 文本框中输入值 2500；然后在 Spindle Speed 区域中取消选中 □ Automatic compute from tooling Feeds and Speeds 复选框，在 Machining: 文本框中输入值 1200，其他参数采用系统默认设置。

Step5. 定义刀具路径参数。

（1）在“Contour-driven.1”对话框中单击 选项卡，在“Contour-driven.1”对话框的 Guiding strategy 选项组中选中 Between contours 单选项。

（2）单击对话框中的“Guide 1（引导线 1）”感应区，系统弹出“Edge Selection”工具条。在图形区选取图 50.16 所示的曲线，单击“Edge Selection”工具条中的 OK 按钮，完成引导线 1 的定义。单击对话框中的“Guide 2（引导线 2）”感应区，系统弹出“Edge Selection”工具条。在图形区选取图 50.16 所示的曲线，单击“Edge Selection”工具条中的 OK 按钮，完成引导线 2 的定义。

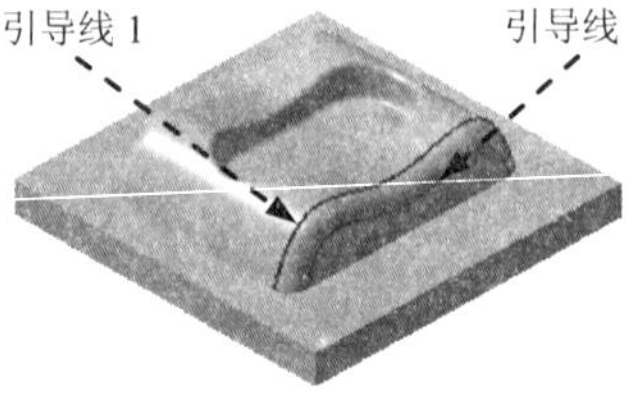

图 50.16 定义引导曲线

（3）定义切削参数。在“Contour-driven.1”对话框中单击 Machining 选项卡，然后在 Tool path style: 下拉列表中选择 Zig-zag 选项，在 Machining tolerance: 文本框中输入值 0.01，其他参数采用系统默认设置。

（4）定义径向参数。在“Contour-driven.1”对话框中单击 Radial 选项卡，然后在 Stepover: 下拉列表中选择 Constant 3D 选项，在 Distance between paths: 文本框中输入值 0.5。

（5）定义轴向参数。在“Contour-driven.1”对话框中单击 Axial 选项卡，在 Multi-pass: 下拉列表中选择 Number of levels and Maximum cut depth 选项，在 Number of levels: 文本框中输入值 1，在 Maximum cut depth: 文本框中输入值 1。

（6）其他选项卡中的参数采用系统默认设置。

Step6. 定义进刀/退刀路径。

（1）在“Contour-driven.1”对话框中单击 选项卡，激活 Macro Management 列表框中的 Approach 选项，然后在 Mode: 下拉列表中选择 Back 选项。双击尺寸 1.608mm，在弹出的“Edit Parameter”对话框中输入值 10；双击尺寸 6mm，在弹出的“Edit Parameter”对话框中输入值 10。

（2）激活 Macro Management 列表框中的 Retract 选项，在 Mode: 下拉列表中选择 Along tool axis 选项。

Step7. 在“Contour-driven.1”对话框中单击“Tool Path Replay”按钮，系统弹出

“Contour-driven.1”对话框，且在图形区显示刀路轨迹，如图 50.17 所示。

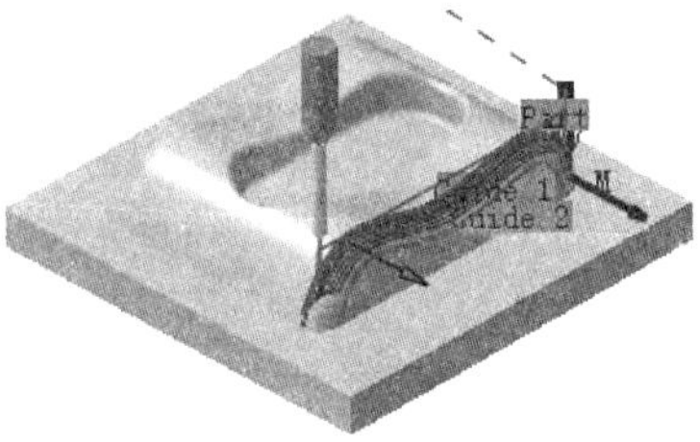

图 50.17　刀具路径

Step8. 在“Contour-driven.1”对话框中单击 确定 按钮，然后再次单击“Contour-driven.1”对话框中的 确定 按钮。

Task8．轮廓驱动加工（二）

参照 Task7 的操作方法，选取图 50.18 所示的两条曲线为引导曲线，添加另一侧的轮廓驱动加工操作。

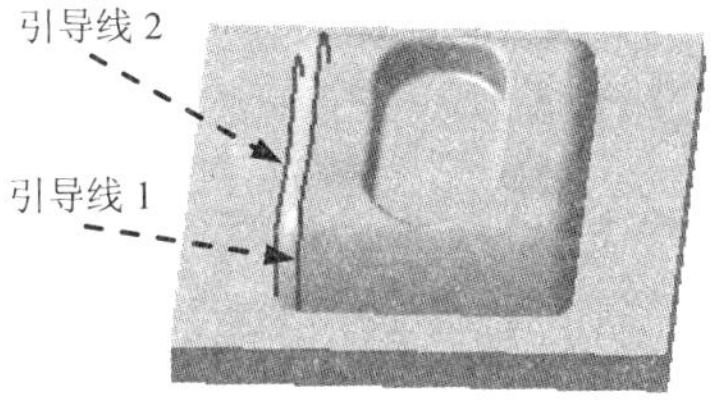

图 50.18　定义引导曲线

Task9．型腔铣削

Step1. 切换工作台。选择下拉菜单 开始 → 加工 → Prismatic Machining 命令，将系统切换到“Prismatic Machining”工作台。

Step2. 在特征树中选择 Contour-driven.2 (Computed)，然后选择下拉菜单 插入 → Machining Operations → Pocketing 命令，系统弹出“Pocketing.1”对话框。

Step3. 定义几何参数。

（1）选择“Pocketing.1”对话框中的选项卡，单击“Open Pocket”字样使其变为“Close Pocket”，此时显示为封闭型腔。

（2）定义加工底平面。单击“Pocketing.1”对话框中的底面感应区，在图形区选取图 50.19 所示的型腔底面，系统返回到“Pocketing.1”对话框。

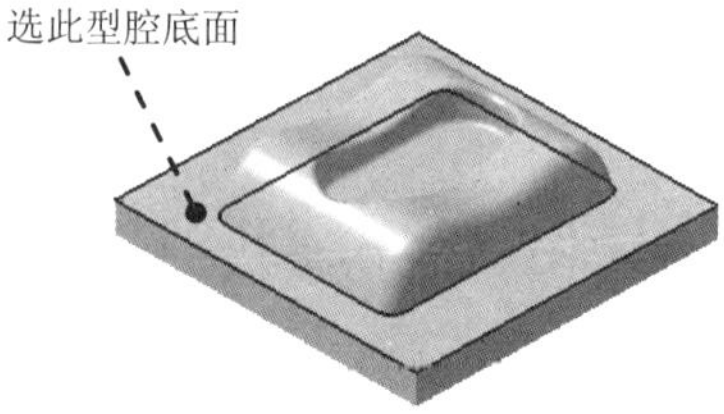

图 50.19　定义型腔底面

Step4. 定义刀具参数。

（1）在“Pocketing.1”对话框中选择选项卡，单击按钮，选择立铣刀作为加工刀具，在 Name 文本框中输入刀具名称 T4 End Mill D 12 并按下 Enter 键。

（2）定义刀具参数。在“Pocketing.1”对话框中取消选中 □ Ball-end tool 复选框，单击 More>> 按钮，然后选择 Geometry 选项卡，设置图 50.20 所示的刀具参数。

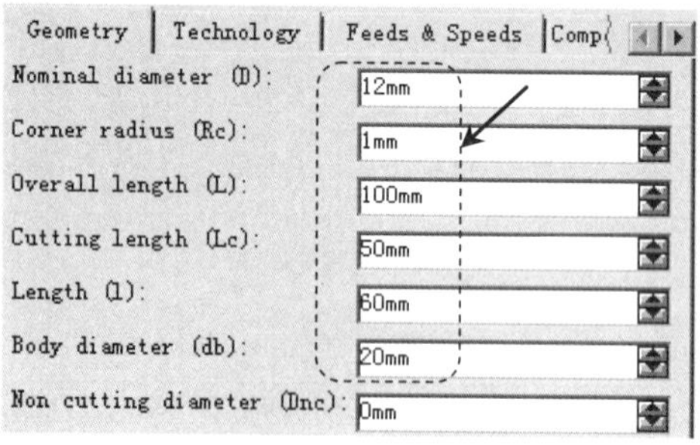

图 50.20　定义刀具参数

Step5. 定义进给率。在“Pocketing.1”对话框中选择“进给率”选项卡。取消选中 Feedrate 区域中的 □ Automatic compute from tooling Feeds and Speeds 复选框，在 Approach: 文本框中输入值 300，在 Machining: 文本框中输入值 1500，在 Retract: 文本框中输入值 3000；然后取消选中 Spindle Speed 区域中的 □ Automatic compute from tooling Feeds and Speeds 复选框，在 Machining: 文本框中输入值 2200。其他参数采用系统默认设置。

Step6. 定义刀具路径参数。

（1）进入刀具路径参数选项卡。在“Pocketing.1”对话框中选择选项卡，在 Tool path style: 下拉列表中选择 Outward helical 选项。

（2）定义切削参数。在“Pocketing.1”对话框中单击 Machining 选项卡，然后在 Direction of cut: 下拉列表中选择 Climb 选项，其他选项采用系统默认设置。

（3）定义径向参数。选择 Radial 选项卡，在 Mode: 下拉列表中选择 Maximum distance 选项，在 Distance between paths: 文本框中输入值 4，其他参数采用系统默认设置。

（4）定义轴向参数。单击 Axial 选项卡，然后在 Mode: 下拉列表中选择 Number of levels 选项，在 Number of levels: 文本框中输入值 1，其他选项采用系统默认设置。

Step7. 定义进刀/退刀路径。

（1）在“Pocketing.1”对话框中选择选项卡，选择 Macro Management 列表框中的 Approach 选项，然后在 Mode: 下拉列表中选择 Ramping 选项，选择斜向进刀类型。

（2）选择 Retract 选项，在 Mode: 下拉列表中选择 Axial 选项，选择轴向直线退刀类型。

（3）选择 Clearance 选项，右击，从弹出的快捷菜单中选择 Activate 命令，在 Mode: 下拉列表中选择 To safety plane 选项。

（4）选择 Return in a Level Retract 选项，右击，从弹出的快捷菜单中选择 Activate 命令，在 Mode: 下拉列表中选择 Build by user 选项，然后单击按钮。

（5）选择 Return in a Level Approac 选项，在 Mode: 下拉列表中选择 Build by user 选项，然后单击按钮。

Step8. 刀路仿真。在“Pocketing.1”对话框中单击“Tool Path Replay”按钮，系统弹出“Pocketing.1”对话框，并在图形区显示刀路轨迹，如图 50.21 所示。

Step9. 在“Pocketing.1”对话框中单击两次 确定 按钮。

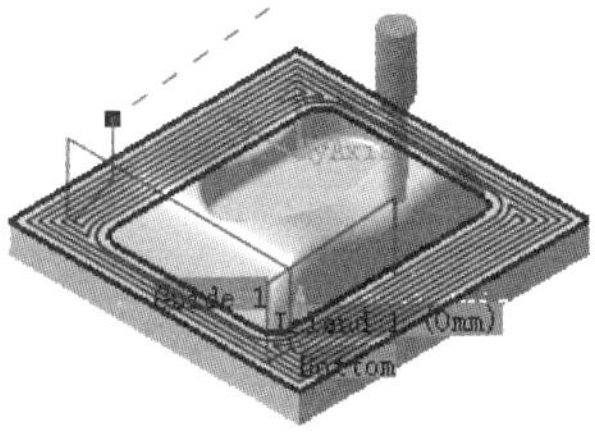

图 50.21 刀具路径

Task10. 清根加工

Step1. 切换工作台。选择 开始 → 加工 → Surface Machining 命令，系统进入 Surface Machining 工作台。

Step2. 在特征树中选择 Pocketing.1 (Computed) 节点，然后选择下拉菜单 插入 → Machining Operations → Pencil 命令，系统弹出“Pencil.1”对话框。

Step3. 定义几何参数。选中“Pencil.1”对话框中的“几何参数”选项卡，单击其中的目标零件感应区，选择图形区中的零件作为加工对象，系统自动判断加工区域。在图形区空白处双击，系统返回到“Pencil.1”对话框。

Step4. 定义刀具参数。

（1）在“Pencil.1”对话框中选择选项卡，单击按钮，选择立铣刀作为加工刀具，在 Name 文本框中输入刀具名称 T5 End Mill D 5 并按下 Enter 键。

（2）定义刀具参数。在“Pencil.1”对话框中取消选中 □Ball-end tool 复选框，单击 More>> 按钮，选择 Geometry 选项卡，设置图 50.22 所示的刀具参数。

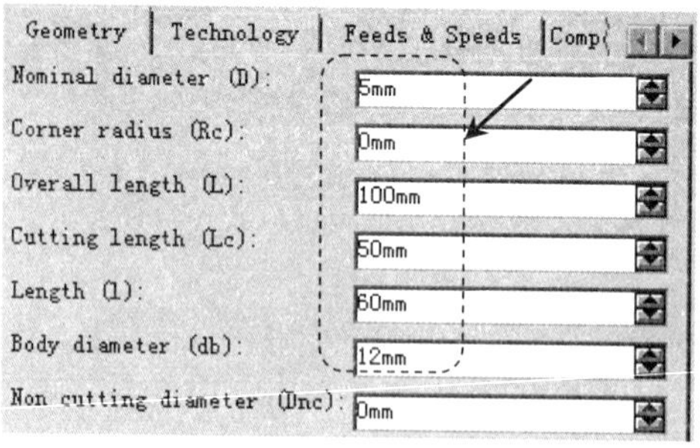

图 50.22 定义刀具参数

Step5. 定义进给率。在“Pencil.1”对话框中选择“进给率”选项卡，取消选中 Feedrate 区域中的 □Automatic compute from tooling Feeds and Speeds 复选框，在 Approach: 文本框中输入值 100，在 Machining: 文本框中输入值 1000，在 Retract: 文本框中输入值 2000；然后取消选中 Spindle Speed 区域中的 □Automatic compute from tooling Feeds and Speeds 复选框，在 Machining: 文本框中输入值 900。其他选项按系统默认设置。

Step6. 定义刀具路径参数。

（1）在“Pencil.1”对话框中选择“刀具路径参数”选项卡。

（2）定义切削参数。选择 Machining 选项卡，设置图 50.23 所示的参数。

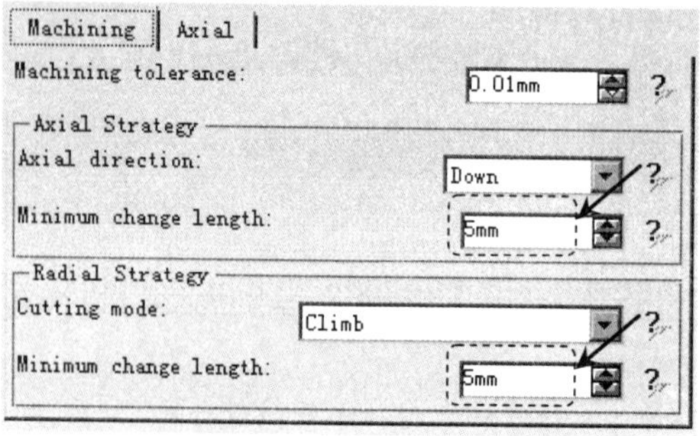

图 50.23 定义切削参数

（3）定义轴向参数。选择 Axial 选项卡，设置图 50.24 所示的参数。

Step7. 定义刀具路径参数。

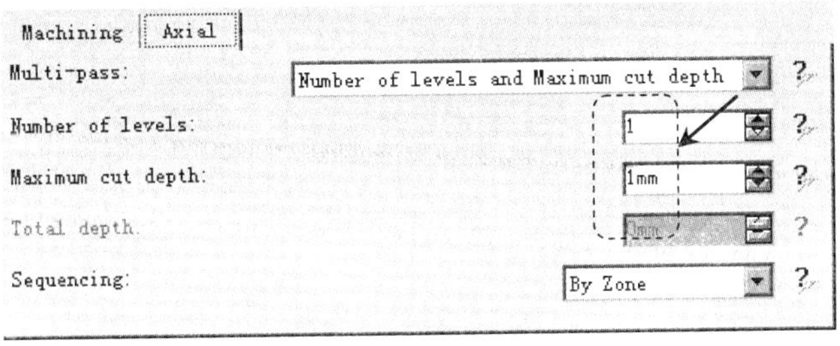

图 50.24　定义轴向参数

（1）在“Pencil.1”对话框中单击“进刀退刀路径”选项卡。激活Macro Management列表框中的Approach选项，然后在Mode:下拉列表中选择Back选项。双击尺寸 1.608mm，在弹出的“Edit Parameter”对话框中输入值 10，单击确定按钮；双击尺寸 6mm，在弹出的“Edit Parameter”对话框中输入值 10，单击确定按钮。

（2）激活Macro Management列表框中的Retract选项，在Mode:下拉列表中选择Along tool axis选项。

Step8. 刀路仿真。

（1）在“Pencil.1”对话框中单击“Tool Path Replay”按钮，系统弹出“Pencil.1”对话框，并在图形区显示刀路轨迹，如图 50.25 所示。

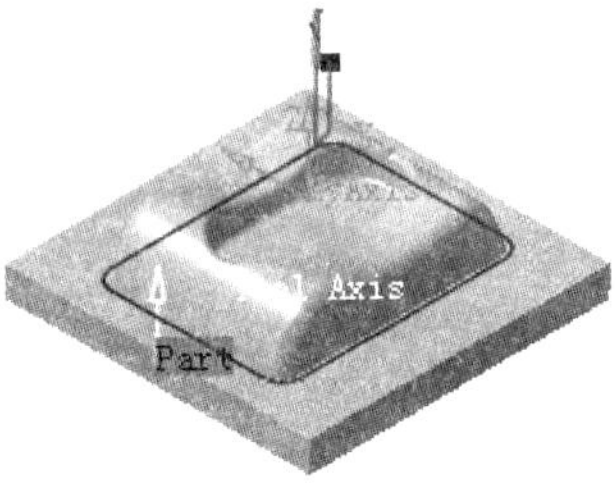

图 50.25　刀具路径

（2）在“Pencil.1”对话框中单击按钮，然后单击按钮，观察刀具切割毛坯零件的运行情况。

（3）在“Pencil.1”对话框中单击两次确定按钮。

Task11. 保存模型文件

选择下拉菜单文件 → 保存命令，在系统弹出的“另存为”对话框中输入文件名 model，单击保存(S)按钮，即可保存文件。

实例51　圆 盘 加 工

在机械加工中，从毛坯零件到目标零件的加工一般都要经过多道工序。工序安排是否合理对加工后零件的质量有较大的影响，因此在加工之前需要根据零件的特征制定好加工工艺。下面以一个圆盘零件为例介绍多工序铣削的加工方法，该零件的加工工艺路线如图51.1和图51.2所示。

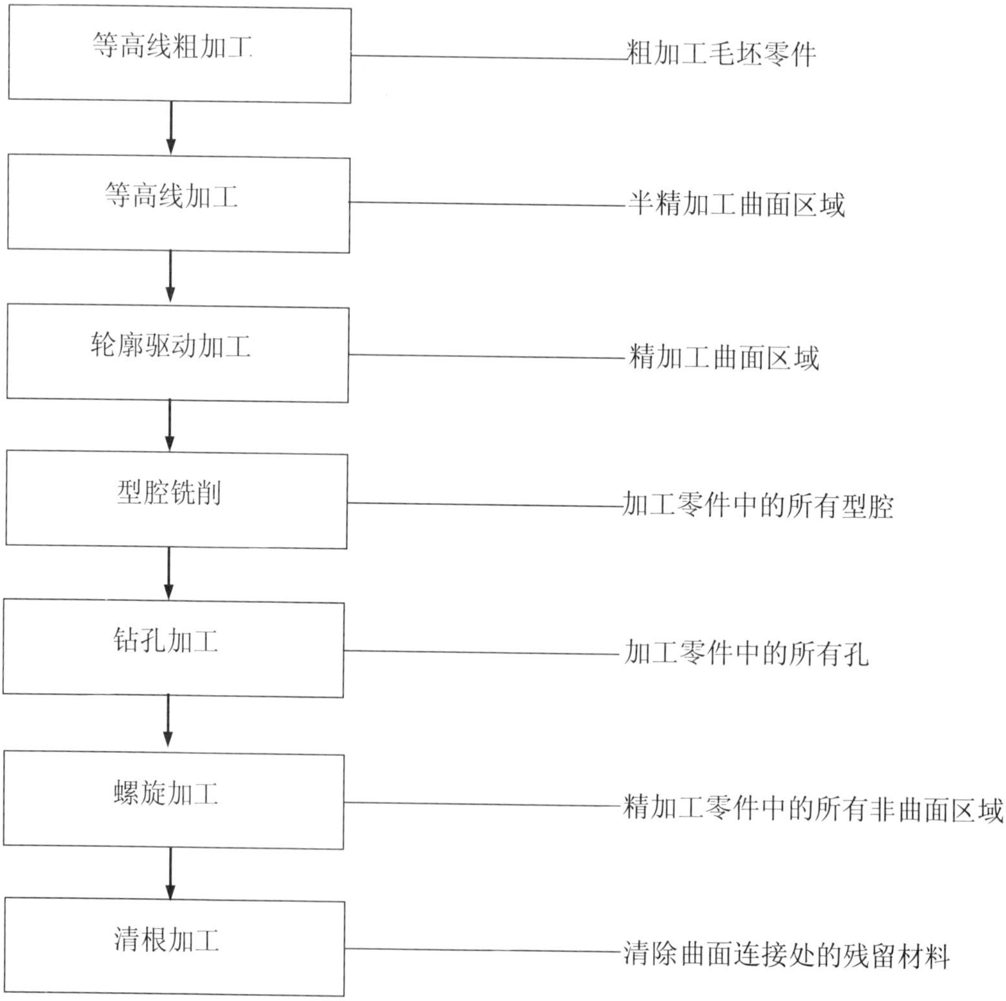

图51.1　加工路线（一）

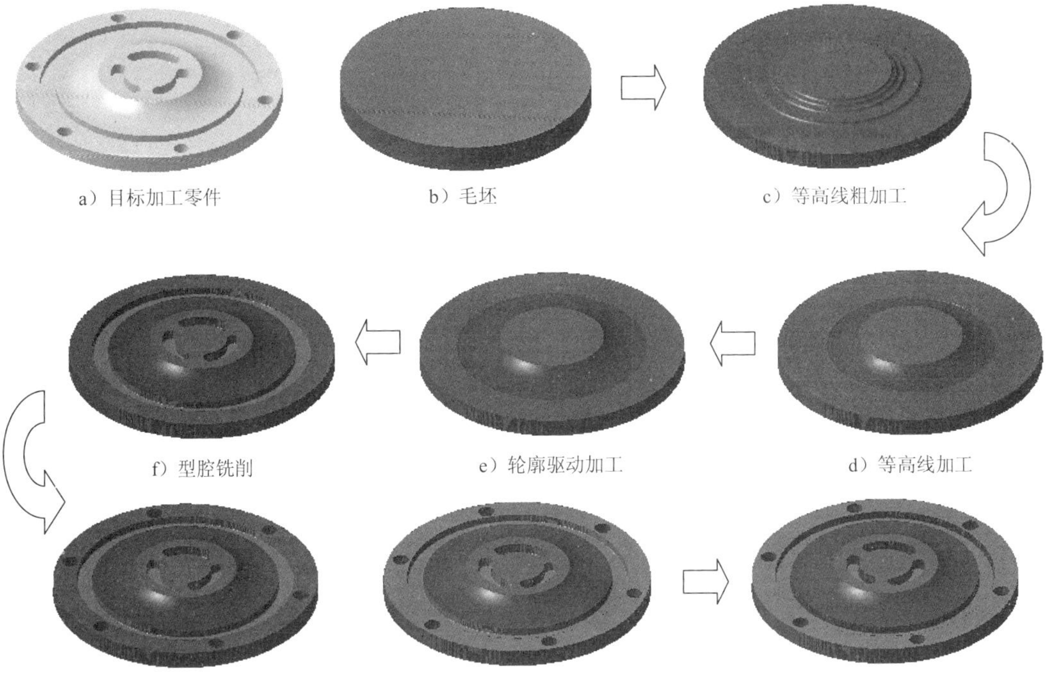

a）目标加工零件 b）毛坯 c）等高线粗加工

d）等高线加工 e）轮廓驱动加工 f）型腔铣削

g）钻孔加工 h）螺旋加工 i）清根加工

图 51.2 加工路线（二）

Task1. 打开模型文件并进入加工模块

Step1. 打开模型文件 D:\catins20\work\ch12\ins51\disk.CATProduct。

Step2. 选择下拉菜单 开始 → 加工 ▸ → Surface Machining 命令，进入“Surface Machining”工作台。

Task2. 零件操作定义

Step1. 进入零件操作对话框。在特征树中双击 Part Operation.1 节点，系统弹出“Part Operation”对话框。

Step2. 机床设置。单击“Part Operation”对话框中的“Machine”按钮，系统弹出“Machine Editor”对话框，单击其中的“3-axis Machine”按钮，保持系统默认设置，然后单击 确定 按钮，完成机床的选择。

Step3. 定义加工坐标系。

（1）单击“Part Operation”对话框中的按钮，系统弹出“Default reference machining axis for Part Operation.1”对话框。

（2）在对话框的 Axis Name : 文本框中输入坐标系名称“MyAxis”并按下 Enter 键，此时

“Default reference machining axis for Part Operation.1”对话框变为“MyAxis”对话框。

（3）单击对话框中的坐标原点，然后在图形区选取图 51.3 所示的圆，系统以此圆的圆心为加工坐标系的原点，创建图 51.4 所示的加工坐标系。

（4）单击“MyAxis”对话框中的确定按钮，完成加工坐标系的定义。

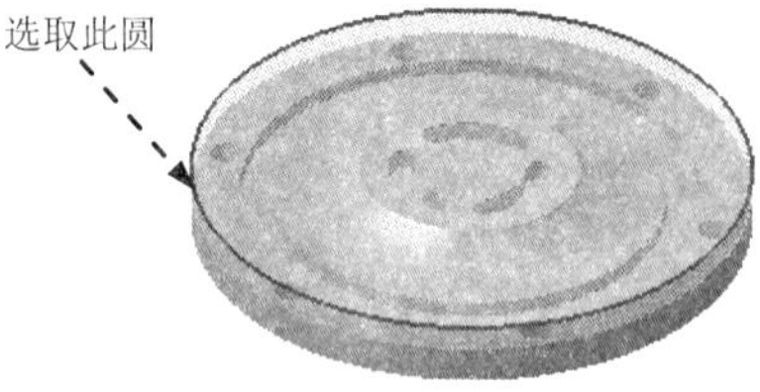

图 51.3 选取参照

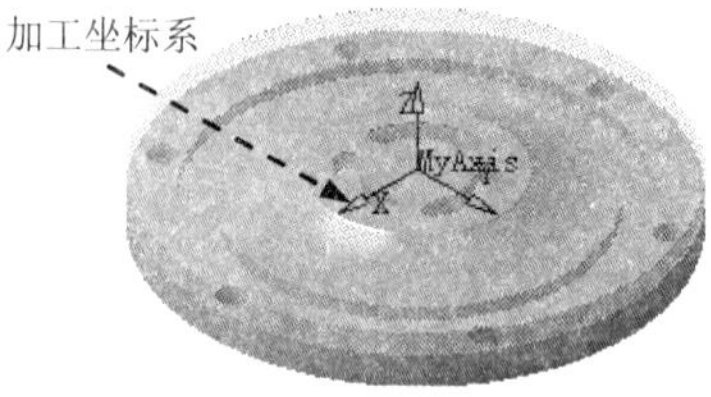

图 51.4 创建加工坐标系

Step4. 选择加工目标零件。单击“Part Operation”对话框中的按钮，在图形区中选取图 51.5 所示的零件模型作为加工目标零件，在图形区空白处双击，系统回到“Part Operation”对话框。

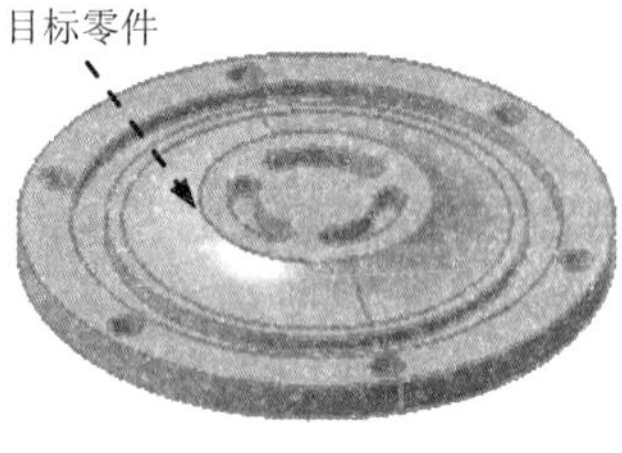

图 51.5 定义目标零件

说明：在选取零件模型时可将毛坯零件暂时隐藏以便于选取。

Step5. 选择毛坯零件。单击“Part Operation”对话框中的按钮，在图形区中选取图 51.6 所示的零件作为毛坯零件，在图形区空白处双击，系统回到“Part Operation”对话框。

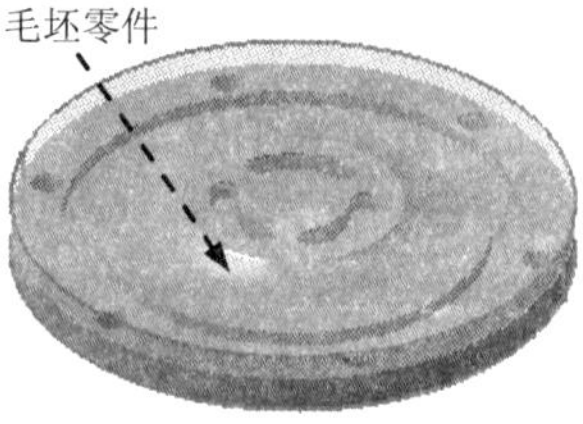

图 51.6 定义毛坯零件

Step6. 定义安全平面。

（1）单击“Part Operation”对话框中的按钮。

（2）选择参照面。在图形区选取图 51.7 所示的毛坯表面作为安全平面参照，系统创建一个安全平面。

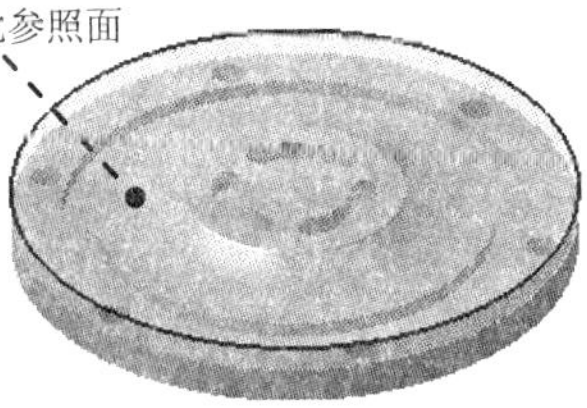

图 51.7 选取参照平面

（3）右击系统创建的安全平面，在弹出的快捷菜单中选择 Offset... 选项，系统弹出“Edit Parameter”对话框，在其中的 Thickness 文本框中输入值 10，单击 确定 按钮，完成安全平面的定义，如图 51.8 所示。

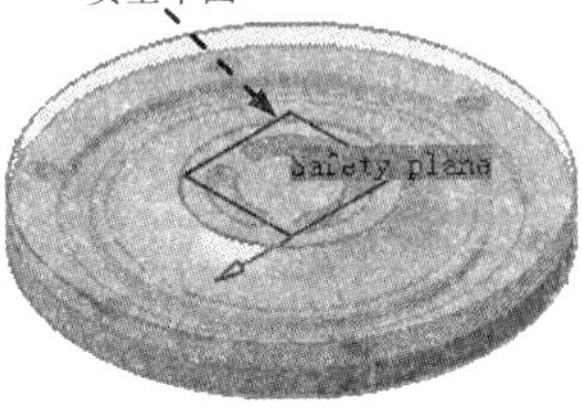

图 51.8 定义安全平面

Step7. 单击“Part Operation”对话框中的 确定 按钮，完成零件定义操作。

Task3. 等高线粗加工

Stage1. 设置加工参数

Step1. 定义几何参数。

（1）在特征树中选中 Manufacturing Program.1 节点，然后选择下拉菜单 插入 → Machining Operations ▸ → Roughing Operations ▸ → Roughing 命令，插入一个等高线加工操作，系统弹出“Roughing.1”对话框。

（2）定义加工区域。单击 选项卡，然后单击“Roughing.1”对话框中的目标零件感应区，在图形区选择目标加工零件，系统会自动计算出一个加工区域。在图形区空白处双击，系统返回到“Roughing.1”对话框。

Step2. 定义刀具参数。

（1）在“Roughing.1”对话框中选择 选项卡，单击其中的 按钮，选择立铣刀作为加工刀具，然后在 Name 文本框中输入刀具名称 T1 End Mill D 20 并按下 Enter 键。

（2）在“Roughing.1”对话框中选中 Ball-end tool 复选框，单击 More>> 按钮，然后选择 Geometry 选项卡，设置图 51.9 所示的刀具参数。

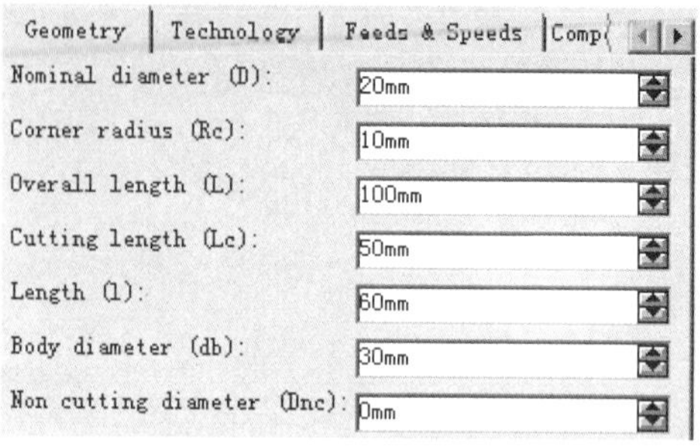

图 51.9　定义刀具参数

Step3. 定义进给率。在“Roughing.1”对话框中选择“进给率”选项卡。取消选中 Feedrate 区域中的 Automatic compute from tooling Feeds and Speeds 复选框，在 Approach: 文本框中输入值 100，在 Machining: 文本框中输入值 2000，在 Retract: 文本框中输入值 3000；然后取消选中 Spindle Speed 区域中的 Automatic compute from tooling Feeds and Speeds 复选框，在 Machining: 文本框中输入值 1800。其他选项按系统默认设置。

Step4. 定义刀具路径参数。

（1）进入刀具路径参数选项卡。在“Roughing.1”对话框中单击选项卡。

（2）定义切削参数。

① 单击 Machining 选项卡，在 Machining mode: 区域的两个下拉列表中分别选择 By Area 和 Outer part 选项。在 Tool path style: 下拉列表中选择 Helical 选项。

② 其他选项采用系统默认设置。

（3）定义径向参数。单击 Radial 选项卡，然后在 Stepover: 下拉列表中选择 Stepover length 选项，在 Max. distance between pass: 文本框中输入值 5。

（4）定义轴向进给量。单击 Axial 选项卡，然后在 Maximum cut depth: 文本框中输入值 6。

（5）其他选项卡采用系统默认的设置。

Step5. 定义进刀/退刀路径。

（1）进入进刀/退刀路径选项卡。在“Roughing.1”对话框中单击选项卡。

（2）在 Macro Management 区域的列表框中选择 Automatic 选项，在 Mode: 下拉列表中选择 Ramping 选项。

（3）在 Macro Management 区域的列表框中选择 Pre-motions 选项，然后单击按钮。

（4）在 Macro Management 区域的列表框中选择 Post-motions 选项，然后单击按钮。

Stage2．刀路仿真

Step1．在“Roughing.1”对话框中单击“Tool Path Replay”按钮，系统弹出“Roughing.1”对话框，并在图形区显示刀路轨迹，如图 51.10 所示。

图 51.10 刀具路径

Step2．在“Roughing.1”对话框中单击两次 确定 按钮。

Task4．等高线加工

Step1．在特征树中选择 Roughing.1 (Computed) 节点，然后选择下拉菜单 插入 → Machining Operations → ZLevel 命令，插入一个等高线加工操作，系统弹出“ZLevel.1”对话框。

Step2．定义几何参数。

（1）单击“ZLevel.1”对话框中的“几何参数”选项卡。

（2）右击“ZLevel.1”对话框中的零件感应区，在弹出的快捷菜单中选择 Select faces ... 选项，然后在图形区中选取图 51.11 所示的模型表面作为加工区域，在图形区空白处中双击，返回到“ZLevel.1”对话框。

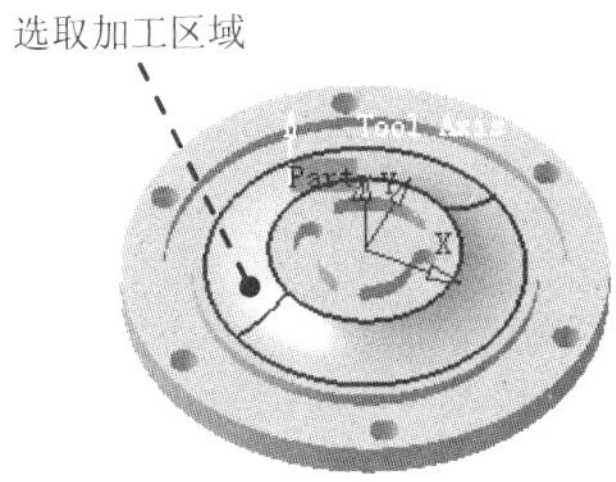

图 51.11 定义加工区域

（3）设置加工余量。双击“ZLevel.1”对话框中的“Offset on part”字样，在系统弹出的“Edit Parameter”对话框中输入值 0.5；双击“ZLevel.1”对话框中的“Offset on check”字样，在系统弹出的“Edit Parameter”对话框中输入值 0.5。

Step3. 定义刀具参数。

（1）在“ZLevel.1”对话框中选择选项卡，单击按钮，选择立铣刀作为加工刀具，在 Name 文本框中输入刀具名称“T2 End Mill D 10”并按下 Enter 键。

（2）定义刀具参数。在“ZLevel.1”对话框中选中 Ball-end tool 复选框，单击 More>> 按钮，然后选择 Geometry 选项卡，设置图 51.12 所示的刀具参数。

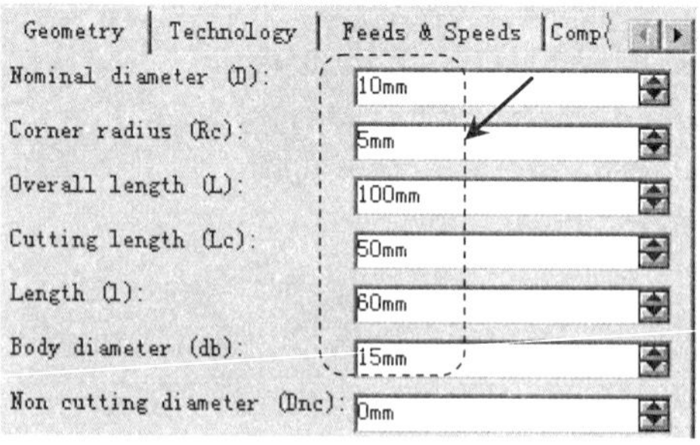

图 51.12　定义刀具参数

Step4. 定义进给率。在“ZLevel.1”对话框中选择“进给率”选项卡。取消选中 Feedrate 区域中的 □ Automatic compute from tooling Feeds and Speeds 复选框，在 Approach: 文本框中输入值 200，在 Machining: 文本框中输入值 2000，在 Retract: 文本框中输入值 3000；然后取消选中 Spindle Speed 区域中的 □ Automatic compute from tooling Feeds and Speeds 复选框，在 Machining: 文本框中输入值 1200。其他选项按系统默认设置。

Step5. 定义刀具路径参数。

（1）进入刀具路径参数选项卡。在“ZLevel.1”对话框中单击选项卡。

（2）定义切削参数。在“ZLevel.1”对话框中单击 Machining 选项卡，然后在 Machining tolerance: 文本框中输入值 0.01，其他采用系统默认设置。

（3）定义轴向参数。在“ZLevel.1”对话框中单击 Axial 选项卡，在 Distance between pass 文本框中输入值 0.6。

（4）其他参数采用系统默认设置。

Step6. 定义进刀/退刀路径。

（1）进入进刀/退刀路径选项卡。在“ZLevel.1”对话框中单击选项卡。

（2）激活进刀。在 Macro Management 区域的列表框中选择 Approach 选项，右击，从弹出的快捷菜单中选择 Activate 选项。

说明：若系统显示为 Approach 状态，说明此时就处于激活状态，无须再进行激活。

（3）定义进刀方式。

① 在-Macro Management 区域的列表框中选择 Approach 选项，然后在 Mode: 下拉列表中选择 Ramping 选项。

② 双击“ZLevel.1”对话框中的尺寸 1.2mm，在弹出的“Edit Parameter”对话框中输入值 10 并单击 确定 按钮；双击“ZLevel.1”对话框中的尺寸 15deg，在弹出的“Edit Parameter”对话框中输入值 10，单击 确定 按钮。

（4）激活退刀。在-Macro Management 区域的列表框中选择 Retract 选项，右击，从弹出的快捷菜单中选择 Activate 选项（系统默认激活）。

（5）定义退刀方式。在-Macro Management 区域的列表框中选择 Retract 选项，然后在 Mode: 下拉列表中选择 Build by user 选项，依次单击按钮和按钮。

Step7. 刀路仿真。在“ZLevel.1”对话框中单击“Tool Path Replay”按钮，系统弹出“ZLevel.1”对话框，并在图形区显示刀路轨迹，如图 51.13 所示。

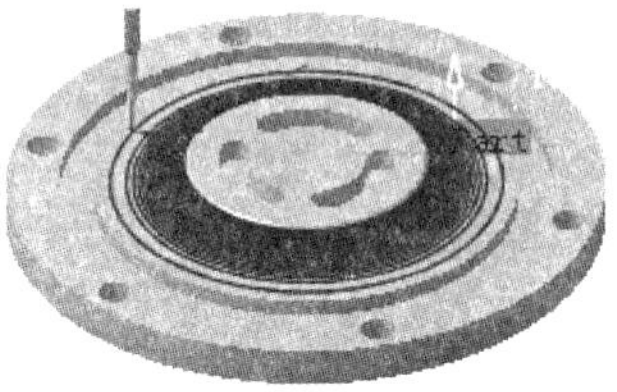

图 51.13　刀具路径

Step8. 在“ZLevel.1”对话框中单击两次 确定 按钮。

Task5. 轮廓驱动加工

Step1. 在特征树中选中 ZLevel.1 (Computed) 节点，然后选择下拉菜单 插入 → Machining Operations ▸ → Contour-driven 命令，插入一个轮廓驱动加工操作，系统弹出“Contour-driven.1”对话框。

Step2. 定义加工区域。

（1）单击“Contour-driven.1”对话框中的选项卡。

（2）单击“Contour-driven.1”对话框中的目标零件感应区，然后在图形区中选取目标加工零件，系统自动计算加工区域，然后在图形区空白处中双击，返回到“Contour-driven.1”对话框。

（3）定义加工余量。双击“Contour-driven.1”对话框中的“Offset on part”字样，在弹出的“Edit parameter”文本框中输入值 0 并单击 确定 按钮；双击“Offset on check”字样，在弹出的“Edit paramete r”文本框中输入值 0 并单击 确定 按钮。

Step3. 定义刀具参数。选择系统默认的刀具“T2 End Mill D 10”为加工刀具。

Step4. 定义进给率。在“Contour-driven.1”对话框中选择“进给率”选项卡。取消选中 Feedrate 区域中的 □ Automatic compute from tooling Feeds and Speeds 复选框，在 Approach: 文本框中输入值 300，在 Machining: 文本框中输入值 1800，在 Retract: 文本框中输入值 2500；然后取消选中 Spindle Speed 区域中的 □ Automatic compute from tooling Feeds and Speeds 复选框，在 Machining: 文本框中输入值 1200。其他选项按系统默认设置。

Step5. 定义刀具路径参数。

（1）进入刀具路径参数选项卡。在“Contour-driven.1”对话框中单击选项卡。

（2）定义引导线。

① 在“Contour-driven.1”对话框的 Guiding strategy 选项组中选中 ● Between contours 单选项。

② 单击对话框中的“Guide 1”（引导线 1）感应区，系统弹出“Edge Selection”工具条。在图形区选取图 51.14 所示的引导线 1，单击“Edge Selection”工具条中的 OK 按钮，完成引导线 1 的定义。

③ 单击对话框中的“Guide 2”（引导线 2）感应区，系统弹出“Edge Selection”工具条。在图形区选取图 51.14 所示的引导线 2，单击“Edge Selection”工具条中 OK 按钮，完成引导线 2 的定义。

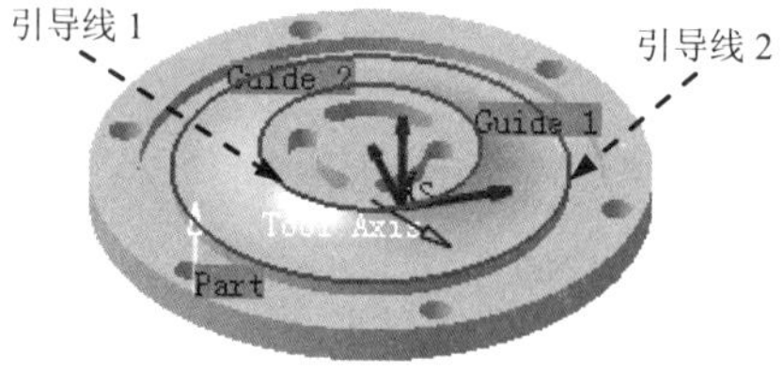

图 51.14 定义引导线

（3）定义切削参数。在“Contour-driven.1”对话框中单击 Machining 选项卡，然后在 Tool path style: 下拉列表中选择 Zig-zag 选项，在 Machining tolerance: 文本框中输入值 0.01，其他参数采用系统默认设置。

（4）定义径向参数。在“Contour-driven.1”对话框中单击 Radial 选项卡，然后在 Stepover: 下拉列表中选择 Constant 3D 选项，在 Distance between paths: 文本框中输入值 1。

（5）定义轴向参数。在“Contour-driven.1”对话框中单击 Axial 选项卡，在 Multi-pass: 下拉列表中选择 Number of levels and Maximum cut depth 选项，在 Number of levels: 文本框中输入值 1，在 Maximum cut depth: 文本框中输入值 1。

（6）其他选项卡中的参数采用系统默认设置。

Step6. 定义进刀/退刀路径。

（1）进入进刀/退刀路径选项卡。在“Contour-driven.1”对话框中单击选项卡。

（2）定义进刀路径。

① 激活进刀。在Macro Management区域的列表框中选择Approach选项，右击，从弹出的快捷菜单中选择Activate命令。

说明：*若系统默认为Approach状态，说明此时就处于激活状态，无须再进行激活。*

② 在Macro Management区域的列表框中选择Approach选项，然后在Mode:下拉列表中选择Back选项。

③ 双击尺寸 1.608mm，在弹出的“Edit Parameter”对话框中输入值 50，单击确定按钮；双击尺寸 6mm，在弹出的“Edit Parameter”对话框中输入值 50，单击确定按钮。

（3）定义退刀路径。

① 激活退刀。在Macro Management区域的列表框中选择Retract选项，右击，从弹出的快捷菜单中选择Activate选项（系统默认激活）。

② 在Macro Management区域的列表框中选择Retract选项，然后在Mode:下拉列表中选择Along tool axis选项，双击尺寸 6mm，在弹出的“Edit Parameter”对话框中输入值 50，单击确定按钮。

Step7. 在“Contour-driven.1”对话框中单击“Tool Path Replay”按钮，系统弹出“Contour-driven.1”对话框，并在图形区显示刀路轨迹，如图 51.15 所示。

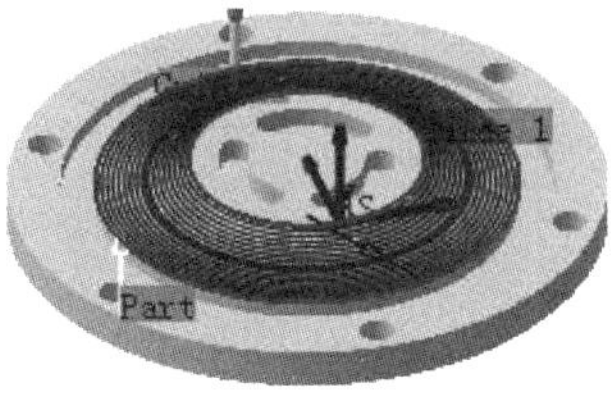

图 51.15　刀具路径

Step8. 在“Contour-driven.1”对话框中单击两次确定按钮。

Task6. 型腔铣削(一)

Step1. 切换工作台。选择下拉菜单开始 → 加工 → Prismatic Machining命令，将系统切换到“Prismatic Machining”工作台。

Step2. 在特征树中选择Contour-driven.1 (Computed)节点，然后选择下拉菜单插入

→ Machining Operations ▸ → Pocketing 命令，系统弹出“Pocketing.1”对话框。

Step3. 定义几何参数。

（1）单击“Pocketing.1”对话框中的选项卡，然后单击对话框中的“Open Pocket”字样，使其变成“Close Pocket”字样。

（2）定义型腔底面。单击“Pocketing.1”对话框中的底面感应区，在图形区选取图 51.16 所示的型腔底面，系统返回“Pocketing.1”对话框。

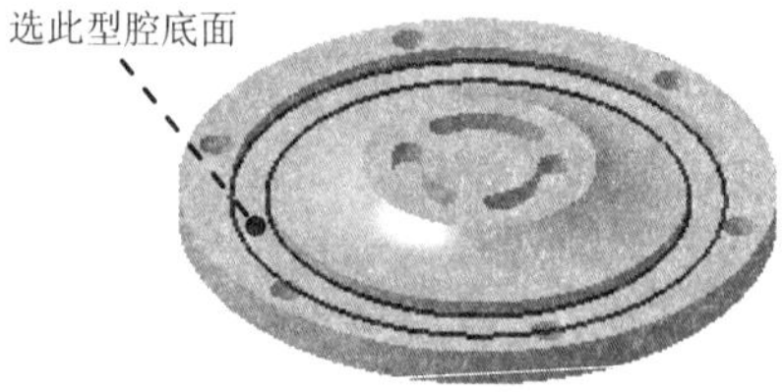

图 51.16 定义型腔底面

（3）定义型腔顶面。单击“Pocketing.1”对话框中的顶面感应区，在图形区中选取图 51.17 所示的型腔顶面，系统返回“Pocketing.1”对话框。

Step4. 定义刀具参数。

（1）在“Pocketing.1”对话框中选择“刀具参数”选项卡，单击按钮，选择立铣刀作为加工刀具，在 Name 文本框中输入刀具名称“T3 End Mill D 10”并按下 Enter 键。

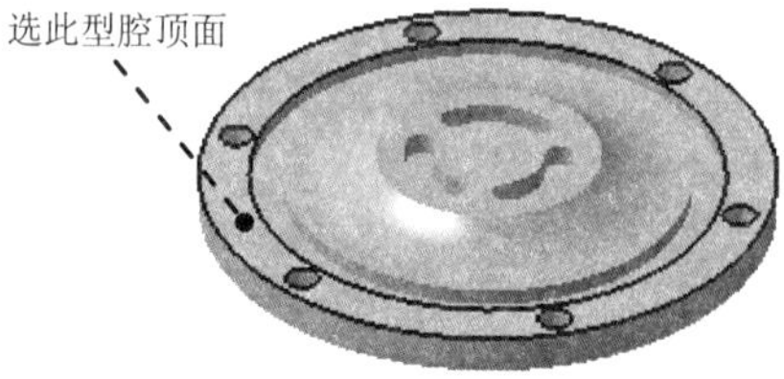

图 51.17 定义型腔顶面

（2）定义刀具参数。在“Pocketing.1”对话框中取消选中 □Ball-end tool 复选框，单击 More>> 按钮，然后选择 Geometry 选项卡，设置图 51.18 所示的刀具参数。

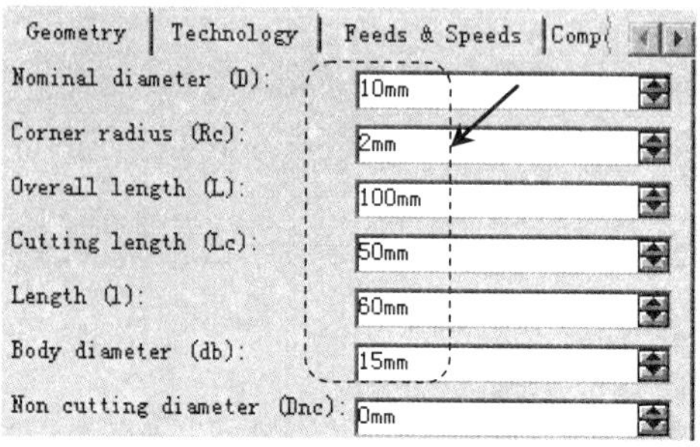

图 51.18 定义刀具参数

Step5. 定义进给率。在“Pocketing.1”对话框中选择“进给率”选项卡。取消选中 Feedrate 区域中的☐Automatic compute from tooling Feeds and Speeds 复选框，在 Approach: 文本框中输入值 300，在 Machining: 文本框中输入值 1500，在 Retract: 文本框中输入值 3000；然后取消选中 Spindle Speed 区域中的☐Automatic compute from tooling Feeds and Speeds 复选框，在 Machining: 文本框中输入值 2000，其他选项按系统默认设置。

Step6. 定义刀具路径参数。

（1）进入刀具路径参数选项卡。在“Pocketing.1”对话框中单击选项卡。

（2）定义刀具路径类型。在“Pocketing.1”对话框的 Tool path style: 下拉列表中选择 Outward helical 选项。

（3）定义切削参数。在“Pocketing.1”对话框中单击 Machining 选项卡，然后在 Direction of cut: 下拉列表中选择 Climb 选项，其他选项采用系统默认设置。

（4）定义径向参数。单击 Radial 选项卡，然后在 Mode: 下拉列表中选择 Tool diameter ratio 选项，在 Percentage of tool diameter: 文本框中输入值 50，其他选项采用系统默认设置。

（5）定义轴向参数。单击 Axial 选项卡，然后在 Mode: 下拉列表中选择 Number of levels 选项，在 Number of levels: 文本框中输入值 3，其他选项采用系统默认设置。

（6）其他参数采用系统默认设置。

Step7. 定义进刀/退刀路径。

（1）在“Pocketing.1”对话框中选择选项卡。

（2）定义进刀路径。在 Macro Management 列表框中选择 Approach 选项，在 Mode: 下拉列表中选择 Ramping 选项，选择斜向进刀类型。

（3）定义退刀路径。在 Macro Management 列表框中选择 Retract 选项，在 Mode: 下拉列表中选择 Axial 选项，选择轴向直线退刀类型。

（4）定义安全距离选项。在 Macro Management 列表框中右击 Clearance 选项，从弹出的快捷菜单中选择 Activate 命令，然后在 Mode: 下拉列表中选择 To safety plane 选项。

（5）定义一个层的退刀路径。在 Macro Management 列表框中右击 Return in a Level Retract 选项，从弹出的快捷菜单中选择 Activate 命令，然后在 Mode: 下拉列表中选择 Build by user 选项，单击按钮。

（6）定义一个层的进刀路径。在 Macro Management 列表框中选择 Return in a Level Approac 选项，然后在 Mode: 下拉列表中选择 Build by user 选项，单击按钮。

Step8. 刀路仿真。在“Pocketing.1”对话框中单击“Tool Path Replay”按钮，系统弹出“Pocketing.1”对话框，并在图形区显示刀路轨迹，如图 51.19 所示。

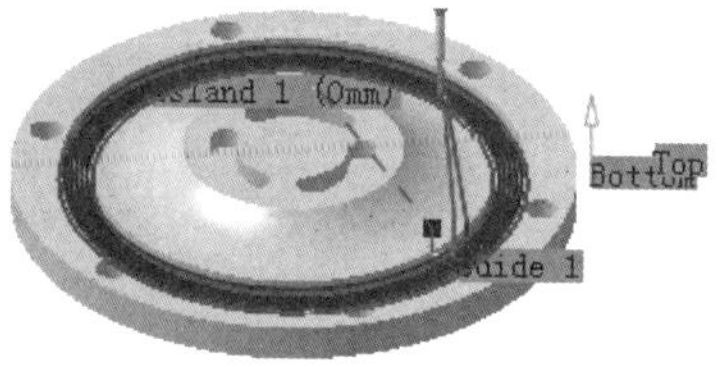

图 51.19 刀具路径

Step9. 在“Pocketing.1”对话框中单击两次 确定 按钮。

Task7. 型腔铣削(二)

Step1. 在特征树中选择 Pocketing.1 (Computed) 节点，然后选择下拉菜单 插入 → Machining Operations → Pocketing 命令，系统弹出“Pocketing.2”对话框。

Step2. 定义几何参数。

（1）单击“Pocketing.2”对话框中的选项卡，然后单击对话框中的“Open Pocket”字样，使其变成“Close Pocket”字样。

（2）单击“Pocketing.2”对话框中的底面感应区，在图形区选取图 51.20 所示的型腔底面，系统返回“Pocketing.2”对话框。

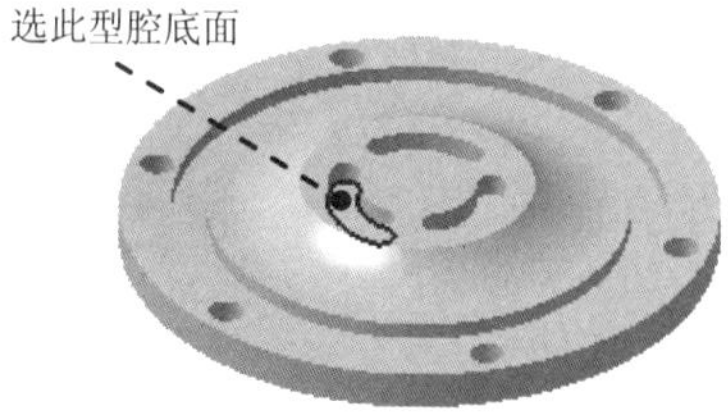

图 51.20 定义型腔底面

（3）单击“Pocketing.2”对话框中的顶面感应区，在图形区选取图 51.21 所示的型腔顶面，系统返回“Pocketing.2”对话框。

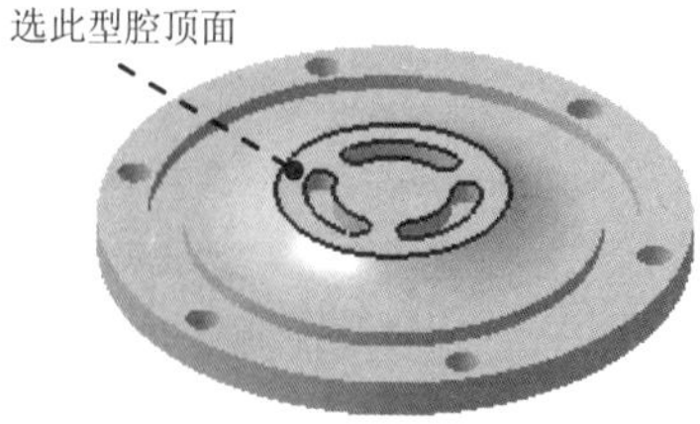

图 51.21 定义型腔顶面

Step3. 定义刀具参数。系统自动选用前面设置的刀具“T3 End Mill D 10”。

Step4. 定义进给率和刀具路径参数。进给率和刀具路径参数均采用腔铣削（一）中的设置。

Step5. 定义进刀/退刀路径。

（1）进入进刀/退刀路径选项卡。在“Pocketing.2”对话框中选择选项卡。

（2）定义进刀路径。在 Macro Management 列表框中选择 Approach 选项，在 Mode: 下拉列表中选择 Build by user 选项，依次单击“Remove all motions”按钮、“Add Raming motion”按钮和“Add Axial motion up to a plane”按钮。

（3）定义退刀路径。在 Macro Management 列表框中选择 Retract 选项，在 Mode: 下拉列表中选择 Axial 选项，选择轴向直线退刀类型。

（4）定义安全距离选项。在 Macro Management 列表框中选择 Clearance 选项，然后在 Mode: 下拉列表中选择 To safety plane 选项。

（5）定义一个层的退刀路径。在 Macro Management 列表框中选择 Return in a Level Retrac 选项，然后在 Mode: 下拉列表中选择 Build by user 选项，单击、按钮。

（6）定义一个层的进刀路径。在 Macro Management 列表框中选择 Return in a Level Approac 选项，然后在 Mode: 下拉列表中选择 Build by user 选项，单击、按钮。

Step6. 刀路仿真。在“Pocketing.2”对话框中单击“Tool Path Replay”按钮，系统弹出“Pocketing.2”对话框，且在图形区显示刀路轨迹，如图 51.22 所示。

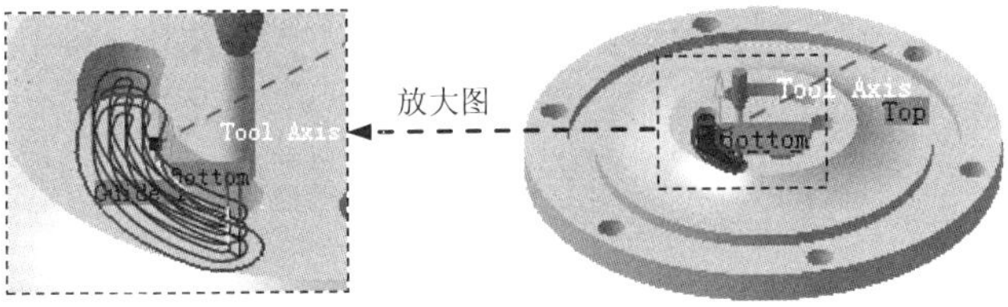

图 51.22 刀具路径

Step7. 在“Pocketing.2”对话框中单击两次 确定 按钮。

Task8. 加工其余两个型腔

参照型腔铣削（二）的操作步骤，加工其余两个型腔。

Task9. 钻孔加工

Step1. 定义几何参数。

（1）在特征树中选择Pocketing.4 (Computed)节点，然后选择下拉列表插入 → Machining Operations → Axial Machining Operations → Drilling命令，插入一个钻孔加工操作，系统弹出“Drilling.1”对话框。

（2）定义加工区域。

① 单击“几何参数”选项卡，然后单击“Drilling.1”对话框中的“Extension：Blind（盲孔）”字样，将其改变为“Extension：Through（通孔）”。

② 单击“Drilling.1”对话框中的孔侧壁感应区，系统弹出“Pattern Selection”窗口，然后在特征树中选择disk.1节点下的圆形阵列.2节点，在图形区空白处双击鼠标左键，系统返回到“Drilling.1”对话框。

Step2. 定义刀具参数。

（1）在“Drilling.1”对话框中选择“刀具参数”选项卡，单击其中的按钮，然后在Name文本框中输入刀具名称“T4 Drill D 30”并按下 Enter 键。

（2）在“Drilling.1”对话框中单击More>>按钮，选择Geometry选项卡，设置图 51.23 所示的刀具参数。

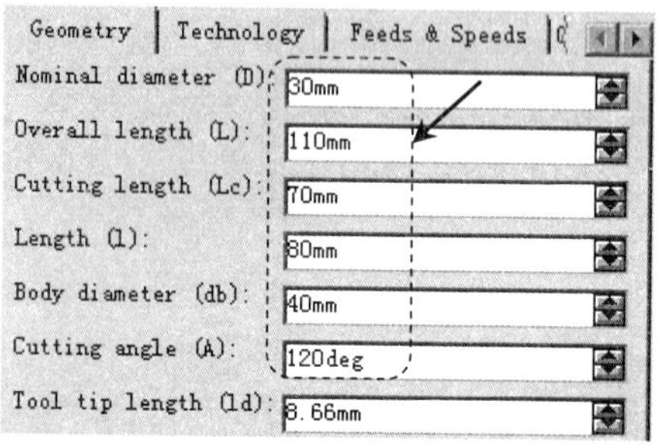

图 51.23　定义刀具参数

Step3. 定义进给率。在“Drilling.1”对话框中选择“进给率”选项卡。取消选中Feedrate区域中的☐ Automatic compute from tooling Feeds and Speeds复选框，在Approach:文本框中输入值 100，在Machining:文本框中输入值 300，在Retract:文本框中输入值 500；然后取消选中Spindle Speed区域中的☐ Automatic compute from tooling Feeds and Speeds复选框，在Machining:文本框中输入值 600。其他选项按系统默认设置。

Step4. 定义刀具路径参数。在“Drilling.1”对话框中选择选项卡，在Approach clearance (A):文本框中输入值 5，在Depth mode:下拉列表中选择By shoulder (Ds)选项，其他参数采用系统默认设置。

Step5. 定义进刀/退刀路径。

（1）进入进刀/退刀路径选项卡。在“Drilling.1”对话框中选择选项卡。

（2）定义进刀路径。选择Macro Management列表框中的Approach选项，右击，从弹出的快捷菜单中选择Activate命令。在Mode:下拉列表中选择Build by user选项，然后依次单击按钮和按钮，添加一个从安全平面开始的轴向进刀运动。

（3）定义退刀路径。选择Macro Management列表框中的Retract选项，右击，从弹出的快捷菜单中选择Activate命令。在Mode:下拉列表中选择Build by user选项，然后依次单击按钮和按钮，添加一个至安全平面的轴向退刀运动。

（4）定义连接进刀路径。选择Macro Management区域列表框中的Linking Approach选项，右击，从弹出的快捷菜单中选择Activate命令。在Mode:下拉列表中选择Build by user选项，然后依次单击按钮和按钮。

（5）定义连接退刀路径。在Macro Management区域中选择Linking Retract选项，在Mode:下拉列表中选择Build by user选项，然后依次单击按钮和按钮。

Step6. 刀路仿真。在“Drilling.1”对话框中单击“Tool Path Replay”按钮，系统弹出“Drilling.1”对话框，且在图形区显示刀路轨迹，如图 51.24 所示。

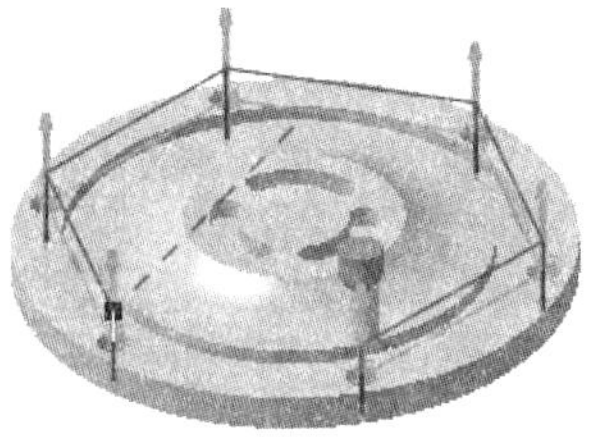

图 51.24 刀具路径

Step7. 在“Drilling.1”对话框中单击两次确定按钮。

Task10. 螺旋加工

Step1. 选择下拉菜单开始 → 加工 → Surface Machining命令，进入“Surface Machining”工作台。

Step2. 在特征树中选择Drilling.1 (Computed)节点，然后选择下拉菜单插入 → Machining Operations → Spiral Milling命令，插入一个螺旋加工操作，系统弹出“Sprial milling.1”对话框。

Step3. 定义几何参数。

（1）单击“Sprial milling.1”对话框中的选项卡。

（2）右击“Sprial milling.1”对话框中的零件感应区，在弹出的快捷菜单中选择

Select faces ... 选项，然后在图形区选取图 51.25 所示的模型表面作为加工区域。在图形区空白处双击，系统返回“Sprial milling.1”对话框。

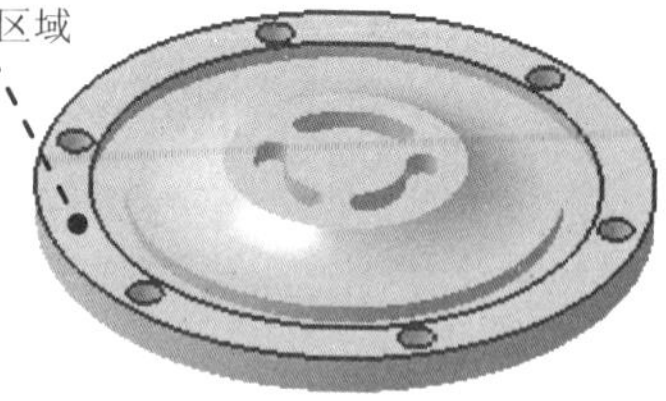

图 51.25 定义加工区域

Step4. 定义刀具参数。系统自动选用前面设置的“T3 End Mill D 10”作为加工刀具。

Step5. 定义进给率。在“Sprial milling.1”对话框中选择“进给率”选项卡。取消选中 Feedrate 区域中的 □ Automatic compute from tooling Feeds and Speeds 复选框，在 Approach: 文本框中输入值 100，在 Machining: 文本框中输入值 2000，在 Retract: 文本框中输入值 3000；然后取消选中 Spindle Speed 区域中的 □ Automatic compute from tooling Feeds and Speeds 复选框，在 Machining: 文本框中输入值 1200。其他选项按系统默认设置。

Step6. 定义刀具路径参数。

（1）进入刀具路径参数选项卡。在“Sprial milling.1”对话框中单击选项卡。

（2） 定义切削参数。在“Sprial milling.1”对话框单击 Machining 选项卡，然后在 Machining tolerance: 文本框中输入值 0.01，其他采用系统默认设置。

（3）定义径向参数。在“Sprial milling.1”对话框中单击 Radial 选项卡，然后在 Max. distance between pass: 文本框中输入值 3.5。

（4）定义轴向参数。在“Sprial milling.1”对话框中单击 Axial 选项卡，在 Multi-pass: 下拉列表中选择 Number of levels and Maximum cut depth 选项，在 Number of levels: 文本框中输入值 1，在 Maximum cut depth: 文本框中输入值 1。

（5）其他参数采用系统默认设置。

Step7. 定义进刀/退刀路径。

（1）进入进刀/退刀路径选项卡。在“Sprial milling.1”对话框中选择选项卡。

（2）在 Macro Management 列表框中的选择 Approach 选项，在 Mode: 下拉列表中选择 Back 选项，双击尺寸 1.608mm，在弹出的“Edit Parameter”对话框中输入值 20；双击尺寸 6mm，在弹出的“Edit Parameter”对话框中输入值 20。

（3）在 Macro Management 列表框中的选择 Retract 选项，在 Mode: 下拉列表中选择 Along tool axis 选项，双击尺寸 6mm，在弹出的“Edit Parameter”对话框中输入值 50。

Step8. 刀路仿真。在“Sprial milling.1”对话框中单击“Tool Path Replay”按钮，系统弹出“Sprial milling.1”对话框，并在图形区显示刀路轨迹，如图 51.26 所示。

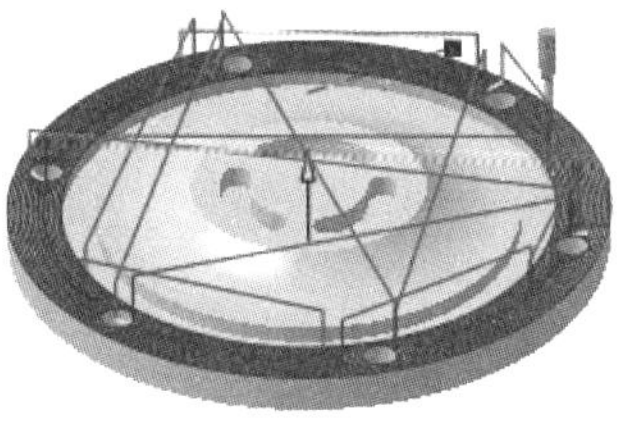

图 51.26 刀具路径

Step9. 在“Sprial milling.1”对话框中单击两次 确定 按钮。

Task11. 清根加工

Step1. 在特征树中选择 Spiral milling.1 (Computed) 节点，然后选择下拉菜单 插入 → Machining Operations ▸ → Pencil 命令，系统弹出“Pencil. 1”对话框。

Step2. 定义几何参数。选中“Pencil. 1”对话框中的“几何参数”选项卡，单击其中的目标零件感应区，选择图形区中的零件作为加工对象，系统自动判断加工区域。在图形区空白处双击，系统返回“Pencil. 1”对话框。

Step3. 定义刀具参数。

（1）在“Pencil. 1”对话框中选择选项卡，单击按钮，选择立铣刀作为加工刀具，在 Name 文本框中输入刀具名称“T5 End Mill D 5”并按下 Enter 键。

（2）定义刀具参数。在“Pencil.1”对话框中取消选中 □ Ball-end tool 复选框，单击 More>> 按钮，选择 Geometry 选项卡，设置图 51.27 所示的刀具参数。

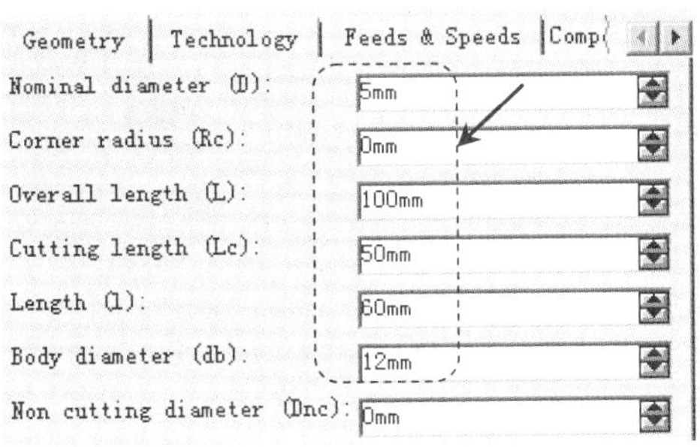

图 51.27 定义刀具参数

Step4. 定义进给率。在“Pencil. 1”对话框中选择“进给率”选项卡。取消选中 Feedrate 区域中的 □ Automatic compute from tooling Feeds and Speeds 复选框，在 Approach: 文本框中输入值 100，在 Machining: 文本框中输入值 1000，在 Retract: 文本框中输入值 2000；然后取消选中

Spindle Speed 区域中的 □ Automatic compute from tooling Feeds and Speeds 复选框，在 Machining: 文本框中输入值 900。其他选项按系统默认设置。

Step5. 定义刀具路径参数。

（1）在“Pencil. 1”对话框中选择“刀具路径参数”选项卡 。

（2）定义切削参数。选择 Machining 选项卡，设置图 51.28 所示的参数。

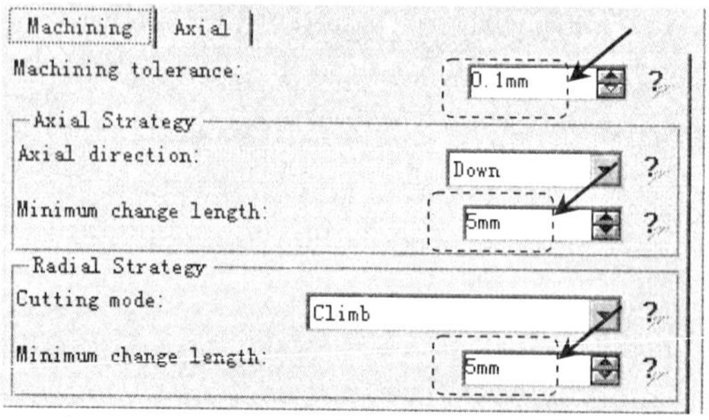

图 51.28 定义切削参数

（3）定义轴向参数。选择 Axial 选项卡，设置图 51.29 所示的参数。

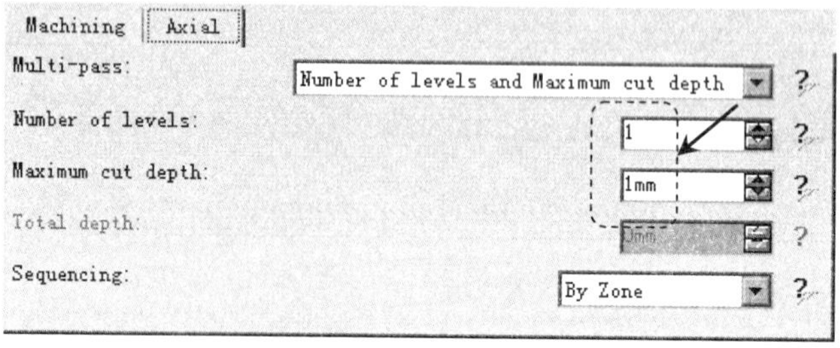

图 51.29 定义轴向参数

Step6. 定义进刀/退刀路径参数。

（1）在“Pencil. 1”对话框中单击“进刀退刀路径”选项卡 。在 Macro Management 列表中选择 Approach 选项，然后在 Mode: 下拉列表中选择 Back 选项。双击尺寸 1.608mm，在弹出的“Edit Parameter”对话框中输入值 10，单击 确定 按钮；双击尺寸 6mm，在弹出的“Edit Parameter”对话框中输入值 20，单击 确定 按钮。

（2）在 Macro Management 列表框中选择 Retract 选项，在 Mode: 下拉列表中选择 Along tool axis 选项，双击尺寸 6mm，在弹出的“Edit Parameter”对话框中输入值 50。

Step7. 刀路仿真。

（1）在“Pencil.1”对话框中单击“Tool Path Replay”按钮 ，系统弹出“Pencil. 1”对话框，并在图形区显示刀路轨迹，如图 51.30 所示。

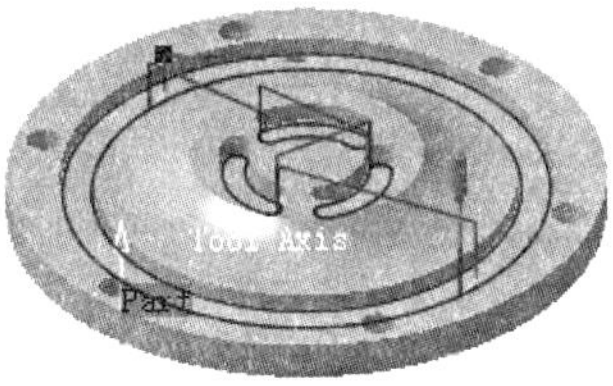

图 51.30 刀具路径

（2）在“Pencil. 1”对话框中单击按钮，然后单击按钮，观察刀具切割毛坯零件的运行情况。

（3）在“Pencil. 1”对话框中单击两次确定按钮。

Task12．保存文件

选择下拉列表文件 → 保存命令，在系统弹出的“另存为”对话框中输入文件名 disk，单击保存(S)按钮，即可保存文件。

实例 52　泵体端盖加工

本实例是一个泵体端盖的加工过程。在制定加工工序时，应仔细考虑哪些区域需要精加工，哪些区域只需粗加工以及哪些区域不需加工。在泵体端盖的加工过程中，主要是平面和孔的加工。下面介绍零件加工的具体过程，其加工工艺路线如图 52.1 和图 52.2 所示。

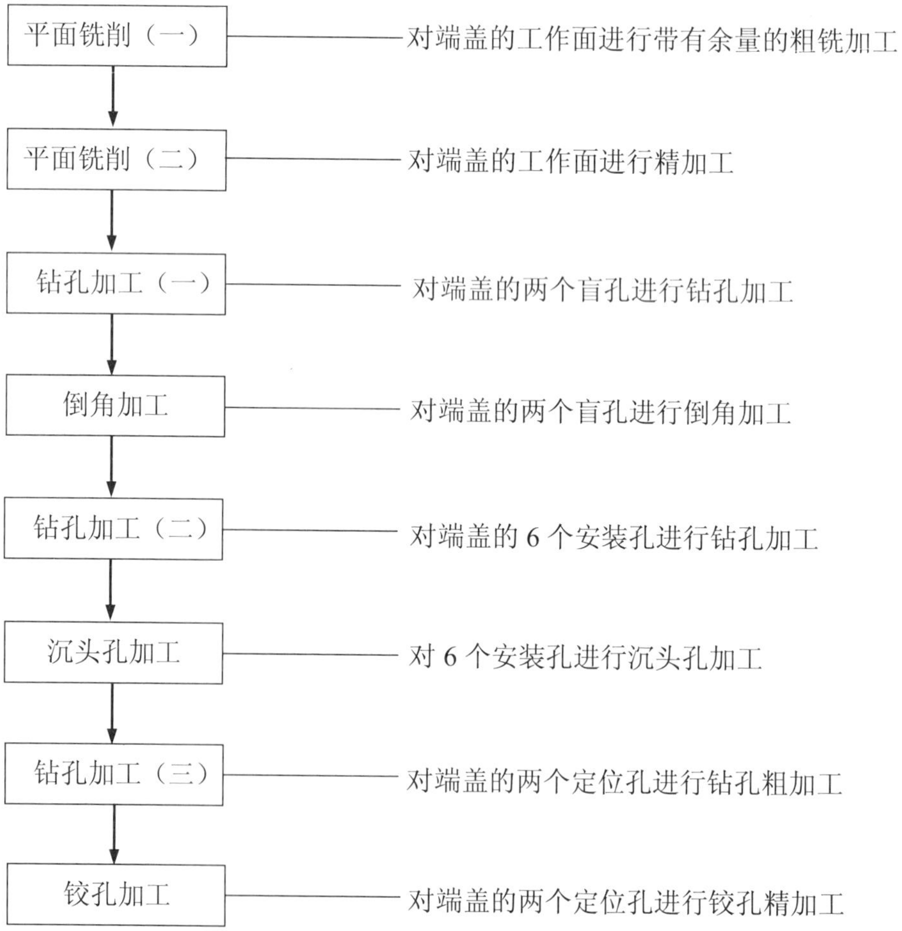

图 52.1　加工工艺路线（一）

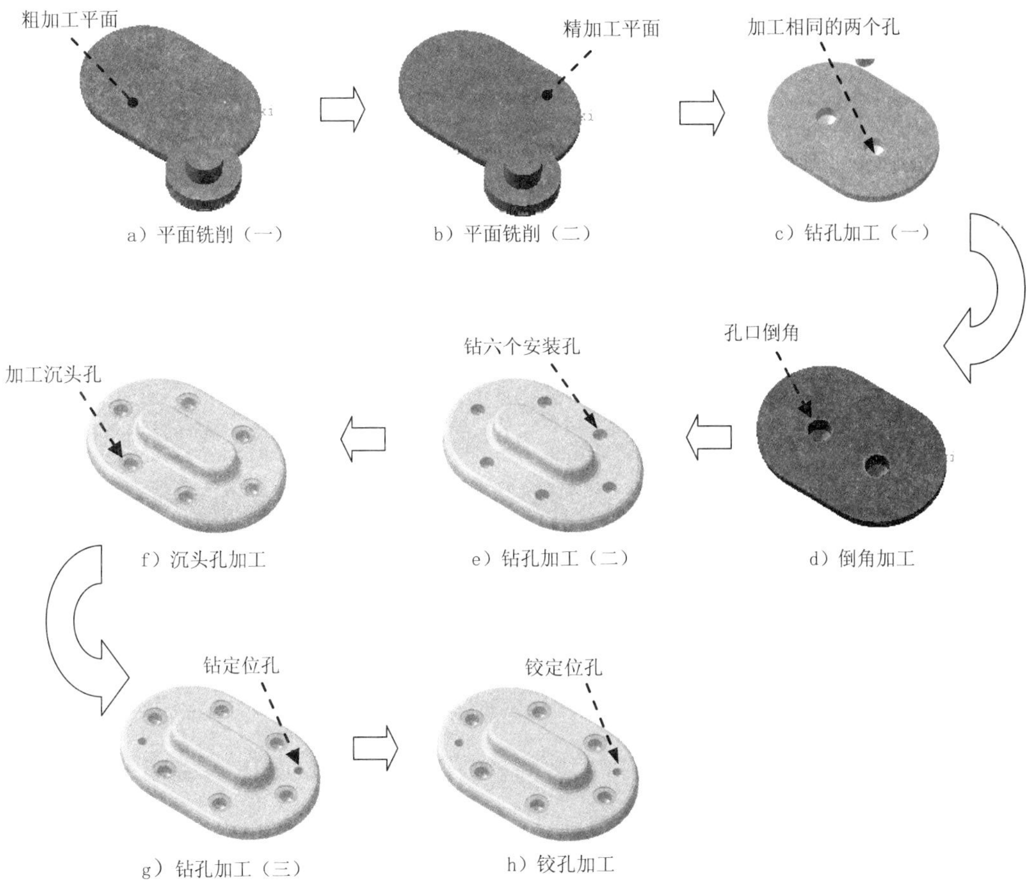

图 52.2　加工工艺路线（二）

Task1．打开模型文件并进入加工模块

Step1．打开模型文件 D:\catins20\work\ch12\ins52\pump_top.CATProduct。

Step2．选择下拉菜单 开始 → 加工 → Prismatic Machining 命令，进入“Prismatic Machining”工作台。

Task2．零件操作定义

Step1．进入零件操作对话框。在特征树中双击“Part Operation.1”节点，系统弹出“Part Operation”对话框。

Step2．机床设置。单击“Part Operation”对话框中的“Machine”按钮，系统弹出“Machine Editor”对话框，单击其中的“3-axis Machine”按钮，保持系统默认设置值，然后单击 确定 按钮，完成机床的选择。

Step3．定义加工坐标系。

（1）单击“Part Operation”对话框中的按钮，系统弹出“Default reference machining axis for Part Operation.1”对话框。

（2）在对话框的 Axis Name : 文本框中输入坐标系名称“My Axis”并按下 Enter 键，此时，“Default reference machining axis for Part Operation.1”对话框变为“My Axis”对话框。

（3）单击“My Axis”对话框中的坐标原点感应区，然后在图形区选择图 52.3 所示的点作为加工坐标系的原点，系统创建图 52.4 所示的加工坐标系。单击 确定 按钮，完成加工坐标系的定义。

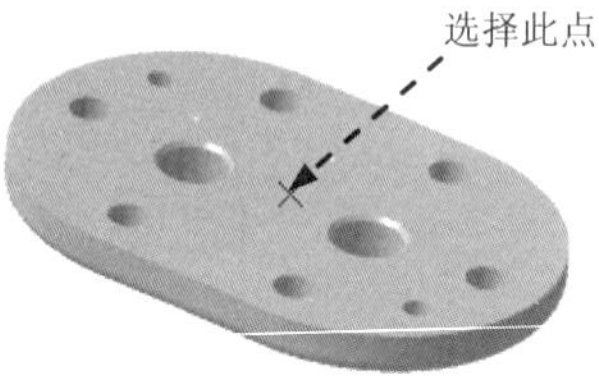

图 52.3　坐标原点

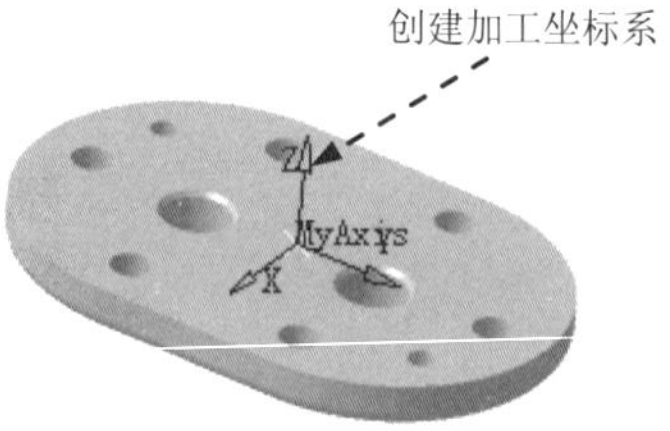

图 52.4　创建加工坐标系

Step4. 选择毛坯零件。

（1）单击“Part Operation”对话框中的按钮。

（2）选择图 52.5 所示的零件作为毛坯零件，在图形区空白处双击鼠标左键，系统回到“Part Operation”对话框。

Step5. 选择目标加工零件。

（1）在图 52.6 所示的特征树中右击节点“pump_top_rough（pump _ top _rough.1）”，在弹出的快捷菜单中选择 隐藏/显示 命令。

（2）单击“Part Operation”对话框中的按钮。

（3）选择图 52.7 所示的零件模型作为目标加工零件，在图形区空白处双击鼠标左键，系统回到“Part Operation”对话框。

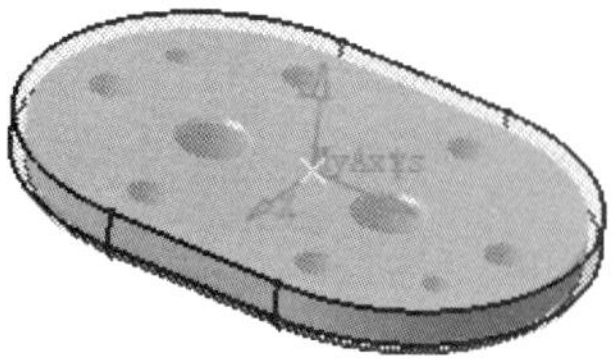

图 52.5　毛坯零件

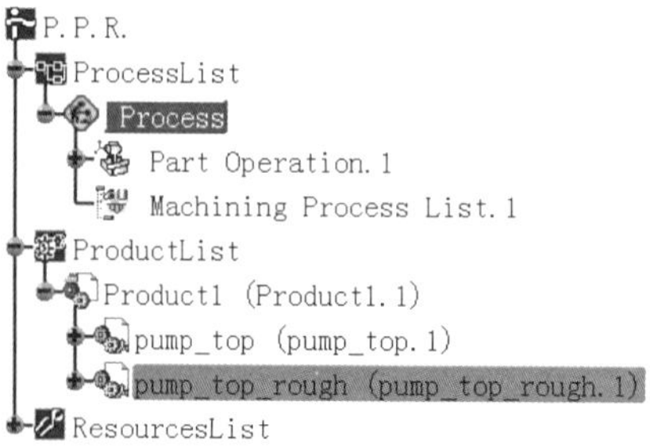

图 52.6　特征树

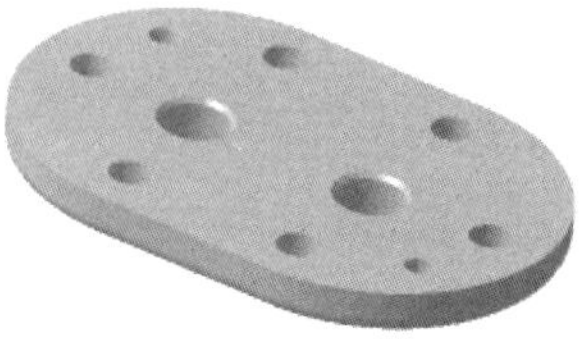

图 52.7　加工零件

Step6. 定义安全平面。

（1）单击“Part Operation”对话框中的![]按钮。

（2）选择参照面。在图形区选取图 52.8 所示的零件表面作为安全平面参照，系统创建一个安全平面。

（3）右击系统创建的安全平面，在弹出的快捷菜单选择 Offset... 命令，系统弹出“Edit Parameter”对话框，在其中的 Thickness 文本框中输入值 10，单击 确定 按钮，完成安全平面的定义（图 52.9）。

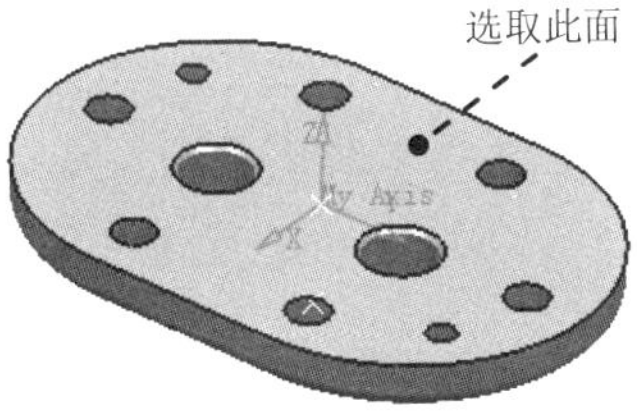

图 52.8　选取安全平面参照

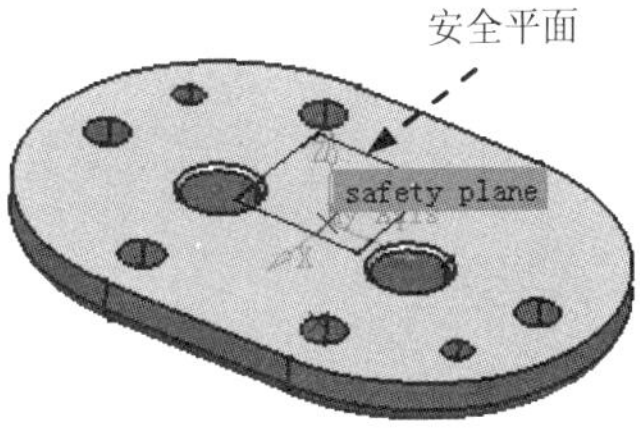

图 52.9　创建安全平面

Step7. 单击“Part Operation”对话框中的 确定 按钮，完成零件操作定义。

Task3. 平面铣削

Stage1. 平面铣削（一）

Step1. 设置几何参数。

（1）在图 52.10 所示的特征树中选择“Manufacturing Program.1”节点，然后选择下拉菜单 插入 → Machining Operations ▸ → Facing 命令，插入一个平面铣加工操作，系统弹出“Facing.1”对话框（一）。

（2）定义加工平面。单击“Facing.1”对话框（一）中的底面感应区，对话框消失，在图形区选择图 52.11 所示的模型表面，系统返回到“Facing.1”对话框（一）。

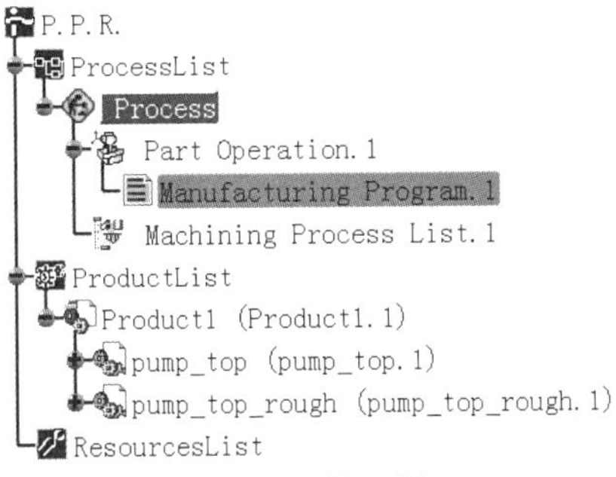

图 52.10　特征树

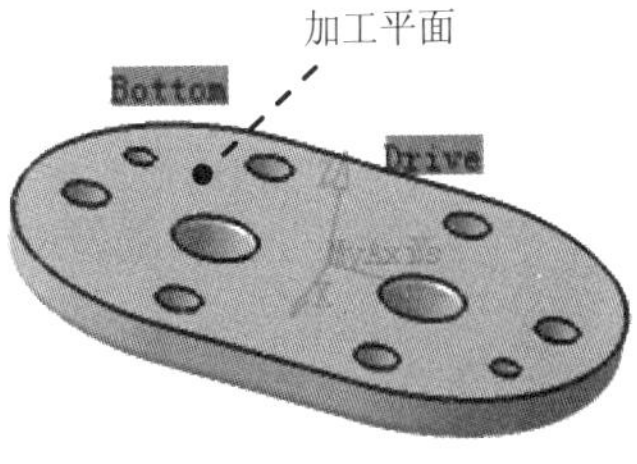

图 52.11　选取加工平面

（3）定义底面加工余量。双击“Facing.1”对话框（一）中的 Offset on Bottom（Offset on Bottom）字样，在系统弹出的“Edit Parameter”对话框中输入值 0.5，单击 确定 按钮，系统返回到“Facing.1”对话框（一）。

Step2. 定义刀具参数。

（1）进入“刀具参数”选项卡。在“Facing.1”对话框（一）中单击选项卡。

（2）选择刀具类型。在“Facing.1”对话框（一）中单击按钮，选择面铣刀为加工刀具。

（3）刀具命名。在“Facing.1”对话框（一）中的 Name 文本框中输入“T1 Face Mill D 50”。

（4）设置刀具参数。在“Facing.1”对话框（一）中单击 More>> 按钮，单击 Geometry 选项卡，然后设置图 52.12 所示的刀具参数。其他选项卡中的参数均采用系统默认设置值。

Step3. 定义进给率。

（1）进入“进给率”选项卡。在“Facing.1”对话框（一）中单击选项卡。

（2）设置进给率。在“Facing.1”对话框（一）的选项卡中设置图 52.13 所示的参数。

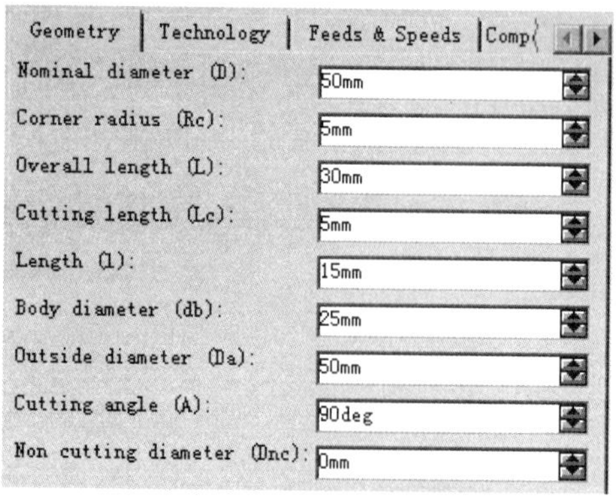

图 52.12 定义刀具参数

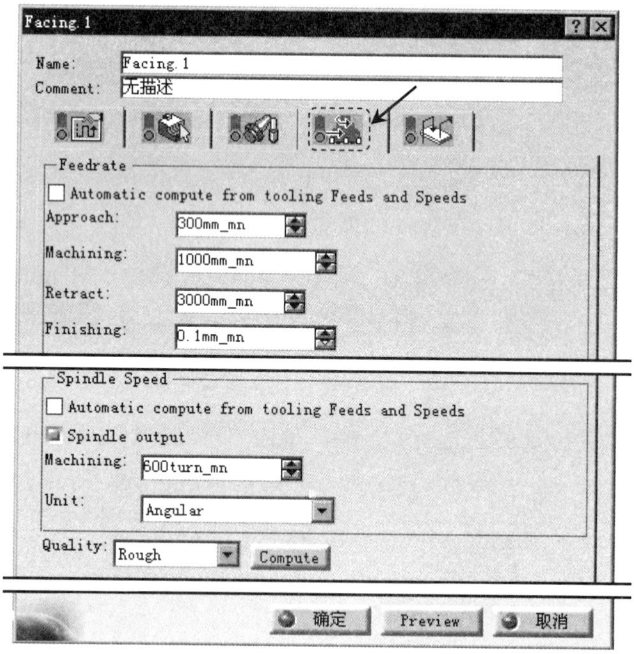

图 52.13 “进给率”选项卡

Step4. 设置刀具路径参数。

（1）进入刀具路径参数选项卡。在“Facing.1”对话框中单击选项卡。

（2）定义刀具路径类型。在“Facing.1”对话框（一）的 Tool path style: 下拉列表中选择 Back and forth 选项。

（3）定义加工参数。在“Facing.1”对话框（一）中单击 Machining 选项卡，其他参数采用系统默认设置值。

（4）定义径向参数。单击Radial选项卡，然后在Mode:下拉列表中选择Tool [illegible] atio选项，在Percentage of tool diameter:文本框中输入值 50，在End of path:下拉列表中选择[illegible]选项，其他选项采用系统默认设置值。

（5）定义轴向参数。单击Axial选项卡，然后在Mode:下拉列表中选择Number [illegible]选项，在Number of levels文本框中输入值 1。

（6）其他选项卡中的参数采用系统默认设置值。

Step5. 定义进刀/退刀路径。

（1）进入进刀/退刀路径选项卡。在“Facing.1”对话框（一）中单击选项卡。

（2）定义进刀路径。在Macro Management区域的列表框中选择Approach选项，然后在Mode:下拉列表中选择Build by user选项，依次单击按钮、按钮和按钮，结果如图 52.14 所示；双击图中的尺寸“10mm”，在弹出的“Edit Parameter”对话框的Distance文本框中输入值 30，并单击确定按钮。

（3）定义退刀路径。在Macro Management区域的列表框中选择Retract选项，然后在Mode:下拉列表中选择Axial选项，选择直线退刀类型。

Step6. 刀路仿真。在“Facing.1”对话框（一）中单击“Tool Path Replay”按钮，系统弹出“Facing.1”对话框（二），且在图形区显示刀路轨迹（图 52.15）。

Step7. 在“Facing.1”对话框（二）中单击确定按钮，然后单击“Facing.1”对话框（一）中的确定按钮。

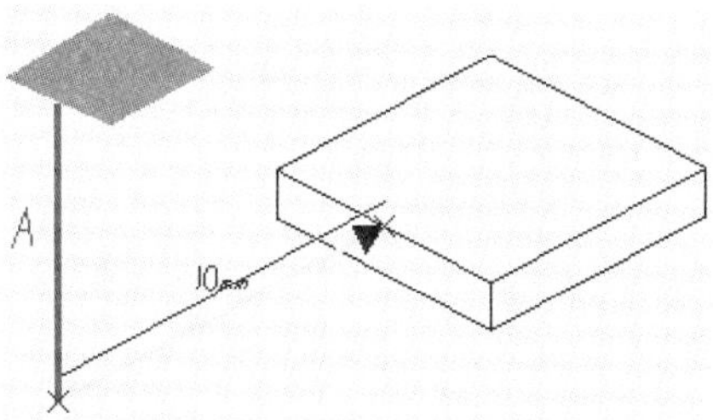

图 52.14　定义进刀路径

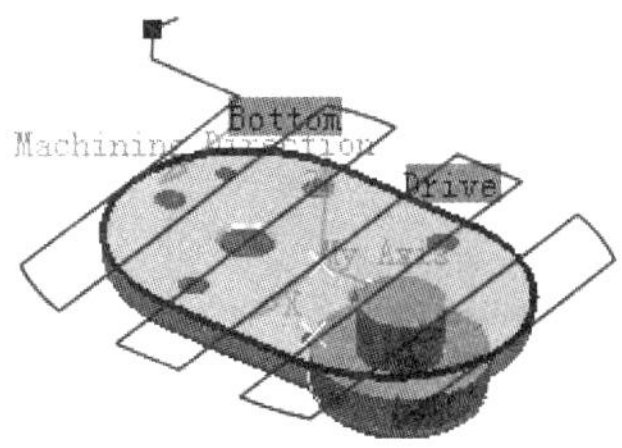

图 52.15　显示刀路轨迹

Stage2. 平面铣削（二）

Step1. 复制并粘贴加工操作。

（1）在图 52.16 所示的特征树中右击“Facing.1（Computed）”节点，然后在系统弹出的快捷菜单中选择复制命令。

（2）再次右击“Facing.1（Computed）”节点，然后在系统弹出的快捷菜单中选择[illegible]

命令，此时特征树新增加了一个节点“Facing.2（Computed)”(图 52.17)。

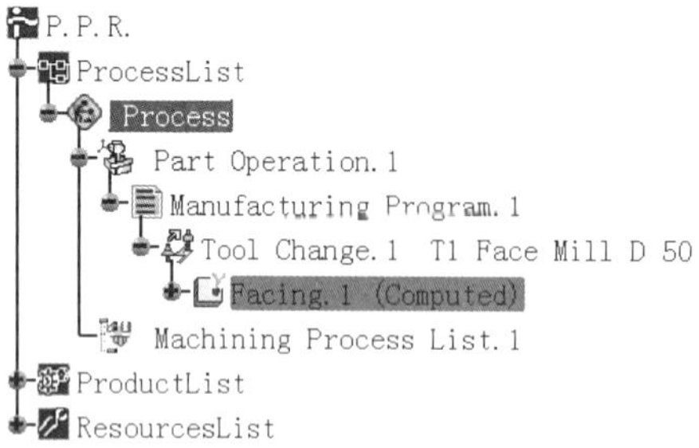

图 52.16　特征树

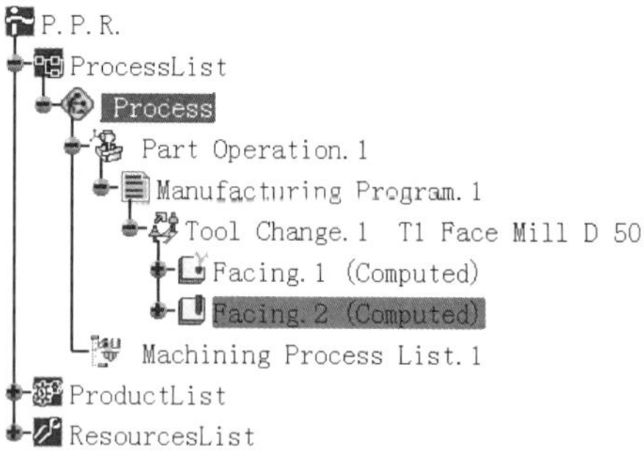

图 52.17　特征树

说明：通过复制和粘贴命令可以利用已有的加工操作来创建新的加工操作，新复制的加工操作和原操作的参数完全一致，此时需要进行必要的参数修改。

Step2. 设置几何参数。

（1）双击特征树中的节点“Facing.2（Computed)”，系统弹出“Facing.2”对话框。

（2）定义加工余量。单击选项卡，双击“Facing.2”对话框（一）中的 Offset on Bottom（Offset on Bottom）字样，在系统弹出的“Edit Parameter”对话框中输入值 0，单击 确定 按钮，系统返回到“Facing.2”对话框。

Step3. 定义进给率。

（1）进入“进给率”选项卡。在“Facing.2”对话框（一）中单击选项卡。

（2）设置进给率。在 Feedrate 区域的 Machining: 文本框中输入值 1500，在 Spindle Speed 区域的 Machining: 文本框中输入值 500，其他参数采用默认设置值。

Step4. 刀路仿真。在“Facing.2”对话框（一）中单击“Tool Path Replay”按钮，系统弹出“Facing.2”对话框（二），且在图形区显示刀路轨迹（图 52.18）。

Step5. 在“Facing.2”对话框（二）中单击 确定 按钮，然后单击“Facing.2”对话框（一）中的 确定 按钮。

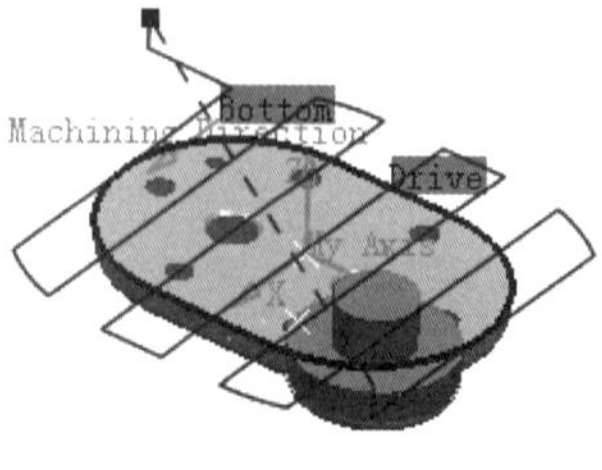

图 52.18　显示刀路轨迹

Task4. 钻孔加工（一）

Step1. 在特征树中选择“Facing.2（Computed)”节点，然后选择下拉菜单 插入 →

Machining Operations ▸ → Axial Machining Operations ▸ → Drilling 命令，插入一个钻孔加工操作，系统弹出“Drilling.1”对话框（一）。

Step2. 设置几何参数。

（1）在“Drilling.1”对话框（一）中单击“几何参数”选项卡。

（2）单击“Drilling.1”对话框（一）中的孔侧壁感应区（图 52.19），系统弹出“Pattern Selection”窗口，在图形区中选择图 52.20 所示的两个圆孔边线，在图形区空白处双击鼠标左键，系统返回到“Drilling.1”对话框（一）。此时，系统自动判断孔深度和直径（图 52.19）。

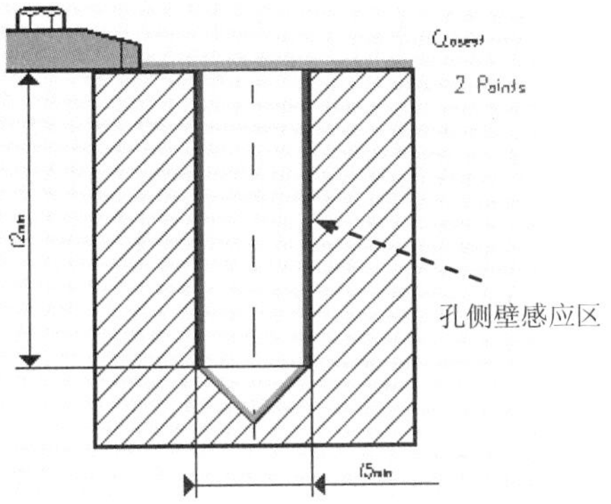

图 52.19 感应区

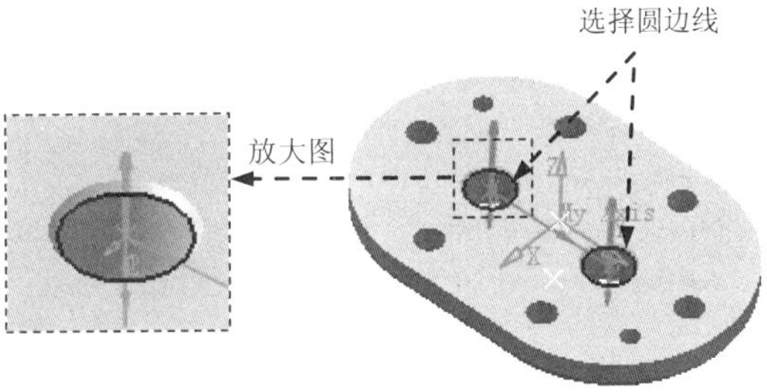

图 52.20 选择对象

Step3. 定义刀具参数。

（1）进入“刀具参数”选项卡。在“Drilling.1”对话框（一）中单击“刀具参数”选项卡。

（2）定义刀具类型。在“Drilling.1”对话框（一）中单击“Drill”按钮。

（3）刀具命名。在“Drilling.1”对话框（一）的 Name 文本框中输入“T2 Drill D 15”并按下 Enter 键。

（4）设置刀具参数。单击 More>> 按钮，单击 Geometry 选项卡，然后设置图 52.21 所示的刀具参数，其他选项卡中的参数均采用“Driuing.1”对话框（一）中的默认设置值。

Step4. 定义进给率。

（1）进入“进给率”选项卡。在“Drilling.1”对话框（一）中单击“进给率”选项卡。

（2）设置进给率。在“进给率”选项卡中设置图 52.22 所示的参数。

Step5. 设置刀具路径参数。

（1）进入“刀具路径参数”选项卡。在“Drilling.1”对话框（一）中单击“刀具路径参数”选项卡。

（2）定义钻孔类型。在“Drilling.1”对话框（一）的 Depth mode : 下拉列表中选择

By shoulder (Ds)选项。

（3）其他参数采用系统默认设置值。

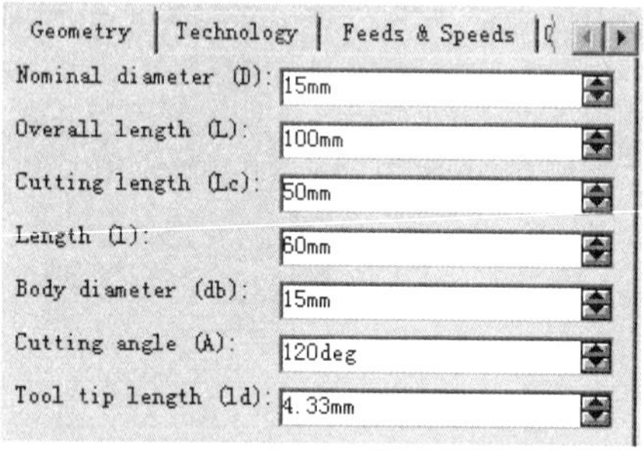

图 52.21 定义刀具参数

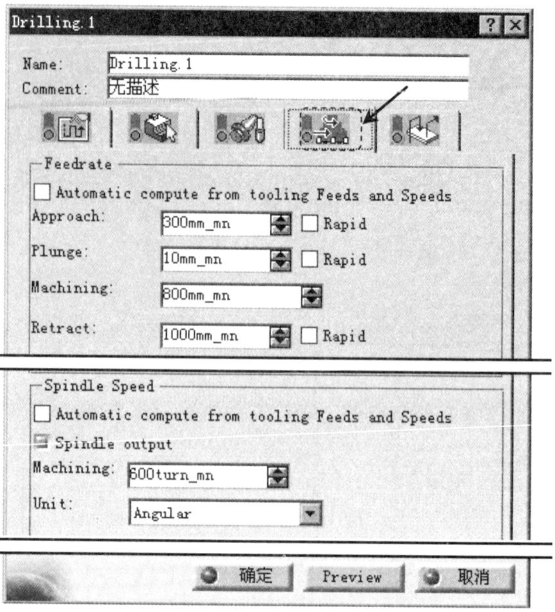

图 52.22 “进给率”选项卡

Step6. 定义进刀/退刀路径。

（1）进入进刀/退刀路径选项卡。在“Drilling.1”对话框（一）中单击选项卡。

（2）定义进刀路径。

① 在 Macro Management 区域的列表框中选择Approach选项，右击，在弹出的快捷菜单中选择Activate命令。

② 在 Mode: 下拉列表中选择Build by user选项，依次单击按钮和按钮。

（3）定义退刀路径。

① 在 Macro Management 区域的列表框中选择Retract选项，右击，从弹出的快捷菜单中选择Activate命令。

② 在 Mode: 下拉列表中选择Build by user选项，依次单击按钮和按钮。

（4）定义连接进刀路径。

① 在 Macro Management 区域的列表框中选择Linking Approach选项，右击，在弹出的快捷菜单中选择Activate命令。

② 然后在 Mode: 下拉列表中选择Build by user选项，依次单击按钮和按钮。

（5）定义连接退刀路径。

① 在 Macro Management 区域的列表框中选择Linking Retract选项，右击，在弹出的快捷菜单

中选择 Activate 命令。

② 在 Mode: 下拉列表中选择 Build by user 选项，依次单击按钮和按钮。

Step7. 刀路仿真。在“Drilling.1”对话框（一）中单击“Tool Path Replay”按钮，系统弹出“Drilling.1”对话框（二），且在图形区显示刀路轨迹（图 52.23）。

Step8. 在“Drilling.1”对话框（二）中单击 确定 按钮，然后在“Drilling.1”对话框（一）中单击 确定 按钮。

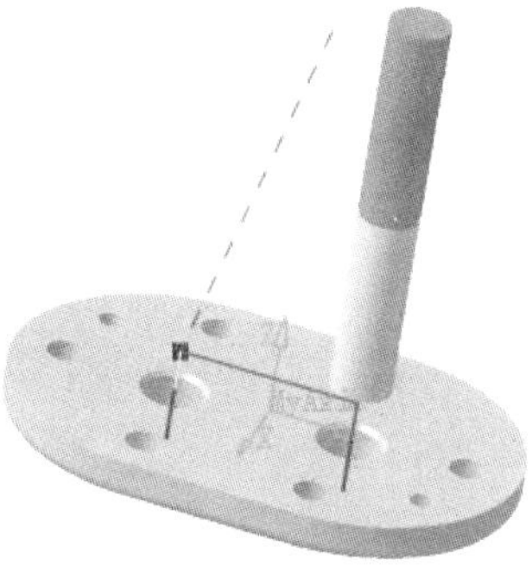

图 52.23　显示钻孔刀路

Task5. 倒角加工

Step1. 在特征树中选择“Drilling.1 （Computed）”节点，然后选择下拉菜单 插入 → Machining Operations ▸ → Axial Machining Operations ▸ → Counter Sinking 命令，插入一个倒角加工操作，系统弹出“Counter Sinking.1”对话框（一）。

Step2. 设置几何参数。

（1）单击“几何参数”选项卡，单击“Counter Sinking.1”对话框（一）中的孔侧壁感应区，系统弹出“Pattern Selection”窗口，在图形区中选取图 52.24 所示的孔口边线，在图形区空白处双击鼠标左键，系统返回到“Counter Sinking.1”对话框（一）。

（2）定义倒角尺寸。在“Counter Sinking.1”对话框（一）的预览区双击相应的尺寸显示值，在弹出的“Edit Parameter”对话框中输入相应的数值，结果如图 52.25 所示。

说明：孔口直径为 17mm，深度为 2mm。

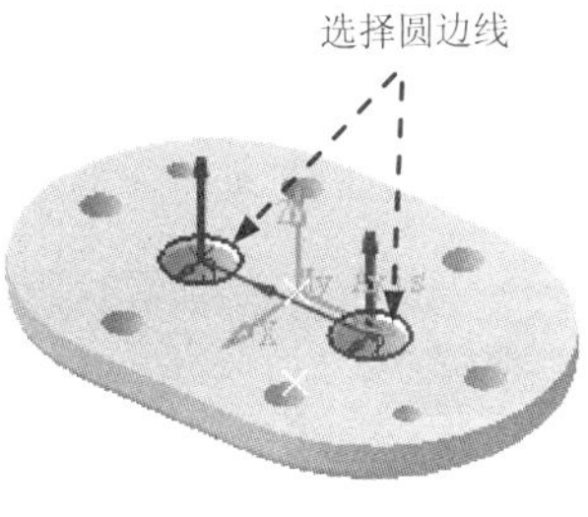

图 52.24　选取孔

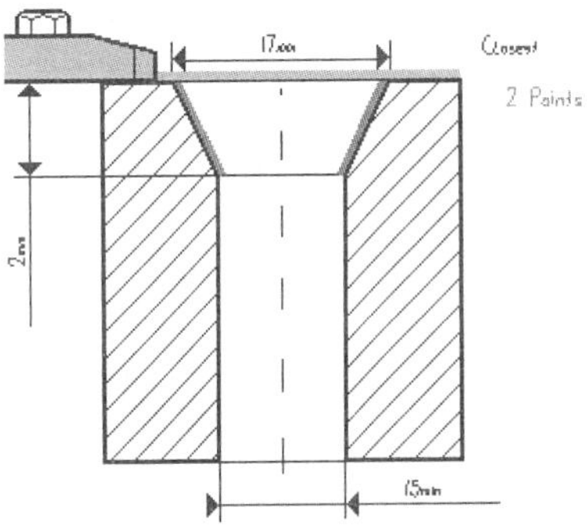

图 52.25　定义倒角尺寸

Step3. 定义刀具参数。

（1）进入刀具参数选项卡。在“Counter Sinking.1”对话框（一）中单击选项卡。

（2）定义刀具类型。在“Counter Sinking.1”对话框（一）中单击“Countersink”按钮。

（3）刀具命名。在“Counter Sinking.1”对话框（一）的 Name 文本框中输入“T3 Countersink D 18”并按下 Enter 键。

（4）设置刀具参数。在“Counter Sinking.1”对话框（一）中单击 More>> 按钮，单击 Geometry 选项卡，然后设置图 52.26 所示的刀具参数，其他选项卡中的参数均采用系统默认设置值。

Step4. 定义进给率。

（1）进入“进给率”选项卡。在“Counter Sinking.1”对话框（一）中单击选项卡。

（2）设置进给率。在“Counter Sinking.1”对话框（一）的选项卡中设置图 52.27 所示的参数。

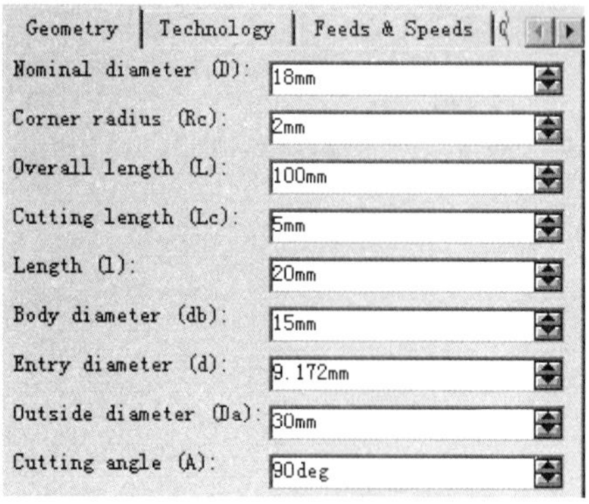

图 52.26 定义刀具参数

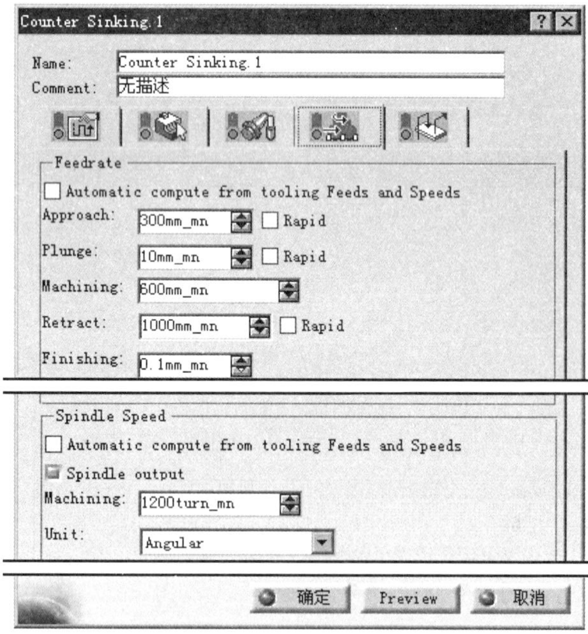

图 52.27 “进给率”选项卡

Step5. 设置刀具路径参数。

（1）进入刀具路径参数选项卡。在“Counter Sinking.1”对话框（一）中单击“刀具路径参数”选项卡。

（2）定义钻孔类型。在“Counter Sinking.1”对话框（一）的 Depth mode : 下拉列表中选择 By diameter (Dd) 选项，在 Dwell mode : 下拉列表中选择 By time units 选项，其他参数采用系统默认设置值。

Step6. 定义进刀/退刀路径。

（1）进入进刀/退刀路径选项卡。在“Counter Sinking.1”对话框（一）中单击“进刀/退刀路径”选项卡。

（2）定义进刀路径。在 Macro Management 区域的列表框中选择 Approach 选项，右击，从弹出的快捷菜单中选择 Activate 命令，然后在 Mode: 下拉列表中选择 Build by user 选项，单击按钮，添加一个从安全平面的轴向进刀运动。

（3）定义退刀路径。在 Macro Management 区域的列表框中选择 Retract 选项，右击，从弹出的快捷菜单中选择 Activate 命令，然后在 Mode: 下拉列表中选择 Build by user 选项，单击按钮，添加一个至安全平面的轴向退刀运动。

（4）定义连接进刀路径。在 Macro Management 区域的列表框中选择 Linking Approach 选项，右击，在弹出的快捷菜单中选择 Activate 命令，然后在 Mode: 下拉列表中选择 Build by user 选项，依次单击按钮和按钮。

（5）定义连接退刀路径。在 Macro Management 区域的列表框中选择 Linking Retract 选项，在 Mode: 下拉列表中选择 Build by user，依次单击按钮和按钮。

Step7. 刀路仿真。在“Counter Sinking.1”对话框（一）中单击“Tool Path Replay”按钮，系统弹出“Counter Sinking.1”对话框（二），且在图形区显示刀路轨迹（图 52.28）。

Step8. 在“Counter Sinking.1”对话框（二）中单击 确定 按钮，然后单击“Counter Sinking.1”对话框（二）中的 确定 按钮。

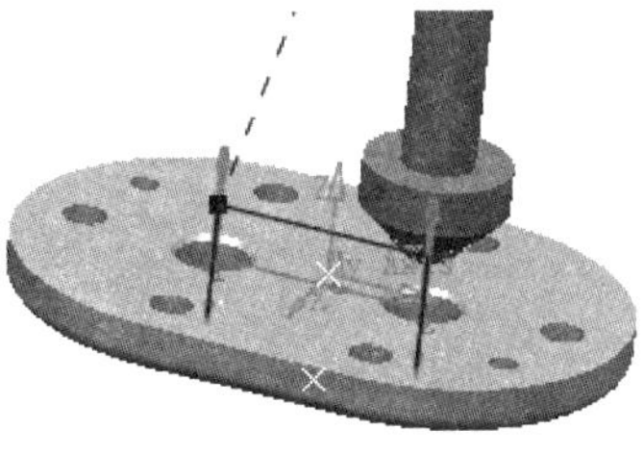

图 52.28　显示钻孔刀路

Task6. 变换坐标系

说明：在本实例中，变换坐标系相当于实际加工中的重新装夹工件和对刀。

Step1. 在特征树中选择“Counter Sinking.1（Computed）”节点，然后选择下拉菜单 插入 → Auxiliary Operations ▸ → Machining Axis Change 命令，系统弹出“Machining Axis Change.1”对话框。

Step2. 在“Machining Axis Change.1”对话框的 Axis Name : 文本框中输入坐标系名称“my

Axis.1”并按下 Enter 键。

Step3. 单击对话框中的坐标原点感应区，然后在图形区选择图 52.29 所示的点作为加工坐标系的原点，再单击“my Axis.1”对话框中的 Z 轴感应区，系统弹出“Direction Z”对话框。

Step4. 单击“Direction Z”对话框中的 Reverse Direction 按钮，然后单击 确定 按钮。

Step5. 单击“Machining Axis Change.1”对话框中的 确定 按钮，完成坐标系 2 的创建（图 52.30）。

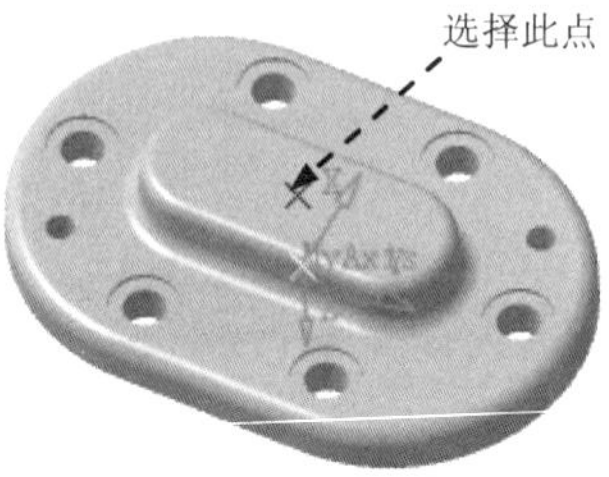

图 52.29 坐标原点

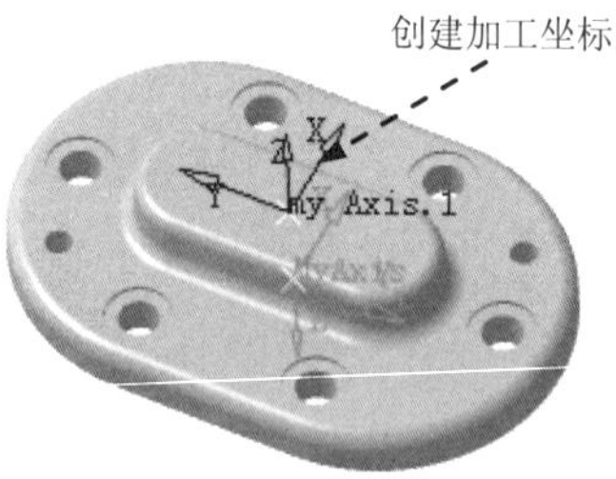

图 52.30 创建加工坐标系

Task7. 钻孔加工（二）

Step1. 在特征树中选择“Machining Axis Change.1（my Axis.1）”节点，然后选择下拉菜单 插入 → Machining Operations ▸ → Axial Machining Operations ▸ → Drilling 命令，插入一个钻孔加工操作，系统弹出“Drilling.2”对话框（一）。

Step2. 设置几何参数。

（1）单击“几何参数”选项卡，然后单击“Drilling.2”对话框（一）中的 Extension : Blind（Extension：Blind）字样，将其改变为 Extension : Through（Extension：Through）。

（2）单击“Drilling.2”对话框（一）中的孔侧壁感应区，系统弹出“Pattern Selection”窗口，在图形区中依次选取图 52.31 所示的 6 个孔口圆边线，在图形区空白处双击鼠标左键，系统返回到“Drilling.2”对话框（一）。此时，系统自动判断孔的直径和深度（图 52.32）。

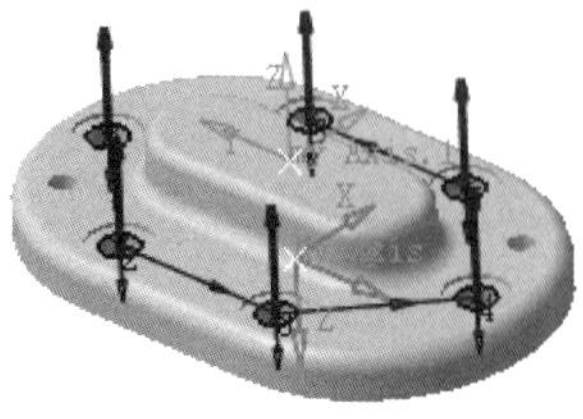
图 52.31 选取圆

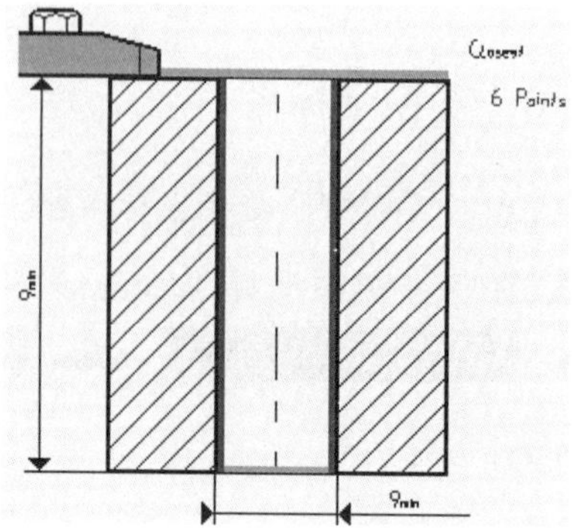

图 52.32 感应区

Step3. 定义刀具参数。

（1）进入刀具参数选项卡。在“Drilling.2”对话框（一）中单击“刀具参数”选项卡。

（2）定义刀具类型。在“Drilling.2”对话框（一）中单击“Drill”按钮。

（3）刀具命名。在“Drilling.2”对话框（一）的 Name 文本框中输入“T4 Drill D 9”并按下 Enter 键。

（4）设置刀具参数。在“Drilling.2”对话框（一）中单击 More>> 按钮，单击 Geometry 选项卡，然后设置图 52.33 所示的刀具参数，其他选项卡中的参数均采用系统默认设置值。

Step4. 定义进给率。

（1）进入“进给率”选项卡。在“Drilling.2”对话框（一）中单击“进给率”选项卡。

（2）设置进给率。在“进给率”选项卡中设置图 52.34 所示的参数。

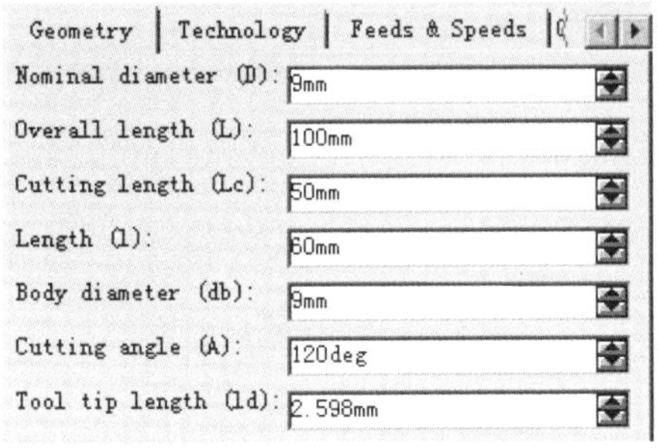

图 52.33　定义刀具参数

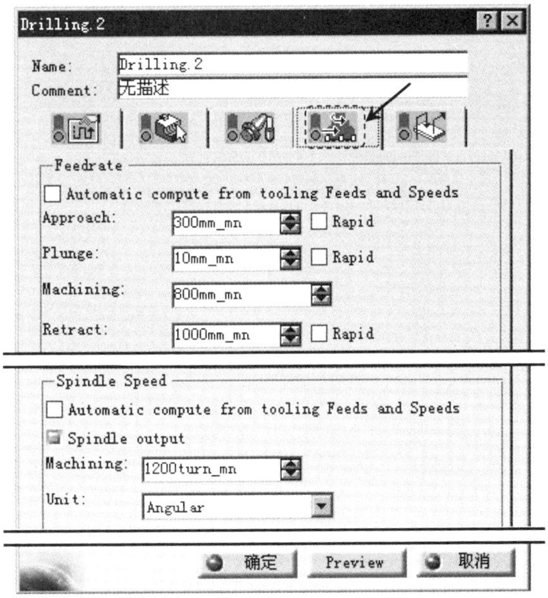

图 52.34　“进给率”选项卡

Step5. 设置刀具路径参数。

（1）进入“刀具路径参数”选项卡。在“Drilling.2”对话框（一）中单击“刀具路径参数”选项卡。

（2）定义钻孔类型。在“Drilling.2”对话框（一）的 Depth mode: 下拉列表中选择 By shoulder (Ds) 选项，在 Breakthrough (B): 文本框中输入值 2，其他参数采用系统默认设置值。

Step6. 定义进刀/退刀路径。系统自动沿用了“Drilling.1”中的进刀/退刀设置，这里不做调整。

Step7. 刀路仿真。在“Drilling.2”对话框（一）中单击“Tool Path Replay”按钮，

系统弹出“Drilling.2”对话框（二），且在图形区显示刀路轨迹（图 52.35）。

Step8. 在“Drilling.2”对话框（二）中单击 确定 按钮，然后在“Drilling.2”对话框（一）中单击 确定 按钮。

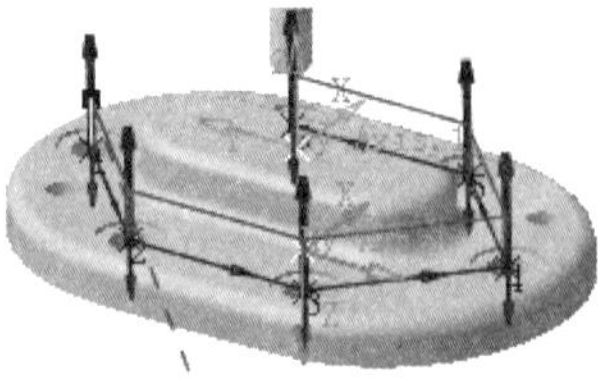

图 52.35　显示钻孔刀路

Step9. 后面的详细操作过程请参见随书光盘中 video\ch12\reference\文件下的语音视频讲解文件 pump_top-r02.exe。

第 13 章

结构分析实例

本章主要包含如下内容：

- 实例 53　零件结构分析
- 实例 54　装配体结构分析

实例 53　零件结构分析

下面以一个简单的零件为例介绍在 CATIA 中进行零件结构分析的一般过程。

图 53.1 所示的零件（材料为 STEEL，屈服强度为 250MPa），其底面受固定约束作用，图 53.1 所示的圆面受垂直向下的均布载荷力（1000N），在这种情况下分析其应力分布情况以及变形，并校核零件强度。

打开文件 D: \catins20\work\ch13\ins53\analysis_part.CATPart。

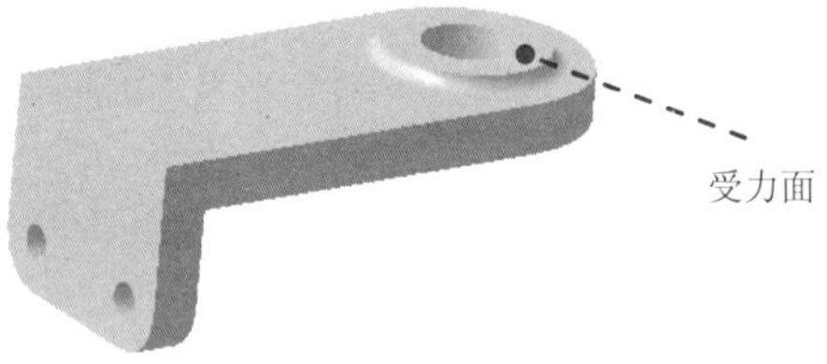

图 53.1　零件模型

Step1. 添加材料属性。单击“应用材料”工具条中的“应用材料”按钮，系统弹出“库（只读）”对话框，在对话框中单击 Metal 选项卡，然后选择 STEEL 材料，将其拖动到模型上，单击 确定 按钮，即可将选定的材料添加到模型中。

Step2. 进入基本结构分析工作台并定义分析类型。选择下拉菜单 开始 → 分析与模拟 → Generative Structural Analysis 命令，系统弹出“New Analysis Case”对话框，在对话框中选择 Static Analysis 选项，单击 确定 按钮，即新建一个静态分析情形。

Step3. 添加约束条件。单击“Restraints”工具条中的按钮，系统弹出“Clamp”对话框，然后选取零件底部两个孔的内表面和图 53.2 所示的模型表面为约束固定面，将其固定，单击对话框中的 确定 按钮，完成约束添加。

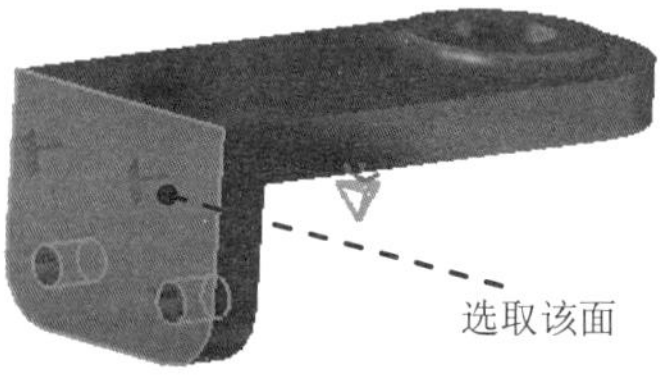

图 53.2　添加约束

Step4. 添加载荷条件。单击“Loads”工具条中的按钮，系统弹出“Distributed Force”对话框，选取图 53.3 所示的面为受载面，在“Distributed Force”对话框Force Vector 区域的Z文本框中输入载荷值-1000。单击 确定 按钮，完成载荷力的添加。

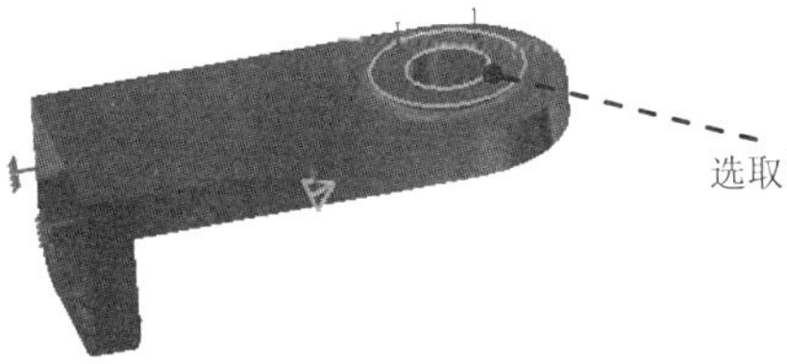

图 53.3　添加载荷

Step5. 重新划分网格。系统自动划分的网格往往比较粗糙，这个时候可以根据需要对模型重新划分网格。在特征树中双击 Nodes and Elements 节点下的 OCTREE Tetrahedron Mesh.1 : analysis_part 选项，系统弹出“OCTREE Tetrahedron Mesh”对话框，在对话框中单击 Global 选项卡，在 Size: 文本框中输入值 4，在 Absolute sag: 文本框中输入值 0.2。在 Element type 区域中选中 Parabolic 单选项，单击 确定 按钮，完成网格划分。

Step6. 网格划分及可视化。在进入结构分析工作台后，系统会自动划分网格。在特征树中右击 Nodes and Elements，在弹出的快捷菜单中选择 Mesh Visualization 命令，然后将渲染样式切换到“含边线和隐藏边线着色”样式，即可查看系统自动划分的网格，结果如图 53.4 所示。

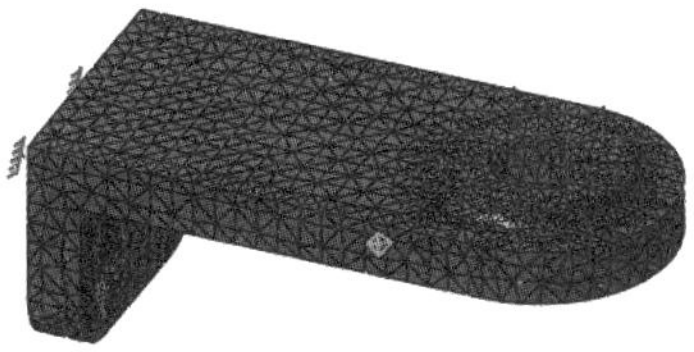

图 53.4　网格划分结果

Step7. 分析计算。单击“Compute”工具条中的按钮，系统弹出“Compute”对话框，在对话框的下拉列表中选择 All 选项，在对话框中选中 Preview 复选框，单击 确定 按钮，系统开始计算。在弹出的“Computation Resources Estimation”对话框中单击 Yes 按钮。

Step8. 查看网格变形结果图解。计算完成后“Image”工具条中的按钮被激活。在“Image”工具条中单击按钮，即可查看网格变形图解，结果如图 53.5 所示。

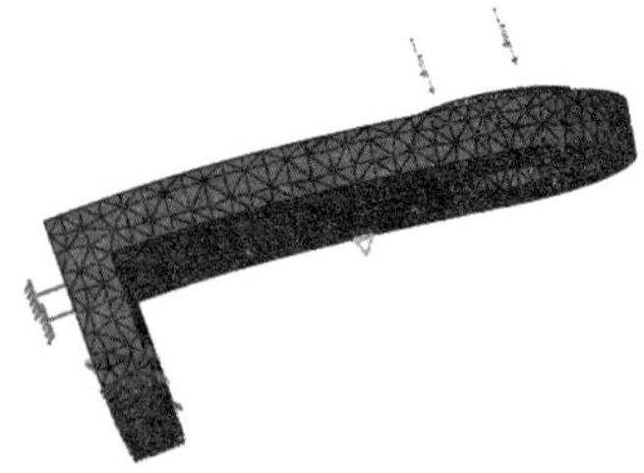

图 53.5 网格变形结果图解

Step9. 查看应力结果图解。在“Image”工具条中单击按钮，即可查看应力图解，如图 53.6 所示。

说明：

- 在查看应力结果图解时，需要将渲染样式切换到“含材料着色”样式。
- 从应力结果图解中可以看出，此时零件能够承受的最大应力为 113MPa。而材料的最大屈服强度为 250MPa，远大于此时的最大应力，也就是说，零件能够安全工作，不会破坏。

Step10. 查看位移图解。在“Image”工具条中单击节点下的按钮，即可查看位移图解，如图 53.7 所示。

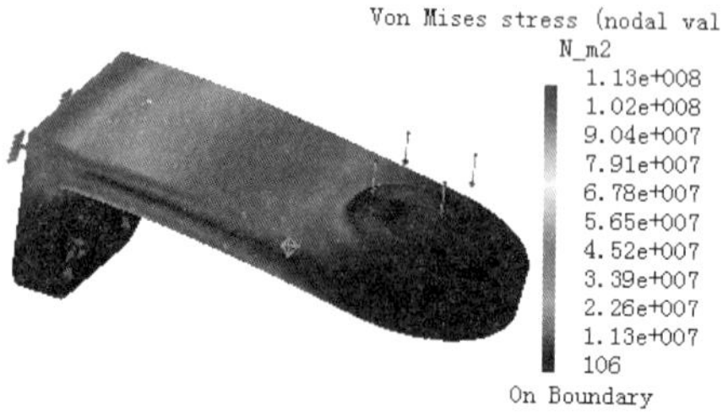

图 53.6 应力图解

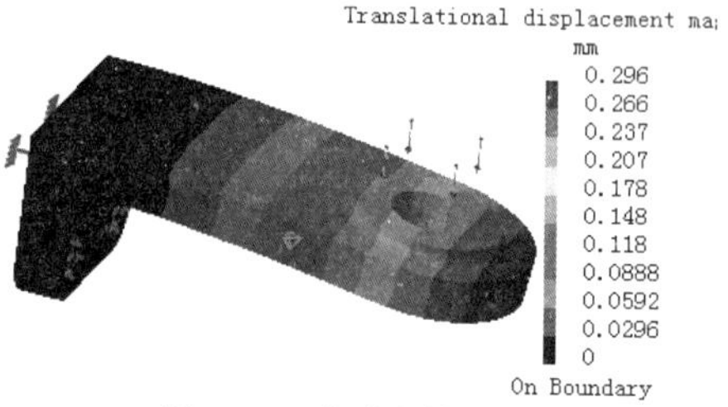

图 53.7 位移图解

说明： 在查看位移结果图解时，双击图解模型，系统弹出“Image Edition”对话框，在对话框中单击 Visu 选项卡，在 Types 区域中选中 Average iso 选项，即可切换图解显示状态，如图 53.7 所示。

Step11. 查看主应力图解。在“Image”工具条中单击节点下的按钮，即可查看主应力图解，如图 53.8 所示。

Step12. 查看误差图解。在“Image”工具条中单击节点下的按钮，即可查看误差图解，如图 53.9 所示。

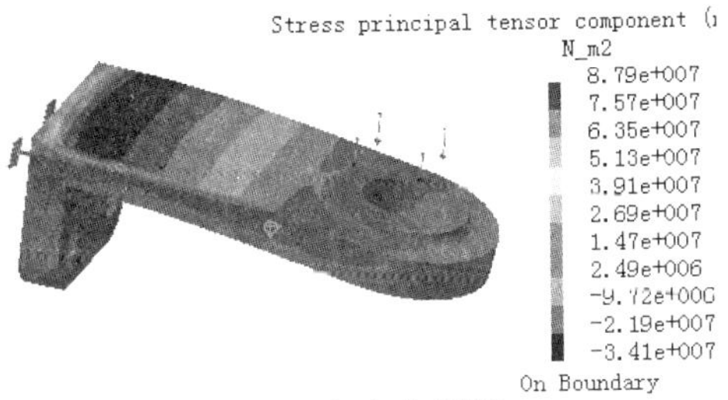

图 53.8　主应力图解

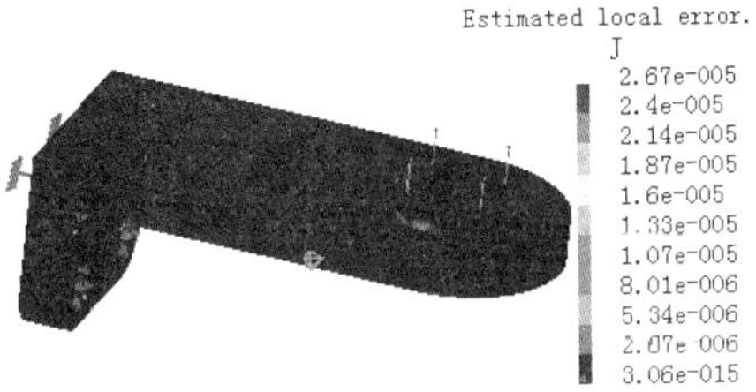

图 53.9　误差图解

实例 54　装配体结构分析

下面以一个简单的装配体（图 54.1）为例介绍装配体分析的一般过程。

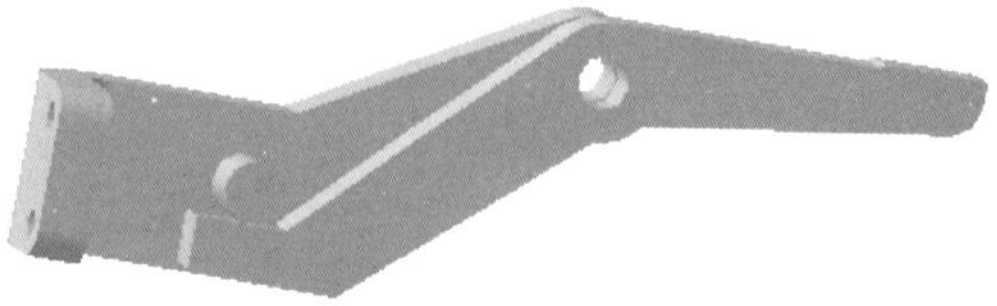

图 54.1　装配体模型

Step1. 打开文件 D:\catins20\work\ch13\ins54\anlysis_asm.CATProduct。

Step2. 添加材料属性。单击“应用材料”工具条中的“应用材料”按钮，系统弹出“库（只读）”对话框，在对话框中单击 Metal 选项卡，然后选择 STEEL 材料，将其分别拖动到装配体中的两个零件模型上，单击 确定 按钮，即可将选定的材料添加到模型中。

Step3. 进入基本结构分析工作台并定义分析类型。选择下拉菜单 开始 → 分析与模拟 ▸ → Generative Structural Analysis 命令，系统弹出“New Analysis Case”对话框，在对话框中选择 Static Analysis 选项，即新建一个静态分析情形。

Step4. 定义接触属性。

（1）添加第一个接触关联属性。单击“Analysis Supports”工具条中的按钮，系统弹出“General Analysis Connection”对话框，单击 First component 文本框，选取图 54.2 所示的孔的内表面，单击 Second component 文本框，选取图 54.3 所示的孔的内表面，单击 确定 按钮，完成操作。

图 54.2　选取圆柱面

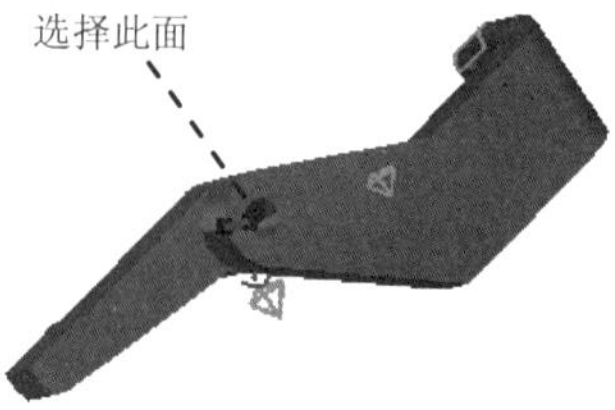

图 54.3　选取圆柱面

（2）添加第二个接触关联属性。单击“Connection Properties”工具条中节点下的按钮，系统弹出“Contact Connection Property”对话框，在特征树中选择曲面接触 3 约束作为连接对象；其他采用系统默认设置，单击确定按钮，完成属性定义，结果如图 54.4 所示。

（3）添加第三个接触关联属性。单击“Connection Properties”工具条中节点下的按钮，系统弹出“Contact Connection Property”对话框，在特征树中选择直线接触 4 约束作为连接对象；其他采用系统默认设置，单击确定按钮，完成属性定义，结果如图 54.5 所示。

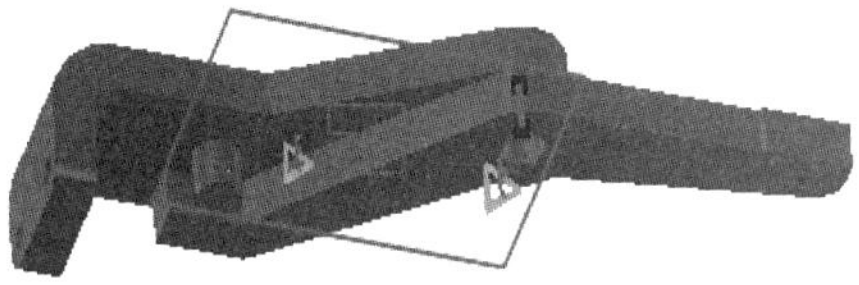

图 54.4　添加第二个接触关联属性

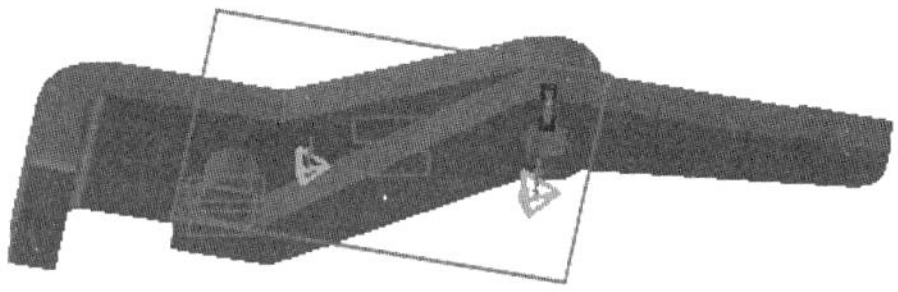

图 54.5　添加第三个接触关联属性

（4）单击“Connection Property”工具条中的按钮，单击 Supports 文本框，在图形区域单击第一个接触关联属性，同时在 Tightening Force 文本框中输入数值 50N，单击确定按钮，结果如图 54.6 所示。

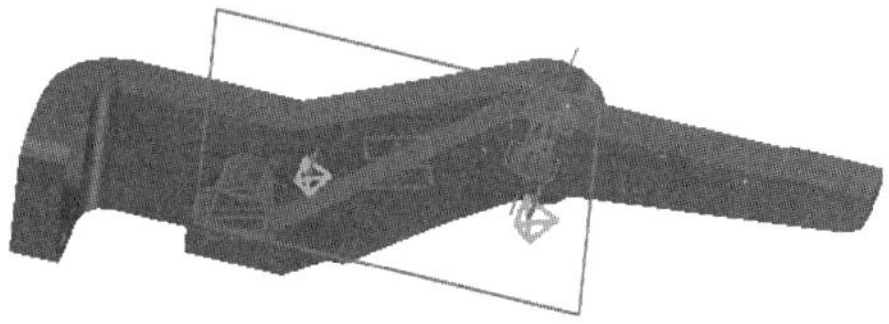

图 54.6　添加第四个接触关联属性

Step5. 添加约束条件。单击“Restraints”工具条中的按钮，系统弹出 “Clamp”对话框，然后选取图 54.7 所示的模型圆柱面为约束固定面，将其固定，单击对话框中的确定按钮，完成约束的添加。

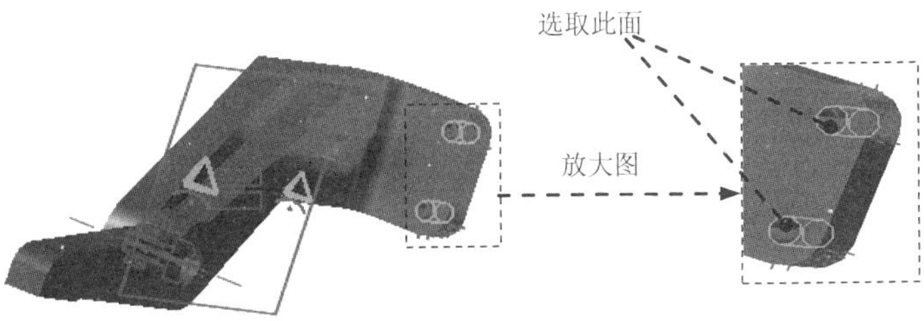

图 54.7　添加约束

Step6. 添加载荷条件。单击“Loads”工具条中的按钮，系统弹出“Distributed Force”对话框，选取图 54.8 所示的模型表面为受力面，在“Distributed Force”对话框的Force Vector区域的Z文本框中输入载荷值-200。单击确定按钮，完成载荷力的添加。

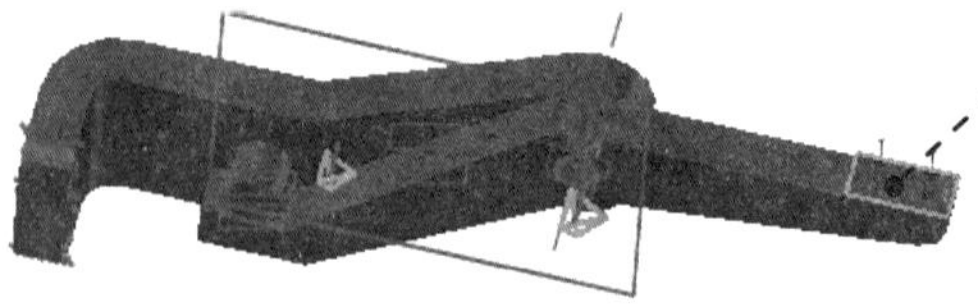

图 54.8 添加载荷

Step7. 划分网格。对于装配体的网格划分，一般是根据不同零件进行不同的网格划分。该装配体中包括两个零件，需要对这两个零件划分网格。

（1）在特征树中双击Nodes and Elements节点下的OCTREE Tetrahedron Mesh.1 : base.1，系统弹出“OCTREE Tetrahedron Mesh”对话框，在对话框中单击Global选项卡，在Size:文本框中输入值 3，在Absolute sag:文本框中输入值 0.4。在Element type区域中选中Parabolic单选项，单击确定按钮，完成网格划分。

（2）在特征树中双击Nodes and Elements节点下的OCTREE Tetrahedron Mesh.2 : crotch.1，系统弹出“OCTREE Tetrahedron Mesh”对话框，在对话框中单击Global选项卡，在Size:文本框中输入值 4，在Absolute sag:文本框中输入值 0.4。在Element type区域中选中Parabolic单选项，单击确定按钮，完成网格划分。

Step8. 模型检查。完成约束以及载荷的添加后，需要对前面的定义进行检查。单击“Model Manager”工具条中的按钮，系统弹出“Model Checker”对话框，对话框最终状态显示为“OK”表示前面的定义都完整且正确，然后就可以顺利计算了。单击确定按钮，完成模型检查。

Step9. 分析计算。单击“Compute”工具条中的按钮，系统弹出“Compute”对话框，在对话框的下拉列表中选择All选项，在对话框中选中Preview复选框，单击确定按钮，系统开始计算，在弹出的“Computation Resources Estimation”对话框中单击Yes按钮。

Step10. 查看网格变形结果图解。计算完成后“Image”工具条中的按钮被激活。在“Image”工具条中单击按钮，即可查看网格变形图解，如图 54.9 所示。

Step11. 查看应力结果图解。在“Image”工具条中单击按钮，即可查看应力图解，如图 54.10 所示。从应力结果图解中可以看出，此时零件能够承受的最大应力为 418MPa。

说明：在查看应力结果图解时，需要将渲染样式切换到“含材料着色”样式。

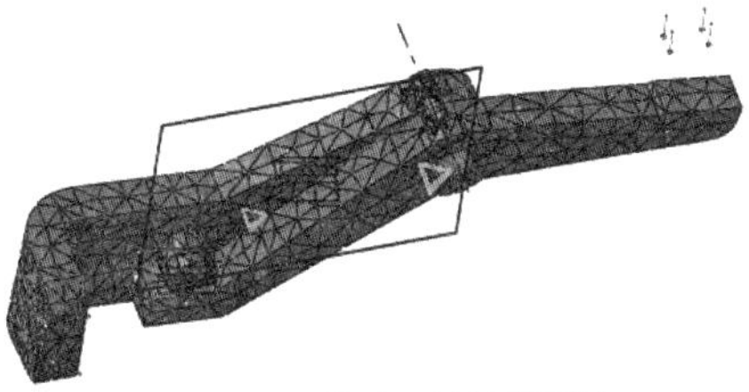

图 54.9　网格变形结果图解

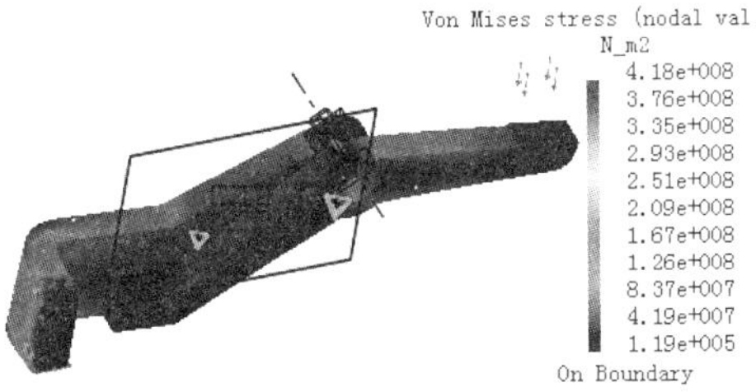

图 54.10　应力图解

Step12. 查看位移图解。在“Image”工具条中单击节点下的按钮，即可查看位移图解，如图 54.11 所示。

Step13. 查看误差图解。在“Image”工具条中单击节点下的按钮，即可查看误差图解，如图 54.12 所示。

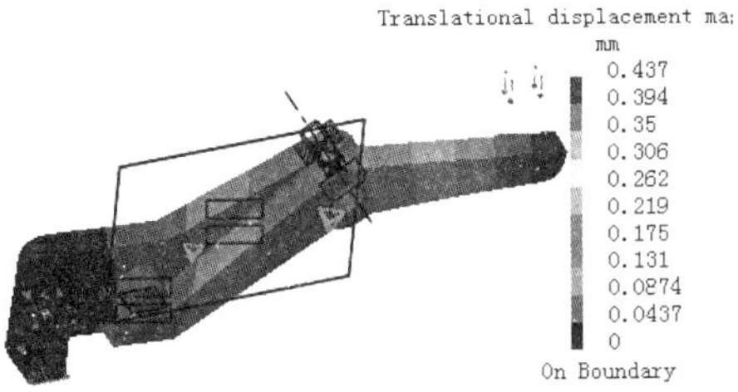

图 54.11　位移图解

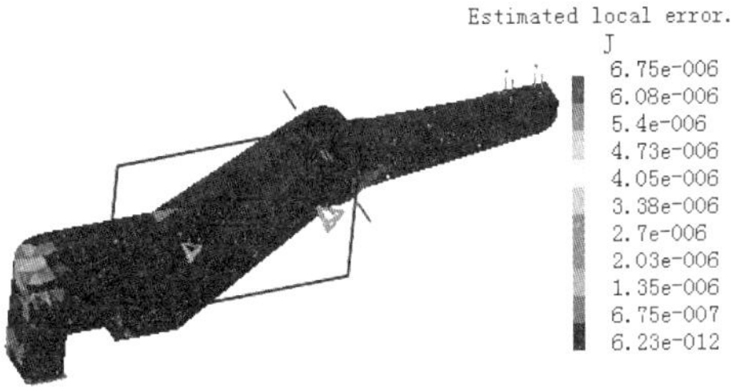

图 54.12　误差图解

读者意见反馈卡

书名：《CATIA V5R20 实例宝典（修订版）》

1. 读者个人资料：

姓名：__________性别：___年龄：____职业：_________职务：_________学历：______

专业：_______单位名称：____________________办公电话：____________手机：______

QQ：___________________________微信：_____________E-mail：_______________

2. 影响您购买本书的因素（可以选择多项）：

□内容	□作者	□价格
□朋友推荐	□出版社品牌	□书评广告
□工作单位（就读学校）指定	□内容提要、前言或目录	□封面封底
□购买了本书所属丛书中的其他图书		□其他____________

3. 您对本书的总体感觉：

□很好　　□一般　　□不好

4. 您认为本书的语言文字水平：

□很好　　□一般　　□不好

5. 您认为本书的版式编排：

□很好　　□一般　　□不好

6. 您认为 CATIA 其他哪些方面的内容是您所迫切需要的？

____

7. 其他哪些 CAD/CAM/CAE 方面的图书是您所需要的？

____

8. 您认为我们的图书在叙述方式、内容选择等方面还有哪些需要改进的？

____

读者购书回馈活动：

活动一：本书“随书光盘”中含有该“读者意见反馈卡”的电子文档，请认真填写本反馈卡，并 E-mail 给我们。E-mail：兆迪科技 zhanygjames@163.com，丁锋 fengfener@qq.com。

活动二：扫一扫右侧二维码，关注兆迪科技官方公众微信（或搜索公众号 zhaodikeji），参与互动，也可进行答疑。

凡参加以上活动，即可获得兆迪科技免费奉送的价值 48 元的在线课程一门，同时有机会获得价值 780 元的精品在线课程。